Der beste Biologie-Lehrer ist die Natur,

der beste Biologie-Unterricht ihre Beobachtung.

Für meine Kinder Clara Isis und Leonard Robin.

Umschlagfotos:

Titel:
Apistogramma maciliensis-Männchen (aus der Zucht von W. Mikschofsky)

Rückseite:
o.l. *Apistogramma hongsloi*   o.r. *A. panduro*
u.l. *A. cruzi*   u.r. *A. macmasteri*

Fotos: Dr. Uwe Römer

Foto Umschlagseite innen vorne: Rio Jaú, Zentralbrasilien (Foto: Dr. Pia Parolin)
Foto Umschlagseite innen hinten: Oberer Rio Negro, Brasilien (Foto: Dr. Uwe Römer)
Foto Innentitel: *Apistogramma juruensis* ♂ (Foto: Dr. Uwe Römer)

Sämtliche Fotos im Buch: Dr. Uwe Römer (soweit nicht anders vermerkt)

Hinweis: Alle in diesem Werk enthaltenen Angaben, Daten, Ergebnisse usw. wurden vom Autor nach bestem Wissen erarbeitet, zusammengestellt und/oder von ihm mit größtmöglicher Sorgfalt geprüft. Trotzdem sind Irrtümer oder Fehler nicht vollständig auszuschließen, da das präsentierte Werk nur den Stand der Kenntnis bei seiner Niederlegung wiedergeben kann. Daher erfolgen die Angaben usw. ohne jegliche Verpflichtung des Autors oder des Verlages. Beide übernehmen daher keinerlei Verantwortung und/oder Haftung für etwaige inhaltliche Unrichtigkeiten. Der Haftungsausschluß gilt nicht, soweit nach dem Produkthaftungsgesetz für Personen- und Sachschäden gehaftet wird.
Jeder Leser muß selbstverständlich beim Umgang mit den genannten Stoffen, Materialien, Geräten usw. die entsprechende Vorsicht walten lassen, die Gebrauchsinformationen und Herstellerhinweise beachten und den Zugang für Unbefugte unterbinden. Wer praktischen Hinweisen dieses Buches folgt, sei darauf hingewiesen, daß es sich bei diesem Band nicht um einen Ratgeber mit erschöpfenden Angaben handelt, weshalb weitere Literatur oder der Rat eines erfahrenen Praktikers hinzugezogen werden müssen, wenn es gilt, speziellere Probleme, wie etwa Krankheitsfragen, zu lösen.
Es sei weiterhin darauf verwiesen, daß selbstverständlich alle für den Erwerb und die Haltung der vorgestellten Fische erforderlichen Tier-, Arten- und Naturschutzregelungen einzuhalten sind.

© Copyright 1998 Mergus Verlag GmbH, Postfach 86, D-49302 Melle, Germany

Satz: Dr. Uwe Römer; Mergus Verlag GmbH, Melle
Lithos: Ellmer, Bad Salzufflen; VISCAN, Singapur
Zeichnungen: Erika Römer
Lektorat: Dr. Eva Reichmann
Druck: MERGUS PRESS, Singapur
Herausgeber: Hans A. Baensch

1. deutschsprachige Auflage 1998

CIP-Kurztitelaufnahme der Deutschen Bibliothek

Cichliden Atlas: Römer, Dr. Uwe
Mergus Verlag GmbH; Verlag für Natur- und Heimtierkunde - Melle:
NE: Baensch, Hans A. [Herausg.]
Bd. 1: Naturgeschichte der Zwergbuntbarsche Südamerikas.
        - 1. deutschsprachige Auflage -
ISBN 3-88244-082-1

Printed in Singapore

Dr. Uwe Römer

CICHLIDEN ATLAS

Band 1

Naturgeschichte der
Zwergbuntbarsche
Südamerikas

MERGUS

Verlag GmbH für Natur- und Heimtierkunde
Hans A. Baensch - Melle - Germany

Vorwort des Verfassers

Meine Beschäftigung mit der Biologie, insbesondere der von Fischen, reicht weit bis in meine Kindheit zurück. Dreistachelige und Neunstachelige Stichlinge waren die ersten Studienobjekte in den für die Haltung zweckentfremdeten Gurkengläsern meiner wahrscheinlich oftmals darüber verzweifelten Mutter. Später folgten zahlreiche Amphibien, Reptilien, Kleinsäuger und Vögel. Die besondere Vorliebe für südamerikanische Buntbarsche begann etwa mit Aufnahme meines Studiums und blieb mir bis heute erhalten, obwohl ich aufgrund glücklicher Umstände in der Lage war, mich etwa zehn Jahre lang fast ausschließlich der Untersuchung verschiedenster Aspekte der Biologie dieser heterogenen Fischgruppe zu widmen.

Während der letzten Jahre, in denen die Erhebung der Daten für meine Dissertation erfolgte, wurde ich in besonders dankenswerter Weise durch meine Eltern, meine Paten und ganz hervorgehoben meine Frau Erika unterstützt. Sie entlastete mich nicht nur bei der täglichen Arbeit und betreute unsere gemeinsamen Kinder Clara Isis und Leonard Robin, sondern fertigte überdies auch noch mit fleißiger Künstlerhand die Zeichnungen in diesem Buch an. Daneben erwies sie sich als ausdauernde und kompetente Diskussionspartnerin und Mitarbeiterin während der Gestaltung des hier vorgelegten Werkes.

Es stellt die Zusammenfassung einer Reihe von, auch für die Aquaristik interessanten Ergebnissen meiner Arbeit, vor allem an Arten der Gattung *Apistogramma* dar, berücksichtigt aber auch die anderen Gattungsgruppen in entsprechender Weise. Wie alle Druckerzeugnisse, denen wissenschaftliche und sonstige empirische Erfahrungen zugrunde liegen, stellt auch dieses Buch logischerweise nur eine ausgewählte Momentaufnahme des verfügbaren Wissens zum behandelten Thema dar. Es werden sich daher in Zukunft unausweichlich zu manchen Themenschwerpunkten durch die Anwendung neuer Bearbeitungsmethoden (z.B. durch molekularbiologische Untersuchungen) neue Erkenntnisse ergeben, die auch Veränderungen der in diesem Werk niedergelegten Interpretationen früherer Befunde erfordern: ein in der Biologie vollkommen normaler und unausweichlicher dynamischer Prozeß, den hoffentlich viele Leser, sowohl aus dem wissenschaftlichen, wie auch dem aquaristischen Umfeld, mit diesem Band als Arbeitsgrundlage, vorantreiben helfen.

Ich hoffe daher, daß dieser, mit Hilfe des Verlages für ein Spezialwerk dieser Art sicherlich ungewöhnlich reichhaltig bebilderte Band, möglichst vielen Aquarianern, aber auch den wissenschaftlich arbeitenden Kollegen viel Freude und Diskussionsstoff liefern möge.

Dr. Uwe Römer   Bielefeld, im März 1997

Inhaltsverzeichnis

Dank

Der hier vorgelegte Band fußt im ersten Teil im wesentlichen auf den im Rahmen meiner wissenschaftlichen Arbeiten durchgeführten Versuchen und Beobachtungen, ergänzt durch Beobachtungen während mehrerer Reisen, die ich in das im Nordwesten Brasiliens gelegene Rio Negro-Flußsystem unternahm. Der zweite Teil basiert neben meinen eigenen umfangreichen Beobachtungen auch auf der inzwischen außerordentlich umfangreichen Literatur zur Biologie und zu Freilandnachweisen der hier behandelten Arten, die ich, soweit möglich und sinnvoll, berücksichtigt habe. Ich möchte hier besonders auf die umfangreichen und präzisen, publizierten Feldinformationen von Dr. Wolfgang Staeck hinweisen, der mittlerweile den größten Teil des südamerikanischen Kontinentes "in Sachen *Apistogramma*" bereist hat.

Ein Werk wie das vorliegende kann nicht ohne Unterstützung entstehen. Viele an den Zwergbuntbarschen Südamerikas Interessierte haben in vielfältiger Weise zum Entstehen dieses Buches beigetragen. An erster Stelle möchte ich meiner Familie dafür danken, daß ich durch ihre dauerhafte umfassende Unterstützung stets die Freiräume erhielt, die für eine so intensive Beschäftigung, in immerhin weit über 18000 Beobachtungs- und Arbeitsstunden, mit dieser Tiergruppe erforderlich waren. Es sei hier ganz ausdrücklich herausgestellt, daß das Zusammenleben mit einem begeisterten Zoologen und Freilandbiologen oftmals durch die von den Tieren gestellten Anforderungen erhebliche Schattenseiten aufweisen kann, insbesondere was das verbleibende Zeitbudget für die Familie betrifft. Besonders meiner Frau Erika danke ich überdies für die vielen Stunden, die sie bei der Anfertigung der zahlreichen zeichnerischen Illustrationen und der Layoutfertigung des Buches verbracht hat. Außerdem beriet sie mich bei der Bearbeitung dieses Werkes in gestalterischen Fragen. Ohne ihren engagierten kunstfertigen Einsatz wäre die Verwirklichung des Bestimmungsschlüssels und des Werkes in der vorgelegten Form schlicht nicht möglich gewesen.

Dr. Wolfgang Beisenherz (Bielefeld) und Prof. Jürgen Döhl (Detmold) waren wesentlich dafür verantwortlich, daß ich in der Universität Bielefeld die räumlichen und oftmals auch die technischen Möglichkeiten zur Verwirklichung meiner experimentellen Ideen erhielt. Dr. W. Beisenherz und Prof. Fritz Trillmich (Bielefeld) betreuten meine Doktorarbeit. Darüber hinaus stand mir Dr. Wolfgang Beisenherz stets mit freundschaftlichem Rat und konstruktiver Kritik zur Seite. Dr. Wolfgang

Dank

Staeck (Berlin) unterzog sich nicht nur der Mühe, den Bestimmungsschlüssel kritisch zu testen und Beobachtungen aus Freiland und Aquarium zu diskutieren, sondern überließ mir etliche Tiere für Untersuchungszwecke, die sonst sicherlich nicht zugänglich gewesen wären. Auch für die Mitteilung eigener Freilanduntersuchungsergebnisse sei ihm herzlich gedankt. Sven O. Kullander (NRM, Stockholm) danke ich für die Diskussion systematischer und nomenklatorischer Fragen. Dr. Jacques Géry (Sarlát, FR) danke ich für die Geduld bei der Diskussion nomenklatorischer und ethologischer Probleme. Frank Warzel (Mainz-Kostheim) diskutiert mit mir seit Jahren (selbst zur ungewöhnlichsten Tageszeit) immer wieder neue und kontroverse Ideen zur Biologie und Evolution von südamerikanischen Cichliden und machte mir außerdem einen großen Teil seiner eigenen Freilandbeobachtungen an Zwergbuntbarschen uneigennützig zugänglich. Ingo Koslowski (Gelsenkirchen) unterstützte mich ebenfalls wiederholt mit seinen Beobachtungsergebnissen aus dem Aquarium. Dr. Klaus Busse (ZFMK, Bonn), Dr. George Lenglet (IRSNB, Brüssel) und Dr. Friedhelm Krupp (ZFMK, Frankfurt) ermöglichten mir freundlicherweise die Nachuntersuchung von ausgeliehenem Typenmaterial. Tony Brandt Andersen (Bronshöj, Dänemark), Catalina Diaz (Universidade Federico Villareal, Lima (UFV)), Carlos Llantop (UFV), Juan Kostelac (UFV), Ernesto und Julio J. Melgar (UFV), Ulrich Minde (Burg a. Fehmarn) und Uwe Werner (Ense-Bremen) steuerten unveröffentlichte Freilandinformationen bei. Thorsten Plösch (Ganderkesee) fertigte freundlicherweise verschiedene Skelettpräparate an und beschaffte Röntgenbilder von *Apistogramma*. Dr. Bernhard Ruschhaupt (Bielefeld) fertigte freundlicherweise Röntgenaufnahmen einiger Fische an. Ingo Hahn (Bielefeld) testete den Bestimmungsschlüssel und beeinflußte in nächtelangen Diskussionen die Entstehung des Manuskriptes.
Folgende Personen, Firmen und Einrichtungen unterstützten mich im Laufe der Jahre mit meist lebendem Tiermaterial: Hans A. Baensch (Melle), Asher Benzaken (Turkys Aquarium, Manaus, BR), Heiko Bleher (Aquarium Rio, Neu-Isenburg), Horst Birkoben (Lingen), Friedrich Bitter (Bitter Exotics, Lünen), Dieter Bork (Hanau), Martin Böhringer (Stuttgart), Hans Werner Czeczatka (Mühlheim), Thomas Eger (Stuttgart), Jürgen Elsässer (Stuttgart), Johan Endres (Erlangen), Gerd Fischer (Kölle-Zoo, Stuttgart), Dr. Gero W. Fischer (Quito), Zierfischzüchterei Wolfgang Friedrich (Bielefeld), Eckehard Gauglitz (Seelze),

9

Dank

Manfred Geismann (Köln), Aquarium Glaser GmbH (Rodgau), Jens Gottwald (Aquatarium, Garbsen), Achim Hassenewert (Eickelborn), Werner Hutteck (Berlin), Eberhard Hüser (Hildesheim), Kaes de Jong (Horn, NL), Gerald Kellner (Mering), Michael Kladny (Bochum), Ingo Koslowski (Gelsenkirchen), Rainer Kossler (Köln), Winfried Krämer (Kamen), Volker Kretschmer (Kamen), Stephan Leissner (Neu-Ulm), Hans Joachim Mayland (Oberursel), Willy Mikschofsky (Würzburg), Daniel Müller (Stützengrün), Winfried Poesdorf (Bielefeld), Wouter N. Polder (Küsnacht, CH), Peter Pretor (Köln), Andreas Ronto (Rastatt), Walter Schmidt (Mehring), Axel Schneider (Offenburg), Burkhard Schreiber (Hannover), Lothar Seegers (Düsseldorf), Pascal Sewer (Zürich, CH), David P. Soares (Sisters/Oregon, USA), Axel Spinzyk (Berlin), Dr. Wolfgang Staeck (Berlin), Uwe Thierfelder (Sonthofen), Frank van Vliet (Anna-Paulowna, NL), Johann van Wakeren (Utrecht, NL), Frank Warzel (Mainz-Kostheim), Arthur Werner (München), Uwe Werner (Ense-Bremen), Frank Wilhelm (Kamsdorf), Wolfgang Alex Windisch (Offenburg) und Norbert Wisheu (Biehlersdorf).

Bei der Vorbereitung und Durchführung der Reisen in das Gebiet des Rio Negro erhielt ich Reiseinformationen und Unterstützung von Dr. Wolfgang Beisenherz (Bielefeld), Asher Benzaken (Turkys Aquarium Ltd., Manaus), Conrad Elektronik (Bielefeld), Duracell (Köln), Elna-Elektronik (Rellingen), Jürgen Elsässer (Stuttgart), Johan Endres (Erlangen), Gerd Fischer (Kölle-Zoo, Stuttgart), Foto-Shop (Bielefeld), Zierfischzüchterei Wolfgang Friedrich (Bielefeld), Heinz Paul Gerth (Sao Gabriél da Cachoeira), Globetrotter (Bielefeld), Willy Mikschofski (Würzburg), Nature Safaris (Rio de Janeiro), Netzbau Bestensee (Bestensee), Quality Fish Import (Dietzenbach), Andrea Matthies (Reiseshop in der Uni, Bielefeld), Tatunca Nara (Barcelos do Rio Negro), Karl Heinz Rupprecht (Neu-Ulm), Gabriela Schieber (Niederbach), Sony Deutschland (Köln), Rainer Stawikowski (Gelsenkirchen), Frank Warzel (Mainz-Kostheim), Wolf-Geräte GmbH (Betzdorf), Zugvogel (Bielefeld). Besonders hervorheben möchte ich Werner Theissig (Selzle, München), der dankenswerter Weise wiederholt speziell für den Tropeneinsatz modifizierte elektronische Meßgeräte zur Verfügung stellte, die den Feldtest in Brasilien mit Bravour bestanden.

Zum Gelingen der Feldbeobachtungen auf den Reisen trugen auch meine jeweiligen Reisebegleiter maßgeblich bei, nämlich Manfred Geismann (1992), Stephan Leissner (1992), Axel Schneider (1991 & 1992), Dr. Michael von Tschirnhaus (1994), Wolfgang Alex Windisch

(1991) und Martin Wöhler (1994). Ohne die freundliche Genehmigung, ausführliche Information und zum Teil tatkräftige Unterstützung durch die Federacao das Organizacoes Indigenas do Rio Negro (FOIRN) und die Dorfgemeinschaften der Tucáno entlang des Rio Negro und vor allem im Gebiet des Rio Uaupés, wären die Reisen in dieser Region praktisch unmöglich gewesen. Besonderen Dank schulde ich auch meinem Motorista und Reisegefährten Tatunca Nara (Barcélos do Rio Negro), der die Reisen 1991 und 1992 auch als variantenreicher Schachpartner begleitete, und José de Olivéira Néto (Sao Gabriél do Cachoeira), der sich 1994 überdies als zuverlässiger Dolmetscher und Vermittler im Gebiet des Rio Uaupés erwies. Ant Arktika vertrieb uns erfolgreich die langweiligen Reisestunden auf dem Rio Negro.

Dr. G. W. Schmidt (Albaum) danke ich für ergänzende Informationen zum Rio Tiquié und die Vermittlung seiner persönlichen Eindrücke und Erinnerungen zum Besuch von König Leopold von Belgien und Jean-Pierre Gosse am Rio Uaupés im Jahre 1967.

Für die Übersendung und Unterstützung bei der Beschaffung teils schwer zu erhaltender Literatur danke ich Hans A. Baensch (Melle), Dr. Wolfgang Beisenherz (Bielefeld), Heiko Bleher (Mailand), Erik Jan de Bos (Maarssen/Niederlande), Prof. Dr. Ning Labbish Chao (Manaus), David D. Herlong (Cary/North Carolina), Sven O. Kullander (Stockholm), Thorsten Plösch (Ganderkesee), David P. Soares (Sisters/Oregon), Naoto Tomizawa (Chiba/Japan), Alfred Ufermann (Oberhausen), Frank van Vliet (Anna-Paulowna/Niederlande), Frank Warzel (Mainz-Kostheim), Mike Wise (Denver/Colorado) und Lothar Zenner (Zwickau).

Dafür, daß sie mir bei der Ergänzung des Bildmaterials bereitwillig weiterhalfen, danke ich den Fotografen Dieter Bork (Hanau), Jürgen Elsäßer (Gärtringen), Jürgen Glaser (Schleitz), Werner Gutekunst (Tenningen), Achim Hassenewert (Eickelborn), Ingo Koslowski (Gelsenkirchen), Horst Linke (Schwarzenbach a.W.), Hans-Joachim Mayland (Oberursel), Thorsten Plösch (Ganderkesee), Walter Schmidt (Mehring), Axel Schneider (Offenburg), Dr. Wolfgang Staeck (Berlin), Frans Vermeulen (Lent), Frank van Vliet (Anna-Paulowna, NL), Frank Warzel (Mainz-Kostheim), Uwe Werner (Ense-Bremen), Wolfgang Alex Windisch (Offenburg) und dem Mergus Verlag, auf dessen Archiv ich ebenfalls zurückgreifen konnte.

Die mühselige Aufgabe, unterschiedliche Teile des Manuskriptes korrekturzulesen, übernahmen Dr. Wolfgang Beisenherz, Ingo Hahn,

Dank

Achim und Heike Hassenewert, Klaus Nottmeier-Linden, Dieter Lüken, Gabriele Nickstadt, Dr. Wolfgang Staeck, Frank Warzel und Martin Wöhler. Zahlreiche hilfreiche Anmerkungen lieferte außerdem der Übersetzer der englischen Ausgabe Thomas Ulber (Herprint International). Das Abschlußlektorat übernahm Dr. Eva Reichmann. Alle noch im Text verbliebenen Fehler hat natürlich allein der Autor zu verantworten. Schlußendlich soll auch mein spezieller Dank an Hans A. Baensch und die Mitarbeiterinnen des MERGUS-Verlages nicht fehlen, die mir während der Konkretisierungsphase des Buches mit freundlichem Rat behilflich waren. Insbesondere möchte ich H. A. Baensch dafür danken, daß er als Verleger die Herausgabe dieses, in einigen Teilen recht speziellen Werkes übernahm und den Abdruck einer solchen beispiellosen Fülle von Abbildungen der einzelnen Arten sowie der Habitate in einer Weise möglich gemacht hat, wie sie wohl noch nie zuvor in einer Monographie über neotropische Zwergcichliden vorgelegt werden konnte, ohne die aber die Darstellung dieser Tiergruppe unvollständig bliebe.

Apistogramma cruzi, Paar (♂ vorn, ♀ im Hintergrund)   J. Glaser

Seit rund 100 Jahren werden Buntbarsche aus Südamerika von Liebhabern und Wissenschaftlern in Aquarien gehalten, vermehrt und intensiv beobachtet. Auch Zwergbuntbarsche gehörten schon um die Jahrhundertwende zu den begehrten Pfleglingen der Aquarianer. Die ersten Zwergformen in den Wohnzimmern deutscher Aquarianer waren relativ robuste Formen wie *Nannacara anomala* oder *Apistogramma agassizii*. Die beiden Weltkriege unterbrachen für viele Liebhaber die friedliche Beschäftigung mit der "Bunten Welt im Glase" wie sie Rossmäßler einst nannte. Aber schon kurze Zeit nach dem Ende des Zweiten Weltkrieges begann ein neuer Aufschwung auch für die Aquaristik. Neue Wege der Einfuhr von Fischen, wie zum Beispiel durch die Lufttransporte, wie auch die Erschließung immer neuer Regionen in der, leider nur scheinbar unendlichen Weite des Südamerikanischen Kontinentes, insbesondere der Regenwaldgebiete Amazoniens, machten in der Folge in immer kürzeren Zeitabständen neue Formen sowohl für die Wissenschaft als auch für die Liebhaberei zugänglich. Das Netz der Beobachtungsstellen auf dem südamerikanischen Kontinent wurde vor allem in den letzten 15 Jahren immer dichter, die Frequenz, mit der neue Formen oder auch Arten aufgefunden werden immer höher. Heute vergeht kaum noch ein Monat, in dem nicht durch eine Wissenschaftsexpedition, professionelle Fänger und Exporteure oder auch reisende Aquarianer weitere Mosaiksteine in das Bild der bekannten Formen und das Netz der Verbreitung der Zwergbuntbarsche, aber auch anderer neotropischer Tiergruppen eingepaßt werden.

Der plötzliche rasante Anstieg der Artenzahl führte in den frühen Nachkriegsjahren wiederholt zu erheblichen Verwirrungen bei der Identifizierung mancher Arten. Das resultierende Durcheinander von gültigen und ungültigen Namen verfolgt uns noch bis in die heutige Zeit. Namen wie "*Apistogramma weisei*" oder "*Apistogramma ortmanni*" wurden für jeweils etwa ein halbes Dutzend unterschiedlicher Arten verwendet, bevor ihre Ungültigkeit ("*weisei*"), oder der wirklich dazu gehörige Fisch (*ortmanni*) tatsächlich gefunden waren. Trotzdem erscheinen diese Namen immer noch auf den Listen vieler Händler oder selbst an Aquarien in Austellungen mancher renommierter Aquarienvereine. Daher ist ein Anliegen dieses Werkes, dem Interessierten ein Werkzeug an die Hand zu geben, daß, auf den Erkenntnissen der letzten Jahre fußend, als Hilfe bei der Identifizierung von südamerikanischen Zwergbuntbarschen der Gattung *Apistogramma* dienen kann.

Zum Buch

Dabei ist mir wohl bewußt (und das sollte es auch dem geneigten Leser sein), daß ein solches Werk nur die ungefähre Aufnahme des augenblicklichen Kenntnisstandes leisten kann. Insbesonders seit viele Aquarianer selbst in die Heimat ihrer Pfleglinge reisen, vergeht kaum noch ein Monat, in dem nicht von neuen Fundorten weitere, bisher unbekannte Formen eingeführt oder die Kenntnisse über bereits bekannte Formen erweitert werden. Auch kommerzielle Fänger und Exporteure von Zierfischen haben neuerdings damit begonnen, gezielt seltener eingeführte oder bisher unbekannte Arten zu sammeln und an ihre Kunden in aller Welt zu versenden. Bei Drucklegung dieses Werkes sind bereits weiter Arten bekannt, die hier noch nicht berücksichtigt werden konnten. Viele der neuen Formen bleiben in den Aquarien der Liebhaber den wissenschaftlichen Spezialisten für die weitere Bearbeitung leider oftmals unzugänglich. Im vorliegenden Werk werden die bisher eingeführten Formen, soweit sie - oder Fotos davon - verfügbar waren, im Bild vorgestellt. Die Bestimmung der vielen Arten der Gattung *Apistogramma* ist mit Hilfe von Bildmaterial allein aber kaum noch möglich. Zu groß ist inzwischen die Zahl der Arten innerhalb ähnlicher Verwandtschaftsgruppen und Artkomplexe geworden.

Ich habe mich daher entschlossen, in diesem Buch erstmals einen umfassenden dichotomen Bestimmungsschlüssel für lebende Exemplare der bis Dezember 1996 bekannten *Apistogramma*-Arten vorzulegen. Er soll vor allem dem Hobby-Aquarianer, aber auch dem Fachmann eine möglichst unkomplizierte, wie schnelle - und vergleichsweise sichere - Identifizierung ihm noch unbekannter Formen ermöglichen. Der Schlüssel kann außerdem einen ersten wichtigen Hinweis darauf geben, ob es sich bei einer Form eventuell tatsächlich um eine Neuheit handeln könnte, nämlich genau dann, wenn sie mit dem Schlüssel letztlich nicht bestimmbar ist. In einigen Fällen, insbesondere bei den Weibchen, ist eine sichere Bestimmung aber nur mit Vorbehalten möglich; gelegentlich führt sie auch nur bis zu einer ganzen Gruppe von Arten, ohne daß eine Zuordnung ohne die Betrachtung der zugehörenden Männchen möglich wäre. Diese Problematik wird sich möglicherweise nie restlos auflösen lassen, da der Status einer Reihe von Arten selbst unter Spezialisten durchaus umstritten ist. Doch überwiegen die Vorteile einer solchen Bestimmungshilfe bei weitem deren Nachteile, ermöglicht sie doch dem Ungeübten die bereits erwähnte schnelle Orientierung innerhalb der Gattung und weist ebenso schnell auf bestehende Wissenslücken hin. Besonders zu erwähnen ist, daß sich mit der in den letzten Jahren rasant zunehmenden Informationsdichte aus dem Freiland abzeichnet, daß zwischen vielen Arten, beziehungsweise Artengruppen, ein breites Kontinuum verbindender Formen besteht, die hier erstmals in Superspezies-Komplexen, beziehungsweise genotypischen Clustern zusammengefaßt werden. Wie weit in einigen Fällen heute noch gültige Taxa in Zukunft aufgelöst oder gesplittet werden müssen, ist noch offen.

Immerhin kann durch das Aufzeigen der verbleibenden Probleme möglicherweise auch der eine oder andere Liebhaber (oder "Profi") dazu animiert werden, sich mit den jeweiligen Problemen eingehender zu beschäftigen und zur Lösung derselben beizutragen. Die Besonderheit der in der Cichliden-Aquaristik noch weitgehend unbekannten, zumindest aber ungebräuchlichen dichotomen (zweigeteilten) Schlüssel ist, daß stets zwischen zwei (seltener auch drei) grundsätzlichen Möglichkeiten einer Merkmalsausprägung zu wählen ist, die oftmals zusätzlich in erklärenden Zeichnungen dargestellt sind. Über die Ja-Nein-Beantwortung der gestellten Frage und den Verweis zur nächsten gelangt der Leser vergleichsweise schnell und sicher zu einer Artdiagnose. Bedacht werden sollte jedoch, daß natürlich neue, zum Zeitpunkt der Drucklegung noch unbekannte Arten oder Formen nicht berücksichtigt sind, ein Bestimmungsversuch mit Hilfe des Schlüssels daher erfolglos bleiben kann (siehe oben). Es wird daher an dieser Stelle außerdem dringend darum gebeten, neue Arten an den Verfasser oder andere Spezialisten für die Artengruppe, wenigstens aber Bildmaterial möglichst beider Geschlechter der betreffenden Tiere weiterzugeben, damit dies in folgende (verbesserte) Auflagen eingearbeitet werden kann. Angemerkt sei auch, daß zur ersten Dokumentation ein schlechtes Foto immer noch besser ist als keine Aufnahme! Meister fallen ja bekanntlich nicht vom Himmel, und auch der fotografische Laie oder Anfänger sollte sich darum nicht scheuen, seine Aufnahmen für eine solche Bearbeitung einzusenden, da eine Klärung der Identität der betreffenden Tiere sonst oftmals kaum möglich ist! Für das Verständnis vieler der beim Umgang mit *Apistogramma*-Arten wiederholt auftretenden Probleme sind Kenntnisse zur Ethologie, Ökologie oder Physiologie praktisch unerläßlich. Breiter Raum wird daher beispielhaft den Ergebnissen meiner öko-ethololologischen Studien an *Apistogramma*-Teilpopulationen im Einzugsgebiet des Rio

Negro und im Labor gewidmet. Einige der dargestellten Erkenntnisse sind sicherlich auch von ganz praktischem Nutzen in der Gefangenschaftshaltung, wie etwa die Befunde zur Geschlechtsbestimmung durch Umweltfaktoren, während andere diesbezüglich zunächst nur von geringer Bedeutung zu sein scheinen. Sie ermöglichen aber unter Umständen die Einordnung oder Deutung anderer, bislang ebenfalls noch weitgehend unverstandener Phänomene.

Neben der Identifizierung im Bestimmungsschlüssel werden beide Geschlechter aller Arten (soweit verfügbar) im abschließenden, reich bebilderten speziellen Artenteil in möglichst verschiedenen prägnanten Färbungen und Zeichnungsmustern vorgestellt. Besonderer Wert wird auf die in anderen Publikationen stark unterrepräsentierte Darstellung der Variabilität und von Weibchen gelegt. Die Art-Texte weisen auf besonders charakteristische Bestimmungsmerkmale oder Verhaltensweisen im Aquarium hin. Angaben zum Kenntnisstand zur Freilandbiologie, etwa zu ökologischen Besonderheiten, Verbreitung und eventuellen Gefährdungen finden sich ebenfalls, wobei aber bereits an dieser Stelle vorrausgeschickt sei, daß im allgemeinen die derzeitigen Kenntnisse über die Freilandbiologie von Fischen überhaupt, und erst recht zu den hier behandelten Zwergbuntbarschen aus Südamerika noch äußerst dürftig sind. Wesentliche Veränderungen dieser insgesamt unbefriedigenden Situation sind überdies leider kurz- bis mittelfristig, nicht zuletzt wegen der in der Tropenökologie allgemein mangelhaften finanziellen Rahmenbedingungen, nicht zu erwarten. Erste faunistische Arbeiten in Peru laufen derzeit im Rahmen einer internationalen Arbeitsgruppe an, die über die Universitäten in Líma und Iquitós koordiniert wird. Ein besonders hervorzuhebendes Ausnahmeprojekt stellt das brasilianische "Projekt Piaba" dar, das in einem eigenen Abschnitt kurz dargestellt wird, da es auch dem Laien eine Möglichkeit des Einstieges in die wissenschaftliche, sozio-ökologische und -ökonomische sowie naturschutzorientierte Arbeit an Fischen in den Neotropen bieten kann.

Für den an noch spezielleren Fragen zur Biologie kleiner Buntbarsche Interessierten findet sich eine umfangreiche Literatursammlung und ein Verzeichnis von Organisationen, die sich (auch) mit Buntbarschen beschäftigen.

Apistogramma panduro ♀ mit 6 Wochen alten Jungen

Bestimmungsschlüssel für lebende Zwergcichliden der Gattung *Apistogramma* (Teleostei: Cichlidae)

Hauptziel des nachfolgenden Bestimmungsschlüssels ist es, interessierten Laien ein Werkzeug zur Bestimmung lebender *Apistogramma* an die Hand zu geben. Aber auch Biologen, die sich z.B. mit verhaltensbiologischen Untersuchungen an *Apistogramma* beschäftigen, sollte der Schlüssel bei der Einordnung der erfahrungsgemäß oft nicht zuverlässig identifizierten Versuchstiere eine Hilfe sein können. Selbst Taxonomen wird der Schlüssel, der auch als Übersicht über die bekannten Formen (Redaktionsschluß Juni 1996!) gedacht ist, zusätzliche Informationen über die lebenden Tiere liefern können. Dem Schlüssel zur Bestimmung der *Apistogramma*-Arten habe ich einen Schlüssel zur Identifizierung der neotropischen (Zwerg-) Cichlidengattungen vorangestellt, um eine gegebenenfalls schnelle Zuordnung zur Gattung zu ermöglichen. Die Bestimmung einzelner *Apistogramma*-Arten, die je nach Gruppenzugehörigkeit auch längere Zeit (Tage bis Wochen!) bis zur sicheren Identifizierung erfordern kann, erfolgt dann im Hauptschlüssel.

Auch bei sorgfältigem Einsatz des Schlüssels werden (wahrscheinlich vor allem für den Laien) gelegentlich Fälle auftreten, in denen eine sichere Artbestimmung nicht möglich ist. Dafür sind zwei wesentliche Ursachen zu nennen: Zum einen sind viele Vertreter dieser Gattung so ähnlich, daß zur Bestimmung über die äußere Morphologie hinausgehende Informationen erforderlich sind (z.B. Skelettpräparate, Verhaltensbeobachtungen, gelegentlich auch Fundortangaben). Zum anderen sind zur Zeit zwar etwa 80 Formen, einschließlich nicht beschriebener Arten, innerhalb der Gattung bekannt. Doch werden kontinuierlich weitere, bisher unbekannte Formen, neu eingeführt, während von einigen anderen derzeit nur wenige Museumsexemplare bekannt sind. Lücken im Bestimmungsschlüssel sind daher unvermeidlich. Auch wenn sich auf den Karten Südamerikas nahezu flächendeckend Fundpunkte von *Apistogramma* finden, sind die Gewässer Südamerikas im Bezug auf ihre Fischfauna als relativ unerforscht zu bezeichnen. Tatsächlich spiegelt die Verteilung der Fundpunkte in den Karten derzeit weniger den Stand der Erforschung südamerikanischer Gewässer, als vielmehr die Reisetätigkeit einiger Wissenschaftler, Amateurbiologen und Aquarianer wider.

Apistogramma nijsseni ♂

Weiterhin kann ein Bestimmungsschlüssel wie der vorliegende im Grunde nur Tiere berücksichtigen oder erfassen, die dem Typusbild ihrer Art entsprechen. Abweichungen der Färbung, wie z.b. der von vielen Formen bekannte Polychromatismus oder Veränderungen in den schwarzen Zeichnungsmustern, können bei den meisten Arten im Aquarium, aber auch im Freiland auftreten (z.b. RÖMER 1991, STAECK 1991c). Solche Exemplare können zu Fehlbestimmungen verleiten. Es zeigt sich also, daß die Benutzung des Schlüssels nicht zwingend in allen Fällen zu einer sicheren Artbestimmung führen muß, doch erleichtert sie diese in jedem Falle.

Es sei weiter hervorgehoben, daß natürlich auch Autoren Fehler unterlaufen können, sicherlich nicht alle derzeit neu eingeführten Formen zugänglich waren und wahrscheinlich nicht bei allen Arten alle zur Bestimmung verwendbaren Merkmale aufgefallen sein mögen, insbesondere wenn es sich um nur sehr selten aquaristisch eingeführte Arten handelt (Materialbeschränkung!). Trotz dieser Unzulänglichkeiten war nach meiner Auffassung die Entwicklung eines Bestimmungsschlüssels für die Vertreter dieser Gattung trotz des damit verbundenen hohen Arbeitsaufwandes längst überfällig, da die *Apistogramma*-Arten bereits seit fast zwei Jahrzehnten zu einer der beliebtesten Gruppen unter den Aquarienfischen avanciert sind. Der geneigte Leser sei daher an dieser Stelle nachdrücklich dazu aufgefordert, Verbesserungsvorschläge und ergänzende Informationen an den Autor weiterzuleiten, um diese in späteren Überarbeitungen zur Verbesserung der Bestimmungsmöglichkeiten einfließen zu lassen.

Pterophyllum scalare aus Peru

Vorbemerkung zur Anwendung des Schlüssels:

Apistogramma benötigen in der Regel etwa ein halbes bis ein Jahr bis zur vollen Entwicklung der art- bzw. geschlechtsspezifischen Merkmale. Die sofortige Bestimmung von Jungfischen ist mit Hilfe dieses Schlüssels daher normalerweise nicht möglich. Weiterhin bestehen zwischen vielen *Apistogramma*-Weibchen kaum sichere Unterscheidungsmöglichkeiten. Der Schlüssel führt bei Weibchen daher nur in einigen Fällen bis zur Art, meist zu einer Artengruppe oder einem Artenkomplex. Auch wenn dies für den Benutzer wenig zufriedenstellend sein mag, besteht nach meiner Ansicht leider nur die Möglichkeit, die Bestimmung dann (wenn möglich) auf verhaltensbiologischem Wege fortzuführen, beispielsweise mit Hilfe von Paarungsversuchen Allerdings sei hier besonders auf die Möglichkeit der zu vermeidenden Hybridisierung unter Aquarienbedingungen, insbesondere innerhalb der Artkomplexe unter "forced conditions" hingewiesen! Auf die Angabe und Verwendung von Größen im Schlüssel wird bewußt weitestgehend verzichtet, da Tiere im Aquarium in der Regel deutlich größer als im Freiland werden und solche Angaben daher möglicherweise von entscheidenderen Merkmalen ablenken und zu Fehlbestimmungen beitragen würden. An dieser Stelle sei besonders darauf verwiesen, daß es sehr hilfreich sein kann, wenn man neuen oder besonders scheuen Fischen, auch solchen die im Aquarium keine Wechsel der Schwarzzeichnungsmuster zeigen, einen Spiegel vor oder in das Aquarium stellt. In fast allen Fällen reagieren die Tiere sofort auf ihr Spiegelbild und präsentieren das oft von Art zu Art unterschiedliche charakteristische Aggressionsmuster.

Für Leser, die im Umgang mit Bestimmungsschlüsseln dieser Art (dichotome Schlüssel) noch unerfahren sind, sei am Beispiel von *Apistogramma diplotaenia* die Anwendung kurz vorgestellt. Die Bestimmung erfolgt nach einem Frage-Antwort-System, in dem der Anwender in der Regel zwischen zwei, in wenigen Fällen auch mehr Aussagen die für seinen Fall zutreffendste auswählt und damit verbunden an das nächste Paar von Aussagen weiterverwiesen wird, bis er eine Aussage erreicht, die seine Tiere beschreibt.

Apistogramma caetei ♂ Wildfang aus Belém

Gattungen

Die Bestimmung von *Apistogramma diplotaenia* würde wie folgt ablaufen (s. u. Bestimmungsschlüssel):

unter Punkt A1: a) Schwanzflosse rund ist mit ja zu beantworten
    -> weiter nach Sektion A2;

unter A2: sind beide Möglichkeiten mit ja zu beantworten
    -> weiter nach A3 oder nach A33;

unter A3: wieder sind beide Möglichkeiten mit ja zu beantworten
    -> weiter nach A4 oder nach A28;

unter A4: a) Schwanzflosse gebändert ist mit ja zu beantworten
    -> weiter nach A8;

unter A8: b) Schwanzflosse unregelmäßig gebändert ist mit ja zu beantworten
    -> weiter nach A9;

unter A9: a) Schwanzwurzelfleck fehlt ist mit ja zu beantworten
    -> weiter nach A13;

unter A13: die Aussagen unter a) treffen zu
    -> es handelt sich also um *Apistogramma diplotaenia*.

Weiter oben waren noch zwei weitere Abzweigungsmöglichkeiten nach dem Schlüssel aufgeführt. Entscheidet man sich unter A2 oder A3 für diese Alternativmöglichkeiten gelangt man ebenfalls ans Ziel:

unter A33: a) Längsband ist in zwei Äste aufgespalten ist mit ja zu beantworten
    -> zurück nach A13;

unter A28: a) Längsband ist in zwei Äste aufgespalten ist wieder mit ja zu beantworten
    -> zurück nach A13.

Damit wären wir wieder bei der richtigen Artbestimmung angelangt. Für einzelne Arten können also auf diese Weise im Schlüssel mehrere unterschiedliche Bestimmungswege entstehen.

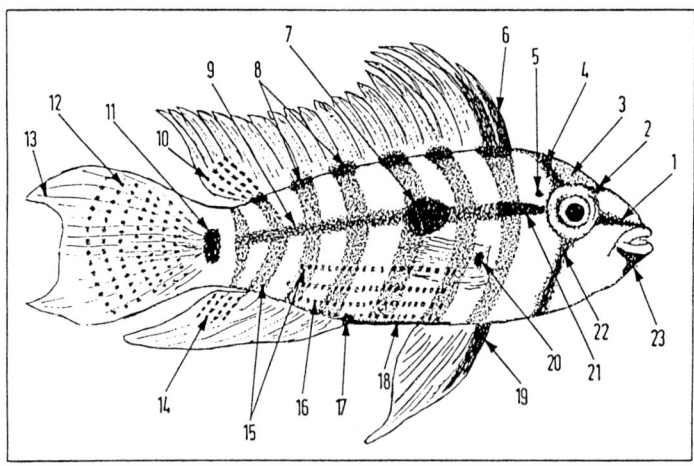

Diagnostisch wichtige Merkmale der *Apistogramma*-Arten, nach KULLANDER (1980) und LINKE & STAECK (1992), verändert.

1: Schnauzenstreifen
2: Zwischenaugenstreifen
3: Stirnfleck
4: Stirnstreif
5: Hinteraugenfleck
6: Ausprägung der 1. Rückenflossenmembran (hier verlängert)
7: Seitenfleck
8: Rückenflecken
9: Längsband
10: Fleckenzeichnung der Rückenflossen-Weichstrahlen
11: Schwanzwurzelfleck
12: Fleckenzeichnung der Schwanzflosse
13: Ausprägung der Schwanzflosse (hier zweizipfelig)
14: Fleckenzeichnung der Afterflosse
15: Querbänder
16: Aus Unterkörperflecken zusammengesetzte Unterkörperstreifen
17: Afterfleck
18: Bauchstreifen
19: Färbung der Bauflossenhäute
20: Brustflossenfleck
21: Hinteraugenstreifen (ein Teil des Längsbandes)
22: Wangenbinde
23: Unterlippenstreifen

Bestimmungsschlüssel Zwergcichliden (Gattungen)

S1. a) Tiere schlank, sandfarben, gelegentlich mit kleinen metallischen Glanzpunkten auf den Körperseiten, mit relativ spitzem Kopf, langem Schwanzstiel und bei Adulten oft asymmetrischer Schwanzflosse mit Verlängerung des oberen Flossenlappens .... *Biotoecus*

b) Tiere anders S2

S2. a) Tiere mit sehr schlankem, oft annähernd drehrundem Körper. Maul sehr klein, rund, mit kurzem Unterkiefer. Bauchflossen zu Stützflossen modifiziert, auf denen die extrem bodenorientierten Tiere meist in stark durchströmtem Wasser liegen. Stromschnellencichliden! ... *Teleocichla*

b) Tiere anders S3

S3. a) Tiere langgestreckt, meist drehrund, nur selten seitlich wenig zusammengedrückt, hechtartig; Maul groß, mit in der Regel überstehendem Unterkiefer. Körperschuppen klein. Längsband vom Maul bis meist in die Schwanzflosse verlaufend, zum Bauch hin nur unscharf begrenzt, oft breiter als das Auge. Die Mehrzahl der Arten sind Großcichliden mit deutlich mehr als 15 cm Länge. .... *Crenicichla*

b) Tiere anders S4

S4. a) Tiere sehr schlank und langgestreckt; Körper seitlich leicht zusammengedrückt. Längsband vom Maul bis auf die Schwanzwurzel reichend, scharf begrenzt, etwa so breit wie das Auge. Rückenflosse auffallend niedrig, Schwanzflosse bei adulten Männchen lanzettförmig. Führt auffallende, vertikal um die Augenebene pendelnde Körperbewegungen aus. Nur eine Art .... *Taeniacara candidi*

b) Tiere anders S5

S5. a) Tiere hochrückig, wenig gestreckt S6

b) Tiere schlank, deutlich gestreckt S15

S6. a) Tiere mehr oder weniger hochrückig. Stumpfschnäuzig; Maul klein und tiefliegend. Mit schachbrettartigem Muster auf den Körperseiten, bei Männchen oftmals undeutlich, oft auch Längsband ausgeprägt. Weibchen mit rötlichen Bauchflossen. S7

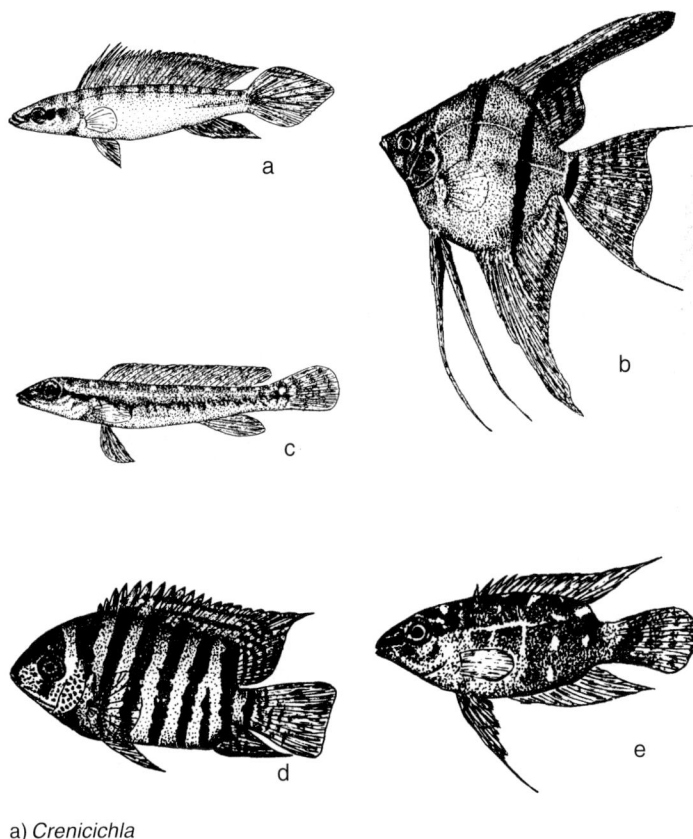

a) *Crenicichla*
b) *Pterophyllum*
c) *Teleocichla*
d) *Heros*
e) *Mesonauta*

Heros spec. nov. aus dem Rio Uaupés

b) Tiere anders gezeichnet **S8**

S7. a) Tiere nur im erwachsenen männlichen Geschlecht hochrückig und bullig wirkend, sonst vergleichsweise schlank und sehr langgestreckt; Körper fast drehrund, mit zwei bis vier Reihen deutlicher Schachbrettflecken. Normalerweise kleiner als zehn Zentimeter .... *Dicrossus*

b) Tiere schon als Jungtiere hochrückig. Körper seitlich deutlich zusammengedrückt, wenig gestreckt. Meist nur eine Reihe aus drei bis fünf Seitenflecken deutlich, die Schachbrettflecken in der Rückenregion dagegen nur undeutlich erkennbar. .... *Crenicara*

S8. a) Körper seitlich wenig zusammengedrückt, meist leicht walzenförmig, mäßig gestreckt und hochrückig. Dunkles, breites Längsband auf der Körperseite. Weibchen in der Brutpflege- und Schreckfärbung stets mit deutlichem Muster senkrechter, meist auch längs verlaufender Bänder .... *Nannacara*

b) Tiere anders gebaut und gezeichnet **S9**

S9. a) Tiere seitlich deutlich zusammengedrückt, sehr hochrückig, nur wenig gestreckt; Stirnprofil sehr stark ansteigend. Auffälliger schwarzer Fleck, der

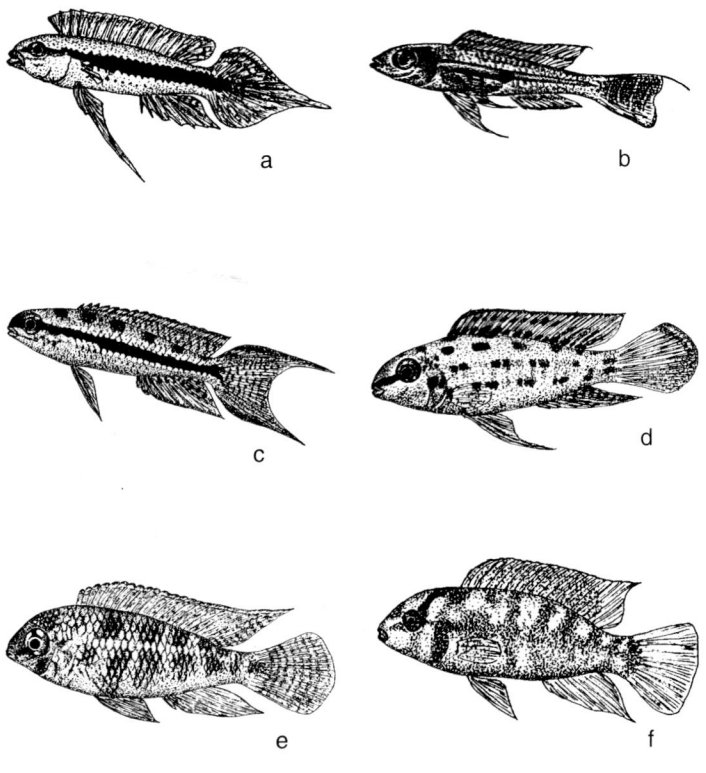

a) *Taenicara*
b) *Biotoecus*
c) *Dicrossus*
d) *Dicrossus*
e) *Crenicara*
f) *Mazarunia*

zeitweilig in der Rückenregion oder (seltener) der Körperseite auch zu einem breiten Band ausgedehnt werden kann; oft auch deutliches senkrechtes Band von der Stirn durch das Auge bis zum unteren Kiemendeckelrand. Erste Membranen der Rückenflosse nicht vollständig schwarz. **S10**

b) Tiere anders gefärbt, wenn Seitenfleck vorhanden, dann nie zu breitem Band ausgedehnt **S11**

S10. a) Schwarzer Fleck oberhalb des Ansatzes der Afterflosse, zeitweilig zu einem breiten Band ausgedehnt. Oft auch bogenförmig verlaufendes Körperlängsband sichtbar. Tiere meist lehmgelblich gefärbt .... *Cleithracara*

b) Schwarzer Fleck deutlich vor dem Ansatz der Afterflosse, zeitweilig zu einem breiten, sich zum Bauch hin verjüngenden Band ausgedehnt. Gerades Längsband ausnahmsweise im Bereich des hinteren Teils des Körpers sichtbar. Tiere oft metallisch gefärbt. .... *Guianacara*

S11. a) Körper hochrückig, seitlich stark zusammengedrückt, spitzköpfig; Maul auffallend klein. Erste, bei adulten Tieren verlängerte Flossenhäute der Rückenflosse normalerweise vollständig schwarz. Wenn Längsband ausnahmsweise sichtbar, dann zwischen Auge und Seitenfleck, der gelegentlich (stimmungsabhängig) bis in die Rückenflosse ausgedehnt wird
.... *Mikrogeophagus*

b) Tiere anders **S12**

S12. a) Körper kompakt und kräftig, seitlich nur wenig zusammengedrückt; Kopfprofil stumpf abgerundet; Kiefer kräftig, oft "bulldoggenartig" wirkend. Körper in Normalfärbung mit deutlichen schwarzen Bändern, bei Weibchen durchgehend, bei Männchen auf den unteren Körperseiten verblassend. In Schreckfärbung auf den Körperseiten ein kleiner schwarzer Fleck, außerdem mit charakteristischer Kopfzeichnung. Die zusammengeklappte Rückenflosse wird in eine Art Schuppenkanal eingelegt und ist dann nur noch im hinteren Fünftel sichtbar .... *Nannacara*

b) Tiere anders **S13**

S13. a) Fische seitlich deutlich zusammengedrückt. Kopfprofil rundlich spitz; Maul klein. Ein deutlicher runder Fleck auf der Körpermitte sowie acht deutliche Körperbänder, außerdem ein kleiner Schwanzwurzelfleck und schmales Wangenband vorhanden. Rückenflosse auffallend niedrig. Nur zwei Arten .... *Mazarunia*

b) Tiere anders **S14**

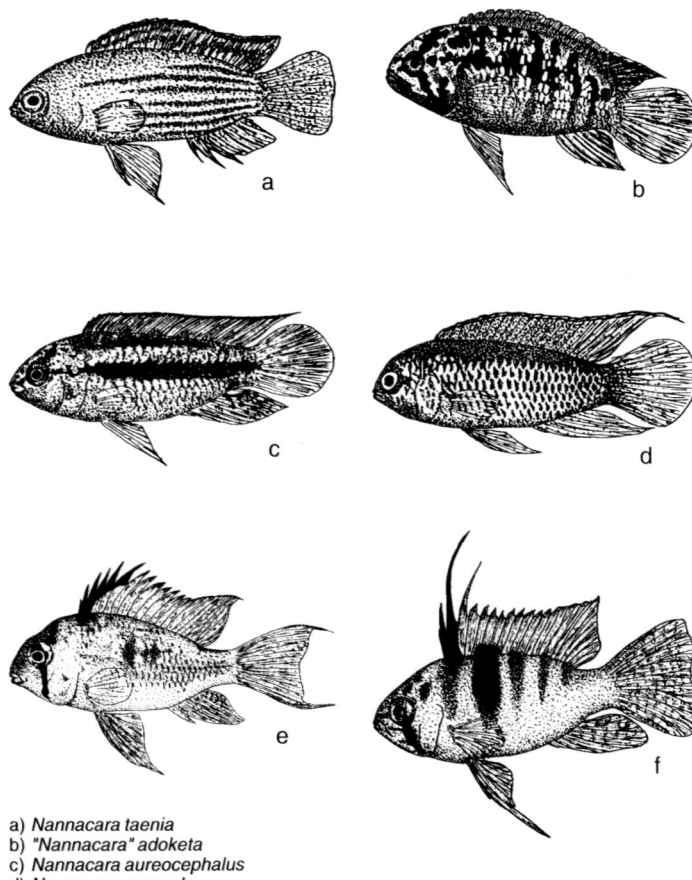

a) *Nannacara taenia*
b) *"Nannacara" adoketa*
c) *Nannacara aureocephalus*
d) *Nannacara anomala*
e) *Mikrogeophagus altispinosa*
f) *Mikrogeophagus ramirezi*

Gattungen

S14. a) Fische hochrückig, gedrungen, Körper seitlich mäßig, seltener deutlich zusammengedrückt. Kopfprofil rund, Maul relativ klein. Deutliches Längsband vom Auge bis auf die obere Hälfte der Schwanzwurzel verlaufend. Auf der Körperseite ein stimmungsabhängig oft deutlicher (aber nicht immer sichtbarer) Fleck, in der Rückenflosse meist ebenfalls ein solcher Fleck, beide oft durch ein breites Band miteinander verbunden; auf dem Rücken im Bereich des vorderen Rückenflossenansatzes ein weiterer, zeitweilig sichtbarer schwarzer Fleck
.... *Laetacara*

b) Fische anders .... **Großcichliden**

S15. a) Tiere meist als Erwachsene mehr oder weniger hochrückig. Auf den Körperseiten mit auffallendem schachbrettartigem Muster, bei Männchen oftmals undeutlich. Stumpfschnäuzig, Maul klein und tiefliegend. Weibchen mit rötlichen Bauchflossen **S7**

b) Fische anders **S16**

S16. a) Fische mit auffällig langer Afterflossenbasis, von etwa einem Drittel der Körperlänge. Körper gedrungen, seitlich mäßig zusammengedrückt. Rückenflosse niedrig, Bauchflossen kurz und auch bei Männchen ohne Verlängerungen. Schmales Längsband vom Auge bis zur Schwanzwurzel, wo es in einem schmalen senkrechten Band endet. Nur eine Art
.... ***Apistogrammoides pucallpaensis***

b) Fische mit kurzer Afterflossenbasis, von etwa einem Fünftel der Körperlänge. Alle anderen Merkmale in höchstem Maße variabel, oftmals den Eindruck der Zugehörigkeit zu unterschiedlichen Gattungen erweckend.
.... ***Apistogramma***

Nannacara taenia ♂

Apistogramma spec. "Smaragd" ♂

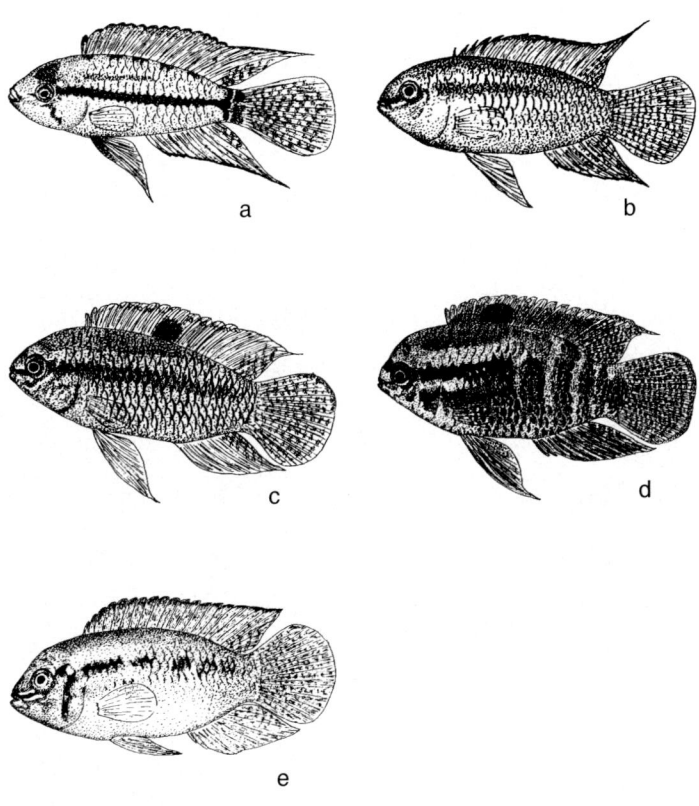

a) *Apistogrammoides*
b) *Laetacara curviceps*
c) *Laetacara curviceps*
d) *Laetacara dorsigera*
e) *Laetacara* sp. "Buckelkopf"

Apistogramma agassizii ♀ mit etwa 7 Tage alten Jungfischen

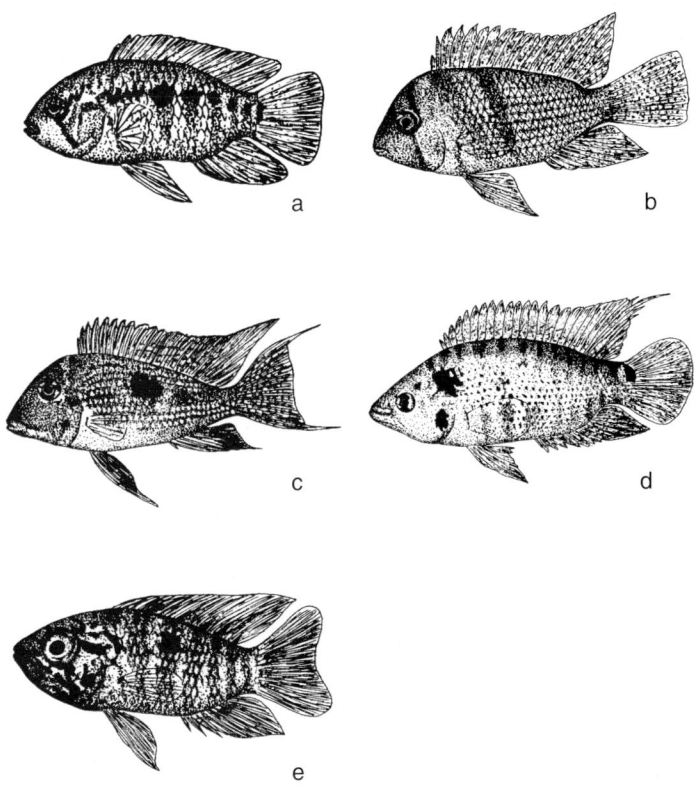

a) *"Nannacara"* (*Aequidens?*) *hoehnei*
b) *Guanacara*
c) *Geophagus*
d) *Cacetaia*
e) *Acaronia*

Bestimmungsschlüssel *Apistogramma*

Sektion A

A1. a) Schwanzflosse rund bis höchstens gestutzt (Abb.S. 37a-e) **A2**

b) Schwanzflosse zweizipfelig (Abb. S. 37a-j) .... **B2** (S. 82)

c) Schwanzflosse lanzettförmig (Abb. S. 37g) .... **C2** (S. 92)

d) Schwanzflosse anders (Abb. S. 37a-f) .... **D2** (S. 98)

A2. a) Schwanzflosse ungebändert transparent (Abb. S. 37c-f) ... **A33** (S. 58)

b) Schwanzflosse anders (mit Zeichnung) **A3**

A3. a) Schwanzflosse gepunktet, oft unregelmäßig (Abb. S. 37a+b) **A28** (S. 56)

b) Schwanzflosse anders **A4**

A4. a) Schwanzflosse gebändert **A8**

b) Schwanzflosse mit buntem oder schwarzem äußeren Saum **A5**

c) Schwanzflosse anders gefärbt **A1.c**

A5. a) Schwanzflosse mit rotem, orangem oder gelbem Saum **A6**

b) Schwanzflosse mit schwarzem Saum, gelegentlich außen zusätzlich weiß abgesetzt **A7**

A6. a) Schwanzflosse mit breitem orangem bis rotem Saum bzw. Streifen nur am oberen und unteren Rand, nie schwarz gerandet, Rückenflosse mit zugespitzten und durchgehend ausgezogenen Flossenhäuten, normal entwickelte Kiefer ohne auffällig verdickte Lippen **A1.b**

b) Schwanzflosse mit breitem orangem bis rotem Saum bzw. Streifen nur am oberen und unteren Rand, nie schwarz gerandet, nur die ersten fünf Flossenhäute der Rückenflosse geringfügig ausgezogen, kräftig entwickelte Kiefer und wulstige Lippen (Abb. S. 39 d+f) .... **A56** (S. 72)

c) Schwanzflosse mit durchgehendem, breiten orangem bis rotem Saum bzw. Streifen, meist schwarz gerandet **A57**

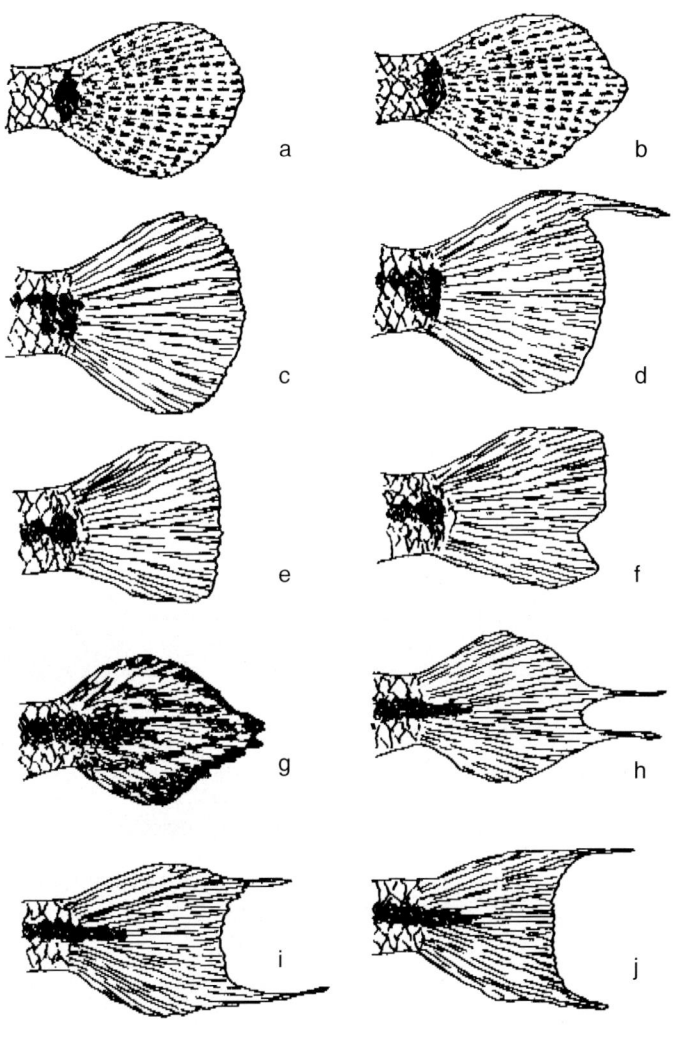

Typische Schwanzflossenformen der *Apistogramma*-Arten

A7. a) Schwanzflosse selten mit durchgehendem schwarzen Saum, meist begrenzt auf oberen und unteren Flossenrand, manchmal im inneren der Flosse schmale rote Zone anschließend **A1.b**

b) Tiere ohne Unterkörperstreifen und immer ohne Fleck im Bereich der Weichstrahlen der Rückenflosse **A6.b**

c) Schwanzflosse nie mit rotem Saum, schwarzer Saum meist auch nur in der oberen Flossenhälfte, Zentrum der Flosse häufig mit mehreren Reihen hyaliner Flecken. Rückenflosse mit deutlichen Verlängerungen der ersten Flossenmembranen, im Übergang zum Weichstrahlbereich ein unregelmäßiger arttypischer schwarzer Fleck. Überwiegend blaugrüner Körper mit drei zickzack verlaufenden schwarzen Streifen auf den Flanken, Lippen erwachsener Männchen oft auffällig vergrößert und rot gefärbt
.... ***Apistogramma norberti***

A8. a) Schwanzflosse vollständig und gleichmäßig senkrecht gebändert **A 17**

b) Schwanzflosse unvollständig und unregelmäßig, gelegentlich auch waagerecht gebändert, häufig auf hinteren Teil oder die Mitte der Flosse beschränkt, (bei einzelnen Individuen kann die Zeichnung zeitweilig fehlen!)
.... **A9**

a) *A. piauensis* ♂

b) *A. pulchra* ♂

c) *A. pertensis* ♂

d) *A. arua* ♂

a) *A. agassizii* ♂

b) *A. norberti* ♂

c) *A. agassizii* "Tefé" ♂

d) *A. nijsseni* ♀

e) *A. gephyra* ♂

f) *A. panduro* ♂

g) *A. elizabethae* ♂

h) *A. juruensis* ♂

A9. a) Schwanzwurzelfleck fehlt **A13**

b) Schwanzwurzelfleck einfach, meist oval, bei einer Art quadratisch .. **A10**

c) Schwanzwurzelfleck und Fleck im Bereich des 7. Körperquerbandes bilden einen Doppelfleck auf der Basis der Schwanzwurzel **A15**

d) Schwanzwurzelfleck bedeckt den gesamten Schwanzstilbereich hinter dem Ende der Afterflossenbasis, oft bis weit in die rot umsäumte Schwanzflosse reichend **A4.b**

A10. a) Deutlicher schwarzer Fleck hinter dem Ansatz der Brustflossen, seltener den Ansatz der Flosse ganz einrahmend, bei Männchen weniger deutlich ausgeprägt als bei Weibchen. Männchen mit charakteristisch himmelblauen wulstigen Lippen und Kiemendeckelabzeichen. Auf den Körperseiten unterhalb des Längsbandes zwei bis drei mehr oder weniger deutliche Reihen rötlicher oder schwarzer Einzelpunkte; Körpergrundfarbe bei Unwohlsein gelbgrau, sonst grünlichblau, oft mit rötlichem Hauch unterlegt. Weibchen typischerweise mit breit schwarz gerandeten Rücken-, After- und Bauchflossen; das normalerweise bis in den Schwanzwurzelfleck reichende, nach oben und unten zickzackförmig ausgefranste Längsband in Fortpflanzungsstimmung in sieben Flecken aufgelöst, dann auch hochovaler Schwanzwurzelfleck gut sichtbar .

Apistogramma spec. "Rotpunkt" (In der Aquaristik auch als *Apistogramma* spec. "Schwarzsaum" oder *Apistogramma* spec. "Puerto Narino" bezeichnet.)

b) Kein schwarzer Fleck hinter dem Ansatz der Brustflossen, falls ausnahmsweise doch vorhanden, immer in Verbindung mit drei bis vier Reihen von Unterkörperstrichen auftretend **A11**

A11. a) Unterhalb des Längsbandes zumindest zeitweilig mit 3, seltener 4 Reihen von Unterkörperstrichen, gelegentlich zu durchgehenden Bändern verschmelzend; Schwanzwurzelfleck deutlich hochoval, oft fast die ganze Höhe der Schwanzwurzel ausfüllend. Längsband endet in Querbinde 7 und erreicht den Schwanzwurzelfleck nie. Tiere mit auffälligem bläulichgrünem Metallglanz. Schwanzflosse der Männchen weist im äußeren Drittel drei bis vier schmale senkrechte Bänder auf; oft im davor liegenden Bereich mehrere Längsstreifen erkennbar. Weibchen extrem schwierig zu bestimmen. Verhaltensbeobachtungen erforderlich!

.... *Apistogramma* spec. "Smaragd"

b) Sehr ähnlich dem "Smaragd"-*Apistogramma*, zeigt aber im Gegensatz zu diesem eine vollständig gebänderte Schwanzflosse und einen vergleichsweise kleineren rundlicheren Schwanzwurzelfleck

.... *Apistogramma* spec. "Xingú"

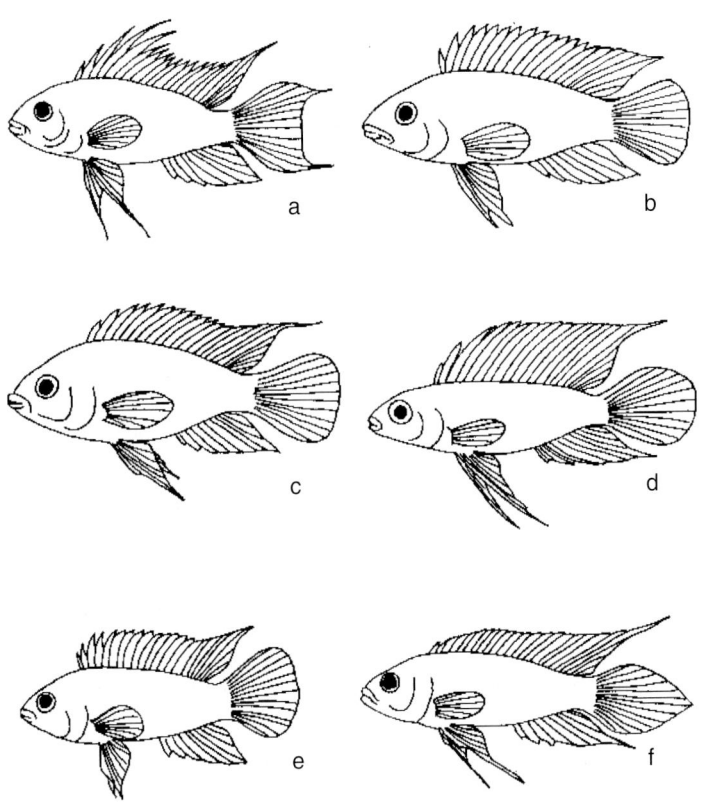

Typische Körperformen
a) wenig gestreckt, bullig
b) gestreckt, mäßig hochrückig
c) gedrungen hochrückig
d) schlank gestreckt
e) kurz gedrungen
f) schlank gestreckt

c) Körper unterhalb des Längsbandes stets ohne Längsbänder, wenn gezeichnet, dann besonders im Bereich der Körperbänder deutliche Unterkörperstriche, gelegentlich auch über die ganze Körperhöhe reichend . **A12**

A12. Die Unterscheidung der drei hier verbleibenden Arten ist nicht zuletzt deshalb schwierig, weil eine von ihnen (*pleurotaenia*) bisher wohl nur in einem Einzelexemplar lebend eingeführt worden ist. Benutzer des Schlüssels, die nach sorgfältiger Bestimmung zu dem Eindruck gelangen, eine der hier behandelten Formen vor sich zu haben, werden gebeten, sich an den Autor oder einen anderen Spezialisten für die Gattung *Apistogramma* zu wenden, da (auch unter wissenschaftlichen Aspekten) weitere systematische Beobachtungen an den Tieren von großem Interesse sind! Besonders zu beachten ist, daß die hier genannten Bestimmungshilfen im wesentlichen den auf konserviertem Material basierenden wissenschaftlichen Beschreibungen entstammen. Es fehlen bisher leider Informationen über die Lebendfärbung.

a) Schwanzwurzelfleck oval, deutlich, etwa die halbe Schwanzwurzelhöhe ausfüllend, Längsband stets vor dem Schwanzwurzelfleck in der 7. Querbinde endend. Häufig auf dem Körper in Verbindung mit dem Längsband auftretende deutliche Querbänder erkennbar, auf den Flanken besonders im Bereich dieser Bänder Unterkörperstriche ausgeprägt. Alle bisher bekannt gewordenen Exemplare weisen vier Hartstacheln in der Afterflosse auf, doch können vier Hartstacheln in dieser Flosse auch bei anderen Arten mehr oder weniger häufig auftreten ....*Apistogramma pleurotaenia*

b) Schwanzwurzelfleck oval, deutlich, etwa die halbe, oftmals sogar fast die gesamte Schwanzwurzelhöhe ausfüllend, Längsband stets vor dem Schwanzwurzelfleck in der 7. Querbinde endend. Männchen zeigen auf der vorderen Körperhälfte drei bis fünf artspezifische, aus roten Einzelflecken zusammengesetzte Punktreihen. Körper meist metallisch blau oder grau, manche Männchen mit gelber Kopf- und Kehlregion. Weist das östlichste Verbreitungsgebiet aller bisher bekannten *Apistogramma*-Arten auf. Einfuhr über den Handel ist kaum wahrscheinlich *Apistogramma piauensis*

c) Schwanzwurzelfleck oval, in der Größe sehr variabel, Längsband reicht (nach der Beschreibung durch GÜNTHER 1862) bis in den Schwanzwurzelfleck (anders hingegen z.B. auf der Abb. eines durch KULLANDER gesammelten Exemplares in KOSLOWSKI 1985). Bei lebenden Tieren sind das Längsband und der Schwanzwurzelfleck nur selten deutlich erkennbar; sie werden durch eine überwiegend metallisch grünliche bis bläuliche Körperfärbung überdeckt .... *Apistogramma taeniata*

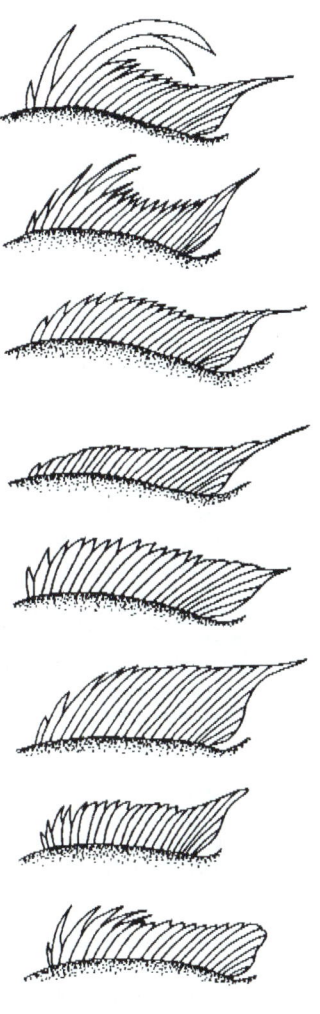

A. nijsseni ♂

Typische Rückenflossenformen der *Apistogramma*-Arten
(Erklärungen im Text)

A. elizabethae ♂

A13. a) Längsband hinter dem Kiemendeckel einzigartig in zwei Äste aufgespalten, die auf der Schwanzwurzel wieder verschmelzen ("Doppelband"-*Apistogramma*), der Zwischenraum in der Regel hell abgesetzt, in manchen Stimmungen aber ebenso gefärbt wie die beiden Äste des Bandes, dadurch den Eindruck eines fast halb körperhohen Längsbandes hervorrufend. Bei der Balz beide Teilbänder unterbrochen, dadurch zwei Reihen länglicher Flecke sichtbar. Seitenfleck fehlt immer, Wangenbinde variabel, stets deutlich, meist auffallend breit, oft den gesamten Kiemendeckel ausfüllend. Grundfarbe sandfarben. Oft Flossen rosa oder rot, besonders ausgeprägt bei Weibchen; Bauchflossen der Weibchen zu etwa zwei Dritteln schwarz, die der Männchen dagegen transparent; Schwanzflossenzeichnung variabel: neben völlig ungezeichneter Flosse kommen alle Übergänge bis zur fast völligen Bänderung vor. **Hinweis**: Nach vorliegenden Freilandbeobachtungen handelt es sich bei dieser Art um einen Sandcichliden!
.... *Apistogramma diplotaenia*

b) Längsband anders, nicht aufgespalten **A14**

A14. a) Längsband gleichmäßig breit vom Kiemendeckelhinterrand bis in den Grund der Schwanzflosse reichend ausgebildet. Der runde Seitenfleck etwa so breit wie das Längsband; ein Schwanzwurzelfleck fehlt. Die zwei weiblichen Beschreibungsexemplare zeigen keine Querbänder oder Unterkörperstreifen; die Bauchflossen weisen dunkle Vorderränder auf ... **B17**

b) Längsband auffallend ungleichmäßig breit, vom Kiemendeckelhinterrand bis zum Seitenfleck schmal, etwa eine Schuppe breit, vom Seitenfleck bis auf die Basis der Schwanzflosse etwa doppelt so breit wie im vorderen Teil. Seitenfleck etwa so breit wie der hintere Teil des Längsbandes, Schwanzwurzelfleck fehlt meist, kann aber gelegentlich deutlich quadratisch erscheinen .... *Apistogramma pulchra*

A15. & A16.: **Hinweis**: Die unter A15. und A16. verbliebenen drei Arten sind relativ schwer unterscheidbar. Im weiblichen Geschlecht muß die Zuordnung meist über umfangreiche Verhaltensbeobachtungen erfolgen. Alle drei Formen werden relativ häufig gepflegt und meist als Nachzuchten unter der Bezeichnung *A. linkei* im Handel angeboten.

A15. a) Längsband nur bis in das Körperband 6 reichend, schmal, meist nur etwa 1/2 Schuppe breit. Auf den Flanken zeitweilig zwei Reihen von Unterkörperstrichen, die nur selten zu Längsstreifen verschmelzen. Körper nur mäßig hochrückig, zeitweilig intensiv grünlich-metallisch gefärbt, häufiger gelblichgrau, gelegentlich auch blau. .... *Apistogramma inconspicua*

b) Längsband bis in Körperband 7 reichend **A16**

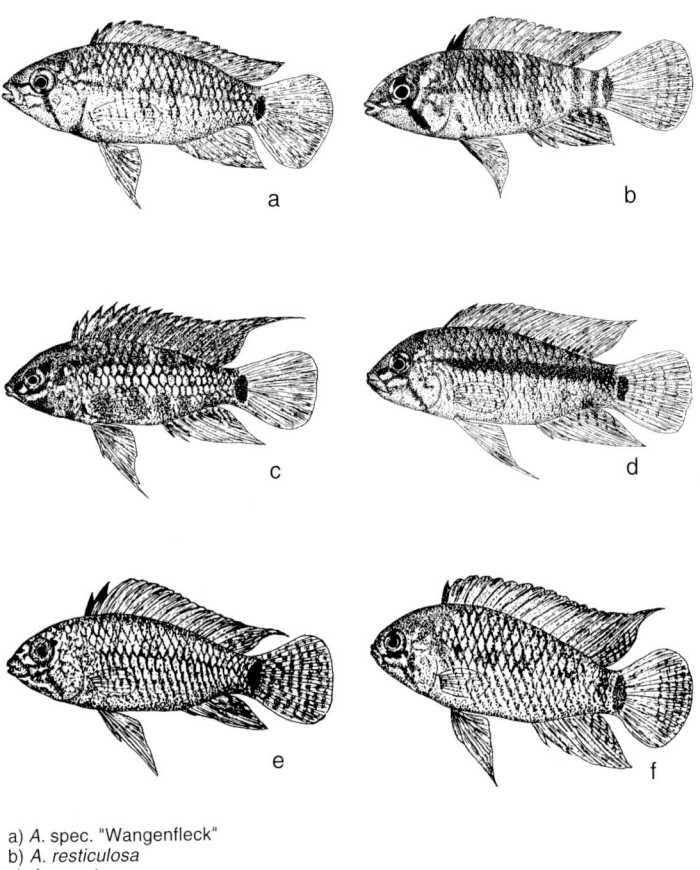

a) *A.* spec. "Wangenfleck"
b) *A. resticulosa*
c) *A. eunotus*
d) *A. moae*
e) *A.* spec. "Steel Blue"
f) *A. urteagai*

c) Längsband in der Regel fehlend. Mindestens die Membranhäute 3 bis 5 der Rückenflosse zugespitzt und deutlich verlängert .... **A57** (S. 74)

A16. a) Längsband bis in die Schwanzflossenbasis reichend, Bauchseiten im hinteren Teil mit meist zwei Reihen von Unterkörperstrichen. Mindestens die ersten 5 Flossenhäute auffallend ausgezogen und zugespitzt. Körper oft auffallend hochrückig, zumindest zeitweilig himmel- bis stahlblau. Kehl- und Bauchregion umfassend leuchtend gelborange. Rücken mit auffallenden schwarzen Flecken, die in die Basis der Rückenflosse hineinragen, Kiefer und Lippen kräftig wulstig entwickelt .... *Apistogramma atahualpa*

a*) Längsband nur bis in Körperband 7 reichend, Bauchseiten mit ein, selten zwei Reihen von Unterkörperstrichen. Rückenflosse immer ohne Verlängerungen der ersten Flossenhäute. Körper oft auffallend hochrückig, zumindest zeitweilig himmel- bis stahlblau. Kehl- und Bauchregion immer, je nach Herkunft mehr oder weniger umfassend, gelb bis leuchtend gelborange. Lippen nicht wulstig .... *Apistogramma linkei*

b) Längsband nur bis in Körperband 7 reichend; Bauchseiten mit zwei bis vier Reihen von Unterkörperstrichen, die meist zu Unterkörperstreifen verschmelzen. Rückenflosse ohne verlängerte Flossenhäute. Körper mäßig hochrückig, nur selten blau, sondern grau bis gelblichgrau, seltener ockergelb. Auf den Kiemendeckeln häufig leuchtend rote Wurmzeichnungen, im Übergang zur Kehle gelegentlich auch zitronengelbe Flecken. Auf den Flanken oft Unterkörperbänder schwach angedeutet. Lippen nicht wulstig .... *Apistogramma commbrae*

A17. a) Gestutzte Flossenhäute der Rückenflosse nicht über die Hartstachen verlängert; die des ersten, oft auch des zweiten Rückenflossenstachels, sowie der äußere Rand dieser Flosse schwarz. Zumindest zeitweilig mit großem auffälligem Fleck auf der Körperseite, immer oberhalb des Längsbandes, meist den ganzen Raum zwischen Längsband und Rückenflossenansatz ausfüllend; sehr selten auch zwei Flecke sichtbar, dann ungleich groß, Längsband selten sichtbar (Streß, Unterdrückung), schmal, etwa eine Schuppe breit, bis in die Mitte des 7. Querbandes reichend; Schwanzwurzelfleck oval, groß, meist die ganze Schwanzwurzelhöhe ausfüllend. Wangenbinde deutlich, vom Auge zum Kiemendeckelhinterrand breiter werdend, oft den ganzen Kiemendeckel lackschwarz ausfüllend. Unterhalb des Längsbandes manchmal Querbänder sichtbar; diese etwa zwei- bis dreimal so breit wie die Zwischenräume. Oft Hinterränder aller Körperschuppen dunkelbraun oder schwarz abgesetzt, daraus entsteht ein auffälliges Schuppenmuster .... *Apistogramma hippolytae*

b) Zugespitzte Flossenhäute der Rückenflosse deutlich über die Hartstacheln verlängert. Häute des ersten, oft auch des zweiten Rückenflossenstachels,

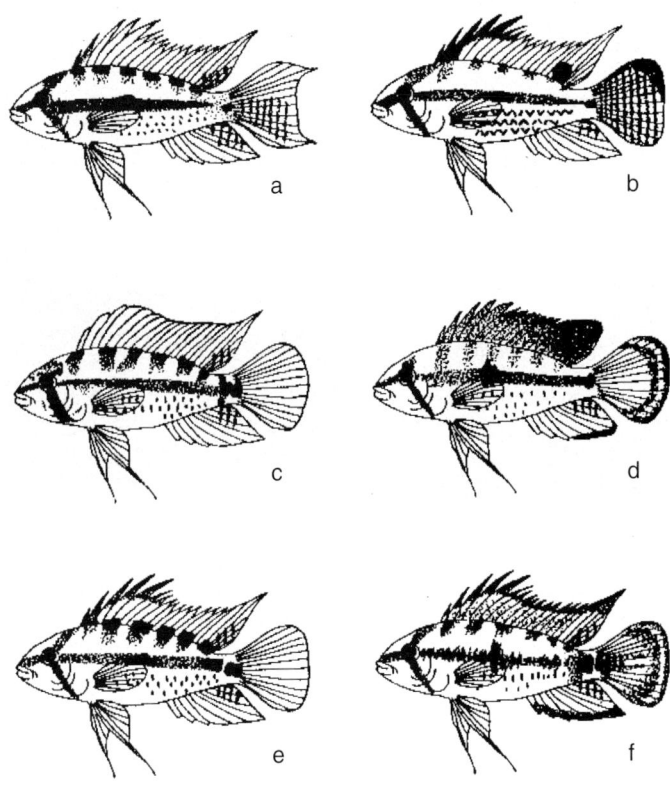

a) *A. payaminonis*
b) *A. norberti*
c) *A. linkei*
d) *A. nijsseni*
e) *A. atahualpa*
f) *A. panduro*

Apistogramma atahualpa ♂   D. Bork

sowie der äußere Rand der ganzen Flosse rot. Zumindest zeitweilig mit großem auffälligem Fleck auf der Körperseite, immer oberhalb des Längsbandes, meist den ganzen Raum zwischen Längsband und Rückenflossenansatz ausfüllend. Längsband selten sichtbar (Streß, Unterdrückung), gut eine Schuppe breit, bis unten in das obere Drittel des 7. Querbandes reichend; Schwanzwurzelfleck fast quadratisch, groß, etwa die halbe Schwanzwurzelhöhe ausfüllend; gerade Wangenbinde deutlich. Sonst wie A17a und B14 .... ***Apistogramma rupununi***

c) Tiere zumindest zeitweilig mit einem auffälligen, meist runden bis dreieckigen Fleck auf der Körperseite nie oberhalb, sondern direkt auf dem Längsband; nie den Raum zwischen Längsband und Rückenflossenansatz ausfüllend .... **A1.b** (S. 36)

d) Tiere anders gefärbt **A18**

A18. a) Körper auffallend niedrig und gestreckt, schlank wirkend. Rückenflosse oft vergrößert. Körperquerbänder meist fehlend; Längsband kann beim Drohen oder während der Brutpflege nicht in eine Reihe von Einzelflecken aufgelöst werden, sondern es werden ein bis maximal 3 Seitenflecke an den Positionen der Kreuzungen des Längsbandes mit den vorderen Querbändern sichtbar **A19**

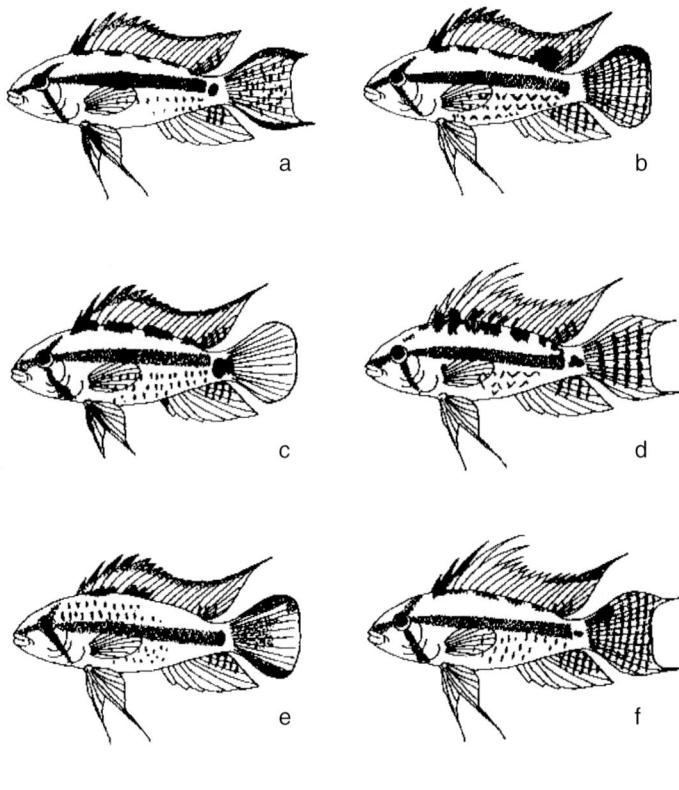

a) *A. payaminonis*
b) *A. norberti*
c) *A. linkei*
d) *A. juruensis*
e) *A.* spec. "Tame"
f) *A. luelingi*

b) Körper relativ hochrückig und gedrungen, oft bullig wirkend. Nie mit vergrößerter Rückenflosse. Oft Körperquerbänder deutlich erkennbar; Längsband kann beim Drohen oder während der Brutpflege in eine Reihe von vier bis sieben, an den Kreuzungspunkten mit den Querbändern gelegene Einzelflecke aufgelöst werden **A24**

A19. a) Längsband bis auf die Basis der Schwanzflosse reichend, Schwanzwurzelfleck fehlt **A20**

b) Längsband vor deutlich ausgeprägtem Schwanzwurzelfleck endend **A21**

A20. a) Längsband entweder schmal, höchstens eine Schuppe breit, oder unregelmäßig, im vorderen Teil viel schmaler ausgeprägt als hinter dem Seitenfleck **A14**

b) Längsband auffallend breit, mindestens eineinhalb Schuppen, oft sogar zwei Schuppen breit. Männchen mit segelartig vergrößerter Rückenflosse ohne schwarze Zeichnungen; Bauchflossen oft stark verlängert, bis an den Ansatz der Schwanzflosse reichend. In manchen Erregungszuständen, besonders bei Kampf und Brutpflege, treten auf den Körperunterseiten auffällige, arttypische, aus Unterkörperstrichen zusammengesetzte Unterkörperbänder auf .... *Apistogramma iniridae*

A21. a) Mit drei, seltener vier auffälligen Unterkörperstreifen, die aus Unterkörperstrichen und diese verbindenden schmalen Längsstreifchen zusammengesetzt sind. Ein Seitenfleck, klein und rund; das etwa eine Schuppe breite Längsband nie überragend. Schwanzwurzelfleck hochoval, meist ganze Höhe der Schwanzwurzel einnehmend; Wangenband gleichmäßig schmal und gerade vom Auge zum Kiemendeckelhinterrand verlaufend. Rückenflossenhäute der Männchen extrem segelartig vergrößert, Flossenhöhe oft Körperhöhe erreichend oder sogar übertreffend, Flosse in der Regel außen schmal weiß, bei Weibchen gelborange gesäumt. Schwanzflosse groß, bei Männchen asymmetrisch, in der oberen Flossenhälfte etwas verlängert. Bauchflossen beider Geschlechter mindestens den Ansatz der Afterflosse erreichend. Geschlechtsunterschiede deutlich: Männchen mit erheblich längeren Bauchflossen und wesentlich größer als Weibchen. Querbänder nur selten, dann aber mit auffälligen hellen Flecken in den Zwischenräumen unmittelbar ober- und unterhalb des gleichzeitig erscheinenden Längsbandes sichtbar .... *Apistogramma* spec. "Vierstreifen"

b) Nie mit Längsstreifen. Drei deutlich ausgeprägte Lateralflecke, häufig nur als helle, kupferglänzende Aussparungen im lackschwarzen Längsband erkennbar. Längsband hinter dem Kiemendeckel etwa ein bis eineinhalb Schuppen breit, auf der Schwanzwurzel breiter werdend, über mindestens zwei Schuppen ausgedehnt, im 7. Querband vor dem Schwanzwurzelfleck

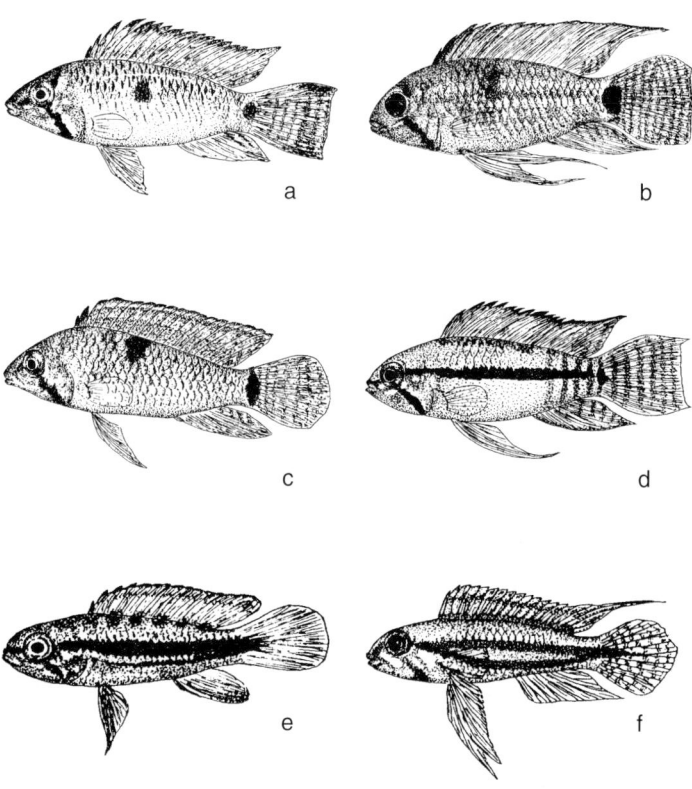

a) *A. steindachneri*
b) *A. rupununi*
c) *A. hippolytae*
d) *A. staecki*
e) *A.* spec. "Gabelband"
f) *A. diplotaenia*

endend; Schwanzwurzelfleck quadratisch, etwa halb so hoch wie die Schwanzwurzel. Wangenstreif durchgehend vom Auge zum Kiemendeckel spitz zulaufend, leicht nach hinten gekrümmt. Rückenflossenhäute nie verlängert, Flosse erreicht nur etwa halbe Körperhöhe. Körperbänder häufig sichtbar, mit hellen Flecken in den Zwischenräumen unmittelbar ober- und unterhalb des dann verwaschenen Längsbandes
....*Apistogramma* spec. "Tiquie 1"

c) Tiere anders gezeichnet, stets weniger als drei Seitenflecke **A22**

A22. a) Rückenflosse der Männchen auffallend hoch, oft Körperhöhe übertreffend; in der Regel Häute der ersten drei bis vier Rückenflossenstacheln frei stehend, dahinter verwachsen; Flosse im hinteren Teil weiß gesäumt. Stets ohne Bauchstreifen oder ausgeprägte Unterkörperstriche. Alle unpaaren Flossen ohne schwarze Zeichnungen. Längsband etwa eine Schuppe breit, auf der Position des 7. Querbandes vor dem runden Schwanzwurzelfleck endend; letzterer etwa ein Drittel der Höhe der Schwanzwurzel ausfüllend. Ein Seitenfleck nur selten zu sehen, klein, unregelmäßig geformt, das Längsband nicht überragend. Querbänder fast nie zu sehen, nur in extremsten Streßsituationen angedeutet. Wangenband meist schmal und gerade zum Kiemendeckelhinterrand verlaufend. Rückenregion bei Wohlbefinden intensiv bronze- bis kupferfarben .... *Apistogramma pertensis*

b) Nie mit hoher Rückenflosse. Oft deutliche Unterkörperstriche oder Querbänder. Entweder zwei Seitenflecke vorhanden, oder einer, der deutlich breiter ist als das Längsband **A23**

A23. a) Zwei runde Seitenflecke, die das etwa eineinhalb Schuppen breite Längsband an den Positionen der Querbänder 2 und 3 nicht überragen. Rückenflosse im Bereich der Flossenhäute 1 und 2 sowie am äußeren Rand porzellanweiß, Schwanzflosse gleichmäßig gebändert. Unpaarige Flossen nicht verlängert; bei Männchen nur gering zugespitzt; bei Weibchen abgerundet. Geschlechter kaum unterscheidbar ....*Apistogramma meinkeni* (= "Tiquié 2")

(**Anmerkung**: Alle bisher in der aquaristischen Literatur von verschiedenen Autoren unter der Bezeichnung *Apistogramma meinkeni* vorgestellten Tiere gehören zwei anderen Arten an! Die Tiere wurden erst im Frühjahr 1994 erstmals lebend eingeführt.)

b) Nur ein Seitenfleck, länglich, annähernd kastenförmig, etwa doppelt so breit wie das Längsband; letzteres etwa eine Schuppe breit. Geschlechter kaum zu unterscheiden; Männchen mit im Weichstrahlbereich leicht zugespitzter Rückenflosse. Körper der Männchen mit auffälligem grün-metallischem Glanz, Weibchen dagegen ockergelb ...... *Apistogramma* spec. "Weißsaum"

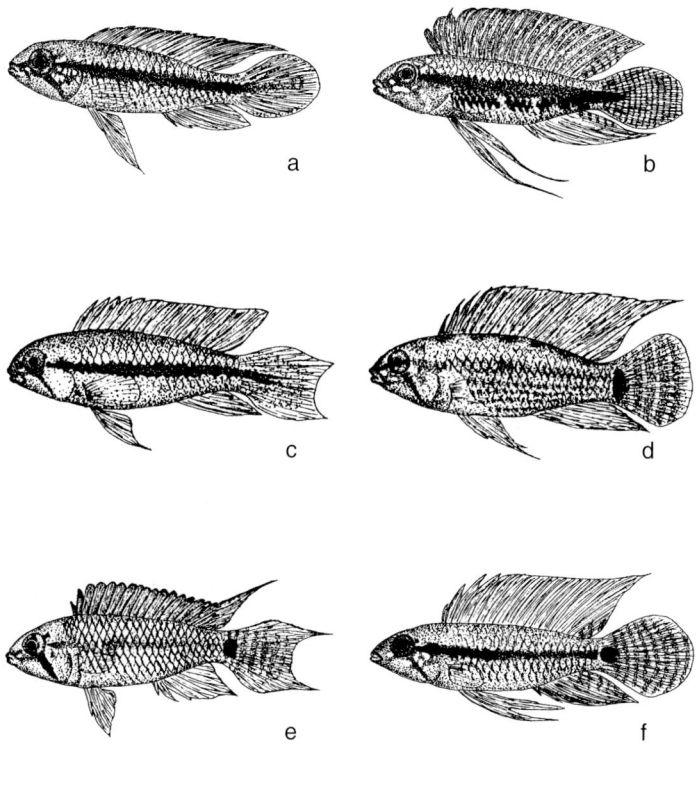

a) *A. gephyra*
b) *A. iniridae*
c) *A. uaupesi*
d) *A.* spec. "Vierstreifen"
e) *A. pulchra*
f) *A. pertensis*

A24. a) Stets ohne Unterbauchstreifen, dagegen häufig mit Unterkörperbändern oder Querbändern. Bei einer Art selten Unterkörperstriche (nur schwach!) angedeutet .... **A26**.

b) Zumindest zeitweilig mit zwei bis vier stark ausgeprägten Unterbauchstreifen; nur selten mit Unterkörperbändern, dann aber Unterbauchstreifen verblaßt **A25**

c) Mit auffälliger intensiver Querbänderung ("Zebrakleid"), die oft bis in den unteren Teil der niedrigen Rückenflosse reicht; gleichzeitig häufig drei bis vier Unterkörperstreifen. Beide Zeichnungselemente treten bei beiden vorgenannten Artengruppen [A24.a & b] nicht gleichzeitig auf. Zeichnungsmuster bereits bei Tieren unter zwei cm TL deutlich ausgeprägt. Hochovaler Schwanzwurzelfleck füllt meist die ganze Schwanzwurzelhöhe aus. Deutliche Wangenbinde vom Auge zum Kiemendeckelhinterrand leicht nach hinten gebogen spitz zulaufend. Längsband selten ausgeprägt, dann schmal, weniger als eine Schuppe breit vom Augenhinterrand bis zur Position des Querbandes 7 verlaufend. Geschlechter oft kaum unterscheidbar .... *Apistogramma regani*

A25. a) Doppelfleck auf der Schwanzwurzel .... **A16** (S. 46)

b) Schwanzwurzelfleck einfach, nie als Doppelfleck ausgebildet .... **A11** (S. 40)

A26. a) Längsband schmal, bis in die 7. Querbinde reichend; diese im unteren Teil deutlich ausgeprägt, wodurch der Eindruck eines nach unten abknickenden Längsbandes entsteht. In Erregung treten oft tiefschwarze Unterbauchstriche hervor **A27**

b) Längsband ebenfalls in Querbinde 7 endend, dieses aber gleichmäßig ausgeprägt oder fehlend; keinesfalls den Eindruck eines Abknickens erweckend .... **A11** (S. 40)

A27. Die hier verbliebenen fünf Formen (*Apistogramma* spec. "Rotwangen", *A.* spec. "Paraguay", *A. caetei, A.* spec. "Guamá ", *A. piauensis*) deren zum Teil zweifelhafter Artstatus noch geklärt werden muß, lassen sich im Aquarium selbst von Spezialisten oft nur sehr schwer unterscheiden. Zur Bestimmung sind umfangreiche verhaltensbiologische Beobachtungen erforderlich, da vor allem auch weniger markante Farbkleider aus der Fortpflanzungsphase für die Bestimmung erforderlich sind. Sie werden daher an dieser Stelle auch weitgehend als Einheit ohne weitere dichotome Aufschlüsselung behandelt. Aquarianer, die Tiere dieser Formen pflegen, sollten sich bemühen, die Herkunft zu klären und die Formen unter keinen Umständen zu vermischen!

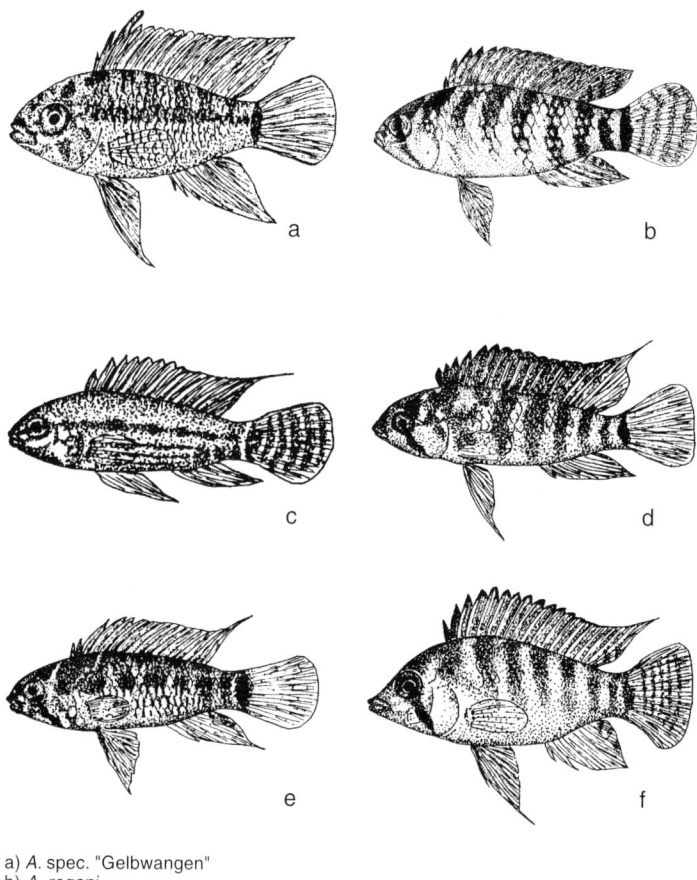

a) *A.* spec. "Gelbwangen"
b) *A. regani*
c) *A.* spec. "Smaragd"
d) *A. moae*
e) *A. gossei*
f) *A. moae/A. cruzi*

a) Kopf- und Kiemendeckelregion mit intensiven roten Wurmzeichnungen und Flecken auf graugelbem Grund. Sehr hochrückig und bullig wirkend. Schwanzflosse der Männchen oft unregelmäßig gebändert, Bänder stets viel breiter als deren helle Zwischenräume. Brutpflegende Weibchen zeigen ein in breite, relativ kurze Flecken aufgelöstes Längsband
.... *Apistogramma* spec. "Rotwangen"

b) Kopf und Kiemendeckel nie mit roten Wurmzeichnungen, sondern häufig gold- bis zitronengelb. Schwanzflosse der Männchen regelmäßig, meist durchgehend gebändert; Bänder etwa doppelt so breit wie die hellen Zwischenräume. Brutpflegende Weibchen zeigen ein in schmale, längliche Flecke aufgelöstes Längsband .... *Apistogramma* spec. "Paraguay"

c) Kopf und Kiemendeckel oftmals mit roten Flecken oder Strichen auf blauem Grund, manchmal aber ohne farbige Markierungen. Schlankste der behandelten Arten, Schwanzflosse der Männchen vollständig gleichmäßig gebändert; Bänder und dazwischen liegende Räume etwa gleich breit. Brutpflegende Weibchen zeigen ein in gleichmäßige Flecke aufgelöstes schmales Längsband .... *Apistogramma caetei*

d) Färbung wie *A. caetei* (A 27.c), stets ohne farbige Abzeichen in der Kopf-Brust-Region. Bänder in der Schwanzflosse etwa doppelt so breit wie die Zwischenräume .... *Apistogramma* spec. "Guamá "

e) Männchen zeigen auf der vorderen Körperhälfte drei bis fünf artspezifische, aus roten Einzelflecken zusammengesetzte Punktreihen. Körper meist metallisch blau oder grau, manche Männchen mit gelber Kopf- und Kehlregion. Weibchen in Normalfärbung ebenfalls häufig bläulich, in der Brutpflegefärbung dagegen ockergelblich bis orangegelb, nie zitronengelb .... **A12.b** (S. 42)

A28. a) Längsband zwischen Kiemendeckelhinterrand und Schwanzwurzel in zwei Äste aufgespalten, zwischen denen sich eine helle Zone befindet (Doppelband) .... **A13.a** (S. 44)

b) Längsband anders **A29**

A29. a) Längsband bis in die Basis der Schwanzflosse reichend, stets ohne Schwanzwurzelfleck **A32**

b) Längsband vor der Schwanzflosse endend. Schwanzwurzelfleck vorhanden, unterschiedlich ausgeprägt **A30**

A30. a) Auf der Schwanzwurzel typischer Doppelfleck, der aus dem Schwanzwurzelfleck und einem auf der davor liegenden 7. Querbinde sichtbaren Fleck gebildet wird; oft verschmolzen .... **A16** (S. 46)

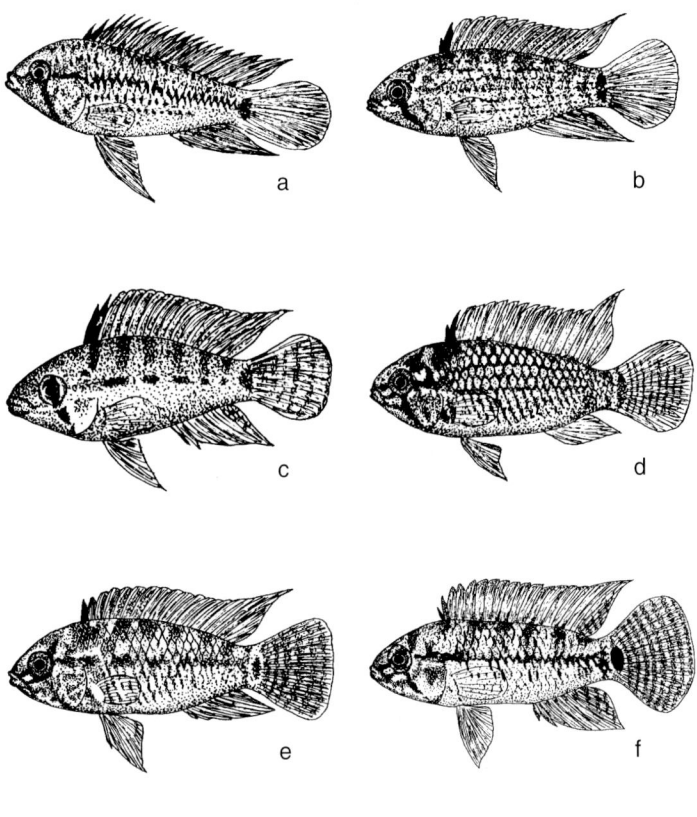

a) *A. guttata*
b) *A.* spec. "Tucurui"
c) *A. geisleri*
d) *A. piauensis*
e) *A. caetei*
f) *A.* spec. "Paraguay"

b) Schwanzwurzel nur mit einem Einzelfleck **A31**

A31. a) Entweder mit deutlichem schwarzen Fleck hinter dem Ansatz der Brustflossen und auf den Körperseiten unterhalb des Längsbandes zwei bis drei mehr oder weniger deutliche Reihen rötlicher oder schwarzer Einzelpunkte, oder mit einem scheinbar auf dem Körperband 7 nach unten abknickenden Längsband, oder mit einem karoähnlichen Muster intensiver Querbänder, ausgeprägtem Längsband und deutlichen Unterkörperstrichen .... **A10** (S. 40)

b) Meist ohne deutliche schwarze Zeichnungen. Die meisten Männchen mit auffälliger roter und metallisch-blauer Zeichnung des Kopfes und der Kiemendeckel. Längsband wenn sichtbar sehr schmal, vom Augenhinterrand bis in das 7. Querband reichend; nur auf den Rändern der Schuppen erkennbar, auf denen es verläuft, woraus der Eindruck einer schmalen Zickzack-Linie entsteht; Schwanzwurzelfleck klein und unregelmäßig geformt. Bänderung der Schwanzflosse meist nur im mittleren Teil erkennbar. Bänder viel breiter als die hellen Zwischenräume. Körper der Männchen meist grünlich-gelb-metallisch. Weibchen gelbgrau, während der Brutpflege lehmgelb mit in schmale längliche Flecken aufgelöstem Längsband .... *Apistogramma geisleri*

A32. a) Längsband auffallend ungleichmäßig ausgebildet, vor dem Seitenfleck wesentlich schmaler als hinter diesem .... **A14.b** (S. 44)

b) Längsband gleichmäßig ausgebildet, ein bis maximal zwei Schuppen breit, Schwanzflosse außen schwarz, weiß, seltener orange oder rot umsäumt, Tiere sehr variabel gefärbt, mit ein oder zwei Seitenflecken **A1.C** (S. 36)

c) Längsband gleichmäßig ausgebildet, etwa eine Schuppe breit, Schwanzflosse ohne farbigen Saum, ein Seitenfleck .... **A14.a** (S. 44)

A33. a) Längsband zwischen Kiemendeckelhinterrand und Schwanzwurzel in zwei Äste aufgespalten, zwischen denen sich eine helle Zone befindet (Doppelband, Abb. S. 51 f) **A13.a** (S.44)

b) Längsband bis in den Grund der Schwanzflosse hineinreichend, Schwanzwurzelfleck fehlt **A34**

c) Längsband anders, Schwanzwurzelfleck vorhanden **A35**

A34. a) Rückenflosse im vorderen Bereich mit zugespitzten, meist verlängerten Flossenhäuten mindestens der ersten vier Hartstacheln. Neben dem etwa eine Schuppe breiten Längsband und dem schmalen, vom Auge zum Kiemendeckelhinterrand verlaufenden Wangenband verläuft ein weiteres,

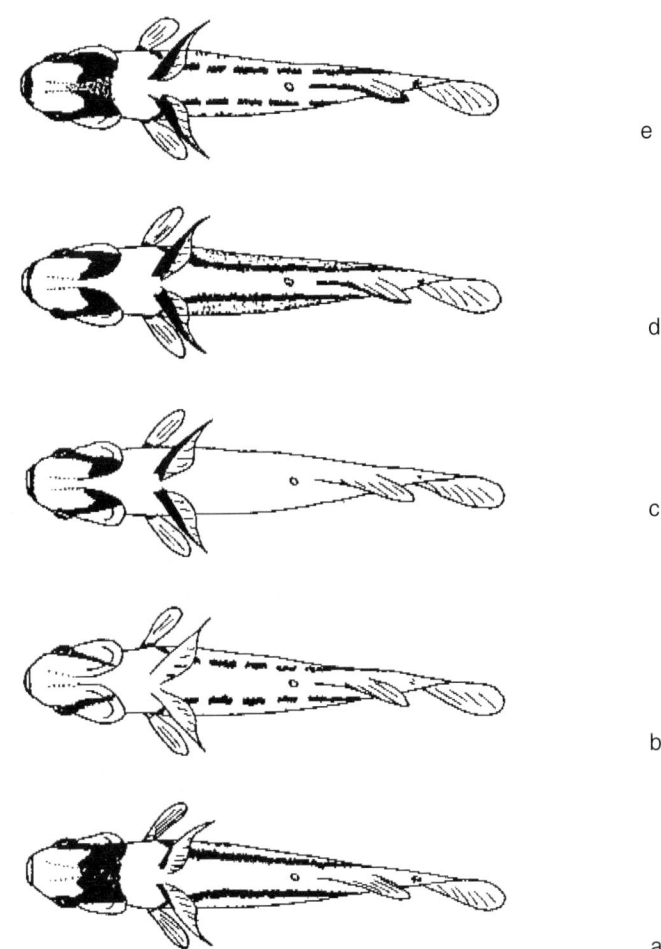

e

d

c

b

a

Ventralzeichnungen von *Apistogramma diplotaenia* (a+b ♂, c-e ♀)

arttypisches Band etwa vom Ansatz der Brustflosse in gerader Linie zum vorderen Ansatz der Afterflosse. Körper variabel gefärbt: neben smaragd-grünen Tieren treten auch stahlblaue Fische mit gelbem Kopf und teilweise roter Rückenflosse auf (Nominatform) .... *Apistogramma trifasciata*

a*) Wie a), aber lebend stets ohne das dritte Band vom Ansatz der Brustflosse zum vorderen Ansatz der Afterflosse! Längsband normalerweise hinter dem Kiemendeckel beginnend, etwa eine Schuppe breit, von dort gleichmäßig breiter werdend bis in die Schwanzflosse laufend, auf der Schwanzflossen-basis etwa doppelt so breit wie hinter dem Kiemendeckel, die Intensität der Färbung nimmt von vorne nach hinten deutlich zu. Fein genetzte Schwanz-flosse der Männchen oft flächig orange bis blutrot
.... *Apistogramma macilliensis*

b) Flossenhäute der Rückenflosse auf ganzer Länge verlängert, vollständig verwachsen; Flosse oft höher als der Körper. Schmales im Zickzack verlaufendes Längsband meist nur auf hinterem Körperdrittel zu sehen; Seitenfleck fehlt. Körper auffallend hochrückig und kaum gestreckt. Meist blau mit gelber Kopf- und Brustregion oder einfarbig blau mit roten Wurm-zeichnungen auf den Wangen und Kiemendeckeln; auch rein gelbe Tiere werden immer wieder angeboten .... *Apistogramma borellii*

c) Rückenflosse ohne Verlängerungen der Flossenhäute **A32**

A35. a) Ausgeprägter Doppelfleck auf der Schwanzwurzel, aus einem Fleck auf der 7. Querbinde und dem Schwanzwurzelfleck zusammensetzt
.... **A16** (S. 46)

b) Schwanzwurzelfleck anders, nie als Doppelfleck **A36**

A36. a) Schwanzwurzelfleck einfach. Über die gesamte Höhe des Körpers (also auch oberhalb des Längsbandes) verteilt sechs bis zehn, zum Teil bis in den Schwanzstil reichende Längsstreifen aus Reihen mehr oder weniger regel-mäßiger dunkler Flecken .... **A49** (S. 70)

b) Tiere anders gezeichnet **A37**

A37. a) Rückenflosse auf ganzer Länge, mindestens aber im vorderen Teil mit auffallend verlängerten Flossenhäuten **A38**

b) Rückenflosse ohne Verlängerungen der Flossenhäute **A43**

A38. a) Kopf mit charakteristischem Muster dunkler, meist schwarzer Flecken. Ganze Kopfregion meist zitronengelb; Körper, Rücken- und Afterflosse metallisch grün bis grünblau. Rückenflosse älterer Männchen meist höher

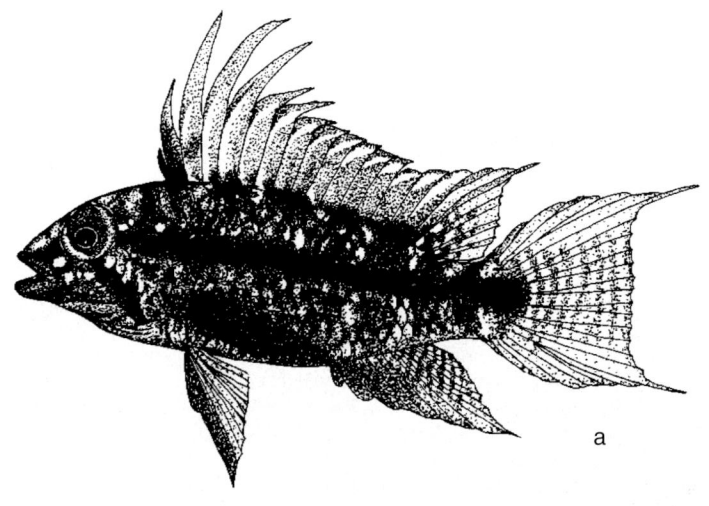

a) *Apistogramma arua* ♂ (Zeichnung nach dem Holotypus)

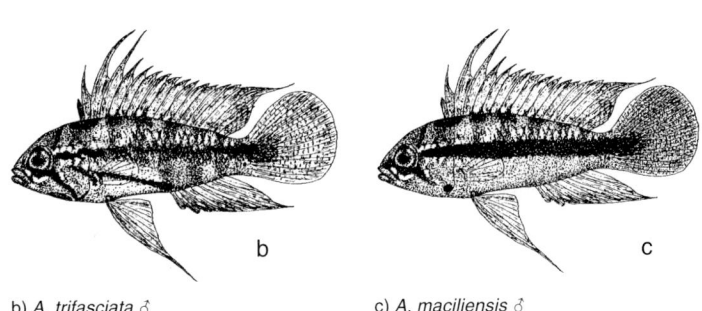

b) *A. trifasciata* ♂

c) *A. maciliensis* ♂

Apistogramma hongsloi, lateral drohende ♂ ♂   J. Glaser

als der Körper, außerdem Schwanzflosse zweizipfelig (!). In deren oberem und unterem Randbereich je ein schwarzer Streifen; oftmals zur Flossenmitte angrenzend ein weiterer, roter Streifen; vereinzelt treten auch Exemplare mit ausschließlich roter Schwanzflossenzeichnung auf. Schwanzwurzelfleck hochoval. Längsband selten zu sehen, meist in längliche, unregelmäßige Flecke aufgelöst. Weibchen mit, von der Unterlippe bis an den Ansatz der Afterflosse ausgedehnter, auffälliger schwarzer Zeichnung

.... ***Apistogramma hoignei***

b) Kopfseiten manchmal mit schwarzen Flecken, aber unregelmäßig, nie mit A38.a vergleichbarer Ausprägung oder Anordnung **A39**

A39. a) Zeitweilig (vor allem bei der Balz) zwei bis vier Reihen deutlicher Unterkörperstriche, oft zu einer gleichmäßigen schwarzen Zone auf dem Unterkörper verschmelzend. Entlang der Afterflossenbasis ein bis drei Reihen arttypischer, im Zentrum schwarzer oder roter Schuppen. Auf der Schwanzwurzel in ganzer Höhe eine ebenso gefärbte Zone. Nur die Ränder der Schuppen im Längsband dunkel gerandet, Längsband dadurch kettenähnlich wirkend. Schwanzwurzelfleck wenn sichtbar klein und rund. Körper extrem hochrückig und bullig wirkend (hochrückigste Form der Gattung). Rückenflosse im vorderen Drittel tief eingeschnitten (gesägt), dahinter nur

Apistogramma spec. "Steel Blue" ♂, subdominant, leicht aggressiv

Stromschnelle des Rio Negro oberhalb von Sánta Isabél

schwach eingeschnitten gesägt; Schwanzflosse immer rund. Unpaare Flossen im Bereich der Weichstrahlen häufig extrem verlängert, bis über das Ende der Schwanzflosse hinausragend. Mindestens zwei unterscheidbare, wohl geographische Farbformen: kolumbianische Form mit himmelblauem Körper und zitronengelber Kopf- und Brustregion, roter Afterflossenstreif häufiger als bei der venezolanischen Form; diese meist mit gelblichgrauem Körper ohne gelbe Kopfregion. Oft mit auffallenden roten Punkten und Wurmzeichnungen auf Wangen und Kiemendeckeln. Übergänge zwischen beiden Formen treten auf (Aquarienkreuzungen?). Weibchen mit schwarzem Bauchstreifen, vom Ansatz der Afterflosse bis zwischen die Bauchflossen reichend; stimmungsabhängig nicht immer erkennbar
.... *Apistogramma hongsloi*

b) Ohne deutliche Unterkörperstriche. Nie mit dem (für die vorherige Art typischen) Streif entlang der Afterflosse. Färbung völlig anders **A40**

A40. a) Rückenflosse auf ganzer Länge der Hartstacheln mit deutlichen Verlängerungen der Flossenhäute; tief eingeschnitten gesägt. Körper meist graubraun bis beige, oft metallisch grün überlagert. Schwanzwurzelfleck hochoval, mindestens die halbe Schwanzwurzelhöhe einnehmend; Längsband vor dem Schwanzwurzelfleck endend, mäßig breit, in der Körpermitte etwa 1 Schuppe breit; meist zu schmaler, auf die Schuppenränder begrenzter Zickzack-Linie reduziert. Oft hinter dem Auge ein Hinteraugenstreif, der sich bei Männchen gabelt; oberer Ast bogenförmig gekrümmt nach oben verlaufend, etwa auf halber Distanz zum Rückenflossenansatz endend. Weibchen mit schwarzem Bauchstreifen vom Ansatz der Afterflosse bis auf die Brust; dort oft stark verbreitert; Streif häufig bis auf die Unterlippe reichend
.... *Apistogramma* spec. "Rio-Caura"

b) Rückenflosse anders **A41**

A41. a) Färbung variabel, oft auf den Flanken drei deutliche kurze Unterkörperstreifen. Erwachsene Männchen weisen häufig deutliche Verlängerungen der Flossenhäute der ersten vier Rückenflossenstacheln auf; diese dann auch freistehend. Schwanzwurzelfleck hochoval, groß, meist die ganze Schwanzstielhöhe ausfüllend. Fast immer zitronen- bis sonnengelbe Zeichnungen auf Kiemendeckeln und Wangen (Name!). Längsband oft in fünf bis sechs unregelmäßige Flecken aufgelöst; Wangenbinde deutlich, gerade zum Kiemendeckelhinterrand laufend
.... *Apistogramma* spec. "Gelbwangen"

b) stets ohne Unterkörperstreifen **A42**

A42. Hinweis: Über den Artstatus der folgenden, schwer unterscheidbaren Arten entbrennen unter Aquarianern immer wieder heftige Diskussionen. Verschiedentlich wurde vermutet, es handele sich dabei um geographische

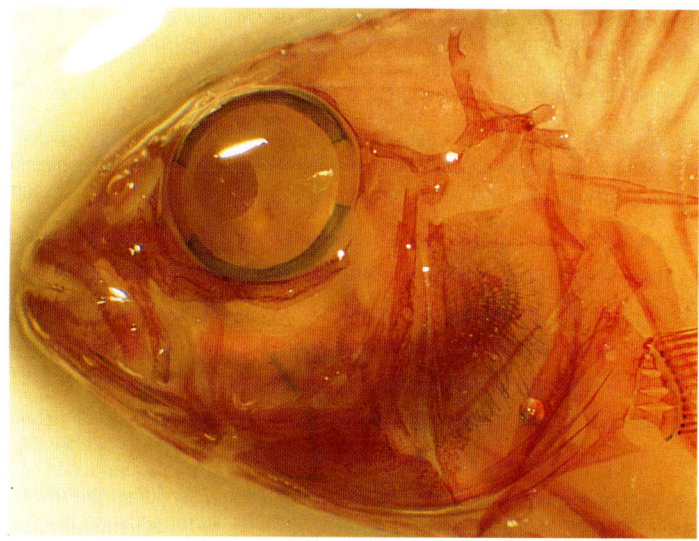

Das Lateralkanalsystem des Kopfes mit Poren und Kieferskelett

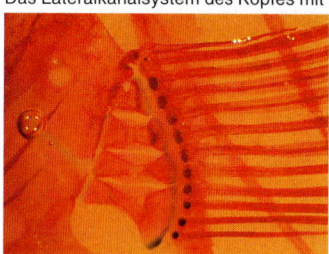

Skelett der Brustflosse

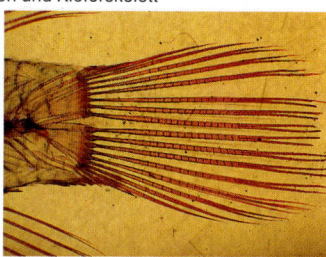

Skelett der Schwanzflosse mit Basis

Zur genauen Bestimmung von *Apisto-gramma*-Arten kann es erforderlich sein, Skelettpräparate anzufertigen. Hier ein Aufhellungspräparat von *Apistogramma mendezi*, an dem man in der Durchsicht wesentliche Merkmale des inneren Aufbaus des Fischkörpers erkennen kann.

Alle Fotos: T. Plösch

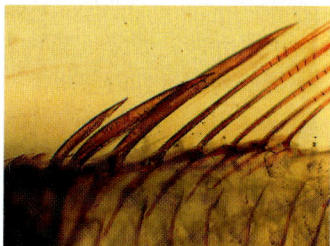

Skelett der Afterflosse

Varietäten nur einer Art. Hier wird weiter davon ausgegangen, daß es sich um gute Arten im biologischen Sinne handelt. Neue Aufsammlungen vor allem lebenden, aber auch konservierten Materials wären für eine Klärung dieser Frage wünschenswert.

a) Schwanzwurzelfleck, hochoval bis kastenförmig, groß, fast die gesamte Höhe der Schwanzwurzel ausfüllend. Längsband unregelmäßig, meist in eine Reihe nicht sauber begrenzter länglicher Einzelflecke aufgelöst, häufig Querbänder deutlich erkennbar, auch deutliche Rückenflecke vorhanden. Wangenband beider Geschlechter mäßig breit, sich nur wenig verjüngend gerade zum Kiemendeckelhinterrand verlaufend. Körperfärbung variabel: neben graugelben, grünlichen oder metallisch-blauen Tieren treten auch Individuen mit gelboranger Grundfärbung auf (Zuchtformen). Schwanzflosse am oberen und unteren Rand oft mehr oder weniger deutlich orange bis ziegelrot gesäumt .... ***Apistogramma macmasteri***

b) Schwanzwurzelfleck klein, rund, seltener aufrecht kastenförmig. Längsband meist gleichmäßig verlaufend, in der Regel als auf die Ränder der darin liegenden Schuppen begrenztes Zickzack-Band erscheinend, das nach dem zweiten Querband Unterbrechungen aufweisen kann. Querbänder normalerweise nicht zu sehen; Rückenflecken selten angedeutet. Wangenband bei Männchen gerade zum Kiemendeckelhinterrand verlaufend, im

Insel im oberen Rio Negro

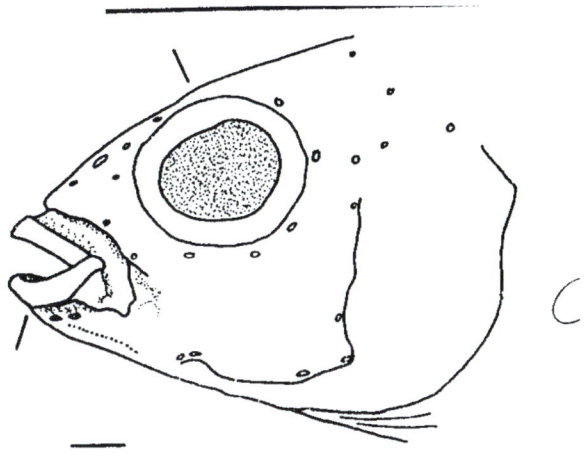

Kopfprofil mit Kopfporenanordnung von *Apistogramma norberti* (♂)

Apistogramma steindachneri ♂ , adult, dominant

hinteren Drittel deutlich schmaler als hinter dem Auge. Bei Weibchen breit bis zum Kiemendeckelhinterrand verlaufend, etwa am Übergang zum Vorderkiemendeckel nach vorne zur Unterlippe abzweigender Ast; praktisch die gesamte Bauchseite schwarz. Färbung der Männchen variabel: neben blaugrauen Tieren treten Individuen mit gelbem Bauch, aber auch fast vollständig gelbe Exemplare auf (nach LINKE & STAECK (1992) geographische Formen). Schwanzflosse mehr oder weniger deutlich gelborange bis leuchtend ziegelrot umsäumt .... ***Apistogramma viejita***

A43. a) Bauchseiten meist mit auffallenden Unterkörperstreifen **A44**

b) Bauchseiten ohne Unterkörperstreifen, sondern höchstens mit Reihen schwarzer oder roter Flecken **A48**

A44. Hinweis: Die folgenden Formen bilden eine der taxonomisch schwierigeren Gruppen innerhalb der Gattung. Eine große Zahl von Tieren wird daher (wenn überhaupt!) für den Laien nur mit großem Fehlerrisiko bestimmbar sein.

a) Schwanzwurzelfleck hochkant rechteckig, meist undeutlich. Drei Unterkörperstreifen schmal, ohne Unterbrechungen; obere zwei vom Ansatz der Brustflosse bis auf den Ansatz der Schwanzflosse in Querband 7, mindestens aber 6 reichend. Oberhalb am Ansatz der Brustflossen ein kleiner schwarzer Fleck. Längsband auf dem Körper häufig in bis zu fünf Flecke aufgelöst, die an den Positionen liegen, an denen die häufig sichtbaren Querbänder das Längsband nicht kreuzen; Längsband sonst gut eine Schuppe breit, zwischen Auge und Kiemendeckelhinterrand aber nur sehr schmal. Aquaristisch als "Parallelstreifen"-*Apistogramma* bezeichnet .... ***Apistogramma cruzi***

b) Schwanzwurzelfleck rund oder oval, oft die ganze Schwanzwurzelhöhe ausfüllend. Unterkörperstreifen ganz fehlend, unterbrochen, aus Unterkörperstrichen zusammengesetzt oder nur bis höchstens auf Querbinde 5 reichend **A45**

A45. a) Unterkörper oft mit drei, selten vier Unterkörperstreifen **A46**

b) Unterkörper fast nie mit Unterkörperbändern, sondern wenn gezeichnet mit zwei, seltener drei Reihen von Unterkörperstrichen oder kleinen Einzelpunkten, die bis oberhalb des Vorderrandes, seltener der Mitte der Afterflosse reichen **A47**

A46. a) Schwanzflosse stets zeichnungslos transparent. Ausgefärbte Individuen mit auffallenden gelben Kiemendeckeln und Wangen. Körper überwiegend gelblichgrau, oftmals intensiv gebändert **A41.a**

Apistogramma caetei ♂

W. Staeck

Apistogramma spec. "Gelbwangen" ♂

b) Schwanzflosse in der hinteren Hälfte zumindest zeitweilig deutlich senkrecht gebändert, während die vordere Hälfte dann Längsstreifen aufweist. Kiemendeckel und Wangen nie gelb. Körper metallisch smaragd-grünlich bis bläulich .... **A11.a** (S. 40)

A47. a) Meist zwei schmale, aber deutliche Längsbänder auf den Bauchseiten. Schwanzwurzelfleck nie auf gesamte Schwanzstielhöhe ausgedehnt. Kiemendeckel meist mit gleichmäßigen runden, rot und blau gefärbten Punkten überzogen, Wurmzeichnungen treten nur ausnahmsweise auf. Längsband bei Männchen nur ausnahmsweise (in extremsten Streßsituationen) in Einzelflecke aufgelöst, diese dann etwa liegend rechteckig .... *Apistogramma gossei*

b) Auf den Bauchseiten nur angedeutete Reihen feiner schwärzlicher Tüpfel, aber keine Längsbänder. Schwanzwurzelfleck oftmals bis auf Schwanzstielhöhe ausgedehnt. Kopfseiten mit wenigen roten Wurmzeichnungen, runde rote und blaue Punkte wurden bisher nie festgestellt. Längsband dominanter Männchen oft in fünf bis sechs rundliche Einzelflecke aufgelöst (Weibchenmuster) .... *Apistogramma ortmanni*

A48. a) Seitenfleck groß und langoval bis rechteckig; Schwanzwurzelfleck klein, kaum größer als die Breite des Längsbandes. Männchen präsentieren den Weibchen bei der Balz den großen unregelmäßig geformten Seitenfleck. Bei Aggression wird der Seitenfleck durch eine kupferfarbene Aussparung im schmalen Längsband ersetzt. Oftmals jede Schuppe oberhalb des Längsbandes einzeln gerandet. Auffällig kleine, zerbrechlich wirkende Art. Weibchen werden oft etwas größer als Männchen! .... *Apistogramma* spec. "Balzfleck"

b) Anders gefärbt. Männchen deutlich größer als Weibchen **A50**

A49. a) Acht bis zehn Reihen dunkler Tüpfel auf dem Körper, meist sehr gleichmäßig, wie mit dem Lineal gezogen, auf fast jeder Körperschuppe ein nußbrauner bis schwarzer Einzelfleck. Schwanzwurzelfleck rund bis hochoval; Längsband selten zu sehen, bei brutpflegenden Weibchen in unregelmäßige Einzelflecke aufgelöst. Wangenbinde gut entwickelt, verjüngt sich nur leicht ohne Unterbrechung etwas nach hinten gebogen bis zum Kiemendeckelrand verlaufend. Körpergrundfarbe beider Geschlechter gelblichgrau bis lehmgelb, selten bei Männchen blaugrau. Rückenflosse ohne Verlängerungen der Flossenhäute. Manchmal extrem aggressive Art! Unverwechselbar! .... *Apistogramma* spec. "Tucurui"

b) Meist nur bis sechs Reihen schwarzer, seltener rotbrauner Tüpfel auf den Körperseiten, unregelmäßig angeordnet, unterhalb des Längsbandes in der Regel deutlicher als darüber. Wangenbinde gut entwickelt, gerade zum

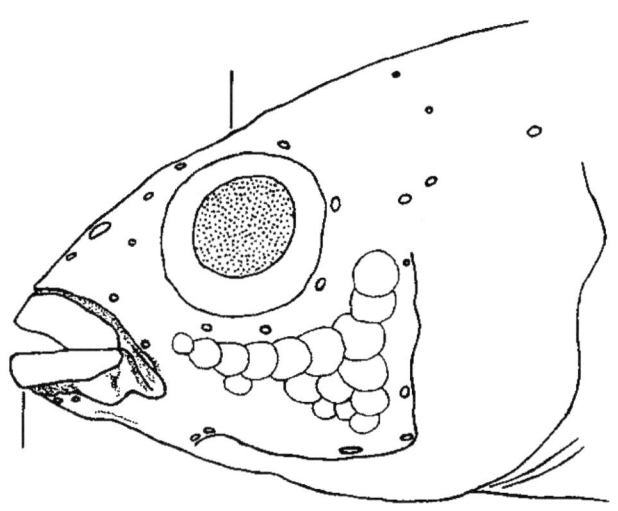

Schemazeichnung des Kopfes von *A. mendezi* mit Kopfporen und Wangenschuppen

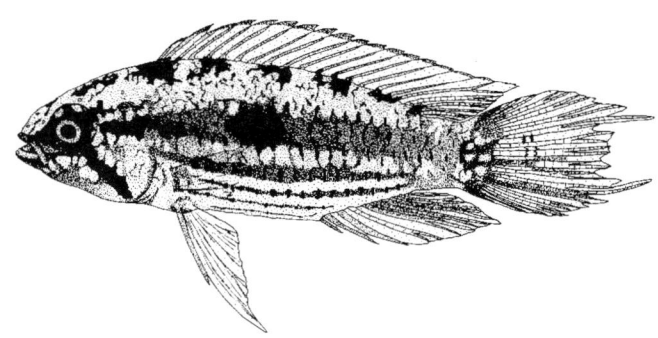

Holotypus von *Apistogramma mendezi*

Kiemendeckelhinterrand verlaufend. Hinter dem Auge ein Hinteraugenstreif, der sich bei Männchen gabelt und dessen oberer Ast bogenförmig gekrümmt nach oben verläuft und etwa auf halber Distanz zum Rückenflossenansatz endet. Männchen mit hoher gesägter Rückenflosse; Schwanzflosse der Männchen an der Basis mit verwaschenem rötlichem Rand. Weibchen mit ausgeprägtem Brustfleck .... *Apistogramma guttata*

A50. a) Körperseiten mit auffälligem Fischgrät-Muster. Rückenflosse geschlechtsreifer Männchen stets orangerot gesäumt, nie mit Punkten oder Punktreihen auf dem Körper .... *Apistogramma* spec. "Abuna"

b) Anders gefärbt **A51**

A51. a) Auf dem Körper, oft schon auf dem Kopf beginnend, mehr oder minder auffällige Reihen roter oder schwarzer Flecken **A52**

b) Ohne solche Punktreihen **A53**

A52. a) Auf dem Körper bis zu fünf Punktreihen, oft unmittelbar hinter dem Kopf beginnend, auch oberhalb des Längsbandes; erreichen nur selten die Körpermitte etwa am vorderen Ansatz der Afterflosse ...... **A12.b** (S. 42)

b) Punktreihen auf die untere Körperhälfte beschränkt, vom Kiemendeckel bis in den Schwanzstiel reichend, meist schwarz; wenn rot, dann Fisch meist himmelblau mit honiggelben Flecken .... **A10.a** (S. 40)

A53. a) Längsband häufig über längere Zeiträume in eine Reihe von Flecken aufgelöst **A54**

b) Längsband nur ausnahmsweise und sehr kurzzeitig aufgelöst **A55**

A54. a) Nur drei Hartstacheln in der Afterflosse (in Küvette bei Durchlicht oder auf Fotos meist gut zu erkennen) **A47.b**

b) Soweit bekannt, meist vier Hartstacheln in der Afterflosse **A12.a** (S. 42)

A55. a) Schwanzwurzelfleck rundlich oder oval **A58**

b) Schwanzwurzelfleck nicht rund, sondern unregelmäßig quadratisch oder rechteckig **A60**

A56. a) Rückenflosse immer ohne Verlängerungen der Flossenhäute. Stets runde Schwanzflosse mit vollständig umgebendem rotem, seltener gelbem Saum; dieser stets außen schwarz eingefaßt (Ausnahme sind stark degenerierte Nachzuchten). Zentrum der Schwanzflosse meist grünlich transparent. Wenn Körperfärbung gelb oder gelblichgrau (Weibchen), ist meist ein

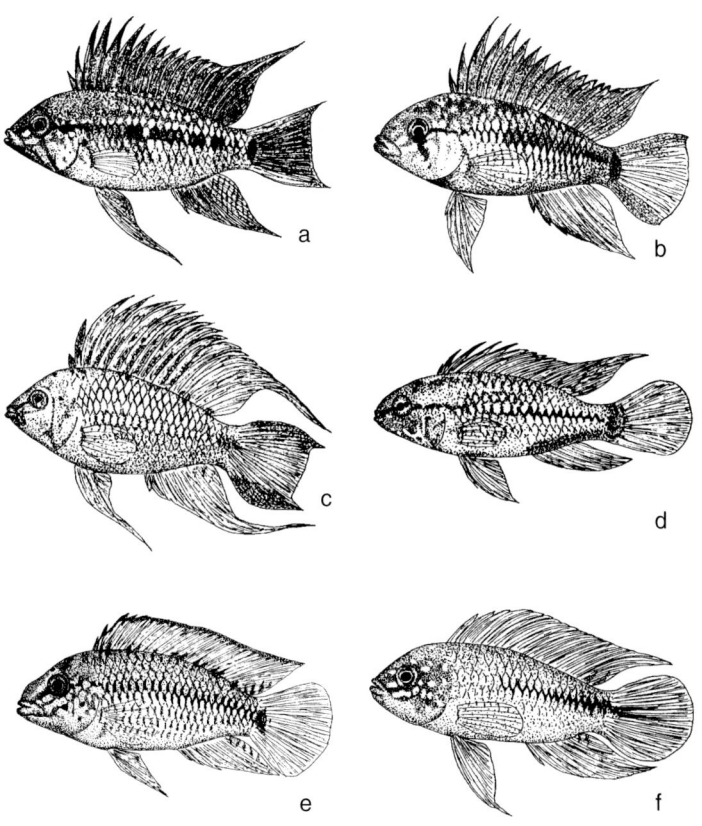

a) *A. macmasteri*
b) *A. viejita*
c) *A. hoignei*
d) *A. hongsloi*
e) *A.* spec. "Rotpunkt"
f) *A. borellii*

großer Seitenfleck deutlich erkennbar; oft die ganze Körperhöhe ausfüllend und an ein breites Band erinnernd. Körper der Männchen überwiegend blau ohne jede schwarze Markierung auf den Flanken, aber in Schreckfärbung auch bei Männchen Seitenfleck und Schwanzwurzelfleck sichtbar. Bei Unwohlsein und sehr jungen Tieren erscheint seltener auch ein Längsband. Wangenbinde sehr breit, oft die Fläche des ganzen Kiemendeckels ausfüllend .... *Apistogramma nijsseni*

b) Rückenflosse mit zugespitzten Verlängerungen der ersten Flossenhäute . **A57**

A57. a) Schwanzwurzel meist mit auffälligem schwarzem Fleck, der am Hinterende der Afterflossenbasis beginnend den gesamten Schwanzstiel bedeckt und sich bis weit in die Schwanzflosse erstreckt. Deutliches Wangenband schmal. Weibchen zeigen einen auffallend großen variablen Seitenfleck, der sich aber meist bauchbindenartig über zwei Drittel der Körperhöhe erstreckt. Körper der Weibchen nach dem ersten Ablaichen dauernd gelb, der der Männchen himmelblau .... *Apistogramma panduro*

b) Schwanzwurzel ohne vergleichbar auffälligen schwarzen Fleck wie 57.a. Schwanzflosse außen schmal schwarz eingefaßt, submarginales rotes Band am Flossenhinterrand unvollständig; Färbung sehr ähnlich 56.a, aber durch folgende Abweichungen sicher unterscheidbar: Große Männchen entwickeln verlängerte Rückenflossenhäute und die Schwanzflossenform ist immer gestutzt. Wangenbinde schmal und spitz zum Kiemendeckelrand verlaufend. Bei beiden Geschlechtern stets eine deutliche schwarze Zeichnung hinter dem Ansatz der Brustflossen, welcher *A. nijsseni* [A56.a] immer fehlt. Seitenfleck groß, über das nur selten sichtbare Längsband hinwegragend .... *Apistogramma payaminonis*

A58. a) Längsband mindestens eine Schuppe breit, auf Höhe der oberen Hälfte des Schwanzwurzelfleckes vor demselben in der siebten Körperbinde endend **A59**

b) Längsband schmal, weniger als eine halbe Schuppe breit, oft nur auf dem Schuppenrand als unregelmäßiges Zickzack-Band verlaufend; Wangenbinde schmal, leicht bogenartig nach hinten gekrümmt zum Rand des Kiemendeckels verlaufend. Körper und Flossen graublau, letztere nie mit roten oder orangen Markierungen. Auf Wangen und Kiemendeckeln eine Reihe unregelmäßiger kleiner roter oder bräunlichschwarzer Flecke. Fisch hinterläßt einen auffallend kurzen und gedrungenen, seitlich stark zusammengepreßten Eindruck .... *Apistogramma resticulosa*

59. a) Rückenflosse adulter Tiere mindestens im hinteren Drittel mit rotem Außensaum, oft gesamte Flosse gesäumt und Weichstrahlbereich weit fädig ausgezogen. Körpergrundfärbung gelblichgrau, auf den Flanken drei Rei-

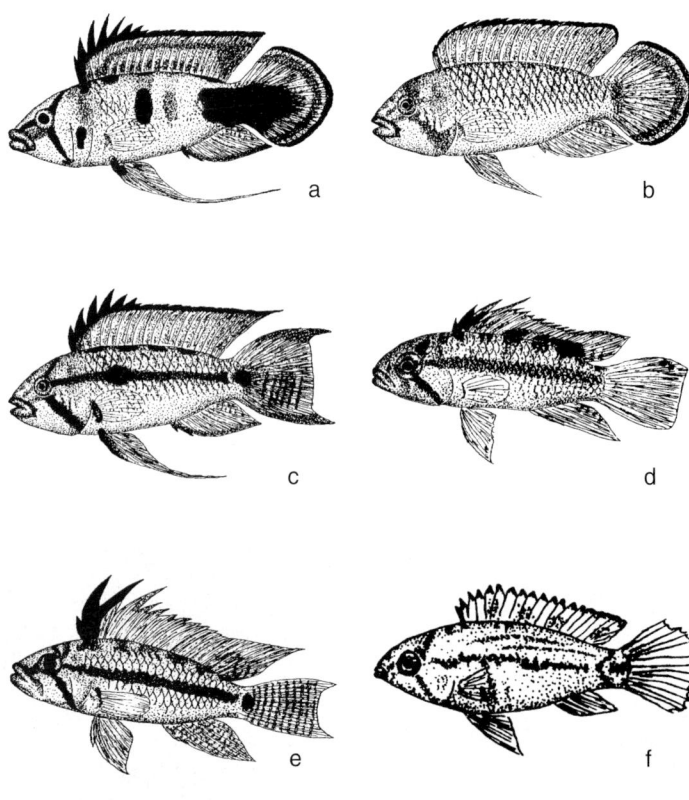

a) *A. panduro*
b) *A. nijsseni*
c) *A. payaminonis*
d) *A. norberti*
e) *A. juruensis*
f) *A. panduro*, Jungfisch, 3 Wochen alt

hen winziger schwärzlicher oder brauner Tüpfel, die nie zu Unterkörperbändern verschmelzen. Kopfprofil relativ spitz zulaufend. Auf Kiemendeckeln und besonders auch auf den Wangen blutrote, meist runde Flecke. Schwanzflosse groß, oft leicht gestutzt, nie mit Zeichnungsmuster
.... **A47**.a (S. 70)

b) Rückenflosse adulter Tiere nie mit rotem Außensaum, Flosse stets transparent. Weichstrahlbereich nur wenig ausgezogen. Körpergrundfärbung gräulich; Schuppen auf den Flanken in ihrer vorderen Hälfte schwärzlicher, regelmäßig, besonders in der Brutpflegephase, zu Unterkörperbändern verschmelzend. Kopfprofil stumpf zulaufend. Nur auf der oberen Kiemendeckelhälfte rötliche Markierungen, nie auf die Wangen übergreifend. Schwanzflosse rund, oft mit blassem, schwer erkennbarem Streifenmuster
.... *Apistogramma urteagai*

A60.a) Unpaarige Flossen honiggelb, bei Weibchen schwarz gerandet. Untere Kopfregion lehmgelblich mit irisierendem Glanz und unregelmäßig verteilten schwarzen Flecken, entlang der Rückenflosse klar abgesetzte Rückenflecken erkennbar; alle übrigen Körperzeichnungen relativ undeutlich und verwaschen. Körpergrundfarbe gelblichgrau, hell bläulich oder sehr selten blauviolett .... *Apistogramma moae*

Apistogramma panduro ♂

F. Warzel

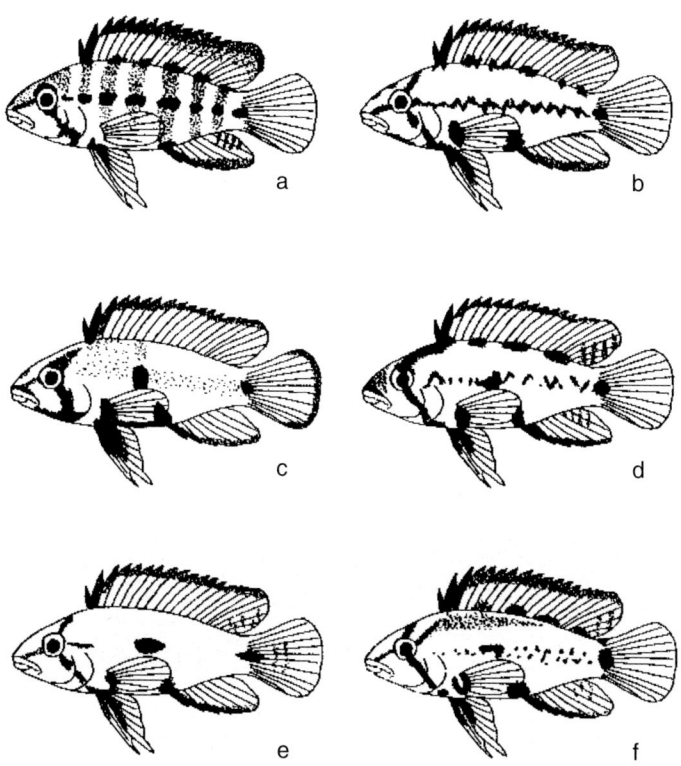

Variabilität der Zeichnung verschiedener *Apistogramma*-Weibchen

a+ b) *A*. spec. "Rotpunkt"
c+d) *A. panduro*
e+f) *A*. spec. "Tame"

Neben individuellen Besonderheiten des Zeichnungsmusters beeinflussen vor allem Geschlecht, Stimmung und Körperzustand die Schwarzzeichnungsmuster von *Apistogramma*-Weibchen.

b) Unpaarige Flossen transparent, grünlich oder bläulich, nie gelblich ... **A61**

A61. a) Schwanzwurzelfleck hochkant rechteckig, gut zwei Drittel so hoch wie die Schwanzwurzel. Körper graublau; an der Brustflosse ein auffallender orangegelber Basisfleck, Längsband maximal eine halbe Schuppe schmal, selten zu sehen. Weichstrahlbereich von After- und Rückenflosse adulter Männchen weit ausgezogen .... *Apistogramma eunotus*

b) Schwanzwurzelfleck quadratisch, halb so hoch wie die Schwanzwurzel. Körper gelblich oder grau; an der Brustflosse kein Basisfleck, Längsband gut ein bis eineinhalb Schuppen breit. Weichstrahlbereich von After- und Rückenflosse nur leicht zugespitzt, nicht ausgezogen
.... *Apistogramma* spec. "Amapá"

Apistogramma rupununi ♂ in Schreckfärbung

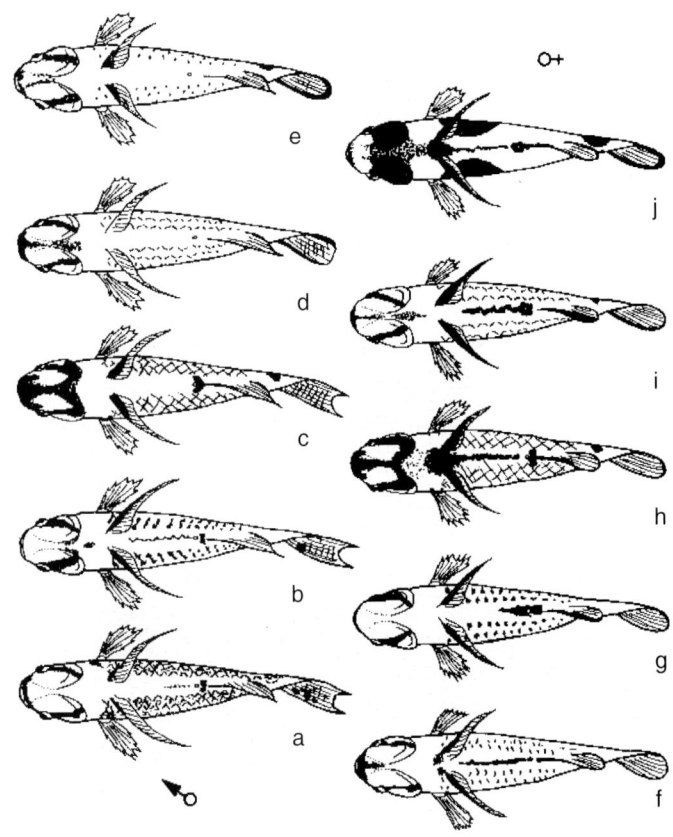

Zeichnungsmuster der Körperunterseite von *Apistogramma*-Arten aus der *Apistogramma cacatuoides*-Gruppe:

a+f) *A. cacatuoides*
b+g) *A. luelingi*
c+h) *A. juruensis*
d+i) *A. norberti*
e+j) *A. nijsseni*

A. spec. "Abuna"

A. spec. "Smaragd"

A. staecki ♀

I. Koslowski

A. agassizii, balzend

A. gibbiceps aus dem Rio Préto

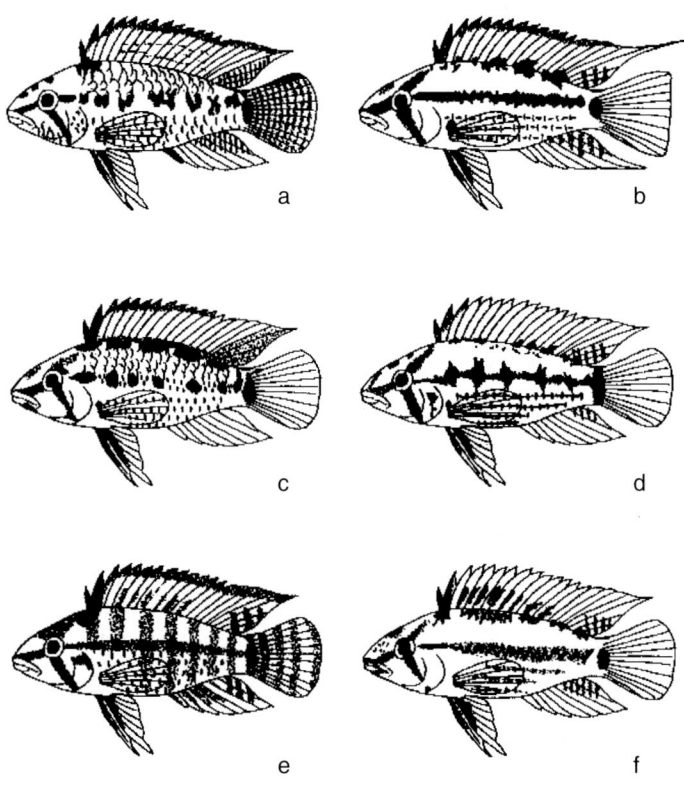

a) *A.* spec. "Peixoto"
b) *A. cruzi*
c) *A. ortmanni*
d) *A. cruzi*
e) *A. regani*
f) *A. eunotus*

Sektion B

B2. a) Körperseiten mit mehr oder weniger deutlichen Unterkörperstreifen; diese meist schwarz, gelegentlich auch gelb bis orange **B3**

b) Körperseiten ohne Unterkörperstreifen **B10**

B3. a) Rückenflosse mit auffälligen Verlängerungen der Flossenhäute **B6**

b) Rückenflosse normal, Flossenhäute nicht verlängert **B4**

B4. a) Zwei Seitenflecke; schmales Längsband; etwa quadratischer Schwanzwurzelfleck; drei bis vier mehr oder weniger deutliche Unterkörperstreifen; senkrecht gebänderte Schwanzflosse .... *Apistogramma brevis*

b) Nur ein Seitenfleck **B5**

B5. a) Drei, seltener vier Unterkörperstreifen, immer wesentlich schmaler als das Längsband; oft nur das oberste direkt unter dem breiten Längsband liegende deutlich; die anderen verwaschen wirkend. Afterflosse immer, Schwanzflosse meist in der unteren Hälfte oft ganz längsgestreift (**Ausnahme**: Tiere aus dem Rio Curcuriarí zeigen völlig gebänderte Schwanzflossen!). Körperfärbung variabel .... *Apistogramma mendezi*

b) Nur ein Unterkörperstreifen; Breite mindestens wie Längsband, oftmals sogar breiter als dieses. Schwanzflosse stets dicht senkrecht gebändert. Im Alter überproportional starkes Kieferwachstum, dadurch bulldoggenartige Maulstruktur. Körperfärbung variabel .... *Apistogramma paucisquamis*

B6. a) Längsband einheitlich klar erkennbar, bis auf die Basis der Schwanzflosse verlaufend. Kein Schwanzwurzelfleck ausgeprägt **B7**

b) Längsband oft deutlich unterbrochen oder nach oben undeutlich begrenzt, stets vor deutlichem Schwanzwurzelfleck endend **B9**

B7. a) Schwanzflosse meist mit auffälligen Punkten oder Augenflecke, manchmal auch im hinteren Teil der Rückenflosse solche Zeichnung, Körperseiten mit mehreren Unterkörperstreifen (zwei bis vier). Unterkiefer bei erwachsenen Männchen auffallend unproportioniert vergrößert; verleiht den Tieren ein etwas bulldoggenartiges Aussehen **B8**

b) Schwanzflosse stets ohne Punkte oder Augenflecke, im mittleren hinteren Teil dagegen einige senkrechte Bänder, Rest der Schwanz- und Afterflosse mehr oder weniger deutlich längsgestreift. In manchen Stimmungen ein Unterkörperstreifen sichtbar, etwa so breit wie Längsband; Seitenfleck

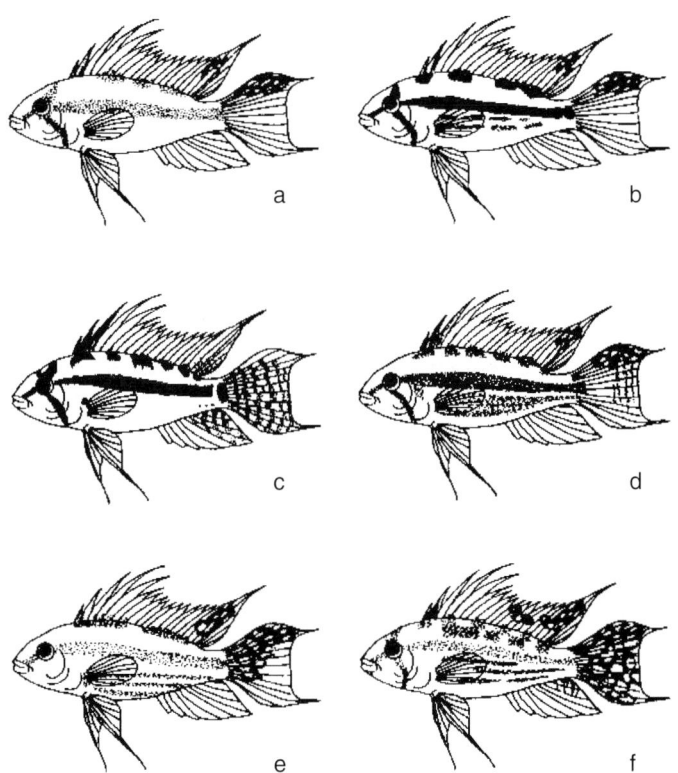

Stimmungsabhängige Zeichnungsmuster zweier *Apistogramma*-Arten: *Apistogramma cacatuoides* (a+b, d-f) und *A. juruensis* (c)

a) dominant neutral
b) dominant aggressiv
c+d) dominant neutral
e) aggressiv unterdrückt
f) Schreckfärbung unterdrückt

länglich, meist näherungsweise kastenförmig, manchmal etwas über das Längsband hinausragend, selten sichtbar. Rückenflosse auffällig gesägt, auf ganzer Länge des Hartstachelbereiches mit Verlängerungen der nicht verwachsenen Flossenhäute. Unterkiefer nicht auffällig vergrößert. Färbung variabel, aber Rücken von Kopf bis Hinterende der Rückenflosse meist mittel-, rot- oder kastanienbraun .... ***Apistogramma bitaeniata***

B8. a) Unterkörperstreifen in Zickzack-Form verlaufend, aus Reihen gegeneinander gedrehter dreieckiger Flecken zusammengesetzt (am lebenden Tier nicht immer klar erkennbar); äußerer Rand der Rückenflosse ohne roten Rand (**aber**: Beachte Ausnahmen bei Zuchtformen!). Schwanzflosse nie vollständig gebändert, wenn Bänder vorhanden, dann nur im mittleren äußeren Teil der Flosse. Längsband auf dem Schwanzstiel oft doppelt so breit wie auf dem Körper .... ***Apistogramma cacatuoides***

b) Unterkörperstreifen aus mehr oder weniger stark verschmolzenen Unterkörperstrichen zusammengesetzt, in der Regel verwaschen wirkend, wesentlich undeutlicher als bei voriger Art. Äußerer Rand der Rückenflosse im Bereich der Weichstrahlen mit orangem oder rotem Rand, der sich im oberen Teil der Schwanzflosse fortsetzt. Schwanzflosse vollständig gebändert. Auf der Basis der Schwanzflosse meist zwei runde lackschwarze Flecken. Längsband auf dem Schwanzstiel nicht breiter als auf dem Körper .... ***Apistogramma luelingi***

B9. a) Schwanzflosse senkrecht gebändert. Mindestens drei Unterkörperstreifen oft sehr deutlich ausgebildet, aus Reihen oft unregelmäßig verlaufender zickzackförmiger Unterkörperstriche zusammengesetzt. Körper unterhalb des gleichmäßigen Längsbandes bis zum Afterflossenansatz oft gelborange, sonst blaugrau. Afterflosse, Bauchflossen und äußerer vorderer Rand der Rückenflosse oft gelb bis rot. Auffälliger Unterlippenstreif. Körper mancher Tiere einheitlich bronze- bis kupferfarben
.... ***Apistogramma juruensis***

b) Schwanzflosse meist transparent ungebändert, mindestens oben und unten gelblich bis rot gesäumt. Unterkörperstreifen meist undeutlich; wenn erkennbar, aus Einzelflecken im Zentrum der im Band liegenden Schuppen beschränkt. Weibchen mit intensiver schwarzer Zeichnung im Brust/Bauchbereich .... **A42** (S. 66)

B10. a) Zumindest zeitweilig zwei Seitenflecken ausgebildet **B11**

b) Höchstens ein Seitenfleck **B14**

B11. a) Schwanzwurzelfleck vorhanden. Längsband endet deutlich vor der Schwanzflosse **B12**

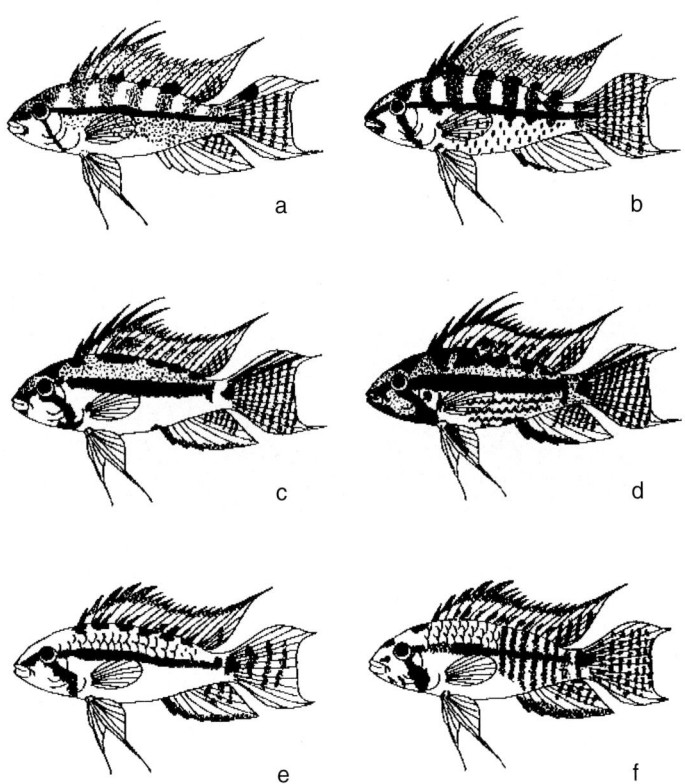

Stimmungsabhängige Zeichnungsmuster dreier *Apistogramma*-Arten: links neutral, rechts aggressiv.

a+b) *A. luelingi*
c+d) *A. juruensis*
e+f) *A. staecki*

Apistogramma juruensis ♀, brutpflegend, wenige Stunden nach der Eiablage

b) Schwanzwurzelfleck fehlt. Längsband bis auf die Basis der Schwanzflosse
verlaufend **B13**

B12. a) Schwanzwurzelfleck rechteckig, gut erkennbar; Längsband endet vor dem
Schwanzwurzelfleck. Querbänder auf dem ganzen Körper häufig erkennbar.
Wangenbinde breit, gerade zum Hinterrand des Kiemendeckels verlaufend. Alle
Flossenhäute der Rückenflosse zugespitzt, bei erwachsenen Männchen verlän-
gert und im Bereich der Hartstacheln gesägt, Flosse erwachsener Tiere so hoch
wie der Körper; Schwanzflosse transparent zeichnungslos, selten im Mittelteil
Bänder angedeutet. Körpergrundfarbe meist gelblichgrau (sehr ähnlich *A.
gibbiceps*) .... ***Apistogramma personata***

b) Schwanzwurzelfleck rundlich, oft undeutlich; Längsband endet vor dem
Schwanzwurzelfleck, häufig schlecht erkennbar, da eine sehr schmale
Verbindung von Querband 7 bis in den Schwanzwurzelfleck reichen kann.
Wangenbinde breit, gerade zum Hinterrand des Kiemendeckels verlaufend; dort oft nach vorn abknickend. Am Hinterrand des Kiemendeckels auf
der Kehlmembran ein auffälliger roter Fleck, der nur beim Drohen sichtbar
wird. Ränder aller Körperschuppen dunkelbraun, seltener schwarz gerandet; daraus resultiert ein auffällig schuppiges Aussehen. Alle Flossenhäute
der Rückenflosse zugespitzt, bei erwachsenen Männchen auffallend ver-

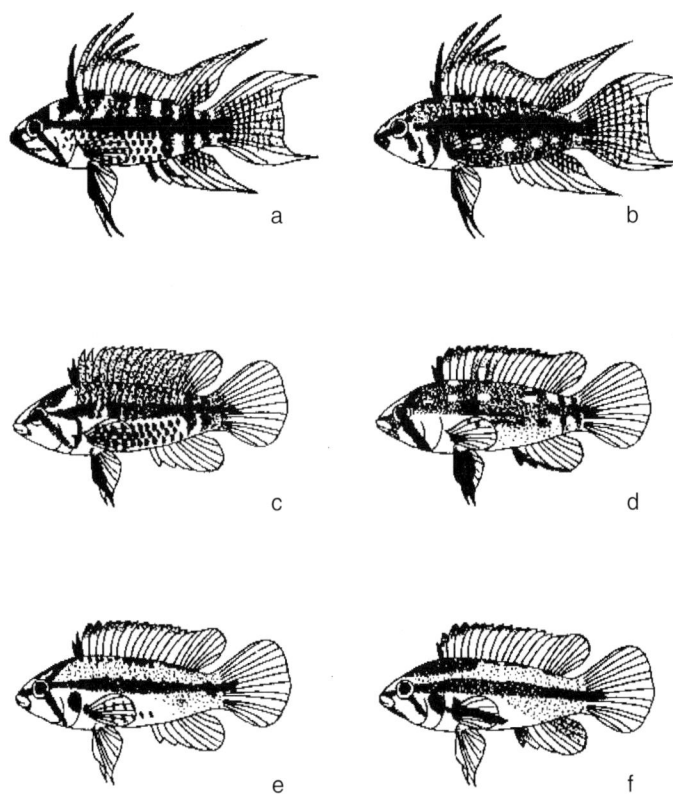

Typische stimmungsabhängige Zeichnungsmuster von *Apistogramma arua*

a) dominant, Schreckfärbung ♂
b) dominant territorial ♂
c) unterdrückt ♀
d) neutral ♀
e) dominant ♀ laichreif
f) Brutpflege aggressiv ♀

längert und im Bereich der Hartstacheln gesägt; Flosse erwachsener Tiere häufig höher als der Körper; Schwanzflosse im unteren Teil dicht gebändert, meist gelb; Afterflosse von außen nach innen schwarz-violett-gelb gestreift (besonders beim Drohen) .... *Apistogramma* spec. "Breitbinden"

B13. a) Rückenflosse im Bereich der Flossenstacheln 1 bis 5 mit zugespitzten, meist auch verlängerten Flossenhäuten. Immer mit zwei auffallend großen runden Seitenflecken .... **C2.a** (S. 92)

b) Seitenfleck, wenn vorhanden, anders gestaltet **B15**

B14. a) Auf dem Längsband ein kaum darüber hinausragender, etwa dreieckiger Seitenfleck, nicht immer sichtbar. Deutlicher Schwanzwurzelfleck rund, etwa die halbe Schwanzwurzelhöhe ausfüllend; schmales Längsband bis in den Schwanzwurzelfleck reichend. Hinterränder der Schuppen der oberen Körperhälfte oft tiefschwarz, die vordere dagegen tiefblau oder sonnengelb. Untere Körperhälfte meist bläulich .... *Apistogramma steindachneri*

b) anders gefärbt **B16**

B15. a) Auf den Seiten mit schwarzen Tüpfeln längsgestreift, die Flecken in mehr oder weniger gleichmäßigen Reihen angeordnet **A36**

b) Körperseiten stets mit zwei großen runden Seitenflecken ... **C2.a** (S. 92)

c) Rückenflosse auf ganzer Länge mit verlängerten, verwachsenen Flossenhäuten, oft segelartig. Körpergrundfarbe gelblichgrau, oft metallisch grün überlagert. Schwanzflosse stets dicht gebändert. Körperseiten mit dichten Reihen senkrechter Strichel. Kopf und Schwanzflosse individuell unterschiedlich stark gelb bis rot gefärbt .... *Apistogramma uaupesi*

B16. a) Kopf mit typischem schwarzem Fleckenmuster. Gestutzte oder zweizipfelige Schwanzflosse erwachsener Männchen am oberen und unteren Rand auffällig schwarz, rot und schwarz, oder rot eingefaßt Rückenflosse auf ganzer Länge mit verlängerten, tief eingeschnittenen Flossenhäuten .... **A38** (S. 60)

b) Kopf ohne auffälliges schwarzes Fleckenmuster; wenn doch Fleckenmuster vorhanden, dann Fische anders gefärbt **B17**

B17. a) Längsband deutlich, breit, bis auf die Basis der Schwanzflosse reichend; kein Schwanzwurzelfleck. Stimmungsabhängig auf den Bauchseiten schräge Unterbauchstreifen (Fischgrätmuster). Deutliche Wangenbinde, zum Hinterrand des Kiemendeckels breiter werdend. Mindestens erste Flossenhäute der Rückenflosse der Männchen verlängert, bei beiden Geschlechtern deutlich zugespitzt. Alle Flossen meist weich oder bläulich transparent;

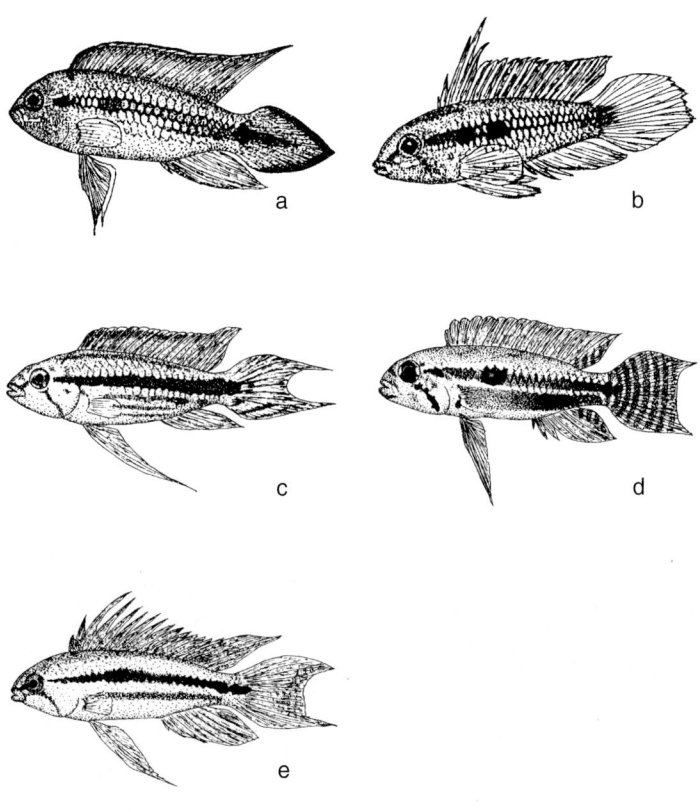

a) *A. agassizii*
b) *A. elizabethae*
c) *A. mendezi*
d) *A. paucisquamis*
e) *A. bitaeniata*

seltener in der Mitte der Schwanzflosse einige Bänder angedeutet. Körper gestreckt, gelblichgrau, im Alter oft sehr bullig wirkend. Kiemendeckel oft zitronengelb (vergleiche auch A14!) .... *Apistogramma gibbiceps*

b) Längsband oft undeutlich, vor der Basis der Schwanzflosse endend. Schwanzwurzelfleck meist deutlich erkennbar **B18**

B18. a) Längsband gleichmäßig durchgehend vom Augenhinterrand bis auf den Schwanzstiel reichend; endet vor dem, etwa ein Drittel der Schwanzstielhöhe ausfüllenden, etwa dreieckigen Schwanzwurzelfleck. Schwanzflosse senkrecht gebändert. In Aggression auf der hinteren Körperhälfte ein Muster schmaler paralleler senkrechter Bänder. Grundfärbung unscheinbar sandfarben, manchmal mit gelben Kiemendeckeln
.... *Apistogramma staecki*

b) Längsband ungleichmäßig, oft unterbrochen oder auch zickzackförmig an den Rändern ausgefranst. Schwanzwurzelfleck hochoval oder kastenförmig. Schwanzflosse meist ungebändert .... **A42** (S. 64)

Halbwüchsige *Apistogramma* spec. "Breitbinden" ähneln Arten der *A. gibbiceps*-Gruppe

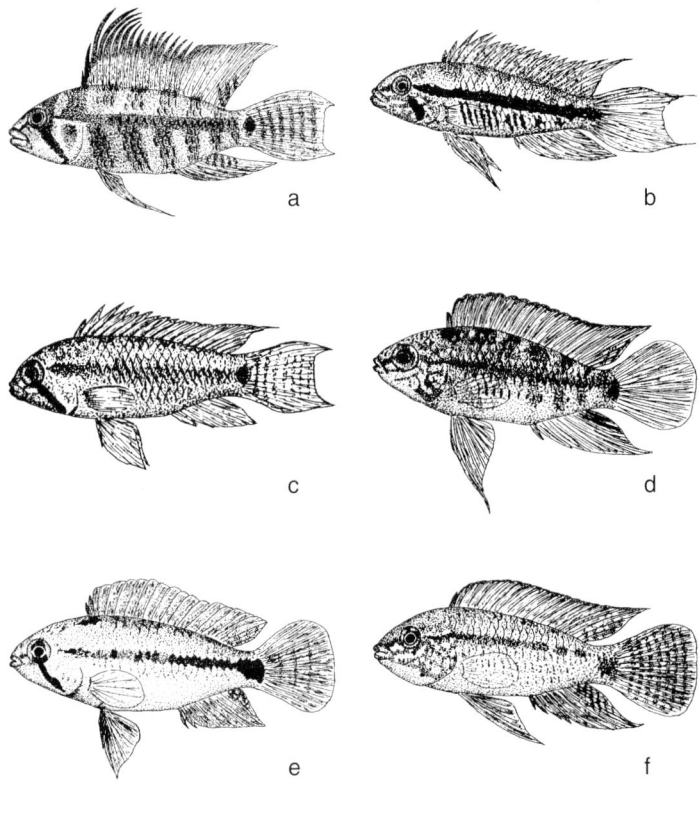

a) *A. personata*
b) *A. gibbiceps*
c) *A. brevis*
d) *A. linkei*
e) *A. commbrae*
f) *A. inconspicua*

Sektion C

C2. a) Rückenflosse im Vorderteil mit zugespitzten, im äußeren Drittel freistehenden Flossenhäuten; Flossenhäute der ersten fünf Rückenflossenhartstacheln bei erwachsenen Weibchen schwach, bei Männchen stark verlängert. Zwei runde kräftige Seitenflecke. Längsband mindestens eineinhalb Schuppen breit. Relativ häufig Unterkörperbänder erkennbar. Schwanzflosse der Weibchen senkrecht gebändert; die der Männchen nur vereinzelt im mittleren Teil, dafür einige Tüpfel unregelmäßig in der Flosse verteilt.
Besonderheit: In der Gattung einmalige Flossenentwicklung! Form der Schwanzflosse variabel: Männchen haben zunächst runde, später zweizipfelig gegabelte oder lyraförmige, zuletzt daraus entstehend lanzettliche Schwanzflossen! Körper- und Flossenfärbung stimmungsabhängig variabel: es treten Tiere mit gelbem, grünlichem oder stahlblauem Körper und roten Flossen auf .... *Apistogramma elizabethae*

b) Rückenflosse anders **C3**

C3. a) Rückenflosse auf ganzer Länge mit über die Hartstacheln hinausragenden Flossenhäuten, normalerweise von Beginn an, mindestens aber vom 3. Hartstachel an vollständig miteinander verwachsen. Schwanzflosse selten deutlich lanzettlich, meist eher länglich oval; in beiden Geschlechtern fein gebändert, über zehn Bänder die Regel. Häufig ausgeprägte Unterkörperbänder erkennbar. Längsband eineinhalb Schuppen oder mehr bedeckend, bis in die Schwanzflossenbasis verlaufend; Schwanzwurzelfleck fehlt. Unpaare Flossen ohne schwarze Markierungen .... *Apistogramma iniridae*

b) Rückenflosse anders **C4**

C4. a) Auf den Flanken drei bis vier charakteristische, im Zickzack verlaufende Unterkörperstreifen; in Angriffsstimmung zwei weitere auch oberhalb des gut eine Schuppe breiten Längsbandes. Weibchen zeigen meist nur einen (allerdings extrem) ausgeprägten Streifen auf den Flanken
.... *Apistogramma spec.* "Tefé"

b) Ohne im Zickzack verlaufende Unterkörperstreifen; wenn ausnahmsweise Unterkörperstreifen vorhanden, dann undeutlich, nicht durchgehend und/ oder aus runden Einzelpunkten **C5**

C5. a) Längsband auffallend asymmetrisch: zwischen Auge und deutlichem Seitenfleck viel schmaler, als im hinter dem Seitenfleck bis auf die Schwanzflossenbasis reichenden Teil. Schwanzflosse normalerweise ausgefranst asymmetrisch mehrzipfelig .... **A14.b** (S. 44)

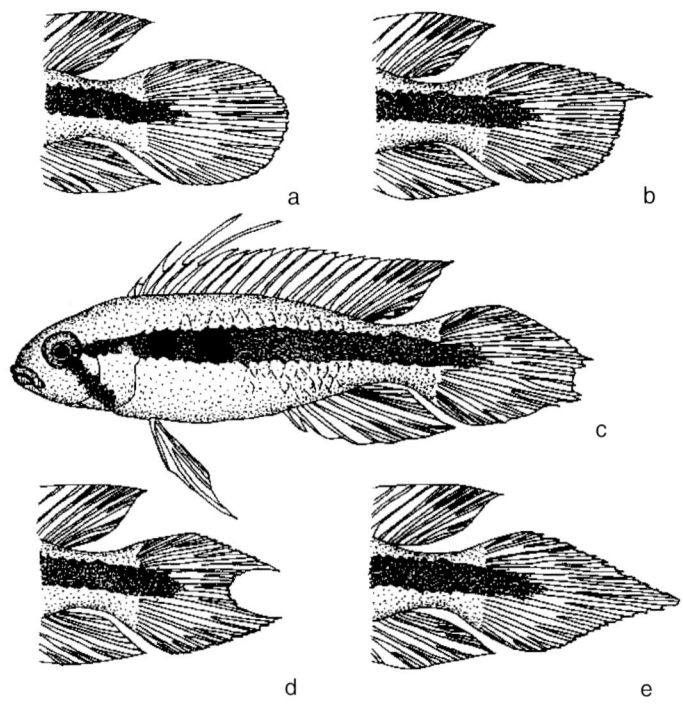

Entwicklung der Schwanzflossenform bei *Apistogramma elizabethae* ♂ :

a) typische runde Ausgangsform bei Jungfischen
b) bei etwa 4 Monate alten Tieren asymmetrisch auswachsender oberer
   Flossenlappen
c) typische gefranste Flossenform gut halbwüchsiger Tiere
d) typische lyraförmige Schwanzflosse eben Erwachsener
e) lanzettförmige Flossenform voll ausgewachsener Individuen

Dieser Entwicklungsgang zeigt deutlich, daß die lanzettförmige Schwanzflossenform
von der leierförmigen abgeleitet ist, also den moderneren Zustand darstellt.

b) Längsband, wenn vorhanden, gleichmäßig ausgeprägt, ohne sprungartige Verbreiterung hinter dem Seitenfleck **C6**

C6. a) Auf der Schwanzflossenbasis hinter dem Ende der Afterflossenbasis ein großer, den ganzen Schwanzstiel ausfüllender schwarzer Fleck, der sich bis weit in die Schwanzflosse erstreckt, die bei beiden Geschlechtern wie bei *Apistogramma nijsseni* (A56) ein die Flosse vollständig umsäumendes submarginales rotes, seltener oranges Band trägt. Weibchen mit auffallender bauchbindenartiger Schwarzzeichnung auf den Flanken, sowie einem großen, meist dreieckigen schwarzen Fleck oberhalb der Bauchflossen. Weibchen nach dem ersten Ablaichen stets gelb, Männchen himmelblau, bei der Brutpflege auch honiggelblich .... **A57.a** (S. 74)

b) Nie mit Schwanzstiel ausfüllendem schwarzen Fleck. Seitenflecke stets kleiner als bei C6.a, höchstens doppelt so breit wie das Längsband **C7**

C7. a) Wenn sichtbar, meist nur ein, selten zwei Seitenflecke (meist Tiere aus Peru!). Schwanzflosse auffällig gesäumt; Saum oft porzellanweiß oder blau, nie mit senkrechter Bänderung. Schwanzflosse oft extrem lang auswachsend .... *Apistogramma agassizii*

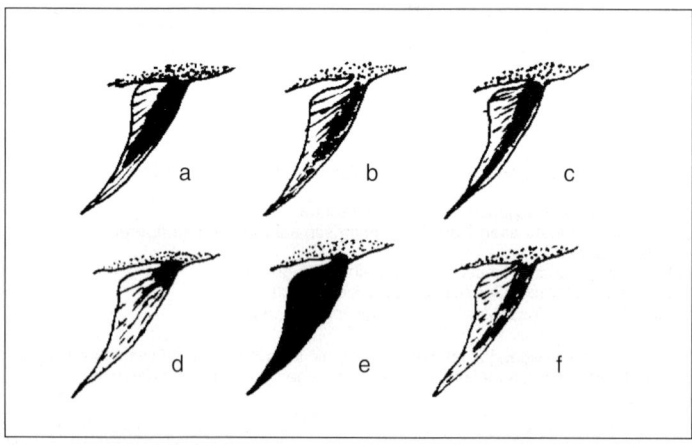

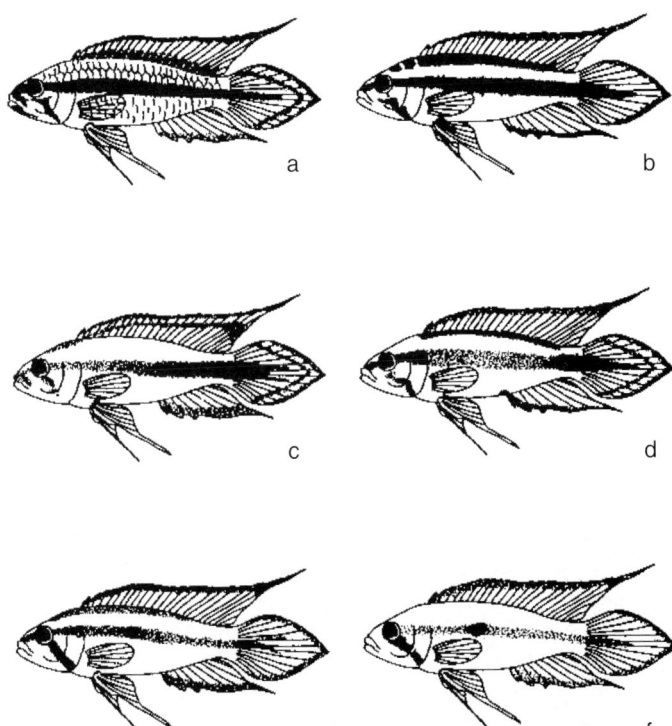

Linke Seite: Bauchflossen von *Apisto-gramma*-♀♀ der *A. agassizii*-Gruppe

a) *A. bitaeniata*
b) *A. agassizii*
c) *A. elizabethae*
d) *A. gephyra*
e) *A. mendezi*
f) *A. paucisquamis*

Oben: Stimmungsabhängige Zeich-nungsmuster von *A. agassizii*-♂♂

a) dominant neutral
b) dominant
c) aggressiv
d) aggressiv
e) neutral
f) unterdrückt

b) Wenn sichtbar, stets zwei Seitenflecke. Schwanzflosse nur schwach umsäumt, Saum meist verwaschen gelblich oder rötlich; in der oberen Hälfte der Schwanzflosse in der Regel senkrechte Bänder, seltener unregelmäßige Punkte. Sehr vereinzelt treten Individuen ohne Zeichnung der Schwanzflosse auf. Schwanzflosse meist nicht auffällig lang auswachsend
.... *Apistogramma gephyra*

Anmerkung: Derzeit bestehen unterschiedliche Auffassungen über die Identität von *A. gephyra*. Die Fische sind lebend nur sehr schwer von ihrer Zwillingsart *A. agassizii* zu unterscheiden, da offenbar auch Tiere aus Teilpopulationen mit fließenden oder intermediären Merkmalen eingeführt werden. Auch zur Identifizierung dieser beiden Formen fehlen noch die notwendigen systematischen Lebendaufsammlungen!

Apistogramma bitaeniata ♂   J. Glaser

Schwarzwasser bei Regen am unteren Rio Uaupés

Sektion D

Die in dieser Sektion behandelten Formen zeigen gelegentlich im Alter asymmetrische Schwanzflossen. Häufig treten fädige Verlängerungen einer Flossenhälfte, meist der oberen, auf. Nicht gemeint sind Tiere, die offenbar durch Kampf oder Transport verletzte Flossen haben. Hier hilft nur, einige Wochen abzuwarten, bis die fehlenden Flossenteile nachgewachsen und die normale Flossenform wieder erkennbar ist!

D2. a) Flossenhäute der Rückenflosse wenigstens zum Teil auffällig verlängert **D3**

    b) Rückenflosse ohne Verlängerungen der Flossenhäute **D11**

D3. a) Flossenhäute auf ganzer Länge der Rückenflosse segelartig verlängert, alle Flossenhäute miteinander verwachsen .... **C3** (S. 92)

    b) Rückenflosse anders gestaltet **D4**

D4. a) Flossenhäute auf ganzer Länge der Rückenflosse verlängert, Flossenhäute einzeln freistehend, nicht verwachsen **D5**

    b) Flossenhäute nur in der vorderen Hälfte der Rückenflosse verlängert **D7**

D5. a) Auffallendes Muster schwarzer Flecken in der Kopfregion. Längsband meist fleckig unterbrochen. Schwanzflosse ungebändert, am oberen und unteren Rand schwarz, schwarz-rot oder rot gesäumt. Körper metallisch glänzend .... **A38** (S. 60)

    b) Kopf ohne Fleckenmuster **D6**

D6. a) Längsband durchgehend, vor abgesetztem Schwanzwurzelfleck endend. Schwanzflosse fein gebändert, in der unteren Hälfte oft gelblich. Körper gelblichbraun .... **B12** (S. 86)

    b) Längsband meist nur als schmale Zickzack-Linie erkennbar. Schwanzflosse ungebändert flächig gelblich bis orange .... **A40** (S. 64)

D7. a) Schmales Band vom Ansatz der Brustflossen zur vorderen Basis der Afterflosse .... **A34** (S. 58)

    b) Anders gezeichnet **D8**

D8. a) Schwanzwurzelfleck füllt fast die ganze Höhe der Schwanzwurzel aus. Längsband oft in eine Reihe von Einzelflecken aufgelöst. Schwanzflosse ungezeichnet. Körper gelblichgrau, oft stark gebändert ...... **A41** (S. 64)

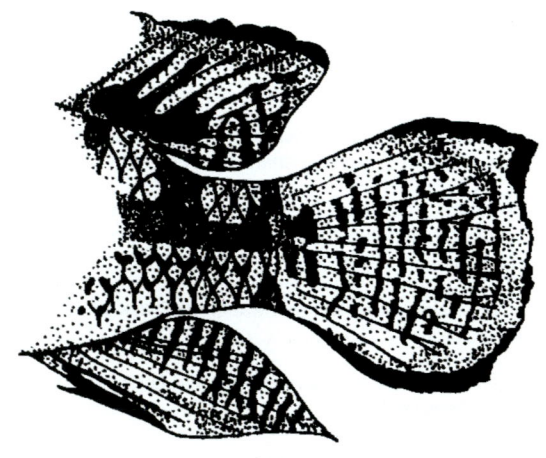

Abweichung der Schwanzflossenform bei *Apistogramma norberti* ♂ ♂

Apistogramma nijsseni ♀ mit deutlichem Lateralfleck

b) Schwanzwurzelfleck (wenn vorhanden) klein. Längsband immer durchgehend **D9**

D9. a) Längsband endet klar vor dem mehr oder weniger gut entwickelten Schwanzwurzelfleck **D10**

b) Längsband reicht bis auf die Schwanzwurzel. Schwanzwurzelfleck fehlt. Auffälliger Fleck im oberen basisnahen Teil der Schwanzflosse **B8** (S. 84)

D10. a) Rückenflosse trägt an der Basis des hinteren Viertels einen auffallenden unregelmäßig geformten schwarzen Fleck. Schwanzwurzelfleck undeutlich. Körper metallischblau .... **A7** (S. 38)

b) Rückenflosse stets ohne Fleck. Schwanzwurzelfleck gut entwickelt. Körper gelblich bis bronze .... **B9** (S. 84)

D11. a) Auf den Flanken drei, seltener vier deutliche Längsstreifen. Afterflosse gut erkennbar längs gestreift .... **B5** (S. 82)

b) Anders gezeichnet; nie Längsstreifen **D12**

D12. a) Zwei Seitenflecke. Körper schlank und gestreckt. .... **A23** (S. 52)

b) Nur ein Seitenfleck **D13**

D13. a) Mindestens Schwanzflossenmitte dicht senkrecht gebändert. Seitenfleck dreieckig in der Körpermitte auf dem Längsband gelegen, welches bis in den Schwanzwurzelfleck reicht .... **B14** (S. 88)

b) Schwanzflosse nie dicht gebändert, wenn gezeichnet, nur undeutliche Bänderungen erkennbar. Seitenfleck anders. **D14**

D14. a) Längsband endet immer vor dem kastenförmigen Schwanzwurzelfleck. **A61** (S.78)

b) Längsband reicht bis in die Schwanzflossenbasis, kein Schwanzwurzelfleck. .... **B17** (S. 88)

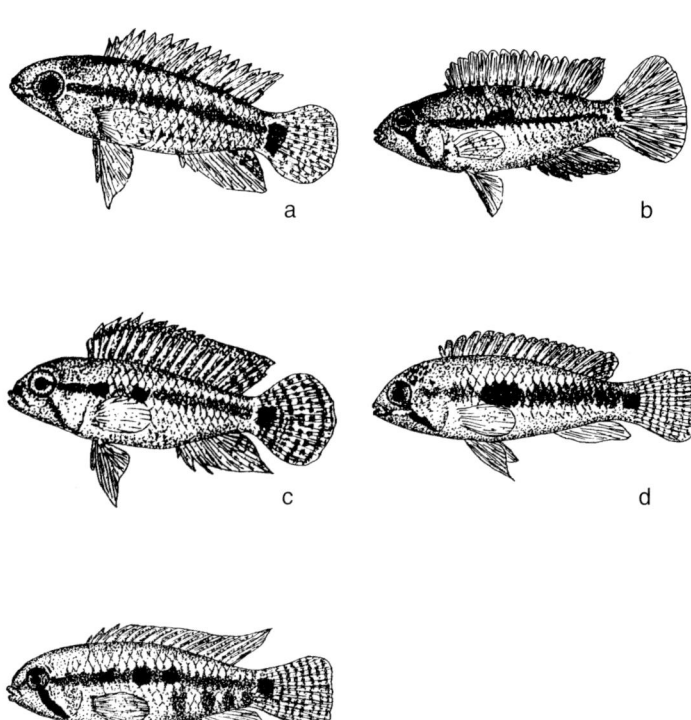

a) *A.* spec. "Chao"
b) *A.* spec. "Balzfleck"
c) *A. meinkeni*
d) *A.* spec. "Weißsaum"
e) *A.* spec. "Tiquié"

Untersuchungen zum Einfluß modifikatorischer Umweltparameter auf Buntbarsche der Gattung *Apistogramma* (Teleostei; Perciformes)

Inhaltsverzeichnis

Untersuchungen zum Einfluß modifikatorischer Umweltparameter auf Buntbarsche der Gattung *Apistogramma* (Teleostei; Perciformes)

1. Einleitung

In der aquaristischen Literatur fanden sich verstreut Hinweise auf verschobene Geschlechterverhältnisse von Aquarienfischen, insbesondere auch der neotropischen *Apistogramma*-Arten. Die Hinweise gingen aber durchweg nicht auf systematische Untersuchungen zurück. In der Regel fehlten Erklärungsansätze, obwohl die Vermutung nahelag, daß modifikatorische Umwelteinflüsse in diesem Zusammenhang eine Rolle spielen könnten. Die Geschlechtsbestimmung durch Umweltfaktoren schien nach bisheriger Vorstellung selten zu sein. Bei Fischen konnte bisher nur nachgewiesen werden, daß der pH-Wert bei einigen Cichliden und einem Poeciliden (RUBIN, 1985) und die Temperatur bei *Menidia menidia* (CONOVER & KYNARD, 1981), *M. peninsula* (MIDDAUGH & HEMMER, 1987) und *Poeciliopsis lucida* (SULLIVAN & SCHULTZ, 1986; SCHULTZ, 1993) einen modifikatorischen Einfluß auf das Geschlechterverhältnis ausüben. Allgemein wurde für Fische seit langer Zeit ein genetischer Mechanismus für die Geschlechtsbestimmung postuliert (AIDA 1921). Dieser konnte auch für die meisten daraufhin untersuchten Arten bestätigt werden (PRICE, 1984). Dagegen ist von Reptilien bekannt, daß das Geschlecht über mindestens zwei Mechanismen, einen genotypischen und einen modifikatorischen bestimmt wird (BULL 1980).

Ziel dieser Studie war es daher, in Fortführung meiner Diplomarbeit (RÖMER & BEISENHERZ 1995) auf breiter Basis systematisch erhobene Daten zum Einfluß von Umweltparametern wie Temperatur und pH-Wert auf das Geschlechterverhältnis der *Apistogramma*-Arten vorzulegen und weiter auszuwerten. Durch die Einbeziehung von Untersuchungen zur temperaturabhängigen Individualentwicklung und zu Produktivitätsparametern soll die Fitnessbeeinflussung durch diesen Faktor auf breiterer Basis untersucht werden.

Der Nachweis vorwiegend temperaturabhängiger modifikatorischer Geschlechtsdetermination bei *Apistogramma*-Arten verlangt nach grundlegender Bestätigung im Freiland und Erklärung der ökologischen Hintergründe, die zu ihrer Entwicklung geführt und zu ihrer

Stabilisierung beitragen haben könnten. Die Klärung derartiger Fragen ist nur durch Untersuchung der Lebensraumbedingungen, der Habitatwahl, des Sozialverhaltens und der Reproduktionsbiologie der Arten im Freiland möglich, weshalb in den Jahren 1991 bis 1994 entsprechende Studien an verschiedenen *Apistogramma*-Fundorten und -Arten im brasilianischen Rio Negro-Gebiet durchgeführt wurden. Durch die Freilanduntersuchungen sollte der Nachweis der temperaturabhängigen modifikatorischen Geschlechtsdetermination in der Natur erbracht werden und geklärt werden, ob das vorgefundene operationale Geschlechterverhältnis dem modifikatorisch erzeugten entspricht. Auch sollte untersucht werden, ob aus den Habitatbedingungen Faktoren ableitbar sind, die zur Entwicklung und/oder Stabilisierung dieses modifikatorischen Mechanismus für die Geschlechtsdetermination führen.

Mit der vorliegenden Arbeit wird der Versuch unternommen, das Phänomen der temperaturabhängigen modifikatorischen Geschlechtsbestimmung sowie ihrer biologischen und evolutiven Hintergründe für die Arten der Gattung *Apistogramma* aufzuklären.

2. Material und Methoden

2.1. Die Versuchstiere

2.1.1. Die Gattung *Apistogramma*

Buntbarsche der Gattung *Apistogramma* sind in fast der gesamten ostandinen Neotropis verbreitet (FREY 1990, KOSLOWSKI 1985, KULLANDER 1980, 1986, KULLANDER & NIJSSEN 1989, LINKE & STAECK 1995, REGAN 1909, RICHTER 1988, SCHMETTKAMP 1982, ZENNER & HOHL 1990). Nach heutigem Kenntnisstand leben in diesem Gebiet (Abb. 1) etwa 90 beschriebene und fast ebensoviele unbeschriebene Arten der Familie Cichlidae (Teleostei), die landläufig unter dem Begriff "Zwergbuntbarsche" zusammengefaßt werden. Diese Gruppe setzt sich aus Vertretern von zur Zeit mindestens zwölf Gattungen zusammen, nämlich *Apistogramma* (52), *Biotoecus* (2), *Cleithracara* (1), *Crenicara* (2), *Crenicichla* (8), *Dicrossus* (2), *Laetacara* (4), *Mazarunia* (1), *Mikrogeophagus* (2), *Nannacara* (5), *Taeniacara* (1), *Teleocichla* (8 Arten) (LINKE & STAECK 1997, RÖMER im Druck). Die Nomenklatur folgt UFERMANN et.al. (1987) und RÖMER (siehe Spezieller Artenteil).

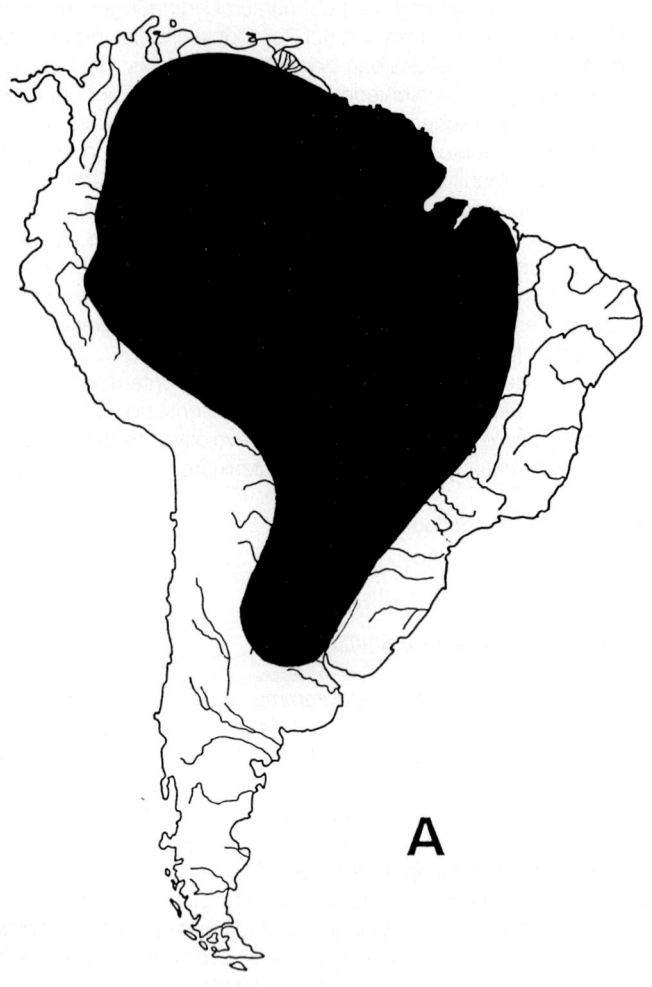

A

Abbildung 1:
Das bisher bekannte Verbreitungsgebiet der Gattung *Apistogramma*.

Die Identifizierung der Arten der Gattung *Apistogramma* erfolgt hauptsächlich anhand ihrer schwarzen Zeichnungsmuster sowie einiger morphologischer Details, beispielsweise der Flossenform (siehe Bestimmungsschlüssel und Spezieller Artenteil). Wegen der hohen Artenzahl und der Ähnlichkeit vieler Formen ist die Identifizierung nicht immer einfach, weshalb ich den ebenfalls beigefügten dichotomen Bestimmungsschlüssel für lebende Individuen erstellt habe.

Die meisten Arten sind, unabhängig von ihrem taxonomischen Bearbeitungsstand, aquaristisch gut bekannt. Die Kenntnisse umfassen in der Regel breite Bereiche der Ethologie, insbesondere der Fortpflanzungsbiologie und des Sozialverhaltens im Aquarium (z.B. BURCHARD 1965, KUENZER & KUENZER 1962). Da eine umfassende Übersicht den Rahmen dieser Arbeit sprengen würde, sei auf die entsprechenden Darstellungen bei LINKE & STAECK (1997), MAYLAND & BORK (1997) und im speziellen Artenteil verwiesen.

2.1.2. Geschlechtsdimorphismus

Apistogramma-Arten sind üblicherweise hochgradig geschlechtsdimorph und -dichromatisch (KULLANDER 1980, 1986) (vergleiche Farbabbildungen im speziellen Artenteil). Nur sechs der bekannten Formen weisen keinen oder sogar leicht umgekehrten Sexualdimorphismus auf (spezieller Artenteil). Das Geschlecht adulter *Apistogramma* ist daher in der Regel leicht feststellbar. Jungtiere lassen sich oft schon ab dem dritten Lebensmonat zuverlässig einem Geschlecht zuordnen. *Apistogramma*-Männchen sind generell deutlich größer und entwickeln oft größere oder ausgezogenere Flossen als ihre Partnerinnen, die eine gelbe Brutpflege- und Aggressionsfärbung aufweisen. Besondere Bedeutung kommt bei den meisten Arten schwarzen Zeichnungsmustern auf der Bauchseite der Weibchen zu, die bei den Männchen entweder fehlen oder (seltener) viel schwächer ausgebildet sind, als bei den Weibchen (siehe Abb. S. 59, 79, 108). Detaillierte Hinweise zur Bestimmung der Geschlechter aller derzeit bekannten *Apistogramma*-Arten finden sich im speziellen Artenteil.

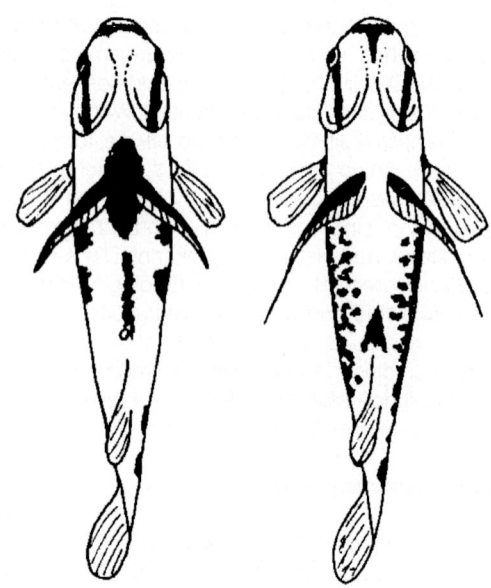

Abbildung 2: Geschlechtsdichromatismus: Typisches Schwarzzeichnungsmuster der Ventralseite der *Apistogramma*-Arten am Beispiel von *Apistogramma ortmanni* (EIGENMANN, 1912). (a: Weibchen, b:
Männchen)

2.1.3. Verbreitung

Vertreter der Gattung *Apistogramma* haben praktisch alle Gewässersysteme und -typen Südamerikas besiedelt (FREY 1990, GEISLER &
SCHNEIDER 1976, GOULDING et. al. 1988, KULLANDER 1980, 1985, LINKE &
STAECK 1995, RÖMER 1992a-c, 1994 a, b, 1996, Spezieller Artenteil,
STAECK 1985a-c, 1986a, b, 1987a-f, 1990a, b, 1991a-c, 1993). Schwerpunkte ihrer Verbreitung liegen in den Regenwaldgebieten Amazoniens,
den Flußsystemen des Rio Orinoco und des Rio Paraguay. Sie
besiedeln aber auch Gewässer der offenen Savannenlandschaften
Argentiniens und Venezuelas.

2.1.4. Ökologie

Apistogramma-Arten leben sowohl in fließenden, als auch stehenden Gewässern und sind ebenso im huminstoffreichen, weichen und sauren Schwarzwasser anzutreffen, wie im sedimentführenden, meist chemisch neutralen, relativ mineralreichen Weißwasser oder in meist grünlich opalisierendem Klarwasser, das in seiner Qualität etwa volldeionisiertem Wasser gleicht (z.B. KULLANDER 1985, LINKE & STAECK 1997, MAYLAND & BORK 1997, RÖMER, diese Arbeit.).

Bisher lagen nur wenige Informationen über die Biologie im Freiland vor. Vereinzelt erschienen in der Literatur zwar Hinweise auf die Ökologie (z.B. KULLANDER 1980, 1986, LINKE & STAECK 1995, STAECK 1987f), aber aus diesen waren kaum Schlüsse über die Populationsstruktur, das Sozialsystem oder die mikrostrukturellen Umwelteinflüsse abzuleiten, die im natürlichen Habitat auf *Apistogramma*-Arten wirken. Die Befunde zur Geschlechtsdetermination von *Apistogramma*-Arten (RÖMER & BEISENHERZ 1995) zeigten aber die für die Interpretation solcher Befunde besondere Notwendigkeit zur Erhebung ökologischer, ethologischer und soziobiologischer Daten im Freiland. Erst in neuerer Zeit berichtete RÖMER (1992b) erstmals detailliert über ethologische Freilandbeobachtungen an *Apistogramma diplotaenia* KULLANDER 1987 und belegte damit, daß komplexe Beobachtungen an dieser Artengruppe im Freiland durchführbar sind. Die Methoden der für diese Arbeit durchgeführten Felderfassung werden in Abschnitt 2.3. dargestellt.

2.1.5. Untersuchungstiere

Es wurden 37 *Apistogramma*-Arten untersucht. Die Tiere stammten überwiegend aus privaten Importen reisender Aquarianer oder wurden über die Importfirma GLASER (Rodgau) eingeführt. Alle Versuchstiere aus dem Rio Negro-Gebiet stammten aus eigenen Aufsammlungen. In 70%igem Ethanol konserviertes Belegmaterial aller untersuchten Arten wurde im Forschungsinstitut und Museum Senckenberg (Frankfurt) oder im Zoologischen Forschungsinstitut und Museum Alexander Koenig (Bonn) hinterlegt. Eine detaillierte Auflistung der Belegstücke einschließlich bekannter Fundorte (RÖMER 1993a), die im Hinblick auf weiterführende ökologische Untersuchungen von besonderem Interesse sein dürften, erfolgt im speziellen Artenteil.

Grundsätzlich wurden im Rahmen der *Apistogramma*-Versuche nur Wildfangexemplare und ihr F1-Nachwuchs[1] verwendet. Es konnte dabei aber weder ein von den Brutpaaren abhängiges Untersuchungsergebnis festgestellt werden, noch Unterschiede in den Untersuchungsergebnissen zwischen Paaren, die unterschiedlichen Importen oder über längere Zeiträume ingezüchteten Laborstämmen entstammen (F12 bis zu F15).

Für die biometrischen Untersuchungen an lebenden Fischen wurden hauptsächlich *A. cacatuoides* (siehe spezieller Artenteil) verwendet, da sich diese Art in Vorversuchen als physisch besonders robust erwies.

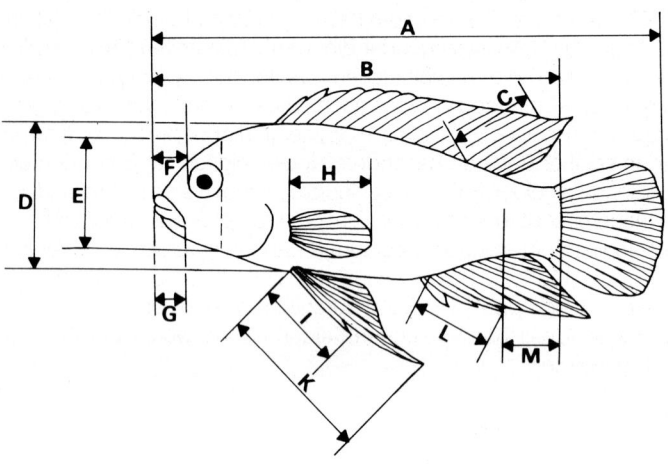

Abbildung 3 a: Die üblichen Meßstrecken zur Erfassung der Biometrie der *Apistogramma*-Arten:
A: Totallänge (TL), B: Standardlänge (SL), C: letzter Dorsalstachel (LDSP),
D: Körperhöhe (BD), E: Kopfhöhe (HD), F: Schnauzenlänge (SNL),
G: Unterkieferlänge (LJL), H: Pectorllänge (PFL), I: Ventralstachel (PSL), K: Ventrallänge (VFL), L: letzter Analstachel (LASP), M: Schwanzstiellänge (CPL)
Zeichnung: Erika Römer nach Vorl. des Verfassers

---

[1] F steht für Filial- oder Nachwuchs, F1 ist also die erste Nachwuchsgeneration

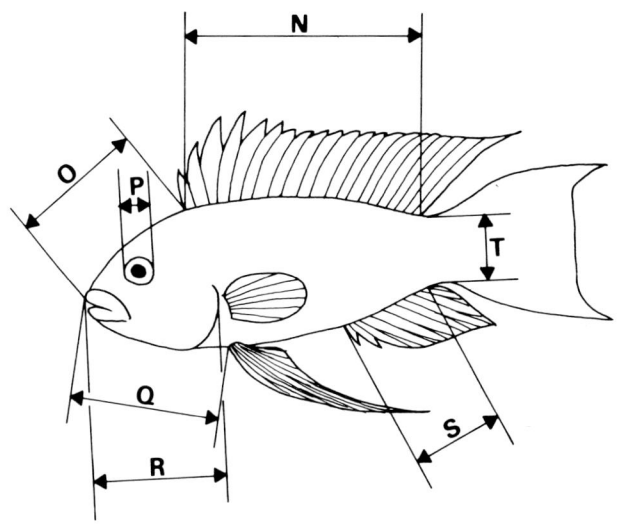

Abbildung 3 b: Die üblichen Meßstrecken zur Erfassung der Biometrie der
Apistogramma-Arten:
N: Dorsalbasis (DFBL), O: Vor-Dorsallänge (PDL), P: Augendurchmesser (ED)
Q: Vor-Ventrallänge (PPL), R: Kopflänge (HL), S: Analbasis (AFBL)
T: Schwanzstielhöhe (CPD)

Zeichnung: Erika Römer nach Vorl. des Verfassers

2.2. Laboruntersuchungen

2.2.1. Haltungsbedingungen

Alle Fische wurden im Labor unter kontrolliert konstanten Wasser-
bedingungen vermehrt oder gehalten. Temperatur, pH-Wert und
Wasserhärte wurden elektronisch überwacht. Die Abweichungen der
Temperatur waren kleiner als +/- 0,2 °C, die Abweichungen des pH-
Wertes unter 0,5. Das Wasser wurde über lufthebergetriebene Filter
aus Schaumstoff sowie durch wöchentliche umfangreiche Teilwasser-

wechsel gereinigt. Das Frischwasser wurde vor dem Austausch auf die Werte in den Experimentierbecken eingestellt, der pH-Wert mit Hilfe von Huminsäure, Phosphorsäure und Natriumhydrogenkarbonat. Alle Fische wurden einmal täglich *ad libitum* mit frisch geschlüpften Nauplien von *Artemia* spec. gefüttert.

2.2.2. Biometrische Daten

2.2.2.1. Körperlänge

2.2.2.1.1. Meßmethode

Zur Feststellung des Wachstums wurden *Apistogramma cacatuoides* gemessen und gewogen. Die Länge wurde in Millimeter Totallänge (mm TL) ermittelt, da sich die Standardlänge (SL) unter den gegebenen Umständen in den meisten Fällen nicht methodisch zuverlässig ermitteln ließ. Die Messung der TL erfolgt von der Schnauzenspitze bis zum distalen Ende der Caudale. Der Meßwert enthält im Gegensatz zur taxonomisch üblichen SL auch die Länge der Schwanzflosse, womit zwangsläufig eine geringfügig größere Ungenauigkeit der Datenerhebung verbunden ist. Es gehen vor allem individuelle Unterschiede der Flossenentwicklung in die Messung ein, die besonders bei ausgewachsenen älteren Tieren zu einer Änderung der Relationen zwischen SL und TL führen. Fische mit offenbar beschädigten Flossen wurden von den Messungen grundsätzlich dauerhaft ausgeschlossen, da regenerierte Flossen nach Vorexperimenten oft abweichende Proportionen aufweisen.

Die Längenmessung erfolgte auf einer mit einem mm-Raster skalierten PVC-Platte mit Winkelanschlag. Die stets. auf die rechte Körperseite gelegten Fische wurden mit der Ventralseite an den unteren Anschlag angelegt und vorsichtig bis zum Kontakt der Schnauze an den linken Seitenanschlag herangeschoben. Dabei erfolgt die longitudinale Ausrichtung der Caudale, die eine millimetergenaue Ablesung ermöglicht. Konservierte *Apistogramma* wurden mit Hilfe einer Schieblehre, bei kleinen Stücken mit Hilfe eines Meßokulars unter dem Binokular auf 0,1 mm genau vermessen.

2.2.2.1.2. Meßzeitpunkt

Am Ende des sechsten Lebensmonats wurden aus allen im Rahmen der Versuche aufgezogenen Bruten nach eingehender Beobachtung in einer 1-Liter-Küvette jeweils fünf Individuen (wenn möglich) beider Geschlechter repräsentativ herausgefangen und gemessen. Die daraus errechneten, auf einen ganzen Millimeter gerundeten Werte repräsentieren somit durch Messung genäherte Mittelwerte der TL aller Individuen der jeweiligen Brut. Messungen aller Individuen waren aus praktischen Gründen, wie beispielsweise zur Vermeidung von Verlusten, nicht möglich.

2.2.2.2. Körpergewicht

Die Gewichte lebender *Apistogramma cacatuoides* wurden mit Hilfe einer Laborwaage (SATORIUS) auf 1 mg genau gemessen. Die Ermittlung des Gewichtes lebender Kleinfische, wie sie *Apistogramma* darstellen, ist aufgrund des normalerweise mitgewogenen Adhäsionswassers ungenau. Die Körpermasse wurde deshalb als Differenz zweier Wägungen ermittelt. Um den Anteil des mitgewogenen Adhäsionswassers zu senken, wurden die Fische in ein leicht saugfähiges Fließpapier eingelegt und anschließend gewogen. Nach dem Wägen wurden die nun tropfwasserfreien Fische zurückgesetzt und das Fließpapier sofort erneut gewogen. *Apistogramma mendezi* (siehe spezieller Artenteil) wurden aufgrund von Materialbeschränkungen lediglich konserviert gewogen.
Da praktisch alle *Apistogramma* bei den Wägungen bewegungslos verharrten, war die Gewichtsermittlung auf 1 mg genau möglich. In das Wägeergebnis geht ein geringer, nicht näher quantifizierter Fehler durch Wasserverdunstung aus dem Vließpapier ein, der zu einer leichten Überhöhung des ermittelten Gewichtes geführt haben dürfte. Dieser Fehler kann für die Berechnungen aber vernachlässigt werden, da er während der Wägungen relativ konstant geblieben sein dürfte. Die Wägungen sind im Gegensatz zur Längenmessung verlustreich. Je nach Versuchsansatz reagierten 30 bis 70 % aller gewogenen *Apistogramma* auf die Abtrocknung der Körperoberfläche mit Mykosen, insbesondere an den Flossenansätzen und im Kopfbereich. Besonders häufig sind Tiere betroffen, die in sehr saurem oder sehr warmem Wasser gehalten werden. Eine Kurzzeitbehandlung mit Methylenblau-

bädern oder handelsüblichen Medikamenten bringt zwar schnelle Besserung, doch konnten solche Tiere im Versuch keine weitere Verwendung finden, da physiologische Auswirkungen der Präparate (und damit auf die zu ermittelnden Ergebnisse) nicht ausgeschlossen werden können. Aus dem gleichen Grunde wurden die Tiere während der Messungen nicht narkotisiert.

Von einigen Arten wurden neben Lebendgewichten auch die Gewichte sechs Monate lang konservierter Exemplare erhoben und verglichen, um für die Freilanduntersuchungen zu klären, ob konservierte Individuen zur Abschätzung des Lebendgewichtes geeignet sind.

2.2.2.3. Gelege- und Eigewicht

Die Gewichte von Gelegen wurden als Differenz von Wägungen von Weibchen unmittelbar vor und unmittelbar nach dem Ablaichen ermittelt.

Die Eizahl der Gelege aller Weibchen wurde nach Beendigung des Laichaktes ermittelt. Als Laichsubstrat dienten transparente Kunststoffdöschen, wie sie für die Verpackung von Kleinbild-Diafilmen verwendet werden. Durch die Wand der Döschen, an deren Wände die Eier von den Weibchen in den Versuchen geheftet wurden, ist die Zählung der Gelege fehlerfrei möglich.

Auf Basis dieser Daten wurden auch die mittleren Gewichte von Eiern einzelner Gelege errechnet.

2.2.2.4. Eigröße

Aus jeweils zehn Gelegen in allen untersuchten Temperaturbereichen wurden jeweils zehn Eier entnommen, indem sie mit einer Skalpellklinge von der Befestigungsfläche beschädigungsfrei abgelöst wurden. Ihre Länge wurde im Binokular mit Hilfe eines Meßokulars festgestellt.

2.2.3. Reproduktionspotential

2.2.3.1. Feststellung des Fertilitätseintrittes

Um die gesicherte Fertilität der weiblichen Nachkommen von *A. cacatuoides* zu ermitteln, wurde die erste Eiablage erfaßt. Einzelne spätreife *Apistogramma*-Weibchen können gelegentlich erst nach mehr als einem Lebensjahr das erste Gelege absetzen. Es kann nicht beurteilt werden, ob die betreffenden Weibchen nicht bereits vor diesem Zeitpunkt geschlechtsreif sind, die Verspätung also einen Artefakt darstellt, der durch nicht erkennbare Einflüsse des Experimentes verursacht ist. Als allgemeiner Fertilitätseintritt der Weibchen wird daher der Zeitpunkt gewertet, an dem 50 % der Weibchen einer Brut erstmals abgelaicht haben. Mit diesem Vorgehen soll ein verzerrender Einfluß frühreifer oder spätreifer Weibchen auf das Versuchsergebnis weitgehend reduziert werden.

Bei *Apistogramma*-Männchen war der Fertilitätseintritt generell schwieriger zu ermitteln, da Spermaabgaben bei Fischen dieser Größenordnung nur ausnahmsweise zu beobachten sind und auf eine Sektion verzichtet wurde. Die Männchen einer Brut werden hier daher generell als fertil angesehen, sobald die ersten befruchteten Gelege im Aufzuchtaquarium festgestellt werden konnten.

Da bei dieser Vorgehensweise frühreife Männchen auf das Ergebnis Einfluß nehmen könnten, wurden mit etwa zehn Prozent zufällig ausgewählter Männchen aus fünf Bruten im Einzelansatz mit sicher fertilen Weibchen entsprechende Fertilitätstests durchgeführt.

2.2.3.2. Produktivitätsermittlung

Die Produktivität eines Weibchens kann unter zwei grundlegenden Aspekten betrachtet werden, nämlich als Produktivität pro Gelege und als Gesamt- oder Lebenszeitproduktivität. Die Produktivität pro Gelege wurde ermittelt, indem der Umfang aller Gelege in den transparenten Kunsthöhlen ausgezählt wurde. Außerdem wurde zur Feststellung der potentiellen Gesamtproduktivität einzelner Weibchen die Gesamtzahl ihrer Gelege (und Eier) sowie die Frequenz der Eiablagen registriert. Zwanzig Weibchen von *A. cacatuoides* wurden außerdem die Gelege regelmäßig unmittelbar nach der Eiablage weggenommen, um die Mindestintervalle zwischen zwei Eiablagen festzustellen. Dieses, nach meiner Feststellung in kommerziellen Zierfischzüchtereien allgemein angewandte Verfahren, führt bei *Apistogramma*-Weibchen zur schnellen erneuten Laichreife und zur Maximierung der Gelegefolge.

2.2.4. Versuchsansätze

2.2.4.1. Basisversuch modifikatorische Geschlechtsdetermination

Für die Versuche wurden sowohl Paare als auch Gruppen aus je fünf Männchen und 25 Weibchen in Aquarien von 150x50x40 cm Größe eingesetzt. Es ließen sich statistisch keine Unterschiede im Versuchsergebnis zwischen Einzelpaaren und Gruppen feststellen, beispielsweise weder zwischen 15 verschiedenen Paaren von *A. nijsseni*, noch zwischen vier verschiedenen Gruppen von *A. linkei*. Ob die Tiere in den verwendeten runden künstlichen Höhlen (46x30 mm, transparente Verpackungsdosen für FUJI-Kleinbildfilme) ablaichten, wurde während der Temperatur-Umkehr-Experimente ständig, während der Standardversuche mindestens einmal täglich kontrolliert. Der Ablaichzeitpunkt läßt sich durch Fütterung der Fische *ad libitum* mit Nauplien des Salinenkrebses (*Artemia* spec.) steuern. Die Zahl der Eier, Larven oder Jungfische wurde regelmäßig festgestellt. Weibchen und ihre Gelege wurden nach der Befruchtung der Eier aus dem Zuchtaquarium in einen Aufzuchtbehälter transferiert. Nachdem die Jungen selbständig herumschwammen, was normalerweise nach sieben bis zehn Entwicklungstagen der Fall ist, wurden die Weibchen für den Rest der Aufwuchsperiode von ihrer Brut getrennt.

Die Zucht und Aufzucht erfolgte für die Untersuchungen zum Einfluß von Temperatur und pH-Wert bei konstant 23 °C, 26 °C, 29 °C und jeweils pH 4,5, pH 5,5 und pH 6,5. Obwohl nicht alle pH-Kombinationen untersucht werden konnten, werden hier auch alle Daten zur modifikatorischen Geschlechtsbestimmung durch den pH dargestellt, da deutliche Hinweise dafür vorliegen, daß das Geschlecht einer ganzen Reihe von *Apistogramma*-Arten sowohl von der Temperatur als auch vom pH-Wert beeinflußt wird (Tab. 1). Normalerweise wurde für die Versuche ein pH-Wert von 5,5 bevorzugt, da dabei die Verluste an Eiern, Larven oder Jungfischen allgemein am geringsten waren. Meine Untersuchungen zum Einfluß der Temperatur konzentrierten sich hauptsächlich auf *A. borellii* (REGAN), *A. nijsseni* KULLANDER, *A. trifasciata* (EIGENMANN & KENNEDY) und *A. caetei* KULLANDER.

Tab. 1: Faktorenfelder für Basisversuche „Modifikatorische Geschlechtsbestimmung"

Temperatur	pH 4,5	pH 5,5	pH 6,5
23°C	x	x	x
26°C	x	x	x
29 °C	x	x	x

2.2.4.2. Folgeversuch Modifikatorische Geschlechtsdetermination

In einem Folgeversuch wurde an zwei ausgewählten Arten, *Apistogramma cacatuoides* und *Apistogramma mendezi*, untersucht, ob zwischen den modifikatorisch wirkenden Faktoren Temperatur und pH-Wert sowie der Geschlechterverteilung unter den Jungen lineare oder andere Zusammenhänge bestehen. Dazu wurde in den drei bereits untersuchten pH-Stufen (pH 4,5, pH 5,5 und pH 6,5) das Temperaturraster auf 1 °C-Schritte verengt. In den Kombinationen, aus denen noch keine Daten vorlagen, wurden jeweils insgesamt zehn Versuche ausgeführt, von denen anschließend 138 (48,8 %) den Anforderungen für die Versuchsauswertung (s.u.) genügten. Daraus ergibt sich folgendes Versuchsraster für insgesamt 33 Faktorenkombinationen, in dem diejenigen Kombinationen gekennzeichnet sind, bei denen eine erfolgreiche Vermehrung im Rahmen dieser Untersuchungen möglich war.

2.2.4.3. Bestimmung des Zeitpunktes der Geschlechtsdetermination

Um festzustellen, zu welchem Zeitpunkt die umweltabhängige modifikatorische Geschlechtsbestimmung erfolgt, wurden Eier, Larven und Jungfische zu unterschiedlichen Entwicklungszeitpunkten von 23 °C nach 29 °C und umgekehrt umgesetzt. Der Zeitpunkt der Ablage des letzten Eies eines Geleges wurde als Zeitpunkt 0 gewertet. Der längste von mir festgestellte Zeitraum für die Ablage eines Geleges betrug eine Stunde, weshalb der Altersunterschied der Eier innerhalb eines Geleges bei den Experimenten diesen Zeitraum nicht überschritt. Das Geschlecht der Fische wurde anhand der sexualdimorphen

Tab. 2: Faktorenfelder
„Modifikatorische Geschlechtsbestimmung"
(*Apistogramma cacatuoides* (caca.) & *Apistogramma mendezi* (mend.),
n = Anzahl der Bruten)

Temperatur	pH 4,5		pH 5,5		pH 6,5	
	caca.	mend.	caca.	mend.	caca.	mend.
20 °C	9	-	7	-	7	-
21 °C	10	-	9	-	7	-
22 °C	8	10	6	9	7	-
23 °C	10	-	12	-	8	-
24 °C	7	11	10	9	9	6
25 °C	10	12	9	5	12	5
26 °C	8		8	-	10	-
27 °C	8	10	9	7	12	3
28 °C	9	7	10	3	8	2
29 °C	6	-	7	-	6	-
30 °C	8	-	11	-	6	6
gesamt	93	50	98	33	92	22
gesamt	*cacatuoides*		283	*mendezi*		105

Lateral drohende ♂♂ von *Apistogramma cacatuoides*   J. Glaser

Plevicachromis pulcher aus Nigeria. Die Geschlechtsdetermination ist pH-abhängig.

Frontal drohende ♂♂ von *Apistogramma cacatuoides*

J. Glaser

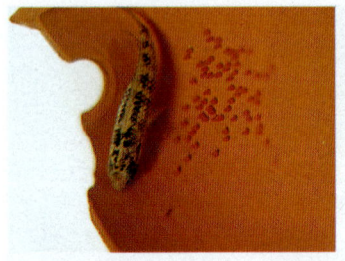

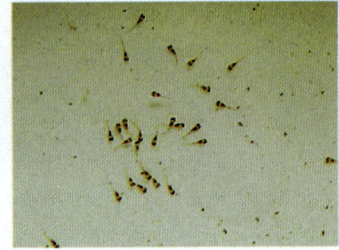

In Filmdöschen oder kleinen Blumentöpfen laichen *Apistogramma*-Weibchen bevorzugt ab. Die Gelege (oben) lassen sich leicht zählen (hier 75 Eier) und mitsamt dem Weibchen aus dem Zuchtaquarium in einen Aufzuchtbehälter umsetzen (oben rechts), in dem die Jungen (rechts) isoliert aufgezogen werden können.

Merkmale festgestellt, die beispielsweise von KULLANDER (1980, 1986) und RÖMER (im Druck) dargestellt werden (vergleiche Abb. im speziellen Artenteil).

2.3. Freiland

2.3.1. Untersuchungsgebiet

In den Jahren 1991, 1992 und 1994 unternahm ich, gemeinsam mit verschiedenen Begleitern[2], drei Reisen in das Rio Negro-System im nordwestbrasilianischen Bundesstaat Amazonas, während derer ich verschiedene *Apistogramma*-Arten und andere Zwergbuntbarsche in ihren natürlichen Lebensräumen intensiv beobachten und Freilanddaten für diese Untersuchungen sammeln konnte. Während dieser Reisen wurden auch Tiere für die Laboruntersuchungen gesammelt.

---

[2] Reisebegleiter waren 1991 A. SCHNEIDER & W. WINDISCH, 1992 M. GEISMANN, S. LEISNER & A. SCHNEIDER, 1994 Dr. M. V. TSCHIRNHAUS & M. WÖHLER

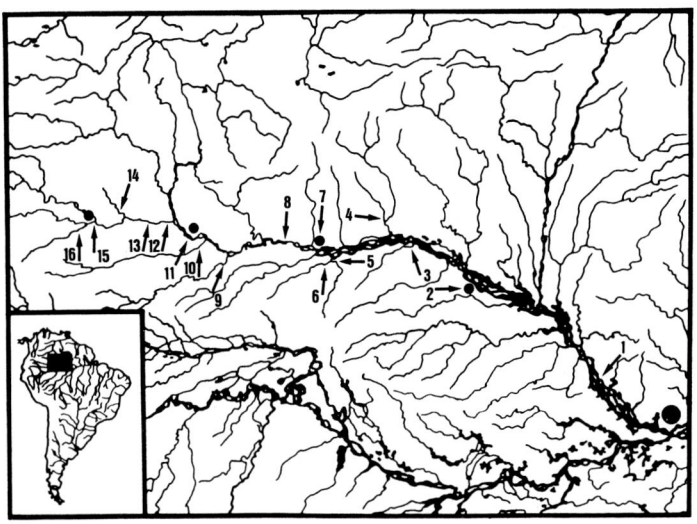

Abbildung 4: Übersicht über das Rio Negro-Gebiet (Nordwestbrasilien). Zahlen und Pfeile: 1991, 1992 und 1994 untersuchte Bereiche (siehe Tab.10 & RÖMER 1994b[3]). Zahlen können mehrere Fundorte anzeigen. Punkte: Siedlungen

Zeichnung: Erika Römer nach Vorl. des Verfassers

Das Rio Negro-Gebiet ist vergleichsweise gut ichthyologisch erforscht. Es verfügt über ein auch heute noch in weiten Teilen intaktes und unberührtes primäres Regenwald-Ökosystem. Das ist im wesentlichen auf die für die menschliche Nutzung ungünstigen hydrographischen Bedingungen und die deshalb bislang noch kaum entwickelte Verkehrsinfrastruktur zurückzuführen. In den Gewässern des Gebietes sind daher noch weitgehend anthropogen unbeeinflußte Bereiche für die Beobachtung von Kleinfischen anzutreffen, obwohl auch hier intensiv kommerzieller Zierfischfang mit möglicherweise lokal negativen Auswirkungen auf die Bestände betrieben wird. Solche Auswirkungen waren aber in meinen Probeflächen nicht nachweisbar.

---

[3] Enthält detaillierte Beschreibungen der im Rio Negro-Gebiet untersuchten Fundorte.

Insgesamt waren über etwa zwei Monate Beobachtungen an Zwergcichliden unter sehr verschiedenen Wasserstandsbedingungen möglich. Verhaltens- und Siedlungsdichtedaten wurden sowohl in der Niedrig- als auch in der Hochwasserzeit gesammelt (RÖMER 1992a-c, 1993a-c, 1994a, b). Einige der Beobachtungsorte wurden wiederholt besucht, weshalb z.B. an einer Probestelle im Igarapé Prósperitáte mehrfach auch bei unterschiedlichen Wasserständen Beobachtungen durchgeführt werden konnten. Ergänzend zu den Verhaltensbeobachtungen und Populationsuntersuchungen wurden an den Probestellen die für Fische bedeutsame abiotische Wasserparameter- Temperatur, pH-Wert und Leitwert gemessen.

2.3.2. Beobachtungsmethode

Auf Probeflächen von 2 x 2 m Größe wurde jeweils 20 Minuten lang durchgehend beobachtet und anschließend ein Kurzprotokoll darüber angefertigt. Die Beobachtung erfolgte schnorchelnd regungslos im Wasser liegend, da die Zwergbuntbarsche unter diesen Umständen nicht auf den Beobachter reagieren. Schwerpunkt der Beobachtung und Protokollierung war die Erfassung des Artenspektrums, der Bestandsdichte, der Körpergröße, des Reproduktions- und Gesundheitszustandes, des Sozialverhaltens und der Sozialstruktur der beobachteten Bestände. Bei guter Vorkenntnis der beobachteten Arten und ihres normalen Verhaltensrepertoires aus dem Aquarium und aus Vorstudien im Freiland sind mit der "20-Minuten"-Methode zuverlässige und gut reproduzierbare Beobachtungsresultate zu erzielen. Mehrere Probeflächen wurden zu verschiedenen Tages- und Jahreszeiten wiederholt untersucht.

Abbildung 5 (nächste Seite): Wasserstandsänderungen am Igarapé Prósperitáte. Der Fundort (4 in Abb. 4) konnte in drei Jahren viermal aufgesucht werden. Aufnahmeort, -position und -richtung sind auf allen Aufnahmen etwa gleich. Der Wasserstandsunterschied beträgt etwa sechs Meter.
Oben: links: Hochwasser, Oktober 1992; rechts: ablaufendes Wasser, September 1992.
Unten: links: Niedrigwasser, März 1994; rechts: Niedrigwasser, Oktober 1991 (Beginn der Regenzeit)

2.3.3. Siedlungsdichteerhebungen

Neben den Verhaltensbeobachtungen wurden möglichst detaillierte Angaben zur Populationsdichte und zur Verteilung von Arten und Individuen im Raum festgehalten. Populationsdichten wurden in den meisten Fällen nach der Näherungsmethode von KELKER (nach MÜHLEN-BERG 1989), einem selektiven Wegfangverfahren, ermittelt. Zunächst wird dazu das Verhältnis zwischen zwei Klassen von Tieren geschätzt, Individuen einer der Klassen gezielt gefangen und anschließend das neue Verhältnis zwischen den Klassen erneut geschätzt (weitere Details zum Verfahren und seiner Anwendung auf Fische siehe MÜHLENBERG 1989, RÖMER 1992b). Die Berechnung der Populationsdichte erfolgt anschließend anhand der Formel

$$N_1 = (C_x - p_2C) : (p_2 - p_1).$$ [4]

An einzelnen Probestellen wurden die Kleincichlidenbestände zusätzlich auch mit einer erweiterten Wegfangmethode ermittelt, bei der alle Tiere auf einer Probefläche gefangen werden. Zu diesem Zweck wurden selbstgefertigte, 50x25 cm große Rahmenkescher aus V2A-Stahl verwendet, die mit 4 mm-Sechseck-Netzgeflecht der Firma NETZBAU BESTENSEE (Bestensee) bespannt wurden. Diesen Netzen entkommen nach eigenen Labortests nur Zwergbuntbarsche, die unter 1 cm Totallänge (TL) aufweisen. Mit den Keschern wurde das Fallaub an etwa einen Quadratmeter großen Probestellen so oft entnommen und durchsucht, bis mehrfach kein Fangerfolg mehr eintrat, der Bereich also offensichtlich vollkommen leergefischt war.

2.3.4. Produktivitätsabschätzung und Geschlechterverhältnis

Während der Freilandbeobachtungen wurde gezielt nach brutpflegenden *Apistogramma*-Weibchen gesucht. Gelege und Larven wurden möglichst vollständig entnommen und gezählt. Die Zahl geführter

---

[4] N_1: Populationsgröße bei der ersten Schätzung des Verhältnisses zwischen zwei Gruppen; p_1: Anteil der Gruppe a in der N_1-Population; p_2: Anteil der Gruppe a in der Population nach Wegfang von Individuen; C_x: Zahl der zwischen den Schätzungen entnommenen Tiere der Gruppe a (Wert negativ); C_y: Zahl der entfernten Individuen der Gruppe b; $C=C_x-C_y$.

Jungfische eines Weibchens wurde, wenn möglich, durch deren vollständiges Wegfangen ermittelt, in einzelnen Fällen auch durch möglichst genaue, wiederholte Zählung. Das ungefähre Alter der frei schwimmenden Jungfische wurde auf der Basis von Größeninformationen aus dem Aquarium geschätzt. Nach diesem Näherungsverfahren über vier Wochen alte Jungfische mehrerer *Apistogramma*-Weibchen wurden außerdem gefangen, um das Geschlechterverhältnis nach weiterer Aufzucht im Labor zu bestimmen.

2.3.5. Artbestimmung im Freiland

Die im Freiland gefangenen Tiere wurden vorübergehend in großen Plastiktüten oder Styroporkisten lebend aufbewahrt und sofort nach Ende des Fanges gezählt, sowie ihre Artzugehörigkeit und das Geschlecht bestimmt. Da im Freiland, insbesondere bei Anwesenheit noch unbekannter Arten, Bestimmungsprobleme auftreten können, wurden von allen Arten zur späteren Kontrolle der Artbestimmung sowie zur Erfassung von Geschlecht, Körpermasse und Biometrie Belegexemplare in 70 %igem Ethanol konserviert (zum Hinterlegen s.o.).

Vor Ort nicht identifizierbare Tiere wurden lebend gesammelt und (ebenso wie die konservierten Belegstücke) in Zusammenarbeit mit einem lokalen Zierfischexporteur (Turkys/Manaus) nach Europa verschickt, um ihre Artzugehörigkeit später im Aquarium sicher festzustellen. In Zusammenarbeit mit Turkys (Manaus) wurden außerdem einige zusätzliche, repräsentativ ausgewählte lebende Exemplare für vergleichende Aquarienbeobachtungen exportiert Alle restlichen Fänglinge wurden an Ort und Stelle unverzüglich wieder freigelassen.

2.4. Statistische Auswertung

Für die statistische Auswertung der Laborversuche wurden nur solche Zuchtversuche herangezogen, bei denen der gesamte Verlust an Eiern oder Nachkommen unter zehn Prozent der gesamten Brut lag. Selektive Mortalität beeinflußte die Ergebnisse aus diesem Grund nicht wesentlich. Für die statistische Auswertung wurde das Rechnerprogramm CSS-Statistica verwendet, mit dem auch die grafischen Bearbeitung der Darstellungen der Ergebnisse einschließlich der Berechnung und Auftragungen von Regressionsgraden und Polynome erfolgte.

Zur Prüfung des Datenmaterials wurde in der Regel der t-Test angewendet. Da nicht für alle untersuchten Arten ausreichende Daten für alle Temperatur/pH-Wert-Kombinationen vorliegen, wurden nur die Daten von sieben Arten einer multifaktoriellen Korrelations-Analyse unterzogen (two-way ANOVA), die für ungleichförmig verteilte Daten geeignet ist. Die Ergebnisse dieser Analyse sind in Tabelle 5 dargestellt. Zusätzlich wurden die Korrelationen zwischen Temperatur, pH-Wert und Geschlechterverhältnis mit dem Spearman-Rang-Korrelations-Verfahren berechnet, das zur Analyse kleiner Sätze nonparametrischer Daten dient (SACHS 1984).

In den meisten Temperaturbereichen wurde auch der Einfluß des pH-Wertes auf das Geschlechterverhältnis getestet. Zur Abschätzung des Temperatureffektes auf das Geschlechterverhältnis wurden die Daten aus unterschiedlichen pH-Wert-Bereichen innerhalb der einzelnen Temperaturbereiche gepoolt, bevor sie dem Spearman-Rang-Korrelationstest unterzogen wurden.

Mit Unterstützung eines lokalen Zierfischexporteurs konnten auch einige *Apistogramma* für Laboruntersuchungen ausgeführt werden. Die Zierfischfänger sammeln im Rio Negro-Gebiet vor allem Rote Neon (nächste Seite oben), die mit über 40 Millionen Stück pro Fangsaison den Hauptexportartikel des Zierfischhandels dieser Region darstellen. Die Fische werden traditionell von Zwischenhändlern im Raum Barcelos do Rio Negro auf Sammelschiffen (nächste Seite unten) abgeholt, auf denen sie zu Tausenden in Kunststoffwannen transportiert werden. Der anschließende Transport bis Manaus dauert normalerweise mindestens zwei Tage.

Apistogramma iniridae ♂

3. Ergebnisse

3.1. Allgemeiner Temperatureinfluß auf das Wachstum

3.1.1. Überlebensrate der Nachkommen

Untersuchungen zum Einfluß von (modifikatorischen) Faktoren auf Reproduktionserfolg und Nachkommen setzen das Überleben der Nachkommen voraus. Deshalb wurde in einem Vorversuch die Überlebensrate bis zum sechsten Lebensmonat bei verschiedenen Temperaturbedingungen für verschiedene *Apistogramma*-Arten aufgezeichnet. Die Auswertung einer homogenen Reihe von Zuchtversuchen mit *A. cacatuoides* (n_{Bruten}=311) zeigt, daß deutliche Unterschiede (t-Test) für die Überlebenswahrscheinlichkeit der Nachkommen in unterschiedlichen Temperaturbereichen bestehen (Abb. 6).

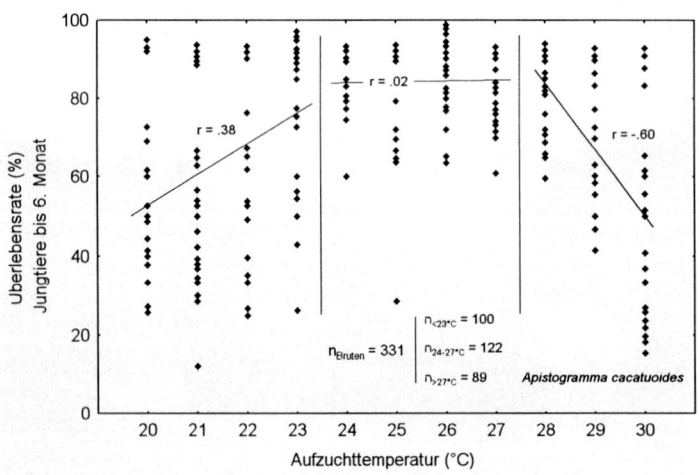

Abbildung 6: Prozentuale Überlebensrate junger *Apistogramma cacatuoides* in Bruten bis zum Ende des sechsten Lebensmonats in Abhängigkeit von der Temperatur.

Die höchste Überlebensrate haben junge *A. cacatuoides* im Temperaturbereich zwischen 24 und 27 °C. Die Temperatur beeinflußt die Überlebensrate in diesem Temperaturabschnitt nicht (r^2=.0006, t=.26, p=.7) Unterhalb und oberhalb dieses Temperaturintervalls sind die Überlebensbedingungen für die Nachkommen signifikant ungünstiger, denn die Streuung des Prozentsatzes überlebender Jungfische pro Brut nimmt deutlich zu. Bei Abnahme der Temperatur ist der Rückgang der Überlebensrate (r^2=.145, t=4.08, p=.00009) geringer als bei über den Mittelbereich hinaus ansteigender Erwärmung des Wassers (r^2=.363, t=-7.04, p=.0000).

3.1.2. Biometrie

Die körperliche Entwicklung beeinflußt in vielen Tiergruppen die Überlebens- und Reproduktionschancen. Dies gilt in besonderem Maße für Kleinfische, die in Lebensräumen vorkommen, in denen sie starker inter- und intraspezifischer Konkurrenz, Prädation oder stark schwankenden Umweltbedingungen ausgesetzt sind. Von marinen Ährenfischen ist die Schlüsselrolle der Temperatur für die körperliche Entwicklung, das Reproduktionssystem und die Überlebenswahrscheinlichkeit der Weibchen bekannt (CONOVER 1984, CONOVER & HEIJNS 1987a & b). Unterschiede in Größe und Gewicht sind außerdem oft entscheidende Faktoren bei der Partnerwahl vieler Arten (ANDERSSON 1994). Für Süßwasserfische allerdings fehlen bisher entsprechende Untersuchungen.

Daher wurde, um den Einfluß modifikatorischer Umweltparameter auf die physische Entwicklung von Süßwasserfischen abschätzen zu können, zunächst der Einfluß der Temperatur auf die Längen- und Massenzunahme von Zwergbuntbarschen der neotropischen Gattungen *Apistogramma* und zum Vergleich der ostafrikanischen Gattung *Pseudocrenilabrus* untersucht.

3.1.2.1. Körperlänge und Gewicht

Die Gesamtlänge unter konstanten Bedingungen aufgezogener, nach sechs Lebensmonaten gemessener *Apistogramma cacatuoides* zeigt eine signifikante Abhängigkeit von der Wassertemperatur. Die Verteilung der Körperlängen folgt annähernd einer leicht nach rechts verschobenen Glockenkurve (Abb. 7).

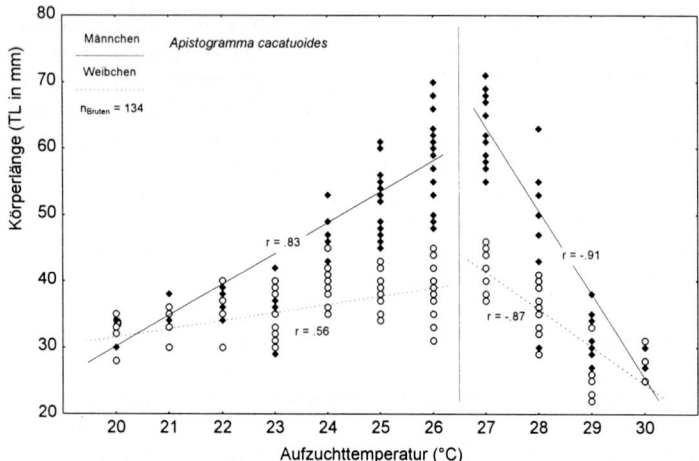

Abbildung 7: Körperlänge sechs Monate alter *Apistogramma* am Beispiel von *Apistogramma cacatuoides* in Abhängigkeit von der konstanten Aufzuchttemperatur bei pH 5,5 (vergleiche Abb. 8). Männchen (Rhombus) und Weibchen (Kreis) getrennt dargestellt. Ein Punkt repräsentiert den Durchschnittswert einer Brut. Zur Verdeutlichung der Temperaturbeeinflussung sind die Regressionsgeraden ergänzt.

Ein Wachstumsoptimum findet sich bei etwa 26 bis 27 °C, Minima liegen bei 20 bis 21 °C und 29 bis 30 °C. Tiere, die bei 26 °C aufgezogen werden, sind nach einem halben Jahr fast doppelt so lang wie Vergleichstiere, die bei 20 bis 24 °C oder 29 bis 30 °C aufwachsen. Der vom Optimumbereich ausgehende Abfall der Körpergröße ist bei Männchen deutlicher ausgeprägt als bei Weibchen und bei höherer Wassertemperatur stärker als bei niedriger[5].

Bei 26 °C aufgezogene Tiere sind mit durchschnittlich 55 bis 60 mm TL nach einem halben Lebensjahr fast ausgewachsen. Bei niedrigen Temperaturen (unter 25 °C) aufgezogene Individuen (um 35 mm TL) holen den Wachstumsrückstand im Verlaufe weiterer sechs bis zehn

---

[5] n_{Bruten}<27°C=92: Männchen r^2=.696, t=14.38, p=.0000, Weibchen r^2=.309, t=6.344, p=.0000; n_{Bruten}>26°C=42: Männchen r^2=.821, t=-13.53, p=.0000, Weibchen r^2=.757, t=-11.16, p=.0000

Körperlänge (TL in mm)

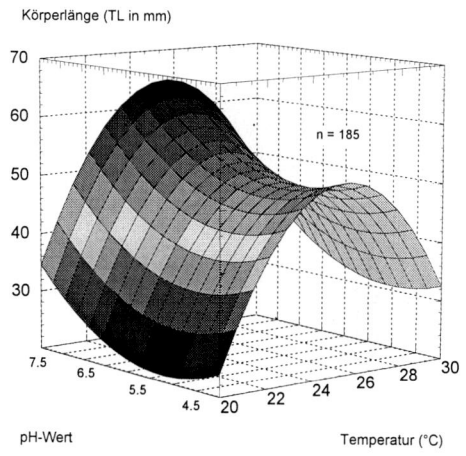

Abbildung 8: Körperlänge sechs Monate alter *Apistogramma* am Beispiel von *Apistogramma cacatuoides*-Männchen in Abhängigkeit von der Aufzuchttemperatur und dem pH-Wert.

Entwicklungsmonate auf. Im Gegensatz dazu stehen bei hohen Temperaturen (29 bis 30 °C) aufgezogene Exemplare (um 30 mm TL): Sie holen den Wachstumsrückstand normalerweise nicht mehr auf und erreichen nur ausnahmsweise die normale Körperlänge. 20 bei konstant 29 °C gehaltene zweijährige Weibchen hatten Längen zwischen 28 und 32 mm TL.

Ein geringer Einfluß des pH-Wertes auf die Körperlänge männlicher *A. cacatuoides* konnte ebenfalls nachgewiesen werden (Abb. 8 & 9).

Der körperliche Entwicklungszustand, der durch die Länge-Masse-Beziehung ausgedrückt werden kann, ist bei vielen Arten, wie beispielsweise bei *Cichlasoma nigrofasciatum,* eine wichtige Größe bei der Partnerwahl (ANDERSSON 1994, KEENLEYSIDE et.al. 1985). Geschlechtsspezifische Unterschiede in der Länge-Masse-Beziehung treten bei geschlechtsdimorphen Arten besonders auffällig auf.

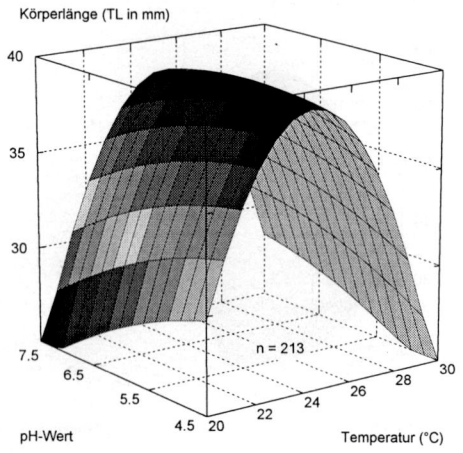

Körperlänge (TL in mm)

pH-Wert

Temperatur (°C)

n = 213

Abbildung 9: Körperlänge sechs Monate alter *Apistogramma* am Beispiel von *Apistogramma cacatuoides*-Weibchen in Abhängigkeit von der Aufzucht-temperatur und dem pH-Wert.

Die Körpermasse bei *Apistogramma*-Männchen und -Weibchen steht bis zu einer Totallänge (TL) von ca. 50 mm in näherungsweise exponentiellem Verhältnis zur Körperlänge, danach flacht die Ge-wichtszunahme ab, was auf das überproportionale Wachstum der Schwanzflosse von Männchen zurückzuführen ist; nur diese erreichen über 50 mm TL (Abb. 7). Die relative Massenzunahme (Korpulenz-faktor g/cm$_{TL}$) nimmt in vergleichbarer Weise zu (Abb. 10).

Die bei *A. cacatuoides* festgestellten Länge-Masse-Relationen lassen sich an Aquarienmaterial von sieben weiteren stichprobenartig unter-suchten *Apistogramma*-Arten (Abb.11) und konserviertem Freiland-material von *A. mendezi* (Abb. 12) bestätigen.

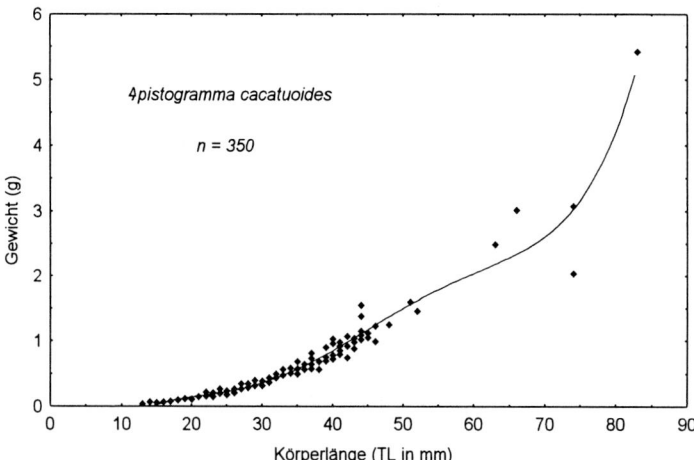

Abbildung 10: Länge-Masse-Korrelation bei konstant 26 °C aufgezogener *Apisto-gramma* am Beispiel von *Apistogramma cacatuoides*. Beide Geschlechter sind zusammengefaßt dargestellt. Ein Punkt kann mehrere Werte repräsentieren. Die Punkte über 60 mm TL repräsentieren alte Männchen mit überproportional großer Beflossung.

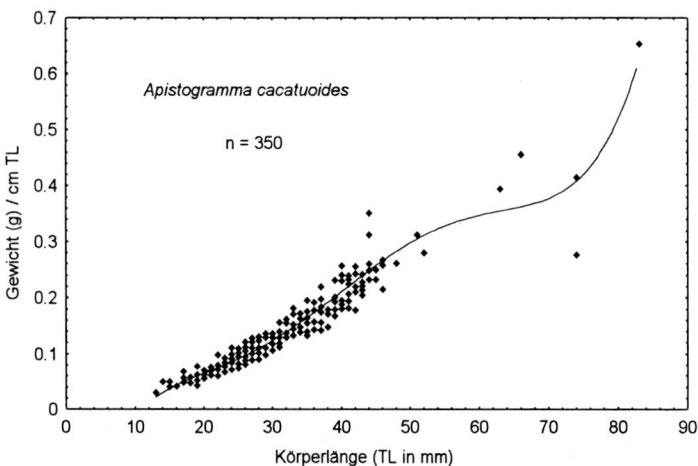

Abbildung 11: Relative Massenzunahme von *Apistogramma cacatuoides* bei konstanter Aufzucht- und Haltungstemperatur von 26 °C.

3.1.2.2. Eigewicht und -größe

Über die Körpergröße beziehungsweise -masse oder auch direkt könnte die Temperatur den Fortpflanzungserfolg (fitness) von *Apistogramma* beeinflussen. Um dies zu prüfen, wurden die Gewichte von Gelegen und Eiern sowie die Eigröße erfaßt. Dabei zeigt sich, daß die Ei- und Gelegegewichte bei niedrigen Temperaturen tendenziell größer waren als bei hohen. Es besteht auch eine tendenziell negative Korrelation zwischen zunehmender Temperatur und Eigewichten. Eine Korrelation zur Größe des Weibchens läßt sich aufgrund der verfügbaren Daten dagegen nicht ableiten.

Die Eigröße von *Apistogramma* zeigt insgesamt eine signifikante negative Temperaturabhängigkeit (Tab. 3, Abb. 14). Die Eier waren bei niedriger Hälterungstemperatur von 20 °C etwa ein Fünftel größer als bei hoher Hälterungstemperatur von 30 °C. Im Temperaturbereich zwischen 20 und 25 besteht eine signifikant negative Beziehung (r^2=.090, t=-7.73, p=.0000, n=600) zwischen Eigröße und Temperatur, zwischen 26 °C und 28 °C eine noch stärkere (r^2=.320, t=-11.85, p=.0000, n=300). Für noch höhere Temperaturen läßt sich keine signifikant regressive Beziehung mehr zur Eigröße nachweisen (r^2=.026, t=-2.32, p.020, n=200). Offenbar liegt im Temperaturbereich zwischen 25 und 28 °C die wesentliche Beeinflussung der Eigröße durch die Umgebungstemperatur vor.

Tab. 3: Mittelwerte der Größen (Länge in mm) aller Eier (n = 1100) von *Apistogramma cacatuoides* aus allen Temperaturbereichen (n = je 100)

T (°C)	Eilänge	min	max	Std. Abw.	Std.-Fehler
20	3.545	3.37	3.68	.213	.045
21	3.458	3.28	3.61	.196	.039
22	3.505	3.33	3.65	.188	.035
23	3.518	3.39	3.63	.188	.035
24	3.391	3.18	3.57	.223	.05
25	3.310	3.13	3.42	.224	.050
26	3.480	3.31	3.68	.275	.076
27	3.223	3.14	3.33	.223	.05
28	3.034	2.76	3.34	.294	.037
29	2.916	2.84	3.00	.185	.034
30	2.854	2.78	2.94	.191	.037
alle Gruppen	3.294	2.5	3.9	.326	.106

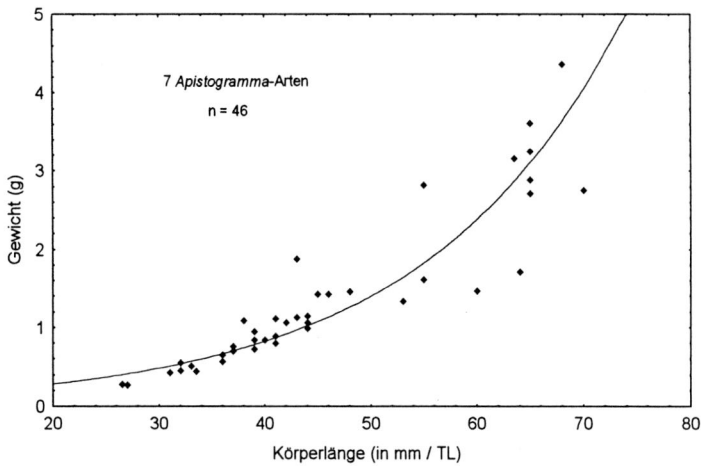

Abbildung 12: Länge-Masse-Korrelation konservierter Exemplare von sieben *Apistogramma*-Arten. Beide Geschlechter wurden zusammengefaßt: *bitaeniata* (n=1), *cacatuoides* (9), spec. "Chao" (1), *eunotus* (1), *juruensis* (14), *mendezi* (19), *norberti* (1). Unterschiede in der Länge-Masse-Beziehung bestehen zwischen den Arten nicht.

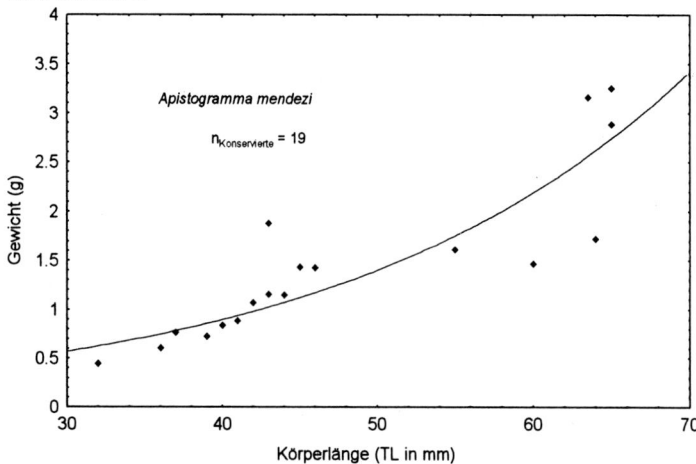

Abbildung 13: Länge-Masse-Korrelation konservierter *Apistogramma mendezi* aus dem Rio Negro-Gebiet. Bei den Individuen über 50 mm TL handelt es sich zum Teil um bereits deutlich abgemagerte Exemplare.

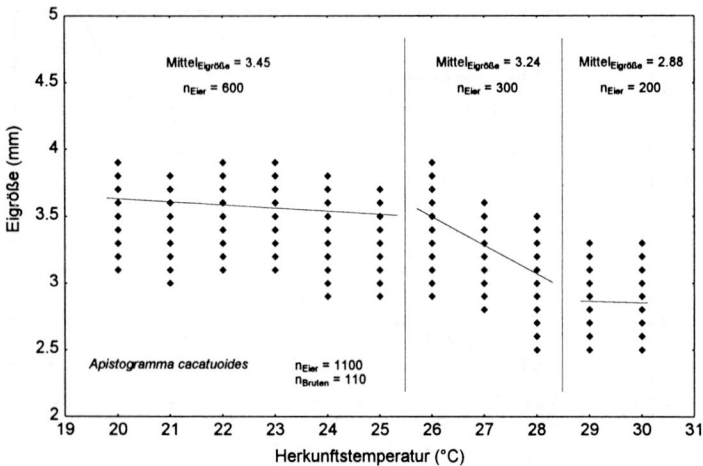

Abbildung 14: Länge von *Apistogramma*-Eiern in Abhängigkeit von der Temperatur. Ein Punkt kann mehrere Werte darstellen.

3.1.3. Reproduktionspotential

Aufgrund der Zusammenhänge zwischen der Umgebungstemperatur, dem Wachstum von Jungfischen sowie der Größe der abgelegten Eier von *Apistogramma* kann eine Beeinflussung des Reproduktionspotentials dieser Cichliden durch die Umgebungstemperatur vermutet werden.

3.1.3.1. Fertilitätseintritt

Um zu prüfen, ob die Temperatur sich über Veränderungen des Fertilitätseintrittes ebenfalls auf die Fortpflanzung auswirkt, wurde der Fertilitätseintritt der Nachzuchtweibchen von *A. cacatuoides* bestimmt. Die Fortpflanzungsreife (erste Eiablage) weiblicher *A. cacatuoides* trat im Versuch frühestens im Alter von 140 Tagen, spätestens nach 350 Tagen ein (Abb. 15).
Eine direkte lineare Beziehung zwischen Fertilitätseintritt und Temperatur besteht nach diesen Beobachtungen für die Temperaturbereiche unter, beziehungsweise über etwa 26,5 °C. Bei 26 °C konnte der

früheste Eintritt der Fortpflanzungsreife weiblicher *A. cacatuoides* um den 140. Lebenstagen verzeichnet werden. Bei niedrigeren ebenso wie bei höheren Temperaturen produzierten Weibchen durch das verzögerte Wachstum (Abb. 11) insgesamt deutlich später Erstgelege. Das Erreichen einer Körperlänge zwischen etwa 30 und 34 mm TL scheint ausschlaggebend für den Fertilitätseintritt zu sein; das Erreichen dieser Länge ist aber temperaturabhängig (s.o.). Große Weibchen laichen bei niedrigen Temperaturen früher ab als kleine, während bei hohen Temperaturen kleine Weibchen früher ablaichen als große. Bei mittleren Temperaturen um 26 °C ist die Größe erstmals laichender Weibchen relativ konstant. Bei etwa einem Drittel der bei 29 und 30 °C aufgezogenen Weibchen (n = 38) konnte innerhalb der Beobachtungszeit von einem Jahr keine Eiablage registriert werden.

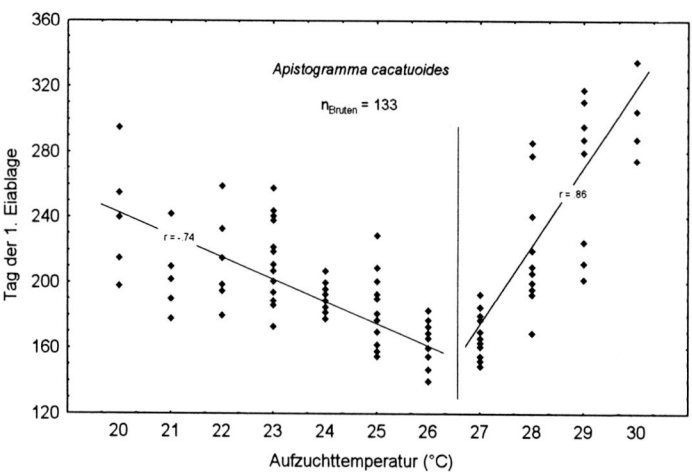

Abbildung 15: Fertilitätseintritt weiblicher *Apistogramma* in Abhängigkeit von der Aufzuchttemperatur am Beispiel von *Apistogramma cacatuoides*. Ein Punkt repräsentiert den Zeitpunkt, an dem 50 % der Weibchen einer Brut erstmals abgelaicht haben.

Da beim Körperwachstum geschlechtsdimorpher Cichlidenarten sexuelle Unterschiede bestehen, liegt die Vermutung nahe, daß sexuelle Unterschiede im Reproduktionspotential zwischen den Geschlechtern bestehen. Bei *Apistogramma*-Männchen ist die Abgabe von

Spermien kaum zu beobachten, deshalb ist der Fertilitätseintritt schwieriger zu erfassen als bei den Weibchen. Beobachtungen zur Fertilität an einigen, mehr als fünf Jahre alten Männchen verschiedener *Apistogramma*-Arten zeigen, daß das Spermapotential von *Apistogramma*-Männchen weit über die normale Lebensspanne von etwa zwei Jahren hinausreicht (RÖMER 1991). Daher wurde nur der Fertilitätseintritt der Männchen über die ersten fertilisierten Gelege im Aufzuchtaquarium erfaßt und durch Fertilitätstests ergänzt.

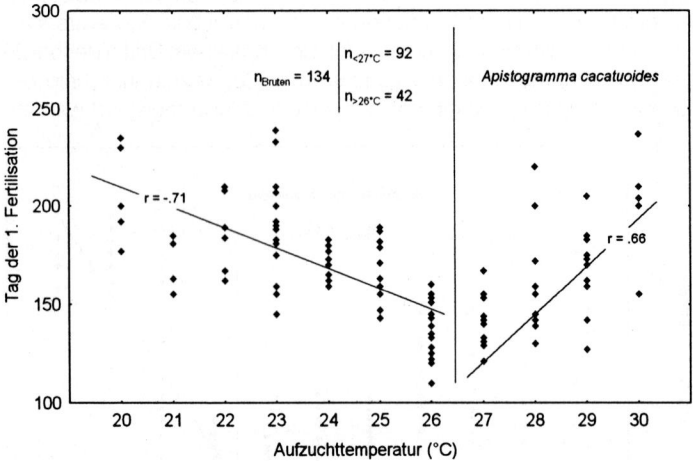

Abbildung 16: Fertilitätseintritt männlicher *Apistogramma* in Abhängigkeit von der Aufzuchttemperatur am Beispiel von *Apistogramma cacatuoides*. Ein Punkt repräsentiert den Zeitpunkt, an dem die erste Fertilisation eines Geleges durch ein Männchen einer Brut beobachtet wurde.

Es zeigte sich, daß die Männchen innerhalb einer Brut generell früher fertil sind als die Weibchen (Abb. 15 & 16). Sowohl unterhalb 27 °C, als auch oberhalb 26 °C bestehen signifikante Beziehungen des Fertilitätseintrittes zur Aufzuchttemperatur[6]. Unterschiede des Fertilitätseintrittes der Geschlechter bei der Aufzucht in unterschiedlichen Temperatur-

---

[6] T<27°C :r2=.503, t=-9.55, p=.00006, n=92; T>26°C: r2=.434, t=5.54, p=.<0001, n=42

bereichen und bei unterschiedlichen Körpergrößen (vergleiche Abb. 7, 14 & 15) zeigten sich ebenfalls: Männchen, die bei 26 °C aufgezogen werden, sind, obwohl sie nahezu doppelt so schnell heranwachsen, nur wenig früher reproduktionsfähig als Weibchen (ca. einen Monat), während die bei 29 °C aufgezogenen Männchen bis zu einem halben Jahr vor den in diesem Temperaturbereich aufgezogenen Weibchen fertil werden. Weibchen haben demnach offenbar Reproduktionsnachteile bei hoher Temperatur.

3.1.3.2. Produktivität

Die Tatsache, daß ein Einfluß der Temperatur auf den Fertilitätseintritt von *Apistogramma cacatuoides* vorliegt, legt nahe, daß auch die Reproduktionsrate durch diesen Faktor verändert wird. Daher wurde die Zahl der Eier aller Gelege ermittelt.

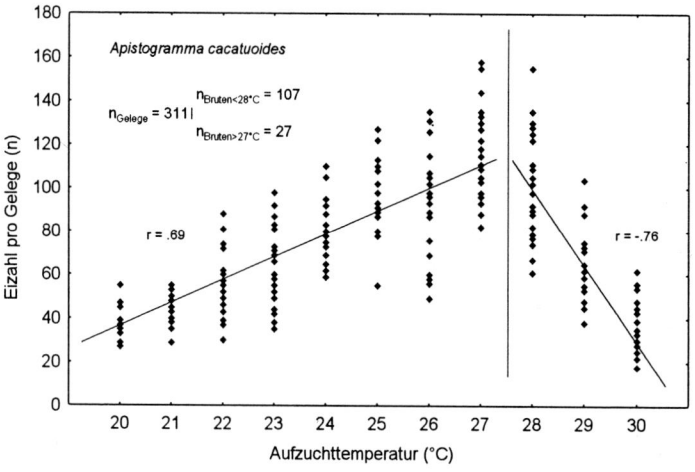

Abbildung 17: Gelegegröße von *Apistogramma cacatuoides*-Weibchen in Abhängigkeit von konstanter Haltungstemperatur (pH 4,5 -bis 7,5).

Die Daten zeigen, daß die Reproduktionsrate der Weibchen (Eizahl pro Gelege) einem deutlichen Temperatureinfluß unterliegt (Abb. 17). Eine fast lineare Zunahme der Eizahl besteht im Temperaturbereich zwischen 20 und 27 °C (r^2=.473, t=9.71, p=.<00001), darüber fällt die Eizahl deutlich schneller linear wieder ab (r^2=.585, t=-5.94, p=.00002). Der Einfluß unterschiedlicher pH-Werte war gering.

Bei weiblichen *Apistogramma cacatuoides* nimmt bei regelmäßiger Wegnahme der Gelege nach der ersten Eiablage (Frequenzversuch) die Eizahl innerhalb der Gelege mit Zunahme der Reproduktionstage leicht ab (Abb. 18); der Effekt ist aber nur schwach zu sichern (r^2=.024, t=-2.78, p=.005, n=317). Dagegen besteht ein Zusammenhang zwischen der Temperatureinwirkung nach der (vom Lebensalter unabhängigen) ersten Eiablage und dem Legeintervall: Die Legeintervalle sind bei hoher Temperatur signifikant größer, als bei niedriger oder mittlerer Temperatur (Abb.19). Mit zunehmender Zahl von Eiablagetagen erhöhen sich die Legeintervalle ebenfalls signifikant (t=23.10, p=<.00001) (Abb. 20).

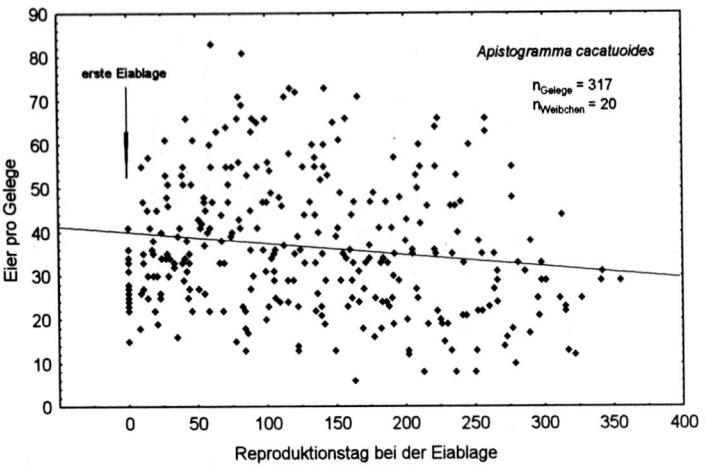

Abbildung 18: Produktivität (Eizahl) von 20 Weibchen von *Apistogramma cacatuoides* in Abhängigkeit vom Eiablagezeitpunkt. Der Zeitpunkt der ersten Eiablage dient als Startpunkt der Produktivitätsmessung über die reproduktiven Lebenstage.

Tab. 4: Temperaturabhängigkeit der Gesamtproduktivität von *A. cacatuoides*- Weibchen (n = 10) T-Test für Abhängige Stichproben (n_{Gelege} = 317)					
Variable	Mittelwert	Std. Abw.	t	df	p
Legetag	129.14	90.33	20.33	316	0.000
Eizahl	36.66	15.95	-11.88	316	0.000

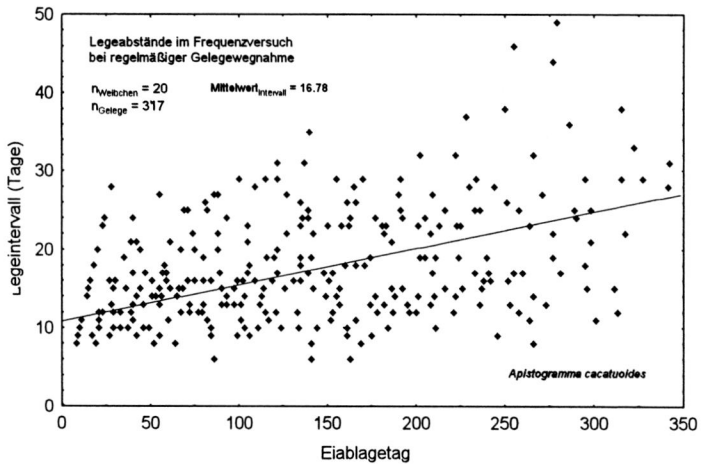

Abbildung 19: Eiablageintervalle von *Apistogramma cacatuoides* in Abhängigkeit von reproduktiven Lebenstagen (Tage nach der ersten Eiablage) im Frequenzversuch.

Aufgrund der vorstehenden Befunde war anzunehmen, daß auch die Gesamtzahl aller von einem Weibchen in seinem Leben produzierten Gelege dem Temperatureinfluß unterliegt. Anhand von zwanzig zufällig ausgewählten *A. cacatuoides*-Weibchen wurde daher versucht, die potentielle Gelegezahl festzustellen. Zu diesem Zweck wurden die Gelege der Weibchen sofort nach dem beobachteten Ablaichen entfernt, was normalerweise nach kurzer Zeit zum erneuten Ablaichen führt. Im Experiment zeigte sich, daß die Gelegegröße unter diesen Bedingungen mit zunehmendem Reproduktionsalter abnahm (Tab. 4, Abb. 18), und daß auch die Gesamtzahl der von einem Weibchen produzierten Gelege (Abb. 20) und durchschnittlich pro Gelege abgelegten Eier (Abb. 21, r^2=.063, t=-4.58, p=.000007) von der Umgebungstemperatur signifikant beeinflußt wird. Hohe Temperaturen von 29 °C führen zu einer deutlichen Verlängerung der Gelegeintervalle und einer Verringerung der Ei- und Gelegezahl, während kaum sicherbare Unterschiede zwischen den niedrigeren Temperaturbereichen festzustellen sind.

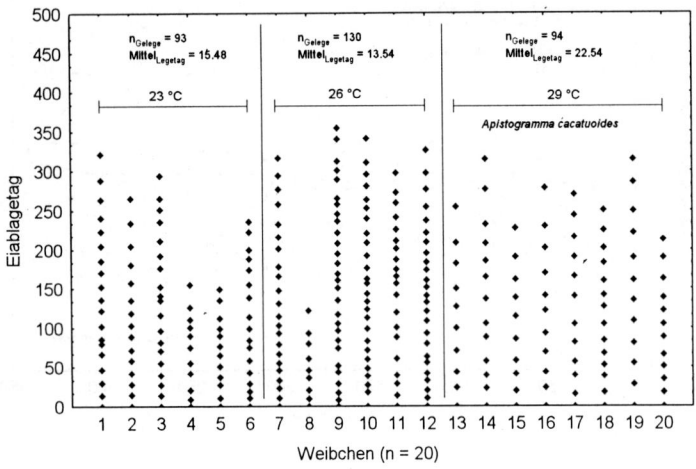

Abbildung 20: Eiablagetage, Legeintervalle und Gelege von 20 *Apistogramma cacatuoides*-Weibchen in drei Temperaturbereichen im Frequenzversuch. Haltungstemperatur: 1 - 6: 23 °C; 7 - 12: 26 °C; 13 - 20: 29 °C.

Die insgesamt verringerte Fortpflanzungsleistung der *Apistogramma*-Weibchen bei hohen Temperaturen geht offenbar auf die an unterschiedliche thermische Aufzuchtbedingungen gekoppelte Körpergröße der Weibchen zurück (Abb. 22, vergleiche Abb. 10). Die Eizahl hängt signifikant von der Größe des Weibchens ab (r^2=.226, t=6.22, p=<.000001).

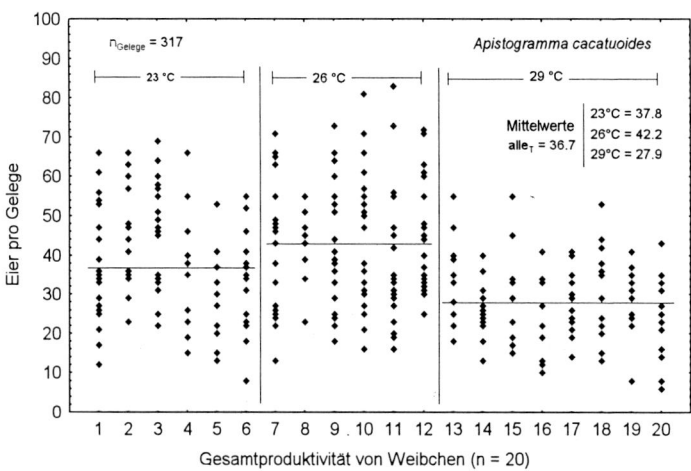

Abbildung 21: Produktivität (Eizahl) von 20 Weibchen von *Apistogramma cacatuoides* im Frequenzversuch in Abhängigkeit von der Temperatur. Haltungstemperatur: 1 - 6: 23 °C; 7 - 12: 26 °C; 13 - 20: 29 °C.

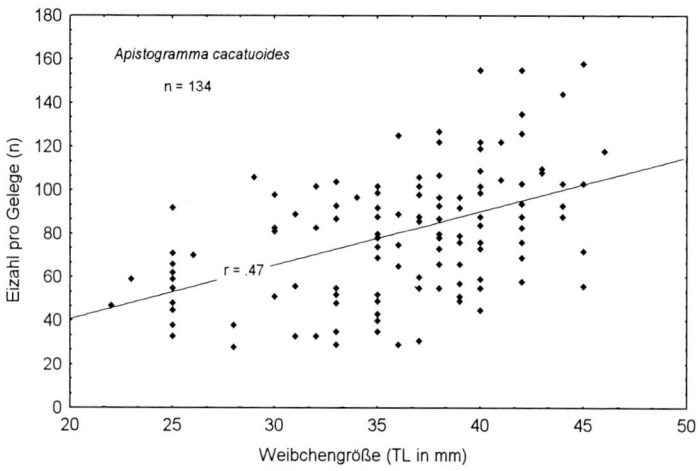

Abbildung 22: Abhängigkeit der Eizahl von der Körpergröße des Weibchens bei *Apistogramma*-Arten am Beispiel von *Apistogramma cacatuoides*.

143

3.1.4. Zusammenfassung und Erörterung

Für die untersuchten *Apistogramma*-Arten stellen hohe, beziehungsweise niedrige Wassertemperaturen (<24 °C und > 28 °C) offenbar im Vergleich zu mittleren Wassertemperaturen (25 bis 28 °C) ungünstige Umweltbedingungen dar. Die Überlebensrate (Abb. 6) der Nachkommen in niedrigen oder hohen Temperaturen ist im Vergleich zum mittleren Temperaturbereich verringert. Auch bestehen statistisch signifikante negative Korrelationen zwischen dem Ansteigen der Wassertemperatur und den biometrischen Parametern Körperlänge (Abb. 10), Körpergewicht (Abb. 10 bis 13) und Eigröße (Abb. 14). Auch das Reproduktionspotential ist, bei den Weibchen stärker als bei den Männchen, signifikant von der Umgebungstemperatur abhängig (Abb. 15 bis 17). Im wärmeren Temperaturbereich ist die körperliche Entwicklung erheblich verzögert, teilweise irreversibel gehemmt: Das Größenwachstum erreicht nur etwa die Hälfte der Normalwerte und sowohl die Größe und Zahl der Eier pro Gelege als auch die Ablaichfrequenz sinkt. Die wachstumshemmenden Effekte hoher Temperaturen sind bei Fischen der Gattung *Apistogramma* nur bedingt reversibel. Auch niedrige Haltungs- und Aufwuchstemperaturen wirken sich bei allen untersuchten Arten hemmend auf die physische Entwicklung und die Produktivität aus, allerdings in wesentlich geringerem Umfang als hohe.

Aufgrund verschiedener Studien an Karpfenfischen (CUI & WOOTTON 1988), Rundmäulern und Lachsartigen (HUGHES & KOYAMA 1988), Buntbarschen (KINDLE & WHITMORE 1986), Stachelmakrelen (PIPE & WALKER 1987) und Ährenfischen (BENGTSEN et.al. 1987) kann angenommen werden, daß für die beobachteten Effekte temperaturabhängige Unterschiede in der Stoffwechselaktivität, die vor allem bei hohen Temperaturen zu Energiedefiziten führen, mit verantwortlich sind.

3.2. Modifikatorische Geschlechtsbestimmung

Die vorstehend dargelegten Resultate zur physischen Entwicklung deuten bereits auf eine hohe Beeinflussung mehrerer Fitness-Komponenten von *Apistogramma* durch die Umgebungstemperatur hin.

3.2.1. Temperatur als modifizierender Faktor

Bei der Untersuchung der Zusammenhänge zwischen der Temperatur und dem Geschlechterverhältnis unter den Nachkommen der meisten *Apistogramma*-Arten besteht ein signifikanter Zusammenhang. Die Ergebnisse der multifaktoriellen Faktoren-Analyse für sieben Arten sind in Tabelle 5 und Abbildung 23 dargestellt. Bei *A. borellii, A. eunotus, A. gephyra, A. hongsloi, A. meinkeni* und *A. nijsseni* übt die Temperatur signifikant den dominierenden Einfluß auf das Geschlechterverhältnis aus. Hingegen konnte bei *A. caetei* kein statistisch sicherbarer Einfluß der Temperatur auf das Geschlechterverhältnis festgestellt werden, was auf den starken pH-Einfluß zurückzuführen ist (Abb. 23).

Auch für weitere *Apistogramma*-Arten, deren Daten einer multifaktoriellen Faktorenanalyse unterzogen wurden, ließ sich ein gewisser Einfluß des pH-Wertes nachweisen (Tab. 5). Hierbei dürften im Falle von *A. borellii, A. eunotus* und *A. meinkeni* die relativ kleineren Datensätze für deren niedrigeren Signifikanzgrad verantwortlich sein.

Tabelle 5: Statistische Signifikanz der Beziehungen von Geschlechterverhältnis und Temperatur, pH-Wert und Temperatur x pH bei *Apistogramma*-Arten aufgrund multifaktorieller Faktorenanalyse (two-way Analysis of Varianz)
(**hochsignifikant * signifikant)

Art	p (T)	p (pH)	p (T x pH)	chi^2	df
A. borellii	.000924**	.055775*	.791684	2.6909	3
A. caetei	.496003	.000000**	.303825	15.282	6
A. eunotus	.000001**	.000796**	.168134	2.5660	2
A. gephyra	.000000**	.000001**	.036653*	9.6653	4
A. hongsloi	.000000**	.000000**	.000002**	15.103	4
A.meinkeni	.004540**	.061353*	.361128	2.8842	1
A. nijsseni	.000000**	.000000**	:003309**	75.714	8

Apistogramma

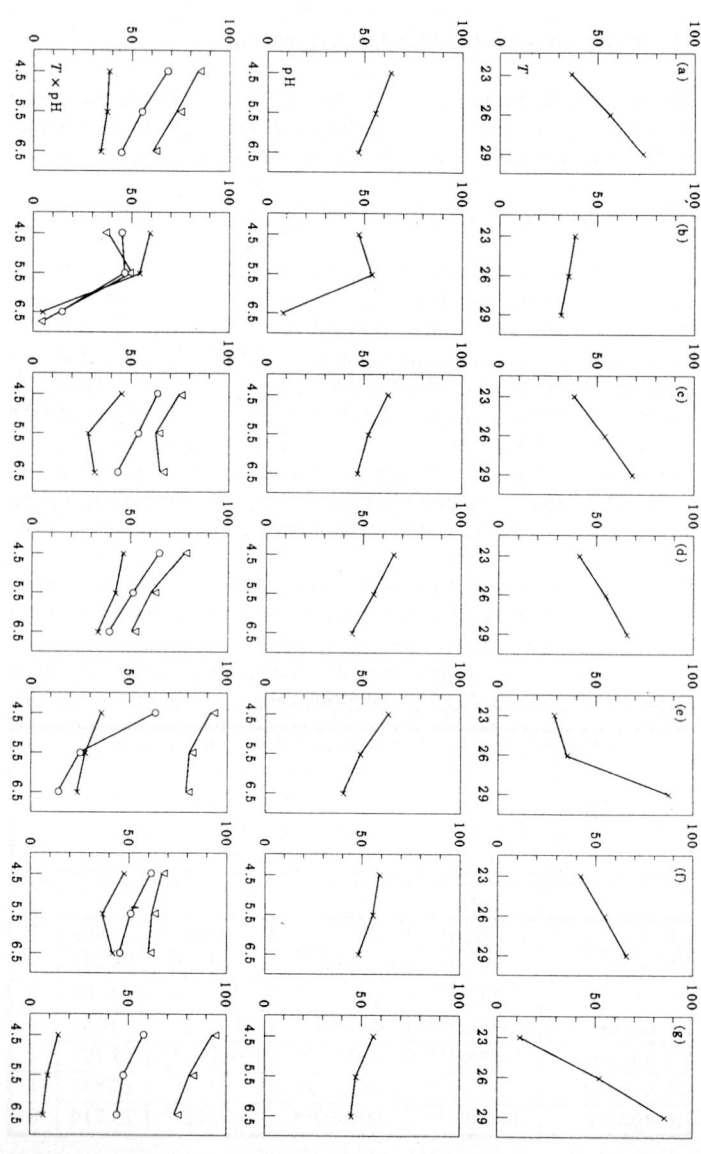

Tab. 6: Durchschnittliche Prozentsätze der Männchen in Bruten von 39 Knochenfischen

Art	23 °C pH 4.5	n	pH 5.5	n	pH 6.5	n	26 °C pH 4.5	n	pH 5.5	n	pH 6.5	n	29 °C pH 4.5	n	pH 5.5	n	pH 6.5	n
Apistogramma																		
agassizii	42.2	1	77.3	7	-	-	60.2	-	-	-	-	-	90.1	1	73.0	6	-	-
borellii	39.6	1	37.1	3	32.8	1	68.4	2	53.9	2	68.4	2	85.4	1	73.6	4	61.4	1
cacatuoides	-	-	19.8	5	-	-	84.3	5	62.7	5	43.3	5	-	-	83.0	5	-	-
caetei	59.9	5	53.3	12	3.8	1	43.7	3	48.0	14	14.5	8	37.5	3	52.0	9	4.4	10
diplotaenia	55.4	1	43.9	3	-	-	-	-	53.0	2	-	-	98.8	1	79.9	4	-	-
eunotus	44.7	2	38.5	2	31.1	2	63.4	1	53.4	3	41.2	2	76.6	2	64.1	2	66.8	2
geisleri	-	-	28.7	2	-	-	-	-	50.9	3	-	-	-	-	82.4	2	-	-
gephyra	45.8	3	40.6	3	35.5	3	65.7	3	56.1	3	39.2	3	78.0	3	62.4	3	66.8	3
gibbiceps	-	-	19.2	3	-	-	68.9	1	53.6	2	35.1	2	92.6	2	82.0	2	76.0	2
gossei	-	-	28.7	2	-	-	-	-	49.2	2	-	-	-	-	81.4	2	-	-
hippolytae	37.7	1	53.3	2	-	-	-	-	49.4	1	-	-	93.2	1	85.7	2	-	-
hoignei	-	-	30.9	2	-	-	-	-	-	-	-	-	-	-	81.7	4	-	-
hongsloi	35.4	3	29.3	3	23.6	3	61.6	3	27.5	3	14.4	3	92.8	3	79.6	3	81.5	4
inconspicua	38.9	2	27.2	2	16.7	2	-	-	-	-	-	-	-	-	76.8	2	-	-
iniridae	-	-	34.4	3	-	-	-	-	-	-	-	-	-	-	79.6	2	-	-
linkei	-	-	15.9	17	-	-	66.2	7	49.2	7	34.2	6	-	-	88.9	13	-	-
luelingi	-	-	30.0	2	-	-	-	-	-	-	-	-	-	-	88.5	2	-	-
macmasteri	-	-	30.4	2	-	-	-	-	50.9	2	-	-	-	-	86.7	2	-	-
meinkeni	47.5	1	37.6	2	40.4	1	60.3	1	55.4	2	45.9	1	68.7	1	65.2	2	60.9	1
mendezi	-	-	35.8	2	-	-	-	-	-	-	-	-	-	-	87.2	2	-	-
nijsseni	14.4	14	9.9	12	7.5	13	58.7	20	49.6	24	45.9	21	94.8	12	85.0	18	75.5	16
norberti	31.9	2	27.3	2	15.7	2	71.4	2	53.3	2	31.1	2	-	-	89.2	3	-	-
ortmanni	-	-	25.0	2	-	-	-	-	48.8	1	-	-	-	-	82.9	2	-	-
pauciquamis	43.2	2	-	-	31.1	2	67.2	1	52.9	1	41.1	1	76.3	2	-	-	67.0	2
pertensis	-	-	29.3	6	-	-	-	-	-	-	-	-	-	-	76.4	6	-	-
resticulosa	50.5	2	-	-	25.7	2	-	-	-	-	38.7	2	90.3	2	75.9	2	-	-
staecki	27.8	2	-	-	-	-	54.3	2	-	-	-	-	91.5	2	-	-	-	-
steindachneri	41.1	3	-	-	19.3	3	-	-	-	-	-	-	90.9	4	-	-	77.0	2
trifasciata	-	-	16.8	15	-	-	-	-	49.0	15	-	-	-	-	85.9	15	-	-
uaupesi	34.9	3	26.4	3	-	-	81.7	3	58.8	2	-	-	97.5	3	83.8	2	65.0	1
Breitbinden	-	-	26.3	5	-	-	79.2	2	68.5	2	-	-	-	-	89.3	5	-	-
Gelbwangen	-	-	31.1	3	-	-	-	-	-	-	-	-	-	-	70.6	2	-	-
Orangeschwanz	-	-	34.3	3	-	-	61.1	1	-	-	33.3	1	-	-	67.2	3	-	-
Puerto Narino	-	-	26.6	3	-	-	-	-	-	-	-	-	-	-	79.6	3	-	-
Rio Branco	-	-	37.8	3	-	-	-	-	-	-	-	-	-	-	67.4	3	-	-
Rotpunkt	38.4	2	25.9	2	-	-	76.2	2	50.9	3	36.0	2	84.9	2	77.3	2	62.2	2
Smaragd	66.7	2	-	-	62.6	2	-	-	75.9	1	61.5	1	75.6	1	-	-	84.9	2

Die Ergebnisse der Faktorenanalyse legen nahe, daß sich der Effekt des pH-Wertes insgesamt möglicherweise dämpfend auf den Temperatureffekt auswirkt.

Die Ergebnisse für die mit der Spearman-Rang-Korrelationsanalyse überprüften übrigen Arten sind in Tabelle 6 und 7 dargestellt. Zu Vergleichszwecken sind auch die Daten der Arten aus Tabelle 5 mit aufgenommen. Insgesamt ist die Korrelation zwischen Temperatur und Geschlechterverhältnis der Nachkommen für 33 untersuchte *Apistogramma*-Arten statistisch gesichert (Tab. 7). Beispielsweise ist das Geschlechterverhältnis der Nachkommen von *A. trifasciata* bei 23 °C deutlich zu den Weibchen verschoben, bei 29 °C hingegen zu den Männchen, während bei 26 °C die Zahl der Männchen und Weibchen etwa ausgeglichen ist (Abb. 24). Dieselben Verhältnisse bestehen bei den anderen untersuchten Arten mit Ausnahme von *A. caetei*, einer Art die stark pH-Wert beeinflußt ist (s.o.).

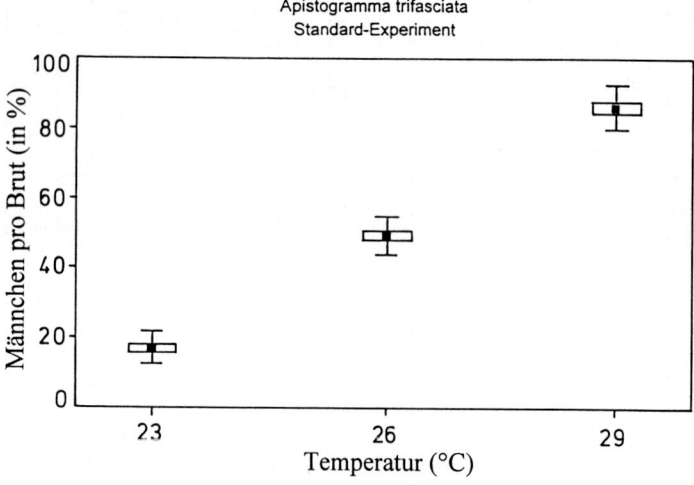

Abbildung 24: Abhängigkeit des Männchenanteils der Bruten von *Apistogramma trifasciata* von der Aufzuchttemperatur bei pH 5,5. $n_{Temperaturbereich} = 15$, dargestellt sind Mittelwerte, Standardfehler ([-]) und Standardabweichung ($\wedge$)

Drei weitere *Apistogramma*-Arten scheinen eine ähnliche Reaktion auf die Temperatur zu zeigen, wie sie für die übrigen Arten nachgewiesen ist, der Einfluß läßt sich aber statistisch nicht sichern, da nur jeweils vier oder fünf Bruten aufgezogen werden konnten (Tab. 7).

Werden die Ergebnisse zum modifikatorischen Einfluß der Temperatur auf das Geschlechterverhältnis an *A. cacatuoides* gegen das gesamte untersuchte Temperaturspektrum aufgetragen, ergibt sich ein, den Basisexperimenten entsprechender, näherungsweise linearer Verlauf (Abb. 25). Die Streuung der Männchenanteile im Temperaturbereich von 25 bis 27 °C kann auf den modifizierenden Einfluß des pH-Wertes zurückgeführt werden (siehe 3.2.2.). Daß sich diese Ergebnisse von *A. cacatuoides* offenbar auf andere *Apistogramma*-Arten übertragen lassen, wird am Beispiel von *Apistogramma mendezi* deutlich: Auch hier findet sich die gleiche lineare Beziehung zwischen Männchenanteil in den Bruten und der Temperatur (Abb. 26).

3.2.2. pH-Wert als modifizierender Faktor

Nach Rubin (1985) beeinflußt der pH-Wert ebenfalls das Geschlechterverhältnis bei *Apistogramma borellii* and *Apistogramma caucatoides* (= *A. cacatuoides* Hoedeman). Deshalb wurde auch der Einfluß des pH-Wertes bei einer Reihe von *Apistogramma*-Arten untersucht. Bei einigen, aber nicht allen *Apistogramma*-Arten wurde das Geschlechterverhältnis durch den pH-Wert signifikant verschoben (Tab. 7). Der Einfluß des pH-Wertes unterscheidet sich deutlich von dem der Temperatur. Bei *A. nijsseni* scheint beispielsweise die Temperatur den dominierenden Faktor darzustellen (Abb. 27), während bei *A. borellii* der pH-Einfluß deutlich größer ist (Abb. 28).

Tab. 7: Ergebnisse der Spearman-Rangkorrelationskoeffizienten-Tests zur Abhängigkeit des Anteils der Männchen (in %) von Temperatur und pH-Wert in Bruten untersuchter Fisch-Arten.

Art		Temperatur		pH-Wert	
Apistogramma	n	R	p	R	. p
agassizii (STEINDACHNER, 1875)	16	.89	<.001	.00	1.0
borellii (REGAN, 1906)	21	.79	<.001	.79	<.001
cacatuoides HOEDEMAN, 1951	30	.60	<.001	.72	<.001
caetei KULLANDER, 1980	66	.35	<.004	.11	<.37
diplotaenia KULLANDER, 1987	11	.89	<.001	-.29	.37
eunotus KULLANDER, 1981	18	.87	<.001	-.37	.12
geisleri MEINKEN, 1971	7	.94	.001	-	-
gephyra KULLANDER, 1980	27	.76	<.001	-.50	<.008
gibbiceps MEINKEN, 1969	15	.93	<.001	-.33	<.22
gossei KULLANDER, 1982	6	.95	<.001	-	-
hippolytae KULLANDER, 1982	7	.84	<.016	-.15	.73
hoignei MEINKEN, 1965	7	.86	<.012	-	-
hongsloi KULLANDER, 1979	28	.70	<.001	-.41	.028
inconspicua KULLANDER, 1982	8	.75	<.030	-.61	.10
iniridae KULLANDER, 1979	5	.86	<.058	-	-
linkei KOSLOWSKI, 1985	50	.93	<.001	-.24	.087
luelingi KULLANDER, 1976	4	.89	<.106	-	-
macmasteri KULLANDER, 1979	6	.95	<.003	-	-
meinkeni KULLANDER, 1980	12	.91	<.001	-.30	.33
mendezi RÖMER, 1994	105	.89	<.001	-.54	.59
nijsseni KULLANDER, 1979	150	.92	<.001	-.19	.015
norberti STAECK, 1990	15	.83	<.001	-.33	.22
ortmanni (EIGENMANN, 1912)	5	.94	<.014	-	-
paucisquamis KULLANDER & STAECK, 1989	11	.87	<.001	-.36	.27
pertensis (HASEMAN, 1911)	12	.86	<.001	-	-
resticulosa KULLANDER, 1980	10	.81	<.004	-.49	.14
staecki KOSLOWSKI, 1985	6	.95	<.001		
steindachneri (REGAN, 1908)	12	.86	<.001	-.56	<.057
trifasciata (EIGENMANN & KENNEDY, 1903)	45	.94	<.001	-	-
uaupesi KULLANDER, 1980 ·	16	.89	<.001	-.42	.10
spec. "Breitbinden"*	15	.86	<.001	-.17	.53
spec. "Gelbwangen"*	5	.86	<.058	-	-
spec. "Orangeschwanz"*	8	.88	<.004	-.21	.60
spec. "Puerto Narino"*	6	.87	.021	-	-
spec. "Rio Branco"*	6	.87	.021	-	-
spec. "Rotpunkt"*	15	.88	<.001	-.14	.60
spec. "Smaragd"*	12	.73	<.001	-.02	.93

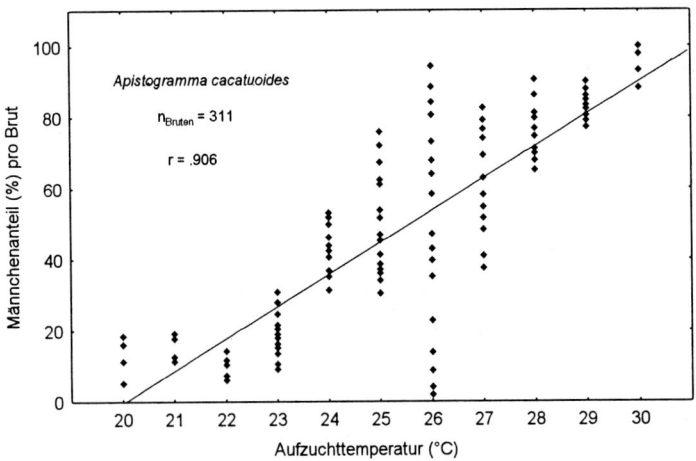

Abbildung 25: Anteil der Männchen (in %) in Bruten von *Apistogramma cacatuoides* unter Einfluß unterschiedlicher konstanter Aufzuchttemperaturen. (r^2=.820, t=37.55, p=0.0)

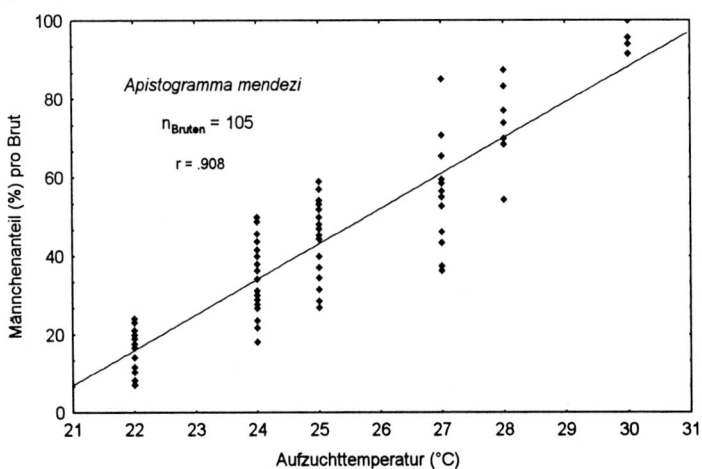

Abbildung 26: Anteil der Männchen (in %) in Bruten von *Apistogramma mendezi* unter Einfluß unterschiedlicher konstanter Aufzuchttemperaturen. (r^2=.824, t=21.95, p=0.0)

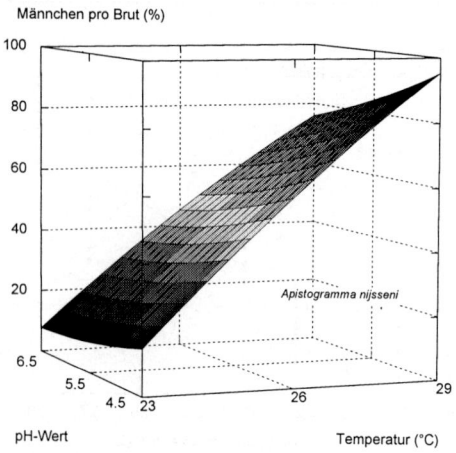

Abbildung 27: Anteil der Männchen (in %) in Bruten von *Apistogramma nijsseni* in Abhängigkeit von Temperatur und pH-Wert. Der pH-Wert wirkt sich im Gegensatz zur Temperatur kaum auf den Männchenanteil aus.

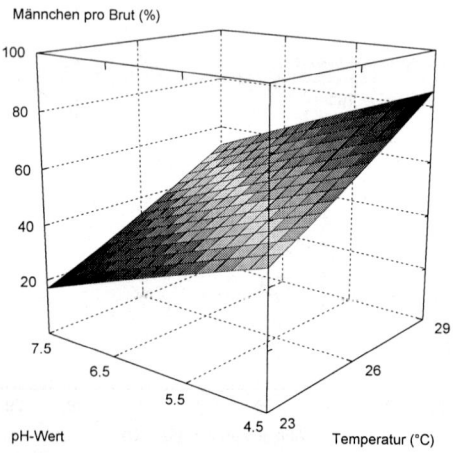

Abbildung 28: Anteil der Männchen (in %) in Bruten von *Apistogramma borellii* in Abhängigkeit von Temperatur und pH-Wert. Der pH-Wert wirkt sich, durch die Neigung der Ebene beschrieben, deutlich auf den Männchenanteil aus.

3.2.3. Zeitpunkt der Geschlechtsdetermination

Um zu bestimmen, zu welchem Zeitpunkt der Entwicklung die Temperatur das Geschlechterverhältnis beeinflußt, wurden Eier, Larven beziehungsweise Jungfische von *Apistogramma trifasciata* in unterschiedlichen Entwicklungsstadien von einer Männchen produzierenden Temperatur (29 °C) in eine Weibchen produzierende Temperatur (23 °C) überführt (Abb. 29 a)und umgekehrt (Abb. 29 b). Beide Experimente zeigen, daß der Männchenanteil davon abhängt, zu welchem Zeitpunkt die Brut umgesetzt wurde. Bruten die 600 Stunden oder mehr nach dem Ende des Laichvorganges (Zeitpunkt 0) überführt wurden, wiesen die für die Ausgangstemperatur typischen Geschlechterverhältnisse auf. Solche die 0 bis 72 Stunden nach dem Ablaichen umgesetzt wurden, zeigten die für die Zieltemperatur typischen Geschlechterverhältnisse.

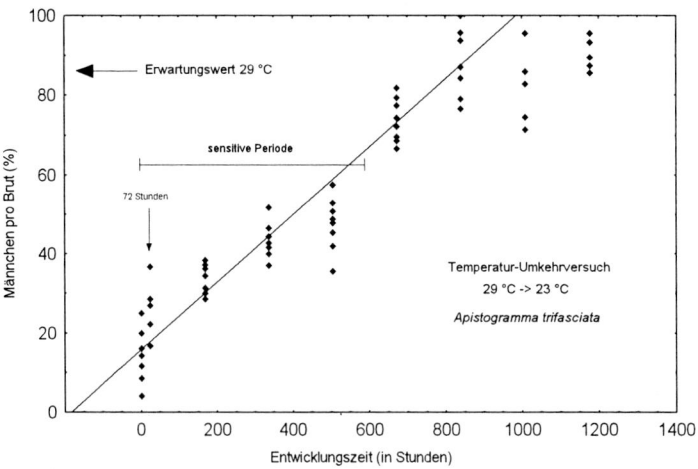

Abbildung 29 a: Temperatur-Umkehrversuch: Prozentsatz von *Apistogramma trifasciata*-Männchen nach dem Umsetzen von Eiern, Larven oder Jungfischen zu verschiedenen Zeitpunkten von 29 °C warmem Wasser, in dem temperaturbedingt ein hoher Männchenanteil heranwachsen sollte, in 23 °C warmes Wasser, das einen niedrigen Männchenanteil verursacht. Der Pfeil deutet den Prozentanteil der heranwachsenden Männchen an, wenn das Gelege nicht umgesetzt wird. Ein Punkt kann mehrere Bruten darstellen.

Der Verlauf des Wechsels der Geschlechterverhältnisse bei Bruten, die im anschließenden Intervall von 72 bis 600 Stunden nach dem Ablaichen umgesetzt wurden, war linear, was darauf hindeutet, daß der Temperatureinfluß während der ersten 600 Lebensstunden kumulativ wirkt.

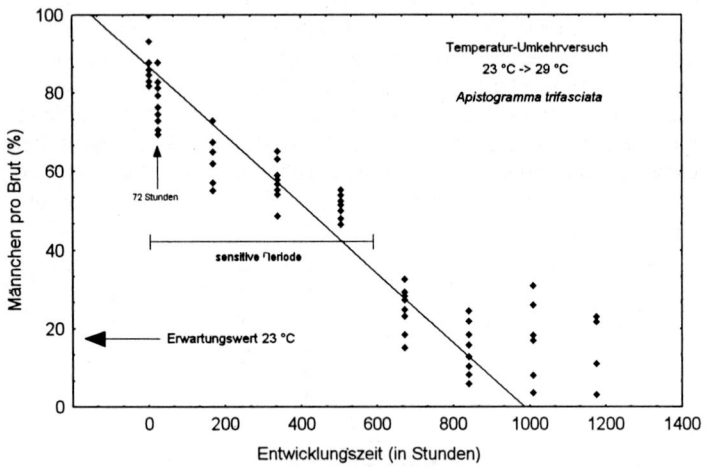

Abbildung 29 b: Temperatur-Umkehrversuch: Prozentsatz von *Apistogramma trifasciata*-Männchen nach dem Umsetzen von Eiern, Larven oder Jungfischen zu verschiedenen Zeitpunkten aus 23 °C warmem Wasser, in dem temperaturbedingt ein niedriger Männchenanteil heranwachsen sollte, in 29 °C warmes Wasser, das einen hohen Männchenanteil verursacht. Der Pfeil deutet den Prozentanteil der heranwachsenden Männchen an, wenn das Gelege nicht umgesetzt wird. Ein Punkt kann mehrere Bruten darstellen.

3.2.4. Zusammenfassung und Erörterung

Die Geschlechtsbestimmung erfolgt bei 33 *Apistogramma*-Arten umweltabhängig durch den Faktor Temperatur. Der Zusammenhang zwischen Temperatur und Geschlechterverteilung (Männchenanteil) ist bei *Apistogramma cacatuoides* zwischen 20 und 30 °C linear. Bei einigen, aber nicht allen *Apistogramma*-Arten konnte außerdem ein Einfluß des pH-Wertes auf das Geschlechterverhältnis gezeigt werden.

Das Geschlecht der Nachkommen von *A. trifasciata* wird innerhalb einer sensitiven Periode von etwa 25 Tagen nach der Eiablage determiniert. Da dieser Befund aufgrund ergänzender Befunde an *A. nijsseni* und *A. cacatuoides* generalisierbar erscheint, wird somit das Geschlecht der Nachkommen der *Apistogramma*-Arten nicht bei der Fertilisation festgelegt, sondern erst innerhalb einer bis etwa 25 Tage dauernden sensitiven Periode nach der Eiablage. Dieser Befund korrespondiert mit der Tatsache, daß heteromorphe Geschlechts-Chromosomen bei neotropischen Cichliden nicht vorkommen (KORNFIELD 1984).

Während genotypische Geschlechtsbestimmung bei vielen Fischen nachgewiesen wurde (PRICE 1984), wurde modifikatorische Geschlechtsbestimmung bisher nur bei wenigen Fischarten festgestellt (CONOVER & KYNARD 1981; RUBIN 1985; SULLIVAN & SCHULTZ 1986; MIDDAUGH & HEMMER 1987; SCHULTZ 1993). Meine Experimente zeigen, daß das Geschlecht der meisten, wenn nicht aller *Apistogramma*-Arten durch Umweltfaktoren wie Temperatur (und pH-Wert) determiniert wird. Aufgrund der hier vorgelegten Befunde an den *Apistogramma*-Arten könnte umweltabhängige modifikatorische Geschlechtsbestimmung durch Temperatur und pH-Wert bei Fischen in den Neotropen wesentlich weiter verbreitet sein, als bisher angenommen.

Im Gegensatz zur temperaturgesteuerten modifikatorischen Geschlechtsdetermination bei Reptilien, die vornehmlich reine Männchen- oder reine Weibchen-Bruten über eine große Spanne von Erbrütungstemperaturen hervorbringt (vergl. VIETS et al. 1993; WIBBELS et.al. 1991; BULL et.al. 1990; STANDORA & SPOTILA 1985; FERGUSON & JOANEN 1982), ist bei *Apistogramma*-Arten wie bei *M. menidia* (CONOVER & HEIJNS 1987a, 1987b) die modifikatorische Geschlechtsbestimmung durch die Temperatur keine Alles-oder-Nichts-Entscheidung. Wenn die Erbrütungstemperatur in den ersten Tagen nach der Eiablage von

26 °C, einer Temperatur, bei der etwa ausgeglichene Geschlechterverhältnisse entstehen, erhöht oder gesenkt wird, verändert sich das Geschlechterverhältnis unter den Nachkommen in beiden Fällen in etwa gleichem Ausmaß, aber umgekehrt gerichtet. Somit lassen sich auch keine Unterschiede im geschlechtsbestimmenden Potential unterschiedlicher Temperaturen nachweisen. Andernfalls sollten unterschiedliche Änderungen der Geschlechterverhältnisse bei diesen Bedingungen festzustellen sein, wie sie von BULL et.al. (1990) bei Schildkröten nachgewiesen wurden.

Die Geschlechtsbestimmung bei *Menidia menidia* erfolgt während eines spezifischen Zeitraumes der Larvalentwicklung sowohl genotypisch als auch temperaturabhängig (CONOVER & KYNARD 1981; CONOVER 1984), bei *Apistogramma trifasciata* offenbar ausschließlich temperaturabhängig. Die Theorie der umweltabhängigen modifikatorischen Geschlechtsbestimmung verlangt die modifikatorische Determination des Geschlechtes immer dann, wenn Umweltfaktoren die relative Fitness von Männchen und Weibchen beeinflussen und die Umweltbedingungen, in die die Nachkommen hineingeboren werden, nicht gewählt werden können (CHARNOV & BULL 1977). Zusätzlich könnte die Regulierung des Geschlechterverhältnisses der Nachkommen durch die Eltern während der Pflegephase den Fortpflanzungserfolg von männlichen und weiblichen Nachkommen unterschiedlich beeinflußt werden (TRIVERS & WILLARD 1973). Adaptive Variationen der umweltabhängigen und der genotypischen Geschlechtsdetermination konnten bei der marinen *M. menidia* passend zu dieser Hypothese von CONOVER & HEINS (1987a, 1987b) gezeigt werden: Populationen in unterschiedlichen Breitengraden kompensieren Unterschiede der Umgebungstemperatur und Saisonalität, indem sie das Geschlechterverhältnis an die Temperatur koppeln und indem sie den Grad der Umweltkontrolle gegenüber der genetischen Kontrolle verändern. Bedeutendere Körperlänge und -masse als Ergebnis einer längeren Wachstumsperiode erhöht die Überlebensrate und die Fruchtbarkeit der Weibchen von *M. menidia*, während Männchen kaum von der Körpergröße beeinflußt zu sein scheinen. Daher haben südliche Populationen mit langer Fortpflanzungsperiode einen Vorteil davon, über umweltabhängige modifikatorische Geschlechtsbestimmung zunächst Weibchen zu produzieren, während nördliche Populationen mit nur kurzer Reproduktionszeit diesen nicht haben.

4. Habitatwahl

Eine modifikatorische Geschlechtsbestimmung sollte dann auftreten, wenn Umweltbedingungen die relative Fitness von Männchen und Weibchen unterschiedlich beeinflussen und die Umweltbedingungen von den Nachkommen nicht ausgewählt werden können (CHARNOV & BULL 1977): Für *Apistogramma*-Arten fehlten bisher jegliche Hinweise auf einen selektiven evolutiven Vorteil für eine modifikatorische Geschlechtsbestimmung durch die Temperatur. Um abschätzen zu können, ob entsprechende Bedingungen für die Gattung *Apistogramma* vorliegen, waren deshalb detaillierte Untersuchungen zur Ökologie erforderlich, da dazu bisher nur allgemeine Angaben vorlagen.

4.1. Makrohabitat und ökologische Grundtypen

Grundsätzlich läßt sich für das gesamte Verbreitungsgebiet der Gattung *Apistogramma* konstatieren, daß fast alle Zwergbuntbarsche Gewässerzonen bevorzugen, die relativ flach, reich strukturiert und damit versteckreich sind (z.B. KULLANDER 1980 & 1986, LINKE & STAECK 1995 RÖMER 1992a-c, 1993a-c, und unveröffentlichte Daten). Lediglich *Apistogramma diplotaenia* bevorzugten völlig offene, anscheinend strukturlose Flächen (RÖMER 1992b).

Es bestehen deutliche Unterschiede bei der Bevorzugung der speziellen Lebensräume zwischen den verschiedenen Arten (FREY 1990, GEISLER & SCHNEIDER 1976, GOULDING et.al. 1988, KULLANDER 1980, 1985, LINKE & STAECK 1997, MAYLAND & BORK 1997, RÖMER 1992a-c, 1994 a, b, 1996, im Druck, STAECK 1985a-c, 1986a, b, 1987a-f, 1990a, b, 1991a-c, 1993, 1997). Darauf basierend können unter den *Apistogramma*-Arten im Amazonas- und Orinocobecken mindestens drei ökologische Grundtypen definiert werden, denen sich auch bestimmte Morphotypen zuordnen lassen.

4.1.1. "Fluß"-*Apistogramma*

Auf der einen Seite finden sich schlanke, meist gelblichgraue bis sandfarbene Formen mit geringem oder fehlendem, in mindestens drei Fällen sogar umgekehrtem Geschlechtsdimorphismus, die außerhalb der Fortpflanzungsphase keinen Geschlechtsdichromatismus aufweisen. Die meisten Formen dieser Gruppe werden der sogenannten *A. pertensis*-Gruppe *sensu lato* (Koslowski 1985) zugeordnet, etwa *A. meinkeni* oder *A. uaupesi.* Auch *A. diplotaenia*, der bislang nicht hinreichend systematisch zugeordnet ist, gehört im weitesten Sinne zu dieser Gruppe. Die Tiere bewohnen hauptsächlich die Uferzonen und Sandbänke großer Flüsse, weshalb ich sie vereinfachend als "Fluß"-*Apistogramma* bezeichne. Diese Lebensräume sind vor allem durch zeitweilig vergleichsweise hohe Wassertemperaturen gekennzeichnet.

4.1.2. "Bach"-*Apistogramma*

Auf der anderen Seite steht eine umfangreiche Gruppe von Formen, die meist auch außerhalb der Fortpflanzungsphase sehr auffallend gefärbt ist, wobei ausgeprägter Geschlechtsdichromatismus und -dimorphismus die Regel sind. Bei diesen, meist auch in der Aquaristik gut bekannten Formen, sind die Männchen stets größer und auffälliger gefärbt als die Weibchen. Sie bewohnen hauptsächlich die Fallaubschicht oder, falls vorhanden, dichte Pflanzenbestände kleiner Urwaldbäche, weshalb ich diese Gruppe als "Bach"-*Apistogramma* bezeichne. Die genannten Lebensräume zeichnen sich durch relativ kühle bis sehr kühle Wassertemperaturen aus (Tab. 8).
In dieser Gruppe finden sich vor allem die Vertreter der *A. cacatuoides*-Gruppe *sensu lato* (Römer & Soares 1995, 1996, Römer im Druck), der *A. gibbiceps*- und *A agassizii*-Gruppe (*sensu* Koslowski 1985, Römer im Druck). Auch die meisten Formen der *Apistogramma macmasteri*-Gruppe aus den kolumbianischen und venezolanischen Savannen-Oasen lassen sich diesem Typus zuordnen.

4.1.3. "Unspezialisierte"-*Apistogramma*

Ein dritter *Apistogramma*-Typ mit oft auffallendem Dimorphismus in der Körpergröße, aber nur geringem Dichromatismus scheint in bezug auf die Wahl des Makrohabitates eine intermediäre oder indifferente Stellung einzunehmen. Hier finden sich vor allem solche Formen, die üblicherweise der *A. regani*-Gruppe *sensu lato* (Koslowski 1985) zugerechnet werden. Diese Fische, deren Männchen generell außerhalb des Fortpflanzungsgeschehens mit nur geringem Blau- oder Gelbanteil in Kopfbereich dunkelgrau oder kupferbräunlich gefärbt sind, können sowohl in den kleinen Bächen als auch in den Uferzonen

Blick von der Serra do Tukáno auf einen an der Vegetationsstruktur erkennbaren Waldbach

Tabelle 8: *Apistogramma*-Habitate:
- Ausgewählte Daten zu Temperatur, pH-Wert des Wassers -

Ort	Quelle	Datum	T (°C)	pH	Wasserstand
Palmenoase nahe Rio Manacacias / 50 km E Puerto Gaitan / Kolumbien	Staeck	3/82	28,5	5,1	MW
Quellbereiche des Rio Ocoa bei Villavicencio / Kolumbien	Staeck	3/83	27	5,5	M-NW
Crique Macouria / Französisch-Guayana	Mayland	8/89	26	5.6	?
Lago Beruí / Rio Purús-Einzug / Brasilien	Mayland	10/86	31,3	7,7	?
Rio Trombetas bei Oriximá / Brasilien	Mayland	10/85	31	5,0	NW
Rio Salgado / Rio Negro-Zufluß in Barcélos do Rio Negro / Brasilien	Römer	10/91	27	5,5	NW
		8/92	23	4,7	M-HW
		9/92	26	4,2	HW
Rio Negro-Ufer / Anavilhanas bei Novo Airão / Brasilien	Staeck	3/86	26	4,3	M-NW
Rio Negro-Ufer / Anavilhanas am Rio Cuéiras / Brasilien	Römer	9/92	29	4,1	NW
Rio Negro-Ufer / Anavilhanas am Rio Cuéiras / Brasilien	Römer	3/94	33	4,5	HW
			29	4,2	
Rio Negro-Flußinsel / Mittlerer Rio Negro / Brasilien	Römer	10/91	32,5	5,3	NW
Rio Arirara / Mittlerer Rio Negro-Einzug / Brasilien	Römer	10/91	30 - 36	4,5 - 5	NW
Igarapé Prosperitate / Rio Préto / Rio Negro-Einzug / Brasilien	Römer	10/91	29,5 - 27	5	M-NW
		9/92	24	4,2	HW
		3/94	24,5	4,1	NW
Rio Uneíuxi / Rio Negro-Einzug / Brasilien	Römer	9/92	27	4,5	HW
		3/94	26	4,2	NW
Rio Urubáxí / Rio Negro-Einzug / Brasilien	Römer	10/91	32	5	NW
		8/92	28	4,5	HW
Rio Curícuriarí / oberer Rio Negro / Brasilien	Römer	3/94	23,5 - 25,5	5,6	NW
Rio Marié / oberer Rio Negro / Brasilien	Römer	3/94	25,5	5,2	NW
Rio Negro bei São Gabriél da Cachoeira / Brasilien	Römer	3/94	29	4,4	NW
Igarapé Tíburarí / unterer Rio Uaupés / Brasilien	Römer	2/94	28	3,9	NW
Igarapé Yávauarí / unterer Rio Uaupés / Brasilien	Römer	2/94	24 - 26	4,1	NW
Rio Uaupés / nahe Mündung des Rio Tiquié / Rio Negro-Einzug / Brasilien	Römer	2/94	36	4,3	NW
Igarapé 31 / Igarapé Irá / Rio Tiquié / mittlerer Rio Uaupés / Brasilien	Römer	2/94	26,5	4,3	NW steigend
Rio Cuiabá bei Pto. Cercado / Brasilien	Staeck	3/86	30	6,5	HW
		7/87	25	7,3	NW
Bach 13,5 km E von Jenaro Herrera - Colonia Agamos / Peru	Staeck	6/83	27,5	5,4	NW
Waldbach südlich Iquitos / Oberer Amazonas / Peru	Staeck	7/90	24	6,7	NW
Laguna Cococha / Puerto Maldonado / Peru	Staeck	7/92	24	7,0	NW
Laguna Koticocha / Puerto Maldonado / Peru	Staeck	7/92	18,5	6,0	NW
Waldbach / Rio La Torre / Puerto Maldonado / Peru	Staeck	7/92	15,5	6,7	NW
Laguna Tres Chimbadas / Puerto Maldonado / Peru	Staeck	7/92	26	6,7	NW
Quebrada Castanhas / Puerto Maldonado / Peru	Staeck	7/92	21,5	6,7	NW
Bach bei Santa Cruz / Bolivien	Staeck	7/83	24	7,8	NW
Staßengraben bei Trinidad, Rio Mamre-Einzug / Bolivien	Staeck	7/83	29	6,6	NW
Lago de Mandioré / Rio Paraguay-Einzug / Paraguay (mehrere Orte)	Staeck	8/91	25 & 24 - 27	6,9- 7,6	NW
Bach bei San Roque / Paraná-Einzug / Argentinien	Staeck	7/93	11,6 (!)	6,0	NW
maximale saisonale Schwankung			11,6 bis 36 °C	3,9 - 7,6	

HW = Hochwasser MW = Mittlerer Wasserstand NW = Niedrigwasser

großer Flüsse unter ganz unterschiedlichen Temperaturbedingungen angetroffen werden, weshalb ich sie als "Unspezialisierte"-*Apistogramma* bezeichne. In dieser Gruppe finden sich Arten wie *A. caetei, A. eunotus, A. gossei* oder *A. hippolytae.*

Die (vergleichsweise wenigen) *Apistogramma*-Formen aus dem Rio Paraguay-System lassen sich aufgrund der bisher vorliegenden Informationen nicht in dieses Schema einordnen, was möglicherweise auf erheblich abweichende klimatische Verhältnisse, vielleicht aber auch auf die durch die niedrige Artenzahl in dieser Region geringe interspezifische Konkurrenz zurückgeführt werden kann.

Ordnet man die bislang gültig beschriebenen 52 *Apistogramma*-Arten den genannten Grundtypen zu (Tab. 9), fällt auf, daß 21 Arten (ca. 40 %) aufgrund bisher bekannter Informationen eindeutig dem Typ "Bach"-*Apistogramma* zuzuordnen sind. Weitere drei Arten (ca. 6 %) stehen diesem Typ näher als den anderen, 14 Arten (ca. 27 %) lassen sich als wahrscheinlich "Unspezialisierte"-, und nur drei Arten als typische "Fluß"-*Apistogramma* bezeichnen. Sechs weitere Arten (ca. 11,5 %) stehen dem letzteren Typ nahe und fünf (ca. 9,6 %) lassen sich aufgrund mangelnder Basisinformationen bisher keiner Gruppe zuordnen.

4.2. Mikrohabitat

4.2.1 Gemischte Teilpopulationen

In 28 Gewässern des Rio Negro-Systems wurde der Zwergcichlidenbestand, insbesondere der der *Apistogramma*-Arten untersucht (Fundortauflistungen in RÖMER 1992a-c, 1993b, c, 1994a, b). In fast allen untersuchten Gewässern (27) kam mehr als eine Zwergcichlidenart vor. In den meisten Fällen (21) waren mehrere Vertreter der Gattung *Apistogramma* anzutreffen (Tab. 10), in nur vier Fällen dagegen lediglich je eine Art. Weniger häufig, aber noch über den gesamten Untersuchungsbereich wurden in den Probeflächen kleine *Crenicichla*-Arten festgestellt (20). Auch *Laetacara* spec. "Orangeflossen" war an vielen Probestellen (17), zum Teil sogar als dominierende Art nachzuweisen (RÖMER 1992a, c, 1994b). *Dicrossus filamentosus* LADIGES, 1958 war an Probestellen (11) in Zuflüssen des Mittleren und Oberen Rio Negro stellenweise häufig. Vertreter anderer im Rio Negro-Gebiet vorkommender Zwergcichlidengattungen, beispielsweise *Taeniacara,* kamen nur vereinzelt vor. Anhand repräsentativer Beispiele sollen hier die Präferenzen und die Raumverteilung von *Apistogramma*-Arten aus dem Mittleren Rio Negro verdeutlicht werden.

4.2.1.1. "Fluß"-*Apistogramma* auf Sandbänken im Rio Arirara

Den möglicherweise strukturell einfachsten Habitattyp im Bereich amazonischer Gewässer stellen (abgesehen von der Freiwasserzone) die offenen Sandbänke größerer Flüsse dar. Während aller Freiland-aufenthalte im Rio Negro-Gebiet wurden von mir *Apistogramma*-Arten in dieser vergleichsweise extrem strukturarmen Umgebung beobach-tet. Oft bietet lediglich die Rippelung des Sandes, welche durch die Strömung hervorgerufen wird, kleinen Fischen ein wenig Schutz. Im Oktober 1991 untersuchte ich eingehend eine Kolonie von *Apisto-gramma diplotaenia* und *A. uaupesi* (Abb. im speziellen Artenteil) auf einer großen ufernahen Sandbank im Rio Arirara, wobei auch die erste direkte Brutpflegebeobachtung an einer *Apistogramma*-Art im Frei-land gelang (RÖMER 1992b, mit Übersichtsfotos).

A. diplotaenia lebten hier mit 84 Exemplaren aller Altersstufen pro Quadratmeter in hoher Dichte. Diese Populationsdichte in der Brut-kolonie war offenbar dadurch möglich, daß die Fische kleine Sand-krater gruben, in die sie sich vor ihren Reviernachbarn zurückzogen und in denen sie möglicherweise auch von Beutegreifern wegen ihrer kryptischen Färbung kaum wahrgenommen wurden. Die kleinen Sandkrater waren an diesem Beobachtungsort über eine mehrere hundert Quadratmeter messende Sandfläche verteilt, die praktisch außer den Sandrippeln keinerlei strukturierende Merkmale und Was-sertemperaturen zwischen 30 und 33 °C aufwies. In den Randzonen der Sandbank fanden sich mit zunehmender Häufigkeit *Ficus*-Blätter, vereinzelt auch Totholz. Waren im Kern der *A. diplotaenia*-Kolonien auf offener Sandfläche nur ganz vereinzelt Männchen von *A. uaupesi* anzutreffen, wurde die Art mit zunehmender Strukturierung dominie-rend. Der Übergangsbereich zwischen den Populationen beider Arten war vergleichsweise schmal. In den von *A. uaupesi* bevorzugt be-wohnten Flächen, die Temperaturen von 32 bis 36 °C aufwiesen, fand sich eine Vielzahl von Blättern, die aber noch keine geschlossene Lage bildeten.

Beide vorgefundenen Arten unterscheiden sich also in der Wahl des Mikrohabitates in der für den Betrachter zunächst homogen wirken-

Tabelle 9:	*Apistogramma*:		
Grundtypenzuordnung - Flußsystem - Verbreitung			
Art	**Typ**	**Areal**	**Verbreitungsländer**
agassizii (STEINDACHNER, 1875)	B	A	Peru, Brasilien (Kolumbien?)
bitaeniata PELLEGRIN, 1936	B	A	Peru, Brasilien
borellii PELLEGRIN, 1936	G	P	Paraguay, Argentinien, Brasilien
brevis KULLANDER, 1980	B	A (O?)	Brasilien, Kolumbien
cacatuoides HOEDEMAN, 1951	B	A	Peru, Brasilien
caetei KULLANDER, 1980	G	A	Brasilien
commbrae (REGAN, 1906)	G	P	Paraguay, Bolivien, Brasilien,
cruzi KULLANDER, 1986	G / B	A	Peru, Kolumbien, Equador
diplotaenia KULLANDER, 1987	F	A/O	Brasilien, Venezuela
elizabethae KULLANDER, 1980	B	A	Brasilien, Kolumbien
eunotus KULLANDER, 1981	G / B	A	Peru (Kolumbien & Brasilien?)
geisleri MEINKEN, 1971	G	A	Brasilien
gephyra KULLANDER, 1980	B	A	Brasilien
gibbiceps MEINKEN, 1969	B	A	Brasilien
gossei KULLANDER, 1982	G / F	O	Guyana
guttata ANTONIO, KULLANDER & LASSO 1986	B	O	Venezuela
hippolytae KULLANDER, 1982	B	A	Brasilien
hoignei MEINKEN, 1965	? / F / G	O	Venezuela
hongsloi KULLANDER, 1979	? / F / G	O	Kolumbien, Venezuela
inconspicua KULLANDER, 1982	?	P	Paraguay
iniridae KULLANDER, 1979	? / F	O	Venezuela (Kolumbien?)
juruensis KULLANDER, 1986	? / B	A	Peru, Brasilien
linkei KOSLOWSKI, 1985	G	P / A	Bolivien (Brasilien?)
luelingi KULLANDER, 1976	B	A / P	Peru, Bolivien
macmasteri KULLANDER, 1979	G	O	Kolumbien, Venezuela
meinkeni KULLANDER, 1980	F	A	Brasilien, Kolumbien
mendezi RÖMER, 1994	B	A	Brasilien
moae KULLANDER, 1980	B / G	A / O?	Peru, Brasilien
neijsseni KULLANDER, 1979	B	A	Peru
norberti STAECK, 1990	B	A	Peru
ortmanni (EIGENMANN, 1912)	G	O	Venezuela, Guyana
paucisquamis KULLANDER & STAECK 1988	B	A	Brasilien
payaminonis KULLANDER, 1986	B	A	Peru, Equador
personata KULLANDER, 1980	B	A / O?	Brasilien, Kolumbien
pertensis (HASEMAN, 1911)	F / G	A	Brasilien
piauensis KULLANDER, 1980	G	A	Brasilien
pleurotaenia (REGAN, 1909)	?	A? / P?	? Brasilien?
pulchra KULLANDER, 1980	B	A	Brasilien
resticulosa KULLANDER, 1980	G	A	Brasilien
regani KULLANDER, 1980	G	A	Brasilien
rupununi FOWLER, 1914	?	A / O?	Brasilien
staecki KOSLOWSKI, 1985	F / G	P / A?	Bolivien
steindachneri REGAN, 1908	G	O	Venezuela, Guyana
taeniata (GÜNTHER, 1862)	G	A	Brasilien
trifasciata (EIGENMANN & KENNEDY, 1903)	G	P / A	Paraguay, Brasilien
uaupesi KULLANDER, 1980	F	A / O	Brasilien, Kolumbien, Venezuela
urteagai KULLANDER, 1986	G	A	Bolivien
viejita KULLANDER, 1979	G / F	O	Kolumbien
Typ: F = „Fluß" B = „Bach" G = „Unspezialisierte"			
Verbreitung: A = Amazonas-System O = Orinoko-System P = Paraguay-System			

den Sandfläche. *A. diplotaenia*, die regelmäßig in den kleinen Sand-kratern laichen, legen stets weiß gefärbte und damit auf Sand kryptische Eier ab. Im Gegensatz dazu sind die Eier von *A. uaupesi* auffallend gelblich bis rot und müssen in der weißgründigen Umgebung vor möglichen Freßfeinden versteckt werden. Die Art scheint auf Minimal-verstecke aus *Ficus*-Blättern oder Zweigen, unter denen Eier und geschlüpfte Larven abgelegt werden können, angewiesen zu sein, während *A. diplotaenia* an den Sanduntergrund bezüglich der Eifarbe und des Laichverhaltens bereits weitergehend adaptiert ist. *A. diplotaenia* entgeht auf diese Weise möglicher Konkurrenz durch die wesentlich größeren *A. uaupesi* und dringt dabei in das extremste von *Apistogramma* bewohnte Habitat vor, setzt sich aber möglicherweise anderen Negativfaktoren, wie z.B. einer erhöhten Prädation durch neue Freßfeinde aus. Die Art stellt in bezug auf die Brutbiologie morphologisch wie ethologisch die am stärksten abgeleitete Form der Gattung dar. Ob der Aufenthalt in unterschiedlichen Temperaturen konkurrenzbedingt ist oder aktiv erfolgt, läßt sich bisher nicht beurtei-len.

4.2.1.2. "Fluß"-*Apistogramma* auf Felsflächen des Rio Uneíuxí

Einen anderen, allerdings nur scheinbar strukturarmen Lebensraum von Buntbarschen der Gattung *Apistogramma* stellen felsige Flächen dar. In vielen neotropischen Flüssen, einschließlich des Rio Negro und seiner Nebenflüsse, existieren zahlreiche felsige Stromschnellen, in denen zum Teil hoch angepaßte Cichliden leben. Im Unterlauf des Rio Uneíuxí, einem rechtsseitigen Zufluß des Rio Negro, liegt eine wieder-holt untersuchte Serie von Stromschnellen (Römer & Wöhler 1995). Die Strömung des homogen 26 bis 27 °C warmen Schwarzwassers ist ganzjährig so stark, daß gefahrloses Stehen darin nicht möglich ist. Der untersuchte Bereich besteht aus einer mehrere hundert Quadratmeter großen Granitplatte (F11/92R in Römer 1992b, Habitatabbildung in Römer & Wöhler 1995), die mit abgesprengten Platten übersät und von zahlreichen Rissen und Spalten durchzogen ist, die Fischen Schutz vor der Strömung und potentiellen Feinden bieten. Die gesamte Fläche ist ansonsten völlig offen und bietet Fischen nur sehr wenig Schutz. An einigen Stellen, an denen durch Absprengungen von Felsstücken, Winkel und Ecken mit ruhigerem Wasser entstanden sind, treten kleine Sandablagerungen auf. Neben *A. uaupesi* lebten hier *A. diplotaenia*,

Crenicichla notophthalmus und *Geophagus* spec. nov. und zwei Vertreter von Welsen aus der Familie der Loricariidae (RÖMER & WÖHLER 1995).

Im Vergleich zum Igarapé Prósperitáte waren die Fischdichten an diesem Beobachtungsort mit etwa 30 Individuen/m² stets deutlich niedriger, was offenbar durch die strukturarme Umgebung bedingt war. *A. diplotaenia*, der bereits im Rio Arirara (und anderen Fundorten, RÖMER 1992b) seine Spezialisierung auf Sandflächen klar zeigte, war auf der Felsfläche im Rio Uneíuxí streng an die kleinen Sandan-

Tabelle 10:
Artenspektrum von Zwergcichliden auf ausgewählten Probeflächen im Rio Negro-Gebiet (NW-Brasilien, Bundesstaat Amazonien)

Name	lfd. Nr.	Gewässer	PF (n)	1991	1992	1994	festgestellte Zwergcichliden
Igarapé Prósperitáte	F9/91R	Unterer Rio Preto, oberes Rio Negro-System	12Q	1 6	1 7	1 8	A. diplotaenia, A. gibbiceps, A. paucisquamis, A. pertensis, Crenicichla notophthalmus, Dicrossus filamentosus, L. sp. „Orangeflossen", Taeniacara candidi
Rio Salgádo	F13/91R	Mittlerer Rio Negro	3	1 6	1 6	1 4	A. gephyra, A. gibbiceps, A. mendezi, Crenicichla regani, C. notophthalmus, L. sp. „Orangeflossen"
Cunurí	F8/92R	Unterer Rio Uaupes, oberes Rio Negro-System	2		1 3	1 0	A. uaupesi, L. sp. „Orangeflossen", Nannacara adoketa
Rio Uneíuxí	F11/92R	Mittlerer Rio Negro	5		1 5	1 3	A. diplotaenia, U. uaupesi, Dicrossus filamentosus, Crenicichla notophthalmus, Laetacara spec. „Orangeflossen"
Igarapé 31 / Igarapé Irá	F6/94	Mittlerer Rio Uaupés, oberes Rio Negro-System	5			1 3	A. elizabethae, Crenicichla cf. notophthalmus, L. sp. „Orangeflossen"
Igarapé Yávauarí	F2/94R	Mittlerer Rio Uaupés, oberes Rio Negro-System	2			1 5	A. elizabethae, Crenicichla notophthalmus, C. cf. wallacii, L. sp. „Orangeflossen", Nannacara adoketa
Igarapé Tíburarí	F1/94R	Mittlerer Rio Uaupés, oberes Rio Negro-System	4			1 4	Acaronia cf. vultuosa, A. elizabethae, Crenicichla cf. notophthalmus, L. sp. „Orangeflossen"
Igarapé 31	F6/94R	Zufluß des Cucurá, Igarapé Irá, Mittlerer Rio Uaupés, oberes Rio Negro-System	5			1 5	A. elizabethae, A. cf. personata, A. spec. nov., Crenicichla spec., Laetacara sp. „Orangeflossen"
Curícuriarí	F12/94R	Rio Curícuriarí, oberes Rio Negro-System	3			1 5	A. mendezi, A. uaupesi, A. spec., Crenicichla cf. notophthalmus, L. sp. „Orangeflossen"
Rio Marié	F13/94R	Rio Marié, oberes Rio Negro-System	4			1 4	A. mendezi, A. uaupesi, Crenicichla notophthalmus, L. sp. „Orangeflossen"

Probeflächen = PF

165

sammlungen gebunden. Auf fast jeder Sandfläche hielt sich im September 1992 ein Weibchen auf und führte Junge verschiedener Altersstufen. Die Weibchen führten die kryptisch sandfarbenen Jungfische ausschließlich auf den Sandbereichen und fingen jedes auf den Fels hinausschwimmende Jungtier sofort wieder ein und spuckten es im Zentrum des Sandflecks wieder aus. Auf der gelblichgrauen Felsfläche waren die weißlichen Jungfische leicht sichtbar, auf der Sandfläche wegen ihrer kryptischen Färbung dagegen nur mit Mühe auszumachen (Abb. S. 67 in RÖMER 1992b und Abb. im speziellen Artenteil). Männliche *A. diplotaenia* lebten hier polygam in Großrevieren mit bis zu sieben Weibchen. Sie hielten sich meist nur etwa fünf bis zehn Minuten im Revier eines Weibchens auf, wo sie entlang der Revieraußengrenzen, den Außenkanten der Sandflecken, patrouillierten. Danach verließen sie das Weibchen und schwammen zum Sandrevier eines benachbarten Weibchens. Revierüberschneidungen zwischen mehreren Männchen kamen vor.

Die am selben Ort festgestellten *A. uaupesi* hielten sich dagegen stets im Bereich von Felsspalten auf, in die sie bei Annäherung eines Beutegreifers, z.B. *Cichla* spec. oder *Crenicichla notophthalmus*, blitzschnell verschwanden. Die Spalten teilten sie oftmals mit 12 bis 15 Zentimeter langen Loricariiden. Interaktionen zwischen Welsen und *Apistogramma* konnte ich nicht beobachten. Da *A. uaupesi*-Weibchen an mehreren Stellen Junge führten, muß angenommen werden, daß diese ihre Brut auch gegenüber den wesentlich größeren Welsen erfolgreich verteidigen. Weibchen führten ihre Jungen, die ein Auflösungsmuster aus grauen und schwarzen Flecken auf dem Körper tragen, ausschließlich in unmittelbarer Nähe der Felsspalten. In keinem Fall konnte ich Jungfische weiter als 15 cm von einer Spalte entfernt entdecken, in die sie sich bei Annäherung von größeren Fischen oder des Beobachters blitzschnell zurückzogen. Diese Verhaltensweise unterscheidet sich grundlegend von der junger *A. diplotaenia*, die in vergleichbarer Situation völlig regungslos auf dem Sand liegenbleiben.

Nur in wenigen Fällen grenzten die Reviere von *A. uaupesi* und *A. diplotaenia* unmittelbar aneinander. In keinem Fall wurden Revierkämpfe oder Übertritte in das Nachbarrevier beobachtet. Durch die Bevorzugung unterschiedlicher Revier-Feinstrukturen oder Mikro-Habitate treten hier offenbar territoriale Konflikte zwischen beiden Arten kaum auf.

Kampf zwischen *Apistogramma hongloi* ♀ und *A. pertensis* ♂. Beachte die Umfärbung ...

... des Längsbandes des angreifenden ♂

4.2.1.3. "Bach"-*Apistogramma* im Fallaub des Igarapé Prósperitáte

Wesentlich komplizierter stellt sich die Situation in den typischen Fallaubhabitaten der Waldbäche dar. Der Igarapé Prósperitáte, den ich wiederholt untersuchte (RÖMER 1992a, c, 1994b), ist ein typisches Beispiel für die unzähligen kleinen, besonders reich strukturierten Urwaldbäche des Rio Negro-Gebietes.

Das eigentliche, von einem breiten Überschwemmungsgürtel eingefaßte Bachbett verläuft fast vollständig im Schatten der umgebenden Vegetation, die überwiegend aus *Ficus*-Bäumen besteht (Abb. S. 123). Nur in seinem Mündungsbereich ist der Waldbach zur Niedrigwasserzeit auf etwa 5 m Breite und 30 m Länge lagunenähnlich aufgeweitet und dort zum großen Teil sonnenbeschienen (Abb. S. 658, 661). Seine Tiefe liegt bei maximal 1,2 m, wobei die freie Wassersäule über der Fallaubschicht maximal 40 cm mißt und auf bis zu 29,5 °C erwärmt sein kann. Oberhalb der Ausweitung teilt sich der Bachlauf in zwei Arme, von denen einer nur bei knapp mittlerem Wasserstand, wie z.B. im Oktober 1991, und der andere in der Niedrigwasserzeit, bei etwa 1,5 m Breite, permanent mindestens 0,2 m tiefes, etwa 24 °C kühles Wasser führt. Gegen Ende der Trockenzeit im März 1994 betrug die Wassertiefe bei gleicher Temperatur noch etwa 0,3 m. Die Fallaublage war in allen genannten Bereichen einige Dezimeter dick und wies Temperaturen um 24 °C auf. Sie war im oberen Drittel relativ locker und enthielt zahlreiche tote Äste. Der Bachlauf und die angrenzenden Flächen waren von abgeschlagenen Baumstümpfen übersät. Der umgebende Wald bestand am Igarapé Prósperitáte aus verschiedenen, zum Zeitpunkt der Untersuchungen etwa 8 m hohen *Ficus*-Bäumen, die während der Hochwasserzeit bis ca. 6 m hoch in die Wipfelzone überspült werden (z.B. September 1992) (vergleiche Abb. S. 123). In diesem Gebiet waren neben verschiedenen Salmlern, Welsen, Wabenkröten und zwei Eisvogelarten (als Prädatoren) auch zehn Buntbarscharten festzustellen (Tab. 10, s. auch RÖMER 1992a, c, 1994b).

Zwergbuntbarsche hielten sich in allen Bereichen des Igarapé Prósperitáte auf, waren aber ebensowenig wie an anderen von mir untersuchten Probestellen zufällig über die Fläche verteilt. Vielmehr zeigten sich deutlich spezielle Habitatsansprüche der hier lebenden Formen. *Apistogramma pertensis* war die zahlenmäßig dominierende Spezies. Sie bewohnte als einzige *Apistogramma*-Art die gesamte sonnenbeschienene Oberfläche der Fallaubschicht im Zentrum der lagunenartigen Aufweitung (A in Abb. 30). Unter fast jedem *Ficus*-Blatt versteckt sich ein Exemplar. Im Igarapé Prósperitáte lag in der extremen Niedrigwasserzeit die höchste ermittelte Populationsdichte für *Apistogramma* Anfang März 1994 mit etwa 1200 Individuen aller Größenklassen pro Quadratmeter (sowohl nach der Methode nach KELKER als auch nach der erweiterten Wegfangmethode). Durchschnittlich hielten sich im untersuchten Bereich knapp 330 Exemplare pro Quadratmeter auf. Bisher lagen die höchsten aus der Literatur bekannten Bestandsdichten für *Apistogramma*-Arten bei knapp 100 Exemplaren pro Quadratmeter (RÖMER 1992b). Bei Hochwasser (September 1992) lag die Dichte im Igarapé Prósperitáte bei rund 35 Exemplaren pro Quadratmeter (RÖMER 1993a).

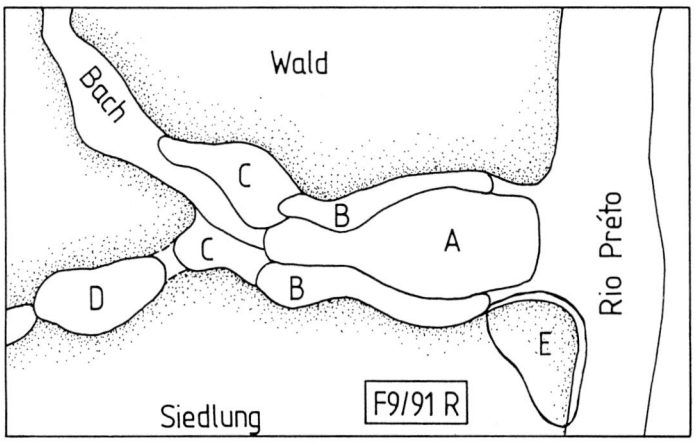

Abbildung 30: Mündung des Igarapé Prósperitáte (4 in Abb. 4): Schematische Übersicht. Die Buchstaben A bis E geben von verschiedenen *Apistogramma*-Arten bevorzugte Bereiche an. Nähere Erläuterungen im Text. Zeichnung: Erika Römer, nach einer Vorlage des Verfassers.

Nach einigen Minuten der Beobachtungen erschienen zunächst die Männchen über der Fallaubschicht, um sich sofort gegenseitig mit gespreizten Flossen anzudrohen. Minuten später tauchten die Weibchen auf, die sich ebenfalls kurze Gefechte lieferten, dann aber zur Nahrungssuche übergingen. Häufig waren auch Weibchen in Brutpflegefärbung, die erheblich angriffslustiger auf Artgenossen beiderlei Geschlechtes reagierten als normal gefärbte Geschlechtsgenossinnen. Dies zeigt, daß die Raumverteilung der Tiere in geeigneten Habitaten offenbar über die intraspezifische Aggressivität beeinflußt wird.

In den flacher werdenden Bereichen mit einem Abstand bis zu etwa einem Meter von der Uferlinie, der um 26 °C aufwies, waren *A. gibbiceps* (Abb. im speziellen Artenteil) dominant (B in Abb. 30). Sie zeigten fast das gleiche Verhalten wie *A. pertensis* und erschienen auch in vergleichbarer Dichte. *A. gibbiceps* bildeten eine mehrere Quadratmeter große Kolonie, die sich bandartig in ruhigem Wasser an der Uferlinie entlangzog, wo sie zeitweilig von der Sonne beschienen wurde. Im direkt anschließenden, bachaufwärts gelegenen Bereich, der schneller fließendes kühleres Wasser aufwies, konnten fast ausschließlich *A. paucisquamis* (Abb. im speziellen Artenteil) nachgewiesen werden (C in Abb. 30). Sie erreichten nicht die hohen Bestandsdichten der beiden zuvor genannten Arten. In der Niedrigwasserzeit konnten von den sehr versteckt lebenden Fischen durchschnittlich etwa 125 (1994), während mittlerer Wasserstände etwa 30 (1991) und bei Hochwasser etwa sechs Exemplare (1992) pro Quadratmeter nachgewiesen werden.

Im extremen, etwa 29 °C warmen Flachwasser, einem etwa 10 cm breiten Streifen entlang der gesamten Uferlinie mit maximal 2 cm Tiefe, konnte 1994 auch *Taeniacara candidi* wiederholt nachgewiesen werden, allerdings nur in Einzelexemplaren. Die kleine Art versteckte sich auffallend gut zwischen feinen, sehr schwierig zu befischenden Wurzeln von *Ficus*-Bäumen und könnte daher nur unzureichend erfaßt worden sein.

A. diplotaenia wies ich während der Hochwasserzeit im September 1992 nach. Die Art bewohnte die überspülte und von Wasserpflanzen dicht überwucherte, etwa 29 °C warme Kante des Rio Préto-Ufers im Randbereich der Igarapé Prósperitáte-Mündung (E in Abb. 30). Die mit 27 °C etwas kühleren Fallaubflächen dieser Zone waren hauptsächlich von *Dicrossus filamentosus*, *A. pertensis* und *A. gibbiceps* bewohnt. *A. diplotaenia* lebten über die ganze Fläche verteilt ausschließlich auf darin verstreuten vegetations- und laublosen Sandflächen. Diese Flächen hatten oft weniger als 20 cm Durchmesser und

Sandbank an der Mündung des Rio Tiquié in den Rio Uaupés

Sandbank an der Mündung des Rio Tiquié in den Rio Uaupés bei 50 cm niedrigerem Wasserstand.

wurden stets von nur einem einzelnen Weibchen mit wenigen Jungfischen gegen andere Zwergcichliden verteidigt. Männchen waren nur auf größeren Sandflächen regelmäßig anzutreffen, von denen aus sie Weibchenreviere, ähnlich wie im Rio Uneíuxí, aufsuchten. Während der Niedrigwasserzeit, in der im Igarapé Prósperitáte keine Sandflächen zu finden waren, konnte *A. diplotaenia* nicht nachgewiesen werden, was als weiterer Beleg für die strenge Bindung dieser Art an offene Sandhabitate zu werten ist. Diese Einschätzung findet durch Beobachtungen ELSÄSSERS (pers. Mitteil.) weitere Bestätigung, der *A. diplotaenia* im Frühjahr 1992 im oberen Rio Negro-Einzug nur auf isolierten Sandbänken kleiner, im übrigen mit dichter Fallaublage gefüllter Waldbäche nachweisen konnte.

Apistogramma paucisquamis und *A. gibbiceps* waren 1994 gemeinsam auch außerhalb des eigentlichen Bachbettes und seiner Erweiterung in etwa 25 °C warmen Restwassern eines sonst trocken gefallenen Nebenarmes des Igarapé anzutreffen. Im Herbst 1991 konnte ich dagegen bei 24 °C im Nebenarm des Igarapé Prósperitáte nur *A. gibbiceps* zwischen Fallaub und Totholz in großer Dichte nachweisen (ca. 40 pro m²). Die Tiere hielten sich überwiegend in einem noch etwa 30 cm breiten und 5 cm tiefen Rinnsal auf, das etliche ebenfalls nur wenige Zentimeter tiefe Restwasserpfützen speiste. Im März 1994 lagen sogar viele festgeklemmt in der bis zu 30 cm tiefen, noch gut durchfeuchteten Fallaubschicht (D in Abb. 30). Wie lange die Fische in dieser extremen Situation überleben können, ist völlig unklar, doch kann vermutet werden, daß zumindest ein kleiner Teil tatsächlich in der Lage ist, bis zum nächsten Anstieg des Wassers zu überleben, weil auch in der Niedrigwasserzeit täglich niedergehende Regenschauer für eine ständige Durchfeuchtung der Fallaubschicht sorgen. Erst systematische Beobachtungen im Freiland können klären, ob es sich hier um eine einmalige Zufallsbeobachtung oder um ein als Teil einer Überlebensstrategie der Art zu wertendes, regelmäßig wiederkehrendes Phänomen handelt. Zumindest für einige asiatische Perciformes der Gattung *Betta* sind entsprechende Überlebensstrategien während der Niedrigwasserzeit nachgewiesen (LINKE 1990).

Beobachtungen des Verhaltens, Kampfpotentials und der Kondition verschiedener Formen geben Hinweise auf die Frage, warum die verschiedenen *Apistogramma*-Arten nicht in vermischten Beständen, sondern in nahezu artreinen Kolonien lebten. Im Kern ihrer Kolonien lebende Individuen zeigten normalerweise gute physische Kondition.

Echeveria-Bestand im Bereich der Anavillanas bei mittlerem Hochwasser

Überschwemmter Wald am Lago Janauarí

Sie waren auffallend aktiv, zeigten intakte Beflossung, füllige Bauchregion und intensive Färbung. Außerdem waren hier besonders viele brutpflegende Weibchen anzutreffen. Ihre Zahl nahm zum Rand der Kolonie hin drastisch ab. In dieser Zone waren Bestände benachbart lebender Arten regelmäßig durchmischt und wiesen einen offenbar schlechteren Zustand auf. Sowohl Männchen als auch Weibchen lieferten sich häufig mit Individuen der syntop lebenden Art heftige Beißkämpfe, die innerartlich relativ selten vorkamen. Meist wurden intraspezifische Auseinandersetzungen bereits in der Drohphase entschieden, interspezifische oft dagegen erst im Kampf. Die Folge waren bei den beteiligten Tieren häufig anormale oder diffuse Färbung, zerfetzte Beflossung, oft auch Beschädigungen der Beschuppung. Weiterhin zeigten die kampfaktiveren Tiere in den Übergangszonen der Kolonie häufig eingefallene Bäuche, was wahrscheinlich auf reduzierte normale Aktivitäten, wie die Nahrungssuche, oder erhöhte Parasitierungsraten zurückgeführt werden kann. Unter Fänglingen aus dieser Zone befanden sich wiederholt stark von Metacercarien befallene Exemplare, während solche im Kern der Kolonien nicht nachgewiesen werden konnten. Ebenso stammten beispielsweise auch von Isopoden befallene *A. elizabethae* aus dem mittleren Rio Uaupés ausschließlich aus Randbereichen einer Kolonie (RÖMER im Druck). Beim Vergleich der Individuen aus dem Zentrum der Kolonien und aus deren Rand zeigten sich weiterhin deutliche Unterschiede in der Körpergröße: Im Randbereich lebten meist kleinere Tiere als im Zentrum. Seltene Ausnahmen stellten große, offenbar kranke oder abgekämpfte Individuen dar.

Eine weitere Folge der ständigen interspezifischen Auseinandersetzungen an den Kolonierändern könnte ein Verlust an Aufmerksamkeit gegenüber potentiellen Freßfeinden darstellen. Immerhin verließen die Fische in Folge von Auseinandersetzungen wiederholt fluchtartig ihre Versteckplätze in das offene Wasser. Tatsächlich leben im und am Igarapé Prósperitáte verschiedene große Fischfresser (s.o.), von denen z.B. Eisvögel im März 1994 besonders häufig in der Übergangszone zwischen den *A. pertensis*- und *A. gibbiceps*-Kolonien erfolgreich nach Zwergcichliden und kleinen Salmlern fischten. Kolonieränder dürften daher auch in *Apistogramma*-Kolonien, ähnlich wie in den Brutansammlungen mancher Vögel, ungünstige Standorte darstellen, in die hauptsächlich subdominante und junge, unerfahrene Individuen abgedrängt werden.

Sao Francisco am unteren Rio Urubaxí bei Niedrigwasser 1991

Sao Francisco am unteren Rio Urubaxí bei Hochwasser 1992. Gleicher Fotostandort.

4.3. Zusammenfassung und Erörterung

Apistogramma-Arten lassen sich in drei ökologische Grundtypen unterteilen. "Fluß"-*Apistogramma* leben in artreinen Kolonien im warmen Flachwasser, hochgradig angepaßt auf und am Rand von Sandbänken und Felsflächen. "Bach"-*Apistogramma* besiedeln die Fallaubschicht kleiner Bäche. "Unspezialisierte"-*Apistogramma* kommen in allen Lebensräumen vor. Die Frage, warum nur wenige Formen Lebensräume in großen Flüssen erobert haben, kann derzeit nicht abschließend beantwortet werden, doch sind in diesem Zusammenhang mehrere Erklärungsansätze zu diskutieren:

Zunächst einmal könnten Kenntnislücken dieses Ungleichgewicht erzeugen, da nach meiner Erfahrung Bachhabitate wesentlich einfacher zu untersuchen sind als Flußhabitate. Weiterhin sind Bachhabitate aufgrund ihrer Strukturierung (Einlagerungen von Fallaub und Totholz) reicher an Versteckplätzen als die offenen Uferzonen großer Flüsse, womit in diesen, zum Teil extrem nährstoffarmen Lebensräumen auch die Diversität und, daran gekoppelt, Konkurrenz und Prädation höher sein dürften (FITTKAU 1983, GRABERT 1991, SIOLI 1963, 1965, 1968). Das wiederum könnte zu einer erhöhten Entwicklungsrate neuer Formen innerhalb dieses Habitattyps führen.

Unterschiedliche Adaptionsgrade an unterschiedliche, insbesondere aber extreme (hohe oder niedrige) Temperaturen in den verschiedenen Gewässertypen könnten einen Einfluß auf die Verbreitung von *Apistogramma*-Arten haben (Tab. 8 & 9). Dabei könnten sich entwicklungsgeschichtlich abweichende Temperaturverhältnisse auf die rezenten Anpassungen auswirken. Allgemein wird heute angenommen, daß die Temperaturen auf dem südamerikanischen Kontinent während der letzten Eiszeiten durchschnittlich etwa 6 °C niedriger lagen als heute (GRABERT 1991, HAFFER 1969). Die Befunde aus dem Freiland (und dem Labor) zeigen, daß *Apistogramma* niedrige Temperaturen besser überstehen als hohe: STAECK beispielsweise fand eingeschränkt aktive lebende *Apistogramma* bei 11,6 °C in Argentinien, normal aktive bei 15,5 °C und 18,4 °C in Peru (STAECK 1992, 1993). Die höchsten Temperaturen, bei denen lebende *Apistogramma* bisher festgestellt werden konnten, lagen bei 30 bis 33 °C, in einem Ausnahmefall sogar bei 36 °C (RÖMER 1992b), und stammen durchweg aus dem zentralen Verbreitungsgebiet der Gattungsgruppe in Brasilien und Südvenezuela (Tab. 8).

Massenansammlung von Ziegenmelkern auf einer Felsinsel im mittleren Rio Uaupés

Felsformation an einer Insel im unteren Rio Uaupés

Auch aus dem Tierhandel liegen Hinweise auf Adaptionen an niedrige
Temperaturen vor: Tierverluste treten in zeitweilig unterkühlten Tier-
transporten nur vereinzelt auf, sind in kurzzeitig leicht überhitzten
dagegen häufig und umfangreich (A. BENZAKEN & W. FRIEDRICH persönliche Mitteilungen). *A. nijsseni* und *A. trifasciata* (Abb. im speziellen
Artenteil) beispielsweise überstehen kurzzeitig ohne weiteres Temperaturen von nur 8 °C, erleiden bei 31 °C aber bereits größere Verluste
(eigene Beobachtungen).

Möglicherweise fanden also in früherer Zeit umfangreiche Adaptionen
an niedrige Wassertemperaturen statt, während die Anpassung an
höhere Lebensraumtemperaturen seit der letzten Eiszeit bisher nur
von wenigen Arten bewältigt wurde. Über die "Sperre" der warmen
großen Flüsse könnte die geographische Isolation verwandter Formen
in benachbarten, nicht verbundenen Bachläufen deshalb wirksamer
sein als die zwischen großen Flüssen. Diese Annahme führt zur
Vorhersage, daß die Diversität der Arten in Bachsystemen wesentlich
höher sein sollte als in den Großflüssen. Die bisher vorliegenden
Beobachtungen zur Biodiversität Amazoniens bestätigen diese Vorhersage weitgehend (KULLANDER 1994).

Apistogramma können in gemischten Teilpopulationen als Folge
interspezifischer Konkurrenz ihren Aufenthaltsort offenbar nicht frei
wählen, sondern werden abhängig von der Begleitfauna in unterschiedliche Bereiche ihres Lebensraumes abgedrängt, die ganz
verschiedene Temperaturverhältnisse aufweisen können.

4.2.2. Artreine Teilpopulationen

Da die Befunde an gemischten Beständen von *Apistogramma*-Arten
an unterschiedlichen Beobachtungsorten zeigen, daß die Tiere scheinbar bevorzugt in artreinen Kolonien leben, deren Ausdehnung und
Verteilung offenbar aber auch von anderen im Gebiet lebenden
Formen beeinflußt wird, stellt sich die Frage, welche Verhältnisse
innerhalb großflächiger artreiner Bestände herrschen. Daher wurden
Anfang März 1994 Beobachtungen an einigen ausgedehnten individuenstarken Beständen verschiedener *Apistogramma*-Arten im brasilianischen Rio Negro-Gebiet durchgeführt.

Typusfundort von *Tucanoichthys tucano* GÉRY & RÖMER, 1997

4.2.2.1. *Apistogramma mendezi* im Rio Curícuriarí

Als exemplarisches Beispiel können die Befunde an *Apistogramma mendezi* in einem Zulauf des Rio Curícuriarí dienen (Abb. S. 563). Die Beobachtungen sind aufgrund ergänzend vergleichender Beobachtungen an anderen Kolonien von *A. mendezi*, sowie an *A. elizabethae* und *A. meinkeni* im unteren Rio Uaupés für artreine *Apistogramma*-Bestände offenbar repräsentativ.

Apistogramma mendezi wurden im Rio Curícuriarí in hoher Dichte auf einer mehrere hundert Quadratmeter großen, mit Fallaubansammlungen und Totholz reich strukturierten Fläche in verschiedenen Wassertiefen nachgewiesen. Auch hier herrschten unterschiedliche Wassertemperaturen in verschiedenen Tiefen und Zonen (Abb. 31). Der Bachlauf weist nach Auskunft dort lebender Indianer nur geringe jahreszeitliche Wasserstandsschwankungen auf. Die Temperaturdifferenz zwischen Oberflächenwasser und kühlerem Tiefenwasser von sechs Grad umfaßt eine Spanne, in der das Geschlechterverhältnis unter den Nachkommen nach meinen Laboruntersuchungen von stark männlich dominierten Bruten (28 °C) bis hin zu fast reinen Weibchennachzuchten (22 °C) umschlägt.

Innerhalb der Kolonie von *A. mendezi* konnten klare Unterschiede in der räumlichen Verteilung der Individuenklassen festgestellt werden (Abb. 31). In der flachen, 28 °C und wärmeren Uferzone (Zone A, Abb. 31) bis zu zehn Zentimeter Tiefe fanden sich neben überwiegend nicht geschlechtsbestimmbaren oder weiblichen Individuen kleine Männchen von zwei bis vier, durchschnittlich etwa drei Zentimeter Gesamtlänge (TL). In der anschließenden bis etwa 30 Zentimeter tiefen, 25 bis 27°C warmen Zone (Zone B, Abb. 31) lebten mit gut fünf Zentimeter TL im Durchschnitt etwa doppelt so große Männchen (drei bis sieben Zentimeter TL). Sie wiesen augenscheinlich beste physische Kondition und in aller Regel intakte Beflossung auf. Im darauffolgenden nur 22 bis 23 °C aufweisenden Bereich bis etwa 80 Zentimeter Wassertiefe (Zone C, Abb. 31) waren mit bis maximal zehn Zentimeter TL vereinzelt noch größere Exemplare anzutreffen, ihre Durchschnittslänge lag bei sieben Zentimeter TL. Sie zeigten in vielen Fällen starke Flossenbeschädigungen und erkennbar schlechte physische Kondition.

Auch die Weibchen in den verschiedenen Zonen wiesen unterschiedliche Größen auf: In Zone A (Abb. 31) dominierten kleine bis maximal drei Zentimeter TL lange Exemplare, in Zone B solche zwischen vier

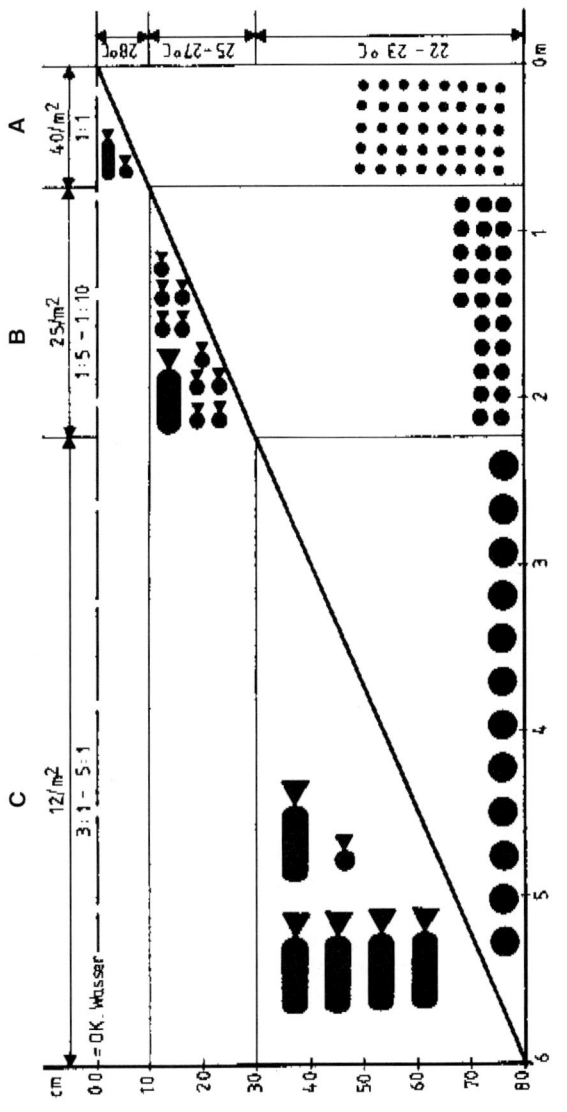

Abbildung 31: Schematische Darstellung des Fundortquerschnittes (9 in Abb. 4), der Geschlechterverhältnisse, der Populationsdichte und Biomasse von *Apistogramma mendezi*. Dargestellt sind die im Text näher erläuterten Temperaturzonen (A–C), Individuendichten, Geschlechterverhältnisse (Fischform) und die Körpermasse (Punkte).

und fünf Zentimeter und im Tiefbereich der Zone C (Abb. 31) solche von fünf bis sechs Zentimeter TL, obwohl in letzterer auch etliche kleinere Tiere gefangen wurden. Der physische Zustand der Weibchen wies keine deutlich erkennbaren Unterschiede auf. Mit zunehmender Wassertiefe nahm die Dichte des Bestandes an diesem Untersuchungsort ab: Zone A etwa 40 bis 80, Zone B etwa 30 und Zone C (Abb. 31) etwa 12 Individuen über zwei Zentimeter TL pro Quadratmeter.

Auch das Geschlechterverhältnis und das Reproduktionsverhalten von *Apistogramma mendezi* in den drei Gewässerzonen unterschied sich deutlich: In der Uferzone A (Abb. 31), in der nur wenig Totholz im Fallaub vorkam, waren insgesamt geringfügig mehr Weibchen als Männchen festzustellen. Wegen der geringen Körpergröße wurden im Feld etliche Männchen übersehen, wie sich nach der Aufzucht in das Labor transferierter Exemplare herausstellte. Die halbwüchsigen, oft möglicherweise noch nicht geschlechtsreifen Tiere hielten sich überwiegend in der Fallaubschicht gut versteckt. Nur wenige der hier beobachteten oder gefangenen Weibchen wiesen Brutpflegefärbung auf. Sie waren auch die einzigen Tiere in dieser Zone, an denen ich territoriale Verhaltensweisen beobachten konnte. Die hier vereinzelt angetroffenen großen Männchen wiesen stets stark beschädigte Flossen auf.

In der Zone B (Abb. 31), in der das Totholz vor allem aus dünneren Zweigen bestand, wurden hier mehr Weibchen als Männchen festgestellt. Das Zahlenverhältnis Männchen zu Weibchen schwankte zwischen etwa 1:5 bis stellenweise annähernd 1:10. Die Männchen kontrollierten etwa 1 bis 3 Quadratmeter große Bereiche, in denen sie bestimmte Weibchen, ähnlich wie bereits von RÖMER (1992a) an *A. diplotaenia* dargestellt, regelmäßig aufsuchten und zum Teil auch anbalzten. Auseinandersetzungen zwischen den ausgesprochen ruppigen Männchen verliefen (wie bei Aquarienhaltung) stark ritualisiert. Beschädigungsangriffe waren selten, wurden aber gegenüber hier ebenfalls nachgewiesenen Zwerg-*Crenicichla* regelmäßig ausgeführt. In den Großrevieren der Männchen lebten Weibchen in vergleichsweise homogener Verteilung, wobei aber die unmittelbare Nähe von Totholz offenbar bevorzugt wurde. Fast alle beobachteten Weibchen zeigten Brutpflegefärbung und -verhalten. Zwischen ihnen waren keine Kämpfe, wohl aber regelmäßig das ritualisierte Frontaldrohen mit weit geöffneten Kiemendeckeln festzustellen.

Flachsee bei Trováo am unteren Rio Uaupés bei Niedrigwasser 1994

Flachsee bei Trováo am unteren Rio Uaupés bei Hochwasser 1992. Gleicher Fotostandort.

Im Übergangsbereich zur tieferen Zone C (Abb. 31) nahm der relative Anteil der Männchen rasch zu und erreichte ein in Zone C allgemein anzutreffendes Verhältnis zwischen Männchen und Weibchen von ca. 3:1 bis 5:1. Alle in dieser Fläche festgestellten Weibchen waren sexuell aktiv. Fast alle führten Junge und hielten sich im Zentrum von Fallaubansammlungen in unmittelbarer Nähe größerer Totholzstücke, etwa Stämmen umgestürzter Stachelpalmen (*Leopoldina*), auf. Interaktionen untereinander beschränkten sich auf den gelegentlichen "Diebstahl" von Jungfischen der vergleichsweise weit entfernten Nachbarinnen (vergleiche dazu auch LORENZEN 1989). Die Männchen wurden von den Weibchen aus ihrem Brutrevier regelmäßig vertrieben. Sie hielten sich daher mehr in den Randbereichen der Fallaubansammlungen auf. Sie beteiligten sich nicht an der Brutpflege und verteidigten offenbar auch keine Großreviere gegenüber Artgenossen wie dies in mittlerer Wassertiefe der Fall war. Sie griffen nur halbwüchsige *Crenichla* oder größere Welse bei deren Annäherung an.

4.2.2.2. Zusammenfassung und Erörterung

Innerhalb einer artreinen Kolonie hielten sich verschieden große *A. mendezi* in unterschiedlichen Wassertiefen mit spezifischen Temperaturen auf (Abb. 31). Die Individuendichte nahm von 40 bis 80 kleinen Exemplaren in der 28 °C warmen Uferzone auf etwa 12 große Tiere je Quadratmeter in der 22 °C kühlen Tiefenzone ab.

Fußend auf den Untersuchungen an Aquarientieren ist anzunehmen, daß die Größenverteilung des Bestandes auch dessen Alters- und Biomassestruktur widerspiegelt. Demnach halten sich junge Tiere, die nach Wägung vor Ort konservierter Exemplare bei drei Zentimeter TL unabhängig vom Geschlecht etwa 0,6 g wiegen, in direkter Ufernähe auf, in der bis 5 Zentimeter TL kleine *Hoplias* und Jungfische einer noch unbestimmten *Crenicichla*-Art vereinzelt als potentielle Freßfeinde festgestellt werden konnten. In der um 26 °C warmen Zwischenzone, dem Aufenthaltsbereich mittelgroßer Tiere, die bei Größen zwischen vier und fünf Zentimeter etwa 1 bis 1,5 g wiegen, waren potentielle Freßfeinde, wie Hechtbuntbarsche oder Spatelwelse, relativ selten. Auf dem Höhepunkt der körperlichen Entwicklung wiegen die hier anzutreffenden etwa sieben Zentimeter langen Männchen rund 3 g, die fünf bis sechs Zentimeter großen Weibchen um 2 g. Große alte Männchen, die den Höhepunkt der körperlichen Entwicklung über-

Schwämme im trockengefallenen Überschwemmungswald

P. Parolin

schritten haben, wurden in der 23 °C kühlen tieferen Zone angetroffen, in der häufig verschiedene große Salmler, Hechtbuntbarsche und Welse nachgewiesen wurden, die als potentielle Freßfeinde anzusehen sind. Bei über sieben Zentimeter TL wiegen diese Männchen unter 2 g. Insgesamt ist die Biomassebilanz innerhalb der unterschiedlichen Tiefenzonen relativ konstant: Die *Apistogramma*-Biomasse liegt in Zone A zwischen 24 und 48 g, in Zone B bei etwa 37,5 g und in Zone C bei rund 36 g pro Quadratmeter (Abb. 31).

Die Laborbefunde zur modifikatorischen Geschlechtsbestimmung an verschiedenen *Apistogramma*-Arten lassen im Freiland in unterschiedlichen Temperaturbereichen verschobene Geschlechterverhältnisse unter den Nachkommen erwarten. Dabei sollten entsprechend den experimentellen Ergebnissen bei niedriger Temperatur deutliche Weibchenüberhänge, bei hoher bedeutende Männchenüberhänge und im mittleren Temperaturbereich etwa ausgeglichene Geschlechterverhältnisse auftreten.

Die von diesen Erwartungswerten auffällig abweichenden Befunde zur Struktur artreiner Populationen von *Apistogramma mendezi* zeigen, daß sich der Effekt offenbar nicht auf das im Freiland feststellbare Geschlechterverhältnis auswirkt oder übertragen läßt (aber siehe 4.4.): Im Bereich hoher Temperaturen um 28 °C sind nach meinen Labordaten etwa 80 % Männchen zu erwarten, tatsächlich lag aber ein Geschlechterverhältnis von etwa 1:1 vor. Im mittleren Wassertemperaturbereich um 26 °C sollte der Anteil der Geschlechter ausgeglichen sein, tatsächlich dominieren aber die Weibchen. Innerhalb des Temperaturbereiches um 23 °C sollte der Anteil der Weibchen deutlich überwiegen, tatsächlich war aber der Anteil der Männchen größer. Das insgesamt resultierende operationale Geschlechterverhältnis im untersuchten Bestand entspricht mit einem Wert von näherungsweise 1:1 aber etwa dem theoretischen Erwartungswert (EMLEN & ORING 1977, ANDERSSON 1994). Die vorgefundenen operationalen Geschlechterverhältnisse scheinen, bei offensichtlicher Bevorzugung des mittleren Temperaturbereiches um 26 °C durch die Fische, in starkem Maße auf sozialen Interaktionen zu basieren.

In der um 26 °C warmen Zwischenzone, in der Männchen die beste Kondition aufweisen, nach den Laborbefunden das höchste Reproduktionspotential besteht und nach der Vorhersage etwa ausgeglichene Geschlechterverhältnisse unter den Nachkommen herrschen sollten, monopolisieren starke *Apistogramma*-Männchen offenbar

Überschwemmungswald im Bereich der Anavillanas

P. Parolin

Frachtschuber auf dem Rio Negro bei Santa Isabell

den Bestand der Weibchen. Als Folge des polygamen Fortpflanzungs- und Reviersystems von *A. mendezi* werden schwächere Männchen offenbar von stärkeren Geschlechtsgenossen aus den Revieren in der 26 °C-Zone in die benachbarten Bereiche abgedrängt. Dafür spricht auch der insgesamt schlechte Zustand der im 23 °C-Bereich angetroffenen Männchen (vergleiche auch Abb. 13). Die im 26 °C-Bereich verbliebenen Männchen unterliegen außerdem aufgrund ihres Verhaltens möglicherweise einer erhöhten Prädation: Sie halten sich fast ständig über der Fallaubschicht auf und patrouillieren ihr Großrevier. Innerhalb des mittleren Temperaturbereiches sind praktisch alle Weibchen fortpflanzungsaktiv. Sie sind sehr aggressiv und verteidigen ihre Fortpflanzungsreviere gegenüber allen Geschlechtsgenossinnen. Dies führt im dargestellten Fall wahrscheinlich auch bei schwächeren (kleineren) Weibchen zu einem Verdrängungseffekt aus dieser Temperaturzone und ein Nachrücken in die benachbarten Bereiche. Ein daraus resultierender Effekt kann in einer Verschiebung des Geschlechterverhältnisses zu den Weibchen in der wärmeren Zone liegen. Weibchen, die in die 29 °C warmen Bereiche abgedrängt werden (oder in geringer Zahl in ihnen aufwachsen), haben aufgrund der im Labor nachgewiesenen Wachstumsnachteile (vergleiche Abschnitt 3.1.) eine stark verringerte Reproduktionsaussicht. Die temperaturabhängige Modifizierung möglichst aller Nachkommen zum männlichen Geschlecht erscheint daher als Weg zur Sicherung der Reproduktionschancen der Nachkommen in diesem Temperaturbereich sinnvoll. Große Weibchen, die in der 23 °C warmen tieferen Zone angetroffen werden, haben wesentlich größere Reviere als ihre Geschlechtsgenossinnen in den darüber liegenden Bereichen. In ihrem Aufenthaltsbereich halten sich zwar wesentlich mehr Männchen als Weibchen auf, diese sind aber zum größten Teil in schlechtem Gesundheitszustand. Aus ihnen können die Weibchen, offenbar aufgrund von erst bei adulten Individuen entwickelten Farbmerkmalen (vergleiche RÖMER & SOARES 1995, 1996b), einen geeigneten Fortpflanzungspartner wählen.

In verschiedenen Lebensphasen sind *Apistogramma mendezi* aufgrund der saisonalen Änderungen ihres Aufenthaltsortes offensichtlich unterschiedlicher innerartlicher Konkurrenz und verschiedenen Feindeinflüssen ausgesetzt über verschiedene Wassertemperaturen bedingt dies auch eine unterschiedliche Produktivität. Entsprechende Verhältnisse bestehen in allen von mir untersuchten Gewässern des

Waldstörche (*Mycteria amerinana*) am Flachufer des Rio Negro bei Barcelos

Zierfischhälterung in Schwimmnetzen am Rio Préto

Rio Negro-Systems (Zusammenstellung in Tab. 8), möglicherweise in der gesamten Neotropis.

4.4. Produktivität und modifikatorische Geschlechtsdetermination

Um die Daten zur Produktivität von *Apistogramma* aus dem feindfreien Labor mit den natürlichen Verhältnissen vergleichen zu können, wurde, da entsprechende Daten bisher fehlten, im Freiland gezielt nach reproduzierenden Weibchen gesucht. Insgesamt konnten 39 brutpflegende Weibchen von sechs *Apistogramma*-Arten beobachtet werden, deren Nachwuchszahl zufriedenstellend ermittelt werden konnte (Tab. 11). Nur ein Weibchen pflegte ein Gelege beziehungsweise Larven, die übrigen frei schwimmende Jungfische unterschiedlicher Altersstufen. Jungfische, die ihrer Größe nach älter als etwa fünf Wochen waren (Abb. 32), konnten im Freiland nicht in der Obhut der Mutter beobachtet werden. Vielmehr konnte festgestellt werden, daß Jungtiere der entsprechenden Größenklasse regelmäßig von territorialen oder brutpflegenden Weibchen verschiedener Arten durch Beißangriffe vertrieben wurden.

Hauptursache für die Verluste von Nachkommen sind in der Natur räuberische Artgenossen, Hechtcichliden der Gattung *Crenicichla* und Raubsalmler der Gattungen *Erythrinus* und *Hoplias*, die regelmäßig gemeinsam mit brutpflegenden *Apistogramma* nachgewiesen und bei der Erbeutung von Jungfischen beobachtet wurden (eigene Beobachtungen, vergleiche auch GOULDING et. al. 1988).

Die Zahl im Freiland festgestellter Nachkommen hängt offenbar vom Weibchen und seinem Verhalten ab. *Apistogramma*-Weibchen transportieren im Aquarium bei Anwesenheit von Freßfeinden regelmäßig Larven und Jungfische im Maul von einem Aufenthaltsort zum anderen. Dieses Verhalten tritt nach meinen Beobachtungen auch im Freiland regelmäßig auf. Die Zahl der vom Weibchen transportierten Nachkommen wird durch die Maulgröße des Weibchens und die Körpergröße der Larven oder Jungen bestimmt. So entspricht die im Freiland festgestellte Nachwuchszahl etwa der Kapazität, die entsprechenden Weibchen im Aquarium für den Transport der Jungen in der jeweiligen Altersstufe zu Verfügung steht.

Tabe. 11: Nachwuchs von *Apistogramma*-Weibchen im Rio Negro-Gebiet

Apistogramma-Art	Jahr	Beobachtungsort	n (Eier)	n (Brut)	Alter (Tage)
diplotaenia	1991	Rio Arirara	57 *		Stunden
diplotaenia	1991	Rio Urubaxi		25 L * #	4 L
diplotaenia	1991	Rio Urubaxi		15 *	7 F
diplotaenia	1991	Rio Urubaxi		14	7 F
diplotaenia	1992	Rio Uneíuxí		9 *	14 F
diplotaenia	1992	Rio Uneíuxí		3 *	21 F
diplotaenia	1992	Rio Uneíuxí		13 *	14 F
diplotaenia	1992	Rio Uneíuxí		15 *	14 F
diplotaenia	1992	Rio Uneíuxí		3 *	28 F
diplotaenia	1992	Rio Uneíuxí		8 *	7 F
diplotaenia	1992	Rio Uneíuxí		37 *	1 F
diplotaenia	1992	Rio Uneíuxí		6	14 F
diplotaenia	1992	Rio Uneíuxí		5 *	21 F
diplotaenia	1992	Rio Uneíuxí		22 *	7 F
diplotaenia	1992	Rio Préto		6 *	21 F
diplotaenia	1992	Rio Préto		3 *	35 F
diplotaenia	1992	Rio Préto		11	14 F
diplotaenia	1992	Rio Préto		13 *	14 F
diplotaenia	1992	Rio Préto		5 *	21 F
diplotaenia	1992	Rio Préto		6 *	28 F
diplotaenia	1992	Rio Préto		3 *	28 F
diplotaenia	1992	Rio Préto		4 *	28 F
elizabethae	1992	Rio Uaupes		5 *	21 F
elizabethae	1994	Rio Uaupes		50 L * #	3 L
elizabethae	1994	Rio Uaupes		17 L #	14 L
elizabethae	1994	Rio Uaupes		22 *	7 F
elizabethae	1994	Rio Uaupes		3 *	28 F
elizabethae	1994	Rio Uaupes		5 *	28 F
elizabethae	1994	Rio Uaupes		5 *	28 F
meinkeni	1994	Rio Uaupés		10 *	1 F
meinkeni	1994	Igarapé Irá		7 *	28 F
mendezi	1994	Rio Curicúriarí		20	7 F
mendezi	1994	Rio Curicúriarí		50 *	1 F
mendezi	1994	Rio Curicúriarí		10 *	21 F
mendezi	1994	Rio Curicúriarí		5 *	35 F
mendezi	1994	Rio Curicúriarí		15 *	7 F
mendezi	1994	Rio Curicúriarí		10 *	14 F
mendezi	1994	Rio Curicúriarí		25	1 F
mendezi	1994	Rio Curicúriarí		8 *	28 F
paucisquamis	1994	Rio Préto		3 *	28 F
paucisquamis	1994	Rio Préto		5 *	28 F
uaupesi	1991	Rio Urubaxi		40	7 F
uaupesi	1991	Rio Urubaxi		15 *	14 F
uaupesi	1991	Rio Urubaxi		24 *	14 F
uaupesi	1991	Rio Urubaxi		6 *	28 F
uaupesi	1992	Rio Uaupes		11 *	14 F
uaupesi	1992	Rio Uaupes		13 *	28 F

L # = Larven; L = Larvaltag, F = Tage nach dem Freischwimmen
Werte wurden mit der Wegfangmethode (*) oder als Schätzzählung ermittelt.

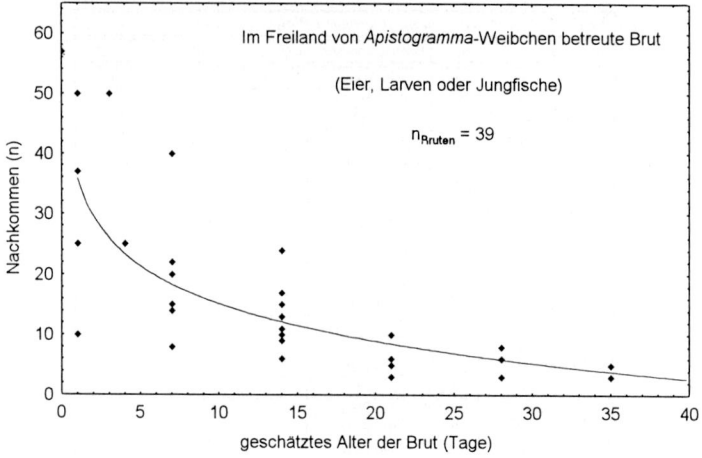

Abbildung 32: Anzahl der im Freiland von *Apistogramma*-Weibchen geführten Jungfische. Die Zahl der zu einem bestimmten Zeitpunkt geführten Nachkommen entspricht etwa der Maultransportkapazität der Mutter. Jungfische, die älter als fünf Wochen sind, verlassen das Elternrevier.

Nach den Resultaten aus den Laborversuchen ist bei Jungfischen, die vier bis fünf Wochen alt sind, das Geschlecht bereits determiniert. Das Geschlechterverhältnis von in das Labor überführten entsprechend alten Jungfischen spiegelt demnach den Einfluß der Temperatur auf das Geschlechterverhältnis im Freiland wider. Da bekannt ist, daß weibliche *Apistogramma* regelmäßig Nachkommen benachbarter Weibchen einfangen und in ihren eigenen Schwarm integrieren (BURCHARD 1965, LORENZEN 1987, 1991 & eigene Beobachtungen), ist im Freiland normalerweise schwer sicherzustellen, daß die vorgefundenen Jungtiere tatsächlich dem Weibchen zuzuordnen sind, bei dem sie angetroffen werden. In neun Fällen war dies aber möglich, da sich die Weibchen, deren Junge ich vollständig einfangen konnte, entweder isoliert innerhalb eines Bestandes einer anderen Art aufhielten oder der Abstand zu den nächsten brutpflegenden Weibchen der eigenen Art geländebedingt so groß war, daß ein entsprechender Jungfischaustausch unwahrscheinlich erschien.

Die Jungfische, die in wärmerem Wasser (> 28 °C) gefangen wurden, entwickelten sich überwiegend zu Männchen, jene, die in kühlem Wasser (< 25 °C) gefangen wurden überwiegend zu Weibchen und solche, die aus Wasser mit dazwischen liegenden Temperaturen stammten, wiesen ein etwa ausgeglichenes Geschlechterverhältnis auf (Tab. 12 & Abb. 33). Die ermittelten Geschlechterverhältnisse aus dem Freiland stützen damit die Befunde zur modifikatorischen Geschlechtsbestimmung aus dem Labor, obwohl die Zahlenbasis für eine statistische Prüfung noch zu gering ist. Aufgrund der Laborbefunde zur temperaturabhängigen modifikatorischen Geschlechtsbestimmung (vergleiche Abschnitt 3.2., Tab. 7) wird angenommen, daß dieses Ergebnis allgemein für die *Apistogramma*-Arten gilt.

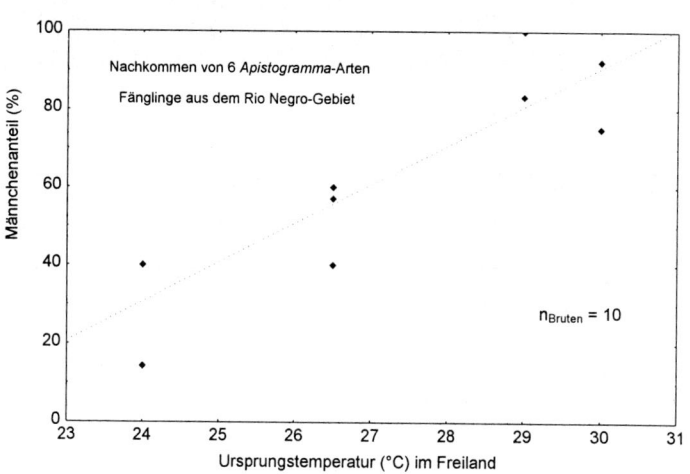

Abbildung 33: Geschlechterverhältnisse unter Jungfischen verschiedener *Apistogramma*-Arten, die im Freiland nach Ende der sensitiven Periode für die modifikatorische Geschlechtsbestimmung gesammelt und anschließend im Aquarium aufgezogen wurden.

Apistogramma hongsloi (hier ein ♂) zeigt ebenfalls die Beeinflussung des Geschlechterverhältnisses durch die Temperatur

Tab. 12: Männchenanteil von *Apistogramma*-Bruten im Freiland
(eingefangene und ins Aquarium gebrachte Jungfische)

Art	Fundort	Jahr	n	T °C	n_{male}	$\%_{male}$
diplotaenia	Ig. Prósperitáte	1992	6	29	5	83,3
diplotaenia	Ig. Prósperitáte	1992	3	29	3	100
diplotaenia	Ig. Prósperitáte	1992	4	30	3	75
elizabethae	Ig. am Rio Uapes	1994	5	26,5	2	40
elizabethae	Ig. am Rio Uapes	1994	5	26,5	3	60
gibbiceps	Ig. Prósperitáte	1992	7	24	1	14,3
gibbiceps	Ig. Prósperitáte	1994	5	24	2	40
meinkeni	Igarapé Irá	1994	7	26,5	4	57,1
paucisquamis	Ig. Prósperitáte	1994	5	24	2	40
uaupesi	Rio Negro /	1992	13	30	12	92,3

Unterwasserbeobachtung von Zwergbuntbarschen am Rio Yavuarí

5. Diskussion

Für Fische wurde vor langer Zeit von AIDA (1921) ein genetischer Mechanismus für die Geschlechtsbestimmung postuliert. Seither konnte dieser für die meisten daraufhin untersuchten Arten bestätigt werden (PRICE 1984).

Die Bestimmung des Geschlechtes durch Umweltfaktoren schien dagegen nach bisheriger Vorstellung selten zu sein. Es konnte aber in einigen Fällen nachgewiesen werden, daß Umweltfaktoren wie der pH-Wert bei einigen Cichliden und einem Poeciliden (RUBIN, 1985) sowie die Temperatur bei *Menidia menidia* (L.) (CONOVER & KYNARD 1981), *M. peninsula* GOODE & BEAN (MIDDAUGH & HEMMER 1987) und *Poeciliopsis lucida* MILLER (SULLIVAN & SCHULTZ 1986; SCHULTZ 1993) einen Einfluß auf das Geschlechterverhältnis ausüben.

Der Mechanismus der umweltabhängigen modifikatorischen Geschlechtsbestimmung wird durch die hier vorgelegte Studie in breitem Rahmen an neotropischen Cichliden der Gattung *Apistogramma* belegt. Der Fund temperaturabhängiger modifikatorischer Geschlechtsdetermination im Labor verlangt nach Bestätigung in der Natur: Daß temperaturabhängig verschobene Geschlechterverhältnisse nicht nur im Labor, sondern auch unter den *Apistogramma*-Nachkommen im Freiland nachgewiesen werden können (vergl. Abschnitt 4.), zeigt, daß es sich bei der festgestellten temperaturabhängigen modifikatorischen Geschlechtsdetermination nicht um einen Artefakt, sondern einen offenbar in der Natur etablierten Vorgang handelt.

Bislang lagen weder Belege für eine ökologische Bedeutung umweltabhängig modifikatorischer Geschlechtsdetermination, noch für einen selektiven evolutiven Vorteil für das Auftreten umweltabhängig modifikatorischer Geschlechtsdetermination bei den *Apistogramma*-Arten vor. Laborbefunde ließen aber erwarten, daß Temperaturunterschiede im natürlichen Lebensraum die temperaturabhängige modifikatorische Geschlechtsbestimmung bedingen und stabilisieren.

Für *Menidia menidia* wiesen CONOVER & HEINS (1987a & b) nach, daß jahreszeitliche geographisch bedingte Unterschiede der Temperaturentwicklung als wesentliche Faktoren für die Entwicklung und Stabilisation der modifikatorischen Geschlechtsbestimmung verantwortlich sind. Bei *Menidia menidia* führen temperaturabhängige Wachstumsunterschiede zur Fixierung unterschiedlicher Mechanismen der Geschlechtsdetermination: Im wärmeren südlichen Artareal, in dem die

Reproduktion etwa einen Monat früher beginnt als im Norden, steht den weiblichen Nachkommen eine längere Wachstumsphase zur Verfügung, die zu einer bedeutenderen Größe der Weibchen führt. Größere Weibchen haben im Vergleich zu kleinen eine höhere Überlebenschance bei niedrigen Wintertemperaturen und als Folge davon wiederum höhere Reproduktionschancen. Außerdem ist die Zahl ihrer Nachkommen ebenfalls höher als die kleiner Weibchen. Männchen werden nicht in entsprechender Weise beeinflußt, woraus eine fitness-Erhöhung für die Weibchen resultiert. Die Geschlechtsdetermination erfolgt hier umweltabhängig modifikatorisch, was zu einer erhöhten Zahl von Weibchen mit verlängerter Aufwuchsphase führt. Im kurzen und kühlen nördlichen Sommer besteht kein temperaturbedingter Wachstumsvorteil für Weibchen, die Geschlechtsdetermination erfolgt genotypisch (CONOVER 1984, CONOVER & HEINS 1987a & b).

Im Lebensraum der *Apistogramma*-Arten herrschen ganz andere ökologische Rahmenbedingungen als im Lebensraum von *Menidia menidia*: Innerhalb des Verbreitungsgebietes der Gattung liegen keine erkennbaren großräumig geographischen Unterschiede im Temperaturregime vor, die eine Entwicklung oder Stabilisierung temperaturabhängiger modifikatorischer Geschlechtsdetermination zufriedenstellend begründen könnten; auch ist kein Wechsel zwischen genetischer und modifikatorischer Geschlechtsdetermination bekannt. Sofern rezente Faktoren für die modifikatorische Geschlechtsdetermination verantwortlich sind, müssen dies offenbar kleinräumige Unterschiede im Temperaturregime sein. Im Gegensatz zu gängigen, bislang verbreiteten Annahmen sind die Temperaturen in neotropischen Gewässern nicht konstant, sondern bewegen sich im Extremfall über eine Spannbreite von bis ungefähr 25 °C (Tab. 8). An den meisten von mir untersuchten Fundorten bestanden kleinräumige Temperaturgradienten von bis zu etwa 6 °C innerhalb der Wassersäule (Einzeldaten in Tab. 8). Je nach Tiefe und Entfernung von der Uferlinie herrschten unterschiedliche Temperaturen (Abb. 31). Allgemein gilt, daß oberflächen- und ufernahe Bereiche stärker erwärmt sind, als tiefe oder weit vom Ufer gelegene; große Flüsse sind generell wärmer als kleine Bäche (vergleiche Abschnitt 4.1.).

Die Untersuchungen kleiner Bäche im Rio-Negro-System (Brasilien) erbrachte typische, von der Tiefe abhängige Temperaturgradienten des Wassers von etwa 30 °C und mehr an der Oberfläche und bis 22 °C oder weniger am Gewässergrund. Ein pH-Gradient war zwischen

verschiedenen Wasserschichten nicht feststellbar, trat aber zu verschiedenen Tageszeiten auf. Der Temperaturgradient war mit unterschiedlichen Individuendichten und Männchenanteilen korreliert.
Im Freiland festgestellte operationale Geschlechterverhältnisse wichen deutlich von den nach den Laborbefunden zu erwartenden ab. Erst die Prüfung der Geschlechterverhältnisse unter Jungfischen, die im Freiland gesammelt und im Aquarium aufgezogen wurden, belegen, daß das Geschlechterverhältnis unter den Nachkommen von *Apistogramma* in der Natur temperaturabhängig modifiziert wird (siehe Abschnitt 4.4.).
Im mittleren Temperaturbereich um 26 °C, der offenbar optimale Bedingungen für Wachstum und Reproduktion bietet, wäre aufgrund meiner Laboruntersuchungen ein modifikatorisch ausgeglichenes Geschlechterverhältnis zu erwarten. Im polygamen Fortpflanzungssystem von *Apistogramma*-Arten findet sich in diesem Bereich abweichend davon ein operationales Geschlechterverhältnis von 1:5 bis 1:10. Das Ergebnis der modifikatorischen Geschlechtsbestimmung bei den Nachkommen findet hier somit keine erkennbare Resonanz. In solchen Temperaturbereichen gefangene und im Labor aufgezogene Jungtiere, die aus einem Gelege stammen, weisen aber das dem Vorbefund entsprechende Geschlechterverhältnis von 1:1 auf (vergleiche Abschnitt 4.4.). Das hiervon abweichende operationale Geschlechterverhältnis dürfte auf den nach den Laborergebnissen zu erwartenden hohen Druck auf die Optimalzone und das Sozialverhalten von *Apistogramma mendezi* zurückzuführen sein: Männchen erleiden in diesem Bereich wahrscheinlich aufgrund ihres Territorialverhaltens starke Verluste, sind normalerweise nur für kurze Zeit in der Lage, ein Fortpflanzungsrevier zu behaupten und werden dann in Randbereiche, insbesondere die tiefere, 23 °C warme suboptimale Zone abgedrängt (vergleiche Abschnitt 4.2.2.2.), wodurch auch in diesen Bereichen Verschiebungen des operationalen Geschlechterverhältnisses resultieren könnten. Das ausgeglichene Geschlechterverhältnis der Jungfische könnte in der mittleren Temperaturzone erhöhte Verluste geschlechtsreifer Männchen kompensieren.
In der tiefen 23 °C-Zone stellt sich unter adulten Tieren ein zu den Männchen verschobenes operationales Geschlechterverhältnis von 3:1 bis 5:1 ein, obwohl hier ein durch die Temperatur modifiziertes Geschlechterverhältnis zu erwarten wäre, bei dem Weibchen deutlich

überwiegen. Der erhöhte Männchenanteil geht offenbar zum Teil auf verdrängte Männchen aus der Zone B und möglicherweise auf Abwanderung von Weibchen in die Zone B zurück (s.o.).

Die Laborbefunde zeigen, daß unter dem Einfluß hoher Temperaturen (>28 °C) deutliche Wachstumsdefizite bei den Nachkommen von *Apistogramma*-Arten auftreten (vergleiche Abschnitt 3.1.). Da der Fertilitätseintritt der Weibchen signifikant von der Körpergröße abhängt, haben weibliche Nachkommen bei hoher Wassertemperatur gegenüber männlichen Geschwistern, die offenbar keine entsprechende Abhängigkeit des Fertilitätseintrittes von der Körpergröße zeigen, eine drastisch verringerte Reproduktionswahrscheinlichkeit. Tatsächlich sind Tiere in dieser Zone kleiner, als in kühleren und reproduzierende Weibchen deutlich seltener (vergleiche Abschnitt 4.). Es ist demnach für *A. mendezi* reproduktiv unrentabel in der über 28 °C warmen Uferzone genotypisch ausgeglichene Geschlechterverhältnisse zu produzieren. Die aus der hohen Temperatur resultierende Verringerung des reproduktiven Potentials weiblicher Nachkommen kann aber durch temperaturabhängige Modifizierung der Nachkommen zu Männchen kompensiert werden. Diese Annahme wird durch in diesem Temperaturbereich gefangene und im Labor aufgezogene Jungfische, die aus einem Gelege stammen, bestätigt: sie weisen deutliche Männchenüberschüsse auf (vergleiche Abschnitt 4.4.). Das tatsächlich etwa ausgeglichene operationale Geschlechterverhältnis in der warmen Uferzone könnte aus dem Verhalten von geschlechtsreifen Weibchen im 26 °C warmen Bereich resultieren: Alle beobachteten *Apistogramma*-Weibchen sind in diesem Temperaturbereich reproduktiv und hochgradig territorial (vergleiche Abschnitt 4.), was zu Verdrängungseffekten unter Weibchen führen kann (vergleiche Abschnitt 4.2.2.2.). Außerdem dürfte ein hoher Abwanderungsdruck der Männchen aus der warmen Uferzone in den tiefer gelegenen Optimalbereich bestehen. Leider läßt sich dieser Prozeß ohne Markierung von Tieren nicht klären. Auch für diese Temperaturzone scheinen die rezenten Bedingungen nicht stark genug, um modifikatorische Geschlechtsdeterminationen zu entwickeln. Wie in der Zone C (T < 25 °C) könnte aber auch hier über das Sozialverhalten eine vorhandene temperaturabhängige modifikatorische Geschlechtsdetermination stabilisiert werden.

Aus den rezenten Verhältnissen im Areal der *Apistogramma*-Arten läßt sich aufgrund der vorliegenden Fakten kein evolutiver Faktor gesichert

ableiten, der für die Etablierung der festgestellten temperaturabhängigen modifikatorischen Geschlechtsbestimmung verantwortlich ist.
Es erscheint lediglich aufgrund der Feststellungen zur körperlichen
Entwicklung plausibel, warum diese Form der modifikatorischen Geschlechtsbestimmung Bestand hat. Evolutionsfaktoren für die Entwicklung der temperaturabhängigen modifikatorischen Geschlechtsbestimmung sind eher in früherer Zeit zu vermuten (vergleiche Abschnitt 4.3.). Nach verbreiteter Ansicht lag die Temperatur auf dem
südamerikanischen Kontinent während der letzten Eiszeit etwa 6 °C
niedriger als heute. Damit verbunden war wahrscheinlich neben
geringeren Wassertemperaturen anderer Ausdehnung und Verteilung
der für die Fische verfügbaren und geeigneten Habitate sowie einer
deutlicher ausgeprägten Saisonalität in großen Teilen des Verbreitungsgebietes (FITTKAU 1974, GRABERT 1991, HAFFER 1969, IRION 1976,
MÜLLER & WEIMER 1976). Dies könnte zur Entstehung des nachgewiesenen temperaturabhängigen modifikatorischen Systems der
Geschlechtsdetermination geführt haben.

Apistogramma payaminonis ♀ bei der Säuberung der Eier

Felsflächen der Stromschnellen bei Sao Gabriel da Cachoeira bei Niedrigwasser 1994

6. Zusammenfassung

Die Umgebungstemperatur beeinflußt signifikant Wachstum und Reproduktion von *Apistogramma*-Arten. Hohe Temperaturen führen zur Reduktion des Wachstums (Körperlänge und -gewicht), der Ei und Gelegezahl sowie der Eigrößen, wofür temperaturbedingte Energiedefizite verantwortlich sein können. Sechs Monate alte *A. cacatuoides* zeigten bei etwa 26 °C die größten Längen (Weibchen bis 46 mm TL, Männchen bis 76 mm TL) und Gewichte. Temperaturen unter 25 °C wirkten sich schwach, Temperaturen über 28 °C stark wachstumshemmend aus. Die Fortpflanzungsreife weiblicher *A. cacatuoides* trat im Alter von 140 bis 350 Tagen ein. Eine direkte Beziehung zur Temperatur besteht nicht, indirekt aber über das temperaturabhängige Erreichen einer Körperlänge von 30 bis 34 mm TL. Die Ei- und Gelegezahl der Weibchen ist temperaturabhängig: Bei niedrigen (20 bis 22°C) und hohen Temperaturen (29 bis 30 °C) war sie gegenüber mittleren Temperaturen (25 bis 28 °C) reduziert. Außerdem waren Eier bei niedriger Temperatur (< 25 °C) etwa ein Fünftel größer als bei hoher Temperatur (> 28 °C).

Temperaturabhängige modifikatorische Bestimmung des Geschlechtes konnte für 33 *Apistogramma*-Arten nachgewiesen werden. Bei hohen Temperaturen (> 27 °C) dominieren Männchen, bei niedrigen (< 25 °C) Weibchen und im mittleren Bereich sind die Verhältnisse etwa ausgeglichen. Bei einigen, aber nicht allen, *Apistogramma*-Arten konnte auch ein Einfluß des pH-Wertes auf das Geschlechterverhältnis gezeigt werden. Das Geschlecht der Nachkommen von *A. trifasciata* wird innerhalb einer sensitiven Periode von ca. 25 Tagen nach der Eiablage determiniert.

Apistogramma-Arten lassen sich drei ökologischen Grundtypen zuordnen, die zum Teil hochgradig angepaßt sind. Die meisten Arten besiedeln die Fallaubschicht kleiner Bäche. Ermittelte Populationsdichten schwankten je nach Wasserstand zwischen ca. 40 und maximal etwa 1200 Tieren pro Quadratmeter. Die Verteilung der Fische hängt vom konkurrierenden Artenspektrum, der Habitatstruktur, dem Wasserstand und der Wassertemperatur ab. In unterschiedlichen Temperaturbereichen wurden unterschiedliche, von den aufgrund temperaturabhängiger modifikatorischer Geschlechtsdetermination erzielten Laborergebnissen deutlich abweichende operationale Geschlechterverhältnisse angetroffen: Bei niedriger Temperatur dominierten Männchen, bei mittlerer Weibchen und bei hoher war das Geschlechterverhältnis ausgeglichen. Unter im Feld gesammelten (zu einer Brut gehörenden) Jungfischen bestanden den Laborbefunden entsprechende Geschlechterverhältnisse. Die Unterschiede zwischen operationalem und modifikatorisch bestimmtem Geschlechterverhältnis können weitgehend über das Sozialverhalten und das polygame Fortpflanzungssystem der *Apistogramma*-Arten erklärt werden.

Die rezent vorgefundenen Umweltverhältnisse machen die Stabilisierung temperaturabhängig modifikatorischer Geschlechtsbestimmung bei *Apistogramma* plausibel, vermögen aber nicht ihre Entstehung zufriedenstellend zu erklären. Allerdings könnte eine saisonale Rhythmik, wie sie heute z.B. noch im südlichen Verbreitungsgebiet der Gattung vorliegt, mit zwei Reproduktionsoptima zur Entstehung von umweltabhängiger modifikatorischer Geschlechtsbestimmung geführt haben.

Apistogramma cruzi ♂   J. Glaser

Weitere bedeutende Aspekte der Biologie von *Apistogramma*-Arten

Partnerwahl

Die Tatsache, daß verschiedene *Apistogramma*-Arten in der Natur häufig auf engem Raum nebeneinander leben, wirft eine der evolutionsbiologisch, etho-ökologisch und reproduktionsbiologisch bedeutendsten Fragen auf: Wie erkennen sich potentielle Fortpflanzungspartner und vermeiden Hybridisierungen mit anderen ähnlichen Arten?

Die meisten *Apistogramma*-Arten lassen sich auch für den menschlichen Betrachter auf den ersten Blick anhand der Form von Körper, Rücken- und Schwanzflosse in eine Gruppe ähnlicher Arten innerhalb der Gattung einordnen (vergleiche Bestimmungsschlüssel und Spezieller Artenteil). So lassen sich Gruppen (möglicherweise) phylogenetisch näher verwandter Tiere erkennen, die über bestimmte gemeinsame Merkmalskombinationen verfügen, was zu der bekannten Ausstellung der Artengruppen und Komplexe geführt hat (z.B. Kullander 1980, Koslowski 1985, Schaefer 1994, Mayland & Bork 1997), die aber wegen der zahlreichen neu eingeführten Formen einer systematischen Neubearbeitung bedürfen, die an anderer Stelle erfolgen soll. Ein anschauliches Beispiel für die Gruppenzuordnung sind die leicht in ihrer Gruppenzugehörigkeit zu unterscheidenden Arten der *A. cacatuoides*-Gruppe, die alle über einen massigen, oft hochrückigen Körperbau, kräftig entwickelte Unterkiefer, dicke Lippen und oft zweizipfeliger Schwanzflosse verfügen und der Formen *A. agassizii*-Gruppe, die einen schlanken und gestreckten Körperbau, normale Kiefer mit dicken Lippen und oft runder, lanzeoider oder lanzettlicher Schwanzflosse aufweisen.

Der Ausprägung der verschiedenen Körpermerkmale muß aus mehreren Gründen besondere Aufmerksamkeit gewidmet werden. Zum einen können sie bei der Bearbeitung zur Identifizierung der einzelnen Arten herangezogen werden (siehe Bestimmungsschlüssel & Spezieller Artenteil). Auf der anderen Seite haben sie selbstverständlich einen wichtigen funktionalen biologischen Hintergrund.

Grundsätzlich bestehen verschiedene Möglichkeiten der Partnerfindung und Partnererkennung bei Fischen (und anderen Tieren). Wichtige Faktoren sind bekanntlich optische Körpermerkmale wie Form und Farbe, aber auch akustische Signale oder Geruchsmerkmale (vergl. z.B. Breder & Rosen 1966, Heiligenberg 1965, Paterson 1992, Van der Meer & Anker 1984). Olfaktorische Partnerorientierung beispiels-

Balzende *Apistogramma hongsloi*, lateral präsentierendes ♀ (links) U. Werner

Balzende *Apistogramma hongsloi*, lateral präsentierendes ♂ (rechts) U. Werner

weise, die für Fischarten in trüben oder lichtlosen Gewässerbereichen bedeutend ist, konnte von CRAPON DE CAPRONA (1986) und CRAPON DE CAPRONA & FRITSCH (1984) an Viktoriaseebuntbarschen nachgewiesen werden: Tiere mit lahmgelegten Riechnerven versagten im Partnerwahlexperiment. Das Knurren mancher asiatischer Labyrinthfische, beispielsweise der *Trichopsis*-Arten, während der Balz ist ein ebenfalls allseits bekanntes Phänomen (vergl. LINKE 1990), während die knatternden Lautäußerungen der Harnischwelse während ihrer nächtlichen Balz (eigene Feststellungen) kaum bekannt ist. Für die Zwergcichliden der Gattung *Apistogramma*, die sich hauptsächlich in der flachen Uferzone großer Gewässer oder kleinen Bächen aufhalten, dürfte die optische Orientierung der Sexualpartner entscheidend sein, obwohl die Mitwirkung von Geruchsfaktoren, beispielsweise abgesonderter Sexualhormone, keineswegs ausgeschlossen werden kann.

Daß *Apistogramma* über ein ausgezeichnetes Sehvermögen verfügen, läßt sich bereits aus den Fluchtreaktionen auf Bewegungen auch kleiner Objekte außerhalb ihres Lebensraumes leicht folgern. Beispielsweise reagieren *A. payaminonis* noch mit Flucht auf eine in etwa zwei Metern Entfernung mit Hilfe eines Nylonfadens vor ihrem Aqua-

Apistogramma hongsloi ♂, aggressiv, kurz vor dem Angriff

Apistogramma hongsloi ♂ ♂ , schwanzschlagend

Apistogramma hongsloi ♂ ♂ , Beißangriff

rium langsam hin und her bewegte Streichholzschachtel. Auch im Freiland reagieren *Apistogramma* nach meinen Beobachtungen auf Bewegungen außerhalb ihres Lebensraumes, etwa die Bewegungen überfliegender Vögel oder unvorsichtiger Beobachter am Ufer.

Hauptmerkmale, an denen sich *Apistogramma* bei der Arterkennung und der Wahl eines Fortpflanzungspartners orientieren, sind nach meinen Experimenten offenbar die Form und Färbung von Körper und Flossen, die von den Männchen sowohl während kämpferischer inter- und intraspezifischer Begegnungen als auch bei der sexuell motivierten Balz präsentiert werden.

Morphologie, Zeichnungsmuster und "Character Displacement"

Die genannten Merkmale sind für die Fische, die, wie bereits erwähnt, ein ausgezeichnetes Sehvermögen und vor allem auch ein enges Zeitauflösungsvermögen besitzen, offenbar gut erkennbar. Die Zeichnungsmuster auf dem Körper unterliegen einer zentralnervösen Steuerung, mit deren Hilfe beispielsweise *A. diplotaenia*-Weibchen nach eigenen Videoauswertungen in der Lage sind, innerhalb von nur knapp zwei Sekunden jedes art- oder geschlechtsspezifische Zeichnungsmuster zu aktivieren, zu modifizieren oder auch vollständig zu unterdrücken.

Die zunächst bedeutendste Frage im Zusammenhang mit der Partnerwahl von *Apistogramma* ist die, ob und welcher Partner eigentlich die Wahl des Fortpflanzungspartners trifft. Aufgrund der Beobachtungen des Fortpflanzungsverhaltens stellte bereits BURCHARD (1965) für *A. trifasciata* zutreffend fest, daß tatsächlich eine Wahl des Geschlechtspartners stattfindet. Die Partnerfindung und Fortpflanzung von *Apistogramma* ist also kein rein vom Zufall gesteuerter Vorgang (eine zoologisch ohnehin unwahrscheinliche Hypothese), was in allen Folgestudien bestätigt wurde (z.B. KOSLOWSKI 1985, LINKE & STAECK 1997, ZENNER & HOHL 1990 u.a.).

Generell läßt sich feststellen, daß bei Arten mit ausgeprägtem Sexualdimorphismus normalerweise das unscheinbare Geschlecht den Partner wählt (vergl. dazu ANDERSSON 1996). Besonders ausgeprägt ist dieses Phänomen bei Arten, die spezielle Organe für die Partnerwerbung entwickelt haben, die oftmals auch noch mit besonderen Verhaltensweisen, gelegentlich auch im Normalleben behindernder oder risikoerhöhenden Wirkung gekoppelt sind. Einige allseits bekannte Beispiele sind die Schmuckfedern des Pfaues (*Pavo cristatus*) oder des Kampfläufers (*Philomachus pugnax*), die ihre ausschließlich zur Partnerwerbung dienenden Schmuckfedern den Weibchen in besonders auffälliger Weise präsentieren.

Auch die Männchen der meisten Arten der Gattung *Apistogramma* haben entsprechende auffällige Körpermerkmale entwickelt. Sie sind generell größer, bunter und mit auffällig veränderten Flossen ausgestattet, die den Weibchen, die außerhalb der Fortpflanzungsphase unscheinbar grau oder graubraun gefärbt sind, fehlen (vergleiche Abb. im speziellen Artenteil). Einer kleinen Gruppe von Arten um *A. meinkeni* fehlt dieser ausgeprägte Geschlechtsdimorphismus. Bei ihnen sind die Geschlechter außerhalb der Brutpflegephase, in der die Weibchen gelblich gefärbt sind, kaum zu unterscheiden. Einige Arten um den noch unbeschriebenen *A.* spec. "Balzfleck" weisen sogar umgekehrten Größendimorphismus auf; bei ihnen sind die Weibchen größer als die Männchen (KOSLOWSKI 1985), die eine in der Gattung sonst unüblich aktive Rolle bei der Besetzung des Eiablageplatzes übernehmen; die Färbungsverteilung der Tiere entspricht aber dem üblichen Gattungsschema. Als nahezu sensationelle Ausnahmeerscheinung ist dagegen *A.* sp. "Tiquié 1" anzusehen: Die Männchen dieser Art bleiben ebenfalls kleiner als die Weibchen, zeigen aber während der Brutpflege die bei anderen Gattungsvertretern auf die Weibchen beschränkte gelbe Brutpflegefärbung, verhalten sich aber ähnlich wie die Männchen normaler *Apistogramma*-Arten.

Während der Partnerwerbung sind die Männchen der aktivere Teil. Die meist stürmische Balz dauert oft nur wenige Minuten bis es zum gemeinsamen Besetzen des Brutplatzes und kurz darauf zur Eiablage kommt.

Apistogramma-Männchen sind nach meinen Untersuchungen in ihrer Partnerwahl nicht genau; sie werben im Experiment zufallsverteilt um fast jedes laichreife Weibchen im Aquarium, wenn sie mit gemischten Weibchengruppen gehalten werden. Ausschlaggebend für die Balzannäherung ist lediglich, daß das betreffende Weibchen über eine die Laichbereitschaft signalisierende leicht gelbliche Grundfärbung verfügt, auf der die Schwarzzeichnungen erkennbar reduziert werden (RÖMER & BEISENHERZ in Vorbereitung). Von männlichen *A. cacatuoides* und *A. nijsseni* wurden im Wahlversuch auch Weibchen aus anderen Verwandschaftsgruppen angebalzt, die auffällig abweichenden Körperbau oder andere Zeichnungsmuster aufweisen. Beispielsweise warben männliche *A. cacatuoides* um Weibchen von *A. nijsseni* und *A. agassizii* ebenso wie um weibliche *A. resticulosa* oder *A. regani*. Das

Weibchenbild dieser Männchen scheint demnach nicht besonders genau zu sein.

Hingegen scheinen *Apistogramma*-Weibchen in der Lage zu sein, die Männchen offenbar anhand ihrer morphologischen und farblichen Merkmale in kurzer Zeit sicher zu identifizieren, denn sie reagieren normalerweise nicht auf Balzanstrengungen artfremder Männchen: Hybridisierungen kommen auch im Aquarienexperiment nur ausnahmsweise vor.

Im Rahmen von Hybridisierungsexperimenten lassen sich zwei grundlegende Versuchssituationen unterscheiden, die von ganz unterschiedlicher Aussagekraft sind. Immer wieder werden Hybridisierungsversuche, insbesondere bei der Beschreibung von neuen Killifischen, etwa den *Rivulus*-Arten, mit zu diagnostischen Zwecken herangezogen (beispielsweise bei *Rivulus kuelpmanni* durch BERKENKAMP & ETZEL 1993*). Bei genauer Betrachtung zeigt sich aber, daß diese Experimente im Sinne der eigentlich damit verbundenen Fragestellung nach den engeren Verwandtschaftsbeziehungen, nämlich der Frage, ob es sich bei den untersuchten Formen um eigenständige Arten oder nur um unterschiedliche Morphen einer einzigen Art handelt, vollkommen ungeeignet sind. Im strengen Sinne handelt es sich bei den von den genannten Autoren durchgeführten Hybridisierungsexperimenten um sogenannte "No-Choice"-Experimente, also Kreuzungsversuche unter Zwangsbedingungen ohne Partnerwahlmöglichkeit. Biologisch gesehen sind solche Experimente für die Beantwortung der Frage nach der Artzugehörigkeit als bedeutungslos einzustufen, da sie nicht einmal näherungsweise der wahrscheinlichen Freilandsituation entsprechen und auch unterschiedliche Fertilitätsgrade der Nachkommen als Werteskala ungeeignet sind, da sie nicht in der Lage sind die möglicherweise vorhandenen tatsächlich relevanten Isolationsmechanismen zwischen den Formen (Clustern, Arten) zu beschreiben (Es sei hier nur an die unter Zwangsbedingungen möglichen Kreuzungen verschiedener Säugetiere oder Vögel erinnert). Unter natürlichen

---

* Die Überprüfung der Gültigkeit der Artdiagnosen dieser Art, wie auch anderer von BERKENKAMP beschriebener Killifischarten, entzieht sich derzeit leider der Überprüfbarkeit, da das von ihm unter SMF-Sammlungsnummern aufgelistete Typenmaterial tatsächlich bis heute (Stand Juni 1997) nicht im Senckenberg-Museum in Frankfurt hinterlegt ist, sondern sich nach Auskunft des Museums noch im Besitz des betreffenden Autors befindet. Die möglichen Folgen dieses Umstandes sind am besten am Beispiel der Typen von *Apistogramma sweglesi* MEINKEN zu verdeutlichen (Einzelheiten siehe dort). Die betreffenden Killifischarten müssen daher derzeit zumindest als zweifelhaft angesehen werden.

Apistogramma hoignei ♀, mit eben geschlüpften Larven J. Glaser

Apistogramma hoignei ♀, mit 3 Tage alten Larven J. Glaser

Apistogramma hoignei ♀, mit 5 Tage alten Larven

J. Glaser

Apistogramma hoignei ♀, mit 6 Tage alten Larven

J. Glaser

Apistogramma hoignei ♀, mit 8 Tage alten Larven   J. Glaser

Apistogramma hoignei ♀, mit einige Tage alten Jungfischen   J. Glaser

Bedingung verfügen besagte Fische in vermischten Beständen (sofern diese überhaupt auftreten) meist über die Möglichkeit der freien Partnerwahl. Ein wissenschaftlich sauber durchgeführtes Wahlexperiment müßte demnach aus einem komplexen System zahlreicher sogenannter "Free-Choice"-Versuche (hier Zweifach-Wahlversuche) bestehen, in denen Weibchen einer Ausgangsart Fortpflanzungspartner beider Ausgangsformen zur Wahl angeboten werden. Im zweiten experimentellen Schritt sind (möglicherweise im No-Choice-Experiment erzeugten) weiblichen Hybridnachkommen sowie Weibchen der Ausgangsarten sowohl Hybridmännchen, als auch Männchen der Ausgangsformen im Free-Choice-Experiment (hier Mehrfach-Wahlversuch) anzubieten. Nur so lassen sich anhand von daraus resultierenden Partnerbevorzugungen tatsächlich zu einem gemeinsamen genotypischen Cluster (MALLET 1995) gehörende Formen experimentell trennen.

Genotypische Cluster

Die Theorie der genotypischen Cluster (vergleiche MALLET 1995) stellt eine deutliche Erweiterung der bisher gängigen Artdefinitionen dar, da sie die (auch in der freien Natur immer wieder nachweisbare) Hybridisierung von verschiedenen Clustern (Arten und Formen von Superspezies) zuläßt, ohne die volle Fertilität der Nachkommen in der bei bisher gebräuchlichen Modellen üblichen Weise auszuschließen. Um den Fortbestand der betreffenden Ausgangsformen (Cluster) zu gewährleisten, reicht danach vielmehr bereits allein eine geringfügig höhere Bevorzugung der Männchen der eigenen Form gegenüber denen anderer Formen durch die den Partner wählenden Weibchen aus: Sie führt zu einer geringeren Hybridisierungswahrscheinlichkeit und einer verringerten Fortpflanzungswahrscheinlichkeit von Hybriden innerhalb gemischter artreiner Populationen, so daß sie praktisch keinen Einfluß auf die Ausgangspopulation haben, aber einen geringen Genfluß zwischen ihnen ermöglichen; die höhere Präferenz der Weibchen für Männchen des eigenen Clusters wirkt also als stabilisierender Selektionsfaktor. Als weitere (oder zusätzliche) clusterstabilisierende Elemente kommen beispielsweise auch höhere Erbeutungsraten der Hybriden durch Freßfeinde oder höhere Anfälligkeit gegenüber Parasiten in Frage; sie sind aber nicht notwendige Voraussetzungen für den Erhalt der Cluster.

Junge *Apistogramma urteagai*, beachte die kryptische Färbung auf dem Untergrund

Apistogramma spec. "Rotpunkt" (Puerto Narino)

F. Warzel

Im "Free-Choice"-Experiment unterlaufen *Apistogramma*-Weibchen nur ganz ausnahmsweise Fehler bei der Wahl des Fortpflanzungspartners, meist Vertretern nah verwandter Arten, beispielsweise der Arten aus dem *A. nijsseni*-Subkomplex des *A. cacatuoides*-Komplexes oder des Komplexes um *A. hongsloi* innerhalb der *A. macmasteri*-Gruppe (BEISENHERZ & RÖMER in Vorbereitung). Es stellt sich die Frage, welche Merkmale für die Weibchen eindeutige Signale bei der Auswahl des richtigen Vermehrungspartners darstellen.

Polychromatismus

Allgemein ist bekannt, daß die Färbung der Männchen der meisten *Apistogramma*-Arten variabel ist (vergleiche Abb. im speziellen Artenteil). Diese Variabilität hat wiederholt zur Definition geographischer "Farbrassen" oder Farbformen geführt (z.B. KOSLOWSKI 1985, LINKE & STAECK 1995, MAYLAND & BORK 1997, SCHMETTKAMP 1982, ZENNER & HOHL 1990). Übrigens ist der Begriff "Rasse" hier ohnehin deplaziert, da er, ursprünglich in der Haustierkunde gebräuchlich, für domestizierte Formen definiert ist. Wildformen sollten daher treffender als "Morphen" bezeichnet werden. Solche Farbformen wurden für eine Vielzahl von Arten beschrieben, darunter auch für *A. paucisquamis*: Neben einer "weißen Form" wurden über lange Zeit eine "gelbe", "blaue" und eine "rote Form" unterschieden. MAYLAND & BORK (1997) führen neuerdings zusätzlich die Begriffe "Orangesaum" und "Goldbrustvariante" ein.
Ich hatte wiederholt Gelegenheit, Bestände von *A. paucisquamis* im Freiland und im Aquarium eingehend zu untersuchen. Bei Männchen der genannten "Farbformen" handelt es sich lediglich um verschieden gefärbte Vertreter einer hochgradig polychromatischen Art. Unter den Jungen aus jeder Brut von Fischen eines Fundortes befinden sich Exemplare, die sich nahezu allen bekannten Farbmorphen zuordnen lassen; sie sind damit lediglich Ausdruck eines genetisch fixierten Polychromatismus. An verschiedenen Fangplätzen sind unterschiedliche Anteile der einzelnen Farbmorphen innerhalb der lokalen Population festzustellen. Die Rate der einzelnen Morphen hängt von verschiedenen äußeren Faktoren, beispielsweise der möglichen Selektion bestimmter auffälliger Formen durch Beutegreifer (z.B. Hechtbuntbarsche, Vögel), oder der Bevorzugung durch die Weibchen ab. Überdies können sie als Indikatoren für bestimmte physische Eigenschaften der Männchen durch die Wahl der Weibchen stabilisiert werden (siehe Einzelheiten bei *A. juruensis*). Die Anteile der einzelnen

Apistogramma nijsseni ♀ bei der Pflege etwa eine Woche alter Jungfische

Formen sind damit Ausdruck eines ökologisch und/oder sexuell balancierten Polychromatismus. Bislang sind nur wenige Fälle innerhalb der Gattung *Apistogramma* bekannt, in denen sich tatsächlich geographische Farbmorphen voneinander abgrenzen lassen. Dies beruht zum guten Teil auf der nur fragmentarischen Bearbeitung der Verbreitungsgebiete der meisten Zwergbuntbarsche. Das mittlere und obere Rio Negro-Gebiet gehört in dieser Beziehung zu den derzeit am besten erforschten Arealen in Südamerika. Tatsächlich lassen sich hier beispielsweise bei *A. uaupesi* an verschiedenen Fangplätzen Tiere unterschiedlichen Aussehens nachweisen. Im Aquarium vermehrt, stellt sich aber schnell heraus, daß alle bislang aquaristisch bekannten und vorgestellten "Farbformen" unter den Nachkommen eines einzigen Paares auftreten können, was als weiterer Hinweis auf einen ausgeprägten Polychromatismus zu werten ist.

Wahlkriterien der Weibchen

Neben den Farbmerkmalen, die offenbar mindestens von den Weibchen mancher *Apistogramma*-Arten als "Kriterium" für die Qualität eines Männchens genutzt werden, sind die Zeichnungsmuster auf Körper und Flossen von entscheidender Bedeutung bei der Partnerwahl. Dies läßt sich durch Experimente mit den näher verwandten Formen *A. mendezi, A. paucisquamis* und *A. elizabethae* anschaulich demonstrieren (RÖMER in Vorbereitung). Diese drei Arten mit zweizipfeliger Schwanzflosse stammen aus dem Rio Negro-Gebiet, kommen aber nur in schmalen Bereichen nebeneinander vor. Sie unterscheiden sich besonders deutlich durch Form und Zeichnung der Rücken- und Schwanzflosse. Besonders interessant ist, daß *A. mendezi*, die nach bisheriger Kenntnis nur südlich des Rio Negro, etwa zwischen Sao Gabriél da Cachoeira und Barcélos do Rio Negro, vorkommen, über einen ausgeprägten Polychromatismus der Schwanzflosse verfügen. Tiere aus dem Westen des Verbreitungsgebietes zeigen eine deutlich senkrecht gebänderte, oft gelbliche oder milchigweiße Schwanzflosse und eine goldorange Kopf-Bauchregion, solche aus dem Osten dagegen eine durchsichtig längsgestreifte Schwanzflosse und eine bläulichgraue bis weißliche Kopf-Bauchregion. Zwischen diesen beiden Extremen treten verschiedene Übergangsformen im zentralen Artareal auf. *A. paucisquamis*, die nördlich des Rio Negro von den Anavillhanas bis etwa Santa Isabell und südlich des Rio Negro westlich bis etwa Barcelos vorkommen, weisen demgegenüber eine deutlich niedrigere Plastizität der Zeichnung der Schwanzflosse auf, die stets senkrecht gebändert ist. Die Schwanzflosse des aus dem Rio Uaupés stammenden *A. elizabethae* ist ebenfalls variabel gefärbt. Tiere aus dem (östlichen) Mündungsgebiet zeigen eine transparent zeichnungslose, solche aus dem zentralen Verbreitungsgebiet um Taraquá nahe der Mündung des Rio Tiquié weisen meist eine getüpfelte und solche aus der Umgebung der kolumbianischen Stadt Mitú oftmals eine senkrecht gebänderte Flosse auf.

Nach derzeitigem Kenntnisstand besteht also eine mögliche Kontaktzone von *A. mendezi* mit *A. paucisquamis* im Gebiet um Barcélos, sowie mit *A. elizabethae* in der Umgebung von Sao Gabriél. In beiden Bereichen wirken die Schwanzzeichnungsmuster der betreffenden Arten kontrastverstärkend. Diese als "Charakter Displacement" bezeichnete Erscheinung stellt die fehlerfreie Identifizierung der Fortpflanzungspartner durch die Weibchen sicher: *A. mendezi*-Weibchen von einem bestimmten Fundort akzeptieren nur Männchen mit dem "passenden" Schwanzzeichnungsmuster, solche aus dem Westen des Verbreitungsgebietes also nur Männchen mit senkrechten Flossenbändern, solche aus dem Osten nur solche mit längsgestreift transparenter Flosse. Auch weibliche *A. paucisquamis* akzeptieren nur Männchen mit arttypischem Flossenmuster.

Daraus resultiert, daß zwischen Partnern von *A. mendezi* und *A. paucisquamis* auch im Aquarium Kreuzungen im Free-Choice-Experiment nicht vorkommen. Allerdings akzeptieren die Weibchen von *A. paucisquamis* ohne weiteres *A. mendezi*-Männchen aus dem westlichen Verbreitungsgebiet, offenbar da diese das gleiche Muster der Schwanzflosse aufweisen wie die eigenen Männchen, das diagnostisch entscheidende Merkmal also maskiert ist. Auch *A. mendezi*-Weibchen aus der Nähe von Sao Gabriél lassen sich aus dem gleichen Grund mit *A. paucisquamis* im Free-Choice-Experiment zur Fortpflanzung bringen.

Auch *A. elizabethae*-Weibchen aus dem Mündungsgebiet des Rio Uaupés lassen sich "überlisten", wenn ihnen Männchen von *A. mendezi* aus der Umgebung von Barcélos präsentiert werden. Versuche mit ihnen sind allerdings nur mit halbwüchsigen Tieren erfolgreich, was möglicherweise darauf zurückzuführen ist, daß *A. elizabethae*-Weibchen zusätzlich über diagnostisch wirksame Informationen (ein genetisches Programm?) zur ontogenetischen Veränderung der arteigenen Männchen verfügen, die etwa halbwüchsig beginnen, eine abweichende Rückenflossenform und aus der zweizipfeligen eine lanzettförmige Schwanzflosse zu entwickeln.

Familienformen

Auf Einzelheiten der Brutpflege wird im speziellen Artenteil eingegangen. Hier sollen nur einige generelle Aspekte angesprochen werden. Die Familienformen bei der Brutpflege sind ebenso variabel wie die *Apistogramma*-Arten selbst. Es zeigen sich bei genauerer Betrachtung einige ökologische Unterschiede zwischen den Artengruppen, denen bestimmte Familienformen bei der Betreuung des Nachwuchses zugeordnet werden können. Die meisten *Apistogramma*-Arten sind polygam: Ein Männchen schreitet in seinem Großrevier mit mehreren Weibchen zur Fortpflanzung. Die Balzphase bei diesen Formen ist kurz und dauert normalerweise nur wenige Minuten bis Stunden. Die Zahl der Partnerinnen eines Männchens hängt vor allem von der Struktur und Nahrungsverfügbarkeit innerhalb des Männchenreviers ab. Je strukturreicher das Revier und je reichhaltiger die Nahrung, desto höher ist die Zahl der Weibchen, die mit geringem Verlust ihre Brut in der betreffenden Fläche aufziehen können. Diese Bedingungen finden *Apistogramma* in den kleinen Flüssen und Waldbächen mit dicker Fallaubschicht und Totholzeinlagerungen. Diese struktur- und nahrungsreichen Lebensräume bieten auch unzählige Versteckplätze, in denen die Fischchen bei Annäherung eines Freßfeindes verschwinden können. Diese besonders strukturierten Lebensräume bieten auch die Möglichkeit zur Entwicklung vieler Formen auf kleinem Raum, da beispielsweise auch aufwendige Verlängerungen der Flossen oder extrem auffällige Farben keine negativen Folgen haben. Folgerichtig finden sich unter den "Bach"-*Apistogramma* (RÖMER im Druck & diese Arbeit) besonders auffällige Formen mit extremen Flossenverlängerungen, beispielsweise *A. bitaeniata* oder *A. cacatuoides*, oder besonders ausgefallenen Farben wie etwa *A. agassizii* oder *A. nijsseni*. Diese Formen können unter bestimmten Bedingungen (insbesondere bei sehr hoher Individuendichte oder in fortgeschrittenem Lebensalter) auch monogam leben, doch ist unter ihnen Polygamie die Regel. Leben sie fakultativ monogam, bilden sie eine von LINKE & STAECK (1985, 1997) als Mann-Mutter-Familie bezeichnete Fortpflanzungsgemeinschaft, in der das Männchen die Revierverteidigungsaufgaben übernimmt und seinem einzigen Weibchen die eigentliche Brutfürsorge überläßt.

Nur wenige *Apistogramma*-Arten bilden dagegen eine echte Elternfamilie, in der beide Partner gleichberechtigt nahezu alle Aufgaben übernehmen wie es beispielsweise von der überwiegenden Zahl der anderen geophaginen Buntbarsche bekannt ist (vergleiche z.B. STAWIKOWSKI 1995). Es handelt sich dabei meist um Arten, die überwiegend nur geringen geschlechtlichen Dimorphismus oder Dichromatismus aufweisen, wie dies beispielsweise bei einigen Formen aus der *A. pertensis*-Gruppe der Fall ist. Die Phase der Partnerfindung erstreckt sich bei diesen Formen oftmals über einen bis mehrere Tage. *A. meinkeni* oder *A. spec.* "Pimentel" betreuen in dichtem Paarzusammenhalt die Brut, auch dann, wenn weitere paarungsbereite Weibchen in der Nähe des Brutplatzes erscheinen. Einzelne Autoren gehen sogar soweit anzunehmen, daß bei manchen dieser Formen ein dauerhafter individueller Partnerzusammenhalt vorliegt (ZENNER & HOHL 1990), was ich aufgrund eigener Beobachtungen in Großaquarien zumindest für *A. meinkeni* und *A. spec.* "Tiquié 1" ebenfalls für wahrscheinlich halte. Unter den "Fluß"-*Apistogramma* finden sich relativ viele Formen mit dieser Familienstruktur.

Einige Arten, wie zum Beispiel *A. caetei*, wechseln abhängig vom Partnerangebot regelmäßig zwischen beiden Brutpflegeformen. In manchen Fällen übernehmen Männchen in der Elternfamilie dabei nicht nur die üblichen Revierverteidigungsaufgaben, sondern beteiligen sich auch an der direkten Pflege der Jungen, selten sogar der Eier und Larven (RÖMER 1989b und unveröffentlichtes Material), obwohl diese Möglichkeit von einzelnen Autoren, wohl nur wegen des Fehlens entsprechender eigener Beobachtungen, unbegründet bestritten wird (vergl. z.B. ZENNER 1992).

Einige kleine *Apistogramma*-Arten zeigen einen umgekehrten Größendimorphismus (*A. spec.* "Balzfleck", *A. spec.* "Chao", *A. spec.* "Tiquié 1"), eine sogar umgekehrten Geschlechtsdichromatismus (*A. spec.* "Tiquié 1"). Bei diesen Formen geht die Balz, anders als bei den übrigen Gattungsvertretern, teilweise von den Weibchen aus, die Rollen bei der Brutpflege bleiben jedoch trotz hoher Beteiligung der Männchen erhalten.

Der "Smaragd"-*Apistogramma* weicht als bisher einzige Art völlig vom bekannten Fortpflanzungsschema ab. Diese Art ist polyandrisch: Ein Weibchen versammelt mehrere Männchen in seinem Fortpflanzungsrevier und laicht mit mehreren von ihnen ab. Die streng hierarchisch organisierten Männchen übernehmen anschließend gemeinsam die Verteidigung des Brutreviers.

Sneaker

Innerhalb von *Apistogramma*-Populationen findet sich immer auch ein geringer Anteil von Männchen, die nur geringfügig oder gar nicht ausgeprägte sekundäre Geschlechtsmerkmale aufweisen. Sie ähneln damit morphologisch stark großen Weibchen und zeigen außerdem auch das weibliche Zeichnungsmuster. In der Aquaristik wurden solche Männchen wiederholt als "Tarnmännchen" bezeichnet, ohne daß man um die Erklärung des biologischen Hintergrundes dieser Erscheinung bemüht war (z.B. KOSLOWSKI 1985, ZENNER & HOHL 1990). Aus vielen anderen systematischen Gruppen, beispielsweise von vielen Vögeln, aber auch von Fischen, etwa nordamerikanischen Sonnenbarschen (*Lepomis*), sind solche Männchenmorphen lange als sogenannte "Sneaker" bekannt, die sich Fortpflanzungserfolge in fremden Revieren erschleichen, ohne das hohe Investment für die Etablierung und Aufrechterhaltung eines Revieres zu leisten. Tatsächlich handelt es sich nach meinen Beobachtungen an verschiedenen Zwergcichliden-Arten auch bei den *Apistogramma*-"Tarnmännchen" um Sneaker, die sich einem laichenden Paar in der Färbung und mit dem Verhalten von Weibchen nähern, um die Befruchtung des Geleges zu "stehlen". Sie werden in dieser Situation wegen ihrer Weibchennachahmung vom Revierinhaber offenbar nicht als Geschlechtsgenossen erkannt und im unmittelbaren Umfeld des Laichplatzes geduldet. Das laichende Weibchen greift die Sneaker in den Eiablagepausen immer wieder an und vertreibt die scheinbaren Konkurrentinnen bei Anwesenheit ihres Partners gelegentlich auch aus dem näheren Gelegeumfeld. Ist das Reviermännchen bei der Annäherung eines Sneakers nicht in der Nähe des Eiablageplatzes, färbt sich der Eindringling bei Annäherung an das laichende Weibchen innerhalb von Sekunden in die typische Männchenfärbung um und übernimmt die Rolle des Revierinhabers bei der Befruchtung der Eier. Der Zeitraum, der einem Sneaker für die Spermienabgabe zur Verfügung steht, bevor er vom Revierbesitzer erkannt und vertrieben wird, währt meist nur wenige Sekunden, reicht aber oft für die erfolgreiche Befruchtung eines Teils des Geleges aus. Auch LORENZEN (persönliche Mitteilung 1996) konnte während seiner Studien wiederholt Sneaker (bei *A. borellii*) beobachten und filmen.

A. juruensis ♂   *A. luelingi* ♀   J.Glaser

Apistogramma personata ♀ bei der Gelegepflege

Parasiten

Eine wichtige Rolle in biologischen Systemen spielen parasitische Organismen. Um falschen, umgangssprachlich geprägten Vorstellungen vorzubeugen, soll hier eine Klärung des Begriffes "Parasiten" vorangestellt werden. Unter Parasiten sind im hier bearbeiteten Zusammenhang alle diejenigen Organismen zu verstehen, die davon leben, daß sie an anderen Organismen unter Schädigung (bis zur Zerstörung) derselben schmarotzen. In diesem Sinne sind neben den "klassischen" Parasiten, wie z.B. Fischegeln, auch Pilze, Ein- und Wenigzeller oder Bakterien zu verstehen.

Zwergbuntbarsche aus südamerikanischen Gewässern, die über den Zierfischhandel in die Aquarien gelangen, sind oftmals von einer Vielzahl von Parasiten befallen, von denen einige (auch aquaristisch) wichtige an dieser Stelle kurz vorgestellt werden sollen.

Bakterien

Bemerkenswerterweise spielen Bakterien in den meisten Gewässern, aus denen *Apistogramma* stammen, keine oder nur eine stark untergeordnete Rolle. Sie werden in aller Regel in den nahrungsarmen Systemen dieses Kontinentes von den Pilzen als Zersetzer im Stoffkreislauf ersetzt. Eine der Ursachen könnte darin liegen, daß Pilze in den meist leicht sauren Gewässern günstigere Lebensbedingungen vorfinden, als Bakterien. Wenn Zwergcichliden bakterielle Infektionen aufweisen, sind diese meist erst in der Gefangenschaft erworben und ein Ausdruck von mangelnder Pflege, Aquarienhygiene Transport- oder Haltungsstress, etwa durch gemeinsame Unterbringung mit dafür ungeeigneten anderen Arten oder unter nicht zusagenden wasserchemischen Bedingungen. Die Symptome bakterieller Infektionen sind vielfältig. Bei *Apistogramma* treten häufig Exophthalmus (Glotzäugigkeit), Schuppensträube und/oder ein aufgetriebener Bauch auf. Im Frühstadium lassen sich Bakterieninfektionen manchmal daran erkennen, daß die Körperfärbung in ein blasses Grau umschlägt. Leider sind bakterielle Infektionen bei Zwergcichliden fast immer untherapierbar. Selbst sonst gut bewährte Heilmittel schlagen insbesondere bei *Apistogramma*-Arten nur sehr selten an. Bakterielle Infektionen sind außerdem bei Zwergbuntbarschen oftmals hoch-

Glotzäugigkeit bei *A. steindachneri* (unterschiedliche Stadien)

Glotzäugigkeit bei *A. steindachneri*   Bakterielle Kopfinfektion, Schwarzfärbung

Erscheinungsbilder der Fischtuberkulose, links offenes Geschwür, rechts Wucherung

Bakteriell bedingte Flossendeformation   Bakterielle Bauchwassersucht

infektiös. Eine möglichst frühzeitige Isolation eventuell befallener Exemplare ist daher dringend zu empfehlen. Für die Therapie haben sich acryflavinhaltige Mittel relativ gut bewährt.

Pilze

Pilze der verschiedensten Arten spielen im Stoffkreislauf des südamerikanischen Regenwaldes und seiner Gewässer eine wichtige Rolle. Sie sind die entscheidenden Zersetzer in den nahrungsarmen Stoffkreisläufen der Gewässer und werden von einer Vielzahl von Fischen verzehrt. Auch in der Nahrung von *Apistogramma* sind sie nachgewiesen. Häufig kommt es im Bereich kleinster Verletzungen, z.B. nach Revierkämpfen, auch zur Besiedlung des Fischkörpers. Innerhalb kürzester Zeit durchzieht der Pilz große Teile des Körpers, um anschließend im Bereich der Infektionsstelle einen Fruchtkörper zu bilden, der von außen meist gut sichtbar ist. Meist ist eine Pilzinfektion für Kleinfische, zu denen *Apistogramma* zweifelsohne gehören, bereits zu diesem Zeitpunk tödlich. Nur wenige, meist sehr große Individuen können solche Infektionen längere Zeit überleben.

Es soll hier besonders hervorgehoben werden, daß solche Pilzinfektionen sowohl im Freiland, als auch im Aquarium auftreten können. Der Unterschied besteht dabei lediglich darin, daß die Frequenz, mit der Verpilzungen im Freiland nachzuweisen sind, erheblich niedriger ist, als in der Gefangenschaft (eigene Feststellungen). Ursächlich ist anzunehmen, daß in der Aquarienhaltung durch ein meist zu geringes Raumangebot deutlich erhöhter Dis-Streß für die Fische vorliegt. Außerdem dürfte die Infektionswahrscheinlichkeit durch die Beschränkung des Wasserkörpers um einiges höher liegen, als im Freiland, wo während der meisten Zeit des Jahres ein riesiger Wasserkörper eine extreme Verdünnung infektiöser Parasitenstadien mit sich bringen dürfte.

Dies ändert sich allerdings im Jahreslauf, wenn der Wasserkörper, wie bereits beschrieben, auf ein Bruchteil seines Hochwasserausmaßes zusammenschrumpft. Hier können Fischdichten angetroffen werden, wie sie auch in dicht besetzten Aquarien erreicht werden. Tatsächlich ist dann die Rate der mit Parasiten, darunter auch Verpilzungen, gefangenen Zwergbuntbarsche, aber auch der Salmler signifikant höher, als bei Hochwasser, was die zuvor geäußerte Hypothese zur Infektionswahrscheinlichkeit stützt.

Eingekapselte Metacercarien bei *"Nannacara" adoketa* aus dem Rio Uaupés

Die wahrscheinlich bekanntesten Vertreter der parasitischen Pilze dürften die Arten der Gattung *Ichthyosporidium* (früher *Ichtyophonus*) darstellen. Sie verursachen unter anderm die berüchtigte Drehkrankheit der Bachforelle (*Salmo trutta* L.) und der Aquarienfische, die bisher als nicht heilbar gilt. Infektionen mit *Ichthyosporidium*, die sich zunächst durch blutig unterlaufene Stellen und Geschwüre in allen Körperregionen, das typische "Taumeln", später auch Abmagerung, Flossenverluste und im letzten Stadium Schuppensträube äußern, sind bei Aquarienfischen der Gattungen *Apistogramma* und *Apistogrammoides* relativ häufig, treten bei Vertretern der anderen südamerikanischen Zwergbuntbarsch-Gattungen aber ebenfalls auf, wenn auch scheinbar wesentlich seltener.

Es besteht im Aquarium kaum eine Möglichkeit, einen mit Pilzen infizierten Zwergbuntbarsch nachhaltig zu therapieren. In der Regel verlaufen die Infektionen auch bei Einsatz von Medikamenten in kürzester Zeit tödlich. Nur sehr frühe Infektionsstadien sind bisher halbwegs effektiv zu behandeln. Behandelte Fische sterben allerdings im Vergleich zu vorher nicht auffälligen Exemplaren später überdurchschnittlich häufig an erneuten Pilzinfektionen. Somit ist anzunehmen, daß keine wirklich nachhaltige Heilung, sondern lediglich eine Linderung oder Unterdrückung der Symptome durch die verwendeten Medikamente eintritt, wie dies häufig auch bei Hautpilzen der Säugetiere zu beobachten ist. In der aquaristischen Praxis hat sich daher die sofortige Isolierung, besser die dauerhafte Entfernung (Tötung) befallener Fische zur Verhinderung epidemischer Weiterinfektionen am besten bewährt.

Einzeller

Parasitische Einzeller sollen hier nicht eingehender vorgestellt werden, da über sie ausführliche Literatur verfügbar ist. Sie spielen im Freiland und besonders im Aquarium für Zwergbuntbarsche eine wichtige Rolle. Am bekanntesten dürften *Ichthyophthyrius multifiliis* und verschiedene "Hauttrüber" sein. Gegen diesen relativ leicht erkennbaren Schmarotzer existieren eine ganze Reihe zuverlässiger handelsüblicher Medikamente. Bei Zwergbuntbarschen spielen parasitische Einzeller nach meiner Erfahrung heutzutage allerdings kaum eine Rolle. Häufig traten früher aber Infektionen mit der Fischtuberkulose bei Tieren auf, die über bestimmte Groß- und Einzelhandelswege verbreitet wurden. Seit einigen Jahren (etwa ab 1991) reagieren die Kunden auf solche Befunde allerdings offenkundig sensibler und die Zahl der infiziert in den Handel gelangenden Tiere sinkt seither nach meinen Erfahrungen. Für Zwergbuntbarsche, insbesondere *Apistogramma*, mit positivem Fischtuberkulosebefund bestehen keine realistischen Heilungsaussichten, weshalb ich solche Exemplare stets zur eingehenden mikroskopischen Untersuchung konserviere. Nach allgemeiner Erfahrung ist eine Bekämpfung der Fischtuberkulose am lebenden Fisch ohnehin nicht möglich. Verbleiben infizierte oder gar erkrankte Individuen im Aquarium, besteht ständig die akute Gefahr einer Infizierung des gesamten Bestandes, nach meiner Erfahrung selbst bei Haltung in Quarantänebecken (Tröpfcheninfektion).

Würmer

Wurmparasiten spielen auch für Zwergbuntbarsche eine bedeutende Rolle. Bemerkenswert ist aber, daß nur selten über Wurmparasiten bei kleinen Cichliden berichtet wird. Ich hatte Gelegenheit, wiederholt Tiere von *A. gibbiceps*, *A. mendezi*, *A. paucisquamis* und *A. uaupesi* aus dem Rio Negro-Gebiet im Aquarium zu pflegen, die von verschiedenen Bandwürmern befallen waren. Unter den Fänglingen befanden sich durchschnittlich etwa zwei Prozent befallene Individuen. Bei guter Fütterung verloren diese Tiere die Parasiten auch ohne Medikamenteneinsatz meist innerhalb weniger Tage. Bandwürmer sind allgemein als typische Schwächeparasiten anzusehen, die das Immunsystem der befallenen Wirte bei Verbesserung der körperlichen Verfassung normalerweise bewältigen kann. Der Einsatz von Wurmmitteln, wie er in der Literatur immer wieder für verschiedene Aquarienfische empfohlen wird, ist bei Zwergbuntbarschen der Gattung *Apistogramma* generell nicht ratsam, da die Fische allgemein sehr empfindlich auf diese Mittel reagieren: Die Verluste sind bei Einsatz von Medikamenten meist wesentlich höher als unter konsequenter Quarantäne bei optimaler Futterversorgung. Medikamentierungen empfehlen sich daher nur bei sehr selten auftretendem Massenbefall des gesamten Bestandes.

Bei Hakenwürmern, die bei *Apistogramma* nur selten bei Nachzuchten und über längere Zeit im Großhandel gehaltenen Tieren auftreten, sind Behandlungen meist aussichtslos, da die Dosis für die toxische Wirkung auf diese Zwergcichliden niedriger liegt als die therapeutisch wirksame Dosis. Das gleiche gilt für den Befall mit anderen Wurmparasiten, beispielsweise den schwer diagnostizierbaren Nematoden, der bei den *Apistogramma*-Arten kaum zu behandeln sind. Nach meinen Erfahrungen kann ich betroffenen Aquarianern nur die dauernde strenge Isolation oder die tierschutzgerechte Tötung betroffener Exemplare empfehlen, da nur so eine Durchseuchung des gesamten Bestandes auf die Dauer zu verhindern ist.

Krebstiere

Zu den sowohl wissenschaftlich als auch aquaristisch wenig bekannten Parasiten von Fischen gehören Vertreter der Crustacea (Krebstiere) und Isopoden (Gleichfüßer), von denen in der europäischen Teichwirtschaft den Karpfenläusen (*Argulus*) eine gewisse Bedeutung zukommt.

Für südamerikanische Buntbarsche liegen bisher nur wenige Berichte über Funde von Parasiten aus der Gruppe der Isopoden vor. WARZEL berichtete mir über den Fund einer endoparasitischen Art, wahrscheinlich eine Assel, in einem größeren *Crenicichla*, der sich in die

Bauchhöhle eingegraben hatte, wobei sich seine Kiemenblättchen noch außerhalb der Leibeshöhle befanden.

Eine andere Form der Parasitierung durch Asseln, die nur in der Neotropis das Süßwasser als Lebensraum erobern konnten, konnte ich selbst erstmals bei *Apistogramma elizabethae* feststellen. Da über fischparasitische Asseln insgesamt wenig bekannt ist, sollen meine Beobachtungen aus dem Aquarium an dieser Stelle ausführlicher vorgestellt werden.

In der Kiemenhöhle eines männlichen, im März 1994 bei Taraquá im mittleren Rio Uaupés gefangenen *A. elizabethae* wurde erstmalig ein etwa sechs Millimeter langes Exemplar einer Assel (Isopoda: Cymothoidae (?)) festgestellt. Bei der genauen Kontrolle der übrigen Fänglinge vom gleichen Fangplatz tauchten zwei weitere, etwa vier Millimeter lange Exemplare bei der gleichen Wirtsart auf. Dieser Umstand ist bemerkenswert, weil bisher nur im südlichen Südamerika an Fischen parasitierende Asseln im Süßwasser nachgewiesen worden sind. Sie leben üblicherweise auf großen bis sehr großen Salmlern und wurden erstmals bei einer kleinen Wirtsart festgestellt. Zwei weitere Asseln, wohl der gleichen Gattung, wurden im Oktober 1994 mit Marmor-Beilbäuchen (*Carnegiella strigata*) und im Juli 1996 mit Roten Neonfischen (*Paracheirodon axelrodi*) eingeführt. In einem Beitrag von GUTJAHR (1996) wird auf zwei Abbildungen ebenfalls ein Isopode auf seinem Wirt, einem im unteren Rio Negro-Gebiet gefangenen *Cichla monoculus* dargestellt, der im Beitrag aufgrund der Bildunterschriften irrtümlich den Karpfenläusen (Branchiura) zugerechnet wird.

Die Asseln ernähren sich nach bisher vorliegenden Beobachtungen stechend-saugend, wobei sie sich mit den Klauen-Füßen hervorragend an jeder denkbaren Stelle des Fischkörpers festhalten können. Sie sind aber auch ausgezeichnet in der Lage, frei umher zu schwimmen (zum Beispiel nach Verlassen eines gestorbenen Wirtes). Bevorzugt kriechen die Asseln von hinten unter den Kiemendeckel der angeschwommenen Wirtsfische, die sofort nach Kontakt mit den Isopoden ziellos umherschießend versuchen, die Parasiten abzustreifen. Dies gelingt in der Regel nur, wenn weniger als zehn Sekunden nach dem Erstkontakt ein entsprechendes Hindernis erreichbar ist, an dem der Aufsitzer abgestreift werden kann. Sofort nach Kontakt mit dem potentiellen Wirt krabbelt die Assel auf die Körperunterseite in Höhe der Afterflosse. Nachdem sich der neue Wirt wieder einigerma-

Im Kehlbereich von *Apistogramma agassizii* ♂ festgesaugtes Assel-♀, Rio Uaupés

Parasitische Assel an Guppy

Parasitische Assel (Rückenansicht)

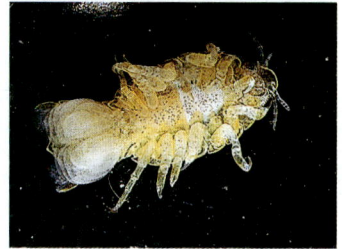

Parasitische Assel (Bauchansicht)

ßen beruhigt hat, was meist nur wenige Minuten dauert, krabbelt die Assel vorwärts an der Bauchunterseite in Richtung Kopf, wo sie sich anschließend im Kehlbereich einige Minuten lang aufhält. Anschließend bewegt sie sich seitlich krabbelnd auf die Kiemendeckelöffnung zu, in die sie innerhalb weniger Sekunden eindringt, sofern sie über die erforderliche Breite verfügt. Einige Minuten lang ist noch deutliches Hin- und Herrutschen der Assel unter dem Kiemendeckel zu erkennen, dann sitzt sie in der Regel still. Nur die Kiemenblättchen ragen noch unter dem Hinterkiemendeckel hervor. Bei kleinen Wirtsfischen, wie z.B. *Apistogramma*, sind oft deutlich abstehende Kiemendeckel und erkennbare Atembehinderungen die Folge der Parasitierung. Ist der Wirt für ein Eindringen in den Kiemenraum zu klein, krabbelt die Assel normalerweise zurück in die Nähe der Afterflosse und beginnt dort zu saugen. An zur Beobachtung als "Ersatz-Wirt" eingesetzten Guppy-Weibchen (*Poecilia* (*Lebistes*) *reticulata* PETERS, 1859), deren Kiemenspalte für ein Eindringen der Asseln offenbar zu klein ist, konnte deutlich die Einstichstelle der Mundwerkzeuge festgestellt werden.

An Guppy-Weibchen (Männchen sind wegen ihrer zu geringen Größe ungeeignet) konnte auch der weitere Verlauf der Parasitierung beobachtet werden. Ist eine Einstichstelle ausgewählt, verharrt die Assel oft tage- oder gar wochenlang unbeweglich an diesem Ort. Normalerweise wird der Wirt erst in dem Moment verlassen, in dem er stirbt. Allerdings gibt es eine Ausnahme von diesem Verhalten: Wenn der von der Assel parasitierte Fisch von einer zweiten Assel angeschwommen worden ist, verläßt die erste ihren Platz, und verfolgt den Neuankömmling. Die Revierbesitzerin nähert sich dem Eindringling von der Seite und drängelt diesen meist seitlich, nach oben oder nach hinten ab. Diese wohl als Territorialauseinandersetzung zu wertende Verhaltensweise dauert meist ein bis zwei Stunden. Danach sitzt eine der Asseln, in allen beobachteten Fällen die größere, im Bereich der Afterflosse oder der Kehle, während sich die Zweite auf dem Schwanzstiel niederläßt. Im Verlaufe der nächsten vier bis zehn Wochen wächst nun eine der Asseln (die auf dem Körper sitzende) zu einem Weibchen mit der stattlichen Größe von immerhin zwölf Millimetern heran, während die zweite, männliche, die ursprüngliche Körpergröße beibehält. Das Paarungs- und Fortpflanzungsverhalten konnte nicht beobachtet werden, doch fanden sich nach etwa weiteren zehn Wochen vier etwa drei Millimeter kleine Asseln im Aquarium, offenbar Nachkommen des beobachteten Paares.

Brennende Urwaldbäume am mittleren Rio Negro bei Nacht.

Gefährdungen im Rio Negro-Gebiet

Gefährdungen der Regenwaldareale sind ein heute globales Problem. An einigen Beispielen sollen die Probleme hier kurz dargestellt werden. Eine Regenwaldgefährdung um den Rio Negro und seine Nebenflüsse mit Ausnahme des Rio Branco besteht durch kommerziellen Holzeinschlag im Gegensatz zu den meisten anderen Primärwaldgebieten Südamerikas zur Zeit noch nicht. Nicht zuletzt die mangelhafte Infrastruktur ist für diesen Zustand verantwortlich. Leider ist eine Holznutzung für die Zukunft aber nicht auszuschließen, obwohl entlang des Rio Negro einige der größten Wald- und Indianerschutzgebiete Brasiliens zu finden sind.

In der Nähe von Siedlungsstellen und Ortschaften ist eine starke Beeinträchtigung des Primärwaldes festzustellen. Durch Brandrodung werden auch am Rio Negro Regenwaldflächen vernichtet. Diese Waldvernichtung hat aber bei weitem noch nicht die bedrohlichen Ausmaße angenommen wie in Gebieten südlich des Amazonas. Dies dürfte auch in näherer Zukunft ähnlich bleiben, denn die demoskopische Entwicklung in den noch weitgehend unbeeinflußten Waldgebieten ist nach wie vor negativ: der Rückgang der indigenen Bevölkerung am Rio Negro hält an.

In der Nähe der Siedlungen Amazoniens treten oft massive Beeinträchtigungen der Gewässer durch häusliche Abwässer und Fäkalien auf, da praktisch kein Ort über eine Kläranlage verfügt. Sie werden vielmehr, oft noch oberirdisch offen, direkt in das nächste Gewässer eingeleitet, das für den Abtransport zu sorgen hat. Bei kleinen Orten ist diese Belastung der Gewässer relativ gering einzustufen, im Falle großer Städte, wie zum Beispiel der 3,5-Millionen Stadt Manaus führt dies zu erheblichen Störungen des Gewässersystems. Die kleineren im Stadtbereich von Manaus verlaufenden Bachläufe sind wie der San Raimúndo praktisch biologisch tot, wenn man von den an wenigen Stellen anzutreffenden besonders anpassungsfähigen Guppies (*Poecilia reticulata*) absieht.

In kleineren Orten lassen sich auch Gewässerbeeinträchtigungen durch die Maniokverarbeitung nachweisen. Der Rio Salgado, die Typuslokalität von *Apistogramma mendezi,* ist beispielsweise durch die Maniokverarbeitung schwer geschädigt. Auch der Anbau hat in diesem Bereich zu einer ganz erheblichen Veränderung der Gewässerökologie beigetragen (RÖMER 1993). Durch umfangreiche Abholzungen zur Landgewinnung für den Maniokanbau hat sich der Beschattungsgrad des Baches verändert. Seine Temperatur ist im betroffenen Bereich deutlich angestiegen. Da in der Umgebung die schützende Pflanzendecke fehlt, wird bei jedem Regenschauer Sediment (vor allem feiner Sand) in den Bachlauf gespült, wo es den kiesigen Untergrund im März 1994 praktisch vollständig überdeckte. Eine weitere schwere Beeinträchtigung für den Rio Salgado steht zu erwarten, wenn wie geplant in der derzeit an seinem Ufer betriebenen Sandgrube eine Mülldeponie für den zwischenzeitlich etwa 10.000 Einwohner zählenden Ort Barcelos eingerichtet wird. Es bleibt zu hoffen, daß lokale Bemühungen diese Deponie an einem anderen, etwas weiter vom Gewässer entfernten, geeigneteren Orte anzulegen, erfolgreich sind.

Die bis zu Beginn der 90er Jahre bestehende besondere Belastung der Rio Negro-Region durch von Goldsuchern in die Umwelt eingebrachtes Quecksilber besteht wahrscheinlich in der massiven Form nicht mehr. Durch drastische Steuererhebungen auf den Verkauf von Quecksilber haben die brasilianischen Behörden den Preis für dieses Metall derartig erhöht, daß der Absatz stark rückläufig ist. Überdies verwenden die Gerimperos (Goldsucher) neuerdings Rückgewinnungsanlagen, in denen das Quecksilber vom Amalgam abgedampft werden kann. Es gelangen so nur noch vergleichsweise winzige Mengen dieses Umweltgiftes in den Naturhaushalt, wobei selbst diese natürlich noch zu erheblichen Gefährdungen für Mensch und Umwelt führen. Dadurch ist eine gewisse Entlastung eingetreten. Immerhin hielten sich aber Anfang 1994 noch mehr als 5.000 Goldsucher im unmittelbar an Brasilien angrenzenden kolumbianischen Einzugsbereich des Rio Tiquié auf, einem Zulauf des Rio Uaupés.

Mit der Ansiedlung von Menschen in Amazonien nimmt auch die Gefährdung durch Überfischung der Gewässer zu. In einigen südlichen Teilen Brasiliens, etwa im Einzugsgebiet des Pantanal, sind bereits heute besondere Genehmigungen für den Fischfang selbst für die dort lebende Bevölkerung erforderlich, deren Auflagen-Einhaltung streng überwacht wird, während in weiten Teilen Amazoniens solch rigorose Maßnahmen bisher nicht erforderlich waren. Doch auch im mittleren Amazonas macht sich bereits der über lange Zeit hemmungslos erfolgte Einsatz von Stell- und sogar Schleppnetzen für den Fang wandernder Großfische negativ bemerkbar. Allgemein bekannt ist der Niedergang der Bestände des Riesen-Arapaima (*Arapaima gigas*), der einst überall häufig im Bereich der Überschwemmungswälder anzutreffen war, heute aber bereits so selten ist, daß er unter den besonderen Schutz des Washingtoner Artenschutzübereinkommens gestellt werden mußte. Ob diese Maßnahme tatsächlich zum Erhalt dieses größten südamerikanischen Süßwasserfisches beitragen kann, sei dahingestellt.

Seit einigen Jahren wird auch ein möglicher negativer Einfluß des kommerziellen Zierfischfanges auf die Kleinfischbestände im Rio Negro-Gebiet diskutiert. In der aquaristischen Literatur wurde bis Mitte der 90er Jahre von verschiedenen Autoren immer wieder die stereotype Behauptung aufgestellt es gebe keine negativen Folgen des Zierfischfanges, obwohl keine Untersuchungen zu dieser Frage vorlagen. Dr. CHAO stellte jedoch klar hervor, daß vor allem beim Roten Neon (*Paracheirodon axelrodi*), aber auch bei den meisten anderen Kleinfischen Bestandsrückgänge möglich sind. Ähnliche Ergebnisse brachten auch von mir 1992 und 1994 durchgeführte, auf einem Workshop zur Gefährdung tropischer Süßwasserfische 1994 in Bonn vorgestellte Befragungen von Zierfischfängern. Das Resultat überrascht nicht, da Naturentnahmen von Tieren oder Pflanzen ohne Folgen für den Naturhaushalt schon aus theoretischen Überlegungen nicht denkbar sind. Welches Ausmaß die Folgen der Naturentnahmen für die Aquaristik auf den Naturhaushalt tatsächlich haben, läßt sich hoffentlich bald durch die umfangreichen Untersuchungen im Projekt Piaba (siehe dort) klären. Für die Finanzierung dieser Untersuchungen wäre eine Einbeziehung des Handels und der Verbraucher (Aquarianer) ein wünschenswerter und wahrscheinlich gangbarer Weg.

Schutzaspekte

Angesichts der massiven Ansprüche der Menschen sowohl in Südamerika, als auch in den stärker industrialisierten Weltregionen, vor allem aber der USA, Japans und Westeuropas an die Ressourcen des Primärwaldes stellt sich die Frage, welche Möglichkeiten zum Erhalt der Artengemeinschaften der von den hier behandelten Buntbarschen bewohnten südamerikanischen Gewässer und Ökosysteme insgesamt, für die sie hier ja nur stellvertretend zu sehen sind, in der Zukunft überhaupt bestehen.

Eine wesentliche Säule im Kampf von Naturschutzorganisationen für den Schutz der Natur war und ist die Information der Öffentlichkeit über die Gefahrenquellen, aber auch in essentieller Weise die Vertiefung der Kenntnisse über die Biologie der betroffenen Arten und Artengemeinschaften. Dafür ist eine intensive Forschungstätigkeit auf allgemeinbiologischem Gebiet zwingend erforderlich.

Einerseits bedeutet dies, bezogen auf die aquatischen Ökosysteme Südamerikas, daß zunächst die noch in weiten Teilen fehlende Erfassung und Inventarisierung des existierenden Artenbestandes - wenn möglich noch erheblich intensiver als heute - weiter fortgesetzt werden muß. Diese Aufgabe ist dem Grunde nach derzeit nur von den großen Museen leistbar, die über eine ausreichend große ichthyologische Abteilung mit dem notwendigen finanziellen und personellen Rahmen verfügen. Dies bedeutet auch, daß weitere finanzielle Kürzungen der Museumsetats, wie sie z.B. das British Museum for Natural History und andere in der jüngeren Vergangenheit haben hinnehmen müssen, als ernste Gefährdung von globalen Naturschutzbestrebungen zu werten sind, wenn auch von vielen Naturschutzbegeisterten der Sinn von Aufsammlungen zu musealen Zwecken weniger von der hier dargestellten Seite betrachtet wird. Tatsächlich bedeutet die Entnahme von einigen Exemplaren einer Tierart zur Archivierung und Bestimmung durch Spezialisten in den Museen - vor allem wenn sie aus tropischen Ökosystemen stammen - oftmals den ersten Hinweis auf ihre Existenz überhaupt. Auf diesem Hintergrund ist die damit verbundene Entnahme (meist = Tötung) aus Tier- und Naturschutzsicht wohl verantwortbar. Andererseits sind insbesondere Angaben zur Ökologie der Arten, der sie in ihrer natürlichen Umwelt beeinflussenden biotischen und abiotischen Faktoren, für die Beurteilung der Lebens- und Bedrohungssituation sowie für die eventuell nachfolgende Entwicklung von Schutzkonzepten von essentieller Bedeutung. Daher sind auch Freilandarbeiten, die über die reine Aufsammlung von Museumsmaterial hinausgehen, von größter Bedeutung. Derzeit beschäftigen sich nur vergleichsweise wenige Einrichtungen mit solchen Studien, wobei hervorgehoben werden muß, daß diese sich im wesentlichen auf die im Rahmen der Nahrungsmittelerzeugung nutzbaren Artengruppen beziehen. Unter diesem Aspekt ist es besonders erfreulich, daß in den letzten Jahren die Zahl der südamerikanischen Biologen, insbesondere der ichthyologisch tätigen, erfreulich gestiegen ist.

Der Versuch der Entwicklung tragfähiger nachhaltiger Nutzungskonzepte für die Tropenwaldregionen, aber auch alle anderen naturschutzwürdigen Gebiete - dürfte der für die Zukunft dieser empfindlichen Bereiche auf Dauer einzig sinnvolle Weg sein. Die Vergangenheit hat gezeigt, daß z.B. die im Zusammenhang mit der - vor allem im praktisch "urwaldfreien" Westeuropa aufgestellten - Forderung nach dem Erhalt der tropischen Regenwälder immer wieder geforderten und durchgeführten Boykotte von Tropenholz-produkten für den Erhalt der betroffenen Flächen zumindest dauerhaft keine Wirkung gezeigt haben. Sie haben aber deutlich gemacht, daß zwischenzeitlich ein breites Bewußtsein für Fragen des Erhaltes einer menschenwürdigen Umwelt vorhanden ist. Die Boykotte haben im Gegensatz zum beabsichtigten Ziel in den meisten Fällen nicht die großen Holzkonzerne getroffen, die zur Holzbeschaffung im Zweifels-fall auf irgendeine andere, gerade nicht vom Boykott überzogene Region, etwa die großen borrelen Nadelwälder, ausweichen können, sondern die schwache Wirtschaft der meist ohnehin stark verschulde-ten Herkunftsländer. Die Folge ist in der Regel ein zunehmender Druck der Bevölkerung auf die Waldgebiete, um der - teilweise auch aus Boykottmaßnahmen resultierenden - zunehmenden Verelendung in den dichter besiedelten Regionen zu entkommen. Boykotte wie sie bisher von verschiedenen Organisationen zur Durchsetzung ihrer Forderungen nach dem Schutz bestimmter Naturbereiche in den sogenannten "unterentwickelten" Regionen in Südamerika initiiert worden sind, haben meist die tatsächlichen Bedürfnisse der lokalen Bevölkerung außer acht gelassen. Wirkungsvoller wäre hier sicher die Unterstützung der Forderung an die Politik nach finanziellen Mitteln für die ökologische Forschung und die Entwicklung nachhaltiger Nutzungs-konzepte in Zusammenarbeit mit Instituten und Betroffenen in den Zielländern.

Besondere Bedeutung kommt in den meisten Fällen auch der Unter-stützung der Indianerbewegungen in den Tropenwaldregionen zu. Die Indigena benötigen für ein zivilisationsunabhängiges Überleben mög-lichst große, zusammenhängende und weitestgehend durch die weiße Zivilisation ungestörte Gebiete. In vielen Ländern Südamerikas sind daher für die lokalen Stämme Schutzgebiete eingerichtet worden. Wie schwierig jedoch deren Situation ist, zeigt das Beispiel der Tucáno im Gebiet des Rio Uaupés, in dem nicht nur von illegalen Goldsuchern, sondern selbst von seiten mancher Politiker und Militärs auf unter-schiedlichste Art versucht wird, die Durchsetzung und Einhaltung der Schutzgebietsgesetze zu unterlaufen. Diese Bestrebungen, deren Hintergrund im wesentlichen wirtschaftliche Interessen im Zusammenhang mit Funden von Bodenschätzen darstellen, sind zum Teil so massiv, daß Menschenrechtsorganisationen seit mehreren Jahren nach Übergriffen auf Dörfer der Tucáno am Rio Uaupés und Rio Tiquié, die Entsendung von aus den USA und Westeuropa stammenden Beobachtern in diese Region organisiert. Eine Unterstützung des indianischen Widerstandes gegen die Verkleinerung, Zerstückelung und Zerstörung ihrer Stammesgebiete ist daher ebenfalls als eine mögliche wirkungsvolle Möglichkeit zum Schutz der Tropenwälder Amazoniens anzusehen.

Die Ausweisung "menschenfreier" Naturschutzgebiete ist hingegen wohl nur in Ausnahmefällen sinnvoll, nämlich dann, wenn es sich um besonders störanfällige Bereiche handelt, in denen z.B. Endemiten mit extrem kleinem Verbreitungsgebiet leben.

Ausblick

Bei Drucklegung des Buches hat sich die Zahl der bekannten Arten der Gattung *Apistogramma* sicher schon wieder so vergrößert, daß die Bearbeitung einer weiteren Auflage notwendig sein wird. Mit jeder neu eingeführten Art verändern sich die Vorstellungen über die verwandtschaftlichen Verhältnisse innerhalb der Gattung, indem Lücken geschlossen werden, oder entwicklungsbiologisch bemerkenswerte Formen (wie z.B. *A. elizabethae*) auftauchen, die uns die Evolutionswege innerhalb dieser aufsehenerregenden Gattung deutlich machen.

Auch dem aufmerksamen und verantwortungsbewußten Aquarianer bieten sich ausgedehnte Möglichkeiten, bei der Aufklärung der Biologie der zweitgrößten Cichlidengattung Südamerikas mitzuwirken. Genaue Beobachtung und Aufzeichnung des Beobachteten, in manchen Fällen auch fotografische Dokumentation und eventuell Konservierung gestorbener Tiere sowie deren sorgfältige Auswertung und Publikation sind das Fundament, auf dem eine umfassende Vorstellung über die Naturgeschichte der Gattung *Apistogramma* entstehen kann. Die nächsten Jahre werden für diesen Prozeß von entscheidender Bedeutung sein.

Sie werden aber auch darüber entscheiden, ob der Erhalt und die Erforschung oder die Vernichtung der Regenwaldgebiete Südamerikas für den Menschen höhere Bedeutung hat. Viele Ökologen, Naturschutzinteressierte, aber auch Indigena und Indianerschutzorganisationen sehen die Zukunft der Regenwälder Südamerikas -

aber auch anderer Weltregionen - pessimistisch. Mit jedem Erkenntniszuwachs über die Organismen dieser Region - und dazu gehören in vorderster Linie auch Fische - steigen möglicherweise die Chancen für ihren zumindest teilweisen Erhalt. Die verantwortungsbewußte und intensiv forschende Beschäftigung mit den Buntbarschen, aber auch anderen Fischgattungen aus den Gewässern der Regenwälder der Neotropis kann und muß also auch als ein aktiver Beitrag zu deren Erhalt angesehen werden. Das Projekt Piaba kann dafür als ein recht gelungenes Beispiel angesehen werden.

Geierschildkröten auf dem Markt

Goldsuche am Rio Negro

Ficus-Wurzeln im Schwarzwasser: Versteck für Kleinfische

Aras (hier *Ara ararauna*) sind auch heute noch am Rio Negro häufig zu beobachten.

Das Projekt "Piaba": Ein Modell für den Zierfischfang

Südamerika gehört, abgesehen von den Ballungszentren, auch heute noch zu den am dünnsten besiedelten Regionen der Erde. Die Bevölkerung der Neotropis konzentriert sich überwiegend in den küstennahen Mega-Metropolen des Subkontinentes. Diese Gebiete leiden unter allen bekannten, durch die Zivilisation verursachten ökologischen Problemen. Durch den in diesen Bereichen besonders hohen Bevölkerungsdruck werden auch die letzten Reste der freien Landschaft vielfältig wirtschaftlich genutzt.

Große Teile Amazoniens sind dagegen auch heute noch von ursprünglichem, in weiten Teilen unerforschtem Regenwald bedeckt, dessen Zerstörung mit immer größerer Geschwindigkeit voranschreitet. Der steigende Holzverbrauch der Industriestaaten und der mangelhafte Schutz der global bedeutenden Waldgebiete Südamerikas bilden die Grundlage für die rücksichtslosen Verwüstungskahlschläge vor allem asiatischer, aber auch nordamerikanischer und europäischer Holz- und Papierkonzerne.

Mit dem abgeholzten Wald verschwinden unzählige Pflanzen- und Tierarten, es stirbt das gesamte Ökosystem und mit ihm die ursprünglich dort beheimateten Menschen. Die Indianervölker Amazoniens sind die großen Verlierer des Raubbaus an der Natur, da ihnen ihre gesamte Lebensgrundlage entzogen wird. Ihren politischen und wirtschaftlichen Kampf um die Erhaltung ihrer Stammesgebiete zu unterstützen, ist eine der wichtigsten Aufgaben von Menschenrechtsorganisationen und des weltweiten Naturschutzes, da sie die beste Gewähr für den Erhalt der von ihnen genutzten Ökosysteme bieten. Menschenrechtsorganisationen wie die dänische Gruppe NEPHENTES und ökologisch orientierte Naturschutzorganisationen wie ARA, URGEWALD oder der WORLD WIDE FUND FOR NATURE sind seit langem mit diesem Ziel tätig.

Die naturnutzenden Liebhaberkreise, beispielsweise Vogelhalterverbände, herpetologische oder auch aquaristische Vereinigungen sind diesbezüglich dagegen bisher praktisch nicht in Erscheinung getreten. Erste Ansätze eines praktischen Engagements zum Erhalt tropischer Ökosysteme zeigen sich seit einigen Jahren durch die Zusammenarbeit von Wissenschaftlern, Nutzern und Liebhabern, beispielsweise bei den Versuchen zur Erhaltung mancher Großpapageien oder der Erforschung des Rio Negro-Flußsystems im

"PROJEKT PIABA", welches in diesem Abschnitt kurz umrissen werden soll. Der bedeutendste Ort im Zentrum Amazoniens ist die 3-Millionenstadt Manaus. Während des Gummibooms um die Jahrhundertwende eine der reichsten Städte der Welt, ist sie heute in Teilen zu einem der Armenhäuser Brasiliens verkommen. Die Errichtung einer zollfreien Freihandelszone in den 70er Jahren hat den wirtschaftlichen Verfall der Stadt, die nach Schätzungen etwa 95 Prozent der Bewohner des Staates Amazonas beherbergt, nur vorübergehend aufhalten können. Seit jeher war Manaus der bedeutendste Umschlagplatz für Zierfische in Südamerika, obwohl der Metropole heute beispielsweise in Belém, Bogota, Iquitos, Recífe, Rio de Janéiro, um nur einige wenige zu nennen, bedeutende Konkurrenten um die Gunst der Kunden in Europa, Nordamerika und Japan erwachsen sind.

Von Manaus aus, das mit großen Hochsee-Containerschiffen erreichbar ist, werden praktisch alle Siedlungen entlang des Rio Negro mit den notwendigen Gütern versorgt. Der Fluß stellt zu den meisten Niederlassungen den einzigen Verbindungsweg dar. Diese Verbindung besteht allerdings nicht während des ganzen Jahres, sondern wird durch die extremen Niedrigwasserstände während der Trockenzeit oftmals unterbrochen. Während flußaufwärts die benötigten Versorgungsgüter transportiert werden, gelangen auf dem Rückweg die Schätze des Rio Negro-Gebietes, vor allem auch die Zierfische (Piaba), zu den Großhändlern nach Manaus. Eine der wesentlichen Sammelstationen war von jeher Barcelos do Rio Negro, eine etwa 8.000 Seelen zählende Ortschaft rund 440 Kilometer oberhalb der Mündung des Rio Negro in den Solimoes. Hier werden heute die meisten Zierfische der Region, hauptsächlich Rote Neon, auf die Sammelschiffe der Großhändler aus Manaus umgeladen und in die Metropole geschafft, von wo aus sie per Luftfracht in alle Welt verschickt werden.

Lange Zeit war nicht bekannt, welche Mengen von Zierfischen aus dieser Region exportiert werden, da sich die Forschung an Fischen durch die lokalen Untersuchungseinrichtungen in Amazonien auf die im Sinne der Nahrungsmittelproduktion wirtschaftlich nutzbaren Arten beschränkte. Der an der Universität Manaus tätige Prof. Dr. Ning Labbish CHAO startete daher 1989 ein Forschungsprojekt, unter anderem mit dem Ziel, das gesamte ichthyologische Artenpotential des Rio Negro auf seine wirtschaftliche Nutzung und Nutzbarkeit zu studieren. Insbesondere die Erfassung der Zahl exportierter Fische war und ist eine der Hauptaufgaben der Projektmitarbeiter. Aus dieser Studie entstand das "PROJEKT PIABA", das sich besonders mit den Zierfischen am Rio Negro und den ökosozialen Folgen des Zierfischfanges beschäftigt. Seit wenigen Jahren wird in Barcelos do Rio Negro eine, mit Unterstützung der HERBERT-AXELROD-FOUNDATION erstausgestattete, wissenschaftliche Forschungsstation betrieben, die vergleichsweise komfortable Wohn- und Arbeitsplätze für Studenten und Gastforscher, aber auch reisende Aquarianer bereithält, die für einige Zeit aktiv im Projekt mitarbeiten wollen. Ähnlich wie in den Projekten der Arbeitsgruppe EARTHWATCH können Interessierte gegen einen angemessenen Kostenbeitrag als Helfer gemeinsam mit Studenten und Biologen aus Manaus an den Feldstudien teilnehmen. Der Reisende gewinnt so einen Eindruck von den noch weitgehend intakten Überschwemmungslandschaften am Rio Negro und leistet gleichzeitig einen wertvollen praktischen und finanziellen Beitrag zur Erforschung und Erhaltung dieses Flußökosystems. Die im "PROJEKT PIABA" erarbeiteten Daten dienen in erster Linie der Beurteilung des ökologischen Ist-Zustandes und seiner Belastbarkeit durch die Entnahme von Fischen. Durch intensives Monitoring der Artenzusammensetzung und Bestände können beispielsweise mögliche, durch Übernutzungen entstehende Schäden, im Sinne der Erhaltung einer nachhaltigen Nutzbarkeit der natürlichen Ressourcen, frühzeitig durch Fangmoratorien abgewendet werden. Ein wichtiger Teil der primär auf den Ressourcenerhalt abgestimmten Projektstrategie ist die Information der lokalen Bevölkerung und die Fortbildung der Zierfischfänger. Neben der Einrichtung eines öffentlich zugänglichen Aquariums, in dem verschiedene lokale Salmler und Zwergbuntbarsche ausgestellt sind, werden weitere bildende Maßnahmen durchgeführt. Beispielsweise erhalten Schulklassen regelmäßig Unterricht über den Zierfischfang und den Sinn von Artenschutzmaßnahmen. In Vorträgen und Einzelgesprächen werden auch die Zierfischfänger mit diesem Thema vertraut gemacht. Die Einführung eines alljährlich im Februar stattfindenen Zierfischfestivals in Barcelos schuf ein regelmäßiges offenes Forum, auf dem sich mittlerweile die meisten Fänger, Aufkäufer und Händler, aber auch etliche ausländische Aquarianer regelmäßig einfinden, um in der typisch brasilianisch entspannten Atmosphäre bei Bier, Musik und Tanz über Fische zu fachsimpeln.

Als eines der Ergebnisse des "PROJEKT PIABA" ist das gesamte Gebiet der Gemeinde Barcelos zwischenzeitlich durch den örtlichen Magistrat als

Heros spec. aus dem Rio Uaupés

Zierfisch-Schutzzone ausgewiesen, in der der Fang von Fischen einer besonderen Genehmigung bedarf und behördlich kontrolliert wird. Dr. CHAO bemühte sich erfolgreich, die Fanggenehmigung für die kommerziellen Fänger an eine Art von Altersversorgungssystem zu koppeln, um auch dem einzelnen Fänger wirtschaftliche Anreize zu bieten, die vorhandenen Bestände nicht zu übernutzen und relativ frühzeitig aus dem aktiven Fang der Tiere auszusteigen. Seit kurzem bemüht man sich im Projekt darum, auch Möglichkeiten zur Teichnachzucht verschiedener Kleinfische zu schaffen und die Wirtschaftlichkeit dieser Nutzungsform zu untersuchen. Die ersten Schritte zur Erreichung des hohen Zieles, eine dauerhaft ressourcenverträgliche Nutzung der Fischbestände zu erreichen, sind damit gemacht.

Die Arten der Gattung *Apistogramma* REGAN, 1913

Der folgende Teil dieses Buches soll dem geneigten Aquarianer, aber auch dem Wissenschaftler soweit möglich einen Überblick über den derzeitigen Bearbeitungsstand der einzelnen Formen der Gattung *Apistogramma* liefern. Dabei habe ich mich, in vorbildlicher und uneigennütziger Weise durch die Fotografen D. BORK, J. ELSÄSSER, J. GLASER, W. GUTEKUNST, A. HASSENEWERT, I. KOSLOWSKI, H.-J. MAYLAND, T. PLÖSCH, A. SCHNEIDER, W. STAECK, F. VAN VLIET, F. WARZEL, U. WERNER und W. WINDISCH unterstützt, darum bemüht, möglichst alle relevanten Stimmungen und Färbungsmuster der einzelnen Arten im Bild vorzustellen, da nur so eine sichere Identifizierung der <u>lebenden</u> Fische möglich ist. Ohne den überaus enthusiastischen Herausgeber H. A. BAENSCH, der nicht wie andere vor den mit meinem Konzept verbundenen enormen Lithographie- und Druckkosten zurückschreckte, wäre die Realisierung dieses Buches allerdings nicht möglich gewesen.

Apistogramma juruensis ♀, bei der Brutpflege, aggressiv gestimmt

Rio Uaupés bei Sao Paulo, einer kleinen Indianersiedlung

Apistogramma REGAN, 1913

Erstbeschreibung der Gattung: Fishes from the River Ucayali, Peru, collected by Mr. Monsey. Ann. Mag. nat. Hist. (8) 12: 282.

Synonyme: *Heterogramma* REGAN, 1906. (Ann. Mag. nat. Hist. (7) 17: 60.) *Pintoichthys* FOWLER, 1954. (Archos Zool. S. Paulo 9: 316 & 386 - 387.

Da die Beschreibung wie damals üblich außerordentlich kurz und überdies schwer zugänglich ist, soll hier im Zitat der 1913 unter der Überschrift "APISTOGRAMMA, nom. nov." erschienene Orginaltext REGANS wiedergegeben werden:

"The recently published second volume of the "Index Zoologicus" includes the generic name Heterogramma, Guenée, 1854. I therefore propose *Apistogramma* as a substitute for *Heterogramma*, Regan, 1906. This genus includes four species from the La Plata, *A. trifasciatum*, Eigenm. & Kennedy, 1903, *A. borellii*, Regan, 1906 (*H. ritense*, Haseman, 1911), *A. corumbae*, Regan, 1906, and *A. pleurotaenia*, Regan, 1909 (*H. borellii*, Haseman), two from Guiana, *A. steindachneri*, Regan, 1908, and *A. ortmanni*, Eigenm., 1912. There are perhaps four species known from the Amazon, viz., *A. amoenus*, Cope, 1872, *A. taeniatum*, Günth., 1862, *A. pertense*, Haseman, 1911, and *A. agassizii*, Steind., 1875."

Der Gattungsname *Apistogramma* mußte von REGAN also eingeführt werden, nachdem sich herausgestellt hatte, daß der zuvor gewählte Name bereits für die Käfergattung *Hetero-gramma* GUENÉE, 1854 vergeben war, also ein *Nomen praeoccupandum* darstellte. REGAN leitete den Namen offenbar aus dem Griechischen ab, ohne auf einen der zwei möglichen Wortursprünge hinzuweisen: (in Übersetzung) "Der kürzlich erschienene zweite Band des "Index Zoologicus" beinhaltet den Gattungsnamen *Heterogramma* Guenée, 1854. Ich schlage daher *Apistogramma* als Ersatz für *Heterogramma* REGAN, 1906 vor." Immer wieder kam es daher in der Vergangenheit zu Irritationen über die genaue Bedeutung und letztlich das Geschlecht des Gattungsnamens. KULLANDER (1980) klärte die Unklarheit in der Revision der brasilianischen Arten insofern, als er sich dem Problem auf logisch nachvollziehbare Weise näherte. Er stellte fest, daß der Name mit größter Sicherheit auf das feminine Wort zurückzuführen ist, eine Ansicht, die übrigens im Gegensatz zur Entscheidung der Internationalen Kommission für Zoologische Nomenklatur stand, die, auf den Neutrum-Begriff Bezug nehmend, für *Apistogramma* das neutrale Geschlecht festlegte.

Dazu KULLANDER: "In not explaining explicity the meaning of his names, Regan left us with a problem. There are two Greek words that can be latinised into gramma, γραμμα viz. γραμμη. The first is neuter and means letter, something written, or basic knowledge (cf. English words grammar, program), the second is feminine and means a stripe or a line. If the meaning is considered, there can be no doubt about which word Regan had in his mind. Meinken (in Holly et al.) explains *Apistogramma* as meaning "mit unzuverlässiger Seitenlinie", i. e. the feminine word is one sought, and it retains in gender after latinization. -a is also the common Latin feminine ending. The "gender problem" was first observed by Schmettkamp (1976), who noted that neuter endings to specific names were commonest in literature, but that also masculine (*amoenus*), and, mistakingly, feminine (*pleurotaenia*) occured."

KULLANDERS Argumentation ist (im Gegensatz zur Feststellung der Nomenklaturkommission) widerspruchsfrei, weshalb ich ihm in seiner Interpretation dieses Sachverhaltes folge und *Apistogramma* als Femininum betrachte.

Apistogramma agassizi ♂, rote Zuchtform

Apistogramma agassizii (Steindachner, 1875)

Buntschwanz-Zwergbuntbarsch

Erstbeschreibung: Beiträge zur Kenntnis der Chromiden des Amazonasstromes. Sitzungsberichte der Akademie der Wissenschaften Wien 1. Abth., 71: 111 - 115.
Die Beschreibung erfolgte unter der Bezeichnung *Geophagus (Mesops) agassizii.*

Etymologie: *agassizii* = Ein Dedikationsname zu Ehren von Professor L. R. L. Agassiz, der die Art auf seiner mehrjährigen Amazonienreise als erster sammelte und der Wissenschaft zugänglich machte.

Typusmaterial: Die genaue Anzahl der Typen ist zur Zeit nicht bekannt! Es werden nur die von Kullander (1980) genannten Syntypen aufgelistet, da bisher in vielen anderen Fällen noch keine Nachuntersuchung des Materials erfolgen konnte und nachweislich mehrere Vertreter anderer Arten darin enthalten sind (z.B. NHMW 23519 bis NHMW 23529 und NHMW 23552).

Lectotypus: Männchen, 39,3 mm SL (NHMW 23484), 1865 bis 1866 von Thayer Expedition gesammelt. Fundort war Manacapuru (3°16´S / 60°37´W) im Bundesstaat Amazonas, Brasilien.

Paralectotypen: Alle hier aufgeführten Stücke wurden 1865 bis 1866 von der Thayer Expedition gesammelt. Drei Weibchen, 14,0 mm SL bis 19,2 mm SL (?MCZ 16029), bei Óbidos (01°52´S / 55°30´W), Bundesstaat Pará, Brasilien, gesammelt. Drei Männchen, 30,7 mm SL bis 34,7 mm SL (NHMW 23446 bis NHMW 23448), im Lago Saraca (2°48´S / 58°08´W) bei Silves, Bundesstaat Amazonas, Brasilien, gesammelt. Sechs Männchen 32,8 mm SL bis 35,8 mm SL (NHMW 23487 bis NHMW 23483), alle Funddaten sind wie beim Lectotypus angegeben. Männchen, 28,9 mm SL (ZMK 130), Herkunft "Amazonfloden" (Amazonasfluten, Übers. d. Verf.), am 01. Mai 1875 registriert, vom NHMW überstellt.
Weiteres umfangreiches Material (Nicht-Typen) listet Kullander (1980, 1986) auf.

Belegmaterial: Fünf Männchen und sieben Weibchen (ZFMK 17605 bis ZFMK 17616).

Synonyme: *Biotodoma agassizii* (Steindachner, 1875), *Geophagus (Mesops) agassizii* Steindachner 1875, *Geophagus agassizii* Steindachner 1875, *Heterogramma agassizii* (Steindachner, 1875), *Mesops agassizii* (Steindachner, 1875),

Artspezifische Merkmale: Typische *A. agassizii* sind an der Kombination folgender Merkmale zu erkennen: Sie haben einen relativ gestreckten, nur wenig hochrückigen Körper mit einer relativ niedrigen, vorn dunkel gefärbten Rückenflosse ohne verlängerte Flossenhäute. Die bei Männchen lanzettförmige, bei Weibchen und Jungtieren dagegen runde Schwanzflosse trägt einen weißen submarginalen, oft auch einen schwarzen und/oder roten

Apistogramma agassizii, altes ♂ aus dem Rio Tefé

äußeren Saum. Ein zwischen ein und eineinhalb Schuppen breites durchgehendes Längsband reicht vom Auge bis auf die Schwanzflosse. Ein relativ kleiner, rundlicher Seitenfleck und Unterkörperstreifen, die besonders bei peruanischen und südwestamazonischen Teilpopulationen, etwa des Lago Tefé oder des oberen Rio Madéira, deutlich sind, fehlen den alten Männchen gelegentlich. Auch ein Schwanzwurzelfleck fehlt den Männchen, kann aber bei einzelnen brutpflegenden Weibchen gemeinsam mit dem meist vorhandenen Unterkörperstrich auftreten. Ein kleiner, aber fast immer vorhandener Pectoralfleck wird häufig übersehen. Auf dem äußeren Rand der Oberlippe befindet sich jeweils ein metallisch blauer Fleck. Die Körperfärbung von *A. agassizii* ist extrem variabel und zur Identifizierung der Art wenig geeignet.

Geschlechtsunterschiede: Männchen werden gut doppelt so groß wie Weibchen und entwickeln zugespitzte, oftmals auch fädig ausgezogene Weichstrahlbereiche von Rücken- und Afterflosse. Auch die weißlich-transparenten Bauchflossen sind zugespitzt und meist deutlich verlängert, oft so weit, daß die Spitzen bis in den Schwanzflossenbereich ragen. Die Schwanzflosse wächst bei adulten Männchen auffällig lanzettförmig aus und trägt im Rand ein Muster aus schwarzen und blauen, weißen oder rötlichen Säumen. Die meist transparente ungezeichnete Schwanzflosse der Weibchen ist abgerundet oder selten leicht gestutzt, aber nie lanzettlich. Ebenso wie die Weichstrahlbereiche von Rücken- und Afterflosse sind bei Weibchen die Bauchflossen im allgemeinen abgerundet und nur in Ausnahmefällen leicht zugespitzt, aber nie verlängert. In der oberen Vorderhälfte tragen die Bauchflossen außerdem eine schwarze bis rußgraue Zeichnung.

Verwandtschaftliche Zuordnung: Unter den amazonischen Arten nimmt *A. agassizii* eine besondere Stellung ein. Da die phänologisch besonders plastische Art praktisch über die gesamte Länge des Amazonas- und Ucayali-System verbreitet ist, bildeten sich unter der damit verbundenen Isolation verschiedene Teilpopulationen mit einer Reihe von regionalen Populationsbesonderheiten, insbesondere der Färbung und des Zeichnungsmusters, heraus. Allen Besonderheiten und Versuchen zum Trotz, diese Unterschiede zur Ableitung neuer eigenständiger Arten zu nutzen, handelt es sich bei Farbmorphen trotzdem um Vertreter nur einer Art. Diese stellt die "Leitart" der *A. agassizii*-Gruppe dar. Diese Gruppe wird nach derzeitiger Auffassung in zwei näher miteinander verwandte Gruppen (Komplexe) aufgeteilt. Zum engeren *A. agassizii*-Komplex werden neben der Nominatform noch *A. elizabethae* und *A. gephyra* gerechnet. Die früher von anderen Autoren ebenfalls in diese Gruppe gestellte Art *A. pulchra* ist aufgrund von Nachuntersuchungen des Typenmaterials und von Beobachtungen an lebenden Tieren jedoch tatsächlich der *A. pertensis*-Gruppe zuzurechnen.

Typusfundort: Manacapuru, Bundesstaat Amazonas, Brasilien. Etwa bei 3°16´S / 60°37´W.

Apistogramma agassizii ♂, Wildfang aus der Umgebung von Belém

Apistogramma agassizii ♂, Wildfang aus der Umgebung von Belém

Verbreitung: *A. agassizii* ist innerhalb der Gattung nach derzeitigem Kenntnisstand die Art mit dem größten Verbreitungsgebiet. Es liegen neben Museumsmaterial verläßliche Nachweise aus nahezu dem gesamten Verlauf des Rio Amazonas vor. Nahezu alle peruanischen Zuläufe des Ucayáli, sofern sie kein Weißwasser führen, werden von *A. agassizii* ebenso besiedelt wie die meisten südlichen Zuläufe des brasilianischen Rio Solimoés und Rio Amazonas. Seit einiger Zeit liegen infolge gezielter kommerzieller Importe auch Hinweise auf Vorkommen im unmittelbaren Mündungsbereich des Rio Amazonas unweit der Hafenstadt Belém vor. Im Rio Negro, in dem auch die Zwillingsart *A. gephyra* vorkommt, konnte *A. agassizii* bisher nur unterhalb des Rio Bránco nachgewiesen werden. Die Art bewohnt im Rio Negro-Unterlauf kleine Klarwasserbäche des linken Rio Negro-Einzuges, tritt aber mit großer Wahrscheinlichkeit auch in Bachläufen des rechten Einzuges auf. In den dichten Fallaubschichten der Igarapés (Waldbäche) können die Fische zu allen Jahreszeiten angetroffen werden. Ihre Dichte lag im Einzug des Rio Cueiras zwischen fünf und fünfzig halbwüchsigen Exemplaren pro Quadratmeter Bodenfläche. Insgesamt sind die Kenntnisse zur Freilandbiologie dieser Art unzureichend. Vor allem Angaben zu Verbreitung, Siedlungsdichte und Fortpflanzung fehlen. Flächendeckende systematische Aufsammlungen wären daher wünschenswert.

Ersteinfuhr: Die Art wurde im Jahre 1909 durch die Firma Siggelkow (Hamburg) erstmals eingeführt. Seither ist sie im ständigen Angebot des Handels zu finden.

Aquarienbiologie: *A. agassizii* gehört zu den seit langem fest in der Aquaristik etablierten Arten. Es stehen heute eine Vielzahl von Zuchtformen und auch Wildfangtieren verschiedener Herkunft zur Verfügung. Sie weisen eine extreme Variabilität der Färbung auf, die durch züchterische Mittel wie Selektion oder Inzuchtverfahren gefestigt werden kann. Die Haltung von *A. agassizii* ist in ausreichend großen und versteckreich eingerichteten Aquarien einfach. Es werden sehr weiche und saure Wasserwerte bevorzugt, doch eignen sich die Fische auch für Aquarien mit mittelhartem und leicht alkalischem Wasser. Unter letzteren Bedingungen erweisen sich die meisten heute angebotenen Zuchtformen als ebenso langlebig wie die oft ausgesprochen empfindlichen Wildfänge in saurem Weichwasser. Die seit vielen Jahren etablierten Aquarienstämme zeichnen sich besonders durch ihre farbliche Variabilität aus. Das große Verbreitungsgebiet von *A. agassizii* bietet durch die Vielfalt des eingeführten genetischen Materials ideale Vorraussetzungen für die gezielte Sortenzucht. Dementsprechend werden von blaß gelbgrauen über gelbe, blaue, grüne, orange oder rote Formen alle denkbaren Farbtypen im Handel angeboten. Die Tiere sind meist recht leicht zu pflegen, wenn man beachtet, daß sie im Gegensatz zu der vielfältig geäußerten Ansicht einen überraschend hohen Raumbedarf haben. Die Aquarien, in denen sie gepflegt werden, sollten daher zur Vermeidung innerartlicher Auseinandersetzungen, die bei Pflege einer etwas

Apistogramma agassizii ♂, Wildfang aus der Umgebung von Santarém   F.Warzel

Apistogramma agassizii ♂; halbwüchsig, Nachzucht der Form aus dem Rio Tefé

Apistogramma agassizi ♂, unterdrückt, Zuchtstamm aus der ehemaligen DDR J. Glaser

Apistogramma agassizi ♂, dominant, Zuchtstamm aus der ehemaligen DDR J. Glaser

Apistogramma agassizii ♂ , Wildfang aus der Umgebung von Porto Velho/Rio Madeira

Apistogramma agassizii ♂ , Wildfang aus Peru/Umgebung Iquitos

größeren Gruppe (um zehn Exemplare) deutlich seltener auftreten als bei der Haltung von Einzelpaaren oder nur wenigen (etwa bis fünf) Individuen. Neben Totholz und Fallaub eignet sich besonders auch eine dichtere Bepflanzung, etwa mit verschieden kleineren *Echinodorus*-Arten. Als Feindfische sollten kleine Salmler, Bachlinge oder Harnischwelse nicht fehlen, da auch sie dazu beitragen, daß diese *Apistogramma*-Art ihr gesamtes Verhaltensrepertoire zeigt. Die Männchen besetzen ein Großrevier, das bei ausreichender Fläche auch im Aquarium ohne weiteres bis zu zwei Quadratmeter groß sein kann. Sie dulden darin meist alle Weibchen, da sie polygam sind und nacheinander mit allen Weibchen im Revier ablaichen. Die Eiablage erfolgt in aller Regel an einem allein vorher vom Weibchen gereinigten höhlenartigen Versteck. Die bis zu 200 Eier werden in kleinen Schüben auf die Unterlage geheftet und sofort vom Männchen besamt. Der gesamte Laichakt dauert meist etwa ein bis zwei Stunden. In dieser Zeit verteidigt das Männchen den näheren Bereich um den Laichplatz besonders aggressiv gegen alle Beckenmitbewohner. Danach wird das Männchen aus der Umgebung des Geleges vertrieben, das die Mutter alleine betreut. Der Schlupf der Larven erfolgt temperaturabhängig nach etwa 36 bis 60 Stunden. Die Jungen schwimmen nach insgesamt acht bis zehn Entwicklungstagen frei. Sie werden meist vom Weibchen allein geführt und verteidigt. Das Männchen darf sich üblicherweise erst an der Pflege der Jungen beteiligen, wenn das Weibchen kurz vor der erneuten Eiablage steht oder diese bereits erfolgt ist. Interessanterweise vertreiben sie oftmals Weibchen, deren Brut nicht schlüpft oder aus anderen Gründen nicht zum Freischwimmen gelangt, etwa ein bis zwei Tage, nachdem diese ihre Brutpflegehandlungen eingestellt haben. Die Jungfische sind mäßig schnellwüchsig und können nach etwa vier Lebensmonaten mit knapp vier Zentimetern TL erstmals selbst zur Fortpflanzung schreiten.

Besonderheiten: Wiederholt wurden von verschiedenen Autoren Beiträge zur Variabilität der Färbung von *A. agassizii* veröffentlicht, deren wesentliche Kernaussagen darauf abzielten, diese Farbformen als lokale Farbmorphen abzugrenzen. Tatsächlich ist eine solche Einschätzung aber falsch. Alle Farbmorphen der bis heute als polychromatisch bekannten *Apistogramma*-Arten (das sind tatsächlich alle außer den Formen der engeren *A. pertensis*-Gruppe und *A. commbrae*!) lassen sich im Regelfall an jeweils einem einzigen Fundort gemeinsam nachweisen. Unter den Jungen eines einzigen Wildfangpaares finden sich oft alle bekannten Farbgrundtypen. Diese Typen sind im Freiland nur selten nachgewiesen worden, was wohl zwei wesentliche Ursachen haben dürfte. Einerseits wurde bei Lebendaufsammlungen selten auf die Variabilität der Färbung geachtet. Andererseits dürften extrem gefärbte Tiere einem erhöhten Selektionsdruck unterliegen, was ihren Anteil innerhalb des Bestandes zum Teil erheblich reduzieren kann, wie ich an einer anderen Art der *A. agassizii*-Gruppe, nämlich *A. paucisquamis*, im Rio Negro-Gebiet in Nordwestbrasilien feststellen konnte.

Laichende *Apistogramma agassizii* , das ♀ heftet soeben ein Ei an

J. Glaser

A. agassizii ♀, Tefé, adult, dominant

Unterdrückte ♂♂ von *A. agassizii* ähneln stark ♀♀ in Normalfärbung

Verunsichertes ♀ von *A. agassizii* mit wenige Tage alten Jungfischen

Apistogramma agassizii ♂, adult, aus dem oberen Rio Madeira

Gelege aus 291 Eiern eines *A. agassizii*-♀

A. agassizii ♀, brutpflegend über kleinen Jungen, beachte das Wangenband

A. agassizii-Jungfische sind dem Untergrund angepaßt (kryptisch) gefärbt.

A. agassizii ♀, brutpflegend

A. agassizii ♀ ♀ dirigieren die Jungen über Flossensignale

Grundsätzlich sollten keine Tiere aus verschiedenen Importen miteinander zur Zucht angesetzt werden, da anzunehmen ist, daß Fische von weit voneinander entfernten Fangplätzen genetisch möglicherweise inkompatibel sind. Von mir durchgeführte Experimente, in denen *A. agassizii* aus Peru mit solchen aus den Gebieten um Manaus, Santarém und Belém angesetzt wurden, führten nur in wenigen Fällen zum Erfolg, Ansätze mit Tieren eines Fangplatzes waren fast immer erfolgreich. In den wenigen Fällen, in denen Bruten von Eltern unterschiedlicher Herkunft erfolgreich waren, war die Zahl der Jungen deutlich niedriger und der Anteil verkrüppelter oder Schuppenanomalien aufweisender Individuen erheblich höher als bei der Zucht mit Tieren von einem Fangplatz oder aus einem Import. Die Reproduktionsrate von Tieren nah beieinander gelegener Fangplätze war dabei höher als bei solchen weiter voneinander entfernter, was auf eine sukzessive genetische Differenzierung zwischen verschiedenen Fundortbeständen schließen läßt. Die Befunde an offenbar nicht kompatiblen Eltern können daher nicht wie oft in der aquaristischen Literatur, insbesondere aber bei der Beurteilung des Artstatus mancher Rivulidae durch bestimmte Autoren als Beleg dafür gelten, daß es sich hier um unterschiedliche Arten handelt. Gerade bei ökologisch plastischen und evolutiv relativ jungen Formen mit großen Verbreitungsgebieten, wie sie bei vielen *Rivulus*-Arten und *A. agassizii* anzutreffen sind, können weit voneinander entfernte Teilpopulationen bereits genetisch inkompatibel sein, aber trotzdem dem gemeinsamen Genpool der Art angehören. Sie müssen vielmehr ähnlich gewertet werden, wie die aus der Ornithologie (Vogelkunde) lange bekannten Befunde zum Formenkreis der Kohlmeise (*Parus major* L.), deren Vertreter man zunächst auch für verschiedene Arten hielt, später aber einer einzigen Art zuordnen mußte, weil sie eine fast lückenlos die Nordhalbkugel umspannende Vermehrungskette verbindet. Eben solche Verhältnisse liegen auch bei den vielen weit voneinander entfernten Teilpopulationen von *A. agassizii*, aber auch einigen anderen Gattungsvertretern vor. Weitere Details zum Thema Superspezies-Komplexe finden sich im ersten Teil des Buches.

T: 21 - 30 °C, **L:** ♂ 10 cm, ♀ 6 cm, **BL:** 120 cm, **WR:** u, (m,) **SG:** 1 - 2 (- 3 / Wildformen)

A. agassizii ♂

A. agassizii ♀, brutpflegend, mit rotoranger Bauchflossenfärbung

Apistogramma arua nov. spec.: Beschreibung eines neuen Zwergbuntbarsches aus dem Rio Arapiúns-System, Brasilien.

von Uwe Römer & Frank Warzel

Key-words: *Apistogramma arua*, Brasilien, Rio Arapiúns, Rio Aruá, Cichlidae, Neue Art, Taxonomie.

Abstract: *Apistogramma arua* nov. sp. is described on the base of four specimens collected in a small igarapé near Aruá in the lower course of the Rio Aruá. The relatively small species (males up to 45 mm SL) represents a link between species of the *A. cacatuoides*-group and *A. trifasciata*. *A. arua* is charcterised by a wedge-shaped spot on the abdominal side below the lateral band, which may, dependent from the mood, be modified to a streak or band between the gill cover and frontal base of the anal fin, or to three narrow abdominal bands on the flanks parallel below the lateral band. Males additionally do show a forked caudal fin.

Zusammenfassung: *Apistogramma arua* nov. sp. wird anhand von vier in einem Igarapé bei Aruá am Unterlauf des Rio Aruá gesammelten Exemplaren beschrieben. Die relativ kleine Art (Männchen bis 45 mm SL) repräsentiert eine Verbindung zwischen den Formen der *A. cacatuoides*-Gruppe und *A. trifasciata*. Die Art ist anhand eines keilförmigen Flecks auf der Körperseite unterhalb des Lateralbandes gekennzeichnet, der stimmungsabhängig auch zu einem Band zwischen Kiemendeckel und vorderer Analbasis oder drei undeutlichen Längsbändern modifiziert werden kann. Männchen zeigen außerdem eine zweizipfelige Schwanzflosse.

Resumen: *Apistogramma arua* nov. sp. se describiendo con base de quadro ejemplaros, que habian sido colectado en un Igarapé cerca de Aruá junto a Rio Aruá baja. Esa espicie relativa pequena (machos hasta 45 mm SL) representas un contacto entre las formas de los grupos de *A. cacatuoides* y de *A. trifasciata*. La espidie es marcado de un punto de forma de una cuna en el lado de su cuerpo abajo de la banda lateral. Dependiente de la motivación eso punto tambien se podia modificar a una banda entre la tapa de las branquias y la base anal anterior o tres bandas a lo largas indestintas. Los machos tambien ensenan una aleta caudal de dos puntas.

Einleitung: Die neotropische Cichlidengattung *Apistogramma* umfaßt derzeit 49 als valide angesehene Taxa. Mindestens weitere 40 Formen sind bislang zwar aquaristisch bekannt, wissenschaftlich aber noch unbearbeitet. Die hier neu vorgestellte Art stellt insofern eine Ausnahme dar, als sie bisher weder aquaristisch noch wissenschaftlich bekannt war. Lediglich wenige Tie-

A. arua ♀, dominant territorial

A. arua ♀, unterdrückt

re, von denen nur ein einzelnes Weibchen überlebte, gelangte 1993 durch einen privaten Import nach Deutschland (SEIDEL persönliche Mitteilung). Erst 1995 wurden die Tiere in mehreren Exemplaren gefangen und lebend nach Europa gebracht. 1996 brachte SEIDEL weitere lebende Fische von einer Expedition an den Aruá mit.

Da der Art eine besondere Stellung bei der Bewertung der systematischen Beziehungen zwischen verschiedenen Gruppen und Komplexen innerhalb der Gattung Apistogramma zukommt, sie außerdem zwischenzeitlich durch die zeitgleiche Erstnachzucht durch LOEW und einen der Autoren (U.R.), sowie etwas später durch SEIDEL auch aquaristisch verfügbar wurde, sowie durch STAWIKOWSKI (1997) und SEIDEL (1997) in der Aquarienliteratur erstmals kurz vorgestellt worden ist und gleichzeitig ihre Abgrenzung von anderen Formen der Gattung unproblematisch ist, wird ihre Beschreibung hier trotz des noch vergleichsweise geringen Sammlungsmaterials vorgelegt. Dabei wird, in Übereinstimmung mit Äußerungen verschiedener Autoren (KULLANDER 1980 & 1986, KOSLOWSKI 1985, LINKE & STAECK 1992, RÖMER 1994) auf Basis von umfangreichen Aquarienbeobachtungen vor allem auf die Darstellung der Lebendfärbung und Stimmungsmuster besonderer Wert gelegt, da diese zur sicheren Identifizierung (insbesondere lebender Exemplare) der meisten Apistogramma-Arten nahezu unerläßlich sind. Um den Textteil zur Lebendfärbung möglichst gering zu halten, werden im wesentlichen die zahlreichen Farbabbildungen beigefügt.

In den letzten Jahren hat sich außerdem gezeigt, daß die Identifizierung von Apistogramma-Arten anhand von Beschreibungen, die nur auf Wildfangmaterial beruhen, außerordentlich problematisch sein kann. Viele Arten entwickeln erst bei Erreichen einer gewissen Körpergröße alle diagnostisch verwendbaren Merkmale. Beispiele aus der jüngeren Vergangenheit, die dieses Phänomen ausreichend belegen, sind A. pulchra KULLANDER, 1980 und A. uaupesi KULLANDER, 1980, bei denen erwachsene Männchen zweizipfelige Schwanzflossen entwickeln, in der Beschreibung aber als rundschwänzige Arten vorgestellt wurden. Eine weitere Form ist A. elizabethae KULLANDER, 1980, bei der von RÖMER (1993) durch Beobachtung der Entwicklung von Aquarientieren ein unter evolutiven Gesichtspunkten besonders bedeutsamer altersabhängiger Polymorphismus der Schwanzflosse nachgewiesen werden konnte (Weiteres siehe dort). Weiterhin wurde A. parva AHL, 1931 anhand von nur zwei (weiblichen?) Jungtieren beschrieben, die keine Differenzierung von A. agassizii (STEINDACHNER, 1875) zulassen, weshalb ich sie als ein Synonym dazu werte. Auch A. roraimae KULLANDER, 1980, bei der es sich nach Auffassung von RÖMER, STAECK & PLÖSCH (in Vorb.) um ein Synonym zu A. gibbiceps MEINKEN, 1969 handelt, gehört in die Reihe der Formen, die ausschließlich anhand vergleichsweise kleiner Exemplare beschrieben worden sind und daher der bereits beschriebenen anderen Form nicht zugeordnet werden konnten. Es erscheint daher sinnvoll, bei der Beschreibungen neuer Apistogramma-Arten, falls erforderlich auch größere Aquarienexemplare (als Nicht-Typen) mit zu berücksichtigen und mit zu hinterle-

A. arua ♂, beim Verzehr eines *A.* spec. "Pimentel" F. Warzel

A. arua ♂, beim Verzehr eines *A.* spec. "Pimentel" F. Warzel

gen (wie z.B. bei dem neuen Salmler *Tucanoichthys tucano* durch GÉRY & RÖMER, 1997). Besonders bei Formen, die während ihrer Ontogenese für die Diagnose wesentliche Merkmale aufweisen wie z.B. *A. panuro* nov. sp. (Näheres siehe dort), sollten in diesem Sinne auch im Aquarium erbrütete Jungtiere und die an ihnen gewonnenen Erkenntnisse entsprechende Berücksichtigung finden. Bei der sich rasant beschleunigenden Entwicklung der Erforschung dieser Gattung von Cichliden dürften anderenfalls zukünftig erhebliche, auf diese Weise leicht vermeidbare Probleme bei der Identifizierung und Abgrenzung neuer Formen entstehen.

Material und Methode: Zähl- und Meßwerte wurden nach den von KULLANDER (1979, 1980a, 1980b, 1986) vorgestellten Methoden ermittelt. Die Konservierung und Präparation des untersuchten Materials erfolgte nach den in RÖMER (1994) dargestellten Methoden. Die Präparate ZFMK 18601 und ZFMK 18605 wurden in 10%iger Formalinlösung fixiert, die übrigen lediglich über die Alkoholreihe in 75%igem Ethanol. Das Untersuchungsmaterial wird oder wurde in folgenden Einrichtungen hinterlegt: Museu de Zoologia de Universidade de Sao Paulo in Sao Paulo (MZUSP), Zoologisches Forschungsinstitut und Museum Alexander König in Bonn (ZFMK).

Typusmaterial: Vier Exemplare.

Holotypus: Männchen, 44,4 mm SL (Mus NR), am 14. September 1995 etwa 2,5 Kilometer flußaufwärts der Siedlung Aruá in einem kleinen rechts-

seitigen Zufluß des Rio Aruá, einem Zufluß des Rio Arapiúns, Bundesstaat Pará, Brasilien lebend gesammelt (etwa 2°39′27′′S/55°43′24′′W). Konserviert nach Aquarienhaltung im Mai 1996; Leg.: A. KRÜGER & F. WARZEL.

Paratypen: Drei Exemplare. Ein Weibchen, 34,3 mm SL (ZFMK 18599), Sammeldaten wie Holotypus; Leg.: A. KRÜGER, F. WARZEL, M. LOEW & R. ZGORNIAK. Ein Männchen, 34,5 mm SL (ZFMK 18601) und ein Weibchen, 11,6 mm SL (ZFMK 18605), ebenfalls am 14. September 1995 etwa 2,5 Kilometer flußaufwärts der Siedlung Aruá in einem kleinen rechtsseitigen Zufluß des Rio Aruá, einem Zufluß des Rio Arapiúns lebend gesammelt. Konserviert nach Aquarienhaltung im Oktober 1995; Leg.: A. KRÜGER, F. WARZEL, M. LOEW & R. ZGORNIAK.

Zusätzliches Material: *Apistogramma arua* nov. sp.: 15 Männchen und 25 Weibchen, Aquariennachzuchten, die lebend beobachtet wurden. Nicht konserviert.
Apistogramma bitaeniata PELLEGRIN, 1936; Männchen (SMF 5526), zwei Männchen und drei Weibchen (SMF 5527 - SMF 5531) (Typenserie von *A. klausewitzi* MEINKEN); zwei Männchen und zwei Weibchen (ZFMK 17464 - ZFMK 17467), Daten siehe RÖMER 1994. *Apistogramma brevis* KULLANDER, 1980; Holotypus, Männchen (IRSNB (Types) 570); Paratypus, wahrscheinlich Weibchen (IRSNB (Types) 573). *Apistogramma cacatuoides* HOEDEMAN, 1951; neun Männchen und fünf Weibchen (ZFMK 17618 bis 17631), Aquarienmaterial, Eltern aus Pucallpa, Peru, konserviert 1991, hinterlegt durch U. Rö-

mer. *Apistogramma elizabethae* Kullander, 1980; Holotypus, Männchen (IRSNB (Types) 596); Paratypus, Männchen (IRSNB (Types) 596); ein Männchen und zwei Weibchen (ZFMK 17470 - ZFMK 17472), Daten siehe Römer 1994. *Apistogramma gibbiceps* Meinken, 1969; sieben Männchen, 31,9 mm SL bis 45,6 mm SL, (SMF 9441, Holotypus, SMF 9442 - SMF 9446 und SMF 9449, Paratypen), 21 Exemplare, 11,4 mm SL bis 24,2 mm SL (SMF-28189), Weibchen (ZFMK 18586); Weibchen (ZFMK 18591); Männchen (ZFMK 18594); Männchen (ZFMK 18595); Männchen (ZFMK 18596); Weibchen (ZFMK 18597); Männchen (ZFMK 18598); Männchen (ZFMK 18600); Weibchen (ZFMK 18602); Weibchen (ZFMK 18603); Weibchen (ZFMK 18604); Weibchen (ZFMK 18606); Weibchen (ZFMK 18607); Männchen (ZFMK 18608); Männchen (ZFMK 18622); Männchen (ZFMK 17552); Männchen (ZFMK 17553); Weibchen (ZFMK 17554); Weibchen (ZFMK 17558); Männchen (ZFMK 17561); Weibchen (ZFMK 17562); Weibchen (ZFMK 17563); Geschlecht unbestimmt (ZFMK 17555); Geschlecht unbestimmt (ZFMK 17556); Geschlecht unbestimmt (ZFMK 17557). *Apistogramma juruensis* Kullander, 1986; 10 Exemplare, zwei Männchen und 8 Weibchen (SMF 28188); Männchen, 57,2 mm SL, im Herbst 1993 als Beifang mit Salmlern nach Milwalky in die USA eingeführt, im Juli 1996 konserviert, ein Männchen, 52,2 mm SL, drei Weibchen 33,4 mm SL, 35,3 mm SL und 37,4 mm SL (ZFMK 18584), Aquarienmaterial, Jungtiere vom Männchen mit 57,2 mm SL, im September 1996 konserviert, hinterlegt von U.

Römer. *Apistogramma luelingi* Kullander, 1976; zwei Männchen und ein Weibchen (ZFMK 17632 bis 17635), Aquarienmaterial, konserviert am 10. Oktober 1987, ded. U. Römer. *Apistogramma mendezi* Römer, 1994; Typenserie. *Apistogramma meinkeni* Kullander, 1980; Holotypus, Männchen (IRSNB (Types) 567). *Apistogramma moae* Kullander, 1980; Holotypus, Männchen (IRSNB (Types) 586); Paratypus, Männchen (IRSNB (Types) 587). *Apistogramma nijsseni* Kullander, 1979; sieben Männchen und sieben Weibchen (ZFMK 17636 bis 17649), Aquarienmaterial, Eltern 1989 vom Typusfundort durch E. Gauglitz eingeführt, ded. U. Römer. *Apistogramma norberti* Staeck, 1990; Männchen (ZFMK 17686), Januar 1989 von N. Wisheu am Typusfundort gesammelt, ded. U. Römer; vier Männchen und vier Weibchen (ZFMK 17687 bis 17694), Aquarienexemplar, Eltern im Frühjahr 1989 durch N. Wisheu eingeführt, konserviert am 15. August 1991, ded. U. Römer. *Apistogramma paucisquamis* Kullander & Staeck, 1988; Weibchen, 26,2 mm SL (SMF 9450), ehemals Paratypus von *A. gibbiceps* Meinken; zwei Männchen und zwei Weibchen (ZFMK 17468 & ZFMK 17469), Daten siehe Römer 1994. *Apistogramma personata* Kullander, 1980; Holotypus, Männchen (IRSNB (Types) 575). *Apistogramma pulchra* Kullander, 1980; Paratypus, wahrscheinlich Weibchen, (IRSNB (Types) 584), sowie 15 lebende Tiere, die im November und Dezember 1996 über Aquarium Glaser (Rodgau) aus der Umgebung von Porto-Velho importiert wurden. *Apistogramma roraimae* Kullander, 1980; Paratypus, Geschlecht unbestimmt (IRSNB (Types) 589). *Apistogramma staecki* KOSLOWSKI, 1985; ZFMK- und SMF-Typenmaterial. *Apistogramma steindachneri* (REGAN, 1908); 14 Exemplare (ZFMK 17511 bis 17524), Aquarienmaterial, ursprünglich aus Venezuela importiert, konserviert Dezember 1988, ded. U. RÖMER. *Apistogramma trifasciata* (EIGENMANN & KENNEDY, 1903); fünf Männchen und drei Weibchen (ZFMK 17733 bis 17740), Aquarienexemplare, Eltern durch AQUARIUM GLASER aus dem Pantanal eingeführt, konserviert 1986 bis 1989, hinterlegt durch U. RÖMER. *Apistogramma trifasciata* [cf. Subspezies *maciliense* (HASEMAN, 1911)]; zehn Männchen und fünf Weibchen, im November und Dezember 1995 durch M. T. LACERDA aus dem Gebiet des Rio Guaporé eingeführt, lebend im Aquarium beobachtet. *Apistogramma uaupesi* KULLANDER, 1980; Holotypus, Männchen (IRSNB (Types) 594); Männchen (ZFMK 17476), Daten siehe RÖMER 1994. *Apistogramma* sp. ("Breitbinden"); drei Männchen und zwei Weibchen (ZFMK 17720 bis 17724), im Juni 1990 aus Puerto Ayacucho am oberen Rio Orinoco (Venezuela) importiert, ded. U. RÖMER, sowie 20 lebend im Aquarium beobachtete Exemplare.

Typusfundort: Der Typusfundort und bislang einzige bekannter Fundort ist ein rechtsseitig in den Rio Aruá einmündender kleiner Igarapé (Waldbach) oberhalb eines Wasserfalls bei der Ortschaft Aruá im oberen Rio Arapiuns-System. Der Mündungsbereich des Igarapé befindet sich etwa 400 Meter flußabwärts einer kleinen Bootsanlegestelle, die von der Ort-

A. arua ♀, Paratypus (ZFMK 18599)

schaft Aruá aus nur über einen Waldpfad zu erreichen ist.

Diagnose: Relativ kleine (Männchen bis zu 45 mm SL, Weibchen bis zu 35 mm SL), mäßig hochrückige *Apistogramma*-Art mit deutlichem Geschlechtsdimorphismus, die in die entfernte Verwandtschaft der Arten der *A. cacatuoides*-Gruppe und des *A. trifasciata*-Formenkreises eingeordnet werden kann. *A. arua*-Männchen sind an der Kombination folgender Merkmale von allen bislang bekannten Vertretern der Gattung zu unterscheiden: Zweizipfelige Schwanzflosse, extrem verlängerte Membranen der Dorsalstacheln (2) 3 bis 5 (7), breites und durchgehend bis in die Basis der Caudale reichendes Längsband, große runde Flecken im Längsband an den Positionen der Körperquerbänder 3 und 4, und keilförmiger, auf der Mitte der vorderen Hälfte der Körperseiten unterhalb des Längsbanges liegender Fleck, der sich caudalwärts verjüngt. Weibliche Exemplare mit abgerundeter Schwanzflosse, schwach verlängerten Dorsalmembranen 2 und 3 und kräftigem Lateralfleck auf der Position des Körperbandes 3, ein zusätz-

A. arua ♀, brutpflegend, neutral gestimmt, über wenige Tage alten Jungfischen F. Warzel

A. arua, junges ♂, unterdrückt, beachte die Lage der zwei Lateralflecken F. Warzel

A. arua ♂, Holotypus unmittelbar nach der Konservierung

A. trifasciata ♂ zum Vergleich

A. arua ♂, Holotypus unmittelbar vor der Konservierung, dominant, in Schreckfärbung

A. luelingi ♂ zum Vergleich

licher, etwas schwächer ausgeprägter auf dem Körperband 4.

Beschreibung: Hauptsächlich basierend auf Untersuchungen am Holotypus. Ergänzt durch Betrachtungen des Paratypus und lebend im Aquarium gehaltener Exemplare.

Morphologische Merkmale: Körper im Vergleich zu anderen Arten dieser Gattung relativ hoch, seitlich deutlich kompress. Adulte Exemplare weisen deutlichen Sexualdimorphismus auf. Männchen werden etwa gut einen Zentimeter größer als Weibchen und entwickeln ab einer Länge von etwa 20 mm SL eine zweizipfelige Caudale und Verlängerungen des vorderen Dorsalabschnittes.

Das obere Kopfprofil ist ohne Unterbrechungen durchgehend bogenförmig. Das untere Kopfprofil ist ebenfalls durchgehend gerundet, aber etwas flacher verlaufend. Das Maul ist endständig, Unterkiefer geringfügig vorstehend. Die Lippen sind mäßig dick, die Maxillare überragt die Senkrechte vom vorderen Augenrand. Die Schuppen sind generell ctenoid, Ausnahmen sind Cycloidschuppen auf Wangen, Oberkopf, vorderem Brustbereich und Schwanzflosse. In der E1-Reihe liegen 23(+2) Schuppen.

Die Länge der Dorsalstachen nimmt vom ersten (vordersten) bis zum sechsten rasch zu. Sechster bis achter Hartstachel sind etwa gleich lang, die folgenden kontinuierlich geringfügig kürzer werdend. Die Flossenhäute der Rückenflosse sind bei Männchen zugespitzt, bei Weibchen gestutzt bis leicht zugespitzt. Die Dorsale adulter Männchen ist mit deutlichen Verlänge-

rungen der Flossenmembranen in der ersten Hälfte des Hartstrahlbereichs ausgestattet. Die Membranlänge nimmt von D1 nach D4, der längsten Membran, zu, von dort nach D8 ab, dahinter bis zum Ende ist die Flosse ohne wesentliche Verlängerungen und ist leicht concav eingebuchtet. Die Dorsale ist im vorderen Teil (um D4) so hoch wie der Körper, im mittleren Teil relativ niedrig, etwa ein Drittel so hoch wie der darunter liegende Teil des Körpers. Der Weichstrahlbereich der Rückenflosse ist deutlich ausgezogen und zugespitzt. Er reicht etwa bis an das Ende des ersten Drittels der Caudale. Die Anale ist ohne besondere vom Gattungsschema abweichende Befunde. Der Weichstrahlbereich ist nur geringfügig verlängert, bis etwa zur Mitte des nicht ausgezogenen Schwanzflossenbereiches reichend. Die Caudale von Männchen ist zweizipfelig mit Verlängerungen der Flossenstrahlen D3, D4 sowie V4 und V3. Der dazwischenliegende Bereich ist gerade abgeschnitten. Die Verlängerungen der Flossen machen etwa ein Drittel der Flossenlänge aus. Der weibliche Paratypus weist eine runde bis leicht gestutzte Caudale auf. Diese trägt eine leichte zugespitzte Verlängerung des oberen Schwanzflossenlappens. Die Ventralen sind relativ kurz, wenig ausgezogen. Spitzen reichen bei beiden Geschlechtern etwa bis zur Senkrechten über den Analhartstachen. Flossenformel: D XV/6 (1), XV/7 (3); A III/6 (2), III/7 (1); P I/5 (4). Zähne konisch, schlank, im oberen Drittel nach hinten gekrümmt, Spitzen rötlich oder bräunlich. Der Pharyngalbereich wurde nicht untersucht.

A. arua, halbwüchsiges ♂, dominant, neutral gestimmt

A. arua ♀, laichreif

A. arua, halbwüchsiges ♂, dominant

A. arua ♀, dominant, neutral

Spezieller Artenteil

Färbung: [Da mit zunehmender Zahl bekannt werdender Arten der Gattung *Apistogramma* die Schwierigkeiten einer sinnvollen morphologischen Beschreibung ebenso wie die der einer sinnvollen Beschreibung der Färbung konservierten Materials zunehmen, wird im folgenden in Übereinstimmung mit der Ansicht verschiedener Autoren (KULLANDER 1980 & 1986, KOSLOWSKI 1985, LINKE & STAECK 1995, RÖMER 1994, STAECK 1991) besonderer Wert auf die durch das beigefügte Bildmaterial ergänzte Darstellung der Lebendfärbung der hier neu beschriebenen Art gelegt. Da auch zunehmend ontogenetische Befunde für die Artdiagnose an Bedeutung gewinnen (s.o.), wird hier auch die Genese des Schwarzzeichnungsmusters anhand von Untersuchungen an im Aquarium nachgezüchteten Tieren eingehend dargestellt.]

Lebendfärbung: (siehe beigefügte Farbabbildungen)

Neutrale Stimmung: Die Grundfarbe des Körpers beider Geschlechter ist kupferbraun, wobei alle Schuppen am hinteren Rand dunkel schwarzbraun eingefaßt. Die Rückenflosse der Männchen trägt einen schmalen roten Saum. Auf der Körperseite verbreitert sich das vom hinteren Augenrand bis auf die Schwanzwurzel in die Querbinde 7 reichende Längsband von vorn nach hinten kontinuierlich. Auf der Schwanzwurzel befindet sich ein deutlicher runder Fleck, der durch einen schmalen Streifen mit dem Längsband verbunden sein kann.

Die Körpergrundfarbe der Weibchen kann stimmungsabhängig einem hellen Kupfergrau oder seltener Messinggelb weichen. Die Schuppenränder verblassen dann. Auf der Körperseite an den Positionen der Querbänder 3 und 4 zeichnen sich zwei runde Seitenflecke im Längsband deutlich ab.

Brutpflegefärbung: Männchen weisen anders als die Weibchen keine besondere Brutpflegefärbung auf. Die Grundfarbe der Weibchen ist während aller Phasen der Brutpflege goldgelb. Der Lateralfleck und der Wangenstreif treten deutlich schwarz hervor. Die Körperschuppen weisen einen schmalen kaffeebraunen Saum auf, was den Tieren ein schuppiges Aussehen verleiht.

Ontogenese des Zeichnungsmusters: (Die Entwicklung des Zeichnungsmusters wurde an Aquariennachzuchttieren beobachtet, photographisch erfaßt und ausgewertet.) Eben aufgeschwommene Jungfische zeigen ein allen *Apistogramma*-Arten gemeinsames Muster von unregelmäßigen Flecken, das aber besonders deutlich im Bereich der Rückenflecke und der späteren Körperbänder hervortritt. Bei einer Größe von etwa einem Zentimeter TL zeigen die Jungfische in aggressiver Stimmung gelegentlich bereits den angedeuteten arttypischen Vorderseitenfleck. Bei Jungfischen ab etwa zwei Zentimeter TL ist der Fleck regelmäßig deutlich erkennbar. In Normalfärbung tragen ihre Körperseiten zwei bis vier Reihen schwarzer oder dunkelbrauner Flecken, wie sie vergleichbar nur von Vertretern der *A. cacatuoides*-Gruppe bekannt sind. Diese Fleckenbänder erscheinen oft bereits bei Jungen, die erst etwa 14 Tage frei schwimmen. Die Fleckenreihen werden mit zunehmender Körpergröße immer deutlicher und beginnen bei gut einem Zentimeter TL in ihrem vorderen Drittel miteinander zu verschmelzen, wobei mit der Zeit der typische keilförmige Fleck entsteht. Nach etwa drei Lebensmonaten ist der Endzustand erreicht, und die Jungfische zeigen auch den *A. trifasciata*-ähnlichen Streifen zwischen Kiemendeckel und vorderer Afterflossenbasis.

Färbung konservierter Tiere: Hauptsächlich auf dem Holotypus basierend. Grundfärbung gelblichgrau. Alle Schwarzzeichnungsmuster erscheinen wie bei lebenden Exemplaren.

Verbreitung: *A. arua* ist bislang nur vom Typusfundort bekannt. Möglicherweise ist die Art nur auf den Oberlauf des Rio Arapiúns beschränkt. Immerhin gelang es mehreren Expeditionsgruppen nicht, die Art flußabwärts einer wasserfallartigen Cachoeira (Stromschnelle) nachzuweisen. Weitere eingehende Untersuchungen dieser Region sind zur Klärung der Ausdehnung des Verbreitungsgebietes noch nicht erfolgt.

Ökologie: Der Fundort von *A. arua* war zum Zeitpunkt der Aufsammlung nur nach einem mehr als halbstündigen Fußmarsch zu erreichen. Der Wasserweg zum Fundort wird durch einen mehrere Meter hohen Wasserfall unterbrochen.
Der Typusfundort von *A. arua* lag in dichtem Primärwald, weshalb der Igarapé vollständig beschattet war. (Da die Wassertemperatur erst zwei Stunden nach der Probeentnahme erfolgte, kann vermutet werden, daß die Wassertemperatur im Igarapé diesen Bedingungen entsprechend tatsächlich niedriger gewesen sein dürfte, als in der beigefügten Tabelle zu entnehmen.)
Am Sammelort mündet ein kleiner Urwaldbach rechtsseitig in den hier etwa 30 bis 40 m breiten Rio Aruá. Der Igarapé wies zum Sammelzeitpunkt an seiner Mündung eine Breite von etwa zwei, rund 50 Meter bachaufwärts noch ein bis eineinhalb Meter und eine Tiefe zwischen zehn und 60 Zentimeter mit auffallend stark strömendem Wasser auf. Das Wasser war klar (Sichtweite unter Wasser etwa vier Meter!) und wies eine nur geringe (wohl auf Huminstoffabbaustufen zurückzuführende) gelbliche Einfärbung auf.
Der Bodengrund bestand aus feinem Sand, der in den stilleren Uferzonen und den Ausbuchtungen des Baches

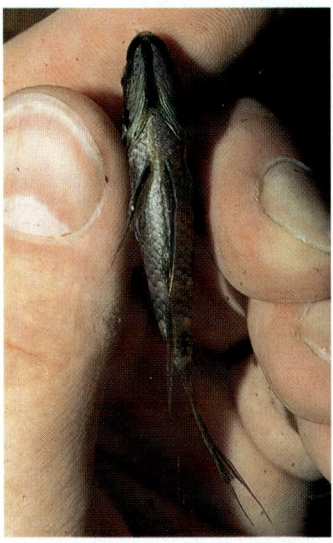

A. arua ♂, Holotypus. Bauchzeichnung

Spezieller Artenteil

von einer starken mulmigen Sedimentschicht überlagert war. Submerse Vegetation wurde nicht festgestellt. In den Stillwasserbereichen der seichten Ausbuchtungen fanden sich umfangreiche Ablagerungen groben Fallaubes. Die freie Wassersäule über Grund betrug häufig unter 15 Zentimeter, die Einsinktiefe an bestimmten Stellen dagegen bis etwa 50 Zentimeter.

A. arua hielten sich, wie für *Apistogramma* allgemein typisch, in Bodennähe über den Fallaubzonen in ruhigerem seichtem Wasser auf. Die Populationsdichte war vergleichsweise gering. Innerhalb von zwei Stunden konnten nur elf *Apistogramma* gesammelt werden. Das Geschlechterverhältnis der Fänglinge war mit sechs Männchen und fünf Weibchen ausgeglichen. Unter den gefangenen Tieren befanden sich auch Weibchen in Brutpflegefärbung. Aus den nicht unerheblichen Größenunterschieden zwischen den einzelnen Exemplaren kann geschlossen werden, daß sich die Fortpflanzung über längere Zeiträume erstrecken muß.

Zur Begleitfauna von *A. arua* gehören neben jungen Cichliden der Formen *Aequidens* cf. *epae* und *Crenicichla* spec. (*saxatilis*-Gruppe) im Uferbereich des Baches sowie zwei Arten der Gattung *Corydoras*, die sich in Ufer- und Übergangsbereichen zu Fallaubzonen aufhielten. *Microcharacidium* cf. *weizmani* wurde im Fallaub sowie einige nicht näher bestimmte kleine Characidae im Uferbereich und im Freiwasser festgestellt.

In einem weiteren in der Nähe des Typusfundortes befischten Rinnsal ("streamlet") mit stellenweise rotbraunen Sedimentablagerungen konnte *A.*

arua nicht festgestellt werden, obwohl auch hier vereinzelt juvenile *Aequidens* cf. *epae* vorkamen.

Etymologie: Die Artbezeichnung *arua* nimmt Bezug auf den Fund des hier beschriebenen Cichliden in einem Zufluß des Rio Aruá in der Nähe der Ortschaft Aruá im Einzugsgebiet des Rio Arapiúns.

Aquaristische Gebrauchsnamen: Die Art wurde vorläufig unter den Namen *A.* sp. "Aruá" und "Arua"-*Apistogramma* vorgestellt (SEIDEL 1997, STAWIKOWSKI 1997).

Differenzialdiagnose und Diskussion: Bei jeder *Apistogramma*-Neubeschreibung ist zunächst zu prüfen, ob eine Identität mit *A. sweglesi* möglich ist. Da das Typusmaterial dieser Art verloren gegangen ist, muß der Vergleich aufgrund der Angaben in der Erstbeschreibung erfolgen. Eine Identität ist bereits aufgrund der unterschiedlichen Ausprägung der Dorsale sowie des völlig abweichenden Zeichnungsmusters auf den Flanken auszuschließen.

Aufgrund der gesamten Morphologie und des Zeichnungsmusters kann festgestellt werden, daß Verwechselungen von *A. arua* nur mit Vertretern des *A. cacatuoides*-Komplexes, sowie den Formen der *A. gibbiceps*-Gruppe möglich sind, zu der nach Auffassung eines der Autoren (U.R.) neben *A. gibbiceps* die Arten *A. brevis*, *A. personata* und *A.* sp. "Breitbinden" zu zählen sind. Besonders auffällig und von hohem diagnostischen Wert ist die hochvariable, zeitweilig keilförmige Flankenzeichnung, die in vergleichbarer Weise bei keiner bisher bekannten

Rio Arapiuns nahe des Typusfundortes F. Warzel

Cachoeira bei Arua   F. Warzel

Apistogramma-Art auftritt. Diese Flankenzeichnung, die zeitweilig aus zwei bis drei Längsreihen von großen und undeutlichen miteinander verschmelzenden Flecken besteht, weist deutliche Ähnlichkeiten zu Arten des *A. cacatuoides*-Komplexes, insbesondere zu *A. cacatuoides* selbst auf. Auch die Körper- und Schwanzflossenform, die Ausprägung der Rückenflecken, der Wangenbinde, des Längsbandes und des Schwanzwurzelfleckes stimmen weitgehend überein. Von *A. cacatuoides* und *A. luelingi* ist *A. arua* sicher zu unterscheiden, weil er niemals Fleckenzeichnungen in der Schwanz- oder Rückenflosse aufweist. *A. luelingi* zeigt außerdem ein schmaleres Längsband. *A. juruensis* hat einen deutlich vom Längsband abgesetzten Schwanzwurzelfleck und im Vergleich wesentlich massigeren Kopf als *A. arua*. *A. staecki* zeigt in aggressiver Stimmung ein Muster senkrechter Bänder auf der Schwanzwurzel, welche *A. arua* ebenfalls fehlt. Die Arten der *A. gibbiceps*-Gruppe zeigen ein abweichendes Muster auf den Körperunterseiten, sowie in verschiedenen Details abweichende Form der Rückenflosse, des Längsbandes und des Schwanzwurzelflecks. Die Zeichnung auf den Körperseiten von *A. arua* kann aber stimmungsabhängig völlig unterschiedlich aufgebaut werden: Bei Tieren in Balz- oder Brutpflegestimmung werden die Längsstreifen reduziert und es erscheint ein vom Augenhinterrand zum Vorderrand der Afterflosse verlaufender Streifen, der in ähnlicher Weise nur noch bei *A. trifasciata* auftritt. Die Ausprägung der Verlängerungen der Häute der Rückenflosse weist ebenfalls einige Parallelen zu den bei *A. trifasciata* und *A. maciliensis* vorgefundenen Bedingungen auf. Zur letzteren Form besteht auch in der Ausprägung eines roten Fleckes im Bereich um den hinteren unteren Rand des Kiemendeckels eine gewisse Ähnlichkeit. Nur bei einer einzigen anderen Art, *A. spec.* "Breitbinden" tritt ebenfalls ein solcher Fleck auf. Bei der letztgenannten Art befindet sich der Fleck allerdings auf der Kehlhaut und wird nur beim Drohen präsentiert, während er bei *A. maciliensis* auf dem Kiemendeckelrand und bei *A. arua* auf dem Körper zwischen Kiemendeckelrand sowie den Ansätzen von Brust- und Bauchflosse liegt. Die Ontogenese des Flanken-Zeichnungsmusters weist einige Ähnlichkeiten zu Befunden an *A. trifasciata* auf. Zum jetzigen Zeitpunkt ist sicher keine endgültige Beurteilung zur systematischen Einordnung möglich, doch sind wir der Auffassung, daß *A. arua* wahrscheinlich eine Art "missing-link" zwischen dem *A. cacatuoides*-Komplex und der *A. trifasciata*-Gruppe darstellt.

Aquarienbiologie: Zur Aquarienbiologie liegen bisher noch keine Veröffentlichungen vor. Die hier gemachten Angaben beruhen im wesentlichen auf Beobachtungen der Autoren, ergänzt durch persönliche Angaben von LOEW. *A. arua* gehört zu den besonders heiklen Pfleglingen im Aquarium. Bereits für die einfache Haltung ist sauberstes, sehr weiches, leicht huminsaures Wasser erforderlich. Die Zucht gelingt erst bei den Freilandwerten entsprechenden Bedingungen in extrem weichem und saurem Wasser. Da die Fische allgemein ausgesprochen scheu sind, ist eine versteckreiche Einrichtung des Pflegebehälters erforderlich, sowie die gemeinsame Unterbringung mit "Ablenkfischen" wie Vertretern kleinerer *Rivulus*-Arten ratsam. Die Männchen sind meist polygam und dulden in ihren relativ großen Revieren bis zu etwa zehn Weibchen, mit denen sie nach und nach zur Fortpflanzung schreiten. Bei paarweiser Haltung erweisen sich *A. arua* als relativ friedfertig gegenüber dem Partner. Die Brutpflege erfolgt nach dem auch von anderen *Apistogramma*-Arten bekannten Schema. Während das Weibchen allein die Eier und Larven pflegt, wird das Revier vom Männchen bewacht und gegenüber Eindringlingen verteidigt. Die Eiphase dauert bei rund 28 °C knapp zwei Tage, die Larvenzeit weitere fünf bis sechs Tage. Eine direkte Brutpflegebeteiligung des Männchens findet zu dieser Zeit nicht statt. Nach dem Freischwimmen der Brut werden die Jungfische von der Mutter bis zu zwei Monate lang im dichten Schwarm herumgeführt. Sie fressen bereits vom ersten Tage nach dem Freischwimmen Naupliuslarven von *Artemia* sp., obwohl sie auch für *Apistogramma*-Verhältnisse relativ klein sind. Im Alter von etwa vier bis sechs Wochen, dem Zeitpunkt, an dem das Weibchen meist erneut ablaicht, werden die Jungen erstmals vom Männchen geführt. Die Wachstumsgeschwindigkeit der Nachkommen ist relativ niedrig, erst nach etwa vier Monaten erreichen die Jungen zwei Zentimeter Länge (TL). In dieser Größe werden sie von beiden Eltern unter leichter Aggression gemeinsam aus dem Revier vertrieben. Nur Einzeltiere werden dann noch im Elternrevier geduldet. Im Alter von etwa sechs bis sieben Monaten laichen die Jungtiere erstmals ab. *A. arua* gehört zu den weniger produktiven Arten der Gattung, denn 50 Jungfische sind schon als sehr gutes Brutergebnis zu bezeichnen.

T: 21 - 29 °C, **L:** ♂ 6 cm, ♀ 4,5 cm, **BL:** 100 cm, **WR:** u, **SG:** 3 - 4

Danksagung

Wir danken Axel Krüger, Marco Loew und Rainer Zgorniak für die Unterstützung während der Sammelreise 1995. Dr. Friedhelm Krupp (SMF) und Dr. Klaus Busse (ZFMK) ermöglichten freundlicherweise die Nachuntersuchung von Typusmaterial.

Spinnen gehören zu den schwierig zu bestimmenden und wenig bearbeiteten Artengruppen in den Neotropen.

Apistogramma atahualpa RÖMER, 1997
Mit Ergänzungen zur Beschreibung

Erstbeschreibung: Diagnoses of two New Dwarf-Cichlids (Teleostei; Perciformes) from Peru, *Apistogramma atahualpa* and *Apistogramma panduro* n. spp. Buntbarsche Bulletin 182 (October 1997): 9 - 14.

Etymologie: *atahualpa* = Ich verwendete den Namen *atahualpa* für diese neue Art, um an den letzten herrschenden Inka zu erinnern, der von den spanischen Eroberern unter PIZARRO im Jahre 1533 erdrosselt wurde. Der Name ATAHUALPAS steht symbolisch für die bis heute anhaltende Vernichtung der indianischen Völker Südamerikas, ihrer Kultur und Umwelt durch den modernen Menschen.

Typusmaterial: Drei Exemplare.

Holotypus: Männchen, 27,3 mm SL (SMF 28199), im Januar 1997 durch AQUARIUM GLASER eingeführt. Herkunft: Peru, ohne genaue Ortsangabe. Nach Angaben der Exporteure und der Tatsache, daß die Tiere gemeinsam mit *A. juruensis* eingeführt wurden, stammt das Exemplar höchstwahrscheinlich aus dem westlichen Einzugsgebiet des Rio Javarí, dem Grenzfluß zwischen Peru und Brasilien, daß erst seit kurzer Zeit von kommerziellen Zierfischfängern aufgesucht wird.

Paratypen: Ein Männchen, 41,8 mm SL (SMF 28197), im März 1996 durch R. NUMRICH (Köln) eingeführtes und im August 1996 von F. WARZEL konserviertes und hinterlegtes Aquarienexemplar,

und ein Weibchen, 31,8 mm SL (SMF 28198), im Januar 1997 durch AQUARIUM GLASER eingeführt. Herkunft: Peru, ohne genaue Ortsangabe. Nach Angaben der Exporteure und der Tatsache daß die Tiere gemeinsam mit *A. juruensis* eingeführt wurden, stammen die Exemplare höchstwahrscheinlich aus dem westlichen Einzugsgebiet des Rio Javarí, dem Grenzfluß zwischen Peru und Brasilien.

Artspezifische Merkmale: Der Körper von *A. atahualpa* ist seitlich kräftig zusammengedrückt oval und nur mäßig gestreckt. Die Kiefer sind kräftig, die Lippen erwachsener Tiere dick und fleischig. Die Rückenflosse erwachsener Männchen weist im ersten Drittel deutlich verlängerte und zugespitzte Flossenhäute auf. Dabei ist die vierte Flossenhaut normalerweise die längste, die dahinter sind nur wenig kürzer, haben aber alle bis zum Ende etwa konstante Länge. Der Weichstrahlbereich der Rückenflosse ist nur gering verlängert und abgerundet, nur selten leicht zugespitzt. Auch die Afterflosse und die Bauchflossen der Männchen sind nur wenig verlängert. Die Schwanzflosse ist rund bis leicht gestutzt. (Der männliche Paratypus (SMF 28197) besitzt als einziges bisher bekanntes Exemplar, einschließlich aller untersuchten Nicht-Typen, eine leicht zweizipfelige Schwanzflosse.) Die Schwanzflosse der Weibchen ist immer rund, und auch die Rückenflosse weist keine verlängerten, wohl aber zugespitzten Membranen auf. Einzigartig

A. atahualpa, ausgewachsenes ♂

A. atahualpa, halbwüchsiges ♂, "gähnend"

ist die Kombination dieser Körpermerkmale mit dem Doppelfleck auf der Schwanzwurzel, vier Reihen von Unterkörperflecken, geradem schmalen Wangenband und deutlichen, in die Basis der Rückenflosse hineinreichenden Rückenflecken.

Die Körperfarbe erwachsener lebender Tiere ist himmelblau, wovon sich die goldorange Kehl- und Bauchregion deutlich abhebt. Dominante Männchen verlieren die auffälligen Zeichnungsmuster bis auf den schwach angedeuteten Seiten- und Schwanzwurzelfleck und erscheinen ansonsten fast cremeweiß, was ähnlich bei brutpflegenden *A. norberti* festzustellen ist. Drohende oder balzende Tiere, insbesondere Weibchen, betonen die vorderen Rückenflecken. Dominante (oder brutpflegende) Weibchen sind überwiegend zeichnungslos goldorange und haben eine auffallend silberweiße Rückenflosse. Bei Begegnungen mit oder Angriffen auf Artgenossen oder andere Aquarienmitbewohner treten innerhalb weniger Sekunden Wangenbinde, Seitenfleck, Längsband, Schwanzwurzelfleck und die vorderen Rückenflecken deutlich hervor.

Geschlechtsunterschiede: Das sicherste Merkmal zur Unterscheidung der Geschlechter von *A. atahualpa* ist die Färbung der Bauchflossen: Weibchen zeigen in deren vorderer Hälfte einen lackschwarzen Bereich, während Männchen nur ausnahmsweise einen stets schmuddelig und verwaschen wirkenden Streifen im äußeren vorderen Viertel aufweisen. Männchen entwickeln außerdem eine andere Rücken-

A. atahualpa ♂, Holotypus, 6 Monate nach der Konservierung

A. atahualpa ♀, Paratypus, 6 Monate nach der Konservierung

flossenform als Weibchen, denn ihre Rückenflosse trägt im vorderen Drittel leicht verlängerte und deutlich zugespitzte Flossenhäute. Der Weichstrahlbereich von Rücken- und Afterflosse ist bei Männchen nicht verlängert und nur wenig zugespitzt, bei Weibchen dagegen rund. Bei territorialen oder brutpflegenden Weibchen, deren Körper nicht wie bei anderen Formen aus dem *A. nijsseni*-Subkomplex zitronengelb, sondern goldorange bis orangegelb gefärbt ist, ist außerdem die Rückenflosse hinter den schwärzlichen Flossenhäuten der ersten zwei bis drei Hartstacheln silbrig-weiß gefärbt, nicht gelb wie bei vergleichbaren Arten.

Verwandtschaftliche Zuordnung: *A. atahualpa* stellt die fünfte Form aus dem *A. nijsseni*-Subkomplex der *A. cacatuoides*-Gruppe dar. Bemerkenswert erscheint, daß offenbar auch Beziehungen zu *A. linkei*, einem Vertreter der *A. commbrae*-Gruppe, bestehen. Von *A. payaminonis* ist *A. atahualpa* vor allem durch den Doppelfleck auf der Schwanzwurzel, die umgekehrten Proportionsverhältnisse von Seiten- und Schwanzwurzelfleck, die abweichende Form von Wangenbinde und Längsband, die unterschiedliche Form und Färbung der Schwanzflosse von Männchen (bei erwachsenen *A. payaminonis* leicht zweizipfelig mit roten Streifen), das Fehlen eines Pectoralfleckes bei *A. atahualpa*-Weibchen sowie unterschiedliche Färbung von Kehlmembran (bei *A. payaminonis* mindestens teilweise schwarz) und Rückenflosse der Weibchen unterschieden.

Vom offenbar ebenfalls näher verwandten *A. norberti* ist *A. atahualpa* durch den Doppelfleck auf der Schwanzwurzel und durch das Fehlen des besonders für drohende *A. norberti* typischen, schwarzen Fleckes an der hinteren Basis der Rückenflosse unterschieden. Im Gegensatz dazu werden bei *A. atahualpa* die scharf abgegrenzten Rückenflecken im vorderen Drittel der Rückenflosse besonders betont, was als Kontrastbetonung (sogenanntes "Character Displacement", siehe dazu Text bei *A. mendezi*) zu verstehen ist. Anders als bei *A. atahualpa* sind die Unterkörperstreifen von *A. norberti* aus alternierend gegeneinander geneigten Flecken zusammengesetzt. Auch fehlt die für *A. norberti* typische Bänderung der Schwanzflosse.

Von *A. linkei*, mit dem die Art den Schwanzwurzeldoppelfleck teilt, ist *A. atahualpa* durch die Ausprägung der Rückenflosse, in die Rückenflosse hineinreichende Rückenflecke, längere Schnauzenpartie, kräftigere Kiefer, massigere Lippen, breiteres Längsband, sowie einem relativ längeren, schlankeren und seitlich kräftiger zusammengedrückten Körper zu unterscheiden. Weibchen von *A. linkei* zeigen während der Brutpflege außerdem ein Längsband, während brutpflegende weibliche *A. atahualpa* immer einen Seitenfleck tragen. Mit anderen bekannten Arten der Gattung ist *A. atahualpa* nicht zu verwechseln.

Verbreitung: Bisher liegen nur wenige konkrete Hinweise zur Herkunft dieser Art vor. Numrich (persönliche Mitteilung 1996) ermittelte durch Befragung von peruanischen Fängern und Exporteuren als mögliches Herkunftsgebiet das Einzugsgebiet des brasilianisch-peruanischen Grenzflusses Rio Javari.

A. atahualpa ♂, halbwüchsig, neutral gestimmt

A. atahualpa ♂, halbwüchsig, neutral gestimmt, beachte Schwanzwurzelfleck

A. atahualpa ♂, halbwüchsig, nach verlorenem Kampf

Die Tatsache, daß die Fische unerkannt als Beifänge mit *A. juruensis* (Dezember 1996) und *A. norberti* (Herbst 1995) eingeführt wurden, für die ausschließlich Fundorte östlich des Rio Maranón belegt sind, spricht für seine Angaben. Weitere Hinweise deuten auf Vorkommen im Einzugsbereich von Rio Tahuáyo und Rio Tepiche. Tatsächlich gibt es im bislang ichthyologisch kaum untersuchten Grenzgebiet rund 100 Kilometer westlich der brasilianischen Stadt Cruzeiro do Sul einen größeren Bereich, in dem nach Satellitenfotos Zuläufe aller genannter Gewässersysteme und des oberen Rio Juruá-Systems, aus dem *A. juruensis* bisher allein bekannt ist, dicht miteinander verzahnt sind. Im Einzelfall dürfte vor Ort die Zuordnung zu einem der genannten Systeme praktisch durch genaue geographische Koordinaten (beispielsweise mit Satelliten-Navigations-Systemen wie GPS) möglich sein. Es sei noch darauf verwiesen, daß auch das Gewässersystem, aus dem *A. nijsseni* beschrieben wurde, sowie zwei weitere Bachsysteme, in denen diese Art mittlerweile nachgewiesen worden ist, Zuläufe aus diesem Gebiet besitzen.

Ökologie: Bisher liegen keine Angaben zur Ökologie vor. Bei Berücksichtigung der vorliegenden Erkenntnisse zur Ökologie der nächstverwandten Formen (*A. nijsseni, A. norberti, A. pandurini, A. payaminonis*) und des für Waldbacharten typischen ausgeprägten Dimorphismus und Dichromatismus der Geschlechter kann angenommen werden, daß es sich auch bei

A. atahualpa ♂, halbwüchsig, dominant, neutral gestimmt

A. atahualpa ♂, halbwüchsig, dominant, neutral gestimmt

A. atahualpa ♂ (SMF 28197), adult, dominant, neutral gestimmt

A. atahualpa ♂ (SMF 28197), adult, subdominant, neutral gestimmt   F. Warzel

A. atahualpa ♂ (SMF 28197), adult, aggressiv gestimmt

F. Warzel

A. atahualpa ♀, adult, aggressiv gestimmt

A. atahualpa ♂, halbwüchsig, indifferente Stimmung

diesen Fischen um Bewohner kleiner Bachläufe im Regenwald Perus handelt, die vorzugsweise Klar- oder Schwarzwasser führen. Die Haltungserfahrungen im Aquarium deuten auf eine Bevorzugung von Klarwasser hin (s.u.).

Ersteinfuhr: Im Herbst 1995 wurde ein einzelnes Männchen durch die Kölner Zierfischimportfirma NIMBON-AQUARIUM nach Deutschland importiert (WARZEL 1996). Im Dezember 1996 gelangten offenbar mindestens 30 Tiere beiderlei Geschlechtes durch einen Import aus Peru nach Deutschland. Diese Fische waren von AQUARIUM GLASER (Rodgau) unter der Bezeichnung *A. juruensis* eingeführt und angeboten worden. Tatsächlich bestand die Sendung überwiegend aus dieser Art, doch

befanden sich (bis Mitte Januar 1997 unentdeckt) auch *A. atahualpa* darunter. Die Tiere fielen zuerst wegen der auffallenden Färbung eines Weibchens auf, das bereits im Großhandelsbecken ein Gelege betreute.

Aquarienbiologie: Alle bisher eingeführten *A. atahualpa* haben sich als ausgesprochen robuste Aquarienpfleglinge erwiesen. In mittelhartem, etwa neutralem Wasser (12 °dGH, pH 6 - 7,5) fühlen sich die Tiere offenbar ebenso wohl, wie in sehr weichem und leicht saurem Wasser (2 °dGH, pH 5 - 6). Weiches Klarwasser mit sehr geringem Anteil an Huminstoffen und einem pH-Wert um 5,5 hat sich als besonders günstig erwiesen. An die Einrichtung des Aquariums werden keine für *Apistogramma*-Arten ungewöhnlichen

A. atahualpa ♀, adult, dominant, leicht aggressiv gestimmt

A. atahualpa ♀, adult, dominant, neutrale Stimmung

Ansprüche gestellt: Es sollte möglichst geräumig, mit einer Schicht feinen weißen Sandes und mit möglichst viel gut gewässertem Totholz (Moorkienwurzeln), Steinen und/oder Wasserpflanzen eingerichtet sein. Als Beifische für diese relativ durchsetzungsstarken Zwergbuntbarsche eignen sich andere kleine *Apistogramma*-Arten, kleine Harnischwelse, Salmler mit oberflächennaher Lebensweise und Bachlinge (*Rivulus*). Unter solchen Haltungsbedingungen erwiesen sich die Wildfangtiere (anders als z.B. bei *A. norberti*) als ausgesprochen zutraulich und neugierig: Bei jeder Gelegenheit nähern sie sich der Frontscheibe, um Bewegungen vor dem Pflegebehälter genau zu beobachten. Territoriale Männchen verteidigen ihr Revier relativ rabiat gegenüber anderen Beckenmitbewohnern. Sie dulden allerdings phasenweise neben allen laichbereiten oder brutpflegenden Weibchen auch deutlich kleinere jüngere Männchen darin. Die Balz und Eiablage erfolgt auf die auch von anderen Vertretern der Gattung bekannte Art und Weise. Die Bruten sind nur wenig produktiv; die meisten Bruten erbrachten zunächst nur wenige Jungfische (5 bis 15). Erst nach mehreren Brutversuchen waren Gelege vollständig befruchtet, und es schwammen mehrfach um 100 Jungfische auf. Möglicherweise war dafür eine auf dem Transport durchgeführte Behandlung mit Medikamenten verantwortlich, die die Fortpflanzungsfähigkeit beeinträchtigen. Die Jungfische wachsen auch für die normalerweise schnellwüchsigen Fische aus dem *A. cacatuoides*-Komplex überraschend schnell; bereits nach zwei Lebensmonaten können sie um vier bis fünf Zentimeter lang sein. Wann die Geschlechtsreife eintritt, ist bisher noch unbekannt.

Besonderheiten: Durch nicht abgesprochene Änderungen im Text WARZELS (1996) durch die herausgebende Redaktion entstand in der Publikation der Eindruck, es handele sich tatsächlich um *A. payaminonis* (WARZEL 1996 und persönliche Mitteilung).

Bereits kurz danach stellte der in Ecuador tätige Biologe Dr. G. W. FISCHER (persönliche Mitteilung) bei der Betrachtung von Fotos fest, daß es sich bei dem von WARZEL vorgestellten Fisch nicht um *A. payaminonis* sondern um eine weitere Art handeln müsse. Er begründete dies unter anderem damit, daß er seit mindestens 1989 *A. payaminonis*, deren Identität auch durch

A. atahualpa ♀, adult, Freßstimmung

A. atahualpa ♀, adult, dominant, bei der Gelegepflege, neutral gestimmt

A. atahualpa ♀, adult, dominant, bei der Gelegepflege, aggressiv gestimmt

A. atahualpa ♀, adult, dominant, indifferent gestimmt

A. atahualpa ♀, adult, dominant, bei der Gelegepflege, stark aggressiv gestimmt

A. atahualpa ♀, adult, subdominant, bei der Gelegepflege, neutral gestimmt

A. atahualpa ♀, adult, subdominant, Balzfärbung während der Eiablage

den Erstbeschreiber Sven O. KULLANDER bestätigt worden sei, regelmäßig im Rio Payamino-Einzug gesammelt und anschließend lange Zeit im Aquarium gehalten, beobachtet und nachgezüchtet habe. Letztere seien in vielen Details deutlich anders als WARZELS Tier. Die Anmerkungen FISCHERS wurden durch die ersten von STAECK (1996) veröffentlichten Abbildungen von *A. payaminonis* und die nun neu eingeführten *A. atahualpa* bestätigt. Die Art weist tatsächlich Übereinstimmungen mit *A. payaminonis* und *A. norberti* auf, ist aber sicher nicht damit identisch. Durch die Entdeckung von *A. atahualpa* und *A. pandurini* werden die Beziehungen zwischen den verschiedenen Formen des *A. cacatuoides*-Komplexes untereinander, aber auch die zu anderen Formengruppen innerhalb der Gattung, insbesondere die Anbindung der *A. commbrae*-Gruppe an den *A. cacatuoides*-Komplex etwas deutlicher. Die bisher bekannten Formen sind aus evolutionsbiologischer Sicht von besonderem Interesse, da es sich bei ihnen offenbar um eine vergleichsweise junge Gruppe handelt. Verschiedene Wege der Artabgrenzung werden anhand des *A. cacatuoides*-Komplexes besonders deutlich. Die Abgrenzung zwischen Arten aus dem *A. cacatuoides*-Subkomplex und *A. nijsseni*-Subkomplexes erfolgt überwiegend morphologisch, während die Formen innerhalb des *A. nijsseni*-Subkomplexes lebend kaum morphologisch unterscheidbar sind.

T: 20 - 28 °C, **L:** ♂ 8 cm, ♀ 4 cm, **BL:** ab 60 cm, **WR:** u, m, **SG:** 2 - 4

Morgennebel über dem Rio Urubaxí/Rio-Negro-Gebiet

A. atahualpa ♂, sandspuckend

Apistogramma bitaeniata PELLEGRIN, 1936

Zweistreifen-Zwergbuntbarsch

Erstbeschreibung: Un Poisson d´Aquarium nouveau du Genre Apistogramma. Bulletin de la Société nationale d´Acclimation et Protection de la Nature 83: 56 - 58.
(Die Beschreibung erfolgte unter der Bezeichnung *Apistogramma pertense* HASEMAN var. *bitaeniata* var. nov..)

Etymologie: *bitaeniata* = zusammengesetzt aus *bi* (lat.) = zwei, zweifach und *taeniatus* (lat.) = gebändert, gestreift. Der Name bezieht sich darauf, daß bei den Tieren auf den Körperseiten unterhalb des Längsbandes ein zweites Längsband verläuft.

Typusmaterial: Zwei männliche Exemplare (Syntypen).

Lectotypus: Männchen, 36,7 mm SL (MNHN 35-34), vom "Rio Madeira (Brásil)", Ded. Fumerand. Weitere Angaben zum Lectotypus liegen nicht vor.

Paralectotypus: Männchen 32,2 mm SL (MNHN 35-35), Daten wie beim Lectotypus.

[KULLANDER (1980) legte Lecto- und Paralectotypus fest und veröffentlichte weitere Angaben zum Typenmaterial, die in der Orginalbeschreibung nicht enthalten waren: Danach waren die Typen 1934 von RABOT ("Leg. Rabot") gesammelt worden. KULLANDER ging dabei davon aus, daß RABOT wahrscheinlich eine andere Schreibweise von A.

RABAUT darstellt. Daraus leitete er ab, daß das Typenmaterial wohl nicht aus dem Rio Madeira stammt, sondern aus der Umgebung von Leticia im Polizeidistrikt Amazonas, Kolumbien, in der RABAUT hauptsächlich sammelte. Grund für die Fehlinformation zur Herkunft war damals wahrscheinlich das Bemühen der ersten kommerziellen Fischfänger und Exporteure, die Fangplätze des Neonfisches (Para*cheirodon innesi*) geheimzuhalten (was auch heute noch bei Neufunden aquaristisch interessanter Fische der Fall ist). Trotzdem schloß er Vorkommen im Rio Madeira nicht aus, da dieser Fluß ichthyologisch damals nur schlecht untersucht war. Dieser Zustand hat sich zwischenzeitlich deutlich geändert, Nachweise von *A. bitaeniata* aus diesem Fluß fehlen aber immer noch, so daß KULLANDERS Annahme wahrscheinlich zutreffen dürfte.]

Belegmaterial: Zwei Männchen und zwei Weibchen (ZFMK 17464 bis ZFMK 17467), ein Männchen (ZFMK 17617).

Synonyme: *Apistogramma klausewitzi* MEINKEN, 1962; *Apistogramma kleei* MEINKEN, 1962; *Apistogramma pertense* var. *bitaeniata*, HASEMAN; *Apistogramma sweglesi* MEINKEN, 1961. (Das Typusmaterial der letztgenannten Art ist sehr wahrscheinlich verlorengegangen. Näheres dazu siehe unter *A. sweglesi*.)

Artspezifische Merkmale: Kennzeichnend ist die Kombination folgender Merkmale: Der Körper ist relativ langgestreckt, die Schwanzflosse gestutzt

Apistogramma bitaeniata ♂, adult, rote Morphe ("Farbform") J. Glaser

Apistogramma bitaeniata ♂, adult, blaue Morphe ("Farbform") U. Werner

bis zweizipfelig, die Rückenflosse mit ausgezogenen gesägten Flossenhäuten. Ein stimmungsabhängig sichtbarer, an ein zweites Längsband erinnernder Unterkörperstreifen erstreckt sich unterhalb des normalen Längsbandes. Die sonstige Körperfärbung ist sehr variabel.

Geschlechtsunterschiede: *A. bitaeniata* ist deutlich geschlechtsdimorph und -dichromatisch. Männchen entwickeln bei Erreichen der Geschlechtsreife eine deutlich zweizipfelige Schwanzflosse, während diese bei Weibchen stets rund oder höchstens leicht gestutzt bleibt. Die Rückenflosse der Männchen ist gesägt, im vorderen Teil mit deutlich verlängerten Membranen. Die Rückenflosse der Weibchen ist nie gesägt oder mit verlängerten Membranen ausgestattet. Die Bauchflossen sind transparent weißlichblau bis gelblichgrün, lang zugespitzt ausgezogen, oft bis weit in die Schwanzflosse reichend. Die Bauchflossen der Weibchen sind dagegen kurz, meist rundlich, seltener leicht zugespitzt und im Basisbereich schwarz oder grau.

Verwandtschaftliche Zuordnung: *A. bitaeniata* ist ein Vertreter der *A. agassizii*-Gruppe. Gemeinsam mit *A. elizabethae*, *A. mendezi* und *A. paucisquamis* bildet die Art den *A. bitaeniata*-Komplex innerhalb der Gruppe. *A. bitaeniata* steht den drei anderen genannten Arten allerdings etwas isoliert gegenüber.

Typusfundort: Nach PELLEGRIN (1936) stammt die Art aus dem Rio Madeira. KULLANDER (1980) legt begründet (s.o.) einen neuen Typusfundort fest: Kolumbien (Amazonas), Umgebung von Leticia.

Verbreitung: Die Art ist bisher nur spärlich untersucht, obwohl sie zu den regelmäßig für die Aquaristik aus Peru importierten Formen gehört und dieses Gebiet wiederholt auch von reisenden Aquarianern aufgesucht worden ist. Leider richtet sich deren Augenmerk in aller Regel aber auf die aquaristisch schwieriger zu erlangenden Arten aus dieser Region, etwa Cichliden wie *A. nijsseni* oder manche *Corydoras*-Arten. Informationen zur Verbreitung und Ökologie basieren daher immer noch überwiegend auf Sammlungsmaterial (KULLANDER 1986) und Beobachtungen STAECKS (1987). Nach derzeitiger Kenntnis ist *A. bitaeniata* wahrscheinlich über fast den gesamten Ober- und Mittellauf des Amazonas, den Ucayáli und den Rio Napo verbreitet. Es liegen im brasilianischen Amazonastiefland Funde aus dem Gebiet um Tefé (Lago Tefé), Manacapúru (Igarapé Préto) und dem Mündungsbereich des Rio Jurúa vor.

Ökologie: *A. bitaeniata* scheint eine der wenigen ökologisch streng an Schwarzwasserhabitate gebundenen *Apistogramma*-Arten zu sein. In der Wahl ihres Habitates ist die Art offenbar wenig spezialisiert, denn bei wissenschaftlichen Aufsammlungen konnten die Fische sowohl in Waldbächen, an Seeufern, Sandstränden, als auch in mit Schwarzwasser gefüllten Restwasserpfützen nachgewiesen werden (KULLANDER 1986). Allgemein waren die Fische meist im Bereich von Fallaubansammlungen zu finden. KULLANDER (1986) weist besonders darauf hin,

Apistogramma bitaeniata ♀, in Brutpflegefärbung, beachte die zwei Seitenflecke

Apistogramma bitaeniata ♂, halbwüchsig, Wildfang aus dem Rio Napo

daß konservierte Fische aus Restwasserpfützen einen stark abgehungerten Eindruck hinterlassen, während solche aus langsam fließenden, gut beschatteten Waldbächen in guter Kondition zu sein schienen und leitet daraus ab, daß solche, dunkles Klarwasser führende Gewässer optimale Lebensräume für *A. bitaeniata* darstellen könnten. STAECK (1987) berichtet eingehend über einen Fundort am Rio Nanay in der Umgebung von Iquitos. Es handelte sich um einen See mit schlammigem Untergrund, der im Uferbereich eine dicke Fallaubschicht aufwies, die außerdem von Totholz durchsetzt war. Wie auch an anderen Fundorten wurden die *Apistogramma* von ihm hier in der Fallaubschicht gesammelt. Nach STAECK wurden bis zu 4,5 cm lange *A. bitaeniata* hier nur in der Flachwasserzone zwischen 10 und 30 cm Tiefe gesammelt. Neben *A. bitaeniata* konnte er noch wenige *A. agassizii*, *Acaronia nassa*, *Laetacara thayeri*, *Aequidens tetramerus*, *Biotodoma cupido*, *Crenicara punctulata*, *Crenicichla lucius* und *Mesonauta insignis* nachweisen. Die große Zahl anderer Cichlidenarten in diesem Gewässer, denen die vergleichsweise kleinen *Apistogramma* physisch sicher unterlegen sind und in deren Nahrungsspektrum sie teilweise sogar gehören (z.B. als Beute von *Acaronia* oder *Crenicichla*), beeinflußt höchstwahrscheinlich das Raumverteilungsmuster der kleinen Buntbarsche erheblich. Der Aufenthalt von Zwergbuntbarschen im Flachwasser und in der Fallaubschicht muß nach meinen Beobachtungen folgerichtig durchweg als Feindvermeidungsstrategie gewertet werden.

Ersteinfuhr: Nach RICHTER (1988) wurde die Art 1960 durch Dr. E. SCHMIDT-FOCKE (Bad Homburg) erstmals eingeführt.

Aquarienbiologie: *Apistogramma bitaeniata* gehört zu den unproblematischeren Aquarienfischen, sofern es nur die Haltung betrifft. In geräumigen Aquarien mit feinem hellen Sanduntergrund, möglichst strukturreicher Dekoration, zum Beispiel aus Fallaub, Totholz, Steinen oder auch einer dichten Bepflanzung, fühlen sich die im Aquarium recht groß werdenden Tiere augenscheinlich wohl. Als optimal erweist sich die gemeinsame Haltung kleiner Gruppen von etwa zehn bis 20 Individuen dieser Art mit kleinen Salmlern oder kleinen oberflächenorientierten Bachlingen in relativ weichem, leicht huminsaurem Wasser. Auch *Corydoras*, ancistrine oder loricariide Welse oder kleinere Hechtbuntbarsche (Zwerg-*Crenicichla*) sind adäquate Aquarienmitbewohner. Im Gegensatz zu den in der Aquaristik häufig geäußerten Befürchtungen sind gesunde Zwergbuntbarsche auch in Gesellschaft von Welsen oder kleinen *Crenicichla* ohne weiteres in der Lage, ihre Brut aufzuziehen, wenn ausreichend Versteckplätze verfügbar sind. Bei einer derartigen Haltung, die ich seit Jahren praktiziere, sind die Bruterfolge zwar nicht so hoch wie bei isolierter Paarhaltung, doch reicht der Bruterfolg gut zur Bestandserhaltung. Dafür entwickeln die Fische unter solchen Bedingungen aber ihr vollständiges Verhaltensrepertoire. Viele aquaristische Publikationen leiden bedauerlicherweise darunter, daß den Autoren tatsächlich nur geringe Teile des

Apistogramma bitaeniata ♂, halbwüchsig, Wildfang aus dem Rio Napo

Apistogramma bitaeniata ♀, halbwüchsig, in neutraler Stimmung, Rio Napo

Verhaltenspotentials der gerade behandelten Art bekannt sind. *A. bitaeniata* ist z.B. bei Haltung isolierter Paare (wie andere Arten der Gattung) oftmals ausgesprochen aggressiv, was häufiger zu Todesfällen führen kann. Werden die Fische dagegen in großen Becken in Gruppen gehalten, sind sie bei feindfreier Situation meist polygam. Die Männchen verteidigen dann Großreviere, in denen sie mit möglichst vielen Weibchen zur Fortpflanzung schreiten. Erscheinen im Aquarium aber Feindfische, etwa so potente Jungfischräuber wie Zwerg-*Crenicichla*, bilden *A. bitaeniata* feste Paare, die gemeinsam die Brut gegen die Raubfeinde verteidigen. Dabei werden die Rollen zwischen den Geschlechtern streng verteilt: Dem Männchen obliegt die Verteidigung des erweiterten Brutumfeldes mit einem Radius von etwa 20 Zentimetern um den Brutplatz oder die Jungfische, während das Weibchen praktisch ausschließlich das Gelege, die Larven oder Jungen betreut. Erscheint ein scheinbar übermächtiger Gegner, sammeln beide Partner die Jungfische ein und transportieren so viele sie in ihr Maul nehmen können aus der Gefahrenzone heraus. Auf diese Weise überleben wie im Freiland nur so viele Jungfische einer Brut, wie von den Eltern im Maul vor Freßfeinden geschützt werden können. Zwischen diesen Extremen gibt es natürlich eine Reihe von Abstufungen, in jedem Fall ist das Verhalten unter solchen Pflegebedingungen vielfältiger, wahrscheinlich auch naturnäher als bei der Einzelhaltung von Paaren. Ein zusätzlicher Aspekt der Pflege mit Feindfischen ist die Vermeidung einer unselektiven Massenvermehrung. Es haben nur solche Paare Fortpflanzungserfolg, die über das erforderliche verhaltensbiologische Anpassungspotential verfügen.

Besonderheiten: *A. bitaeniata* gehört zu den seit Jahrzehnten fest in der Aquaristik etablierten Zwergbuntbarschen. Die stark polychromatische Art war daher Ziel intensiver züchterischer Bemühungen, was eine Vielzahl ungewöhnlich farbiger Aquarienstämme hervorgebracht hat. Wildformen finden sich nur selten im Handel, da unter den Importen häufig sehr hohe Verluste auftreten. Die verbliebenen Wildfangtiere sind sehr häufig stark verwurmt, weshalb sie zunächst unter Quarantäne gehalten und, falls erforderlich, behandelt werden müssen. Dabei sollte unbedingt beachtet werden, daß die Fische sehr empfindlich auf Überdosierungen von Medikamenten reagieren.

T: 21 - 30 °C, L: ♂ 9 cm, ♀ 6 cm, BL: 150 cm, WR: u, SG: 2 - 4

Stachelrochen aus dem Rio Negro

Apistogramma bitaeniata ♂, adult, eines Aquarienstamms über weißem Sand

A. bitaeniata ♀, adult, Brutpflegefärbung, beachte schwarze Bauchzeichnung

Apistogramma borellii (REGAN, 1906)

Gelber, Borellis oder Reitzigs Zwergbuntbarsch

Erstbeschreibung: A revision of the
South-American cichlid Genera Retro-
culus, Geophagus, Heterogramma and
Biotoecus. Ann. Mag. nat. Hist., ser. 7
(Vol. xvii) (issue 97): 63-64. (Beschrie-
ben als *Heterogramma borellii*)

Etymologie: *borellii* = Dedikationsname
zu Ehren von Dr. A. BORELLI, der die Art
entdeckte.

Typusmaterial: Vier Exemplare.

Syntypen: Vier Exemplare, 25 mm bis
55 mm (BMNH), von A. BORELLI gesammelt, ohne Datum. Fundort: Carandasinho, Mato Grosso. (Die derzeitigen genauen Katalognummern sind
nicht bekannt.)

Zusätzliches Material: REGAN listet in
der Beschreibung drei weitere Exemplare auf, 35 bis 44 mm (BMNH), die A.
BORELLI bei Colonia Risso sammelte,
jedoch ohne Vermerk, daß es sich um
Typen handele.

Belegmaterial: Sechs Männchen und
ein Weibchen (ZFMK 17780 bis ZFMK
17786).

Synonyme: *Heterogramma borelli*
REGAN, 1906; *Heterogramma ritense*
HASEMAN, 1911; *Heterogramma rondoni*
MIRANDA-RIBEIRO; 1918, *A. reitzigi* AHL,
1939.

Artspezifische Merkmale: *A. borellii* ist
eine relativ kleine und hochrückige,
seitlich kräftig zusammengedrückte Art
mit relativ großer, runder Schwanzflosse und (bei Männchen) hoher Rückenflosse mit auf ganzer Länge zusam-
mengewachsenen Flossenhäuten. Die
Art fällt sofort durch die einzigartige
Ausprägung des Längsbandes auf,
das sich zickzackförmig bis in die transparent zeichnungslose, selten auch
honiggelblich getönte Schwanzflosse
erstreckt. Normalerweise ist der vordere Teil des Bandes zwischen dem
Auge und etwa der Körpermitte verblaßt, wird aber in Streßsituationen,
insbesondere in der Schreckfärbung
vollständig präsentiert. Das schmale
Wangenband erscheint nur selten. *A.
borellii* ist, wie die Mehrzahl der *Apistogramma*-Arten, in hohem Maße polychromatisch, was bedeutet, daß unterschiedliche Farbmorphen auftreten.
Der gesamte Körper der meisten erwachsenen Männchen ist blaumetallisch gefärbt. Ein großer Anteil
der Tiere (nach meinen Beobachtungen etwa 30 bis 40 Prozent aller als
Wildfänge eingeführter Individuen)
zeigt dagegen einen fast vollständig
lehm- bis zitronengelben Körper. Manche Exemplare zeigen einen goldgelben Kopf, manchmal auch einen ebenso gefärbten Bauch in Kombination mit
einem stahl- bis himmelblauen Körper.
Ein geringer Anteil aus dem Freiland
stammender Tiere (unter zehn Prozent) zeigt auf den Kiemendeckeln
und Kopfzeichnungen außerdem intensiv rote Flecken- und Wurmzeichnungen. Bei vielen alten Männ-

A. borellii ♂, adult, lateral drohend

J. Glaser

A. borellii ♀, adult, Brutpflegefärbung (Arica/Pantanál)

U. Werner

A. borellii ♂, adult, neutrale Stimmung

A. borellii ♂, adult, dominant, territorial, neutrale Stimmung

A. borellii ♂, adult, dominant, Freßstimmung

A. borellii ♂, adult (Arica/Pantanál)

U. Werner

chen entwickelt sich über den Augen durch das fortschreitende Körperwachstum ein regelrechter stufenartig ansteigender Buckel. Auf der vorderen Schwanzwurzel der meisten *A. borellii* ist ein blaßrosa gefärbter keilartiger Fleck zu erkennen, der besonders deutlich bei den Weibchen ausgeprägt ist. Nur bei dem mit *A. borellii* praktisch nicht verwechselbaren *Apistogrammoides pucallpaensis* tritt ein vergleichbarer Fleck in ähnlicher Ausprägung auf.

Geschlechtsunterschiede: Männchen werden größer als Weibchen und entwickeln eine sehr hohe Rückenflosse. Sie ist oft genauso hoch wie der stahlblaue Körper. Der Kopf ist meist gelblich, kann aber auch rote Wurmzeichnungen tragen. Die Weibchen haben dagegen eine niedrige Rückenflosse, die nur etwa halb so hoch wie der lehmgraue bis -gelbliche Körper ist. Die Weichstrahlbereiche von After- und Rückenflosse wachsen bei Männchen lang zugespitzt aus, bleiben aber bei den Weibchen abgerundet. Weibchen zeigen außerdem meist einen schwarzen Fleck an der Basis der Bauchflossen, die bei Männchen hyalin-transparent bis porzellanweißlich sind.

Verwandtschaftliche Zuordnung: Die Beziehungen von *A. borellii* zu anderen Gattungsvertretern sind unklar. Zumindest scheint aber eine Zuordnung zur *A. trifasciata*-Gruppe, wie von MAYLAND & BORK (1997) vermutet, nicht gerechtfertigt.

Typusfundort: Der Typusfundort liegt bei Carandasinho im brasilianischen Mato Grosso.

Verbreitung: *A. borellii* ist über das mittlere und obere Rio Paraguay-System verbreitet. Auch das gesamte Pantanal/Mato-Grosso-Gebiet gehört zum Areal. Fundorte liegen in Brasilien, Paraguay und Bolivien. Im Gebiet des Corrientes in Nordargentinien konnte *A. borellii* ebenfalls festgestellt werden (HÜSER persönliche Mitteilung).

Ökologie: Im Gegensatz zum ungewöhnlich guten Kenntnisstand zur Aquarienbiologie liegen zur Ökologie dieser Art bisher nur unzureichende Informationen vor. Nach bisher verfügbaren Informationen bewohnen *A. borellii* die unterschiedlichsten Lebensräume innerhalb ihres großen Verbreitungsgebietes. Sie stellen offenbar an die Wasserchemie keine besonderen Anforderungen, da sie auch in allen Wassertypen des Gebietes gefunden wurden. Die pH-Werte an *A. borellii*-Fundorten schwanken zwischen fünf und etwa acht, der Leitwert zwischen 10 und 200 µS/cm, die Wasserhärte zwischen 0 und 15 °dGH. Besonders hervorzuheben ist auch die weite Spanne der Temperaturen, denen die Fische im Freiland nachgewiesenermaßen ausgesetzt sind: STAECK (1995, 1996) maß als niedrigsten Wert, bei dem er lebende Zwergcichliden fand, 12 °C im Pantanal, HÜSER (persönliche Mitteilung) 16 °C im argentinischen Corrientes. *A. borellii* gehört zur Gruppe "Unspezialisierte Arten", deren Vertreter sowohl in kleineren Waldbächen als auch in den flacheren Uferzonen der großen Flüsse oder von Seen und Lagunen anzutreffen sind. Die Fische besiedeln aber stets Zonen in flachem Wasser, die versteckreiche Fallaublagen, Totholzansammlungen, Wasser-

A. borellii ♂, adult, dominant, territorial, leicht aggressiv gestimmt

A. borellii ♂, adult, dominant, leicht aggressiv, beachte roten Kiemendeckelfleck

pflanzen oder überspülte Landvegetation aufweisen. Auch die Schwimmpflanzendecke wird regelmäßig besiedelt. In Wasserhyazinthenbeständen in einem flachen See im Corrientes fand Hüser (persönliche Mitteilung) sehr viele erwachsene Tiere und mehrfach auch Gelege. Neben verschiedenen Salmlern und Welsen konnten *A. commbrae* und *A. trifasciata* gemeinsam mit *A. borellii* festgestellt werden.

Ersteinfuhr: Die Art wurde wahrscheinlich etwa 1936 durch H. Röse (Hamburg) erstmals eingeführt.

Aquarienbiologie: *A. borellii* gehört seit Jahrzehnten zu den beliebtesten Aquarienfischen. Die Ursache dafür sind neben seiner leichten Züchtbarkeit vor allem seine Unempfindlichkeit gegenüber Schwankungen der Wasserchemie und niedrigen Temperaturen. Bemerkenswert ist auch, daß die Art im Gegensatz zu vielen anderen Zwergbuntbarschen praktisch jedes angebotene Futter bereitwillig aufnimmt. Sie kauen es besonders gern aus feinsandigem Bodengrund heraus. Bereits in sehr kleinen Aquarien (um 60 cm Kantenlänge) lassen sich einzelne Paare dieses besonders friedfertigen Zwergbuntbarsches halten und zur Fortpflanzung bringen. Voraussetzung ist allerdings, daß der Pflegebehälter mit Totholz, Steinen oder auch Wasserpflanzen möglichst struktur- und versteckreich eingerichtet ist. Wenn man allerdings Wert auf die Beobachtung des wissenschaftlich und aquaristisch detailliert und umfangreich untersuchten Sozialverhaltens legt, sind größere Aquarien, in denen mehrere Tiere gemeinsam untergebracht

werden können, besser geeignet. *A. borellii* gehört innerhalb der Gattung zu den Arten, die für die Fortpflanzung normalerweise eine Mann-Mutter-Familie gründen. Das Männchen laicht üblicherweise nur mit einem Weibchen ab, mit dem es zuvor ein gemeinsames Revier besetzt hat. Das Gelege kann trotz der geringen Größe der Weibchen aus bis zu 200, in kleineren Schüben abgesetzten Eiern bestehen, die vom Männchen, sofort nachdem sie an die Unterlage geheftet wurden, besamt werden. Die Spermaabgabe erfolgt außerhalb der vom Weibchen gewählten Bruthöhle, wenn deren Eingang für die Männchen zu klein ist. Trotzdem sind auch solche Gelege in gleichem Umfang befruchtet, wie die, zu denen die Männchen direkten Zugang haben. Wahrscheinlich werden die Geschlechtsprodukte der Männchen durch die Strömungen in die Bruthöhle und zu den Eiern gespült, die durch das zwischen den einzelnen Laichschüben aus der Höhle ein- und ausschwimmende Weibchen verursacht werden. Möglicherweise spielt auch der Atemstrom des Weibchens und das sofort nach dem Laichen folgende Säubern ("Belutschen") der Eier durch das Weibchen eine wesentliche Rolle. Zu dieser biologisch bedeutsamen Frage besteht noch erheblicher Klärungsbedarf. Die temperaturabhängige Entwicklungszeit der Eier beträgt etwa zwei bis vier, die anschließende Larvenphase fünf bis sieben Tage. Die Brut schwimmt nach etwa sieben bis elf Tagen erstmals frei und beginnt unter der Aufsicht des Weibchens sofort mit der Nahrungssuche. Junge *A. borellii* lassen sich problemlos mit Nauplien von *Artemia* aufziehen. Sie wer-

A. borellii ♂, adult, dominant, nach gewonnener Auseinandersetzung

A. borellii ♀, halbwüchsig, subdominant

den etwa vier bis sechs Wochen lang von der Mutter, häufig aber auch vom Vater betreut, der sich, anders als die Männchen vieler anderer Arten der Gattung, vom Weibchen unbehelligt zwischen den Jungfischen aufhalten darf. In seltenen Fällen, meist nach Verlust des Weibchens, übernimmt das Männchen sogar die Betreuung der Larven oder gar des Geleges. Wie bei *A. caetei* beobachtet (RÖMER 1989), tragen auch die Männchen von *A. borellii* in dieser Situation ein dem Zeichnungsmuster der Weibchen ähnliches Farbkleid. Bei manchen Paaren kommt es zu einer echten Aufteilung des Jungfischschwarmes, so daß beide Partner unabhängig voneinander mit einem Teil der Brut durch das Revier ziehen. Bei Anwesenheit von Ablenk- oder Feindfischen nimmt der Brutpflegeanteil des Männchens deutlich zu, insbesondere wenn es sich um echte Freßfeinde für die Jungen handelt, wie sie etwa Zwerg-*Crenicichla* darstellen. Die Jungfische von *A. borellii* wachsen nur langsam und erreichen oft erst im Alter von mehr als einem Jahr ihre volle Größe. Die Fortpflanzungsfähigkeit setzt dagegen bereits nach etwa sechs bis sieben Lebensmonaten ein. Die Bruten von *A. borellii* weisen häufig extrem unterschiedliche Geschlechterverhältnisse auf, was nachweislich auf die modifikatorische Geschlechtsbestimmung durch Temperatur und pH-Wert zurückgeht (Details dazu im ersten Teil des Buches).

Besonderheiten: In der aquaristischen Literatur tauchten immer wieder auf bloßen Vermutungen basierende Aussagen auf, daß es sich bei den Farbmorphen von *A. borellii* um geographische Farbformen oder gar Unterarten handele (z. B. SCHMETTKAMP 1982, ZENNER & HOHL 1990). Diese Annahmen sind sachlich falsch. Zum einen konnte STAECK (1988, 1991) verschiedene Morphen dieser Art wiederholt zusammen an gemeinsamen Fundorten feststellen; auch werden die verschiedenen Formen nach meinen eigenen Beobachtungen immer wieder gemeinsam und damit wahrscheinlich aus dem selben Fanggebiet über den Großhandel eingeführt. Zum anderen sind Formen wie der von ZENNER & HOHL (1990) als eigenständige Art gewertete *A.* sp. "Opal" nur durch konsequente Selektion in Inzuchtstämmen in ihrem Erscheinungsbild stabil zu halten, da sonst, wie bei allen anderen Formen dieser Art, auch unter ihren Nachkommen sämtliche bekannten Farbformen von *A. borellii* erscheinen können. Bei *A.* sp. "Opal" handelt es sich tatsächlich um eine in der ehemaligen DDR aquaristisch herausgezüchtete Form von *A. borellii*.
A. borellii gehört zu den wenigen Arten der Gattung, die in bezug auf ihre Reproduktions- und Verhaltensbiologie gut untersucht sind. An eingehenderen Details Interessierte seien daher (neben der aquaristischen Literatur) besonders auf die Arbeiten von KUENZER (1958, 1962, 1966), KUENZER & KUENZER (1962) und LORENZEN (1989, 1991) hingewiesen.

T: 20 - 30 °C, **L:** ♂ 6 cm, ♀ 4 cm, **BL:** (60 -) 80 cm, **WR:** u, m, **SG:** 1 - 3

Fallaubansammlungen wie diese sind Lebensraum der meisten *Apistogramma*-Arten

A. borellii ♂, adult, mit Schuppendefekten auf der Körperseite

Apistogramma brevis KULLANDER, 1980

Erstbeschreibung: A Taxonomical Study of the Genus Apistogramma Regan, with a Revision of Brazilian and Peruvian Species (Teleostei: Perciformes: Cichlidae). Bonner Zoologische Monographien Nr. 14: 107 - 111.

Etymologie: *brevis* (lat.) = klein, kurz. Der Name wurde von KULLANDER gewählt, weil diese Art im Vergleich zu anderen Arten aus dem Rio Uaupés relativ **kurz** ist (nicht **klein**, wie z.B. in SCHMETTKAMP (1982) erwähnt).

Typusmaterial: 113 Exemplare.

Holotypus: Männchen, 29,0 mm SL (IRSNB (Types) 570), am 9. Dezember 1967 von König LEOPOLD III. von Belgien und J. P. GOSSE gesammelt. Fundort: Ein kleiner Igarapé, Lago Penera, Amazonas, Brasilien (00°01´N / 67°21´W).

Paratypen: Sieben Männchen und zehn Weibchen, 16,8 bis 38,7 mm SL (IRSNB (Types) 571), Daten wie Holotypus; 38 Männchen, 53 Weibchen und drei Exemplare unbestimmten Geschlechtes, 13,3 bis 33,4 mm SL (IRSNB (Types) 572), am 7. Dezember 1967 von König

LEOPOLD III. von Belgien und J. P. GOSSE gesammelt. Fundort: Igarapé Acaraposo, rechte Seite des Rio Tiquié, Amazonas, Brasilien (00°00´N / 68°30´W); und ein Männchen, 28,0 mm SL (IRSNB (Types) 574), am 8. Dezember 1967 von König LEOPOLD III. von Belgien und J. P. GOSSE gesammelt. Fundort: Rio Uaupés, bei Assai, Amazonas, Brasilien.

Synonyme: Keine.

Artspezifische Merkmale: Zwei leicht über das Längsband hinausragende Seitenflecke in Kombination mit vier schmalen Unterbauchstreifen, einem isolierten quadratischen Schwanzwurzelfleck, bei Männchen leicht zweizipfeliger Schwanzflosse und niedriger Rückenflosse sind kennzeichnend für diese relativ gedrungene ("short") Art.

Geschlechtsunterschiede: Soweit bisher bekannt, zeigen Männchen neben einer leicht zweizipfeligen Schwanzflosse transparent weißliche Bauchflossen und einen undeutlichen Afterfleck, während Weibchen einen kurzen Streifen auf dem Unterbauch, rußig-graue bis schwärzliche Bauchflossen und eine höchstens gestutzte Schwanzflosse besitzen.

Verwandtschaftliche Zuordnung: Die Zugehörigkeit von *A. brevis* zu einer bestimmten Verwandtschaftsgruppe innerhalb der Gattung ist nach KULLANDER (1980) unklar. Meine eigenen Nachuntersuchungen am Typenma-

A. borellii, Jungfisch, 4 Wochen alt

A. brevis ♂, adult, Schreckfärbung (Mitu, Rio Uaupés)   U. Werner

A. brevis ♂, adult, Schreckfärbung (Mitu, Rio Uaupés)   U. Werner

Gewundener Waldbach im Tieflandregenwald am mittleren Rio Uaupés

A. brevis ♂, adult (Mitu, Rio Uaupés), neutral gestimmt

A. brevis ♂, adult (Mitu, Rio Uaupés), dominant, neutral (?) gestimmt

terial führen mich zu der Auffassung, daß *A. brevis* ein relativ stark abgeleiteter Vertreter der *A. pertensis*-Gruppe ist, der eventuell zu den Arten des Formenkreises um *A. gibbiceps* überleitet. Nächste Verwandte scheinen *A.* sp. "Tiquié 1" einerseits sowie *A. uaupesi*, *A.* sp. "Vierstreifen" und *A.* sp. "Breitbinden" andererseits zu sein. Für eine genaue und endgültige systematische Zuordnung sind noch weitere Freiland- und Laborstudien erforderlich.

Typusfundort: Der Rio Uaupés im Bereich von Trovão, Assaí, Rio Tiquié und Lago Penera ist Typusfundort. Eine genauere Festlegung erfolgte bei der Beschreibung nicht.

Verbreitung: Aufgrund der Angaben zu den Typen handelt es sich höchstwahrscheinlich um einen Endemiten des brasilianisch / kolumbianischen Rio Uaupés-Systems, einem Zufluß des oberen Rio Negro. Fundorte liegen zwischen der Tukáno-Siedlung Assaí in Brasilien und Mitú in Kolumbien. Aus dem unteren Rio Uaupés und angrenzenden Rio Negro liegen bisher keine Funde vor.

Ökologie: Es handelt sich bei den Zuflüssen des Rio Uaupés-Systems meist um Schwarzwasserbäche. Vereinzelt sind auch Klarwasserbäche anzutreffen. Unerwarteterweise handelt es sich beim größten aus Kolumbien kommenden Zufluß, dem bei Taraquá in den Rio Uaupés mündenden Rio Tiquié, sogar um einen typischen Weißwasserfluß, ein bislang wenig bekannter Umstand. Ein Teil des Typenmaterials wurde in der Nähe der Mündung des Rio Tiquié

gesammelt. Da einerseits gesicherte neuere Aufsammlungen noch fehlen und andererseits die Wasserchemie des Verbreitungsgebietes ausgesprochen heterogen und derzeit noch weitgehend unklar ist, können bisher keine konkreten Angaben zur Ökologie der Art gemacht werden. Es besteht aber immerhin die Möglichkeit, daß gewisse Parallelen zu *A. elizabethae* bestehen, da *A. brevis* mit diesen gesammelt wurde. Zu den Tieren, die durch WERNER und seine Mitreisenden eingeführt wurden, liegen keine genauen Freilanduntersuchungen vor.

Ersteinfuhr: Diese Art wurde wahrscheinlich 1995 durch U. WERNER und seine Mitreisenden aus der Umgebung von Mitú in Kolumbien erstmals lebend nach Deutschland eingeführt. Die Fische wurden von KRANZ (1995) irrtümlich unter der Bezeichnung *A. personata* vorgestellt.

Aquarienbiologie: Bisher liegen noch keine verwertbaren veröffentlichten Angaben über die Haltung im Aquarium vor. Die Zucht der durch U. WERNER und seine Mitreisenden eingeführten Fische gelang nicht. Erst erneute Einfuhren können entsprechende Informationen erbringen.

Bemerkungen: Die von BORK (1996) in der Aquarienliteratur unter der Bezeichnung *A. brevis* vorgestellten halbwüchsigen Tiere gehören offensichtlich zu einer Morphe von *A. uaupesi*, die besonders im Rio Urubáxí häufig ist. Gezielte neue Lebendeinfuhren dieses Zwerg-Cichliden könnten erheblich zur Klärung seiner systematischen Position beitragen. Die Ergebnisse zur Wasserchemie im Freiland deuten darauf hin, daß *A. brevis* eine Klarwasserart ist, weshalb Tiere, die sehr vereinzelt auch als Beifänge eingeführt werden können, in sehr weichem und leicht saurem Wasser gehalten werden sollten.

T: 23-30 °C, **L:** ♂ 6 cm, ♀ 5 cm, **BL:** 100 cm, **WR:** u, **SG:** 4

A. brevis ♂, Holotypus

Käferansammlung / Rio Uaupés

A. brevis, Paratypus

Rivulus spec. (♀) aus dem Rio Uaupés lebt gemeinsam mit *Apistogramma*- und "*Nannacara*"-Arten

Apistogramma cacatuoides HOEDEMAN, 1951

Kakadu-Zwergbuntbarsch

Erstbeschreibung: Notes on the Fishes of the Cichlid Family I: Apistogramma cacatuoides sp. n.. Beaufortia - Series of Miscellanious Publications 4: 1 - 4.

Etymologie: *cacatuoides* = zusammengesetzt aus *cacatu* = Kakadu und *oides* (gr.) = ähnlich. Der Artname wurde von HOEDEMAN nicht erläutert, doch bezieht sich seine Wahl des Namens offenbar auf die Ausformung der Rückenflosse, die an die Haube eines Kakadu erinnert.

Typusmaterial: Zwei Exemplare.

Holotypus: Männchen, 39,2 mm SL (ZMA 100.033A), im März 1949 in der Nähe von Paramaribo in Surinam ("Dutch Guiana") gesammelt. (Nach heutiger Kenntnis zur Verbreitung der Art eine ganz offenbar falsche Fundortangabe!)

Paratypus: Ein Weibchen, 33,4 mm SL (ZMA 100.033B), Sammeldaten wie Holotypus.

[KULLANDER (1980) maß 38,5 mm SL für den Holotypus und 32,6 mm SL für den Paratypus und fügte weitere Ergänzungen, Hinweise auf methodische Fehler und Anmerkungen über die Herkunft der Fische an: Nach HOEDEMAN waren sie durch einen namentlich nicht genannten Seemann gesammelt und nach Europa gebracht worden. Die Aufsammlung dieses Seemanns war nach KULLANDERS Recherche durchaus real, doch stammten die von HOEDEMAN beschriebenen Fische wahrscheinlich aus einem Aquarienfischimport unbekannter Herkunft. Nach einer brieflichen Mitteilung Han NIJSSENS an KULLANDER (zitiert in KULLANDER 1980), stellt dieser fest, daß der ursprüngliche Sammlungszettel (Zitat:) "Aquarium import, April 1950, Amazone, specimens died in October 1950" lautete, später aber durch einen mit der Aufschrift "Suriname, Paramaibo" ausgetauscht worden sei. Heute ist bekannt, daß die Art tatsächlich aus Peru und den nordöstlich angrenzenden Ländern stammt, HOEDEMANS Angaben zu den Typen also falsch waren.]

Belegmaterial: Neun Männchen und fünf Weibchen (ZFMK 17618 bis ZFMK 17631).

Synonyme: *Apistogramma borellii* MEINKEN, 1961, *Apistogramma borellii* KUENZER, 1962, *Apistogramma borellii* KLEE, 1965.

Artspezifische Merkmale: *A. cacatuoides* ist durch die Kombination einer zweizipfeligen Schwanzflosse, einer mindestens im vorderen Drittel deutliche Verlängerungen aufweisenden, gesägten Rückenflosse, deutlichem, ohne Unterbrechung bis auf den Grund der Schwanzflosse durchgehenden Längsband, drei deutlichen Unterbauchstreifen und bei erwachsenen Männchen mächtig entwickelten Kiefern mit blauen Lippen gekennzeichnet. Männchen tragen meist unregelmäßige rote und/oder schwarze Flek-

A. cacatuoides ♂ , adult, neutral gestimmt

A. cacatuoides ♂ , adult, territorial, neutral gestimmt

ken in der Schwanzflosse, bei Zuchtformen sogar in der Rücken- und Afterflosse. Bei Zuchtformen treten auch Weibchen mit solchen Flecken auf, was bei Wildfangtieren nach meiner Kenntnis bisher nie festgestellt werden konnte. Die Schwanzflosse von *A. cacatuoides*-Männchen ist nie durchgehend gebändert, wie dies bei *A. luelingi* der Fall ist, sondern zeigt Bänder nur unvollständig auf der Flossenbasis oder in deren unterer Hälfte. Weibchen fehlt die Verlängerung der vorderen Häute der Rückenflosse, und die Schwanzflosse ist leicht gestutzt.

Geschlechtsunterschiede: Deutliche Geschlechtsunterschiede sind bei dieser Art festzustellen. Männchen, die etwa doppelt so groß werden wie die Weibchen, entwickeln bei Erreichen der Geschlechtsreife eine deutlich zweizipfelige Schwanzflosse. Diese bleibt bei Weibchen stets rund oder höchstens leicht gestutzt; nur sehr alte Weibchen können ebenfalls kurze Flossenzipfel entwickeln. Außerdem weist die Rückenflosse der Männchen im Bereich der Hartstacheln zwei bis acht stark verlängerte Flossenhäute auf, die den Weibchen fehlen. Weibchen zeigen in der Brutpflegephase außerdem eine zitronen- bis goldgelbe Grundfärbung, während Männchen kein besonderes Brutpflegekleid tragen.

Verwandtschaftliche Zuordnung: Gemeinsam mit *A. luelingi, A. juruensis* und *A. staecki* bildet *A. cacatuoides* den nach ihr benannten *A. cacatuoides*-Subkomplex innerhalb des *A. cacatuoides*-Komplexes, zu der auch noch die Formen des *A. nijsseni*-Subkomplexes zu rechnen sind. Alle bisher bekannten Formen dieses Komplexes zeigen eine deutlich zweizipfelige Schwanzflosse und Verlängerungen mindestens der ersten Häute der Rückenflosse. Auch *A. aruensis* steht dem *A. cacatuoides*-Komplex nahe, stellt aber das Verbindungsglied zum *A. trifasciata*-Komplex dar.

Typusfundort: Das Rio Amazonas-Becken zwischen dem 69. und 71. Grad westlicher Breite. Der Typusfundort wurde 1980 durch Kullander im Rahmen seiner ersten Gattungsrevision neu festgelegt, da der ursprünglich von Hoedeman (1951) festgelegte Ort ("nahe Paramaribo, Niederländisch Guiana") offenbar völlig falsch war.

Verbreitung: *A. cacatuoides* bewohnt weite Teile des peruanischen Tieflandes im Einzugsbereich des oberen und mittleren Rio Ucayáli. Es liegen aber auch Funde aus dem brasilianischen und kolumbianischen Einzug des Rio Solimóes östlich bis in den Bereich um Tefé vor (Kullander 1980, 1986). Weitere detaillierte Studien zur Verbreitung scheinen sinnvoll.

Ökologie: *A. cacatuoides* gehört zu den wenigen Arten der Gattung, über die umfangreichere Angaben zur Ökologie vorliegen. Insbesondere Staeck (1986, 1987), Linke & Staeck (1995) und Kullander (1980, 1986) lieferten (neben anderen Autoren) umfangreiches Beobachtungsmaterial. Nach bisherigem Kenntnisstand bewohnt die Art bevorzugt kleinere Bäche, Lagunen oder Seen im Regenwald. Wiederholt wurden die Fische auch in Restwasserpfützen festgestellt. Der Was-

A. cacatuoides, überaltertes ♂, neutral gestimmt

A. cacatuoides ♂, halbwüchsig, subdominant, neutral gestimmt

D. Bork

A. cacatuoides ♂, halbwüchsig, unterdrückt

A. cacatuoides ♂, halbwüchsig, unterdrückt, leicht aggressiv gestimmt

A. cacatuoides ♂, adult, unterdrückt

A. cacatuoides ♂, halbwüchsig, unterdrückt, aggressiv gestimmt

sertyp spielt für *A. cacatuoides* anscheinend nur eine geringe Rolle; der Säuregrad des Wassers scheint wesentlich bedeutsamer zu sein. Sowohl in Weiß- als auch in Klarwasser konnten wiederholt und regelmäßig zahlreiche *A. cacatuoides* festgestellt werden. In Schwarzwasser konnten sie bisher nur ausnahmsweise gefangen werden, dann allerdings auch in schlechter körperlicher Verfassung. Alle Angaben zum pH-Wert von darauf untersuchten Fangplätzen außerhalb von Schwarzwasserbächen liegen zwischen den Werten 6,5 und 8. Die Schwarzwasserfundorte wiesen dagegen pH-Werte zwischen 5 und 6 auf. Offenbar beeinträchtigen niedrige pH-Werte *A. cacatuoides* so deutlich, daß sie saure Gewässer meiden, möglicherweise auch deshalb, weil sie dort den darin herrschenden chemischen Bedingungen besser angepaßten Arten wie z.B. *A. bitaeniata* in Konkurrenzsituationen deutlich unterlegen sind. Bemerkenswert ist, daß sich die Wasserhärte in den andennahen peruanischen Gewässern nach keiner Gesetzmäßigkeit den verschiedenen Wassertypen zuordnen läßt. Die Wasserhärte schwankt in allen Wassertypen zwischen 0 und 18 °dGH, die elektrische Leitfähigkeit zwischen 20 und 450 µS/cm. Die Wassertemperaturen schwanken im Maximalbereich zwischen 33 °C in offenen Lagunen, 30 °C in größeren Flüssen und etwa 27 °C in kleinen beschatteten Waldbächen. Als niedrigste Temperaturen kommen in allen Gewässern nach länger anhaltenden kalten Südwinden Werte um 16 °C vor. Die Fische dieser Region einschließlich *A. cacatuoides* sind diesen extremen Temperaturbereich so weitgehend angepaßt, daß nach bisherigem Informationsstand kein Massensterben bei besonders niedrigen oder hohen Temperaturen auftritt. Innerhalb der verschiedenen Gewässer bewohnen *A. cacatuoides* flache Bereiche mit umfangreicher Fallaubschicht und lokal eingestreutem Totholz. Sie verstecken sich meist zwischen den Blättern oder unter Astwerk. In Überschwemmungsbereichen sind sie auch in überstauter Landvegetation anzutreffen. Gemeinsam mit *A. cacatuoides* wurden neben zahlreichen diversen Arten von Bachlingen, Messerfischen, Salmlern und Welsen auch verschiedene Buntbarsche angetroffen: *Apistogramma agassizii*, *A. bitaeniata* (seltene Ausnahmen), *A. cruzi*, *A. eunotus*, *A. panduro*, *Apistogrammoides pucallpaensis*, *Laetacara flavilabris* und verschiedene Arten der Gattungen *Aequidens*, *Crenicichla*, *Geophagus* sowie *Satanoperca*. Untersuchungen zu Verhalten, Mikrohabitatwahl oder gar dem Sozialsystem fehlen bislang.

Ersteinfuhr: Etwa 1950 wurde *A. cacatuoides* erstmals unter der Bezeichnung *Apistogramma* "U2" über den Handel eingeführt.

Aquarienbiologie: *A. cacatuoides* gehört heute zu den Klassikern unter den Aquarienfischen. Sowohl in den Aquarien der Liebhaber als auch in wissenschaftlichen Instituten gehört dieser robuste Zwergbuntbarsch zu den fest etablierten Arten. Die Ursache liegt in seiner relativen Unempfindlichkeit gegenüber Änderungen der Wasserqualität und seiner leichten Züchtbarkeit ebenso wie in seiner extremen

Portrait eines voll ausgewachsenen *A. cacatuoides* ♂, beachte die mächtigen Kiefer

A. cacatuoides ♂, halbwüchsig, neutral gestimmt

333

farblichen Variabilität. Letztere hat durch intensive züchterische Arbeit zur Entstehung von unzähligen verschiedenfarbigen, insbesondere gelblichen und rötlichen Aquarienstämmen geführt. A. cacatuoides läßt sich auch in relativ hartem Wasser (bis 20 °dGH) problemlos halten und meist auch nachzüchten. Allerdings ist wie bei praktisch allen Zwergbuntbarschen auf eine möglichst gute Wasserqualität zu achten, was durch regelmäßige umfangreiche (Teil-) Wasserwechsel gewährleistet werden kann. Die Temperatur kann zwischen 20 und 30 °C liegen, allerdings werden hohe Temperaturen schlechter vertragen als niedrige; kurzzeitige Temperaturabsenkungen bis auf 18 °C überstehen A. cacatuoides problemlos. Der pH-Wert darf (entgegen den im Freiland gemachten Feststellungen) zwischen 4 und 8 liegen, ohne daß die Fische in ihrem Wohlbefinden erkennbar beeinträchtigt werden. Allerdings sind die Tiere in weicherem und schwach sauren Wasser deutlich produktiver als in den Extrembereichen. Die in sehr hohem Maße polygamen Männchen von A. cacatuoides besetzen Großreviere, in denen sich mehrere Weibchen in Kleinrevieren niederlassen und sie heftig gegen potentielle Konkurrentinnen verteidigen. Die Männchen patrouillieren regelmäßig ihre Revieraußengrenzen ebenso wie die einzelnen Weibchen an ihren Versteckplätzen. Das Zentrum der oft nur wenige Quadratdezimeter umfassenden Weibchenreviere stellt ein gegenüber Eindringlingen gut zu verteidigender Versteckplatz dar. Darin wird nach nur kurzer Balz das aus bis zu über 200 Eiern bestehende Gelege vom Weibchen angeheftet und unmittelbar darauf vom Männchen besamt. Die Gelege werden ausschließlich von der Mutter betreut. Der Larvenschlupf erfolgt temperaturabhängig nach etwa zwei bis drei Tagen. Die anschließende Larvalphase dauert zwischen fünf und sieben Tage, so daß die voll entwickelten Jungfische nach etwa sieben bis zehn, selten elf Entwicklungstagen erstmalig frei schwimmen. Auch ihre weitere Pflege wird normalerweise ausschließlich vom Weibchen übernommen. Dieses führt die Nachkommen in ungestörter Situation über mehrere Wochen durch ihr Revier, wobei sie deren Aufenthaltsort und Bewegungsrichtung über ruckartig ausgeführte "Flossenkommandos" beeinflußt. In seltenen Fällen wird nach etwa zwei bis drei Wochen auch das Männchen bei der direkten Pflege der Nachkommen aktiv. Meist laicht das Weibchen zu diesem Zeitpunkt erneut ab und erscheint für mehrere Tage nicht mehr vor der Bruthöhle, so daß sich die Nachkommen ansonsten weitgehend schutzlos im Revier der Eltern aufhalten. Solche Jungfische werden gelegentlich auch von anderen Weibchen adoptiert, das heißt im Schwarm der eigenen Nachkommen geduldet. Die Hintergründe dieses Verhaltens, das von vielen Arten (auch aus anderen systematischen Gruppen) bekannt ist, sind derzeit noch unklar. Die jungen A. cacatuoides lassen sich von Beginn an ohne größere Schwierigkeiten oder Verluste mit den Naupliuslarven von Artemia ernähren. Sie wachsen vergleichsweise schnell heran und sind meist bereits nach etwa 5 Monaten fortpflanzungsfähig. Auch die Geschlechter lassen sich zu diesem Zeitpunkt normalerweise bereits problem-

A. cacatuoides ♀, adult, außerhalb der Brutpflegestimmung

A. cacatuoides ♀, halbwüchsig, orangefarbene Aquarienform

los unterscheiden. Die Verteilung der Geschlechter unter den Nachzuchten bei *A. cacatuoides* kann extrem unterschiedlich sein. Über die Hintergründe der modifikatorischen Geschlechtsbestimmung bei dieser Art wird im ersten Teil des Buches ausführlich berichtet. Bei *A. cacatuoides* tritt in manchen Nachzuchtstämmen aber auch das Phänomen auf, daß unter verschiedensten Bedingungen praktisch nur noch Tiere eines Geschlechtes aufgezogen werden. Hier scheinen während der häufig in der Aquaristik an *A. cacatuoides* vorgenommenen Sortenzucht Gendriftprozesse aufgetreten zu sein, die zu dem genannten Effekt führen. Eine Umweltbeeinflussung der Geschlechterverhältnisse in solchen Zuchtlinien ist nicht mehr möglich. Wahrscheinlich kann hier nur die Ein- oder Rückkreuzung auf gegensätzlich selektionierte Linien Abhilfe schaffen.

Besonderheiten: *A. cacatuoides* hat sich als geradezu idealer Fisch für die Sortenzucht in der Aquaristik erwiesen. Dies hat zur Herauszüchtung ganz unterschiedlicher Typen, etwa vom Albino bis hin zu Stämmen mit rein roten Flossen, geführt. Leider treten in neuerer Zeit aus kommerziellen Gründen zunehmend auch Quälzüchtungen auf, bei denen Fische mit besonders hoher Körperform durch Wirbelsäulenverkrümmungen bevorzugt weitervermehrt werden. Solche Fische können, im Gegensatz zu reinen Farbzuchten, nicht mehr ihr gesamtes Verhaltensrepertoire ausleben und sind oft sogar in grundlegenden Verhaltensweisen, etwa der Nahrungsaufnahme, behindert. Der verantwortungsbewußte Aquarianer sollte, abgesehen von ästhetischen Aspekten, schon aus Tierschutzgründen von Kauf und Nachzucht solcher Tiere unbedingt absehen.

T: 21 - 29 °C, **L:** ♂ 9 cm, ♀ 6 cm, **BL:** 100 cm, **WR:** u, m, **SG:** 1 - 2 (- 4 bei Wildfangtieren!)

Früchte

A. cacatuoides ♂, beachte Lippenfarbe

A. cacatuoides ♀, adult, Brutpflegestimmung, leicht aggressiv

A. cacatuoides ♀, adult, Brutpflegestimmung, neutral gestimmt

Apistogramma caetei Kullander, 1980

Rio-Caete-Zwergbuntbarsch

Erstbeschreibung: A Taxonomical Study of the Genus Apistogramma Regan, with a Revision of Brazilian and Peruvian Species (Teleostei: Perciformes: Cichlidae). Bonner Zoologische Monographien Nr. 14: 76 - 79.

Etymologie: *caetei* = der Name bezieht sich auf den Rio Caeté, aus dem die Art erstmals bekannt wurde.

Typusmaterial: Vier Exemplare.

Holotypus: Männchen, 35,6 mm SL (FMNH 54164A, vorher CM 2732 pt.), am 29. Dezember 1929 von J. D. Haseman gesammelt. Fundort: Igarapé bei Braganca, Para, Brasilien (01°45´S / 46°47´W).

Paratypen: Zwei Männchen, 21,5 und 30,9 mm SL (FMNH 54164B & C, vorher CM 2732 pt.), Funddaten wie Holotypus; Männchen, 29,1 mm SL (MCZ 46090), im Juli 1965 von N. Menezes gesammelt. Fundort: Rio Apeu, Municipio Boa Vista, Castanhal, Para, Brasilien (01°21´S / 47°55´W).

Belegmaterial: Sechs Männchen und sechs Weibchen (ZFMK 17695 bis ZFMK 17706).

Synonyme: Keine.

Artspezifische Merkmale: *A. caetei* gehört zu den relativ großen Arten aus der *A. regani*-Gruppe. Die Tiere sind relativ hochrückig und seitlich mäßig zusammengedrückt. Erwachsene Männchen zeigen auf graublauem oder stahlblauem Körper ein schmales zickzackförmiges Längsband, das vor einem kleinen unregelmäßigen Schwanzwurzelfleck im Querband sieben endet und mit diesem ein arttypisches T-ähnliches Muster bildet. Besonders die Färbung der Kopfregion ist auffällig und typisch. Sie besteht aus leuchtend roten Flecken und Streifen auf hell stahlblauem Untergrund. Die Iris ist häufig intensiv goldgelblich. Die Kinnpartie und (seltener) auch die Kehl- bis Bauchregion zeigen ein auffälliges Porzellanweiß. Gelegentlich ist die Zone zwischen Unterlippe und dem Hinterende des Vorderkiemendeckels unterhalb der Wangen auch blaß zitronen- bis goldgelb. Die Schwanzflosse ist normalerweise vollständig dicht senkrecht gebändert, die Bauchflossen sind bläulichweiß mit weißer oder gelber Spitze. Auf den Körperunterseiten tragen die Fische schräg nach hinten laufende Unterkörperstreifen, die im Bereich der Körperbänder besonders deutlich sind, oftmals aber auf unregelmäßige Reihen senkrechter Strichelchen oder Flecke reduziert werden. In bestimmten Stimmungen kann das Längsband auch durchgehend mit etwa einer Schuppe Breite ausgeprägt werden, ausnahmsweise auch in ein Muster drei bis fünf unregelmäßiger Flecken aufgelöst sein, wobei auch deutliche Rückenflecke und der Schwanzwurzelfleck sichtbar werden. Bei erwachsenen Weibchen, insbesondere solchen in Brutpflegestimmung, löst sich das Längsband häufig

Apistogramma caetei ♂, halbwüchsig, neutral gestimmt

A. caetei ♂, juvenil, neutral gestimmt

in fünf längliche Flecken und einen auf der Schwanzwurzel liegenden senkrechten T-Fleck auf. Außerdem ist dann der rundliche schwarze Fleck auf der Basis der Schwanzflosse gut zu erkennen.

Geschlechtsunterschiede: Männchen werden etwas größer als Weibchen und zeigen eine durchgehend gleichmäßig gebänderte Schwanzflosse, die bei Weibchen transparent, in seltenen Fällen auch teilweise unregelmäßig gebändert ist. Die Rückenflosse der Männchen ist in ihrem Weichstrahlbereich zugespitzt und leicht ausgezogen, während die der Weibchen abgerundet ist. Viele Männchen tragen außerdem auffällige blaue und rote Flecken oder Wurmzeichnungen auf den Wangen und Kiemendeckeln.

Verwandtschaftliche Zuordnung: *A. caetei* ist ein Vertreter der *A. regani*-Gruppe. Gemeinsam mit *A. piauensis*, dem "Rotwangen"-*Apistogramma* und dem "Paraguay"-*Apistogramma* bildet die Art nach derzeitiger Auffassung den *A. caetei*-Komplex (KOSLOWSKI 1985, KOSLOWSKI nach SCHÄFER 1994). Die Arten dieses Komplexes unterscheiden sich von den anderen Vertretern der *A. regani*-Gruppe durch die vollständig gebänderte Schwanzflosse, das besonders deutliche siebte Körperquerband, welches vor allem unterhalb des schmalen Längsbandes auffällt und in Kombination mit diesem einen Winkel bildet, sowie durch die versetzten Fleckenreihen auf den Körperseiten. Die genaueren systematischen Beziehungen zwischen den verschiedenen Vertretern der *A. regani*-Gruppe können bislang noch nicht als

ausreichend geklärt angesehen werden und bedürfen noch weiterer eingehender Untersuchungen.

Typusfundort: Der Typusfundort ist ein Igarapé bei Braganca im Bundesstaat Pará, Brasilien.

Verbreitung: Die Verbreitung dieses Zwergbuntbarsches ist bisher nur unzureichend bekannt. Längere Zeit bekannte Funde stammen aus dem Rio Caeté und Rio Apeu. Neuere Nachweise stammen aus der näheren Umgebung der Stadt Belém, dem Rio Guamá (KOSLOWSKI 1995) und neuerdings sogar aus dem Einzugsbereich des Rio Tocantins (STAECK 1996 in litt.).

Ökologie: Bisher liegen kaum Angaben zur Ökologie von *A. caetei* vor. STAWIKOWSKI (persönliche Mitteilung) fing einige Exemplare im flachen Uferbereich des Rio Guamá. Die Tiere hielten sich dort zwischen Fallaub und Wurzeln über feinem Sand in typologisch nicht eindeutig zuzuordnendem Wasser auf. STAECK (persönliche Mitteilung) fand die Fische ebenfalls in Flachwasserbereichen im Fallaub mit viel Totholz. Freilandstudien zur Ökologie dieser Art sind sehr wünschenswert.

Ersteinfuhr: Die Art ist wahrscheinlich erst Ende der 1980er Jahre durch verschiedene reisende Aquarianer und kommerzielle Exporte in kleiner Stückzahl nach Europa gelangt. Wahrscheinlich betreffen alle davor datierenden Importangaben *Apistogramma* sp. "Paraguay", der regelmäßig in größeren Stückzahlen nach Europa gelangt. Seit Ende 1995 gelangen *A. caetei* regel-

A. caetei ♂, adult, neutral gestimmt

W. Staeck

A. caetei ♂, adult, leicht aggressiv gestimmt

W. Staeck

mäßig in kleinen Stückzahlen über den Handel nach Europa, Japan und in die USA.

Aquarienbiologie: *A. caetei* gehört zu den etwas einfacher zu pflegenden Arten der Gattung. Die Fische lassen sich bereits in mittelhartem und neutralem Wasser (bis 10 °dGH, 400 μS/cm) halten und vermehren. Optimal ist dagegen weiches und leicht saures Wasser (um 2 °dGH, 50 μS/cm und pH 6), das regelmäßig zum großen Teil erneuert werden muß, da die Fische relativ empfindlich auf organische Verunreinigungen, insbesondere Stickstoffverbindungen, reagieren. Das möglichst geräumige Aquarium sollte auf feinem Sandgrund mit Steinen, Totholz und/oder Wasserpflanzen möglichst versteckreich eingerichtet werden, da *A. caetei* untereinander manchmal ausgesprochen aggressiv werden können. Gegenüber anderen Aquarienmitbewohnern, etwa kleineren Salmlern, Welsen oder auch Bachlingen, werden lediglich Weibchen in der Brutpflegephase aufdringlich; die Männchen vertreiben solche Feindfische meist nur mit geringer Intensität. Die Männchen besetzen Großreviere, die in meinen Aquarien in manchen Fällen deren gesamte Grundfläche von 150 x 50 Zentimeter umfassen und in denen sie mehrere Weibchen dulden. Die Weibchen legen in heftigen, stark ritualisierten Rangordnungskämpfen die Reviergrenzen fest. Das Zentrum der Weibchenreviere stellt das Bruthöhle dar. Darin werden vom Weibchen die bis zu 250 Eier des Geleges portionsweise angeheftet und unmittelbar danach vom Männchen besamt. Die weitere Pflege der Brut übernimmt

üblicherweise das Weibchen; in einzelnen Fällen konnte ich jedoch beobachten, daß das Männchen die Partnerin bereits unmittelbar nach dem Ablaichen aus der Bruthöhle vertrieb, in sehr seltenen Fällen sogar tötete und die Betreuung der Brut übernahm (RÖMER 1989). In dieser Situation zeigen die betreffenden Männchen das Zeichnungsmuster brutpflegender Weibchen. Die Entwicklung der ständig vom Weibchen mit dem Maul gesäuberten Eier dauert bis zum Schlupf der Larven etwa zwei bis drei, die anschließende Larvalzeit zwischen fünf und sieben Tage. Wahrscheinlich werden beim "Belutschen" der Eier und Larven von weiblichen Zwergbuntbarschen in spezialisierten einzelligen Drüsenzellen im Maulbereich produzierte, sogenannte saure Polymucosaccharide auf deren Oberfläche aufgebracht, die eine pilzhemmende Wirkung haben (BREMER 1992), womit die Verlustraten unter den Nachkommen dieser Altersstadien möglicherweise aktiv erheblich gesenkt werden. Die nach sieben bis zehn Tagen erstmals frei schwimmenden Jungfische fressen sofort Nauplien von *Artemia*, Essigälchen oder auch anderes, sehr feines Lebendfutter und Detritus. Sie werden vom Weibchen in einem dichten Schwarm durch ihr Revier geführt. Ausreißer werden ins Maul genommen und wieder in den Schwarm zurückgespuckt. Dabei werden regelmäßig auch Jungfische benachbarter Weibchen gekidnappt und dem Schwarm der eigenen Nachkommen einverleibt. Die Jungen wachsen innerhalb eines halben Jahres auf rund vier bis fünf Zentimeter Länge (TL) heran und sind zu diesem Zeitpunkt normalerweise bereits fortpflanzungs-

A. caetei ♂, adult, neutral gestimmt

A. caetei ♂, adult, leicht aggressiv gestimmt (Freßstimmung)

fähig. Die Geschlechterverhältnisse unter den Nachkommen von *A. caetei* sind häufig stark verschoben. Dies wird durch die besonders vom Säuregrad abhängige modifikatorische Geschlechtsbestimmung verursacht. Temperatureffekte werden bei dieser Art vom Säureeffekt deutlich überlagert (RÖMER & BEISENHERZ 1995, 1996). Weitergehende Angaben hierzu finden sich im ersten Teil dieses Buches.

Besonderheiten: *A. caetei* wurde in der Vergangenheit regelmäßig mit dem aus Südbrasilien und Paraguay importierten *A.* sp. "Paraguay" verwechselt. Die meisten Abbildungen in der Aquarienliteratur (z.B. KOSLOWSKI 1985, LINKE & STAECK 1994, 1990, 1992, RICHTER 1988) stellen daher auch die letztgenannte Art dar. Erst LINKE & STAECK (1995) bilden erstmalig tatsächlich *A. caetei* ab.

T: 20-29°C, **L**: ♂ 6 cm, ♀ 4 cm, **BL**: 100 cm, **WR**: u, m, **SG**: 2 - 3

Unbestimmter Tagfalter

A. caetei ♀, adult, bei der Pflege wenige Tage alter Jungfische   W. Staeck

A. caetei ♀, adult, neutral gestimmt

A. caetei ♀, halbwüchsig, unterdrückt, neutral gestimmt

Apistogramma commbrae (REGAN, 1906)

Corumba-Zwergbuntbarsch

Erstbeschreibung: A revision of the South-American cichlid Genera Retroculus, Geophagus, Heterogramma and Biotoecus. Ann. Mag. nat. Hist., ser 7, 17 (97): 64 - 65.

Etymologie: *commbrae* = der Name wurde durch REGAN nicht erklärt. REGAN stellt lediglich fest, daß er eigentlich beabsichtigte, die Art unter anderem Namen zu beschreiben. Der Artname bezieht sich aber wahrscheinlich auf den Fundort Corumba. Seine Schreibweise geht wohl auf einen Übertragungs- oder Schreibfehler zurück. Eine sehr detaillierte Diskussion dieser Frage findet sich bei KULLANDER (1982).

Typusmaterial: Fünf Exemplare.

Lectotypus: Von KULLANDER (1982) wurde im Rahmen einer Revision der Cichliden des La Plata-Beckens ein Lectotypus festgelegt. Es handelt sich wahrscheinlich um ein Weibchen, 27,3 mm SL (BMNH 1900.4.14:16.), Carandasinho, Mato Grosso (Brasilien, Bundesstaat Mato Grosso, Carandazinho), Sammeldatum unbekannt, von A. BORELLI gesammelt. Der Lectotypus war Teil der Syntypenserie REGANS. KULLANDER (1982) bezeichnet die übrigen Stücke aus der ursprünglichen Typenserie REGANS aber ebenfalls als Lectotypen. Vier Exemplare, 18,0 bis 26,7 mm SL (BMNH 1895.1.30:6-9; ebenfalls ohne Vermerk des Sammelzeitpunktes von A. BORELLI bei Colonia Risso gesammelt.

Synonyme: *Heterogramma commbae* REGAN, 1906. (Ann. Mag. nat. Hist. (7) 17: viii.); *Biotodoma commbrae* EIGENMANN in REGAN (1906); *Heterogramma commbae* REGAN, 1906; *Heterogramma corumbae* EIGENMANN & WARD, 1907.

Artspezifische Merkmale: Typisch für *A. commbrae* ist neben der geringen Körpergröße die Kombination eines Doppelfleckes auf dem Schwanzstiel mit zwei bis drei kräftigen Unterbauchstreifen und ebensolchen Rückenflecken. Die Grundfärbung ist gelblichgrau. Selten treten bei Männchen rote Flecke oder blaue Streifen auf den Wangen sowie eine gelbliche Kehle auf. Die Flossen zeigen keine besonderen Verlängerungen, Anhängsel oder Zeichnungsmuster.

Geschlechtsunterschiede: Die Merkmale zur Unterscheidung der Geschlechter sind bei dieser kleinen Art nur geringfügig. Am besten eignet sich die bei Männchen im Weichstrahlbereich zugespitzte und leicht ausgezogene, bei Weibchen hingegen abgerundete Rückenflosse. Manche Männchen zeigen gelbe, rote, selten auch blaue Punkte oder Striche auf den Wangen. Weibchen zeigen entlang der Vorderseite auf ganzer Länge schwärzlich gefärbte Bauchflossen, welche bei Männchen höchstens in der oberen Hälfte entsprechend gefärbt sind. Bei allen anderen Merkmalen kommen Überschneidungen vor.

Verwandtschaftliche Zuordnung: *A. commbrae* ist nach bisherigem Kennt-

Apistogramma commbrae ♂, adult, dominant, Brutpflegestimmung

A. commbrae ♀, adult, dominant, Brutpflegestimmung

A. commbrae ♂, adult, dominant

W. Staeck

A. commbrae ♂, adult, neutral gestimmt

W. Staeck

A. commmbrae ♀, adult, neutral gestimmt

A. commmbrae ♂, adult, dominant, territorial, neutral gestimmt

J. Glaser

nisstand nahe mit *A. inconspicua* und *A. linkei* verwandt. Gemeinsam bilden diese Arten den *A. commbrae*-Komplex innerhalb der *A. regani*-Gruppe. Sie teilen als auffälligstes Merkmal den Doppelfleck auf der Schwanzwurzel. Neuerdings wurden zwei weitere Arten der Gattung *Apistogramma* eingeführt, die ebenfalls, zumindest zeitweilig Doppelflecke auf der Schwanzwurzel aufweisen. Überraschend daran: beide gehören zum *A. cacatuoides*-Komplex. Während *A. panduro* nur während der Jugendentwicklung zeitweilig einen aus zwei senkrecht hochovalen Flecken zusammengesetzten Schwanzwurzel-Doppelfleck zeigt, ist dieser bei *A. atahualpa* auch bei erwachsenen Exemplaren oftmals deutlich zu sehen. *A. atahualpa* ähnelt aber weniger *A. commbrae* als vielmehr *A. linkei*, von dem er nur durch wenige Merkmale unterschieden ist. Diese neuen Befunde legen erstmals eine Verbindung der *A. commbrae*-Gruppe mit dem *A. cacatuoides*-Komplex nahe. *A. urteagai*, der von SCHÄFER (1994) ebenfalls in den *A. commbrae*-Komplex gestellt wurde, gehört aufgrund neuerer Befunde (STAECK 1993) tatsächlich in den entfernter verwandten *A. resticulosa*-Komplex der *A. regani*-Gruppe.

Typusfundort: Das Typusmaterial stammt wahrscheinlich aus der Umgebung der Stadt Corumba im Bundesstaat Mato Grosso, Brasilien.

Verbreitung: Soweit bisher bekannt wurde, ist die Art im gesamten Rio Paraguay-Einzug oberhalb der Mündung des Rio Salado in Argentinien, Bolivien, Brasilien und Paraguay verbreitet. Neuerdings wurden wiederholt auch Tiere aus dem oberen Guaporé, einem Zufluß des oberen Rio Madéira, durch LACÉRDA (TROPRIO, Rio de Janéiro) nach Europa exportiert.

Ökologie: Die Kenntnisse zur Ökologie dieser Art sind noch ziemlich begrenzt, obwohl ihr natürliches Verbreitungsgebiet im Vergleich zu dem anderer, wesentlich besser untersuchter Formen der Gattung relativ gut zugänglich ist. *A. commbrae* bewohnt sowohl die großen Hauptflüsse als auch die zahlreichen kleinen Bächlein und Überschwemmungsflächen, die in das Rio Paraguay-System entwässern. LINKE & STAECK (1995) geben (in Übereinstimmung mit Angaben verschiedener Aquarianer, die das Verbreitungsgebiet bereist haben) an, daß die kleinen Fische stets in der Flachwasserzone und bevorzugt in Bereichen mit dichtem Bewuchs von Wasser- und Schwimmpflanzen anzutreffen waren. Besonders interessant ist die Tatsache, daß verschiedene Autoren neutrale bis leicht alkalische Wasserwerte an verschiedenen untersuchten Fangplätzen ermittelten. Das Wasser wies stets zwischen 2 und 6 °dGH bei elektrischen Leitwerten zwischen 20 und 150 µS/cm auf. Gemessene Temperaturen lagen zwischen 16 und 30 °C. Das ökologische Potential dieser kleinen, offenbar noch weitgehend unspezialisierten Art scheint demnach ausgesprochen groß zu sein.

Ersteinfuhr: Im Jahre 1906 wurde *A. commbrae* durch die Hamburger Firma SIGGELKOW erstmals nach Deutschland eingeführt. In den 1970er Jahren wurde diese Art wiederholt importiert,

A. commbrae ♂, adult, aggressiv gestimmt

A. commbrae ♀, wenige Tage alte Jungfische pflegend, neutral gestimmt

J. Glaser

verschwand aber schnell wieder aus den Aquarien. Seit 1996 werden wieder regelmäßig *A. commbrae* nach Deutschland und Japan exportiert.

Aquarienbiologie: Die relativ große Toleranz gegenüber unterschiedlichsten wasserchemischen und -physikalischen Bedingungen macht *A. commbrae* zu einem idealen Aquarienfisch. Die Tiere lassen sich problemlos bereits in kleinen bis mittelgroßen, mit Hilfe von Totholz, Steinen oder Wasserpflanzen strukturreich eingerichteten Aquarien pflegen. Die Männchen scheinen fast immer monogam zu sein, denn auch in großen Aquarien konnte ich nie beobachten, daß sie mit mehreren Weibchen gleichzeitig zur Fortpflanzung schritten. Die eigentliche Brutpflege wird in der Mann-Mutter-Familie von *A. commbrae* normalerweise allein vom Weibchen betrieben. Gelegentlich beteiligen sich aber auch die Männchen, die üblicherweise lediglich die Grenzen des Brutreviers gegen andere Fische verteidigen, an der Fürsorge für den Nachwuchs, insbesondere dann, wenn nur wenige andere Fische Feindfaktoren für die Jungen darstellen. Im Gegensatz zu den Angaben in LINKE & STAECK (1995) hat sich bei mir die Pflege in sehr weichem Wasser als positiv, insbesondere für den Fortpflanzungserfolg, erwiesen. Allerdings reagieren die Tiere tatsächlich etwas empfindlich auf sehr saures Wasser, was insbesondere bei der Aufzucht der Jungen Beachtung finden sollte, da größere Verluste sonst unvermeidbar sind. Die Jungfische von *A. commbrae* sind, wenn die Fische bei Temperaturen deutlich über 25 °C zur Vermehrung gebracht wur-

den, meist nicht in der Lage, Naupliuslarven von *Artemia* zu fressen. Dieses Problem läßt sich relativ einfach dadurch lösen, daß eine Zuchttemperatur zwischen 22 und 25 °C gewählt wird. Meine Datenerhebungen haben gezeigt, daß sowohl Eier als auch Larven und Jungfische in diesem Temperaturbereich (wahrscheinlich aus energetischen Gründen) wesentlich größer sind als bei höheren Temperaturen und die Jungen daher problemlos in der Lage sind, die Nauplien zu verzehren. Die Zahl der langsamwüchsigen Nachkommen liegt bei dieser Art meist zwischen 20 und 60.

T: 20 - 29 °C, **L**: ♂ 5 cm, ♀ 4,5 cm, **BL**: 80 cm, **WR**: u, **SG**: 1 - 3

Welshöhlen im Terra-firme-Ufer des Rio Negro

A. commmbrae ♀, beginnende Brutpflegefärbung nach der Eiablage

A. commmbrae ♀, Brutpflegefärbung unmittelbar nach dem Aufschwimmen der Jungen

Apistogramma cruzi KULLANDER, 1986

"Parallelstreifen"-*Apistogramma*

Erstbeschreibung: Cichlid Fishes from the Amazon River Drainage of Peru. Stockholm; Swedish Museum of Natural History: 159 - 163.

Etymologie: *cruzi* = Dedikationsname, den KULLANDER zu Ehren von José CRUZ RODRIGUEZ wählte, der als Fahrer, freiwilliger Helfer und Sammler auf beiden Expeditionen an den Rio Pebas (1981) und Rio Mazán (1984) einen besonderen Beitrag zur Erforschung der peruanischen Fischfauna leistete.

Typusmaterial: 35 Exemplare.

Holotypus: Männchen, 25,9 mm SL (NRM SOK/1984332.3941); am 14. August 1984 von S. O. KULLANDER, J. CRUZ, R. und A. HOGEBORN-KULLANDER gesammelt. Fundort: Der Unterlauf eines rechtsseitigen Quebrada Zuflusses zum Río Mazán etwa zwei Stunden flußaufwärts von Puerto Alegre an der Mündung des Mazán, Río Napo-System im Bundesstaat Loreto, Peru (Station SOK 102).

Paratypen: Zwei Exemplare, 11,4 mm SL und 26,3 mm SL (NRM SOK/1984332.3924); Sammeldaten wie beim Holotypus. 22 Exemplare, 13,4 bis 21,6 mm SL (GNHM 2821); am 10. Dezember 1953 von R. BLOMBERG gesammelt. Fundort: Limón Cocha, Rio Caucayá, Rio Putumayo-System, Putumayo, Kolumbien. Drei Exemplare, 21,6 bis 30,0 mm SL (GNHM 2820); gesammelt am 8. Dezember 1953 von R. BLOMBERG. Fundort wie GNHM 2821. Vier Exemplare, 17,3 bis 34,6 mm SL (GNHM 2822), gesammelt am 11. Dezember 1953 von R. BLOMBERG gesammelt. Fundort wie GNHM 2821. Ein Exemplar, 50,5 mm SL (GNHM 2823); am 28. März 1953 von R. BLOMBERG gesammelt. Fundort: Rio Caguán, Rio Caquetá-System, Caquetá, Kolumbien. Zwei Exemplare, 30,0 und 32,8 mm SL (MNHG 2233.93); am 1. März 1985 von J. M. TOUZET gesammelt. Fundort: Rio Caimito bei San Pablo de Kantesiya, Rio Napo-System, Napo, Ecuador.

Synonyme: Keine.

Artspezifische Merkmale: *A. cruzi* ist eine relativ hochrückige, seitlich deutlich zusammengedrückte und kräftige Art mit nur geringem Polymorphismus der Geschlechter, die *A. eunotus* stark ähnelt. Von *A. eunotus* ist *A. cruzi* vor allem durch das andere Längsband und andere Form der senkrechten Körperbänder zu unterscheiden. Bei *A. eunotus* bedeckt das Längsband etwa ein Drittel bis maximal die Hälfte der Höhe der Längsschuppenreihe. Die Querbänder sind zumindest in der hinteren Körperhälfte unterhalb des Längsbandes in zwei Äste aufgespalten. Bei *A. cruzi* dagegen bedeckt das Längsband die Längsschuppenreihe stets in ihrer vollen Höhe und die Querbänder sind nie aufgespalten. Diese Merkmale lassen sich besonders gut an unterdrückten Tieren oder solchen in Schreckfärbung (oder deren Abbildung) beobachten. Zwei bis drei schmale Längsbänder sind auf den

A. cruzi ♀, Brutpflegefärbung unmittelbar nach der Eiablage

A. cruzi ♀, adult, Färbung nach Verlust des Geleges

A. cruzi ♂, aggressiv, kurz vor dem Angriff

A. cruzi ♂, aggressiv, kurz vor dem Angriff

A. cruzi ♀, adult, Brutpflegestimmung, einen Tag nach der Eiablage

Körperseiten meist gut erkennbar. Sie setzen sich aus kurzen waagerechten Strichen und dazwischen auf den Rändern der Schuppen liegenden senkrechten Strichen zusammen. Sie reichen meist bis in das Querband sechs oder sieben, bei *A. eunotus* dagegen nur bis in Querband vier. Die Flossen vieler Männchen sind zweifarbig gelblich und weinrötlich gefärbt. Die Schwanzflosse ist stets zeichnungslos, auch in ihrem Zentrum treten keine senkrechten Bänder auf, wie sie oftmals bei *A. eunotus*-Männchen festzustellen sind.

Geschlechtsunterschiede: Männchen werden erheblich größer als Weibchen. Sie entwickeln außerdem (oft sehr deutlich und fädig) verlängerte und zugespitzte Weichstrahlbereiche der Rücken- und Afterflosse, welche bei Weibchen stets abgerundet bleiben.

Verwandtschaftliche Zuordnung: *A. cruzi* ist ein Vertreter des *A. eunotus*-Komplexes. Weitere Angaben zur Verwandtschaft siehe bei *A. eunotus*.

Typusfundort: Der Typusfundort ist der Unterlauf eines rechtsseitigen Quebrada Zuflusses zum Río Mazán, der etwa zwei Stunden flußaufwärts von Puerto Alegre an der Mündung des Mazán liegt. Der Typusbach gehört zum Río Napo-System im peruanischen Bundesstaat Loreto.

Verbreitung: Über die Verbreitung von *A. cruzi* liegen bisher nur wenige zuverlässige Informationen vor. Das Verbreitungsgebiet erstreckt sich aber mindestens über die Länder Peru, Ecuador und Kolumbien, was sich aus dem Beschreibungsmaterial ableiten läßt.

Ökologie: Angaben über die Ökologie dieser Fische liegen bis heute fast nur aus der Erstbeschreibung vor. Darüber hinaus wurden bislang noch keine Beiträge zu diesem Thema publiziert. Es existieren aber Hinweise über verschiedene Exporteure, die darauf hindeuten, daß es sich um eine Art handelt, die Klar- oder Schwarzwasser bevorzugt. AQUARIUM GLASER (Rodgau) und NUMRICH (Köln) (persönliche Mitteilungen) importierten wiederholt Tiere aus dem Rio Napo-Einzugsgebiet gemeinsam mit *A. bitaeniata*. Im Herbst 1996 gelangten mehrfach auch Tiere aus dem Rio Tahuayo-Flußsystem als Beifänge mit *A. norberti* nach Deutschland. Beide Arten bevorzugen Wasser, das zumindest einem deutlichen Schwarzwassereinfluß unterliegt.

Ersteinfuhr: Nicht genau bekannt, wahrscheinlich bereits in den 70er Jahren. Seit etwa 1992 werden *A. cruzi* regelmäßig als Beifänge mit verschiedenen Arten aus Peru nach Deutschland, in die USA und Japan eingeführt.

Aquarienbiologie: Bisher liegen verschiedene Berichte über die Haltung von *A. cruzi* vor, doch beziehen sich diese aufgrund des beigegebenen Bildmaterials wahrscheinlich auf fehlidentifizierte *A. eunotus*. *A. cruzi* erwies sich als deutlich empfindlicher als *A. eunotus*. Das Wasser sollte zur Hälterung relativ weich und schwach sauer sein. Die Zucht gelingt normalerweise nur in sehr weichem Wasser (unter 2 °dGH) und mit pH 5 bis 6 mäßig saurem Wasser. *A. cruzi*-Männ-

A. cruzi ♂, stark aggressiv, schwanzschlagend J. Glaser

A. cruzi ♂, stark aggressiv, nach dem Angriff J. Glaser

A. cruzi ♂, adult, subdominant, neutral gestimmt

A. cruzi ♂, adult, subdominant, leicht aggressiv gestimmt

A. cruzi ♂, adult, subdominant, neutral gestimmt

A. cruzi ♀, adult, subdominant, neutral gestimmt

A. cruzi ♀, adult, subdominant, nach verlorener Auseinandersetzung

A. cruzi ♀, adult, subdominant, nach verlorener Auseinandersetzung

A. cruzi ♀, adult, subdominant

A. cruzi ♀, adult, subdominant

chen sind hochgradig polygam. Sie besetzen Großreviere, in denen sie bis zu zehn Weibchen dulden, mit denen sie nach und nach zur Fortpflanzung schreiten. Die Männchen beteiligen sich im Normalfall zu keinem Zeitpunkt an der direkten Brutpflege. Lediglich die Revierverteidigung kann als Beitrag zur Aufzucht der eigenen Nachkommen gewertet werden. Die Weibchen laichen meist an Plätzen ab, die für das Männchen unzugänglich sind. Die Gelegegröße kann bis zu 250 Eier betragen. Normalerweise werden aber nur etwa 50 bis 100 Junge aufgezogen. Die Ei- und Larvalentwicklung dauert temperaturabhängig acht bis elf Tage. Bereits am Tage des ersten Freischwimmens bewältigen die Jungen problemlos Naupliuslarven von *Artemia* oder auch Essigälchen. Ein wesentlicher Anteil der Nahrung besteht schon zu diesem Zeitpunkt aus Detritus. Feinstes Granulatfutter bietet sich daher, in kleinen Dosen verabreicht, als sinnvolle Ergänzung des Futters für die Brut an. Die Brutpflege des Weibchens erstreckt sich unter ungestörten Bedingungen in geräumigen Aquarien insgesamt über sechs bis acht Wochen. Die Jungfische sind dann etwa zwei Zentimeter (TL) lang und beginnen untereinander etwas unverträglich zu werden. Zu diesem Zeitpunkt schreitet das Weibchen meist erneut zur Eiablage und vertreibt die früheren Nachkommen konsequent aus der Umgebung des Eiablageplatzes. Die Jungfische wachsen weiterhin relativ schnell heran und sind bereits nach etwa vier Monaten bei einer Länge von drei bis fünf Zentimetern (TL) fortpflanzungsfähig. Während der Aufzucht der jungen *A. cruzi* sind regelmäßige umfangreichere Teilwasserwechsel unabdingbar, um größere Verluste unter den Tieren zu vermeiden, die auf organische Stoffe im Wasser sehr empfindlich reagieren.

Besonderheiten: Es sei hier besonders darauf hingewiesen, daß *A. cruzi* nach bisherigem Kenntnisstand zu den besonders schwer zu identifizierenden Arten gehört. Besonders problematisch ist die Tatsache, daß derzeit noch ein gravierender Mangel an Informationen zur Verbreitung und der möglicherweise damit verbundenen Variabilität dieser Art besteht. Verschiedene aus Peru und Kolumbien eingeführte Wildfang-Fische aus dem *A. eunotus*-Komplex, die sich teilweise erheblich in der Körper- und Flossenfärbung sowie Körpergröße und -form unterscheiden, lassen sich bisher nur aufgrund der im Abschnitt "Artspezifische Merkmale" dargestellten Merkmale der Art *A. cruzi* zuordnen. Bei genauerer Kenntnis der tatsächlichen Verbreitung und Lebensraumansprüche könnte auch die oft mögliche Zugehörigkeit zu anderen Arten des *A. eunotus*-Komplexes geklärt werden.

T: 23 - 29 °C, **L:** ♂ 9 cm, ♀ 6 cm, **BL:** 150 cm, **WR:** u, m, **SG:** 3 - 4 (Wasserchemie!)

A. cruzi ♀, adult, brutpflegend, aggressiv

A. cruzi ♀, adult, neutrale Stimmung

A. cruzi ♀, adult, bei der Gelegepflege

A. cruzi ♂, adult, Brutpflegefärbung, neutral gestimmt

A. cruzi ♀, adult, bei der Gelegepflege, Schreckfärbung

A. cruzi ♀, adult (4 Fotos), bei der Pflege von Gelege und Nachwuchs

Apistogramma diplotaenia KULLANDER, 1987

"Doppelband"-*Apistogramma*

Erstbeschreibung: A new Apistogramma species (Teleostei, Cichlidae) from the Rio Negro in Brazil and Venezuela. Zoologica Scripta 16 (3): 259 - 270.

Etymologie: *diplotaenia* = aus (gr.) *diploos* = doppelt und *taenia* = Streifen. Der Name bezieht sich auf die charakteristische Färbung der Fische.

Typusmaterial: 186 Exemplare.

Holotypus: Männchen, 28,4 mm SL (MZUSP 28213), am 16. Februar 1980 von M. GOULDING gesammelt. Fundort: Rio Negro-Flußsystem, unterhalb des Rio Daraá, Bundesstaat Amazonas, Brasilien.

Paratypen: 174 Exemplare aus dem Rio Negro-System, Bundesstaat Amazonas, Brasilien: 28 Exemplare (MZUSP 28214) und zehn Exemplare (NRM A85/1980076.3450), 12,9 bis 29,2 mm SL, Sammeldaten wie beim Holotypus angegeben. 33 Exemplare, 11,9 bis 23,8 mm SL (MZUSP 28177), am 1. Februar 1980 von M. GOULDING gesammelt. Fundort: See auf der Ilha de Cumuru, nahe der Mündung des Arirará. Fünf Exemplare, 13,7 bis 21,4 mm SL (MZUSP 28194), am 1. Februar 1980 von M. GOULDING gesammelt. Fundort: Im Rio Arirará nahe der Mündung. 96 Exemplare, 7,8 bis 28 mm SL (MZUSP 28199), vom 3. bis 11. Februar 1980 durch M. GOULDING gesammelt. Fundort: Rio Urubaxi im Mün-

dungsbereich. Ein Exemplar, 17,1 mm SL (MZUSP 28230), am 7. Oktober 1979 von M. GOULDING gesammelt. Fundort: Paraná do Jacaré. Ein Exemplar ohne Angabe zum Geschlecht, 16,3 mm SL (MZUSP 28189), am 7. Februar 1980 von M. GOULDING gesammelt. Fundort: Ilha de Tamaquaré, in einem abgeschnittenen Paraná (Kanal). Elf Exemplare aus dem Rio Negro-System im Bundesstaat Amazonas, Venezuela: Neun Exemplare, 17,6 bis 23,4 mm SL (USNM 269342), am 4. Dezember 1984 von R. V. VARI, S. L. JEWETT, H. ORTEGA, T. und R. CROCROFT gesammelt. Fundort: Rio Negro-Ufer etwa eine halbe Stunde oberhalb von San Carlos de Rio Negro (Station RVP84-11). Zwei Exemplare, 17,0 und 21,2 mm SL (USNM 269299), am 4. Dezember 1984 von R. V. VARI, S. L. JEWETT, H. ORTEGA, T. und R. CROCROFT gesammelt. Fundort: Felsige Restwassertümpel auf Inseln in der Mitte des Rio Negro etwa zwanzig Minuten oberhalb von San Carlos de Rio Negro (Station RVP84-12).

Belegmaterial: 19 Exemplare (ZFMK 17525-17539 und ZFMK 17592-17604).

Synonyme: Keine.

Artspezifische Merkmale: Das zwischen dem Kopf und Schwanzstiel in zwei parallele Äste aufgespaltene, meist lackschwarze Längsband stellt ein unverwechselbares Merkmal dieser kleinen, schlanken Art dar. Keine andere neotropische Cichliden-Art weist ein vergleichbares Zeichnungs-

A. *diplotaenia* ♂, adult, dominant, territorial, lateral drohend

A. *diplotaenia* ♀, adult, dominant, territorial, lateral drohend

A. diplotaenia ♂, adult, dominant, territorial, frontal drohend   A. Schneider

muster auf. Auf der sandweißen bis
-gelben Grundfärbung des Körpers ist
das Doppelband besonders gut sichtbar. Es kann phasenweise auch in
zwei Reihen länglicher Flecken aufgelöst werden. Alle Flossen sind transparent. Schwanz- und Afterflosse mancher Exemplare tragen unregelmäßige Fleckenreihen. Die Bauchflossen
sind bei manchen Individuen stimmungsabhängig rötlich.

Geschlechtsunterschiede: Die Geschlechter dieser zu den kleinsten Formen der Gattung zählenden Art lassen
sich erst bei erwachsenen Tieren problemlos unterscheiden. Männchen weisen eine im hinteren Teil deutlich zugespitzte Rückenflosse und oftmals zugespitzte und verlängerte, in aller Regel transparente Bauchflossen auf. Die

Flossen der Weibchen sind abgerundet, die Bauchflossen spätestens bei
Erreichen der Geschlechtsreife mindestens zeitweilig zur Hälfte lackschwarz. Geschlechtsreife Weibchen
lassen sich relativ einfach an einem
rötlichen, einem Fenster ähnlichen Bereich im direkt oberhalb der Afterflosse
gelegenen Körperbereich erkennen.

Verwandtschaftliche Zuordnung: Bis
heute ist unklar, in welche Verwandtschaftsgruppe *A. diplotaenia* einzuordnen ist. Bereits KULLANDER (1987)
stellt fest, daß die Art Merkmale anderer Vertreter der Gattung aus unterschiedlichen Verwandtschaftsgruppen
aufweist (*A. nijsseni*, *A. macmasteri*, *A.
iniridae*). Tatsächlich weist *A. diplotaenia* aber die meisten Ähnlichkeiten
mit Arten der *A. agassizii*- oder *A.*

A. *diplotaenia* ♂, adult, dominant, territorial, neutrale Stimmung

A. Schneider

A. *diplotaenia* ♀, adult, dominant, beginnende Brutpflegefärbung auf dem Gelege

A. diplotaenia ♂, Schreckfärbung

A. diplotaenia ♂, Schreckfärbung

A. diplotaenia ♂, Schreckfärbung

pertensis-Gruppe auf. KOSLOWSKI (1996) fand, daß alle Arten der *A. agassizii*-Gruppe einen blauen Fleck auf dem Außenwinkel der Oberlippe tragen, was ich nach meinen Beobachtungen bestätigen kann. Dieser Fleck fehlt *A. diplotaenia*, weshalb eine nähere Verwandschaft mit den Arten dieses Formenkreises eher unwahrscheinlich sein dürfte. Es scheinen vielmehr Beziehungen zu den Formen der *A. pertensis*-Gruppe zu bestehen, wofür vor allem auch die ökologischen Spezialisierungen dieser Arten sprechen: Alle Arten der *A. pertensis*-Gruppe scheinen nach derzeitigem Kenntnisstand "Fluß"-*Apistogramma* zu sein. Sie sind auf das Leben in großen, häufig strukturarmen Gewässern mit teilweise hohen bis sehr hohen Temperaturen spezialisiert. Auch *A. diplotaenia* ist ein typischer "Fluß"-*Apistogramma*, bei dem die Anpassung an das Leben auf strukturarmem Untergrund innerhalb der Gruppe am weitesten fortgeschritten ist (Sandcichlide).

Typusfundort: Typusfundort ist das Rio Negro-Flußsystem unterhalb des Rio Daraá im Bundesstaat Amazonas, Brasilien.

Verbreitung: *A. diplotaenia* ist im gesamten oberhalb der Anavilhanas-Inseln gelegenen Rio Negro-System mit Ausnahme des Rio Branco-Einzuges zu finden. Einzelfunde liegen auch aus dem Gebiet des Arquipelago das Anavilhanas vor, doch scheinen die Bestände in diesem Gebiet, das möglicherweise die östliche Verbreitungsgrenze repräsentiert, nur sehr niedrig zu sein. Im mittleren und oberen Rio Negro-Einzug konnte ich die Art mit meinen Reisebegleitern in beiderseits des Hauptflusses gelegenen Zuflüssen nachweisen. *A. diplotaenia* fehlt offenbar im Rio Uaupés, worauf umfangreiche Probebefischungen und Befragung lokaler indianischer Fischer hinweisen. Sie gaben regelmäßig bei Konfrontation mit Fotos von *A. diplotaenia* an, die Art in ihrem Stammes

A. diplotaenia ♂ , neutrale Stimmung

A. diplotaenia ♀ , neutral   F. van Vliet

A. diplotaenia ♂ , dominant neutral

A. diplotaenia ♀ , dominant neutral

A. diplotaenia ♂ , dominant aggressiv

A. diplotaenia ♀ , dominant   A. Schneider

A. diplotaenia ♂ , dominant neutral

A. diplotaenia ♂ , dominant aggressiv

373

gebiet noch nie gesehen oder gefangen zu haben. Ein einziger Fischer in Taraquá wußte von dieser Art zu berichten, er habe sie bereits einmal unterhalb von Sao Gabriel da Cachoeira im Rio Negro, aber nie im Rio Uaupés gefangen. Weitere Fundorte von *A. diplotaenia* liegen im Bereich des venezolanischen Rio Negro in der Nähe von San Carlos de Rio Negro. BRANDT-ANDERSON (1994 & persönl. Mitteilung) fing die Art im Einzugsbereich des Rio Inirida in Venezuela.

Ökologie: Ich hatte wiederholt Gelegenheit *A. diplotaenia* im Freiland eingehend zu studieren (siehe RÖMER 1992). Die Art ist im Gebiet des mittleren Rio Negro regelmäßig auf nahezu deckungslosen, offenen Sandflächen, seltener aber auch im Bereich kleiner Sandansammlungen auf Felsflächen und freigebliebenen Sandflecken im Fallaubbereich oder zwischen Wasserpflanzen anzutreffen. Sie lebt an verschiedenen Stellen gemeinsam mit *Aequidens* cf. *diadema*, *A. gibbiceps*, *A. paucisquamis* und *A. pertensis* (Rio Préto), *A. uaupesi* (Rio Uneíuxí), *Biotoecus opercularis* (Rio Urubáxí), *Crenicichla notophthalmus*, *Geophagus* sp., *Satanoperca* sp. sowie verschiedenen Salmlern und Welsen (RÖMER 1992). Auf den großen offenen Sandflächen pflanzen sich die Tiere in riesigen Kolonien fort. Sie legen zu diesem Zweck kleine Sandkrater an, in die sie sich bei Annäherung großer Fische oder von Beobachtern zurückziehen und wo sie leicht übersehen werden können. Im Rio Negro-Gebiet werden abhängig vom Wasserstand

A. diplotaenia ♀. Das lachsfarbene Fenster im Bauch signalisiert dem ♂ Laichreife

A. diplotaenia ♀ bei der Betreuung des sandfarbenen Geleges

A. diplotaenia ♀, dominant, neutral gestimmt, außerhalb der Brutpflegephase

unterschiedliche Flächen von zum Teil individuenstarken Kolonien bewohnt. Bei Erfassungen von Siedlungsdichten innerhalb der Kolonien konnten im Extremfall bis 84 Exemplare pro Quadratmeter ermittelt werden, was für eine Kolonie von etwa 500 Quadratmetern rechnerisch einen Bestand von über 40.000 Fischen ergibt. Normalerweise liegt die Dichte bei etwa 10 bis 30 Exemplaren pro Quadratmeter. Es erscheint besonders interessant, daß sich auf manchen Sandbänken, etwa im Unterlauf des Rio Arirará, immer wieder neue Kolonien ansiedeln, auch wenn die Flächen während der Niedrig- oder auch der Hochwasserzeit zeitweilig von den Fischen vollständig geräumt sind. Wie die Ansiedlung der Fische im einzelnen abläuft, ist bis heute unbekannt, doch könnte es zur Besiedlung potentieller Habitate durch wandernde Schwärme kommen, welche ich selbst 1991 erstmals beobachten konnte. Auch 1994 konnte ich, diesmal allerdings an *A. elizabethae* im Unterlauf des Rio Uaupés, eine stetige *Apistogramma*-Wanderung feststellen (siehe auch unter *A. elizabethae*). Wandernde Tiere, die auf einen Lebensraum treffen, der für einen Fortpflanzungszyklus, d. h. für etwa zwei bis drei Wochen, ausreichende Bedingungen bietet, könnten sich dort gemeinsam ansiedeln und sofort ablaichen. Die Tatsache, daß weibliche *A. diplotaenia* im Aquarium bereits im dritten Lebensmonat mit einem Zentimeter Länge fortpflanzungsfähig sind, stützt diese Annahme. Unter den sich durch die extremen saisonalen Wasserstandsschwankungen stets än-

A. diplotaenia ♀ bei der Betreuung wenige Tage alter sandfarbener Jungfische   F. van Vliet

Uferzone des Rio Urubaxí: Lebensraum von *A. diplotaenia*

dernden Umweltbedingungen in den Flüssen des äquatornahen Südamerika sind opportunistische Fortpflanzungsstrategien wahrscheinlich die einzige Garantie für den Fortbestand der Kleinfischpopulationen. Weitere eingehende Angaben zur Freilandbiologie von *A. diplotaenia* finden sich im ersten Teil dieses Buches.

Ersteinfuhr: Etwa 1980 gelangte erstmals ein einzelnes Männchen als Beifang mit *Paracheirodon axelrodi* nach Deutschland (SCHMETTKAMP 1982). Danach gelangten wiederholt Einzeltiere in die Aquarien, aber erst 1991 wurde eine größere Zahl von Tieren durch RÖMER, SCHNEIDER & WINDISCH eingeführt, mit denen eine über mehrere Jahre stabile Aquarienpopulation aufgebaut werden konnte.

Aquarienbiologie: *A. diplotaenia* stellt gehobene Ansprüche an die Haltungsbedingungen im Aquarium. Neben einem überraschend großen Raumbedarf benötigen die durchsetzungsstarken Zwergbuntbarsche regelmäßige Wasserwechsel mit sehr weichem und leicht saurem Wasser, das in etwa den Freilandwerten entsprechen sollte. Auch für die reine Haltung ohne Zuchtabsicht ist weiches Wasser um 2 °dGH empfehlenswert, da sich die Fische darin offenbar wohler fühlen und vitaler sind als z.B. in mittelhartem Wasser (über 6 °dGH). Sie schwimmen dann aktiver im Aquarium herum und zeigen alle Aspekte ihres komplexen Verhaltens. Die Zucht gelingt aber erst bei sehr extremen Wasserwerten regelmäßig: unter 2 °dGH, Leitwert um 20 µS/cm, pH-Wert unter 5, Temperatur zwischen 27 und 30 °C; außer-

dem sind die Fische sehr sensibel gegenüber organischen Belastungen.

Besonderheiten: *A. diplotaenia* ist ein Sandcichlide und war die erste Art der Gattung, für die Verhaltensbeobachtungen aus dem Freiland beschrieben wurden (RÖMER 1992). Die Art ist nur für die Haltung durch erfahrene Spezialisten geeignet. Eine dauerhafte Etablierung dieser wegen ihrer Spezialisierung an das Leben auf Sandflächen verhaltensbiologisch besonders bemerkenswerten Tiere in der Aquaristik erscheint vor allem wegen der großen Probleme bei der Zucht zweifelhaft.

T: 23 - 30 °C, **L**: ♂ 5 cm, ♀ 4 cm, **BL**: 120 cm, **WR**: u, m, **SG**: 2 - 4

Epiphyten: Im Regenwald allgegenwärtig

A. diplotaenia ♀ mit 4 Afterflossenhartstacheln, einem mehr als üblich

Fang von *A. diplotaenia* am mittleren Rio Negro

Apistogramma elizabethae KULLANDER, 1980

Elizabeths-Zwergbuntbarsch

Erstbeschreibung: A Taxonomical Study of the Genus Apistogramma Regan, with a Revision of Brazilian and Peruvian Species (Teleostei: Perciformes: Cichlidae). Bonner Zoologische Monographien Nr 14: 103 - 106.

Synonyme: Keine.

Etymologie: *apistos* (gr.) = "unzuverlässig", *gramma* (gr.) = "Streifen, Linie", hier wohl "mit unzuverlässiger Seitenlinie" bedeutend; *elizabethae* = Dedikationsname, vergeben zu Ehren von Frau Elizabeth Cabot Cary AGASSIZ (1822 - 1907), der zweiten Ehefrau von Prof. L. AGASSIZ, die ihren Mann auf der Thayer-Expedition (1865 - 1866) begleitete und Hauptautorin eines Buches über diese Reise war (AGASSIZ & AGASSIZ 1969). Der Name weist auf die Ähnlichkeit zu *Apistogramma agassizii* (STEINDACHNER, 1875) hin.

Typusmaterial: Elf Exemplare.

Holotypus: Ein Männchen, 39.8 mm SL (IRSNB 596); am 9. Dezember 1967 von J.-P. GOSSE und König LEOPOLD III. von Belgien gesammelt. Fundort: Ein Igarapé bei Trovao am rechten Ufer des Rio Uaupés (0°02´N/67°26´W) im Bundesstaat Amazonas, Brasilien.

Paratypen: Ein Männchen, drei Weibchen und fünf Exemplare ohne Geschlechtsangabe, 12,5 mm SL bis 26,2 mm SL (IRSNB [Types] 597), Sammeldaten wie beim Holotypus. Ein Männchen, 26,7 mm SL (IRSNB [Types] 598), am 9. Dezember 1967 von J.-P. GOSSE und König LEOPOLD III. von Belgien gesammelt. Fundort: Ein kleiner Igarapé am Lago Penera (0°01´N/67°21´W) im Bundesstaat Amazonas, Brasilien. (Anmerkung d. Autors: Der Lago Penera liegt linksseitig des Unterlaufes des Rio Uaupés.)

Belegmaterial: Zehn Männchen und zehn Weibchen (SMF 28200); ein Männchen und zwei Weibchen (ZFMK 17470 bis ZFMK 17472).

Artspezifische Merkmale: *A. elizabethae* ist einzigartig durch die Kombination von verlängerten (Männchen) und zugespitzten (beide Geschlechter) vorderen Membranen der Rückenflosse und zwei deutlichen Lateralflecken in den Positionen der Körperbänder zwei und drei. Männchen haben gut sechs, Weibchen gut vier Zentimeter Totallänge (unter Aquarienbedingungen), sind schlank und langgestreckt, seitlich zusammengedrückt. Die Schwanzflosse der Männchen ist leierförmig oder lanzettförmig (RÖMER 1993), bei Weibchen rund bis leicht gestutzt. Die Rückenflosse erreicht etwa die halbe Körperhöhe, die verlängerten Membranen drei bis fünf der Männchen können etwa zwei- bis dreimal so lang werden. Die Membranen eins bis fünf sind bei Weibchen deutlich zugespitzt. Die Membranen der Weichstrahlen von Rücken-, After- und Bauchflosse sind bei adulten Männchen deutlich verlängert, häufig bis etwa zur Mitte der Schwanzflosse reichend. Die Rücken-

Apistogramma elizabethae ♀ mit wenige Tage altem Jungfisch

flosse ist bei beiden Geschlechtern ohne schwarze Zeichnungen, die Schwanzflosse bei Männchen transparent zeichnungslos, bei Weibchen dagegen mit bis zu fünf senkrechten Reihen hyaliner Flecken durchsetzt. Die Afterflosse ist meist bläulich transparent, bei einzelnen Individuen mit drei bis vier hellen Fleckenreihen im Bereich der Weichstrahlen. Die Bauchflossen der Männchen sind weißlich bis bläulich transparent, selten mit weniger, rußiggrauer Pigmentierung an der Vorderkante, die der Weibchen dagegen in der vorderen Hälfte tiefschwarz, im hinteren Teil grau bis weißlich. Das lackschwarze Lateralband ist bei Männchen nur selten zu sehen, wenn vorhanden, ist es breit, bis in die Schwanzwurzelbasis reichend. Bei Weibchen ist es weniger intensiv gefärbt und etwas schmaler. Die zwei deutlichen Lateralflecken sind meist rund, seltener länglich oval und überragen das Lateralband etwas. Der Wangenstreif ist gut ausgeprägt, schmal, leicht nach hinten gebogen bis in die Spitze des Operculums (Kiemendeckels) verlaufend. Die Iris läuft bei einigen Männchen in Brutpflegestimmung rot an. Weibchen im Brutpflegekleid sind gelblich mit deutlichem Wangenband, zwei schwarzen Lateralflecken und fast flächig schwarzen Bauchflossen, sonst aber ohne Schwarzmarkierungen. Bei Männchen sind bisher zwei Färbungstypen unterscheidbar: "gelbgraue Form": Kopf und Körper in neutraler Stimmung grauweiß bis gelblichgrau; "rotblaue Form": Kopf blutrot bis rotorange, Brust und Bauch rotorange bis gelborange, Körper sonst metallischblau. Unter den im Februar 1992 durch ELSÄSSER impor-

tierten Tieren treten beide Formen auf, während alle Tiere, die durch GEISMANN, LEISSNER, RÖMER & SCHNEIDER im September 1992 eingeführt wurden, der "rotblauen Form" angehören. Nach den Erfahrungen mit anderen *Apistogramma*-Arten ist anzunehmen, daß es sich auch hier nicht um Lokalformen, sondern um polychromatische Erscheinungen handelt.

Geschlechtsunterschiede: Männchen entwickeln bei Erreichen der Geschlechtsreife eine deutlich zweizipfelige oder mit zunehmendem Alter lanzettliche Schwanzflosse, während diese bei Weibchen stets rund oder höchstens leicht gestutzt bleibt. Außerdem zeigen Männchen deutlich verlängerte Flossenhäute der ersten fünf bis sechs Rückenflossenstacheln. Die kurzen Bauchflossen geschlechtsreifer Weibchen sind schwarz oder rußgrau, die der Männchen dagegen weißlich, gelblich oder seltener rötlich transparent und deutlich fädig verlängert.

Verwandtschaftliche Zuordnung: KULLANDER (1980) stellte *A. elizabethae* wegen der ähnlichen Form der Schwanzflosse und der weitgehend übereinstimmenden Farbmuster, Flossen- und Körperform in die Nähe von *A. agassizii*, doch vermerkt er, daß die vorderen Dorsalmembranen nicht entsprechend dunkel gefärbt sind und daß die Art mit einem Fleck in Körperband zwei ein gemeinsames Merkmal mit den ebenfalls im Rio Uaupés vorkommenden *A. brevis*, *A. meinkeni* und *A. uaupesi* aufweist. Eigene Befunde bestätigen die Einordnung in die Verwandtschaft von *A. agassizii* trotz einiger Abweichungen. KULLANDER (1980) war vor

A. elizabethae ♂, adult, dominant, territorial, mit gefranster Schwanzflosse

Inselberge am mittleren Rio Uaupés

A. elizabethae ♂, halbwüchsig, die obere Schwanzflossenhälfte beginnt auszuzipfeln

allem entgangen, daß die Schwanzflosse des Holotypus nicht lanzettförmig sondern lyraförmig ist. Junge
Männchen weisen zunächst eine runde, später eine lyraförmige Schwanzflosse auf, deren Mitte nach Erreichen
der Geschlechtsreife bei einem großen Teil der Tiere lanzettförmig aus-
wächst. (Es ist besonders bemerkenswert, daß KULLANDER (1980) ohne tatsächliche Grundlage diesen Befund in
seiner Erstbeschreibung quasi "vor-
weggenommen" hat!) Die nah mit *A.
agassizii* verwandte Art stellt wegen
dieses Befundes für die Betrachtung
der Evolutionswege innerhalb der Gattung ein wichtiges lebendes Zeugnis
dar. Bisher war man davon ausgegangen, daß innerhalb der *A. agassizii*-
Gruppe die Entwicklung der Schwanzflossenform einer evolutiven Linie folgte, die von einer basal runden Flosse
über die Lanzettform hin zur Lyraform
und damit der Zweizipfeligkeit führt.
Die neuen Befunde an *A. elizabethae*
führen zum gegensätzlichen Resultat,
womit eine Entwicklung von der runden über die zweizipfelige hin zur
lanzettlichen Flossenform nachge-
zeichnet wird. *A. agassizii* stellt demnach die innerhalb der Gruppe wahrscheinlich modernste Form dar, wofür
auch das Verbreitungsmuster in Amazonien spricht.

Typuslokalität: Ein kleiner rechtsseitiger Zufluß (0°02´N / 67°26´W) des
Uaupés bei Trovao (etwa 20 Kilometer
von der Mündung des Rio Uaupés
entfernt), Bundesstaat Amazonas, Brasilien.

A. elizabethae ♂, adult, mit lanzettlicher Schwanzflosse

J. Elsässer

A. elizabethae ♂, adult, vergreisend (Fundort Trováo/Rio Uaupés)

Verbreitung: Die Verbreitung ist noch weitgehend unbekannt. Funde liegen bisher nur aus dem Gebiet des Rio Uaupés vor. Soweit bisher beurteilbar ist *A. elizabethae* ebenso wie *A. meinkeni* ein Endemit dieses Flußsystems. Neben dem Typusmaterial, das ausnahmslos von Fundorten am Rio Uaupés stammt, wurde die Art 1992 und 1994 von mir und meinen Reisebegleitern an verschiedenen neuen Fangplätzen in diesem Flußsystem festgestellt. Danach ist das gesamte Flußsystem des Rio Uaupés von kurz oberhalb der Mündung in den Rio Negro bis hinauf in die Umgebung von Taraquá von *A. elizabethae* flächendeckend besiedelt. Auch im Rio Tiquié und seinem ersten oberhalb der Mündung in den Rio Uaupés gelegenen rechtsseitigen Zufluß, dem Igarapé Irá und seinem Zufluß Igarapé Cucurá konnten wir 1994 etliche *A. elizabethae* nachweisen.

Ökologie: Bisher ist die Ökologie noch unzureichend bekannt. *A. elizabethae* ist aber ein typischer Repräsentant der Fallaubbewohner innerhalb der Gattung. Das von König Leopold III. von Belgien und dem Ichthyologen J. P. Gosse 1967 gesammelte Material stammte aus einem kleinen Igarapé bei Trováo und einem kleinen Igarapé am Lagó Penera. Angaben zur seinerzeit vorgefundenen Ökologie dieser Gewässer wurden nicht gemacht. Elsässer konnte die Art im Februar 1992 bei Niedrigwasser etwa zehn Kilometer unterhalb von Trováo in einem kleinen rechtsseitigen Zufluß des Uaupés fangen (persönliche Mitteilung). Es handelte sich nach seinen Angaben um einen kleinen Schwarzwasserbach mit feinem weißen Snduntergrund und dichten Fallaubansammlungen. Gemeinsam mit meinen Reisebegleitern fand ich die Art 1992 in einem kleinen Igarapé in unmittelbarer Nähe von Trováo, also wahrscheinlich in unmittelbarer Nähe des Typusfundortes. Bei dem rechtsseitigen Zufluß des Uaupés handelte es sich um einen während der Hochwasserzeit im unteren Bereich etwa 15 bis 30 m breiten Schwarzwasserbach, der aber in vielen Bereichen weit über die Ufer getreten war und weite Teile des Waldes etwa fünf bis 50 Zentimeter überspülte. *A. elizabethae* hielten sich in direkter Ufernähe in dichtem Fallaub auf. Die am 1. September 1992 um 13.00 Uhr Ortszeit gemessenen Wasserwerte am Fangplatz (F5/92R) betrugen: Temperatur: 26 °C, pH: 4,7, Leitwert: 10 µS/cm, Sauerstoff: 4,3 mg/l (Meßmethode s. Römer 1992). Neben mehreren erwachsenen Exemplaren konnten auch Jungfische unter einem Zentimeter Länge gefangen werden.

Der Wasserstand im Igarapé "Tíburarí", wie der Waldbach von den hier lebenden Tukáno-Indianern genannt wird, war 1994 etwa zwei Meter niedriger als 1992 und fiel während unseres zweitägigen Aufenthaltes um gut 20 Zentimeter. Wir konnten vom 18. bis 20. Februar 1994 von einer felsigen Insel ausgehend einen größeren Bereich des Baches und eine seeartige Erweiterung eingehender untersuchen (0°04.54′N/67°24.32′W). Der tiefbraun gefärbte Bach war etwa fünf Meter tief und 15 Meter breit. Die Sichttiefe im klaren Wasser betrug weniger als einen Meter. Ein nur drei bis 15 Zentimeter flacher überschwemmter Bereich erstreckte sich über fast einen halben

A. elizabethae ♂, adult, neutral gestimmt, dominant

A. elizabethae ♂, adult, dominant, leicht aggressiv gestimmt

Quadratkilometer auf beiden Seiten des Baches. Der ehemals hier vorhandene Wald war offenbar vor Jahren niedergebrannt. In den Flachwasserbereichen konnten neben zahlreichen, noch unbestimmten Salmlern, darunter Schwärmen von gut fünf Zentimeter langen kupferfarbenen, noch unbeschriebenen "Kielbauch"-Salmlern (Tetragonopterinae sp.) und unzähligen jungen *Rivulus* sp. auch zahlreiche halbwüchsige *A. elizabethae* gefangen werden. Erwachsene *Rivulus* sp. laichten offenbar gerade im flachen Uferbereich im Fallaub. Pflanzen waren hier nur ausnahmsweise anzutreffen, meist Keimlinge verschiedener Palmenarten. Die *A. elizabethae* hielten sich bevorzugt im Übergangsbereich von den Flachzonen in das Tiefwasser auf, in denen wir wiederholt über 50 Zentimeter lange *Cichla* sp. (*orinocoensis*?) beobachteten. Weitere in dieser Zone festgestellte Arten waren *Acaronia vultuosa*, *Aequidens* cf. *diadema*, *Crenicichla marmorata*, *C. lenticulata*, *C.* sp. "rot" (*johanna*?), *Dicrossus filamentosus* (hier am einzigen Fundort im Rio Uaupés-Gebiet!), *Laetacara* sp. "Orangeflossen", *Mesonauta* sp. sowie *Acestorhynchus* sp., *Amblydoras hanckocki*, *Bryocon* sp., *Copella* cf. *natteri*, *Hoplias* sp. und mehrere unbestimmte Welse der Gattung *Pimelodus*. Auch verschiedene Garnelen sowie Süßwasserkrabben lebten in Höhlen im Uferbereich des Igarapé "Tiburarí", wo sie mit den *Apistogramma* um die Versteckplätze konkurrierten. Mehrfach konnten wir (der Autor und M. Wöhler) beobachten, wie Garnelen *Apistogramma*, bei dem Versuch, in die nur etwa zwei bis drei Zentimeter Durchmesser aufwei-

senden Höhlen einzuschwimmen, mit hoch erhobenen und vorgestreckten Scheren vertrieben und bis zu 15 Zentimeter weit verfolgten. *A. elizabethae* konnten entlang der gesamten Uferlinie in unterschiedlicher Dichte festgestellt werden. An mehreren Stellen verteidigten große Männchen ihre Reviere vehement gegen jeden sich nähernden Artgenossen mit Ausnahme laichreifer Weibchen, die sofort angebalzt wurden. Nach Beobachtung fanden wir unter mehreren *Ficus*-Blättern Weibchen in Brutpflegefärbung am Gelege, an zwei Stellen auch Weibchen, die Junge führten. Alle beobachteten Verhaltensweisen verliefen genauso wie später im Aquarium beobachtet. Bemerkenswert war, daß in einer etwa zwei Meter breiten Zone entlang des Ufers regelmäßig kleine Gruppen von *A. elizabethae* und

Markierung am Lagerplatz Yavuari

Adulte *A. elizabethae* ♂ ♂ in unterschiedlichen Stimmungen, beachte die Flossenform

D. filamentosus zu beobachten waren, die in dichtem Verband in etwa zehn Zentimeter Höhe über Grund schnell flußaufwärts schwammen. Diese ziehenden Trupps bestanden hauptsächlich aus halbwüchsigen Exemplaren, wobei keine auffälligen Abweichungen von einer normalen 50:50 Verteilung der Geschlechterzusammensetzung in den Trupps der *Apistogramma* zu erkennen war. Die Zahl der durchziehenden Fische nahm während des Beobachtungszeitraumes kontinuierlich zu. Während am ersten Tag stündlich etwa 50 Zwergbuntbarsche passierten, waren es am zweiten Beobachtungstag bereits über 100 Individuen pro Stunde. An diesem Tag zogen auch große Schwärme von *Rivulus* und "Kielbauch"-Salmlern entlang der Uferkante bachaufwärts. Am dritten Beobachtungstag zogen auch größere *Apistogramma*-Schwärme (bis zu 250 Tiere) durch. Wenn man davon ausgeht, daß die Fische ausschließlich während der hellen Tagesstunden zogen (nachts konnten keine festgestellt werden), ergibt sich daraus eine ungefähre Zahl von etwa vier- bis fünftausend durchziehenden *Apistogramma* innerhalb von drei Beobachtungstagen. Warum die Fische bachaufwärts zogen, ist noch unklar und kann wohl erst durch weitere detaillierte Feldstudien geklärt werden. An anderen Beobachtungsorten könnten keine ziehenden *A. elizabethae* festgestellt werden. Vielmehr fanden sich die Zwergbuntbarsche hier (mit Ausnahme eines einzelnen abgemagerten Männchens im Uferbereich des reißenden Igarapé Yáburarí) in den typischen *Apistogramma*-Habitaten, nämlich in ufernahen Fallaubansammlungen. Im Unterlauf des Igarapé Irá lebte *A. elizabethae* gemeinsam mit *A. meinkeni* und *A.* sp. "Tiquié 1" in einem von einer grasartigen Pflanze überwucherten Bereich. Mit Ausnahme eines Fangplatzes im Weißwasser führenden Rio Tiquié handelte es sich bei allen Fangplätzen um Schwarzwasserhabitate.

Ersteinfuhr: Im Februar 1992 wurden wenige Exemplare durch ELSÄSSER nach Deutschland gebracht. Im September 1992 und vor allem im März 1994 brachte ich mit meinen Reisebegleitern eine etwas größere Zahl von Tieren nach Deutschland, die den Grundstock der heutigen Aquarienpopulation in Deutschland und den USA bildeten.

Aquarienbiologie: *A. elizabethae* stellt grundsätzlich keine außergewöhnlichen Anforderungen in der Pflege, wenn man von den hohen Ansprüchen an die Wasserqualität absieht. Sehr weiches und saures, vollkommen nitratfreies Wasser (unter 4 °dGH oder 100 µS/cm, pH unter 6) sind unabdingbare Voraussetzung für eine erfolgreiche Dauerhaltung. Für die erfolgreiche Zucht ist Wasser um 2 °dGH mit einem pH-Wert zwischen 4 und 5 erforderlich, da sonst keine Entwicklung des Laiches erfolgt. Der Verlauf der Fortpflanzung entspricht im wesentlichen dem anderer *Apistogramma*-Arten. Becken für *A. elizabethae* sollten allerdings möglichst geräumig sein (mindestens ein Meter Kantenlänge für Einzelpaare) und den Habitatbedingungen entsprechend eingerichtet werden (feinster weißer Sand, Fallaub, Totholz), da sonst schnell Streitigkeiten zwischen den Fischen entstehen.

Ausschnitt aus einer flachen Lagune am unteren Rio Uaupés, Fundort von *A. elizabethae*

Ufer des Igarapé Irá, Fundort von *A. elizabethae* und *A. meinkeni*

A. elizabethae ♀, unterdrückt, Schreckfärbung

A. elizabethae ♀, Igarapé Irá, dominant, Brutpflegefärbung

A. elizabethae, balzendes Paar

A. elizabethae ♀, außerhalb der Brutpflegephase, neutrale Stimmung

A. elizabethae ♀, dominant, brutpflegend

A. elizabethae ♀, dominant, brutpflegend

J. Elsässer

A. elizabethae ♂, halbwüchsig, mit leierförmiger Schwanzflosse aus dem Igarapé Irá

Leucistisches (weißes) *A. elizabethae* ♀ vonTrováo, dominant, brutpflegend   A. Schneider

Besonderheiten: Die Art hat sich im Aquarium bisher als relativ gut pflegbar erwiesen, doch zeigen vor allem Jungtiere eine außergewöhnlich starke Anfälligkeit gegenüber Haut- und Darmparasiten, sowie in vielen Fällen ausgeprägte Intoleranz gegenüber selbst nur geringfügig von den Freilandwerten abweichenden Wasserbedingungen. Trotzdem ist die Art für die Aquaristik wahrscheinlich gesichert, da die Zucht inzwischen unabhängig voneinander auch durch verschiedene Aquarianer gelungen ist.

T: 22 - 30 °C, **L:** ♂ 10 cm, ♀ 6 cm, **BL:** (100 -) 150 cm, **WR:** u, **SG:** 3 - 4

Blühende *Eichhornia* bei Manaus

Flache Sandbank am unteren Igarapé Irá, Fundort von *A. elizabethae*

Flacher Ufersee eines Zulaufes des unteren Rio Uaupés

Apistogramma eunotus KULLANDER, 1981

"Hochrücken"-Zwergbuntbarsch

Erstbeschreibung: Description of a new Species of Apistogramma (Teleostei: Cichlidae) from the upper Amazonas basin: Ergebnisse der Argentinien-Peru-Expedition Dr. K. H. LÜLING 1978. Bonner zoologische Beiträge 32 (1-2): 183 - 194.

Etymologie: *apistos* (gr.) = unzuverlässig, *gramma* (gr.) = Streifen, Linie; hier wohl bedeutend "mit unzuverlässiger Seitenlinie"; *eunotus* (gr.) = aus *eu* = gut, aufsteigend und = *notos*, Rükken. Der Name bezieht sich auf die besondere Hochrückigkeit des Holotypus.

Typusmaterial: 24 Exemplare.

Holotypus: Männchen, 49,9 mm SL (ZFMK 10772), am 3. September 1978 von K. H. LÜLING gesammelt. Fundort: "Dunkelwasser bei Campo Verde", Rio Ucayali System, an der Straße nach Aguaytia nahe Pucallpa, Bundesstaat Loreto, Perú.

Paratypen: Zwei Exemplare unbestimmten Geschlechtes, 35,8 mm SL und 39,8 mm SL (BMNH 1913. 7.30:56-57), Rio Ucayali, ROSENBERG (ohne Datum, gesammelt durch MOUNSEY, Rio Ucayali, Péru, gekauft von W. F. H. ROSENBERG). Ein Männchen, 40,6 mm SL, ein Weibchen 34,0 mm SL (MCZ

A. eunotus ♂, dominant, brutpflegend

A. eunotus ♂ , dominant, brutpflegend

A. eunotus ♂ , dominant, brutpflegend

15807), im September / Oktober 1865 durch die Thayer-Expedition, (D. Bourget), gesammelt. Fundort: Tabatinga, im Rio Solimoes-System, Bundesstaat Amazonas, Brasilien. Ein Männchen, 21,0 mm SL (MHNG 1583.50), am 18. Oktober 1977 durch P. de Rham gesammelt. Fundort: Jenaro Herrera, Rio Ucayali-System, Bundesstaat Loreto, Perú. Ein Weibchen, 20,4 mm SL (NRM THO/1971365:3507), am 10. September 1971 durch T. Hongslo gesammelt. Fundort: Station VIT 6A, Lago Matamata, Rio Yavarí, Bundesstaat Loreto, Perú. Drei Männchen, 21,0 bis 23,5 mm SL, und sieben Weibchen, 18,3 bis 23,5 mm SL (NRM THO/1976312:0914-0923), am 27. Juli 1976 durch T. Hongslo gesammelt. Fundort: "Cano do Comprido", San Sebastian, Rio Yavarí, Bundesstaat Loreto, Perú. Ein Männchen, 31,7 mm SL, und vier Weibchen, 19,8 bis 27,1 mm SL (NRM THO/1976311: 1164-1168), am 26. Juli 1976 von T. Hongslo gesammelt. Fundort: wie (NRM THO/1976312:0914-0923). Ein Weibchen, 35,7 mm SL, ein Jungfisch, 14,2 mm SL (ZFMK 10773-10774), Funddaten wie beim Holotypus.

Belegmaterial: Sechs Männchen und vier Weibchen (ZFMK 17664 bis ZFMK 17673); drei Männchen und ein Weibchen (ZFMK 17762 bis ZFMK 17765), zuvor als *A.* sp. "Orangeschwanz" bezeichnet.

Synonyme: Keine.

Artspezifische Merkmale: Bei *A. eunotus* handelt es sich um einen sehr hochrückigen und nur wenig gestreckten Vertreter der Gattung. Das Stirnprofil

A. eunotus ♂, subdominant, neutral gestimmt

A. eunotus ♂, subdominant

A. eunotus ♂, subdominant, Freßstimmung

erwachsener Männchen ist auffallend steil. Der Körper ist seitlich kräftig zusammengedrückt. Die Rückenflosse trägt keine Verlängerungen der Flossenhäute. Die normalerweise zeichnungslose, in seltenen Fällen andeutungsweise getüpfelte Schwanzflosse ist abgerundet bis (bei erwachsenen Männchen) deutlich gestutzt. In seltenen Ausnahmefällen (sehr alte Männchen!) trägt die Schwanzflosse auch eine zipfelige Verlängerung in der oberen Hälfte. Ein schmales, ausnahmsweise bis höchstens eine Schuppe breites Längsband, das etwa im siebten Querband deutlich vor dem Schwanzwurzelfleck endet, ist nur selten zu sehen. Ein Seitenfleck fehlt. Auf der Schwanzflossenbasis befindet sich ein deutlicher, senkrecht rechteckiger Fleck. Unterhalb des Längsbandes können sich als Ausnahmeerscheinung zwei bis vier meist undeutliche Unterkörperstreifen befinden. Die Weibchen tragen keinen Brustfleck. Das sechste Querband, das sich etwa über der hinteren Basis der Afterflosse befindet, ist bei größeren (nach KULLANDER 1981 über 24 mm SL langen) Exemplaren senkrecht aufgespalten. Die Zweiteiligkeit ist üblicherweise nur im unterhalb des Längsbandes gelegenen Teil klar erkennbar. Das Wangenband ist unmittelbar unter dem Auge etwa so breit wie die Pupille und verläuft gerade und sich zuspitzend leicht nach hinten zum unteren Kiemendeckelrand. Es ist nur selten deutlich zu erkennen. An der Basis der Brustflossen befindet sich ein gelboranger Fleck. Diese Art ist vergleichsweise schwierig zu bestimmen, da mehrere ähnliche Formen aus dem gleichen Herkunftgebiet stammen.

A. eunotus ♀, dominant, Freßstimmung, beachte 3 Lateralflecken

Unterdrückte *A. eunotus* ♂♂ ähneln phänotypisch stark den ♀♀

A. eunotus ♀, dominant, beginnende Balzstimmung

Spezieller Artenteil

Geschlechtsunterschiede: Männchen werden erheblich größer als Weibchen und zeigen einen bläulich-metallischen Körper. Rücken- und Afterflosse wachsen in ihrem Weichstrahlbereich bei den Männchen extrem lang und zugespitzt aus, während sie bei den Weibchen kurz und rundlich bleiben.

Verwandtschaftliche Zuordnung: *A. eunotus* wurde von Kullander (1981) in die *A. regani*-Gruppe gestellt. Die ähnlichsten und wohl auch nächstverwandten Formen sind *A. moae* und *A. cruzi*. *A. moae* zeigt aber ein deutlich breiteres Längsband und Fleckenreihen mindestens auf dem vorderen Teil des Unterkörpers. *A. cruzi* ist vor allem durch intensive Unterkörperstreifen und einen wesentlich niedrigeren und gestreckteren Körperbau unterscheidbar. Gemeinsam bilden diese Arten den *A. eunotus*-Komplex, dem neben anderen Arten aus der *A. regani*-Gruppe nach derzeitigem Kenntnisstand vor allem die Formen um *A.* sp. "Rotpunkt" und damit der weiteren *A. macmasteri*-Gruppe nahezustehen scheinen.

Typusfundort: Der Typusfundort ist nicht ausdrücklich auf einen bestimmten Ort begrenzt (Holotypus: "Dunkelwasser bei Campo Verde", im Rio Ucayali System, an der Straße nach Aguaytia, nahe Pucallpa, Bundesstaat Loreto, Perú.). Als Typusgebiet kann daher der mittlere und obere Lauf des Rio Ucayali, Unterlauf des Rio Yavarí und der oberste Teil des Rio Solimóes (bei Tabatinga) gelten.

Verbreitung: *A. eunotus* scheint nach derzeitiger Kenntnis hauptsächlich ein Bewohner der Tieflandflüsse Perus und der angrenzenden Bereiche Kolumbiens und Perus zwischen den Flußsystemen von Rio Japurá (in Kolumbien Rio Cactá genannt) und Rio Shahuaya zu sein. Es liegen Funde aus fast allen Gewässersystemen dieses Gebietes vor (Koslowski 1986, Kullander 1981, 1986, Kullander & de Rham 1983, Linke & Staeck 1995, Staeck 1986, 1987). Neuerdings werden *A. eunotus* nach Angaben verschiedener peruanischer Exporteure sowie amerikanischer und deutscher Großhändler regelmäßig kommerziell aus den Einzugsgebieten von Rio Maranon, Rio Nápo, Rio Putumayo, Rio Tigre und Rio Yavarí exportiert. Zwischen den einzelnen Ausfuhrgebieten bestehen offenbar deutliche Unterschiede in der Färbung, die aber bisher nicht zur Abgrenzung eigenständiger Arten ausreichen.

Ökologie: Wenige Arten der Gattung *Apistogramma* verfügen über ein ähnlich breites ökologisches Anpassungsvermögen wie *A. eunotus*. Die Fische können in allen Gewässertypen des Verbreitungsgebietes angetroffen werden. Es liegen Funde von *A. eunotus* gemeinsam mit *A. nijsseni* und *A. norberti* im Schwarzwasser der Waldbäche an den Typusfundorten der beiden letztgenannten Arten vor. Weitere Funde stammen aus dem Weißwasser des Rio Ucayali, wo die Fische gemeinsam mit *A. cacatuoides* anzutreffen sind, weitere aus kleinen Klarwasserbächen im Einzugsbereich Rio Tahuáyo, wo die Fische gemeinsam mit *A. panduro* vorkommen, oder aus dem Rio Japurá, wo die Art gemeinsam mit einer nah mit *A.* sp. "Rotpunkt"

A. eunotus ♂, subdominant, Schreckfärbung

A. eunotus ♂, subdominant, Unterlegenheitsfärbung

A. eunotus ♂, halbwüchsig, neutral gestimmt

A. eunotus ♂, halbwüchsig, leicht aggressiv gestimmt

A. eunotus ♂, halbwüchsig, beachte die Spitzköpfigkeit dieses Exemplares!

A. eunotus ♀, adult, in neutraler Stimmung

verwandten Form festgestellt worden
ist. *A. eunotus* bewohnt typischerweise
bevorzugt die Fallaubschicht der flacheren Uferzone von Weißwasserflüssen, kann in Waldbächen aber auch
in tieferem Wasser (in bis zu etwa
einem Meter Tiefe) angetroffen werden. Neben den Uferzonen der großen
Flüsse besiedelt die Art auch die kleinen Waldbäche und das Flachwasser
von Überschwemmungssümpfen.
Auch in völlig unbeschatteten Wiesen-
bächen auf verschiedenen Haziéndas
wurden *A. eunotus* bereits gefangen.
LINKE & STAECK (1995) weisen besonders darauf hin, daß die Art auch in
Bereichen mit auffallend starker Strömung angetroffen werden kann. Die
wasserchemischen Werte an den verschiedenen Fangplätzen schwanken
sehr stark. Neben Gewässern, die
praktisch keine Härte (unter 1 °dGH)
und Leitwerte unter 10 μS/cm aufweisen, weisen andere Fangplätze bis
maximal 12 °dGH und 500 μS/cm auf.
Bisher gemessene pH-Werte schwanken zwischen 5,5 und 8, die Wassertemperaturen zwischen 18 und 31 °C,
wobei aber anzumerken ist, daß diese
Extremwerte Ausnahmen darstellen.
Üblicherweise liegen die Wassertemperaturen an den Fundorten von *A.
eunotus* zwischen 23 und 27 °C, einem
Temperaturbereich, der sich auch für
die Aquarienhaltung bewährt hat (s.u.).
Bisher liegen aus dem Freiland keine
Hinweise auf Vorkommen von *A.
eunotus* aus Gewässern mit pH-Werten unter 5,5 vor.

Ersteinfuhr: Im Jahre 1981 wurde *A.
eunotus* durch die Mitglieder einer
Expedition der Deutschen Cichliden-
Gesellschaft in die Bundesrepublik
Deutschland eingeführt. Seither wird
die Art gelegentlich in kleinen Stückzahlen, seit etwa 1995 auch regelmäßig in größeren Mengen, im Handel
angeboten.

Aquarienbiologie: *A. eunotus* gehört,
wie schon die Angaben zur Ökologie
erwarten lassen, zu den relativ leicht
zu haltenden Arten der Gattung. Es
sollte aber besondere Beachtung finden, daß diese Fische ihrer Körpergröße und ihrem Temperament (Bewe-
gungsbedürfnis) entsprechende große Pflegebehälter benötigen. An die
Wasserbedingungen stellt die Art keine besonderen Bedingungen, wenn
man davon absieht, daß sie etwas
empfindlich auf gelöste Huminstoffe
und Huminsäuren im Wasser reagiert.
Die Härte des Wassers kann zwischen
1 °dGH und etwa 12 °dGH liegen. Der
pH-Wert sollte nur im schwach sauren
Bereich um 6 liegen, kann aber auch
leicht alkalisch sein. Stark saures Wasser wirkt sich erkennbar negativ auf
die Tiere aus, die dann meist nach
kurzer Zeit "schaukelnd" mit zusam-
mengeklemmten Flossen im Aquarium stehen. Nach meiner Erfahrung
sollte außerdem die Wassertemperatur nicht zu hoch und vor allem nicht
über längere Zeit stabil sein, da die
Fische sonst anfällig gegenüber bakteriellen Erkrankungen und Verpilzungen werden. Sind diese Rahmenbedingungen in etwa erfüllt, empfiehlt es
sich (wie eigentlich bei fast allen *Apistogramma*-Arten), *A. eunotus* in kleinen Gruppen von etwa acht bis zwölf
Individuen in einem möglichst mit Totholz, Fallaub und/oder einer dichten
Bepflanzung zu halten. Die polygamen Männchen schreiten in ihren Groß-

A. eunotus ♂, adult, dominant, territorial, zu Beginn der Balz

A. eunotus ♀, adult, Brutpflegefärbung

revieren nacheinander mit allen verfügbaren Weibchen zur Fortpflanzung. Sie verteidigen ihr Revier vehement gegenüber allen geschlechtsreifen männlichen Artgenossen, aber auch gegenüber gemeinsam gepflegten Salmlern oder Harnischwelsen. An der eigentlichen Brutpflege beteiligen sie sich nicht. Diese obliegt allein dem Weibchen, das die bis zu 250 Larven aus den an einem gut versteckten, oftmals für das Männchen unerreichbaren Ort abgelegten Eiern nach etwa zwei bis drei Entwicklungstagen heraus"kaut". (Nach Videoaufnahmen werden die Larvenhüllen tatsächlich während dieses Vorganges vom Weibchen meist nur mit den Lippen angestoßen, ohne die Hüllen durch beißende oder mahlende Kieferbewegungen zu manipulieren.) Die Larven werden häufig an wechselnden erhöhten Ablageplätzen deponiert, während die Mutter die nähere Umgebung des Brutplatzes inspiziert. Nach insgesamt etwa zehn Tagen schwimmen die Jungfische erstmals frei. Sie verzehren vom ersten Tag an Naupliuslarven von *Artemia* und im Zuchtaquarium befindlichen Detritus. Das Wachstum ist relativ schnell, und die Jungen können bei regelmäßigen umfangreichen Wasserwechseln und reichlicher Ernährung nach etwa einem halben Lebensjahr bereits über fünf Zentimeter lang sein. Die Geschlechtreife erlangen Weibchen nach etwa fünf, Männchen erst nach etwa sieben bis acht Monaten.

Besonderheiten: *A. eunotus* ist neben *A. cacatuoides* eine der robustesten Arten der Gattung und eignet sich daher besonders für Aquarianer, die erstmals Zwergcichliden pflegen möchten. Die Art ist außerdem relativ variabel gefärbt, was sich indirekt auch durch die Vielzahl aquaristischer Benennungen ausdrückt, die sich auf bestimmte Farbmerkmale dieser Fische beziehen, wie etwa der bekannte Name "Orangeschwanz"-*Apistogramma*. *A. eunotus* eignet sich daher wahrscheinlich besonders für die aquaristische Sortenzucht.

T: 20 - 29 °C, **L**: ♂ 10 cm, ♀ 6 cm, **BL**: 120 cm, **WR**: u, m, **SG**: 1 - 3

Insel im Rio Negro

A. eunotus ♀, adult, Färbung unmittelbar nach Verlust der Brut durch Freßfeind

A. eunotus ♀, adult, dominant, territorial, leicht aggressiv gestimmt

411

Apistogramma geisleri MEINKEN, 1971

Erstbeschreibung: Apistogramma geisleri n. sp. und Apistogramma borellii (REGAN) aus dem Amazonasbecken. Senckenbergiana biologica 52 (1/2): 35 - 40 (erschienen 14.Mai 1971).

Etymologie: *apistos* (gr.) = unzuverlässig, *gramma* (gr.) = Streifen, Linie; hier wohl bedeutend "mit unzuverlässiger Seitenlinie"; *geisleri* = Ein Dedikationsname zu Ehren von Dr. R. GEISLER, der das Typusmaterial sammelte.

Typusmaterial: Drei Exemplare.

Holotypus: Weibchen, 28,2 mm SL (SMF 10617), am 9. Dezember 1967 von R. GEISLER gesammelt. Fundort: Rio Curucamba bei Obidos, Amazonas-Gebiet (Brasilien). (Anm. des Verf.: Der Orginal-Sammlungszettel zum Typenmaterial enthält die Vermerke "verend. 1968", was nur so zu deuten ist, daß die Fische vor ihrer Konservierung im Aquarium gehalten worden sind, und zum Fundort: "Südamerika, Brasilien, Amazonas, Rio Curucamba". Vergleiche zum Geschlecht des Holotypus KULLANDER 1980.)

Paratypus: Männchen, 25,3 mm (SMF 10618) und Weibchen, 20,9 mm SL (SMF 10619). Alle Daten wie beim Holotypus.

Belegmaterial: Vier Männchen und drei Weibchen (ZFMK 17791 bis ZFMK 17797).

Synonyme: Keine.

Artspezifische Merkmale: A. geisleri gehört zu den am schwierigsten zu identifizierenden Arten innerhalb der Gattung. Typisch für diese Fische ist, daß ihnen auffällige Markierungen oder Körperformen fehlen, die bei den meisten anderen Arten eine zweifelsfreie Identifizierung schnell ermöglichen. Die Fische tragen in Schreckfärbung ein deutliches Längsband, das vor dem kleinen unregelmäßig geformten, meist ovalen Schwanzwurzelfleck endet. Sie zeigen dieses Längsband sonst nur sehr selten. Es ist höchstens eine schmale zickzackförmige Linie erkennbar. In manchen Erregungszuständen treten drei rundliche Seitenflecken hervor, wie sie sonst bei keiner Form aus dem *A. regani*-Komplex auftreten. Andere Schwarzmarkierungen sind meist völlig reduziert. LINKE & STAECK (1995) erklären: "das schwarze Wangenband dagegen ist immer sichtbar", bilden aber daneben ein Männchen ab, dem dieses praktisch fehlt.

Geschlechtsunterschiede: Männchen werden wesentlich größer als Weibchen und entwickeln auffällig zugespitzte Weichstrahlbereiche von Rücken- und Afterflosse. Außerdem zeigen sie häufig einen grünlichblauen Körperglanz und rote Wurmzeichnungen auf den Kiemendeckeln. Weibchen tragen einen Unterbauchstreifen, der vom After nach vorn bis etwa zwischen die Bauchflossen reicht.

A. geisleri ♀, adult, beginnende Brutpflegefärbung

A. geisleri ♂, adult, neutrale Stimmung

A. geisleri ♂, adult, leicht aggressiv gestimmt

A. geisleri ♂, adult, dominant, nach gewonnenem Kampf

A. geisleri ♂, adult, dominant, territorial, neutrale Stimmung

Verwandtschaftliche Zuordnung: Es handelt sich bei *A. geisleri* um einen Vertreter der *A. regani*-Gruppe. Aufgrund der weitgehenden Merkmalsübereinstimmungen dürfte diese Form in den eigentlichen *A. regani*-Komplex einzuordnen sein. Da zumindest einige Fundortpopulationen von *A. regani* außerordentlich variabel gefärbt sein können, kann die Identifizierung der Arten aus dem engeren *A. regani*-Komplex außerordentlich schwierig sein.

Typusfundort: Rio Curucamba bei Obidos, Amazonas-Gebiet (Brasilien).

Verbreitung: Südamerika, Brasilien, im Einzugsbereich des Rio Crucamba, einem Zufluß des Amazonas, der sich nordwestlich der Stadt Santarém befindet. Es liegen neuerlich (1996) auch

Typen von *A. geisleri*, Holotypus oben

A. geisleri ♂, halbwüchsig, unterdrückt, neutrale Stimmung

A. geisleri ♂, adult, dominant, Freßstimmung, beachte Parasitenbefall auf der Flanke

A. geisleri ♀, adult, beginnende Brutpflegestimmung, aggressiv

417

A. geisleri ♀, adult, beginnende Brutpflegestimmung, neutral gestimmt

A. geisleri ♀, adult, beginnende Brutpflegestimmung, leicht aggressiv gestimmt

A. geisleri ♀, adult, Brutpflegefärbung über Jungfischen, aggressiv

von WARZEL und seinen Mitreisenden gemachte Funde von *Apistogramma* aus dem Einzugsbereich des Rio Tapajós vor, welche ich als *A. geisleri* identifiziere und hier im Bild vorstelle.

Ökologie: Bis heute liegen kaum Angaben zur Ökologie von *A. geisleri* vor, die über die Fundortangaben zu den Typen hinausgehen.

Ersteinfuhr: Nicht genau bekannt. Sicher wurde *A. geisleri* aber spätestens 1968 durch Dr. R. GEISLER (Freiburg) nach Deutschland importiert.

Aquarienbiologie: *A. geisleri* ist ein friedlicher Zwergbuntbarsch, der sich gut mit kleineren Arten wie Bachlingen, Salmlern oder auch Harnischwelsen vergesellschaften läßt. Nur während der Fortpflanzungsphase werden andere Aquarienmitbewohner zeitweilig heftig bedrängt. Zur Vergesellschaftung mit großen Arten ist die Art nicht geeignet, was bedingt ohnehin für die meisten *Apistogramma*-Arten gilt. Zur Haltung reicht mittelhartes Wasser mit einem pH-Wert um den Neutralpunkt aus. Allerdings sind die Tiere empfindlich gegen organische Verunreinigungen des Wassers, das daher mindestens in 14tägigem Abstand etwa zur Hälfte gewechselt werden sollte. Das Aquarium sollte möglichst versteckreich eingerichtet werden, etwa mit Totholz und Fallaub, kann aber auch dicht bepflanzt werden. Für die Zucht, die im Vergleich zu anderen *Apistogramma* recht unproduktiv ist, ist weicheres, schwach saures Wasser erforderlich. Durchschnittlich werden aus einem Gelege weniger als 40 Jungfische groß. Die Brutpflege erfolgt bei *A.*

geisleri meist durch beide Elternteile. Nur selten sind polygame Fortpflanzungsgruppen festzustellen. Gelegentlich dürfen sich die Männchen bereits an der Pflege der Larven beteiligen. Ausnahmsweise kann es vorkommen, daß Männchen die Weibchen bereits nach der Eiablage vom Brutplatz vertreiben und die gesamte Brutpflege allein übernehmen. Bisher ist unklar, welche Faktoren dieses innerhalb der Gattung äußerst seltene Verhalten beeinflussen, doch scheinen solche Vorfälle in kleinen, relativ feindarmen Aquarien häufiger aufzutreten, als in größeren Becken, in denen Feindfische zahlreich anwesend sind.

Besonderheiten: *A. geisleri* wird nur sehr selten eingeführt und gelangt kaum einmal bis in die Liebhaberaquarien. Die Art ist vergleichsweise sehr schwierig zu identifizieren, da ihr besondere artspezifische Merkmale fehlen. Es erfordert erfahrene Beobachter zur Identifizierung dieser Fische. Die meisten unter dem Namen *Apistogramma geisleri* angebotenen Tiere gehören anderen Formen aus der *A. regani*-Gruppe an.

T: 21 - 29 °C, **L:** ♂ 7 cm, ♀ 4 cm, **BL:** 100 cm, **WR:** u, m, **SG:** 2 - 3

A. geisleri ♀, adult, unterdrückt

A. geisleri ♀, adult, aggressiv nach Verlust der Jungfische

Apistogramma gephyra KULLANDER, 1980

"Rotsaum"-Zwergbuntbarsch

Erstbeschreibung: A Taxonomical Study of the Genus Apistogramma REGAN, with a Revision of Brazilian and Peruvian Species (Teleostei: Perciformes: Cichlidae). Bonner Zoologische Monographien Nr 14: 131 - 134.

Etymologie: *apistos* (gr.) = unzuverlässig, *gramma* (gr.) = Streifen, Linie; hier wohl bedeutend "mit unzuverlässiger Seitenlinie"; *gephyra* (gr.) = Brükke, Übergang. Der Name wurde von KULLANDER gewählt, um die Übergangsstellung dieser Art zwischen den Formen der *A. agassizii*- und der *A. pertensis*-Gruppe hervorzuheben.

Typusmaterial: 15 Exemplare.

Holotypus: Männchen, 32,5 mm SL (IRSNB [Types] 581); am 18. November 1967 von J.-P. GOSSE und König LEOPOLD III. von Belgien gesammelt. Fundort: Ein Igarapé (3°00´S/60°45´W) am linken Ufer des Rio Negro im Bereich des Arquipélago das Anavilhanas im Bundesstaat Amazonas, Brasilien (IMA 1967: Station 179).

Paratypen: Drei Männchen, 27,0 bis 29,3 mm SL und drei Weibchen, 17,5 bis 27,4 mm SL (IRSNB [Types] 582); Sammeldaten wie beim Holotypus. Vier Männchen, 25,6 bis 29,1 mm SL und vier Weibchen, 18,9 bis 24,0 mm SL (IRSNB [Types] 583); am 19. November 1967 von J.-P. GOSSE und König LEOPOLD III. von Belgien gesammelt.

Fundort: Ein Igarapé (3°00´S/60°45´W) am linken Ufer des Rio Negro im Bereich des Arquipélago das Anavilhanas im Bundesstaat Amazonas, Brasilien (IMA 1967: Station 180).

Belegmaterial: Zwei Männchen und ein Exemplar ohne Geschlechtsangabe (ZFMK 17473 bis ZFMK 17475).

Synonyme: Keine.

Artspezifische Merkmale: Diese Art weist große Ähnlichkeit zu *A. agassizii* auf und ist daher nicht immer einwandfrei zu bestimmen. Der Körper ist relativ gestreckt, wenig hochrückig und seitlich deutlich zusammengedrückt. Der gesamte Körperbau und die Flossenmorphologie von *A. gephyra* sind mit der von *A. agassizii* fast identisch. Bestes Unterscheidungsmerkmal für lebende Fische ist die Färbung der Schwanzflosse. Während *A. agassizii* (Wildfänge) eine weit lanzettlich ausgezogene Flosse besitzt, die einen deutlichen schwarzen und weißen Rand, gelegentlich auch noch gelbe oder rote Streifen aufweist, befindet sich bei *A. gephyra* ein auf dem Flossenzentrum besonders deutlich ausgeprägtes feines Netz- und Fleckenmuster auf der Schwanzflosse. *A. gephyra* zeigen meist zwei Seitenflecke. Die bei vielen *A. agassizii* auftretenden Unterbauchstreifen fehlen *A. gephyra* immer. Besondere Beachtung sollte auch dem Umstand zukommen, daß KULLANDER (1980) auf Ähnlichkeiten zu *A. pertensis* hinwies (Name!).

Apistogramma gephyra, brutpflegendes Paar, Junge ca. 3 Wochen alt.

A. gephyra, halbwüchsiges ♂

A. gephyra, halbwüchsiges ♂, gelbe Morphe D. Bork

A. gephyra, halbwüchsiges ♂, blaue Morphe D. Bork

A. gephyra, ausgewachsenes ♂ aus dem Gebiet um Barcelos

A. gephyra, halbwüchsiges ♂ aus dem Gebiet des unteren Rio Negro

Spezieller Artenteil

Geschlechtsunterschiede: Männchen werden erheblich größer als Weibchen und entwickeln nach Eintritt der Geschlechtsreife eine im Weichstrahlbereich spitz ausgezogene Rückenflosse. Die Bauchflossen der Männchen sind stets transparent, während Weibchen im vorderen Teil dieser Flossen eine schwärzliche Zone haben. Viele Männchen entwickeln außerdem eine in der unteren Hälfte gelbliche Schwanzflosse, die bei älteren Fischen leicht lanzettlich wird. Die Schwanzflosse von Weibchen ist dagegen stets farblos und rund. Einzelne Weibchen entwickeln einen kurzen Unterbauchstrich, der etwa am Vorderrand der Analöffnung beginnend bis zwischen die Bauchflossen reichen kann.

Verwandtschaftliche Zuordnung: *A. gephyra* gehört zum *A. agassizii*-Komplex in der *A. agassizii*-Gruppe, der sich von anderen Formengruppen durch die runde bis lanzettliche Schwanzflosse unterscheidet. *A. agassizii* ist die nächstverwandte Form. Einige morphologische Merkmale von *A. gephyra*, die normalerweise detailliert nur an konservierten Tieren festzustellen sind, leiten zur *A. pertensis*-Gruppe über.

Typusfundort: Ein Igarapé, der am linken Ufer dem Rio Negro im Bereich des Arquipélago das Anavilhanas im Bundesstaat Amazonas, Brasilien, zufließt.

Verbreitung: Die Verbreitung dieser Art ist nur unzureichend bekannt. Bisher liegen lediglich Funde aus dem Bereich des unteren und mittleren Rio Negro, einschließlich des Bereiches des Arquipélago das Anavilhanas sowie der Umgebung von Santarém, insbesondere dem Lago Jurucuí vor.

Ökologie: Bisher liegen kaum Angaben über die Ökologie dieser Fische vor. Anscheinend lebt *A. gephyra* aber bevorzugt im Klarwasser, denn alle bisher untersuchten Fundorte, an denen die Art etwas häufiger festgestellt werden konnte, waren kleinere, mit dikker Fallaubschicht bedeckte Klarwasserbäche, die vereinzelt auch geringen Schwarzwassereinfluß aufwiesen. Ich konnte *A. gephyra* nur einmal im Schwarzwasser sammeln, wobei die wenigen Exemplare in sehr schlechter physischer Verfassung waren.

Ersteinfuhr: Nicht genau bekannt. Doch spätestens um 1980 gelangten über verschiedene Importeure Einzeltiere als Beifänge nach Deutschland. Größere Individuenzahlen wurden um 1982 eingeführt. Die wenigen als Beifänge aus dem Rio Negro-Gebiet eingeführten Fische dürften der Aufmerksamkeit auch interessierter Aquarianer meist entgehen.

Aquarienbiologie: *A. gephyra* ist relativ empfindlich in bezug auf die Wasserchemie. Bereits geringe organische Verunreinigungen führen zu Verlusten. Das Hauptaugenmerk bei der Pflege dieser Fische muß daher der regelmäßigen Überwachung der Wasserwerte und regelmäßigen umfangreichen Wasserwechseln gelten. Die Art ist friedlich und läßt sich gut mit kleinen Salmlern oder Killifischen der Gattung *Rivulus* vergesellschaften. Auch Hexenwelse sind für die gemeinsame Pflege mit *A. gephyra* gut geeignet,

A. gephyra, brutpflegendes ♀, leicht aggressiv

A. gephyra, ausgewachsenes ♂ aus dem Gebiet um Barcelos, beachte Schädelinsertion

während Gemeinschaftshaltung mit Harnischwelsen oft Probleme verursacht. Weiches und saures Wasser ist sowohl für die artgerechte Dauerhaltung, als auch für die Vermehrung erforderlich. Die Temperatur sollte nicht dauerhaft konstant gehalten werden, da die Art unter solchen Bedingungen besonders anfällig gegenüber bakteriellen Infektionen und Hexamitabefall reagiert. Die Zucht gelingt erst in sehr weichem Wasser bei pH-Werten unter fünf. Anders als von mir beobachtete *A. agassizii* neigen *A. gephyra* offenbar mehr zu einer festen Paarbindung. Die Männchen dulden meist nur ein einziges Weibchen in ihrem Revier, mit dem sie in einem höhlenartigen Versteck ablaichen. Die zwischen 50 und 150 Eier werden vom Weibchen allein betreut. Der Schlupf der Larven erfolgt nach etwa zwei Tagen. Die voll entwickelten Jungfische schwimmen nach insgesamt acht bis elf Entwicklungstagen erstmals frei. Die Brut frißt von diesem Zeitpunkt an Detritus und frisch geschlüpfte Naupliuslarven von *Artemia*. Ältere Nauplien werden von den Jungen zu diesem Zeitpunkt oft nicht bewältigt. Essigälchen sind als Nahrung für die ersten Lebenstage bestens geeignet. Die Brut wird vom Weibchen in den ersten zwei Wochen nach dem Freischwimmen meist allein betreut. Danach beteiligt sich auch das Männchen an der direkten Betreuung der Jungen. Oftmals fängt es Ausreißer auch schon vorher wieder ein und spuckt sie in den Schwarm zurück. Die Jungfische wachsen nur langsam und erreichen nach etwa einem halben Jahr auf rund vier Zentimeter Länge (TL), sind zu diesem Zeitpunkt aber bereits fortpflanzungsfähig.

Besonderheiten: Der Status dieser Art wurde (und wird) immer wieder in Frage gestellt. Vergleiche von Tieren aus dem Rio Negro mit ebenfalls dort vorkommenden *A. agassizii* zeigen aber so deutliche Unterschiede, daß wohl wenig Zweifel über die Gültigkeit dieses Taxons bestehen kann. Die außerordentliche verwandtschaftliche Nähe beider Formen steht aber außer Frage. Für *A. agassizii* und *A. gephyra* erscheint (wie für verschiedene andere Gruppen auch) eine Arteinordnung unter einem Superspezieskonzept sinnvoll.

T: 21 - 29 °C, **L:** ♂ 9 cm, ♀ 6 cm, **BL:** 120 cm, **WR:** u, m, **SG:** 2 - 3

Großer Gelbkopfgeier (*Cathartes melambrotus*) am oberen Rio Negro

A. gephyra, brutpflegendes ♀, neutral gestimmt, Junge ca. 1 Woche alt

A. gephyra ♀ in Schreckfärbung

Apistogramma gibbiceps MEINKEN, 1969

"Schwarzbinden"-Zwergbuntbarsch

Erstbeschreibung: Apistogramma gibbiceps n. sp. aus Brasilien (Pisces, Teleostei, Cichlidae). Senckenbergiana biologica 50 (1/2): 91 - 96.

Wiederbeschreibungen: A Taxonomical Study of the Genus Apistogramma Regan, with a Revision of Brazilian and Peruvian Species (Teleostei: Perciformes: Cichlidae). Bonner Zoologische Monographien Nr. 14: 115 - 118 (Apistogramma gibbiceps).

Etymologie: apistos (gr.) = unzuverlässig, gramma (gr.) = Streifen, Linie; hier wohl bedeutend "mit unzuverlässiger Seitenlinie"; gibbiceps = zusammengesetzt aus gibbus (lat.) = Buckel oder Beule und cephus (gr.) = Kopf. MEINKEN bezog den Namen darauf, daß der Holotypus einen Stirnbuckel aufwies. Tatsächlich handelt es sich bei diesem Stirnbuckel um das Resultat einer zu spät und mangelhaft durchgeführten Konservierung.

Typusmaterial: Zehn Exemplare.

Holotypus: Männchen, 47 mm SL (SMF9441), 1967 von W. SCHWARTZ, Manaos an das Senckenberg-Museum in Frankfurt/Main übergeben. Fundort (in der Erstbeschreibung): "wahrscheinlich Gebiet des Rio Negro", nicht genau bekannt.

A. gibbiceps, adultes ♂, dominant, leicht agrressiv, aus dem Rio Préto-Gebiet

A. gibbiceps, adultes ♂, dominant, aggressiv, aus dem Rio Préto-Gebiet

A. gibbiceps, adultes ♂, dominant, aggressiv, aus dem unteren Rio Branco-Einzug

Spezieller Artenteil

Paratypen: Sechs Männchen, 33 - 47 mm SL (SMF 9442 - SMF 9447) und 3 Weibchen, 36 - 49 mm SL (SMF 9448 - SMF 9450), Funddaten wie Holotypus.

Bemerkungen zum Typusmaterial: Als Fundort ist auf dem Sammlungszettel tatsächlich "Rio Negro-Gebiet?" verzeichnet. Wahrscheinlich wurde das Typusmaterial nach Aquarienhaltung konserviert. Meinken beschrieb *A. gibbiceps* anhand von zehn Exemplaren, wovon später Kullander (1980) drei Exemplare anderen Arten zuordnete: Bei den Belegstücken SMF 9447 (36,9 mm SL) und SMF 9448 (37,7 mm SL) handelte es sich um zwei männliche *A. agassizii*, bei dem Belegexemplar SMF 9450 (26,2 mm SL) um ein Weibchen von *A. paucisquamis*. Das *A. agassizii*-Männchen SMF 9448 war von Meinken als Weibchen von *A. gibbiceps* identifiziert und als solches in der Erstbeschreibung mit abgebildet worden.

Übrig blieben demnach aus der Typenserie von *A. gibbiceps* sieben Exemplare, bei denen es sich ausschließlich um Männchen handelt, womit auch diese Form zu den vielen Arten gehört, deren Typenserie nur aus Vertretern eines Geschlechtes bestehen. Ich selbst konnte die Befunde Kullanders zum Typenmaterial bei einer Nachuntersuchung voll bestätigen. Alle Exemplare bis auf SMF 9442 und SMF 9449 sind in mäßigem Zustand. Alle Exemplare zeigen den von Meinken zur Namengebung herangezogenen Stirnbuckel, die Belegstücke SMF 9446 und SMF 9449 allerdings nur schwach.

Belegmaterial: Ein Männchen (SMF 28209), 21 Exemplare beiderlei Geschlechts (SMF 28189), fünf Weibchen (ZFMK 17559, ZFMK 17562, 17563, ZFMK 18502 und ZFMK 18593), vier Männchen (ZFMK 17552, ZFMK 17553, ZFMK 17561, ZFMK 18590), fünf ohne Geschlechtsangabe (ZFMK 18583, ZFMK 17554 bis ZFMK 17557).

Synonyme: *Apistogramma roraimae* Kullander, 1980.

Artspezifische Merkmale: *A. gibbiceps* unterscheidet sich durch die Kombination folgender Merkmale von allen anderen bisher bekannten Vertretern der Gattung: Diese Zwergbuntbarsche tragen ein breites Längsband, das erst in der Schwanzflosse endet. Diese ist bei erwachsenen Männchen deutlich zweizipfelig, und trägt nur ausnahmsweise in der Mitte einige undeutliche Bänder. Bei Weibchen ist die Flosse normalerweise rund bis leicht gestutzt, kann aber auch (selten) deutlich zweizipfelig ausgebildet sein. Erwachsene Männchen entwickeln zunächst im vorderen Drittel der Rückenflosse deutlich verlängerte und zugespitzte Flossenhäute, mit zunehmendem Alter kann aber auch der hintere Teil der Flosse entsprechend auswachsen. Auffällig ist, daß offenbar auch ein Polymorphismus zwischen verschiedenen Männchentypen besteht, denn es treten regelmäßig Männchen mit sehr unterschiedlich hohen Rückenflossen auf, die sich dann auch im Körperbau klar unterscheiden lassen. Besonders hochflossige *A. gibbiceps*-Männchen wirken meist auch sehr bullig und weisen mächtig entwickelte Kiefer auf. Besonders markant sind auf den Bauchseiten unterhalb des Längsbandes auftretende, schräg nach hin-

A. gibbiceps, adultes ♂, dominant, leicht aggressiv, aus dem Rio Préto-Gebiet

A. gibbiceps, adultes ♂, dominant, neutral gestimmt, aus dem Rio Préto-Gebiet

A. gibbiceps, adultes ♂, dominant, kurz vor dem Angriff, aus dem Rio Préto-Gebiet

A. gibbiceps, adultes ♂, dominant, beginnende Balzstimmung, aus dem Rio Préto-Gebiet

A. gibbiceps, adultes ♂, dominant, neutral gestimmt, beachte zwei Seitenflecke

A. gibbiceps, adultes ♂, dominant, Balzstimmung, aggressiv, aus dem Rio Préto-Gebiet

ten verlaufende Unterbauchstriche, die stimmungsabhängig als regelmäßige Bänder oder unregelmäßige Flecke bei beiden Geschlechtern auftreten können. Bemerkenswert ist auch, daß die Wangenbinde sowohl als etwa pupillenbreites gerades, aber auch als sich zum Kiemendeckelrand hin stark verbreiterndes Band auftreten kann. Der Seitenfleck, der das Längsband in seiner Ausdehnung nicht überragt, ist bei Männchen nur in seltenen Ausnahmesituationen, etwa bei extremem Streß zu sehen, während er von den Weibchen regelmäßig, vor allem bei Auseinandersetzungen, gezeigt wird. Seine Form ist außerordentlich variabel, meist aber in etwa längsoval, fast doppelt so lang wie hoch. Es treten gelegentlich Weibchen mit zwei, häufiger dagegen ganz ohne Seitenflecken auf. Solche Weibchen zeigen auch keine Wangenbinde. Diese unterschiedlichen Ausprägungen der Schwarzzeichnungen sind als Ausdruck des bei dieser Art besonders starken Polychromatismus zu werten, der sich bei den Männchen vor allem durch unterschiedlich ausgeprägte Gelb- oder Rotanteile bemerkbar macht.

Geschlechtsunterschiede: Männchen entwickeln bei Erreichen der Geschlechtsreife eine deutlich zweizipfelige Schwanzflosse, während diese bei Weibchen stets rund oder höchstens leicht gestutzt bleibt. Die Weichstrahlbereiche der Rückenflosse entwickeln bei Männchen eine fädig ausgezogene Spitze, bleiben bei Weibchen dagegen kurz und abgerundet. Die gesamte Rückenflosse der Männchen weist oft deutlich über die Hartstacheln hinaus verlängerte freistehen-

Apistogramma gibbiceps ♂, aggressiv, oberer Rio Branco

W. Staeck

Apistogramma gibbiceps ♂, neutral gestimmt, oberer Rio Branco

Apistogramma gibbiceps ♂, aggressiv, oberer Rio Branco

W. Staeck

de ("gesägte") Flossenhäute auf, während diese bei den Weibchen nur sehr wenig über die Hartstacheln hinausragen und zusammengewachsen sind. Die Bauchflossen laichbereiter Weibchen färben sich in der vorderen Hälfte rußig grau oder schwarz, die der Männchen dagegen porzellanweißlich oder bläulich transparent.

Verwandtschaftliche Zuordnung: Lange Zeit waren die verwandtschaftlichen Beziehungen von *A. gibbiceps* nicht klar. Nachuntersuchungen des Typusmaterials zeigen aber, daß *A. gibbiceps* nah mit *A. personata* verwandt ist. Beide Arten stellen die *A. gibbiceps*-Gruppe innerhalb der Gattung dar, die einige Gemeinsamkeiten mit den Arten der *A. cacatuoides*-Gruppe aufweist.

Verbreitung: Bisher ist die Verbreitung nur unzureichend bekannt. Nach den vorliegenden Beobachtungen scheint die Art jedoch im gesamten Einzugsgebiet des Rio Branco und in weiten Teilen des mittleren und oberen Rio Negro zahlreich verbreitet zu sein.

Ökologie: *A. gibbiceps* bewohnen bevorzugt etwas kühlere Klarwasserbäche, in denen sie auffällig hohe Populationsdichten erreichen können, während sie, im Gegensatz zu den Aussagen von SCHÄFER (1994), der die Fische fälschlich als "ausgesprochene Schwarzwasserbewohner" bezeichnet, nur selten im (meist etwas wärmeren) Schwarzwasser und dann auch nur in geringer Dichte festgestellt werden können (Dichteangaben siehe im ersten Teil dieses Buches). Ein Fund-

A. gibbiceps ♂, Portrait Holotypus

A. gibbiceps ♂, Holotypus, (SMF 9441)

A. gibbiceps ♂, Paratypus, (SMF 9449)

A. gibbiceps ♀, adult, Brutpflegefärbung, hoch aggressiv, unmittelbar vor dem Angriff

A. gibbiceps ♂, dominant, hoch aggressiv, unmittelbar vor dem Angriff

ort an der Einmündung des Igarapé Prosperitáte in den Rio Préto konnte mehrfach bei stark abweichenden Wasserständen untersucht werden. Während der Niedrigwasserzeit, in der der für Fische verfügbare Lebensraum in den Überschwemmungswäldern am Rio Negro auf nur ein Bruchteil der während der Hochwasserzeit zur Verfügung stehenden Fläche zusammenschrumpft, konnte *A. gibbiceps* an dieser Fundstelle gemeinsam mit den Cichliden *Aequidens* cf. *pallidus*, *Apistogramma paucisquamis*, *A. pertensis*, *Crenicichla inpai*, *C. nothophthalmus*, *Dicrossus filamentosus*, *Laetacara* sp. "Orangeflossen", *Mesonauta* indet. und *Taeniacara candidi* angetroffen werden.

In der Hochwasserzeit 1992 wurde zusätzlich *A. diplotaenia* an dieser Stelle nachgewiesen. Im Rio Salgádo, einem kleinen Klarwasserbach in unmittelbarer Nähe von Barcelos do Rio Negro, fanden wir *A. gibbiceps* zusätzlich gemeinsam mit *A. gephyra*, *A. mendezi*, sowie *Crenicichla regani*. Neben diesen Buntbarschen wurden eine Vielzahl anderer Fische, insbesondere Salmler- und Welsarten gemeinsam mit *A. gibbiceps* festgestellt. Eingehendere Auflistungen dieser Formen finden sich bei RÖMER (1992 e, m, 1994). Bei einer Untersuchung der Fallaubschicht im Bereich des Igarapé Prósperitáte fanden wir 1994 überraschenderweise in etwa 30 Zentimeter Tiefe im trockengefallenen Bereich etliche etwa halbwüchsige *A. gibbiceps* im nur noch stark durchfeuchteten Fallaub eingeklemmt. Die Fische überlebten dort mindestens seit etwa einer Woche, wahrscheinlich, weil sie täglich über den Nachmittagsregen erneut benetzt wurden. Bisher ist nicht bekannt, ob es sich bei dem beobachteten Phänomen um einen Einzelfall oder gar um eine regelmäßige Überlebensstrategie der Zwergbuntbarsche handelt.

Ersteinfuhr: Soweit heute bekannt, ist die Art als Beifang mit Neonsalmlern bereits Mitte der 1960er Jahre über den Handel aus Manaos erstmals nach Europa gelangt.

Aquarienbiologie: *A. gibbiceps* stellt als Klarwasserart etwas höhere Ansprüche an die Wasserqualität. Das Wasser sollte möglichst weich und leicht sauer sein, wobei das Optimum nach meiner Erfahrung bei etwa 4°dGH und pH 6 liegt. Es werden aber auch abweichende Wasserwerte ohne weiteres gut vertragen, wobei allerdings die durchschnittliche Lebenserwartung von gut drei Jahren im Aquarium leicht sinkt. Alkalische Wasserwerte vertragen *A. gibbiceps* nur kurzzeitig. In geräumigen Aquarien, die mit viel Totholz, Fallaub und/oder einer dichten Bepflanzung versteckreich gestaltet werden, lassen sich diese streitbaren Zwergbuntbarsche auch in etwas größeren Gruppen angemessen unterbringen. In einem Becken von 150 Zentimeter Kantenlänge lassen sich drei bis sechs Männchen mit bis zu 20 Weibchen ohne größere Streitigkeiten halten. Die Fische besetzen dann Kleinreviere, die sich teilweise erheblich überschneiden können und von mehreren Individuen zeitlich mosaikartig verschachtelt genutzt werden. Revierüberschneidungen werden allerdings von brutpflegenden Weibchen in einem Umkreis von etwa 15 Zentimetern

A. gibbiceps ♀, dominant, Brutpflegefärbung, neutral gestimmt, aus dem Rio Préto

A. gibbiceps ♀, dominant, Brutpflegefärbung, Schreckfärbung, aus dem Rio Préto

um den Eiablageort nicht mehr geduldet. Nur das Männchen darf sich dieser Zone noch ohne heftige Attacken durch das Weibchen nähern, wird aber aus der unmittelbaren Umgebung des Brutplatzes vertrieben, solange die Jungen noch nicht frei schwimmen. Die bis zu 150 Eier entwickeln sich temperaturabhängig in 36 bis 70 Stunden bis zum Larvenschlupf. Das Freischwimmen der Jungen erfolgt nach etwa zehn Tagen. Die Brut wird im Normalfall, wie für *Apistogramma*-Arten typisch, ausschließlich vom Weibchen geführt. Bei *A. gibbiceps* fangen aber Männchen häufig Ausreißer aus dem von der Mutter betreuten Schwarm ein und spucken diese wieder über diesem aus. Die jungen *A. gibbiceps*

entwickeln sich verhältnismäßig langsam. Nach einem halben Jahr haben sie oft erst drei bis vier Zentimeter Länge, sind aber bereits fortpflanzungsfähig.

Bemerkungen: Da auch diese *Apistogramma*-Art hochgradig polychromatisch ist, finden sich unter den Jungfischen einer Brut häufig alle in der Aquaristik bekannten Farbformen gleichzeitig. Allerdings sind nur wenige Exemplare besonders intensiv gefärbt. Zum funktionalen Hintergrund des Polychromatismus bei den *Apistogramma*-Arten siehe unter *A. juruensis*.

T: 20-29°C, **L**: ♂ 8 cm, ♀ 6 cm, **BL**: 120 cm, **WR**: u, m, **SG**: 2-3

Zierfischfängerhütte am Rio Préto

A. gibbiceps ♀, dominant, Brutpflegefärbung, aggressiv, unmittelbar vor dem Angriff

A. gibbiceps ♀, dominant, Brutpflegefärbung, leicht aggressiv

Apistogramma gossei KULLANDER, 1982

Erstbeschreibung: Description of a new species of Apistogramma Regan from the Oyapock and Approuage river systems. Cybium 6 (4): 65 - 72.

Etymologie: *gossei* = Dedikationsname zu Ehren des belgischen Ichthyologen J.-P. GOSSE, der wesentliche Beiträge zur Kenntnis der südamerikanischen Fischfauna lieferte und einen Teil des Typenmaterials sammelte.

Typusmaterial: 20 Exemplare.

Holotypus: Männchen, 41,1 mm SL (MNHN 1981-231); am 9. November 1976 von F. D´AUBENTON gesammelt. Fundort: Martinique, Rio Oyapock-System, Bundesstaat Amapá, Brasilien.

Paratypen: Vier Exemplare, ein Männchen, 43,7 mm SL, zwei Weibchen, 23,9 und 29,4 mm SL, und ein Exemplar ohne Geschlechtsangabe, 43,7 mm SL (BMNH 1926.3.2.:962-969); von K. TERNETZ gesammelt, Sammeldatum unbekannt. Fundort: Crique Marie und Crique Boby, Rio Approuague-System, Französisch Guyana. Männchen (?), 37,9 mm SL (IRSNB 590); am 5. Dezember 1962 von J.-P. GOSSE gesammelt. Fundort: Igarapé Cumuri am rechten Ufer des Rio Oyapock, oberhalb der ersten Wasserfälle des Grande Roche (Station 28), Rio Oyapock-System, Französisch Guyana. Männchen (?), 40,2 mm SL, und ein Exemplar ohne Geschlechtsangabe, 24,0 mm SL (IRSNB 591): Sammeldaten wie IRSNB 590. Ein Weibchen, 27,2 mm SL (IRSNB 592); am 6. Dezember 1962 von J.-P. GOSSE gesammelt. Fundort: Ein Teich nahe dem Rio Pontanari, Straße Clevelândia - Flughafen, Rio Oyapock-System, Bundesstaat Amapá, Brasilien. Männchen und Weibchen, 30,5 und 25,4 mm SL (IRSNB 593); am 6. Dezember 1962 von J.-P. GOSSE gesammelt. Fundort: Crique Adjoumba, zwischen Sikini und Camopi, rechtseitig des Rio Oyapock, Rio Oyapock-System, Französisch Guyana. Weibchen, 24,7 mm SL (MNHN 03-39); ohne Funddaten, in Französisch Guyana gesammelt von F. GEAY. Männchen, etwa 36,2 mm SL (MNHN 1981-357); am 29. September 1976 von F. D´AUBENTON gesammelt. Fundort: Crique Mayule (Station AFV 058), Trois Sauts, Rio Oyapock-System, Französisch Guyana. Ein Weibchen, 25,1 mm SL (MNHN 1981-359); am 8. Oktober 1976 von F. D´AUBENTON gesammelt. Fundort: Mare Ipa in der Nähe von Trois Sauts, Rio Oyapock-System, Französisch Guyana. Zwei Weibchen und ein Exemplar ohne Geschlechtsangabe, 12,6 bis 18,7 mm SL (MNHN 1981-558), am 30. September 1976 von F. D´AUBENTON gesammelt. Fundort: Crique Utuai (Station AFV 090), Trois Sauts, Rio Oyapock-System, Französisch Guyana. Ein Weibchen, 20,2 mm SL, und zwei Exemplare ohne Geschlechtsangabe, 13,4 und 17,1 mm SL (MNHN 1931-562); am 22. Oktober 1976 von F. D´AUBENTON gesammelt. Fundort: Crique Nouciri, Rio Oyapock-System, Französisch Guyana.

Apistogramma gossei ♂, adult, neutral gestimmt

Apistogramma gossei ♂, adult, unterdrückt

Alle Paratypen befinden sich nach Angaben KULLANDERS (1982) in sehr schlechtem Zustand. Lediglich der Holotypus wies zum Zeitpunkt seiner Bearbeitung noch einen befriedigenden Zustand auf.

Synonyme: Keine.

Ersteinfuhr: *A. gossei* wurde 1988 erstmals durch H. J. MAYLAND lebend nach Deutschland gebracht. Im Frühjahr 1989 erfolgte die erneute Einfuhr durch F. BITTER und E. VON DRACHENFELS (MAYLAND 1995).

Artspezifische Merkmale: Auch bei dieser Art der *A. regani*-Gruppe fällt die Angabe eines bestimmten artspezifischen Merkmals schwer. Es ist vielmehr die Kombination verschiedener Merkmale kennzeichnend: Das am Augenhinterrand beginnende, etwa eine Schuppe breite Längsband reicht bis in die siebte Querbinde vor dem deutlichen, meist rechteckigen, seltener ovalen Fleck auf der Schwanzflossenbasis. Die Schwanzflosse ist transparent, die Rückenflosse trägt oft einen rötlichen Saum. Letztere weist leicht zugespitzte, aber nicht verlängerte Flossenhäute auf. Die Körpergrundfarbe ist gelblichbraun, bei Männchen oft metallisch überzogen. Oberkopf und Nacken sind meist bräunlich, ebenso die an der Basis der Rückenflosse gelegenen Rückenflecken. Die Körperschuppen sind etwas dunkler braun gerandet. Auf den Körperseiten befinden sich drei, seltener vier schmale Längsstreifen, die aus abwechselnden senkrechten und waagerechten Strichen zusammengesetzt sind. Auf dem Kiemendeckel tragen *A. gossei* außerdem verschiedene gleichmäßige Muster roter runder Flecke, rote Wurmzeichnungen konnte ich bisher nicht feststellen.

Geschlechtsunterschiede: Die Geschlechter sind, ähnlich manchen anderen Formen aus der *A. regani*-Gruppe, nur schwer oder erst bei (fast) erwachsenen Tieren sicher zu bestimmen. Männchen werden etwas größer als Weibchen und weisen einen deutlich zugespitzten Weichstrahlbereich der Rücken- und Afterflosse auf, welche bei Weibchen stets abgerundet sind. Bei jungen *A. gossei* in frühen Entwicklungsstadien kann die Wangenzeichnung sowie die Färbung der Bauchflossen und ihres Ansatzes Anhalt zur Identifizierung geben. Die Kiemendeckel der Männchen tragen häufig variable gleichmäßige Muster roter Flecken, die ich bei Weibchen nie feststellen konnte. Territoriale Weibchen zeigen (etwa bei der Verteidigung eines kleinen Nahrungsreviers bei der Fütterung) einen lackschwarzen Ansatz der Bauchflossen. Oft ist darüber hinaus der gesamte vordere Rand der Flosse schwarz oder zumindest unregelmäßig bleigrau pigmentiert.

Verwandtschaftliche Zuordnung: Gemeinsam mit *A. gossei* bilden *A. regani*, *A. geisleri* und *A.* spec. "Gelbwangen" nach derzeitiger taxonomischer Auffassung den *A. regani*-Komplex innerhalb der *A. regani*-Gruppe. Es handelt sich dabei um Arten, die eine dichte Bänderung haben und eine Balzfärbung besitzen, bei der sich die Bauchregion dunkel färbt und die Bänder vom Rücken her in die Bauchregion auslaufen. Ihnen fehlt der für die Arten des *A. eunotus*-Komplexes typische gelborange Fleck an der Basis der Brustflossen. Die Beziehungen von *A. gossei* zu anderen Formen innerhalb der *A. regani*-Gruppe bedürfen weiterer eingehender Untersuchung.

Typusfundort: Es wurde kein bestimmter Einzelfundort als Typusfundort festgelegt. Die Funde des Beschreibungsmaterials stammen aus der Umgebung von Martinique, Rio Oyapock-System, Bundesstaat Amapá, Brasilien.

Verbreitung: Soweit bisher bekannt ist, kommt diese Art in Teilen Brasiliens und Französisch Guyanas vor. Alle Fundorte lagen im Einzugsbereich des Rio Oyapock und Rio Appruague, die ohne bekannte Verbindungen zu anderen Flußläufen des Guyana-Schildes nach Norden bzw. Nordosten in den Atlantik entwässern. *A. gossei* wurden in Brasilien von STAWIKOWSKI, LUDWIG & KILIAN im bisher ichtyologisch wenig bearbeiteten Territorio Federal Amapá (Bundesstaat Amapá) an mehreren Fangplätzen nachgewiesen und nach Deutschland gebracht. GOTTWALD (mündliche Mitteilung) sammelte die Art 1995 nahe Cayenne.

Ökologie: Nach einer mündlichen Mitteilung KOSLOWSKIS (1989), handelte es sich bei den Fundorten in Amapá um Klarwasser führende Bäche mit sehr weichem, leicht saurem Wasser. Auch GOTTWALD (mündliche Mitteilung) fand die Art in Klarwasser. Die Fische waren in einem Bach, in dem sie mit *Nannacara aureocephalus* gemeinsam vorkamen, selten und scheu, was möglicherweise auf die zahlenmäßige Dominanz der *Nannacara* zurückzuführen war. Einen Fundort untersuchte MAYLAND (1990, 1995, persönliche Mitteilung): Das 26 °C warme Wasser war klar, leicht bräunlich, sehr weich (unter 1 °dGH, um 20 μS/cm) und sauer (pH-Wert 5,6); der Untergrund bestand aus Sand, in dem auch vereinzelt Steine und Totholz enthalten waren. *A. gossei* hielten sich zwischen Fallaub und Totholz auf, eine Beobachtung, die auch BITTER und GOTTWALD unabhängig voneinander machten (persönliche Mitteilungen). GOTTWALD fand *A. gossei* zwischen groben Kieseln.

Aquarienbiologie: *A. gossei* ist eine wenig aggressive, aber durchsetzungsfähige Art. Gemeinsame Haltung mit kleinen Salmlern, Killifischen oder Panzerwelsen ist empfehlenswert. Die eher unscheinbare Art stellt gewisse Ansprüche an den Pfleger in bezug auf die Wasserqualität. Es ist vor allem auf Nitrat- und Nitritfreiheit zu achten. Für die Haltung ohne Zuchtbestrebungen, etwa in Gesellschaftsaquarien, spielen die wasserchemischen Werte nur eine untergeordnete Rolle. Weiches, leicht saures Wasser ist aber zur Dauerhaltung erforderlich. Wird jedoch die Nachzucht angestrebt, ist die Verwendung sehr weichen und sauren Wassers, wie im Freiland festgestellt, mit regelmäßigem, etwa wöchentlichem Wasserwechsel erforderlich. Die Aquarieneinrichtung sollte möglichst viele als Verstecke geeignete Strukturen bieten, die durch dichte Bepflanzung, Steine, Fallaub, und Totholz geschaffen werden können. *A. gossei* sollte nach Möglichkeit in Aquarien ab etwa 150 cm Länge in Gruppen gehalten werden, damit man das interessante Verhalten eingehender beobachten kann. In kleinen Aquarien zeigten die von mir beobachteten Tiere stets nur einen kleinen Ausschnitt aus ihrem Verhaltensrepertoire und blieben vergleichsweise scheu.

Die Männchen leben überwiegend polygam. Die Eier werden vom Weibchen geschützt an der Decke einer Höhle angeheftet und, wie auch später Larven und Junge, allein vom Weibchen betreut. Die Eier entwickeln sich meist nur in weichem sauren Wasser, das in jedem Fall durch regelmäßige und umfangreiche Teilwasserwechsel von organischen Verunreinigungen befreit werden muß. Nach etwa drei Wochen übernimmt meist das Männchen die Führung der Jungen, während das Weibchen bereits ein abgelegtes Folgegelege bewacht.

Bemerkungen: *A. gossei* weist ein unter südamerikanischen Zwergbuntbarschen relativ ungewöhnliches Fluchtverhalten auf: Bei möglicher Gefahr graben sich die Fische blitzschnell seitlich in den Bodengrund ein. Im Sand ist dann meist nur noch ein Auge des Tieres zu sehen und gelegentlich die geringfügige Hebung des oberen Kiemendeckels wahrzunehmen.

T: 22-29 °C, **L:** ♂ 6 cm, ♀ 5 cm, **BL:** 100 cm, **WR:** u, **SG:** 2 - 3

Apistogramma gossei ♂, adult, aggressiv, aus dem Oyapoque-System   I. Koslowski

Hochwassermarke an einem Uferbau am Rio Préto

Apistogramma guttata
ANTONIO, KULLANDER & LASSO, 1989

Erstbeschreibung: Descriptión de una Nueva Especie de Apistogramma (Teleostei-Cichlidae) del Río Morichal Largo en Venezuela. Acta Biologica Venezuela 12: 131 - 139.

Etymologie: *guttata* (lat.) = von *gutta* = Fleck, Tropfen. Der adjektivische Name nimmt Bezug auf die charakteristische Fleckung von Kopf und Körperseiten.

Typusmaterial: 14 Exemplare. Alle Typen stammen aus Venezuela.

Holotypus: Männchen, 37,5 mm SL (MHNLS 3587); am 26. Februar 1981 von R. FEO und L. PÉREZ gesammelt. Fundort: Río Morichal Largo in der Nähe der Ortschaft San Miguel (63°22´W/8°38´N) im Bundesstaat Anzoátegui, Venezuela.

Paratypen: Zwei Männchen, 29,2 und 30,5 mm SL (MNHLS 4625); Sammeldaten wie Holotypus. Ein Männchen, 35,5 mm SL (NRM A87/1981094.3877); Sammeldaten wie Holotypus. Ein Männchen, 29,3 mm SL (MBUVCV-15378), im Februar 1984 von M. E. ANTONIO C. gesammelt. Fundort: Río Morichal Largo nahe der Stadt Los Caribitos (63°31´-63°32´W / 8°32´N), Distrikt Inepencia, Bundesstaat Antoátegui. Ein Männchen, 26,1 mm SL (MBUCV-V 15377), im Dezember 1983 von M. E. ANTONIO und A. MACHADO gesammelt. Fundort: Wie für MBUVCV-V 15378 angegeben. Ein Männchen, 32,4 mm SL (MBUCV-V 15376), im August 1983 von M. E. ANTONIO gesam-

melt. Fundort: Wie für MBUVCV-V 15378 angegeben. Ein Männchen, 29,1 mm SL (MBUCV-V 15374), im Dezember 1983 von M. E. ANTONIO und A. MACHADO gesammelt. Fundort: Río Morichal Largo unterhalb einer Brücke nahe der Stadt El Silencio an der Fahrstrecke Maturín-Temblador (62°47´-62°48´W/9°09´N), Distrikt Maturín, Bundesstaat Monagas. Ein Männchen, 26,6 mm SL (MBUCV-V 15375), im Juli 1983 von M. E. ANTONIO und R. COLMENARES gesammelt. Fundort: Río Morichal Largo nahe der Ortschaft El Salto, unterhalb einer Straßenbrücke (63°06´-63°07´W/8°55´-8°56´N), Distrikt Maturín, Bundesstaat Monagas. Ein Männchen, 30,9 mm SL (MBUCV-V 16456), im Dezember 1983 von M. E. ANTONIO und A. MACHADO gesammelt. Fundort: Río Morichal Largo, La Flecha, Bundesstaat Anzoátegui. Ein Weibchen, 20,6 mm SL (MBUCV-V 16457), Sammeldaten wie MBUCV-V 16456. Ein Weibchen, 20,8 mm SL (MBUCV-V 16454), im Februar 1984 von M. E. ANTONIO gesammelt. Andere Sammeldaten wie MBUCV-V 16456. Ein Weibchen, 22,1 mm SL (MBUCV-V 17898), am 13. April 1983 von M. E. ANTONIO gesammelt. Fundort: Río Morichal Largo, nahe Coloraditos, La Flecha, Bundesstaat Anzoátegui. Ein Weibchen, 20,5 mm SL (MHNLS 5380), Sammeldaten wie MBUCV-V 17898.

Synonyme: Keine.

Artspezifische Merkmale: *A. guttata* trägt auf den Körperseiten einige unre-

Apistogramma guttata ♂, adult, neutral gestimmt

W. Staeck

A. guttata ♂, adult, dominant, neutral gestimmt

W. Staeck

gelmäßig angeordnete Tüpfelreihen, wie sie sonst nur noch bei *A.* spec. "Tucurui" oder vereinzelt bei *A. piauensis* auftreten; bei diesen Arten ist das Muster aber regelmäßiger. Außerdem entwickelt *A. guttata* eine hohe gesägte Rückenflosse, die sie stets von den beiden anderen Arten unterscheidet. Der Körper trägt zusätzlich ein unregelmäßiges zickzackförmiges Längsband, das aber meist verblaßt oder von den schwarzen Tupfenreihen überdeckt wird.

Geschlechtsunterschiede: Männchen werden fast doppelt so groß wie Weibchen und entwickeln verlängerte und zugespitzte Weichstrahlbereiche von Rücken- und Afterflosse. Die Rückenflosse ist außerdem bei Männchen deutlich gesägt und weist verlängerte Flossenhäute auf. Männchen zeigen im Gegensatz zu den meisten Weibchen eine zumindest teilweise rote Iris.

Verwandtschaftliche Zuordnung: *A. guttata* steht gemeinsam mit den nah verwandten *A. hoignei* und *A.* spec. "Rio Caura" in der weiteren Verwandtschaft der *A. macmasteri*-Gruppe. Das Fleckenmuster von *A. guttata* erscheint entfernt wieder bei *A.* spec. "Rotpunkt", der ebenfalls der *A. macmasteri*-Gruppe zuzurechnen ist. Die Beziehungen zwischen den Formen dieses von mir als *A. hoignei*-Komplex bezeichneten Formenkreises bedürfen noch der eingehenden Klärung. Die schwarze Fleckenzeichnung von *A.* spec. "Tucurui", der zur *A. regani*-Gruppe gehört, ist höchstwahrscheinlich eine konvergente Entwicklung und deutet wohl nicht auf nähere verwandtschaftliche Beziehungen.

A. guttata ♂, adult, aggressiv

A. guttata ♂, adult, neutral gestimmt

A. guttata ♀, halbwüchsig, unterdrückt

Typusfundort: Der Holotypus wurde im Río Morichal Largo in der Nähe der Ortschaft San Miguel (63°22′W / 8°38′N) im Bundesstaat Anzoátegui, Venezuela, gesammelt.

Verbreitung: *A. guttata* ist sehr wahrscheinlich ein Endemit Venezuelas im Einzugsbereich des Río Morichal Largo, eines Nebenflusses des Río Orino-

A. guttata ♂, adult, dominant, aggressiv

A. guttata ♂, adult, dominant, neutral gestimmt

ko, der über den Cano Mánamo in diesen entwässert. Funde außerhalb des Río Morichal Largo existieren bisher nicht, doch wären weitere Untersuchungen diesbezüglich wünschenswert!

Ökologie: *A. guttata* ist offenbar, wie andere Arten der Gattung auch, ökologisch sehr anpassungsfähig. Die Fische konnten sowohl in "schwimmenden Wiesen" (ANTONIO et. al 1989) als auch im Flachwasser des nahen Uferbereiches gesammelt werden (LINKE & STAECK 1992), wo sie sich im letzteren Fall unter Laub, Holz und in das Wasser hängender Ufervegetation versteckt aufhielten.

Ersteinfuhr: Bisher wurden *A. guttata* einmal 1992 durch W. STAECK und 1997 durch H. LINKE nach Deutschland eingeführt. Kommerzielle Einfuhren sind kaum zu erwarten, da das Verbreitungsgebiet relativ klein ist und außerhalb der üblichen Sammelgebiete der Zierfischfänger liegt.

Aquarienbiologie: Ein für *Apistogramma*-Verhältnisse überraschend aggressiver Zwergcichlide, der am besten in größeren Artaquarien gehalten wird. Er sollte andernfalls möglichst nur mit kleinen, aber robusten oder zumindest schnellen Arten vergesellschaftet werden, etwa mit Panzerwelsen oder Zahnkarpfen, da sonst durch Beschädigungsangriffe, vor allem brutpflegender Weibchen, Verluste auftreten können. Dem vergleichsweise hohen Aggressionspotential dieser Art ist auch bei der Aquarieneinrichtung unbedingt Rechnung zu tragen. Neben einer dichten Bepflanzung,

Versteckplätzen aus Totholz und Steinen sowie einer Fallaubecke, sollten im Aquarium auch einige schwimmende Höhlen nicht fehlen. Am besten bewährten sich hierfür die Verpackungsdöschen aus Plastik für Kleinbildfilme, in denen die Weibchen besonders gerne ablaichen. Optimal ist auch eine dichte Schwimmpflanzendecke, etwa aus Sumatrafarn oder Hornkraut, in der zusätzlich einige der Filmdöschen als Versteckplätze plaziert werden können. Der Bodengrund des Aquariums sollte mit feinem weißen Sand bedeckt sein, da sich bedrängte Tiere nach meinen Beobachtungen oftmals blitzschnell in den Boden eingraben. Das Wasser sollte möglichst weich sein und mindestens alle 14 Tage zur Hälfte gewechselt werden. Bei diesen untereinander allgemein recht aggressiven Zwergbuntbarschen hängt der Fortpflanzungserfolg vor allem von zusammenpassenden Partnern ab, die sich am besten aus einer größeren Gruppe zusammenfinden. Die Haltung einer Gruppe von mindestens fünf bis zehn Tieren in einem möglichst großen Aquarium ist daher ratsam. Der Laich dieser polygamen Art entwickelt sich bereits bei nur schwach saurem, dafür aber sehr weichem Wasser. Es sollte möglichst frei von organischen Stickstoffverbindungen sein. Die Brutpflege ist allein Aufgabe des Weibchens. Das Männchen verteidigt, wie bei vielen polymorphen *Apistogramma*-Arten üblich, lediglich ein Großrevier, in dem es mit mehreren Weibchen zur Fortpflanzung schreitet. Bemerkenswert erscheint mir, daß Männchen bei Streitigkeiten zwischen den in ihrem Großrevier lebenden Weibchen schlichtend

A. guttata ♂, halbwüchsig, neutral gestimmt

W. Staeck

eingreifen: Wiederholt konnte ich beobachten, wie sich zwei Weibchen äußerst ruppig aus der Randzone ihrer Reviere zu vertreiben suchten. Dabei kommt es häufig zu Maulzerren, dem eine längere Phase des Frontaldrohens vorausgeht. In dieser Situation schwimmt das Männchen meist schnell zwischen die beiden kämpfenden Weibchen und vertreibt diese nacheinander mit kräftigen Schwanzschlägen vom Kampfplatz. Ähnliche, die Kampfhandlungen von Weibchen unterbrechende Aktivitäten sind auch an Männchen des afrikanischen Schneckencichliden *Lamprologus ocellatus* beobachtet worden (WALTER unveröffentlicht).

Besonderheiten: Das hohe Kampfpotential dieser Art läßt sie nur in begrenztem Umfang für die Aquaristik geeignet erscheinen. Für den spezialisierten Aquarianer bietet dieser bisher kaum verbreitete Zwergbuntbarsch ein breites Arbeitsfeld für Verhaltensbeobachtungen unter verschiedenen Pflegebedingungen.

T: 22-31°C, **L:** ♂ 7 cm, ♀ 5 cm, **BL:** 100 cm, **WR:** u, m, **SG:** 2 - 4 (weiches Wasser!)

Flachwasserlagune am Rio Salgádo bei mittlerem Wasserstand

A. guttata ♀, adult, neutral gestimmt

W. Staeck

A. guttata ♀, adult, Brutpflegefärbung

W. Staeck

Apistogramma hippolytae KULLANDER, 1982

"Zweipunkt"-*Apistogramma*

Erstbeschreibung: Beschreibung einer neuen Apistogramma-Art aus Zentral-Amazonien (Teleostei: Cichlidae). DCG-Informationen 13 (10): 181 - 193.

Etymologie: *hippolytae* (gr.) = Königin der Amazonen. KULLANDER wählte den aus der griechischen Mythologie stammenden Namen als Anspielung auf die Fundorte in der Umgebung von Manaus. Die Stadt galt während des Gummibooms im letzten Jahrhundert als die "Königin Amazoniens".

Typusmaterial: 54 Exemplare.

Holotypus: Ein Weibchen, 30,8 mm SL (MZUSP 6657), am 13. November 1967 von der Expediciao Permanente da Amazónia gesammelt. Fundort: Dem Lago Manacapuru zufließender Waldbach (Igarapé) im Rio Solimoes-System, Bundesstaat Amazonas, Brasilien.

Paratypen: 53 Exemplare, darunter 20 Männchen, 21,8 bis 32,4 mm SL, und 18 Weibchen, 23,2 bis 34,4 mm SL (MZUSP 19396 bis MZUSP 19428 [33 Exemplare] und NRM A82/3416 [Fünf Exemplare]), Daten wie Holotypus. Ein Männchen, 25,2 mm SL (MZUSP unregistriert), am 6. Februar 1980 durch M. GOULDING gesammelt. Fundort: Zentraler See auf der Ilha de Buiu-acu, nahe dem Rio Urubaxi, Bundesstaat Amazonas, Brasilien. Ein Weibchen, 33,6 mm SL (MZUSP unregistriert), am 17. Februar 1980 von M. GOULDING gesammelt. Fundort: Zentraler See einer Insel stromabwärts des Rio Daraá, Rio Negro, Bundesstaat Amazonas, Brasilien. Zwei Männchen, 23,9 und 24,0 mm SL, und ein mutmaßliches Weibchen, 23,4 mm SL (MZUSP unregistriert). Daten wie beim zuvor aufgeführten Weibchen.

Belegmaterial: Ein Männchen (ZFMK 17543), ein Weibchen (ZFMK 17544), sieben Jungtiere ohne Geschlechtsangabe (ZFMK 17545 bis ZFMK 17551).

Synonyme: *A. ambiplitoides* GOLDSTEIN 1973.

Artspezifische Merkmale: Diese mittelgroße *Apistogramma*-Art ist mäßig langgestreckt und weist ein schmales Längsband und einen charakteristischen schwarzen Fleck auf, der sich an der Position des dritten Querbandes meist in dessen voller Breite vom Längsband bis zur Rückenflosse erstreckt. Der Schwanzwurzelfleck ist oval und reicht fast über die gesamte Basis der Schwanzwurzel. Die Schwanzflosse ist meist rund, nur selten kann sie leicht gestutzt sein. Die einzigen Arten, mit denen *A. hippolytae* zu verwechseln ist, sind *A. steindachneri* und *A. rupununi*. *A. steindachneri* weist aber nur einen kleinen, meist dreieckigen Seitenfleck und im männlichen Geschlecht eine deutlich zweizipfelige Schwanzflosse auf. *A. rupununi* ist als Zwillingsart von *A. hippolytae* anzusehen, doch zeigen auch hier erwachsene Männchen eine im oberen Teil leicht zipfelige Schwanzflosse.

A. hippolytea ♂, adult, neutral gestimmt, beim typischen Sandkauen

Geschlechtsunterschiede: Es finden sich kaum ausgeprägte Geschlechtsunterschiede bei dieser Art; die Geschlechter sind daher optisch ohne Verhaltensbeobachtungen oft kaum zu unterscheiden. Erst voll ausgewachsene Männchen entwickeln zugespitzte Weichstrahlbereiche von Rücken- und Afterflosse. Auch die Bauchflossen sind bei alten Männchen gelegentlich verlängert, wohingegen die der Weibchen immer kurz bleiben. Während diese Flossen bei Männchen stets weißlich oder bläulich transparent sind, zeigen sie bei laichreifen oder aggressiven Weibchen eine rußgraue bis tiefschwarze Färbung.

Verwandtschaftliche Zuordnung: *A. hippolytae* gehört gemeinsam mit *A. rupununi* und *A. steindachneri* einer Verwandtschaftsgruppe, der sogenannten *A. steindachneri*-Gruppe, an. Die Beziehungen dieser Gruppe zu den anderen Komplexen und Gruppen innerhalb der Gattung sind noch unklar, doch scheinen Verbindungen zur *A. cacatuoides*-Gruppe zu bestehen.

Typusfundort: KULLANDER (1982) legte im eigentlichen Beschreibungstext keinen Einzelort als Typuslokalität fest, nennt aber den Lago Manacapuru im vorangestellten "abstract" explizit als Typusfundort:
"*Apistogramma hippolytae* has been collected in a brook of the Lago Manacapuru (type locality) ..."

Verbreitung: Bisher liegen Funde aus dem oberen und unteren Rio Negro-

Gebiet, dem Rio Branco-Einzug, kleineren Rio Solimoes-Zuflüssen um Manaus, dem Lago Manacapuru und dem Rio Tefé vor. Die Art ist innerhalb dieses Verbreitungsgebietes in passenden Lebensräumen fast überall anzutreffen.

Ökologie: A. hippolytae ist nach meinen eigenen Untersuchungen ein echter Schwarzwasserbewohner. Ich konnte die Art wiederholt während meiner Reisen in das Gebiet des Rio Negro zwischen dem Südende des Anavilhanas-Inselgewirrs und Sánta Isabél nachweisen. Alle Fundorte führten Schwarzwasser mit Sichttiefen von weniger als 50 Zentimetern, sehr niedrigem Leitwert (unter 50 µS/cm) und pH-Werten zwischen 4 und 5,5. Die Temperaturen schwankten stark. In einem Restwassersee (Lokale Bezeichnung "Lago Cubá") auf der Rio Negro-Flußinsel Ilha Nazare oberhalb von Barcelos do Rio Negro lebte A. hippolytae gemeinsam mit A. pauciis-quamis, A. pertensis, Acaronia nassa, Crenicichla notophthalmus, Laetacara spec. "Orangeflossen", Taeniacara candidi sowie Hoplias und verschiedenen kleinen Salmlern und Welsen in der über 30 Zentimeter dicken Laubschicht. Der Urwaldsee war über 300 Meter lang und mindestens 150 Meter breit. Seine Ufer waren dicht von verschiedenen Palmenarten bestanden, unter denen Formen der Gattung Leopoldina dominierten. Die Wassertemperatur lag am Spätnachmittag (17.00 Uhr) bei 28 °C. Auch mehrere andere Fangplätze wiesen eine ähnliche Struktur auf. Auch dort waren die Begleitfauna und die Wassertemperaturen fast die gleichen. Nur bei wenigen Fangplätzen handelte es sich um Urwaldbäche. Ihre Temperatur lag zwischen 24 °C und 26 °C. A. hippolytae lebten stets in Ufernähe im Bereich von Fallaubansammlungen. Auffällig war, daß A. hippolytae an keinem untersuchten Fangplatz höhere Dichten aufwies. Es gingen, ganz im Gegensatz zu anderen untersuchten Apistogramma-Arten, die regelrechte Massenbestände aufweisen können, stets nur wenige Individuen ins Netz. Die höchste Dichte lag mit etwa 5 Exemplaren pro Quadratmeter in einem Restwassersee am unteren Rio Préto vor. Untersuchungen zur Freilandbiologie, insbesondere zur Populationsdynamik und räumlichen Verteilung, wären von großem Interesse.

Ersteinfuhr: Wahrscheinlich im Jahr 1981 erstmals durch verschiedene Einzelhändler in Deutschland angeboten. SCHMETTKAMP (1982) erwähnt "Aquarium MÄNZ" und "DISKUS CENTER ROYAL" (beide Witten-Stockum) als erste Anbieter von A. hippolytae.

Aquarienbiologie: A. hippolytae läßt sich am besten in Gruppen von etwa 10 bis 20 Exemplaren in größeren Aquarien pflegen. Das Aquarium sollte sehr viele Versteckplätze aus Totholz oder Steinen und wie die Habitate, aus denen A. hippolytae stammt, eine Zone mit Fallaub aufweisen, da die Fische sonst außerordentlich scheu bleiben können. Das Wasser sollte möglichst weich und mindestens leicht sauer sein. Für die Zucht ist sehr weiches und stark huminsaures Wasser Voraussetzung, das etwa dem Schwarzwasser der Lebensräume entspricht, aus dem A. hippolytae stammt. Unter solchen Be-

A. hippolytae ♂, beim Sandkauen werden Nahrungspartikel mit den Kiemenrechen ausgesiebt

A. hippolytae ♂, adult, dominant

A. hippolytae ♂, adult, neutral gestimmt

A. hippolytae ♀, adult, leicht aggressiv

A. hippolytae ♀, adult, neutral gestimmt

461

dingungen sind die Tiere besonders vital und aktiv und können Lebensalter bis über drei Jahre erreichen. Die Art scheint nach bisheriger Beobachtung meist monogam zu sein, obwohl SCHMETTKAMP im ersten Zuchtbericht über diese Art eine polygame Situation beschreibt, die aber möglicherweise auf die Haltung in einem, für diese Art zu kleinen Aquarium zurückgeführt werden kann. In meinen 150 Zentimeter-Aquarien kam es über acht Jahre in keinem Fall zu polygamen Verpaarungen, vielmehr bildeten meine aus dem mittleren Rio Negro-Gebiet stammenden Tiere stets über längere Zeit stabile (monogame) Paare. Bei Partnerverlusten wurde allerdings sofort ein anderer Fisch als Partner akzeptiert. Die Balz erstreckt sich, wie schon von SCHMETTKAMP (1982) zutreffend beobachtet wurde, oft über mehrere Tage, der Laichakt, wie bei den meisten anderen *Apistogramma*-Arten, nur über ein bis zwei Stunden. Das Gelege großer Weibchen kann bis zu 250, nach SCHMETTKAMP (1982) sogar über 300 orangerote Eier umfassen. Die Entwicklung der Larven bis zum Schlupf dauert temperaturabhängig eineinhalb bis dreieinhalb, die Larvalphase fünf bis acht Tage. Die Larven werden regelmäßig umgebettet, wobei höhergelegene Ablageflächen, etwa Mulden in Wurzeln oder Steinen, bevorzugt werden. Die Jungfische fressen vom ersten Tag des Freischwimmens an Nauplien von *Artemia*. Sie sind während der ersten drei bis vier Lebensmonate relativ schnellwüchsig, benötigen aber, bis sie in etwa ausgewachsen sind, ein bis eineinhalb Jahre. Die Fortpflanzungsfähigkeit ist bereits nach knapp

sechs Lebensmonaten bei einer Größe von etwa drei Zentimetern erreicht.

Besonderheiten: Wenn *A. hippolytae* dauerhaft unter deutlich von den Freilandbedingungen abweichenden Bedingungen gehalten werden, sind sie ausgesprochen empfindlich gegen *Hexamita*-Befall und Fischtuberkulose. Den Fischen sollten daher stets möglichst weiches und saures Wasser geboten werden. Viele Individuen aus dem Freiland, insbesondere solche aus dem mittleren Rio Negro-Gebiet, sind stark von verschiedenen Wurmparasiten befallen, weshalb eine längere Quarantänezeit sowie erforderlichenfalls auch eine Behandlung mit entsprechenden handelsüblichen Medikamenten anzuraten ist (siehe dazu BASLER 1982). Da *A. hippolytae* relativ empfindlich gegenüber Medikamenten sind, ist auf genaue Dosierungen zu achten.

T: 21 - 29 °C, **L:** ♂ & ♀ um 7 cm, **BL:** 120 cm, **WR:** u, m, **SG:** 2 - 4

"Cucaracha" (Schabe)

Ufer des Rio Negro bei Barcelos

Zulauf des Rio Cúricuriarí im Gebiet des oberen Rio Negro

Apistogramma hoignei MEINKEN, 1965

"Hochflossen"-*Apistogramma*

Erstbeschreibung: Eine neue Apistogramma-Art aus Venezuela (Pisces, Percoidea, Cichlidae). Senckenbergiana biologica. 46 (4): 257 - 263. (Wiederbeschreibung KULLANDER (1979): Species of Apistogramma (Teleostei, Cichlidae) from the Orinoco Drainage Basin, South America, with Descriptions of Four New Species. Zoologica Scripta 8: 69 - 79.)

Etymologie: *hoignei* = Ein Dedikationsname, der sich auf Leo HOIGNE bezieht, der das Typenmaterial sammelte.

Typusmaterial: Zwei Exemplare.

Holotypus: Weibchen (von MEINKEN irrtümlich als Männchen bestimmt!), 33,5 mm SL (SMF 7891), im Frühling 1964 von Leo HOIGNE gesammelt. Fundort: Zuflüsse der Sümpfe am Unterlauf des Rio Portuguesa westlich der Orte Sta. Rosa und Camaguan, an der Autostraße von Calabozo am Südende der seeartigen Erweiterung "Embalse del Guérico" des Guérico nach San Fernando am Mittellauf des Rio Apuré, Staat Guérico, Venezuela.

Paratypus: Ein Weibchen, 17 mm SL (SMF 7892), Sammeldaten wie beim Holotypus.

Belegmaterial: Sieben Männchen, zwei Weibchen (ZFMK 17655 bis 17663).

Synonyme: Keine.

Artspezifische Merkmale: Erwachsene männliche *A. hoignei* sind unter anderem durch eine deutlich zweizipfelige Schwanzflosse gekennzeichnet, die am unteren und oberen Rand einen roten, schwarzen oder außen schwarz gesäumten roten Streifen zeigt. Die gesägte Rückenflosse ist durch die starke Verlängerung der Flossenmembranen auffällig hoch. Der Kopf ist in charakteristischer Weise hinter dem Auge und auf den Kiemendeckeln gefleckt. Die Tiere fallen zunächst besonders durch ihre (insbesondere in der Kopfregion) meist glänzend metallische Färbung auf. Die Körperfarbe ist sehr variabel: Viele Individuen sind grünlich, bläulich oder gelblich. Wenige Exemplare sind aber auch grau, gelblichweiß oder cremefarben. Diese Färbungsunterschiede sind hauptsächlich Ausdruck eines hochgradigen Polychromatismus. Nach STAECK (1990) und LINKE & STAECK (1992) spielt wahrscheinlich auch die geographische Herkunft eine Rolle: Fische aus dem Einzugsbereich des Cano Biruaca zeigen nach ihren Angaben schwarze, solche aus dem Einzugsbereich des unteren Rio Portuguesa dagegen intensiv rote Säume der Schwanzflosse. Auf der Körperseite verläuft ein meist undeutliches Längsband, welches stimmungsabhängig als schmales Zickzack-Band oder als Fleckenreihe erscheint, die aus sechs unregelmäßigen, annähernd quadratischen oder länglich rechteckigen Punkten zusammengesetzt ist. Der Schwanzwurzelfleck ist hochoval

A. hoignei ♂ , voll ausgewachsen, dominant, aggressiv J. Glaser

A. hoignei ♂ , halbwüchsig, subdominant, aggressiv

A. hoignei ♂, adult, dominant, leicht aggressiv

U. Werner

A. hoignei ♀, adult, dominant, Brutpflegefärbung, aggressiv

A. hoignei ♂, adult, dominant, stark aggressiv, lateral drohend

A. hoignei ♀, adult, dominant, Brutpflegefärbung U. Werner

bis aufrecht kastenförmig und reicht über gut die Hälfte der Schwanzwurzelhöhe. Wangen- und Schnauzenstreif sind ebenso deutlich ausgebildet wie zwei bis vier sehr variable Rückenflecken. Im Alter entwickeln Männchen eine auffällig hohe Stirn. Ihr Körper ist hoch und seitlich kräftig zusammengedrückt; sie wirken dadurch ausgesprochen bullig. Dominante Tiere zeigen die typischen Zeichnungsmuster nicht. Sie sind meist einfarbig metallisch grünlich oder bläulich.

Die Weibchen von *A. hoignei* fallen durch ihre extrem ausgeprägte Schwarzzeichnung auf der Kehle und Bauchseite auf. Allerdings weisen auch Weibchen verschiedener anderer *Apistogramma*-Arten aus der *A. macmasteri*- und *A. cacatuoides*-Gruppe ähnliche Schwarzmarkierungen auf und sind daher wie zum Beispiel *A. spec. "Rio Caura"* nur schwer von *A. hoignei* zu unterscheiden.

Geschlechtsunterschiede: Männchen werden erheblich größer als Weibchen. Sie entwickeln bei Erreichen der Geschlechtsreife eine deutlich zweizipfelige Schwanzflosse, die oben und unten einen schwarzen Rand aufweist. In vielen Fällen wird dieser schwarze Streifen zusätzlich zur Flossenmitte von einem weiteren roten Streifen abgegrenzt. Diese Flossenbänder treten bei Weibchen nicht auf und auch die Form der Schwanzflosse ist bei ihnen stets rund oder höchstens leicht gestutzt. Weiterhin entwickeln männliche Tiere verlängerte und zugespitzte Weichstrahlbereiche der Rücken- und Afterflosse. Sie zeigen im Erwachsenenalter eine auffallende bläulichgrüne, metallisch glänzende Körperfarbe, während

Weibchen gräulich bis gelblich gefärbt sind und auffällige schwarze Zeichnungen an den Bauchflossen, sowie auf Bauch, Kehle und Kinn tragen.

Verwandtschaftliche Zuordnung: *A. hoignei* ist ein Vertreter der *A. macmasteri*-Gruppe. Gemeinsam mit der nächst verwandten Art *A. spec. "Rio Caura"* und einer weiteren, bisher nur von konserviertem Material bekannten Form bildet sie den *A. hoignei*-Komplex innerhalb des *A. macmasteri*-Formenkreises. Einige Merkmale deuten auch auf Beziehungen zum Formenkreis um *A. spec. "Rotpunkt"* hin.

Typusfundort: Typusfundort sind Zuflüsse der Sümpfe am Unterlauf des Rio Portuguesa westlich der Orte Sta. Rosa und Camaguan, an der Autostraße von Calabozo am Südende der seenartigen Erweiterung "Embalse del Guérico" des Guérico nach San Fernando am Mittellauf des Rio Apuré, Staat Guérico, Venezuela.

Verbreitung: Die Art ist, soweit bekannt, ausschließlich in Venezuela verbreitet. Fundorte sind bisher aus einem großen Einzugsbereich des mittleren und oberen Rio Orinoco, dem unteren Rio Apure, Rio Cunaviche, Rio Portuguesa und Cano Biruaca bekannt.

Ökologie: Auch *A. hoignei* gehört zu den Arten, deren Ökologie bisher nur unzureichend und bruchstückhaft bekannt ist. *A. hoignei* bewohnt sowohl Bachläufe als auch die Uferzonen größerer Seen. Das Verbreitungsgebiet dieser Art wird heute vor allem durch große Rinderzuchtbetriebe geprägt und möglicherweise auch gefährdet.

A. hoignei ♂, halbwüchsig, neutral gestimmt

A. hoignei ♀, halbwüchsig, kurz vor dem Ablaichen, beachte Genitalpapille

Die Umgebung der Gewässer, vor allem der Seen, ist von dieser Art der Bewirtschaftung deutlich geprägt. Verschiedentlich wurden halbwüchsige Fische in großer Zahl im flachen, stark erwärmten Uferwasser großer Seen gefangen. LINKE & STAECK (1992) berichten, daß die Tiere gemeinsam mit einer unbestimmten Art der *"Aequidens" pulcher*-Gruppe, *Caquetaia krausii*, *Cichlasoma orinocoense* und *Rachovia maculipinnis* vor allem in Bereichen mit stellenweise dichter Schwimmpflanzendecke (*Eichhornia*, *Pistia*) vorkommen. An allen bislang bekannten Fundorten war das Wasser sehr weich und wies einen schwach sauren pH-Wert nahe dem Neutralpunkt auf. LINKE & STAECK (1992) geben sogar einen leicht alkalischen Wert an. STAECK (1990) und LINKE & STAECK (1992) stellen fest, daß *A. hoignei* an den von ihnen untersuchten Fangplätzen nur in sehr flachem Wasser vorkamen.

Ersteinfuhr: Soweit bekannt, wurde *A. hoignei* im Jahre 1964 durch den Namens-Paten L. HOIGNE erstmals importiert. Der Zeitpunkt dauerhafter aquaristischer Einfuhren ist nicht genau bekannt. Die Fische wurden aber wohl mehrfach Mitte der 1970er Jahre als Beifänge über den Handel vornehmlich in die Niederlande eingeführt.

Aquarienbiologie: *A. hoignei* ist ein besonders ruhiger und friedlicher Vertreter der Gattung. Die polygame Art läßt sich gut in kleinen Gruppen halten und mit Arten vergesellschaften, die vor allem die oberen Wasserregionen bevölkern, etwa kleinen Salmlern oder Zahnkärpflingen. Auch kleinere Welse der Gattungen *Ancistrus* oder *Cory-*

doras eignen sich gut als Beifische, wiewohl sie während der Brutpflege von den Zwergcichliden durchaus heftig bedrängt werden können. *A. hoignei* sollte auf feinem Sand in mittelgroßen bis großen Aquarien gehalten werden, die dicht bepflanzt sind oder (auch zusätzlich) mit Fallaub und Totholz biotopähnlich eingerichtet werden. Besonders größere Fallaubbecken im Aquarium kommen dem hohen Schutzbedürfnis dieser oft scheuen Art entgegen; in diesen Bereichen stellen sie ihre Farben meist am deutlichsten zur Schau. Das Wasser sollte möglichst weich sein und einen schwach sauren bis etwa neutralen pH-Wert aufweisen. Die Zucht gelingt bereits in mittelhartem Wasser, ist in weichem allerdings deutlich produktiver. Etwa 30 bis 100 Jungfische können bei größeren Weibchen als durchschnittliches bis gutes Fortpflanzungsergebnis gezählt werden. Die Männchen laichen mit mehreren Weibchen nach und nach in ihrem Großrevier, das sie heftig gegen alle anderen Aquarienmitbewohner, insbesondere männliche Artgenossen verteidigen. Die Brutpflege obliegt allein dem Weibchen, das die Jungen oft bis zu zehn Wochen führt. Zu diesem Zeitpunkt kann der Nachwuchs bereits knapp drei Zentimeter lang sein. Gelegentlich treten bei Jungfischen in der Größenklasse von zwei bis vier Zentimeter TL unvorhersehbare und unerklärliche Verluste auf. Früher wurde die Erklärung dafür in unterschiedlichsten Gründen, vor allem in bakteriellen Infektionen gesucht, neuerdings scheint sich abzuzeichnen, daß sich in dieser Phase vor allem zu niedrige Wassertemperaturen und einseitige Fütterung negativ auswirken.

A. hoignei ♀, adult, Brutpflegefärbung nach Verlust der Jungen

A. hoignei ♀, adult, Brutpflegefärbung, aggressiv

A. hoignei ♀, adult, ausklingende Brutpflegefärbung, stark aggressiv

A. hoignei ♀, adult, unterdrückt, aggressiv

A. hoignei ♀, adult, dominant, Brutpflegefärbung

A. hoignei ♀, adult, dominant, Brutpflegefärbung, substratkauend

A. hoignei ♀, neutral gestimmt

A. hoignei ♂, neutral gestimmt

A. hoignei ♀, Gelegepflege

A. hoignei ♂, territorial

Besonderheiten: *A. hoignei* ist sehr leicht mit *A.* spec. "Rio Caura" zu verwechseln. Insbesondere die Weibchen sind bisher kaum auseinanderzuhalten. Aquarianer, die beide Arten halten, sollten daher streng auf getrennte Unterbringung der Fische achten, da es bei diesen Formen sonst besonders leicht zu Kreuzungen kommen kann. Schuppendefekte bei den Fischen können ein Hinweis auf mögliche Hybridisierungen sein; hierauf sollte beim Erwerb geachtet werden.

T: 23-31 °C, **L:** ♂ 8 cm, ♀ 5 cm, **BL:** 100 cm, **WR:** u, m, **SG:** 2 - 3

Schiffswerft am Rio Negro

Cayenne-Regenpfeifer ♂ (*Hoploxypterus cayanus*) bei Sao Gabriél da Cachoéira

Satanoperca (*jurupari*?) aus dem Igarapé Irá, mittlerer Rio Uaupés

Apistogramma hongsloi KULLANDER, 1979

"Rotstrich"-*Apistogramma*

Erstbeschreibung: Species of Apistogramma (Teleostei, Cichlidae) from the Orinoco Drainage Basin, South America, with Descriptions of Four New Species. Zoologica Scripta 8: 69 - 79.

Etymologie: *hongsloi* = Ein Dedikationsname zu Ehren von T. HONGSLO, der neben anderen auch diese Art entdeckte.

Typusmaterial: 15 Exemplare.

Holotypus: Männchen, 33,8 mm SL (NRM 11234), am 8. März 1972 durch T. HONGSLO gesammelt. Fundort: Die nächste kleine Lagune von den Gebäuden der Finca Boca de Guarrojo (Station VIT 56), Rio Guarrajo, Vichada, Kolumbien (04°07´N / 70°45´W).

Paratypen: Vier Männchen und vier Weibchen, 22 mm SL bis 23 mm SL (NRM 11235), alle Sammeldaten wie beim Holotypus. Drei Weibchen, 23 mm SL bis 30 mm SL (NRM 11236), am 19. März 1972 von T. HONGSLO gesammelt. Fundort: Cano Perro (Station VIT 70), Finca Icapari, Vichada, Kolumbien (05°28´N / 70°17´W). Ein Männchen, 30 mm SL, und ein Weibchen, 20 mm SL (NRM 11237), am 11. März 1972 von T. HONGSLO gesammelt. Fundort: Kanal auf der Finca Boca de Guarrojo (Station VIT 65), Rio Guarrajo, Vichada, Kolumbien (04°07´N/ 70°45´W). Ein Weibchen, 27 mm SL (NRM 11238), von T. HONGSLO gesammelt. Funddatum und Fundort gingen

verloren. Wahrscheinlich im Bereich Vichada gesammelt.

Belegmaterial: Sieben Exemplare ohne Geschlechtsangabe (ZFMK 17568 bis ZFMK 17574), vier Männchen und drei Weibchen (ZFMK 17678 bis ZFMK 17684).

Synonyme: Keine.

Artspezifische Merkmale: *A. hongsloi* ist durch einen seitlich stark zusammengedrückten und hochrückigen, wenig gestreckten Körper gekennzeichnet. Keine andere Art der Gattung wirkt ähnlich bullig. Die Membranen der im vorderen Teil tief gesägten Rückenflosse sind stark verlängert und können bei alten Männchen ohne weiteres Körperhöhe erreichen. Auf der Basis der runden transparenten Schwanzflosse befindet sich ein rötlicher oder schwärzlicher Fleck, der in Verbindung mit einem ebenso gefärbten, unmittelbar über der Afterflosse verlaufenden Streifen für erwachsene Männchen arttypisch ist. Außerdem ist *A. hongsloi* durch Ausprägung und Verlauf des Längsbandes gekennzeichnet, welches sich gerade vom Augenhinterrand in die Mitte der oberen Hälfte der Schwanzwurzel erstreckt. Das Band ist etwa eine bis eineinhalb Schuppen breit, wobei die Ränder der Schuppen wesentlich intensiver gefärbt sind, als ihre Zentren. Daraus ergibt sich das typische kettenartige Erscheinungsbild des Längsbandes bei *A. hongsloi*. Die Färbung der Männchen ist außerordentlich va-

Apistogramma hongsloi ♂, adult, beachte den eindrucksvollen Stirnbuckel

Apistogramma hongsloi ♂, adult, dominant, leicht aggressiv

Apistogramma hongsloi ♂, adult, dominant, aggressiv, lateral drohend

Apistogramma hongsloi ♂, adult, dominant, stark aggressiv, lateral drohend

Apistogramma hongsloi ♂, adult, subdominant, unterdrückt

riabel, was letztlich die Ausgangsbasis für die Linienzucht bei *A. hongsloi* war, die seit weniger als zehn Jahren durchgeführt wird und zu einigen der hier auch abgebildeten modeorientierten Zuchtprodukte geführt hat. Nach derzeitigem Kenntnisstand scheinen kolumbianische Tiere deutlich farbiger zu sein, meist blau mit gelblichem Kopf, als venezolanische, die überwiegend gelblichgrau sind.

Geschlechtsunterschiede: Deutliche Merkmale machen die Unterscheidung der Geschlechter erwachsener *A. hongsloi* relativ leicht. Männchen werden erheblich größer als Weibchen, entwickeln im Gegensatz zu diesen teilweise extrem verlängerte und zugespitzte Rücken-, After- und Bauchflossen. Geschlechtsreife Männchen zeigen auf dem Unterkörper entlang der Afterflossenbasis einen schwarzen oder dunkelroten Strich ("Rotstrich"- *Apistogramma*), der den Weibchen immer fehlt. Jungtiere sind schwieriger zu bestimmen, doch zeigen Weibchen einen schwarzen Unterbauchstrich, oft einen Afterfleck und schwarze Vorderkanten der Bauchflossen.

Verwandtschaftliche Zuordnung: *A. hongsloi* bildet gemeinsam mit *A. guttata, A. hoignei, A. macmasteri, A. viejita, A.* spec. "Rio Caura", *A.* spec. "Rotpunkt" und *A.* spec. "Tame" die *A. macmasteri*-Gruppe. Diese Formen weisen ein fast identisches Farbkleid der Weibchen auf, für das auch ein mehr oder weniger deutlicher dunkler Brustfleck kennzeichnend ist. Außerdem treten bei den Arten des *A. macmasteri*-Komplexes sensu stricto, *A. guttata, A. hoignei, A. macmasteri,*

A. viejita, rote Streifenmarkierungen in der gegabelten Schwanzflosse auf, die den rundschwänzigen Formen des *A. hongsloi*-Komplexes sensu stricto, *A.* spec. "Rio Caura", *A.* spec. "Rotpunkt" und *A.* spec. "Tame", fehlen. Alle Arten zeigen im männlichen Geschlecht zugespitzte, häufig auch verlängerte Flossenhäute in der Rückenflosse und ein breites Längsband. Alle Formen stammen aus dem Einzugsgebiet des Rio Orinoco, wobei der *A. hongsloi*-Komplex über *A.* spec. "Rotpunkt", der in Zuflüssen des Rio Japurá gefangen wurde, auch Verbindungen in den Einzugsbereich des Rio Amazonas herstellt. Die am nächsten mit *A. hongsloi* verwandten Formen stellen möglicherweise *A. hoignei* und *A.* spec. "Tame" dar, die eine ähnlich hohe Körperform entwickeln können.

Typusfundort: Typusfundort ist eine kleine Lagune auf dem Gelände der Finca Boca de Guarrojo am Rio Guarrajo einem Rio Vichada-Zufluß in Kolumbien.

Verbreitung: *A. hongsloi* ist offenbar in Kolumbien und Venezuela im Einzugsbereich des oberen und mittleren Orinoco weit verbreitet. Trotzdem liegen bislang nur bruchstückhafte Informationen über die Verbreitung im Detail vor. Gesicherte Fundorte liegen im Einzug der Flüsse Rio Guarrajo, Cano Perro, Rio Vichada in Kolumbien und des Rio Cataniapo, einem Zufluß des Rio Orinoco in der Nähe von Puerto Ayacucho in Venezuela. Weite Bereiche zwischen diesen Fundorten sind noch unbearbeitet, allerdings wegen der schwierigen politischen Situation im östlichen Kolumbien wahrscheinlich auch nur schwer zu erreichen.

Apistogramma hongsloi ♂, halbwüchsig, subdominant, leicht aggressiv

Apistogramma hongsloi ♂, halbwüchsig, dominant, leicht aggressiv

Apistogramma hongsloi ♂ ♂ im Kampf, lateral drohend

J. Glaser

Apistogramma hongsloi ♂, dominant, neutral gestimmt aus der Zucht von V. KRETSCHMER

Apistogramma hongsloi ♂, dominant, neutral gestimmt (Maripa)

U. Werner

Ökologie: Die Ökologie und Ansprüche an den Lebensraum sind von *A. hongsloi* nur teilweise bekannt. LINKE & STAECK (1995) berichten, daß die Fische in einem etwa fünf bis zehn Meter breiten Fließgewässer in der weiteren Umgebung von Puerto Ayacucho angetroffen wurden, das eine starke Strömung aufwies. Der Gewässergrund bestand aus sandigem Material. *Apistogramma* hielten sich in diesem Bach nur in den flachen strömungsarmen Randzonen als einzige nachweisbare Art zwischen in das Wasser herabhängenden Landpflanzen, aber auch Wasserpflanzen auf. Das etwa 25 bis 26 °C warme Wasser am Fangplatz war sehr weich (unter 1 °dGH, 10 µS/cm) und sauer (pH 5,5). Auch U. WERNER (persönliche Mitteilung) ermittelte an einem weiter nördlich gelegenen Fangplatz ähnliche Werte.

Ersteinfuhr: FRÖHLICH (Lübeck) brachte 1975 die ersten Exemplare nach Deutschland. Fünf Jahre später fanden die Tiere durch den kommerziellen Import kolumbianischer Tiere durch BIOTOP-AQUARISTIK tatsächlich breiten Eingang in die Aquaristik. Einfuhren von Wildfangtieren stellen nach wie vor seltene Ausnahmen dar.

Aquarienbiologie: *A. hongsloi* ist ein relativ robuster Aquarienfisch. Seine Ansprüche an die Wasserqualität sind hoch, nicht jedoch an die Wasserchemie. Die Fische zeigen auch in mittelhartem Wasser mit leicht alkalischem pH-Wert Wohlbefinden. Ideal ist allerdings die Unterbringung unter dem Freiland angepaßten Bedingungen. Aquarien für *A. hongsloi* sollten möglichst groß sein, da die Tiere während der Fortpflanzungszeit gelegentlich untereinander zu Beißereien neigen können. Aus diesem Grunde sollte der Pflegebehälter auch möglichst strukturreich mit einer dichten Bepflanzung, Totholz, Fallaub und/oder Steinen eingerichtet werden. Der Bodengrund sollte aus feinem, möglichst weißem Sand bestehen, da die Tiere manchmal in Schrecksituationen, ähnlich wie *A. gossei,* kopfüber in den Bodengrund flüchten. Sand mindert in solchen Situationen erheblich das Verletzungsrisiko. Männliche *A. hongsloi* besetzen Großreviere, in denen sie mehrere Weibchen dulden. Bemerkenswert ist, daß sich auch andere Männchen eingeordnet in ein festes Rangordnungssystem in diesem Revier aufhalten dürfen, solange sie keine hohe Rückenflosse entwickeln. Sobald sich ein unterlegenes Männchen entsprechend zu entwickeln beginnt, wird es umgehend als möglicher Konkurrent aus dem Revier des Alphamännchens vertrieben. In ausreichend großen Aquarien können solche Männchengruppen über lange Zeiträume stabil bleiben, ohne daß es zu Auseinandersetzungen kommt. Im Konfliktfall stellt das dominante Männchen nur die Rückenflosse auf, worauf sich der in der sozialen Rangfolge unterlegene normalerweise sofort zurückzieht. Der intakten Beflossung der Männchen kommt also als Teil der stark ritualisierten Auseinandersetzungen der Männchen dieser Art eine ganz bedeutende Rolle zu.

Die Balz der Männchen verläuft relativ stürmisch, wobei sich die ganze Pracht der Flossen und der Körperfärbung entfaltet. Die Weibchen laichen häufig in für das viel größere Männchen unzu-

Apistogramma hongsloi ♂, Normalfärbung, Rio Cataniapo, Venezuela

Apistogramma hongsloi ♂, dominant, stark aggressiv gestimmt

gänglichen Brutverstecken ab, in die die abgegebenen Spermien vom Männchen mit kräftigen Schwanzflossenschlägen hineinbefördert werden. Selten sind solche Gelege nicht befruchtet. Die Entwicklung der Eier folgt dem bei *Apistogramma*-Arten üblichen Muster. Besonders produktiv sind *A. hongsloi* bei Freilandwerten entsprechenden Wasserbedingungen. Gelegentlich laichen Tiere auch unter schlechteren Haltungsbedingungen ab, wobei sich meist nur ein Teil des Geleges entwickelt. Insgesamt kann *A. hongsloi* als relativ produktiv angesehen werden, immerhin sind Gelege aus bis zu 200 Eiern keine Seltenheit. Unter Aquarienhochzuchten ist die Produktivität allerdings oftmals reduziert. Die Jungfische von *A. hongsloi* wachsen sehr langsam. Selbst bei guter Fütterung und regelmäßigen Wasserwechseln benötigen sie etwa ein dreiviertel Jahr bis zur Geschlechtsreife. Voll erwachsen und ausgefärbt sind sie hingegen oft erst nach mehr als eineinhalb Lebensjahren. Unter Aquarienbedingungen können *A. hongsloi* aber auch ohne weiteres fünf bis sechs Jahre alt werden, womit sie zu den langlebigeren Vertretern der neotropischen Zwergbuntbarsche zählen.

Besonderheiten: Der "Rotstrich"-*Apistogramma* gehört zu den Arten mit ausgeprägtem Polychromatismus der Männchen. Zum einen fallen Junge einer Brut sehr unterschiedlich in der Färbung aus, zum anderen existieren geographische Unterschiede zwischen ihren Färbungstypen. Allgemein sind kolumbianische Fische farbiger, d.h. der Körper ist bläulich mit gelbem Kopf und ausgeprägt rotem Strich über

der Afterflosse, während Fische aus Venezuela gelblichgrau sind. Sie zeigen außerdem meist auch keinen roten, sondern einen schwarzen Strich. In der aus Kolumbien um 1984 eingeführten Aquarienpopulation trat erstmalig 1988 eine auffällige Mutation auf, bei der sich die Weibchen durch eine abweichende, nämlich rote (!) Brutpflegefärbung auszeichnen (RÖMER unveröff.). Nachzuchten von einem dieser Weibchen gelangten über KORMANN und den Tierpark Berlin-Friedrichsfelde an Züchter in der ehemaligen Deutschen Demokratischen Republik, wo sie weitervermehrt wurden. Heute bieten verschiedene Züchter in Deutschland Nachfahren dieser farblich ansprechenden Mutanten an.

T: 21 - 30 °C, **L:** ♂ 9 cm, ♀ 6 cm, **BL:** 120 cm, **WR:** u, m, **SG:** 2 - 4

Termitennest am Rio Urubaxí

Apistogramma hongsloi ♂, Balzstimmung, Rio Cataniapo, Venezuela W. Staeck

Apistogramma hongsloi ♂, aggressiv, Rio Cataniapo, Venezuela W. Staeck

Apistogramma hongsloi ♀, Brutpflegefärbung, aggressiv, Rio Cataniapo

Apistogramma hongsloi ♀, neutrale Brutpflegefärbung, Rio Cataniapo   W. Staeck

Apistogramma hongsloi ♀, neutrale Brutpflegefärbung, Maripa U. Werner

Apistogramma hongsloi ♀, aggressive Brutpflegefärbung, Maripa   U. Werner

Apistogramma inconspicua KULLANDER, 1982

Erstbeschreibung: Cichlid Fishes from the La Plata basin: Part. IV: Review of the Apistogramma Species, with Description of a New Species (Teleostei, Cichlidae). Zoologica Scripta 11 (4): 307 - 313.

Etymologie: *inconspicua* (lat.) = undeutlich. Der Name leitet sich vom lateinischen Adjektiv mit der Bedeutung "undeutlich" ab, was auf die weitgehende Abwesenheit von Abdominalstreifen Bezug nimmt. Dies ist ein Unterscheidungsmerkmal der Art zu *A. commbrae*, die sehr deutliche Bänder aufweist.

Typusmaterial: Vier Exemplare.

Holotypus: Männchen, 29,7 mm SL (IRSNB 637); am 29. Oktober 1977 von J. P. GOSSE gesammelt. Fundort: kleines Restwasser des Rio Candelaria (Station 24), oberhalb der Brücke der Straße Carmen - Santa Rosa, Rio Paraguay-System, Departamento Santa Cruz, Bolivien (16°00´S / 61°40´W).

Paratypen: Männchen, 28,5 mm SL, und zwei Weibchen, 23,5 mm SL und 24,4 mm SL (IRSNB 638 und NRM A82/3405). Alle Sammelangaben entsprechend denen des Holotypus.

Belegmaterial: Drei Exemplare ohne Geschlechtsangabe (ZFMK 17508 bis ZFMK 17510), ein Männchen und zwei Weibchen (ZFMK 17787 bis ZFMK 17789).

Synonyme: Keine.

Artspezifische Merkmale: Die Identifizierung von *A. inconspicua* ist relativ schwierig, da diese Art *A. commbrae* sehr ähnelt. Ungeübten Beobachtern können wahrscheinlich bei schneller Bestimmung Fehler unterlaufen. *A. inconspicua* ist eine relativ kleine, seitlich wenig zusammengedrückte Art ohne deutlichen Geschlechtsdimorphismus und -dichromatismus. Die Fische sind mäßig hochrückig und gedrungen. Die Rückenflosse weist keine Verlängerungen der Flossenhäute auf. Die Schwanzflosse ist rund. Auf der Schwanzflossenbasis befindet sich ein großer Doppelfleck. Das etwa eine Schuppe breite Längsband endet deutlich vor diesem Doppelfleck. Auf den Körperseiten finden sich nur schwach angedeutet Unterkörperstreifen, die auch ganz fehlen können. Bei der ähnlichen Art *A. commbrae* verläuft das Längsband bis in den Doppelfleck auf der Basis der Schwanzflosse, und auf den Flanken sind die unregelmäßigen Unterkörperstreifen deutlich ausgeprägt. Weitere, hier nicht angeführte diagnostische Merkmale lassen sich nur am Alkoholpräparat feststellen (vergleiche KULLANDER 1982).

Geschlechtsunterschiede: Die etwa gleich großen Geschlechter von *A. inconspicua* sind nur anhand der schwarzen Zeichnungsmuster auf der Bauchseite relativ sicher zu bestimmen: Die Weibchen zeigen einen unregelmäßigen schwarzen Unterbauch-

Apistogramma inconspicua ♀, dominant, neutral gestimmt

W. Staeck

A. inconspicua ♂, dominant, neutral gestimmt

W. Staeck

A. inconspicua ♂, dominant, territorial, neutral gestimmt

J. Glaser

A. inconspicua ♂, dominant, neutral gestimmt   J. Glaser

A. inconspicua ♂, dominant, territorial, leicht aggressiv gestimmt

J. Glaser

A. inconspicua ♂, dominant, leicht aggressiv

J. Glaser

strich sowie einen Afterfleck; bei Männchen sind nur selten einige schwärzliche Pigmentflecke auf dem Unterbauch vor dem After zu erkennen, der selbst nie, wie bei den Weibchen, schwarz eingefaßt ist. Die Bauchflossen sind bei Männchen milchig bis bläulich transparent, wobei deren Vorderkante in Einzelfällen eine rauchig-graue Färbung aufweisen kann. Weibchen hingegen besitzen am vorderen Rand deutlich schwarz gesäumte Bauchflossen. Die Unterscheidung der Geschlechter anhand anderer Merkmale, etwa der bei Männchen etwas zugespitzten und bei Weibchen runden Weichstrahlbereiche der Rückenflosse, ist erst bei voll erwachsenen Tieren sicher möglich.

Verwandtschaftliche Zuordnung: Innerhalb der *A. regani*-Gruppe bildet *A. inconspicua* gemeinsam mit *A. commbrae* und *A. linkei* den *A. commbrae*-Komplex. Lange war die Position dieses Komplexes innerhalb der anderen Verwandtschaftsgruppen der Gattung unklar. KULLANDER (1982) wies darauf hin, daß er die schwarze Färbung auf der Schwanzwurzel von *A. nijsseni*, also einer heute als Vertreter des *A. cacatuoides*-Komplexes eingeordneten Art, ebenfalls als Variation des Schwanzwurzeldoppelflecks auffaßt, aber aufgrund der extremen sonstigen morphologischen und farblichen Unterschiede nähere Beziehungen zu dieser Art sieht. Statt dessen diskutiert er die Beziehungen zur *A. regani*-Gruppe. Erst die spätere Entdeckung von *A. linkei* und der kürzliche Fund von *A. atahualpa* zeigen deutlich, daß über diese Formen Beziehungen von *A. inconspicua* (und

damit der *A. regani*-Gruppe) zu Formen des *A. cacatuoides*-Komplexes bestehen.

Typusfundort: Kleines Restwasser des Rio Candelaria oberhalb der Brücke der Straße Carmen - Santa Rosa, Rio Paraguay-System, Departamento Santa Cruz, Bolivien.

Verbreitung: Die Verbreitung von *A. inconspicua* ist bisher wenig bekannt. Belegte Funde stammen aus Bolivien und Brasilien. Auffällig ist, daß die beiden in der Erstbeschreibung angegebenen Fundorte zu zwei unterschiedlichen Gewässersystemen gehören, nämlich zum Rio Paraguay-System und dem über den Rio Mamoré und Rio Madeira in den Rio Amazonas entwässernden Rio Guaporé-System. *A. inconspicua* gehört somit zu den wenigen *Apistogramma*-Formen mit einer Verbreitung in beiden Flußsystemen und ist ein Beleg für den engen biogeographischen Zusammenhang zwischen beiden Gewässernetzen. Gezielte, intensive Aufsammlungen in den Oberläufen der Flußsysteme am Fuß der Kordilleren könnten wahrscheinlich erheblich zur Klärung der bislang weitgehend unklaren Ausbreitungs- und Entwicklungsgeschichte der Gattung *Apistogramma* in dieser Region beitragen. Immerhin sind mit *A. atahualpa*, *A. linkei*, *A. nijsseni* und *A. panduro* weitere Arten am Fuß dieses Gebirges nachgewiesen worden, die ebenfalls Variationen von Flecken auf der Schwanzwurzel zeigen und möglicherweise auf einen gemeinsamen Ursprung zurückgehen.

A. inconspicua ♂, subdominant, Schreckfärbung

A. inconspicua ♀, dominant, Brutpflegefärbung, auf Hüpferlingskrebsen

J. Glaser

Ökologie: Die Ökologie der Art noch fast unbekannt. Aus der Tatsache, daß *A. inconspicua* nach Angaben des Erstbeschreibers wahrscheinlich nicht gemeinsam mit *A. commbrae* vorkommt, kann gefolgert werden, daß sich beide Formen möglicherweise aufgrund unterschiedlicher ökologischer Ansprüche weitgehend ausschließen. Systematische Freilandarbeiten zu diesem Thema sind erforderlich.

Ersteinfuhr: Die ersten Exemplare gelangten etwa 1980 über den Handel nach Europa.

Aquarienbiologie: Ähnlich wie über die Ökologie ist auch über die Aquarienbiologie dieser Art bisher kaum etwas bekannt. Möglicherweise gelangen die Fische gelegentlich als Beifänge mit anderen Arten nach Europa, wo sie wahrscheinlich in den meisten Fällen übersehen werden. Ich konnte trotz intensiver und regelmäßiger Durchsicht von Importen aus dem Herkunftsgebiet von *A. inconspicua* bisher kein einziges Tier unter den eingeführten Fischen entdecken.

Besonderheiten: *A. inconspicua* ist ist noch einer der "großen Unbekannten" unter den neotropischen Zwergbuntbarschen. Sowohl Freiland- als auch Aquarienbiologie dieser Art sind noch unbekannt. Verfügbare Beobachtungen an sicher bestimmten *A. inconspicua* sollten daher publiziert werden.

Haltungsempfehlungen: Aufgrund des geringen Informationsstandes sind keine sinnvollen Empfehlungen möglich.

Insel am mittleren Rio Negro bei Niedrigwasser

A. inconspicua ♀, dominant, Brutpflegestimmung, Schreckfärbung

A. inconspicua ♀, dominant, Brutpflegefärbung, Junge ca. 14 Tage alt.

Apistogramma iniridae KULLANDER, 1982

"Inirida"-Zwergbuntbarsch

Erstbeschreibung: Species of Apistogramma (Teleostei, Cichlidae) from the Orinoco Drainage Basin, South America, with Descriptions of Four New Species. Zoologica Scripta 8: 69 - 79.

Etymologie: *iniridae* = Der Name bezieht sich auf das kolumbianisch-venezolanische Flußsystem des Rio Inirida, dem Hauptfluß im Gebiet, in dem das Typenmaterial der Art gesammelt wurde.

Typusmaterial: 30 Exemplare

Holotypus: Männchen, 36,4 mm SL (NRM 11224); am 21. Mai 1972 von T. HONGSLO gesammelt. Fundort: Pueblo Bretania (Yuri Bajo) (Station RÖD 14A), Cano (Rio) Bocon, Bundesstaat Guaina, Kolumbien (03°39´N/68°05´W).

Paratypen: Drei Männchen, 26 mm SL bis 31 mm SL, ein Weibchen, 24 mm SL (NRM 11225), alle Sammeldaten wie beim Holotypus. Fünf Männchen, 27 mm SL bis 32 mm SL (NRM 11226), am 20. Mai 1972 von T. HONGSLO gesammelt. Fundort: Cano Canejo (Station RÖD 12), Barrio des Indigenas, Puerto Inirida, Bundesstaat Guaina, Kolumbien (03°49´N / 67°56´W). Drei Männchen, 29 mm SL bis 32 mm SL, fünf Weibchen, 22 mm SL bis 29 mm SL (NRM 11227), am 24. Mai 1972 von T. HONGSLO gesammelt. Fundort: Cano Canejo (Station RÖD 16), Barrio des Indigenas, Puerto Inirida, Bundesstaat

Guaina, Kolumbien (03°49´N/67°56´W). Drei Männchen, 26 mm SL bis 35 mm SL (NRM 11228), am 5. Juni 1972 von T. HONGSLO gesammelt. Fundort: Cano Bocon (Station VIT 69B), Puerto Narino, Bundesstaat Guaina, Kolumbien (03°36´N / 68°15´W). Drei Weibchen, 15 mm SL bis 30 mm SL (NRM 11229), am 6. Juni 1972 von T. HONGSLO gesammelt. Fundort: Cano Bocon (Station RÖD 20B), Puerto Narino, Bundesstaat Guaina, Kolumbien (03°36´N/68°15´W). Zwei Männchen, 15 mm SL und 30 mm SL (NRM 11230), am 13. Juni 1972 von T. HONGSLO gesammelt. Fundort: Cano Canejo (Station VIT 68), Barrio des Indigenas, Puerto Inirida, Bundesstaat Guaina, Kolumbien (03°49´N/ 67°56´W). Zwei Männchen, 21 mm SL bis 26 mm SL, vier Weibchen, 15 mm SL bis 20 mm SL (IRSNB 15.223), 1935 von DE WAVRIN gesammelt. Fundort: "Haut Orénoque".

Belegmaterial: Zwei Männchen, zwei Weibchen, ein Exemplar ohne Geschlechtsangabe (ZFMK 17650 bis 17654).

Synonyme: Keine.

Artspezifische Merkmale: Es handelt sich bei *A. iniridae* um eine relativ schlanke und gestreckte, seitlich etwas zusammengedrückte Art. Die Fische zeigen ein bis in die Schwanzflosse reichendes breites Längsband, einen länglich kastenförmigen Seitenfleck, eine runde Schwanzflosse und (im männlichen Geschlecht) eine hohe

A. iniridae ♂, dominant, aggressiv

segelartige Rückenflosse, deren Außenrand vollständig verwachsen ist. Die vorderen Flossenmembranen sind transparent. Die Schwanzflosse ist dicht gebändert, ein Schwanzwurzelfleck fehlt. An der Basis der Brustflossen befindet sich oben wie unten je ein kleiner schwarzer Fleck. Weibchen zeigen einen schmalen Unterbauchstreifen, ein Brustfleck fehlt. Bei drohenden Tieren tritt ein in der Gattung bisher einmalig auffälliges Bändermuster auf den Körperunterseiten deutlich hervor, das aus schräg nach hinten gerichteten keilförmigen Flecken zusammengesetzt ist.

Geschlechtsunterschiede: Männchen entwickeln nach Erreichen der Geschlechtsreife eine fast körperhohe Rückenflosse, während die der Weibchen höchstens halb so hoch wird. Diese zeigen auch einen deutlichen Unterbauchstreifen, der schmal vom vorderen Afterflossenansatz bis nach vorne zwischen die Bauchflossen reichen kann und den Männchen stets fehlt. Die Weibchen zeigen außerdem überwiegend schwarze Bauchflossen. Die Geschlechter jüngerer Tiere sind nur durch intensive Verhaltensbeobachtung sicher zu unterscheiden.

Verwandtschaftliche Zuordnung: *A. iniridae* ist ein Vertreter der *A. pertensis*-Gruppe. Innerhalb dieser Gruppe steht die Art bisher etwas isoliert und läßt sich derzeit noch keinem Verwandtschaftskomplex eindeutig zuordnen. Es scheinen aber nähere, noch genauer zu untersuchende Beziehungen zu *A. uaupesi* zu bestehen.

Typusfundort: Pueblo britannia, Cano Bocoa, Kolumbien.

Verbreitung: Die Verbreitung dieser Art ist bisher nur unzureichend bekannt. Nach heutiger Kenntnis scheint *A. iniridae* auf die westlichen Zuflüsse des oberen Rio Orinoco beschränkt zu sein. Die meisten Funde stammen aus dem kolumbianisch-venezolanischen Rio Inirida Einzug. Die Fische werden aus der Umgebung von Puerto Inirida exportiert, wo sie auch von Seidel gesammelt werden konnte.

Ökologie: Bisher sind kaum Angaben zur Ökologie von *A. iniridae* verfügbar. Die Fische leben in sehr weichem und saurem Wasser. Gemessene Werte in ihrem Verbreitungsgebiet liegen zwischen pH 4,5 und 5,5, unter 2 °dGH und 80 µS/cm, die Wassertemperaturen zwischen 24 und 33 °C. Die vorliegenden Informationen deuten an, daß die Art bevorzugt die Fallaubzonen größerer Gewässer bewohnt. Aquarianer, die dieses Gebiet bereisten, verweisen immer wieder darauf, daß die meisten Gewässer in diesem Gebiet Schwarzwasser führen.

Ersteinfuhr: Wahrscheinlich ist *A. iniridae* zuerst 1978 über den Handel in die Aquaristik gelangt. Der genaue Importweg ist nicht mehr feststellbar.

Aquarienbiologie: *A. iniridae* wird relativ selten gepflegt, was in erster Linie auf seine relativ hohen Pflegeansprüche und die aufwendige Zucht zurückgeführt werden kann. Dieser Zwergbuntbarsch fühlt sich in dicht bepflanzten oder mit Fallaub, Totholz und Steinen sehr versteckreich einge-

A. iniridae ♀, adult, bei der Gelegepflege, leicht aggressiv

A. iniridae ♀, adult, Brutpflegefärbung, neutral gestimmt, Junge ca. 14 Tage alt

richteten Aquarien wohl. In geräumigen Behältern sollten am besten kleine Gruppen von *A. iniridae* gehalten werden. Auch die paarweise Haltung ist bei dieser meist monogamen Form möglich, doch sollten sich dann stets einige Beifische, etwa Neonsalmler (*P. innesi*), Hexenwelse (*Sturisoma*) oder Bachlinge (*Rivulus*), im Pflegebehälter befinden, um aggressive Handlungen zwischen den Partnern möglichst gering zu halten. Kurzfristig kann *A. iniridae* auch in mittelhartem, nur schwach saurem Milieu gehalten werden (bis 10 °dGH, 400 µS/cm, pH 6,5), für die Dauerhaltung sollte es allerdings sehr weich sein (unter 2 °dGH, 50 µS/cm). Die Fische reagieren außerordentlich sensibel auf organische Verunreinigungen des Wassers, weshalb regelmäßige umfangreiche Teilwasserwechsel unbedingt erforderlich sind. Der Säurewert sollte langfristig unter pH 5,5 liegen. Die Zucht gelingt meist erst bei pH-Werten unter 5. Das Gelege großer Weibchen besteht aus bis zu 150 Eiern, die an einem versteckten Ort auf eine feste Oberfläche geheftet werden. Die Ablage erfolgt in kleinen Schüben, wobei die Eier portionsweise sofort vom Männchen besamt werden. Der Schlupf erfolgt nach etwa zwei bis drei Tagen. Die Larven werden vom Weibchen meist unmittelbar nach dem Schlupf umgebettet, häufig an einen etwas erhöhten Ort. Während ihrer weiteren Entwicklung werden sie regelmäßig vom in dieser Phase allein brutpflegenden Weibchen erneut umgebettet. Um den zehnten Entwicklungstag schwimmen die Nachkommen erstmals auf. Sie werden zunächst allein vom Weibchen geführt, während der Vater weiterhin das Großrevier gegen potentielle Freßfeinde und Geschlechtsgenossen verteidigt. Nach etwa einer Woche führen auch die meisten Männchen die Brut. Die Jungfische sind in den ersten zwei bis drei Lebensmonaten relativ schnellwüchsig. Danach stagniert ihre körperliche Entwicklung oftmals einige Zeit (bis zu einem halben Jahr). Sie erreichen im Alter von etwa einem dreiviertel Jahr mit gut vier Zentimetern Körperlänge die Geschlechtsreife.

Besonderheiten: *A. iniridae* wird nur selten eingeführt und ist dem entsprechend noch relativ schlecht untersucht. Insbesondere Beobachtungen zum Sozialverhalten und zur Interaktion mit anderen Arten aus dem oberen Einzugsgebiet des Rio Orinoco, beispielsweise dem "Breitbinden"-*Apistogramma* oder dem "Vierstreifen"-*Apistogramma*, wären dankbare Aufgaben auch für Aquarianer, denen größere Zwergcichlidenaquarien zur Verfügung stehen. Vergleichende Verhaltensbeobachtungen könnten helfen, die noch etwas unklaren verwandtschaftlichen Beziehungen dieser Art aufzuklären.

T: 24 - 30 °C, **L:** ♂ 9 cm, ♀ 6 cm, **BL:** 150 cm, **WR:** u, m, **SG:** 3 - 4 (Weichwasserart mit hohem Wärmebedürfnis)

Springspinne ♂

A. iniridae ♀, adult, beginnende Brutpflegefärbung, neutral gestimmt J. Glaser

A. iniridae, balzendes Paar   J. Glaser

A. iniridae ♂, adult, Balzfärbung

J. Glaser

A. iniridae ♂, adult, dominant, lateral drohend

J. Glaser

A. iniridae ♂, adult, dominant, lateral drohend

J. Glaser

A. iniridae ♂, adult, Balzfärbung

J. Glaser

A. iniridae ♂ , adult, dominant, kopfstehdrohend

J. Glaser

A. iniridae ♂ , adult, dominant, lateral drohend

J. Glaser

Apistogramma juruensis ♂, adult, dominant, mit noch zitronengelben Lippen

Apistogramma juruensis KULLANDER, 1986

"Juruá"-Zwergbuntbarsch

Erstbeschreibung: Cichlid Fishes from the Amazon River Drainage of Peru. Stockholm; Eigenverlag des Swedish Museum of Natural History: 177-181.

Etymologie: *juruensis* = bezieht sich auf das in der peruanisch-brasilianischen Grenzregion gelegene Flußsystem des Rio Juruá, in dem das Typenmaterial gesammelt wurde.

Typusmaterial: Sechs Exemplare.

Holotypus: Männchen, 41,3 mm SL (ZUEC 1374); am 2. Januar 1982 von C. F. B. HADDAD und J. R. SANTOS gesammelt. Fundort: Ein Restwasser in der Nähe des Igarapé Formoso im Gemeindegebiet von Cruzeiro do Sul im Bundesstaat Ácre, Brasilien.

Paratypen: Es besteht eine Differenz zwischen KULLANDERS Angaben über die Zahl der Paratypen, nämlich fünf, und seinen Angaben in der Liste des diesbezüglich untersuchten Materials, nämlich sechs Exemplaren. Zwei (drei?) Exemplare, 19,6 bis 20,0 mm SL (ZUEC 1378 - 1380); ein Exemplar, 21,0 mm SL (NRM A85/1982006.3541); Sammeldaten wie beim Holotypus. Zwei Exemplare, 23,3 und 24,3 mm SL (MZUSP 32692); am 31. Juli 1984 von M. GOULDING gesammelt. Fundort: Ein Waldtümpel im Überschwemmungswald ("igapó pool") bei Tarauacá, Rio Tarauacá, im Bundesstaat Ácre, Brasilien.

Belegmaterial: Zwei Männchen und acht Weibchen (SMF 28188), zwei Männchen und drei Weibchen (ZFMK 18584).

Synonyme: Keine.

Artspezifische Merkmale: Auf den ersten Blick erinnert *A. juruensis* an eine Kreuzung aus *A. luelingi* und *A. norberti* (siehe aber zu *Apistogramma*-Hybriden RÖMER 1995). Männliche *A. juruensis* sind von den ähnlichen Männchen von *A. cacatuoides* und *A. luelingi* durch das im Körperquerband sieben deutlich vor dem ausgeprägten Schwanzwurzelfleck endende, meist lackschwarze Längsband sicher unterschieden. *A. juruensis*-Männchen sind weiterhin durch das grundsätzliche Fehlen von Fleckenzeichnungen in der Schwanzflosse, die auffällige Rotfärbung der Lippen, den ausgeprägten Kinnfleck und wesentlich massigere und breitere Kiefer von den beiden zuletzt genannten Arten klar zu unterscheiden. Auffällig ist weiterhin, daß adulte Männchen von *A. juruensis* im Gegensatz zu denen anderer Arten des *A. cacatuoides*-Subkomplexes in Normalfärbung auffallend schwarz gefärbte Flossenhäute, mindestens der ersten drei Rückenflossenstacheln aufweisen. Die schwarze Zeichnung erstreckt sich dabei auf die ganze erste Flossenmembran, sowie die äußere Hälfte der zweiten und dritten Flossenmembran. Von *A. norberti* ist *A. juruensis* durch die (bei Männchen) zweizipfelige Schwanzflosse und das

Apistogramma juruensis ♂ , adult, dominant, drohend

völlige Fehlen des schwarzen Fleckes im hinteren Teil der Rückenflossenbasis sicher zu unterscheiden. Bemerkenswert ist außerdem, daß männliche *A. juruensis* auffallend deutliche schwarze Markierungen des Kinns sowie ausgeprägt rötliche Lippen aufweisen, wie sie auch bei *A. norberti* zu finden sind; die Schwarzfärbung der Kinnregion ist bei anderen Arten des *A. cacatuoides*-Komplexes wesentlich schwächer ausgebildet oder fehlt sogar ganz. Beide Merkmale können als synapomorphe, d.h. gemeinsame abgeleitete Merkmale der Arten angesehen werden, was als Indiz für deren hohen Verwandtschaftsgrad zu werten ist. Die schwarze Markierung der Unterlippe von *A. juruensis* weist in den meisten Fällen (n = 108) in etwa die Form eines W auf, während sie bei *A. norberti* meist die Form eines U einnimmt. Auch sonst weist *A. norberti* die größte Ähnlichkeit aller Arten zu *A. juruensis* auf, z.B. in bezug auf die nahezu identische metallisch- bis himmelblaue Körperfärbung.

Die Unterscheidung der Weibchen von *Apistogramma juruensis* von denen anderer Arten des *A. cacatuoides*-Komplexes ist mit Hilfe der ausgeprägten Schwarzzeichnung der Kinnregion und des Längsbandes ohne jede Gefahr einer Verwechslung möglich. Mit Ausnahme von *A. nijsseni* weist kein Weibchen einer anderen Art des *A. cacatuoides*-Komplexes ähnlich extreme Schwarzfärbungen der Kinnregion auf. Lediglich die Unterlippe trägt bei anderen Arten gelegentlich einen schwarzen Strich. In Normalfärbung ist auch für Weibchen der bereits für Männchen beschriebene Verlauf des Längsbandes diagnostisch

verwendbar. Die Rückenflosse der Weibchen weist in der vorderen Hälfte deutlich zugespitzte Flossenhäute auf, wobei die ersten drei, mit zunehmendem Alter auch die vierte und fünfte, schwarz gefärbt sind. Anders als Weibchen anderer Arten des *A. cacatuoides*-Komplexes entwickeln weibliche *A. juruensis* im Alter von etwa einem Jahr gut erkennbare Verlängerungen der ersten vier, seltener fünf Flossenhäute der Rückenflosse, was ihnen ein deutlich maskulines Erscheinungsbild verleiht.

In Brutpflegestimmung treten die schwarzen Markierungen auf zitronenbis goldgelber Grundfärbung besonders klar hervor. Das in neutraler Stimmung sichtbare Längsband wird in dieser Phase mit deutlich aggressiver Grundstimmung oft bis auf den rundlichen Seitenfleck reduziert. Auch der Schwanzwurzelfleck verblaßt dann. Männchen zeigen, wie von den meisten anderen Arten der Gattung bekannt, keine besondere Brutpflegefärbung. Die intensiv blaue Körperfärbung verblaßt allerdings in ähnlicher Weise, wie dies von *A. norberti* bekannt ist.

Geschlechtsunterschiede: Männchen entwickeln bei Erreichen der Geschlechtsreife eine deutlich zweizipfelige Schwanzflosse, während diese bei Weibchen stets rund oder höchstens leicht gestutzt bleibt. Die Weichstrahlbereiche der Rücken- und Afterflosse sind bei Männchen im Gegensatz zu den abgerundeten der Weibchen deutlich zugespitzt. Weibchen zeigen eine ausgeprägte Schwarzzeichnung auf der Körperunterseite mit einem klaren schwarzen Analstrich,

A. juruensis ♂, adult, dominant, neutral gestimmt, beachte eingekapselten Parasiten im oberen Augenbereich.

der den Männchen fehlt; diese tragen statt dessen oftmals einen quadratischen Analfleck.

Verwandtschaftliche Zuordnung: *A. juruensis* gehört zweifellos zur *A. cacatuoides*-Gruppe, und zwar zum *A. cacatuoides*-Subkomplex. Die nächstverwandten Arten sind *A. cacatuoides* und *A. luelingi* aus dem *A. cacatuoides*-Subkomplex sowie *A. norberti* und *A. payaminonis* aus dem *A. nijsseni*-Subkomplex. Aufgrund ihrer morphologischen Merkmale stellen *A. juruensis* und *A. payaminonis* anscheinend die verbindenden Formen zwischen den beiden Subkomplexen dar.

Typuslokalität: Restwasser in der Nähe des Igarapé Formoso, einem Zufluß des Rio Juruá innerhalb des Gemeindegebietes von Cruzeiro do Sul, Bundesstaat Ácre, Brasilien.

A. juruensis ♂, beachte Kinnzeichnung

Verbreitung: Bisher sind gesicherte Fundorte nur von den Typenaufsammlungen bekannt. *A. juruensis* ist nach derzeitigem Kenntnisstand ausschließlich im Flußsystem des Rio Juruá im Grenzbereich von Brasilien und Peru verbreitet. Der Verbreitungsschwerpunkt dürfte in Brasilien liegen. Neuerdings kommerziell importierte Fische stammen aber aus dem peruanischen Einzugsbereich des Rio Juruá.

Ökologie: Die Ökologie ist noch weitestgehend unbekannt. Auf Basis der vorliegenden Informationen zu den Typen kann aber davon ausgegangen werden, daß die Art Waldbäche mit Klar- oder Schwarzwassercharakter bewohnt. ELSÄSSER (persönliche Mitteilung) untersuchte im Herbst 1995 einige Zuläufe des Rio Juruá-Systems, in denen er auch verschiedene *Apistogramma* fing. Es handelte sich seinen Angaben zufolge bei den Fangplätzen stets um Bäche, die deutlich Schwarzwasser oder mindestens stark unter seinem Einfluß stehenden Klarwasser führten. MAYLAND, der die Region im November 1996 bereiste, teilte mir mit, daß es sich beim Rio Juruá um einen typischen Weißwasserfluß mit nur geringer Sichttiefe handele, während der ihm zufließende Rio Móa, ebenso wie viele andere seiner Zuflüsse, ein gewässertypologisch reiner Schwarzwasserfluß sei.

Ersteinfuhr: Ein Einzeltier gelangte 1985 nach Deutschland. Die Grundlage für eine stabile Aquarienpopulation bil-

A. juruensis ♂, adult, dominant, neutrale Stimmung, beachte W-förmige Kinnzeichnung

A. juruensis ♂, adult, dominant, neutral gestimmt, Zucht-♂ von D. P. Soares

deten neun Exemplare, die 1993 als Beifänge nach Milwauky in die USA eingeführt wurden. Im Herbst 1996 erfolgten erstmals größere Einfuhren durch den Handel.

Aquarienbiologie: Da sowohl über die Freilandbiologie als auch die wasserchemischen Bedingungen im Verbreitungsgebiet von *A. juruensis* bisher keinerlei Informationen vorliegen, können nur einige Angaben zur Haltung und Biologie im Aquarium gemacht werden, die im wesentlichen auf den noch vergleichsweise geringen Erfahrungen von D. SOARES und mir beruhen. Die Haltung des neu eingeführten Zwergbuntbarsches ist grundsätzlich unproblematisch. Sowohl Paarhaltung als auch Gruppenhaltung sind ohne weiteres möglich, wenn man ausreichend große Aquarien verwendet. Etwa einen halben Quadratmeter sollte *A. juruensis* mindestens zur Verfügung stehen, wobei der künstliche Lebensraum möglichst strukturreich gestaltet werden sollte, etwa durch Einbringen von Fallaub, Totholz oder einer dichten Bepflanzung. Es lassen sich unter diesen Voraussetzungen ohne weiteres auch mehrere Männchen gemeinsam pflegen. Ihre Kampfhandlungen sind so stark ritualisiert, daß Beschädigungskämpfe kaum vorkommen. Während ihrer Kommentkämpfe wird in Frontalstellung das, auch im Vergleich zu allen anderen Arten des Artenkomplexes, riesige Maul mit den umrißbetonend roten Lippen weit aufgerissen. In dieser Situation laufen die ohnehin auffälligen Lippen, ähnlich wie dies auch bei *A. norberti* zu beobachten ist, meist tiefrot an. Nach kurzer Zeit stellt sich schnell eine hierarchische Struktur innerhalb der Gruppe ein, in der gerade brutpflegende Weibchen eine dominante Stellung einnehmen. Sie sind die einzigen Gruppenmitglieder, von denen ernsthafte Beschädigungsangriffe ausgehen können. Männchen werben in der für *Apistogramma* typischen Weise um die laichbereiten Weibchen (vergl. LINKE & STAECK 1992, KOSLOWSKI 1985 u.a.). Sie verteidigen ein Großrevier, in dem sie mit mehreren Weibchen ablaichen können. Die Ablage der etwa 80 bis 150 Eier umfassenden Gelege dauert meist ein bis zwei Stunden. Zum Zeitpunkt des Larvenschlupfes, nach etwa zwei bis vier Tagen, tritt bei allen von D. SOARES und mir beobachteten Männchen eine bei anderen *Apistogramma* bisher nicht festgestellte Verhaltensbesonderheit auf: Sie geben die Verteidigung der Revieraußengrenzen für diesen kurzen Zeitraum auf und halten sich in unmittelbarer Nähe des Weibchens auf, das die schlüpfende Brut versorgt. Bis zum Ende des Larvenschlupfes verteidigen sie ausschließlich die unmittelbare Umgebung der Brut, während sich das Weibchen um die schlüpfenden Larven bemüht, indem es regelmäßig die Eihüllen mit geschlossenem Maul anstupst, bis diese aufgebrochen sind. Die frisch geschlüpften Larven werden umgehend an einem anderen, meist nahen und höher gelegenen Ort deponiert. Sobald alle Larven geschlüpft sind, vertreibt die Mutter den Partner aus deren Nähe und übernimmt wieder selbst die Verteidigung des Brutumfeldes.

Die nach (temperaturabhängig) etwa acht bis zehn Tagen freischwimmenden Jungen werden nur vom Weibchen geführt. Erst wenn es erneut ab-

A. juruensis ♂, adult, dominant, leicht aggressiv, beachte TB-Geschwür am Kopf

A. juruensis ♂, adult, dominant, leicht aggressiv, "Black-Spike", goldgelbe Morphe

A. juruensis ♂, adult, dominant, neutral gestimmt, "Orange-Spike", blaue Morphe

A. juruensis ♂, adult, dominant, leicht aggressiv, "Orange-Spike", orange Morphe

A. *juruensis* ♂, adult, dominant, neutral gestimmt, "Black-Spike", gelbe Morphe

A. *juruensis* ♂, adult, dominant, leicht aggressiv, "Black-Spike", orange Morphe

A. juruensis ♂, halbwüchsig, leicht aggressiv, "Orange-Spike", gelbe Morphe

A. juruensis ♀, adult, Färbung unmittelbar nach der Eiablage

A. juruensis ♂, halbwüchsig, neutral gestimmt, "Orange-Spike", gelbe Morphe

A. juruensis ♀, adult, Färbung unmittelbar vor dem Schlupf der Larven

519

gelaicht hat, wird diese Aufgabe vom Männchen übernommen; seine Brutpflege kann bis zum Erreichen der Geschlechtsreife der Jungen anhalten. Bei ausschließlicher Fütterung mit Naupliuslarven von *Artemia* tritt die Geschlechtsreife nach etwa vier Monaten bei einer Gesamtlänge von etwa drei bis fünf Zentimetern ein. Zu diesem Zeitpunkt wirbt das alte Männchen um laichreife Weibchen (also Töchter) der von ihm betreuten Brut, während die Söhne nun aus dem Revier vertrieben werden, was allerdings mit nur geringer Aggression geschieht. Beste Fortpflanzungsergebnisse werden bei Wasserwerten von etwa 24 - 29 °C, pH 5,5 und etwa 2 °dGH bzw. um 50 µS erzielt. Gelege entwickeln sich zwar auch bei abweichenden Wasserwerten, insgesamt werden aber erheblich weniger Junge groß. Das Geschlechterverhältnis unter den geschilderten Bedingungen aus insgesamt 60 Bruten betrug etwa zwei zu drei. Für die Dauerhaltung dieses relativ anspruchslosen *Apistogramma* reicht mittelhartes, leicht saures Wasser aus. Unter diesen Bedingungen erweisen sich *A. juruensis* als äußerst robust, pflegeleicht und langlebig. Die Wildfangtiere haben ohne Verluste ein Alter von mindestens drei Jahren erreicht, ohne daß Alterungserscheinungen festzustellen sind. Nach den Erfahrungen mit anderen *Apistogramma*-Arten (RÖMER 1991b) erscheint eine Lebenserwartung von etwa vier Jahren im Aquarium realistisch.

Besonderheiten: Aufgrund der nur auf sechs Exemplaren, darunter nur einem erwachsenen Männchen (41.3 mm SL), beruhenden Erstbeschreibung und der Entdeckung von *A. norberti* war für *A. juruensis* bereits eine intermediäre systematische Stellung zwischen den Arten des *A. cacatuoides*-Subkomplexes und dem *A. nijsseni*-Subkomplex zu vermuten. Diese Annahme wird durch Beobachtungen an 1993 eingeführten *A. juruensis* und deren Nachkommen sowie den Vergleich mit 1996 eingeführten *A. payaminonis* bestätigt.

Unter den in die USA eingeführten Wildfangtieren befanden sich zwei unterschiedlich gefärbte Typen von Männchen, die von D. SOARES als "orange-spike" und "black-spike" bezeichnet worden sind (RÖMER & SOARES 1995, 1996). Beide Formen unterscheiden sich dadurch, daß sie voneinander abweichend gefärbte Flossenhäute der Rückenflossenstacheln vier bis sieben aufweisen: Während das äußere Drittel bei "black-spike"-Männchen vollständig schwarz gefärbt ist, weist dieser Bereich bei "orange-spike"-Männchen eine gelborange bis rote Färbung auf. Diese Beobachtung wäre angesichts bereits vorliegender Beobachtungen zum Polychromatismus in der Gattung *Apistogramma* wohl kaum der Erwähnung wert, wäre sie nicht offenbar erbstabil und somit wohl auf eine vergleichsweise stabile genetische Komponente zurückzuführen. Bisher hat sich gezeigt, daß alle Nachkommen von "black-spike"-Männchen ebenfalls diese Merkmalsausprägung aufweisen, während bis auf wenige Ausnahmen die Söhne der "orange-spike"-Männchen ebenfalls orangefarbene oder rote Flossenmembranen zeigen. Unter den Nachkommen der "orange-spike"-Männchen befinden sich neben "black-spike"-Jungen gelegentlich

A. juruensis ♀, adult, Brutpflegefärbung, aggressiv, beachte Kinnzeichnung und Form der ersten Rückenflossenhäute auch Männchen mit vollständig orangefarbener Afterflosse und ebensolchen Bauchflossen. (Ob dieses Merkmal stabil vererbt wird, läßt sich zum jetzigen Zeitpunkt noch nicht abschließend beurteilen.) Eine solchermaßen ausgeprägte Stabilität eines derartigen Merkmales war bisher nicht bekannt (RÖMER & SOARES 1996).

Bei Auftreten eines optisch auffälligen Merkmales, wie dem hier vorgestellten, ergibt sich die Frage nach den populationsbiologischen Hintergründen. Schon bei oberflächlicher Betrachtung zeigt sich ein deutlicher Unterschied zwischen Männchen beider Typen: "orange-spike"-Männchen sind offenbar deutlich fruchtbarer als "black-spike"-Männchen. In Zuchtansätzen von jeweils einem Männchen und zwei Weibchen laichten zwar alle Weibchen etwa gleich häufig ab (n = 70), die Zahl der tatsächlich bis zum Schlupf gelangenden Gelege der "black-spike"-Männchen war aber stark reduziert; sie hatten nur in zehn Fällen frei schwimmende Junge, während "orange-spike"-Männchen in fünfzig Fällen erfolgreich waren.

Erste genauere Laborbeobachtungen zeigen, daß auch die Rate der pro Gelege befruchteten Eier bei "black-spike"-Männchen statistisch absicherbar niedriger ist. Weiterhin sind bei den Geschwistern aus einer Brut "black-spike"-Männchen immer signifikant kleiner (und leichter) als ihre Brüder mit orangen Flossenhäuten. Im Wahlversuch zeigen Weibchen überdies die Tendenz, Männchen mit orangefarbenen Rückenflossenhäuten zu bevorzugen. Auf der Basis der genannten Beobachtungen kann damit zumindest vermutet werden, daß Weibchen mit Hilfe der als Indikator fungierenden schwarz oder orange gefärbten Häute der Rückenflosse in der Lage sind, Informationen über die Fortpflanzungsfähigkeit eines Männchens zu erhalten. Somit besteht hier erstmals für eine *Apistogramma*-Art die Möglichkeit, daß Weibchen anhand der Färbung die physische Kondition der Männchen und damit mögliche Parasitierungen oder Adaptionen als solche feststellen zu können, wie dies von verschiedenen Vögeln oder dem Dreistacheligen Stichling (*Gasterosteius aculeatus* L.) bekannt ist, bei denen die Bildung roter Farben z.B. durch Parasitenbefall beeinträchtigt wird. Möglicherweise bietet *A. juruensis* damit zum ersten Mal die Möglichkeit zu "Fitness-Messungen" an *Apistogramma*. Eine umfassende Übersicht über "Fitness-Messungen" durch Sexualpartner und deren theoretische Hintergründe gibt ANDERSSON (1994). Ergänzende parasitologische Untersuchungen an *A. juruensis* wurden zwischenzeitlich begonnen.

T: 20 - 29 °C, **L:** ♂ 9 cm, ♀ 6 cm, **BL:** 150 cm, **WR:** u, m, **SG:** 2 - 4

Früchte eines unbestimmten Aronstabgewächses

A. juruensis ♀, adult, bei der Säuberung des Geleges

A. juruensis ♀, adult, bei der Bewachung des Geleges

A. juruensis ♀, adult, neutral gestimmt, beim Befächeln des Geleges

A. juruensis ♀, adult, aggressiv gestimmt, bei der Bewachung des Geleges

A. juruensis ♀, adult, Brutpflegefärbung, leicht aggressiv gestimmt, "Black-Spike"

A. juruensis ♀, adult, Brutpflegestimmung, Schreckfärbung, "Black-Spike"

A. juruensis ♀, adult, Brutpflegefärbung, aggressiv gestimmt, "Orange-Spike"

A. juruensis ♀, adult, Brutpflegefärbung, neutral gestimmt, "Orange-Spike"

A. juruensis ♀ ♀, verschiedene Färbungen und Zeichnungsmuster auf Eiern, Larven (links) oder frei schwimmenden Jungfischen (rechts)

527

Apistogramma linkei KOSLOWSKI, 1985

"Gelbbrust"-*Apistogramma*

Erstbeschreibung: Descriptions of new species of Apistogramma (Teleostei: Cichlidae) from the Rio Mamoré system in Bolivia. Bonner Zoologische Beiträge 36 (1/2): 145 - 162.

Etymologie: *linkei* = Ein Dedikationsname zu Ehren von Horst LINKE, der gemeinsam mit W. STAECK diese Art entdeckte und das Typusmaterial sammelte.

Typusmaterial: 135 Exemplare.

Holotypus: Männchen, 36,9 mm SL (ZFMK 13323); im Juli 1983 von H. LINKE und W. STAECK gesammelt. Fundort: Lagunen entlang der Straße zwischen den Orten Portachuelo und Bella Vista, 76 km nordwestlich von Santa Cruz, Wasseransammlungen entlang der Straße und kleiner flacher Wasserlauf der die Straße kreuzt und Lagune an der Straße ca. zwei Kilometer östlich vor dem Ort Japacani am Rio Japacani, nordwestlich der Stadt Santa Cruz, Bolivien (Fundorte B1 und B2, etwa 68°25´W / 16°20´S und 68°50´W / 16°15´S).

Paratypen: 134 Exemplare: Darunter 39 Exemplare, 15,0 bis 28,6 mm SL (ZFMK 13324 bis ZFMK 13362), acht Exemplare, 17,7 bis 25,7 mm SL (MZUSP 28726), sieben Exemplare, 16,3 bis 34,7 mm SL (NRM A 83/1983273.3046; alle Sammeldaten wie beim Holotypus. Ein Männchen und

zwei Weibchen, 18,5 bis 27 mm SL (ZFMK 13320 bis 13322); im Juli 1983 von H. LINKE und W. STAECK gesammelt; Fundort: Bachlauf und kleiner Fluß ca. vier Kilometer vor dem Ort Okinawa westlich von Montero-Guabira in Richtung Rio Grande, nordwestlich der Stadt Santa Cruz, Bolivien (Fundort B5, etwa 62°50´W / 17°12´S). 31 Exemplare, 16,0 bis 30,3 mm SL (ZFMK 13363 bis 13393), fünf Exemplare, 20,1 bis 23,9 mm SL (BMNH 1985, I 28: 1-5), sechs Exemplare, 18,6 bis 25,0 mm SL (ZMA 119.629), am 11. Juli 1983 von H. LINKE und W. STAECK gesammelt; Fundort: Lagunen und Restwasser an der Straße von Trinidad nach Westen ca. einen Kilometer vor dem Ort Pto. Amacen am Rio Mamoré, westlich der Stadt Trinidad, Bolivien (Fundort B9, etwa 64°58´W / 14°53´S). Drei Männchen und drei Weibchen, 21,5 bis 27,0 mm Sl (ZFMK 13394 bis 13399), am 12. Juli 1983 von H. LINKE und W. STAECK gesammelt; Fundort: Lagunen und Restflußwasser an der Straße von Trinidad nach Osten ca. zehn Kilometer in Richtung Peroto, östlich der Stadt Trinidad Bolivien, (Fundort B10, etwa 64°48´W / 14°49´S). Sechs Exemplare, 12,8 bis 33,2 mm SL (ZFMK 2268 bis 2273), am 4. Oktober 1966 von K.H. LÜLING gesammelt, Fundort: teichartiges Altwasser, 1 km unterhalb San Francisco, linksseitig des Rio Chipiriri, Bolivien.). Ein Exemplar, 25,2 mm SL (ZFMK 2303), am 9. Oktober 1966 von K.H. LÜLING und A. MEYER gesammelt, Fundort: Bach zwischen Rio Chaparé und Rio Mamoré, Bolivien. Ein Männ-

Apistogramma linkei ♂, adult, neutral gestimmt

A. linkei ♂, adult, dominant, leicht aggressiv

J. Glaser

chen und zwei Weibchen, 19,7 bis 27,2 mm SL (NRM A 84/1983166/3061), am 23. April 1983 von L. LOUBENS und L. LAUZANNE gesammelt, Fundort: Laguna Suarez, nahe Trinidad, Rio Mamoré System, Bundesstaat Beni, Bolivien. Zwei Männchen und drei Weibchen, 27,6 bis 42,1 mm SL (NRM A 84/1982118/3062), im März 1982 von G. LOUBENS und L. LAUZANNE gesammelt, Fundort: Arroyo San Juan, nahe Trinidad, Rio Mamoré System, Bundesstaat Beni, Bolivien. Weibchen, 25,6 mm SL (IRSBN 695, früher IRSNB 19.975), am 9. November 1977 von J.-P. GOSSE gesammelt, Fundort: Rio Surucusi, Zufluß zum Rio San Miguel, Rio Guaporé System, 14 km nördlich von Limón, an der Straße von Ascensión, Bundesstaat Santa Cruz, Bolivien.

Belegmaterial: Fünf Männchen und fünf Weibchen (ZFMK 17770 bis ZFMK 17779).

Synonyme: Keine.

Artspezifische Merkmale: A. linkei bildet mit den nah verwandten Arten A. commbrae und A. inconspicua die A. commbrae-Gruppe. Die Arten dieser Gruppe sowie A. atahualpa, einer Art des A. cacatuoides-Subkomplexes, unterscheiden sich von allen bekannten anderen Gattungsvertretern durch den charakteristischen Schwanzwurzelfleck. Dieser ist als Doppelfleck ausgebildet und entsteht aus einer Verschmelzung des etwa hochkant rechteckigen Schwanzflossenflecks und des auffallenden siebten Körperbandes auf dem Schwanzstil. Auf den Körperseiten unterhalb des Längsbandes zeigen sich bei A. linkei ein bis drei Reihen senkrechter Striche, meist allerdings nur in der vorderen Körperhälfte. Sie können aber auch bis auf den Schwanzstil reichen. Manche Exemplare zeigen eine im hinteren Teil senkrecht gebänderte Schwanzflosse. Die Körperfärbung der Männchen ist meist bläulich- oder grünlichblau metallisch glänzend. Die Kiemendeckel, oft sogar die gesamte untere Kopfregion sowie Brust und Vorderbauch sind zitronen- bis zinkgelb, während A. commbrae und A. inconspicua gelbliche bis graugrünliche Körperfarbe und nur selten kleine blaßgelbliche Kiemendeckelflecke aufweisen. A. atahualpa weist eine fast identische Färbung auf und könnte wegen der ähnlichen Körperform leicht mit A. linkei verwechselt werden, wenn A. linkei nicht eine niedrige gleichmäßig ausgeprägte Rückenflosse und immer eine runde Schwanzflosse zeigen würde, während die Rückenflosse von A. atahualpa ähnliche Verlängerungen aufweist wie die von A. cacatuoides und die Schwanzflosse meist gestutzt ist.

Geschlechtsunterschiede: A. linkei zeichnet sich durch nur geringen Geschlechtsdimorphismus aus. Männchen werden etwas größer und hochrückiger als die Weibchen. Sie entwickeln leicht zugespitzte Weichstrahlbereiche der Rücken- und der Afterflosse, während die der Weibchen abgerundet bleiben. Auch die Bauchflossen entwickeln bei erwachsenen Männchen häufig fädige Verlängerungen. Männchen zeigen eine überwiegend bläuliche Körperfärbung, meist mit gelben Kiemendeckeln und gelber

A. linkei ♂, adult, dominant, neutral gestimmt, südliche Form

A. linkei ♀, adult, Brutpflegefärbung

Brust, die Weibchen sind einfarbig gelblichgrau. Letztere lösen in aggressiver Stimmung oder während der Brutpflege ihr Längsband in eine Reihe von fünf bis sechs unregelmäßigen, meist länglichen schwarzen Flecken auf, die auf der dann sonnengelben Körpergrundfarbe besonders deutlich kontrastieren. Außerdem tragen sie dann schwarze Säume an den vorderen Außenkanten von After- und Bauchflossen, die bei Männchen stets transparent weißlich sind.

Verwandtschaftliche Zuordnung: *A. linkei* ist ein Vertreter der *A. regani*-Gruppe sensu lato, die durch geringen Geschlechtsdimorphismus, deutliches Längsband ohne auffallenden Seitenfleck und deutliche senkrechte Bänderung gekennzeichnet ist. Innerhalb dieses Formenkreises steht *A. linkei* zwei Formen nahe, die ebenfalls auffallende Doppelflecke auf der Schwanzwurzel tragen, nämlich *A. commbrae* und *A. inconspicua*. Wie die Beziehungen dieses sogenannten *A. commbrae*-Komplexes zu den anderen Formen der *A. regani*-Gruppe im Detail zu beschreiben sind, war lange Zeit unklar. Erst durch die neuerliche Einfuhr von *A. atahualpa* hat sich eine neue Perspektive eröffnet: Die genannte Art scheint ein Vertreter des *A. cacatuoides*-Subkomplexes zu sei. Besonders die erwachsenen Männchen dieses Subkomplexes weisen weitgehende habituelle und auch farbliche Übereinstimmungen mit *A. linkei* auf. Der Doppelfleck der Formen aus der *A. commbrae*-Gruppe findet sich deutlich ausgeprägt bei *A. atahualpa* wieder. Daher sind auch engere Beziehungen zum *A. cacatuoides*-Komplex

wahrscheinlich, die aber noch weiterer Untersuchung bedürfen.

Typusfundort: Der Typusfundort wurde nicht punktgenau festgelegt. Es sind sowohl Lagunen entlang der Straße zwischen den Orten Portachuelo und Bella Vista, 76 km nordwestlich von Santa Cruz, als auch Wasseransammlungen entlang der Straße, und ein kleiner flacher Wasserlauf, der die Straße kreuzt, und eine Lagune an der Straße rund zwei Kilometer östlich vor dem Ort Japacani am Rio Japacani im Nordwesten der Stadt Santa Cruz in Bolivien.

Verbreitung: Das Verbreitungsgebiet von *A. linkei* liegt in Bolivien. Angaben über Funde aus anderen angrenzenden Regionen durch verschiedene reisende Aquarianer hielten bisher keiner ernsthaften Überprüfung stand. Die bekannten Fundorte liegen im Einzugsbereich des oberen Rio Mamoré-Systems, etwa zwischen den Ortschaften Trinidad im Norden und Santa Cruz im Süden sowie dem nahegelegenen Rio Surucusi und einigen weiteren Zuflüssen des Rio San Miguel.

Ökologie: *A. linkei* wurde hauptsächlich in Restwassertümpeln und kleinen Bachläufen des bolivianischen Tieflandes gefunden. Dieses Gebiet ist heute praktisch vollständig in Weideoder in geringem Umfang in Ackerland umgewandelt. Das Gebiet wird während der Regenzeit weitläufig überspült und bietet den kleinen Buntbarschen in den ausgedehnten, nur wenige Zentimeter tiefen Flachwasserzonen und Schwimmpflanzenbeständen zahlreiche Lebensräume. Die Fal-

A. linkei ♀, adult, Brutpflegefärbung, Junge ca. eine Woche alt; im Laborversuch

A. linkei ♀, adult, Brutpflegefärbung

laubschicht wird, wie für *Apistogramma* allgemein üblich, ebenfalls besiedelt. Die Fische sind ausgesprochen substratorientiert und halten sich stets in der unmittelbaren Nähe potentieller Fluchtverstecke auf. In den Lebensräumen von *A. linkei* wurden neben *A. luelingi* und *Laetacara dorsigera* auch die Buntbarsche *Aequidens vittatus*, *Cichlasoma boliviense*, *Crenicichla lepidota* sowie eine Vielzahl verschiedener Salmler, Messerfische und Welse gefunden. An allen Fangplätzen von *A. linkei* lag der pH-Wert bei über 6. Die Art scheint im Freiland saure Gewässer zu meiden, in denen sie durch *A. staecki* und *A. luelingi* ersetzt wird. Die Temperatur an den Fundorten lag wetter- und jahreszeitabhängig zwischen 20 und etwa 30 °C. Weitere detaillierte Angaben zur Ökologie bestimmter einzelner Fundorte finden sich bei LINKE & STAECK (1997).

Ersteinfuhr: 1983 wurde *A. linkei* erstmals durch H. LINKE und Dr. W. STAECK nach Deutschland eingeführt. Seit etwa 1990 erfolgen auch sporadisch kommerzielle Einfuhren in begrenzter Stückzahl. Die Masse der oftmals im Handel als Wildfangtiere angebotenen Fische stammt aus südosteuropäischen Zierfischzüchtereien.

Aquarienbiologie: *A. linkei* gehört zu den einfacher zu pflegenden Vertretern der Gattung, da keine extremen Ansprüche an die wasserchemischen Bedingungen gestellt werden. Mittelhartes bis weiches Wasser (4 bis 6 ° dGH, 50 bis 400 µS/cm) genügt den Ansprüchen dieser Art vollkommen. Der pH-Wert sollte möglichst nicht unter 6 liegen, da die Fische darauf relativ

empfindlich reagieren und oft zahlreiche Verluste auftreten. Hingegen werden Säuregrade bis 8,5 offensichtlich gut vertragen. *A. linkei* sollte möglichst in großen Aquarien in Gruppen gehalten werden, da die Art normalerweise polygam ist. Die Männchen gründen Großreviere, in denen sie mehrere Weibchen dulden, die mit ihm nach und nach zur Fortpflanzung schreiten. Das Gelege wird nach LINKE & STAECK (1995) bevorzugt an der Unterseite von Pflanzenblättern angeheftet, was ich nur in sehr beschränktem Umfang bestätigen kann. Obwohl verschiedene Möglichkeiten zur Eiablage vorhanden waren, nutzten die Weibchen in meinen Aquarien zu gut 90 % die angebotenen Höhlen als Laichplatz. Die Weibchen pflegen, wie bei den meisten anderen *Apistogramma*-Arten, allein den Nachwuchs bis etwa in die vierte Lebenswoche, ab der sich gelegentlich auch die Männchen an ihrer Führung beteiligen können, insbesondere dann, wenn das Weibchen zu diesem Zeitpunkt erneut ablaicht. Die Weibchen legen bis zu 150 Eier, aus denen die Larven nach etwa 48 Stunden schlüpfen. Nach weiteren fünf bis sieben Tagen verlassen sie erstmals die Bruthöhle und schwimmen frei. Sie fressen vom ersten Tag an Nauplien des Salinenkrebses und wachsen relativ schnell heran. Nach geschlechtsabhängig etwa fünf (Männchen) bis acht (Weibchen) Monaten tritt die Geschlechtsreife ein. Dies ist auch der Zeitpunkt, an dem die Geschwister untereinander etwas unduldsamer werden und sich gegenseitig aus ihren Revieren zu vertreiben suchen. Unter den männlichen Nachzuchttieren finden sich zwei deutlich verschiedene

Farbmorphen, eine sogenannte graue nördliche und eine gelbbrüstige (Name!) südliche Form, die aber nicht erbstabil sind. Immer wieder treten unter Tieren eines Farbschlages auch Tiere der anderen Morphe auf, so daß davon ausgegangen werden kann, daß es sich tatsächlich nicht um geographische Morphen, sondern lediglich um das Produkt eines genetisch bedingten Polychromatismus handelt.

Besonderheiten: *A. linkei* reagiert relativ empfindlich auf niedrige pH-Werte, weshalb die Art nicht mit allen anderen Arten in den sonst empfohlenen gemischten Gruppen vergesellschaftet und gepflegt werden kann.

T: 20 - 29 °C, **L:** ♂ 7 cm, ♀ 5 cm, **BL:** 100 cm, **WR:** u, **SG:** 2 - 3

A. linkei ♀, adult, neutral gestimmt

D. Bork

Apistogramma luelingi KULLANDER, 1976

Erstbeschreibung: Apistogramma luelingi sp. nov., a new cichlid fish from Bolivia. Bonner zoologische Beiträge 27: 258 - 266.

Etymologie: *luelingi* = Dedikationsname zu Ehren von Karl-Heinz LÜLING, der viele Jahre der Erforschung der neotropischen Fischfauna widmete und einen Teil des Typenmaterials sammelte.

Typusmaterial: Neun (bis 15) Exemplare. (Die Angaben über die Zahl der Typen sind nicht ganz eindeutig.)

Holotypus: Männchen, 26,4 mm SL (ZFMK [I] 66/2283); am 3. Oktober 1966 von K.-H. LÜLING und A. MEYER während der "Peru-Bolivien-Expedition K.-H. LÜLING 1966" gesammelt. Fundort: Kleine Quebrada unterhalb Todos Santos (Bolivien).

Paratypen: Drei Männchen, 18,2 mm SL bis 23,7 mm SL und fünf Weibchen, 20,4 mm SL bis 29,0 mm SL (ZFMK [I] 66/2284-2291); Sammeldaten wie beim Holotypus.

Weiteres Material: (KULLANDER listete weitere sechs Belegstücke auf, die nicht als Paratypen bezeichnet werden, sondern als "Other specimens", was man etwa mit "zusätzliches Material" übersetzen könnte. Er verwendete diese Exemplare aber ausdrücklich für die Beschreibung: "*All specimens listed above are included in the description.*" Es handelt sich um ein Männchen, 24,7 mm SL (ZFMK [I] 66/

2303); zwei Männchen, beide 19,7 mm SL, ein Weibchen, 20,9 mm SL und ein (nicht sicher geschlechtsbestimmtes) Weibchen, 14,8 mm SL (ZFMK [I] 66/2311-2314); ein Weibchen, 25,8 mm SL (ZFMK [I] 66/2316).

Belegmaterial: Zwei Männchen und zwei Weibchen (ZFMK 17632 bis ZFMK 17635).

Synonyme: Keine.

Artspezifische Merkmale: *A. luelingi* ist auf den ersten Blick schwer von den nah verwandten *A. cacatuoides* und *A. juruensis* zu unterscheiden. Die Art ist mäßig gestreckt und mäßig hochrückig. Der Körper ist seitlich deutlich zusammengedrückt. Die Schwanzflosse erwachsener Männchen ist zweizipfelig und im Gegensatz zu der unvollständig gestreiften von *A. cacatuoides* dicht und durchgehend gebändert. Im oberen Drittel der Schwanzflosse kann gelegentlich ein schwarzer Punkt oder ein rötlicher Augenfleck erscheinen. Die Rückenflosse ist durchgehend gesägt. Alle Flossenhäute alter Männchen sind verlängert und zugespitzt. Auf der Körperseite verläuft ein schmales Längsband ohne Unterbrechung bis in den vorderen Teil der Schwanzflosse, während dieses bei *A. juruensis* vor dem Schwanzwurzelfleck unterbrochen ist. Die Körperfarbe ist normalerweise graublau bis metallischblau, die Iris im Gegensatz zu den ähnlichen Arten zumindest teilweise blutrot.

A. luelingi ♂, adult, neutral gestimmt

W. Staeck

A. luelingi ♂, adult, dominant, aggressiv gestimmt, lateral drohend

W. Staeck

A. luelingi ♂, halbwüchsig, neutral gestimmt

A. luelingi ♂, halbwüchsig, beginnende Balzfärbung (♀ im Vordergrund)

A. luelingi ♂, adult, leicht aggressiv gestimmt

J. Glaser

A. luelingi ♂, adult, neutral gestimmt

J. Glaser

Spezieller Artenteil

Geschlechtsunterschiede: Die geschlechtsreifen Männchen entwickeln eine deutlich zweizipfelige Schwanzflosse, während diese bei Weibchen stets rund oder (selten) leicht gestutzt bleibt.

Verwandtschaftliche Zuordnung: *A. luelingi* ist ein Vertreter des *A. cacatuoides*-Komplexes. Seine nächsten Verwandten sind *A. cacatuoides*, *A. juruensis* und wahrscheinlich auch *A. staecki*. Die vier Arten bilden den *A. cacatuoides*-Subkomplex innerhalb des Verwandtschaftskreises um *A. cacatuoides* und sind durch zweizipfelige Schwanzflossenform, sehr ähnliche Rückenflosse, identische Infraorbitalporenzahl und ähnliches Längsband gekennzeichnet. *A. payaminonis* und *A. atahualpa*, die allerdings zum *A. nijsseni*-Subkomplex zu rechnen sind, weisen gelegentlich ebenfalls zweizipfelige Schwanzflossen auf, sind aber aufgrund ihres sonstigen allgemeinen Erscheinungsbildes nicht mit *A. luelingi* zu verwechseln.

Typusfundort: Das Typenmaterial stammt aus einem kleinen Waldbach (Quebrada) unterhalb der Ortschaft Todos Santos in Bolivien.

Verbreitung: Nach derzeitigem Kenntnisstand ist die heutige Verbreitung von *A. luelingi* möglicherweise disjunkt, das heißt auf zwei getrennte Gebiete des nordwestlichen Bolivien und des angrenzenden Peru beschränkt. Bisher belegte Fundorte liegen sowohl im Einzugsbereich des Rio Chaparé als auch im Rio Chimoré, die beide in den oberen Rio Mamoré entwässern.

Nach Angaben einiger Zierfischexporteure soll *A. luelingi* auch in Zuflüssen des oberen Rio Ucayali vorkommen. Damit würde *A. luelingi* zu den wenigen *Apistogramma*-Arten gehören, die in zwei Hauptflußsystemen verbreitet sind, in diesem Fall dem Rio Paraguay und dem Rio Amazonas-System. Diese Angaben bedürfen zu ihrer wissenschaftlichen Absicherung aber noch Feldstudien.

Ökologie: Wie bei den meisten anderen Arten der Gattung *Apistogramma* ist die Ökologie dieser Art bisher nur spärlich untersucht worden. Lediglich Lüling (1969), Staeck (1987) und Linke & Staeck (1995) liefern Informationen über den Lebensraum.

A. luelingi lebt demnach im natürlichen Lebensraum in saurem und weichen Wasser kleinerer Bäche. Fische dieser Art halten sich nach bisheriger Erkenntnis in flachen Uferbereichen, bevorzugt zwischen dichter Vegetation (überwiegend *Echinodorus*) über feinem weißen Sand auf. Gemeinsam mit *A. luelingi* wurden *A. linkei* (ein Fundort), junge *Bujurquina vittata*, junge *Cichlasoma boliviense* und *Crenicichla semicincta* gefangen. Neben den Cichliden wurde der räuberische Messerfisch *Eigenmannia virescens* und verschiedene Salmler festgestellt, darunter unter anderem *Astyanax bimaculatus*, *Carnegiella myersi*, *Ctenobrycon spilurus*, *Hemigrammus lunatus*, *H. ocellifer*, *Hoplias malabarius*, *Moenkhausia oligolepis* und *Pyrrhulina vittata*. Linke & Staeck (1995) heben hervor, daß sich *A. luelingi* und *A. linkei* in den meisten Fällen aufgrund ihrer unterschiedlichen Ansprüche an den Säuregrad des Wassers ökolo-

A. luelingi ♂, adult, dominant, Schreckfärbung

A. luelingi ♀, halbwüchsig, Brutpflegefärbung, neutral gestimmt

A. luelingi ♂, adult, subdominant, neutral gestimmt

A. luelingi ♀, adult, dominant, Brutpflegefärbung, leicht aggressiv

A. luelingi ♂, adult, dominant, neutral gestimmt

A. luelingi ♀, adult, dominant, Brutpflegefärbung, aggressiv

gisch auszuschließen scheinen, obwohl sie in von ihnen selbst gefundenen Ausnahmefällen, beispielsweise in Restwassertümpeln, gemeinsam vorkommen können.

Ersteinfuhr: Wahrscheinlich wurden bereits 1966 einige wenige Exemplare lebend durch K. H. LÜLING eingeführt. Erst 1985 erfolgte die nächste belegte Einfuhr durch LINKE & STAECK, die zur dauerhaften Etablierung in der Aquaristik führte. Seit 1994 gelangen kommerzielle Importe gelegentlich nach Europa und häufiger nach Japan.

Aquarienbiologie: *A. luelingi* gehört zu den relativ empfindlichen Aquarienpfleglingen; sie benötigen für die Dauerhaltung sehr weiches und deutlich saures Wasser (pH-Wert unter 6). Sind die Wasserwerte anders, werden die Fische scheu, fressen schlecht und gehen oftmals bereits nach kurzer Zeit ein. Wie alle Formen des *A. cacatuoides*-Komplexes benötigt auch *A. luelingi* ein großes Aquarium, um ein annähernd normales facettenreiches Verhalten zeigen zu können. *A. luelingi* eignen sich im Vergleich zu anderen *Apistogramma*-Arten besonders zur Haltung in kleinen Gruppen, weil sie auffallend wenig Aggression untereinander zeigen. Auch für diese Art sollten Aquarien sehr versteckreich eingerichtet sein, wobei den natürlichen Lebensräumen entsprechend auch Wasserpflanzen in Frage kommen (siehe Ökologie). Fallaub und Totholz sind ebenfalls gut geeignet, sollten aber gründlich vorgewässert sein, weil *A. luelingi* gelegentlich empfindlich auf zu hohen Huminstoffanteil im Aquarienwasser reagieren; häufig beginnen zunächst die Flossenränder des Weichstrahlbereiches der Rückenflosse leicht zu verpilzen, was meist aber durch einen Teilwasserwechsel und den Austausch der betreffenden Einrichtungsgegenstände schnell zu beheben ist. Die Männchen gründen typischerweise Großreviere, in denen sie zeitlich aufeinanderfolgend mit mehreren Weibchen zur Fortpflanzung schreiten. Die Brutpflege erfolgt ähnlich dem bereits bei *A. cacatuoides* dargestellten Schema. Die Entwicklung der, je nach Größe des Weibchens, etwa 30 bis 150 Jungfische bis zum Erwachsenenstadium dauert oft etwa doppelt so lange wie bei *A. cacatuoides*.

Besonderheiten: *A. luelingi* ist nur selten im Handel erhältlich, da das Verbreitungsgebiet bislang nur sehr selten von kommerziellen Zierfischfängern besucht wird. Am ehesten besteht die Möglichkeit, über eine der im Anhang aufgelisteten Cichlidengesellschaften gesunde, zuchtfähige Nachzuchten zu erhalten.

T: 21 - 29 °C, **L:** ♂ 8 cm, ♀ 5 cm, **BL:** 100 cm, **WR:** u, m, **SG:** 2 - 4

Salzsuchender Heliconidae

A. luelingi ♀, halbwüchsig, Brutpflegefärbung, aggressiv, frontal drohend

A. luelingi ♀, adult, brutpflegend, neutral gestimmt, Junge ca. eine Woche alt   W. Staeck

Apistogramma maciliensis (HASEMAN, 1911)

"Mamoré"-*Apistogramma*

Erstbeschreibung: An annotated catalog of the cichlid fishes collected by the expedition of the Carnegie Museum to Central South America, 1907 - 1910. Annals of the Carnegie VII (3 - 4): 360 - 361 und Tafel LXVI. (Beschreibung als *Heterogramma trifasiatum maciliense* HASEMAN, 1911)

Etymologie: *maciliensis* = Der von HASEMAN (in dieser Schreibweise offenbar versehentlich) gewählte Name bezieht sich auf B. A. MACIEL. In der Beschreibung verwendete der Autor auch die eigentlich korrekt latinisierte Namensform "*macielense*", die aber aufgrund der Nomenklaturregeln keine Gültigkeit hat. MACIEL besaß eine Plantage in der Umgebung des Typusfundortes.

Typusmaterial: Vier Exemplare.

Syntypen: Der Holotypus ist nicht festgelegt. Beschreibung aber offenbar auf dem größten Exemplar basierend (auf Tafel LXII ist ein 21 mm langes (weibliches?) Exemplar abgebildet), 1,3 bis 3,1 cm (CM No 2751a - d), am 09. Juli 1909 von der Expedition des Carnegie Museum 1907 - 10 gesammelt. Fundort: Rio Guaporé bei Sáo Antonio de Guaporé.

Synonyme: *Apistogramma trifasciatum haraldschultzi* MEINKEN, 1960.

Artspezifische Merkmale: *A. maciliensis* ähnelt stark *A. trifasciata*. Von dieser Art ist *A. maciliensis* durch das Fehlen des für *A. trifasciata* typischen dritten Bandes zwischen Auge und vorderem Ansatz der Afterflosse sicher zu unterscheiden. Die normalerweise transparente Schwanzflosse der Tiere ist rund, bei manchen Individuen zusätzlich fein bräunlich oder grau genetzt. Manche Individuen zeigen auch eine mehr oder weniger flächig rote Schwanzflosse. Die Rückenflosse der Männchen zeigt extreme Verlängerungen im Bereich der Flossenhäute zwei bis fünf, die bei manchen Tieren bei angelegter Rückenflosse weit in die Schwanzflosse ragen können. Auch Weibchen zeigen leicht verlängerte und zugespitzte Flossenhäute im ersten Drittel der Rückenflosse. Der Körper ist relativ hochrückig, gedrungen und seitlich mäßig zusammengedrückt. Das Längsband auf der Körperseite beginnt etwa auf halber Strecke zwischen Auge und Schwanzflossenbasis; am vorderen Ende ist es noch etwa zwei Schuppen breit, bedeckt die Schwanzwurzel aber oft bereits an deren Anfang oberhalb der Afterflosse vollständig. Über die Wange verläuft ein Band gerade vom Auge bis auf den hinteren unteren Rand des Kiemendeckels, dieses Band wird sehr häufig auf einen am Kiemendeckelrand liegenden Fleck reduziert, der in einzelnen Fällen auch rot sein kann.

Geschlechtsunterschiede: Deutlich erkennbare Geschlechtsunterschiede sind bei erwachsenen Tieren vorhanden: Männchen werden erheblich größer als Weibchen und weisen eine

Apistogramma maciliensis ♂, adult, dominant, leicht aggressiv, aus der Zucht von W. Mikschofsky

andere Beflossung und Färbung auf. Die gelblichgrauen Weibchen zeigen meist einen (oft auch fehlenden) kleinen runden Seitenfleck und eine niedrige Rückenflosse ohne extreme Verlängerungen der Flossenhäute, von denen mindestens die ersten zwei schwarz gefärbt sind. Die Rücken- und Afterflosse sind abgerundet und gelblich, die Bauchflossen, die in ihrem vorderen oberen Viertel eine rußgraue oder schwarze Färbung aufweisen, sind nicht verlängert und reichen bis etwa zum vorderen Ansatz der Afterflosse. Die im Körper überwiegend metallisch- bis himmelblauen, selten auch grünmetallischen *A. maciliensis*-Männchen entwickeln extreme Verlängerungen der himmelblauen Rückenflosse. Die Weichstrahlbereiche von Rücken- und Afterflosse sind oft fädig ausgezogen, deutlich zugespitzt und tragen mehrere Reihen kleiner hyaliner Punkte. Die bläulichen Bauchflossen sind verlängert und erreichen mit ihren Spitzen meist den Ansatz der Schwanzflosse. Männchen mancher Aquarienstämme, aber auch Wildfänge zeigen eine leuchtend rote Schwanzflosse und einen goldgelben Kopf.

Verwandtschaftliche Zuordnung: *A. maciliensis* ist nahe mit *A. trifasciata* verwandt. Beide Formen stellen Vertreter eines Superspecies-Komplexes dar: Beide Arten kommen nach derzeitigem Kenntnisstand am oberen Guaporé und Mamoré in einem Überschneidungsbereich zusammen vor; im Aquarium sind Verpaarungen von Tieren, die am gleichen Fangplatz gesammelt wurden, nicht möglich, wohl aber solche von Exemplaren, die aus Bereichen kommen, in denen die andere Art fehlt. Gemeinsam mit *A. arua* aus dem Einzugsgebiet des Rio Arapiúns bilden beide Formen den *A. trifasciata*-Komplex, wobei *A. arua*, welcher stimmungsabhängig sowohl einen *A. trifasciata*-ähnlichen Flankenstrich als auch mehrere *A. cacatuoides*-ähnliche Unterbauchstreifen zeigen kann, als Verbindungsglied zur *A. cacatuoides*-Gruppe anzusehen ist. Weitere Details zur Verwandtschaft siehe auch unter *A. arua*.

Typusfundort: Rio Guaporé bei Saó Antonio de Guaporé.

Verbreitung: Fundorte von *A. maciliensis* liegen im Rio Mamoré und Rio Guaporé, die dem Rio Madeira und damit dem Rio Amazonas zufließen. Zumindest im Rio Guaporé lebt neben *A. maciliensis* auch *A. trifasciata*.

Ökologie: Bisher ist nur wenig über die Ökologie dieser Art bekannt. LACERDA (pers. Mitteilung) fing die Fische im Fallaub kleinerer Bäche in weichem und schwach saurem Wasser. BLEHER (pers. Mitteilung) fand die Fische dagegen zahlreich im Bereich "schwimmender Wiesen" und in von verschiedenen Wasserpflanzen dicht bewachsenen Uferzonen kleiner Bäche, aber auch von Lagunen und größeren Flüssen. Die Temperaturen des Wassers schwankten an verschiedenen Fangplätzen zwischen 20 und über 30 °C.

Ersteinfuhr: Im Jahr 1959 gelangte *A. maciliensis* erstmals über den Handel in die Aquaristik, starb aber kurz darauf wieder aus. Um 1995 sammelte LACERDA (TROPRIO) die Art erneut und exportierte sie weltweit.

A. maciliensis ♂, adult, dominant, leicht aggressiv

A. maciliensis ♀, halbwüchsig, Brutpflegestimmung

Spezieller Artenteil

Aquarienbiologie: Über das Aquarienverhalten von *A. maciliensis* liegen noch keine detaillierten Studien vor. *A. maciliensis* läßt sich auch in mittelhartem, etwa neutralem Wasser ohne weiteres halten. Für die Zucht ist nach bisheriger Erfahrung allerdings weiches und saures Wasser erforderlich. Die Wassertemperaturen können zwischen 20 und 30 °C liegen, sollten aber möglichst zwischen 22 und 27 °C schwanken, da dies die Lebenserwartung der Fische im Aquarium deutlich erhöht. Weiches, leicht saures Wasser fördert ebenso erkennbar das Wohlbefinden und auch die Produktivität. *A. maciliensis* gehört zu den weniger produktiven Arten innerhalb der Gattung, denn 50 Jungtiere sind bereits ein gutes Fortpflanzungsergebnis. Die Pflege von Eiern und Larven wird ausschließlich vom Weibchen übernommen, obwohl wie bei *A. trifasciata* in Einzelfällen auch Männchen, etwa nach Verlust des Weibchens, die Larven weiter betreuen können, wie ich beobachten konnte. Die Betreuung der Jungfische teilen sich die Eltern häufig vom ersten Tage des Freischwimmens der Brut. Allerdings zeigten alle bisher von mir gepflegten Männchen eine starke Tendenz, die Weibchen nach sehr kurzer Zeit von den Nachkommen zu vertreiben und deren Führung allein zu übernehmen. Meist laichten solche Weibchen bereits zwei bis drei Tage nach dem Verlust der Brutführungsaufgaben erneut mit dem Vater der vorherigen Brut ab. *A. maciliensis*-Jungfische wachsen relativ langsam. Erst nach etwa einem halben Jahr sind die Tiere fortpflanzungsfähig. Die sekundären Geschlechtsmerkmale der Männchen, zu denen vor allem die

Verlängerungen der ersten Flossenhäute der Rückenflosse gehören, sind oftmals erst nach einem bis eineinhalb Jahren erkennbar.

Besonderheiten: Nachdem die Gültigkeit der Beschreibung von *A. trifasciata maciliensis* über Jahrzehnte in Frage gestellt wurde, gelangten seit 1995 wiederholt Tiere lebend nach Europa, die weitgehende Übereinstimmung mit der Beschreibung HASEMANS aufwiesen. Die Unterschiede der neuerdings eingeführten Fische zu *A. trifasciata* sind so deutlich, daß *A. t. maciliensis* nach meiner Ansicht als eigenständige Art, *A. maciliensis*, anzusehen ist. Besonders auffällig ist, daß das für *A. trifasciata* namengebende dritte Band auf der Körperseite bei *A. maciliensis* stets fehlt. Außerdem ist das Längsband von *A. maciliensis* mindestens doppelt so breit wie bei *A. trifasciata* und erstreckt sich nur über die halbe Körperlänge, während das Längsband bei *A. trifasciata* über die gesamte Körperseite reicht. Weiterhin zeigt *A. maciliensis* ein meist auf einen Fleck reduziertes Wangenband, während eine solche Reduzierung bei *A. trifasciata* nur ausnahmsweise auftritt. Der Körperbau von *A. maciliensis* ist ebenfalls erheblich kräftiger, insbesondere relativ hochrückiger als bei *A. trifasciata*. Weniger auffällig, aber deutlich abweichend ist die Augenfarbe beider Arten: *A. maciliensis* zeigen eine teilweise rote Iris, *A. trifasciata* nicht.

Auch mit der Beschreibung von *A. trifasciata haraldschultzi* MEINKEN, 1960 stimmen die hier vorgestellten Fische überein. MEINKEN, der die Arbeit HASEMANS offenbar nicht kannte (sie

A. maciliensis ♂, adult, neutral gestimmt

A. maciliensis ♂, halbwüchsig, neutral gestimmt, Wildfang aus dem Guaporé

A. maciliensis ♂, adult, neutral gestimmt

findet sich z.B. nicht in seiner umfäng- lichen nachgelassenen Bibliothek), be- schrieb Tiere, die wahrscheinlich aus dem gleichen Fanggebiet stammten, wie die, die HASEMAN zur Verfügung standen. Seine Arbeit stellt daher mei- nes Erachtens eine Doppelbeschrei- bung und der Name ein Synonym dar (vergl. auch KOSLOWSKI 1985, KULLANDER 1980, LINKE & STAECK 1995, MAYLAND & BORK 1997).

T: 20 - 29 °C, L: ♂ 6 cm, ♀ 4 cm, BL: 80 cm, WR: u, m, SG: 2 - 3

A. maciliensis ♂, adult, aggressiv gestimmt

A. maciliensis ♀, adult, aggressiv gestimmt

A. *maciliensis* ♂ , halbwüchsig, leicht aggressiv gestimmt

A. *maciliensis* ♂ , halbwüchsige Wildfangtiere

H. Baensch

Apistogramma macmasteri KULLANDER, 1979

Erstbeschreibung: Species of Apistogramma (Teleostei, Cichlidae) from the Orinoco Drainage Basin, South America, with Descriptions of Four New Species. Zoologica Scripta 8: 70 - 73.

Etymologie: *macmasteri* = Ein Dedikationsname zu Ehren von Mark MC-MASTER, der bereits 1973 die Aufmerksamkeit KULLANDERS auf diese Art lenkte, als erstes Aquarienmaterial davon verfügbar war.

Typusmaterial: 14 Exemplare.

Holotypus: Männchen, 55,2 mm SL (NRM 11240), am 9. Juli 1971 von T. HONGSLO gesammelt. Fundort: In einem Bach, der klares, farbloses schnell fließendes Wasser am Fuß der Cordilliere führt (Station VIT 50), Finca La Ponderosa an der Straße nach Restrepo, Villavicencio, Bundesstaat Meta, Kolumbien (04°15´N / 73°35´W).

Paratypen: Weibchen, 55,2 mm SL (NRM 11240), alle Sammeldaten wie beim Holotypus. Drei Männchen, 47 mm SL bis 51 mm SL, drei Weibchen, 28 mm SL bis 38 mm SL (NRM 11242), am 24. Juli 1971 von T. HONGSLO gesammelt. Fundort: ein Cano (Station VIT 42), Carretera Canos Negros, 13 Kilometer östlich von Villavicencio, Meta, Kolumbien (04°05´N / 73°33´W). Zwei Männchen, 34 mm SL bis 41 mm SL, zwei Weibchen, 25 mm SL bis 29 mm SL (NRM 11243), am 15. April 1972 von T. HONGSLO gesammelt. Fundort: ein Cano (Station VIT 71), Finca La

Ponderosa, Straße von Villavicencio nach Restrepo, Meta, Kolumbien (04°15´N/73°35´W). Männchen, 20 mm SL (AMNH 22733), am 19. Januar 1966 von A. VINEGAR gesammelt. Fundort: Puerto Lopez, Rio Metica, Meta, Kolumbien (04°06´N/72°57´W). Ein Exemplar ohne Geschlechtsangabe (FMNH 55218) nach 1911 von M. GONZALES gesammelt. Fundort: "Rio Negro, Villavicencio", Meta, Kolumbien.

Belegmaterial: Fünf Männchen (ZFMK 17754 bis ZFMK 17757) und ein Weibchen (ZFMK 17759).

Synonyme: Keine.

Artspezifische Merkmale: Die hochgradig geschlechtsdimorphe und geschlechtsdichromatische Art *A. macmasteri* ist ein relativ großer und robuster Vertreter der Gattung. Die Fische sind seitlich kräftig zusammengedrückt und mäßig hochrückig. Die Kopfform ist vergleichsweise schlank und zugespitzt. Die Grundfarbe des Körpers ist bräunlich, gelblichgrau bis graublau, wobei besonders Männchen oftmals metallisch blau oder grünlich glänzen können. Sie besitzen eine Rückenflosse mit zugespitzten Flossenhäuten, deren Spitzen freistehen. Die Schwanzflosse von *A. macmasteri* ist rund, bei alten Männchen zweizipfelig und trägt am oberen und unteren Rand je einen - in seiner Ausprägung typischen - roten, selten orangen Streifen. Auffällig ist ein aus mehreren unregelmäßigen länglichen Einzelflecken zusammengesetz-

Apistogramma macmasteri ♂, adult, dominant, neutral gestimmt

A. macmasteri ♂, adult, dominant, Schreckfärbung, leicht aggressiv gestimmt

tes Längsband, welches vor einem hochovalen oder kastenförmigen Schwanzwurzelfleck endet. Der Schwanzwurzelfleck, der von relativ hohem diagnostischen Wert im Vergleich zum sehr ähnlichen *A. viejita* ist, ist fast so hoch wie der Schwanzstiel. Bei der letztgenannten Art ist der Schwanzwurzelfleck kleiner und anders geformt (meist rund) als bei *A. macmasteri*. Das Längsband ist oben und unten nicht scharf begrenzt, sondern verläuft fein gezähnt oder gesägt. Entlang der Rückenflosse befinden sich deutliche Rückenflecken, die auf das untere Viertel der Dorsale übergreifen. Nicht selten werden auch die Querbänder deutlich gezeigt; sie sind wesentlich breiter als ihre Zwischenräume.

Geschlechtsunterschiede: Die Männchen dieser Art werden etwa doppelt so groß wie ihre weiblichen Artgenossinnen. Männchen entwickeln eine relativ hohe Rückenflosse mit im vorderen Teil frei stehenden, zugespitzten Flossenhäuten und einem deutlich zugespitzten und meist lang ausgezogenen Weichstrahlbereich. Die Rückenflosse der Weibchen ist niedriger als die der Männchen und weist im vorderen Teil gestutzte Flossenhäute sowie einen abgerundeten Weichstrahlbereich auf. Fast erwachsene Männchen zeigen einen rötlichen Saum im oberen und unteren Rand der Schwanzflosse, selten auch am hinteren Außenrand der Rückenflosse. Den Weibchen fehlen solche Färbungen. Sie weisen statt dessen stimmungsabhängig schwarze Vorderränder der Bauchflossen und ebenso gefärbte erste Häute der Rükkenflosse auf. Außerdem besitzen die meisten Weibchen einen schwarzen Unterbauchstrich, einen schwarzen Afterfleck und einen ebensolchen Brustfleck. Die meisten Männchen entwickeln im Alter eine zweizipfelige Schwanzflosse, was allerdings auch bei *A. viejita* vorkommt.

Verwandtschaftliche Zuordnung: *A. macmasteri* bildet gemeinsam mit *A. guttata*, *A. hongsloi*, *A. hoignei*, *A. viejita*, *A.* spec. "Rio Caura", *A.* spec. "Rotpunkt" und *A.* spec. "Tame" die *A. macmasteri*-Gruppe. Diese Formen weisen ein fast identisches Farbkleid der Weibchen auf, für das auch ein mehr oder weniger deutlicher dunkler Brustfleck kennzeichnend ist. Außerdem treten bei den meisten Vertretern dieser Gruppe rote Streifenmarkierungen in der Schwanzflosse oder im männlichen Geschlecht zugespitzte, häufig auch verlängerte Flossenhäute in der Rückenflosse auf. Alle Arten haben ein breites Längsband. Alle Formen der *A. macmasteri*-Gruppe stammen aus dem Einzugsgebiet des Rio Orinoco, wobei über *A.* spec. "Rotpunkt", der in Zuflüssen des Rio Japurá gefangen wurde, auch Verbindungen in den Einzugsbereich des Rio Amazonas bestehen. Die am nächsten mit *A. macmasteri* verwandte Form stellt zweifelsfrei *A. viejita* dar, die oftmals kaum von der hier behandelten Art abgrenzbar ist. Bislang war die Einordnung der Arten um *A. macmasteri* in den Gattungszusammenhang unklar, doch deuten sich Beziehungen zum *A. eunotus*-Komplex an.

Typusfundort: Der Holotypus wurde in einem Bach am Fuß der kolumbianischen Cordilliere auf der Finca La Ponderosa an der Straße nach Restrepo gesammelt.

A. macmasteri ♂, adult, dominant, Schreckfärbung, leicht aggressiv gestimmt

A. macmasteri ♂, adult, dominant, neutral gestimmt

Spezieller Artenteil

Verbreitung: Nach bisheriger Erkenntnis erstreckt sich die Verbreitung von *A. macmasteri* auf das ostandine nördlichere Kolumbien und das angrenzende Venezuela im Einzugsbereich des oberen Rio Orinoco. Allerdings bestehen noch erhebliche Informationsdefizite im Bezug auf die Verbreitung.

Ökologie: Auch die Ökologie dieser Art ist bislang Kaum bekannt, obwohl LINKE & STAECK (1995) einige verwertbare Angaben dazu liefern. Sie fingen die Fische in einem kleinen Klarwasserbach, der sehr weiches (unter 1 °dGH und 10 µS/cm) und mit einem pH-Wert von 5,5 deutlich saures, nur schwach bewegtes Wasser führte. Die Zwergbuntbarsche hielten sich bevorzugt in dichten Pflanzenbeständen der flacheren Uferzone des Bachlaufes oder auf angrenzenden, nur Zentimeter tief überspülten Grasflächen. Unter größeren Steinen und in der ebenfalls stellenweise vorhandenen Fallaubschicht wurden hingegen nur wenige *A. macmasteri* festgestellt. Neben den Zwergbuntbarschen wurden Welse der Gattung *Loricaria* und *Corydoras metae* sowie eine Raubsalmlerart nachgewiesen. In den extremen Flachbereichen waren *A. macmasteri* besonders häufig, was möglicherweise auf den Feinddruck durch Raubsalmler in tieferen Zonen des Baches zurückzuführen sein könnte. Die kleinen Fische hielten sich in ihrem Aufenthaltsbereich gut versteckt, wobei sie offenbar auch nach oben Deckung suchten. LINKE & STAECK (1997) weisen in diesem Zusammenhang auf die mögliche Gefährdung der Kleinfische durch fischfressende Vögel hin, von denen nach meinen eigenen Beobachtungen an anderer Stelle Eisvögel, kleinere Reiher und Ibisse tatsächlich erfolgreich auf *Apistogramma* jagen können (vergleiche auch RÖMER 1992, 1994).

Ersteinfuhr: Wann diese Art erstmals eingeführt wurde ist nicht genau bekannt. Allerdings dürfte *A. macmasteri* bereits in den 60er Jahren zum ersten Mal in die Aquarien gelangt sein. 1983 brachten Berliner Aquarianer einige Exemplare aus der Umgebung von Villavicencio mit nach Deutschland.

Aquarienbiologie: *A. macmasteri* ist für die Haltung in größeren, mit Holz, Steinen oder einer dichten Bepflanzung reichhaltig strukturierten Aquarien gut geeignet. Der Bodengrund sollte aus feinem weißen Sand bestehen, da die Fische das Bodensubstrat gerne durchkauen. An die Wasserbedingungen werden keine ungewöhnlichen Ansprüche gestellt, wenn man davon absieht, daß das Wasser für eine längere erfolgreiche Pflege frei von organischen Verunreinigungen sein muß. Der pH-Wert kann in weichem bis mittelhartem Milieu zwischen 4,5 und 7,5 liegen. Wenn die Zucht beabsichtigt ist, sollte er in sehr weichem Wasser möglichst niedrig liegen, obwohl auch bei höheren pH-Werten in geringerem Umfang Nachzuchten möglich sind. Die Temperatur schwankt erfahrungsgemäß am besten zwischen 24 und 28 °C. Werden die Tiere über längere Zeit auf konstanten Temperaturen gehalten, werden sie meist etwas anfällig gegenüber *Hexamita* und der leider in Aquarien von Zierfischhändlern und Aquarianern sehr weit verbreiteten Fischtuberkulose, gegen die derzeit

A. macmasteri ♂, adult, dominant, beachte die dreizipfelige (!) Schwanzflosse J. Glaser

A. macmasteri ♂, adult, dominant, leicht aggressiv, lateral drohend J. Glaser

kein wirksames Heilmittel bekannt ist. Männliche *A. macmasteri* sind polygam. Sie besetzen Großreviere, in denen sie mit verschiedenen darin geduldeten Weibchen zur Fortpflanzung schreiten. Der Beitrag der Männchen beschränkt sich, abgesehen von der Besamung des Geleges, zunächst ausschließlich auf die Verteidigung der Revieraußengrenzen. Die Pflege der bis zu 200 Eier obliegt allein dem Weibchen. Die temperaturabhängig nach 36 bis 72 Stunden schlüpfenden Larven werden im Laufe ihrer Weiterentwicklung immer wieder an andere Versteckplätze, meist kleine Sandgruben, umgebettet. Nach insgesamt sieben bis zehn Entwicklungstagen begleiten die Jungfische ihre Mutter erstmals frei schwimmend durch das Revier. Sie fressen von diesem Zeitpunkt an bereits Naupliuslarven des Salinenkrebses. Sie wachsen bei regelmäßigen, umfangreichen Teilwasserwechseln schnell heran und sind bereits nach vier bis acht Monaten selbst wieder fortpflanzungsfähig. Im Alter von vier bis sechs Wochen werden die Jungfische normalerweise vom Weibchen aus dem Revier vertrieben und fortan vom Vater für unbestimmte Zeit geführt. Spätestens bei Erreichen der Geschlechtsreife werden die Söhne aber auch aus seinem Revier vertrieben, die Töchter hingegen angebalzt.

Besonderheiten: *A. macmasteri* werden regelmäßig aus Kolumbien über Bogotá oder Venezuela über Puerto Inirida nach Europa eingeführt. Häufig handelt es sich bei den aus Venezuela unter dieser Bezeichnung angebotenen Fischen um Vertreter verschiedener anderer *Apistogramma*-Arten. Dagegen sind Tiere aus Kolumbien häufig korrekt bestimmt. Leider sind viele der importierten *A. macmasteri* bei ihrer Ankunft in sehr schlechtem Gesundheitszustand. Insbesondere leiden sie neben der üblicherweise festzustellenden transportbedingten Unterernährung, an bakteriellen Erkrankungen, von denen sich einige als praktisch resistent gegenüber Medikamenten erwiesen haben. Auch schwer behandelbare Wurmerkrankungen sind unter frisch importierten *A. macmasteri* auffallend häufig. Konsequente Quarantäne über längere Zeiträume ist daher unbedingt empfehlenswert, um den bereits vorhandenen Fischbestand vor einer Infizierung zu schützen.

T: 21 - 29 °C, **L:** ♂ 9 cm, ♀ 6 cm, **BL:** 100 cm, **WR:** u, m, (o,) **SG:** 2 - 4

Gelbgesichts-Karakara (*Dapterius ater*)

A. macmasteri ♂, adult, dominant, Balzfärbung

A. macmasteri, balzendes Paar

A. macmasteri ♀, adult, subdominant, beginnende Brutpflegefärbung

J. Glaser

A. macmasteri ♀, adult, dominant, Brutpflegefärbung, aggressiv

J. Glaser

Rio Cúricuriarí, ein Waldbach im oberen Rio Negro-Gebiet

Apistogramma meinkeni Kullander, 1980

Erstbeschreibung: A Taxonomical Study of the Genus Apistogramma Regan, with a Revision of Brazilian and Peruvian Species (Teleostei: Perciformes: Cichlidae). Bonner Zoologische Monographien Nr 14: 118 - 122.

Etymologie: *meinkeni* = Dedikationsname zu Ehren von H. Meinken.

Typusmaterial: 35 Exemplare.

Holotypus: Männchen, 33,1 mm SL (IRSNB [Types] 567), am 9. Dezember 1967 von J. P. Gosse und König Léopold III. von Belgien gesammelt. Fundort: Ein Igarapé bei Trovao am rechten Ufer des Rio Uaupés (0°02′N / 67°26′W) im Bundesstaat Amazonas, Brasilien (IMA 1967: Sta. 193).

Paratypen: 17 Männchen, 21,6 mm SL bis 34,8 mm SL und 15 Weibchen, 17,3 mm SL bis 32,4 mm SL (IRSNB [Types] 568); Sammeldaten wie beim Holotypus. Zwei Männchen, 18,9 mm SL und 21,8 mm SL (IRSNB [Types] 569); Sammeldaten wie beim Holotypus.

Belegmaterial: Zwei Männchen (ZFMK 18625), ein Weibchen (ZFMK 18626).

Synonyme: Keine.

Artspezifische Merkmale: Aufgrund verschiedener in die aquaristische Literatur eingegangener Fehlbestimmungen (beispielsweise zuletzt 1995 Mayland, 1997 Mayland & Bork) ist diese Art schwer identifizierbar. Seit der Erstbeschreibung wurden immer wieder andere Arten, vor allem Formen von *A. pertensis,* als *A. meinkeni* aquaristisch vorgestellt. Anders als bisher vorgestellte Formen sind *A. meinkeni* seitlich nur mäßig zusammengedrückt und wirken im direkten Vergleich mit *A. pertensis* gedrungener und rundlicher. Als auffälligstes, aber immer wieder übersehenes (beispielsweise in Schmettkamp 1982, Koslowski 1985, Linke & Staeck 1995, Mayland 1995) zuverlässiges und relativ einfaches Unterscheidungskriterium gegenüber den als Jungtieren ähnlichen *A. pertensis* und *A.* cf. *pertensis* ist der zusätzliche deutliche zweite Seitenfleck im Körperquerband 2 zu nennen, auf das Kullander nicht nur in der Erstbeschreibung hinweist (*"Spot in bar 2 and 3..."*), sondern auf das er auch explizit später noch einmal in der Erstbeschreibung von *A. resticulosa* hinweist. Auffällig ist auch, daß alle der etwa 100 *A. meinkeni* die ich bisher (einschließlich des Typenmaterials) untersuchen konnte, eine etwas milchig trübe Rückenflosse aufwiesen. Bei lebenden dominanten Tieren beiderlei Geschlechts sind häufig die ersten

A. meinkeni ♂, Holotypus (IRSNB 567)

A. meinkeni ♂, adult, dominant, leicht aggressiv, aus dem mittleren Rio Uaupés bei Taraquá

A. meinkeni, balzendes Paar, ♂ oben, ♀ unten, beachte Bauchfärbung des ♀

drei bis fünf Flossenhäute der Dorsale in neutraler Stimmung vollständig, die übrigen im äußeren Viertel porzellanweiß bis silbrig weiß gefärbt. Unter tausenden untersuchter *A. pertensis* fand sich kein einziges Exemplar mit einer solchen oder einer vergleichbaren Flossenfärbung. Bei Weibchen in Brutpflegestimmung färben sich diese weißen Flossenränder, wie bei den meisten anderen *Apistogramma*-Arten, schwarz. Mir ist bisher nur eine andere, allerdings morphologisch völlig verschiedene *Apistogramma*-Art bekannt, *A. atahualpa*, die ebenfalls eine solche silbrige Färbung in der Rückenflosse aufweist. Die Schwanzflosse von *A. meinkeni* trägt normalerweise sieben senkrechte Bänder, die aber bei Weibchen manchmal geringfügig reduziert sein können.

Die Körpergrundfarbe der Fische ist graubraun, bei Männchen gelegentlich von einem metallischen Glanz überdeckt. Die Bauchregion ist beige bis elfenbeingelblich. Alle Körperschuppen tragen in neutraler Stimmung einen dunklen Rand, wie auch für andere Arten aus der *A. pertensis*-Gruppe typisch. Die Querbänder, die deutlich breiter sind als ihre Zwischenräume, treten nur in Schrecksituationen oder bei Streß durch ungeeignete Vergesellschaftung hervor.

Geschlechtsunterschiede: Sehr gering! Oft sind die Geschlechter erst bei erwachsenen Tieren bestimmbar. Männchen sind schlanker als Weibchen und haben im Gegensatz zu diesen einen leicht zugespitzten Weichstrahlbereich der Rückenflosse, seltener auch der Afterflosse. Das Geschlecht jüngerer Tiere ist meist nur durch systematische Verhaltensbeobachtungen, speziell des Balz- und Territorialverhaltens, zu ermitteln.

Typusfundort: Ein Igarapé bei Trovao am rechten Ufer des Rio Uaupés (0°02′N / 67°26′W) im Bundesstaat Amazonas, Brasilien.

Verbreitung: Soweit bisher bekannt wurde, ist *A. meinkeni* ebenso wie *A. elizabethae* ein Endemit des Rio Uaupés-Flußsystems. Ich konnte die Art 1994 an mehreren Fundorten zwischen Assaí und Taraquá am mittleren Rio Uaupés und im Unterlauf des Rio Tiquié nachweisen. Dagegen fanden wir die Art nicht im Bereich der Typuslokalität, die eine ganz andere ökologische Struktur aufweist, als die Fundorte an denen die Art festzustellen war. Aufsammlungen in an die Mündung des Rio Uaupés angrenzenden Bereichen des Rio Negro erbrachten bisher keine Nachweise.

Ökologie: *A. meinkeni* gehört zu den sogenannten "Fluß"-*Apistogramma*-Arten. Alle 1994 untersuchten Fundorte lagen am Ufer oder auf Inseln im Hauptfluß oder in größeren Zuflüssen des Rio Uaupés. *A. meinkeni* gehört offenbar zu den wenigen stenöken, das heißt streng an einen Lebensraumtyp, das Schwarzwasser, angepaßten Formen innerhalb der Gattung. Die Fische halten sich bevorzugt zwischen den freigespülten feinen Wurzeln von Feigenbäumen, (*Ficus*) gelegentlich auch größerer unbestimmter Palmen auf. Fehlen geeignete Wurzelverstecke, verstecken sich die kleinen Fische zwischen den Blättern größerer Fallaubansammlungen. Auf nur wenigen Qua-

A. meinkeni ♂, adult, dominant, territorial gestimmt

A. meinkeni ♂, adult, dominant, neutral gestimmt

dratmetern konnten etwa 80 Tiere gesammelt werden. In einem Fall hielten sich *A. meinkeni* in geringer Dichte (zwei Exemplare/m²) zwischen dichter überspülter grasartiger Landvegetation auf. Im Februar 1994 konnten zwischen *Ficus*-Wurzeln auch Weibchen in voller Brutpflegefärbung und einige kleinere Jungfische gesammelt werden. Die einzige weitere Art, die ich am gleichen Fundort nachweisen konnte, war *A. uaupesi*. Stets handelte es sich um halbwüchsige Exemplare dieser Art, die sich im Randbereich der kleinen Kolonien von *A. meinkeni* aufhielten. Der Rio Uaupés führte im Frühjahr 1994 Schwarzwasser, sein Nebenfluß Rio Tiquié war dagegen typologisch offensichtlich als Weißwasser zu bewerten. Dr. SCHMIDT (Landesanstalt für Fischerei NW, Albaum) teilte mir freundlicherweise mit, daß der Rio Tiquié 1967 während des Besuches von GOSSE und König LEOPOLD III. von Belgien, bei dem er zugegen war, noch ein glasklares Schwarzwasser führte. Die 1994 vorgefundene Veränderung der Gewässertypologie dürfte auf die Betätigung von Goldsuchern zurückzuführen sein. Wie sich diese Umweltveränderung mittel- und langfristig auf den Fischbestand der Region auswirkt, ist noch unklar, doch waren 1994 nach Angaben einiger TUKÁNO-Indianer bereits deutliche Rückgänge bei manchen Großfischen, insbesondere großen Hechtbuntbarschen, "Tucanaré" (Cichla) und Salmlern festzustellen, die dazu führten, daß neue Fischgründe aufgesucht werden mußten.

Ersteinfuhr: Erst im März 1994 wurden durch den Autor, M. WÖHLER und DR. M. VON TSCHIRNHAUS wenige Tiere lebend nach Deutschland eingeführt. Angaben über frühere Einfuhren an anderer Stelle beziehen sich immer auf mit *A. meinkeni* verwechselte andere Formen, meist *A. pertensis* oder *A.* cf. *pertensis* (z.B. SCHMETTKAMP, 1982, KOSLOWSKI 1985, LINKE & STAECK 1995, MAYLAND 1995).

Aquarienbiologie: *A. meinkeni* erwies sich bisher im Aquarium als extrem empfindlich und scheu. Die Fische reagieren bereits auf eine von den Fundorten geringfügig abweichende Wasserchemie sehr empfindlich. Von den 1994 gesammelten Tieren überlebten nur wenige den Transport nach Europa. Alle Transportverluste ließen sich auf Wasserwechsel mit chemisch abweichendem Wasser zurückführen. Die Fische erwiesen sich außerdem als relativ aggressiv untereinander, so daß die Haltung mehrerer gleichgeschlechtlicher Tiere nur in sehr großen, strukturreich eingerichteten Aquarien möglich war. Die Balz ist für *Apistogramma*-Verhältnisse extrem lang: Über zwei bis vier Tage wirbt das Männchen um seine Partnerin, mit der es eine dauerhafte Bindung eingeht. Die Partner besetzen ein gemeinsames Revier, das sie gegenüber anderen Aquarienmitbewohnern vehement verteidigen. Das Weibchen sucht bei Erreichen der Laichreife einen Laichplatz aus, den es allein säubert. In Ausnahmefällen erscheint in dieser Phase auch das Männchen am späteren Laichplatz, verhält sich dort aber zunächst passiv. Der Laichvorgang nimmt nur kurze Zeit in Anspruch. Die in kleinen Portionen abgelegten 30 bis 80 rötlichen Eier werden vom Weibchen allein betreut. Nach dem Schlupf

A. meinkeni ♂, adult, dominant, territorial gestimmt, beginnende Balzfärbung

A. meinkeni, Paar, ♂ oben, ♀ unten, Schreckfärbung, am Fangplatz im Igarapé Ira

der Larven erscheint auch das Männchen zunehmend häufiger am Lagerplatz der Larven, um einige von ihnen für kurze Zeit ins Maul aufzunehmen und sie kurz darauf wieder auszuspukken. Nach etwa sieben bis zehn Tagen ist die Larvalphase abgeschlossen und die Jungfische schwimmen auf. Die Jungen sind so klein, daß sie kaum in der Lage sind, kleine Nauplien von *Artemia* zu verzehren. Aus diesem Grund konnten bisher auch nur einzelne Jungfische aufgezogen werden. Diese wurden stets von beiden Eltern intensiv betreut. Sowohl das Weibchen als auch das Männchen dirigieren über Flossensignale den Jungfischschwarm, fangen fortschwimmende Jungfische wieder ein, um sie in den Jungfischschwarm zurückzubringen und greifen potentielle Freßfeinde der Jungfische meist gemeinsam an. Sie haben sich dabei als sehr durchsetzungsfähig auch gegenüber deutlich größeren Arten wie etwa *A. elizabethae* oder *Dicrossus filamentosus* erwiesen. *A. meinkeni* können im Aquarium offenbar relativ alt werden: Noch im Mai 1997 lebten die meisten (80 %) der drei Jahre zuvor in erwachsenem Entwicklungszustand mitgebrachten Exemplare. Sie dürften damit zu diesem Zeitpunkt bereits etwa dreieinhalb Jahre alt gewesen sein.

Besonderheiten: Alle bis Ende 1996 unter der Bezeichnung *A. meinkeni* vorgestellten Fische repräsentieren andere Arten. Da die Fische ausschließlich aus dem Rio Uaupés stammen und in für die meisten *Apistogramma*-Arten untypischen Biotopen vorkommen, besteht keine realistische Aussicht auf kommerzielle Einfuhren; ein Umstand, der eher positiv zu werten ist, da *A. meinkeni* spezialisierte Schwarzwasserbewohner sind und bei solchen Importen sehr hohe Verluste auftreten dürften. Auch für den spezialisierten Aquarianer kann die hochempfindliche Art wegen des außergewöhnlichen Pflegeaufwandes nur bedingt empfohlen werden.

T: 23 - 31 °C, **L:** ♂ 5 cm, ♀ 4 cm, **BL:** 100 cm, **WR:** u, **SG:** 4 (stenöke Schwarzwasserart!)

A. meinkeni ♀, das Gelege pflegend

A. meinkeni ♀, laichreif

A. meinkeni ♂, adult, dominant, leicht aggressiv gestimmt

A. meinkeni ♀, brutpflegend, frontal drohend; beachte die zwei Lateralflecken

Apistogramma mendezi Römer, 1994

"Längsstreifen"-*Apistogramma*

Erstbeschreibung: Apistogramma mendezi nov. spec. (Teleostei: Perciformes; Cichlidae): Description of a New Dwarf Cichlid from the Rio Negro System, Amazonas State, Brazil. aqua Journal of Ichthyology and Aquatic Biology 1 (1): 1 - 12.

Etymologie: *mendezi* = Dedikationsname zu Ehren des brasilianischen Kautschukzapfers, Gewerkschafters und Ökologen Chico Mendes (in der Beschreibung aufgrund eines Tippfehlers versehentlich Mendez). Er verfaßte das Werk "Rettet den Regenwald" und setzte sich als Leiter der Gummisammlergewerkschaft für den Erhalt der Regenwälder in Brasilien ein. Als seine Bemühungen erste Früchte zu tragen begannen, wurde er am 22. Dezember 1988 vom Sohn eines Rinder züchtenden Großgrundbesitzers ermordet.

Typusmaterial: 18 Exemplare.

Holotypus: Ein Männchen, 34,5 mm SL (ZFMK 17458), am 19. Oktober 1991 von U. Römer gesammelt. Fundort: Kleiner Igarapé (Waldbach) nahe dem Flugplatz von Barcelos do Rio Negro, etwa (etwa 63°04'W/0°01'S), Barcelos do Rio Negro, Bundesstaat Amazonas, Brasilien.

Paratypen: 17 Exemplare; vier Männchen, drei Weibchen 26,4 bis 47,0 mm SL (INPA UR 91024, NRM UR 91027, INPA UR 91169, INPA UR 91209, ZFMK 17459, ZFMK 17462, ZFMK 17502). Ein Männchen, Aufhellungs- und Färbepräparat (ZFMK 17461). Sammeldaten wie beim Holotypus, von U. Römer, A. Schneider & W. Windisch gesammelt. Drei Männchen (INPA UR 91170, INPA UR 91172, ZFMK 17503). Am Typusfundort gesammelt am 22.8.1992 von M. Geismann, S. Leissner, U. Römer & A. Schneider. Außerdem fünf Männchen und ein Weibchen 39,9 mm bis 44,1 mm SL (INPA UR 91205, INPA UR 91217, ZFMK 17460, ZFMK 17463, ZFMK 17501, ZFMK 17504), Sammeldaten wie beim Holotypus, aber erst konserviert nach sechs Monaten Aquarienhaltung.

Synonyme: Keine.

Artspezifische Merkmale: A. *mendezi* läßt sich von allen anderen bisher bekannten *Apistogramma*-Arten aufgrund der Kombination von niedriger Dorsale ohne verlängerte Flossenmembranen, breitem Längsband, einem deutlichen Lateralfleck in Körperquerband 3, drei (selten vier) deutlichen Unterkörperstreifen und leierförmiger Schwanzflosse unterscheiden. Im Gegensatz zu meinen Angaben in der Erstbeschreibung kann die bei Tieren vom Typusfundort längsgestreifte Schwanzflosse nicht oder nur bedingt für die Artdiagnose herangezogen werden; Tiere aus anderen Herkunftsgebieten weisen davon abweichende Muster auf. Dabei gilt, daß im östlichen Verbreitungsgebiet lebende

A. mendezi ♂, adult, dominant, territorial gestimmt

A. mendezi ♂, adult, subdominant, territorial gestimmt

A. mendezi längsgestreifte Schwanzflossen haben, solche aus dem westlichen Verbreitungsgebiet dagegen senkrecht gebänderte. Im Übergangsbereich sind Fische anzutreffen, die im oberen Flossenteil senkrecht gebänderte und im unteren Teil längsgestreifte Schwanzflossen haben. Die Verteilung von Streifen und Bändern in der Flosse folgt erkennbar einem West-Ost-Gradienten, doch treten Tiere mit reinem Muster auch an Übergangsfundorten immer wieder auf. Weiteres über die Änderung des Flossenmusters siehe unter "Verbreitung" und "Bemerkungen".

Geschlechtsunterschiede: Männchen werden etwa eineinhalbmal so groß wie Weibchen und entwickeln mit der Geschlechtsreife eine deutlich zweizipfelige Schwanzflosse, während diese bei Weibchen stets rund oder höchstens leicht gestutzt ist. Weibchen zeigen in der vorderen Hälfte schwärzliche Bauchflossen, die bei Männchen transparent bläulich, weißlich oder (selten) orange sind.

Verwandtschaftliche Zuordnung: *A. mendezi* ist eine Art der weiteren *A. agassizii*-Gruppe, die alle einen, auch im Aquarium gut erkennbaren metallisch-blauen Fleck auf dem äußeren Drittel der Oberlippe tragen. Die Art wird dem *A. bitaeniata*-Komplex zugeordnet und bildet gemeinsam mit *A. paucisquamis* und *A. elizabethae* den *A. elizabethae*-Subkomplex innerhalb dieses Formenkreises. *A. bitaeniata* scheint aufgrund einer abweichend verlaufenden ontogenetischen Entwicklung der Schwanzflossenform weniger nah mit *A. mendezi* verwandt zu

sein, als zunächst vermutet wurde, und wird daher einem anderen Subkomplex zugeordnet.

Typusfundort: Kleiner Igarapé (Waldbach) in der Nähe des Flugplatzes von Barcelos do Rio Negro, Dept. Amazonas, Brasilien (etwa 63°04'W/0°01'S), gelegentlich von Einheimischen "Rio Salgádo" genannt.

Verbreitung: *A. mendezi* ist nach neueren Untersuchungen in allen rechtsseitigen Zuflüssen des Rio Negro zwischen Barcelos do Rio Negro, dem Typusfundort, und dem Rio Marié südlich von Sao Gabriel da Cachoeira anzutreffen. Bisher liegen durch konserviertes Material belegte Funde ausschließlich von südlich des Rio Negro gelegenen Fundorten vor. *A. mendezi* wurde erstmals 1991 am Typusfundort gefangen, obwohl der Bach vorher wiederholt von reisenden Aquarianern und Wissenschaftlern befischt worden ist (Prof. GEISLER in lit., NARA pers. Mitt.). BLEHER (in lit.) gibt an, daß er die Art im Schwarzwasser des Rio Purunga südlich von Sao Gabriel da Cachoeira fangen konnte, aber keine Belegexemplare konservierte.

Besonders interessant ist, daß im Verbreitungsgebiet von *A. mendezi* ein auffallender Wechsel der Schwanzflossenzeichnung auftritt, wie er bisher von keiner weiteren Art der Gattung mitgeteilt wurde. Üblicherweise sind bei den meist hochgradig polychromatischen Arten der Gattung Vertreter praktisch aller Merkmalsausprägungen an ein und derselben Fundstelle anzutreffen. Dies ist bei *A. mendezi* überraschenderweise nicht der Fall. Vielmehr folgt die Ablösung

A. mendezi ♂, adult, dominant, territorial, aggressiv gestimmt

A. mendezi ♂, adult, subdominant, neutral gestimmt

des Schwanzflossenmusters relativ streng einem geographischen Gradienten (zum funktionalen Hintergrund siehe unter "Bemerkungen").

Ökologie: *A. mendezi* wurde 1991 in einem zum Sammelzeitpunkt Niedrigwasser führenden Klarwasserbach entdeckt, welcher von Einheimischen gelegentlich als Igarapé oder "Rio Salgádo" bezeichnet wird. Typusfundort ist ein zwischen zwei und acht Meter breiter, rund 250 Meter langer Bachabschnitt nahe der Ziegelei von Barcelos do Rio Negro.

Die Ergebnisse von Wasseruntersuchungen sind den beigefügten Tabellen zu entnehmen.

Die Tiefe des glasklaren Wassers schwankte zwischen zwei und 15 Zentimeter, erreichte aber in einigen ausgekolkten Bereichen bis 120 cm. Die Fließgeschwindigkeit betrug am Rand bis 0,4, in der Mitte bis 0,8 m/s. Mit Ausnahme einiger umgestürzter Bäume lag nur an wenigen Stellen Totholz im Bach. Der Gewässerboden war in den Kolken stark mulmig-schlammig, der Untergrund in den Flachbereichen sandig bis grobkiesig (Körnung 1 - 15 mm), mit sehr vielen größeren Steinen (Durchmesser 5 - 10 cm) durchsetzt (Kiesbett). In den Randzonen der Flachbereiche waren Ablagerungen von Fallaub, die trotz der hohen Fließgeschwindigkeit häufig mit einer dünnen Schicht feinen gelblichgrauen Lehms überschlammt waren.

In einem größeren Kolk (ca. 80 Quadratmeter) fand sich auf einer rund 25 bis 30 Quadratmeter großen Fläche in etwa 70 Zentimeter Wassertiefe ein dichter Bestand einer unbestimmten *Cabomba*-Art. Als einzige weitere Wasserpflanze fanden sich im Randbereich einige Exemplare eines unbestimmten Pfeilkrautes.

Der Bach wird durch die Bewohner von Barcelos do Rio Negro als Bade- und Waschplatz genutzt. Nach Angaben von R. GEISLER (briefl. Mitt. vom 4.12.1991) wurde der Bach zumindest 1982 auch durch die Verarbeitung von Maniok und durch Fäkalien verunreinigt, was 1991 nicht beobachtet werden konnte. GEISLER hatte damals außergewöhnlich hohe NH_4- und NO_2-Gehalte festgestellt, auch dies konnte 1991 nicht bestätigt werden. Allerdings wurden an verschiedenen Stellen Cyanobakterien nachgewiesen, was als Hinweis darauf gewertet werden kann, daß der Igarapé auch 1991 zumindest zeitweise ähnlichen Negativeinflüssen ausgesetzt gewesen sein dürfte wie 1982. Angesichts der geschilderten Umstände waren die im Gewässer angetroffenen Fischdichten überraschend hoch. Neben *A. mendezi* wurden zwei weitere Arten der Gattung angetroffen: *A. gephyra* und *A. gibbiceps* MEINKEN, 1969.

Die meisten Zwergcichliden hielten sich außerhalb der Kolke in den ufernahen Bereichen unter Fallaub auf. Eine ganze Reihe von Tieren fand sich aber auch in der Bachmitte in den am stärksten strömenden Bereichen hinter kleineren Steinen. Außer einem Hinweis in der Beschreibung von *Apistogramma urteagai* (KULLANDER 1986) ("... *Apistogramma* were taken ... , ... from among pebbles providing hiding places ..."), findet sich bisher kein Hinweis in der Literatur, daß sich Vertreter dieser Gattung in Bachbereichen mit kiesigem Untergrund aufhalten.

A. mendezi ♂, Holotypus, am Typusfundort aufgenommen, Schreckfärbung

A. mendezi ♂, adult, abklingende Schreckfärbung, am Typusfundort aufgenommen

Zwischen den Steinen wurden an zwei Stellen Weibchen in Brutpflegefärbung gefangen; ein Fund von Gelegen, Larven oder Jungfischen gelang jedoch nicht. Unter 180 gefangenen *Apistogramma* befanden sich 16 *A. mendezi*, 163 *A. gephyra* und 1 *A. gibbiceps*.

Die Siedlungsdichte der *Apistogramma* in diesem Bach wurde mit der Methode nach KELKER (MÜHLENBERG 1989) ermittelt (zur Anwendung auf Zwergcichliden der Gattung *Apistogramma* s. RÖMER 1992b). Die Besiedlung war relativ gleichmäßig, aber in verschlammten Uferbereichen am höchsten. Sie lag dort bei etwa 30 bis 40 Individuen pro Quadratmeter, während sie in Kolkbereichen maximal 1 Individuum pro 5 Quadratmeter betrug. In der schnell strömenden Bachmitte konnten 20 bis 30 Exemplare pro Flächeneinheit festgestellt werden (durchschnittlich 27,5 pro Quadratmeter).

Im Feld waren die syntop nachgewiesenen *A. gephyra* und *A. mendezi* zunächst schwer zu unterscheiden, doch wiesen *A. mendezi* in beiden Geschlechtern einen deutlich bulligeren Körperbau auf als andere Gattungsvertreter an diesem Ort. Sie zeigten zudem unmittelbar nach dem Fang die charakteristischen Unterkörperstreifen. Aufgrund der kräftigeren Morphologie, aber auch aufgrund von Aquarienbeobachtungen sollte *A. mendezi* in interspezifischen Auseinandersetzungen mit *A. gephyra* dominieren. Die größere Dominanz von *A. gephyra* im untersuchten Bach hängt offenbar mit noch nicht erkannten ökologischen Beziehungen zusammen.

Zwei spätere Besuche (26.08. und 08.09.1992) zeigten ein völlig verändertes Bachökosytem: Das Wasser war am 26.08. um 9.00 stark getrübt. Die Sicht unter Wasser betrug ca. 50 bis 60 cm. Das Wasser führende Bachbett war fast zu einem Drittel von *Cabomba* spec. bedeckt, die inselartig über den ganzen Bachlauf verteilt war, an einigen tieferen Stellen füllte sie flächig die ganze Bachbreite aus. In ufernahen *Cabomba*-Beständen waren nur sehr vereinzelt *Apistogramma* zu finden, hingegen viele *Crenicichla* cf. *regani* (etwa ein Tier pro Quadratmeter).

Das Relief des Baches war deutlich verändert. Das Bachbett war zu gut zwei Dritteln zugesandet, auch das Kiesbett (Sand: Körnung < 2 mm, weißlich bis rostfarben). Aus den übersandeten Bereichen stieg wiederholt Methangas auf. Auf den Sandflächen und in den wenigen Resten des Kiesbettes konnten keine *Apistogramma* mehr nachgewiesen werden.

Die Fließgeschwindigkeit war deutlich niedriger als 1991 und lag zwischen 0,2 bis max. 0,4 m/s.

Nur an wenigen Stellen waren schmale streifenartige Reste von mit dünner Mulmschicht überdeckten Fallaubansammlungen verblieben, in denen *Apistogramma* und *Rivulus* anzutreffen waren.

Gegen 10.30 Uhr begannen starke Regenfälle, durch die sehr starke Einspülungen von Mulm, Sand und Schlamm erfolgten; in deren Folge sank die Sicht im Wasser schnell unter zehn Zentimeter.

Die geschilderten Veränderungen im Bach gehen auf anthropogene Einflüsse zurück und nicht auf normale Schwankungen der Umweltbedingungen: Eine an den Bach angrenzende

A. mendezi ♂, halbwüchsig, leicht aggressiv, aus dem Rio Marié

A. mendezi ♂, ausgewachsen, neutral gestimmt, aus dem Rio Marié

Sandgrube wurde wegen verstärkter Bautätigkeit in der rasant wachsenden Ortschaft (1992 16.000 Einw; 1991 noch 8.000 Einw., A. Nara pers. Mitt.) verstärkt abgebaut; sie umfaßte 1992 eine etwa zweieinhalbmal größere Fläche als 1991.

Außerdem wurde am rechten Bachufer bis auf Einzelbäume der gesamte angrenzende Wald abgeholzt. Damit entstanden veränderte Lichtbedingungen im Bachbett, die gekoppelt mit einer Gewässereutrophierung möglicherweise zur Zunahme der Cabomba-Bestände geführt haben.

Auch am linken Ufer begannen 1992 Eingriffe in den angrenzenden Wald: erste Abholzungen mit Brandrodungen (noch) auf Kleinflächen von unter 50 Quadratmeter.

Der Wald oberhalb der Fangstelle wurde entlang des Baches auf großen Flächen gerodet, weil das anfallende Holz als Brennstoff zur Farinia-(=Maniokmehl)-Herstellung benötigt wurde, z.T. weil auf den Flächen selbst Maniok angepflanzt werden soll.

Etwa ein Kilometer oberhalb des Fangplatzes befinden sich mehrere fest installierte Zubereitungsstellen für die Farinia-Gewinnung. In diesem Bereich hingen etwa alle 50 Meter Manioksäcke im hier bis 170 Zentimeter tiefen Wasser, was zu starken Belastungen mit verschiedenen toxischen organischen Substanzen, vor allem Cyaniden führt. Die Ausmaße dieser Produktionsstätten legt den Schluß nahe, daß hier nicht nur für den Eigenbedarf, sondern auch für den Verkauf produziert wird. Wenn die Biotopvernichtung in diesem Gebiet weiter mit solch erschreckendem Tempo voranschreitet, kann man erwarten, daß in etwa ein bis zwei Jahren

kein Fisch mehr unterhalb dieser Anlagen im Rio Salgádo überlebt haben wird.

Wie die Situation weiter entfernt im Oberlauf des Igarapé aussieht, war auf dieser Reise nicht zu klären, doch bestehen dort möglicherweise Chancen, daß die Fischartengemeinschaft dieses Baches überlebt.

Mit den Apistogramma-Arten konnten im Rio Salgádo bisher folgende Fischarten syntop nachgewiesen werden: Acaronia indet., Aequidens cf. pallidus, A. gibbiceps, A. gephyra, Crenicichla cf. inpai, C. notophthalmus (ein gut 10 cm langes Männchen), C. regani, Geophagus spec., Heros spec., Laetacara spec. ("Orangeflossen"), Pterophyllum scalare, Rivulus cf. obscurus, R. spec. ("neu blaufleckig"), Lasiancistrus spec., Ancistrus spec., Farlowella spec., Electrophorus electricus, Messerfische (vier Arten), Widderchensalmler, Hemigrammus spec., Hyphyssobrycon spec., Nannostomus spec., 15 weitere Characiden (indet.) und eine "Grundel" spec..

Ein Fundort im Rio Puranga südlich von Sao Gabriel, von dem lediglich Aquarienfotos eines Männchens existieren, wies am 15.11.1986 um die Mittagszeit folgende Meßwerte auf: pH 4,2 - 4,8, Leitwert 19 µS/cm, Temperatur Luft 28 °C, Wasser 25,5. Der Fundort lag in seichtem, wenig bewegtem Wasser mit Fallaubschicht und dichtem Randbewuchs (Bleher in litt.). (Weitere detaillierte Angaben zur Ökologie und zum Verhalten finden sich in den Kapiteln zur Habitatwahl.)

Ersteinfuhr: Etwa 1984 gelangten erstmals Einzeltiere über den Handel in die Niederlande; sie sollten angeblich

A. mendezi ♂, halbwüchsig, neutral gestimmt, aus dem Rio Curicuriarí

A. mendezi ♂, halbwüchsig, neutral gestimmt, aus dem Rio Curicuriarí

aus Peru stammen. 1991 konnten Rö-
MER, SCHNEIDER & WINDISCH die Art aus
dem Rio Negro mitbringen. Seit 1994
gelangten vereinzelt auch kommerzielle Exporte nach Europa.

Aquarienbiologie: *A. mendezi* ist wegen der in der Paarungsphase besonders großen Aggressivität der Männchen gegenüber Weibchen und der
hohen Ansprüche an die Wasserqualität im Aquarium schwieriger nachzuzüchten, als der Bericht von GENNE
(1988) erwarten läßt. Trotzdem gelang
schon nach relativ kurzem Aquarien-
aufenthalt die Zucht in sehr weichem,
fast neutralem Klarwasser, später auch
in torfsaurem Schwarzwasser (MIK-
SCHOFSKY pers. Mitt., HASSENEWERT &
RÖMER unveröffentlicht). GENNE (1988)
zog die Art in weichem, saurem Re-

genwasser nach. Nicht laichreife Weibchen führen ständig Beschädigungsangriffe durch. Den im Aquarium bis
über acht Zentimeter (SL) groß werdenden Männchen, können sich die
Weibchen auch in großen (150 x 50 x
50 cm), gut eingerichteten Becken (z.B.
Fallaubaquarien) kaum entziehen
(vergl. GENNE 1988).
Ist ein Weibchen bereit zur Eiablage,
dreht es dem Angreifer seitlich kippend den Bauch zu. Daraufhin werden
Attacken vom Männchen abgebrochen
und die Partnerin im Revier geduldet.
Balz, Eiablage und Brutpflege erfolgt
im allgemeinen auf die von *Apistogramma* bekannte Weise (vergl.
BURCHARD 1965, KOSLOWSKI 1985, LINKE
& STAECK 1992, ZENNER & HOHL 1990).
Wiederholt duldeten Weibchen ihren
Partner bereits während der Eiablage

A. mendezi ♂, halbwüchsig, unterdrückt, aus dem Rio Curicuriarí

A. mendezi ♂, adult, dominant, neutral gestimmt

A. mendezi ♀, neutral gestimmt

A. mendezi ♀, Brutpflegefärbung

A. mendezi ♀, laichreif

A. mendezi ♀, indifferent gestimmt

nicht innerhalb der Bruthöhle. Solche Weibchen legten ihre Eier auch regelmäßig während eines Laichaktes wechselnd in mehreren Höhlen ab. Diese sucht das Weibchen in der Folgezeit reihum zur Gelegebetreuung auf. Nach dem Schlupf der Larven wurden diese dann aber im allgemeinen in nur einer Höhle untergebracht und betreut.

Die Weibchen erweisen sich als überaus angriffslustig, sobald die Brut, die durchschnittlich aus etwa 50 Jungen besteht, frei schwimmt. Sie scheuen bei deren Verteidigung auch Auseinandersetzungen mit ausgewachsenen Zwerg-*Crenicichla* nicht.

Männliche *A. mendezi* beteiligen sich nicht an der Jungenbetreuung, verteidigen aber ein Großrevier, in welchem sie bei Gelegenheit auch mit weiteren Weibchen ablaichen. Im Aquarium wurde wiederholt festgestellt, daß die Männchen ihrer eigenen Brut intensiv nachstellten. In den ersten Entwicklungstagen sind die Jungfische gegen wasserchemische Veränderungen empfindlich. Jungfische sind schnellwüchsig und können nach etwa 5 bis 6 Monaten bereits geschlechtsreif sein. Eine Dauerhaltung bei Temperaturen zwischen 23 und 26 °C hat sich als besonders günstig erwiesen. *A. mendezi* können dann nach derzeitiger Kenntnis im Aquarium bis zu mindestens fünf Jahre alt werden.

Besonderheiten: Betrachtet man die Verbreitung dieser Art im Zusammenhang mit dem Auftreten anderer nah verwandter Gattungsvertreter, wird der funktionelle Hintergrund des beobachteten Flossenpolychromatismus ein-

A. mendezi ♀, adult, dominant, brutpflegend, aggressiv gestimmt

A. mendezi ♀, adult, dominant, brutpflegend, neutral gestimmt

A. mendezi ♀, halbwüchsig, dominant, brutpflegend, leicht aggressiv gestimmt

sichtig. Im Osten des Verbreitungsgebietes findet sich benachbart, möglicherweise sogar syntop *A. paucisquamis*, der immer eine senkrecht gebänderte Schwanzflosse zeigt. *A. paucisquamis* wurde westlich von Barcelos do Rio Negro bisher ausschließlich in nördlichen Zuflüssen des Rio Negro gefunden, so daß ein Kontakt zwischen beiden Arten derzeit nur östlich von Barcelos möglich erscheint. Die östliche Teilpopulation von *A. mendezi* ist durch die kontrastbetonenden Längsstreifen in der Schwanzflosse problemlos von *A. paucisquamis* unterscheidbar. Tiere der westlichen *A. mendezi*-Teilpopulation könnten am Schwanzflossenmuster aber nur schwer von *A. paucisquamis* unterschieden werden. Im westlichen Verbreitungsgebiet kommt aber eine andere näher verwandte Form, nämlich *A. elizabethae*, nah an das Verbreitungsgebiet von *A. mendezi* heran. *A. elizabethae* aus dem Unter- und Mittellauf des Rio Uaupés und dessen Zuflüsse weisen eine deutlich längsgestreifte Schwanzflosse auf, gegenüber der das Muster aus senkrechten Bändern, das *A. mendezi* in der oberen Rio Negro Region tragen, deutlich kontrastiert. Es findet hier also offenbar eine Kontrastverstärkung der Merkmale statt, was wissenschaftlich als "character displacement" bezeichnet wird. *A. mendezi* ist die erste Art der Gattung, für die "character displacement" nachgewiesen werden kann. Die Plastizität der Merkmale läßt dieses aber auch bei anderen Arten erwarten.

"Character displacement" tritt in biologischen Systemen dann auf, wenn es darauf ankommt, daß sich ein Organismus in diesem Merkmal für einen anderen möglichst klar gegenüber einem ansonsten ähnlichen Dritten absetzt. Dies ist im vorliegenden Fall einfach nachzuvollziehen. Bei allen bislang untersuchten *Apistogramma*-Arten wählen die Weibchen (im Gegensatz zu landläufigen aquaristischen Vorstellungen) ihren Fortpflanzungspartner. Während der Balz demonstrieren die Männchen Körpermerkmale, die den Weibchen zur möglichst genauen Einschätzung der physischen Qualitäten des potentiellen Sexualpartners dienen (siehe auch bei *A. juruensis*), ihnen aber zunächst überhaupt einmal ermöglichen müssen, dessen Artzugehörigkeit sicher festzustellen.

Balzende *Apistogramma*-Männchen präsentieren bereits in einer sehr frühen Phase des Annäherungsprozesses ihre extrem gespreizte Schwanzflosse, deren meist gräulichen Markierungen dabei besonders betont werden, indem sie tiefschwarz oder auch blutrot anlaufen. Es liegt daher nahe anzunehmen, daß diese Flosse, beziehungsweise deren Aussehen von den Weibchen zur Erkennung der Art eines balzenden Männchens genutzt wird. In einem einfachen Experiment konnte diese Annahme mit Hilfe von *A. mendezi*-Männchen von verschiedenen Fundorten geprüft werden.

Zehn laichreife Weibchen von *A. paucisquamis* aus dem Rio Préto-Zufluß Igarapé Prósperitate, deren normale Fortpflanzungspartner senkrechte Bänder in der Schwanzflosse zeigen, wurden mit Männchen von *A. mendezi* in ein Zuchtaquarium eingesetzt, die Längsstreifen in der Schwanz-

A. mendezi ♀, adult, dominant, brutpflegend, leicht aggressiv gestimmt

A. mendezi ♀, halbwüchsig, in indifferenter Stimmung

flosse zeigten. Es kam bei diesen Versuchsansätzen in keinem Fall zum gemeinsamen Ablaichen, sondern bestenfalls zu spontanen Laichabgaben der Weibchen. Den gleichen Weibchen wurden danach arteigene Männchen aus einem Aquarienstamm zugesellt. Alle Weibchen laichten, wie durch die Entwicklung des Laiches nachzuweisen war, mit diesen Männchen ab. Im nächsten Versuch wurden zu den Weibchen Männchen von *A. mendezi* gesetzt, die aus dem Rio Marié stammten und senkrechte Flossenbänder aufwiesen. Mit diesen Männchen laichten sieben der Weibchen ab, in sechs Fällen entwickelte sich der Laich bis kurz vor dem Larvenschlupf, starb dann aber ab. Lediglich aus einem Gelege schlüpften Larven, die aber kurz darauf vom Weibchen gefressen wurden. Offenbar versagten diese sieben Weibchen bei der Arterkennung der Männchen, während die übrigen drei auch ohne das Merkmal Schwanzflossenbänderung in der Lage waren, die artfremden Männchen zu erkennen. Möglicherweise nutzen sie die Unterkörperbänderung der Männchen, die beide Arten sicher unterscheidet. Das Versuchsergebnis ließ sich in mehreren Versuchsdurchgängen reproduzieren. *A. mendezi* vermeidet demnach mit Hilfe des "character displacement" Kreuzungen mit ähnlichen Arten.

Die gleichzeitige Benutzung mehrerer Laichhöhlen durch einen Teil der Weibchen stellt eine bislang einmalige Ausnahme im Verhalten der Gattung dar. Eine solche Ablaichstrategie könnte im Freiland die Wahrschein-

lichkeit des Totalverlustes eines Geleges verringern, wenn nur relativ schlechte Verstecke zur Verfügung stehen, sollte aber wegen der schlechteren Verteidigungs- und Betreuungsmöglichkeiten andererseits auch zu häufigeren Gelege-Teilverlusten führen.

T: 23 - 29 °C, **L:** ♂ 9 cm, ♀ 6 cm, **BL:** (100 -) 150 cm, **WR:** u, (m,) **SG:** 3 - 4

Überschwemmte Flußinsel des Rio Negro. Bis max. 15 m Wasserstandsunterschied können zu Überstauung bis in die Baumwipfel führen.

Waschplatz am Typusfundort von *A. mendezi*

Typusfundort von *A. mendezi,* links intakt Oktober 1991, rechts nach der Zerstörung des Uferwaldes August 1992

Apistogramma moae KULLANDER, 1980

"Orangestreifen"-*Apistogramma*

Erstbeschreibung: A Taxonomical Study of the Genus Apistogramma REGAN, with a Revision of Brazilian and Peruvian Species (Teleostei: Perciformes: Cichlidae). Bonner Zoologische Monographien Nr 14: 61 - 65.

Wiederbeschreibung: KULLANDER (1986) Cichlid Fishes from the Amazon River Drainage of Peru. Stockholm; Swedish Museum of Natural History: 169 - 170. (Beschreibung von Weibchen)

Etymologie: *moae* = Der Name bezieht sich auf das in der peruanisch-brasilianischen Grenzregion gelegene Flußsystem des Rio Moa, in dem das Typenmaterial der Art gesammelt wurde.

Typusmaterial: Zwei Exemplare.

Holotypus: Männchen 49,9 mm SL (IRSNB (Types) 586), am 30. November 1967 von J.-P. GOSSE und König LEOPOLD III. von Belgien gesammelt. Fundort: Igarapé Sao Salvador (IMA 1967: Station 187), am linken Ufer des Rio Moá, Cruzeiro do Sul, Bundesstaat Acre, Brasilien (07°38`S / 72°36´W).

Paratypus: Männchen, 46,5 mm SL (IRSNB (Types) 587), alle Sammeldaten wie beim Holotypus.

Synonyme: Keine.

Artspezifische Merkmale: *A. moae* gehört zu den relativ schwierig zu bestimmenden Formen innerhalb der Gattung. Die oftmals langwierige Bestimmung erfordert meist viel Erfahrung auch mit anderen ähnlichen Vertretern der Gattung. In manchen Fällen wird der Betrachter nach meiner Erfahrung die Artzugehörigkeit nur unter Hinzuziehung von Spezialisten lösen können. Die Art weist leider kein typisches Einzelmerkmal auf, das eine Artzuordnung ohne die Gefahr einer Verwechslung erlaubt. Es ist vielmehr die Kombination der Merkmale, die die Identifizierung ermöglicht. Erwachsene lebende Männchen weisen aber häufig auf der Flanke unterhalb des Längsbandes zwischen Afterflosse und Kopf eine blaß orange Zone auf, in der sich unregelmäßige Reihen roter oder orangefarbener Punkte befinden. Diese sind häufig auch auf den Kiemendeckeln ausgeprägt. Unterbauchstreifen fehlen dagegen im Normalfall, sind aber in extremer Streßsituation (etwa im Kescher) schwach und auffallend schmal angedeutet. Die deutlich geschlechtsdimorphen Fische sind vergleichsweise hochrückig, seitlich deutlich zusammengedrückt und weisen keine auffälligen von der Grundform abweichenden Flossen auf. Die oft metallisch glänzende Körpergrundfarbe ist grau bis graubraun, selten bläulich. Ein Seitenfleck ist nur ausnahmsweise schwach angedeutet. Er stellt dann den Rest des aufgelösten, gut eine Schuppe breiten Längsbandes dar, welches sich zwischen Auge und dem oberen Drittel der Schwanzwurzel erstreckt; es endet im

A. *moae* ♂, dominant, neutral gestimmt

J. Elsässer

A. *moae* ♂, dominant, abklingende Schreckfärbung

J. Elsässer

siebten Körperquerband deutlich vor dem runden Schwanzwurzelfleck. Entlang der Rückenflossenbasis befinden sich fünf bis sechs deutliche Rückenflecke, die sich auch bis in die Basis der Rückenflosse erstrecken. Ein Brustflossenfleck, der bei *A. cruzi* und *A. eunotus* oft sehr deutlich ist, fehlt oder ist ausnahmsweise nur schwach angedeutet. Ein Schnauzenstreif ist deutlich. Das Wangenband verläuft sich zuspitzend gerade vom Auge zum hinteren unteren Rand des Kiemendeckels.

Geschlechtsunterschiede: Männliche *A. moae* werden bis zu einem Drittel größer als Weibchen und entwickeln deutlich zugespitzte Weichstrahlbereiche der Rücken- und Afterflosse, die bei den Weibchen stets abgerundet sind. Männchen zeigen nur selten ein Längsband oder andere schwarze Zeichnungen auf den silbrig grauen, seltener bläulichen Körperseiten. Ihr gesamtes Zeichnungsmuster wirkt meist etwas undeutlich verwaschen. Ausgefärbte erwachsene Männchen zeigen auf den Flanken ein undeutliches Muster unregelmäßiger oranger bis roter Punkte, beziehungsweise ungleichmäßiger Flecken, in vielen Fällen bis auf die Kiemendeckel ausgedehnt. Erwachsene dominante Weibchen zeigen meist entlang der Körperseite ein Muster aus fünf bis sieben Flecken auf gelblichem Untergrund.

Verwandtschaftliche Zuordnung: *A. moae* gehört der *A. regani*-Gruppe an und ist innerhalb dieser phylogenetisch wahrscheinlich heterogenen Gruppe ein Vertreter des *A. eunotus*-Komplexes, dem derzeit außerdem noch *A. eunotus* und *A. cruzi* zuzuordnen sind. Dieser Komplex weist über *A. moae* einige Ähnlichkeiten zum morphologisch ohnehin sehr ähnlichen Artenkomplex um den noch unbeschriebenen "Rotpunkt"-*Apistogramma* auf. Besonders das Punktmuster auf Flanken und Kopfseiten ist bei beiden Formen oftmals fast identisch.

Typusfundort: Beide Typenexemplare wurden im Igarapé Sao Salvador, einem linksseitigen Zufluß des Rio Moá, nahe Cruzeiro do Sul gesammelt.

Verbreitung: *A. moae* ist bisher nur aus dem Bereich des oberen Rio Juruá-Systems, der Typusfundorte sowie der Aufsammlungen ELSÄSSERS und STAECKS bekannt. ELSÄSSER sammelte die Art 1995 in einem Igarapé, der rund 30 Bootsminuten unterhalb der Stromschnellen an der Mündung des Igarapé Buquinez im Rio Móa liegt. Über die Aufsammlungen STAECKS, die 1996 erfolgten, liegen noch keine näheren Informationen vor. Er teilte mir mündlich mit, daß er die Art in kleinen Waldbächen sammelte, in denen die scheuen Fische relativ selten waren.

Ökologie: Bislang liegen nur wenige Angaben zur Ökologie dieser Art vor. ELSÄSSER untersuchte am 3. September 1995 gegen 8.15 Uhr einen etwa 1 m breiten Waldbach, in dem er *A. moae* nachweisen konnte. Der Bach, ein Nebengewässer des Rio Juruá, wies Fallaubansammlungen und Schlamm auflagen bis zu 50 cm Dicke auf. Bei 24 °C Wassertemperatur maß ELSÄSSER einen Leitwert von nur 14 µS/cm und einen pH-Wert von 6,2. Er fing die Fische in direkter Ufernähe, wo sie

A. moae ♂, dominant, leicht aggressiv

J. Elsässer

A. moae ♂, dominant, aggressiv

J. Elsässer

sich im Fallaub versteckt hielten. Auch STAECK (mündliche Mitteilung) fand die Art unter ähnlichen wasserchemischen Bedingungen und in vergleichbarer Habitatsituation. Aus den zugänglichen Freilandinformationen läßt sich noch kein Bild der Lebensweise erstellen.

Ersteinfuhr: Ein einzelnes 1981 eingeführtes Männchen von *A. moae* wurde von KOSLOWSKI (1985) unter der vorläufigen Bezeichnung "Orangestreifen"-*Apistogramma* vorgestellt. Erst im September 1995 wurden erstmals Tiere beider Geschlechter durch ELSÄSSER mit bekanntem Fundort lebend nach Deutschland eingeführt. Alle anderen zuvor unter der Bezeichnung *A. moae* vorgestellten Fische gehören höchstwahrscheinlich anderen Arten an, wofür vor allem die Tatsache spricht, daß bisher kein gesicherter Fundort außerhalb des Rio Juruá-Einzuges liegt, von dem *A. moae* eingeführt werden könnten. Das Rio Juruá-Gebiet wurde (und wird) nach Angaben peruanischer Exporteure wegen seiner verkehrstechnischen Abgelegenheit nur ausnahmsweise von kommerziellen Zierfischfängern zum Sammeln aufgesucht.

Aquarienbiologie: Alle bisher verfügbaren Angaben zur Aquarienbiologie gehen auf ELSÄSSER und STAECK (persönliche Mitteilungen) zurück. Die Fische lassen sich auch in mittelhartem Wasser (bis 10 °dGH, 400 µS/cm) mit pH-Werten zwischen 5,5 und 7,5 ohne Verluste halten. ELSÄSSER gelang bereits Anfang 1996 erstmals die Zucht in Wasser mit dem Freiland angenäherten chemischen Werten. STAECK gelang die Zucht im Frühjahr 1997 (mündliche Mitteilungen) auf relativ hartem Wasser. Nach ELSÄSSERS Beobachtun-

gen ist die Art polygam, die Männchen verteidigen Großreviere, in denen sie mit mehreren Weibchen ablaichen. Männchen beteiligen sich während der ersten Wochen nicht an der Brutpflege. Erst wenn das Weibchen erneut ablaicht, übernimmt der Vater die Bewachung der Nachkommen. Weitere Angaben zur Aquarienbiologie von *A. moae*, insbesondere zur Fortpflanzungsbiologie und zum Sozialverhalten stehen noch aus, dürften aber bereits in Vorbereitung sein.

Besonderheiten: *A. moae* gehört zu den am schwierigsten zu bestimmenden Arten, wofür nicht zuletzt der Umstand verantwortlich ist, daß wegen des relativ abgelegenen Herkunftsgebietes bisher nur wenige Exemplare für Lebendbeobachtungen und wissenschaftliche Untersuchungen zur Verfügung standen.
Die Erstbeschreibung 1980 beruhte nur auf zwei Männchen, wurde aber sechs Jahre später um die Angaben zu vier Weibchen ergänzt. Nach Angaben KULLANDERS (1986) waren bisher nur sechs Exemplare wissenschaftlich zugänglich.

T: 22-29 °C, **L:** ♂ 9 cm, ♀ 6 cm, **BL:** 100 cm, **WR:** u, m, **SG:** 2 - 4

A. moae ♂, Holotypus (IRSNB 586)

A. moae ♂, dominant, beachte die rote Fleckung im vorderen Körperbereich   J. Elsässer

A. moae ♂, neutral gestimmt   J. Elsässer

A. moae ♀, dominant, beginnende Brutpflegefärbung

J. Elsässer

A. moae ♀, dominant, Brutpflegefärbung

J. Elsässer

Brettwurzeln von *Ficus* am Rio Curicuriari

Apistogramma nijsseni KULLANDER, 1979

"Panda"-Zwergbuntbarsch

Erstbeschreibung: Description of a new species of the genus Apistogramma from Peru. Revue suisse Zoologie 86: 937 - 945. (Ausschließlich Weibchen beschrieben.)

Wiederbeschreibung: (Beschreibung auch der Männchen): DE RHAM & KULLANDER (1983): Apistogramma nijsseni Kullander un nouveau Cichlidé nain pour l'aquarium. Revue francaise Aquariologie 9 (4): 97 - 104.

Etymologie: *nijsseni* = Dedikationsname zu Ehren von Dr. Han NIJSSEN, der etliche Arbeiten über südamerikanische Cichliden publiziert hat.

Typusmaterial: Acht Exemplare (alle Weibchen).

Holotypus: Weibchen, 30,7 mm SL (MHNG 1595.82); am 18. Oktober 1977 von P. DE RHAM gesammelt. Fundort: "marigots des Tupacs", Rio Copal bei Jenaro Herrera, Rio Ucayali-System, Departamento Loreto, Peru.

Paratypen: Drei Weibchen, 24,2 mm SL bis 27,0 mm SL (MNHG 1595.83-85); Sammeldaten wie beim Holotypus. Vier Weibchen, 20,5 mm SL bis 29,2 mm SL (MHNG 1595.86-89); am 6. Juni 1977 von P. DE RHAM gesammelt. Fundort: Wie beim Holotypus angegeben.

Topotypen: Zwei Männchen, 32,6 mm SL und 26, 8 mm SL (NRM SOK / 3570); am 1. September 1981 von S. O. KULLANDER, P. DE RHAM, H. NIJSSEN, H.-J. FRANKE und C. VILLANUEVA gesammelt. Fundort: Restwasser eines Zuflusses des Rio Copal, etwa 200 Meter nördlich des Kilometers 14 der Straße von Jenaro Herrera nach Colonia Angamos (Station SOK 43 = Station 14 DE RHAM & NIJSSEN), Ucayali-Becken, Departamento Loreto, Peru (4°55´S/73°40´E). Ein Männchen, 25,9 mm SL, und drei Weibchen, 22,6 mm SL, 23,4 mm SL und 28,8 mm SL (MHNG 2094.39-43); am 12. März 1980 von P. DE RHAM gesammelt (R 129), alle weiteren Angaben wie bei NRM SOK / 3570. Männchen, 52,4 mm SL (MHNG 2094.44); gemeinsam mit den im Juni 1977 gesammelten Exemplaren von P. DE RHAM gesammelt, nach zweijähriger Aquarienhaltung nach dem Tode konserviert.

In der Wiederbeschreibung listen DE RHAM & KULLANDER (1983) außerdem weitere elf Exemplare auf: drei Männchen und ein Jungtier (MHNG 2094.32-33); zwei Männchen, ein Weibchen und ein Jungtier (MHNG 2094.34-37); zwei Männchen (MHNG 2094.45-46); ein Weibchen (MHNG 2094.38). MHNG 2094.34-37 und MHNG 2094.45-46, die von P. DE RHAM und H. NIJSSEN zwischen dem 8. und 10. September 1981 gesammelt wurden, stammen von einem zweiten Fundort, der 35 Kilometer östlich von Jenaro Herrera liegt.

A. nijsseni ♂, ausgewachsen, frontal drohend

Spezieller Artenteil

Belegmaterial: Sieben Männchen und sieben Weibchen (ZFMK 17636 bis ZFMK 17649).

Synonyme: Keine.

Artspezifische Merkmale: Nach bisheriger Kenntnis sind *A. nijsseni* und *A. panduro* die einzigen Formen der Gattung, die eine runde Schwanzflosse mit roter durchgehender Umrandung aufweisen. Da *A. nijsseni* keine verlängerten Flossenmembranen in der vorderen Hälfte der Rückenflosse aufweist, wohl aber *A. panduro*, ist die Art unverkennbar. Die einzige weitere bisher bekannte Art, die *A. nijsseni* morphologisch ähnlich ist, ist *A. payaminonis*. Diese weist aber vor allem eine andere Zeichnung und Form der Schwanzflosse auf: sie ist nicht vollständig rot gerandet, sondern hat nur oben und unten einen roten Saum; bei erwachsenen Männchen ist sie außerdem gestutzt.

Geschlechtsunterschiede: Die Geschlechter erwachsener *A. nijsseni* sind nicht zu verwechseln. Die Männchen sind himmelblau und tragen normalerweise keine schwarzen Körpermarkierungen. Die Weibchen tragen hingegen ein auffälliges arttypisches Muster, das aus großen schwarzen Flecken auf der Schwanzwurzel, auf der Körperseite und auf dem Kiemendeckel sowie den ebenfalls schwarzen ersten drei bis fünf Flossenhäuten der Rückenflosse und den überwiegend schwarzen Bauchflossen gebildet wird. Das auffällige Zeichnungsmuster führte auch zum Trivialnamen "Panda"-Zwergbuntbarsch.

Verwandtschaftliche Zuordnung: *A. nijsseni* ist ein Vertreter des *A. cacatuoides*-Komplexes, der von mir in zwei Subkomplexe aufgegliedert wird (RÖMER & SOARES 1995, 1996). Gemeinsam mit *A. atahualpa*, *A. norberti*, *A. panduro* und *A. payaminonis* bildet *A. nijsseni* den *A. nijsseni*-Subkomplex, dessen Mitglieder vor allem dadurch gekennzeichnet sind, daß die Männchen keine auffällig verlängerten Weichstrahlen in der Rückenflosse besitzen und im Vergleich zu den anderen Arten des *A. cacatuoides*-Komplexes meist nur gering verlängerte erste Flossenhäute der Rückenflosse und meist runde und nur ausnahmsweise ganz gering zweizipfelige Schwanzflossen haben. Die nächst verwandte Art ist wohl der als Zwillingsart einzustufende *A. panduro*. Nachdem bei der Beschreibung zunächst die verwandtschaftlichen Beziehungen von *A. nijsseni* zu anderen Formen der Gattung völlig unklar waren, zeigt sich zwischenzeitlich, daß die Art keineswegs systematisch isoliert ist, sondern im Gegenteil in ein dichtes Netz nah verwandter Formen des *A. cacatuoides*-Komplexes eingebunden ist, die über *A. atahulapa* sogar Beziehungen zu den Vertretern der *A. commbrae*-Gruppe zu haben scheinen (Näheres siehe unter *A. atahualpa*).

Typusfundort: Als Typusfundort wurden "marigots des Tupacs" des Rio Copal bei Jenaro Herrera im Rio Ucayali-System im Bundesstaat Loreto in Peru angegeben.

Verbreitung: Lange Zeit war *A. nijsseni* nur aus der Umgebung des Typus-

A. nijsseni ♂, ausgewachsen, frontal drohend

fundortes bekannt. Dabei handelt es sich um einen kleinen Bach, der 13,5 Kilometer von Jenaro Herrera entfernt die Straße zur Grenzstation Los Angamos kreuzt. Bemerkenswert ist, daß alle Reisenden, die im Laufe der letzten fast 20 Jahre an den Typusfundort reisten, berichteten, daß sie die Art ausschließlich im Bereich dieses einen Baches feststellten. Dabei wurden immer wieder die Angaben in der Wiederbeschreibung übersehen, in der DE RHAM & KULLANDER bereits 1983 einen weiteren Fundort 37 Kilometer von Jenaro Herrera entfernt angeben.

Im Jahr 1995 erreichten über einen österreichischen Exporteur unerwartet einige Wildfangtiere von *A. nijsseni* den deutschen Tierhandel, die in der Zeichnung etwas von den bisher bekannten Tieren abwichen. Kurz darauf wurden große Mengen von *A. nijsseni* nach Europa und Japan exportiert, deren Fundort zunächst geheim gehalten wurde. 1996 wurde bekannt, daß sich die neuen Fundorte etwa 30 bis 50 Kilometer nördlich des Typusfundortes befinden, was etwa den Entfernungsangaben in DE RHAM & KULLANDER (1983) entspricht, und zwischenzeitlich durch einen Besucher dieses Gebietes bestätigt wurde (SUGINO pers. Mitteilung).

Ökologie: Der Typusfundort von *A. nijsseni* ist vielfach und detailliert untersucht worden. Verläßliche Daten zur Ökologie liefern vor allem DE RHAM & KULLANDER (1983), LINKE & STAECK (1995) und GAUGLITZ (persönliche Mitteilung). *A. nijsseni* lebt demnach in einem kleinen schwach strömenden transparenten Schwarzwasserbach, der eine von der Jahreszeit abhängige Temperatur

zwischen 23 °C und 29 °C aufweisen kann. Die Umgebung des Baches war zumindest vorübergehend teilweise abgeholzt, so daß Teile des Baches zeitweilig der vollen Sonneneinstrahlung ausgesetzt waren, was sicher zu einer Änderung des jahreszeitlichen und räumlichen Temperaturgefüges im Gewässer geführt hat. Das Wasser ist sehr weich (< 1 °dGH und < 50 µS/cm) und sauer. Der pH-Wert lag bei verschiedenen Messungen zwischen 4,5 und 5,9. Die Wassertiefe, in der *A. nijsseni* angetroffen wurden, lag im "Typusbach" meist bei weniger als 20 Zentimeter, doch wurden auch Individuen in den mit etwa einem Meter tiefsten Bereichen festgestellt. Die Fische hielten sich stets im Bereich von Fallaub auf und waren oft nur mit großem Aufwand zu fangen, da sie sich bei Annäherungen sofort darin verstecken. Andererseits stellen LINKE & STAECK (1995) fest, daß die Art im von ihnen untersuchten Bereich recht zahlreich war, so daß in einer Stunde etwa 50 Exemplare gefangen werden konnten. Bisher fingen verschiedene Besucher des Typusfundortes stets etwa halbwüchsige Tiere, wobei besonders hervorzuheben ist, daß mehrfach nur Tiere eines Geschlechtes festgestellt werden konnten (vergl. auch Typenmaterial). GAUGLITZ berichtete mir, er habe neben der auch von LINKE & STAECK (1995) in Nachbarbächen festgestellten roten Form von *A. agassizii* auch eine gelbe Form dieser Art gemeinsam mit *A. nijsseni* fangen können. LINKE & STAECK (1995) hatten hingegen lediglich eine noch unbeschriebene *Aequidens*-Art und *Laetacara flavilabris* im gleichen Bach festgestellt, nicht aber *A. agassizii*. Als Nahrungsgrundlage

A. nijsseni ♂, neutral gestimmt

A. nijsseni ♂, dominant

A. nijsseni ♂, unterdrückt

A. nijsseni ♂, unterdrückt

A. panduro ♀, zum Vergleich

A. nijsseni ♀, beachte Kiemendeckel-zeichnung

603

der Fische konnten die letztgenannten Autoren vor allem Garnelen ausmachen, die zahlreich im Bach vorkamen.

Ersteinfuhr: Patrik DE RHAM gelang zwischen 1979 und 1981 wiederholt die Einfuhr von Tieren nach Europa, die aber nicht zur Etablierung einer Aquarienpopulation ausreichten. 1983 importierten LINKE & STAECK einige Tiere für aquaristische Zwecke nach Deutschland, die die Stammeltern der meisten Aquarienstämme darstellen dürften. Seit 1995 werden regelmäßig in zum Teil bedenklich großer Zahl Wildfangtiere kommerziell aus Peru nach Europa, Japan und (seltener) in die USA eingeführt.

Aquarienbiologie: *A. nijsseni* gehört zu den anpassungsfähigen Vertretern der Gattung. Sie lassen sich gut in großen Pflegebehältern unterbringen, die möglichst abwechslungsreich mit Fallaub, Wasserpflanzen, Totholz und Steinen auf feinem weißen Sandgrund eingerichtet werden sollten. Auch eine Schwimmpflanzendecke sollte eingebracht werden, weil sich diese "Bach"-*Apistogramma* dann offenbar sicher fühlen, aus ihren Verstecken hervorkommen und dem Betrachter einen Einblick in ihre komplexen Verhaltensweisen gewähren. Am besten erwirbt man Gruppen von sechs bis zwanzig etwa halbwüchsigen Tieren, aus denen sich mit der Zeit Paare finden können. Zunächst kämpfen die Fische eine Rangordnung aus, die über lange Zeit Bestand haben kann. Sobald Weibchen laichreif sind, besetzen sie eine Laichhöhle. Je nach Pflegebedingungen sind die Männchen monogam und widmen sich vollständig der Betreuung des einzigen Weibchen und der Nachkommenschaft oder sie sind polygam und laichen mit verschiedenen Weibchen nacheinander innerhalb ihres Großrevieres ab. Polygame Männchen beteiligen sich normalerweise nicht an der Betreuung der Brut, wenn man einmal von der Verteidigung des Großrevieres, in dem der Nachwuchs vom Weibchen betreut wird, absieht. Die Frage, was monogames oder polygames Verhalten auslöst, wurde in der Aquarienliteratur wiederholt diskutiert, ohne daß bisher ein einheitliches Bild erkennbar wurde. LINKE & STAECK (1995) stellen fest, daß sie keine Tendenz zur Harembildung beobachten konnten, während WINDISCH (1990) und RÖMER (1990) davon abweichende Erfahrungen diskutieren. Systematische, umfangreich angelegte Versuche zu dieser Fragestellung fehlen bislang, wären aber sicherlich von besonderem Interesse für die Haltung dieser Art.

Nach kurzer Balz werden vom Weibchen die Eier in der Bruthöhle angeheftet und für etwa 48 Stunden bis zum Schlupf der Larven intensiv betreut. Die Larven werden während ihrer um sechs bis acht Tage dauernden Entwicklung vom Weibchen häufig an neue Aufenthaltsorte transportiert. Die Jungen fressen vom ersten Tag, an dem sie frei schwimmen, die Nauplien von *Artemia* und sind relativ schnellwüchsig. Bereits nach vier Monaten können die ersten von ihnen geschlechtsreif sein. Spätestens zu diesem Zeitpunkt müssen viele Pfleger dieser Art feststellen, daß sich unter den Jungen einer Brut fast ausschließlich Individuen eines Geschlechtes befinden. Bei *A. nijsseni* wird das Ge-

A. nijsseni ♂, halbwüchsig, leicht aggressiv

A. nijsseni ♀, halbwüchsig, aggressiv, beachte silberweiße Zeichnungsüberlagerung

Apistogramma nijsseni ♂, adult, dominant, Brutpflegefärbung

Corydoras semiaquilus, lebt gemeinsam mit *A. nijsseni*

A. nijsseni ♀, adult, dominant, Brutpflegefärbung, aggressiv

A. nijsseni ♀, adult, dominant, Brutpflegefärbung, neutral gestimmt

schlechterverhältnis unter den Nachkommen deutlich durch die Wassertemperatur dominiert, in etwas geringerem Maße auch durch den Säuregrad beeinflußt. Niedrige pH-Werte und hohe Temperaturen führen zu deutlich erhöhten Männchenanteilen, niedrige Temperaturen und hohe pH-Werte dagegen zu hohen Weibchenanteilen unter den Jungen (RÖMER & BEISENHERZ 1995, 1996, erster Teil dieses Bandes). Für die aquaristische Praxis ist relevant, daß sich über diese Eckwerte das Geschlechterverhältnis unter den Nachkommen von *A. nijsseni* gezielt beeinflussen läßt. Eine ausführliche Darstellung der Hintergründe dieses Phänomens findet sich im ersten Teil dieses Buches.

Besonderheiten: Die Typenserie besteht ausschließlich aus Weibchen. Männchen wurden 1983 erstmals beschrieben (DE RHAM & KULLANDER 1983).

T: 23 - 29 °C, **L:** ♂ 9 cm, ♀ 6 cm, **BL:** 100 cm, **WR:** u, m, **SG:** 1 - 4

A. nijsseni ♀ , adult, dominant, "gähnend"

A. nijsseni ♀, adult, dominant, neutral gestimmt

A. nijsseni ♀, adult, dominant, brutpflegend, Junge ca. 5 Tage alt

Apistogramma norberti STAECK, 1991

"Großmaul"-*Apistogramma*

Erstbeschreibung: Eine neue Apisto-gramma-Art (Teleostei: Cichlidae) aus dem peruanischen Amazonasgebiet. Ichthyological Exploration of Freshwaters 2 (2): 139 - 149.

Etymologie: *norberti*= Dedikations-name zu Ehren von Norbert WISHEU, der die Art entdeckte und als Erster eingeführt hat.

Typusmaterial: 18 Exemplare.

Holotypus: Männchen, 38,5 mm SL (ZMB 32002), am 4. August 1990 von W. STAECK gesammelt. Fundort: ein kleiner Urwaldbach im Einzugsgebiet des Rio Tahuayo, der in die Quebrada Nuevo Horizonte mündet, im peruanischen Departamento Loreto (Fundort P14 / 90, etwa 75°05´W / 04°05´S).

Paratypen: 17 Exemplare, 19,9 bis 39,2 mm SL, darunter elf Exemplare 19,9 bis 38,8 mm SL (ZMB 32003), zwei Männchen und zwei Weibchen, 27,3 bis 39,2 mm SL (NRM 13330), ein Männchen und ein Weibchen, 34,2 und 28,1 mm SL (ZSM 27974), alle von C. KASSELMANN und W. STAECK gesammelt. Funddaten wie beim Holotypus.

Belegmaterial: Acht Jungtiere, drei Männchen und fünf Weibchen (SMF 28204), ein Männchen und ein Weibchen (SMF 28205); fünf Männchen und fünf Weibchen (ZFMK 17685 bis ZFMK 17694).

Synonyme: Keine.

Artspezifische Merkmale: *A. norberti* ist zweifelsfrei ein Vertreter der *A. cacatuoides*-Gruppe. Die Art läßt sich anhand eines einzigartigen, auffälligen, allerdings sehr variablen schwarzen Flecks an der Basis des Weichstrahlbereiches der Rückenflosse identifizieren. Neben dem massigen Körperbau, der auch für *A. cacatuoides* verwandte Formen typisch ist, tragen die Fische folgende Merkmale: Die dicht senkrecht gebänderte und bläulich transparente Schwanzflosse ist normalerweise rund bis höchstens leicht gestutzt; ausnahmsweise können Männchen am oberen Rand der Flosse eine kleine fädige Verlängerung tragen. Die Rückenflosse zeigt in ihrem vorderen Abschnitt etwas verlängerte, zugespitzte Flossenhäute. Der Körper ist vorwiegend grünlich metallisch oder blau, die Lippen auffallend gelborange bis rot. Die Lippenfarbe kann, zusätzlich zum Fleck in der Rückenflosse, zur Abgrenzung gegenüber anderen Arten der Gruppe bei erwachsenen geschlechtsreifen Männchen genutzt werden.

Besonders erwähnenswert ist, daß sich unter im Frühjahr 1996 importierten Wildfängen einige mit abweichend gelblicher Schwanzflosse befanden. Nach einigen Wochen Aquarienhaltung zeigten diese Fische, ausnahmslos Männchen, am oberen und unteren Rand der Schwanzflosse je einen intensiv orangen Streifen, wie er für *A. payaminonis* typisch ist oder auch bei

A. norberti ♂, adult, dominant, neutral gestimmt

A. norberti ♂, adult, dominant, Schreckfärbung

A. norberti ♂, adult   W. Schmidt

A. norberti ♂, halbwüchsig

einigen Arten der *A. macmasteri*-Gruppe auftritt. *A. payaminonis* hat aber im Gegensatz zu *A. norberti* eine deutlich gestutzte Schwanzflosse (weitere Details siehe dort).

Geschlechtsunterschiede: Männchen von *A. norberti* entwickeln etwas verlängerte und zugespitzte Membranen der ersten fünf bis sieben Stacheln der Rückenflosse. Ihre Schwanzflosse ist dicht senkrecht gebändert und sowohl Rücken- als auch Afterflosse tragen in ihrem Weichstrahlbereich drei bis zehn senkrechte Streifen. Weibchen weisen dagegen keine solchen Verlängerungen oder Bänderungen der Flossen auf. Ihre Bauchflossen sind, ebenso wie die ersten zwei Häute der Rückenflosse, schwärzlich. Männchen zeigen an dieser Stelle keine dunklen Farbtö-

ne, sondern haben eine bläuliche oder milchig-weiße Färbung. Während bei Männchen die Afterflosse gebändert bläuliche ist, ist sie bei Weibchen ungezeichnet gelborange.

Verwandtschaftliche Zuordnung: Innerhalb der Gattung bilden die vorwiegend in Peru verbreiteten Arten um *A. cacatuoides* einen in zwei Subkomplexe aufgespaltenen Artenkomplex (RÖMER & SOARES 1995, 1996). *A. norberti* wird von mir gemeinsam mit *A. atahualpa*, *A. nijsseni*, *A. panduro* und *A. payaminonis* in den *A. nijsseni*-Subkomplex gestellt. Von allen genannten Formen unterscheidet sich *A. norberti* durch den auffälligen Rückenflossenfleck und die abweichende, dicht gebänderte Schwanzflosse. Innerhalb des Subkomplexes scheinen *A. atahualpa* und *A. payaminonis* nahe Verwandte von *A. norberti* zu sein. Zum *A. cacatuoides*-Subkomplex bestehen über *A. juruensis*, von dem sich *A. norberti* im wesentlichen durch den Fleck in der Rückenflosse und eine andere Schwanzflossenform unterscheidet, engere verwandtschaftliche Verbindungen.

Typusfundort: Der Typusfundort ist ein kleiner Urwaldbach im Einzugsgebiet des Rio Tahuayo, der in die Quebrada Nuevo Horizonte mündet, Departamento Loreto, Peru.

Verbreitung: Anfänglich war diese Art nur aus dem unmittelbaren Bereich der Typuslokalität bekannt. Seit etwa Oktober 1995 werden die Fische regelmäßig aus verschiedenen Zuläufen des Rio Tahuayo nach Europa exportiert. Funde wurden zwischenzeit-

A. norberti ♂, adult, dominant

H. Linke

A. norberti ♂, halbwüchsig, subdominant

lich aus dem gesamten Einzugsbereich dieses Flusses bekannt. Nach Angaben von GLASER und KELLNER (pers. Mitteilung), die 1996 Peru bereisten, sollen verschiedene Fänger und Exporteure *A. norberti* auch in der Umgegend von Genaro Herrera, also in der Nähe des Typusfundortes von *A. nijsseni* gefangen haben. Für diese Angabe spricht, daß bereits 1995 vereinzelt *A. norberti* in Sendungen von *A. nijsseni* aus Peru zu finden waren, insbesondere weil es sich um vergleichsweise kleine, kaum bestimmbare Tiere handelte. In jedem Fall zeigen diese verfügbaren Angaben, daß das Verbreitungsgebiet von *A. norberti* wahrscheinlich wesentlich größer sein dürfte, als zunächst vermutet wurde (STAECK 1991).

Ökologie: Die bisher verfügbaren Angaben zur Ökologie dieser Art stammen von STAECK (1991) und WISHEU (in lit. & pers. Mitteilung). Die bisher untersuchten Fundorte sind kleine Waldbäche, die im hügeligen Regenwaldgebiet liegen. Das Wasser war selbst während der Niedrigwasserzeit mit etwa 23 bis 24 °C relativ kühl. Der elektrische Leitwert lag unter 20 µS/cm, die Härte unter 2 °dGH, der Säuregrad zwischen pH 5 und 6. Das Wasser ist dort als unter starkem Schwarzwassereinfluß stehendes Klarwasser zu bezeichnen. Die Fische hielten sich in kleinen pfützenartigen Restwasserbereichen auf, deren Grund mit einer dicken Lage von Fallaub und Totholz bedeckt war. WISHEU (persönliche Mitteilung) fand 1989 nur vier Exemplare in solchen Pfützen. STAECK sowie verschiedene reisende Aquarianer sammelten im folgenden Jahr etwa 50 Tiere

in ähnlichen Pfützen. Neben *A. norberti* fand STAECK auch *A. eunotus* am selben Fundort. Außerdem lebten Messerfische (Gymnotidae), Raubsalmler (*Erythrinus erythrinus*) und Bachlinge (*Rivulus rectocaudatus*) im selben Bachabschnitt wie *A. norberti*. WISHEU beobachtete, daß die Tiere außergewöhnlich scheu waren und bei jeder registrierten Störung schnell in der Fallaubschicht verschwanden. STAECK stellte fest, daß die Art in mehreren, dem Typusfundort benachbarten Flüßchen nicht vorkam, dort fand er mit *A. agassizii* und *A. eunotus* andere Vertreter der Gattung. Die Lebensraumansprüche von *A. norberti* scheinen daher deutlich von denen der zuvor genannten Arten abzuweichen und denen von *A. nijsseni* zu ähneln.

Ersteinfuhr: Diese Art wurde im Frühjahr 1989 erstmals in vier Exemplaren durch Norbert WISHEU importiert und abermals 1990 durch STAECK und verschiedene Aquarianer nach Deutschland eingeführt. Seit 1995 wird *A. norberti* regelmäßig in großer Zahl durch den Zierfischhandel nach Europa und in die USA eingeführt, seit 1996 auch nach Japan.

Aquarienbiologie: *A. norberti* gehört zu den besonders empfindlichen Vertretern der Gattung und benötigt einen besonders hohen Pflegeaufwand. Die Art ist daher nur für erfahrene Zwergcichlidenpfleger geeignet. Die Ansprüche an die Wasserqualität sind hoch; es muß frei von organischen Verunreinigungen sein. Regelmäßige und umfangreiche Teilwasserwechsel sind daher schon für die dauerhafte Haltung ohne Zuchtabsicht erforderlich. Da es

A. norberti ♂, halbwüchsig, subdominant, leicht aggressiv

A. norberti ♂, adult, dominant, Brutpflegefärbung

A. Hassenewert

sich bei *A. norberti* um eine spezialisierte Schwarzwasserart handelt, ist außerdem die Aufbereitung des möglichst weichen Wassers (unter 50 µS/cm und unter 5 °dGH) mit Torf, Erlenzäpfchen oder Eichenblättern empfehlenswert, um den pH-Wert auf den erforderlichen Bereich unter fünf zu senken und dem Beckenwasser gleichzeitig Huminsäuren und deren Abbaustufen zuzuführen, die die Fische für ihr Wohlbefinden offensichtlich benötigen. Um das breite Verhaltensspektrum dieser *Apistogramma*-Art im Aquarium beobachten zu können, sollte dieses mit Totholz, Blättern, Steinen und einer dichten Bepflanzung und Schwimmpflanzendecke möglichst versteckreich eingerichtet sein. Nur in Becken, in denen die Fische sich bei Störungen in ungestörte Bereiche zurückziehen können und absolut sicher fühlen, werden sie nach längerer Eingewöhnungszeit zutraulich.

Die Männchen sind polygam und besetzen, wie alle Arten des *A. cacatuoides*-Komplexes, ein Großrevier, in dem sie mit mehreren darin geduldeten Weibchen Nachwuchs zeugen. Die Männchen verlieren, sobald sie sich an der Brutpflege beteiligen, ähnlich wie jene von *A. macmasteri* oder mancher Formen aus der Sammelgattung "*Cichlasoma*", ihre rötlichen Lippen und die blaue Körperfarbe, die durch ein undeutlich bleiches Gelblichrosa ersetzt wird. Das Weibchen heftet bis zu 200 meist rötliche Eier an einer versteckten Stelle an und betreut das Gelege nach der Besamung durch das Männchen allein. Nach etwa zwei Tagen schlüpfen die Larven, die (temperaturabhängig) nach weiteren sechs

bis acht Tagen erstmals aufschwimmen und sofort Naupliuslarven von *Artemia* verzehren. Die jungen *A. norberti* wachsen sehr langsam. Erst nach einem Jahr sind sie nahezu voll entwickelt. Die Jungfische sind während der ersten fünf bis sechs Lebensmonate empfindlich gegenüber plötzlichen Veränderungen der Wasserchemie. Umfangreiche Wasserwechsel mit zuvor nicht angepaßtem Wasser können zu erheblichen Verlusten, insbesondere bei Tieren zwischen zwei und drei Zentimeter Länge, führen. Sobald die Tiere etwa zur Hälfte ausgewachsen sind, werden sie meist so streitsüchtig, daß sie voneinander getrennt werden müssen. Zu dieser Beobachtung paßt, daß die Erstaufsammler von *A. norberti* stets nur wenige erwachsene Exemplare in den untersuchten Restwasserpfützen fingen. *A. norberti* gehört zu den Arten, deren Geschlechterverteilung nach meinen Untersuchungen extrem durch die Wassertemperatur und deutlich durch den pH-Wert beeinflußt werden.

Besonderheiten: Von *A. norberti* existieren heute mehrere Aquarienstämme, die sich vor allem durch die Färbung der Kopf-Rückenregion unterscheiden. Sie lassen sich aber stets an der typischen Fleckenzeichnung in der Basis der Rückenflosse eindeutig als *A. norberti* identifizieren. Die Art erscheint nur selten im Handel; die Fische sind dann oftmals stark von Wurmparasiten befallen, gegenüber denen sie besonders empfindlich sind. Quarantäne und intensive Beobachtung von neu erworbenen *A. norberti* ist daher besonders ratsam. Bei positivem Befund hat sich während der

A. norberti ♀, adult, Brutpflegefärbung, beachte die zwei Seitenflecke

A. norberti ♀, adult, Brutpflegefärbung, leicht aggressiv

Therapie die vorübergehende Haltung in Aquarien, die mit einem Bodenrost aus V2A-Stahl oder einer dicken Schicht Glasmurmeln ausgelegt sind, damit die Fische keine Gelegenheit haben, sich durch Kotfressen erneut zu infizieren, als besonders praktisch erwiesen.

T: 22 - 29 °C, **L:** ♂ 9 cm, ♀ 6 cm, **BL:** (100 -) 150 cm, **WR:** u, (m,) **SG:** 4

Erstbesiedler auf Granit

Wabenkröte (*Pipa pipa*)

Im Fallaub finden junge *Apistogramma* reichlich Aufwuchsnahrung

A. norberti ♀, juvenil, subdominant, neutral gestimmt

A. norberti ♀, juvenil, subdominant, aggressiv gestimmt

Apistogramma ortmanni (Eigenmann, 1912)

"Tumuremo"-*Apistogramma*

Erstbeschreibung: The freshwater fishes of British Guiana, including a study of the ecological grouping of species and the relation of the fauna of the plateau to that of the lowlands. Memoirs of the Carnegie Museum Vol. V: 506 - 507 & Tafeln LXVIII, CIII.

Wiederbeschreibung (basierend auf 385 Exemplaren): Kullander & Nijssen (1989): The Cichlids of Surinam (Leijden): 83 - 89.

Etymologie: *ortmanni* = der Name wird in der Erstbeschreibung nicht erläutert, dürfte aber als Dedikationsname zu Ehren Ortmanns gedacht gewesen sein.

Typusmaterial: 64 Exemplare, alle ohne Geschlechtsangabe.

Holotypus: Nach der Abbildung in der Erstbeschreibung auf Tafel LXVIII offenbar ein Männchen, 64 mm (TL?), (CMC 2306), Erukin. Von C. H. Eigenmann und S. E. Shideler während ihrer im Herbst 1908 durchgeführten Reise nach "British Guiana" gesammelt. Weitere Angaben zur Aufsammlung des Typusmaterials fehlen, könnten aber aus den umfangreichen und detaillierten Ausführungen Eigenmanns zum Reiseverlauf abgeleitet werden (Eigenmann 1912, Seiten 30 - 59).

Paratypen: Ein Exemplar, 30 mm (CMC 2308); Packeoo Falls. Ein Exemplar, 76 mm (CMC 2309), Kangaruma. Drei Exemplare, 31 mm bis 62 mm (CMC 2310a-b und IUC 12469), Gluck Island. Elf Exemplare, 22 mm bis 37 mm (CMC 2311a-f und IUC 12470), Konawaruk. Ein Exemplar, 32 mm (CMC 2353), Savannah Landing. 45 Exemplare, 22 mm bis 66 mm (CMC 2307a-z und IUC 12471), Erukin. Alle weiteren Sammelangaben wie beim Holotypus aufgeführt.

Belegmaterial: Vier Weibchen (ZFMK 17766 bis ZFMK 17769).

Synonyme: *Heterogramma ortmanni.*

Artspezifische Merkmale: *A. ortmanni* ist eine mittelgroße, seitlich mäßig zusammengedrückte und gestreckte, oft schwer bestimmbare Art aus der *A. regani*-Gruppe, die nur einen geringen Geschlechtsdimorphismus aufweist. Die Rückenflosse, deren erste zwei bis drei Flossenhäute rauchgrau bis schwarz gefärbt sind, zeigt sonst keine Zeichnung oder auffallenden Verlängerungen. Die transparent zeichnungslose Schwanzflosse ist rund; die meist ebenfalls transparente Afterflosse ist gelegentlich bläulich oder grünlich getrübt. Die Körpergrundfarbe ist gelblich-grau, die Körperzeichnungen darauf sind meist bräunlich-schwarz, seltener schwarz. Die Körperschuppen können zeitweilig einen sehr schmalen bis kaum wahrnehmbaren dunkelbraunen Rand tragen. Die Wangenbinde verläuft gerade über den Kiemendeckel von der Pupille zur Brust. Ein Seitenfleck im Längsband fehlt. Das Längsband ist etwa eine halbe bis

A. ortmanni ♂, adult, dominant, aggressiv gestimmt

J. Glaser

eine Schuppe breit und endet auf Höhe des siebten Körperquerbandes vor dem großen hochovalen Schwanzwurzelfleck. In dominanter neutraler Stimmung wird das Band auf ein schmales, auf die Schuppenränder begrenztes Zickzack-Band reduziert. Bei unterdrückten Individuen oder solchen in beginnender Brutpflegestimmung kann das Band in eine undeutliche Reihe von fünf bis sieben Flecken aufgelöst werden, die die Breite der Querbänder haben, welche vom Rücken meist nur bis auf das Längsband herunterreichen. Die Querbänder dehnen sich auch auf das untere Viertel der Rückenflosse aus. Auf den Flanken befinden sich unterhalb des Längsbandes zwei bis vier Reihen vertikal gegeneinander versetzter senkrechter schwärzlicher Striche.

Geschlechtsunterschiede: Die Geschlechter von *A. ortmanni* sind morphologisch erst an relativ großen Individuen zu unterscheiden. Erwachsene Männchen entwickeln leicht verlängerte und zugespitzte Weichstrahlbereiche von Rücken- und Afterflosse und werden außerdem etwas größer als Weibchen. Die Zeichnung der Körperunterseite eignet sich auch bei kleineren Tieren zur Bestimmung der Geschlechter. Weibchen zeigen meist einen sehr variablen dunklen Brustfleck, schwarze Vorderränder der Bauchflossen und einen schwarzen Unterbauchstrich, der auch den Afterbereich einschließen kann. Letzterer ist bei Männchen meist nicht schwarz eingefaßt. Außerdem fehlt Männchen der Brustfleck und die Bauchflossen sind nur an der vorderen Basis rußgrau, nicht schwarz gefärbt. Ein Teil

der Weibchen läßt sich mit diesen Merkmalen nicht bestimmen, da sie den Männchen weitgehend gleichen.

Verwandtschaftliche Zuordnung: Die verwandtschaftlichen Beziehungen dieser Art sind immer noch teilweise unklar. Innerhalb der Gattung ist *A. ortmanni* gemeinsam mit *A. geisleri*, *A. gossei*, *A. regani* und A. spec. "Gelbwangen" wahrscheinlich dem *A. regani*-Komplex innerhalb der *A. regani*-Gruppe zuzuordnen. Innerhalb des Komplexes ähnelt die Art am meisten *A. regani*, ist von dieser aber durch die schlankere Körperform und die weniger intensive abweichende Schwarzzeichnung sicher unterscheidbar. Es bestehen auch Ähnlichkeiten zu *A.* spec. "Amapa", einer noch nicht genauer untersuchten weiteren Form aus der *A. regani*-Gruppe.

Typusfundort: Das Typusmaterial wurde im Potaro-System (Erukin) im damaligen "British Guiana" gesammelt.

Verbreitung: Das bekannte Verbreitungsgebiet von *A. ortmanni* erstreckt sich vom östlichen Venezuela über Guyana bis nach Surinam und in das nordöstliche Brasilien. Hauptsächlich kommt die Art in Klarwasserbächen der Einzugsgebiete des Corantjin River, im Rio Cuyuni, Erukin River, Essequibo River, Potaro River, Rio Clarita und Rupununi-River, vor. Trotz der im Vergleich mit anderen Arten der Gattung scheinbar relativ gut bekannten Verbreitung fehlen Angaben zur kleinräumigeren Besiedlung im Verbreitungsgebiet. Die Kenntnisse zur Verbreitung basieren bisher nur auf wenigen punktuellen Aufsammlungen.

A. ortmanni ♂, adult, neutral gestimmt

A. ortmanni ♂, adult, subdominant, aggressiv gestimmt

Ökologie: Bisher liegt nur wenig Information über die Ansprüche dieser Art an den natürlichen Lebensraum vor. U. WERNER (in litt.) fand die Fische 1990 in Venezuela stets in sehr weichem und saurem Wasser. Die Dichte der Tiere war gering. Sie hielten sich in der flachen, fallaubdurchsetzten Uferzone der untersuchten Gewässer versteckt.

Ersteinfuhr: Es ist nicht genau bekannt, wann *A. ortmanni* erstmals importiert wurde, doch war die Art wahrscheinlich bereits Mitte der 70er Jahre als Beifang über den Handel eingeführt. 1990 führte U. WERNER und seine Mitreisenden einige Tiere aus dem Bereich des Tumuremo-Stausees nach Deutschland ein, die die Basis für eine stabile Aquarienpopulation bildeten und anschließend unter der vorläufigen Bezeichnung "Tumaremo"-*Apistogramma* aquaristische Verbreitung fanden (RÖMER 1991). Gezielte Einfuhren über den Handel erfolgten bisher nicht. Bei den meisten als *A. ortmanni* angebotenen Wildfangtieren handelt es sich tatsächlich um *A. steindachneri*.

Aquarienbiologie: *A. ortmanni* ist ein relativ durchsetzungsfähiger Zwergbuntbarsch, der im allgemeinen friedlich lebt und mit kleineren Arten vergesellschaftet werden kann. Anders als viele andere *Apistogramma*-Arten sind diese Fische wenig streßempfindlich und daher für die gemeinsame Haltung mit mittelgroßen Arten, z.B. Spritzsalmlern oder Harnischwelsen, geeignet. Bei isolierter Haltung werden Fische dieser Art allerdings meist scheu und verstecken sich bei Bewegungen außerhalb des Aquariums.

Wie bei fast allen *Apistogramma*-Arten ist ein möglichst strukturreich eingerichtetes Aquarium für die artgemäße Haltung erforderlich. Totholz, Fallaub und Wasserpflanzen sollten auf keinen Fall fehlen, wenn die Art in kleinen Gruppen gehalten wird. Gruppenhaltung wirkt sich nach bisheriger Erfahrung dahingehend positiv aus, daß viele Facetten des Verhaltens ausgelebt werden. Die Gruppen sind streng hierarchisch organisiert, wobei brutpflegende Weibchen unabhängig von ihrem sonstigen Status fast immer eine dominante Position einnehmen.

An die Wasserbedingungen stellen *A. ortmanni* keine unerfüllbaren Ansprüche: Bereits in mittelhartem und schwach saurem Wasser (bis 10° dGH, pH um 6,5) lassen sich die Fische gesund halten. Die Zucht gelingt jedoch nur in weicherem, schwach saurem Wasser. An die Wassertemperatur stellen *A. ortmanni* keine besonderen Ansprüche, sie akzeptieren Temperaturen zwischen 20 °C und 30 °C, wobei sich Werte um 24 °C bewährt haben, wenn zusätzlich eine nächtliche Absenkung um bis zwei Grad möglich ist.

Die Fortpflanzung verläuft wie bei anderen *Apistogramma* der *A. regani*-Gruppe, jedoch laichen die Weibchen oftmals in kleinen Sandgruben am Rande von Steinen. Die polygamen Männchen beteiligen sich meist erst nach etwa drei Wochen an der Betreuung der Nachkommen und beschränken sich dann meist auf die Bewachung der näheren Umgebung der Jungen. Die Jungfische, die sich problemlos mit Naupliuslarven von *Artemia* aufziehen lassen, wachsen relativ langsam und sind im Aquarium oft erst im

A. ortmanni ♂, adult, dominant, leicht aggressiv gestimmt, lateral drohend

A. ortmanni ♂, adult, dominant, aggressiv gestimmt, frontal drohend

Alter von gut sechs Monaten geschlechtsreif.

Besonderheiten: *A. ortmanni* ist eine der Arten, die im Handel häufig unter falscher Bezeichnung angeboten wird. Fast alle Beiträge über *A. ortmanni* in der älteren Aquarienliteratur beziehen sich tatsächlich auf *A. steindachneri*, der Art, die am häufigsten aus den sogenannten Guyana-Ländern unter dem Namen *A. ortmanni* eingeführt und heute noch unter dieser Bezeichnung durch den Handel weitergegeben wird.

Es ist noch hervorzuheben, daß der in EIGENMANNS Arbeit (1912) auf der Tafel LXVIII abgebildete Holotypus anscheinend aufgrund einer Retusche eine oben ausgezipfelte asymmetrische Schwanzflosse zeigt. Mir ist unter den neuerlich eingeführten Tieren und deren Nachzuchten bislang kein Exemplar mit einer solchen asymmetrischen Schwanzflosse bekannt.

T: 23 - 29 °C, **L:** ♂ 7 cm, ♀ 5 cm, **BL:** 100 cm, **WR:** u, m, **SG:** 2 - 3

A. ortmanni ♀, halbwüchsig, subdominant

A. ortmanni ♂, adult, dominant, neutral gestimmt

A. ortmanni ♂, adult, dominant, neutral gestimmt

Apistogramma panduro RÖMER, 1997

Mit Ergänzungen zur Beschreibung

Erstbeschreibung: Diagnosis of two new dwarf cichlids (Teleostei: Perciformes) from Peru *Apistogramma atahualpa* and *Apistogramma panduro* n. spp. Buntbarsche-Bulletin 182 (Oktober 1997): 9 - 14.

Etymologie: *panduro* = Der Artname, ein angehängtes Nomen, ist eine Widmung zu Ehren der peruanischen Zierfischexporteure Jesus Victoriano PANDURO PINEDO und Noronha Jorge Luis PANDURO PINEDO, Vater und Sohn, die diesen Fisch entdeckten und als neue Art erkannten. Sie sind gleichsam die Fänger der Typenserie und dafür verantwortlich, daß diese nach Deutschland gelangte.

Typenmaterial: 20 Exemplare.

Holotypus: ZFMK 18610 (ein Männchen, 37,5 mm SL, von professionellen Fängern des kommerziellen Exportunternehmens von Jesus Victoriano PANDURO PINEDO gesammelt. Fundort: kleine Waldbäche an der zur brasilianischen Grenze führenden Straße östlich von Jenaro Herrera zwischen Kilometer 26 und 27, Rio Ucayali-System, Provinz Loreto, Peru, Juni 1996.

Paratypen: 10 Exemplare, 21,4 bis 49,5 mm SL. SMF 28206 (Männchen), SMF 28207 (Weibchen), SMF 28208 a-d (zwei Männchen und ein Weibchen) ZFMK 18578 (Weibchen), ZFMK 18579 (Männchen), ZFMK 18580 (Weibchen), ZFMK 18581 (Männchen), ZFMK 18582 (Weibchen), ZFMK 18609 (Männchen), ZFMK 18611 (Männchen), ZFMK 18612 (Männchen), ZFMK 18613 (Weibchen), ZFMK 18614 (Weibchen), ZFMK 18615 (Weibchen), ZFMK 18616 (Weibchen), ZFMK 18620 (Männchen), ZFMK 18621 (Weibchen), Sammeldaten wie beim Holotypus.

Synonyme: Keine.

Artspezifische Merkmale: Diese Art weist Ähnlichkeiten nur mit *A. nijsseni* und *A. payaminonis* auf. *A. panduro* ist eine mittelgroße *Apistogramma*-Art mit einer SL von etwa 50 mm bei den Männchen und kaum mehr als 30 mm bei den Weibchen. Der Körper ist vergleichsweise breit und die Unterkiefer relativ kurz. Als Vertreter des *A. cacatuoides*-Komplexes zeigt der Fisch einen deutlich ausgeprägten Geschlechtsdichromatismus und einen klaren Flossendimorphismus.
A. panduro unterscheidet sich von allen bislang bekannten *Apistogramma*-Arten durch einen in seiner Ausbildung einzigartigen, großen, schwarzen, meistens dreieckig geformten Fleck, der den Schwanzstiel und den Grund der Schwanzflosse bedeckt. Er erstreckt sich dabei von einem Punkt zwischen den hinteren Enden der Rücken- und Afterflosse bis in die Mitte der Schwanzflosse. Letztere hat gewöhnlich einen runden Umriß und ist von einem schwarzen Rand gesäumt, dem sich ein roter, bei konservierten Exemplaren heller, submarginaler Saum anschließt. Dieses Merkmal tritt bei beiden Geschlechtern auf. Im Gegensatz

A. panduro ♂ ♂ im Kampf: Die artspezifischen Merkmale, hier der Schwanzwurzelfleck, die Schwanzflossenumrahmung und die Flossenform, werden bei kämpferischen Auseinandersetzungen während des Lateraldrohens besonders betont. J. Glaser

zu *A. nijsseni* sind die Flossenhäute der ersten fünf, seltener bis zu sieben Hartstrahlen bei den Männchen und der ersten drei bei den Weibchen verlängert. Letztere zeigen ein hochgradig variables schwarzes Band oder, wenngleich seltener, einen entsprechenden Fleck auf der Flanke und dem Bauch sowie einen schmalen, zugespitzten Wangenstreifen. Der Fleck auf der Schwanzbasis (bei den Weibchen) und das schmale Lateralband (bei beiden Geschlechtern) sind regelmäßig bei sozial unterdrückten und auch bei frisch konservierten Exemplaren zu sehen. Jungfische bis zwei Zentimeter Gesamtlänge verfügen über ein zickzackförmiges Lateralband, dessen Erscheinungsbild ansonsten nur noch bei adulten *A. moae* zu finden ist. Alte und sehr große Männchen entwickeln im Aquarium eine schwach lanzettförmige Schwanzflosse.

Geschlechtsunterschiede: Der Schwanzwurzelfleck tritt besonders bei territorialen Auseinandersetzungen sowie bei der Balz betont hervor. Weibchen zeigen diesen Fleck nur selten, sind aber ebenfalls anhand ihres einzigartigen Zeichnungsmusters identifizierbar. An der Position, wo sich bei *A. nijsseni*-Weibchen der auffällige, große, zuweilen die gesamte Körperhöhe bandartig ausfüllende Seitenfleck befindet, liegt bei ihnen eine variable Körperbinde. Diese reicht bei den meisten Weibchen vom Bauch bis etwa zum Anfang des oberen Körperdrittels. Sie ist in der Regel genauso breit wie das zweite Körperband und deckt selbiges ab. Nur selten überragt es das Körperband seitlich oder erstreckt sich bis auf den Rücken an die Basis der Rückenflosse. Bisher ist nur ein (allerdings konserviertes) Weibchen (ZFMK 18580) bekannt, bei dem diese Binde zu einem schmalen, hohen Seitenfleck reduziert ist, der den Bauch nicht erreicht.

Geschlechtsreife Weibchen zeigen (besonders intensiv bei Dominanz) einen Fleck auf der Körperseite, der sich unmittelbar hinter den Brustflossen befindet. Er ist in etwa dreieckig, wobei sich die unregelmäßigen kurzen Schenkel des Dreiecks an die untere Körperseite und den Hinterrand des Brustflossenansatzes anlehnen. Die Spitze des dreieckigen Fleckes kann das obere Körperdrittel knapp erreichen, wodurch in Verbindung mit der Körperbinde ein unverwechselbares Muster aus schwarzen Zeichnungselementen entsteht.

Im Gegensatz zu Männchen zeigen Weibchen außerdem eine vollständig schwarz gefärbte Kehl- oder Branchiostegalmembran und meistens eine ebensolche Unterlippe. Der Raum zwischen der Kiemenhaut und dem dreieckigen Fleck ist porzellanweiß, so daß die schwarze Zeichnung kontrastreich hervortritt. Weibliche Exemplare weisen darüber hinaus einen deutlichen Unterbauchstrich, einen Analfleck sowie eine deutlich schwarz gesäumte Afterflosse auf.

Die Wangenbinde ist bei beiden Geschlechtern von *A. panduro* deutlich ausgeprägt. Sie hat etwa die Breite der Pupille und verläuft gerade zum Hinterrand des Kiemendeckels, wo sie bei Weibchen mit der schwarzen Färbung der Kiemenhaut verschmilzt.

Männchen zeigen die für Weibchen typische Körperbinde nur in seltenen Ausnahmesituationen, etwa bei sozia-

A. panduro ♂, adult, dominant, Balzfärbung

A. panduro ♂, adult, dominant, leicht aggressiv

A. panduro ♂, adult, dominant, neutral gestimmt

A. panduro ♂, adult, dominant, leicht aggressiv

A. *panduro* ♂, adult, unterdrückt, aggressiv

A. *panduro* ♂, adult, unterdrückt, neutrale Stimmung

A. panduro ♂, juvenil, unterdrückt

A. panduro ♂, adult, dominant

A. panduro ♂, halbwüchsig, unterdrückt

A. panduro ♂, adult, Schreckfärbung

lem Streß durch Weibchen während der Brutpflege oder durch starke gleichgeschlechtliche Artgenossen. Der dreieckige Fleck und die schwarzen Zeichnungsbestandteile der Unterseite treten bei ihnen nie auf.

Verwandtschaftliche Zuordnung: A. panduro ist ganz offensichtlich ein Vertreter des A. cacatuoides-Komplexes, dessen Definition als monophyletische Gruppe verwandter Arten durch STAECK (1991) ich hier folge. Die Mitglieder des A. cacatuoides-Komplexes zeigen folgende Synapomorphien: Eine verminderte Anzahl von Infraorbitalporen (drei anstatt vier, sichtbar auf Fotografien), ein großes Maul mit kräftigen Kiefern und hypertrophierten Lippen, Männchen mit deutlichen, gewöhnlich zickzackförmigen

Streifen auf den Bauchseiten und verlängerten Membranen in der Rückenflosse. Die Vertreter des A. nijsseni-Subkomplexes (A. nijsseni, A. norberti und A. payaminonis), deren Zuordnung zum A. cacatuoides-Komplex sensu lato (RÖMER & SOARES 1995, 1996) mir gerechtfertigt erscheint, unterscheiden sich von jenen des A. cacatuoides-Komplexes sensu stricto (KULLANDER 1986) durch den mehr oder weniger runden Umriß der Schwanzflosse mit deren mehr (A. nijsseni, A. payaminonis) oder weniger (A. norberti) deutlichen dunklen marginalen und helleren submarginalen Einfassung, durch den kurzen und abgerundeten Rand der Rücken- und Afterflosse sowie in den meisten Fällen durch die reduzierten Flankenstreifen adulter Männchen. Eine Autapomorphie von A. panduro ist der

A. panduro ♀, adult, Brutpflegefärbung, beachte die zugespitzten Rückenflossenhäute

große schwarze Fleck auf der Basis der Schwanzflosse. Er tritt bei allen adulten Männchen zutage, ist jedoch nur bei konservierten oder unterdrückten Weibchen sichtbar. Desweiteren unterscheiden sich männliche *A. panduro* von allen anderen *Apistogramma*-Arten durch die Kombinationen der mit verlängerten und gesägten Häuten versehenen Rückenflosse und der runden Schwanzflosse mit vollständigem orangerotem submarginalem Saum.

Alle Arten des *A. cacatuoides*-Komplexes *sensu lato* drohen mit weit aufgerissenem Maul. Die Weibchen besitzen mehr oder weniger deutlich ausgebildete Seitenflecke, die die Überbleibsel eines Längsbandes repräsentieren. *A. panduro* weist alle Synapomorphien des *A. nijsseni*-Subkomplexes auf und verfügt über die meisten Gemeinsamkeiten, die den *A. cacatuoides*-Komplex *sensu lato* ausmachen.

Die Weibchen von *A. panduro* zeigen ein schwarzes Zeichnungsmuster, welches mit jenen von weiblichen *A. juruensis, A. nijsseni* oder *A. payaminonis* und vielen männlichen *A. norberti* vergleichbar ist (vergl. die Zeichnungen bei RÖMER & SOARES 1996). Sowohl die Weibchen von *A. nijsseni* als auch jene von *A. payaminonis* besitzen in der Regel einen großen runden, schwarzen Fleck auf dem Grund der Schwanzflosse und große Seitenflecke, die sich bei der erstgenannten Art über die gesamte Körperhöhe erstrecken können. Bei den Weibchen von *A. panduro* wird dieser Fleck an der gleichen Stelle durch ein unregelmäßig geformtes Band ersetzt, das sich über mehr als zwei Drittel der Körperhöhe

ausdehnen kann. Der Fleck auf dem Schwanzflossengrund tritt nur bei verängstigten und sozial unterdrückten Weibchen auf, fehlt aber bei brutpflegenden Tieren, so daß sich die gleiche Situation wie bei *A. norberti* und bei einigen Weibchen von *A. nijsseni* ergibt. Weibchen von *A. panduro* unterscheiden sich von diesen Arten durch die zugespitzten Häute zwischen den ersten drei Hartstrahlen der Rückenflosse und eine verlängerte Membrane hinter dem dritten Strahl. Dieses Merkmal ist ansonsten nur von *A. juruensis* bekannt. Unterdrückte Weibchen von *A. panduro* können auch ein abgeschwächtes Längsband zeigen, das jenem junger *A. nijsseni* ähnelt. Der Fleck auf dem Schwanzstiel verhindert eine Aussage darüber, wo das Längsband exakt abschließt, jedoch endet es bei Jungfischen von weniger als zwei Zentimeter SL, ganz ähnlich wie bei adulten *A. norberti*, vor einem oder zwei runden Flecken, die im siebten Körperband liegen. Bei Weibchen von *A. norberti* tritt hingegen unter den gleichen Umständen ein breites Längsband auf. Weibliche *A. payaminonis* besitzen andererseits ein Längsband, welches vergleichsweise schwach ausgeprägt und um ein Drittel schmaler als jenes von *A. norberti* ist. Es tritt nur in bestimmten Situationen zutage, zum Beispiel bei der Pflege von Eiern und Larven. Vergleichbar geformte Längsbänder findet man auch bei Mitgliedern der *A. steindachneri*-Gruppe und insbesondere bei *A. moae* sowie bei einer wissenschaftlich noch unbearbeiteten Form aus Puerto Narino.

Auf der anderen Seite finden sich einige bedeutende Hinweise in der Onto-

A. panduro ♀ ♀, brutpflegende Weibchen kämpfen oft um Jungfische

Verschiedene Zeichnungstypen von *A. panduro* ♀ ♀

A. panduro ♀, adult, unterdrückt

A. panduro ♀, adult, dominant, neutral gestimmt

A. panduro ♀, adult, dominant, leicht aggressiv

A. panduro ♀, adult, dominant, aggressiv

genese, die man bei der Diskussion der Verwandtschaftsverhältnisse dieser Artengruppe innerhalb der Gattung *Apistogramma* nicht übergehen darf. Sie könnten sogar den Schlüssel zur Lösung eines erheblichen Problems im Puzzle der Verwandtschaftsverhältnisse innerhalb der Gattung sein. Alle Jungfische von *A. panduro* mit weniger als einem Zentimeter TL weisen das typische Schachbrettmuster der Jungtiere aller *Apistogramma*-Arten auf und besitzen nur einen Fleck im Grund der Schwanzflosse. Mit Erreichen einer Größe zwischen einem und zweieinhalb Zentimeter TL, beginnen sich bei den Heranwachsenden einige senkrechte Balken auf der Schwanzflosse zu zeigen, und es erscheint ein noch wichtigeres Merkmal, nämlich ein zweiter Fleck auf deren Basis. Zur glei-

chen Zeit entwickelt sich das typische, unregelmäßig ausgeformte Längsband.

Die Form des letzteren findet sich ansonsten nur noch in einer anderen Artengruppe, von der WARZEL einen Vertreter bei Leticia im Norden Perus sammelte. Die unbestimmte Art ist ein Vertreter der *A. macmasteri*-Gruppe und wird derzeit vorläufig als "Puerto Narino *Apistogramma*" in der Aquarienliteratur geführt (TOMIZAWA 1995). Eine weitere wissenschaftlich unbeschriebene Art, die gegenwärtig als *Apistogramma* spec. "Rotpunkt" unter deutschen Aquarianern bekannt ist und aus der Gegend des Rio Caqueta in Kolumbien und dem Orinokobecken in Venezuela stammt, besitzt ebenfalls ein unregelmäßig geformtes, zickzackförmiges Längsband und zeich-

A. panduro ♀, halbwüchsig, unterdrückt, aggressiv

A. panduro ♀, adult, dominant, brutpflegend

A. panduro ♀, adult, dominant, brutpflegend

net sich durch eine große Variabilität in Hinsicht auf die Markierung auf dem Schwanzstiel aus. Weibchen dieser Form zeigen verschieden geformte schwarze Flecke auf den Flanken und der Brust, und einige besitzen sogar eine schwarze Branchiostegalhaut, wie sie bei Weibchen von *A. panduro* die Regel ist. Interessanterweise ähneln die Männchen jenen der *A. cacatuoides*-Gruppe dahingehend, daß auch sie Reihen schwarzer Punkte auf den Flanken tragen.

Die Befunde scheinen darauf hinzuweisen, daß *A. panduro* das bislang an zwei Stellen fehlende Verbindungsglied in unserer Vorstellung von der Evolution dieser Gattung verkörpert. Zum einen paßt die Art in die Lücke zwischen *A. norberti* und *A. nijsseni*, und zum anderen schafft sie die Verbindung zwischen der *A. cacatuoides*-Gruppe und den Arten aus dem *A. macmasteri*-Komplex.

Die verwandtschaftlichen Beziehungen zwischen den Mitgliedern des *A. cacatuoides*-Komplexes waren Gegenstand ausführlicher Diskussionen seitens KULLANDER (1986) und STAECK (1991). Das von ihnen gezeichnete Bild mußte zwangsläufig eine Lücke zwischen *A. nijsseni* und *A. payaminonis* und den anderen Arten dieses Komplexes lassen. *A. panduro* vermag dieses Problem nunmehr zu bereinigen, denn die Art weist Synapomorphien mit beiden Gruppen auf. Die Arten mit den größten Ähnlichkeiten sind offenbar *A. nijsseni* und *A. norberti* einerseits, aber auch *A. payaminonis* andererseits. Mit *A. norberti* und *A. payaminonis* hat *A. panduro* die Form der Rückenflosse gemein, während die Färbung der Schwanzflosse weitgehend mit der von *A. nijsseni* und teilweise mit *A. payaminonis* übereinstimmt. Die Weibchen von *A. panduro* weisen die gleiche Brutfärbung wie *A. nijsseni* auf und nehmen in Schreckfärbung das gleiche Muster wie *A. norberti* an. *A. panduro* nimmt daher anscheinend eine intermediäre Stellung zwischen *A. nijsseni* und *A. norberti* ein und schafft die Verbindung zwischen dem *A. nijsseni*-Subkomplex und den anderen Arten des *A. cacatuoides*-Komplexes dadurch, daß manche Männchen Merkmale aufweisen, die eigentlich für letztere charakteristisch sind. Dies trifft in besonderem Maße auf das Längsband und die Form der Rückenflosse zu. Die schwache Ausprägung des Längsbandes bei jungen *A. nijsseni* muß man als ontogenetisches Überbleibsel einer gemeinsamen Ursprungsform deuten. Beurteilt man das Erscheinungsbild des Längsbandes bei den Mitgliedern des *A. nijsseni*-Subkomplexes nach evolutiven ontogenetischen Gesichtspunkten, erscheinen *A. nijsseni* als modernere, *A. panduro* und *A. norberti* als ursprünglichere Formen.

Typusfundort: PANDURO (zitiert nach U. GLASER-DREYER und G. KELLNER, pers. Mitt., September 1996, nach einem Besuch bei Herrn PANDURO) lieferte in Übersetzung die nachstehenden Informationen über die Typuslokalität: "Die Exemplare wurden in kleinen Waldbächen beiderseits der Straße von Jenaro Herrera ostwärts zur brasilianischen Grenze gesammelt. Während der letzten zwei Jahre wurden etliche Kilometer Straße fertiggestellt. *A. panduro* wurde ungefähr zwischen Ki-

A. panduro ♀, frontal drohend: Das Maul wird geöffnet, der Mundboden gesenkt.

A. panduro ♀♀, frontal drohend, kurz vor dem Beißangriff

lometer 26 und 27 von Jenaro Herrera gefunden. Dieser Abschnitt beherbergt auch eine gelbliche Form von *A. cacatuoides*. Darüber hinaus wurde *A. nijsseni* bei Kilometer 13 und 15 festgestellt, sowie völlig überraschend eine möglicherweise mit *A. norberti* identische, zumindest aber sehr ähnliche Form bei Kilometer 16, 21, und erneut bei Kilometer 30.". Als Ergebnis zweier Expeditionen in diese Gegend konnte KELLNER (pers. Mitt.) das Vorkommen von *A. nijsseni* bei Kilometer 13 (wie bei DE RHAM & KULLANDER 1983 angegeben) und 15 durch weitere Aufsammlungen bestätigen. Beschreibungen von Jenaro Herrera (bei ungefähr 4°50'S, 73°40'W) und der Umgebung, einschließlich ausführlicher Angaben zu den ökologischen Bedingungen finden sich bei KULLANDER (1979) und DE RHAM & KULLANDER (1983).

Zum gegenwärtigen Zeitpunkt ist noch unklar, ob die kleinen von *A. panduro* und *A. norberti* bewohnten Waldbäche in den Rio Copal abfließen, der seinerseits ein Zufluß zum Rio Carahuayte darstellt, oder in einem Zufluß des Rio Tahuayo-Systems münden, dem naheliegendsten nördlichen rechten Zufluß des Rio Ucayali.

Ökologie: Bislang sind noch keine genaueren Angaben über die Ökologie von *A. panduro* verfügbar. Wir wissen jedoch, daß die neue Art regelmäßig zusammen mit einzelnen Exemplaren von *A. eunotus* importiert wird. Andererseits fanden sich bereits bei früheren Gelegenheiten einzelne Männchen von *A. panduro* in Importsendungen von *A. norberti* und einer goldgelben Morphe von *A. cacatuoides* für deutsche Großhändler (NUMRICH pers. Mitt.).

Diese Umstände lassen vermuten, daß *A. panduro* in der Tat ein Bewohner kleiner Waldbäche ist und damit ähnliche Habitatansprüche stellt, wie sie von anderen Mitgliedern des *A. nijsseni*-Subkomplexes bekannt sind. Detaillierte Angaben zur Ökologie letzterer sind bei DE RHAM & KULLANDER (1983), KULLANDER (1979) und LINKE & STAECK (1992) und STAECK (1991) nachzulesen.

Vergleichende Feldstudien über die Ökologie von *A. panduro* sind dringend erforderlich, zumal die Möglichkeit besteht, daß die Arten *A. panduro*, *A. nijsseni* und *A. norberti* (sowie in diesem Zusammenhang *A. agassizii*, *A. cacatuoides* und *A. eunotus*) möglicherweise in Teilen ihrer Verbreitungsgebiete syntopisch vorkommen. Dieser Verdacht muß ungeachtet der Tatsache bestehenbleiben, daß keiner der zahlreichen Besucher dieser Gegend von sympatrischem Vorkommen der genannten Arten berichtete. Unterschiede in einigen ökologischen Aspekten sollten daher nicht überraschen.

Ersteinfuhr: Mai/Juni 1996 durch AQUARIUM GLASER (Rodgau).

Aquarienbiologie: Als nächster Verwandter von *A. nijsseni* läßt sich *A. panduro* nach derzeitiger Kenntnis unter den gleichen Bedingungen wie dieser halten (Details siehe dort). Allerdings hat sich gezeigt, daß die gegenüber dem Pfleger sehr zutrauliche Art untereinander recht ruppig werden kann. Überraschend ist, daß Männchen wie Weibchen Geschlechtsgenossen gegenüber relativ friedlich sind, während sie dem jeweils ande-

A. panduro ♀, adult, dominant, brutpflegend

A. panduro ♀, adult, dominant, ausklingende Brutpflegefärbung

ren Geschlecht häufig aggressiv begegnen. Wie andere Arten des *A. cacatuoides*-Komplexes reißen sie beim Frontaldrohen das große Maul weit auf. Haltung und Zucht von *A. panduro* sind im Gegensatz zu anderen Formen des *A. nijsseni*-Subkomplexes einfach. *A. panduro* läßt sich auch in mittelhartem und etwa pH-neutralem Wasser vermehren.

Besonderheiten: Seine allgemeine Ähnlichkeit mit *A. nijsseni* löst natürlich die Frage aus, ob dieser neue Buntbarsch nicht vielleicht weniger eine eigene Art, als lediglich eine Form oder Unterart von diesem sein könnte. Die hier vorgelegten Argumente sind aber bei weitem ausreichend, *A. panduro* auf Artniveau von *A. nijsseni* zu separieren. Abgesehen von den Unterschieden in der Form der Rückenflosse beider Arten sind Muster und Entwicklungsverlauf der schwarzen Zeichnungselemente auf dem Schwanzstiel und in der Schwanzflosse für sich allein bereits so verschieden, daß eigentlich keine Zweifel an einem gerechtfertigten Artstatus von *A. panduro* bestehen können. Man muß allerdings feststellen, daß die Farbmerkmale an konservierten Exemplaren nicht immer so deutlich erkennbar sind wie an lebenden.

Um jedoch weitere Anhaltspunkte zu erhalten, habe ich mehrere Kreuzungsexperimente unter Zwangsbedingungen im Aquarium durchgeführt. Hierzu dienten jeweils zehn geschlechtsreife Wildfangexemplare beiderlei Geschlechts und jeder Art sowie Aquariennachzuchten (F1-Generation), die versuchsweise von Weibchen einer anderen Art aufgezogen worden

waren (z.B. *A. nijsseni*-Nachwuchs von *A. norberti*-Weibchen aufgezogen). Während bei den Versuchsanordnungen mit Wildfängen kein Ablaichen festgestellt werden konnte, waren neun Fälle von Paarungen bei den F1-Tieren zu beobachten. Das große Problem bei experimentellen Artkreuzungen liegt bei *Apistogramma*-Arten besonders in einem Aspekt ihrer Fortpflanzungsbiologie, nämlich in der Tatsache, daß die Weibchen ihre Sexualpartner wählen. Wie bereits früher beobachtet werden konnte, akzeptiert ein Weibchen normalerweise kein Männchen einer anderen Art.

Bei den neun Fällen von Ablaichen handelte es sich viermal um *A. nijsseni*-Weibchen mit *A. panduro*-Männchen, zwei *A. panduro*-Männchen mit einem *A. norberti*-Weibchen, zwei *A. norberti*-Männchen mit einem Weibchen von *A. nijsseni* und ein weiteres mit einem Weibchen von *A. panduro*. Obwohl alle Gelege wenigstens teilweise befruchtet waren, blieb ein Schlupferfolg aus. Die Ergebnisse der Experimente stützen daher die Einschätzung von *A. panduro* als gut abgegrenzte Art.

Es darf hier nicht übergangen werden, daß *A. nijsseni*, *A. norberti* und *A. panduro* allesamt in einem vergleichsweise kleinen Gebiet vorkommen. Wenngleich für sympatrische Vorkommen noch keine Belege existieren, kann diese Möglichkeit zum gegenwärtigen Zeitpunkt aber auch nicht ausgeschlossen werden. Wenn Sympatrien vorliegen, dann müssen die individuellen Zeichnungsmuster der drei Arten sicherlich als "Character displacements" angesehen werden, die interspezifische Partnerwahl verhindern. Kontrastverschärfung oder "Character dis-

A. panduro ♀, beachte Schwarzzeichnung auf Kiemendeckel und Schwanzwurzel   J. Glaser

A. nijsseni ♀ zum Vergleich, beachte zusätzlich gestutzte Rückenflossenhäute   J. Glaser

placement" ist für die Weibchen von extremer Bedeutung, versetzt es sie doch in die Lage, unter den drei morphologisch ähnlichen Arten ein kompatibles Männchen zu erkennen. Dieses Problem stellt sich für die Männchen nicht, denn sie würden sich in den meisten Fällen mit jedem Weibchen paaren, das auch nur entfernt das Erscheinungsbild eines Weibchens aufweist - und das ist bei den Weibchen aller drei Arten gegeben. Die Entwicklung von spezifischen männlichen Merkmalen kann somit als wichtiger Faktor in der Evolution dieser Art betrachtet werden. Männliche *A. norberti* und *A. panduro* mußten sich divergent entwickeln, um durch unterschiedliche Zeichnungsmuster eine sexuelle Signalwirkung zu erzielen. Die roten Lippen und der schwarze Fleck im Weichstrahlbereich der Rückenflosse bei *A. norberti* stehen somit in krassem Gegensatz zu den gelblichen Lippen, dem roten Saum der Schwanzflosse und dem schwarzen Fleck auf dem Schwanzstiel von *A. panduro*. Desweiteren schafft die regelmäßige Reihe aus Schuppen mit schwarzen Zentren, die die letztgenannte Art für kurze Zeit während der Werbung auf den Flanken zeigt, eine weitere Unterscheidungsmöglichkeit gegenüber den zickzackförmigen Linien, die aufgrund schwarzer Schuppenränder auf den Flanken bei *A. norberti* erscheinen. Diese Modifikationen sind somit das Ergebnis von "Character displacement". Der schwarze Rand auf der oberen Hälfte der Schwanzflosse von *A. norberti* muß hingegen als Rudiment eines früher vollständigen

A. panduro ♀, adult, dominant, leicht aggressiv, späte Brutpflegephase

15 Tage

30 Tage

45 Tage

60 Tage

90 Tage

180 Tage

270 Tage

300 Tage

Entwicklung des Zeichnungsmusters bei *A. panduro* ♂ ♂

schwarzen Saumes angesehen werden, wie er für andere Formen aus dem *A. nijsseni*-Subkomplex typisch ist.

A. nijsseni unterscheidet sich von diesen beiden Arten durch das Fehlen von Verlängerungen der vorderen Flossenhäute der Dorsale und die fehlenden schwarzen Zeichnungsbestandteile auf dem Schwanzstiel. Vergleichbare Anzeichen von "Character displacement" wurden bei den brasilianischen Arten *A. mendezi* und *A. paucisquamis* aus dem Rio Negro festgestellt (RÖMER in Vorb.).

Innerhalb des *A. cacatuoides*-Komplexes ist die Färbung der Schwanzflosse von *A. panduro* einzigartig. Juvenile *A. panduro* zeigen einige senkrecht-rechteckige Flecken, die sich vom Schwanzstiel bis zur Mitte der Schwanzflosse erstrecken. Ein solches Merkmal ist bei *A. nijsseni* niemals vorhanden, tritt jedoch in vergleichbarer Form bei einigen Mitgliedern der *A. agassizii*-Gruppe auf. Darüber hinaus verfügen einige subadulte Exemplare über einen senkrecht-ovalen, schwarzen Fleck anstelle des siebten Körperbandes, der mit einem großen, ungefähr quadratischen Fleck kombiniert ist. Dieser ähnelt dem von Arten der *A. commbrae*-Gruppe. Wie die Befunde an *A. atahualpa* zeigen, handelt es sich dabei um ein entwicklungsgeschichtliches Merkmal. Der dreieckige, schwarze Fleck im Grund der Schwanzflosse ist normalerweise vollständig ausgebildet, jedoch ist er nur bei lebenden dominanten Männchen sichtbar. Die Färbung der Schwanzflosse erinnert an jene von *A. agassizii*. So überraschend diese Ähnlichkeit aber auch ist, muß sie doch als konvergente Erscheinung angesehen werden, da gegenwärtig keinerlei weitere Hinweise auf eine Verbindung zwischen beiden Komplexen bestehen. Interessant ist allerdings, daß Exemplare von *A. agassizii* aus Peru oftmals eine oder zwei Reihen schwarzer Punkte auf den Seiten tragen, die jenen von lebenden Männchen von *A. payaminonis* ähneln. In diesem Zusammenhang muß auf KULLANDER (1983) verwiesen werden, der die Ähnlichkeiten zwischen *A. hippolytae*, einer *Laetacara*-Art und einer weiteren der Gattung *Aequidens* diskutierte. Wie dort kann die Ähnlichkeit auch hier als Ergebnis eines noch nicht identifizierten, gemeinsamen evolutiven Drucks gedeutet werden, der eine konvergente Entwicklung der Färbung oder der Morphologie zeitigt.

T: 23 - 29°C, **L:** ♂ 9 cm, ♀ 6 cm, **BL:** 150 cm, **WR:** b, **SG:** 2-4

A. panduro ♂, adult. Beachte den typischen halbtransparenten rötlichen Fleck auf dem Kiemendeckel.

Apistogramma parva AHL, 1912

Erstbeschreibung: Neue Süßwasserfische aus dem Stromgebiet des Amazonasstromes. Sitzungsberichte der Gesellschaft naturforschender Freunde Berlin: 206 - 211.

Etymologie: *parva* (lat.): klein, bezieht sich auf die geringe Größe des Typenexemplars.

Typusmaterial: Ein Exemplar, Geschlecht unbestimmt, 15,8 mm SL (ZMB 23410), wahrscheinlich Ende 1928 im Einzug des "Rio Capim", Bundesstaat Pará (Brasilien) von H. BÖKER gesammelt.

Synonyme: Keine.

Artspezifische Merkmale: Es lassen sich anhand des vergleichsweise winzigen Holotypus keine wirklich artspezifischen Merkmale feststellen. Vielmehr weist das Exemplar lediglich Merkmale der Formen des *A. agassizii*-Komplexes auf.

Geschlechtsunterschiede: Unbekannt. Es ist nur ein einziges Exemplar ohne Geschlechtsangabe, der Holotypus bekannt.

Verbreitung und Ökologie: Unbekannt.

Ersteinfuhr: Unbekannt.

Aquarienbiologie: Unbekannt.

Besonderheiten: Der Status dieser Art ist derzeit fraglich. Es besteht die Möglichkeit, daß *A. parva* mit *A. agassizii* identisch ist, doch ist diese Frage aufgrund fehlenden Vergleichsmaterials an dieser Stelle nicht zu klären.

Gabelbart (*Osteoglossum bicirrhosum*)

Regengeschützte Palmenblüte

Apistogramma paucisquamis
KULLANDER & STAECK, 1988

Erstbeschreibung: Description of a New Apistogramma Species (Teleostei, Cichlidae) from the Rio Negro in Brazil. Cybium 12: 189 - 201.

Etymologie: *paucisquamis* (lat.) = zusammengesetzt aus *paucus* = wenig und *squama* = Schuppe. Der Name bezieht sich auf die für die Art typisch reduzierte Zahl der Schuppen auf dem Schwanzstiel.

Typusmaterial: 96 Exemplare.

Holotypus: Männchen, 29,7 mm SL (MZUSP 36952); am 27. März 1986 von W. STAECK gesammelt. Fundort: Eine kleine flache Bucht am rechten Ufer des Rio Negro im Bereich des Arquipélago das Anavilhanas (Station Br 10/86), Rio Negro-System, Bundesstaat Amazonas, Brasilien.

Paratypen: 17 Männchen, 21,2 mm SL bis 28,9 mm SL und zwölf Weibchen, 16,4 mm SL bis 23,2 mm SL (NRM A86/1986134.3587 [15 Exemplare], USNM 289281 [fünf Exemplare], ZFMK 15496-15500 [fünf Exemplare], MZUSP unkatalogisiert [vier Exemplare]); Sammeldaten wie beim Holotypus. Fünf Männchen, 26,2 mm SL bis 31,2 mm SL (NRM A86/1986134.3594); am 27. März 1986 von W. STAECK gesammelt. Fundort: Eine Einbuchtung mit kleinem Klarwasserbach am rechten Ufer des Rio Negro südlich Novo Ariáo, Arquipélago das Anavilhanas. 61 Exemplare, 12,8 mm SL bis 25,9 mm SL (MZUSP 28210 [57 Exemplare], NRM A83/1980077.3058 [vier Exemplare]); am

17. Februar 1980 von M. GOULDING gesammelt. Fundort: Ein zentraler See im Rio Negro unterhalb vom Rio Daraá.

Belegmaterial: Ein Männchen (ZFMK 17468) und ein Weibchen (ZFMK 17469).

Synonyme: Keine.

Artspezifische Merkmale: *A. paucisquamis* unterscheidet sich von anderen Arten der Gattung durch folgende Merkmale: Männchen haben eine zweizipfelige, dicht senkrecht gebänderte Schwanzflosse, eine niedrige Rückenflosse ohne verlängerte Flossenhäute, ein auf den Körperseiten unterhalb des Längsbandes verlaufendes, zweites breites Längsband, eine auffallend breite Kehl(Branchiostegal-)membran, eine reduzierte Zahl von Schwanzstielschuppen und bei erwachsenen Individuen massig vergrößerte Unterkiefer mit dicken, fleischig wirkenden Lippen. Weibchen weisen entsprechende körperliche Merkmale auf, haben aber nicht die fleischigen Lippen und nur eine unvollständige gestutzte Schwanzflosse.

Geschlechtsunterschiede: Männchen entwickeln bei Eintritt der Geschlechtsreife eine deutlich zweizipfelige Schwanzflosse, die bei Weibchen höchstens leicht gestutzt ist. Auch die meist porzellanfarbigen Bauchflossen der Männchen wachsen lang und fädig aus und reichen oft bis zur Mitte der Schwanzflosse, während diese bei Weibchen schwärzlichen Flossen an-

A. paucisquamis ♂ , adult, dominant, neutral gestimmt (Igarapé Prósperitáte)

A. paucisquamis ♂ , adult, dominant, brutpflegend (Igarapé Prósperitáte)

A. paucisquamis ♂, adult, dominant, "gähnend" (Igarapé Prósperitáte)

A. paucisquamis ♂, adult, leicht aggressiv gestimmt

D. Bork

A. paucisquamis ♂, adult, neutral gestimmt

A. paucisquamis ♂, adult, leicht aggressiv gestimmt

gelegt kaum den Ansatz der After-flosse erreichen.

Verwandtschaftliche Zuordnung: Es handelt sich bei *A. paucisquamis* um eine Form der *A. agassizii*-Gruppe, deren Vertreter durch einen kleinen metallischblauen Fleck auf dem äußeren Rand der Oberlippe gekennzeichnet sind. Innerhalb dieser Gruppe bildet *A. paucisquamis* gemeinsam mit *A. mendezi* und *A. elizabethae* den *A. elizabethae*-Subkomplex (Römer 1994), der von den übrigen Vertretern der *A. agassizii*-Gruppe durch die zumindest zeitweilig zweizipfelige Schwanzflosse unterschieden ist. *A. bitaeniata*, die einzige andere Art der Gruppe mit zweizipfeliger Schwanzflosse ist nicht näher mit *A. paucisquamis* verwandt.

Typusfundort: Typusfundort ist der untere und mittlere Rio Negro im Bundesstaat Amazonas, Brasilien. Der Holotypus stammt vom rechten Ufer des Rio Negro im Bereich des Arquipélago das Anavilhanas.

Verbreitung: *A. paucisquamis* ist ein Endemit des Rio Negro-Gebietes. Alle bekannten Fundorte liegen flußaufwärts von Manaus bis etwa zur Einmündung des Rio Branco in Zuflüssen beiderseits des Rio Negro, dann oberhalb der Rio Branco Mündung bis etwa Santa Isabell nur noch in linksseitigen Zuflüssen des Rio Negro. Westlich von Santa Isabel gelegene nördliche Zuflüsse des Rio Negro sind bisher kaum untersucht, Vorkommen von *A. paucisquamis* daher durchaus denkbar. Auf der dem letztgenannten Gebiet gegenüberliegenden Flußseite wird *A.*

paucisquamis generell durch *A. mendezi* ersetzt.

Ökologie: Die Art ist in nahezu allen Gewässern mit Ausnahme von Weißwasserbiotopen regelmäßig anzutreffen. Der bisher am besten untersuchte Fundort ist der Igarapé Prósperitáte, ein rechtsseitiger Zufluß des Rio Préto, der seinerseits von Norden her in den Rio Negro mündet. Höchste Dichten erreichen die Fische in Fallaubschichten von relativ kühlen Klarwasserbächen. An verschiedenen Fangplätzen von mir ermittelte Temperaturen schwankten zwischen 22 und 29 °C (Mittel bei 24 °C), die pH-Werte lagen zwischen 4,5 und 6,5, die Wasserhärte bei 2 bis 5 °dGH, der Leitwert zwischen 10 und 70 µS/cm. Bis um 100 Exemplare aller Größenklassen (Brut bis Ausgewachsene) pro Quadratmeter sind in der Niedrigwasserzeit keine Seltenheit; auch während der Hochwasserzeit sind Dichten von 30 bis 40 *A. paucisquamis* pro Quadratmeter häufig. An verschiedenen Fangplätzen konnte ich *A. paucisquamis* gemeinsam mit *Aequidens* cf. *diadema*, *A.* spec., *Apistogramma diplotaenia*, *A. gibbiceps*, *A. pertensis*, *Crenicichla notophthalmus*, *C.* cf. *inpai*, *C. lenticulata*, *Dicrossus filamentosus*, *D.* spec. "Rio Negro", *Laetacara* spec. "Orangeflossen" und *Taeniacara candidi* feststellen. An allen Fangplätzen waren auch kleinere Salmler, meist Rote Neon (*Paracheirodon axelrodi*) oder verschiedene Spritzsalmler, sowie verschiedene Harnisch- und Hexenwelse zu finden. Weitere detaillierte Angaben zum Igarapé Prósperitáte und seiner Artengemeinschaft finden sich unter anderem im Abschnitt über die Mikro-

A. paucisquamis ♂, adult, stark aggressiv gestimmt (Igarapé Prósperitáte)

A. paucisquamis ♂, adult, neutral gestimmt (Igarapé Prósperitáte)

Mündung des Igarapé Prósperitáte in den Rio Préto

Ufernahe Sandband im Rio Préto

Tapéra, mittlerer Rio Negro

habitatwahl von *Apistogramma* im ersten Teil dieses Buches.

Ersteinfuhr: In den 60er Jahren muß ein Exemplar über den Handel nach Deutschland gelangt sein, da sich ein von W. Schwartz hinterlegtes weibliches Exemplar in der Typenserie von *A. gibbiceps* befand (SMF 9450). Erst um 1980 wurde erstmals eine größere Zahl von Tieren über den Handel eingeführt (Schmettkamp 1982).

Aquarienbiologie: *A. paucisquamis* gehört zu den im Aquarium schwieriger zu haltenden Arten. Die Art benötigt geräumige und mit viel Totholz sowie Fallaub strukturreich gestaltete Becken mit Freilandbedingungen angeglichenem, weichem und leicht saurem Wasser. In kleinen Gruppen, die gemeinsam mit Roten Neon unter solchen Bedingungen gepflegt werden, fühlen sich die Fische sichtlich wohl. Sie entfalten dann ihr volles bekanntes Verhaltensrepertoire und beginnen schnell die Fläche des Aquariums unter sich aufzuteilen. Die Männchen besetzen wie im Freiland Großreviere, in denen sie mehrere Weibchen dulden und nach und nach zur Fortpflanzung schreiten. Das aus bis zu 150 Eiern bestehende Gelege wird, wenn Wahlmöglichkeiten bestehen, bevorzugt an der Unterseite von großen Blättern versteckt, häufig aber auch an der Unterseite von Totholz abgelegt. Die Larven, die nach etwa zwei Tagen schlüpfen, werden vom Weibchen allein betreut und regelmäßig an etwas höheren Plätzen abgelegt. Sie werden während der weiteren etwa sechs bis acht Tage währenden Entwicklung nur selten umgebettet, meist, nachdem einzelne Larven eingegangen sind. Nach dem Freischwimmen werden die Jungfische im dichten Schwarm geführt, wobei das Männchen in den ersten Tagen regelmäßig aus der Nähe seiner Nachkommen vertrieben wird. Erst nach drei bis vier Wochen wird ein Teil der Jungenbetreuung vom Vater übernommen. Zu diesem Zeitpunkt beginnt das Weibchen erneut einen Eiablageplatz zu säubern. In kleineren Aquarien tötet die Mutter in dieser Phase häufig die Jungen, da sie nun auch beginnt, diese aus der Nähe des Brutplatzes zu vertreiben. Die Jungfische wachsen bei den ohnehin häufig erforderlichen Wasserwechseln und einer reichlichen Fütterung mit *Artemia*-Nauplien rasch heran und können bereits im fünften Lebensmonat selbst erstmalig zur Reproduktion schreiten.

Besonderheiten: *A. paucisquamis* gehört zu den Formen innerhalb der Gattung, die einen besonders auffälligen Polychromatismus der Männchen aufweisen, weshalb verschiedentlich unterschiedliche Farbmorphen beschrieben worden sind (vergl. Kullander & Staeck 1988). Diese Morphen stellen aber keine geographischen Farbformen dar, sondern repräsentieren lediglich die Breite des genetischen Färbungspotentials. Befunde an *A. juruensis* (Römer & Soares 1995, 1996) lassen vermuten, daß die Färbung der Männchen den fortpflanzungswilligen Weibchen als Merkmal zur Erkennung bestimmter genetisch bedingter, umweltabhängig ausgeprägter Merkmale dienen könnte.

T: 21 - 29 °C, **L:** ♂ 7 cm, ♀ 5 cm, **BL:** 150 cm, **WR:** u, m, **SG:** 2 - 4 (Klarwasserfisch!)

Blick von der Mündung aufwärts in den Igarapé Prósperitáte

A. paucisquamis ♀, adult, dominant, beim Befächeln des Geleges

A. paucisquamis ♀, adult, dominant, brutpflegend, leicht aggressiv

A. paucisquamis ♀, adult, dominant, brutpflegend in der Larvalphase

A. paucisquamis ♀, adult, dominant, Brutpflege über eben aufschwimmenden Jungen

A. paucisquamis, brutpflegendes Paar

A. paucisquamis ♀, adult, dominant, neutral gestimmt, nicht territorial

Waldibis (*Mesembrinibis cayennensis*) am oberen Rio Negro

Apistogramma payaminonis KULLANDER, 1986

Erstbeschreibung: Cichlid Fishes from the Amazon River Drainage of Peru. Swedish Museum of Natural History; Stockholm: 184-188.

Etymologie: *payaminonis:* bezieht sich auf das in der peruanisch-ecuadorianischen Grenzregion gelegene Flußsystem des Rio Payamíno, in dem das Typenmaterial der Art gesammelt wurde.

Typusmaterial: 17 Exemplare.

Holotypus: Männchen, 39,6 mm SL (FMNH 96564), am 15. November 1983 von D. J. STEWARD, M. IBARRA, R. BARRIGA und A. ECHEVERIA gesammelt. Fundort: Gesammelt im Rio Payamino-Zufluß namens "Quebrada Ahuno", unmittelbar oberhalb Ahuanopaccha (einem 42 Meter hohen Wasserfall), wenige Kilometer südwestlich von San José de Payamino, einem Ort am Zusammenfluß der zum Río Napo-System gehörenden Flüsse Rio Tutapishcu und Rio Payamino, einem der Quellflüsse des Río Tutapishcu, Provinz del Napo, Ecuador (Station DJS83-75, etwa 00°31.2´S/77°20.7´W).

Paratypen: Weibchen, 30,8 mm SL (FMNH 96564pt), Daten wie Holotypus. Weitere 15 Exemplare, 15,8 bis 39,6 mm SL (MCZ 49327), darunter vier Männchen, 29,0 bis 39,6 mm SL, und vier Weibchen, 28,5 bis 30,3 mm SL, von T. ROBERT am 25. November 1971 gesammelt. Fundort: Napo, in einem Waldbach eine Meile flußaufwärts von

der Mündung des Río Payamíno bei Puerto Coca, Ecuador.

Belegmaterial: Ein Männchen (SMF 28213)

Synonyme: Keine.

Artspezifische Merkmale: *A. payaminonis* weist nur mit *A. nijsseni* und *A. atahualpa* große Ähnlichkeit auf. Insbesondere das Fehlen eines Lateralbandes unterscheidet die beiden erstgenannten Arten von allen anderen bisher bekannten Spezies der Gattung. Im Gegensatz zu *A. nijsseni* haben Männchen der hier behandelten Art deutlich verlängerte Häute der vorderen Rückenflosse. Die Membranen der Rückenflossenstacheln 5 und 6 können mehr als das Doppelte der Stachellänge erreichen. Außerdem entwickeln erwachsene Männchen eine zumindest leicht zweizipfelige Schwanzflosse (STAECK persönliche Mitteilung). In diesen Merkmalen weisen sie eine hohe Übereinstimmung mit *A. atahualpa* auf, sind von dieser Art aber am abweichend geformten Schwanzwurzelfleck und den roten Säumen am oberen und unteren Rand der Schwanzflosse zu unterscheiden. *A. payaminonis*-Weibchen zeigen stets schwarz eingefaßte Basen der Brustflossen. Dieses Merkmal fehlt allen anderen Weibchen der *A. cacatuoides*-Gruppe, tritt aber bei dem im nördlich und östlich angrenzenden Kolumbien und Venezuela vorkommenden großen Verwandtschaftskreis um *A. spec.* "Schwarz-

A. payaminonis ♂, halbwüchsig, neutral gestimmt W. Staeck

A. payaminonis ♀, adult, neutral gestimmt W. Staeck

Spezieller Artenteil

saum" ebenso deutlich auf. Weibchen zeigen, anders als diejenigen von *A. nijsseni*, die einen praktisch vollständig schwarz gefärbten Kiemendeckel besitzen, ein nur schmales, vom Auge zum Kiemendeckelhinterrand verlaufendes Wangenband. Auch der oftmals die ganze Körperhöhe ausfüllende, vergrößerte Seitenfleck von *A. nijsseni* fehlt diesen Tieren. Sie zeigen vielmehr den auch für andere Arten der Gattung typischen kleinen Lateralfleck, der kaum das Längsband überragt. Einige Exemplare zeigen zwei Seitenflecke. Anders als weibliche *A. nijsseni* tragen die Weibchen von *A. payaminonis* einen schwarzbraunen Brustfleck zwischen und vor den Bauchflossen, ähnlich wie er bei manchen Arten der *A. macmasteri*-Gruppe auftritt. Die Kehlmembran ist zwischen den Kiemendeckeln ebenfalls dunkel gefärbt. Männchen wie Weibchen haben einen schwärzlichen Streif an der Rückseite der Brustflossenbasis. *A. payaminonis* beiderlei Geschlechts fehlt das auffallende durchgehende rote Saumband, welches für die Schwanzflosse von *A. nijsseni* typisch ist. Auch das submarginale dunkle Band umsäumt die leicht gestutzte Schwanzflosse nicht vollständig, wie es bei *A. nijsseni* der Fall ist. Vielmehr zeigen erwachsene Männchen an der unteren und oberen Kante der Schwanzflosse einen roten und gelegentlich einen submarginalen, schwarzen Streifen, der aber die Mitte der Schwanzflosse offen läßt.

Geschlechtsunterschiede: Erwachsene Männchen entwickeln eine mindestens leicht zweizipfelige Schwanzflosse und deutliche, leicht zugespitzte Verlängerungen der Membranen des ersten Rückenflossenviertels; diese fehlen den Weibchen. Männchen weisen außerdem über den vorderen Ansatz der Afterflosse deutlich hinausreichende fädige Verlängerungen der Bauchflossen auf, während diese bei weiblichen Tieren nur knapp an die Flossenbasis heranreichen. Auch die Weichstrahlenden der Rücken- und Afterflosse der Männchen sind etwas ausgezogen und zugespitzt, ganz im Gegensatz zur Situation bei *A. nijsseni*, bei dem die unpaaren Flossen beider Geschlechter gleich entwickelt sind. Der Geschlechtsdichromatismus von *A. payaminonis* weist einige Parallelen zum nah verwandten *A. nijsseni* auf: Die Männchen zeigen eine auffallende, metallisch überlagerte und himmelblaue Farbe und einen oftmals orangegelben Bauch, während Weibchen eine gräuliche oder gelblichgraue Grundfarbe aufweisen. Der vordere obere Teil der Bauchflossen ist bei Weibchen schwarz oder rußiggrau, bei Männchen transparent porzellanweißlich. Weibchen zeigen weiterhin einen schwarzen Brustfleck im Bereich des Brustflossenansatzes, der Männchen stets fehlt. Weiterhin zeigen große Weibchen neben einem großen auffallenden Schwanzwurzelfleck, den auch Männchen oft deutlich zeigen können, einen, in manchen Fällen zwei Seitenflecke an den Positionen der Körperbänder zwei und drei (fundortabhängige Unterschiede?). Erwachsene Männchen zeigen dagegen normalerweise keine Seitenflecke; bei ihnen erscheinen diese nur in Streßsituationen.

Verwandtschaftliche Zuordnung: *A. payaminonis* gehört zusammen mit *A.*

A. payaminonis ♀, adult, leicht aggressiv

W. Staeck

A. payaminonis ♂, adult, beachte rote Säume der Schwanzflosse

W. Staeck

nijsseni und *A. norberti* einer gemeinsamen Verwandschaftsgruppe, nämlich dem *A. nijsseni*-Subkomplex innerhalb·der *A. cacatuoides*-Gruppe an (RÖMER & SOARES 1995, STAECK 1991). Die Tatsache, daß erwachsene Männchen von *A. payaminonis* (im Gegensatz zu den Angaben in der Erstbeschreibung) eine mindestens leicht zweizipfelige Schwanzflosse entwickeln, weist auf eine große verwandtschaftliche Nähe zu *A. juruensis* und den übrigen Formen des *A. cacatuoides*-Subkomplexes hin.

Verbreitung: Die Art ist in Ecuador in der Provinz del Napo verbreitet. Bis 1996 war die Art nur von den beiden Fangplätzen im Bereich des oberen Rio Napo-Flußsystems bekannt, an denen das Typusmaterial gesammelt wurde: vom Rio Payamino-Zufluß Quebrada Ahuno südwestlich von San José de Payamino, am Zusammenfluß der Flüsse Rio Tutapishcu und Rio Payamino, einem der Quellflüsse des Río Tutapishcu, und von einem Waldbach eine Meile flußaufwärts von der Mündung des Río Payamino bei Puerto Coca. Dr. Gero F. FISCHER (Ecuador) teilte mir im Frühjahr aber mündlich mit, daß die Art in geringer Dichte in vielen weiteren Gewässern beiderseits des Rio Payamino und des Rio Napo vorkomme. Diese Informationen werden durch STAECK (1996) bestätigt, der die Fische wesentlich weiter nördlich, nämlich in der Grenzregion zu Kolumbien fangen konnte. Er fing Tiere im nördlichen Einzugsbereich des Río Aguarico im Hügelland unmittelbar am Fuße der Anden.

Ökologie: Es liegen bisher nur wenige Angaben zur Ökologie des Lebensraumes vor, in dem die Fische gesammelt wurden. Nach einer brieflichen Mitteilung STEWARDS an den Erstbeschreiber vom 21. Dezember 1985 (zitiert in KULLANDER 1986) wurden *A. payaminonis* in einem etwa 8 bis 10 Meter breiten, etwa 0,5 bis 1 Meter tiefen Waldbach gefangen, dessen Ufer von offenbar unbeeinflußtem Primärwald bestanden waren. Die Strömung in den Bereichen, in denen *Apistogramma* gefangen wurden, war langsam, in der Bachmitte dagegen rasch. Der Bodengrund bestand aus großen Steinen, Fels, Baumstämmen und etwas Feinsand in Stillwasserzonen. Die Sichttiefe lag bei über einem halben Meter. Der pH-Wert am Typusfundort lag bei 6,4, die Wassertemperatur bei nur 22,5 °C. Vor allem die von STEWARD festgestellte niedrige Wassertemperatur sollte Beachtung finden, wenn (wider Erwarten) weitere Exemplare dieser Art eingeführt werden: möglicherweise bevorzugt *A. payaminonis* niedrigere Wassertemperaturen, was für Arten aus dieser subandinen Region charakteristisch sein könnte (siehe aber unter Ernährungszustand).

Besonders erwähnt werden soll hier der Umstand, daß KULLANDER in der Erstbeschreibung im Zusammenhang mit der Beschreibung des Typusfundortes ausdrücklich auf den deutlich verhungerten Eindruck der hier gesammelten Fische hinweist. Tatsächlich stellt das von STEWARD beschriebene Habitat nach allgemeiner Ansicht (z.B. KULLANDER in KOSLOWSKI 1985, LINKE & STEACK 1995, STAECK 1987) keinen wirklich geeigneten Lebensraum für

A. payaminonis ♂, adult, Schreckfärbung

A. payaminonis ♀, adult, Schreckfärbung

Spezieller Artenteil

Zwergbuntbarsche der Gattung *Apistogramma* dar. Von mir selbst konnten allerdings mehrfach größere, gerade reproduzierende Populationen verschiedener Arten auf fast reinen Felshabitaten festgestellt werden (s.o.). Es handelte sich dabei aber immer um Arten, die von mir dem Typ der Großflußbesiedler ("Fluß"-*Apistogramma*) zugeordnet werden (Formen aus der weiteren *A. pertensis*-Gruppe). Dem gegenüber ist *A. payaminonis* vom Habitus her den Waldbach- und Fallaubbewohnern innerhalb der Gattung zuzuordnen. Die eigentliche Ursache für den relativ schlechten Zustand der Fische muß daher wohl in anderen Faktoren, möglicherweise in den vergleichsweise niedrigen Wassertemperaturen gesehen werden, die über längere Zeiträume (Wochen) anhaltend auch robuste Arten erkennbar beeinträchtigen können (siehe vorstehenden Absatz!). Vor allem wird zunächst die Nahrungsaufnahme eingeschränkt, was binnen kurzer Zeit zu einem ausgezehrten Aussehen führt. FISCHER (mündliche Mitteilung) fing die Art wiederholt gemeinsam mit *A. cruzi* in flachen, nur schwach durchströmten Uferbereichen verschiedener kleiner Waldbäche, meist in Fallaubansammlungen. Diese Angaben decken sich mit Informationen von STAECK (1996), der die Art an drei verschiedenen Fundorten sammeln konnte. Alle Fundorte stellten beruhigte Gewässerbereiche in Bächen dar, die sonst starke Strömung aufwiesen, ähnlich etwa den Bächen der Forellenregion Mitteleuropas. STAECK weist darauf hin, daß in diesen Bächen auch Stromschnellen und Wasserfälle zu finden sind. Die sonst für *Apistogramma*-Habitate typischen Stillwasserzonen mit Fallaubansammlungen sind in diesen Gewässern selten, was nach STAECKS Ansicht dafür verantwortlich sein könnte, daß die Art bisher nur selten gefangen worden ist. Er weist besonders darauf hin, daß die Dichte der meist jungen *A. payaminonis* an den von ihm untersuchten Fundorten im Vergleich zu anderen Arten und Fangplätzen ungewöhnlich niedrig war.

Alle 1996 von STAECK untersuchten Fundorte von *A. payaminonis* wiesen saures und sehr weiches Wasser mit vergleichsweise niedrigen Temperaturen auf, was sich in etwa mit den bereits erwähnten Angaben STEWARDS deckt.

Ersteinfuhr: Im Mai 1996 wurden durch Dr. G. W. FISCHER erstmals Tiere in die USA gebracht. Die Ersteinfuhr war zu diesem Zeitpunkt wegen der gerade herrschenden politischen und militärischen Verhältnisse in dem Teil der ecuadorianisch-peruanischen Grenzregion, aus der *A. payaminonis* stammt, kaum zu erwarten. W. STAECK gelang im Sommer 1996 erstmals die Einfuhr einiger Exemplare in die Bundesrepublik Deutschland.

Aquarienbiologie: Wegen der erst kurz vor Fertigstellung dieses Buches erfolgten Einfuhr fehlen bisher detaillierte, auf längerer Haltungserfahrung basierende Informationen zur Haltung und Zucht. Lediglich persönliche Mitteilungen von G. FISCHER und einige Angaben von STAECK (1996) geben einen ersten Anhalt. Danach verläuft die Fortpflanzung etwa wie bei *A. nijsseni* oder *A. norberti*. Eine nahe Orientierung an

A. payaminonis ♀, adult, dominant, verunsichert, leicht aggressiv

A. payaminonis ♀, adult, dominant, frühe Brutpflegefärbung

den von STAECK (1997) gegebenen Freilandwerten ist aber nach vorliegenden Erfahrungen mit anderen Arten der *A. nijsseni*-Gruppe und den ersten eingeführten Tieren wahrscheinlich erforderlich. Besonders dürfte eine nicht zu hohe Wassertemperatur (22 bis 25 °C) und der nur leicht saure pH-Wert zu beachten sein, obwohl sich aus den dargestellten ökologischen Befunden widersprüchliche Auswirkungen niedriger Temperaturen ergeben. Diese Freilandwerte lassen auf eine vergleichsweise gute Eignung für die Aquaristik schließen, da eine gewisse Robustheit gegenüber schwankenden oder extremen Umweltbedingungen in Lebensräumen mit auch nur zeitweilig derartig extremen Bedingungen vorausgesetzt werden kann. Diese theoretische Annahme hat sich durch erste Beobachtungen an 1996 in die USA und nach Deutschland gelangten Fischen bestätigt. Leider haben sich die Fische im Aquarium als ausgesprochen scheu erwiesen, wie dies auch bei anderen typischen Waldbach- und Fallaubbewohnern, etwa *A. norberti*, der Fall ist.

Bemerkungen: Bisher liegen nur wenige Erfahrungen mit dieser systematisch besonders interessanten Form vor. Kommerzielle Einfuhren aus Ecuador sind kaum zu erwarten, weshalb der Aquarienbestand derzeit noch nicht als gesichert gelten kann.

T: 20 - 28 °C, (opt. um 23 °C) **L**: ♂ 8 cm, ♀ 6 cm, **BL**: 120 cm, **WR**: u, **SG**: 3 - 4

Raubsalmler der Gattung *Hoplias* gehören zu den Hauptfreßfeinden von Kleincichliden

A. payaminonis ♀, adult, dominant, brutpflegend, Junge ca. 3 Tage alt

A. payaminonis ♀, adult, dominant, verunsichert, brutpflegend, Junge ca. 3 Tage alt

Überschwemmter Wald (Igapó) am Rio Jáo

P. Parulin

Flach überspülte Uferzone am unteren Rio Tiquié

Jungfische aller *Apistogramma* orientieren sich an Flossensignalen der Mutter

Apistogramma personata KULLANDER, 1980

Erstbeschreibung: A Taxonomical Study of the Genus Apistogramma REGAN, with a Revision of Brazilian and Peruvian Species (Teleostei: Perciformes: Cichlidae). Bonner Zoologische Monographien Nr 14.: 111 - 114.

Etymologie: *personata* (lat.) = maskiert. Der Artname bezieht sich auf das Typenmaterial, das zwischen den Augen ein auffallendes, zu einem maskenartigen Fleck ausgeweitetes Band zeigt.

Typusmaterial: 23 Exemplare.

Holotypus: Männchen, 49,2 mm SL (IRSNB (Types) 575), am 8. Dezember 1967 von Seiner Majestät König LEOPOLD III. von Belgien und J. P. GOSSE gesammelt. Fundort: Rio Uaupés bei Assai im Bundesstaat Amazonas, Brasilien (00°02´N / 67°27´W).

Paratypen: 15 Männchen, 19,8 bis 41,2 mm SL und 7 Weibchen, 19,7 bis 33,1 mm SL (IRSNB (Types) 576), Daten wie Holotypus.

Synonyme: Keine.

Artspezifische Merkmale: Erwachsene *A. personata* sind wenig gestreckt, relativ hochrückig und seitlich mäßig stark zusammengedrückt. Der Unterkiefer ist besonders bei alten Männchen kräftig entwickelt und verleiht den Fischen, verbunden mit dem kompakten Körperbau, einen relativ bulligen Eindruck. Die durch die zugespitzten und verlängerten Flossenhäute auffallend hohe Rückenflosse ist gesägt, die zweizipfelige Schwanzflosse erwachsener männlicher Tiere unregelmäßig gebändert. Auch der Weichstrahlbereich von Rücken- und Afterflosse trägt eine solche Bänderung. Auf der Basis der Schwanzflosse befindet sich ein deutlicher, vom Längsband klar abgesetzter rundlicher Fleck. Bei lebenden Tieren ist der Übergang zum Längsband gelegentlich etwas undeutlich. Das Längsband ist bei *A. personata* in der vorderen Hälfte etwa eine halbe, im hinteren Teil fast eine Schuppe breit. Der Schnauzenstreif ist schmal und leicht nach unten gebogen. Das deutliche Wangenband verschmälert sich stimmungsabhängig gleichmäßig oder verläuft gerade in etwa halber Pupillenbreite vom Auge bis zum hinteren unteren Rand des Kiemendeckels. Auf den Körperseiten zeichnen sich, insbesondere in aggressiver Stimmung, zeitweilig deutliche, durch die dunklen Vorderränder der Körperschuppen gebildete Unterkörperbänder ab, die etwas breiter sind

A. personata, Holotypus (IRSNB 575)

A. personata ♂, adult, dominant, leicht aggressiv, aus der Umgebung von Sao Gabriel

A. personata ♂, adult, dominant, neutral gestimmt, aus der Umgebung von Sao Gabriel

als ihre Zwischenräume. Eine Reihe von Rückenflecken liegt unterhalb der Basis der Rückenflosse, auf die sie nicht übergreifen. An der vorderen Basis der Rückenflosse befindet sich ein besonders auffälliger dunkler Fleck, der aber nicht mit dem verschiedentlich erwähnten, angeblich maskenartigen Fleck auf der Stirn identisch ist. Tatsächlich befindet sich zwischen den Augen, sowohl des von mir nachuntersuchten Holotypus als auch lebender Tiere, ein (auch von Kullander beschriebenes) Band und nicht etwa ein Dreieck, wie von Koslowski (1985) oder Linke & Staeck (1992) angegeben. Es stellt in seiner Ausprägung auch keine wirkliche Besonderheit von A. personata dar, sondern findet sich bei fast allen Arten der A. macmasteri-Gruppe und vielen Formen aus dem Verwandtschaftskreis um A. cacatuoides.

Geschlechtsunterschiede: Männchen werden deutlich größer als Weibchen und entwickeln eine deutlich zweizipfelige Schwanzflosse; bei Weibchen ist diese meist nur gerundet oder seltener gestutzt. Ausnahmsweise entwickeln aber auch Weibchen kleine zipfelige Verlängerungen. Die erwachsenen Männchen besitzen eine sehr hohe gesägte Rückenflosse, die der Weibchen bleibt dagegen erheblich niedriger.

Verwandtschaftliche Zuordnung: Kullander (1980) stellt die Art in die Nähe von A. gibbiceps, eine Einschätzung die auch ich teile. Beide Formen sind auf Basis eines Superspezieskonzeptes (zum Superspezieskonzept siehe den Abschnitt im ersten Teil des Buches) (zumindest fast bis zum Erwachsenenstadium) kaum unterscheidbare Zwillingsarten. Allerdings sind die Dentalporen bei A. gibbiceps im Gegensatz zu A. personata reduziert, was auf geeigneten Portraitfotos lebender Tiere zu sehen ist und kontrolliert werden kann. Die nächst verwandte Form stellt nach derzeitiger Kenntnis der noch unbeschriebene A. spec. "Breitbinden" aus dem oberen Einzug des Rio Orinoco in Kolumbien und Venezuela dar, mit dem beide Arten die engere A. gibbiceps-Gruppe bilden. Die Art A. roraimae, die verschiedentlich in diese Gruppe gestellt wurde (z.B. Schäfer 1994), ist nach Auffassung von Römer, Staeck & Plösch (in Vorbereitung) mit A. gibbiceps identisch. Weiterhin bestehen Ähnlichkeiten zu Formen der A. pertensis-Gruppe, insbesondere zu A. pulchra. Bei der "Zwillingsart" A. gibbiceps ist das Längsband nicht unterbrochen und verläuft bis in die Schwanzflosse. Die Weibchen weisen darüber hinaus einige Ähnlichkeit zu A. arua und zu A. spec. "Peixoto" auf.

Typusfundort: Das Typusmaterial wurde im mittleren Rio Uaupés bei Assaí, einer Tukáno-Siedlung, gesammelt. (Nach mündlichen Angaben einiger alter Tukáno (1994), die sich noch an den Besuch Gosses und Leopold III. von Belgien erinnern konnten, wurden die Typen wohl in einem schmalen Paraná (Kanal) unmittelbar stromaufwärts (westlich) des Dorfes gesammelt.)

Verbreitung: A. personata ist möglicherweise ein Endemit des Rio Uaupés und seiner Zuflüsse. Alle Nachweise dieser Art stammen aus dem Bereich

A. personata ♀, adult, dominant, brutpflegend, aus der Umgebung von Sao Gabriel

A. personata ♀, adult, dominant, brutpflegend, leicht aggressiv (Umgebung Sao Gabriel)

zwischen Assaí und Taraquá in Brasilien.

Ökologie: Die Ökologie dieser Art ist bisher weitgehend unbekannt. Es liegen nur wenige Informationen vor, die auf meinen Funden im Rio Uaupés basieren. Bei den Zuflüssen des Rio Uaupés handelt es sich meist um Schwarzwasserbäche, vereinzelt sind auch Klarwasserbäche anzutreffen. Dazu gehört auch der bei Acaí in den Rio Uaupés mündende Igarapé Yaburarí. Die neuen Aufsammlungen stammen aus Gewässern mit relativ heterogener Wasserchemie: sowohl aus Klar- als auch aus Schwarzwasser. Derzeit liegen wegen der geringen Fangzahlen (insgesamt nur zwölf lebende Individuen) noch keine detaillierten Untersuchungsergebnisse zur Ökologie der Art vor. Es ist aber immerhin festzustellen, daß im Bezug auf die Beschaffenheit der bisher untersuchten Lebensräume gewisse Parallelen der Ansprüche von *A. personata* zu *A. elizabethae* und *A. gibbiceps* bestehen. Die Wassertemperatur an den Fundorten in den Waldbächen war mit 23 bis 26 °C (Nachmittag) relativ gering, im Rio Negro dagegen mit knapp 30 °C (Mitternacht) vergleichsweise hoch. An allen Fundorten konnten zahlreiche *Hoplias* in verschiedenen Größen und verschiedene kleine Salmler (*Copella*, *Moenkhausia*) festgestellt werden.

Ersteinfuhr: Gemeinsam mit meinen Reisebegleitern M. GEISMANN, S. LEISSNER und A. SCHNEIDER brachte ich bereits 1992 ein zunächst unerkanntes männliches Einzeltier aus dem unteren Rio Uaupés mit nach Deutschland. 1994 konnten dann in mehreren Bächen im Gebiet des Rio Uaupés und Rio Tiquié zwischen Assaí und Taraquá durch RÖMER, von TSCHIRNHAUS & WÖHLER einige wenige Exemplare beiderlei Geschlechts gesammelt und nach Deutschland gebracht werden.

Aquarienbiologie: Es liegen nur spärliche Erfahrungen mit *A. personata* aus dem Aquarium vor. Die bisher eingeführten Tiere erwiesen sich im Aquarium als relativ robust, aber vergleichsweise kurzlebig. Sie ließen sich in großen Aquarien auch in mittelhartem (10 °dGH, 400 µS/cm) und leicht saurem Wasser (pH um sechs) problemlos halten. Sie sind wenig aggressiv, setzen sich aber während der Fortpflanzungszeit auch gegenüber wesentlich größeren Aquarienmitbewohnern wie ancistrinen Welsen oder Salmlern durch. Die Zucht gelang erst in sehr weichem Wasser (ohne nachweisbare Härte) und bei pH-Werten unter 5, allerdings konnten die Jungfische nicht bis zur Geschlechtsreife aufgezogen werden; sie starben in einer Größe von etwa vier Zentimetern TL aus ungeklärter Ursache.

Besonderheiten: *A. personata* wurde bisher nur in wenigen Exemplaren eingeführt. Die Identifizierung lebender Exemplare gestaltet sich wegen der Ähnlichkeit zu *A. gibbiceps* außerordentlich schwierig. Die Tiere, die von KRANZ (1995) irrtümlich als *A. personata* vorgestellt wurden, repräsentieren tatsächlich die ebenfalls aus dem Rio Uaupés stammende Art *A. brevis*.

T: 23-29 °C, **L:** ♂ 9 cm, ♀ 6 cm, **BL:** 150 cm, **WR:** u, **SG:** 3 - 4

Fruchtende Palmen liefern energiereiche Nahrung für viele Fische (Rio Uaupés)

Apistogramma pertensis (HASEMAN, 1911)

Erstbeschreibung: XVIII. An annotated Catalog of the Cichlid Fishes collected by the Expedition of the Carnegie Museum to Central South America, 1907 - 1910: 59. *Heterogramma taeniatum pertense*, var. nov.. Annals of the Carnegie Museum 7: 329 - 373 (359 & plate LXVI).

Etymologie: *pertensis* (lat.) = wahrscheinlich abgeleitet von *pertendare* = zu etwas gehören, bei etwas beharren, wohl im Sinne einer Zugehörigkeit zu *A. taeniata* (GÜNTHER). HASEMAN gibt allerdings keine Erklärung zur Herleitung und Bedeutung der Artbezeichnung. Andere Interpretationen der Namensherleitungen finden sich bei SCHMETTKAMP (1982) und MAYLAND & BORK (1997).

Typusmaterial: Zwei Exemplare.

Holotypus: Männchen, 27 mm (CM No. 2741), am 29. November (1909) von der Expedition des Carnegie Museum 1907 bis 1910 gesammelt. Fundort: Manaos, Bundesstaat Amazonas, Brasilien. (Anmerkung des Verfassers: In der Beschreibung besteht ein Widerspruch: In der Legende zu Tafel LXVI ist die Länge dieses Belegexemplares mit 37 mm und nicht wie im Textteil mit 2,7 cm angegeben.)

Paratypus: Ein Exemplar, Geschlecht unbestimmt, 22 mm (CM No 2742), am 10. Dezember 1909 von der Expedition des Carnegie Museum 1907 bis 1910 gesammelt. Fundort: Rio Tapajos, Santarém, Brasilien.

Belegmaterial: Fünf Männchen, zwei Weibchen (ZFMK 17726 bis ZFMK 17732); ein Männchen, ein Weibchen und ein Exemplar ohne Geschlechtsangabe (ZFMK 17531 bis ZFMK 17533), zuvor irrtümlich als *A. meinkeni* bestimmt.

Synonyme: *Heterogramma taeniatum* HASEMAN, 1911; *Heterogramma taeniatum* var. *pertense* HASEMAN, 1911.

Artspezifische Merkmale: Kennzeichnend für *A. pertensis* ist der schlanke langgestreckte, seitlich deutlich zusammengedrückte Körper, ein stumpf abgerundetes Kopfprofil, die stets runde bis schwach länglich ovale, durchgehend senkrecht gebänderte Schwanzflosse, ein etwa pupillenbreites Längsband, das deutlich vor einem rundlichen Schwanzwurzelfleck im Bereich der siebten Querbinde endet, eine schmale gerade, zum Kiemendeckelhinterrand spitz zulaufende Wangenbinde und die im männlichen Geschlecht auffallend hohe Rückenflosse, die oft ebenso hoch ist wie der Körper. Bei jungen Tieren erscheint gelegentlich anstatt des Längsbandes ein einzelner unregelmäßig länglicher Seitenfleck im Bereich des dritten Querbandes. Bei alten Männchen ist die Rückenflosse im Bereich der Flossenmembranen eins bis vier (selten bis sieben) tief eingeschnitten bzw. gesägt, während die übrigen Flossenhäute verwachsen sind. Auffällig sind auch die häufig extrem verlängerten Bauchflossen und die Weichstrahlbereiche von Rücken- und Afterflosse

A. pertensis ♂, adult, dominant, "gähnend"

Unterwasseraufnahme des Fundortes am Igarapé Prósperitáte

A. pertensis ♂, adult, dominant, neutral gestimmt

A. pertensis ♂, adult, dominant, in Freßstimmung

A. pertensis ♂, adult, dominant, leicht aggressiv

A. pertensis ♂, adult, dominant, leicht aggressiv

der Männchen. Die normale Körperfärbung ist unauffällig metallisch schimmernd grau bis graubraun, gelegentlich auch grünlichgelb bis bronze, bei Weibchen verwaschen gelblichgrau. Die Kehl- und Vorderbauchregion ist meist elfenbeinweiß, seltener hellgrau. Die Ränder der Körperschuppen tragen meist dunkle bräunliche Ränder, die stimmungsabhängig auf dem Unterkörper zu drei bis (selten) vier Reihen senkrechter Striche reduziert sein können. *A. pertensis* ist erst voll ausgewachsen von ähnlichen Arten der *A. pertensis*-Gruppe sicher abzugrenzen.

Geschlechtsunterschiede: Männliche *A. pertensis* werden etwa ein Drittel größer als Weibchen. Sie entwickeln deutlich zugespitzte bis gelegentlich fädig ausgezogene Weichstrahlbereiche von Rücken- und Afterflosse. Voll ausgewachsene und dominierende Männchen haben außerdem eine auffällige, durchgehend hohe Rückenflosse, die Weibchen stets fehlt. Weibchen wirken etwas gedrungener und rundlicher als Männchen. Sie zeigen nur in Ausnahmefällen die bläulich überlagerte, kupfer- bis bronzegraue Körpergrundfarbe der Männchen; meist sind sie gelblich-grau. Die überwiegend ungebänderte Afterflosse der Weibchen zeigt an der Basis eine gelbliche bis orangegelbe Zone, während diese bei Männchen einige Punktreihen auf bläulichweißem Grund tragen.

Verwandtschaftliche Zuordnung: *A. pertensis* bildet mit einer Anzahl weiterer schlanker Formen die *A. pertensis*-Gruppe, die aber wahrscheinlich aus Vertretern verschiedener Artenkomplexe, also nicht näher miteinander verwandter Arten besteht. Als nächstverwandte Formen sind wahrscheinlich *A.* spec. aff. *pertensis*, *A.* spec. aff. *meinkeni*, *A. uaupesi* und *A. pulchra* anzusehen. Auch *A. iniridae* weist Ähnlichkeit mit *A. pertensis* auf.

Überdies scheinen entferntere Beziehungen zu einer Gruppe kleiner Arten mit teilweise umgekehrtem Geschlechtsdimorphismus zu bestehen, z.B. zu *A.* spec. "Chao", *A.* spec. "Tiquié" und *A.* spec. "Balzfleck". Die genaue Klärung der Beziehungen zu dieser Gruppe ist allerdings noch unklar und kann nur über gezielte Sammlung im Freiland und eingehende taxonomische und ethologische Studien erfolgen.

Typusfundort: Als Typusfundort wurde Manaos angegeben, was heute allgemein als Synonym für die heutige Stadt Manaus (3°06´S/60°00´W) an der Mündung des Rio Negro, Bundesstaat Amazonas, in Brasilien angesehen wird.

Verbreitung: *A. pertensis* ist im gesamten Einzugsbereich des Rio Negro mit Ausnahme des Rio Uaupés weit verbreitet. Ich fing die Art im Bereich der Anavillanas im Unterlauf des Rio Negro und auch in verschiedenen nördlichen und südlichen Zuflüssen des Oberlaufes. Weitere belegbare Funde stammen aus dem Bereich des Rio Amazonas zwischen Téfe und Santárem. Aus dem letztgenannten Gebiet wird allerdings immer wieder eine ähnliche Zwillingsform nach Europa exportiert, die geringfügig kleiner ist und deren Männchen oft keine vergrößerte Rückenflosse aufweisen (siehe Bemerkungen).

A. pertensis ♂, adult, dominant, aggressiv, frontal drohend

A. pertensis ♂, adult, dominant, nach verlorener Auseinandersetzung mit *Heros*

Ökologie: *A. pertensis* bewohnt innerhalb seines Verbreitungsgebietes Waldbäche, sofern sie Klar- oder Schwarzwasser führen. Sie leben bevorzugt über und in der oberen Fallaubschicht der Bäche und erreichen dort stellenweise auffallend hohe Dichten. Im März 1994 konnten M. WÖHLER und ich auf einer Probefläche von einem Quadratmeter im Igarapé Prósperitáte, einem Rio Préto-Zufluß im oberen Rio Negro, in wenigen Minuten durch ein im ersten Teil des Buches dargestelltes Wegfangverfahren 475 Individuen mit über einem Zentimeter Länge (TL) fangen. *A. pertensis* wurde wiederholt gemeinsam mit *A. agassizii*, *A. gibbiceps*, *A. paucisquamis*, seltener *A. diplotaenia*, *A. regani*, *Aequidens* cf. *diadema*, *A. pallidus*, *Crenicichla notophthalmus*, *C. regani*, *C. inpai*, *Dicrossus filamentosus*, *Laetacara* spec. "Orangeflossen" und regelmäßig mit dem Roten Neonsalmler *Paracheirodon axelrodi* angetroffen. Im Herbst 1991 konnte ich gemeinsam mit A. SCHNEIDER zum ersten Mal große Schwärme wandernder *A. pertensis* und vereinzelt darunter befindlichen *A. uaupesi* beobachten. Einer der Schwärme schwamm während der Beobachtungszeit vom flußabwärts gelegenen Ende einer schnell trockenfallenden Sandbank in das offene Wasser des Rio Arirara. Auf die Annäherung eines möglichen Feindes (hier der Beobachter) reagierten sie mit schneller Verdichtung des Schwarmes, der die Erkennung von Einzelindividuen praktisch unmöglich machte. Dieses Verhalten unterschied sich völlig von dem Wanderverhalten, das bei *A. elizabethae* festgestellt wurde (siehe dort). Bisher liegen noch keine detaillierten Berichte anderer Autoren zum Wanderverhalten von *Apistogramma*-Arten vor. Weitere Angaben zur Ökologie von *A. pertensis* finden sich im Abschnitt zur Habitatwahl von *Apistogramma*.

Ersteinfuhr: *A. pertensis* wurde bereits um die Jahrhundertwende erstmals eingeführt, möglicherweise durch die Hamburger Firma SIGGELKOW.

Aquarienbiologie: *A. pertensis* gehört zu den relativ schwierig zu pflegenden Arten. Die importierten Individuen stammen vornehmlich aus sehr weichem und saurem Klarwasser (0 bis 3 °dGH, unter 50 µS/cm, pH 4 bis 6,5), das auch unter Schwarzwassereinfluß stehen kann, was bereits bei der Haltung zu berücksichtigen ist. In härterem oder gar alkalischem Wasser fühlen sich die Fische sichtlich unwohl, klemmen meist die Flossen, fressen schlecht und gehen oft bereits nach relativ kurzer Zeit ein. Bietet man den Fischen hingegen den Freilandbedingungen angepaßte Wasserverhältnisse, sind sie relativ langlebig und temperamentvoll. Die Pflege kleiner Gruppen von bis zu zehn Exemplaren erfolgt am besten in geräumigen, strukturreich eingerichteten Aquarien. Wurzeln, Steine oder eine dichte Bepflanzung in feinem weißen Sand eignen sich ebenso dazu wie die Einbringung einer dicken Schicht aus Fallaub, in der sich die Tiere verstecken können. Besonders über Fallaub lassen sich die Fische gut beobachten, da sie gerne über der Fallaubschicht stehen und ihre Umgebung beobachten. Die Laubschicht wird nicht nur als Gefahrenversteck genutzt, sondern auch von den Tieren

A. pertensis ♂, adult, dominant, neutral gestimmt

A. pertensis ♂, subdominant

A. pertensis ♂, dominant

A. pertensis ♂, Schreckfärbung

A. pertensis ♂, subdominant, aggressiv

regelmäßig nach Futter durchstöbert, außerdem dient sie den Weibchen als Eiablageplatz. *A. pertensis* sind vorzugsweise saisonmonogam, das heißt Männchen und Weibchen bleiben über die Dauer eines Brutzyklus zusammen und teilen sich Brutpflege- und Revierverteidigungsaufgaben; sie wechseln aber danach bei Gruppenhaltung oftmals den Fortpflanzungspartner. Nur in Aquarien über einem Quadratmeter Grundfläche konnten bisher auch polygame Männchen beobachtet werden, die allerdings nicht mehr als drei Weibchen in ihrem Revier duldeten. Die Balz dauert bei dieser Art relativ lange und kann sich in Einzelfällen bis zu zwei Tagen hinziehen. Die Eiablage geschieht dann wie bei anderen Gattungsvertretern innerhalb nur etwa einer Stunde. Die bis etwa 200 meist weißlichen, selten rötlichen Eier werden an einem vom Weibchen gewählten, versteckten Ort abgelegt und von diesem nach der Besamung durch das Männchen allein betreut. Die Larven schlüpfen nach etwa 48 Stunden und werden vom Weibchen sogleich an einem anderen Versteckplatz gebracht. In den folgenden sechs bis acht Entwicklungstagen geschieht dies regelmäßig, wobei höher gelegene Ablageorte von den von mir gepflegten Weibchen stets bevorzugt wurden. Temperaturabhängig schwimmen die Jungfische erstmals nach rund acht bis elf Entwicklungstagen auf und beginnen, dirigiert durch Flossensignale der Mutter, sofort mit der Futtersuche. Neben Detritus werden vom ersten Tage an auch Essigälchen und Naupliuslarven von *Artemia* spec. verzehrt. Nach etwa zwei bis drei Wochen beteiligt sich auch der Vater unmittelbar an der Betreuung seiner Nachkommen, während er zuvor vom Weibchen stets aus deren Nähe vertrieben wurde und lediglich Revierverteidigungsaufgaben zu erfüllen hatte. Mit ein bis zwei Lebensmonaten werden die Jungfische selbstständig und von den Eltern aus ihrem Revier vertrieben; lediglich Einzelexemplare werden noch im Revier geduldet. Mit etwa einem halben Lebensjahr sind die dann etwa drei bis vier Zentimeter langen jungen *A. pertensis* geschlechtsreif, aber erst nach etwa einem Lebensjahr voll ausgewachsen.

Besonderheiten: Die von SCHMETTKAMP (1982), später auch von KOSLOWSKI (1984), LINKE & STAECK (1985) sowie unlängst von MAYLAND (1995) und MAYLAND & BORK (1997) als *A. meinkeni* KULLANDER, 1980 vorgestellten Tiere wurden falsch identifiziert. Aufgrund neuerlicher Vergleiche mit frisch aufgesammeltem Material aus der gesamten Rio Negro- und Rio Uaupés-Region können diese Fische, die gelegentlich auch als "*A. cf. pertensis*" bezeichnet worden sind, aber ebenfalls *A. pertensis* (HASEMAN, 1911) zugeordnet werden. Die Unterscheidung der beiden Arten anhand der Entwicklung der Rückenflosse ist tatsächlich für diesen Zweck ungeeignet (vergl. KOSLOWSKI 1985, LINKE & STAECK 1995, SCHMETTKAMP 1982). Die von den Autoren dargestellten Tiere weisen zwar eine deutlich niedrigere Rückenflosse auf als echte *A. pertensis*, doch ist dieses Merkmal äußerst variabel. Erst bei dominanten, meist voll ausgewachsenen Männchen wächst die Rückenflosse zu voller Höhe aus. *A. meinkeni* unterscheidet sich von "*A. cf. pertensis*"

(= *A. pertensis* s. o.) vor allem durch
zwei runde Flecken, die auf dem Längsband an den Positionen der Querbänder zwei und drei liegen und dieses nur wenig überragen. *"A.* cf.
pertensis" besitzt hingegen nur einen,
zudem länglichen Seitenfleck. Außerdem sind die ersten zwei bis drei
Flossenhäute der Rückenflosse und
deren äußerer Saum bei lebenden *A.
meinkeni* silberweiß; *"A.* cf. *pertensis"*
weist in diesem Flossenteil eine rußige
bis schwarze Färbung auf.

T: 23 - 29 °C, L: ♂ 9 cm, ♀ 6 cm, BL:
(100 -) 150 cm, WR: u, m, SG: 2 - 4
(vorwiegend Klarwasserart, Zucht!)

Apistogramma paucisquamis ♂

Kielbauchsalmler (Tetragonopteriae spec.) aus dem unteren Rio Uaupés

Apistogramma piauensis KULLANDER, 1980

Erstbeschreibung: A Taxonomical Study of the Genus Apistogramma REGAN, with a Revision of Brazilian and Peruvian Species (Teleostei: Perciformes: Cichlidae). Bonner Zoologische Monographien Nr 14: 79 - 83.

Etymologie: *piauensis* = Der Name bezieht sich auf den Brasilianischen Bundesstaat Piauí, in dem das Typenmaterial der Art gesammelt wurde.

Typusmaterial: Drei Exemplare

Holotypus: Ein Weibchen, 22,7 mm SL (MCZ 46831), am 29. August 1968 von T. R. ROBERTS gesammelt. Fundort: Lago Secá, Bundesstaat Piauí, Brasilien (3°08´S/41°54´W).

Paratypen: Ein Exemplar ohne Geschlechtsangabe, 11,7 mm SL (MCZ 46830), zwischen dem 8. August und 4. September 1968 von T. R. ROBERTS gesammelt. Fundort: Rio Paranaiba, bei Barra do Longa, Bundesstaat Piauí, Brasilien (3°08´S/41°54´W). Ein Exemplar ohne Geschlechtsangabe, 13,3 mm SL (MCZ 52212), Sammeldaten wie beim Holotypus.

Synonyme: Keine.

Artspezifische Merkmale: Es handelt sich bei *A. piauensis* um eine recht kräftige, vergleichsweise klein bleibende Art. Männchen erreichen maximal sieben, Weibchen dagegen nur sechs Zentimeter Gesamtlänge. Auffälligstes Merkmal adulter, dominanter Männchen sind sechs bis acht aus Einzelflecken zusammengesetzte Längsbänder, die in der vorderen Körperhälfte wesentlich deutlicher ausgeprägt sind als in der hinteren.

Geschlechtsunterschiede: Die Unterscheidung der Geschlechter ist bei dieser klein bleibenden Art nicht immer eindeutig möglich. Fast alle Zeichnungen und Muster können mit hoher Überschneidungsrate bei beiden Geschlechtern auftreten. Erwachsene Männchen entwickeln aber eine im hinteren Teil zugespitzte Rückenflosse, die bei Weibchen abgerundet ist. Außerdem zeigen sie auf dem Körper einen bläulichen Glanz und in einigen Fällen in der vorderen Körperhälfte drei bis fünf Reihen roter Tüpfel. Die roten Fleckenreihen der Männchen und auch die gelegentlich bei ihnen zu beobachtenden zitronengelben Kiemendeckel treten nie bei Weibchen auf, so daß Tiere mit diesen Merkmalen eindeutig gekennzeichnet sind. Die Tüpfelstreifen treten übrigens meist nur bei dominanten Männchen auf. Die schwarzen Bauchflossen können im Gegensatz zu den meisten anderen Arten der Gattung bei beiden Geschlechtern auftreten. Die Weibchen von *A. piauensis* weisen mit dem ihnen eigenen schwarzen Analstrich ein Merkmal auf, welches bisher bei keinem Männchen festgestellt werden konnte. Besonders deutlich ist dieses Merkmal nach dem Herausfangen aus dem Aquarium, da dieser Streifen zum Schreckfärbungsmuster gehört.

A. piauensis ♂, adult, dominant

Spezieller Artenteil

Verwandtschaftliche Zuordnung: *A. piauensis* gehört sicherlich zur *A. regani*-Gruppe, und in den *A. caetei*-Komplex. *A. caetei* selbst ist wahrscheinlich die nächstverwandte Art.

Typusfundort: Brasilien, Bundesstaat Piauí, Lago Secá, etwa einen Kilometer vom Lager am Rio Paranaiba bei der Barra do Longa (3°08´S/41°54´W).

Verbreitung: Bisher bekannte Fundorte liegen im östlichen küstennahen Brasilien, in den Einzugsgebieten des Rio Itapicuru und Paranaiba.

Ersteinfuhr: 1993 wurde dieser Cichlide durch I. SCHINDLER nach Deutschland importiert. Wenige Exemplare gelangten 1994 durch W. STAECK, eine größere Anzahl 1995 durch die M. T. LACÉRDA (TROPRIO/Rio de Janeiro) nach Deutschland und Japan.

Aquarienbiologie: Friedliche Art, die sich gut mit kleinen Arten vergesellschaften läßt. Als Beifische besonders geeignet sind kleine Salmler oder Killifische der Gattung *Rivulus*. Nur während der Brutpflege werden die Paare stark territorial und vertreiben alle anderen Fische aus dem Revier. Die Haltung dieses friedlichen Zwergbuntbarsches (siehe aber Paarzusammenhalt!) ist auch in relativ kleinen Becken möglich; besser sind aber mittelgroße, mit Holz, Fallaub oder Pflanzen sehr struktur- und versteckreich eingerichtete Aquarien, die den Fischen halbnatürliche Lebensbedingungen bieten. In Fallaubaquarien sind sie fast ständig auf der Suche nach Freßbarem und durchstreifen dabei jede noch so kleine Ritze ihres Lebensraumes.

Einige offene Flächen und eine gute Beleuchtung sollten nicht fehlen, da die Fische auch gerne ruhig über dem Fallaub stehen und sich sonnen. An die Wasserchemie werden keine besonderen Ansprüche gestellt, obwohl bisher untersuchte Fundorte im Osten Brasiliens Weichwasser führten (STAECK pers. Mitt.). Weiches bis mittelhartes Wasser (2 - 10 °dGH) und schwach saure pH-Werte (5,5 - 6,5) bei Temperaturen um 24 °C haben sich aber als besonders förderlich erwiesen.

Die Bedingungen für die Zucht dieser Art unterscheiden sich nicht wesentlich von denen anderer Arten. Es hat sich gezeigt, daß einige Beifische für den Paarzusammenhalt dieser überwiegend monogamen Fische oftmals von essentieller Bedeutung ist: Ohne Feindfaktor im Becken kommt es nämlich häufig zu heftigen Auseinandersetzungen zwischen den Partnern, weil die Männchen versuchen, sich frühzeitig, manchmal bereits in der Larvalphase, an der direkten Brutpflege zu beteiligen. Dies stellt übrigens eine interessante Verhaltensparallele zum Verhalten von *A. caetei* dar, bei dem Männchen diese Verhaltensweise zum Regelfall entwickeln können (RÖMER 1989). Die Weibchen von *A. piauensis* werden bei der gewaltsamen Übernahme der Brut durch die größeren Männchen häufig so heftig attackiert, daß Verluste auftreten können.

A. piauensis ist meist monogam, selten polygam. Die Weibchen bevorzugen bei der Partnerwahl eindeutig Männchen mit Tüpfelstreifen. Nach kurzer Balz werden die bis etwa 150 Eier an der Decke eines höhlenartigen Verstecks abgelegt. In der Umgebung des Laichplatzes werden vom Weib-

A. piauensis ♂, adult, dominant, beachte die rote Körperfleckung

A. piauensis ♂, adult, subdominant

A. piauensis ♀, adult, neutral gestimmt

A. piauensis ♂, adult, leicht aggressiv

A. piauensis ♂, adult, stark aggressiv

697

Dominantes *A. piauensis* ♂ (links) bei der Begegnung mit subdominantem *A.* spec. "Tucurui"-♂ (rechts)

chen keine anderen Fische, auch nicht das Männchen geduldet. Die Larven schlüpfen bei 25 °C meist nach etwa 48 Stunden, die Jungen schwimmen nach etwa 10 Tagen erstmals frei. Sie sind zwar für *Apistogramma*-Verhältnisse relativ klein, bewältigen aber trotzdem bereits Nauplien von Salinenkrebsen. Die Jungen wachsen relativ langsam heran, vor allem in besonders sauberen Aufzuchtbecken, da ihnen dort anscheinend die Möglichkeit zur Detritusaufnahme fehlt (s.o.).

Besonderheiten: Dieser Zwergbuntbarsch gehört zu den friedfertigsten Arten innerhalb seiner Gattung. Es ist nach vorliegenden Beobachtungen ohne weiteres möglich, auch mehrere Paare gemeinsam zu pflegen.

Die Art ist der derzeit östlichste Vertreter der Gattung *Apistogramma*. Lange waren nur Weibchen bekannt, da die Erstbeschreibung ausschließlich auf weiblichen Tieren basierte. Erst durch die gezielte Nachsuche STAECKS gelangten auch Männchen in wissenschaftliche Sammlungen und vor allem in die Aquaristik.

T: 20 - 29 °C, **L**: ♂ 7 cm, ♀ 5 cm, **BL**: 100 cm, **WR**: u, m, **SG**: 2 - 3

A. piauensis ♂, adult, dominant, territorial

A. piauensis ♂, adult, dominant, leicht aggressiv

A. piauensis ♀, adult, dominant, brutpflegend (Larvalphase)

A. piauensis ♀, adult, dominant, brutpflegend, leicht aggressiv

A. piauensis ♀, adult, dominant, brutpflegend, neutral gestimmt

A. piauensis ♀, adult, subdominant, brutpflegend

Apistogramma pleurotaenia (REGAN, 1909)

Erstbeschreibung: Description of a new cichlid fish of the Genus Heterogramma from the La Plata. Annals and Magazine of Natural History (8) 3: 270.

Etymologie: *pleurotaenia* = gebildet aus: *pleuro* (gr.) = Seite, hier wohl Körperseite; *taenia* (lat.) = Band, Binde. Der Name bezieht sich auf das Längsband auf der Körperseite.

Typusmaterial: Ein Exemplar.

Holotypus: Ein Weibchen, 27,6 mm SL (BMNH 1909.2.25:61); von J. P. ARNOLD an C. T. REGAN, respektive das Britische Museum übersandt. Fundort: "La Plata". (Nach der Auffassung KULLANDERS (1982) ist damit wahrscheinlich der zum Rio Paraguay-System gehörende Fluß gemeint, und nicht die gleichnamige Stadt in Argentinien.)

Synonyme: *Heterogramma pleurotaenia.*

Artspezifische Merkmale: Als Besonderheit wird in der Beschreibung, wie auch von allen später über diese Art publizierenden Autoren, das Vorhandensein von vier Hartstacheln in der Afterflosse hervorgehoben. Dieses Merkmal läßt sich auch recht gut an lebenden Tieren feststellen. Allerdings sind zwischenzeitlich weitere Arten bekannt, die vier Analhartstacheln aufweisen oder aufweisen können, nämlich *A. hoignei* und *A. luelingi*. Auch etliche *A. diplotaenia* und vereinzelte Exemplare mehrerer anderer von mir untersuchter Arten weisen dieses Merk-

mal auf. Daher scheint dieses offenbar höchst variable morphologische Merkmal als alleiniges diagnostisches Kennzeichen kaum ausreichend. KULLANDER (1982a & b) diskutiert ausführlich die Merkmale der *Apistogramma*-Arten des Paraguay-Systems und stellt fest, daß *A. pleurotaenia* ein durchgehendes Längsband aufweist, Unterkörperstreifen fehlen und ein Doppelfleck auf der Schwanzwurzel ("tailspot") nicht vorhanden ist.

Geschlechtsunterschiede: Die Geschlechtsunterschiede sind unbekannt, doch steht zu erwarten, daß wie bei anderen Vertretern der *A. regani*-Gruppe vor allem in der Entwicklung des Weichstrahlbereiches der Rücken- und Afterflosse Unterschiede zwischen den Geschlechtern auftreten sollten. Männchen anderer Arten dieser Gruppe entwickeln diese Flossen spitz ausgezogen, während sie bei Weibchen abgerundet bleiben.

Verwandtschaftliche Zuordnung: *A. pleurotaenia* gehört offenbar zur *A. regani*-Gruppe. Die genauere verwandtschaftliche Zuordnung ist noch unklar, doch steht die Art dem *A. commbrae*-Komplex keineswegs nahe, wie von SCHMETTKAMP (1982) angegeben. Vielmehr weist sie erheblich mehr Ähnlichkeiten zu den Formen aus dem *A. resticulosa*-Komplex auf.

Typusfundort: REGAN (1909) gibt lediglich "La Plata" als einzige auf den Holotypus bezogene Ortsangabe an.

Verbreitung: Die Verbreitung ist praktisch noch unbekannt. Nach Angaben ARNOLDS soll das Typusexemplar aber aus einem Import aus dem La-Plata-Gebiet stammen. Bis heute wurde diese Angabe nicht wieder bestätigt. KOSLOWSKI (1985) stellt einen Fisch vor, den er diesem Taxon zuordnet, der entweder aus Argentinien oder Paraguay eingeführt worden sein soll.

Ökologie: Unbekannt.

Ersteinfuhr: Etwa 1909 wurde erstmals ein einzelnes Weibchen eingeführt, das auch der Erstbeschreibung zugrunde lag. Über weitere Einfuhren ist nichts Genaueres bekannt. Ob die verschiedentlich mitgeteilten Importe in der ersten Hälfte dieses Jahrhunderts tatsächlich diese Art betrafen läßt sich heute nicht mehr klären, da konserviertes Material davon, soweit bekannt, nicht verfügbar ist. Eventuell wurde 1985 ein Exemplar nach Deutschland eingeführt (KOSLOWSKI 1985).

Aquarienbiologie: Unbekannt.

Besonderheiten: *A. pleurotaenia* ist zur Zeit der letzte "große Unbekannte" unter den bislang bekannt gewordenen Vertretern der Gattung. Bisher war mir eine Nachuntersuchung des Typusexemplares noch nicht möglich, doch besteht aufgrund vielfältiger Merkmalsübereinstimmungen die Möglichkeit, daß eine Übereinstimmung mit dem noch nicht sicher identifizierten aus dem oberen Madeira-Einzug und Guaporé-Gebiet stammenden *Apistogramma* spec. "Abuna" besteht.

Der Cachoeira bei Sao Gabriel ist nur bedingt schiffbar.

Apistogramma pulchra KULLANDER, 1980

Erstbeschreibung: A Taxonomical Study of the Genus Apistogramma REGAN, with a Revision of Brazilian and Peruvian Species (Teleostei: Perciformes: Cichlidae). Bonner Zoologische Monographien Nr. 14: 135 - 138.

Etymologie: *pulchra* (lat.) = schön, gutaussehend. KULLANDER wählte den Namen als Anspielung auf die fein vermischten Zeichnungsmuster und die schlanke Körperform.

Typusmaterial: Neun Exemplare.

Holotypus: Ein Männchen, 32,2 mm SL (IRSNB (Types) 584), am 24. November 1967 von Seiner Majestät König LEOPOLD III. von Belgien und J.P. GOSSE gesammelt. Fundort: Rio Preto, ein Zufluß des linksseitigen Zuflusses des Rio Candeias etwa 25 km von Porto-Velho im Bundesstaat Rondonia, Brasilien (08°46´S/63°45´W).

Paratypen: Sieben Männchen, 21,4 bis 31,2 mm SL und ein Weibchen, 19,0 mm SL (IRSNB (Types) 585), Daten wie Holotypus.

Belegmaterial: Vier Männchen (SMF 28210).

Synonyme: Keine.

Artspezifische Merkmale: *A. pulchra* gehört zu den schlanken Arten der Gattung. Der Körper ist seitlich mäßig zusammengedrückt. Die Rückenflosse, deren erste und teilweise auch zweite Membran schwarz gefärbt sind,

weist keine auffallend verlängerten Flossenhäute auf. Typischerweise zeigen die Fische auf graugelblichem bis kupferfarbenem Grund ein auffallendes Schuppenmuster, wie es auch die anderen Arten der *A. pertensis*-Gruppe tragen. Alle oberhalb des Längsbandes gelegenen Schuppen sind schmal dunkel gerandet, die darunter weisen am Vorderrand einen sichelförmig nach hinten gebogenen Strich auf. Diese Striche werden besonders in aggressiver Stimmung betont. Das Längsband, das nur selten deutlich erkennbar ist, beginnt eine Schuppe weit hinter dem Auge und verläuft bis in das siebte Querband, wo es vor dem deutlich abgesetzten etwa quadratischen Schwanzwurzelfleck endet. Das Band ist vor dem auf der Position des dritten Querbandes liegenden Seitenfleck etwa eine halbe bis eine Schuppe, dahinter (meist sehr undeutlich) eine bis zwei Schuppen breit. Das Band ist im hinteren Teil meist nicht vollständig ausgefüllt, sondern wirkt durch die Intensivierung der Schuppenränder zickzackförmig ausgefranst. Der undeutliche Seitenfleck ist zwei bis drei Schuppen lang und etwa

A. pulchra ♂, Holotypus (IRSNB 584)

A. pulchra ♂, adult, dominant

A. pulchra ♂, adult, dominant, leicht aggressiv gestimmt

eineinhalb bis zwei Schuppen breit. Das Wangenband ist bei voller Ausprägung pupillenbreit und verläuft zugespitzt gerade vom oberen Wangenrand bis zum hinteren unteren Rand des Kiemendeckels. Stimmungsabhängig endet das Band gelegentlich auch bereits auf dem Vorderkiemendeckel. Die Schwanzflosse ist individuell unterschiedlich gezeichnet. Bei den etwa 50 Männchen, die ich untersuchen konnte, trugen die meisten sechs undeutliche senkrechte Bänder. Einige Exemplare (10 bis 20 Prozent) zeigten eine transparente Flosse, während der Rest zwei bis fünf, meist unregelmäßige Bänder zeigte. Die Schwanzflosse ist bei jüngeren Fischen rund, bei erwachsenen Weibchen leicht gestutzt und bei erwachsen Männchen zweizipfelig. In einer Reihe von Fällen, nämlich etwa 20 % der von mir beobachteten Individuen, wächst die Caudale der Männchen aber sogar dreizipfelig (!) aus, was auch Koslowski (persönliche Mitteilung) an seinen Tieren feststellen konnte. Dieses Phänomen ist innerhalb der Gattung *Apistogramma* nach derzeitiger Kenntnis ausschließlich auf *A. pulchra* beschränkt.

Geschlechtsunterschiede: Männchen werden deutlich größer als Weibchen. Sie entwickeln stark ausgezogene und zugespitzte Weichstrahlbereiche, vor allem der Rückenflosse. Diese Flosse ist bei Weibchen nur wenig zugespitzt, aber nie verlängert. Die Schwanzflosse erwachsener Männchen (über fünf Zentimeter TL) wächst zwei- oder mehrzipfelig aus, während die der Weibchen gerundet oder seltener leicht gestutzt bleibt.

Verwandtschaftliche Zuordnung: *A. pulchra* wurde bereits von Kullander (1980) in die *A. pertensis*-Gruppe gestellt. Meine Nachuntersuchungen an den Holotypen von *A. pulchra* und anderen Vertretern der *A. pertensis*-Gruppe, insbesondere aber an *A. uaupesi* zeigten, daß seine Einschätzung zur systematischen Position der hier erstmals lebend identifizierten Fische zutreffend war. Am ähnlichsten ist eine wohl noch unbeschriebene Form, die vorläufig als *A.* spec. aff. *pertensis* bezeichnet worden ist.

Typusfundort: Ein linksseitiger Zufluß des Rio Candeias, der Rio Preto, etwa 25 km von Porto-Velho im Bundesstaat Rondonia in Südwestbrasilien (etwa bei 8°46′S/63°45′W). Der Rio Candeias ist ein Zufluß des oberen Rio Madéira.

Verbreitung: Bisher gelangten nur Tiere aus der Umgebung der Typuslokalität nach Deutschland. Möglicherweise ist die Verbreitung auf das System des Rio Candeias im der weiteren Umgebung von Port-Velho beschränkt.

Ökologie: Bisher unbekannt.

Ersteinfuhr: Bereits 1974 stellte Henry McMaster ein Einzelexemplar dieser Art unter der Bezeichnung "sissor-tail"-*Apistogramma* vor, das über den Handel in die USA kam. Erst 1995 gelangten über die Importfirma Glaser (Rodgau) wenige Exemplare als Beifänge mit *A. resticulosa* und *A. agassizii* aus der Umgebung von Porto-Velho nach Deutschland und damit in die Aquaristik. Seit 1996 wird *A. pulchra* regelmäßig im Handel angeboten.

A. pulchra ♂, adult, subdominant, neutral gestimmt

A. pulchra ♂, adult, dominant, neutral gestimmt

Aquarienbiologie: Die Haltung dieses Zwergbuntbarsches bereitet wenig Probleme. Relativ weiches Wasser bis etwa 12 °dGH fördert offensichtlich das Wohlbefinden dieser im Vergleich zu anderen Gattungsvertretern sehr zutraulichen und neugierigen Fische. Die Fische sind als relativ sozial verträglich zu bezeichnen. Sie durchstreifen ständig in kleinen Gruppen ihr Revier, dem im Aquarium nach meiner bisherigen Erfahrung nur durch die Behältergröße Grenzen gesetzt sind. Ein 150 Zentimeter-Aquarium wird ohne weiteres von einem einzigen fortpflanzungsbereiten Männchen als Revier beansprucht. Weitere Männchen werden innerhalb dieses Großreviers geduldet, sofern sie keine Territorialmuster oder Balzfärbung zeigen. Ausgenommen von der Duldung ist eine Zone von etwa einem halben Meter Durchmesser um den Laichplatz, den die Männchen ebenso wie ihre Partnerin vehement gegen Artgenossen, andere Zwergbuntbarsche, Saugwelse oder jeden anderen, nicht zu großen Aquarienmitbewohner verteidigen. Die Fortpflanzung verläuft nach dem von vielen anderen *Apistogramma*-Arten bekannten Muster: Das Weibchen übernimmt die eigentliche Gelege-, Larven- und Jungfischbetreuung, während sich das Männchen Revierverteidigungsaufgaben widmet. Die Art ist (wie alle Vertreter der *A. pertensis*-Gruppe) nur mäßig produktiv und zudem langsamwüchsig. Etwa 40 Jungfische sind auch bei großen Weibchen bereits ein gutes Reproduktionsergebnis. Die Geschlechtsreife erreichen die Fische mit etwa fünf Monaten bei etwa drei Zentimeter TL. Aber erst nach fast eineinhalb Jahren sind sie voll erwachsen.

Besonderheiten: *A. pulchra* wurde bisher von verschiedenen Autoren (z.B. KOSLOWSKI 1985, LINKE & STAECK 1984, 1995) in die nähere Verwandtschaft von *A. agassizii* gestellt. Möglicherweise ist dafür eine Anmerkung KULLANDERS in der Erstbeschreibung verantwortlich, der den Rücken der Tiere entlang der Rückenflosse als dunkel bezeichnet, und diese Färbung als "*A. agassizii* back pattern" bezeichnet. LINKE, der die Zeichnung in LINKE & STAECK (1984) angefertigt hat, den Holotypus wahrscheinlich nicht nachuntersucht und die Zeichnung lediglich nach den Angaben in der Beschreibung erstellt. Anders wäre seine Darstellung des Längsbandes kaum zu erklären.

A. pulchra ♀, adult, dominant

A. pulchra ♂, adult, subdominant, leicht aggressiv gestimmt

A. pulchra ♂, adult, subdominant, frontal drohend, beachte Wangenbinde

Obwohl KULLANDER die Art in die verwandtschaftliche Nähe der *A. pertensis*-Gruppe stellt, befindet KOSLOWSKI (1985), der eine Zeichnung aufgrund einer Nachuntersuchung am Holotypus anfertigte, daß sich eine Zugehörigkeit zur *A. agassizii*-Gruppe andeute, obwohl ihm die erheblichen Abweichungen zwischen dem Holotypus und den Vertretern der *A. agassizii*-Gruppe eigentlich kaum entgangen sein dürften.

In der Folge wurden mehrfach im oberen Madeira-Einzug gesammelte *A. agassizii* unter der Bezeichnung *A. pulchra* in der Aquarienliteratur vorgestellt (z.B. 1996 im Aqualog). Tatsächlich liegen aber schon lange Belege für in diesem Zusammenhang immer wieder bestrittene Vorkommen von *A. agassizii* aus der oberen Madeira-Region vor: KULLANDER (1986) listet entsprechende Belegstücke unter der Sammlungsnummer MZUSP 28222 auf. Tatsächlich werden neben *A. pulchra* und *A. resticulosa* regelmäßig auch vereinzelte kupferfarben überhauchte *A. agassizii* aus dieser Region als Beifänge mit eingeführt.

Ich selbst hatte 1995 ausführlich Gelegenheit den Holotypus in Augenschein zu nehmen, der sich, abgesehen davon, daß die Zeichnungsmuster relativ verblaßt zu sein schienen, in ausgezeichnetem Zustand befand. Der (hier ebenfalls abgebildete) Holotypus weist im Gegensatz zu den Angaben KULLANDERS in der Erstbeschreibung und den Zeichnungen in LINKE & STAECK (1985, 1995) sowie angedeutet in KOSLOWSKI (1985) kein bis in die Schwanzflosse durchgehendes Längsband auf, sondern dieses endet diffus auf der siebten Querbinde vor dem undeutlichen, offensichtlich verblaßten Schwanzwurzelfleck, so wie es bei den von mir lebend abgebildeten Individuen der Fall ist. Alle anderen Zeichnungsmerkmale, ebenso wie die morphologischen, stimmen weitgehend mit meinen 1995 und 1996 eingeführten, und den von U. WERNER 1996 im Madéira-System gesammelten Tieren überein, so daß für mich kein Zweifel mehr an ihrer Zugehörigkeit zum Taxon *A. pulchra* besteht.

A. pulchra ist die bisher einzige Art der Gattung, bei der regelmäßig bei einem Teil der Männchen eine dreizipfelige Schwanzflosse auftreten kann.

T: 21 - 30 °C, **L:** ♂ 9 cm, ♀ 6 cm, **BL:** 150 cm, **WR:** u, m, **SG:** 3 - 4

A. pulchra ♂, in Freßstimmung

Kolibriblüten

A. pulchra ♂, adult, leicht aggressiv gestimmt, Freßstimmung im Schwarm

A. pulchra ♀, adult, indifferent gestimmt

A. pulchra ♂, adult, dominant, territorial, beachte Längsband

A. pulchra ♂, adult, dominant, territorial, beachte Fleck im Längsband

Frontal drohende *A. pulchra* ♂♂, links dominant, rechts subdominant

A. pulchra ♂ im Beißkampf, beachte Auflösung von Längsband und Seitenfleck

A. pulchra ♀, adult, dominant, Brutpflegefärbung

A. pulchra ♂, Schreckfärbung

A. pulchra ♂, frontal drohend

A. pulchra ♂, lateral drohend

Apistogramma regani Kullander, 1980

Erstbeschreibung: A Taxonomical Study of the Genus Apistogramma Regan, with a Revision of Brazilian and Peruvian Species (Teleostei: Perciformes: Cichlidae). Bonner Zoologische Monographien Nr. 14: 65 - 72.

Etymologie: *regani* = Dedikationsname zu Ehren von Charles Tate Regan, der als einer der Pioniere der modernen Ichthyologie unter anderem etliche Cichlidenarten und die Gattung *Apistogramma* beschrieben hat.

Typusmaterial: 20 Exemplare.

Holotypus: Männchen, 37,8 mm SL (IRSNB [types] 557), am 19. November 1967 von Seiner Majestät König Leopold III. von Belgien und J. P. Gosse gesammelt. Fundort ist ein linksseitiger Zufluß des Rio Negro unterhalb des Arquipélago das Anavilhanas, Bundesstaat Amazonas (etwa 3°00´S/ 60°45´W), Brasilien (IRSNB Mission Amazonie Station 180).

Paratypen: 19 Exemplare. Ein Männchen, 49,4 mm SL (BMNH 1939.7.19), ohne Funddatum, von J. McCormick bei Manaus (3°06´S/60°00´W) im brasilianischen Bundesstaat Amazonas gesammelt. Fünf Männchen, 29,7 bis 34,5 mm SL, und acht Weibchen, 23,4 bis 28,7 mm SL (IRSNB [types] 578), Funddaten wie beim Holotypus. Vier Männchen, 26,9 bis 33,5 mm SL (IRSNB [types] 579), abgesehen davon, daß diese Paratypen bereits am 18. November 1967 an der Station 180 der IRSNB Mission Amazonie gefangen worden sind, Sammeldaten wie beim Holotypus.

Artspezifische Merkmale: Diese Art gehört nicht zuletzt wegen ihrer Variabilität zu den schwieriger zu identifizierenden Formen innerhalb der Gattung. Körper und Kopf von *A. regani* sind mäßig gestreckt und seitlich leicht zusammengedrückt. Die Flossen weisen keine auffälligen Verlängerungen auf. Lediglich bei alten Männchen kann die hintere Spitze der Rückenflosse, deren Flossenhäute sonst bei erwachsenen Fischen beiderlei Geschlechts zugespitzt sind, fädig ausgezogen sein. Die Schwanzflosse ist rund. Zu den typischen Merkmalen von *A. regani* gehört ein auffallendes "Zebrakleid" auf gelblichgrauem Untergrund. Keine andere Art der Gattung zeigt dieses Muster so ausgeprägt wie *A. regani*. Die Körperbänder von *A. regani* sind etwa doppelt so breit wie ihre Zwischenräume. Sie sind häufig zu sehen und dehnen sich meist über die gesamte Körperhöhe auffällig deutlich aus. Sie erstrecken sich auch bis in das untere Viertel der Rückenflosse, deren erste zwei Flossenmembranen schwarz sind. An den Positionen, an denen die Bänder vom Körperlängsband gekreuzt werden, sind diese noch intensiver gefärbt, oft glänzend lackschwarz. Der Schwanzwurzelfleck ist ebenso gefärbt und dehnt sich hochoval über die gesamte Schwanzstielhöhe aus. Dagegen ist der (selten zu sehende) auf dem zweiten Querband

A. regani ♂ , adult, dominant, territorial

A. regani ♂ , adult, dominant, neutral gestimmt

A. regani ♂, adult, subdominant

W. Staeck

A. regani ♂, adult, dominant, leicht aggressiv gestimmt

W. Staeck

A. regani ♂, adult, "gähnend"

A. regani ♂, adult, dominant, aggressiv gestimmt

W. Staeck

liegende Seitenfleck nur schmal und überragt nicht die Breite des Längsbandes. Das Wangenband ist leicht gebogen, etwa so breit wie die Pupille und verläuft schräg nach hinten unten zum Übergang von Praeoperculum zum Operculum. Auffällig sind auch drei, seltener vier parallele Unterkörperstreifen, die sich von einer Linie zwischen Brust- und Bauchflossen bis zum Grunde der Afterflosse erstrecken. Die Streifen setzen sich aus kleinen senkrechten Strichen auf dem Rand der Schuppen und dazwischenliegenden, fast schuppenbreiten und etwa halb so hohen waagerechten, rechteckigen Balken zusammen. Ähnliche Bänder finden sich bei mehreren anderen Arten der *A. eunotus*-Gruppe, aber auch der *A. combrae*-Gruppe, der *A. agassizii*-Gruppe und der *A. cacatuoides*-Gruppe. Die drei letztgenannten unterscheiden sich aber in solch vielfältiger Weise von *A. regani*, daß keine dieser Arten für eine Verwechslung in Frage kommt. Die Formen des engeren *A. eunotus*-Komplexes sind wesentlich hochrückiger als *A. regani* und tragen außerdem einen auffälligen gelborangen Fleck an der Basis der Brustflossen, der *A. regani* immer fehlt.

Geschlechtsunterschiede: Männchen werden geringfügig größer als Weibchen. Die Weichstrahlbereiche von Rücken- und Afterflosse der geschlechtsreifen Männchen sind deutlich zugespitzt und tragen im Gegensatz zu den zeichnungslosen Flossen der Weibchen drei bis sieben senkrechte, mehr oder weniger deutliche Streifen. Die Bauchflossen der Männchen sind weißlich, gelblich oder bläulich transparent, die der Weibchen dagegen zumindest in der vorderen Hälfte lackschwarz. Die Schwanzflosse der Weibchen ist zeichnungslos transparent, während die der Männchen vier bis neun (meist sechs) senkrechte bläuliche Bänder trägt, die ebenso breit sind wie ihre Zwischenräume.

Verwandtschaftliche Zuordnung: *A. regani* bildet mit mehreren Formen aus dem *A. eunotus*-Komplex die von Kullander (1980) als *A. regani*-Gruppe bezeichnete Verwandtschaftsgruppe. Der bislang noch unbeschriebene "Gelbwangen"-*Apistogramma* ist *A. regani* am ähnlichsten. Parallelen bestehen vor allem auch zu *A. spec.* "Smaragd", *A. taenia*, *A. geisleri* und *A. ortmanni* (nördlich des Guyana-Schildes). Insgesamt sind die Verwandtschaftsbeziehungen innerhalb des *A. eunotus*-Komplexes aber noch weitgehend ungeklärt. Wahrscheinlich handelt es sich hier um eine Gruppe von nah verwandten Arten, die über ein Superspezieskonzept sinnvoll als eigenständige Arten geführt werden können (vergl. Abschnitt zum Superspezieskonzept).

Typusfundort: Ein linksseitiger Zufluß des Rio Negro unterhalb des Arquipelago das Anavilhanas, Bundesstaat Amazonas, Brasilien.

Verbreitung: Derzeit ist die Verbreitung noch unzureichend untersucht. Bekannte Fundorte liegen in verschiedenen Bereichen im Unterlauf des Rio Negro unterhalb der Mündung des Rio Branco, vor allem aber um die Inselgruppe der Anavilhanas, im Igarapé Sao Jorge, Igarapé Mestrinho, Lago

A. regani ♀, halbwüchsig, subdominant, nicht territorial

A. regani ♂, halbwüchsig, subdominant, nicht territorial

Redondo (etwa 25 Kilometer SW von Manaus) sowie in einigen westlich und östlich der Mündung des Rio Negro in den Amazonas einmündenden Igarapés. Nach derzeitiger Kenntnis scheint das Hauptverbreitungsgebiet damit um die Stadt Manaus zu liegen. Wie weit sich das Verbreitungsgebiet westlich und östlich entlang des Rio Amazonas erstreckt und ob Vorkommen südlich davon bestehen, ist zur Zeit noch unklar.

Ökologie: Bisher ist die Ökologie nur teilweise bekannt. *A. regani* scheint in bezug auf die Wasserchemie relativ anspruchslos zu sein. Immerhin liegen Funde aus allen Hauptwassertypen in der weiteren Umgebung der Stadt Manaus vor. Neben Schwarzwasser (z.B. Arquipélago das Anavilhanas) und Weißwasser (z.B. Lago Redondo), wird auch Klarwasser bewohnt. Ich selbst konnte einige Exemplare in einem Klarwasserbach sammeln, der auf der Höhe der Anavilhanas-Inseln in den Rio Negro mündet. Gemeinsam mit *A. regani*, die meist gut versteckt in der Fallaubschicht leben, konnten regelmäßig viele *A*. cf. *pertensis* und einige *A. hippolytae*, *A. gephyra*, seltener *A. agassizii*, *A. paucisquamis* sowie *Crenicichla notophthalmus*, *Laetacara* spec. "Orangeflossen", *Geophagus*-Arten sowie verschiedene kleine Harnischwelse, verschiedene kleine und große Salmler-Arten und Messerfische nachgewiesen werden. Die Art scheint in Schwarzwasser häufiger als in den anderen Wassertypen zu sein. Bemerkenswert erscheint, daß MARLIER (1965, 1967, 1968), der *A. regani* als einzigen Zwergcichliden im Lago Redondo nachwies, sowohl im Oktober 1963, als auch im Januar und April 1964 einige Exemplare unter einer "schwimmenden Wiese" sammelte. Seine Tiere legen aufgrund ihrer Größenverteilung nahe, daß die Fortpflanzung etwa im August bis September stattfindet (KULLANDER 1980). Meine eigenen übertragbar erscheinenden Befunde an anderen *Apistogramma*-Arten im Rio Negro-Gebiet haben aber gezeigt, daß diese Gruppe kleiner Cichliden wahrscheinlich opportunistisch ganzjährig jede sich bietende Fortpflanzungsgelegenheit nutzt.

Ersteinfuhr: *A. regani* wurde etwa um 1910 erstmals eingeführt. ARNOLD überstellte bereits am 2. März 1912 zwei Weibchen dem Britischen Museum (BMNH 1975.7.31:1-2 / früher BMNH 1912.3.2:6,pt.), die er einige Zeit im Aquarium gehalten hatte. KULLANDER (1980) beschrieb diese Jahrzehnte später als *A. regani*, schloß ARNOLDS Tiere aber als Aquarienexemplare ausdrücklich von der Beschreibung aus.

Aquarienbiologie: *A. regani* gehört sicherlich zu den schwierigen Aquarienpfleglingen aus dieser Zwergcichlidengattung. Die Art ist als vorwiegend kleine Waldbäche und Lagos (Waldseen) bewohnende Form trotz ihrer hohen Toleranz gegenüber unterschiedlichen wasserchemischen Bedingungen ausgesprochen empfindlich gegenüber organischen Wasserverunreinigungen. Selbst wenn der Pfleger in der Lage ist, den Tieren optimale Wasserbedingungen zu bieten, sind sie meist ausgesprochen empfindlich und kurzlebig. Zu ihrer Gesunderhaltung ist weiterhin eine sehr abwechslungsreiche Fütterung erfor-

A. regani, Portrait eines dominanten, neutral gestimmten ♂

A. regani ♂, halbwüchsig, subdominant, neutral gestimmt

derlich. Sind diese Basisbedingungen erfüllt, ist außerdem ein möglichst großes und struktur- sowie versteckreiches Aquarium erforderlich, da die sonst relativ friedfertigen *A. regani* manchmal innerartlich extrem aggressiv werden können. Sind diese Bedingungen erfüllt, gelingt die Nachzucht der Art relativ schnell.

Männchen leben meist in einem Großrevier, in dem sie mit mehreren Weibchen ablaichen. Die Raumansprüche territorialer Männchen können individuell sehr unterschiedlich sein. Neben Individuen, für die nur ein halber Quadratmeter Fläche ausreicht, ohne daß sie andere Männchen bedrängen, waren unter meinen Tieren auch solche, die selbst in dreimal so großen Aquarien noch regelmäßig Beschädigungsangriffe auf jedes erscheinende andere Männchen ausführten. Weibchen benötigen um ihre Bruthöhle eine Fläche von etwa 20 bis 30 Zentimeter Durchmesser. Die Art ist auch unter günstigen Bedingungen nur wenig produktiv. Etwa 50 Jungfische sind bereits ein gutes Zuchtergebnis. Die Jungen sind recht empfindlich gegenüber Änderungen der Wasserwerte, so daß nach Wasserwechseln mit Temperatur- oder pH-Wert-Schwankungen Verluste auftreten können. Wasserwechsel sollten daher in Zuchtbecken möglichst langsam mit voreingestelltem Wasser vorgenommen werden. Augenmerk sollte der Pfleger auch auf die besondere Empfindlichkeit von *A. regani* gegenüber Pilzinfektionen und Hauttrübern legen, die unbehandelt ungewöhnlich schnell zu Verlusten führen können.

Besonderheiten: *A. regani* wird nur selten über den Tierhandel eingeführt. Ihre Vermehrung in Gefangenschaft bereitet allgemein so große Schwierigkeiten, daß es bisher zu keiner dauerhaften Etablierung dieser Zwergcichlidenart in der Aquaristik kam.

T: 21 - 29 °C, (opt. 25 - 27 °C) **L:** ♂ 6 cm, ♀ 4 cm, **BL:** 100 cm, **WR:** u, (m), **SG:** 2 - 4

A. regani, Paratypus (SMF 10620C)

A. regani, Paratypus (SMF 10620D)

A. regani ♂, adult, leicht aggressiv

A. regani ♂, adult, subdominant, territorial, beim Sandkauen

A. regani ♀, adult, leicht aggressiv innerhalb des Schwarms

A. regani ♀, halbwüchsig, territorial, leicht aggressiv, beginnende Brutpflegefärbung

A. regani ♀, adult, subdominant, neutral gestimmt

A. regani ♀, adult, subdominant, territorial, aggressiv

Apistogramma resticulosa KULLANDER, 1980

Erstbeschreibung: Description of a New Species of Apistogramma from the Rio Madeira System in Brazil (Teleostei, Cichlidae). Bull. Zool. Mus. Univ. v. Amsterdam 7 (16): 157 - 164.

Etymologie: *resticulosa* (lat.) = (von *restis*) Strichel, Streifchen, feiner dünner Strich. Der Name bezieht sich auf die Strichelzeichnungen auf dem Körper.

Typusmaterial: Sechs Exemplare.

Holotypus: Männchen, 26,5 mm SL (ZMA 116.177); am 24. August 1976 von H. R. AXELROD, J. GÉRY und anderen gesammelt. Fundort: Der Igarapé Xicanga etwa fünf Kilometer westlich von Humaitá (7°31´S/63°04´W), Rio Madeira-Einzugsgebiet, Bundesstaat Amazonas, Brasilien.

Paratypen: Ein Weibchen, 25,6 mm SL und zwei Jungtiere, 12,8 mm und 15,6 mm SL (ZMA 114.270), sowie ein Männchen, 20,5 mm SL (NRM 11320); Sammeldaten wie beim Holotypus. Männchen, 24,8 mm SL (ZMA 114.277), am 24. August 1976 von H. R. AXELROD, J. GÉRY und anderen gesammelt. Fundort: Ein austrocknender Tümpel 18 Kilometer westlich von Humaitá (ca. 7°31´S/63°08´W), Rio Madeira-Einzugsgebiet, Bundesstaat Amazonas, Brasilien.

Belegmaterial: Ein Männchen (SMF 28211); ein Männchen (ZFMK 17534) und ein Weibchen (ZFMK 17535), Eltern von KOSLOWSKI bestimmt.

Synonyme: Keine.

Artspezifische Merkmale: Der graue bis elfenbeinfarbene Körper von *A. resticulosa* ist wenig gestreckt und relativ hochrückig. Auffallende Verlängerungen oder Modifizierungen der Flossen fehlen. Das beste Bestimmungsmerkmal für diese Art sind die markanten namengebenden senkrechten Strichel auf den Körperseiten. Außerdem zeigen Jungtiere und Erwachsene, die unter Streß geraten, einen Seitenfleck auf der Kreuzungsposition von Längsband und zweitem Querband, was sonst nur noch bei *A. regani* und den Rio Uaupés-Arten innerhalb der Gattung auftritt (*A. brevis*, *A. elizabethae*, *A. meinkeni* und *A. uaupesi*, sowie dem noch nicht identifizierten *A.* spec. "Breitbinden"). Eine zweite *Apistogramma*-Art aus der *A. regani*-Gruppe, die im oberen Rio Madeira gesammelt wurde (*A.* spec. "Abuna") unterscheidet sich vor allem durch das Fehlen dieses zusätzlichen Seitenfleckes, sowie durch eine, die Körperquerbänder betonende Anordnung der Strichel auf den Körperseiten. (KULLANDER weist in der Erstbeschreibung von *A. resticulosa* bereits auf diese abweichende Form hin.) *A. pulchra*, die ebenfalls im oberen Madeira-Einzug vorkommen, sind wesentlich gestreckter und entwickeln eine abweichende (zweizipfelige) Schwanzflossenform.

Geschlechtsunterschiede: Die morphologischen Unterschiede zwischen den Geschlechtern sind, wie bei Arten aus

A. resticulosa ♂ , adult, dominant, territorial

der *A. regani*-Gruppe üblich, nur gering entwickelt. Männchen werden etwas größer als Weibchen und haben einen deutlich zugespitzten und verlängerten Weichstrahlbereich der Rückenflosse. Weibchen sollen nach KULLANDER (1980) deutlich dunkler gefärbt sein als Männchen, was ich bisher nur für Individuen in Schreckfärbung bestätigen kann.

Verwandtschaftliche Zuordnung: *A. resticulosa* ist ein Vertreter der *A. regani*-Gruppe. Gemeinsam mit *A. taeniata, A. urteagai, A. spec. "Wangenflecken"* und weiteren, zum Teil noch unidentifizierten Formen bildet sie innerhalb dieser Gruppe den *A. resticulosa*-Komplex.

A. resticulosa ♂, adult, neutral gestimmt

Typusfundort: Umgebung von Humaitá, Rio Madeira-Einzugsgebiet, Bundesstaat Amazonas, Brasilien.

Verbreitung: Nach bisherigen Informationen scheint *A. resticulosa* auf das obere Rio Madeira-Flußsystem beschränkt zu sein.

Ökologie: Die Ökologie dieser Art ist noch weitgehend unbekannt. U. WERNER (mündliche Mitteilung) berichtete mir, daß er seine Tiere im Fallaub von Klarwasserbächen fand. Der Rio Madeira selbst ist ein Weißwasserfluß. Es besteht, auch aufgrund der bisherigen Haltungserfahrungen und des fehlenden Geschlechtsdimorphismus, eine hohe Wahrscheinlichkeit, daß *A. resticulosa* eine der unspezialisierten Formen ist, die in allen potentiellen Habitaten innerhalb ihres Verbreitungsgebietes angetroffen werden können.

Ersteinfuhr: Die Art wurde angeblich um 1979 erstmals über den Handel nach Deutschland eingeführt. Die damals identifizierten Fische repräsentieren aber höchstwahrscheinlich eine andere Form, die auf der Ilha de Marajo in der Amazonasmündung verbreitet ist. Gesicherte Lebendeinfuhren von *A. resticulosa* erfolgten erstmals Ende 1995 kommerziell durch Aquarium GLASER (Rodgau) und mit bekanntem Fundort 1996 durch U. WERNER und Mitreisende und unabhängig davon durch M. T. LACÉRDA (Trop Rio / Rio de Janéiro).

Aquarienbiologie: Bisher liegen noch keine umfangreichen Erfahrungen oder Verhaltensbeobachtungen vor. *A.*

A. resticulosa ♀, adult, neutrale Stimmung, beachte die drei Seitenflecke

A. resticulosa ♀, adult, territorial, neutrale Stimmung, beachte die drei Seitenflecke

Gemeinsam fressende, neutral gestimmte ♂ ♂ von *A. resticulosa* (rechts) und *A. pulchra* (links), beachte die Ähnlichkeit des Zeichnungsmusters der aus dem gleichen Lebensraum stammenden Arten.

resticulosa läßt sich in geräumigen, versteckreich eingerichteten Aquarien problemlos in kleinen Gruppen halten. An die Wasserbedingungen stellt die Art offenbar keine besonderen Ansprüche, wenn auch weicheres Wasser das Wohlbefinden deutlich steigert. Bereits bei Wasserwerten um 12 °dGH und schwach saurem pH läßt sich *A. resticulosa* zur Fortpflanzung bringen. Dies ist sowohl bei U. WERNER als auch in meinen Aquarien zwischenzeitlich gelungen. Nach bisheriger Erkenntnis verläuft die Paarbildung und Brutpflege nach dem auch von anderen *Apistogramma*-Arten aus der *A. regani*-Gruppe bekannten Muster. Allerdings ist *A. resticulosa* deutlich produktiver als die anderen näher verwandten Formen.

Besonderheiten: Früher unter dem Namen *A. resticulosa* vorgestellte Fische gehören höchstwahrscheinlich anderen Formen an. Im Herkunftsgebiet dieses Zwergbuntbarsches wird erst seit etwa 1995 regelmäßiger durch Exporteure und reisende Aquarianer gesammelt.

T: 20 - 29 °C, **L**: ♂ 6 cm, ♀ 4 m, **BL**: 00 cm, **WR**: u, m, **SG**: 2 - 3

A. resticulosa ♂, adult, dominant, leicht aggressive Stimmung

A. resticulosa ♂, adult, subdominant, neutrale Stimmung

A. resticulosa ♂, adult, dominant, neutrale Stimmung

A. resticulosa ♂, adult, dominant, territorial, aggressiv, kurz vor dem Angriff

A. resticulosa ♂, adult, dominant, neutrale Stimmung, territorial

A. resticulosa ♂, adult, dominant, leicht aggressive Stimmung

Apistogramma rupununi Fowler, 1914

"Zweifleck"-Apistogramma

Erstbeschreibung: Fishes from the Rupununi River, British Guiana. Proceedings of the Academy of Natural Sciences of Philadelphia 66: 229 - 284 (277- 278). (Beschreibung als Subspezies unter dem Namen *Apistogramma ortmanni rupununi* Fowler, 1914.)

Etymologie: *rupununi* = Der Name bezieht sich auf das System des Rupununi-River, in dem das Typenmaterial gesammelt wurde.

Typusmaterial: Zwei Exemplare.

Holotypus: Männchen, 37,6 mm SL (ANSP 39347). Rupununi-River, Guyana.

Paratypus: Männchen, 35,8 mm SL (ANSP 39348). Rupununi-River, Guyana.

Synonyme: *Apistogramma ortmanni rupununi* Fowler, 1914

Artspezifische Merkmale: Diese mittelgroße, seitlich deutlich zusammengedrückte *Apistogramma*-Art ist mäßig langgestreckt und weist ein schmales Längsband und einen charakteristischen schwarzen Seitenfleck auf, der sich an der Position des dritten Querbandes in der Breite von etwa zwei Schuppen vom Längsband bis fast hinauf zur Rückenflosse erstreckt, deren Basis aber nicht erreicht. Die Rükkenflosse erwachsener Männchen ist im Bereich der Weichstrahlen, seltener auch bereits davor, am äußeren Rand auffallend rot gesäumt. Der Schwanzwurzelfleck ist quadratisch oder rundlich und erstreckt sich etwa über die halbe Basis der Schwanzwurzel. Die Schwanzflosse ist meist gestutzt, nur selten oben und unten leicht ausgezogen zweizipfelig, häufiger ist sie bei erwachsenen Männchen oben einzipfelig. Die Art kann praktisch nur mit *A. steindachneri* und *A. hippolytae* verwechselt werden. *A. steindachneri* weist aber nur einen kleinen, meist dreieckigen Seitenfleck und im männlichen Geschlecht eine deutlich zweizipfelige Schwanzflosse auf. *A. rupununi* ist als Zwillingsart von *A. hippolytae* anzusehen, doch zeigen erwachsene Männchen der letztgenannten Art keine gestutzte oder mindestens im oberen Teil leicht zipfelige Schwanzflosse. Außerdem fehlt männlichen *A. hippolytae* auch der rote Saum im hinteren Teil der Rückenflosse.

Geschlechtsunterschiede: Die Geschlechtsunterschiede sind nur gering. Männchen werden meist etwas größer als Weibchen und entwickeln eine gestutzte Schwanzflosse, die im Alter am oben hinteren Rand, etwas seltener auch am unteren zipfelige Verlängerungen aufweist. Bei jüngeren Tieren ist die gesicherte Geschlechtsbestimmung nur während der Fortpflanzungszeit möglich. Es sei daher bereits an dieser Stelle darauf hingewiesen, daß bei Zuchtvorhaben in jedem Falle eine

A. rupununi ♂, adult, dominant, aggressive Stimmung

W. Staeck

A. rupununi ♂, adult, dominant, neutrale Stimmung

W. Staeck

größere Gruppe dieser Fische erworben werden sollte, aus der sich Paare zusammenfinden können.

Verwandtschaftliche Zuordnung: *A. rupununi* gehört zur *A. steindachneri*-Gruppe, zu der außerdem noch *A. steindachneri* selbst sowie *A. hippolytae* zu rechnen sind. Bei den genannten Arten scheint es sich möglicherweise um einen ineinander übergehenden Komplex von Arten zu handeln, die als Mitglieder eines Superspezies-Komplexes, des *A. steindachneri*-Superspezies-Komplexes, zu betrachten sind (vergleiche Abschnitt zum Superspezieskonzept). Daher lassen sich die Arten unter Aquarienbedingungen auch in begrenztem Umfang kreuzen, was im übrigen ausschließlich zu wissenschaftlichen Zwecken geschehen sollte. Ähnliche Bedingungen finden sich im *A. nijsseni*-Subkomplex der *A. cacatuoides*-Gruppe, zu welcher nähere verwandtschaftliche Beziehungen zu bestehen scheinen, wie bisher vermutet wurde (KOSLOWSKI 1985, KOSLOWSKI nach SCHÄFER 1994). Insgesamt sind die Beziehungen des *A. steindachneri*-Superspezieskomplexes zu anderen Gruppen innerhalb der Gattung für eine abschließende Beurteilung aber noch zu wenig untersucht.

Typusfundort: Das Typusmaterial wurde im Bereich des Rupununi-River im Südwesten von Guyana gesammelt. Der Fundort ist nicht näher benannt.

Verbreitung: Bisher liegen Funde von *A. rupununi* aus Guyana im Bereich 2-3°N/50°20´W (KULLANDER & NIJSSEN 1989) und aus dem nördlichen Brasilien im oberen Rio Branco vor (STAECK, persönliche Mitteilung 1996), der zum Rio Negro-Flußsystem gehört, in dem die "Zwillingsart" *A. hippolytae* vorkommt. Beide Arten konnten bisher noch nicht an einem gemeinsamen Fundort festgestellt werden.

Ökologie: Bislang ist die Ökologie dieser Art noch weitgehend unbekannt. Lediglich W. STAECK (persönliche Mitteilungen 1996) und M. T. C. LACÉRDA (persönliche Mitteilungen 1996) verfügen über Informationen zur Freilandbiologie. Nach ihren Angaben ist *A. rupununi* Bewohner sowohl von Klar- und Schwarzwasserbächen als auch von Weißwasserflüssen. Reines Schwarzwasser wird offenbar seltener besiedelt als die anderen Wassertypen. Die Fische bewohnen neben Bächen auch die Ufer größerer Flüsse, von Waldseen und Restwassern. Sie halten sich dort bevorzugt im Bereich dichter Fallaubablagerungen auf, die von zahlreichen Ästen und anderen Teilen toter Bäume durchsetzt sind. Die Wassertemperaturen an verschiedenen Fangplätzen lagen zwischen 23 und 31 °C, der pH-Wert zwischen 4,5 und 6, die Wasserhärte zwischen 1 und 4 ° dGH. Im Verbreitungsgebiet von *A. rupununi* kommen außerdem *A. gibbiceps* und *A.* spec. "Balzfleck" vor.

Ersteinfuhr: 1995 brachten W. STAECK und unabhängig davon M. T. C. LACÉRDA (TropRio / Rio de Janeiro) Tiere aus der Umgebung der Typuslokalität nach Deutschland. Erstmals wurden bereits in den 70er Jahren einige Exemplare dieser Art nach Deutschland eingeführt und anschließend auch vermehrt.

A. rupununi ♂, halbwüchsig, abklingende Schreckfärbung

A. rupununi ♂, halbwüchsig, Schreckfärbung

Aquarienbiologie: *A. rupununi* ist in ausreichend großen Pflegebehältern, die mit Hilfe von Pflanzen, Totholz und/oder Fallaub möglichst versteckreich eingerichtet werden sollten, in kleinen Gruppen ohne größere Probleme zu halten. Die Zucht, für die normalerweise sehr weiches und leicht saures Wasser erforderlich zu sein scheint, gelingt gelegentlich auch bei mittelhartem Wasser mit bis zu 10 °dGH und fast neutralem pH-Wert. Das Wasser muß allerdings regelmäßig zum großen Teil ausgetauscht werden, um eine möglichst gute Wasserqualität aufrecht zu erhalten. Tiere aus dem oberen Rio Branco-Gebiet sind deutlich schwieriger nachzuzüchten als solche aus anderen Teilen des unteren und mittleren Rio Negro-Einzuges, was möglicherweise auf höhere Ansprüche an die Wasserqualität zurückzuführen ist. Nach meinen Erfahrungen sind für diese Tiere schon für die einfache Haltung folgende Wasserwerte einzuhalten: pH-Wert unter 6,5, Leitwert unter 50 µS/cm, Wasserhärte unter 4 °dGH. Die Wassertemperatur konnte dagegen zwischen 20 und 30 °C schwanken, ohne daß sich Anzeichen für negative Auswirkungen bei den Fischen erkennen ließen. Besonderes Augenmerk sollte auf die Ernährung von *A. rupununi* gelegt werden, da sich die Fische als relativ empfindlich gegenüber Darmparasiten und Bakteriosen erwiesen haben. Insbesondere Insekten und Krebstiere aus dem Freiland sollten daher möglichst im Futterplan vollkommen vermieden werden. Dagegen haben sich gefrostete *Artemia salina* und ihre frisch geschlüpften Naupliuslarven als problemloses Futter erwiesen, das über lange Zeiträume als Alleinfutter verabreicht werden kann ohne Mangelerscheinungen hervorzurufen.

Besonderheiten: Die Art wurde ursprünglich als eine Unterart von *A. ortmanni* beschrieben (*A. o. rupununi*). 1980 synonymisierte KULLANDER in seiner Revision der brasilianischen *Apistogramma* die Art aufgrund seiner Nachuntersuchungen am Holotypus mit *A. steindachneri*. Später führte eine erneute Untersuchung des Typusmaterials durch den gleichen Bearbeiter zu der Ansicht, daß *A. rupununi* als gültige Art anzusehen ist (KULLANDER & NIJSSEN 1989). Weitere Informationen sind bisher noch nicht verfügbar.

T: 21-29 °C, **L:** ♂ 8 cm, ♀ 6 cm, **BL:** 100 cm, **WR:** u, m, **SG:** 3 - 4

Umgestürzter Urwaldriese

Portrait eines *A. rupununi* ♂

A. rupununi ♀, adult, brutpflegend

W. Staeck

Ufer des mittleren Rio Uaupés bei Sao Páulo

Ein ca. 15 cm großer felsbewohnender Laubfrosch-Verwandter (Sao Gabriel)

A. rupununi ♂, adult, dominant, neutrale Stimmung

A. rupununi ♂, adult, dominant, leicht aggressive Stimmung

Apistogramma staecki KOSLOWSKI, 1985

Erstbeschreibung: Descriptions of new species of Apistogramma (Teleostei: Cichlidae) from the Rio Mamoré system in Bolivia. Bonner Zoologische Beiträge 36 (1/2): 145 - 162.

Etymologie: *staecki* = ein Dedikationsname zu Ehren von Dr. Wolfgang STAECK, der gemeinsam mit Horst LINKE das Typenmaterial dieser Art sammelte.

Typusmaterial: 39 Exemplare.

Holotypus: Männchen, 20,8 mm SL (ZFMK 13400), am 12. Juli 1983 von H. LINKE und W. STAECK gesammelt. Fundort: Lagunen beiderseits der Straße von Trinidad ca. 10 km südlich in Richtung El Colegio und Loreto, südlich der Stadt Trinidad, Bolivien (Station B11: etwa 61°51′W / 14°57′S).

Paratypen: Ein Männchen, 20,8 mm SL und drei Weibchen, 17,7 mm SL bis 20,6 mm SL (ZFMK 13401 - 13404), ein Männchen, 16,8 mm SL, fünf Weibchen, 16,1 mm SL bis 20,4 mm SL, sowie zwei unbestimmten Geschlechtes, 14,7 mm SL und 15,9 mm SL (SMF 18855 a - h); zwei Weibchen, 15,0 mm SL und 19,4 mm SL (MZUSP 28725), ein Männchen, 20,9 mm SL und sechs Weibchen, 15,7 mm SL bis 18,7 mm SL (NRM A83/1983282.3053), alle mit Daten wie der Holotypus. Ein Männchen, 20,7 mm SL, drei Weibchen, 19,5 mm SL bis 19,9 mm SL und zwei unbestimmten Geschlechtes, 15,8 mm SL und 17,5 mm SL (ZFMK 13405 - 13410),

am 12. Juli 1983 von H. LINKE und W. STAECK gesammelt. Fundort: Lagunen und Restflußwasser an der Straße von Trinidad nach Osten ca. 10 km in Richtung Peroto, östlich der Stadt Trinidad, Bolivien (Station B10: etwa 64°48′W / 14°49′S). Ein Männchen, 32,1 mm SL (ZFMK 13411), ein Männchen, 30,3 mm SL (ZFMK 13466) und ein Weibchen, 26,8 mm SL (ZFMK 13412), konserviert nach Aquarienhaltung, aber von einem der beiden oben aufgeführten Orte stammend, ohne daß dieser vom Beschreiber genau bezeichnet wird.

Die nachfolgend aufgelisteten Exemplare, nämlich vier Männchen, 22,3 mm SL bis 31,8 mm SL und vier Weibchen, 19,5 mm SL bis 24,9 mm SL (USNM 235635) wurden erst nach Fertigstellung des Manuskriptes in einer Fußnote des Beschreibers mit in der Erstbeschreibung genannt. Sie, wie auch die zuvor genannten Aquarienexemplare, werden in der quantitativen Beschreibung nicht verwendet.

Synonyme: Keine.

Artspezifische Merkmale: Typisch für *A. staecki* sind die zweizipfelige, gestreifte Schwanzflosse (Männchen), das nur etwa eine halbe bis höchstens eine Schuppe breite, bis in einen deutlichen Schwanzwurzelfleck reichende Längsband, das gerade etwa pupillenbreite Wangenband und die nur wenig verlängerten Flossenhäute der trotzdem deutlich gesägten Rückenflosse. Mit diesem Aussehen erinnert *A.*

A. staecki ♂, adult, dominant, leicht aggressive Stimmung

W. Staeck

A. staecki ♀, adult, Brutpflegefärbung
W. Staeck

staecki an Arten der *A. cacatuoides*-Gruppe, insbesondere an *A. juruensis* und *A. luelingi*. Auch verschiedene morphologische Befunde, von denen hier nur die Übereinstimmung in der Zahl der Infraorbitalporen genannt werden soll, weisen auf eine nähere Verwandtschaft zu den Formen aus dem *A. cacatuoides*-Komplex hin. Die mäßig schlanken *A. staecki* unterscheiden sich von den ähnlichen Arten der *A. cacatuoides*-Gruppe aber durch ein nur beim Drohen sichtbares, auffallendes Muster aus schmalen senkrechten Bändern auf dem hinteren Körperdrittel, das sich bis auf die Schwanzflosse erstreckt. In hochaggressiver Stimmung färben sich diese Bänder tiefrot und bedecken gut die Hälfte des Körpers. Ein vergleichbares Zeichnungsmuster zeigen, ebenfalls vor allem beim Drohen, nur die Formen der *A. steindachneri*-Gruppe, zu denen aber offenbar keine näheren Beziehungen bestehen.

Geschlechtsunterschiede: Erwachsene Männchen entwickeln eine zweizipfelige, gebänderte Schwanzflosse. Weibchen behalten dagegen eine runde, selten auch gestutzte transparente Caudale. Letztere zeigen abgerundete Rücken- und Afterflosse, welche bei Männchen zugespitzt sind. Die etwa zu einem Drittel schwarzen Bauchflossen der Weibchen sind kurz, während sie bei Männchen transparent bläulich oder weißlich und meist deutlich fädig verlängert sind. Weibchen weisen außerdem einen Unterbauchstrich und einen Analfleck auf, der den meist auch etwas größeren Männchen stets fehlt.

Verwandtschaftliche Zuordnung: *A. staecki* weist Merkmale auf, die KOSLOWSKI (1985) dazu veranlaßten, die Art in die weitere Umgebung von *A. steindachneri* zu stellen. Insbesondere das beim Drohen oder in Schreckfärbung auf der hinteren Körperhälfte sichtbare senkrechte Balkenmuster und die bei Männchen zweizipfelige Schwanzflosse führten ihn zu dieser Einschätzung. Tatsächlich gehört *A. staecki* aber offenbar zum *A. cacatuoides*-Subkomplex innerhalb der *A. cacatuoides*-Gruppe, wofür neben der Schwanzflossenform und der Zahl der Dentalporen vor allem auch die Ausprägung des Längsbandes spricht. Am nächsten kommt *A. staecki* in diesen Merkmalen dem aus dem Juruá-Flußsystem stammenden *A. juruensis* sowie dem ecuadorianisch-peruanischen *A. payaminonis*. Außerdem zeigen auch *A. luelingi* und *A. arua* einige entsprechende Übereinstimmungen mit *A. staecki*. Die Tatsache, daß *A. staecki* ein der *A. steindachneri*-Gruppe ähnliches Streifenmuster beim Drohen präsentiert, muß meines Erachtens entweder als ursprüngliches oder (wahrscheinlicher) als konvergent entwickeltes Merkmal verstanden werden.

Verbreitung: Bisher bekannte Fundorte liegen im Norden Boliviens und Südwesten Brasiliens im Einzugsbereich des Rio Mamoré, Rio Guaporé und Mato Grosso.

Ökologie: *A. staecki* ist nach bisherigen Informationen eine der wenigen stenöken (an nur einen Lebensraumtyp angepaßten) *Apistogramma*-Arten. Die Art scheint nach allen bisher vorlie-

A. staecki ♀, adult, laichreif   I. Koslowski

A. staecki ♀, adult, "gähnend" das Gelege befächelnd   I. Koslowski

genden Lebensraumuntersuchungen vollkommen an extrem weiche und vor allem sehr saure Klarwasserbereiche gebunden zu sein, die auch unter ganz leichtem Schwarzwassereinfluß stehen dürfen. LINKE & STAECK (1995) fanden die Art 1983 in von Bachläufen abgeschnittenen Straßengräben und Lagunen im Weideland südlich der Stadt Trinidad. Die Fische hielten sich hier in großer Zahl im dichten Teppich der Wasserhyazinthen auf. An anderen Fangplätzen, z.B. im Einzug des Guaporé und im Mato Grosso, hielt sich *A. staecki* dagegen in typischer *Apistogramma*-Art in der Fallaubschicht der flachen Uferzonen auf (FREY 1990, SEWER mündliche Mitteilung 1996). LINKE & STAECK (1995) fanden die Art an einigen Fangplätzen gemeinsam mit *A. linkei.* Die beiden Arten scheinen nach ihren Beobachtungen im Feld sowie meinen Laborerfahrungen unterschiedliche pH-Bereiche zu bevorzugen: In saurem Medium dominiert *A. staecki*, in etwa neutralem oder gar alkalischem dagegen *A. linkei*, wobei es zwischen pH 5,5 und 6,5 einen Überlappungsbereich gibt, in der sich die Zahlenverhältnisse zwischen den beiden Arten pH-abhängig verschieben.

Ersteinfuhr: *A. staecki* sind 1983 durch H. LINKE und W. STAECK erstmals nach Deutschland gelangt. Seit 1995 werden sie vereinzelt als Beifänge in Sendungen aus dem Guaporé durch Aquarium NIMBON (Köln) importiert. 1996 wurden sie durch SEWER (Zürich) und unabhängig davon durch BLEHER (Frankfurt) wieder eingeführt. Kommerzielle Einfuhren erfolgten seit Mitte 1996 ausschließlich nach Japan.

Aquarienbiologie: *A. staecki* hat sich im Gegensatz zu Angaben bei LINKE & STAECK (1995) als sehr schwieriger Pflegling erwiesen, was wahrscheinlich auch zu seinem schnellen aquaristischen Aussterben geführt hat. Zumindest ist mir seit mehreren Jahren kein Hinweis mehr auf eine längerfristig erfolgreiche Aquarienhaltung dieser empfindlichen Fische bekannt geworden. Die Art läßt sich verhältnismäßig gut in dicht bepflanzten und/oder mit Totholz, Fallaub oder Steinen sehr versteckreich eingerichteten Aquarien halten. Die Fische sind außerordentlich empfindlich gegenüber organischen Verunreinigungen des Wassers und starken Schwankungen des pH-Wertes, wie sie bei zu raschen oder umfangreichen Wasserwechseln auftreten können. Wenn die Wasserchemie etwa der im Freiland entspricht, pflanzen sich die Fische auch im Aquarium fort, wobei allerdings zu beachten ist, daß sich der Laich erst in sehr saurem und weichem Wasser entwickelt. Die Fische zeigen in kleinen Aquarien nur eine geringe Neigung zur Polygamie. In großen Aquarien (ab 150 Zentimeter Kantenlänge!) zeigen *A. staecki*, in Gruppen gehalten, deutlich polygames Verhalten. Das Revier eines Männchens kann das halbe Becken abdecken: in ihren Großrevieren laichen die Männchen in kurzer Folge mit den Weibchen reihum ab. Weibchenreviere können überraschend klein sein, so daß sich in Einzelfällen bis zu zehn Weibchen in einem Männchenrevier aufhalten und sogar gleichzeitig fortpflanzen können. Die Weibchen sind innerhalb eines Beckens in ihrem Fortpflanzungsrhythmus meist etwa synchron. Streitigkeiten treten

A. staecki ♀, adult, Brutpflegefärbung, leicht aggressiv

A. staecki ♀, adult, Brutpflegefärbung, leicht aggressiv, Junge ca. 3 Tage alt

zwischen ihnen meist erst auf, wenn die Jungen geführt werden. Die Tiere versuchen dann, möglichst viele Nachbarjungfische durch "Kidnapping" (vergleiche dazu LORENZEN 1991) dem eigenen Schwarm zuzuführen. *A. staecki* ist mit durchschnittlich unter 50 Jungfischen pro Brut im Aquarium relativ unproduktiv. Die Jungen entwickeln sich ähnlich den meisten anderen Formen der Gattung, sind aber ausgesprochen langsamwüchsig.

Besonderheiten: *A. staecki* gehört zu den am schwierigsten zu pflegenden *Apistogramma*-Arten. Selbst bei guten Pflegebedingungen ist die Art noch extrem empfindlich gegenüber vielen Erkrankungen, insbesondere Wurmerkrankungen und Pilzinfektionen. Am besten sind diese Probleme durch iso-

lierte Haltung sowie ausschließliche Fütterung mit frisch geschlüpften und selbst aufgezogenen *Artemia* zu lösen, da so Kontakte mit Infektionsquellen fast vollständig ausgeschaltet werden können. Diese Fische sind daher nur für den erfahrenen Spezialisten geeignet.

T: 21 - 29 °C, **L**: ♂ 6 cm, ♀ 4 cm, **BL**: 100 cm, **WR**: u, **SG**: 4 (extrem weiches Wasser, pH unter 6)

A. staecki ♂, halbwüchsig, territorial, leicht aggressiv

I. Koslowski

A. staecki ♂, halbwüchsig, territorial, neutral gestimmt   I. Koslowski

A. staecki ♂, halbwüchsig, subdominant   I. Koslowski

A. staecki ♂, adult

I. Koslowski

A. staecki ♂, adult, frontal drohend, beachte senkrechte Bänderung

I. Koslowski

A. steindachneri ♂ , adult, lateral drohend

A. steindachneri ♂ , adult, neutral gestimmt

Apistogramma steindachneri (REGAN, 1908)

Erstbeschreibung: Description of a new cichlid fish of the genus Heterogramma from Demerara. Annals and Magazine of Natural History (8) 3: 370 - 371.

Wiederbeschreibung: KULLANDER & NIJSSEN (1989): The Cichlids of Surinam: 74 - 83.

Etymologie: *steindachneri* = Ein Dedikationsname zu Ehren von Franz STEINDACHNER, der 1875 die erste Art der späteren Gattung *Apistogramma* beschrieb.

Typusmaterial: Zwei Exemplare.

Syntypen: Zwei Männchen, 70 mm TL und 75 mm TL (BMNH 1909.430: 31-32), Demerara, Georgetown, keine Sammeldaten in der Beschreibung beigegeben.

Belegmaterial: 14 Exemplare ohne Geschlechtsangaben (ZFMK 17511 bis ZFMK 17524).

Synonyme: *A. ornatipinnis* AHL, 1936; *A. wickleri* MEINKEN, 1960; *Heterogramma steindachneri.*

Artspezifische Merkmale: Diese mittelgroße, seitlich deutlich zusammengedrückte *Apistogramma*-Art ist mäßig langgestreckt und weist ein schmales Längsband und einen charakteristischen, etwa dreieckigen schwarzen Seitenfleck auf, der sich an der Position des dritten Querbandes befindet und dieses etwas überragt. Die Rük-kenflosse erwachsener Männchen ist meist am äußeren Rand auffallend rot gesäumt. Die Schwanzflosse erwachsener Männchen ist deutlich zweizipfelig, die der Weibchen rund, oft aber auch gestutzt. Der Schwanzwurzelfleck ist quadratisch oder rundlich und erstreckt sich etwa über die halbe Basis der Schwanzwurzel. *A. steindachneri* kann eigentlich nur mit *A. hippolytae* und *A. rupununi* verwechselt werden. *A. steindachneri* weist aber nur einen kleinen, meist dreieckigen Seitenfleck und im männlichen Geschlecht eine deutlich zweizipfelige Schwanzflosse auf, während die beiden anderen Arten große und breite Seitenflecke aufweisen, die fast den gesamten Zwischenraum zwischen Längsband und Rückenflossenbasis ausfüllen.

Geschlechtsunterschiede: Erwachsene Männchen entwickeln eine deutlich zweizipfelige, meist rotorange oder gelb gesäumte Schwanzflosse. Weibchen behalten dagegen eine runde, selten auch gestutzte Caudale. Sie zeigen außerdem abgerundete Rük-ken- und Afterflossen sowie abgerundete Bauchflossen, die bei Männchen zugespitzt und meist deutlich verlängert sind. Die Bauchflossen der Weibchen sind überwiegend schwarz, die der Männchen bläulich-weiß. Weibchen weisen außerdem einen Unterbauchstrich auf, der den meist viel größeren Männchen stets fehlt.

A. steindachneri ♂, adult, dominant, territorial, frontal drohend

Spezieller Artenteil

Verwandtschaftliche Zuordnung: *A. steindachneri* bildet zusammen mit *A. rupununi* und *A. hippolytae* die *A. steindachneri*-Gruppe. Bei den genannten Arten handelt es sich möglicherweise um einen ineinander übergehenden Komplex von Arten, die als Mitglieder eines Superspezies-Komplexes, des *A. steindachneri*-Superspezies-Komplexes, zu betrachten sind. Ähnliche Bedingungen finden sich im *A. nijsseni*-Subkomplex der *A. cacatuoides*-Gruppe, zu welcher nach eigenen Feststellungen nähere verwandtschaftliche Beziehungen zu bestehen scheinen, als bisher von anderen Autoren vermutet wurde (Koslowski nach Schäffer 1995, Linke & Staeck 1995). Insgesamt sind die Beziehungen des *A. steindachneri*-Superspezies-Komplexes zu anderen Gruppen innerhalb der Gattung aber noch unzureichend untersucht (siehe auch Textteil zum Superspezieskonzept).

Typusfundort: Als Sammelort des Typenmaterials wurde Demerara, Georgetown angegeben.

Verbreitung: Bisher liegen Funde von *A. steindachneri* aus Surinam, Guyana und dem östlichen Venezuela vor. Innerhalb dieses Verbreitungsgebietes besiedelt die Art nach derzeitigem Kenntnisstand fast alle Flußsysteme (z.B. Corantijn, Demerara, Essequibo, Mahaica oder Suriname), während die Vorkommen in Venezuela nach Untersuchungen Staecks (1990) auf Gewässer beschränkt sind, die zum Einzugsbereich des Rio Essequibo gehören.

Ökologie: Über die Ökologie dieser Art ist bisher nur wenig bekannt. *A. steindachneri* bewohnt in seinem natürlichen Lebensraum vorwiegend kleine Bäche mit sehr weichem Wasser, deren pH-Wert sehr unterschiedlich sein kann. Tiere wurden sowohl in extrem saurem als auch in leicht alkalischem Wasser festgestellt. Daneben bewohnen die Fische auch kleine Tümpel und die flachen Überschwemmungszonen der Flüsse. Sie halten sich meist zwischen überspülter Landvegetation, Wasserpflanzen, Fallaub und Totholz versteckt.

Ersteinfuhr: Diese Art wurde wahrscheinlich bereits kurz nach der Jahrhundertwende, möglicherweise 1906 durch die Hamburger Firma Siggelkow erstmals nach Deutschland eingeführt. Nach dem zweiten Weltkrieg war *A. steindachneri* eine der ersten wiedereingeführten Zwergbuntbarscharten und gehört bis heute zu den regelmäßig in großer Zahl aus den Guyana-Ländern exportierten Cichliden.

Aquarienbiologie: *A. steindachneri* gehört zu den relativ robusten Arten der Gattung. Für die Aquarienhaltung eignet sich mittelhartes Wasser mit neutralem pH-Wert. Es sollte möglichst wenig organische Verunreinigungen enthalten, weshalb regelmäßige und umfangreiche Teilwasserwechsel erforderlich sind. Werden diese über längere Zeit vernachlässigt, werden die Fische anfällig gegenüber bakteriellen Erkrankungen und Verpilzungen der Flossen. Ihre für *Apistogramma*-Verhältnisse ungewöhnliche Körpergröße macht die gemeinsame Haltung auch mit größeren Cichlidenarten möglich: Ich pflegte die Art beispielsweise in kleinen Gruppen (bis zehn Exempla-

A. steindachneri ♂, adult, dominant, territorial, leicht aggressiv

A. steindachneri ♂, adult, dominant, territorial, neutral gestimmt

re) gemeinsam mit *Aequidens pallidus*, (halbwüchsigen) *Crenicichla* cf. *inpai* und *Heros* spec. aus dem Rio Uaupés, ohne daß es zu Verlusten unter den Zwergcichliden kam. Weil männliche *A. steindachneri* deutlich über zehn Zentimeter Länge (TL) erreichen können, sollten die Fische nur in großen Aquarien gehalten werden, deren Fläche mit Hilfe von Totholz, Steinen, Wasserpflanzen und/oder Fallaub in mehrere voneinander optisch separierte Flächen aufgeteilt wird. Auf diese Weise können mehrere Männchen Reviere gründen, in denen sie je nach Raumangebot ein bis sechs Weibchen dulden. Meist kämpfen die Weibchen untereinander eine Rangordnung aus, die auch über den Verbleib der Männchen im Revier und dessen spätere Größe entscheidet. Die Reviergröße ist, wohl über die damit verfügbare Nahrungsmenge, wiederum für den späteren Fortpflanzungserfolg bedeutsam: größere Weibchenreviere sind positiv mit der Zahl erfolgreich aufgezogener Jungtiere korreliert.

Für die Zucht von *A. steindachneri* ist normalerweise weiches, leicht saures Wasser besonders geeignet, obwohl die Fische auch in mittelhartem, neutralem oder schwach alkalischem (pH-Wert maximal 7,5) Wasser ablaichen. Mit höherer Wasserhärte und steigendem pH-Wert sinkt allerdings der Reproduktionserfolg deutlich. Die Wassertemperatur kann zwischen 21 und 30 °C schwanken, jedoch übt die Temperatur bei dieser Art einen erheblichen Einfluß auf die Verteilung der Geschlechter unter den Nachkommen aus (zu Details siehe ersten Teil des Buches). Die geschlechtsreifen, ablaichbereiten Weibchen wählen innerhalb ihres Reviers ein Brutversteck, in dem sie nach sorgfältiger Reinigung der Unterlage und anschließender, oftmals nur wenige Minuten dauernder Balz die Eier in kleinen Laichschüben anheften. Die Eier werden unmittelbar nach der Ablage durch das Männchen besamt. Ist das Männchen zu groß um in das Laichversteck einzuschwimmen, schlagen manche Männchen mit kräftigem Schlag der Schwanzflosse das spermienhaltige Wasser in Richtung Eingang des Brutversteckes; das wiederholt in das Versteck ein- und ausschwimmende Weibchen fächelt oftmals am Höhleneingang ebenfalls spermienhaltiges Wasser in die Höhle ein. Trotz der Menge von oft über 250 abgelegten Eiern ist der Laichvorgang nach etwa ein bis längstens zwei Stunden abgeschlossen. Das Weibchen vertreibt daraufhin den Partner aus dem Bereich um das Laichversteck und übernimmt allein die Brutpflege.

Die Larven schlüpfen nach 36 bis 72 Stunden und durchlaufen in den anschließenden fünf bis acht Tagen die Larvalentwicklung. Die nach sechs bis elf Tagen frei schwimmenden Jungen fressen vom ersten Tag an Nauplien von *Artemia* und Detritus, womit sie sich schnell aufziehen lassen. Detritus scheint für eine gesunde Entwicklung der Jungfische besonders bedeutsam zu sein; der Nachwuchs in steril gehaltenen Aufzuchtanlagen zeigt häufig eine nur kümmerliche körperliche Entwicklung. Etwa drei Wochen nach dem Verlassen der Bruthöhle werden die Jungfische in manchen Fällen auch erstmals vom Männchen mitbetreut. Die Mutter beginnt zu diesem Zeitpunkt, ihre Brut aus dem eigenen Revier abzudrängen und laicht meist kurz

A. steindachneri ♂, adult, dominant, beachte Wangenbinde

A. steindachneri ♂, adult, dominant, beachte Wangenbinde

darauf im alten Brutversteck erneut ab. In der Folgezeit werden die Jungen vom Männchen in seinem Revier geduldet. Erst wenn die ersten Nachwuchsmännchen geschlechtsreif werden und durch die Schwanzflossenform als solche zu erkennen sind, werden sie vom Vater vertrieben.

Nach etwa vier Monaten können die Nachkommen bereits zwischen drei und fünf Zentimeter lang sein. Zu diesem Zeitpunkt lassen sich die ersten Männchen an ihren zweizipfeligen Schwanzflossen erkennen. Die Weibchen lassen sich normalerweise erst nach sechs bis zehn Monaten sicher identifizieren. Zu diesem Zeitpunkt sind sie, durch erste Eiablagen erkennbar, offenbar geschlechtsreif. Während der Jugendentwicklung ist auf besonders regelmäßige und umfangreiche Teilwasserwechsel zu achten, um plötzliche und zahlreiche Verluste unter den Jungen zu vermeiden.

Besonderheiten: *A. steindachneri* erwies sich wiederholt als anfällig gegen Fischtuberkulose und verschiedenen Darmparasiten, z.B. den mikroskopisch kleinen *Hexamita* und den mehrere Zentimeter Länge erreichenden Band- und Hakenwürmern. Insbesondere bei Wildfangtieren konnte ich häufig Fischbandwürmer feststellen, die sich jedoch in einer Quarantäneanlage mit eingefügtem Drahtgitterboden bei reichlicher Fütterung mit handelsüblichen Mitteln erfolgreich behandeln lassen. Die bislang praktisch untherapierbare Fischtuberkulose konnte ich bei Wildfangtieren noch nie, bei Aquariennachzuchten dagegen regelmäßig feststellen. Aus den angeführten Tatsachen ergibt sich für diese Art, neu

erworbene Exemplare regelmäßige einer konsequenten Quarantäne, die sich über mindestens acht Wochen erstrecken sollte, zu unterziehen. Neben dem gelegentlich bedenklichen Gesundheitszustand im Handel angebotener Tiere erweist sich die Tatsache, daß häufig nur Tiere eines Geschlechtes angeboten werden, als Hemmnis für den Aufbau einer Zuchtgruppe. Einseitige Geschlechterverhältnisse unter angebotenen *A. steindachneri* sind überdies ein erstes Indiz, daß es sich bei den angebotenen Fischen um Aquariennachzuchten handelt, die bei dieser Art generell vor dem Kauf besonders sorgfältig bezüglich ihres Gesundheitszustandes untersucht werden sollten (s.o.).

T: 21 - 30 °C, **L:** ♂ 10 cm, ♀ 6 cm, **BL:** 150 cm, **WR:** u, m, **SG:** 2 - 3

Leopoldina

A. *steindachneri* ♀, adult, Brutpflegefärbung

J. Glaser

A. *steindachneri* ♂, adult, dominant, in Freßstimmung

Apistogramma taeniata (Günther, 1862)

Erstbeschreibung: Catalogue of the Fishes in the British Museum. Vol. IV: 312. (Beschreibung als *Mesops taeniatus* Günther, 1862.)

Etymologie: *taeniata* = abgeleitet von *taeniatus* = gebändert. Es ist nicht klar, worauf Günther sich bei der Benennung bezog. Allgemein wird aber angenommen, daß das Typenmaterial ein Längsband aufwies.

Typusmaterial: Ein Exemplar.

Holotypus: Männchen, 42,1 mm SL (BMNH 1853.3.19:71) von H. W. Bates im Rio Cupai (Brasilien) gesammelt und 1852 dem Museum übergeben. (Der Holotypus befindet sich nach Kullander (1980) in so schlechten Zustand, daß eine sichere Artbestimmung auf seiner Basis nicht mehr möglich ist. Der Fundortname wurde wiederholt korrigiert; siehe dazu unter Verbreitung.)

Belegmaterial: Zwei Exemplare, UR 91226 Weibchen und UR 91232 Männchen.

Synonyme: *Mesops taeniatus* Günther, 1862.

Artspezifische Merkmale: Die ursprüngliche Artbeschreibung ist so knapp, daß eine Zuordnung zu lebenden Tieren kaum möglich ist. Neueres Material, das aus dem Gebiet des Rio Cupai stammen soll, bildet die Grundlage dieses Art-Beitrages. Für die Artbestimmung ist vor allem der Gesamteindruck der Tiere bedeutsam: *A. taeniata* sind von kräftiger, seitlich deutlich zusammengedrückter, wenig gestreckter Körperform. Die transparente Schwanzflosse ist rund und trägt nur schwach angedeutete Bänderungen. Die überwiegend ebenfalls durchsichtige Rückenflosse weist keine Verlängerungen der Flossenhäute auf, von denen die ersten zwei bis drei rußig getönt sind. Die Körpergrundfarbe ist bräunlich. Erwachsene Tiere glänzen oft auffällig metallisch grün oder kupferbraun. Auf der Körperseite erstreckt sich vom Auge bis in die Schwanzwurzel ein knapp eine Schuppe breites, dunkelbraunes bis schwarzbraunes Längsband. Auf der Schwanzwurzel findet sich ein unregelmäßig geformter Fleck. Der Oberkopf ist dunkelbraun, der Rücken trägt ebenso gefärbte, besonders an der Basis der Rückenflosse deutliche, breite Flecken. In vielen Fällen dürfte die Bestimmung von *A. taeniata*-ähnlichen Tieren letztlich selbst für Spezialisten kaum möglich sein.

Geschlechtsunterschiede: Männchen werden etwas größer als Weibchen. Letztere haben stets eine im Weichstrahlbereich abgerundete Rücken- und Afterflosse, während diese bei Männchen deutlich zugespitzt und oft verlängert sind. Die Bauchflossen der Weibchen sind in der vorderen Hälfte überwiegend rußig oder schwarz gefärbt, die der Männchen transparent hyalin oder milchig weiß, selten farblos transparent.

A. taeniata ♀, adult, Brutpflegefärbung

Spezieller Artenteil

Verwandtschaftliche Zuordnung: *A. taeniata* ist ein typischer Vertreter des *A. resticulosa*-Komplexes innerhalb der *A. regani*-Gruppe. Körperbau- und Körperzeichnung aller Vertreter dieser Gruppe sind ähnlich und führen immer wieder zu erheblichen Bestimmungsschwierigkeiten. Insbesondere die Zeichnung auf den Flanken weist *A. taeniata* als in die verwandtschaftliche Nähe von *A. resticulosa* gehörig aus. Obwohl bisher für eine abschließend beurteilende Aussage zu wenig Aufsammlungen lebender Tiere mit bekannten Fundorten verfügbar sind, spricht das bisher bekannte Material dafür, daß es sich auch bei den Vertretern des *A. resticulosa*-Komplexes um einen Artenkreis oder Superspezieskomplex handelt.

Verbreitung: Die Verbreitung dieser Art ist bisher nicht genau bekannt, liegt aber im amazonischen Tiefland etwa "800 miles from the sea" (GÜNTHER 1862). In der Literatur finden sich widersprüchliche Angaben über die Herkunft, bei denen insbesondere der Name des Fundortes wiederholt diskutiert, beziehungsweise korrigiert und verändert wurde (FOWLER 1954, KULLANDER 1980, MAYLAND & BORK 1997). Die letztgenannten Autoren stellen auf dürftiger Informationsgrundlage die Verbreitung im Zusammenhang mit einem offensichtlichen einmaligen Tippfehler in der zitierten Arbeit KULLANDERS (1980) in Frage, ohne zu berücksichtigen, daß *Apistogramma*-Arten mit weit größerer Verbreitung bekannt sind, als von ihnen angegeben (z.B. *A. agassizii*). Eine Klärung der Nomenklatur des Typusfundortes sowie anschließende neue Aufsammlungen lebender und konservierter Exemplare scheint daher dringend erforderlich.

Ökologie: Bisher ist die Ökologie von *A. taeniata* unbekannt. Sie dürfte aber der anderer amazonischer Formen der *A. regani*-Gruppe ähneln.

Ersteinfuhr: Einfuhren erfolgten etwa 1990 über den Handel, angeblich vom Rio Cupari. Allerdings läßt sich weder der genaue Zeitpunkt noch der genaue Herkunftsort der heute allgemein als *A. taeniata* angesehenen Fische rekonstruieren.

Aquarienbiologie: *A. taeniata* lassen sich in weichem bis mittelhartem Wasser (2 bis 12 °dGH) in strukturreich eingerichteten Aquarien mit feinem Sandgrund problemlos halten und nachzüchten. Die Tiere haben sich als unempfindlich gegenüber verschiedenen pH-Werten, Temperaturschwankungen und plötzlichen umfangreichen Wasserwechseln erwiesen, was sie zum idealen Anfängerfisch macht. Sie akzeptieren im Gegensatz zu vielen anderen *Apistogramma*-Arten neben *Artemia*-Nauplien auch Granulatfutter. *A. taeniata* sollten gemeinsam mit kleinen Salmlern oder Bachlingen der Gattung *Rivulus* gehalten werden, da sie bei alleiniger Haltung oftmals sehr scheu werden und kaum noch zu beobachten sind.

A. taeniata sind überwiegend monogam, manche Männchen schreiten aber auch mit mehreren Weibchen zur selben Zeit zur Vermehrung. Die typische Familienform ist dann die Mann-Mutter-Familie, in dem das Weibchen die Betreuung der Nachkommen, dem Männchen dagegen die Verteidigung

A. taeniata ♂, adult, territorial, alle auf dieser Seite aus Santarém   U. Werner

A. taeniata ♂, Schreckfärbung   U. Werner

A. taeniata ♂, Schreckfärbung   U. Werner

A. taeniata ♀, Schreckfärbung   U. Werner

A. taeniata ♀, Schreckfärbung   U. Werner

A. taeniata ♂, halbwüchsig, subdominant

des gemeinsamen Brutreviers obliegt. Die Balz, Eiablage und Jungenbetreuung verläuft nach dem von den meisten Arten bekannten Schema: Die Eier werden versteckt vom Weibchen angeheftet und nach der Besamung, ebenso wie nach dem Schlupf die Larven, allein vom Weibchen versorgt. Die nach etwa acht bis zehn Tagen frei schwimmenden Jungfische werden etwa ein bis zwei Monate vom Weibchen, selten auch vom Männchen geführt. Die Art ist relativ produktiv; gut 100 Jungfische sind ein normales Fortpflanzungsergebnis.

Besonderheiten: *A. taeniata* stellt die Typusart der Gattung *Apistogramma* dar. Die genaue Herkunft des Typusexemplares und die Verbreitung der Art sind mehr als 130 Jahre nach der wissenschaftlichen Beschreibung immer noch unklar.

T: 21 - 28 °C, **L**: ♂ 6 - 7 cm, ♀ 4 cm, **BL**: 100 cm, **WR**: u, m **SG**: 2 - 3

Globetrotter

A. taeniata ♀, adult, dominant, in typischer Färbung bei der Gelegepflege

A. taeniata ♂, neutral gestimmt

A. taeniata ♂, leicht aggressiv

A. taeniata ♂, territorial

U. Werner

A. taeniata ♂, Schreckfärbung

767

Apistogramma trifasciata
(Eigenmann & Kennedy, 1903)

Erstbeschreibung: On a Collection of Fishes from Paraguay, with a Synopsis of the American Genera of Cichlids. Proceedings of the Academy of Natural Sciences of Philadelphia 59: 497-537. (Beschreibung als *Biotodoma trifasciatus* Eigenmann & Kennedy, 1903.)

Etymologie: *trifasciata* = zusammengesetzt aus *tri*(gr.) = drei, *fasciata*(gr.) = eingefaßt, gestreift. Der Name bezieht sich auf die Tatsache, daß sich zwischen dem Körperlängsband und der Wangenbinde auf der Flanke ein drittes Band vom Auge bis zum vorderen Ansatz der Afterflosse erstreckt.

Typusmaterial: Ein Exemplar.

Holotypus: 29 mm (CM No. 10,066), von A. Borelli gesammelt. Fundort: Arroyo Chagalina. Keine weiteren Sammelangaben.

Belegmaterial: Fünf Männchen und drei Weibchen (ZFMK 17733 bis ZFMK 17740).

Synonyme: *Biotodoma trifasciatus* Eigenmann & Kennedy, 1903.

Artspezifische Merkmale: *A. trifasciata* ähnelt stark *A. maciliensis*. *A. trifasciata* ist aber durch einen, auf dem Körper zwischen Längsband und Wangenband schräg über den Körper zur Basis der Afterflosse ziehenden Streifen eindeutig gekennzeichnet, der *A. maciliensis* stets fehlt. Die transparen-
te Schwanzflosse der Tiere ist rund, bei manchen Individuen aber auch fein bräunlich oder grau genetzt. Die Rückenflosse der Männchen zeigt im Bereich der Flossenhäute zwei bis fünf extreme Verlängerungen, die bei manchen Tieren bei angelegter Rückenflosse bis weit in die Schwanzflosse ragen können. Auch Weibchen zeigen oftmals leicht verlängerte und zugespitzte Flossenhäute im ersten Drittel der Rückenflosse. Der Körper ist relativ gedrungen und seitlich mäßig zusammengedrückt. Das über die ganze Körperlänge ausgeprägte Längsband wird vom Kopf zur Schwanzflossenbasis gleichmäßig breiter; hinter dem Kopf ist es halb so breit wie auf der Schwanzwurzel, deren halbe Höhe es etwa bedeckt. Bei der ähnlichen Art *A. maciliensis* ist es wesentlich kürzer und viel breiter. Über die Wange verläuft ein Band gerade vom Auge bis auf den hinteren unteren Rand des Kiemendeckels. Die Augen von *A. trifasciata* zeigen in der Iris kein Rot, wie dies bei *A. maciliensis* die Regel ist.

Geschlechtsunterschiede: Deutlich erkennbare Geschlechtsunterschiede sind erst bei erwachsenen Tieren vorhanden. Männchen werden größer als die Weibchen und weisen eine andere Beflossung und Färbung auf. Die gelblichgrauen Weibchen zeigen einen kleinen runden Seitenfleck und eine niedrige Rückenflosse ohne Verlängerungen der Flossenhäute, von denen mindestens die ersten beiden schwarz

A. trifasciata ♂, adult, leicht aggressiv

J. Glaser

A. trifasciata ♀, halbwüchsig, laichreif

gefärbt sind. Die Rücken- und Afterflosse sind abgerundet und gelblich,
die Bauchflossen, die in ihrer vorderen
oberen Hälfte eine rußgraue oder
schwarze Färbung aufweisen, sind
nicht verlängert und reichen etwa bis
zum vorderen Ansatz der Afterflosse.
Die im Körper überwiegend metallisch-
bis himmelblauen, selten auch grünmetallischen A. trifasciata-Männchen
entwickeln Verlängerungen der himmelblauen Rückenflosse. Die Flossenhäute drei bis fünf können dann zu-
rückgelegt teilweise bis an die Mitte
der Schwanzflosse reichen. Die Weichstrahlbereiche von Rücken- und Afterflosse sind oft fädig ausgezogen, deutlich zugespitzt und tragen mehrere
Reihen kleiner hyaliner Punkte. Die
porzellanweißen Bauchflossen sind erheblich verlängert und erreichen mit
ihren Spitzen regelmäßig den Schwanz-
flossenansatz. Männchen mancher
Aquarienstämme, aber auch einzelne
Wildfangmännchen entwickeln eine
leuchtend rote Rückenflosse.

Verwandtschaftliche Zuordnung: Nachdem viele Jahrzehnte unklar war, in
welche nähere Verwandtschaftsgruppe innerhalb der Gattung A. trifasciata
einzuordnen ist, wurden im Laufe der
ersten Hälfte der 1990er Jahre zwei
Formen bekannt, die dieses Problem
teilweise lösen. Zum einen wurden A.
maciliensis aus dem Rio Guaporé eingeführt, die morphologisch sehr ähnlich, aber erheblich größer werden als
A. trifasciata und denen der namengebende dritte Körperstreifen stets
fehlt. Mit A. maciliensis bildet A.
trifasciata einen Superspecies-Kom-
plex (vergl. A. maciliensis). Zum anderen gelangten durch WARZEL et. al. so-

wie SEIDEL A. arua in wissenschaftliche
Sammlungen und lebend in die Aquaristik. A. arua und A. maciliensis stellen
die derzeit nächsten Verwandten von
A. trifasciata dar, wobei A. arua, welcher stimmungsabhängig sowohl einen A. trifasciata-ähnlichen Flankenstrich als auch mehrere A. cacatuoides-
ähnliche Unterbauchstreifen zeigen
kann, als Verbindungsglied zur A.
cacatuoides-Gruppe anzusehen ist.
Weitere Details zur Verwandtschaft siehe auch unter A. arua.

Verbreitung: Fundorte von A. trifasciata liegen in Brasilien, Bolivien, Paraguay und Argentinien. Nachweise
stammen aus dem Rio Paraguay-System, dem Paraná, aber auch dem Rio
Guaporé, der dem Rio Madeira und
damit dem Rio Amazonas zufließt. Im
Rio Guaporé lebt neben den typischen
A. trifasciata auch A. maciliensis.

Ökologie: A. trifasciata ist ein Bewohner kleiner und flacher Gewässer des
gesamten Verbreitungsgebiet. LINKE &
STAECK (1995) geben an, daß die Art
sowohl in Klarwasserbächen, als auch
im Weißwasser vorkommt. A. trifasciata lebten stets im Schutz dichter
Pflanzenbestände, die entweder in
Flachzonen den Gewässerboden bedeckten oder eine dichte Schwimmpflanzendecke bildeten. Nach den Angaben der genannten Autoren lebten
die Fische häufig zusammen mit A.
borellii und A. commbrae; außerdem
fanden sich dort häufig verschiedene
kleine Salmler (Hyphessobrycon) oder
Killifische (Pterolebias). LACÉRDA (pers.
Mitteilung) berichtet, daß er A. trifasciata
regelmäßig auch im Fallaub der flachen Uferzonen größerer Lagunen

A. trifasciata ♂, adult, subdominant, leicht aggressiv

A. trifasciata ♂, adult, dominant, leicht aggressiv

fand. Das Wasser an den Fangplätzen von *A. trifasciata* war meist weich (maximal 4 °dGH), wies einen geringen Leitwert auf (< 150 µS/cm), war leicht sauer bis alkalisch (pH-Wert 5,8 bis 7,6) und hatte eine Temperatur zwischen 18 und 27 °C. Besonders niedrige Wassertemperaturen könnten für Zwergbuntbarsche einen ökologischen Schlüsselfaktor für die Verbreitung und Fortpflanzung in der klimatisch gemäßigteren südlichen Rio Paraguay-Region sowie im Bereich des argentinischen Grand Chacco darstellen, die ebenfalls teilweise von *A. trifasciata* besiedelt sind.

Ersteinfuhr: *A. trifasciata* wurde erstmals im Jahr 1959 über den Handel nach Deutschland eingeführt. Seither werden sporadisch Tiere vorwiegend aus dem Rio Paraguay-System importiert. Seit 1995 gelangten vereinzelt auch Tiere aus dem oberen Einzugsgebiet des Rio Madeira nach Europa und Japan.

Aquarienbiologie: Über das Aquarienverhalten von *A. trifasciata* liegt eine hervorragende wissenschaftliche Studie von BURCHARD (1965) vor. Er beobachtete Gruppen und stellt detailliert die Beziehungen der verschiedenen Individuen zueinander dar. Der interessierte Leser sei zur weiteren, umfassenden Information an dieser Stelle auf die auch auf andere Arten der Gattung *Apistogramma* in vielen Details übertragbare Studie BURCHARDS verwiesen. Hier sollen lediglich einige für die Aquaristik relevante Details erwähnt werden.

A. trifasciata läßt sich, wie schon sein weites Verbreitungsgebiet erwarten läßt, auch in mittelhartem etwa neutralem Wasser ohne weiteres halten und auch nachziehen. Die Wassertemperaturen können zwischen 20 und 30 °C liegen, sollten aber möglichst zwischen 22 und 27 °C schwanken, da dies die Lebenserwartung der Fische im Aquarium deutlich erhöht. Weiches, leicht saures Wasser fördert erkennbar das Wohlbefinden und auch die Produktivität. *A. trifasciata* gehört zu den weniger produktiven Arten innerhalb der Gattung, denn 30 Jungtiere können bereits als relativ gutes Fortpflanzungsergebnis gelten. Die Pflege von Eiern und Larven wird ausschließlich vom Weibchen übernommen, obwohl in Einzelfällen auch Männchen, etwa nach Verlust des Weibchens, die Larven weiter betreuen können, wie A. HASSENEWERT (persönliche Mitteilungen) und ich beobachten konnten. Die Betreuung der Jungfische teilen sich die Eltern häufig während der ersten Tage des Freischwimmens der Brut, danach zeigten bisher alle von mir gepflegten Männchen eine starke Tendenz, die Weibchen von den Nachkommen zu vertreiben und deren Führung allein zu übernehmen. Meist laichen solche Weibchen bereits zwei bis drei Tage nach dem Verlust der Brutführungsaufgaben erneut mit dem Vater der vorherigen Brut ab. Jungfische von *A. trifasciata* wachsen relativ langsam; erst nach etwa einem halben Jahr sind die Tiere fortpflanzungsfähig. Die sekundären Geschlechtsmerkmale der Männchen, zu denen vor allem die Verlängerungen der ersten Flossenhäute der Rückenflosse gehören, ist oft erst nach ein bis eineinhalb Jahren erkennbar.

A. trifasciata ♂, adult, subdominant, neutral gestimmt

A. trifasciata ♂, adult, dominant, lateral drohend

Besonderheiten: *A. trifasciata* ist anfällig gegenüber Darmparasiten und Sporozoeninfektionen. Daher sollten neu erworbene Importtiere besonders genau beobachtet und längere Zeit in Quarantäne gehalten werden. Bei Wurmbefall lassen sich häufig auch Metacercarien, ein in der Muskulatur und dem Bindegewebe eingekapseltes Zwischenstadium, als grauweiße Knoten unter der Haut beobachten. Befallene Exemplare lassen sich normalerweise nicht therapieren, da *A. trifasciata* meist sehr empfindlich gegenüber Medikamenten reagiert.

T: 20 - 29 °C, **L**: ♂ 6 cm, ♀ 4 cm, **BL**: 80 cm, **WR**: u, m, **SG**: 2 - 3

Galeriewald

A. uaupesi ♂, adult, dominant, lateral drohend ("Blutkehl"-Morphe)

J. Glaser

A. uaupesi ♂, adult, dominant, lateral drohend
 J. Glaser

A. uaupesi ♂, adult, dominant, lateral drohend
J. Glaser

Apistogramma uaupesi KULLANDER, 1980

Erstbeschreibung: A Taxonomical Study of the Genus Apistogramma REGAN, with a Revision of Brazilian and Peruvian Species (Teleostei: Perciformes: Cichlidae). Bonner Zoologische Monographien Nr 14: 122 - 126.

Etymologie: *uaupesi* = Der Name bezieht sich auf das Flußsystem des Rio Uaupés, einem oberen Zulauf des Rio Negro, in dem das Typenmaterial gesammelt wurde.

Typusmaterial: 48 Exemplare.

Holotypus: Ein Männchen, 27,1 mm SL [IRSNB (Types) 594], am 9. Dezember 1967 von Seiner Majestät dem König LEOPOLD III. von Belgien und J.-P. GOSSE gesammelt. Fundort ist ein Igarapé am rechten Ufer des Rio Uaupés bei Trovao, Bundesstaat Amazonas, Brasilien (0°02′N / 67°26′W).

Paratypen: 28 Männchen, 17,0 mm bis 28,0 mm SL, 15 Weibchen, 19,5 mm bis 25,9 mm SL, und vier ohne Geschlechtsangabe, 15,4 mm bis 17,2 mm SL [IRSNB (Types) 595], Sammeldaten wie bei Holotypus.

Belegmaterial: Zwei Männchen (ZFMK 17476 und ZFMK 17760) und ein Weibchen (ZFMK 17761).

Synonyme: Keine.

Artspezifische Merkmale: Die Art ist auf den ersten Blick *A. pertensis*-ähnlich. Der Körper ist nur mäßig hoch und seitlich gering zusammengedrückt. Die Männchen sind durch eine zweizipfelige Schwanzflosse und eine hohe segelartige Rückenflosse mit verwachsenen Flossenhäuten in Verbindung mit einem langen schlanken Körper gekennzeichnet, der zumindest zeitweilig zwei Seitenflecke auf dem schmalen Längsband aufweisen kann. Auf den Körperschuppen finden sich senkrechte bräunliche Striche, die gegeneinander versetzte Reihen bilden. Die Körpergrundfarbe ist grau bis graubräunlich. Die roten, blauen oder gelben Markierungen sind sehr variabel und führten dazu, daß diese hochgradig polychromatische Art unter verschiedenen Namen vorgestellt wurde. Näheres dazu siehe unter "Besonderheiten".

Geschlechtsunterschiede: Erst erwachsene Tiere sind sicher unterscheidbar. Männchen entwickeln eine deutlich zweizipfelige Schwanzflosse und eine besonders hohe Rückenflosse, welche oft die Körperhöhe überragt. Viele Männchen weisen an der

A. uaupesi ♂, Holotypus (IRSNB 594)

A. uaupesi ♂ (unten) im Kampf mit *A.* spec. "Vierstreifen" (oben)   J. Glaser

Basis der Schwanzflosse gelbliche oder rötliche Bereiche auf. Vereinzelt sind auch in der Kopfregion rote oder gelbe Wurmzeichnungen oder Punkte zu erkennen. Weibchen fehlen diese Zeichnungen. Ihre Schwanzflosse ist deutlich abgerundet und wirkt nur in seltenen Ausnahmefällen leicht gestutzt. Die Rückenflosse ist deutlich niedriger als die der Männchen und erreicht meist nur die halbe Körperhöhe. Die Bauchflossen der Weibchen reichen nur bis zur Basis der Afterflosse, während die Bauchflossen der Männchen diese weit überragen.

Verwandtschaftliche Zuordnung: *A. uaupesi* gehört zu einer Gruppe von Arten, die in der *A. pertensis*-Gruppe zusammengefaßt werden, von denen sie sich aber mit Ausnahme von *A. pulchra* durch die zweizipfelige Schwanzflosse unterscheidet. Von *A. pulchra* unterscheidet sich *A. uaupesi* durch das breitere Längsband und die zwei Lateralflecken. Die Art, die derzeit die meiste Ähnlichkeit zu *A. uaupesi* aufweist, ist der noch unbeschriebene *A. spec.* "Vierstreifen", der regelmäßig aus dem oberen Rio Orinoco-Einzugsgebiet oberhalb von Puerto Ayacucho (Venezuela) exportiert wird.

Verbreitung: Brasilien, Kolumbien und Venezuela: Im gesamten mittleren und oberen Rio Negro-System, besonders im Rio Uaupés (Typusfundort), der Bifurcation des Cassiquiare, sowie im gesamten Oberlauf des Rio Orinoco-Systems verbreitet. Fundortangaben bezogen sich bisher fast nur auf Manaus (Rio Negro / Brasilien) als Importstation. Diese Angaben stammten stets von Importeuren und sind aus an anderer Stelle bereits dargelegten Gründen oftmals zweifelhaft (RÖMER in Vorb). Trotzdem wurde aber eine Verbreitung im Oberlauf des Orinoko-Flußsystems und Teilen des Rio Negro-Gebietes angenommen.

Die Abbildung eines von HEYSER im Gebiet des oberen Guaviare (Kolumbien) gesammelten Männchens (in KOSLOWSKI 1985), läßt eine Zuordnung zur hier behandelten Art zu und gibt damit den ersten glaubwürdigen Fundorthinweis. Ein weiteres Männchen wurde von WARZEL (persönliche Mitteilung) März 1991 im Bereich des Rio Atabápo in Kolumbien gefangen. Bis zum Jahr 1990 fehlten systematische Aufsammlungen von *A. uaupesi* außerhalb des Rio Uaupes. Ich hatte Gelegenheit, auf meinen Reisen in das Gebiet des mittleren und oberen Rio Negro dieser Art an verschiedenen Fundorten nachzuweisen, umfangreiches Feldmaterial dieser Spezies aufzusammeln und einen Vergleich dieses Materials mit dem Typenmaterial durchzuführen. Die Verteilung der Fangplätze im Hauptfluß und verschiedenen Zuflüssen rechtfertigen die Annahme, daß die Art den gesamten Oberlauf des Rio Negro besiedelt.

Ökologie: Wie bereits für *A. diplotaenia* dargestellt (RÖMER 1992d), weisen auch *A. uaupesi* deutlich kolonieartige Verteilungsmuster im Bereich von Sandbänken des Rio Negro-Systems auf. Die Kolonien haben, offenbar abhängig von der Strömung, deutlich unterschiedliche Ausdehnung. In Randbereichen sehr schnell fließender Gewässerbereiche wird nur eine schmale Zone entlang des Ufers besiedelt, während bei schon geringfügig lang-

A. *uaupesi* ♂, adult, dominant, aus dem Rio Urubáxí

A. *uaupesi* ♂, halbwüchsig, subdominant, aus dem Rio Urubáxí

samerer Strömung Kolonien in allen Gewässerteilen festgestellt werden konnten. *A. uaupesi* erweist sich dabei in der Wahl seiner Habitate als außerordentlich flexibel: Neben Funden in für *Apistogramma* typischen Fallaubschichten (STAECK 1987), konnte auch die Besiedlung freier Sandflächen nachgewiesen werden. An einem Fangplatz wurden *A. uaupesi* auf völlig freien Sandflächen angetroffen, auf denen sie in ähnlicher Weise Sandkrater anlegten, wie für *A. diplotaenia* beschrieben (RÖMER 1992d). Diese Krater waren allerdings deutlich größer als die von *A. diplotaenia*. Sogar in reinen Felsbiotopen konnte *A. uaupesi* nachgewiesen werden.

Die Siedlungsdichten in den zum Teil bis 200 Quadratmeter großen Kolonien zeigten keine so starken Unterschiede, wie dies für *A. diplotaenia* festgestellt worden war (RÖMER 1992d). Die durchschnittlichen, mit der Methode nach KELKER ermittelten Werte lagen in Fallaubarealen bei rund 18, auf Sandflächen bei etwa 14 und im Felsbiotop bei cirka 15 Individuen je Quadratmeter. Aus diesen leicht abweichenden Werten bereits Unterschiede in der Habitatqualität abzuleiten erscheint verfrüht, da einige andere Beobachtungen dafür sprechen, daß 1991 ein größerer Teil der Population im Rio Urubáxi noch keine Brutterritorien besiedelt hatte. So konnten nämlich 1991 im flußaufwärts gelegenen Bereich der Sandbank neben einer ca. 150 Quadratmeter großen Kolonie im seichten, teilweise bis zu 35 °C warmen, flachen Uferbereich Schwärme von *Apistogramma* beobachtet werden, die aus

A. uaupesi ♂, adult, dominant, aus dem Rio Uneíuxí

A. uaupesi ♂, juvenil

A. uaupesi ♂, "Blutkehl"-Morphe

A. uaupesi ♂, "Segelflossen"-Morphe

A. uaupesi ♂, "Rotkeil"-Morphe

A. uaupesi ♂ aus dem Atabapo   F. Warzel

A. uaupesi ♂, "Rotkeil"-Morphe

Auch innerhalb einer Brut von *A. uaupesi* treten unterschiedliche Morphen auf. Sie stellen nur unterschiedliche phänologische Ausprägungen von *A. uaupesi* dar, die schon seit langem in der aquaristischen Literatur unter verschiedenen Namen, nämlich "Ararira"-*Apistogramma*, "Arirara"-*Apistogramma*, "Blutkehl"-*Apistogramma*, "Felsen"-*Apistogramma*, "Rotkeil"-*Apistogramma* und "Segel-flossen"-*Apistogramma* bekannt sind.

mehreren tausend Exemplaren von etwa vier bis sechs Zentimeter Totallänge bestanden. Diese, vom Verhalten an wandernde Stichlinge erinnernden Schwärme setzten sich neben *A. pertensis* und einzelnen *A. diplotaenia* zu etwa 95 % aus *A. uaupesi* zusammen.

Die bereits im Freiland gemachte Beobachtung, daß die großen Schwärme am Fundort F12/91R fast ausschließlich aus Männchen bestanden, konnte auch durch die Nachuntersuchung des aufgesammelten Materials bestätigt werden. Der Weibchen-Anteil lag bei unter 10 %!

1992 bereisten wir im Gegensatz zum Vorjahr das Gebiet bei ablaufendem Hochwasser. Unter den in dieser Umweltsituation gesammelten *A. uaupesi* befanden sich nun fast keine Männchen. Die Untersuchung konservierter und lebend gesammelter Fische zeigte, daß etwa 80 % der Fänglinge Weibchen waren!

In den Brutkolonien von *A. uaupesi* betrug das Geschlechterverhältnis in beiden Beobachtungsjahren etwa vier Männchen zu sechs Weibchen. Die ökologischen Ursachen für die hiervon abweichenden Werte bei nicht reproduktiven Gruppen sind bisher nicht geklärt.

Zu den bemerkenswertesten Resultaten der 1992 durchgeführten Exkursion an den Rio Negro gehört der Nachweis von *A. uaupesi* in einem reinen Felsbiotop des Rio Uneiúxi. In dem mehrere hundert Quadratmeter großen Areal fanden sich mehrere kleine Kolonien dieses Zwergcichliden, an denen Verhaltensbeobachtungen möglich waren.

In den Randzonen der Felsplattenbereiche waren auch Sandbiotope zu finden, auf denen *A. diplotaenia* festgestellt wurde. Zwischen den hier beobachteten *A. uaupesi* und den *A. diplotaenia* waren deutliche Unterschiede in der Habitatwahl erkennbar. Larven oder Junge pflegende *A. diplotaenia*-Weibchen hielten sich stets über Sandflächen auf, selbst wenn diese nur knapp einen Quadratdezimeter groß waren. *A. uaupesi*-Weibchen im gleichen Brutstatus bevorzugten dem gegenüber reine Felsbereiche in der Nähe enger Spaltenrisse oder an den Nahtlinien aufeinanderliegender Granitplatten. Nur einmal wurde ein Weibchen von *A. uaupesi* mit Jungfischen beobachtet, welches sich an diesem Fundort über einer Sandfläche aufhielt. Allerdings ist anzumerken, daß sich diese Fläche in einem aus drei Granitblöcken gebildeten Winkel befand, so daß gleichzeitig auch mehrere Felsspaltenverstecke zur Verfügung standen.

A. uaupesi-Weibchen verteidigten Reviere von etwa 1/10 bis 1/4 Quadratmeter. In diesen Flächen wurden nur einzelne adulte Männchen oder kleine Junge geduldet. Andere *Apistogramma* wurden mit den gattungstypischen Drohgesten (vergl. BURCHARD 1965, KOSLOWSKI 1985, ZENNER & HOHL 1990) und Beißangriffen vertrieben.

Mehrfach wurden Überlappungen zwischen Fortpflanzungsrevieren von *Apistogramma* und *Crenicichla* cf. *notophthalmus* festgestellt. Insbesondere fast ausgewachsene Männchen (über zehn Zentimeter TL) der Zwerg-*Crenicichla* streiften auch auf den Felsplatten umher. Diese gegenüber den

Balzendes Paar von *A. uaupesi* aus dem Rio Uneíuxí, ♂ im Vordergrund

A. uaupesi ♀ im typischen Felsversteck

A. uaupesi ♀, neutral gestimmt

A. uaupesi ♀, Brutpflegefärbung

A. uaupesi ♀, Freßstimmung

783

A. uaupesi-Weibchen etwa vier bis fünf mal größeren Feinde wurden hier in der Regel nur dann aus *A. uaupesi*-Revieren vertrieben, wenn Weibchen gemeinsam mit einem oder (in drei Fällen) auch zwei Männchen ihre Verteidigungsangriffe ausführten. Diese Angriffe erfolgten bemerkenswerter Weise nicht wie bei *A. diplotaenia* (eig. Beob.) asynchron abwechselnd in Kompanie, sondern in Form eines "Paarangriffes", d.i. eine gemeinsam synchron ausgeführte Attacke. (Möglicherweise vermindert diese Strategie die Erbeutung oder Beschädigung der vergleichsweise langsamen Revierverteidiger durch eindringende größere Cichliden. Genauere Aussagen dazu sind allerdings erst nach weiteren Beobachtungen möglich.)

Männchen von *A. uaupesi* streifen auf mehrere Quadratmeter großen Flächen umher und nähern sich dabei regelmäßig bestimmten Weibchen. Mehrfach konnten Elemente der Balz beobachtet werden, u. a. das schnelle Anschwimmen mit anschließendem Lateralpräsentieren und folgender "Kopf-Ruck"-Balz, dem mehrfach Führungsschwimmen von Weibchen folgte. Einschwimmen in Versteckplätze oder Ablaichen konnte nicht beobachtet werden, wohl aber die Pflege von Larven und Jungfischen. Weibchen mit noch nicht frei schwimmender Brut näherten sich anschwimmenden Männchen mit voll gespreizter Beflossung schnell schwimmend, drehten kurz vor diesen seitlich ab und führten mit aufgestellter Dorsale heftige Schwanzschläge in Richtung des Männchens aus.

A. uaupesi ♀, Brutpflegefärbung, aggressiv gestimmt, beachte verbissene Flossen

A. uaupesi ♂, adult, dominant, aus den Rio Uneíuxí ("Felsen"-Morphe)

A. uaupesi ♀, beginnende Brutpflegefärbung, aus den Rio Uneíuxí

Demgegenüber näherten sich Weibchen mit bereits mobilen Jungen den Männchen mit seitlich gekipptem Körper, den Männchen die Ventralseite damit zudrehend und mit zusammengelegten Flossen unter heftigem Kopfrucken (vergl. BURCHARD 1965). Nur ausnahmsweise wurde auch das Schwanzflossenwedeln dem Männchen gegenüber beobachtet.

Bei der Nahrungssuche waren keine Unterschiede zwischen den Geschlechtern, wohl aber gegenüber den hier angetroffenen *A. diplotaenia* festzustellen. Während *A. diplotaenia* im Randbereich der Felsen fast ausschließlich über waagerechtem Substrat Detritus oder möglicherweise auch Kleinorganismen aufpickten und nur ganz vereinzelt an senkrechten Felsflächen im 45 bis 90 Grad Winkel zum Untergrund Futterpartikel aufnahmen - dies ist die normale Nahrungsaufnahme bei *Apistogramma* - bewegten sich *A. uaupesi* besonders häufig über (für den Betrachter) kahle, waagerechte senkrechte Felsflächen.

Während der Nahrungsaufnahme, mit einer Körperachsenneigung von nur etwa 20 bis 25 Grad, bewegten sich die Tiere langsam auf dem Substrat weiter. Sie erinnerten damit etwas an nahrungsuchende *Geophagus* oder *Satanoperca*. Die Fische verhielten sich dabei stark substratorientiert, so daß sich die Fische z.T. kopfüber an Felsplatten senkrecht nach oben oder unten bewegten, gelegentlich auch quer daran entlang schwammen. Stets war die Ventralseite dem Substrat zugedreht. Dieses Verhalten erinnerte an Felsencichliden der Grabenseen Afrikas.

Ersteinfuhr: Unbekannt. Wahrscheinlich bereits Mitte der 1970er Jahre als Beifänge mit *Paracheirodon axelrodi.*

Aquarienbiologie: *A. uaupesi* gehören, auch wenn sie nicht zu den farbenprächtigsten Arten zählen, aufgrund ihrer auffallenden Körper- und Flossenform sowie ihres auch in Gefangenschaft gut beobachtbaren, komplexen Verhaltens zu den eindrucksvollsten Aquarienpfleglingen unter den Zwergbuntbarschen. *A. uaupesi* ist eine friedliche, aber durchsetzungsfähige Art, die sich gut mit kleinen bis mittelgroßen Arten, z.B. Welsen, Salmlern oder Killifischen vergesellschaften läßt.

Weiches, leicht saures Wasser in versteckreichen Aquarien ist für die Dauerhaltung zwingend erforderlich. Die Fische haben außerdem einen für *Apistogramma*-Verhältnisse besonders hohen Raumbedarf. Eine basale Voraussetzung, um gleichzeitig in den Genuß der Beobachtung des gesamten Verhaltensrepertoires und wirklich gut entwickelter adulter Tiere zu gelangen, ist daher ein großes Aquarium. Die paarweise Unterbringung in kleineren Behältern ist zwar grundsätzlich möglich, doch kümmern die Tiere in aller Regel. Pflegebehälter ab 150 Zentimeter Kantenlänge haben sich als ideal erwiesen, da in ihnen Gruppen von etwa vier bis sechs Männchen mit mindestens ebenso vielen Weibchen problemlos unterzubringen sind.

Die Beckeneinrichtung sollte möglichst vielgestaltig sein: Neben einer Sandfläche aus feinem weißen Quarzsand und Fallaubbereichen in Teilen des Beckens (s. dazu KOSLOWSKI 1985, RÖMER 1992a) sollten für diese Art auch

A. uaupesi ♂, adult, unterdrückt, "Tarn-Weibchen" ("Felsen"-Morphe), Rio Uneíuxí

A. uaupesi ♂, adult, unterdrückt, "Tarn-Weibchen" ("Felsen"-Morphe), Rio Uneíuxí

einige größere Steine eingebracht werden. Am besten eignet sich hierfür Granit. Eine Vergesellschaftung mit ancistrinen Welsen oder größeren Salmlern hat sich als besonders vorteilhaft erwiesen. Unter solchen Bedingungen lassen sich hervorragende Verhaltensbeobachtungen an *A. uaupesi* durchführen. Bei freilandähnlichen Wasserwerten schreiten die Fische schon nach kurzer Zeit willig zur Fortpflanzung. Diese entspricht in der Regel dem in der Gattung üblichen Schema (BURCHARD 1965, KOSLOWSKI 1985, ZENNER & HOHL 1990, LINKE & STAECK 1992), obwohl auch hier einige Abweichungen auftreten können: Als Besonderheit innerhalb der Gattung ist das Brutpflegekleid der Weibchen anzusehen: Sie zeigen, wie die Weibchen der meisten anderen Arten auch, eine zitronengelbe Grundfärbung, doch tragen vom Zeitpunkt des Freischwimmens der Jungfische alle Körperschuppen der Weibchen im hinteren Randbereich eine rötliche Zone, die beim Betrachter den Eindruck eines insgesamt orangerötlichen Tieres hervorruft. Nur bei *A. hongsloi* KULLANDER, 1979 treten vereinzelt Weibchen mit ähnlicher Färbung auf (eigene Beob.). *A. uaupesi* ist mit durchschnittlich 60 bis 80 Jungfischen relativ produktiv. Die Jungtiere wachsen recht schnell heran und Männchen können mit sechs Monaten bereits gut acht Zentimeter lang sein. Wer sich die Mühe macht, alle Nachzuchttiere bis zur vollen Größe aufzuziehen, verschafft sich die Möglichkeit, innerhalb einer einzigen Brut das gesamte farbliche Spektrum der Art betrachten zu können. Von farblosen grauen Mäusen bis zu stahlblauen, mit leuchtend roten Kiemendeckelflecken,

Kehlen und Schwanzflossenkeilen geschmückten Prachtexemplaren treten üblicherweise alle denkbaren Übergänge unter den Nachzuchttieren eines *A. uaupesi*-Elternpaares auf. Die Art ist polychromatisch.

Besonderheiten: Seit Jahren ist *A. uaupesi* wegen der extremen Variabilität der Färbung unter verschiedenen Trivialnamen bekannt. Systematische Untersuchungen zu dieser Frage wurden von anderen Autoren nicht publiziert. Lediglich der Hinweis, daß es sich bei *A.* spec. "Rotkeil" und *A.* spec. "Segelflossen" um Vertreter der gleichen Art handele, findet sich in der Abhandlung über den "Rotkeil"-*Apistogramma* bei LINKE & STAECK (1984, 1992). Untersuchungen von Aquarienmaterial erwiesen sich auch deshalb als ausgesprochen schwierig, weil neben als *Apistogramma* spec. "Rotkeil" bezeichneten Tieren eine Reihe ähnlicher Formen durch verschiedene Autoren (zum Teil auch im Bild) unter anderen Bezeichnungen vorgestellt und gehandelt wurden. Dazu gehören die 1985 durch KOSLOWSKI vorgestellten "Rotkeil"-*Apistogramma*, und "Blutkehl"-*Apistogramma* und der in der Literatur zwar erwähnte, aber noch nicht abgebildete "Ararira"-*Apistogramma* (WINDISCH 1992), bzw. der damit identische *A.* spec. "Arirara" (RÖMER 1992c). Bereits 1979 stellte SCHMETTKAMP den "Segelflossen"-*Apistogramma* vor; alle später vorgestellten Formen gehören aber derselben Art an.
Auch wenn die aufgeführten Formen ("Arten") zum Teil deutliche Abweichungen in der Färbung aufweisen, blieben Zweifel an deren Eigenständigkeit bestehen. Auch die Herkunft all dieser

A. uaupesi ♂, adult, dominant, neutral gestimmt ("Felsen"-Morphe), Rio Uneíuxí

A. uaupesi ♂, adult, dominant, neutral gestimmt ("Felsen"-Morphe), Rio Uneíuxí

Formen war bisher ungeklärt, da lediglich vereinzelt Tiere über Manaus als Beifänge nach Deutschland importiert wurden.

Durch Nachuntersuchung des Typenmaterials und Vergleiche mit dem neu aufgesammelten Material konnte die Zuordnung dieser Tiere von mir geklärt werden. Es handelt sich bei allen genannten Formen zweifelsfrei um Farbvarietäten von *A. uaupesi*, die zum Teil sogar unter den Jungfischen innerhalb einer einzigen Brut auftreten (siehe auch unter "Aquarienbiologie").

T: 23-29°C, **L:** ♂ 9 cm, ♀ 6 cm, **BL:** 150 cm, **WR:** u, **SG:** 3 - 4

Fangschrecke mit Beutel

A. uaupesi ♂, adult ("Blutkehl"-Morphe), Sao Francisco de Atabapo

I. Koslowski

A. uaupesi ♀, adult, neutrale Stimmung ("Felsen"-Morphe), Rio Uneíuxí

A. uaupesi ♀, adult, leicht aggressive Stimmung ("Felsen"-Morphe), Rio Uneíuxí

Apistogramma urteagai KULLANDER, 1986

Erstbeschreibung: Cichlid Fishes from the Amazon River Drainage of Peru. Stockholm; Swedish Museum of Natural History: 163 - 168.

Synonyme: Keine.

Etymologie: *urteagai*: Dedikationsname zu Ehren von Jorge Andrés URTEAGA CAVERO, dem Co-Leiter der 1983 durchgeführten Sammelexkursion, auf der das Typenmaterial der Art gesammelt wurde.

Typusmaterial: 239 Exemplare.

Holotypus: Männchen, 28,3 mm SL (NRM SOK / 1983324.3930), am 11. August 1983 von S. O. KULLANDER, A. URTEAGA C., T. TOWNSEND, A. HOGBORN-KULLANDER und E. CARPIO C. gesammelt. Fundort: Lago Túpac Amaru bei Puerto Maldonado im Rio Madre de Dios-Flußsystem (Station SOK 58), Bundesstaat Madre de Dios, Peru.

Paratypen: 238 Exemplare, alle aus dem Madre de Dios-Gebiet.
ANSP 144075 (1 Ex.), 14,5 mm SL, Madre de Dios (12°32´S / 69°16,5´W), am 18. August 1977 von R. HORWITZ gesammelt (Station RH 6MD 00154); CAS 57286 (10 Ex.), 13,7 - 22,9 mm SL, Madre de Dios etwa 14 km ENE von Puerto Maldonado, Sumpf ca. 1,5 Meilen Fußweg von der Cuzco Amazónica Lodge, am 12. Juni 1983 von T. IWAMOTO gesammelt (Station TI83-22); CAS 54635 (9 Ex.), 13,3 - 35,5 mm SL, am 2. Juni 1983 in sumpfigem Bereich gesammelt (Station TI83-10), sonstige

Sammeldaten wie CAS 57286; CAS 54636 (1 Ex.), 36,9 mm SL, am 5. Juni 1983 in einer Pfütze auf dem Pfad vom Lago Sandoval zum Rio Madre de Dios in sumpfigem Gelände gesammelt (Station (TI83-14); NRM SOK/1983324.-3653 (7 Ex.), 20,9 - 25,1 SL, Sammeldaten wie Holotypus; NRM SOK/ 1983325. 3652 (13 Ex.), 16,7 - 27,4 mm SL, Rio Tambopata-Zufluß Quebrada San Roque am km 11 der Straße von Puerto Maldonado nach Cuzco, am 12. August 1983 von S. O. KULLANDER gesammelt (Station SOK 61); NRM SOK/1983331.3673 (10 Ex.), 11,9 - 20,6 mm SL, Quebrada am km 14 an der Straße von Puerto Maldonado nach Cuzco, am 15. August 1983 von S. O. KULLANDER gesammelt (Station SOK 64);

A. urteagai ♂, Portrait

A. urteagai ♂, adult, dominant, territorial, neutral gestimmt

A. urteagai ♂, adult, dominant, territorial, leicht aggressiv gestimmt

USNM 264075 (6Ex.), 21,7 - 36,1 mm SL, Rio Tambopata-System im Reserva Natural de Tambopata, erster Bach auf dem Pfad von der Laguna Chica, wo er von einer Holzbrücke gekreuzt wird, am 19. August 1983 von R. V. VARI, S. L. JEWETT, H. ORTEGA T. und R. CROCROFT gesammelt (Station RPV83-29); USNM 264079 (57 Ex.), 12,2 - 40,6 mm SL, südlicher Zufluß des Madre de Dios etwa 10 km unterhalb der Rio Tambopata-Mündung, am 25. August 1983 von R. V. VARI, S. L. JEWETT, H. ORTEGA T. und R. CROCROFT gesammelt (Station RVP83-41); USNM 264083 (5 Ex.), 20,2 - 37,8 mm SL, zweiter Bach, der am SW-Ufer oberhalb des Rio La Torre in den Rio Tombopata mündet, am 23. August 1983 von R. V. VARI, S. L. JEWETT, H. ORTEGA T. und R. CROCROFT gesammelt (Station RVP83-37); USNM 264071 (4 Ex.), 26,8 - 36,8 mm SL, Rio Tambopata-Einzug, Bachlauf 200 m oberhalb Rio La Torre, am 21. August 1983 von R. V. VARI, S. L. JEWETT, H. ORTEGA T. und R. CROCROFT gesammelt (Station RVP83-35); USNM 264074 (11 Ex.), Rio Tambopata-System im Reserva Natural de Tambopata, zweiter Bach auf dem Weg von der Laguna Chica sumpfaufwärts, am 19. August 1983 von R. V. VARI, S. L. JEWETT, H. ORTEGA T. und R. CROCROFT gesammelt (Station RVP83-30); NRM A85/1983336.3147 (4 Ex.) und USNM 263873 (100 Ex.), 10, 3 - 37,9 mm SL, Rio Tombopata-System in der Laguna Cococha etwa 5,1 km östlich vom Explorers Inn, am 20. August 1983 von R. V. VARI, S. L. JEWETT, H. ORTEGA T. und R. CROCROFT gesammelt (Station RVP83-32).

Artspezifische Merkmale: *A. urteagai* ist durch die Kombination folgender Merkmale von anderen Arten der Gattung unterscheidbar: runde Caudale, fehlender Seitenfleck, schmales, bis auf die Schwanzflossenwurzel reichendes Längsband, deutlicher nahezu hochovaler Schwanzwurzelfleck, welcher nie mit dem siebten Körperquerband verschmilzt, durchgehendes Wangenband, deutlicher Ventralstrich bei Weibchen und vielen Männchen, dunkle Membranen der ersten zwei Dorsalstacheln (bei Männchen nur in Schreckfärbung, Angriffsstimmung oder bei der Brutpflege gut sichtbar), Membranen der Rückenflosse nicht verlängert, kleiner schwarzer Fleck am oberen Ansatz der Pectorale. Lebende Tiere sind, abgesehen von dem auch für *Apistogramma urteagai* nachgewiesenen Polychromatismus, stimmungsabhängig überaus variabel gefärbt (siehe dazu auch STAECK 1993).

Geschlechtsunterschiede: Adulte Männchen sind meist deutlich größer als ihre Weibchen und weisen zugespitzte Membranen der unpaarigen Flossen auf. Einzelne Männchen können mit zunehmendem Alter ausgesprochen hochrückig werden. Weib-

A. urteagai ♀, beachte Bauchzeichnung

A. urteagai ♂, adult, dominant, mit typischem schwarzen Flankenmuster W. Staeck

A. urteagai ♂, adult, subdominant W. Staeck

A. urteagai ♀ bei der Pflege etwa 5 Tage alter Larven in einem ausgehöhlten Kiesel

A. urteagai ♀, halbwüchsig, Brutpflegefärbung, Jungfische ca. 5 Tage alt

A. urteagai ♀, neutral gestimmt

A. urteagai ♀, territorial

A. urteagai ♀, territorial

A. urteagai ♀, frontal drohend

chen zeigen während der Brutpflege ein in fünf Flecke aufgelöstes Längsband und einen Rest des siebten Querbandes, selten auch das durchgehende, dann lackschwarze Lateralband. Die Auflösung des Längsbandes ist in abgeschwächter Form häufig auch bei Männchen während der Fortpflanzungszeit festzustellen. Bei jüngeren Tieren gestaltet sich die Bestimmung des Geschlechtes wegen des noch nicht ausgeprägten Geschlechtsdimorphismus wesentlich schwieriger. In diesem Fall können Verhaltensbeobachtungen eine wesentliche Hilfe darstellen.

Verwandtschaftliche Zuordnung: Die Art ist in die Gruppe um *A. regani* einzuordnen, wobei *A. resticulosa* KULLANDER, 1980 und *A. linkei* KOSLOWSKI, 1985 vom Erstbeschreiber als möglicherweise nächstverwandte Arten angesehen werden. Von der erstgenannten Art aber durch den durchgehenden (statt unterbrochenen) Suborbitalstreifen, bei Weibchen und einigen Männchen vorhandenen "midventral stripe" (in LINKE & STAECK 1992 als Bauchstreifen bezeichnet), von der letztgenannten durch abweichende Zeichnung im Schwanzstielbereich ("Schwanzwurzelfleck") sicher unterscheidbar.

Typusfundort: Lago Túpac Amaru, Rio Madre de Dios-Flußsystem nahe Puerto Maldonado, Departamento (Bundesstaat) Madre de Dios, Peru.

Verbreitung: Wie bei fast allen Fischen aus Südamerika nur unzureichend bekannt. Bekannte Fundorte liegen im Flußsystem des Rio Madre de Dios in der Umgebung der Stadt Puerto Maldonado, Departamento Madre de Dios in Peru.

Ökologie: Die Art bewohnt alle im Gebiet anzutreffenden Gewässertypen (KULLANDER 1986, STAECK 1993). Allerdings wiesen die von STAECK untersuchten Fundorte recht niedrige elektrische Leitwerte bei gleichzeitig schwach saurer bis leicht alkalischer Reaktion auf. Die Tiere zeigen eine hohe Toleranz gegenüber schwankenden (eig. Feststellungen) oder sehr niedrigen Temperaturen (STAECK 1993). STAECK fing, allerdings bereits in ihren Reaktionen beeinträchtigte Tiere in einem Bach mit nur 15,5 bis 18 °C kühlem Wasser. Nach STAECK (1993) werden in den untersuchten Gewässern bevorzugt flache, versteckreiche Zonen in Ufernähe besiedelt. *A. urteagai*

A. urteagai ♀, Brutpflegefärbung

A. urteagai ♀, Brutpflegefärbung, neutral gestimmt, Jungfische ca. 5 Tage alt

A. urteagai ♀, Brutpflegefärbung, aggressiv gestimmt, Jungfische ca. 5 Tage alt

gehört zu den wenigen Arten der Gattung, die auch in kiesigen steinigen Habitaten sowie in Felsplattenhabitaten nachgewiesen werden konnten (Dies sind: *urteagai*: KULLANDER 1986: "Here the Apistogramma were taken ..... from among pebbles ..."; *mendezi*: RÖMER 1994; *diplotaenia*: BRANDT ANDERSEN 1994, RÖMER & WÖHLER 1995).

Ersteinfuhr: Die Art wurde erstmals 1992 durch W. STAECK nach Deutschland importiert.

Aquarienbiologie: Die Art hat sich im Aquarium als ausgesprochen robust erwiesen. Sie ist in den angegebenen Grenzen unempfindlich gegenüber wasserchemischen Schwankungen. Auf niedrige pH-Werte, etwa ab unter 6, reagieren die Fische allerdings empfindlich. Bei leicht saurem, sehr weichem Wasser (siehe Freilanddaten) sind Bruten durchschnittlich produktiver als in neutralem oder härterem Medium. Die bevorzugt monogam lebende Art ist sogar während der Betreuung der bis zu etwa 100 Jungtiere ungewöhnlich friedfertig. Selbst in kleineren Behältern ist die konfliktfreie Pflege mehrerer Paare problemlos möglich, ein Phänomen, das in ähnlicher Weise nur noch bei *A. borellii* beobachtet werden kann. Besonders empfehlenswert ist die Pflege mehrerer Paare in größeren Aquarien ab etwa 120 Zentimeter Kantenlänge, da erst dann alle Facetten des umfangreichen Verhaltensinventares dieser kleinen Cichliden beobachtet werden können. Bei gemeinsamer Pflege mit anderen Arten der Gattung zeigen die Fische lediglich während der Fortpflanzungszeit eine gewisse Durchsetzungsfähigkeit. Während der übrigen Zeit werden sie meist von Aquarienmitbewohnern (selbst kleineren Salmlern!) deutlich unterdrückt (eig. Feststellungen). Leider wird sich diese auch für *Apistogramma*-Neueinsteiger besonders geeignete Art auf Dauer wohl kaum in den Aquarien etablieren können, da ihr Aussehen nicht den derzeitigen Modeanforderungen entspricht. Geringe Restbestände werden derzeit noch bei einigen "Fans" erhalten.

Bemerkungen: Besondere Aufmerksamkeit sollte dem Umstand gewidmet werden, daß STAECK (1993) *A. urteagai* 1992 in sehr kühlem Wasser fangen konnte. Auch *A. borellii* (REGAN, 1906) wurde von ihm unter ähnlichen Bedingungen festgestellt (pers. Mitteilung). Wie RÖMER & BEISENHERZ (1995 & 1996) zeigen konnten, wird bei Arten der Gattung *Apistogramma* die Festlegung des Geschlechtes während der Jugendentwicklung von Umweltfaktoren, vor allem Temperatur und Säuregrad des Wassers, beeinflußt.

Die Art gehört mit zu den Formen innerhalb der Gattung, die für den aquaristischen "Laien" deutlich schwieriger und oft nur nach umfangreichen Beobachtungen zu bestimmen sind.

T: 20 - 29 °C, **L**: ♂ 6 cm, ♀ 4 cm, **BL**: (60 -) 100 cm, **WR**: u, m, **SG**: 2 - 3

A. urteagai ♀, Brutpflegefärbung

W. Staeck

A. urteagai ♀, unterdrückt, Brutpflegefärbung, mit Bißverletzung an der Unterlippe

Apistogramma viejita KULLANDER, 1979

Erstbeschreibung: Species of Apistogramma (Teleostei, Cichlidae) from the Orinoco Drainage Basin, South America, with Descriptions of Four New Species. Zoologica Scripta 8: 69 - 79.

Etymologie: *viejita* (span.) = "Mütterchen", abgeleitet von *vieja* = Die Alte; (umgangssprachlich Mutter). Der Name bezieht sich auf das Brutpflegeverhalten der Weibchen.

Typusmaterial: Drei Exemplare.

Holotypus: Männchen, 30,1 mm SL (NRM 11231), am 5. März 1972 von T. HONGSLO gesammelt. Fundort: Cano, ein Zufluß des Rio Yucao, Bundesstaat Meta, Columbien. Aus einer 300 Meter entfernt von der Straße gelegenen Laguna auf halbem Weg zwischen Rio Yucao und Rio Manacías (Station VIT 55), etwa 500 Meter westlich entlang der Straße Puerto Gaitán - Puerto López (04°20´N / 72°09´W)

Paratypen: Ein Weibchen, 20 mm SL, und ein Exemplar ohne Geschlechtsangabe, etwa 15 mm SL (NRM 11232), alle Sammeldaten wie beim Holotypus angegeben.

Synonyme: Keine.

Artspezifische Merkmale: *A. viejita* gehört zu den nur mäßig gestreckten, deutlich hochrückigen und seitlich kräftig zusammengedrückten Formen und ist *A. macmasteri* sehr ähnlich. Die mäßig gesägte Rückenflosse männlicher *A. viejita* ist relativ hoch. Sie steigt bis zur fünften Flossenmembran deutlich an, und fällt dahinter kontinuierlich bis zum Beginn des oft auffallend verlängerten Weichstrahlbereiches ab. Die Flossenhäute drei und vier können bei manchen Männchen sehr stark verlängert sein und mehr als Körperhöhe erreichen. Auch die Spitzen der Bauchflossen und der Afterflosse sind häufig stark verlängert; letztere überragt angelegt häufig das Ende der Schwanzflosse. Die Schwanzflosse ist meist rund, häufig auch leicht gestutzt, in manchen Fällen aber ähnlich wie bei *A. macmasteri*-Männchen leicht zweizipfelig. Auf der Schwanzflossenbasis findet sich ein hochovaler bis aufrecht kastenförmiger Fleck, der nur gele-

A. urteagai ♀, frontal drohend

A. viejita♂, adult, dominant, Brutpflegefärbung

A. viejita♂, adult, aus dem Rio Meta, Kolumbien

U. Werner

gentlich mit dem hinter dem Auge beginnenden, auf der Körperseite verlaufenden, zickzackförmigen Längsband verbunden ist. Auf dem Nacken und Rücken befinden sich sieben bis acht schwarze oder dunkelgraue Flecken, die bis auf die Basis der Rückenflosse ausgedehnt sind. Weitere Schwarzmarkierungen stellen der schmale Schnauzenstreif und die gerade nach hinten unten spitz zulaufende Wangenbinde dar. Die Unterlippe ist normalerweise ebenfalls schwärzlich. Auf den Körperunterseiten befinden sich häufig drei bis vier Reihen senkrechter schwarzer Striche, die zeitweilig durch dunkelgraue Zwischenzonen zu einem Längsband vereinigt sein können. Die Körperfärbung der Männchen kann sehr unterschiedlich sein. *A. viejita* gehört zu den polychromatischen Formen innerhalb der Gattung; es treten neben grauen auch bläuliche und gelbliche Formen auf, die von LINKE & STAECK (1985) als geographische Formen bezeichnet werden. Da diese Formen auch unter den Jungen einer einzigen Brut auftreten, können sie keine wirklichen geographischen Morphen darstellen. In manchen Fällen zeigen einzelne Männchen in unterschiedlichen Lebensphasen unterschiedliche Farben. Auch aufgrund dieses Befundes ist die Definition geographischer Formen wahrscheinlich kaum aufrecht zu erhalten. Die Schwanzflosse der Männchen kann flächig transparent oder orange gefärbt sein, manchmal oben und unten, seltener auch vollständig rot gerandet sein. Manche gelbliche Individuen tragen auffallende rote Punkte auf den Wangen, einige haben auf dem vorderen Teil des Rückens rote Schuppen. Die Weibchen von *A. viejita*

sind unverkennbar. Sie zeigen im Kontrast zur goldgelben Grundfärbung eine schwarze Färbung von Unterlippe, Kinn, Kehle, Unterbauch, Vorderrand der Bauchflossen und Afterflosse sowie auf den Wangen, die von unten betrachtet etwas an ein schwimmendes Großinsekt erinnert. Kein Weibchen anderer *Apistogramma*-Arten zeigt ein vergleichbar deutliches Unterseitenmuster. Die Iris der Weibchen von *A. viejita* ist gelblich oder schwarz und zeigt angrenzend an die Pupille einen schmalen orangefarbenen Ring, aber keine rote Zone wie die Weibchen von *A. hoignei*, *A. hongsloi* oder *A.* spec. "Rio Caura". Weiterhin sind die Weibchen durch ein etwa eine Schuppe breites Längsband gekennzeichnet, das sich während der Brutpflege in eine ungleichmäßige Reihe von sechs bis sieben länglichen Flecken auflöst. In dieser Phase ist der vordere Rückenabschnitt vieler Weibchen unterhalb der schwarzen Rückenflecke grünmetallisch gefärbt.

Geschlechtsunterschiede: Männchen werden wesentlich größer als Weibchen und entwickeln im Gegensatz zu diesen weit ausgezogene zugespitzte Weichstrahlbereiche der Rücken- und Afterflosse. Vereinzelt entwickeln alte Männchen in der Schwanzflosse kleine Zipfel. Die Weibchen zeigen dagegen auf der Bauchseite ein innerhalb der Gattung einmaliges schwarzes Aggressions- und Brutpflegemuster: Ein schwarzer Streifen zieht sich meist durchgehend von der Unterlippe bis an die Spitze der Hartstacheln der Afterflosse. Auch die Bauchflossen und die Kiemendeckel tragen schwarze Zeichnungen. Das gesamte Muster

A. viejita ♂, adult, aus dem Rio Meta, Kolumbien U. Werner

A. viejita ♀, adult, Brutpflegefärbung U. Werner

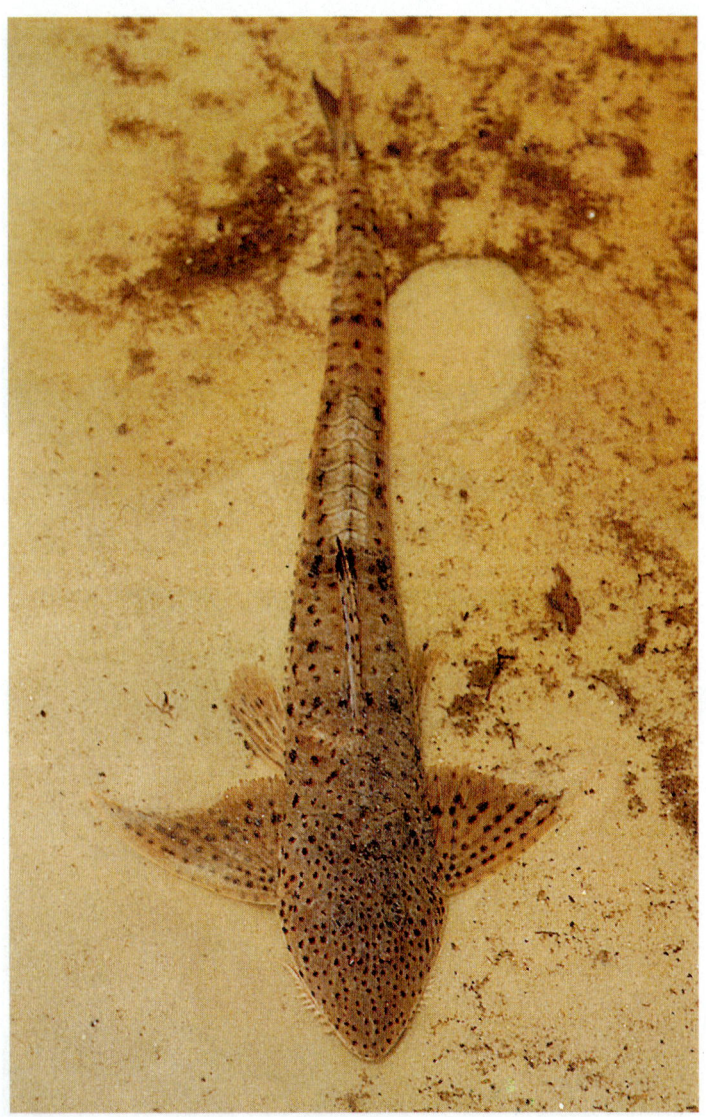

Auch große Loricariiden leben häufig gemeinsam mit Zwergbuntbarschen

A. viejita ♂, adult, Schreckfärbung, vom Fuente de Oro U. Werner

A. viejita ♀, adult, Schreckfärbung, vom Fuente de Oro U. Werner

erinnert an manche Wasserinsekten und Spinnen. Die Weibchen anderer Arten der *A. macmasteri*-Gruppe zeigen ebenfalls schwarze Unterbauchmuster, aber nie derartig ausgeprägt wie bei *A. viejita*-Weibchen.

Verwandtschaftliche Zuordnung: *A. viejita* stellt die nur schwer unterscheidbare Zwillingsart zu *A. macmasteri*, der Leitart des *A. macmasteri*-Komplexes und der *A. macmasteri*-Gruppe dar. *A. viejita* weist viele mit *A. macmasteri* identische Merkmale auf, läßt sich aber von dieser Art anhand von Unterschieden im Längsband, einem kleineren und anders geformten Schwanzwurzelfleck und an der im Vergleich niedrigeren Rückenflosse unterscheiden. Die Schwanzflossenform ist kein Merkmal, das zur sicheren Identifizierung herangezogen werden kann, weil auch viele *A. viejita* die für *A. macmasteri* typische zweizipfelige Schwanzflosse entwickeln. Auch die Formen des *A. macmasteri*-Komplexes scheinen einer Superspezies zuzugehören, da zwischen den beschriebenen Arten verschiedene Übergangsformen bekannt geworden sind, die zwischen den Arten vermitteln.

Typusfundort: Das Typusmaterial wurde in einer namenlosen Laguna gefangen, die 300 Meter entfernt von der Straße auf halbem Weg zwischen Rio Yucao und Rio Manacías (Station VIT 55), etwa 500 Meter westlich an der Straße von Puerto Gaitán nach Puerto López, gelegen ist.

Verbreitung: LINKE & STAECK (1992) unterscheiden drei verschiedene Farbformen dieser Art, die sie verschiedenen Fundorten zuordnen. Alle bislang bekannten Fundorte liegen im Einzugsbereich des Rio Meta in Kolumbien. Bemerkenswert ist, daß diese Form auch im Bereich des Typusfundortes von *A. macmasteri* gesammelt wurde. LINKE & STAECK (1995) stellen weiterhin fest, daß daher beide Arten nebeneinander vorkommen müssen. Diese Angabe bedarf allerdings noch weiterer Prüfung durch gezielte Aufsammlungen im Feld.

Ökologie: LINKE & STAECK (1995) geben ausführliche Informationen zu drei Fundorten von *A. viejita*. Die betreffenden Fische konnten sowohl in kleinen Bächen als auch in einer Savannenoase gesammelt werden. Die an den Fundorten gemessenen Wasserwerte weisen *A. viejita* als Bewohner sehr weicher (unter 1 °dGH, Leitwert kleiner 50 µS/cm) und saurer (pH-Wert um 5), ruhiger Gewässer aus. Die Wassertemperatur lag bei etwa 28 °C, wobei allerdings anzumerken ist, daß Daten zur Temperatur der Fundorte aus anderen Jahreszeiten fehlen. Die Fische konnten vorzugsweise, wie für die Vertreter der Gattung typisch, in flachem Wasser ufernaher Zonen gesammelt werden. Sie hielten sich überwiegend zwischen ins Wasser hängenden Landpflanzen und überspülter grasartiger Vegetation auf. Als Begleitarten konnten die Cichliden *Aequidens metae*, *Geophagus daemon*, *Mesonauta festivum*, die Salmler *Hemmigrammus rhodostomus*, *Hyphessobrycon pulchripinnis*, *Megalamphodus sweglesi* und unbestimmte *Pyrrhulina* festgestellt werden. Weitere Details zur Ökologie dieser Art finden sich bei LINKE & STAECK (1995).

Balzendes Paar von *A. viejita* U. Werner

Auseinandersetzungen zwischen Zwergcichliden sind häufig

Ersteinfuhr: Soweit bekannt, wurden 1982 durch LINKE und STAECK erstmals Tiere dieser Art nach Deutschland eingeführt (LINKE & STAECK 1992).

Aquarienbiologie: *A. viejita* gehört zu den Arten, die kaum im Handel erhältlich sind. In den meisten Fällen werden unter diesem Namen statt dessen *A. macmasteri* angeboten. Daher sind die meisten Berichte über die Aquarienbiologie dieser Art eher unzuverlässig. Lediglich bei LINKE & STAECK (1995) finden sich Angaben, die sich auf selbst gesammeltes Material beziehen, das dieser Form zugeordnet wurde. Die Autoren weisen darauf hin, daß diese Art relativ scheu ist und in strukturreich eingerichteten Aquarien gemeinsam mit kleineren, wenig aggressiven Beifischen gepflegt werden sollte. Da *A. viejita* empfindlich auf wasserchemische Bedingungen reagieren, wenn diese von den im Freiland werten ermittelten abweichen, ist die Haltung in entsprechend aufbereitetem Wasser ebenso erforderlich wie regelmäßige Wasserwechsel. LINKE & STAECK (1995) weisen außerdem besonders eindringlich darauf hin, daß diese Fische außerordentlich empfindlich gegenüber Darmparasiten, nach meiner Erkenntnis auch gegenüber anderen Erkrankungen sind. Sind die Lebensbedingungen zusagend, schreiten *A. viejita* auch im Aquarium zur Fortpflanzung. Die Brutpflege erfolgt in der für viele *Apistogramma*-Arten typischen Mann-Mutter-Familie, in der dem Weibchen die gesamte direkte Brutpflege überlassen bleibt, während sich das Männchen hauptsächlich auf die Verteidigung des gemeinsamen Reviers und erst in einem späteren Entwicklungsstadium auch der Bewachung der Jungfische widmet. Die relativ große und kräftige Art ist vergleichsweise unproduktiv; selten werden mehr als 100 Eier abgelegt und mehr als 80 Jungfische aufgezogen. Das Wachstum der Nachkommen ist langsam; erst mit etwa einem Jahr sind sie fast ausgewachsen. Die Fortpflanzungsfähigkeit tritt schon vorher um den sechsten Lebensmonat ein.

Besonderheiten: Der taxonomische Status dieser Art wurde wiederholt kontrovers diskutiert. Die Tatsache, daß Vertreter dieser Form und der Schwesterform *A. macmasteri* im Aquarium häufig überlappende Merkmale aufweisen, führte zu dieser (meist unter Aquarianern geführten) Diskussion. Berücksichtigt man hingegen die Möglichkeit, daß es sich bei diesen Formen um Vertreter eines "Superspezies-Komplexes" handelt, ist der Artstatus von *A. viejita* in jedem Falle vertretbar. Zum Superspezies-Komplex siehe den ersten Teil des Buches.

T: 22-30°C, **L**: ♂ 9 cm, ♀ 6 cm, **BL**: 120 cm, **WR**: u, m, **SG**: 2 - 4

Heliconia indet.

Geschlossener Primärwald an den Ufern des Rio Marié

Apistogramma spec. "Abuná"

"Abuná"-Zwergbuntbarsch

Herkunft des Trivialnamens: Der Name geht auf einen Beitrag zurück, in dem die Art von H. BLEHER (1993) auf einem von mir stammenden Foto eines Weibchens erstmals unter der Bezeichnung *A.* spec. *nov.* vorgestellt wird. Da der Beitrag mit "Abuná" überschrieben war, soll diese Bezeichnung für diese Fische beibehalten werden.

Artspezifische Merkmale: Es handelt sich bei *A.* spec. "Abuná" um eine relativ hochrückige, wenig gestreckte und seitlich deutlich zusammengedrückte Art aus der *A. regani*-Gruppe. Die Art zeigt die für diesen Verwandtschaftskreis typische gelblichgraue Körperfarbe und die einfache Flossenform. Keine der Flossen weist auffällige Verlängerungen oder Anhänge auf. Die transparent zeichnungslose Schwanzflosse ist rund. Typisch für diese Art ist ein Schwarzzeichnungsmuster, daß besonders bei mäßig aggressiven Weibchen und unterdrückten Männchen deutlich hervortritt. Die Wangenbinde ist etwa so breit wie die Pupille und verläuft leicht gebogen vom Auge auf den unteren mittleren Rand des Kiemendeckels. Auf der Körperseite verläuft vom Auge ein maximal eine Schuppe breites Längsband bis in das siebte Querband vor dem kleinen aufrecht orientierten Fleck auf der Schwanzwurzel. Entlang des Längsbandes verläuft oben, seltener auch unterhalb, parallel ein metallisch glänzender Streifen. Alle Körperquerbänder sind als graue Zonen undeutlich erkennbar. Der Nacken und die vorderen zwei Flossenhäute der Rückenflosse sind schwärzlich-grau. Entlang der Rückenflossenbasis befinden sich ebenso gefärbte Rückenflekke, die wesentlich matter auf das untere Zehntel der Rückenflossen übergreifen. Alle Körperschuppen tragen einen dunklen Rand. Auf den Körperseiten befinden sich drei übereinander liegende Reihen leicht nach hinten durchgebogener senkrechter Striche. Diese stehen derart übereinander, daß sich daraus ein bei Fischen dieser Gattung einzigartiges, gleichmäßiges schräg gestelltes Streifenmuster bildet (Fischgrät-Muster). Außer diesem Muster weist *A.* spec. "Abuná" keine weiteren auffälligen zur Bestimmung geeigneten Merkmale auf.

Geschlechtsunterschiede: Männchen werden größer und deutlich hochrückiger als Weibchen und entwickeln eine geringfügig im Weichstrahlbereich ausgezogene und deutlich zugespitzte Rückenflosse. Weibchen zeigen im Gegensatz zu Männchen einen auffälligen schwarzen Analfleck und einen Bauchstreif, der vom After nach vorn bis zwischen die Bauchflossen reichen kann. Alle anderen Merkmale sind zur Geschlechtsunterscheidung aufgrund großer Überschneidungen mit anderen Arten nicht geeignet.

Verwandtschaftliche Zuordnung: Es handelt sich bei *A.* spec. "Abuná" um einen Vertreter der *A. regani*-Gruppe.

A. spec. "Abuná" ♂, adult, aus dem Rio Madeira

U. Werner

A. spec. "Abuná" ♀, adult, Brutpflegefärbung während der Eiphase

Innerhalb dieser Formengruppe weist die Art mit Vertretern des *A. resticulosa*-Komplexes die meisten Übereinstimmungen auf. Die Zuordnung zu einer der bereits beschriebenen Arten war bisher nicht möglich, obwohl gewisse Ähnlichkeiten zu den von Koslowski (1985) als *A. pleurotaenia* vorgestellten Fischen bestehen.

Verbreitung: Diese *Apistogramma*-Art wurde bisher ausschließlich in Zuflüssen und Restwassern des mittleren und oberen Rio Madeira gesammelt. Bleher (persönliche Mitteilung) fing Fische dieser Art in der Abuná Lagoa, einem flachen Restwassersee in der Nähe von Abuná. U. Werner (persönliche Mitteilung) sammelte die von ihm mitgebrachten Fische in einem kleineren Bachlauf in der Nähe der Ortschaft Porto-Velho, aus deren Umgebung er auch *A. pulchra* und *A. resticulosa* mitbringen konnte.

Ökologie: Bisher ist nur wenig über die Ökologie dieser Fische bekannt. Bleher (1993) fing seine Tiere im Fallaub des flachen Uferbereiches eines großen Urwaldsees, U. Werner dagegen im Uferbereich eines Bachlaufes. Es besteht großer Bedarf an Freilandbeobachtungen zur Wahl des Lebensraumes und zur ökologischen Abgrenzung gegenüber *A. resticulosa*, mit der die Form von U. Werner gemeinsam nachgewiesen wurde.

Ersteinfuhr: Die Ersteinfuhr weniger Tiere erfolgte im Juni 1993 durch H. Bleher. Erst 1996 brachten U. Werner und seine Reisebegleiter wieder einige Exemplare aus der Umgebung von Porto-Velho nach Deutschland. Vereinzelte, eventuell zuvor als Beifänge aus diesem Gebiet eingeführte Individuen dürften wahrscheinlich unerkannt geblieben sein. Seit Anfang 1997 werden *A.* spec. "Abuná" regelmäßig über den Handel nach Deutschland und Japan eingeführt.

Aquarienbiologie: Nach bisheriger Erfahrung läßt sich *A.* spec. "Abuná" in weichem bis mittelhartem Wasser bei leicht saurem pH-Wert problemlos halten. Zur Zucht ist allerdings weiches Wasser erforderlich, das überdies frei von organischen Verunreinigungen der Stickstoff-Gruppe sein muß. Das Aquarium sollte möglichst groß und versteckreich eingerichtet sein, weil die Weibchen während der Brutpflege relativ angriffslustig sein können. Das Gelege wird vom Weibchen an einer versteckten Stelle des Aquariums abgesetzt und allein betreut. Der Larvenschlupf erfolgt nach etwa zwei bis drei Entwicklungstagen, das Freischwimmen der Jungen nach weiteren sechs bis acht. Die Jungfische sind dann oftmals noch so klein, daß sie die Nauplien von *Artemia* nicht bewältigen. Sie verzehren aber bereits kleinere Essigälchen. Die Geschwindigkeit des Wachstums dieser Art ist niedrig und nach einem halben Jahr sind erst wenige Exemplare halbwüchsig, aber trotzdem nahezu alle fortpflanzungsfähig.

Besonderheiten: Die Zuordnung von *A.* spec. "Abuná" zu einer der bisher wissenschaftlich beschriebenen Arten war bisher nicht möglich, obwohl gewisse Ähnlichkeiten zu den von Koslowski (1985) als *A. pleurotaenia* vorgestellten Fischen bestehen. Ob *A.*

A. spec. "Abuná" ♂, adult, lateral drohend, aus der Abuna Lagoa   A. Schneider

A. spec. "Abuná" ♂, adult, Brutpflegefärbung, Jungfische ca. eine Woche alt   A. Schneider

pleurotaenia eine gültige Art ist, kann derzeit wegen fehlenden Lebendmaterials nicht abschließend geklärt werden, obwohl KULLANDER (1982) erwähnt, daß von ihm nachuntersuchtes Material zumindest auf die Gültigkeit der Beschreibung hinweist. Die hier vorgestellten Fische könnten (bei aller gebotenen Vorsicht) eventuell damit identisch sein.

T: 23-29°C, **L:** ♂ 9 cm, ♀ 6 cm, **BL:** 150 cm, **WR:** u, **SG:** 4

Apistogramma spec. "Allenquér"

Herkunft des Trivialnamens: Der Name geht auf den Handel zurück, wo er erstmals 1993 für diese Fische verwendet wurde.

Es handelt sich um eine Form des "Rotwangen"-*Apistogramma*. Weitere Informationen siehe dort.

Apistogramma spec. "Alto Rio Negro"

Es handelt sich um einen erst 1995 von MAYLAND neu eingeführten Namen für den bereits 1987 vom selben Autor vorgestellten *A.* spec. "Sao Gabriel". Näheres siehe dort.

A. spec. "Abuná" ♀, adult, leicht aggressiv, aus dem Rio Madeira U. Werner

A. spec. "Abuná" ♀, adult, territorial, aus dem Rio Madeira   U. Werner

Mit dem Gift dieses unscheinbaren Busches betäuben die Indianer am Rio Negro Fische

A. spec. "Abuná" ♀, adult, laichreif, aus dem Rio Madeira · U. Werner

A. spec. "Abuná" ♀, adult, Brutpflegefärbung, Junge ca. 3 Tage alt · U. Werner

Apistogramma spec. "Amapa"

Herkunft des Trivialnamens: Diese *Apistogramma*-Art wurde erstmals von KOSLOWSKI (1994) unter dieser Bezeichnung vorgestellt. Der Name bezieht sich auf die Verbreitung im brasilianischen Bundesstaat Amapá.

Artspezifische Merkmale: Es handelt sich um einen Vertreter der *Apistogramma regani*-Gruppe. Das Längsband ist relativ breit, der Schwanzwurzelfleck klein, eckig (etwa quadratisch), seltener rundlich, gelegentlich teilweise mit dem Längsband verschmolzen. Die Schwanzflosse ist transparent. Unterhalb des Längsbandes tragen die Schuppen auf den Rändern schwarze Striche, die dem zum Verwechseln ähnlichen *Apistogramma gossei* fehlen. Die Männchen tragen goldgelbe Zeichnungen in der Kopf- und Bauchregion, in manchen Fällen auch kleine rote Flecken auf den Kiemendeckeln und Wangen. Die Körperfärbung der Männchen ist recht variabel grau, bräunlich bis silbrig grau oder gelblich.

Geschlechtsunterschiede: Männchen zeigen eine im Weichstrahlbereich zugespitzte Rückenflosse, während die der Weibchen stets abgerundet ist. Die Bauchflossen der Weibchen tragen in der vorderen Hälfte einen deutlichen schwarzen Streifen, die der Männchen sind transparent. Außerdem haben die Weibchen im Gegensatz zu den Männchen einen schwarzen Unterbauchstrich.

Verwandtschaftliche Zuordnung: *A.* spec. "Amapa" ist ein Vertreter der *A. regani*-Gruppe. Die genaueren Beziehungen zu anderen Formen innerhalb dieser Artengruppe sind noch nicht geklärt, doch zeichnet sich nach ersten Untersuchungen eine nähere Beziehung zu den Arten um *A. gossei* ab. Da *A.* spec. "Amapa" derzeit nicht mehr lebend zur Verfügung steht, muß die Klärung dieser Frage bis zur erneuten Einfuhr zurückgestellt werden.

Verbreitung: Die Verbreitung dieser Form ist bisher nur unzureichend bekannt. "Amapá"-*Apistogramma* wurden im brasilianischen Bundesstaat Amapá nördlich des Amazonas in verschiedenen Gewässern in unmittelbarer Atlantiknähe nachgewiesen (KOSLOWSKI 1994, STAWIKOWSKI 1991). Fundorte liegen am Amazonas bei Macapí, sowie den Flußsystemen des Rio Araguarí, Rio Calcone und Rio Cunaní. STAWIKOWSKI und Mitreisende fingen einige Fische im Rio Araguarí bei Porto Grande (STAWIKOWSKI 1991).

Ökologie: Die Ökologie dieser Art ist nur bruchstückhaft bekannt. STAWIKOWSKI und Mitreisende fingen die Fische im Rio Araguari an einem Anlegeplatz bei Porto Grande, den 1989 bereits A. WERNER befischt hatte (STAWIKOWSKI 1991). Damals war das Wasser klar, wie dies im übrigen für alle aus dem Guyanaschild entwässernden Flußsysteme grundsätzlich zu erwarten ist. Weitere Angaben zur Ökologie und Verbreitung fehlen bislang.

A. spec. "Amapa" ♂, adult, lateral drohend I. Koslowski

A. spec. "Amapa" ♀, adult, Brutpflegefärbung, drohend I. Koslowski

Ersteinfuhr: 1988 durch A. WERNER aus der Umgebung von Macapí. 1989 erneut durch KILIAN, LUDWIG & STAWIKOWSKI.

Aquarienbiologie: A. spec. "Amapá" ist eine relativ unkomplizierte Art, die sich gut mit anderen kleinen Fischen vergesellschaften läßt. Allerdings stellen die Tiere sehr hohe Ansprüche an die Wasserqualität, was generell für Arten aus dem Klarwasser gelten kann. Nur in sehr weichem und schwach saurem Wasser fühlen sich die Tiere wohl und entwickeln sich normal. Weichen die Wasserwerte ab, kümmern die Fische, fressen schlecht, magern ab und werden gegen Ektoparasiten extrem empfindlich, wobei sie gleichzeitig nicht mehr in der Lage sind, auch kleine Medikamentendosen zu verkraften. Wöchentliche Wasserwechsel sind da-

her bei dieser Art dringend zu empfehlen. Die Zucht ist bislang noch nicht gelungen, obwohl wiederholt verschiedene Paare sowohl bei KOSLOWSKI als auch bei mir abgelaicht haben. Die Gelege wurden regelmäßig von allen Weibchen etwa um den Schlupfzeitpunkt aufgefressen, möglicherweise weil keine normale Embryonalentwicklung stattfand.

Besonderheiten: Der Status dieser Form als Art oder Variante einer bekannten Form ist derzeit unklar. Sie war aquaristisch bereits kurze Zeit nach der Ersteinfuhr wieder ausgestorben, da es verschiedenen Züchtern nicht gelang, sie zu vermehren.

T: 23 - 29 °C, **L**: ♂ 9 cm, ♀ 6 cm, **BL**: 120 cm, **WR**: u, **SG**: 3 - 4

A. spec. "Amapa" ♀   I. Koslowski

A. spec. "Amapa" ♂   I. Koslowski

A. spec. "Amapa" ♀, drohend   I. Koslowski

A. spec. "Amapa" ♂   I. Koslowski

A. spec. "Amapa" ♂, adult, aus dem Calzone

I. Koslowski

A. spec. "Amapa" ♂, adult, aus dem Canoni

I. Koslowski

A. spec. "Amapa" ♂, adult, aus dem Araguari
I. Koslowski

A. spec. "Amapa" ♀, adult, aus dem Araguari
I. Koslowski

A. spec. "Amapa" ♂, adult, aus dem Araguari

I. Koslowski

A. spec. "Amapa" ♂, adult, aus dem Araguari

I. Koslowski

Apistogramma spec. "Balzfleck"

Herkunft des Trivialnamens: KOSLOWSKI schlug diese Bezeichnung 1985 bei der erstmaligen Vorstellung der Art wegen des bei der Balz von den Männchen besonders intensiv gezeigten Seitenfleckes vor.

Artspezifische Merkmale: Sehr kleine *Apistogramma*-Art, die höchstens 3,5 bis 4 Zentimeter (TL) lang wird. Der Körper ist wenig gestreckt und schlank, das Maul auffallend klein. Das Längsband ist auffallend schmal, nur etwa eine halbe Schuppe breit und verläuft gerade vom oberen Rand der Pupille bis auf die Mitte der Schwanzwurzel, wo es etwa eine Schuppenbreite vor dem kleinen, höchstens ein Drittel der Schwanzstielhöhe einnehmenden, unregelmäßig rundlich geformten Schwanzwurzelfleck endet. Etwa auf der Körpermitte liegt ein etwa drei bis vier ganze Schuppen bedeckender, länglich rechteckiger Seitenfleck. Dieser wird beim Drohen als silbrige oder kupferfarbene Aussparung im Längsband besonders deutlich sichtbar. Markant ist auch das schuppige Aussehen besonders der oberen Körperhälfte, welches durch die dunkle Umrandung jeder Körperschuppe entsteht.

Geschlechtsunterschiede: Kaum feststellbar. Die Weibchen sind allgemein ein wenig fülliger als die Männchen. Weitergehende Unterschiede in der Körperform oder Beflossung existieren nicht. Nach vorliegenden Erfahrungen können Weibchen gelegentlich sogar größer als Männchen werden (vergleiche dazu auch *A.* spec. "Chao", *A.* spec. "Tiquié" und *A.* spec. "Weißsaum"!). Bei geschlechtsreifen Männchen ist bei sorgfältiger Betrachtung meist die zugespitzte Genitalpapille zu erkennen.

Verwandtschaftliche Zuordnung: Mit *A.* spec. "Chao", *A.* spec. "Tiquié" und *A.* spec. "Weißsaum" hat die Art neben der geringen Körpergröße und dem schuppigen Erscheinungsbild, besonders des Rückens, auch die Umkehrung der schwarzen Zeichnungen auf den Körperseiten während des Drohens gemeinsam. Weitere Beziehungen scheinen zu zwei weiteren Formen aus der *A. pertensis*-Gruppe zu bestehen. So weisen die Weibchen des "Balzfleck"-*Apistogramma* ein mit *A.* spec. aff. *meinkeni* (Nomenklatur nach KOSLOWSKI) weitgehend identisches Brutpflegemuster auf. Außerdem bestehen Ähnlichkeiten zu *A. pulchra*, die aber einen größeren Schwanzwurzelfleck aufweisen und sicher nicht zu den Zwergformen, sondern zu den größeren Vertretern innerhalb der Gattung zu zählen sind.

Verbreitung: Bisher liegen nur wenige Angaben zur Verbreitung vor. ELSÄSSER fing die Fische in der weiteren Umgebung von Boa Vista im Norden Brasiliens in verschiedenen Zuflüssen des oberen Rio Branco, der in den mittleren Rio Negro entwässert. Fundorte liegen im Igarapé Iuciniu, Igarapé Agua Boa und Rio Cauamé.

A. spec. "Balzfleck" ♀, adult, Brutpflegefärbung, frontal drohend

J. Elsässer

Spezieller Artenteil

Ökologie: Angaben zur Ökologie dieser kleinen *Apistogramma* sind ebenfalls bislang spärlich verfügbar, doch sammelte ELSÄSSER die Tiere nach seinen Angaben in kleinen Urwaldbächen. Beim Igarapé Iuciniu, den er am 16. Januar 1993 gegen 13.30 Uhr untersuchte, handelte es sich um einen emers wie submers zugewachsenen, träge fließenden Klarwasserbach, der eine etwa 20 cm dicke Schlammschicht aufwies. Das Wasser hatte eine Temperatur von 27,5 °C, einen Leitwert von 11 µS/cm und einen pH-Wert von 5,25. Neben einzelnen *A.* spec. "Balzfleck" lebten hier *A. gibbiceps* und *A. hippolytae* (in Wirklichkeit *A. rupununi*?). Der von ELSÄSSER am 18. Januar 1993 gegen 9.15 Uhr untersuchte schnell fließende und pflanzenlose Igarapé Agua Boa hatte festen Untergrund. Das mäßig getrübte Wasser hatte eine Temperatur von 28 °C, einen Leitwert von nur 5 µS/cm und einen pH-Wert von 5,18. Die Art war in diesem Gewässer selten. Der schnell fließende Rio Cauamé wurde von ELSÄSSER am 27. Januar 1993 untersucht. Er stellte bei einer Wassertemperatur von 26 °C einen Leitwert von 51 µS/cm und einen pH-Wert von 5,3 fest. "Balzfleck"-*Apistogramma* hielten sich im stark getrübten und pflanzenlosen Gewässer nur in ruhigeren Uferzonen auf. Aufgrund dieser Angaben handelt es sich also um eine im klaren Weichwasser lebende Art, was bei der langfristigen Aquarienhaltung möglichst berücksichtigt werden sollte.

Ersteinfuhr: 1984 über den Zierfischhandel über Manaus ohne genauere Fundortinformation nach Deutschland gelangt. ELSÄSSER gelang es 1993 "Balzfleck"-*Apistogramma* in der oberen Rio Branco-Region im brasilianischen Bundesstaat Roraima zu fangen und lebend nach Deutschland mitzubringen.

Aquarienbiologie: *A.* spec. "Balzfleck" gehören zu den Arten innerhalb der Gattung, die in relativ kleinen Aquarien (ab 80 cm Kantenlänge) problemlos gepflegt werden können. Auch bei dieser Art ist das gesamte Verhaltensrepertoire erst in großen Aquarien bei gemeinsamer Haltung mit kleineren Salmlern (z.B. *Copella*) oder Welsen zu beobachten; allerdings stellen die Fische den Pfleger und Beobachter meist auf eine harte Geduldsprobe, da sie für *Apistogramma*-Verhältnisse auffallend scheu sind.

Für die Dauerhaltung reicht mittelhartes (bis 12 °dGH) und schwach saures Wasser um pH 6 völlig aus. Vereinzelt gelingt unter diesen Bedingungen sogar die Nachzucht. Als optimal hat sich aber relativ weiches Wasser (um 4 °dGH) bei pH-Werten zwischen 5 und 6,5 erwiesen. Die Temperatur kann zwischen 20 und 30 °C liegen, günstig ist nach meiner Erfahrung eine Haltung um 27 °C, wobei die Temperatur möglichst einer Tag-Nacht-Schwankung von bis zu +/-2 °C unterliegen sollte. Gefressen wird gegebenenfalls kleines Futter wie *Artemia*-Nauplien und Detritus, trotz des kleinen Maules können aber auch größere Futterbrocken aufgenommen werden.

Sind die Tiere in Laichbereitschaft, tritt die Genitalpapille deutlich erkennbar hervor, beim Männchen schon mehrere Tage vor der Eiablage. Die Partnerwerbung des "Balzfleck"-*Apistogramma* zieht sich manchmal über mehrere Tage hin. Dabei schwimmt das Männ-

A. spec. "Balzfleck" ♂, adult, neutral gestimmt J. Elsässer

A. spec. "Balzfleck" ♂, adult, leicht aggressiv, beachte Genitalpapille J. Elsässer

chen das ausgewählte Weibchen wiederholt frontal an und dreht kurz vor diesem seitlich ab, um auf die Seite kippend der Partnerin seinen Bauch mit dem betonten Seitenfleck und der Genitalpapille zu demonstrieren (vergl. auch KOSLOWSKI 1985). Ein entsprechendes Verhalten konnte ich auch an *A. diplotaenia* aus dem Rio Negro-System im Freiland beobachten. Die Eiablage erfolgt auf die von anderen *Apistogramma* bekannte Weise. KOSLOWSKI (1985) nennt als artspezifische Besonderheit, daß die Männchen das Gelege mit zu den Eiern orientiertem Bauch besamen, sich also im Extremfall beim Ablaichen am Dach einer Höhle auf den Rücken drehen müssen. Im Gegensatz dazu sollen nach KOSLOWSKIS Angaben Männchen anderer Arten lediglich in leichter Schräglage besamen, eine Aussage, die ich nicht bestätigen kann. Vielmehr konnte ich bei fast allen von mir gepflegten Arten, sogar so hochrückigen wie *A. nijsseni* oder *A. macmasteri*, Besamungen in Rückenlage wiederholt beobachten. Wie das Gelege besamt wird, scheint demnach eher eine Frage örtlicher Gegebenheiten und individueller Verhaltensausprägung zu sein. Die Pflege des Geleges, der Larven und Jungfische obliegt allein dem Weibchen. Das Männchen verteidigt nur in Ausnahmefällen die Revieraußengrenzen, etwa wenn relativ viele Feindfische mitgepflegt werden, es beteiligt sich im übrigen aber weder nach KOSLOWSKIS noch meinen Beobachtungen an der Brutpflege. Alle bisher vorliegenden Beobachtungen sprechen dafür, daß "Balzfleck"-*Apistogramma* eine reine Mutterfamilie haben. Trotz der geringen Körpergröße sind die Tiere überraschend produktiv. Immerhin können über 50 Jungfische aus einem Gelege hervorgehen, die aber gegenüber Schwankungen in der Wasserchemie während der ersten Lebensmonate etwas empfindlich reagieren. Wasserwechsel sollten daher in geringen Portionen mit möglichst voreingestelltem Wasser erfolgen. An das Futter stellen die Jungen hingegen keine besonderen Ansprüche. Sie fressen vom ersten Tag des Freischwimmens an Nauplien von *Artemia*.

Besonderheiten: Die "Balzfleck"-*Apistogramma* gehören in eine Gruppe kleiner Arten, die sich durch fehlenden oder sogar leicht umgekehrten Geschlechtsdimorphismus auszeichnen.

T: 23 - 30 °C, **L:** ♂ 3 cm, ♀ 4 cm, **BL:** ab 80 cm, **WR:** u, **SG:** 3 - 4

Eigenartig geformte Früchte

A. spec. "Balzfleck" ♂, adult, leicht aggressiv, Freßstimmung   J. Elsässer

A. spec. "Balzfleck" ♀, Brutpflegefärbung, beachte Laichpapille
unmittelbar nach dem Ablaichen   J. Elsässer

A. spec. "Balzfleck" ♂, adult, leicht aggressiv

J. Elsässer

A. spec. "Balzfleck" ♀, adult, brutpflegend, Junge wenige Tage alt

I. Koslowski

Lodge auf der Ilha dos Reís (Insel der Könige) bei Sao Gabriel do Cachoeira

Apistogramma spec. "Blutkehl"

Herkunft des Trivialnamens: Der Name bezieht sich auf die auffallend rot gefärbte Kehl- und Kinnregion einiger Männchen und wurde 1981 erstmals von SCHMETTKAMP verwendet.

Es handelt sich um eine Morphe der 1980 von KULLANDER beschriebenen hochgradig polychromatischen Art *Apistogramma uaupesi*.

Apistogramma spec. "Breitbinden"

Herkunft des Trivialnamens: Der Name bezieht sich auf die auffallend breite Wangenbinde der Männchen und wurde 1981 erstmals von Koslowski verwendet.

Belegmaterial: Drei Männchen und zwei Weibchen (ZFMK 17720 bis ZFMK 17724).

Artspezifische Merkmale: Diese *Apistogramma*-Form gehört zu den relativ großen, mäßig gestreckten und im Alter hochrückigen Formen innerhalb der Gattung. Der Körper ist seitlich deutlich zusammengedrückt, meist etwa doppelt so hoch wie breit. Typisch für *A.* spec. "Breitbinden" ist die bei erwachsenen Männchen gut körperhohe, tief gesägte, milchig-bläuliche oder bräunliche Rückenflosse und die zweizipfelige, dicht senkrecht gebänderte Schwanzflosse. Die ersten Flossenhäute der Rückenflosse sind bei Männchen ebenso semitransparent wie der Rest der Flosse. Die untere Hälfte der Schwanzflosse ist häufig gelblich getönt, der Rest der Flosse dagegen bläulich. Die milchigblauen Bauchflossen sind relativ kurz. Die Afterflosse ist nur selten lang ausgezogen. Sie ist in der basisnahen Hälfte gelblich, in der anderen bläulich transparent. Auf der breiten cremeweißlichen Kehlmembran (Branchiostegalmembran) befindet sich bei den meisten Männchen seitlich, etwa neben der Brustflosse, ein blutroter Fleck, der aber nur beim Drohen sichtbar wird, wenn die Kehlhaut nach unten und seitlich

weit gespannt wird. Gelegentlich sind Teile des Fleckes als rötlicher Saum am Hinterrand des Kiemendeckels zu erkennen. Manchmal befinden sich weitere variabel geformte ähnliche Flekken gut sichtbar auch auf dem Vorderkiemendeckel. Vom Augenrand verläuft das Wangenband nach schräg hinten zum unteren Kiemendeckelrand. Normalerweise ist es etwa so breit wie die Pupille und verjüngt sich zum Kiemendeckelrand hin. In manchen Situationen, etwa während der Brutpflege, verbreitert sich das Band zum Kiemendeckelrand hin so, daß es dort etwa zwei- bis dreimal so breit sein kann wie die Pupille. Üblicherweise sind dann auch im Bereich des dann verblassenden Längsbandes zwei runde bis längsovale Seitenflecke an den Positionen der Querbänder zwei und drei zu erkennen. Das meistens nur verwaschene Längsband ist etwa ein bis eineinhalb Schuppen breit und verläuft vom Auge immer bis auf die Basis der Schwanzflosse, wo es mit einem unregelmäßigen Schwanzwurzelfleck verschmilzt, der nur sehr selten deutlicher zu sehen ist. Dieses Merkmal unterscheidet *A.* spec. "Breitbinden" deutlich von *A. personata*, von dem er sich auch durch weitere Merkmale sicher abgrenzen läßt. Unterhalb des Längsbandes treten häufig drei bis vier Reihen senkrechter Unterkörperstriche hervor, die sich jeweils etwa an den Kontaktstellen von vier Schuppen befinden. Die Schuppenränder auf dem gesamten Körper sind häufig vollständig schmal bräunlich gerandet. Ein

A. spec. "Breitbinden" ♂, adult, lateral drohend   J. Glaser

A. spec. "Breitbinden" ♂, adult, neutral gestimmt   J. Glaser

ähnliches Muster findet sich bei verschiedenen Arten der *A. pertensis*-Gruppe, besonders deutlich bei den Formen um *A. pulchra* und *A. uaupesi* sowie bei einigen Arten der *A. regani*-Gruppe, zum Beispiel bei *A. resticulosa*.

Geschlechtsunterschiede: Männchen werden erheblich größer als Weibchen, entwickeln eine asymmetrisch zweizipfelige Schwanzflosse (oberer Zipfel länger), deren Zipfel oft genauso lang sein können wie die davor liegende Flosse, und eine tief gesägte Rückenflosse, deren extrem verlängerte zugespitzte Flossenmembranen bis zum Doppelten der Körperhöhe erreichen können; ihre Bauchflossen sind stark verlängert und transparent. Weibchen zeigen häufig zwei ausgeprägte Seitenflecken und schwarz gesäumte After- und Rückenflossen. Die kurzen Bauchflossen sind in der vorderen Hälfte ebenfalls intensiv schwarz. Die Schwanzflosse ist rund oder höchstens leicht gestutzt.

Verwandtschaftliche Zuordnung: Die Beziehungen von *Apistogramma* spec. "Breitbinden" zu anderen Arten der Gattung sind bisher kaum untersucht. Es bestehen aber offenbar Beziehungen zu *A. personata*, *A. gibbiceps* und bedingt auch zu *A. brevis*, die ich zur *A. gibbiceps*-Gruppe zusammenfasse. Bisher reichen die vorliegenden Informationen noch nicht aus, um die genannten Arten in einem Komplex zusammenzufassen. *A.* spec. "Breitbinden" weist außerdem morphologische Merkmale, insbesondere bezüglich der Struktur des Kopfes, und Details der Körperzeichnung auf, die auf nähere Beziehungen zum *A. cacatuoides*-Komplex schließen lassen.

Verbreitung: Nach bisheriger Kenntnis ist der "Breitbinden"-*Apistogramma* im östlichen Kolumbien, dem westlichen Venezuela und dem nordwestlichen Brasilien verbreitet. Gesicherte Funde stammen aus dem Rio Inirida in Kolumbien und Venezuela. Gemeinsam mit meinen Reisebegleitern fand ich 1994 drei stark abgemagerte halbwüchsige männliche Exemplare dieser Art in einem nördlichen Zufluß des Rio Uaupés in der weiteren Umgebung des Tukáno-Dorfes Acaí. Weitere Fundortangaben beziehen sich auf verschiedene Zuflüsse des oberen Rio Orinoco, ohne daß gesicherte Belege verfügbar wären. LINKE (persönliche Mitteilung) gelang es 1996 einige Exemplare in der Umgebung von Puerto Inirida in Venezuela zu sammeln, die auffallend schöne Rotzeichnungen der Flossen aufwiesen. Er stellte die Fische später unter der Bezeichnung *Apistogramma* spec. "Morrocoy" vor.

Ökologie: Die Angaben zur Ökologie dieser Art sind wie bei den meisten *Apistogramma*-Arten, nur spärlich und unvollständig. *A.* spec. "Breitbinden" bewohnt nach jetzigem Kenntnisstand ausschließlich Schwarz- und Klarwasserbäche. Neben Flüssen und Bachläufen gehören auch kleinere Waldseen (Lagoas) zum Lebensraum dieser eindrucksvollen Art. Der Fangplatz im Rio Negro befand sich am mit dichtem Fallaub bedeckten Ufer im Mündungsbereich eines kleinen namenlosen Zuflusses des Rio Uaupés etwa gegenüber der Siedlung Acaí. Es handelte sich um einen Schwarz-

A. spec. "Breitbinden" ♂, subadult, Freßstimmung

A. spec. "Breitbinden" ♂, adult, nach verlorener Auseinandersetzung

wasserbach, der 25 bis 27 °C Wassertemperatur, einen Leitwert von 65 μS/cm bei einem pH-Wert von 5,5 aufwies. Andere Fischarten konnten an diesem bisher nicht näher untersuchten Ort nicht festgestellt werden.

Ersteinfuhr: Der "Breitbinden"-*Apistogramma* wurde bereits etwa 1970 über den Handel aus Venezuela nach Deutschland eingeführt.

Aquarienbiologie: *A.* spec. "Breitbinden" gehört zu den etwas heikleren Aquarienpfleglingen. Ursache dafür sind die sehr hohen Ansprüche an die Wasserqualität und der relativ hohe Raumbedarf. In Aquarien mit einer dicken Schicht feinen Sandes, den die Tiere fast ununterbrochen durchkauen, und einer versteckreichen Einrichtung aus Totholz, Steinen und/oder Wasserpflanzen lassen sich die Tiere problemlos pflegen. Es sollten auch einige oberflächenorientierte kleine Salmler, Zahnkarpfen oder Welse mit *A.* spec. "Breitbinden" gemeinsam gepflegt werden, um Verluste durch innerartliche Kämpfe zu vermeiden. Das Wasser muß, wenn die Tiere ihre volle mögliche Lebensspanne, im Aquarium etwa vier, ausnahmsweise sogar bis sieben Jahre, erleben sollen, wie im Freiland möglichst weich (unter 5 °dGH) und mindestens schwach sauer sein (pH-Werte um 6). Nur selten finden sich dauerhafte Paare. Die Zucht gelingt allerdings erst in extrem weichem Wasser (unter 2 °dGH / 50 μS/cm) und pH-Werten zwischen 3,5 und 5,5. Anderenfalls entwickelt sich nur ein sehr geringer Teil der Eier. Männchen besetzen Großreviere, in denen sie nach und nach mit mehreren Weibchen zur Fortpflanzung schreiten können. Die Balz von *A.* spec. "Breitbinden" kann sich über mehrere Tage hinziehen, ehe das jeweilige Weibchen laichbereit ist. Die Vorbereitung des Laichplatzes erfolgt ausschließlich durch das Weibchen. Oftmals wird der Laichplatz so gewählt, daß das Männchen nicht in die Höhle einschwimmen kann. Es muß dann seine Geschlechtsprodukte am Eingang der Bruthöhle abgeben. Durch den durch das Ausschwimmen des Weibchens aus der Höhle entstehenden Sogschwall unterstützt werden die Spermien in die Höhle und in die Nähe der Eier gespült. Auch solche Gelege entwickeln sich ohne Unterschied in der Befruchtungsrate zu solchen, die an für Männchen zugänglichen Laichplätzen abgelegt werden. Die Brut entwickelt sich (temperaturabhängig) in acht bis zwölf Tagen bis zum Freischwimmen. Die Jungen werden in den ersten drei Wochen allein vom Weibchen geführt. Danach werden sie von der Mutter aus der näheren Umgebung des Laichplatzes vertrieben und halten sich noch weitere vier bis acht Wochen im Großrevier des Männchens auf. Sie werden vom Männchen nur selten regelrecht geführt, meist nur geduldet und bei Eindringen von Freßfeinden verteidigt. Die Entwicklung der Jungfische bis zur Geschlechtsreife dauert im Aquarium meist fast ein Jahr. *A.* spec. "Breitbinden" gehört zu denjenigen Arten der Gattung, deren Geschlechterverhältnis besonders extrem durch die Entwicklungsbedingungen, speziell Temperatur und pH-Wert, beeinflußt wird.

Besonderheiten: Die Art wurde 1971 erstmals von Fahrig als *A. klausewitzi* erstmals vorgestellt, da Meinken sie irrtümlich anhand eines Fotos als die (von ihm selbst beschriebene) Art identifiziert hatte.

Bis heute herrscht unter Taxonomen allgemeine Uneinigkeit über die Identität des "Breitbinden"-*Apistogramma*. Meine Vergleiche von frisch konservierten Individuen mit den Typen der bisher aus der oberen Rio Negro-Rio Orinoco Region beschriebenen Arten und lebend in diesem Gebiet gesammeltem Material lassen erkennen, daß es sich bei *A.* spec. "Breitbinden" um eine noch unbeschriebene Art handelt; insbesondere ist eine Identität mit dem sehr ähnlichen *A. personata* nicht gegeben.

T: 23 - 31 °C, L: ♂ 8 cm, ♀ 5 cm, BL: ab 100 cm, WR: u, m, SG: 2 - 4

Riesige *Ficus*-Wurzeln

Tukáno-Siedlung am der Mündung des Rio Uaupés in den Rio Negro

Unterschiedliche Zeichnungsmuster leicht aggressiver *A.* spec. "Breitbinden" ♂♂

A. spec. "Breitbinden" ♂, adult, dominant, territorial, Brutpflegestimmung

A. spec. "Breitbinden" ♀, adult, dominant, Brutpflegestimmung

A. spec. "Breitbinden" ♀, Brutpflegestimmung, leicht aggressiv

A. spec. "Breitbinden" ♀, Brutpflegestimmung, neutral gestimmt

A. spec. "Breitbinden" ♀, Brutpflegestimmung, Schreckfärbung

A. spec. "Breitbinden" ♀, brutpflegend, leicht aggressiv, beachte zwei Seitenflecken

Apistogramma spec. "Chao"

Herkunft des Trivialnamens: Der Name wurde zu Ehren des an der Universität Manaus lehrenden Expeditionsleiters Sammlers und Erstimporteurs in die USA Dr. Chao (Manaus) gewählt.

Artspezifische Merkmale: Die hier erstmals vorgestellte Art gehört zu den kleinsten Vertretern der Gattung. Als Besonderheit ist hervorzuheben, daß bei *A.* spec. "Chao" umgekehrter Geschlechtsdimorphismus vorliegt: Erwachsene Männchen bleiben kleiner als Weibchen. Der wenig gestreckte Körper dieser Fische ist seitlich kaum zusammengedrückt und daher im Querschnitt nur schwach hochoval. Der Kopf ist relativ spitz und kurz, das Maul auffallend klein, der Schwanzstiel hoch, die transparente Schwanzflosse rund. Die blaßgelbliche Rückenflosse ist niedrig, die hyalin bläuliche Afterflosse klein. Allen Flossen fehlen auffallende Verlängerungen oder Zeichnungsmuster. Die Körpergrundfarbe ist grau bis graubraun. Normalerweise zeichnen sich darauf die Hinterränder der Körperschuppen schwarzgrau ab und bilden ein auffallendes Schuppenmuster. Vor dem Auge liegt ein deutlicher Schnauzenstreif, darunter erstreckt sich bis auf den hinteren unteren Rand des Kiemendeckels ein sich nach hinten zuspitzendes, schmales, gebogenes Wangenband. Hinter dem Auge beginnt ein etwa eine Schuppe

A. spec. "Chao" ♀, Brutpflegestimmung, leicht aggressiv

A. spec. "Chao" ♂, subdominant

A. spec. "Chao" ♀, subdominant, neutral gestimmt

breites Längsband, das über die Körperseite bis in die Position des siebten Querbandes auf dem Schwanzstiel reicht. Dahinter liegt ein deutlich abgesetzter hochovaler bis rechteckiger Schwanzwurzelfleck, der fast die gesamte Höhe der Flossenbasis bedeckt. Unterhalb des Längsbandes befinden sich zwei bis drei unregelmäßige Reihen dreieckiger, seltener auch rechteckiger Flecken, die an das von *A.* spec. "Breitbinden" und Vertretern der *A. pertensis*-Gruppe bekannte Muster erinnern. Am oberen Rand der Brustflossen liegt ein kleiner, aber deutlicher schwarzer Fleck. Selten ist auch ein Seitenfleck zu sehen, der länglich oval an der Position des dritten Querbandes erscheint. Sehr selten ist ein weiterer kleinerer Fleck direkt hinter dem Kiemendeckel zu erkennen.

Geschlechtsunterschiede: *A.* spec. "Chao" ist eine von drei bekannten Arten innerhalb der Gattung, die umgekehrten Größendimorphismus aufweisen! Männchen werden knapp drei, Weibchen gut vier Zentimeter lang. Männchen tragen eine dichte netzartige Musterung in der Schwanzflosse und im oberen Drittel der Afterflosse, die bei Weibchen transparent sind. Außerdem entwickeln Männchen eine geringfügig in ihrem Weichstrahlbereich zugespitzte Rückenflosse, die bei Weibchen stets rund ist.

Verwandtschaftliche Zuordnung: Die Zuordnung des "Chao"-*Apistogramma* zu einer bestimmten Gruppe verwandter Arten ist noch provisorisch, da bisher nur spärliche vergleichende Beobachtungen vorliegen. Beziehungen zur *A. pertensis*-Gruppe scheinen offensichtlich, wobei *A.* spec. "Chao" besonders nahe bei *A.* spec. "Balzfleck" und *A.* spec. "Pimental" einzuordnen zu sein scheint.

Verbreitung: Die einzigen bekannten Fundorte liegen im Einzugsbereich des Rio Tocantins in kleinen Bächen in der weiteren Umgebung des Tucuruí-Staudammes.

Ökologie: Die Ökologie dieser Fische ist noch fast unbekannt. Sie wurden stellenweise gemeinsam mit *Apistogramma* spec. "Tucurui" in kleineren Bächen gesammelt werden. Letztere leben nach Angaben von STAECK (pers. Mitteilung) bevorzugt in Fallaubansammlungen im Klarwasser.

Ersteinfuhr: Soweit bekannt ist, wurde die Art um 1994 durch N. L. CHAO und einige Mitreisende erstmals lebend in die USA eingeführt. 1995 und 1996 gelangten einige Tiere durch RÖMER und SOARES von dort nach Deutschland.

Aquarienbiologie: Meine Beobachtungen wurden an einer kleinen Gruppe von *Apistogramma* spec. "Chao" in einem Aquarium mit 150 x 50 Zentimeter Grundfläche gemacht und durch Beobachtungen von D. SOARES ergänzt. *A.* spec. "Chao" stellen hohe Ansprüche an den Pfleger. Sehr weiches (unter 4 °dGH) und mäßig saures (pH-Wert um 6) Wasser sind bereits für die Pflege ohne Zuchtabsicht erforderlich. Die Aquarien, in denen diese Art gepflegt wird, sollten neben vielen Versteckplätzen aus Wurzeln, Fallaub oder Wasserpflanzen über größere freie Sandflächen verfügen, da sich die Tiere gerne den Sand durchkauend

A. spec. "Chao" ♀, dominant, laichreif

A. spec. "Chao" ♀, dominant, neutral gestimmt

über solchen Flächen bewegen. Eingewöhnte Tiere sind wenig scheu und lassen sich gut beobachten. Bei Eintritt der Geschlechtsreife bei etwa zwei Zentimeter Länge besetzen die Weibchen ein Revier, in dem sich das kleinere Männchen nur zeitweilig aufhalten darf. Bereits mehrere Tage vor der Eiablage tritt beim Weibchen die Laichpapille hervor, beim Männchen kurze Zeit später ebenfalls. Bei Annäherungen präsentieren männliche A. spec. "Chao" nun der Partnerin die Bauchregion. Nach einigen Tagen akzeptiert das Weibchen den ständigen Aufenthalt des Männchens in seinem Revier. Beide beginnen nun verschiedene gut versteckte Eiablageplätze zu inspizieren, wobei das Männchen eine aktivere Rolle hat als das Weibchen. Nach etwa zweiwöchiger Balz erfolgt die Ablage der sandweißen Eier, die nach der Besamung durch das Männchen allein vom Weibchen betreut werden, welches den Vater nun nicht mehr in der unmittelbaren Nähe des Eiablageplatzes toleriert. Der Larvenschlupf erfolgt nach etwa zwei Tagen, die Jungen schwimmen nach weiteren fünf bis sieben Tagen frei. Die Art ist mit durchschnittlich 30 Jungfischen pro Brut trotz der geringen Körpergröße relativ produktiv. Die Nachkommen sind schnellwüchsig und schreiten selbst bereits nach etwa drei bis vier Lebensmonaten zur Fortpflanzung. Die Tiere können im Aquarium etwa ein bis zwei Jahre alt werden.

Besonderheiten: Die Art weist einen unter Zwergbuntbarschen außerordentlich seltenen umgekehrten Geschlechtsdimorphismus auf: Weibchen werden bedeutend größer als Männchen!

T: 23-30°C, **L**: ♂ 2-3 cm, ♀ 3-4 cm, **BL**: ab 80 cm, **WR**: u, **SG**: 3 - 4

Apistogramma spec. "Doppelband"

Dieser Zwergcichlide wurde 1987 von KULLANDER als *Apistogramma diplotaenia* beschrieben. Weitere Informationen siehe dort.

Apistogramma spec. "Felsen-Apistogramma"

Herkunft des Trivialnamens: Der Name bezieht sich auf den felsigen Fangplatz der Tiere und wurde 1996 erstmals von GLASER & GLASER verwendet.

Es handelt sich um eine Morphe der 1980 von KULLANDER beschriebenen hochgradig polychromatischen Art *Apistogramma uaupesi*.

A. spec. "Chao" ♀, dominant, nach gewonnener Auseinandersetzung

A. spec. "Chao" ♀, dominant, Schreckfärbung

Apistogramma spec. "Gabelband"

Herkunft des Trivialnamens: Der Name bezieht sich auf die in etwa offen gegabelte Form des Längsbandes und wurde erstmals 1996 verwendet (RÖMER in BAENSCH & RIEHL 1996).

Artspezifische Merkmale: Für diese Art ist die Ausformung des Längsbandes typisch. Dieses ist auffällig breit und verläuft relativ gleichmäßig vom Auge bis auf die Schwanzwurzel. Gemeinsam mit einem knapp darunter verlaufenden Unterkörperband bildet es ein nach vorn offen gegabelt wirkendes Zeichnungsmuster, das innerhalb der Gattung einzigartig ist. Lediglich *A. diplotaenia* zeigt entfernt ähnliche Zeichnungsmerkmale, kann aber nicht mit dem "Gabelband"-*Apistogramma* verwechselt werden.

Geschlechtsunterschiede: Unbekannt, da bisher nur Weibchen eingeführt worden sind.

Verwandtschaftliche Zuordnung: Nach derzeitigem Kenntnisstand dürfte *A.* spec. "Gabelband" ein Vertreter der *A. agassizii*-Gruppe sein, der anscheinend den Arten um *A. paucisquamis* und *A. bitaeniata* nahesteht. Die Unterkörperzeichnung der Weibchen ist jedenfalls mit der weiblicher *A. mendezi*, *A. paucisquamis* und *A. bitaeniata* vergleichbar. Eine genaue Zuordnung kann erst nach Einfuhr und eingehender Untersuchung von Männchen erfolgen.

Verbreitung: Unbekannt.

Ökologie: Unbekannt.

Ersteinfuhr: Mitte 1994 durch die Firma FAUNA TROPICA (Bielefeld), wo sie von M. WÖHLER aus einer gemischten Sendung von Rio Negro-Fischen entdeckt wurden.

Aquarienbiologie: Die bisher beobachteten Weibchen waren untereinander ausgesprochen streitsüchtig. Dagegen verhielten sie sich gegenüber anderen, auch deutlich kleineren Arten friedlich. Innerhalb der Weibchengruppe bestand offenbar eine feste hierarchische Ordnung. Sonst ist die Aquarienbiologie noch unbekannt.
Die mir bisher vorliegenden Beobachtungen deuten auch auf einen besonders großen Raumbedarf hin! Das Aquarium sollte möglichst reich an Versteckplätzen aus Totholz oder dichter Bepflanzung sein, wobei besonders auch in den oberen Wasserregionen Verstecke für abgedrängte unterlegene Tiere erforderlich sind. (Als besonders geeignet haben sich als schwimmende Höhlen dienende schwarze Verpackungsdöschen für Kleinbild-Diafilme erwiesen.) Auch ein Bereich mit einer dickeren Fallaubschicht sollte möglichst nicht fehlen.
Die Fortpflanzungsbiologie ist unbekannt, da bislang nur Weibchen verfügbar waren.

Besonderheiten: Bisher sind leider nur Weibchen bekannt! Sie zeichnen sich durch eine arttypische, stimmungsabhängige Zeichnungsbesonderheit

A. spec. "Gabelband" ♀, dominant, territorial, neutral gestimmt

A. spec. "Gabelband" ♀, dominant, territorial, aggressiv gestimmt

aus, die durch das beigefügte Bildmaterial gut dokumentiert ist. Die Tiere tragen in Normalfärbung ein breites durchgehendes schwarzes Längsband, das vom Augenhinterrand bis in die Basis der Schwanzflosse reicht, einen schmalen Unterbauchstrich und einen schmalen länglichen schwärzlichen Streifen unter dem Kinn. Bei leichter Aggression werden zwei das Längsband einfassende Bänder sichtbar, wie sie ähnlich auch bei *A. paucisquamis*, dem "Glanzbinden"-*Apistogramma* auftreten. Bei starker Erregung wird ein schmaler schwarzer Streifen sichtbar, der ausgehend vom Längsband über der hinteren Basis der Afterflosse auf der Flanke nach vorne bis dicht hinter der Brustflosse verlaufen kann. Am Vorderende verschmilzt dieses Band nicht wieder mit dem Längsband, wodurch das namengebende, nach vorn offene, gegabelte Band entsteht. Einzelne der Weibchen entwickeln im Alter fädige Verlängerungen am oberen Ende der Schwanzflosse, wodurch diese asymmetrisch erscheint. Diese Flossenausprägung legt nach vorhandenen Kenntnissen über die Flossenentwicklung bei anderen *Apistogramma*-Arten die Vermutung nahe, daß die Männchen dieser Art deutliche Verlängerungen zumindest der oberen Flossenhälfte aufweisen müßten, wahrscheinlich sogar deutlich zweizipfelige Schwanzflossen, ähnlich z.B. der von *A. bitaeniata*, haben dürften. Die Unterscheidung der weiblichen *A.* spec. "Gabelband" von denen anderer Arten aus dem Komplex um *Apistogramma agassizii*, zu dem die Form offenbar zu rechnen ist, ist erst nach eingehender Beobachtung möglich. Im Händlerbecken fielen die Tiere nur während der Fütterung wegen des "Gabelbandes" auf.

T: 23 - 29 °C, **L:** ♂ unbekannt, ♀ 6 cm, **BL:** 150 cm, **WR:** u, **SG:** 3 - 4

Apistogramma spec. "Gelbbrust"

Dieser Zwergcichlide wurde 1985 von Koslowski als *Apistogramma linkei* beschrieben. Weitere Informationen siehe dort.

A. spec. "Gabelband" ♀, dominant, Brutpflegefärbung (Gelegephase)

A. spec. "Gabelband" ♀, dominant, territorial, leicht aggressiv

Apistogramma spec. "Gelbwangen"

Herkunft des Trivialnamens: Der Name dieser wissenschaftlich noch unbearbeiteten Form bezieht sich auf die gelbe Färbung der Wangen und Kiemendeckel, die bei vielen Männchen auftritt. Der Name wurde 1984 erstmals von KOSLOWSKI verwendet.

Belegmaterial: Zwei Männchen (ZFMK 17506 und ZFMK 17790) und ein Weibchen (ZFMK 17505).

Artspezifische Merkmale: *A.* spec. "Gelbwangen" weisen große Ähnlichkeit mit *A. regani* auf. Die Tiere sind mäßig gestreckt und relativ hochrückkig, wobei der Körper seitlich deutlich zusammengedrückt ist. Die Flossen weisen normalerweise keine auffallenden Abweichungen von der Grundform auf. Lediglich die ersten Flossenhäute der Rückenflosse können bei manchen Männchen verlängert sein und deutlich über den Rest der Flosse hinausragen. Der Körper ist normalerweise grau bis gelblichgrau gefärbt. Die Tiere tragen darauf zeitweise (ähnlich wie *A. regani*) eine besonders deutliche, dunkle Bänderung, auf der das etwa eine Schuppe breite Längsband klar zu erkennen ist. Die Schwarzzeichnung auf dem Körper kann verblassen und wird dann häufig durch ein Muster von fünf bis sechs unregelmäßigen Seitenflecken und dem fast die gesamte Schwanzwurzelhöhe einnehmenden Schwanzwurzelfleck ersetzt, welcher in dieser Ausprägung nur bei den Formen des engeren *A. regani*-Komplexes vorkommt. Außer- dem können zeitweilig zwei bis vier Unterkörperstreifen auftreten. Die Schwanzflosse von *A.* spec. "Gelbwangen" ist ungemustert transparent, was die Art deutlich von anderen Vertretern des Komplexes unterscheidet. Außerdem sind die Wangen und Kiemendeckel der meisten Männchen blaßgelb bis zitronengelb gefärbt; rote Zeichnungen fehlen auf den Wangen stets.

Geschlechtsunterschiede: Männchen werden deutlich größer als Weibchen und entwickeln gelegentlich verlängerte und zugespitzte Weichstrahlbereiche von Rücken- und Afterflosse. Die Weibchen von *A.* spec. "Gelbwangen" haben einen ausgeprägten Unterbauchstrich, der sich vom After bis kurz vor den Ansatz der Bauchflossen erstrecken kann. Den Männchen fehlt dieses Zeichnungselement meist. Die gelben Wangen vieler Männchen können ebenfalls zur Geschlechtsunterscheidung genutzt werden, obwohl vereinzelt auch Weibchen mit entsprechender Zeichnung vorkommen.

Verwandtschaftliche Zuordnung: Die verwandtschaftlichen Beziehungen von *A.* spec. "Gelbwangen" sind wegen der wenigen bisher eingeführten Tiere noch nicht endgültig aufgeklärt. Die anscheinend am nächsten mit dem "Gelbwangen"-*Apistogramma* verwandte Art ist *A. regani*. Gemeinsam mit *A. ortmanni* bilden die beiden genannten Arten innerhalb der *A. regani*-Gruppe den *A. regani*-Komplex, der

A. spec. "Gelbwangen" ♂, adult, dominant, territorial

A. spec. "Gelbwangen" ♀, adult, dominant, territorial, beginnende Brutpflegefärbung

sich durch den allen gemeinsamen aufrechten Schwanzwurzelfleck, die zumindest zeitweise deutliche Körperbänderung und drei bis vier kräftige Längsstreifen auf den Körperunterseiten auszeichnet.

Verbreitung: *A.* spec. "Gelbwangen" stammt aus dem brasilianischen Amazonien in der Umgebung der Stadt Manaus. Gesicherte Fundorte liegen an der Mündung des Rio Negro in den Rio Solimóes und im Rio Jáu (LINKE & STAECK 1997, MINDE nach pers. Mitteilung von GOTTWALD).

Ökologie: Nach den wenigen bisher vorliegenden Angaben scheint *A.* spec. "Gelbwangen" in der Fallaubschicht fast aller Gewässertypen vorzukommen. Die Art wurde aber vor allem in kleinen Waldbächen und Restwassern nachgewiesen, die hauptsächlich Weißwasser führten (LINKE & STAECK 1997). Der pH-Wert dieser Gewässer liegt meist zwischen 6 und 7,5, die Härte unter 4 °dGH, der elektrische Leitwert zwischen 50 und 150 µS/cm und die Temperatur zwischen 23 und 33 °C. Einige von mir 1994 in reinem Schwarzwasser nachgewiesene Exemplare des "Gelbwangen"-*Apistogramma* aus dem Unterlauf des Rio Negro waren im Gegensatz zu Individuen anderer, gleichzeitig dort gefangener Arten erkennbar unterernährt und transportempfindlich; Tiere aus Weißwassergebieten sind dagegen meist gut ernährt und einfach zu transportieren. Bei Fänglingen der im gleichen Gebiet vorkommenden *A. regani* sind die Verhältnisse bezüglich des

A. spec. "Gelbwangen" ♂, adult, dominant, territorial, leicht aggressiv   W. Staeck

A. spec. "Gelbwangen" ♂, adult, dominant, neutral gestimmt

W. Staeck

A. spec. "Gelbwangen" ♂, adult, Schreckfärbung, beachte die Bänderung   W. Staeck

857

Körperzustandes umgekehrt: Tiere aus Schwarzwasser sind gut, solche aus Weißwasser schlecht ernährt und entsprechend zu transportieren. Möglicherweise schlägt sich hier ein Unterschied in der ökologischen Anpassung an die Lebensräume der beiden Arten nieder: *A.* spec. "Gelbwangen" wäre demnach als "Weißwasserart", *A. regani* dagegen als "Schwarzwasserart" zu bezeichnen. Die Wasserchemie könnte somit der entscheidende Isolationsfaktor zwischen zwei unterschiedlichen ökologischen *Apistogramma*-Typen sein, der die Aufspaltung und Entwicklung ähnlicher Arten auch auf engem Raum ermöglicht.

Ersteinfuhr: Der Zeitpunkt der Ersteinfuhr ist nicht genau bekannt. Die Art ist wahrscheinlich aber schon in den 70er Jahren wiederholt über den Handel als Beifang mit anderen Kleinfischen aus der Umgebung von Manaus nach Europa gelangt. Vereinzelt wurden auch *A.* spec. "Gelbwangen" von reisenden Aquarianern gesammelt. Zahlenmäßig größere kommerzielle Einfuhren dieser eher unscheinbaren Art wurden bisher nicht bekannt.

Aquarienbiologie: *A.* spec. "Gelbwangen" ist ein friedlicher kleiner Cichlide, der sich gut mit kleinen Welsen, Salmlern oder Zahnkarpfen vergesellschaften läßt. Nur während der Brutpflege werden andere Arten im Aquarium zum Teil heftig attackiert. An die Haltungsbedingungen stellt dieser recht robuste Zwergbuntbarsch keine besonderen Anforderungen. Die Tiere lassen sich auch in mittelhartem, sogar leicht alkalischem Wasser längere Zeit ohne Probleme halten; weiches

und schwach saures Wasser (pH-Wert um 6,5) hat sich aber als vorteilhafter erwiesen. Das Aquarium sollte strukturreich gestaltet sein, etwa durch dichte Bepflanzung, eingebrachtes Totholz oder Fallaub. Letzteres kommt dem Schutzbedürfnis der meisten Zwergbuntbarsche besonders entgegen, da sie sich bei vermeintlicher Gefahr blitzschnell darin zurückziehen können. Die Zucht erfordert etwas mehr Fingerspitzengefühl als die reine Haltung: Da nicht alle Tiere auf Anhieb miteinander harmonieren, ist ein Ansatz in einer größeren Gruppe, in der sich die Partner frei finden können empfehlenswert. Ein Zuchtansatz von kleinen Gruppen in großen Aquarien (150 x 50 Zentimeter Grundfläche) hat sich bisher als praktikable Lösung dieses Problems erwiesen. An die Wasserchemie werden auch für die Fortpflanzung keine besonderen Ansprüche gestellt. Das Wasser sollte aber frei von organischen Stoffwechselprodukten sein. Ein regelmäßiger und umfangreicher wöchentlicher Wasserwechsel ist daher anzuraten. Unter solchen Bedingungen laichen die Fische willig an einem gut versteckten Platz ab. Das Weibchen heftet bis zu 150 Eier bevorzugt an überhängende Flächen. Das polygame Männchen ist nur für die Besamung des Geleges zuständig und widmet sich unmittelbar nach dem Ende des Laichaktes wieder seinen Revierverteidigungsaufgaben. Erst wenn die Jungfische nach etwa sieben bis zehn Tagen erstmals frei schwimmend außerhalb des Eiablageplatzes erscheinen, darf es sich gelegentlich den eigenen Nachkommen nähern. Die Jungfische wachsen relativ langsam heran und sind nach etwa einem halben Jahr

A. spec. "Gelbwangen" ♀, adult, Brutpflegefärbung, leicht aggressiv   W. Staeck

A. spec. "Gelbwangen" ♀, adult, Brutpflegefärbung, verunsichert   W. Staeck

mit etwa drei bis vier Zentimeter Länge
fortpflanzungsfähig.

Besonderheiten: *A.* spec. "Gelbwangen" wird nur selten als Beifang eingeführt und wird meist mit den ähnlichen
A. regani, die noch seltener im Handel
erscheinen, verwechselt. Eine dauerhafte aquaristische Sicherung der Bestände von *A.* spec. "Gelbwangen"
war daher bisher nicht möglich.

T: 21 - 29 °C, **L:** ♂ 7 cm, ♀ 5 cm, **BL:** ab
100 cm, **WR:** u, (m), **SG:** 2

Die Asa Branca, eines der schnellsten
Fährschiffe auf dem Rio Negro

Apistogramma spec. "Glanzbinden"

Dieser Zwergcichlide wurde 1988 von KULLANDER & STAECK als *Apistogramma
paucisquamis* beschrieben. Weitere Informationen siehe dort.

Apistogramma spec. "Goldbauch"

Dieser Zwergcichlide wurde 1997 von RÖMER als *Apistogramma atahualpa*
beschrieben. Weitere Informationen siehe dort.

Apistogramma spec. "Guamá"

Herkunft des Trivialnamens: Der Name bezieht sich auf den Rio Guamá, in dessen
Einzugsgebiet diese Art ausschließlich nachgewiesen wurde und geht auf
STAWIKOWSKI zurück.

Es handelt sich um Vertreter der bereits 1980 von KULLANDER beschriebenen Art
Apistogramma caetei. Weitere Informationen siehe dort.

A. spec. "Gelbwangen" ♀, adult, Brutpflegefärbung

Apistogramma spec. "Hochflossen"

Dieser Name wurde 1985 von Koslowski im Zusammenhang mit einer Abbildung eines Männchens des bereits 1965 von Meinken beschriebenen *Apistogramma hoignei* verwendet. Nähere Informationen siehe dort.

Apistogramma spec. "Längsstreifen"

Dieser Zwergcichlide wurde 1994 von Römer unter dem Namen *Apistogramma mendezi* beschrieben. Weitere Informationen siehe dort.

Apistogramma spec. "Opal"

Herkunft des Trivialnamens: Erstmals 1984 von Gersch in Aquarien Terrarien - Monatsschrift für Vivarienkunde und Zierfischzucht vorgestellt.

Es handelt sich um eine stahlblaue Farbmorphe von *Apistogramma borellii* (Regan, 1906). Sie wurde wahrscheinlich in den kommerziellen Zierfischzuchten der ehemaligen Deutschen Demokratischen Republik durch In- und Linienzucht weitgehend erbstabilisiert. Weitere Informationen siehe dort.

Apistogramma spec. "Orangeflossen"

Es handelt sich um einen im Tierhandel wiederholt verwendeten Namen von *Apistogramma eunotus*. Weitere Informationen siehe dort.

Apistogramma spec. "Orangeschwanz"

Es handelt sich bei der unter diesem Handelsnamen vorgestellten Art um *Apistogramma eunotus*, der bereits 1981 von Kullander beschrieben wurde. Nähere Informationen siehe dort.

Apistogramma spec. "Orangestreifen"

Es handelt sich um die 1980 von Kullander als *Apistogramma moae* beschriebene Art. Weitere Informationen siehe dort.

Apistogramma spec. "Pandurini"

Dieser Zwergcichlide wurde 1997 von RÖMER unter dem Namen *Apistogramma panduro* beschrieben. Weitere Informationen siehe dort.

Apistogramma spec. "Paraguay"

Diese von KOSLOWSKI erstmals vorgestellten Tiere sind mit dem "Rotwangen"-*Apistogramma* identisch. Weitere Informationen siehe dort.

Apistogramma spec. "Parallelstreifen"

Dieser Zwergcichlide wurde 1986 von KULLANDER als *Apistogramma cruzi* beschrieben. Weitere Informationen siehe dort.

A. spec. "Mitu" ♂, adult, dominant

U. Werner

Apistogramma spec. "Mitu"

Herkunft des Trivialnamens: Die Bezeichnung bezieht sich auf die kolumbianische Stadt Mitú, in deren Umgebung die Art erstmals gefunden wurde.

Artspezifische Merkmale: *A.* spec. "Mitu" ist eine kleine, relativ gedrungene Art ohne auffallenden Geschlechtsdimorphismus. Die Flossen weisen keine auffallenden Verlängerungen oder Färbungen ab, wenn man von zwei schwachen roten Bändern in der Rückenflosse der Männchen absieht. Auffälligstes Merkmal ist das Zickzack-Band auf den Körperseiten, daß bei Arten der *A. macmasteri*-Gruppe, in vergleichbarer Ausprägung aber nur bei *A.* spec. "Rotpunkt" auftritt. Ein deutlicher eckiger Schwanzwurzelfleck liegt hinter dem Körperband sieben.

Geschlechtsunterschiede: Die Geschlechter sind kaum unterscheidbar. Die grauweißen Männchen zeigen rote Markierungen auf den Kiemendeckeln und an den Körperseiten sowie rote Streifen in der Rückenflosse. Weibchen fehlen rote Markierungen, dafür ist der Körper meist auffallend gelblich.

Verwandtschaftliche Zuordnung: Die Beziehungen dieser Art zu anderen Formen innerhalb der Gattung sind noch unklar, obwohl eine gewisse Nähe zu den Formen um *A. meinkeni* und *A.* spec. "Tiquié 1" sowie *A.* spec. "Rotpunkt" vorliegt.

Verbreitung: Bisher liegen Funde nur aus dem kolumbianischen Teil des Rio Uaupés nahe Mitú vor. Wie weit sich das Verbreitungsgebiet erstreckt ist unbekannt.

Ersteinfuhr: Die Einfuhr erfolgte 1995 in geringer Stückzahl erstmals durch U. WERNER und seine Mitreisenden.

Aquarienbiologie: Bisher unbekannt, da noch keine veröffentlichten Berichte darüber vorliegen. Die Art scheint aber nach Angaben von U. WERNER (mündlich), wie andere Rio Uaupés auch, besonders empfindlich zu sein und hohe Ansprüche an die Wasserqualität zu stellen. Die Zucht gelang nach seinen Angaben nicht.

Besonderheiten: Hervorzuheben ist besonders das derzeitige Informationsdefizit zu dieser wahrscheinlich neuen Art. Es bleibt allerdings noch zu prüfen, ob sich diese Form einer der bekannten Arten zuordnen läßt. Die Fische wurden 1996 in GLASER & GLASER unter der Bezeichnung *A.* spec. "Rio-Vaupes" vorgestellt, was wiederholt zu Verwechslungen mit *A. uaupesi* führte und deshalb nicht beibehalten werden soll.

Wegen der geringen Informationen scheinen Haltungsempfehlungen nicht sinnvoll.

A. spec. "Mitu" ♂, adult U. Werner

A. spec. "Mitu" ♀, adult U. Werner

Apistogramma spec. "Peixoto"

Herkunft des Trivialnamens: Der Name dieser Fische geht auf ihren Entdecker U. WERNER (1989) zurück. Er bezieht sich auf den Fangplatz im Rio Peixoto-Azevedo bei der Ortschaft Matupá, die heute auf einigen Landkarten als Peixoto de Azevedo bezeichnet wird.

Artspezifische Merkmale: *A.* spec. "Peixoto" ist eine mittelgroße, mäßig gestreckte und seitlich deutlich zusammengedrückte Art aus der *A. regani*-Gruppe mit relativ flachem und spitzem Kopfprofil. Die Rückenflosse trägt keine verlängerten Flossenhäute, ihre Membranen sind gestutzt und fast vollständig zusammengewachsen. Die Schwanzflosse ist gerundet. Die Körpergrundfarbe ist grau bis blaßrosagrau. Bei erwachsenen Männchen ist der Körper unregelmäßig mit metallisch glänzenden Flecken bedeckt, die auch auf den Flossen erscheinen können. Das schwarze Wangenband dieser Fische ist selten zu sehen. Es ist etwa so breit wie die Pupille und verläuft gerade zum hinteren unteren Rand des Kiemendeckels. Auffällig ist, daß es häufig am Übergang vom Vorderkiemendeckel (Praeoperculum) zum Kiemendeckel deutlich unterbrochen ist, was in dieser Form bisher bei keiner anderen *Apistogramma*-Art bekannt ist. Der Kiemendeckel der Männchen ist von einem unregelmäßig gekritzelten Muster roter und blauer Punkte und Streifen bedeckt. Das Längsband ist etwa eineinhalb Schuppen breit und wird von dominanten Tieren in eine Reihe von fünf bis acht Flecken aufgelöst, deren Form auffallend varia-bel ist. Ein durchgehendes, blasses Längsband ist nur ausnahmsweise erkennbar. Auf der Schwanzwurzel liegt ein hochovaler bis kastenförmiger schwarzbrauner Fleck, der etwa die Hälfte der Schwanzstielhöhe bedeckt. Besonders auffällig ist ein Muster, das von Schuppen gebildet wird, die auf der oberen Körperhälfte dunkel eingefaßt und auf der unteren Körperhälfte an der Vorderkante dunkel gerandet sind. In der vorderen Körperhälfte können die Schuppenränder bei Männchen auch rötlich sein.

Geschlechtsunterschiede: Die Geschlechter von *A.* spec. "Peixoto" lassen sich schon bei halbwüchsigen Tieren an der Form des Weichstrahlbereiche der Rücken- und Afterflosse unterscheiden, die bei Männchen deutlich zugespitzt, bei Weibchen abgerundet sind. Männchen zeigen eine dicht senkrecht gebänderte Schwanzflosse, während Weibchen undeutliche und unvollständige Bänder aufweisen. Weibchen haben außerdem im Gegensatz zu Männchen eine auffällige schwarze Unterseitenzeichnung, die aus einem Afterfleck, einem vom After bis zwischen die Bauchflossen reichenden Unterbauchstrich und in der vorderen Hälfte schwarzen Bauchflossen besteht; bei manchen Weibchen tritt auch ein schwarzer Brustfleck auf. Die ersten zwei bis drei Häute der Rückenflosse der Weibchen sind vollständig schwarz, die der nachfolgenden fünf bis acht an ihrer Spitze schwarz, während sie bei den Männchen transparent sind.

A. spec. "Peixoto" ♂, adult, territorial, neutral gestimmt

U. Werner

A. spec. "Peixoto" ♀, adult, Brutpflegefärbung

U. Werner

Verwandtschaftliche Zuordnung: Bisher sind die näheren Beziehungen dieser in die *A. regani*-Gruppe eingeordneten Art noch weitgehend unklar. Während die Männchen Merkmale besitzen, die einige Ähnlichkeiten mit *A. cruzi* und damit dem *A. eunotus*-Komplex zeigen, weisen die Weibchen ein Brutpflegemuster auf, wie es ähnlich bei einigen Arten der *A. macmasteri*-Gruppe und manchen Weibchen von *A.* spec. "Breitbinden" auftritt. Es deutet sich daher möglicherweise eine systematische Zwischenstellung des "Peixoto"-*Apistogramma* an. Die Klärung der Frage, zu welchem Komplex die Art zuzuordnen ist, wird erst bei der Wiedereinfuhr möglich sein.

Verbreitung: "Peixoto"-*Apistogramma* stammen aus dem Grenzbereich der brasilianischen Bundesstaaten Mato Grosso und Pará. Bisher sind die Fische nur von einem Fangplatz aus dem Rio Peixoto-Azevedo im Oberlaufsystem des Rio Tapajós bekannt; dieser mündet in den Rio Teles Pires, der seinerseits über den Rio Juruena in den Rio Tapajós entwässert.

Ökologie: Es liegen nur wenige Angaben zur Ökologie dieser Art vor. U. Werner fing die Fische in sehr weichem und schwach saurem Wasser (<1 °dGH, pH ca. 6,0), das eine Temperatur von (etwa) 24 bis 25 °C hatte. Die Fische hielten sich, wie für die meisten Arten der Gattung typisch, in Flachwasserbereichen auf, die am Grund mit Fallaub und Totholz bedeckt, stellenweise aber auch dicht mit Wasserpflanzen bewachsen waren.
Der Lebensraum der "Peixoto"-*Apistogramma* wird durch intensives Goldwaschen massiv gefährdet. Neben der mechanischen Zerstörung von Teilen des Lebensraums und starkem Sedimenteintrag bedroht vor allem der Eintrag von Quecksilber, das zur chemischen Auswaschung auch kleiner Goldreste aus dem Sand benutzt wird, das gesamte Ökosystem.

Ersteinfuhr: *Apistogramma* spec. "Peixoto" wurde bisher nur einmal im Jahr 1989 durch U. Werner und seine Reisebegleiter lebend nach Deutschland eingeführt.

Aquarienbiologie: U. Werner hielt die Art aus technischen Gründen nur in mittelhartem Wasser bei pH-Werten zwischen sieben und acht. Unter diesen Bedingungen züchtete er die im Vergleich zu anderen Arten der Gattung relativ unproduktive Art auch nach. Es liegen aber noch keine detaillierten Schilderungen über die Aquarienhaltung und Fortpflanzungsbiologie vor.

Besonderheiten: Der "Peixoto"-*Apistogramma* konnte sich in der Aquaristik nicht dauerhaft etablieren. Nach kurzer und begrenzter Verbreitung bei wenigen Liebhabern starb die Art in Gefangenschaft aus. Wiedereinfuhr nach detaillierter Untersuchung des Lebensraumes ist besonders wünschenswert, weil das Gebiet, aus dem die Fische stammen, deutlich durch Einflüsse aus der Goldgewinnung, deren mittel- und langfristige Folgen nicht abzusehen sind, beeinträchtigt wird.

T: 20 - 28 °C, **L**: ♂ 6 cm, ♀ 5 cm, **BL**: ab 80 cm, **WR**: u, **SG**: 2 - 3

A. spec. "Peixoto" ♂, adult, leicht aggressiv

A. spec. "Peixoto" ♂, adult, lateral drohend

Mesonauta cf. *festiva* in Jagdfärbung

A. spec. "Peixoto" ♂, adult

U. Werner

A. spec. "Peixoto", Paar bei der Verteidigung der Jungfische

U. Werner

Bootsanker aus einer ausgedienten Nähmaschine am Rio Uaupés

Apistogramma spec. "Pimentel"

Herkunft des Trivialnamens: Der Name dieser Fische, der von WARZEL vorgeschlagen wurde, bezieht sich auf den Fangplatz: einen Zufluß des Rio Tapajós bei Pimentel.

Artspezifische Merkmale: *A.* spec. "Pimentel" gehört zu den kleinen, gestreckten Gattungsvertretern, deren Körper seitlich nur wenig zusammengedrückt ist. Die Grundfarbe des Körpers ist graubis graubraun. Alle Körperschuppen sind schmal bräunlich oder blaßgrau gerahmt. Ein gut eine Schuppe breites Längsband verläuft vom Auge bis zur Position des siebten Querbandes, wo es deutlich vor dem annähernd quadratischen, seltener ovalen Schwanzwurzelfleck endet. Dieser füllt etwa ein Drittel bis zur Hälfte der Schwanzwurzel aus. Normalerweise sind alle Flossen ungezeichnet transparent. Lediglich die Rückenflosse mancher Tiere ist gelblich bis orange gesäumt; nur Einzeltiere haben schwach angedeutete Bänder in der Schwanzflosse. Auf den ersten Blick weisen die Fische Ähnlichkeiten zu *A.* spec. "Chao" und *A.* spec. aff. *meinkeni* auf, sind aber von diesen durch den viel kleineren Schwanzwurzelfleck, das breitere Längsband, das Fehlen von Unterkörperstrichen, die längere Schnauzenpartie und das gerade (und nicht wie bei *A.* spec. "Chao" gebogene) Wangenband zu unterscheiden.

Geschlechtsunterschiede: Die Geschlechter dieser Art sind nur schwer voneinander zu unterscheiden, denn die morphologischen Geschlechtsunterschiede sind nur sehr gering. Erst erwachsene Tiere entwickeln erkennbare sekundäre Geschlechtsmerkmale, die lediglich aus einem geringen Größenunterschied und der bei Männchen im Weichstrahlbereich leicht zugespitzten Rückenflosse bestehen. Weitere Unterschiede lassen sich an lebenden Tieren nicht feststellen.

Verwandtschaftliche Zuordnung: *A.* spec. "Pimentel" gehört zur *A. pertensis*-Gruppe. Eine zunächst noch provisorische Einordnung in den *A. pertensis*-Komplex innerhalb dieser Artengruppe erscheint nach bisherigem Kenntnisstand zutreffend. Besondere Ähnlichkeiten bestehen zu den Arten um *A. pertensis* und zu den Formen *A.* spec. "Chao" und *A.* spec. "Balzfleck".

Verbreitung: Bisher konnten die Tiere nur in zwei kleinen Bächen bei Pimentel im Gebiet des Rio Tapajós in Brasilien gesammelt werden.

Ökologie: Die Ökologie dieser Art ist bisher nur von zwei Fangplätzen begrenzt bekannt. WARZEL (in litt.) fand die Fische gemeinsam mit jungen *Dicrossus* spec. "Tapajos" in einem kleinen dem Tapajós zufließenden Igarapé (Waldbach). Das schwach teebraune Klarwasser war etwa 26 °C warm und hatte einen pH-Wert von 5,5. Die Fische hielten sich nur im unmittelbaren Uferbereich über Fallaubansammlungen auf. Ein einzelnes Exemplar fing WARZEL im direkten Uferbereich des Rio Tapajós im gleichen Kleinhabitat (Fallaub).

A. spec. "Pimentel" ♂, adult, neutral gestimmt

A. spec. "Pimentel" ♀, adult, Brutpflegefärbung, Jungfische ca. 3 Tage alt.

Ersteinfuhr: Diese Fische wurden erstmals um 1994 von F. WARZEL in geringer Individuenzahl lebend nach Deutschland eingeführt.

Aquarienbiologie: *A.* spec. "Pimentel" haben sich im Aquarium als relativ hinfällig erwiesen. Auf umfangreiche Wasserwechsel, Änderungen des pH-Wertes und der Temperatur reagierten die Fische ebenso negativ, wie auf die gemeinsame Haltung mit anderen *Apistogramma*-Arten oder Salmlern. Meine Tiere blieben stets scheu und ließen sich nicht beobachten, weil sie sich ständig im Fallaub aufhielten.

Die Tiere, die WARZEL und ich hielten, schritten, unter Aquarienverhältnissen, die den Bedingungen im Freiland ähnelten, bald zur Fortpflanzung, konnten aber keine Jungen aufziehen, da für die Jungen auch frisch geschlüpfte Nauplien von *Artemia* spec. offenbar als Erstfutter noch zu groß waren. *A.* spec. "Pimentel" ist wegen dieser Probleme eher den erfahrenen Cichlidenfreunden zu empfehlen; als Anfängerfisch ist er ungeeignet.

Besonderheiten: *A.* spec. "Pimentel" ist im Aquarium wieder ausgestorben. Eine erneute Aufsammlung, gleichzeitig genaue Untersuchungen der Fundorte sowie vergleichende verhaltensbiologische Studien wären wünschenswert, um vor allem auch die Frage der systematischen Zugehörigkeit klären zu können.

T: 23 - 30 °C, **L**: ♂ 4 cm, ♀ 3,5 cm, **BL**: ab 80 cm, **WR**: u, (m,) **SG**: 3 - 4 (Futter für Jungtiere!)

A. spec. "Pimentel" ♂, adult, Freßstimmung

A. spec. "Pimentel" ♀, adult, neutrale Stimmung

A. spec. "Pimentel" ♀, adult, Brutpflegefärbung

A. pertensis ♀ zum Vergleich

D. Bork

A. spec. "Pimentel" ♀, adult, Brutpflegefärbung

A. spec. aff. *pertensis* (♂) könnte mit *A.* spec. "Pimentel" identisch sein.   J. Glaser

A. spec. aff. *pertensis* (♀) könnte mit *A.* spec. "Pimentel" identisch sein.   J. Glaser

A. spec. "Pimentel", halbwüchsiges ♂

Apistogramma spec. "Porto-Velho"

Es handelt sich um *Apistogramma pulchra*, den Kullander 1980 beschrieb. Weitere Details siehe dort.

Apistogramma spec. "Puerto Narino"

Es handelt sich um eine Variante von *Apistogramma* spec. "Rotpunkt". Näheres siehe dort.

Apistogramma spec. "Querstreifen"

Dieser Zwergbuntbarsch wurde 1985 durch Koslowski unter dem Namen *Apistogramma staecki* beschrieben. Weitere Informationen siehe dort.

A. spec. "Pimentel" ♀, Brutpflegefärbung, Junge ca. 3 Tage alt   F. Warzel

A. spec. "Pimentel" ♀, unterdrückt, Färbung auf Sand   F. Warzel

Apistogramma spec. "Rio Acre"

Herkunft des Trivialnamens: Der von W. STAECK vorgeschlagene Name bezieht sich auf den Fundort der Fische, der im Einzugsbereich des Rio Ácre in der Nähe der Stadt Rio Branco liegt.

Synonyme: *A.* spec. "Rio Branco": Ursprünglich wurde von RÖMER & BEISENHERZ (1996) der Name *A.* spec. "Rio Branco" verwendet, unter dem ich die Tiere 1990 erhalten hatte. Dieser Name sollte aber wegen der Mißdeutungsmöglichkeiten im Zusammenhang mit dem Rio Negro-Nebenfluß Rio Branco nicht mehr verwendet werden.

Artspezifische Merkmale: Diese Art gehört zu den kaum bekannten und deshalb als Beifang wahrscheinlich leicht zu übersehenden Arten. *A.* spec. "Rio Acre" ist eine der relativ hochrückigen, gedrungenen und seitlich mäßig zusammengedrückten Arten der Gattung. Die metallisch glänzend überzogene Grundfarbe des Körpers ist bräunlichgrau, die Bauchregion hebt sich davon elfenbeinweiß ab. Der Kopf trägt auf den Wangen und unterhalb des schmalen Schnauzenstreifs rote wurmartige Zeichnungen, seltener auch Punkte. Ein deutliches, gerades und etwa pupillenbreites Wangenband ist häufig zu sehen. Hinter dem Kopf erstreckt sich das gerade, artspezifisch auffällige Längsband: Es beginnt hinter dem Auge als sehr schmaler Strich, erweitert sich hinter dem Kiemendeckel auf etwa eineinhalb Schuppen Breite und endet deutlich vor dem ovalen Schwanzwurzelfleck, der gut die Hälf-

te bis zwei Drittel der Höhe der Schwanzwurzel einnimmt. Typisch für *A.* spec. "Rio Acre" sind zeitweilig sichtbare, vertikale Erweiterungen des Längsbandes entlang der Schuppenränder im Bereich des sechsten und siebten Querbandes. Einzelne Tiere können solche Erweiterungen manchmal auch im Bereich des fünften Querbandes zeigen. Im Bereich der genannten Querbänder verbreitert sich das Längsband durch die Erweiterungen und bedeckt etwa zweieinhalb bis drei übereinander liegende Schuppen. In manchen Stimmungen ist der unterhalb des Längsbandes liegende Teil des siebten Querbandes deutlich sichtbar, wodurch der Eindruck eines nach unten abknickenden Längsbandes entsteht. In dieser Stimmung tragen die Fische auch einen dunklen Streifen entlang der Basis der Rückenflosse und zwei Reihen alternierend angeordneter, senkrechter Unterkörperstriche unmittelbar unterhalb des Längsbandes. Die Unterkörperstriche können bei starker Erregung undeutlich ineinander verlaufen und eine unklare rußschwarze Fläche bilden, wie sie ähnlich nur bei *A.* spec. "Rotwangen" oder bei *A. aruensis* auftritt. Die runde, seltener leicht gestutzte und transparente Schwanzflosse ist breit gebändert, die Rückenflosse milchig blaßblau getrübt. Die Flossenhäute der Rückenflosse sind bei den Männchen etwas über die Hartstacheln verlängert und zugespitzt.

A. spec. "Rio Acre" ♂, adult

W. Staeck

A. spec. "Rio Acre" ♂, adult
W. Staeck

Geschlechtsunterschiede: Die Bestimmung der Geschlechter ist bei dieser Art erst bei fast ausgewachsenen Tieren zweifelsfrei möglich. Männchen von A. spec. "Rio Acre" werden etwas größer als die Weibchen und entwickeln eine im Weichstrahlbereich ausgezogene und zugespitzte Rücken- und Afterflosse. Weibchen zeigen einen kurzen Unterbauchstrich, der den Männchen ebenso fehlt wie die im vorderen Teil rußig-schwarzen Bauchflossen. Die Iris der geschlechtsreifen Männchen ist goldorange, die der Weibchen goldgelb. Meist zeigen die Männchen auch eine deutlichere und weiter ausgedehnte senkrechte Bänderung der Schwanzflosse als die Weibchen.

Verwandtschaftliche Zuordnung: A. spec. "Rio Acre" ist ein Vertreter der A. regani-Gruppe und gehört möglicherweise in die weitere Verwandtschaft von A. eunotus. Soweit bekannt ist, wurden eingehende Untersuchungen zu dieser Frage bisher noch nicht durchgeführt.

Verbreitung: Bisher ist nur ein Fundort bekannt: STAECK fing die Art etwa 25 Kilometer von der Stadt Rio Branco entfernt im brasilianischen Bundesstaat Acre (LINKE & STAECK 1997, STAECK persönliche Mitteilung). Erst weitere Aufsammlungen werden Aussagen zur Verbreitung zulassen.

Ökologie: Die Ökologie ist analog zur Verbreitung kaum bekannt. Alle hier verwertbaren veröffentlichten Angaben finden sich bei LINKE & STAECK (1997). Der einzige bisher untersuchte Fangplatz war ein See, in dessen Uferbereich die Fische nach typischer Apistogramma-Art im Fallaub lebten. Der Fangplatz wies gelbliches, weiches Wasser auf (elektrischer Leitwert 80 µS/cm). Hervorzuheben ist, daß das 29 °C warme Wasser mit einem leicht alkalischen pH-Wert von 7,6 einen für Apistogramma-Verhältnisse relativ ungewöhnlichen Säuregrad aufwies.

Ersteinfuhr: Im Jahr 1989 wurden erstmals durch W. STAECK (Berlin) sieben Exemplare von A. spec. "Rio Acre" nach Deutschland eingeführt. Die Art scheint zwischenzeitlich in der Aquaristik wieder ausgestorben zu sein. Die letzten Tiere dieser Art fand ich 1996 bei Züchtern in Ostdeutschland.

Aquarienbiologie: Es liegen bisher nur spärliche, in LINKE & STAECK (1997) veröffentlichte Angaben vor, die auf Erfahrungen STAECKS zurückgehen. Auch ich hatte Gelegenheit, Nachzuchttiere aus diesem Stamm zu beobachten und nachzuzüchten, die mir SPINZIG Anfang 1990 in Berlin unter der damals noch verwendeten Bezeichnung A. spec. "Rio Branco" überlies. A. spec. "Rio Acre" gehört zu den auch für den Anfänger empfehlenswerten Apistogramma-Arten. Aquarien, in denen diese Art gehalten wird, sollten möglichst versteckreich gestaltet werden, wobei ein feinsandiger Bodengrund verwendet werden sollte, auf dem Fallaub, Totholz und Steine oder eine dichte Bepflanzung eingebracht werden können. Die Tiere sind unempfindlich gegenüber pH-Wertschwankungen und lassen sich problemlos auch in mittelhartem Wasser (bis 15 °dGH) pflegen und vermehren. Die relativ ruhigen Männchen besetzen verhältnismäßig

A. spec. "Rio Acre" ♂, adult W. Staeck

A. spec. "Rio Acre" ♂, adult W. Staeck

kleine Reviere, in denen sie selten mehr als ein Weibchen dulden. Den Revierkern bildet ein höhlenartiger Versteckplatz, der oft vom Paar als Fluchtversteck genutzt wird. Sobald das Weibchen laichreif ist, putzt es den späteren Laichplatz und vertreibt das Männchen mit leichten Schwanzschlägen aus dessen Nähe. Es wird nur während der kurzen Phase der Eiablage und der Besamung der Eier dort vom Weibchen geduldet. Später wird der Vater konsequent aus der Nähe der Eier und der nach etwa zwei Tagen schlüpfenden Larven vertrieben. Die Jungen, die nach knapp zehn Tagen frei schwimmen, werden dagegen häufig bereits nach wenigen Tagen auch vom Männchen mit betreut, wobei es sich hauptsächlich auf das Einsammeln und den Rücktransport vom Schwarm abgekommener Jungfische beschränkt. Die in größeren Aquarien in kleinen Gruppen gehaltenen, überwiegend monogamen Fische erwiesen sich als mäßig produktiv. Etwa 60 bis 80 Jungfische sind innerhalb einer Brut ein normales bis gutes Fortpflanzungsergebnis. Die Jungfische wachsen bei reichlicher Fütterung mit *Artemia*-Nauplien schnell heran und sind nach einem halben Jahr mit etwa vier bis fünf Zentimeter TL fortpflanzungsfähig. Auch in weichem und leicht saurem Wasser war die Haltung und Zucht ohne Einschränkungen möglich, stärker saure pH-Werte (unter 5,5) reduzierten aber die Vermehrungsrate und die Lebenserwartung.

Besonderheiten: Diese Art ist bisher nur von einem Fangplatz bekannt. Die Art ist zur Zeit möglicherweise nicht mehr im Aquarium verfügbar. Die Wiedereinfuhr bei gleichzeitiger Untersuchung der ökologischen Bedingungen im Verbreitungsgebiet wäre daher wünschenswert.

T: 22 - 30 °C, **L**: ♂ 6 cm, ♀ 5 cm, **BL**: ab 100 cm, Einzelpaare ab 80 cm, **WR**: u, m, **SG**: 1 - 2

Apistogramma spec. "Rio Araguaia"

Herkunft des Trivialnamens: Der von R. Numrich (1990) erstmals verwendete Name bezieht sich auf den Fundort im brasilianischen Rio Araguaia. Es handelt sich um eine Fundortvariante von *A.* spec. "Amapa".

A. spec. "Rio Acre" ♀, adult, neutral gestimmt

A. spec. "Rio Acre" ♀, adult, Brutpflegefärbung

A. spec. "Rio Acre" ♂, adult

W. Staeck

Crenuchus spilurus lebt in Fallaubbiotopen gemeinsam mit *Apistogramma*

A. spec. "Rio Acre" ♂, adult, Freßstimmung

A. spec. "Rio Acre" ♂, adult, subdominant, Freßstimmung

Apistogramma spec. "Rio Branco"

Die Bezeichnung wurde erstmals 1996 von Römer & Beisenherz für diese Art verwendet. Die Fische wurden neuerdings durch Linke & Staeck (1997) wegen der Mißverständlichkeit des Namens "Rio Branco", der sich tatsächlich auf einen Ort im brasilianischen Bundesstaat Acre bezieht und nicht etwa auf den gleichnamigen Fluß im Bundesstaat Amazonas, unter der von W. Staeck (dem Fänger der Tiere) vorgeschlagenen Bezeichnung *Apistogramma* spec. "Rio Acre" geführt. Weitere Angaben siehe dort.

Apistogramma spec. "Rio Caura"

Herkunft des Trivialnamens: Der Name dieser Form geht auf W. Staeck zurück, der die Art 1991 mit diesem auf den Fundort bezogenen Arbeitsnamen belegt.

Belegmaterial: Staeck (1991) teilt mit, daß er sieben Männchen und sechs Weibchen hinterlegte: (NRM 12920) zwei Exemplare, (NRM 12924) drei Männchen, (NRM 12921-22) acht Exemplare.

Artspezifische Merkmale: Diese *Apistogramma*-Art ist relativ schwierig zu bestimmen. Das Erscheinungsbild von *A.* spec. "Rio Caura" ist weitgehend mit *A. hoignei* identisch, doch zeigen *A.* spec. "Rio Caura" deutlich weniger Schwarzmarkierungen, insbesondere am Kopf (zum Vergleich siehe unter *A. hoignei*). *A.* spec. "Rio Caura" zeigen aber nach Staeck (1991) eine durchgängig orange gefärbte und ansonsten völlig ungezeichnete Schwanzflosse. Von mir gepflegte Tiere zeigten auch gelb als Färbung dieser Flosse. Die Schwanzflosse ist im Gegensatz zu der von *A. hoignei* rund oder asymmetrisch einzipfelig. Die Körperfärbung kann bei erwachsenen *A.* spec. "Rio Caura" erheblich variieren, ist aber meist metallisch überlagert. Die Grundfarbe ist ein fahles beige mit grünlichem, seltener rötlichem Einschlag. Drohende Männchen können fast kupfergrau oder metallischgrün sein.

Geschlechtsunterschiede: Männchen werden deutlich größer und viel hochrückiger als Weibchen. Sie entwickeln bei Erreichen der Geschlechtsreife eine asymmetrische Schwanzflosse, die oben eine fädig ausgezogene Verlängerung aufweist. Weiterhin entwickeln sie im Gegensatz zu den Weibchen verlängerte und zugespitzte Weichstrahlbereiche der Rücken- und After-

A. spec. "Rio Caura" ♂, adult, aggressiv gestimmt

W. Staeck

A. spec. "Rio Caura" ♂, adult, aggressiv gestimmt

W. Staeck

flosse. Die Weibchen haben schwarze Flossenhäute der ersten beiden Rükkenflossenstacheln, einen schwarzen Saum am vorderen Außenrand der Afterflosse, und auch die Bauchflossen sind im Vorderteil schwarz, während diese Flossenteile bei Männchen transparent sind. In Brutpflege-, aber auch in Schreckfärbung zeigen die Weibchen einen schwarzen Strich, der sich auf der Bauchseite vom vorderen Ansatz der Afterflosse bis zur Kehle, nach STAECK (1991) sogar bis auf die Unterlippe erstreckt.

Verwandtschaftliche Zuordnung: *A.* spec. "Rio Caura" ist ein Vertreter der *A. macmasteri*-Gruppe. Die nächstverwandte Form stellt *A. hoignei* dar, die nur schwer von *A.* spec. "Rio Caura" zu unterscheiden ist.

Verbreitung: Zentrales Venezuela. Fundorte sind aus den Einzugsbereichen des unteren Rio Caura, aus dem Rio Tiquie und Rio Sipao bekannt.

Ökologie: Alle bisher verfügbaren Angaben gehen auf STAECK (1991) zurück: Die Art bewohnt im Rio Tiquire Bachläufe, die einen größeren Überschwemmungswald durchziehen. *A.* spec. "Rio Caura" leben hauptsächlich in der Fallaubschicht. Die Tiere bevorzugen die langsam durchströmte bis stehende ufernahe Wasserzone zwischen 20 und 40 Zentimeter Tiefe, wo KASSELMANN und STAECK sie gemeinsam mit *Pristella maxillaris*, *Rachovia maculipinnis* und *Hoplias malabarius* fingen. Im Einzug des Rio Sipao leben die Fische ebenfalls in einem von einem schnell fließenden Bach durchzogenen Sumpfgebiet im strömungsarmen

Flachwasser von zehn bis 30 Zentimeter Tiefe. Sie finden hier aber teilweise in vorhandener Vegetation Unterschlupf. In den untersuchten Lebensräumen liegt die Temperatur zwischen etwa 25 und 30 °C. Der pH-Wert des extrem weichen Wassers (unter 1 °dGH und etwa 30 µS/cm) lag an beiden Fundorten bei 5,8.

Ersteinfuhr: Erstmals wurden 1989 durch W. STAECK und Mitreisende (Berlin) einige wenige Tiere nach Deutschland eingeführt. Im Dezember 1995 gelangten etwa 30 Tiere als Beifänge mit einer noch unbenannten Salmlerart über verschiedene Großhändler nach Europa.

Aquarienbiologie: *A.* spec. "Rio Caura" ist ein ruhiger Aquarienpflegling. Die polygame Art läßt sich gut in mittelgroßen Aquarien mit feinem Sanduntergrund mit Arten vergesellschaften, die vor allem die oberen Wasserregionen bewohnen. Auch Welse der Gattung *Corydoras* eignen sich als Beckengenossen gut. Fallaub und Totholz im Aquarium kommen dem Schutzbedürfnis dieser Buntbarsche besonders entgegen. Das Wasser sollte möglichst weich sein und einen pH-Wert um den Neutralpunkt aufweisen.

Die Zucht gelingt nur in sehr weichem, leicht saurem Wasser zufriedenstellend. In mittelhartem Wasser mit pH-Werten um den Neutralpunkt sind die Tiere erheblich unproduktiver. Die Männchen laichen mit mehreren Weibchen in ihrem Großrevier ab, das sie gegen andere männliche Artgenossen heftig verteidigen. Die Brutpflege obliegt dem Weibchen, das die Jungen oft bis zu acht Wochen lang be-

A. spec. "Rio Caura" ♂, adult, territorial, neutral gestimmt

A. spec. "Rio Caura" ♂, adult, territorial, leicht aggressiv gestimmt

Ancistrine Welse gehören ebenfalls zur Begleitfauna von Zwergbuntbarschen

A. spec. "Rio Caura" ♀, adult, Brutpflegefärbung

W. Staeck

A. spec. "Rio Caura" ♀, adult, Brutpflegefärbung   W. Staeck

A. spec. "Rio Caura" ♀, adult, Brutpflegefärbung   W. Staeck

treut. Zu diesem Zeitpunkt kann der Nachwuchs bereits drei Zentimeter lang sein.

Besonderheiten: Der Status dieser Form ist noch ungeklärt. KULLANDER et al. (1989) listen Material des "Rio Caura"-*Apistogramma* vorläufig als *A. hoignei*. STAECK (1991) arbeitet klar die Unterschiede zwischen beiden Formen heraus und kommt zu dem Schluß, daß es sich um eine gute eigenständige Art handelt. Zu einer endgültigen Klärung dieser Frage ist die Aufsammlung weiteren Materials und dessen Auswertung erforderlich. Ich selbst konnte beide Formen parallel beobachten, und kann der Einschätzung STAECKS in der Artstatusfrage insbesondere bei Berücksichtigung der Möglichkeit der Zuordnung im Rahmen eines genotypischen Clusters voll zustimmen.

T: 20 - 30 °C, **L**: ♂ 8 cm, ♀ 6 cm, **BL**: ab 80 cm, **WR**: u, m, **SG**: 3 - 4

Apistogramma spec. "Rio Curuá"

Es handelt sich bei dieser unter dieser Bezeichnung von WARZEL und seinen Mitreisenden 1996 eingeführten und verbreiteten Form nach derzeitiger Erkenntnis um den von MEINKEN bereits 1971 beschriebenen *A. geisleri*. Nähere Informationen siehe dort.

Apistogramma spec. "Rotkeil"

Dieser Zwergcichlide wurde 1980 von KULLANDER als *Apistogramma uaupesi* beschrieben. Weitere Informationen siehe dort.

Mündung eines Schwarzwasserbaches in den Rio Negro

Apistogramma spec. "Rotpunkt"

Herkunft des Trivialnamens: Der erstmals von SCHMETTKAMP (1978) verwendete Name bezieht sich auf die roten parallelen Punktreihen, die erwachsene Männchen auf den Körperseiten zeigen.

Synonyme: *A.* spec. "Schwarzsaum", *A.* spec. "Puerto Narino".

Belegmaterial: Sieben Männchen und drei Weibchen (ZFMK 17741 bis 17753).

Artspezifische Merkmale: Es handelt sich bei *A.* spec. "Rotpunkt" um eine große kräftige Art mit seitlich mäßig zusammengedrücktem und gestrecktem Körper. Erwachsene Männchen wirken im Vergleich zu anderen Gattungsvertretern besonders massig (bullig). Die oft honiggelbe Rückenflosse ist niedrig und weist keine über die Flossenstacheln verlängerten Häute auf. Die Flossenhäute sind gestutzt und fast vollständig miteinander verwachsen. Die Schwanzflosse ist gerundet. Erwachsene Männchen haben einen hell himmelblauen Kopf, kräftige Kiefer und dicke bläulichgraue Lippen. Die Grundfarbe des meist metallisch glänzenden Körpers ist graugelb oder graublau, seltener auch leicht violett überhaucht. Auf der Körperseite befindet sich zwischen dem Auge und dem unregelmäßig geformten Schwanzwurzelfleck ein charakteristisches zickzackförmiges Längsband. Es besteht aus gegeneinander versetzten senkrechten Flecken, die auf den Schuppenrändern liegen und stimmungsabhängig isoliert stehen oder miteinander verschmelzen können. Das Punktmuster kann über den gesamten Körper, manchmal sogar bis auf die Rückenflosse ausgedehnt werden. Auf der unteren Körperhälfte sind diese Punkte oft rot (Name!); ein Merkmal, das aber nicht alle Männchen entwickeln. Die Färbung der Schwanzflosse variiert stark und ist nur von begrenztem diagnostischem Wert. An der Basis der Brustflossen befindet sich bei beiden Geschlechtern meist ein schwarzer Fleck, der aber bei Weibchen stets viel größer ist als bei Männchen.

Geschlechtsunterschiede: Männchen werden erheblich größer als Weibchen (bis doppelte TL). Sie entwickeln neben zugespitzten Weichstrahlbereichen der Rücken- und Afterflosse himmelblaue, seltener blaugraue Lippen. Weibchen haben dagegen abgerundete Rücken- und Afterflossen und gelblichgraue Lippen. Die Bauchflossen der Weibchen sind in der vorderen Hälfte schwarz, während die der Männchen weißlich oder bläulich transparent sind. An der Basis der Brustflossen ist bei Weibchen ein den Männchen oft fehlender auffälliger schwarzer Einfassungsfleck zu erkennen.

Verwandtschaftliche Zuordnung: *A.* spec. "Rotpunkt" ist wahrscheinlich ein Vertreter der *A. macmasteri*-Gruppe. Nähere Beziehungen bestehen offenbar zu *A.* spec. "Tame". Bemerkens-

A. spec. "Rotpunkt" ♂, adult, Brutpflegefärbung

A. spec. "Rotpunkt" ♀, adult, Brutpflegefärbung, Junge ca. 5 Tage alt

A. spec. "Rotpunkt" ♂, subadult, neutral gestimmt

A. spec. "Rotpunkt" ♂, adult, leicht aggressiv, Freßstimmung

A. spec. "Rotpunkt" ♂, adult, territorial (Puerto Narino, Peru)   F. Warzel

A. spec. "Rotpunkt" ♂, adult, leicht aggressiv (Puerto Narino, Peru)   F. Warzel

wert sind auch Ähnlichkeiten zu Vertretern des *A. cacatuoides*-Komplexes, beispielsweise zu *A. panduro*, der während der Jugendentwicklung ein ähnliches Schwarzzeichnungsmuster ausbildet wie *A. spec.* "Rotpunkt". Auch die kräftigen Kiefer der Männchen von *A. spec.* "Rotpunkt" zeigen Parallelen zu denen männlicher Fische aus dem *A. cacatuoides*-Komplex. Zur sicheren systematischen Zuordnung dieser Art sind aber noch weitere vergleichende Studien erforderlich.

Verbreitung: Die Herkunft von *A. spec.* "Rotpunkt" war lange unbekannt und bedarf noch weiterer Klärung. Erst in neuerer Zeit konnten die Vermutungen, die Art stamme aus dem oberen Rio Orinoco-Einzug, bestätigt werden. *A. spec.* "Rotpunkt" ist in mehreren geographischen Varianten über weite Teile des westlichen Venezuela, aber auch des ostandinen Kolumbien, Ecuador und sogar südlich bis hinein nach Nordperu verbreitet. Aus Venezuela werden Fische regelmäßig kommerziell aus der Umgebung von Puerto Inirida eingeführt. FISCHER (persönliche Mitteilung) fing die Tiere im Flußgebiet des Rio Payamino. U. WERNER (persönliche Mitteilung) fing Tiere dieser Art an verschiedenen Fangplätzen in Kolumbien. WARZEL (persönliche Mitteilung) konnte einige Exemplare im Bereich um Puerto Narino im Nordosten von Peru nachweisen.

Ökologie: Die Ökologie von *A. spec.* "Rotpunkt" ist bisher kaum untersucht worden. FISCHER (persönliche Mitteilung) konnte *A. spec.* "Rotpunkt" bereits 1989 gemeinsam mit *A. payaminonis* in sehr weichem und leicht saurem Wasser nachweisen. Die von ihm gefangenen Tiere unterscheiden sich im direkten Vergleich nicht von solchen aus Venezuela. U. WERNER (persönliche Mitteilung) fing *A. spec.* "Rotpunkt" gemeinsam mit einer Form von *A. macmasteri* und *A. spec.* "Tame". WARZEL (in. litt.) fand lediglich verschiedene loricariide Welse und *Crenicichla* an dem von ihm untersuchten peruanischen Fangplatz. Soweit von den genannten Gewährsleuten übermittelt, war das Wasser an den Fundorten von *A. spec.* "Rotpunkt" weich und schwach huminsauer (2 bis 6 °dGH, pH-Wert 5,5 bis 6,5). Die Wassertemperaturen lagen zwischen 22 und 32 °C. Die Fische wurden sowohl im Fallaub der flachen Uferzone großer Füsse und

A. spec. "Rotpunkt" ♂, Schreckfärbung

A. spec. "Rotpunkt" ♂, neutral gestimmt

A. spec. "Rotpunkt" ♀, adult, beginnende Brutpflegefärbung

A. spec. "Rotpunkt" ♀, adult, neutrale Stimmung, nicht territorial

kleiner Waldbäche, als auch in dichten Pflanzenbeständen, auch "schwimmenden Wiesen", in Restwasseransammlungen und kleinen Wasserläufen nachgewiesen.

Ersteinfuhr: *A.* spec. "Rotpunkt" wurde wahrscheinlich bereits Anfang der 70er Jahre über den Handel in die USA und nach Deutschland eingeführt. Der genaue Zeitpunkt ist heute nicht mehr sicher nachvollziehbar. Seither gehört die Art zu den regelmäßig aus Venezuela und Kolumbien eingeführten Zwergbuntbarschen. Seit 1989 werden zunehmend auch Tiere mit genauer Fundortangabe von reisenden Aquarianern eingeführt.

Aquarienbiologie: *A.* spec. "Rotpunkt" gehört zu den relativ einfach zu pflegenden *Apistogramma*-Arten. Die Fische sollten in kleinen Gruppen in mittelgroßen bis großen Aquarien gehalten werden, die mit Hilfe von Fallaub, Totholz, Steinen oder einer dichten Bepflanzung auf feinem weißem Sand versteckreich eingerichtet werden. Da die Fische während der Fortpflanzungszeit aufeinander gelegentlich etwas aggressiver reagieren, sollten einige kleine Beifische wie Rote Neon, kleinere Spritzsalmler oder Schrägsteher gemeinsam gepflegt werden, um einen Teil der Aggressionen auf sich zu ziehen (Ablenkfunktion). Die Männchen von *A.* spec. "Rotpunkt" besetzen Großreviere, in denen sie mehrere Weibchen dulden, mit denen sie nacheinander ablaichen. Das Gelege kann aus bis zu 200 Eiern bestehen, die sich auch noch bei leicht alkalischem pH-Wert um 7,5 und mittelhartem (bis ca. 12 °dGH) Wasser entwickeln. Der Larvenschlupf nach zwei bis drei Entwicklungstagen wird meist von verstärkten Angriffen des Weibchens gegen andere Aquarienmitbewohner begleitet. Die Larven werden in großen Aquarien fast täglich, in kleinen Pflegebehältern nur selten umgebettet, wobei erhöht liegende Verstecksplätze bevorzugt werden. Die gesamte Brutpflege wird bei Gruppenhaltung vom Weibchen übernommen,

A. spec. "Rotpunkt" ♂, Schreckfärbung

A. spec. "Rotpunkt" ♂, Schreckfärbung

A. spec. "Rotpunkt" ♀, Schreckfärbung
3 Fotos: U. Werner

A. spec. "Rotpunkt", Paar, ♂ oben, ♀ unten, Florencia, Kolumbien

U. Werner

A. spec. "Rotpunkt" ♂, adult, neutrale Stimmung

während sich das Männchen bei paarweiser Pflege bereits nach etwa zwei Wochen an der Führung der Nachkommen beteiligen kann. Zwischen benachbarten Weibchen, die Jungfische führen, können regelrechten Dauerkämpfe um die Nachkommen ausbrechen, in deren Verlauf die beteiligten Weibchen durch Jungenraub versuchen, so viele Jungfische wie möglich ihrem eigenen Schwarm einzuverleiben (zum "Kidnapping" von Jungfischen vergleiche auch LORENZEN 1989, 1991). Die Jungfische wachsen relativ langsam, sind aber teilweise bereits im Alter von etwa vier Monaten bei zwei bis drei Zentimeter TL geschlechtsreif. Spätestens zu diesem Zeitpunkt werden sie aus dem elterlichen Revier vertrieben. Unter den heranwachsenden Jungfischen einer Brut treten häufig Männchen verschiedener Färbungstypen auf, die auf einen genetisch fixierten und ökologisch balancierten Polychromatismus schließen lassen.

Besonderheiten: *A.* spec. "Rotpunkt" wurde und wird regelmäßig unter den Bezeichnungen *A. macmasteri, A. weisei* und *A. wickleri* importiert und im Handel angeboten. JUNKER & SANCHEZ (1992) stellen *A.* spec. "Rotpunkt" irrtümlich sogar als *A. moae* vor, wobei sie sich auf eine angebliche Identifizierung der abgebildeten Tiere durch KULLANDER berufen.

Tiere aus verschiedenen Importsendungen sollten möglichst nicht vermischt werden, da sie aufgrund der großen Verbreitung aus unterschiedlichen Herkunftsgebieten eingeführt sein können. Im Aquarium sollte die Vermischung von Tieren verschiedener populationsgenetischer Abkunft ohnehin möglichst vermieden werden.

T: 21 - 30 °C, **L**: ♂ 8 cm, ♀ 5 cm, **BL**: ab 100 cm, **WR**: u, m, **SG**: 2 - 3

Apistogramma spec. "Rotstrich"

Dieser Zwergcichlide wurde 1979 durch KULLANDER als *Apistogramma hongsloi* beschrieben. Weitere Informationen siehe dort.

A. spec. "Rotpunkt" ♂, Florencia, Kolumbien, beachte rot getupfte Dorsale U. Werner

A. spec. "Rotpunkt" ♀, Florencia, Kolumbien, beachte schwarze Bauchflecken U. Werner

A. spec. "Rotpunkt" ♀, brutpflegend, Junge ca. 3 Wochen alt

A. spec. "Rotpunkt" ♀, Florencia, Kolumbien

U. Werner

Überschwemmungswald am Rio Jáu P. Parulin

Schwämme im Geäst des Überschwemmungswaldes Amazoniens, Rio Jaú P. Parulin

Apistogramma spec. "Rotwangen"

Herkunft des Trivialnamens: Der Name, der von KOSLOWSKI (1985) eingeführt wurde, bezieht sich auf die roten Wurmzeichnungen, die die meisten Männchen dieser Form auf den Kiemendeckeln und Wangen tragen.

Artspezifische Merkmale: *A.* spec. "Rotwangen" gehören zu den kräftigeren, relativ hochrückigen, seitlich deutlich zusammengedrückten *Apistogramma*-Arten. Die Körpergrundfarbe ist weißlichgrau bis gelblichgrau und wird auf den Körperseiten entlang des Längsbandes oft blaumetallisch überlagert. Der Kopf trägt unterhalb des Schnauzenstreifens und des Längsbandes auf himmelblauem, selten auch grünmetallischem Grund intensive rote Wurmzeichnungen und Punkte. Das Längsband ist nur knapp eine Schuppe breit und verläuft leicht gesägt in konstanter Breite vom Augenhinterrand bis in das siebte Querband, wo es deutlich vor dem hochovalen Schwanzwurzelfleck endet. Häufig ist der unter dem Längsband liegende Teil des siebten Querbandes sichtbar, wodurch der Eindruck eines abknickenden Längsbandes entsteht. Das Längsband kann stimmungsabhängig in fünf bis sechs unregelmäßige längliche Zickzack-Flecken aufgelöst werden oder auch ganz verschwinden. Im letzten Fall treten bei Aggression auf den Flanken drei bis vier Reihen senkrechter Unterkörperstriche auf, die diffus ineinander verlaufen und eine rußige Flankenzeichnung bilden. Der Schwanzwurzelfleck nimmt etwa die halbe Höhe der Schwanzwurzel ein. Die runde Schwanzflosse ist durchgehend senkrecht bläulich oder rötlich gebändert. Die Zwischenräume sind deutlich breiter als die Bänderung selbst. Rücken- und Afterflosse sind ebenfalls transparent bläulich und tragen in ihrem Weichstrahlbereich einige senkrechte Bänder. Die Rückenflosse der Männchen hat einen gelben Außenrand oder ein tieforange gefärbtes Drittel in deren hinterem Weichstrahlbereich.

Geschlechtsunterschiede: Männchen werden wesentlich größer als Weibchen und entwickeln bei Eintritt der Geschlechtsreife zugespitzte Verlängerungen der Flossenhäute des Weichstrahlbereiches von Rücken- und Afterflosse. Die Weibchen zeigen außerdem im vorderen Teil schwarze Bauchflossen, während diese bei Männchen meist porzellanweißlich und stets transparent sind. Die meisten Weibchen haben außerdem einen kurzen schwarzen Unterbauchstrich, der sich vom After unterschiedlich weit nach vorn ziehen kann, aber nur ausnahmsweise bis zwischen die Ansätze der Bauchflossen reicht.

Verwandtschaftliche Zuordnung: *A.* spec. "Rotwangen" ist ein Vertreter der *A. regani*-Gruppe und wird derzeit dem *A. caetei*-Komplex zugeordnet (vergl. auch KOSLOWSKI 1994). Eingehende Untersuchungen morphologischer und verhaltensbiologischer Art stehen aber noch aus.

A. spec. "Rotwangen" ♂, dominant, territorial

A. spec. "Rotwangen" ♂, dominant, neutral gestimmt   J. Glaser

A. spec. "Rotwangen" ♂, "gähnend" (Übersprungshandlung bei Verhaltenskonflikt) J. Glaser

A. spec. "Rotwangen" ♂, dominant, territorial, verunsichert J. Glaser

A. spec. "Rotwangen" ♂, dominant, territorial, aggressiv   J. Glaser

A. spec. "Rotwangen" ♂, Balz, beachte schräge Bauchstreifen   J. Glaser

Verbreitung: Lange war die Herkunft dieser Art unbekannt. KOSLOWSKI (1994) gibt an, daß die Fische neuerdings von Fängern der Firma TROPICARIUM PARÁ auf der Ilha de Marajó im Mündungsgebiet des Amazonas gesammelt werden. Der von KOSLOWSKI (1994) genannte Fangplatz liegt in der Nähe der Cachoeira do Ararí. Weitere Informationen zur Verbreitung fehlen noch.

Ökologie: Bis heute ist die Ökologie von *A.* spec. "Rotwangen" unbekannt.

Ersteinfuhr: Um 1980 wurden "Rotwangen"-*Apistogramma* erstmals über den Zierfischhandel aus Manaus nach Deutschland und in die Niederlande eingeführt. Die Fische werden seit 1990 regelmäßig in kleinen Stückzahlen über Belém nach Europa und häufiger nach Japan exportiert.

Aquarienbiologie: *A.* spec. "Rotwangen" ist einer der wenigen wirklichen Anfängerfische unter den *Apistogramma*-Arten, da die Tiere recht robust sind und auch anfängliche leichte Pflegefehler nicht wie bei vielen anderen Arten gleich zu Katastrophen führen. Außerdem sind die Fische normalerweise im Vergleich zu vielen anderen *Apistogramma*-Arten ungewöhnlich zutraulich und lassen sich daher besonders gut in ihrem komplexen Verhalten beobachten.
A. spec. "Rotwangen" sollte am besten in kleinen Gruppen in möglichst geräumigen Aquarien gepflegt werden. Die Gruppen sollten bei Erstbesatz aus etwa gleich großen Tieren bestehen, da andernfalls körperlich unterlegene Tiere in den ersten Tagen, in denen eine Rangordnung ausgekämpft wird,

von den dominanten Fischen unausgesetzt umhergehetzt werden, ja sogar getötet werden können. Das Aquarium wird den Ansprüchen der Tiere gerecht, wenn es auf feinem weißem Sanduntergrund struktur- und versteckreich mit Totholz, Fallaub, Steinen oder Wasserpflanzen eingerichtet wird. *A.* spec. "Rotwangen" sind unter den unterschiedlichsten physiochemischen Bedingungen unproblematisch zu halten und auch produktiv zu vermehren. Es werden Temperaturen zwischen 20 und 30 °C, pH-Werte zwischen 4,5 und 7,5, eine Wasserhärte zwischen 0 und 20 °dGH bei elektrischen Leitwerten von etwa 10 bis 800 µS/cm toleriert. Auch an die Fütterung werden keine unerfüllbaren Anforderungen gestellt; neben Lebendfutter wird auch feineres Granulatfutter gerne genommen, was bei anderen Arten nur selten der Fall ist.
Die Männchen besetzen Großreviere, in denen sie mit mehreren Weibchen ablaichen. Die Brutpflege überlassen die Männchen allein den Weibchen, verteidigen aber das gemeinsame Revier gegen Eindringlinge aller Art. Die Gelege werden an gut versteckten, höhlenartigen Versteckplätzen angeheftet und vom Weibchen bewacht. Oftmals untergraben die Weibchen Wurzeln und werfen einen kleinen Sandwall vor dem Laichplatz auf, der den Zugang auch für das Männchen erschwert. Aus den bis zu 250 Eiern schlüpfen nach etwa zwei Tagen die Larven, die nach weiteren fünf bis sieben Tagen erstmals frei schwimmen. Die Jungen nehmen von diesem Zeitpunkt an *Artemia*-Nauplien und wachsen bei reichlicher Fütterung sowie regelmäßigen Wasserwechseln schnell

A. spec. "Rotwangen" ♀, nicht territorial, neutral gestimmt

A. spec. "Rotwangen" ♀, frühe Brutpflegefärbung auf Larven

Verschiedene Zeichnungsmuster von Weibchen des "Rotwangen"-*Apistogramma* in unterschiedlichen Stadien der Ei- und Larvenentwicklung. Beachte die Zunahme der Gelbfärbung und die Ausbildung des Längsbandes.

A. spec. "Rotwangen" ♀, Brutpflegefärbung, leicht aggressiv

A. spec. "Rotwangen" ♀, Brutpflegefärbung

heran. Bereits nach fünf Monaten sind die ersten Individuen fortpflanzungsfähig. Nach einem dreiviertel Jahr sind viele Tiere nahezu ausgewachsen. Unter unterschiedlichen Haltungsbedingungen im Aquarium entwickeln sich auch unterschiedliche Sozialstrukturen innerhalb der darin gehaltenen Gruppen aus: Beispielsweise zeigen dann manche Männchen monogames Fortpflanzungsverhalten.

Besonderheiten: A. spec. "Rotwangen" ist ideal für den Einstieg in die Pflege von Zwergbuntbarschen geeignet. Besonders die leichte Vermehrbarkeit unter unterschiedlichen Lebensbedingungen macht die Art für den Anfänger attraktiv, da bereits nach kurzer Zeit Erfolgserlebnisse und Erkenntniszugewinne zu verzeichnen sind. Leider wird die Art heute kaum noch im Handel angeboten; sie ist aber zum Beispiel auf Tausch- und Verkaufsbörsen und durch Vereinigungen wie der APISTOGRAMMA STUDY GROUP innerhalb der AMERICAN CICHLID ASSOCIATION, der DEUTSCHEN CICHLIDEN-GESELLSCHAFT oder dem ARBEITSKREIS ZWERGCICHLIDEN im VERBAND DEUTSCHER AQUARIEN UND TERRARIENVEREINE noch regelmäßig zu erhalten.

T: 20 - 30 °C, **L**: ♂ 8 cm, ♀ 5 cm, **BL**: ab 100 cm, **WR**: u, m, **SG**: 1 - 2 (für Anfänger besonders zu empfehlen!)

Apistogramma spec. "Schuppenfleck"

Herkunft des Trivialnamens: KOSLOWSKI (1985) verwendete erstmals diesen Namen wegen des besonders schuppigen Aussehens des von ihm vorgestellten Tieres.

Besonderheiten: KOSLOWSKI (1985) vermutet, es handele sich bei dieser Form möglicherweise um ein Kreuzungsprodukt zweier Vertreter der *A. macmasteri*-Gruppe.

Abendstimmung am Rio Uneíuxí, mittlerer Rio Negro

Apistogramma spec. "Schwarzkehl"

Es handelt sich bei den von Koslowski (1985) unter diesem Namen vorgestellten Tieren wahrscheinlich um eine Form von *Apistogramma hoignei*. Weitere Angaben siehe dort.

Apistogramma spec. "Schwarzsaum"

Es handelt sich bei den unter diesem Namen vorgestellten Tieren um eine Form des "Rotpunkt"-*Apistogramma*. Nähere Informationen siehe dort.

Apistogramma spec. "Sao Gabriel"

Herkunft des Trivialnamens: Der erstmals von MAYLAND (1987) verwendete Name geht auf den Fundort zurück, der in der Nähe der am oberen Rio Negro gelegenen Ortschaft Sáo Gabriél do Cachoéira liegt. Derselbe Autor verwendet 1995 mit *A*. spec. "Alto Rio Negro" einen weiteren Namen für diese Fische.

Artspezifische Merkmale: "Sao Gabriel"-*Apistogramma* sind seitlich kräftig zusammengedrückt und hochrückig. Die Schwanzflosse ist rund und zeichnungslos. Auf ihrer Basis tragen Männchen, aber auch manche Weibchen einen rötlichen bis violetten Fleck.

Geschlechtsunterschiede: Männchen werden nahezu doppelt so groß wie Weibchen. Sie entwickeln außerdem im Gegensatz zu den Weibchen, bei denen diese Flosse stets abgerundet bleibt, eine deutlich in ihrem Weichstrahlbereich zugespitzte und meist auch ausgezogene Rückenflosse. Auf dem Schwanzstiel zeigen sie außerdem einen rötlichvioletten diffusen Fleck.

Verwandtschaftliche Zuordnung: Es handelt sich bei *A*. spec. "Sao Gabriel" wahrscheinlich um einen Vertreter der *A. regani*-Gruppe mit unklarer näherer Verwandtschaftsbeziehung. Einige Merkmale weisen sowohl in den eigentlichen *A. eunotus*-Komplex als auch auf den *A. regani*-Komplex hin.

Verbreitung: Nur unzureichend bekannt. Bisher sind nur zwei Fundorte aus der Nähe von Sáo Gabriél bekannt. Einer der Fundorte liegt an der Straße von Sao Gabriel nach Norden (MAYLAND 1987). Der zweite Fundort liegt in einem Bachlauf rechts der Straße von Sao Gabriel in Richtung Camanáus unmittelbar hinter dem Garnisonsgebäude innerhalb von Sao Gabriél.

Ökologie: Die Ökologie ist bislang noch praktisch unbekannt. Bei dem von BLEHER und MAYLAND untersuchten Fangplatz (MAYLAND 1987) handelte es sich um einen kleinen, die Straße querenden Waldbach, der 26 °C warmes Schwarzwasser mit einem pH-Wert von 5,2 und einem elektrischen Leitwert von 20 µS/cm aufwies. Die Fische hielten sich teilweise in dem die Straße unterquerenden Wellblechrohr versteckt. Einige Individuen konnten von BLEHER und MAYLAND im Bereich eines flach überspülten Böschungsabschnittes gefangen werden. Bei dem 1992 von meinen Reisebegleitern aufgesuchten Fundort innerhalb Sao Gabriéls handelt es sich um einen etwa vier Meter breiten, felsigen Bachlauf, der die Straße in der Nähe des Militärpostens quert. Seine Strömung ist, bei stellenweise großem Gefälle, stark und der Verlauf über die bis zu mehrere Meter dicken, abgerundeten Granitbrocken erinnert insgesamt eher an einen Bergbach. Meine Reisebegleiter SCHNEIDER, LEISSNER und GEISMANN sammelten im September 1992 in einem fast unzugänglichen Steilufer-

A. spec. "Sao Gabriel" ♂, adult

H. J. Mayland

A. spec. "Sao Gabriel" ♀, frühe Brutpflegephase

H. J. Mayland

bereich nahe der Mündung in den Rio Negro ein einzelnes Weibchen. Die Wasserbedingungen entsprachen den von MAYLAND (1987) genannten.

Ersteinfuhr: Im Oktober 1986 wurden erstmals wenige Exemplare dieser Art durch BLEHER und MAYLAND nach Europa gebracht. 1992 gelang mir und meinen Mitreisenden der Fang eines einzelnen Weibchens. Weitere Einfuhren erfolgten bisher nicht.

Aquarienbiologie: Bisher liegen nur wenig Erfahrungen zur Aquarienbiologie vor. *A.* spec. "Sao Gabriel" hat sich im Aquarium bisher als relativ anpassungsfähig erwiesen. Weiches Wasser ist Voraussetzung für die Haltung. In sehr weichem und schwach huminsaurem Wasser (50 µS/cm und pH 6) gelang MIKSCHOFSKY bereits kurze Zeit nach der Einfuhr die Zucht. Seine Zuchterfolge führten jedoch nicht zu einer längeren Etablierung der Art in den Aquarien, da sich die Fische in bezug auf die Wasserchemie als relativ empfindlich erwiesen haben. Über andere Aspekte der Aquarienbiologie fehlen bislang Informationen.

Besonderheiten: Trotz erfolgreicher Nachzuchten bereits relativ kurze Zeit nach seiner Ersteinfuhr in der Aquaristik wieder ausgestorben. Kommerzielle Wiedereinfuhren sind eher unwahrscheinlich.

T: 22 - 29 °C, **L:** ♂ 6 cm, ♀ 5 cm, **BL:** ab 80 cm, **WR:** u, m, **SG:** 2 - 4

Apistogramma spec. "Segelflossen"

Dieser Zwergcichlide wurde 1980 von KULLANDER als *Apistogramma uaupesi* beschrieben. Weitere Informationen siehe dort.

Apistogramma spec. "sissor-tail"

Henry MCMASTER stellte diese damals noch unbeschriebene Art 1974 wegen ihrer Schwanzflossenform unter dem Namen "sissor-tail"-*Apistogramma* vor. Die Erstbeschreibung von *A. hippolytae* beinhaltet mit Fig. 3 offenbar das Foto eines weiteren (37,0 mm SL langen) Männchens der gleichen Art. Es handelt sich dabei um den 1980 von KULLANDER beschriebenen *A. pulchra*. KULLANDER (1980) stand bei der Beschreibung nur halbwüchsiges Material zur Verfügung, weshalb ihm die Morphologie und Färbung erwachsener Individuen unbekannt war. Weitere Angaben siehe bei *A. pulchra*.

Rio Curicuriari

Apistogramma spec. "Smaragd"

Herkunft des Trivialnamens: Bei der ersten aquaristischen Vorstellung schlug RÖMER (1991) diesen Namen aufgrund der intensiv blaugrünen Färbung des Körpers dominanter Männchen vor.

Belegmaterial: Ein Männchen (ZFMK 17706), ein Weibchen (ZFMK 17707) und 14 Exemplare ohne Geschlechtsangaben (ZFMK 17511 bis ZFMK 17524).

Artspezifische Merkmale: Die mäßig gestreckten, seitlich deutlich zusammengedrückten Fische haben eine runde, deutlich gebänderte Schwanzflosse, niedrige Rückenflosse, deren Flossenhäute nur minimal über die Hartstacheln verlängert sind, in beiden Geschlechtern relativ kurze Bauchflossen und ein gleichmäßig gerundet ansteigendes Stirnprofil. Sie zeigen ein etwa eine Schuppe breites Längsband, das vor einem hochovalen bis rechteckigen Schwanzwurzelfleck auf dem etwa v-förmig gebogenen 7. Querband endet. Der Schwanzwurzelfleck kann stimmungsabhängig bandartig ausgedehnt die ganze Schwanzstielhöhe ausfüllen. Die Flanken tragen drei bis vier deutliche Unterkörperstreifen, die wesentlich kräftiger ausgeprägt sind, als bei den entfernt ähnlichen *A. cruzi*, *A. ortmanni* oder *A. gossei*. Der Ansatz der Brustflossen trägt einen auffallenden orangen Fleck, wie er sonst für Vertreter der *A. eunotus*-Gruppe typisch ist, sowie in vielen Fällen einen weiteren kleineren, schwarzen Fleck

unmittelbar daneben. Die ähnlichste derzeit bekannte Form stellt der sogenannte "Xingú"-*Apistogramma* (KOSLOWSKI 1994) dar, der durch das Fehlen des orangen Flecks an der Brustflossenbasis sowie eine dichtere Bänderung der Schwanzflosse relativ gut vom "Smaragd"-*Apistogramma* unterschieden werden kann.

Geschlechtsunterschiede: Männchen werden erheblich größer als Weibchen. Männchen weisen außerdem deutliche, häufig sogar weit fädig ausgezogene zugespitzte Membranen des Weichstrahlbereiches von Rücken- und Afterflosse auf. Diese sind bei den Weibchen stets abgerundet. Die Bauchflossen der Weibchen sind im Gegensatz zu den weißlich transparenten der Männchen im vorderen Drittel rußig bis schwarz gefärbt. Bemerkenswerter Weise ist die erste Membran der Rückenflosse ebenso gefärbt: bei Weibchen schwarz, bei Männchen transparent. Es treten bei dieser Art regelmäßig "Tarnmännchen" auf, denen die sonst männchentypischen sekundären Geschlechtsmerkmale fehlen. Sie lassen sich aber meist an den zwar kurzen, aber erkennbar zugespitzten Weichstrahlbereichen der Rücken- und Afterflosse sowie aufgrund ihres Verhaltens erkennen.

Verwandtschaftliche Zuordnung: Die Zuordnung von *A.* spec. "Smaragd" zu einer Gruppe verwandter Arten innerhalb der *A. regani*-Gruppe war zunächst nicht möglich. Seit der Einfuhr

A. spec. "Smaragd" ♂, adult, dominant, aggressiv

A. spec. "Smaragd" ♂, adult, subdominant, nach verlorenem Kampf

des "Xingú"-*Apistogramma* kann *A.* spec. "Smaragd" gemeinsam mit diesen Tieren in die verwandtschaftliche Nähe von *A. geisleri* gestellt werden, welcher bislang dem *A. regani*-Komplex zugeordnet wird. Weitere diesbezügliche Untersuchungen sind aber erforderlich.

Verbreitung: Bisher noch weitgehend unbekannt. Die 1988 eingeführten Fische stammten wahrscheinlich aus einem der nördlichen Zuflüsse des Amazonas einige Kilometer nördlich von Santarém. Leider existieren keine Aufzeichnungen der Fänger über den Fund der Tiere, so daß wohl immer gewisse Zweifel über den Fundort verbleiben werden.

Ökologie: Praktisch unbekannt. Die Fänger dieser interessanten Form konnten leider nur wenige Angaben zur Ökologie der Fische machen, da sie darüber keine Aufzeichnungen angefertigt hatten. Es scheint aber gesichert zu sein, daß die Tiere aus einem kleinen Klarwasserbach stammen, wozu auch die Beobachtungen über die Ansprüche an die wasserchemischen Bedingungen passen würden.

Ersteinfuhr: Nur zwei (!) Exemplare dieses Buntbarsches gelangten 1988 durch E. FRECH, W. FRIEDRICH und A. WERNER gemeinsam mit anderen von ihnen auf einer gemeinsamen Sammelreise gefangenen Zwergbuntbarschen nach Deutschland.

Aquarienbiologie: Der "Smaragd"-*Apistogramma* läßt sich problemlos in mittelhartem, schwach saurem Wasser dauerhaft halten. Als optimal hat sich aber weiches (um 4 °dGH) Wasser mit einem pH um 6 bis 6,5 erwiesen. Bei diesen wasserchemischen Bedingungen gelingt auch die Zucht ohne größere Probleme. Eine weitere Voraussetzung für eine artgerechte Haltung ist ein gut eingerichtetes großes Aquarium. In einem großen Aquarium, in dem auch Feindfaktoren wie Welse und kleine Salmler, Bachlinge oder auch Zwerghechtbuntbarsche nicht fehlen sollten, zeigen die Fische ihr spektakuläres Sozial- und vor allem Fortpflanzungsverhalten.

Der "Smaragd"-*Apistogramma* hat sich als bisher einzige *Apistogramma*-Art als polyandrisch erwiesen, daß heißt, das Weibchen mit mehreren Männchen zur Fortpflanzung schreiten. Ein laichreifes Weibchen besetzt zunächst einen Laichplatz innerhalb seines mit mehreren Männchen geteilten Revieres. Nachdem das Weibchen die Höhle allein gesäubert hat, beginnt es, nach und nach alle in der Nähe befindlichen Männchen anzubalzen. Es lockt das jeweilige Männchen bis an den Höhleneingang, läßt es aber nicht hineinschwimmen, was meist ohnehin kaum möglich ist, da die Weibchen Höhlen mit möglichst engem Eingang für die Eiablage bevorzugen. Die Balz beginnt bereits mehrere Tage vor der Eiablage. Nach und nach sammelt das Weibchen zwischen drei bis zehn Männchen um seine Bruthöhle. Zwischen diesen Männchen besteht offenbar eine feste Rangordnung, denn nur bestimmte Individuen dürfen sich dem Höhleneingang nähern, ohne von anderen Geschlechtsgenossen angegriffen zu werden. Während der Eiablage, die etwa gut eine bis zweieinhalb Stunden dauert, halten sich alle

A. spec. "Smaragd" ♀♀, adult, subdominant, neutral gestimmt

A. spec. "Smaragd" ♀, adult, dominant, territorial

beteiligten Männchen möglichst nah am Brutplatz auf. Das dominierende Männchen nimmt den Platz direkt vor dem Einschlupf zur Bruthöhle ein, während die übrigen sich mehr oder weniger regelmäßig unter nur geringen Rangeleien darum herum anordnen. Ob und welche Männchen außer dem Alphatier bei der Besamung zum Zug kommen, konnte leider nicht geklärt werden, da eine dauerhafte Etablierung dieser Spezies im Aquarium leider nicht gelang, obwohl Zuchtgruppen bei verschiedenen Aquarianern aufgebaut worden waren.

Während des Laichaktes übernehmen einzelne der weiter außen stehenden Männchen die Reviervertedigungsaufgaben. Bis zum Freischwimmen der Jungen verteidigen meist zwei oder drei (nur ausnahmsweise mehr) der stärksten (= größten) Männchen gemeinsam das Revier. Kämpfe zwischen den Männchen sind nur sehr selten zu beobachten, wobei meist der Mundboden gesenkt und dem Gegenüber die Breitseite mit den Aggressionsmustern präsentiert wird, die aus dem in rechteckige Flecken aufgelösten Längsband und den deutlich hervortretenden Unterkörperstreifen bestehen. Das reicht normalerweise zur Entscheidung der Auseinandersetzung aus. Nur manchmal wird die nächste Stufe des Kampfes erreicht, das Schwanzschlagen. Dabei verblassen zunächst alle Körperzeichnungen und ein Muster von feinen, rußig schwarzen Strichelchen tritt auf der unteren Hälfte des Hinterkörpers hervor, wie dies auch bei anderen Arten aus dem *A. eunotus*-Komplex und vor allem der *A. regani*- und *A. caetei*-Gruppen auftritt. Beißkämpfe oder Maulzerren konn-

te ich nur zwischen Weibchen feststellen, die insgesamt bei dieser Art untereinander erheblich unverträglicher sind als Männchen. Unterlegene Gegner werden nur über eine kurze Strecke verfolgt. Männliche "Smaragd"-*Apistogramma* sind aufgrund der kooperativen Angriffe in der Lage, auch größere Feinde, wie *Crenicara punctulatum* (GÜNTHER, 1863), größere Harnischwelse oder Zwerg-*Crenicichla* aus der Umgebung der Brut zu vertreiben. Bei Welsen zwicken sie dabei gezielt in die Barteln. Auch größere Schnecken werden durch Bisse in die Fühler- bzw. Augenstiele vertrieben. Besonders interessant ist auch, daß nach dem Freischwimmen der Jungen vom Weibchen nur noch ein Männchen in deren Nähe geduldet wird, sofern die Brut in einer Bodenhöhle stattfindet und solange sich der Schwarm in Bodennähe aufhält. Findet die Brut dagegen in einer Höhle in der Schwimmpflanzendecke statt und hält sich der Schwarm der Jungen darin auf, wird die Umgebung der Brut auch weiterhin von mehreren Männchen verteidigt, die sich den Jungen selbst aber nicht nähern dürfen. Die Weibchen könnten hier möglicherweise über die Brutpflegebeteiligung und somit die Zahl der mitpflegenden Männchen entscheiden. Die Vermutung, es könnte sich bei den geschilderten Beobachtungen um eine Verhaltensbesonderheit bestimmter Einzeltiere handeln, konnte durch Austausch von Tieren und ergänzende Untersuchungen mehrerer anderer Beobachter ausgeräumt werden (RÖMER 1991).

Besonderheiten: Leider starb die Art, trotz Verbreitung etlicher Nachzuchttiere, in der Aquaristik wieder aus. Bleibt zu hoffen, daß die Wiedereinfuhr des "Smaragd"-*Apistogramma* nicht zu lange auf sich warten läßt, da diese Art zu den ethologisch interessantesten Formen der Gattung gehört.

T: 20 - 30 °C, **L**: ♂ 8 cm, ♀ 6 cm, **BL**: ab 100 cm, **WR**: u, m, **SG**: 2 - 4

Brandrodungsfläche am Rio Negro

Termiten   M. v. Tschirnhaus

A. spec. "Smaragd" ♂, adult, brutpflegend, eine Schnecke vertreibend

Apistogramma spec. "Steel Blue"

Herkunft des Trivialnamens: Der Name bezieht sich auf die stahlblaue Körperfärbung der Männchen und wurde erstmals 1994 im Handel verwendet.

Artspezifische Merkmale: Auffälligstes Merkmal dieser relativ klein bleibenden Art aus der *A. regani*-Gruppe ist der stahlblaue oder chrom- bis silbermetallische Glanz auf dem Kopf und dem gesamten Körper. Kein anderer mir bekannter *Apistogramma* aus diesem Verwandtschaftskreis zeigt eine auch nur annähernd vergleichbare Färbung. Die Fische sind mäßig gestreckt und hochrückig, aber seitlich deutlich zusammengedrückt. Die Schwanzflosse ist rund, die Rückenflosse ohne besondere Verlängerungen. Die obere Hälfte der ersten zwei, selten drei Flossenhäute ist schwärzlich. Die Schwanzflosse trägt ein undeutliches senkrechtes Bändermuster. Manche Männchen zeigen leuchtend gelbe Wangen und Kehle, aber auch rote Punkte und Wurmzeichen sind nicht selten. Auf der Körperseite tragen "Steel Blue"-*Apistogramma* ein undeutliches zickzackförmiges Längsband, das meist von metallischem Glanz überlagert wird. Das Band kann sich in drei bis fünf sehr schmale längliche Flekken auflösen. Der Schwanzwurzelfleck ist hochoval und bedeckt den Schwanzstiel fast in seiner gesamten Höhe. Weibchen und einige Männchen zeigen einen kurzen, aber deutlichen Strich, der vom After nach vorn verläuft; ausnahmsweise reicht er bis zwischen die Bauchflossen.

Geschlechtsunterschiede: Männchen werden geringfügig größer als Weibchen. Sie entwickeln eine deutlich im Weichstrahlbereich spitz ausgezogene Rückenflosse, die bei Weibchen abgerundet oder höchstens in Ausnahmefällen angedeutet spitz ist. Außerdem zeigen Männchen einen leuchtend blauen Körperglanz, wobei besonders der Kopf oftmals noch deutlich himmelblau abgesetzt erscheint. Weibchen zeigen nur selten im Kopfbereich ein schwaches metallisches Blau. Sie haben dafür in der vorderen Hälfte schwärzliche Bauchflossen, die bei Männchen transparent weißlich oder blaß bläulich sind.

Verwandtschaftliche Zuordnung: Die Art ist in die *A. regani*-Gruppe zu stellen. *A.* spec. "Steel-Blue" ist nach derzeitigem Kenntnisstand in den Arten-Komplex um *A. resticulosa* einzuordnen. Innerhalb dieses Komplexes scheint die Art der als "Wangenflecken"-*Apistogramma* bekannten Form besonders nahe zu stehen.

Verbreitung: Unbekannt. Der Habitus dieser Fische, die wahrscheinlich zum *A. resticulosa*-Komplex innerhalb der *A. regani*-Gruppe gehören, legt aber die Vermutung nahe, daß sie aus dem unteren südlichen Einzug des Rio Amazonas stammen könnten.

Ökologie: Unbekannt.

Ersteinfuhr: Im Laufe des Jahreswechsels 1994/1995 wurden über verschie-

A. spec. "Steel Blue" ♂, adult

dene Importeure erstmalig Exemplare dieser Form aus Singapur (!) nach Europa eingeführt. Mitte 1995 wurden die Fische durch den Kölle-Zoo (Stuttgart) in größerer Stückzahl auch auf dem Deutschen Markt angeboten. Die Herkunft der Fische war bisher trotz umfangreicher und eingehender Recherchen nicht eindeutig zu klären.

Aquarienbiologie: A. spec. "Steel Blue" hat sich als relativ robuster, aber friedlicher Aquarienpflegling erwiesen. Die Haltung in kleineren Gruppen ist gegenüber einer paarweisen Unterbringung als vorteilhaft vorzuziehen. Innerhalb der Gruppe finden sich wesentlich einfacher harmonierende Paare als bei einem willkürlichen Zusammensetzen von Männchen und Weibchen zu "Zuchtpaaren". Die Pflege von A. spec. "Steel Blue" ist ohne weiteres bei Wasserwerten bis zu 20°dGH und neutralem pH-Wert möglich. Für die Zucht hat sich allerdings möglichst weiches, leicht saures Wasser als erforderlich erwiesen. Beste Fortpflanzungsergebnisse konnte ich bei Wasserwerten von etwa 24 °C, 100 µS/cm und pH 5,5 bis 6 erzielen. Die Art ist relativ unproduktiv: 30 Jungfische können schon als gutes Fortpflanzungsergebnis gelten. Die vergleichsweise kleinen Jungfische sind bereits vom ersten Lebenstag an in der Lage, Naupliuslarven von Artemia zu fressen. Die Fortpflanzungsfähigkeit erreichen sie bereits im vierten Lebensmonat bei einer Länge von knapp drei Zentimeter TL.

Besonderheiten: Die Herkunft dieser Form ist bislang völlig unklar, da alle im Handel angebotenen Fische auf Importe aus Asien zurückgehen.

T: 20 - 30 °C, **L**: ♂ 6 cm, ♀ 4 cm, **BL**: ab 100 cm (80 cm für Einzelpaare), **WR**: u, m, **SG**: 1 - 3

Apistogramma spec. "Sunset"

Dieser Zwergcichlide wurde 1997 von RÖMER als *Apistogramma atahualpa* beschrieben. Weitere Informationen siehe dort.

A. spec. "Steel Blue" ♂, adult, subdominant

A. spec. "Steel Blue" ♂, adult, Schreckfärbung

A. spec. "Steel Blue" ♂, adult, dominant, territorial

A. spec. "Steel Blue" ♂, adult, subdominant, nach verlorenem Kampf

A. spec. "Steel Blue" ♂, adult, subdominant

A. spec. "Steel Blue" ♂, adult, subdominant

Apistogramma spec. "Tame"

Herkunft des Trivialnamens: Der Name, der auf U. WERNER zurückgeht, bezieht sich auf den Fundort der Fische im Rio Arauca-Einzug bei Tame in Kolumbien.

Artspezifische Merkmale: Es handelt sich bei *A.* spec. "Tame" um eine große kräftige Art mit seitlich mäßig zusammengedrücktem und gestrecktem Körper. Erwachsene Männchen wirken im Vergleich zu anderen Gattungsvertretern massig (bullig). Die oft honiggelbe Rückenflosse ist niedrig und weist über die Flossenstacheln hinaus verlängerte Häute auf. Die Flossenhäute sind zugespitzt und stehen im ersten Drittel oberhalb der Flossenstacheln frei. Die Schwanzflosse ist gerundet und trägt bei Männchen am oberen und unteren vorderen Rand ein typisches rot-schwarzes Band. Erwachsene Männchen haben einen hell himmelblauen Kopf mit roter Wangenzeichnung, kräftige Kiefer und dicke bläulichgraue Lippen. Die Grundfarbe des Körpers ist weißlichgelb oder graublau, seltener auch leicht violett überhaucht. Der Rückenbereich ist oft gelblich. Auf der Körperseite befindet sich wie bei *A.* spec. "Rotpunkt" zwischen Auge und unregelmäßig geformtem Schwanzwurzelfleck ein charakteristisches zickzackförmiges Längsband, welches aber relativ selten zu sehen ist. Es besteht aus auf den Schuppenrändern liegenden, gegeneinander versetzten senkrechten Flecken, die stimmungsabhängig isoliert stehen oder miteinander verschmelzen können. Das Punktmuster wird oft auf dem vorderen oberen Körper ausgedehnt gezeigt. Die Punkte sind oft rot; ein Merkmal, das nicht alle Männchen zeigen. Ein ausgeprägter dunkler Fleck an der Basis der Brustflossen fehlt bei beiden Geschlechtern.

Geschlechtsunterschiede: Männchen werden wesentlich größer als Weibchen. Sie entwickeln eine deutlich im Weichstrahlbereich spitz ausgezogene Rückenflosse, die bei Weibchen abgerundet oder höchstens in Ausnahmefällen angedeutet spitz ist. Ausgefärbte Männchen haben an der oberen und unteren vorderen Kante der Schwanzflosse ein charakteristisches rot-schwarzes Streifenmuster, welches den Weibchen stets fehlt. Weibchen zeigen außerdem in der vorderen Hälfte schwärzliche Bauchflossen, die bei Männchen transparent weißlich oder blaß bläulich sind.

Verwandtschaftliche Zuordnung: Diese Art ist in die Arten-Gruppe um *A. macmasteri* einzuordnen. Gemeinsam mit den Formen um *A.* spec. "Rotpunkt" bildet *A.* spec. "Tame" den *A.* spec. "Rotpunkt"-Komplex. Der "Tame"-*Apistogramma* weist aber auch einige Merkmale des *A. nijsseni*-Subkomplexes innerhalb des *A. cacatuoides*-Komplexes auf. Die genaue Zuordnung bedarf aber noch weiterer eingehender Untersuchungen, vor allem an lebendem Material.

A. spec. "Tame" ♂, adult, Rio Tame/Aruca U. Werner

A. spec. "Tame" ♀, adult, Brutpflegefärbung, Rio Tame/Aruca U. Werner

Verbreitung: Die Verbreitung ist noch weitgehend unbekannt. Es ist bisher nur ein Fundort aus dem Gebiet des Rio Tame im Einzugsgebiet des Rio Arauca in Kolumbien bekannt.

Ökologie: Angaben zur Ökologie liegen bisher noch nicht vor.

Ersteinfuhr: 1995 wurden erstmals einige Exemplare von *A.* spec. "Tame" durch U. WERNER und seine Mitreisenden nach Deutschland eingeführt.

Aquarienbiologie: Die Art konnte nur kurze Zeit in den Aquarien erhalten werden. Über die Haltung und Zucht liegen bisher keine Angaben vor.

Besonderheiten: Die Fische zeigen in Schreckfärbung abweichend von den übrigen Arten der Gattung bis zu acht Körperquerbänder.

T: 20 - 30 °C, **L:** ♂ 7 cm, ♀ 6 cm, **BL:** ab 100 cm, **WR:** u, m, **SG:** 2 -3

Apistogramma spec. "Tefé"

Es handelt sich bei den von KOSLOWSKI (1994) unter diesem Namen vorgestellten Tieren um eine Form von *Apistogramma agassizii*. Weitere Angaben siehe dort.

Apistogramma trifasciata ♂, adult, dominant, leicht territorial

A. spec. "Tame" ♂, adult, Rio Tame/Aruca   U. Werner

A. spec. "Tame" ♂, adult, Schreckfärbung, am Fangplatz Rio Tame/Aruca   U. Werner

Apistogramma spec. "Tiquié 1"

Herkunft des Trivialnamens: Der Name "Tiquié 1" bezieht sich darauf, daß die Art als die erste von drei unidentifizierten Formen an zwei Fundorten entdeckt wurde, die im Gebiet des Rio Tiquié liegen. Die Bezeichnung wurde erstmals von RÖMER (1996) verwendet.

Belegmaterial: Sechs Männchen und acht Weibchen befinden sich in meiner persönlichen Sammlung (UR 94110 bis UR 94123).

Artspezifische Merkmale: *A.* spec. "Tiquie 1" gehört zu den kleinen Gattungsvertretern. Der Körper ist wenig gestreckt und seitlich nur wenig zusammengedrückt, so daß er einen nur leicht hochovalen Querschnitt aufweist. Der Kopf wirkt, insbesondere durch die Schnauzenpartie, auffallend kurz. Das obere Kopfprofil ist, bis zum vorderen Rückenflossenansatz gleichmäßig ansteigend, deutlich gerundet, das untere Kopfprofil verläuft nur schwach gebogen. Die Rückenlinie ist auch unter der Rückenflosse gleichmäßig leicht gebogen, während die Bauchlinie erkennbar schwächer gebogen ist, wodurch der Körper etwa die Form eines unten abgeplatteten Eies erhält. Der Schwanzstiel ist relativ hoch. Die Rückenflosse ist niedrig, höchstens ein Drittel so hoch wie der Körper und hat bei beiden Geschlechtern rußgraue Flossenhäute der ersten ein bis drei Hartstacheln. Die Schwanzflosse ist bei jungen und halbwüchsigen, sowie erwachsenen weiblichen Exemplaren rund, bei den meisten erwachsenen Männchen leicht gestutzt. Als markanteste Körperzeichnung heben sich bei dominanten Tieren drei deutliche, unregelmäßig geformte Seitenflecken an den Positionen der Querbänder zwei, drei und vier vom grauen bis gelblichen Körper ab. Oft sind dann auch die leicht gebogene, etwa pupillenbreite, vom Augenrand zum hinteren unteren Rand des Kiemendeckels verlaufende Wangenbinde und der quadratische oder liegend rechteckige Schwanzwurzelfleck zu sehen. Das ein bis eineinhalb Schuppen breite Längsband, das vor dem Schwanzwurzelfleck auf dem siebten Querband endet, ist in dieser Motivation meist noch schwach angedeutet erkennbar. Stimmungsabhängig kann dieses Muster auch umgekehrt als Negativ erscheinen, wobei vor allem die zuvor beschriebenen Seitenflecken silberweiß hervortreten. Die Körperschuppen von *A.* spec. "Tiquié 1" sind schmal braun oder schwarzbraun gerandet; die dunkleren Nackenschuppen weisen einen hellen Rand auf. Männchen weisen einen deutlichen, Weibchen einen verwaschenen kleinen schwarzen Fleck an der oberen Basis der Brustflossen auf.

Geschlechtsunterschiede: Innerhalb der Gattung *Apistogramma* weisen erwachsene *A.* spec. "Tiquié 1" einen einzigartig umgekehrten Geschlechtsdimorphismus auf. Ausgewachsene Weibchen sind etwa ein Drittel größer als Männchen. Die sichere Bestimmung der Geschlechter halbwüchsi-

A. spec. "Tiquié 1" ♂, adult, dominant, Laichstimmung

A. spec. "Tiquié 1" ♂, adult, dominant, Balzstimmung, leicht aggressiv

A. spec. "Tiquié 1" ♂, adult, dominant, Laichstimmung

ger Individuen ist nur selten möglich. Auch die Färbung der Geschlechter ist für *Apistogramma*-Verhältnisse außergewöhnlich: Die Männchen zeigen in leicht aggressiver Motivation oder während der Brutpflege eine blaßgelbliche bis goldgelbe Körperfarbe, auf der sich drei Seitenflecke und der Schwanzwurzelfleck deutlich abzeichnen, während die Weibchen in gleicher Situation graugelb bis (selten) blaßgelblich gefärbt sind und außer dem Schwanzwurzelfleck sechs Seitenflecken zeigen. Bisher ist keine andere Art bekannt, die eine ähnliche Umkehrung der Färbung aufweist. Ausgefärbte Männchen zeigen metallischblaue Flossen, wobei die Schwanzflosse zwischen sechs und zehn variable senkrechte Bänder aufweisen kann. Weibchen haben dagegen gelbliche Flos-

A. spec. "Tiquié 1", ablaichendes Paar

A. spec. "Tiquié 1", ablaichendes Paar

A. spec. "Tiquié 1" ♂, subadult, subdominant, neutral gestimmt

A. spec. "Tiquié 1" ♂, subadult, subdominant, leicht aggressiv

sen, die metallisch irisierend überlagert sind, und höchstens sechs undeutliche senkrechte Bänder in der Schwanzflosse. Tiere beider Geschlechter können sehr variable schwarze Markierungen auf der Körperunterseite zwischen Kehle und After aufweisen. Unterschiede im Körperbau und der Beflossung bestehen zwischen den Geschlechtern kaum. Weibchen haben lediglich eine etwas gedrungenere Körperform als die Männchen. Einzelne ausgewachsene Männchen können außerdem eine gestutzte Schwanzflosse (bei Weibchen stets rund) und einen geringfügig zugespitzten Weichstrahlbereich der Rückenflosse entwickeln, der Weibchen immer fehlt.

Verwandtschaftliche Zuordnung: Bisher ist die Einordnung von *A.* spec. "Tiquié 1" in einen bestimmten Verwandtschaftskreis noch nicht möglich, obwohl Beziehungen zu *A. meinkeni*, *A.* spec. "Weißsaum" und *A. brevis* zu bestehen scheinen. *A. meinkeni* würde *A.* spec. "Tiquié 1" in den Formenkreis um *A. pertensis* einbinden, während über *A. brevis*, den ich bedingt in die *A. gibbiceps*-Gruppe einordne, möglicherweise Beziehungen in die *A. gibbiceps*-Gruppe bestünden. Eine abschließende Beurteilung ist wahrscheinlich erst nach Wiedereinfuhr der Arten aus der Rio Uaupés-Region möglich.

Verbreitung: Bisher sind nur wenig Informationen über diese in der nordwestlichen Grenzregion von Brasilien und Kolumbien verbreiteten Art verfügbar. Ich fand die Fische nur an zwei Fangplätzen im Einzugsbereich des Rio Tiquié, einem rechtsseitigen Zufluß des Rio Uaupés, in den er etwa einen Kilometer unterhalb der Ortschaft Taraquá mündet. Obwohl etliche Fundorte außerhalb des Tiquié-Systems im Rio Uaupés und seinen Zuflüssen untersucht wurden, konnte die Art dort nicht nachgewiesen werden.

Ökologie: Die Ökologie ist bisher nur unzureichend bekannt, da ich mit meinen Reisebegleitern bisher nur zwei Fangplätze untersuchen konnte. Einer der Fundorte war eine im Fluß gelegene Sandbank, die in ihrem Randbereich ein steil abfallendes Ufer aufwies, das fast vollständig von Ficus-Wurzeln bedeckt war. Die hier konkurrenzlosen *Apistogramma* hielten sich in großer Zahl in dem fast undurchdringlichen Wurzelgewirr bis in etwa einen Meter Wassertiefe auf, waren aber schwer zu fangen, weil sie durch ihre Färbung darin kaum auszumachen waren und die relativ starren Wurzeln auch vor den verwendeten Handkeschern guten Schutz boten. Das Schwarzwasser des Tiquié war zudem stark getrübt und ließ nur wenige Zentimeter Sicht zu. Es gelang trotzdem, einige erwachsene Tiere in Brutpflegefärbung sowie wenige kleine Jungfische zu fangen. Das Wasser an diesem Fangplatz wies eine Temperatur von 28 °C, einen pH-Wert von 5,8 und einen Leitwert von 130 µS/cm auf.

Der zweite Fangplatz lag auf einer dicht von einer unbestimmten grasartigen Pflanze bewachsenen Sandbank am Rande des Igarapé Irá, einem rechtsseitigen Zufluß des Rio Tiquié. Hier lebten die Tiere in einer großen Kolonie in etwa fünf bis dreißig Zentimeter tiefem, schwach bräunlichem, klarem

A. spec. "Tiquié 1" ♀, adult, dominant, Brutpflegefärbung, beachte TB-Geschwüre

A. spec. "Tiquié 1" ♀, adult, nicht territorial, verunsichert, beachte 2 Seitenflecken

Wasser. Fast alle gefangenen Tiere waren gleich groß, bereits geschlechtsreif und zeigten Brutpflegefärbung. An einigen Stellen konnten Weibchen bei der Betreuung kleiner Jungfische festgestellt werden. Gemeinsam mit *A.* spec. "Tiquié 1" konnten hier vereinzelt ausgewachsene *A. elizabethae*, kleine *Crenicichla* spec. und junge *Geophagus* cf. *jurupari* sowie *Heros* spec., gefangen werden. Das Wasser wies eine Temperatur von 25 °C, einen pH-Wert von 5,3 und einen Leitwert von 25 µS/cm auf.

Ersteinfuhr: Im März 1994 konnten RÖMER, WÖHLER und VON TSCHIRNHAUS erstmals einige Exemplare dieser neu entdeckten Art nach Deutschland einführen.

Aquarienbiologie: Bei *Apistogramma* spec. "Tiquié 1" handelt es sich um sich eine ruhige, für die Gesellschaftshaltung mit kleineren Salmlern, Bachlingen oder Lebendgebärenden geeignete Art. Werden die Fische in Gesellschaft größerer Arten gehalten, bleiben sie außerordentlich scheu und verkümmern, da sie kaum noch zum Fressen kommen. In versteckreichen Aquarien, die neben Fallaubansammlungen oder dicht bepflanzten Zonen auch größere offene Sandflächen aufweisen sollten, sind die Fisch relativ zutraulich und lassen sich gut beobachten. Die Ansprüche an die Wasserchemie sind hoch: Besonders auf organische Verunreinigungen, zu hartes oder alkalisches Wasser reagieren die Tiere sehr empfindlich. Regelmäßige, umfangreiche Wasserwechsel mit weichem (maximal 8 °dGH) und schwach saurem (pH-Wert um 6) Wasser sind die Basis für eine erfolgreiche Haltung. Für die Zucht sind den Freilandbedingungen angepaßte Wasserwerte Voraussetzung. Eine Tag-Nacht-Absenkung der Temperatur um bis zu drei Grad erhöht die Vitalität und Lebenserwartung der Fische deutlich.

A. spec. "Tiquié 1" sollte grundsätzlich in großen Aquarien in kleinen Gruppen gehalten werden, aus denen sich Paare frei finden können. Bei isolierter Haltung einzelner Paare kam es während der Brutpflege fast immer zu schweren Beschädigungskämpfen zwischen den Partnern. Die Art scheint nach meinen Beobachtungen monogam zu sein und nach einer mehrwöchigen Balzphase eine anscheinend dauerhafte Partnerbindung einzugehen. Partnerwechsel konnten in über drei Beobachtungsjahren nie festgestellt werden.

Die Zucht von *A.* spec. "Tiquié 1" hat sich als schwierig und unproduktiv erwiesen. Meine Fische laichten regelmäßig an gut versteckten Plätzen in stark vermulmten Bereichen ihrer Pflegebehälter ab. Die Gelege bestanden aus bis zu 50 Eiern, von denen aber nur selten mehr als die Hälfte nach etwa zwei Tagen zum Schlupf kam. Auch die Sterblichkeit der Larven war hoch, so daß 15 Jungfische bereits als gutes Zuchtresultat anzusehen sind. Schwimmen die Jungen nach etwa zehn Entwicklungstagen frei, treten allerdings kaum noch Ausfälle auf. Die Jungfische, die vom ersten Tag des Freischwimmens von beiden Eltern betreut werden, wachsen bei reichlicher Fütterung mit Nauplien von *Artemis* spec. schnell heran. Die Weibchen übernehmen in der Führungsphase lediglich die Betreuung des klei-

A. spec. "Tiquié 1" ♀, laichreif, territorial, neutral gestimmt, beachte 3 Seitenflecken

A. spec. "Tiquié 1" ♀, Brutpflegestimmung, neutral gestimmt

nen Schwarms, während die Männchen die Revierverteidigung und das Einfangen aus dem Schwarm verdrifteter Jungtiere übernehmen. Die Nachkommen sind nach gut sechs Wochen selbständig und bereits nach etwa vier Lebensmonaten drei Zentimeter lang und geschlechtsreif. Erste Paare bilden sich unter den Jungen bereits zu diesem Zeitpunkt, woraus sich bei der Weitervermehrung von Nachzuchtpaaren größere Probleme ergeben können, wenn unbemerkt nicht die bereits verpaarten Tiere gemeinsam weitergegeben werden. Dies war wahrscheinlich einer der wesentlichen Gründe, warum die Art trotz Weitergabe etlicher Nachkommen bisher nicht dauerhaft im Aquarium verbreitet werden konnte. Die Tiere können ohne weiteres im Aquarium mehr als drei Jahre alt werden.

Besonderheiten: *A.* spec. "Tiquié 1" gehört zu einer kleinen Gruppe von *Apistogramma*-Arten, deren Geschlechter sich durch umgekehrten Dimorphismus auszeichnen. *A.* spec. "Tiquié 1" ist bisher die einzige bekannte Art der Gattung die einen umgekehrten Dichromatismus der Geschlechter aufweist.

T: 23 - 30 °C, **L**: ♂ 3,5 cm, ♀ 5 cm, **BL**: ab 120 cm, **WR**: u, **SG**: 3 - 4 (Wasserchemie!)

A. spec. "Tiquié 1" ♀ beim Anheften von Eiern, ♂ im Hintergrund Laichplatz bewachend

A. spec. "Tiquié 1" ♂, Brutpflegefärbung

A. spec. "Tiquié 1" ♀, Brutpflegefärbung, nach verlorener Auseinandersetzung

A. spec. "Tiquié 1" ♂, tuberkulosekrankes Tier mit offenem Geschwür

A. spec. "Tiquié 1" ♂, neutral gestimmt

A. spec. "Tiquié 1" ♀, neutral gestimmt

A. spec. "Tiquié 1" ♂, territorial

A. spec. "Tiquié 1" ♀, territorial

A. spec. "Tiquié 1" ♂, Brutpflegefärbung

A. spec. "Tiquié 1" ♀, Brutpflegefärbung

A. spec. "Tiquié 1" ♂, Schreckfärbung

A. spec. "Tiquié 1" ♀, Schreckfärbung

Apistogramma spec. "Tucurui"

Herkunft des Trivialnamens: Der Name bezieht sich auf einen der Fundorte dieses Zwergbuntbarsches in der Nähe der kleinen Ortschaft Tucurúi, unweit derer der Tucurúi-Stausee entstanden ist. Der Name "Tucurui"-*Apistogramma* wurde erstmals 1988 von STAWIKOWSKI bei der Vorstellung der Tiere vorgeschlagen.

Artspezifische Merkmale: Beide Geschlechter tragen auf dem Körper ein innerhalb der Gattung *Apistogramma* in dieser Form einmaliges Muster schwarzer oder kastanienbrauner Flekken, die in sieben bis zehn regelmäßigen Längsreihen angeordnet sind.

Geschlechtsunterschiede: Männchen entwickeln bei Erreichen der Geschlechtsreife deutlich zugespitzte Weichstrahlbereiche der Rücken- und Afterflosse. Außerdem zeigen sie ein bläulich-metallisches Band im äußeren Drittel der Rückenflosse, während dieses bei Weibchen entweder ganz fehlt oder kupferfarben ist. Nur wenige weibliche Ausnahmetiere können eine blaßbläuliche Tönung in diesem Bereich entwickeln. Die Weibchen des "Tucurui"-*Apistogramma* bleiben außerdem etwas kleiner als ihre männlichen Artgenossen und zeigen mindestens im vorderen Drittel deutlich schwarz gesäumte Bauchflossen; bei den Männchen können diese nur im Bereich des Flossenstachels rußig oder (meist) porzellanweiß sein. Einzelne Weibchen entwickeln einen Unterbauchstrich oder Analfleck.

Verwandtschaftliche Zuordnung: *A.* spec. "Tucurui" ist ein Vertreter der *A. regani*-Gruppe. Die Zuordnung zu einem gemeinsamen Verwandtschaftskreis mit *A. piauensis* und *A. caetei* sowie möglicherweise dem "Amapa"-*Apistogramma* erscheint aufgrund der an lebend eingeführten Tieren dieser Arten ableitbaren Befunde sinnvoll.

Verbreitung: Bisher nur unzureichend bekannt. Die genaue Herkunft der zuerst eingeführten Tiere wurde in der Aquaristik aus kommerziellen Gründen zunächst nicht bekanntgegeben. Die Fische stammen aber aus dem Rio Tocantíns, einem der großen rechtsseitigen Klarwasserzuflüsse des Amazonas (KOSLOWSKI 1994, OGAWA 1995).

Ökologie: Nach STEACK (persönliche Mitteilung) lebt *Apistogramma* spec. "Tucurui" in reinem Klarwasser, das Temperaturen zwischen 23 und 27 °C aufweist. Die von den Tieren besiedelten Lebensräume mit Fallaub und in das Wasser ragender emerser Vegetation waren bei seiner im Juli 1995 durchgeführten Untersuchung relativ klein und verstreut. Die Fische waren in geeigneten Habitaten aber vergleichsweise häufig, wegen des klaren Wassers, das Sichtweiten bis zu mehreren Metern ermöglichte, waren sie außerordentlich scheu.

Ersteinfuhr: Im Jahr 1988 wurden die ersten Tiere durch den Zierfischimporteur A. WERNER (München) nach Deutschland eingeführt.

A. spec. "Tucurui" ♂, adult, dominant, Brutpflegefärbung

J. Glaser

A. spec. "Tucurui" ♂, adult, dominant, Brutpflegefärbung

Bananensetzlinge

A. spec. "Tucurui", Jungfisch, 2 Monate

A. spec. "Tucurui" ♀, Jungfisch

A. spec. "Tucurui" ♂, adult, dominant, Brutpflegefärbung

A. spec. "Tucurui" ♂, brutpflegend, auf wenige Tage alten Jungfischen

Aquarienbiologie: Die Haltung des "Tucurui"-*Apistogramma* hat sich, nach einigen Schwierigkeiten zu Beginn, als prinzipiell recht einfach erwiesen. Die 1988 eingeführten Männchen zeigten sich so angriffslustig gegenüber ihren Art- und vor allem Geschlechtsgenossen, daß nur selten die Zucht gelang. In der Folge starb die Art in den Becken europäischer Aquarianer praktisch aus, obwohl noch Zuchtbestände in Deutschland vorhanden waren. Die Nachzuchten wurden aber praktisch vollständig nach Japan verkauft. Erst zu Beginn des Jahres 1994 und wiederholt im Verlaufe des Jahres 1995 gelangten wieder einige Tiere nach Deutschland, die die Basis für einen aquaristischen Neubeginn mit diesem Zwergbuntbarsch bildeten. Besonders bemerkenswert ist, daß die neu eingeführten Tiere bei weitem nicht so aggressiv waren wie die Erstimporte. Die Ursache dafür ist bisher völlig unklar. *Apistogramma* spec. "Tucurui" lassen sich auch bei deutlich von den Freilandwerten abweichenden Wasserwerten ohne besondere Schwierigkeiten zur Nachzucht bringen. Die Paarbildung erfolgt wie bei den meisten Arten der Gattung relativ schnell, wobei aber anzumerken ist, daß ich wiederholt feststellen konnte, daß einmal verpaarte Tiere über lange Zeit trotz Anwesenheit anderer potentieller Partner fest zusammenhalten. Während das Weibchen, wie bei *Apistogramma* generell üblich, die Auswahl und Säuberung des Laichplatzes übernimmt, kümmern sich die Männchen um die Verteidigung des Reviers. Sie entwickeln dabei ein erstaunliches Kampfpotential, mit dem sie sogar Zwerg-*Crenicichla*

über eine gewisse Zeit in Schach zu halten vermögen.

Das Gelege besteht je nach Größe des Weibchens aus 50 bis 250 rein weißen Eiern. Die Tatsache, daß ich bisher nie eine andere Farbe der Eier des "Tucurui"-*Apistogramma* (auch in den Aquarien anderer Züchter) feststellen konnte, legt im Zusammenhang mit Beobachtungen an *A. diplotaenia* die Vermutung nahe, daß auch diese Art auf relativ offenen Flächen mit hellem Sanduntergrund anzutreffen sein könnte. Die Entwicklung der Brut und die Pflege durch die Eltern unterscheiden sich nicht von anderen Arten. Allerdings bleibt anzumerken, daß sich in meinen Aquarien im Gegensatz zu anderen Beobachtungen (KOSLOWSKI persönliche Mitteilung) in aller Regel auch das Männchen, vom Weibchen geduldet, an der Pflege des Nachwuchses beteiligen durfte. Möglicherweise ist dafür ausschlaggebend, daß entsprechend potente Freßfeinde im Zuchtbecken gehalten werden, wie zum Beispiel die von mir bevorzugten Zwerg-Hechtbuntbarsche oder größere Salmler. Unter diesen Bedingungen stehen die Paare oft Flosse an Flosse über den Jungen und attackieren gemeinsam sich nähernde Feinde.

T: 20 - 30 °C, **L:** 7 - 5 cm, **BL:** ab 100 cm, **WR:** u, m, **SG:** 1 - 3

A. spec. "Tucurui" ♂, adult, dominant, Brutpflegefärbung, aggressiv

A. spec. "Tucurui" ♂, subadult, neutral gestimmt

A. spec. "Tucurui", Paar, brutpflegend, ♂ Färbung unmittelbar nach Annäherung an ♀

A. spec. "Tucurui", Paar, brutpflegend, ♂ Färbung nach Annäherung des ♀

A. spec. "Tucurui" ♂, adult, brutpflegend

A. spec. "Tucurui" ♀, adult, Brutpflegefärbung, leicht aggressiv, Junge ca. 5 Tage alt

Apistogramma spec. "Vierstreifen"

Herkunft des Trivialnamens: Der Name dieses Zwergbuntbarsches wurde erstmal 1987 von Suttner verwendet. Der Name bezieht sich auf das Streifenmuster auf den Körperseiten der Fische.

Belegmaterial: Ein Männchen (UR 94124) und ein Weibchen (UR 94125) befinden sich in meiner persönlichen Sammlung.

Artspezifische Merkmale: *A.* spec. "Vierstreifen" gehört zu den gestreckten, mäßig hochrückigen Formen innerhalb der Gattung *Apistogramma*. Der Körper ist seitlich kräftig zusammengedrückt, der Verlauf des Kopfprofils relativ spitz. Die Art ist durch die bei erwachsenen Männchen segelartig vergrößerte Rückenflosse in Kombination mit der runden Schwanzflosse gekennzeichnet. Die Rückenflosse erreicht häufig die Höhe des Körpers. Einzig *A. iniridae*, die aus der gleichen Region im oberen Einzugsgebiet des Rio Orinoco stammen, weisen ebenfalls eine solche Merkmalskombination auf, zeigen aber ein anderes Zeichnungsmuster. *A.* spec. "Vierstreifen" weisen auf den Körperseiten unterhalb des Längsbandes ein namengebendes Muster aus vier Streifen auf, die aus senkrechten Strichen am Hinterrand der Körperschuppen sowie kleinen waagerechten, dazwischen liegenden, oft verblassenden Strichen gebildet werden. Das nur selten zu sehende Längsband ist eineinhalb bis zwei Schuppen breit und verläuft bis in das

siebte Querband auf der Schwanzwurzel, deutlich abgesetzt vom großen etwa hochovalen Schwanzwurzelfleck. An der Position des dritten Querbandes ist bei Weibchen oder unterdrückten Männchen oftmals ein kleiner, unregelmäßig geformter Seitenfleck zu sehen. Das Wangenband ist etwas schmaler als die Pupille und verläuft gerade zum unteren Hinterrand des Kiemendeckels. Alle Körperschuppen sind auf gelblichgrauem Grund dunkel gerandet. Der Rücken ist an der Basis der Rückenflosse bis über die Augen schwärzlich.

Geschlechtsunterschiede: Oft kaum zu erkennen. Erwachsene Männchen entwickeln aber eine sehr hohe, segelartige Rückenflosse, die oft die Körperhöhe beim Imponieren nahezu verdoppelt, und fädige Verlängerungen der Bauchflossen. Die Rückenflosse der Weibchen wächst nie segelartig aus.

Verwandtschaftliche Zuordnung: Bei *A.* spec. "Vierstreifen" handelt es sich um einen Vertreter der *A. pertensis*-Gruppe. Seine nächsten Verwandten dürften *A. uaupesi*, möglicherweise auch *A. iniridae* sein. Von den Formen von *A. uaupesi* aus dem oberen Rio Negro läßt sich *A.* spec. "Vierstreifen" auf den ersten Blick nur in der abweichend runden, statt zweizipfeligen Schwanzflosse unterscheiden.

Verbreitung: Nach bisheriger Kenntnis stammt *A.* spec. "Vierstreifen" aus der

A. spec. "Vierstreifen" ♂, adult, dominant, drohend

A. spec. "Vierstreifen" ♂, drohend, im Hintergrund ♂ von *A. uaupesi*

in Venezuela gelegenen oberen Rio Orinoco-Region. Die Art konnte von I. SEIDEL (persönliche Mitteilung)in der Nähe von Puerto Ayacucho gesammelt werden, von wo auch die meisten Tiere kommerziell exportiert werden. Überraschenderweise befanden sich unter Fänglingen aus einem nördlichen Zufluß des mittleren Rio Uaupés im März 1993 auch drei extrem abgemagerte Fische, die ich vorläufig dieser Art zurechne.

Ökologie: Die Ökologie dieser Fische ist noch weitgehend unbekannt. I. SEIDEL (persönliche Mitteilung) fing seine Tiere gemeinsam mit *Corydoras* auf einer von Fallaub durchsetzten Sandfläche in leicht teebraunem, weichem und saurem Wasser.

Ersteinfuhr: Es ist nicht genau bekannt, wann *A.* spec. "Vierstreifen" erstmals eingeführt wurde, aber wahrscheinlich gelangten Tiere bereits in den 1970er Jahren über den Handel (aus Puerto Inirida) in die europäische Aquaristik.

Aquarienbiologie: Allgemein ist der "Vierstreifen"-*Apistogramma* eine friedliche Art. Während der Fortpflanzung können die Fische aber ausgesprochen ruppig miteinander umgehen und gelegentlich anderen Aquarienbewohnern arg zusetzen. Bei Gemeinschaftshaltung sollten daher etwas robustere kleine Arten von Salmlern, Welsen oder Killifischen eingesetzt werden. Große, möglichst strukturreich eingerichtete Aquarien mit vielen Versteckplätzen für unterlegene Tiere sind zur erfolgreichen Dauerhaltung erforderlich. Das Wasser sollte möglichst weich und mindestens leicht sauer sein. Auf im Was-

ser gelöste Huminstoffe reagieren die Fische ausgesprochen sensibel, weshalb die Einstellung des pH-Wertes im optimal sauren Bereich um fünf möglichst nicht über Torf, sondern über eine schwache Phosphorsäure (äußerste Vorsicht bei der Anwendung im Aquarium! Verätzungsgefahr) oder eine CO_2-Anlage geschehen sollte. Ein wöchentlicher, etwa fünfzigprozentiger Wasserwechsel ist zur dauerhaften Gesunderhaltung erforderlich. Die Zucht ist meist ausgesprochen schwierig, da sich nur selten auf Anhieb harmonierende Paare finden. Wie bei vielen anderen *Apistogramma*-Arten mit geringem körperlichen Unterschied zwischen den Geschlechtern dauert auch bei diesen Fischen die Balzphase meist mehrere Tage. Hat sich aber erst einmal ein Paar gefunden, wird bei geeigneten äußeren Bedingungen, nämlich sehr weichem, saurem (pH-Wert 4 bis 5) und nitratfreiem Wasser regelmäßig abgelaicht. In der Regel brauchen die Tiere mehrere Versuche, bevor sie die erste Brut tatsächlich aufziehen. Die Brutfürsorge übernimmt bei der überwiegend monogamen Art ausschließlich das Weibchen. Das Männchen wird lediglich im Weibchenrevier geduldet, kann aber nach erneutem Ablaichen des Weibchens die Führung der älteren Jungfische übernehmen. Diese fressen bevorzugt feines Lebendfutter oder Detritus. Auch Frostfutter und Futtergranulate werden von bereits größeren Jungen und den Elterntieren gerne angenommen, Flockenfutter wird wie von praktisch allen *Apistogramma* dagegen gemieden. Rote Mückenlarven sollten auf keinen Fall verfüttert werden, da sonst je nach Herkunft durch Kontaminationen mit

A. spec. "Vierstreifen" ♂, adult, balzend vor der Bruthöhle, lateral präsentierend

A. spec. "Vierstreifen" ♂, adult, balzend vor der Bruthöhle, Mundboden senkend

Schadstoffen oder Parasiten erhöhte Verluste auftreten können!

Besonderheiten: Diese interessante Art ist bisher noch weitgehend unbekannt. Erst 1992 gelang es erstmals, Tiere mit bekanntem Fundort nach Deutschland zu bringen (I. SEIDEL). Alle früher importierten Tiere waren bis zu diesem Zeitpunk aus Venezuela eingeführt worden. Die Vermutung, daß die Tiere aus der Region des oberen Orinoco stammen dürften, wurde durch SEIDELS Fund etwa 30 km südlich von Puerto Ayacucho bestätigt. Überraschenderweise befanden sich unter im März 1993 in der Nähe von Acaí am mittleren Rio Uaupés gefangenen Zwergbuntbarschen auch drei Exemplare dieser Art. MAYLAND & BORK (1997) berichten, daß 1996 Tiere dieser Art als Beifänge aus Peru eingeführt worden seien. Sie gehen dabei von den Angaben des Importeurs aus, der nach meiner Kenntnis regelmäßig *A.* spec. "Vierstreifen" aus Venezuela und gelegentlich aus Kolumbien unerkannt mit einführt. Daß *A.* spec. "Vierstreifen" aus Peru stammt, ist nach derzeitigem Kenntnisstand völlig unwahrscheinlich. Tatsächlich werden aber in Südamerika von Exporteuren seit einigen Jahren Zwergbuntbarsche verstärkt auch innerkontinental gehandelt, um das Angebot erweitern oder vervollständigen zu können (BENZAKEN pers. Mitteilung). Solche Tiere gelangen dann mit der Angabe des Exportortes, der nicht für die tatsächliche Herkunft steht, auch in den europäischen Handel. Außerdem kommt es nach meinen regelmäßigen Beobachtungen bei verschiedenen Großhändlern immer wieder vor, daß einzelne nach dem Verkauf in einem Aquarium verbliebene Tiere in Becken mit Fischen anderer Herkunft gesetzt werden, ohne daß die erforderliche Herkunftsinformation erhalten bleibt. Bei den von den genannten Autoren als aus Peru stammend bezeichneten *A.* spec. "Vierstreifen" könnte dies durchaus der Fall gewesen sein. Der Fall zeigt, wie kritisch Herkunftsangaben aus dem Großhandel, zumindest von (scheinbaren) Beifängen, zu bewerten sind.

T: 22-30 °C, **L:** ♂ 9 cm, ♀ 6 cm, **BL:** 120 cm, **WR:** u m, **SG:** 2 - 4

Erosionsufer am mittleren Rio Negro

A. spec. "Vierstreifen" ♀, adult, Brutpflegefärbung

A. spec. "Vierstreifen" ♂, neutral

A. spec. "Vierstreifen" ♀, neutral

A. spec. "Vierstreifen" ♀, laichreif

A. spec. "Vierstreifen" ♀, leicht aggressiv

Apistogramma spec. "Wangenflecken"

Herkunft des Trivialnamens: Der Name dieser Form wurde von SCHMETTKAMP (1978) erstmals in der Aquarienliteratur verwendet. Er bezieht sich auf die Färbung der Kopfseiten.

Artspezifische Merkmale: *A.* spec. "Wangenflecken" gehört zu den relativ gedrungenen hochrückigen, seitlich deutlich zusammengedrückten, rundschwänzigen *Apistogramma*-Arten und ist nur sehr schwer von *A. resticulosa* zu unterscheiden (vergleiche dort). Für die Identifizierung ist der Verlauf des Längsbandes bedeutend, das bei *A.* spec. "Wangenflecken" bis in das siebte Querband läuft, bei *A. resticulosa* aber im Querband sechs endet. Das Längsband von *A.* spec. "Wangenflecken" endet unmittelbar vor dem großen, hochovalen Schwanzwurzelfleck. Das Wangenband von *A.* spec. "Wangenflecken" verläuft leicht nach hinten gebogen, wobei am Übergang von der Wange auf den Vorderkiemendeckel ein meist gut ausgebildeter Knick erkennbar ist, der im geraden Wangenband von *A. resticulosa* nicht vorkommt. Die Grundfarbe aller bisher von mir beobachteten *A.* spec. "Wangenflecken" war grünlichgrau mit leicht gelblichem Stich; die Männchen waren meist metallisch überhaucht. *A. resticulosa* sind dagegen gräulich bis gelblich-elfenbeinfarben. Ein weiterer Unterschied zwischen beiden Formen besteht in der Breite der Querbänder: *A.* spec. "Wangenflecken" hat wesentlich breitere Querbänder als *A. resticulosa*. Zwischen ihnen ist der Raum höchstens knapp eine Schuppe breit, während die Räume zwischen den schmaleren Querbändern bei *A. resticulosa* oft gut zwei Schuppen bedecken. Die Rückenflosse ist bei *A.* spec. "Wangenflecken" außerdem etwas niedriger als bei *A. resticulosa*. Alle Flossen von *A.* spec. "Wangenflecken" sind bis auf die beiden ersten schwarzen Flossenhäute der Rückenflosse zeichnungslos transparent. Auf den Körperseiten unter dem Längsband finden sich vier bis sechs alternierende Reihen senkrechter Unterkörperstriche, die oft fast zu einer großen rußigen Flanke verschmelzen.

Geschlechtsunterschiede: Die Geschlechter von *A.* spec. "Wangenflecken" lassen sich erst bei größeren Tieren ohne Schwierigkeiten unterscheiden, da nur geringfügige Unterscheidungsmerkmale zur Verfügung stehen. Die Männchen entwickeln im Weichstrahlbereich ausgezogene, zugespitzte Rücken- und Afterflossen, die bei den Weibchen stets abgerundet sind. Die Weibchen haben außerdem meist im vorderen Teil dunkle Bauchflossen und einen kurzen variablen Unterbauchstrich, der deutlich vor dem After beginnend nach vorne bis kurz vor den Ansatz der Bauchflossen verläuft. Allerdings zeigen auch Männchen dieses Merkmal nicht gerade selten: Die Irrtumswahrscheinlichkeit liegt daher immerhin bei etwa 25 Prozent.

Verwandtschaftliche Zuordnung: *A.* spec. "Wangenflecken" ist ein Vertreter

A. spec. "Wangenflecken" ♂, adult

A. spec. "Wangenflecken" ♀, adult

der *A. regani*-Gruppe. Gemeinsam mit *A. resticulosa*, *A. taeniata* und *A. urteagai* bildet sie innerhalb dieser Gruppe den *A. resticulosa*-Komplex. Die Ähnlichkeiten zwischen *A.* spec. "Wangenflecken" und *A. resticulosa* gehen so weit, daß ich beide im *A. resticulosa*-Subkomplex zusammenfasse, um der verwandtschaftlichen Nähe beider Formen gerecht zu werden.

Verbreitung: Diese Art, deren Herkunft lange im Dunklen lag, konnte von Fängern der Firma TROPICARIUM PARÁ auf der im Mündungsbereich des Amazonas gelegenen Isla de Marajó festgestellt werden (KOSLOWSKI 1994).

Ökologie: Bisher liegen keine Informationen über die Ökologie von *A.* spec.

"Wangenflecken" vor, obwohl Hinweise auf einen Fundort bereits 1994 von KOSLOWSKI bekannt gegeben wurden.

Ersteinfuhr: *A.* spec. "Wangenflecken" wurden Mitte der 70er Jahre erstmals in kleinen Individuenzahlen als Beifänge nach Deutschland und in die Niederlande eingeführt. Nach 1984 erfolgten vereinzelt kommerzielle Exporte über Manaos nach Deutschland. Seit 1990 werden die Fische regelmäßig in größeren Stückzahlen aus Belém nach Europa und Japan exportiert.

Aquarienbiologie: *A.* spec. "Wangenflecken" ist eine besonders für Anfänger zu empfehlende Art. Die Fische lassen sich bereits in mittelgroßen Aquarien (ab 80 x 50 Zentimeter Grundfläche) in kleinen Gruppen pflegen, da

A. spec. "Wangenflecken" ♂, adult, subdominant

A. spec. "Wangenflecken" ♂, adult, neutral gestimmt

A. spec. "Wangenflecken" ♀, adult, beginnende Brutpflegefärbung

sie selbst für *Apistogramma*-Verhältnisse untereinander ungewöhnlich ruhig und friedfertig sind. Das Aquarium sollte trotzdem versteckreich eingerichtet sein, wozu sich Fallaub, Totholz und Wasserpflanzen auf feinkörnigem Bodengrund als Gestaltungsmittel besonders empfehlen. Als Beifische sollten einige kleine Salmler, Bachlinge oder auch Welse eingebracht werden, da ihre Anwesenheit den *Apistogramma* eine gewisse Sicherheit verleiht und sie dann häufig auch auf offenen Sandflächen zu beobachten sind. An die Wasserbedingungen stellen *A.* spec. "Wangenflecken" keine besonderen Ansprüche; auch in mittelhartem Wasser mit pH-Werten bis 7,5 lassen sie sich noch vermehren. Die Fortpflanzung erfolgt in einer Mann-Mutter-Familie: Das Männchen übernimmt die Revierverteidigungsaufgaben und überläßt dem Weibchen allein die Betreuung des Nachwuchses. Allerdings können manche Männchen einen so starken Brutpflegetrieb entwickeln, daß sie das Weibchen von den Jungen, seltener auch schon von den Larven vertreiben und deren Pflege allein übernehmen. Die Art ist relativ produktiv. Die Gelege können bis zu 200 Eier enthalten und entwickeln sich meist fast vollständig, so daß über 100 überlebende Jungfische in einer Brut keine Ausnahme darstellen. Die gerade aufschwimmenden Jungfische sind allerdings relativ klein und bewältigen oftmals zunächst keine *Artemia*-Nauplien und sollten daher mit Essigälchen als Anfangsnahrung versorgt werden. Der Nachwuchs wächst außerdem nur langsam heran, so daß die Tiere nach einem halben Lebensjahr oft noch unter drei Zentimeter TL auf-

weisen, obwohl sie zu diesem Zeitpunkt bereits fortpflanzungsfähig sind.

Besonderheiten: *A.* spec. "Wangenflecken" wurde von SCHMETTKAMP (1982) erstmals als *A. resticulosa* identifiziert, eine Auffassung, die in der Folge von verschiedenen Autoren übernommen wurde (vergl. LINKE & STAECK 1985, 1997, MAYLAND & BORK 1997), aber bereits 1985 von KOSLOWSKI in Frage gestellt wurde. Auch ich sehe deutliche Unterschiede zwischen beiden Formen, so daß ich, besonders bei Berücksichtigung des Superspezies-Konzeptes, von zwei unterschiedlichen, nah verwandten Arten ausgehe.

T: 20 - 28 °C, **L**: ♂ 6 cm, ♀ 4 cm, **BL**: ab 80 cm, **WR**: u, m, **SG**: 1 - 2 (Anfängern besonders zu empfehlen!)

Reuse der Tucáno-Indianer

A. spec. "Wangenflecken" ♂, adult, dominant, Schreckfärbung

A. spec. "Wangenflecken" ♀, adult, dominant, territorial

A. spec. "Wangenflecken" ♀, adult, Schreckfärbung

A. spec. "Wangenflecken" ♀, adult, territorial, leicht aggressiv

Niedriger Überschwemmungswald (vorwiegend *Ficus*) im unteren Rio Yaburarí

Sandbank im Überschwemmungsbereich der Anavillanas im unteren Rio Negro

Apistogramma spec. "Weißsaum"

Herkunft des Trivialnamens: WINDISCH stellte diese Art erstmals 1991 in der aquaristischen Literatur vor, wobei er die Bezeichnung "Weißsaum"-*Apistogramma* wegen des schmalen, nur bei Männchen erkennbaren weißlichen äußeren Saumes in der Rückenflosse vorschlug.

Artspezifische Merkmale: Diese Art gehört zu den kleinsten Vertretern ihrer Gattung. Kennzeichnend ist die Körperzeichnung. Alle Körperschuppen oberhalb des Längsbandes sind in allen Stimmungen dunkel gerandet. Alle Schuppen des Nackenbereiches zeigen demgegenüber ein Umkehrungsmuster, bei dem der Kernbereich der Schuppen dunkel, der Rand dagegen hell gefärbt ist. Der Rücken unterhalb des Längsbandes ist meist kupferbraun bis olivgrünlich überhaucht und damit farblich deutlich vom Rest des Körpers abgesetzt. Das vor dem Seitenfleck gut eine Schuppe, im dahinter liegenden Teil etwa eineinhalb Schuppen breite Längsband reicht bis auf das Ende der Schwanzwurzel, wo es kurz vor dem quadratischen Schwanzwurzelfleck endet. Der Schwanzwurzelfleck nimmt etwa ein Drittel der Schwanzstielhöhe ein. Der auffallende Seitenfleck ist annähernd länglich rechteckig und erstreckt sich über drei bis fünf Längsschuppen; er ist eineinhalb bis (selten) zwei Schuppen hoch. Das Wangenband ist etwa so breit wie die Pupille und verläuft, abgesehen von einem kleinen Versatz am Übergang vom Praeoperculum auf das Operculum, gerade vom Auge zum hinteren unteren Rand des Kiemendeckels. Die weißlich transparenten Bauchflossen sind nie verlängert und reichen bei beiden Geschlechtern nur bis etwa zum zweiten Drittel der Strecke zwischen den Ansätzen von Bauch- und Afterflossen. Die runde Schwanzflosse trägt sechs bis acht feine senkrechte Bänder, die ebenso breit sind wie die Zwischenräume. Die Bänder setzen sich aus feinen, waagerecht übereinander angeordneten, schmalen weißlichen Strichen zusammen. Die abgerundeten Weichstrahlbereiche von Rücken- und Afterflosse tragen jeweils drei bis sechs undeutliche Tupfenreihen. Alle unpaarigen Flossen tragen einen schmalen weißen Saum. Die vergleichsweise bunten Flossen stellen den am deutlichsten erkennbaren Unterschied zum "Balzfleck"-*Apistogramma* dar, der wahrscheinlich nächstverwandten Art. Außerdem zeigen "Weißsaum"-*Apistogramma* (selten erkennbar) zwei Unterbauchstreifen, die den "Balzfleck"-*Apistogramma* stets fehlen. An der Position der Streifen sind häufig zwei alternierend angeordnete Reihen senkrechter schwarzer Striche zu sehen, ein Merkmal, welches auch bei anderen Arten aus der *A. pertensis*-Gruppe häufig auftritt.

Geschlechtsunterschiede: Bei diesen kleinen Fischen sind Geschlechtsunterschiede meist kaum erkennbar. Im allgemeinen sind daher längere Beobachtungen für eine sichere Ge-

A. spec. "Weißsaum"   W.A. Windisch

A. spec. "Weißsaum"   W.A. Windisch

schlechtszuordnung erforderlich. Die Weibchen werden etwas größer und meist auch fülliger als ihre Partner. Sie sind in der Regel intensiver gelblich gefärbt und zeigen die Schwarzzeichnungen deutlicher. Die Männchen weisen dagegen eine mehr grünlichgraue Körperfärbung und bläuliche irisierende Flossen auf, die einen gut erkennbaren weißlichen Saum tragen (Name!). Die Rückenflosse der Männchen ist in ihrem Weichstrahlbereich meist leicht zugespitzt, die der Weibchen dagegen abgerundet. Dieses Merkmal ist aber erst bei geschlechtsreifen, völlig ausgewachsenen Tieren sicher erkennbar.

Verwandtschaftliche Zuordnung: Die "Weißsaum"-*Apistogramma* bilden mit vermutlich drei weiteren Formen (*A.* spec. Balzfleck", *A.* spec. "Pimentel" und *A.* spec. "Tiquié") eine Gruppe innerhalb der *A. pertensis*-Verwandten, mit denen sie vor allem habituelle Ähnlichkeiten aufweisen. Die genannten Formen zeigen besonders in der für *Apistogramma*-Arten ganz ungewöhnlichen Umkehrung des sexuellen Größendimorphismus weitgehende Übereinstimmungen.

Verbreitung und Ökologie: Verbreitung und Ökologie sind noch völlig unbekannt. Ich vermute aber, daß die Tiere aus der oberen Orinocoregion stammen, da sie nach Angaben WINDISCHS (1991) als Beifänge mit Importen aus Ostkolumbien über Puerto Inirida nach Deutschland gelangt sind. Diese Vermutung wird im übrigen durch die Funde mehrerer anderer verwandtschaftlich nahestehender Formen aus dem äquatornah gelegenen Bereich gestützt.

Ersteinfuhr: Wahrscheinlich erst 1989 durch den Zierfischimporteur SCHMIDT-KNATZ (Frankfurt) erstmals nach Deutschland gelangt (WINDISCH 1991). Seither nicht mehr eingeführt. Vereinzelte Beifänge werden wahrscheinlich leicht übersehen.

Aquarienbiologie: Diese Art gehört zu den besonders empfindlichen Gattungsvertretern. Bereits für die einfache Haltung ist weiches, leicht saures Wasser Voraussetzung. Anderenfalls gehen die Fische bereits nach kurzer Zeit ein. Die "Weißsaum"-*Apistogramma* eignen sich außerdem wenig für die gemeinsame Pflege mit anderen Zwergcichliden oder Salmlern, da sie bereits von relativ kleinen Fischen massiv gestört oder sogar unterdrückt werden. Nur in ruhigen, ausreichend großen Aquarien schreiten diese Fische auch zur Fortpflanzung. WINDISCH (1991) berichtet, daß bei ihm Gelege bei pH 4,5 verpilzten. Nach seinen Angaben gelang es RYPPA bei niedrigeren pH-Werten Larven zum Schlupf zu bringen. Ich konnte dagegen in Wasser mit 1 °dGH (ca. 30 µS/cm) und pH 5 erfolgreiche Aufzuchten beobachten, allerdings nur dann, wenn das Aquarium vor dem Zuchtansatz mit Phosphorsäure vorsichtig angesäuert worden war. Bei Verwendung von ansonsten wesentlich besser geeigneten Säuerungsmitteln wie Torf, Eichenextrakt oder Fallaub schlüpften keine Larven. Verblieben die Zuchttiere längere Zeit in diesen mit Huminsäureabbaustufen angesäuerten Aquarien, zeigten sie zunehmende Freßunlust, später Apathie, Flossenklemmen und Schaukeln. Nach dem Umsetzen in frisches Weichwasser verschwanden

A. spec. "Weißsaum" W.A. Windisch

A. spec. "Weißsaum" ♀, adult, laichreif, leicht aggressiv W.A. Windisch

diese Symptome innerhalb kurzer Zeit. Möglicherweise lebt A. spec. "Weißsaum" spezialisiert in Klarwasser, was die beobachteten Reaktionen hinreichend erklären würde. Wie auch bei anderen Arten wiederholt beobachtet wurde, verschließen die Weibchen während der Ei- und Larvalpflege den Zugang zu ihrem Brutversteck, aus dem sie erst nach (temperaturabhängig) acht bis zehn Tagen mit dem kleinen Schwarm ihrer Jungfische wieder hervorkommen. Die Jungen werden meist vom Weibchen in einer Mutterfamilie allein geführt. In einer weit geringeren Zahl der von mir beobachteten Bruten (10 von etwa 35) durfte sich auch das Männchen an der Pflege der Nachkommen beteiligen. Es handelte sich in diesen Fällen um Paare, die dauerhaft monogam verpaart innerhalb der Gruppe in einem relativ großen Aquarium (Fläche 150 x 50 Zentimeter) lebten. WINDISCH (1991) berichtet, daß es zwischen brutpflegenden Weibchen, die mit einem Männchen polygam leben, zu heftigen Auseinandersetzungen kommen kann, die mit dem gegenseitigen Fressen der Gelege enden können. Dies dürfte allerdings im wesentlichen auf die Haltung in kleineren Aquarien zurückzuführen sein, denn ich konnte in großen Becken in vergleichbaren Sozialsystemen kein entsprechendes Verhalten beobachten.

Besonderheiten: Wer beim Kauf dieser besonders kleinen *Apistogramma*-Art sicherstellen möchte, daß er tatsächlich Individuen beiderlei Geschlechtes erwirbt, sollte am besten eine Gruppe möglichst unterschiedlich großer Fische auswählen. Etwa zehn bis zwölf

Fische stellen nach meiner Erfahrung den idealen Grundstock für den ersten Zuchtansatz dar. Eine gezielte Auswahl von Paaren im Handel scheint mir dagegen bei diesen Fischen, deren Geschlecht schwierig bestimmbar ist, außer bei voll ausgewachsenen Tieren, nahezu ausgeschlossen.

T: 22 - 30 °C, **L**: 3 - 4 cm, **BL**: ab 60 cm, **WR**: u, **SG**: 3 - 4

A. spec. "Weißsaum", drohend   W.A. Windisch

Rabengeier (*Coragyps atratus*)

A. spec. "Weißsaum" W.A. Windisch

A. spec. "Weißsaum" W.A. Windisch

A. spec. "Weißsaum", kopfstehdrohend

W.A. Windisch

Cichla als Fischmahlzeit

Navigationshilfsmittel GPS

Zebu-Mischlinge sind die beliebtesten Rinder in tropischen Regenwaldgebieten

Palaver am mittleren Rio Uaupés bei Taraquá

Apistogramma spec. "Xingú"

Herkunft des Trivialnamens: Der Name dieser Fische bezieht sich auf den Fundort, der im Bereich des Rio Xingú liegt, und wurde erstmals von KOSLOWSKI (1994) verwendet.

Artspezifische Merkmale: *A.* spec. "Xingú" ähnelt stark *A.* spec. "Smaragd". Die mäßig gestreckten, seitlich deutlich zusammengedrückten Fische haben eine runde, meist vollständig gebänderte Schwanzflosse und eine niedrige Rückenflosse, deren Flossenhäute kaum über die Hartstacheln verlängert sind. Beide Geschlechter besitzen relativ kurze Bauchflossen und ein gleichmäßig gerundet ansteigendes Stirnprofil. Sie zeigen ein etwa eineinhalb Schuppen breites Längsband, das vor einem quadratischen bis rechteckigen Schwanzwurzelfleck auf der Höhe des siebten Querbandes endet. Die Flanken tragen zwei bis vier schwach ausgeprägte Reihen von Unterkörperstrichen. Der Ansatz der Brustflossen trägt keinen orangen Fleck, wie er für Vertreter der *A. eunotus*-Gruppe und für *A.* spec. "Smaragd" typisch ist. Die ähnlichste derzeit bekannte Form stellt der "Smaragd"-*Apistogramma* (RÖMER 1991) dar, der durch einen orangen Fleck an der Brustflossenbasis sowie eine gröbere Bänderung der Schwanzflosse und ein deutlich schmaleres Längsband relativ gut vom "Xingú"-*Apistogramma* unterschieden werden kann.

Geschlechtsunterschiede: Männchen von *A.* spec. "Xingú" werden größer als Weibchen und entwickeln deutlich zugespitzte Weichstrahlbereiche in der Rücken- und Afterflosse; bei Weibchen sind diese abgerundet. Die meisten Weibchen zeigen einen deutlichen schwarzen Afterfleck und einen von dort nach vorne, manchmal bis zwischen die Bauchflossenansätze ziehendenen Unterbauchstreifen, der den Männchen fehlt.

Verwandtschaftliche Zuordnung: *A.* spec. "Xingú" ist ein Vertreter der *A. regani*-Gruppe. Die ähnlichste Form stellt anscheinend *A.* spec. "Smaragd" dar. Die Fische weisen Merkmale sowohl des *A. caetei*-Komplexes als auch des *A. eunotus*-Komplexes auf. Mit den Formen um *A. caetei* teilt *A.* spec. "Xingú" die Körperform, die Zeichnung der Schwanzflosse und die zeitweilig sichtbaren Unterbauchstriche. Dagegen fehlt den Tieren der unterhalb des Längsbandes ausgeprägte Teil des letzten Querbandes auf der Schwanzwurzel, der für *A. caetei* bezeichnend ist. An die Arten des *A. eunotus*-Komplexes erinnert das breite Längsband, welches bei den Vertretern des *A. caetei*-Komplexes wesentlich schmaler ist. Außerdem fehlt *A.* spec. "Xingú" der für Arten des *A. eunotus*-Komplexes anscheinend typische, zumindest zeitweise sichtbare gelborange Fleck an der Basis der Brustflossen, was die Tiere neben Details in der Flossenzeichnung deutlich von *A.* spec. "Smaragd" unterscheidet.

A. spec. "Xingú" ♂

I. Koslowski

Verbreitung: Bisher liegen nur spärliche Informationen zur Verbreitung dieser Form vor. Koslowski (1994) gibt an, daß Kilian, Schliewen und Stawikowski die Tiere bei Altamira im Gebiet um den Tucurui-Stausee fangen konnten.

Ökologie: Auch zur Ökologie dieser Art liegen nur spärliche Angaben vor. Koslowski teilte mir mit, die Fische seien von Stawikowski und seinen Reisebegleitern im Klarwasser des Rio Xingú nachgewiesen worden, wo sie im Fallaub der Uferzone lebten.

Ersteinfuhr: *A.* spec. "Xingú" wurden erstmals 1988 von Kilian, Schliewen und Stawikowski lebend aus der Umgebung von Altamira nach Deutschland eingeführt. Kurz darauf wurden die Tiere erstmals kommerziell nach Japan eingeführt. In Deutschland und den USA wurden die Fische erst seit etwa 1996 über private Wiedereinfuhren verschiedener Aquarianer verbreitet.

Aquarienbiologie: Über die Aquarienbiologie der Art sind nur wenige Informationen verfügbar. Nach Koslowski (1994) gelingt die Zucht bereits in mittelhartem und schwach saurem Wasser. Meine Tiere waren dagegen nur in sehr weichem und saurem Wasser zur Eiablage zu bringen; besonders die Larven und kleine Jungfische reagieren sensibel auf Veränderungen der Wasserchemie, weshalb keine Aufzucht der Nachkommen gelang.

Besonderheiten: Die Identifizierung dieser wenig bekannten *Apistogramma*-Art bedarf besonderer Sorgfalt, da sie sehr leicht mit *A.* spec. "Smaragd" zu verwechseln ist.

T: 22 - 30 °C, **L**: ♂ 7 cm, ♀ 5 cm, **BL**: ab 80 cm, **WR**: u, m, **SG**: 2 - 4

Apistogramma spec. "Zweifleck"

Es handelt sich bei dieser Form um die bereits von Fowler (1914) beschriebene Art *Apistogramma rupununi*. Näheres siehe dort.

Apistogramma spec. "Zweipunkt"

Es handelt sich bei dieser Form um die bereits von Kullander (1983) beschriebene Art *Apistogramma hippolytae*. Näheres siehe dort.

A. spec. "Xingú" ♂

A. spec. "Xingú" ♂

A. spec. "Xingú" ♀   I. Koslowski

A. spec. "Xingú" ♀, Brutpflegefärbung   I. Koslowski

Paraná zum Lago bei Trováo am unteren Rio Uaupés

Ungültige oder zweifelhafte *Apistogramma*-Arten

Unter den vielen Erstbeschreibungen von *Apistogramma*-Arten befindet sich eine ganze Reihe, deren Status als zweifelhaft angesehen werden muß. In einigen Fällen liegen Doppelbeschreibungen vor, in anderen Fällen ist aber der Status derzeit noch ungeklärt. Hierfür sind verschiedene Gründe verantwortlich. Vor allem zu erwähnen ist, daß nicht zu allen Zeiten besonders vorsichtig und umsichtig bei der Hinterlegung des zur Artbeschreibung herangezogenen Materials verfahren wurde. Daher ist für einige Arten das Typusmaterial heute nicht mehr verfügbar.

Apistogramma aequipinnis AHL, 1938

Erstbeschreibung: Über einen neuen südamerikanischen Fisch der Familie Cichlidae. Zoologischer Anzeiger 123 (10/12): 246 - 247.

Typusmaterial: Männchen, 50 mm TL (AHL 1938) (35 mm SL nach KULLANDER 1980); nach Aquarienhaltung von W. REITZIG, an Ernst AHL übergeben. Wahrscheinlich im Zoologischen Museum Berlin aufbewahrt. Genauer Verbleib derzeit unklar. "Fundort vermutlich Argentinien."

Etymologie: *aequipinnis* (lat.) = Die Ableitung oder Bedeutung des Namens wurde von AHL nicht dargestellt, dürfte aber wohl aus *aequus* (lat.) = gleich und *pinnis* (lat.) = befloßt zusammengesetzt worden sein.

Bemerkungen: AHL (1938) stellte die Art in die Nähe von *Apistogramma borellii*, von der sie sich vor allem durch eine andere Ausprägung der Dorsalstacheln unterscheiden soll. Die Beschreibung ist, wie zu jener Zeit üblich, überaus kurz und nach heutigem Maßstab so ungenau (auch wegen der vielen neu entdeckten Arten, die eine eingehendere Diagnose erforderlich machen), daß eine sichere Zuordnung ohne Nachuntersuchung des Typus nicht möglich erscheint. KULLANDER (1980) nennt aufgrund seiner Nachbestimmung *A. aequipinnis* zwar als gültige Art, eine Wiederbeschreibung erfolgte jedoch nicht. Eine Nachuntersuchung des Holotypus war bisher nicht möglich, da der Verbleib des Materials nicht abschließend geklärt ist. Der Status dieser Art ist aufgrund der mangelnden Information derzeit unklar.

Apistogramma ambloplitoides Fowler, 1940

Erstbeschreibung: Proceedings of the Academy of Natural Sciences of Philadelphia Vol. XCI (1939): 281 - 283.

Etymologie: *ambloplitoides* = zusammengesetzt aus *Ambloplites* = Gattung der Centrarchidae (Sonnenbarsche) und *oides* (gr.) = ähnlich. Der Name bezog sich wohl darauf, daß die von Fowler untersuchten Tiere Vertretern der Gattung *Ambloplites* ähnelten.

Typusmaterial: Zwei Exemplare

Holotypus: Ein Exemplar, Geschlecht unbestimmt, 108 mm (ANSP 68681), im Juli-August 1937 gesammelt. Fundort: Rio Ucayali-Basin, bei Contamana, Peru.

Paratypus: Ein Exemplar, Geschlecht unbestimmt, 105 mm (ANSP 68682), Sammeldaten wie beim Holotypus.

Bemerkungen: Es handelt sich, wie bereits aus der von Fowler beigefügten Zeichnung einwandfrei hervorgeht, nach Kullander (1980) um ein Synonym von *Acaronia nassa* (Heckel, 1840).

Apistogramma amoena (Cope, 1872)

Erstbeschreibung: On the Fishes of the Ambiyacu River Proceedings of the Academy of Natural Sciences of Philadelphia 23 (1871): 250 - 294 (251). (Beschreibung als *Geophagus amoenus* Cope, 1872.)

Etymologie: *amoena* (lat.) = schön, lieblich. Der Name wurde von Cope allerdings nicht erläutert.

Typusmaterial: Wahrscheinlich nur ein Exemplar; 11,6 cm TL ("4 inches"); nach Kullander (1980) verloren gegangen; gesammelt von John Hauxwell im Ambiyacu River, Ecuador. (Cope: "The Ambiyacu is an inconsiderable river, which empties into the Amazon near to Pebas, in Eastern Equador, some distance east of the Napo.")

Bemerkungen: Da das Typusmaterial nach derzeitigem Informationsstand verloren ist, ist zur Zeit keine eindeutige Zuordnung zu einer der bekannten Arten möglich. Die Tatsache, daß das wahrscheinlich einzige untersuchte Exemplar nach Copes Angaben etwa 11,5 cm TL aufwies ["four inches in length (with caudal)"], spricht allerdings gegen eine Zuordnung zur Gattung *Apistogramma*. Auch die Beschreibung des Zeichnungsmusters, vor allem der Schwanzflosse, die neben einem Basisfleck noch einen Fleck an der Spitze aufwies, spricht eher für ein junges Exemplar einer großen *Crenicichla*-Art aus der *C. saxatilis*-Verwandtschaft als für eine *Apistogramma*-Art.

Apistogramma corumbae
EIGENMANN, MCATEE & WARD, 1907

Erstbeschreibung: On further collections of Fishes from Paraguay. Annals of the Carnegie Museum IV: 110 - 157 (Tafeln 31 - 45).

Bemerkung: Es handelt sich um ein Synonym von *Apistogramma combrae* (REGAN 1906). Weitere Informationen siehe dort.

Apistogramma klausewitzi MEINKEN, 1962

Beschreibung: Ichthyologische Ergebnisse der Harald SCHULTZ-Expedition, 6: Eine neue Apistogramma-Art aus dem mittleren Amazonas-Gebiet, zugleich mit dem Versuch einer Übersicht über die Gattung. Senckenbergiana biologica 43 (2): 137 - 143.

Etymologie: *klausewitzi* = Diese Art wurde zu Ehren des Ichthyologen W. KLAUSEWITZ benannt, der MEINKEN das Beschreibungsmaterial überließ.

Typusmaterial: Sechs Exemplare.

Holotypus: Männchen, 32,5 mm SL (SMF 5526), im Dezember 1960 von H. SCHULTZ hinterlegt. Fundort: Igarapé Preto, Mündung etwa bei 03°54´S / 69°23´W (nach KULLANDER 1980), oberer Solimoes, Brasilien.

Paratypen: Zwei Männchen, 26,7 mm SL (SMF 5528) und 28,5 mm SL (SMF 5527), sowie drei Weibchen, 24,4 bis 25,3 mm SL (SMF 5529 - 5531), alle Daten wie Holotypus.

Bemerkung: Es handelt sich um ein Synonym zu *Apistogramma bitaeniata* PELLEGRIN, 1936 (vergleiche auch KULLANDER 1980). Weitere Angaben siehe unter *A. bitaeniata*.

A. klausewitzi, Paratypenserie

Apistogramma kleei MEINKEN, 1964

Beschreibung: Mitteilungen der Fischbestimmungsstelle des VDA XLVII: Apistogramma kleei spec. nov., der Querbinden-Zwergbuntbarsch (Pisces: Teleostei: Cichlidae). Die Aquarien- und Terrarienzeitschrift (DATZ) 17 (10): 293 -297.

Etymologie: *kleei* = MEINKEN benannte diese Art zu Ehren des Amerikaners A. J. KLEE, der ihm das Beschreibungsmaterial zusandte.

Typusmaterial: Drei Exemplare.

Holotypus: Männchen, 50,5 mm SL (USNM 199593), im Juni 1964 von Dr. A. J. KLEE an H. MEINKEN gesandt (Anmerkung des Verfassers: Notiz in Meinkenbibliothek, handschriftlich).

Fundort: Unbekannt, es handelte sich um über den Handel importierte Aquarienexemplare. [KULLANDER (1986) listet zum Holotypus folgende Abweichungen auf: 46,5 mm SL; "vom mittleren Teil des nördlichen oberen Amazonas"; 1964 von S. H. WEITZMAN hinterlegt.]

Paratypen: Männchen, 44,5 mm SL und Weibchen, 30,2 mm SL (beide USNM 199594), alle Daten wie Holotypus (auch die Anmerkungen KULLANDERS betreffend).

Bemerkung: Es handelt sich nach eingehenden Untersuchungen des Beschreibungsmaterials durch KULLANDER (1980) um ein Synonym zu *A. bitaeniata* PELLEGRIN, 1936.

Apistogramma ornatipinnis AHL, 1936

Erstbeschreibung: Beschreibung dreier neuer Fische der Familie Cichlidae aus Südamerika. Sitzungsberichte der Gesellschaft naturforschender Freunde ausgegeben am 15. August 1936: 138 - 142.

Etymologie: AHL erklärte den Namen nicht. Offenbar bezog er sich aber auf die Beschreibung der Schwanzflossenfärbung des lebenden Typus-Exemplares, dessen Schwanzflosse oben und unten ziegelrot, in der Mitte senkrecht gebändert war. *ornatipinnis* (lat.) = zusammengesetzt aus *ornatus*

= geschmückt, schön und *pinna* = Flosse.

Typusmaterial: Männchen (?), 70 mm TL, von Fritz MAYER (Hamburg G.) hinterlegt. Fundort: Nach AHL aus "Britisch Guiana". (Anmerkung des Verfassers: Wahrscheinlich im ZMB hinterlegt.)

Bemerkungen: Es handelt sich offenbar um ein Synonym von *Apistogramma steindachneri*.

Apistogramma "pleurostigma"

Die Bezeichnung *pleurostigma*, = zusammengesetzt aus *pleuro* (gl.) = Seite und *stigma* (gr.)= Punkt, Fleck, wird 1957 von BAUM als Handelsname für *A. ornatipinnis* erwähnt. Er bezieht sich offenbar auf den Seitenfleck der Tiere. *A. ornatipinnis* stellt als "nomen nudum" ein Synonym zu *A. steindachneri* dar. Näheres siehe dort.

Apistogramma ramirezi (MYERS & HARRY, 1948)

Es handelt sich nicht um eine *Apistogramma*-Art. Die korrekte Bezeichnung für diese Art ist: *Mikrogeophagus ramirezi* (MYERS & HARRY, 1948). Weitere Angaben siehe dort.

Apistogramma reitzigi MITSCH, 1938

Erstbeschreibung: Aquarium, Berlin. 1938: 181.

Etymologie: *reitzigi* = Von AHL wurde der Name nicht erläutert. Er bezieht sich aber offensichtlich mit einem Dedikationsnamen auf den Hinterleger des Typus-Exemplares.

Typusmaterial: Männchen, 37 mm TL, von G. REITZIG übergeben. Fundort: Unbekannt, wahrscheinlich Brasilien. (Anmerkung des Verfassers: Wahrscheinlich im ZMB hinterlegt.)

Bemerkungen: Es handelt sich offenbar um ein Synonym zu *Apistogramma borellii* (REGAN, 1906). Weitere Angaben siehe dort.

Apistogramma ritense (HASEMAN, 1911)

Erstbeschreibung: XVIII. An Annotated Catalog of the Cichlid Fishes collected by the Expedition of the Carnegie Museum to Central South America, 1907 - 10: 65. Heterogramma ritense, spec. nov.. Annals of the Carnegie Museum VII (3-4): 329 - 373 (362 & plate LXX).

Etymologie: *ritense* = Der Name wurde von HASEMAN (1911) nicht erläutert, doch ist offensichtlich, daß sich der von ihm verwendete Name auf den Fundort des Typusmaterials, den Rio Santa Rita bei der Ortschaft Santa Rita bezieht.

Typusmaterial: Vier Exemplare.

Holotypus: Ein Exemplar (Männchen?), 25 mm (CM No 2765a), am 12. Juni 1909 von der Expedition des Carnegie Museum 1907 - 10 gesammelt.

Fundort: Bei Santa Rita im Rio Santa Rita, welcher zum Paraguay-System gehört.

Cotypen: Drei Exemplare, Geschlecht unbestimmt, 20 bis 24 mm (CM 2765 b - d). Sammeldaten wie Holotypus.

Synonyme: Keine.

Bemerkungen: Diese Form wurde als *Heterogramma ritense* beschrieben; nach KULLANDER (1980, ohne Nachuntersuchung des Materials!), dem ich hier vorläufig folge, stellt sie aber ein Synonym zu *Apistogramma borellii* (REGAN, 1906) dar. Die Abbildung des Typusexemplares bei FOWLER (1914) zeigt einen gebänderten Fisch, der weniger einer *Apistogramma*- als einer *Nannacara*-Art gleicht. Eine Nachuntersuchung des Typenmaterials erscheint daher sinnvoll. Näheres siehe unter *A. borellii*.

Apistogramma rondoni (MIRANDA RIBEIRO 1918)

Erstbeschreibung: Annexo N. 5 Historia Natural: Zoologia: Cichlidae. Commissáo de Linhas Telegraphicas Estrategicas de Matto Grosso ao Amazonas, Pubicacáo N. 46: 1 - 18 (16 & plate XI).

Etymologie: *rondoni* = Der Name wurde zu Ehren des brasilianischen Generals Cándido Mariano da Silva

RONDON vergeben, dem zu Ehren 1957 auch das frühere Bundesterritorium Guaporé in Rondônia umbenannt wurde. Heute ist das Bundesterritorium in einen Bundesstaat umgewandelt.

Typusmaterial: Mindestens drei Exemplare. Der Verbleib des Typenmaterials ist derzeit unklar.

Synonyme: (*Heterogramma rondoni* MIRANDA RIBEIRO, 1918)

Fundort: Caceres, na Caicara (Campina).

Bemerkungen: Der Status dieser Form ist derzeit unklar, da kein neues oder gar lebendes Material zur Verfügung steht.

Apistogramma roraimae KULLANDER, 1980

Erstbeschreibung: A Taxonomical Study of the Genus Apistogramma REGAN, with a Revision of Brazilian and Peruvian Species (Teleostei: Perciformes: Cichlidae). Bonner Zoologische Monographien Nr 14: 138 - 141.

Etymologie: *roraimae* = Der Name bezieht sich auf das brasilianische Território Roraima, das frühere Território Rio Branco.

Bemerkungen: Es handelt sich um ein Synonym zu *Apistogramma gibbiceps* MEINKEN, 1969. Das ergibt sich aus meinen eingehenden Untersuchungen und Vergleichen verschiedener durch W. STAECK 1995 in der Umgebung der Typuslokalität und von mir und meinen Mitreisenden 1991, 1992 und 1994 im Bereich des mittleren und oberen Rio Negro gesammelten Exemplare mit den Typen. Weitere Angaben siehe dort.

A. roraimae, Paratypus

A. klausewitzi, Holotypus (SMF 5526)

Apistogramma sweglesi MEINKEN, 1961

Erstbeschreibung: Drei neu eingeführte Apistogramma-Arten aus Peru, eine davon neu. Die Aquarien und Terrarien Zeitschrift DATZ 14 (5): 135 - 139 (136).

Etymologie: *sweglesi* = Der Name bezieht sich als Dedikation auf Kyle SWEGLES, der die Art fing.

Typusmaterial: Drei Exemplare. Zwei Männchen, 73 mm TL und 67 mm TL, sowie ein Weibchen, 50 mm TL.
Die Typen sind verlorengegangen, beziehungsweise wurden wahrscheinlich zwischen 1976 und 1980 vernichtet.

Bemerkungen: Als besonders problematisch galt (und gilt) der Status von *Apistogramma sweglesi* MEINKEN, 1961, dessen Typusmaterial nach umfangreichen Recherchen verschiedener Autoren unauffindbar ist, wobei zum Teil widersprüchliche Angaben zum Verbleib gemacht wurde. Nach den eigenen Angaben MEINKENS sollte das Typenmaterial von *Apistogramma sweglesi* nach Erscheinen der Erstbeschreibung dem Zoologischen Staatsinstitut in Hamburg (ZIMH) übergeben werden (MEINKEN 1961). Tatsächlich ist dieses Material dort aber nicht registriert (WILKENS 1977 in einem Brief an KULLANDER, in KULLANDER 1980). Die Typen befanden sich noch bis mindestens Januar 1966 in MEINKENS Privatsammlung, wie aus einem seiner Briefe an W. LADIGES hervorgeht (in KULLANDER 1980). Bis 1976 fehlt jeder Hinweis auf den Verbleib des Materials. 1976 schrieb MEINKEN an KULLANDER (in KULLANDER 1980), daß all sein Mate-

rial möglicherweise dem SMF übersandt worden sei; doch auch dort finden sich keine der MEINKENSchen Präparate. Alle weiteren Bemühungen zum Auffinden der *A. sweglesi*-Typen blieben erfolglos (KOSLOWSKI 1985, KULLANDER 1980, 1986, RICHTER 1988, SCHMETTKAMP 1982).
Erst 1995 tauchten neue Informationen über den Verbleib des Typenmaterials auf: In einem längeren Gespräch über die Arbeiten MEINKENS und die taxonomischen Unsicherheiten, die durch das Verschwinden des Typenmaterials verursacht wurden, teilte mir H. A. BAENSCH folgendes mit: Noch zu MEINKENS Lebzeiten habe er (BAENSCH) einen Teil des Nachlasses MEINKENS käuflich von ihm erworben. Einige Zeit nach dessen Ableben habe er sich zur vereinbarten Übernahme bei den Nachlaßverwaltern MEINKENS eingefunden. Diese teilten ihm auf Nachfrage beiläufig auch zum Verbleib der Präparatesammlung mit, daß ein Teil kurz zuvor von Mitarbeitern des ZIMH abgeholt worden sei. Die restlichen Präparate habe man über die Mülltonne beseitigt, da sie ohnehin niemand haben wollte. Da die Typen von *A. sweglesi* im ZIMH nicht vorliegen, muß nunmehr davon ausgegangen werden, daß dieses Material bei der Auflösung des MEINKEN-Nachlasses vernichtet worden ist.

Apistogramma trifasciatum haraldschultzi
MEINKEN, 1960

Erstbeschreibung: Apistogramma trifasciatum harald schultzi subspec. nov.: (Mitteilungen der Fischbestimmungsstelle des VDA XXXIV). Aquarien und Terrarien - Monatsschrift für alle Gebiete der Aquarien- und Terrarienkunde 7 (10): 291 - 294.

Etymologie: *haraldschultzi* = ein Dedikationsname zu Ehren von Harald SCHULTZ, "dem Expeditionsleiter des Staatsmuseums in Sáo Paulo", der die Fische fing.

Typusmaterial: Sieben Exemplare. Nach MEINKENS Angaben wurden alle Belegexemplare dem "Zoologischen Staatsinstitut Hamburg" zugewiesen.

Holotypus: Ein Männchen, 45 3/4 mm SL (ZSH?), wahrscheinlich das von SCHMIDT 1959 lebend an MEINKEN gesandte Exemplar.

Paratypen: Ein Weibchen, 33 1/3 mm SL, alle Angaben wie beim Holotypus. Fünf Exemplare von 29 mm TL bis 39 mm TL, wahrscheinlich die von T. Dunker ebenfalls 1959 an MEINKEN gesandten Spiritusexemplare.

Typusfundort: Oberer Guaporé, auch Itenes genannt, im Norden des Staates Mato Grosso.

Synonyme: Die Validität dieser Unterartenbeschreibung wurde von verschiedenen Autoren wiederholt angezweifelt (vergl. KULLANDER 1980, KOSLOWSKI 1985). Es bestehen neben der Frage, ob sich diese Tiere zur Abgrenzung ausreichend von der Nominatform unterscheiden, für mich erhebliche Zweifel an der Abgrenzbarkeit von der bereits 1911 von HASEMAN beschriebenen Unterart *A. trifasciatum maciliense*, deren Beschreibung MEINKEN wahrscheinlich unbekannt war. Immerhin konnte ich die entsprechende Arbeit bei eingehender Durchsicht der vollständigen ehemaligen Bibliothek MEINKENS, in der sich sogar noch etliche seiner handschriftlichen Vermerke und Briefe befinden, nicht finden. Beide Arbeiten weisen in den Details der Abgrenzung so weitgehende Übereinstimmung auf, daß ich von einer Identität beider Formen ausgehe: *A. t. haraldschultzi* stellt demnach ein Synonym zu *A. trifasciata maciliensis* HASEMAN dar, welches ich als eigenständige Art *A. maciliensis* betrachte (Näheres siehe dort). Bemerkenswert ist, daß MEINKEN (auch zeichnerisch) hervorhebt, daß lebenden Individuen das dritte Band, das vom Kopf zum vorderen Afterflossenansatz verläuft, fehlt, dieses aber am konservierten Fisch klar hervortritt. Er weist auf ein weiteres wichtiges Merkmal hin, das die Spiritusexemplare aufwiesen: "die Schwanzflosse (ist) schwärzlichrot" (Einf. in Klammer: Verf.). Im Sommer 1995 wurden über verschiedene Großhändler etliche Tiere nach Deutschland eingeführt, die sich erheblich von den bisher aquaristisch bekannt gewordenen *A. trifasciata* unterschieden und weitgehend den Beschreibungen der beiden genannten Formen entsprechen. Besonders hervorzuheben ist das Fehlen des dritten Körperbandes und die Tatsache, daß ein Teil der Männchen eine auf feiner schwarzer Netzzeichnung blutrote Schwanzflosse zeigen. Konservierte Exemplare dieser neu eingeführten Fische zeigen die von MEINKEN beschrie-

benen Merkmale und Färbungen, die aber mit den älteren Angaben HASEMANS zu *A. t. maciliensis* weitgehend übereinstimmen. Das Taxon *A. trifasciatum haraldschultzi* ist daher als Synonym zu *A. maciliensis* anzusehen.

Apistogramma weisei AHL, 1936

Erstbeschreibung: Beschreibung dreier neuer Fische der Familie Cichlidae aus Südamerika. Sitzungsberichte der Gesellschaft naturforschender Freunde Berlin, ausgegeben am 15. August 1936: 138 - 142.

Etymologie: *weisei* = es handelt sich um einen Dedikationsnamen zu Ehren von H. WEISE.

Typusmaterial: Umfang und Verbleib derzeit unklar. Möglicherweise im ZMB aufbewahrt.

Bemerkungen: Es handelt sich offenbar um ein Synonym zu *Taeniacara candidi* (MYERS, 1935). Weitere Informationen siehe dort. Gelegentlich wurde (vornehmlich im Tierhandel) als Name auch fehlerhaft *A. weisi* verwendet.

Apistogramma wickleri MEINKEN, 1960

Beschreibung: Eine neue Apistogramma-Art (Pisces; Percoidea, Cichlidae). Internationale Revue der gesamten Hydrobiologie 45 (4): 655 - 661.

Etymologie: *wickleri* = Dedikationsname zu Ehren von W. WICKLER, der MEINKEN die Tiere zur Bestimmung übersandte.

Typusmaterial: Vier Exemplare.

Holotypus: Männchen, 77,5 mm SL (ZIMH ?), von Dr. W. WICKLER Anfang 1960 an H. MEINKEN gesandt. Fundort: unbekannt, Aquarienexemplare aus dem Bestand des Max-Planck-Institutes für Verhaltensphysiologie in Seewiesen.

Paratypus: Ein Männchen, 74 mm SL (ZIMH?) und ein Weibchen, 70 mm SL (ZIMH ?), Daten wie Holotypus. Ein (importiertes?) Männchen, Daten wie beim Holotypus.

Bemerkungen: Es handelt sich um ein Synonym zu *A. steindachneri* (REGAN, 1908). Weitere artspezifische Angaben siehe dort. Der tatsächliche Verbleib des Typenmaterials im ZIMH ist derzeit noch ungeklärt.

Heterogramma REGAN, 1906

Beschreibung: A revision of the South-American cichlid Genera Retroculus, Geophagus, Heterogramma and Biotoecus. Ann. Mag. nat. Hist., ser 7 (vol. xvii) (issue 97): 60- 61.

Etymologie: REGAN gibt keine Erläuterungen zur Gattungsbezeichnung.

Bemerkung: *Heterogramma* REGAN stellt ein Synonym zu *Apistogramma* REGAN, 1913 dar. *Heterogramma* war als Bezeichnung für eine Käfergattung präocupiert und mußte daher von REGAN ersetzt werden.

Apistogramma spec. "Abuna" ♂, subdominant, leicht aggressiv

Sonne und Regen sind die Motoren der Dynamik des Regenwaldes

Weitere Zwergbuntbarsche aus Südamerika

In diesem Abschnitt sollen die übrigen bisher bekannten Zwergcichliden aus Südamerika ebenfalls vorgestellt werden, da Vertreter dieser Gruppe im allgemeinen zur Begleitfauna der *Apistogramma*-Arten gehören und auch im Aquarium gut zur Vergesellschaftung mit ihnen geeignet sind. Der Umfang der Darstellung wird bei den meisten Arten der Gattungen *Crenicichla* und *Teleocichla* allerdings erheblich reduziert, da diese Formen Gegenstand eines speziellen Werkes sein werden.

Apistogrammoides MEINKEN, 1965

Erstbeschreibung: Über eine neue Gattung und Art der Familie Cichlidae aus Peru (Pisces, Percoidea, Cichlidae). Senckenbergiana biologica 46 (1): 47 - 53.

Typusart der Gattung: *Apistogrammoides pucallpaensis* MEINKEN, 1965.

Etymologie: MEINKEN erklärte den Namen nicht, doch erwähnt er die Ähnlichkeit zu *Apistogramma*. Der Name ist daher wohl zusammengesetzt aus *Apistogramma* = eine Cichlidengattung aus Südamerika, und *oides* (gr.) = ähnlich, heißt also "*Apistogramma*ähnlich".

Apistogrammoides pucallpaensis MEINKEN, 1965

Erstbeschreibung: Über eine neue Gattung und Art der Familie Cichlidae aus Peru (Pisces, Percoidea, Cichlidae). Senckenbergiana biologica 46 (1): 47 - 53.

Etymologie: *pucallpaensis* = der adjektivierte Name bezieht sich auf den Fundort bei Pucallpa in Peru.

Typusmaterial: Vier Exemplare.

Holotypus: Männchen, 37 mm TL (SMF 7565), im Sommer 1964 von A. KLEE an MEINKEN übersandt (Sammeldatum unbekannt). Fundort: Ein Bach außerhalb der Vorstadt von Pucallpa, Peru, der in den Rio Ucayali mündet.

Apistogrammoides pucallpaensis ♂, halbwüchsig

Apistogrammoides pucallpaensis ♀, halbwüchsig, beginnende Brutpflegefärbung

999

Spezieller Artenteil

Paratypen: Ein Männchen, 31,5 mm TL (SMF 7566) und zwei Weibchen von 30 mm TL (SMF 7568) und 33 mm TL (SMF 7567). Alle Sammeldaten sind wie beim Holotypus angegeben.

Synonyme: Keine.

Artspezifische Merkmale: *A. pucallpaensis* ist relativ leicht an der im Vergleich zu den Zwergbuntbarschen der Gattung *Apistogramma* verhältnismäßig langen Afterflosse mit den acht Hartstacheln zu identifizieren. Auf der Schwanzwurzel befindet sich eine kreuzähnliche, schwarze Zeichnung, die aus einem Querband und dem Ende des Längsbandes gebildet wird. Bei vielen, vor allem männlichen Tieren, liegen direkt dahinter auf der Schwanzflossenbasis zwei oder drei übereinander angeordnete, rundliche Flecke.

Geschlechtsunterschiede: Männchen dieser Art werden etwas größer als die Weibchen. Sie entwickeln eine im Weichstrahlbereich leicht zugespitzte Rückenflosse, welche bei Weibchen stets abgerundet bleibt. Außerdem zeigen die Männchen bei Erreichen der Geschlechtsreife in der Schwanzflosse, die bei Weibchen transparent ist, ein unregelmäßiges gelbes und graues Wabenmuster. Auch die Rücken- und Afterflosse der Männchen ist bunter als die der Weibchen. Die Bauchflossen der Weibchen tragen im Gegensatz zu denen der Männchen einen kleinen, schwärzlichen Basisfleck.

Verwandtschaftliche Zuordnung: Diese Art steht in verwandtschaftlicher Nähe zu den *Apistogramma*-Arten. Die

Aussagen MEINKENS (1965), die *Apistogrammoides pucallpaensis* zum Bindeglied zwischen *Apistogramma* und *Cichlasoma* machen sollten, basieren nach Angaben KULLANDERS (1986) auf mangelhaften Untersuchungen des Typenmaterials und sind substanziell ungerechtfertigt. Vielmehr ist lediglich die nahe Verwandtschaft zu *Apistogramma* nachweisbar (KULLANDER 1986).

Typusfundort: Ein kleiner Bach in der Nähe von Pucallpa, Peru.

Verbreitung: Die Verbreitung von *A. pucallpaensis* ist noch unzureichend untersucht. Es handelt sich bei diesem Zwergbuntbarsch aber um einen Bewohner des unteren und mittleren Ucayali-Einzuges in Peru und des oberen (kolumbianischen) Amazonas-Einzuges. Nach bisherigen Informationen scheint *A. pucallpaensis* seinen Verbreitungsschwerpunkt in Peru zu haben, wo insbesondere in der Umgebung der Stadt Pucallpa regelmäßig Tiere für den kommerziellen Export gesammelt werden.

Ökologie: Es liegen bisher nur wenige Angaben zur Ökologie vor. Nach Angaben von LINKE (1986) und STAECK (1987) und verschiedenen anderen reisenden Aquarianern (z.B. MAYLAND 1995, GAUGLITZ persönliche Mitteilung) kann angenommen werden, daß *A. pucallpaensis* hauptsächlich an Weißwasserhabitate gebunden ist. Alle Fänger dieser Art berichten davon, daß sie die Fische in nur mäßig weichem (4 bis 17 °dGH / 100 bis 550 µS/cm) und schwach saurem bis leicht alkalischem Wasser (pH 6,5 bis 7,5) fanden. Die

Apistogrammoides pucallpaensis ♂, adult, dominant

J. Glaser

Apistogrammoides pucallpaensis, 5 Tage alte Larven

Temperaturen an verschiedenen Fundorten lagen zwischen 21 °C und 27 °C, in Restwasserpfützen auch bis zu 33 °C. In letzterem Fall schienen die Fische aber bereits erheblich in ihrer Vitalität beeinträchtigt gewesen zu sein. Es ist hervorzuheben, daß *A. pucallpaensis* in den meisten Fällen innerhalb der Schwimmpflanzendecke (meist aus *Eichhornia*) gefunden wurde und dort offenbar auch erheblich häufiger zu sein scheint als in ufernahen Fallaubschichten.

Ersteinfuhr: Etwa 1964 wurden erstmals einige Exemplare in die USA eingeführt, von denen Albert KLEE (San Francisco) vier, die Typen, konserviert an H. MEINKEN verschickte.

Aquarienbiologie: *A. pucallpaensis* eignet sich nicht für die Unterbringung im Gesellschaftsaquarium oder mit anderen Zwergbuntbarschen. Die Einrichtung eines separaten Pflegebehälters, in dem einige kleine Salmler, etwa *Klausewitzia aphanes*, *Paracheirodon innesi*, *Poecilocharax weitzmani*, oder Bachlinge (*Rivulus*) mitgepflegt werden können, ist für die artgemäße Haltung dieser Zwergfische erforderlich. Das Aquarium sollte auf feinem, weißem Sandgrund mit Hilfe von Totholz, Fallaub, Steinen und/oder einer dichten Bepflanzung möglichst versteckreich eingerichtet werden, wobei eine dichte Schwimmpflanzendecke nicht vergessen werden sollte, da sich diese Zwergbuntbarsche besonders häufig darin aufhalten. Ich bringe in die Schwimmpflanzendecke immer auch einige Plastikfilmdöschen ein, in denen alle von mir gepflegten Zwerg-

buntbarsche regelmäßig ablaichen. Die Balz kann sich bei *A. pucallpaensis* im Gegensatz zu den meisten anderen neotropischen Zwergbuntbarschen über mehrere Tage hinziehen, bevor die Besetzung des späteren Eiablageplatzes erfolgt. Die Ei- und Larvenpflege, die je nach Wassertemperatur acht bis zehn Tage dauert, obliegt allein dem Weibchen, obwohl bereits in dieser Zeit vereinzelt Besuche des Männchens im Brutversteck zu beobachten sind. Nach dem Aufschwimmen der Jungen, die sofort *Artemia*-Nauplien bewältigen, werden sie von beiden Eltern gleichberechtigt geführt; nur ausnahmsweise duldet das Weibchen das Männchen während der ersten Tage noch nicht in der Nähe der Brut. Noch seltener wird das Weibchen vom Männchen aus deren Umgebung vertrieben. LINKE & STAECK (1995) geben an, daß sich der Brutverband bereits nach etwa drei Wochen auflöst. Ich selbst konnte in großen Aquarien (150 Zentimeter Kantenlänge) beobachten, daß die bis zu 100 Jungfische über zwei Monate von den Eltern betreut werden. In der letzten Phase der Jungenbetreuung pflegte bei meinen Tieren das Weibchen bereits wieder die Folgebrut, während das Männchen die größeren Jungfische gegen *Paracheirodon innesi* verteidigte. Das ebenfalls von LINKE & STAECK (1995) erwähnte "Splitten" der Brut zwischen den Eltern, die dann jeweils einen Teil der Brut unabhängig voneinander führen, konnte ich nur in Aquarien beobachten, in denen Einzelpaare ohne Feindfische (etwa Salmler) untergebracht waren. In größeren Becken, in denen Gruppen gemeinsam mit Salmlern oder

Bachlingen gehalten wurden, pflegten die Eltern immer gemeinsam einen Schwarm. Die Ursache dürfte darin liegen, daß sich das Männchen unter solchen Bedingungen immer wieder schnell aus dem Jungfischschwarm lösen muß, um potentielle Freßfeinde aus dessen Umgebung zu vertreiben. Offenbar spielen also auch bei *A. pucallpaensis* die Pflegebedingungen, insbesondere auch die Aquariengröße, bei der Ausprägung unterschiedlicher Verhaltensweisen eine bedeutende Rolle.

Bemerkungen: *A. pucallpaensis* wird zur Zeit nur sehr selten als Wildfang aus Peru eingeführt. Nahezu alle im Handel befindlichen Tiere stammen aus Zuchtbetrieben. Leider ist ein großer Teil der Tiere über Generationen künstlich erbrütet worden und weist zum Teil erhebliche Verhaltensabnormalitäten bei der Brutpflege auf.

T: 20 - 30 °C, **L:** ♂ 5 cm, ♀ 4 cm **BL:** ab 60 cm Einzelpaare, 100 cm Gruppen, **WR:** u, m, o (Schwimmpflanzendecke), **SG:** 2 - 3

Apistogramma spec. "Steel Blue" ♂, dominant, aggressiv

Biotoecus EIGENMANN & KENNEDY, 1903

Erstbeschreibung: On a collection of fishes from Paraguay, with a synopsis of the American genera of cichlids. Proceedings of the Academy of natural siences of Philadelphia, 5:497-537.

Typusart der Gattung: *Biotoecus opercularis* (STEINDACHNER, 1903).

Etymologie: *biotoecus* = abgeleitet von *biotos* (gr.) = lebend und *oikos* (gr.) = Haus, Heim. Der Gattungsname wird nicht genau erklärt, leitet sich aber wahrscheinlich von der Annahme der Erstbeschreiber, die Tiere seien maulbrütende Geophagine ab.

Biotoecus dicentrarchus KULLANDER, 1989

Erstbeschreibung: Biotoecus EIGENMANN and KENNEDY (Teleostei: Cichlidae): description of a new species from the Orinoco basin and revised generic diagnosis. Journal of Natural History 23: 225 - 260.

Etymologie: *dicentrarchus* (gr.) = zusammengesetzt aus *di* = zwei, *kentron* = Stachel, Gräte und *archos* = Bauch. Der Name bezieht sich darauf, daß die Afterflosse einmalig unter den Cichliden nur zwei Hartstacheln aufweist.

Typusmaterial: 21 Exemplare.

Holotypus: Männchen, 38,4 mm SL (ICN-MHN 1400), am 6. März 1985 von T. HONGSLO gesammelt. Fundort: Cano Alisal, ein Zufluß des Rio Bita einige Kilometer südlich von Puerto Carreno, Polizeidistrikt Vichada, Kolumbien.

Paratypen: Zwei Männchen, 31,1 mm und 34,2 mm SL und ein Weibchen, 30,9 mm SL (NRM THO/1985103.

8134), Sammeldaten wie Holotypus. Ein Exemplar, 19,1 mm SL (FMNH 93045), am 29. März 1974 von J. E. THOMERSON *et. al.* gesammelt. Fundort: Flußsandbank im Rio Inirida etwa 45 Minuten flußaufwärts von Puerto Inirida, Gemeinde Guiania, Kolumbien (Station C-74-6). 16 Exemplare, 13.5 mm SL bis 24,1 mm SL (FMNH 85650), am 14. Januar 1975 von J. E. THOMERSON *et. al.* gesammelt. Fundort: Teiche 300 Meter südlich Puerto Nuevo in Richtung Puerto Ayacucho, Edo Bolivar, Venezuela (Station V-75-16).

Synonyme: Keine.

Artspezifische Merkmale: (Die folgenden Angaben beruhen im wesentlichen auf den Angaben von KULLANDER (1989) zum konservierten Material.) Der Körper ist schlank und langgestreckt, sandfarben transparent, häufig mit schwachem blaumetallischem Schimmer. Eine Reihe von sechs runden Flecken liegt auf der Körperseite. Die

Biotoecus cf. *dicentrarchus* ♂, adult, Brutpflegefärbung, am Fangplatz Rio Urubaxí

Wange ist dunkel gefärbt. Auf dem Kiemendeckel ist ein schwarzer, von braunen Flecken eingefaßter Streif zu sehen. Die Afterflosse ist verhältnismäßig lang. Die Rückenflosse ist niedrig, die ersten beiden ihrer Flossenhäute lang und zugespitzt, die nachfolgenden nach und nach kürzer werdend. Die Schwanzflosse ist tief eingeschnitten, zweilappig mit zugespitzten Ecken. Nur zwei Hartstacheln befinden sich in der Afterflosse.

Geschlechtsunterschiede: Geschlechtsunterschiede sind unbekannt, wahrscheinlich aber wie bei *Biotoecus opercularis*.

Verwandtschaftliche Zuordnung: *B. dicentrarchus* und *B. opercularis* wurden früher als eine stark aberrante Gruppe innerhalb der geophaginen Buntbarsche angesehen. KULLANDER (1989) studierte beide Formen detailliert und kommt zu dem Schluß, daß die *Biotoecus*-Arten keiner anderen neotropischen Cichlidengruppe zugeordnet werden können, da sie praktisch keine ihnen entsprechende morphologische Übereinstimmungen aufweisen. Ob beide Arten tatsächlich eine eigenständige Entwicklungslinie repräsentieren oder lediglich so stark abgeleitet sind, daß diese Merkmale nicht mehr zu identifizieren sind, muß weiteren Untersuchungen überlassen bleiben.

Typusfundort: Oberer und mittlerer Rio Orinoco in Kolumbien und Venezuela (Puerto Carreno und Puerto Ayacucho).

Spezieller Artenteil

Verbreitung: Bisher liegen nur Nachweise von den Typenaufsammlungen vor. Danach bewohnt die Art das obere Rio Orinoco-System in Venezuela und Kolumbien. Ob die Art möglicherweise auch den oberen Rio Negro über den Cássaquiáre erreicht, bedarf eingehender Untersuchungen.

Ökologie: Die Ökologie ist praktisch unbekannt. Das Typusmaterial stammt aber aus einer flachen Bucht, die mit einer grasartigen Pflanze überwachsen war. Die Wassertemperatur betrug 34 °C! Neben vier *B. dicentrarchus* wurden hier Tausende von *Dicrossus filamentosus* festgestellt. Betrachtet man den Habitus und die Färbung von *B. dicentrarchus* steht aber zu erwarten, daß auch diese Art ähnlich wie *B. opercularis* weitgehend an das Leben auf Sandflächen angepaßt ist.

Ersteinfuhr: Die Art wurde möglicherweise bereits lebend eingeführt. Einzelexemplare dürften normalerweise unerkannt bleiben und als *B. opercularis* angesehen werden.

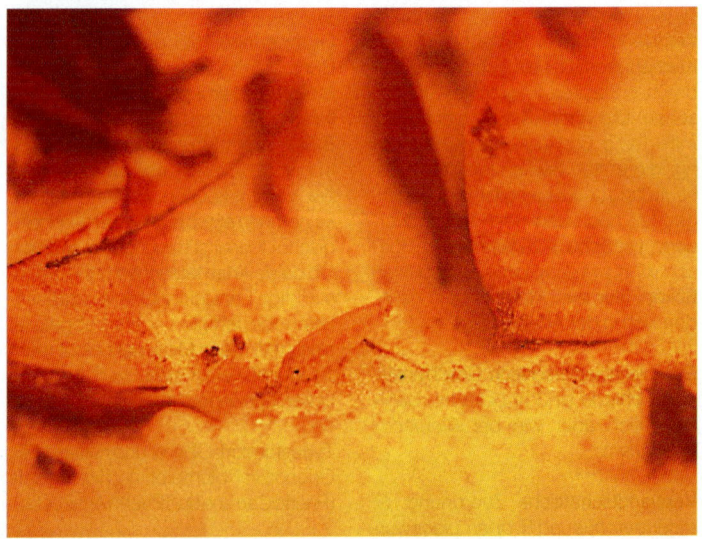

Apistogramma uaupesi im Rio Urubaxí bei der Nahrungssuche

Abendstimmung über dem oberen Rio Negro

Biotoecus opercularis (Steindachner, 1903)

Erstbeschreibung: Beiträge zur Kenntnis der Chromiden des Amazonasstromes. Sitzungsberichte der Akademie der Wissenschaften Wien 71 (1): 125 - 127. (Die Beschreibung erschien unter der Bezeichnung *Saraca opercularis*.)

Etymologie: *opercularis* = abgeleitet von *operculum* = Kiemendeckel. Der Name bedeutet etwa "auf dem Kiemendeckel gezeichnet".

Synonyme: Keine. Allerdings verwendete Steindachner bei der Erstbeschreibung den bereits vorher vergebenen Namen *Saraca*, der später durch Eigenmann & Kennedy ersetzt wurde.

Typusmaterial: Wahrscheinlich neun Exemplare.

Syntypen: Acht erwachsene Exemplare (NMW unkatalogisiert). Fundort: Silva, See Saraca. Ein junges Exemplar (NMW 38419). Fundort: Villa bella. Weitere Sammeldaten werden (in der Beschreibung) nicht angegeben.

Artspezifische Merkmale: Körper schlank und langgestreckt, sandfarben transparent, häufig mit schwach blaumetallischem Schimmer. Der Kopf ist relativ spitz mit auffallend großen Augen. Ein kleiner runder Seitenfleck liegt auf der Körpermitte. Ein Längsband ist nicht vorhanden, wohl aber eine Reihe von sechs, an den Positionen der Querbänder liegenden, rundlichen Flecken. Ein kleiner Schwanzwurzelfleck ist zeitweilig sichtbar. Die Afterflosse ist verhältnismäßig lang, die Rückenflosse niedrig, ohne zugespitzte Flossenhäute im vorderen Teil. In der Afterflosse befinden sich drei Hartstacheln.

Geschlechtsunterschiede: Erst bei erwachsenen Tieren sind die Geschlechter einigermaßen sicher zu unterscheiden. Männchen werden etwas größer als Weibchen und entwickeln fädige Verlängerungen der Bauchflossen, die den Weibchen stets fehlen. Ein Teil der männlichen Tiere entwickelt außerdem eine fädige Verlängerung am oberen Lappen der ansonsten rund eingekerbten Schwanzflosse. Weibchen sind etwas gedrungener als Männchen und haben im direkten Vergleich gesunder Tiere einen deutlich runderen Bauch. Die Bauchflossen werden in der Brutpflegezeit (zumindest bei Wildfangtieren) bei beiden Geschlechtern rötlich und eignen sich ebensowenig wie die übrigen Körpermerkmale zur Geschlechtsbestimmung.

Verwandtschaftliche Zuordnung: *B. opercularis* und *B. dicentrarchus* wurden früher als aberrante Gruppe der geophaginen Buntbarsche angesehen. Kullander (1989) studierte beide detailliert und kommt zu dem Schluß, daß die *Biotoecus*-Arten keiner anderen neotropischen Cichlidengruppe zugeordnet werden können. Ob beide Arten tatsächlich eine eigenständige Entwicklungslinie repräsentieren oder lediglich so stark abgeleitet sind, daß gemeinsame Merkmale nicht mehr zu identifizieren sind, muß weiteren Untersuchungen überlassen bleiben.

Biotoecus opercularis ♂, adult, Brutpflegefärbung

W.A. Windisch

Biotoecus opercularis ♀, adult, laichreif

W.A. Windisch

Spezieller Artenteil

Typusfundort: Der "See Saraca und Ausstände des Amazonas bei Villa Bella" (STEINDACHNER 1903).

Verbreitung: *B. opercularis* ist seit etwa 1960 in weiten Teilen Amazoniens durch verschiedene Ichthyologen und reisende Aquarianer regelmäßig nachgewiesen worden. Fundorte liegen zwischen dem Cássaquiáre, dem Verbindungskanal von Rio Orinoco und Rio Negro im Norden und dem Rio Madeira in der Abuna Lagoa im Süden. Westlichste Funde liegen im oberen Rio Negro, die östlichsten gut 200 Kilometer östlich der Stadt Santarém.

Ökologie: Es werden vor allem sandige Habitate in Klarwasser- und Schwarzwasserflüssen besiedelt, doch wurde die Art verschiedentlich auch in Bächen mit dicker Fallaubschicht gefunden. Die Brutbiologie sowie das allgemeine Erscheinungsbild sprechen allerdings ebenfalls für eine relativ hohe Spezialisierung auf das Leben auf Sandflächen. Bisher haben sich praktisch alle Fische, die eine kryptisch sandfarbene Körperfarbe mit gelegentlichen bläulichmetallischen Markierungen zeigen, unabhängig von ihrer geographischen Herkunft als gruben- oder türmchenbauende Sandflächenbewohner erwiesen (z. B. die afrikanischen *Callochromis*, aber auch der neotropische Cichlide *Apistogramma diplotaenia*). Ich selbst konnte 1991 gemeinsam mit A. SCHNEIDER und W. A. WINDISCH einige *B. opercularis* bei der Brutpflege im Freiland beobachten: Nur wenige Kilometer oberhalb der Mündung in den Rio Negro fanden wir im Rio Urubáxí auf einer flachen Ausbuchtung neben verschiedenen kleinen *Crenicichla* und *Hoplias* ein Paar *B. opercularis*, welches gerade frei schwimmende Jungfische führte. Die Fische befanden sich fast im Zentrum der etwa 1500 Quadratmeter großen und nur maximal 40 Zentimeter tiefen vegetationslosen Sandfläche auf, die stellenweise mit einer dünnen Schicht Detritus bedeckt war. Ein Tier hielt sich in unmittelbarer Nähe einer kleinen Grube auf, in der sich noch einige der transparenten und im Sand kaum erkennbaren, nur drei bis vier Millimeter langen Jungfische aufhielten. Ein größerer Teil zog bereits in Begleitung des anderen Elternteils in der Nähe nahrungsuchend umher. Einzelne versprengte Jungfische wurden von den Eltern aufgeschnappt und wieder in den Schwarm zurückgespuckt. Auch die Elterntiere waren wie die Jungen durch ihre transparente sandige Färbung hervorragend auf dem Untergrund getarnt. Lediglich die rötlichen Bauchflossen beider Fische fielen auf. Dieses Paar sowie drei weitere Exemplare gelangten lebend nach Deutschland, wo sie bereits kurz nach ihrer Einfuhr nachgezogen werden konnten. BLEHER & MAYLAND (persönliche Mitteilung) und SCHLESER (1993) berichten, daß sie die Fische über Fallaub fingen; allerdings konnten sie keine Reproduktion nachweisen. Die Wassertemperaturen an allen bisher untersuchten Fundorten von *B. opercularis* waren mit 27 °C (SCHLESER 1993) bis 31,6 °C (MAYLAND 1995) relativ hoch. Ich selbst stellte im Rio Urubáxí 29,5 °C bei einem pH von 4,8 fest. Auch SCHLESER (1993) fing die Art in ähnlich saurem Wasser (pH 4,6). Bisher gemessene elektrische Leitwerte lagen immer unter 30 µS/cm.

Mündung eines kleinen Schwarzwasserbaches am oberen Rio Negro

Sandbank mit Fallaubzone im oberen Rio Uaupés

Ersteinfuhr: Wahrscheinlich gelangten 1985 die ersten Exemplare durch H. BLEHER & H. J. MAYLAND nach Europa. 1989 brachten B. KILIAN und seine Reisebegleiter ebenfalls einige Exemplare nach Deutschland. Diese Einfuhren führten nicht zu einer Etablierung in den Aquarien. Erst kommerzielle Einfuhren 1992 und 1993 durch A. WERNER (München) und später verschiedene andere Exporteure brachten eine gewisse Verbreitung der Tiere in der Aquaristik. Soweit bekannt, führte D. SCHLESER 1993 die ersten Tiere in die USA ein.

Aquarienbiologie: *B. opercularis* gehört zu den empfindlichsten Aquarienfischen unter den Cichliden. Sie reagieren auf Streß, ausgelöst durch größere Aquarienmitbewohner, Hantieren im Aquarium, mangelnde, zu schnelle oder zu umfangreiche Wasserwechsel und Änderungen in der Wasserchemie mit einer stark erhöhten Anfälligkeit gegenüber Verpilzungen und bakteriellen Erkrankungen. Dabei erweisen sich die Tiere als extrem empfindlich gegenüber Medikamenten, mit Ausnahme von sehr gering dosiertem Acryflavin. Für die Haltung und die Zucht, die bei verschiedenen Aquarianern wiederholt gelungen ist, ist sehr weiches und mindestens leicht saures Wasser unabdingbar. Wenn man sich bei den Wasserwerten streng an den Freilandwerten orientiert, ist *B. opercularis* ein hochinteressanter Pflegling, der besonders durch sein Verhalten besticht. Dieses zeigen die Fische nur in besonders für sie eingerichteten großen Aquarien. Der möglichst flächig offene Untergrund sollte aus einer dicken Schicht feinen, weißen Sandes bestehen. Nur in den Randbereichen des Aquariums sollte Fallaub, Totholz oder eine Bepflanzung eingebracht werden. Die Balz, die sich über einen längeren Zeitraum erstrecken kann, mündet in der Eiablage entweder unter einem Blatt, das von einem zuvor nach Art der afrikanischen *Neolamprologus*-Arten schiebend aufgehäufelten, kleinen Sandwall umgeben ist (KILIAN 1989, eigene Beobachtungen), oder auf dem Boden einer kleinen Sandgrube, in der die sandweißen Eier kaum zu erkennen sind (eigene Feststellungen). Die Jungfische schwimmen nach knapp acht Tagen frei und fressen sofort Essigälchen, oft auch frisch geschlüpfte Nauplien von *Artemia*. SCHLESER (1993) bemerkt im Gegensatz zu meinen Erfahrungen und mir von MIKSCHOFSKY überlassenen Informationen, daß die Jungen *Artemia*-Nauplien noch nicht bewältigen.

Bemerkungen: Der Fundort "Villa belle" heißt heute Parintins (2°38´S / 56°45´W), der Fangplatz "Silva, See Saraca" heißt heute Silves (2°48´S / 58°08´W) am Lago Saracá.

Der Artstatus der beiden bisher beschriebenen *Biotoecus*-Arten wurde verschiedentlich als zweifelhaft angesehen. Diese Frage wird sich erst klären lassen, wenn beide Formen gesichert lebend eingeführt, nachbestimmt und eingehender untersucht sind. Es scheinen offenbar große morphologische Unterschiede zwischen Tieren aus dem Amazonaseinzug um Santarém und der oberen Rio Negro-Region zu bestehen. Nach bisherigen Erfahrungen ist *B. opercularis* wegen seiner hohen Pflegeanforderungen und besonders hohen Raumansprüche ein Fisch für den weit fortgeschrittenen

Spezialisten unter den Cichlidenhaltern und gehört keinesfalls in die Becken von Anfängeraquarianern.

T: 23 - 30 °C, **L:** ♂ 8 cm, ♀ 6 cm, **BL:** ab 100 cm, **WR:** u, **SG:** 4 (Weichwasser- und Sandflächenspezialist!)

Schwimmende Tankstelle

Kanu der Tucáno-Indianer

Piranhas sind beliebte Speisefische in Amazonien

Crenicara STEINDACHNER, 1875

Erstbeschreibung: Beiträge zur Kenntnis der Chromiden des Amazonenstromes. Sitzungsberichte der Kaiserlichen Akademie der Wissenschaften Wien Math.-natw. Cl. 71: 99.

Typusart der Gattung: *Crenicara punctulata* (GÜNTHER, 1863). (Beschreibung als *Crenicara elegans* STEINDACHNER, 1875, eine heute als Synonym zu *Crenicara punctulata* angesehene Bezeichnung.

Etymologie: Der Name ist zusammengesetzt aus *crena* (lat.) = Kerbe, *acara* (loc.) = Lokalbezeichnung für Cichliden. Der Name bezieht sich auf morphologische Besonderheiten im Bau des Kiemendeckels.
KULLANDER (1986) stellt übrigens fest, daß der Name als Neutrum zu behandeln ist, obwohl er seit der Revision durch REGAN (1905) allgemein als Femininum aufgefaßt worden sei.

Crenicara elegans STEINDACHNER, 1875

Es handelt sich um ein Synonym von *Crenicara punctulata* (GÜNTHER, 1863). Weitere Angaben siehe dort.

Crenicara punctulata ♀

Brandrodung am mittleren Rio Negro

Crenicara latruncularium KULLANDER & STAECK, 1990

Erstbeschreibung: Crenicara latruncularium (Teleostei: Cichlidae), a new Cichlid species from Brazil and Bolivia. Cybium 14 (2): 161- 173.

Synonyme: Keine.

Etymologie: *latruncularium* (lat.) = ein Adjektiv, bezieht sich auf die Schachbrett-(*lasus latruncularius*)-zeichnung.

Typusmaterial: 52 Exemplare.

Holotypus: Männchen, 88,9 mm SL (MZUSP 40290), am 26. November 1967 von König LEOPOLD III. von Belgien und J.-P. GOSSE gesammelt. Fundort: Ein Igarapé an der Straße Palheta - Guajará-Mirim, Rio Mamoré-System, Roraima, Brasilien.

Paratypen: Die 51 Paratypen sind in KULLANDER & STAECK im Detail aufgelistet. Sie sind unter den Sammlungsnummern MZUSP 37626 (1), MZUSP 37500 (1), NRM SOK / 1989422.6135 (4), NRM A89 / 1987809.4712 (2), NRM A89 / 1987809.4714 (2), NRM A89 / 1987809.41713 (12), MZUSP 40291 (6), IRSNB 795 (6), ZSM 27606 (6), IRSNB 783 (4), NRM A89 / 1967477 4630 (1), IRSNB 782 (3), NRM A89 / 1967477.4629 (1), NRM A84 / 1984 364.4628 (1) und FMNH 54089 (1).

Artspezifische Merkmale: *C. latruncularium* ist lediglich mit *C. punctulatum* zu verwechseln. Neben der auf Fotos zu ermittelnden niedrigeren Zahl von Hartstacheln in der Rückenflosse (15 statt 16 bis 17), sind auch Unterschiede in der Färbung, vor allem des Kopfes, erkennbar: Die Tiere zeigen auf bräunlichem Untergrund drei bis vier metallisch silbriggrüne bis blaugrüne Striche, die etwa parallel zur Stirnlinie verlaufen. Ein ähnliches, aber unregelmäßigeres Muster findet sich auch auf den Kiemendeckeln.

Geschlechtsunterschiede: Gering. Das Streifenmuster auf den Kiemendeckeln ist bei Männchen wesentlich deutlicher als bei Weibchen. Bei Weibchen in Brutpflegestimmung, oft auch in Territorialstimmung, verschmelzen außerdem die Punktreihen auf den Körperseiten zu zwei durchgehenden Bändern.

Verwandtschaftliche Zuordnung: *C. latruncularium* ist der nächste Verwandte von *C. punctulatum*. Beide Arten wurden von KULLANDER von den heute als *Dicrossus*-Arten geführten Formen abgetrennt, die sicherlich die nächstverwandte Gruppe zu *Crenicara* darstellen. Die durchaus strittige Trennung beider Gruppen beruht unter anderem auf den erheblichen Größenunterschieden zwischen den betroffenen Artengruppen.

Typusfundort: Igarapé (Waldbach) im Einzug des Rio Mamoré an der Straße von Palheta nach Guajará-Mirim, Bundesstaat Rondônia, Brasilien.

Verbreitung: Bekannte Fundorte liegen in der Grenzregion von Brasilien und Bolivien in den Flußsystemen des Rio Guaporé und Rio Mamoré. Neuerdings

Crenicara latruncularium ♂

W. Staeck

Crenicara latruncularium ♀

W. Staeck

1017

wurden die Fische auch im westlichen Teil des Bundesstaates Mato Grosso nachgewiesen.

Ersteinfuhr: 1987 durch Dr. W. STAECK nach Deutschland eingeführt.

Aquarienbiologie: Ein leider sehr scheuer Fisch, der sehr sensibel gegenüber aggressiven Störungen durch andere Arten reagiert. Die Tiere sollten daher am besten mit einem Schwarm lebhafter kleiner bis mittelgroßer Salmler vergesellschaftet werden. Auch kleine Buntbarsche der Gattung *Apistogramma* sind für die gemeinsame Haltung geeignet. Wegen ihrer Scheu sollten *Crenicara latrunculariu* in großen Aquarien mit vielen Versteckplätzen aus Totholz und zumindest stellenweise dichtem Pflanzenwuchs gepflegt werden. Der Bodengrund sollte aus feinem Material bestehen, da die Tiere nach typischer *Crenicara*-Manier gerne Sand kauen. Auch Fallaub sollte im Aquarium nicht fehlen, da die Fische gerne Blätter wenden, und deren Unterseite pickend nach Freßbarem absuchen. An die Wasserbedingungen werden keine besonderen Ansprüche gestellt, aber auf regelmäßige wöchentliche Wasserwechsel sollte peinlichst genau geachtet werden.

Die Zucht ist mäßig schwierig. Es handelt sich um einen polygamen Offenbrüter. Besonders sauberes, weiches Wasser ist zur Vermehrung erforderlich. Der pH-Wert kann um den Neutralpunkt schwanken, sollte aber besser im schwach sauren Bereich liegen, um eine problemlose Entwicklung der Brut zu gewährleisten. Das nach typischer Offenbrütermanier auf waagerechten Flächen, Steinen oder Wurzeln abge-legte Gelege wird allein vom Weibchen betreut. Larven werden nach dem Schlupf in kleine Gruben umgebettet. Die Jungen werden mehrere Wochen vom Weibchen betreut und geführt.

Besonderheiten: Hantieren im Aquarium sollte unbedingt auf das notwendige Minimum beschränkt werden, da die sensiblen Fische darauf mit heftiger Panik reagieren können, mindestens aber für mehrere Tage, oft sogar Wochen nicht wieder aus ihren Versteckplätzen hervorkommen. Aus dem gleichen Grund sollten sie möglichst selten umgesetzt werden. *C. latrunculariu* ist daher ein Buntbarsch, der eigentlich nur für wenige Spezialisten geeignet erscheint!

T: 20-30 °C, **L**: 15 cm, **BL**: 150 cm, **WR**: u, m, **SG**: 3 - 4

Zwergcichlidenbeobachtung, Rio Uneíuxí

Der Autor beim Fang von Zwergcichliden am Rio Uaupés

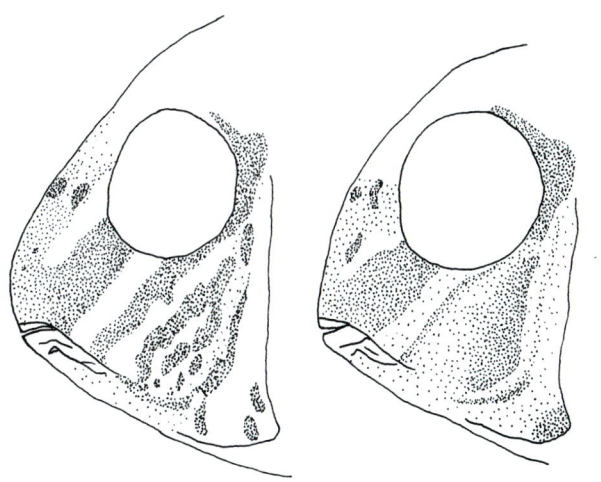

Schematische Kopfzeichnung von *Crenicara latruncularium* (links) und *C. punctulatum* (rechts), nach KULLANDER & STAECK, 1990

Crenicara punctulatum (GÜNTHER, 1863)

Erstbeschreibung: On new species of fishes from the Essequibo. Annals and Magazine for Natural History, British Museum, London Ser. (3) Band XII: 441 - 443

Etymologie: *punctulatum* (lat.) = der Name bezieht sich auf die Körperzeichnung.

Typusmaterial: 3 Exemplare.

Syntypen: Ohne Geschlechtsangabe, 75 bis 150 mm TL (BMNH), Tado, Rio San Juan, Choco, S. W. Kolumbien, gesammelt von G. PALMER.
(KULLANDER & STAECK (1990) erwähnen ein Exemplar, 75,1 m SL (BMNH 1864.1.21:26), Essequibo River, Guyana als Syntyp. Es besteht mit der Fundortangabe ein Widerspruch zur Erstbeschreibung.)

Synonyme: *Acara punctulata* GÜNTHER, 1863; *Aequidens hercules* ALLEN, 1942, *Aequidens madeirae* FOWLER, 1913, *Crenicara elegans* STEINDACHNER, 1875

Artspezifische Merkmale: *C. punctulatum* ist nur mit *C. latruncularium* zu verwechseln. Neben der auf Fotos zu ermittelnden höheren Zahl von Hartstacheln in der Rückenflosse (16 bis 17 statt 15), sind Unterschiede in der Färbung der Kopf- und Bauchregion erkennbar: Die Tiere zeigen auf gräulichem Untergrund einen metallisch silbrigen bis goldenen Schimmer. Vor allem bei adulten Männchen sind Wangen, Kehle und Bauch goldgelb. Streifenzeichnungen auf den Wangen fehlen fast immer.

Geschlechtsunterschiede: Männliche Tiere entwickeln zugespitzte Weichstrahlbereiche von Rücken- und Afterflosse, die bei Weibchen abgerundet sind. Außerdem weisen Rücken- und Schwanzflosse der Männchen einen schmalen weißen Saum auf. Die Schwanzflosse ist dicht senkrecht gebändert. Alle unpaaren Flossen und die Bauchflossen der erwachsenen Männchen sind bläulich transparent, die Kopf- und Bauchregion metallisch kupferfarben oder golden gefärbt. Weibchen weisen hingegen eine weißlichgraue Bauchpartie und rotorange After- und Bauchflossen auf. Die Schwanzflosse ist zeichnungslos und milchigweiß. Im direkten Vergleich sind die Flossen der Männchen proportional größer als die der Weibchen.

Verwandtschaftliche Zuordnung: *C. punctulatum* ist der nächste Verwandte von *C. latruncularium*. Weiterhin siehe unter *C. latruncalaium*.

Typusfundort: Tado, Rio San Juan, Choco, S. W. Kolumbien.

Verbreitung: Die Verbreitung dieser Art erstreckt sich nach bisheriger Kenntnis über das gesamte ostandine nordwestliche Südamerika. Zwischen bekannten Fangplätzen in Zentralamazonien und Guyana liegen große Lükken. Weitere Untersuchungen zur Verbreitung sind daher notwendig.

Ökologie: Es liegen nur wenige Berichte über die Ökologie von *C. punctulatum* vor. Die Art konnte in ganz verschiedenen Lebensräumen nachgewiesen

Crenicara punctulatum ♂, adult

F. Warzel

Crenicara punctulatum ♀, adult

werden, scheint daher wenig spezialisiert zu sein. Die zeitweilig überschwemmten Randzonen größerer Gewässer werden scheinbar bevorzugt.

Ersteinfuhr: Nach Richter (1988) wurde die Art erstmals um 1975 eingeführt. Genauere Angaben fehlen.

Aquarienbiologie: *C. punctulatum* sollten mit einem Schwarm mittelgroßer Salmler in geräumigen Aquarien mit vielen Versteckplätzen aus Totholz und stellenweise dichtem Pflanzenwuchs gepflegt werden. Der Bodengrund sollte aus feinem Material bestehen, da die Tiere nach typischer *Crenicara*-Manier gerne Sand kauen. Fallaub sollte nicht fehlen, da die Fische Blätter wenden, und deren Unterseite pickend nach Freßbarem absuchen. An die Wasserbedingungen werden keine besonderen Ansprüche gestellt. Die Zucht ist relativ einfach. Es handelt sich um einen polygamen Offenbrüter. Der pH-Wert kann zur Zucht um den Neutralpunkt schwanken, sollte aber besser im schwach sauren Bereich liegen, um eine problemlose Entwicklung der Brut zu gewährleisten. Das nach typischer Offenbrütermanier auf waagerechten Flächen, Steinen oder Wurzeln abgelegte Gelege wird vom Weibchen betreut. Larven werden nach dem Schlupf in kleine Gruben umgebettet. Die Jungen werden mehrere Wochen vom Weibchen betreut und geführt.

Bemerkungen: Ohm (1980) wies bei dieser Art einen sozial gesteuerten Geschlechtswechsel der zunächst weiblich vorfestgelegten Fische nach. Grundsätzlich wandelt sich in einer Gruppe nur ein Tier zum Männchen um und schreitet mit den übrigen Weibchen zu Fortpflanzung. Funktionelle Weibchen können sich, beispielsweise bei Verschwinden des bisherigen Männchens, zu funktionellen Männchen umwandeln. Mit der Umwandlung sind auch Verhaltensänderungen verbunden. Das Phänomen könnte der Art ermöglichen, auch unter unvorhersagbaren oder extrem ungünstigen Umweltbedingungen, die beispielsweise die relative Mortalität der Männchen drastisch erhöhen könnten, die Reproduktionsfähigkeit der Population dauerhaft aufrechtzuerhalten.

T: 20 - 30 °C, **L:** 3 - 4 cm, **BL:** ab 60 cm, **WR:** u, **SG:** 3 - 4

Hochwasser am Rio Préto

Der Unterlauf des Rio Japurá bei Hochwasser mit seinem Inselgewirr aus der Luft

Crenicichla HECKEL, 1840

Erstbeschreibung: Johann Natterer´s neue Flussfische Brasiliens´s nach den Beobachtungen und Mittheilungen des Entdeckers beschrieben von Jakob HECKEL. (Erste Abhandlung, die Labroiden). Annalen des Wiener Museums der Naturgeschichte II: 416-417.

Typusart der Gattung: *Crenicichla macrophthalma* HECKEL, 1840

Etymologie: Der Name, der von HECKEL in der Orginalarbeit nicht erklärt wurde, bezieht sich einerseits auf die Ähnlichkeit dieser Buntbarsche mit der Großcichlidengattung *Cichla* und auf den Bau des hinteren Randes des Vorderkiemendeckels, der fein gezähnt ist. HECKEL hebt außerdem die besonders hechtähnliche Form der Gattung hervor.

Bemerkungen: Die Gattung *Crenicichla* ist nach derzeitiger Auffassung die größte neotropische Cichlidengattung. Die meisten Arten gehören zu den Großcichliden, doch bleiben einige Arten mit bis zu 15 Zentimeter TL vergleichsweise klein, unter denen sich auch einige als Aquarienfische besonders interessante Formen befinden. Die häufiger im Handel anzutreffenden und aquaristisch bedeutendsten sollen hier kurz vorgestellt werden. Eine ausführliche Vorstellung der Zwerg-Hechtbuntbarsche soll im Zusammenhang mit einer umfassenden Bearbeitung der Crenicichlinen an anderer Stelle erfolgen.

Groß-*Crenicichla* aus der "*saxatilis*"-Gruppe

F. Warzel

Crenicichla macrophthalma ♀, ca. 12 cm aus dem mittleren Rio Negro — F. Warzel

Crenicichla macrophthalma ♀, ca. 15 cm aus dem Rio Urubaxí — F. Warzel

Crenicichla compressiceps (Ploeg, 1986)

Erstbeschreibung: The cichlid genus Crenicichla from the Tocantins River, State of Pará, Brazil, with descriptions of four new species. Beaufortia 36 (5): 57 - 80.

Etymologie: *compressiceps* (lat.) = zusammengesetzt aus *compressus* (lat.) = zusammengedrückt und *ceps* (lat.) = Kopf. Der Name bezieht sich auf den für die Gattung ungewöhnlichen, seitlich deutlich zusammengepreßt wirkenden Kopf dieser Art.

Typusmaterial: 67 Exemplare.

Holotypus: Ein Exemplar von 53 mm SL (INPA 855). Fundort: Gesammelt im Einzugsbereich des Rio Tocantins in den Stromschnellen unterhalb von Jatobal, im Igarapé Canoal bei Breu Branco und bei Rio Itacaiunas, der Serra dos Carajos, Calderao, dem Cachoeira Carreira Comprido und Poco Pedral.

Paratypen: 66 Exemplare verschiedener Größe. Aufbewahrt unter folgenden Sammlungsnummern: INPA 878, INPA 872; ZMA 119.763 und ZMA 119.762. Funddaten wie beim Holotypus.

Synonyme: Keine.

Artspezifische Merkmale: *C. compressiceps* sind relativ kompakte, hochrückige, kleine Hechtbuntbarsche. Der Kopf und Vorderkörper sind auffallend seitlich zusammengedrückt; schon dadurch ist die Art nicht mit anderen *Crenicichla* zu verwechseln. Die Grundfarbe der Fische ist grünlichgelb, zum Rücken hin wird diese Färbung oft dunkler grünlich-schwarz. Auf dem Körper zeichnen sich meist sieben, seltener sechs oder acht schmale gelbe senkrechte Bänder ab, die sich auch in die Rückenflosse erstrecken können. Die Schwanzflosse und die Weichstrahlbereiche von Rücken- und Afterflosse sind von unterschiedlich vielen deutlichen, scharf begrenzten schwarzen Bändern senkrecht durchzogen. Keine andere bekannte *Crenicichla*-Art weist ähnliche Merkmale auf.

Geschlechtsunterschiede: Die Geschlechtsunterschiede bei dieser Art sind nur sehr gering und erst bei voll ausgewachsenen Tieren sicher festzustellen. Die Rückenflosse der ausgewachsen, meist etwas größeren Männchen ist dann oft etwas zugespitzt. Tiere mit unterschiedlich rot oder schwarz gefärbten Flossensäumen repräsentieren nicht unterschiedliche Geschlechter, sondern stammen von verschiedenen Fangplätzen (Stawikowski 1991). Am besten sind die Geschlechter durch Verhaltensbeobachtungen und in der Phase vor der Eiablage an dem dann wesentlich fülligeren Bauch des Weibchens zu erkennen.

Verwandtschaftliche Zuordnung: Die genauen verwandtschaftlichen Beziehungen der Zwerg-Hechtbuntbarsche sind derzeit noch nicht geklärt. *C. compressiceps* steht innerhalb der

Crenicichla compressiceps   F. Warzel

Crenicichla compressiceps, Brutpflegefärbung   F. Warzel

Gattung *Crenicichla* und in dieser in der Gruppe der Zwerg-*Crenicichla* zur Zeit noch relativ isoliert und läßt sich keiner der bisher bekannten Gruppen widerspruchsfrei zuordnen.

Typusfundort: Es wurde kein genauer Typusfundort festgelegt. Die in der Beschreibung angegebenen Fangplätze in den Stromschnellen unterhalb von Jatobal, im Igarapé Canoal bei Breu Branco und bei Rio Itacaiunas, der Serra dos Carajos, Calderao, dem Cachoeira Carreira Comprido und Poco Pedral im Einzugsbereich des Rio Tocantins sind daher als gleichberechtigte Typusfundorte anzusehen.

Verbreitung: Nach den vorliegenden Erkenntnissen ist *C. compressiceps* ein Endemit des Rio Tocantins und seiner Zuflüsse. Die Art bevorzugt offenbar die stromschnellennahen Bereiche dieses Flußsystems.

Ökologie: Bisher liegen Angaben zu Ökologie von STAWIKOWSKI & WARZEL (1991) vor: Sie beobachteten *C. compressiceps* im Bereich von Steinanhäufungen auf feinem Sand in ufernahen Zonen von Stromschnellen des Klarwasserstromes. Die Fische hielten paarweise Reviere besetzt, in denen sie Höhlen unter Steine gegraben hatten, in denen sie ablaichten und die sie gegen andere Fische vehement verteidigten. An einigen Fundorten führten die Fische bei Wassertemperaturen zwischen 25 °C und 28 °C, pH-Werten zwischen 6 und 6,5 und einer Härte von unter 1 °dGH auch Nachwuchs.

Ersteinfuhr: Die erste Einfuhr von *C. compressiceps* nach Deutschland erfolgte im Sommer 1990 durch MINDE & HARNOSS. Danach wurden die Fische wiederholt von verschiedenen privaten Sammlern eingeführt. Seit etwa 1993 erfolgen sporadisch kommerzielle Einfuhren von Wildfangtieren nach Europa und Japan.

Aquarienbiologie: *C. compressiceps* läßt sich relativ leicht halten. Die Fische benötigen große Aquarien mit umfangreichen Steinaufbauten, in denen sie sich verstecken können und die sie teilweise zum Höhlenbau untergraben können. Das Wasser sollte den Bedingungen im Freiland entsprechend möglichst weich, mäßig sauer und frei von organischen Verunreinigungen sein, wenn die Tiere ihre normale Lebensspanne von im Aquarium etwa vier bis sechs Jahren erreichen sollen. Wer Zuchtabsichten hegt, sollte wegen der Schwierigkeiten bei der Feststellung des Geschlechtes möglichst eine kleine Gruppe dieser Fische erwerben, aus der sich die wahrscheinlich dauerhaft monogamen Paare frei finden können. Haben sich feste Paare gebildet, sollte der Bestand der Artgenossen entweder reduziert werden oder reichlich Versteckplätze geschaffen werden, da territoriale Paare außerordentlich ruppig werden können und sofort zu Beschädigungsangriffen gegen fremde Artgleiche übergehen. Die bis etwa 80 Eier werden vom Weibchen an die Decke der von beiden Partnern angelegten Höhle geheftet und sofort nach der Ablage vom Männchen besamt. Die Betreuung der Eier und Larven übernimmt fast ausschließlich das Weibchen, obwohl gelegentlich auch das Männchen innerhalb des Brutversteckes beim pickenden Säubern der Eier beobachtet werden kann. Die Entwicklungszeit des Nachwuchses bei dieser Art ist relativ lang: Die Larven schlüpfen erst nach etwa vier Tagen und die Jungen können meist erst nach zwölf bis vierzehn Tagen frei schwimmend beobachtet werden. Ihre Aufzucht gelingt mit *Artemia*-Nauplien bei reichlichen und regelmäßigen Wasserwechseln problemlos. Die Jungfische werden häufig mehrere Monate von beiden Eltern geführt.

Bemerkungen: *C. compressiceps* gehört zu den Kleincichliden, die auch ohne weiteres gemeinsam mit großen Arten gehalten werden können. Allerdings können sie innerartlich extrem streitsüchtig werden, weshalb hier nur empfohlen werden kann, die Tiere in größeren Gruppen in möglichst großen Aquarien zu halten, um die Folgen von Auseinandersetzungen zwischen den Tieren so gering zu halten wie möglich. Ansonsten ist *C. compressiceps* auch Anfängern in der Pflege von Hechtbuntbarschen besonders zu empfehlen.

T: 23 - 32 °C, **L:** ♂ 9 cm, ♀ 7 cm, **BL:** ab 120 cm, **WR:** u, m, **SG:** 2 - 4 (innerartlich oft sehr aggressiv!)

Apistogramma spec. "Vierstreifen" ♂, subdominant, neutral gestimmt

Crenicichla heckeli Ploeg, 1989

Erstbeschreibung: Zwei neue Arten der Gattung Crenicichla Heckel, 1840 aus dem Amazonasbecken, Brasilien. DATZ 42 (3): 163 - 167.

Etymologie: *heckeli* = Es handelt sich hier um einen Dedikationsnamen zu Ehren von J. J. Heckel, der die Gattung *Crenicichla* aufstellte und allein zehn *Crenicichla*-Arten beschrieb.

Typusmaterial: 182 Exemplare. Ploeg erwähnt, daß die Beschreibung tatsächlich nur auf zwölf der von ihm aufgelisteten Belegstücke beruht.

Holotypus: Männchen, 54 mm SL (IRSNB 768), am 30. November 1964 von H. R. M. Leopold III. und J.-P. Gosse gesammelt. Fundort: Cachoeira Porteira im Rio Trombetas-System, Bundesstaat Pará, Brasilien.

Paratypen: 181 Exemplare. Alle aus dem Rio Trombetas-System im brasilianischen Bundesstaat Pará. Neun Exemplare (IRSNB 769), vier Exemplare (ZMA 120.289), zwölf Exemplare (IRSNB 20815), drei Exemplare (NRM unregistriert); alle mit den gleichen Sammeldaten wie der Holotypus. Ein Exemplar (INPA 1503), am 19. April 1985 von Ferreira & Jégu gesammelt. Fundort: letzter Wasserfall vor Trombetas im Rio Mapuera, Cachoeira Porteira. Elf Exemplare (INPA 1504), am 17. April 1985 von Ferreira & Jégu gesammelt. Fundort: Rio Mapuera, Cachoeira Porteira. Neun Exemplare (INPA 1498), am 10. April 1985 von Ferreira & Jégu gesammelt. Fundort:

Cachoeira Porteira. 88 Exemplare (INPA 1497), am 19. April 1985 von Ferreira & Jégu gesammelt. Fundort: Cachoeira Porteira. 18 Exemplare (INPA 1501), am 20. April 1985 von Ferreira & Jégu gesammelt. Fundort: rechtsseitiger Cachoeira Porteira-Zufluß. Elf Exemplare (INPA 1502), am 10. April 1985 von Ferreira & Jégu gesammelt. Fundort: Cachoeira Porteira. Acht Exemplare (INPA 1500), am 18. April 1985 von Ferreira & Jégu gesammelt. Fundort: Cachoeira Viromundo. Vier Exemplare (INPA 1496), am 17. April 1985 von Ferreira & Jégu gesammelt. Fundort: Cachoeira Viromundo.

Synonyme: Keine.

Artspezifische Merkmale: *C. heckeli* ist mit bei Männchen knapp acht und bei Weibchen bis fünf Zentimeter Länge (TL) eine der kleinsten Arten der Gattung. Sie wirkt längst nicht so gestreckt und bleistiftartig wie einige andere Gattungsvertreter, sondern erinnert mehr an die kleinen Vertreter der Gattung *Teleocichla*. Die seitlich nur leicht zusammengedrückten Fische zeigen zehn Querbänder, wobei diejenigen vor dem Hinterende des Hartstrahlbereiches der Rückenflosse als Doppelbinden ausgeprägt sind. Der Körper ist graubraun, die Bauchregion von Männchen und jungen Weibchen hell elfenbeingelblich, bei erwachsenen Weibchen rötlich. Auffällig ist ein hinten durch ein silbriges Band scharf begrenzter bräunlicher oder schwarzer Fleck, der stimmungsabhängig

Crenicichla heckeli ♂
F. Warzel

Crenicichla heckeli ♀
F. Warzel

auch weitgehend verblassen kann. Auf der Schwanzwurzel befindet sich ein relativ kleiner schwarzer Fleck, dem eine bei anderen Gattungsvertretern auftretende Umrandung fehlt. Auch der für viele andere Formen der Gattung typische Schulterfleck und ein Wangenband fehlen.

Geschlechtsunterschiede: Männliche und halbwüchsige *C. heckeli* zeigen eine oft unregelmäßig gebänderte Schwanzflosse. Geschlechtsreife, fortpflanzungsbereite Weibchen zeigen einen senkrechten silberweißen Balken im Weichstrahlbereich der Rükkenflosse und einen weinroten, selten auch orangen Bauch und ebenso gefärbte Bauchflossen. Auf der Schwanzwurzel zeigen sie häufig mehrere runde Flecken. Die Männchen behalten hingegen ihre unscheinbare Farbe, und die ohnehin schwachen Zeichnungsmerkmale verblassen in dieser Phase oft noch mehr.

Verwandtschaftliche Zuordnung: Die verwandtschaftliche Zuordnung bedarf sicher noch weiterer genauer Untersuchungen auf morphologischer, ethologischer, enzymatischer und genetischer Ebene. PLOEG (1991) ordnet *C. heckeli* in die Formengruppe um *C. wallacii* ein.

Typusfundort: Cachoeira Porteira im Rio Trombetas-System im Bundesstaat Pará (Brasilien).

Verbreitung: Bisher liegen ausschließlich Funde aus der unmittelbaren Umgebung des Typusfundortes im Bereich der Stromschnellen des Rio Trombetas bei Porteira vor. Über weitere Funde des für dieses Gewässersystem offenbar endemischen Fisches liegen bisher keine Angaben vor.

Ökologie: Bisher sind nur wenige Informationen zur Freilandbiologie von *C. heckeli* verfügbar (SEIDEL 1992, WARZEL 1997). Alle bisher untersuchten Fangplätze liegen in Klarwasserflüssen. Die Fische wurden bisher nur in der Nähe von oder in Stromschnellenbereichen mit hoher Strömungsgeschwindigkeit gefangen. Sie leben in zum Teil selbst vergrößerten Höhlen unter Steinen oder Totholz. Die von verschiedenen Reisenden gemessenen Wasserwerte schwanken erheblich. Während der Leitwert recht konstant bei ca. 20 µS/cm lag, wurden pH-Werte zwischen 6,0 und 7,2 bei Wassertemperaturen zwischen 30 und 34 °C gemessen (Daten aus der Niedrigwasserzeit im September von WARZEL 1997).

Ersteinfuhr: KILIAN und SEIDEL führten *C. heckeli* erstmals 1991 in die Bundesrepublik Deutschland ein.

Aquarienbiologie: Bei der Pflege von *C. heckeli* sollte unbedingt bedacht werden, daß die monogamen Fische untereinander ausgesprochen aggressiv sind. Der Pflegebehälter sollte daher möglichst groß und mit reichlich Steinen oder (weniger gut) Totholz strukturreich eingerichtet sein. Auch die Unterbringung mit anderen, durchaus größeren Buntbarschen, mittelgroßen Salmlern und Harnischwelsen ist zur "Pufferung" des innerartlichen Aggressionspotentials sinnvoll. Der Bodengrund im Pflegebehälter sollte aus Sand oder feinem Kies bestehen. Die Haltung ist bereits in mittelhartem und etwa neutralem Wasser (12 bis

16 °dGH, pH 7,5) problemlos möglich. Für die Fortpflanzung wird aber weiches und saures Wasser (unter 5 °dGH, ca. 100 bis 200 µS/cm, pH 5,8) mit relativ hoher Temperatur (um 30 °C) benötigt. Die Balz erfolgt nach der auch von anderen *Crenicichla*-Arten bekannten Weise. Die Eier werden gut versteckt in einer Höhle abgelegt und besamt. Das Weibchen zieht sich für die Zeit der Ei- und Larvalentwicklung fast vollständig darin zurück. Nach etwa zehn bis zwölf Tagen erscheint es erstmals mit den Jungen, die von Beginn an Naupliuslarven von *Artemia* fressen. Nach einigen Tagen darf sich auch das Männchen erstmals an der Pflege der Jungfische beteiligen. WARZEL (1997) weist besonders darauf hin, daß bereits die Jungfische höchst aggressiv sind: Er beobachte-te, daß sie sich bereits im Alter von nur 14 Tagen gegenseitig aus dem Revier zu vertreiben versuchen. Mit etwa einem dreiviertel Jahr sind die Nachkommen geschlechtsreif.

Bemerkungen: *C. heckeli* gehört wie viele andere aquatische Formen aus dem Rio Trombetas zu den besonders wärmebedürftigen Arten. Werden sie zu lange unter 25 °C gehalten, werden sie ausgesprochen anfällig gegenüber bakteriellen Infektionen und Verpilzungen. Aufgrund der noch mangelhaften Datenlage sind Studien zur Verbreitung, Ökologie und Ethologie dieser Art besonders wünschenswert.

T: 25 - 32 (maximal 34) °C, **L:** M 8 cm, W 5 cm, **BL:** ab 120 cm, **WR:** u, **SG:** 2 - 4 (wärmebedürftig!)

Apistogramma spec. "Abuna" ♀ in Brutpflegefärbung

Crenicichla notophthalmus Regan, 1913

Erstbeschreibung: *A synopsis of the fishes of the genus Crenicichla.* Annals and Magazine of Natural History, London Ser. 8 (12): 498 - 503

Etymologie: Regan gibt keine Information zur Herleitung des Namens.

Typusmaterial: Zwei Exemplare.

Syntypen: Zwei Exemplare, 60 und 65 mm TL. Amazonien, Manaus. Übergeben durch G.A. Rachow, ohne Datum. Die Typen werden aufbewahrt im BMNH, keine Sammlungsnummer in der Erstbeschreibung veröffentlicht.

Synonyme: Keine.

Artspezifische Merkmale: *C. notophthalmus* ist kaum zu verwechseln. Erwachsene Männchen entwickeln meist deutlich verlängerte Flossenhäute der ersten fünf bis acht Rückenflossenstacheln. Ein Fleck auf der Schwanzwurzel, der bei den anderen kleinen Formen der Gattung normalerweise deutlich erkennbar ist, fehlt. In aggressiver Stimmung zeigen die Fische elf schmale Querbinden auf dem Körper, während *C. regani* und die übrigen Zwerghechtbuntbarsche mit Ausnahme von *C. spec. "Venezuela"* (=cf. *wallacii*) nur neun zeigen. Männliche *C. notophthalmus* zeigen keinen roten Rand in der Rückenflosse, der bei C. spec. "Venezuela" deutlich erkennbar ist. Beide Arten sind als Jungtiere nur von Spezialisten unterscheidbar. Weibchen von *C. notophthalmus* zeigen im Gegensatz zu den Weibchen anderer Arten ein silbrig weißes Band in der Rückenflosse und häufig mehrere, schwarze, rot eingefaßte Augenflecken in der Rückenflosse. Auch bei den Weibchen stehen die Flossenhäute der ersten Rückenflossenstachel meist frei, während sie bei anderen Arten normalerweise miteinander verwachsen sind. Die Schwanzflosse beider Geschlechter ist in der oberen Hälfte rot und weiß, manchmal auch blau gerandet. Von weiteren Formen der artenreichen Gattung unterscheiden sich erwachsene *C. notophthalmus* durch die geringere Größe.

Geschlechtsunterschiede: Männchen werden etwa ein Drittel größer als Weibchen und entwickeln im Gegensatz zu diesen verlängerte und frei stehende Flossenhäute der ersten fünf bis acht Rückenflossenstacheln. Fast alle Weibchen zeigen in dieser Flosse einen oder mehrere Augenflecken oder schwarzweiße Markierungen, die den Männchen immer fehlen.

Verwandtschaftliche Zuordnung: Die genauen verwandtschaftlichen Beziehungen der Zwerg-Hechtbuntbarsche sind derzeit noch nicht geklärt. *C. notophthalmus* gehört aber offenbar gemeinsam mit *C. spec. "Venezuela"* einem gemeinsamen Komplex innerhalb der Gattung an.

Typusfundort: Umgebung von Manaus, Brasilien. Gesicherte Funde liegen nur aus dem Rio Negro vor.

Verbreitung: Nach bisheriger Kenntnis beschränkt sich das Verbreitungs-

Crenicichla notophthalmus ♀

gebiet dieser Art auf das gesamte Rio Negro-Gebiet, einschließlich des unteren Rio Uaupés. Ich konnte die Art wiederholt beiderseits des Hauptflusses fangen.

Ökologie: *C. notophthalmus* bewohnt hauptsächlich Klarwasserbäche, ist aber auch im Schwarzwasser häufig anzutreffen. Jungfische fing ich allerdings ausschließlich in Klarwasser, das höchstens geringem Schwarzwassereinfluß unterlag. Die Fische leben im mittleren Rio Negro-Gebiet in großer Dichte in und über der Fallaubschicht. Ich konnte wiederholt beobachten, wie *C. notophthalmus* in Trupps von etwa 30 bis 50 Tieren umherzogen. Die Trupps bestanden fast immer aus Tieren nur eines Geschlechtes. Gemeinsam mit *C. notophthalmus* konnten weitere *Crenicichla*, *C.* cf. *regani*, *C. macrophthalma* und *C. inpai*, festgestellt werden. Außerdem leben häufig an den selben Fangplätzen *A. agassizii*, *A. diplotaenia*, *A. gephyra*, *A. gibbiceps*, *A. mendezi*, *A. paucisquamis*, *A. pertensis* und *A. uaupesi* sowie verschiedene Vertreter der Gattungen *Aequidens*, *Biotodoma*, *Geophagus* und *Laetacara*. Auch *Biotoecus* und *Taeniacara* konnten vereinzelt gemeinsam mit *C. notophthalmus* nachgewiesen werden. Neben den Cichliden waren zahlreiche Salmler, insbesondere Rote Neon und verschiedene kleine Spritzsalmler, sowie Harnisch- und Hexenwelse an den untersuchten Fundorten zahlreich festzustellen.

Ersteinfuhr: Der Zeitpunkt der Ersteinfuhr läßt sich nicht mehr genau feststellen, dürfte aber aufgrund verschiedener Hinweise in der ersten Hälfte der 70er Jahre liegen. Die Fische wurden damals in geringer Zahl als Beifänge mit dem Roten Neon eingeführt. Neuerdings gelangen sie auch als Beifänge mit *Dicrossus filamentosus* in den Handel. Gezielte kommerzielle Einfuhren fanden nur Anfang der 90er Jahre vorübergehend statt, gingen aber wegen mangelnder Nachfrage schnell wieder zurück.

Aquarienbiologie: *C. notophthalmus* gehört zu den besonders anspruchsvollen Aquarienpfleglingen. Die Fische benötigen in einem struktur- und versteckreich eingerichteten Aquarium sehr viel Schwimmraum und eine besonders gute Wasserqualität. Das nitrat- und nitritfreie Wasser muß für die erfolgreiche Dauerhaltung unter 6 °dGH und einen pH-Wert um 5,5 aufweisen. Werden diese Werte längerfristig überschritten, werden die Tiere scheu und anfällig gegenüber Erkrankungen. Ihre Lebenserwartung ist dann gegenüber den normalerweise erreichbaren vier bis sechs Jahre deutlich herabgesetzt. Die Haltung erfolgt am besten paarweise oder in Gruppen von zehn bis zwölf Tieren. Bei paarweiser Haltung ist darauf zu achten, daß die eingesetzten Tiere etwa gleich groß sind, da der unterlegene Partner sonst leicht getötet werden kann. Werden die Fische in einer Gruppe gehalten, können sich Paare frei bilden, die dann meist dauerhaft (lebenslang?) verpaart bleiben. Mir gelang die Zucht bisher nur mit solchen Paaren, während alle Zuchtbemühungen mit zwangsverpaarten Exemplaren erfolglos blieben. Hat sich nach der zum Teil mehrere Tage dauernden Balz ein fe-

Crenicichla notophthalmus ♂, adult, dominant, territorial, aggressiv

Crenicichla notophthalmus ♂, adult, dominant, territorial, aggressiv

stes Paar gebildet, wird vom Weibchen eine lange, schmale Wohnhöhle besetzt, deren Decke regelmäßig mit dem Maul gereinigt wird. Normalerweise ist die Höhle bei freier Auswahl so eng, daß die Fische rückwärts hineinschwimmen müssen, da ein Umdrehen darin nicht möglich ist. Das Männchen darf gelegentlich auch in die Höhle einschwimmen, verteidigt aber hauptsächlich die Reviergrenzen gegen andere Aquarienmitbewohner. Die Laichbereitschaft des Weibchens ist leicht zu erkennen, da es mit zunehmender Eireifung einen immer unförmigeren Bauch entwickelt, wobei gleichzeitig dessen rot-orange Farbe immer intensiver wird. Das Gelege wird portionsweise an die Höhlendecke geheftet und vom Männchen, das sich oft während des gesamten Laichvorganges in der Höhle aufhält, sofort besamt. Die Pflege der Eier und der nach drei bis vier Tagen schlüpfenden Larven bis zum Aufschwimmen um den zwölften Lebenstag übernimmt ausschließlich das Weibchen. Allerdings darf das Männchen in dieser Phase oftmals in der Bruthöhle übernachten. Nach dem Aufschwimmen der Jungen werden diese von beiden Eltern betreut. Gelegentlich ist das Abzupfen von kleinen Hautpartikeln durch die Jungfische bei den Eltern zu beobachten, was bekanntlich bei

Diskusfischen die hauptsächliche Ernährungsweise in den ersten Lebenstagen darstellt. Junge *C. notophthalmus* lassen sich dagegen leicht mit den Nauplien von *Artemia* aufziehen. Bei reichlicher Fütterung wachsen die Jungtiere rasch heran und sind oft bereits nach zwei Monaten über drei Zentimeter lang. Sie werden aber häufig von beiden Eltern bis zu vier Monate lang intensiv betreut und geführt. Besonders auffällig ist, daß die Bruten von *C. notophthalmus* normalerweise temperaturabhängig extrem verschobene Geschlechterverhältnisse aufweisen.

Bemerkungen: Die Bestimmung des Geschlechtes der Nachkommen erfolgt bei *C. notophthalmus* wie bei den *Apistogramma*-Arten umweltabhängig modifikatorisch. Im Experiment (RÖMER & VAN VLIET, unveröffentlicht) konnte nachgewiesen werden, daß auch bei verschiedenen Zwerg-*Crenicichla*-Arten, darunter auch *C. notophthalmus*, die Temperatur entscheidend für die Steuerung der Geschlechtsentwicklung ist. Der pH-Wert spielt dagegen trotz anderer Angaben in der Literatur nach unseren Experimenten keine entscheidende Rolle.

T: 22 - 30 °C, L: ♂ 15 cm, ♀ 10 cm BL: ab 150 cm, WR: u, m, SG: 2 -

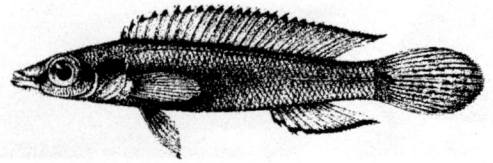

Zeichnung des Holotypus von *Crenicichla wallacii* zu Vergleich

Crenicichla notophthalmus ♀, adult, dominant, territorial

Crenicichla notophthalmus ♀, adult, dominant, territorial, leicht aggressiv

Crenicichla regani PLOEG, 1989

Erstbeschreibung: Zwei neue Arten der Gattung Crenicichla Heckel, 1840 aus dem Amazonasbecken, Brasilien. DATZ 42 (3): 163 - 167.

Etymologie: *regani* = Dedikationsname zu Ehren von C. T. REGAN, "dem letzten Ichthyologen, der die gesamte südamerikanische Cichlidengattung *Crenicichla* [vor PLOEG, Anm. d. Verf.] revidierte (1913)".

Typusmaterial: 66 Exemplare.

Holotypus: Ein Männchen, 75 mm SL (IRSNB 766), am 30. November 1964 von König LEOPOLD III. von Belgien und J.-P. GOSSE gesammelt. Fundort: Cachoeira Porteira im Rio Trombetas-System, Bundesstaat Pará, Brasilien.

Paratypen: 65 Exemplare, die alle aus Brasilien stammen.
20 Exemplare (IRSNB 767), sieben Exemplare (ZMA 120.288), alle Sammeldaten wie beim Holotypus. Acht Exemplare (INPA 861), drei Exemplare (INPA 864), sieben Exemplare (ZMA 119.752), zwei Exemplare (ZMA 119.753), am 12. November 1981 von M. JÉGU gesammelt. Fundort: Igarapé Canoal, unterhalb von Breu Branco im Tocantins-System, Bundesstaat Pará. Neun Exemplare (MZUSP 7423), am 6. Juli 1967 von EPA gesammelt. Fundort: Umgebung von Silves, Igarapé von Lago Saracá im Rio Maués-System, Bundesstaat Amazonas. Vier Exemplare (INPA 1434), am 30. Oktober 1979 vom INPA gesammelt. Fund-

ort: Lago Janauacá im Solimoes-System, Bundesstaat Amazonas. Vier Exemplare (INPA 1795), am 9. November 1983 von G. MENDES DOS SANTOS gesammelt. Fundort: Rio Machado, Ji-Paraná, Nazaré, etwa 15 Kilometer unterhalb der Brücke, Rio Madeira-System, Bundesstaat Amazonas. Ein Exemplare (INPA 1444), am 13. August 1977 vom INPA gesammelt. Fundort: Rio Vieira, Rio Madeira-System, Bundesstaat Amazonas.
(PLOEG listet in der Erstbeschreibung noch weiteres sehr umfangreiches Nicht-Typenmaterial von *C. regani* aus allen Teilen des Amazonassystems auf.)

Synonyme: Keine.

Artspezifische Merkmale: *C. regani* ist ein außerordentlich variabel gefärbter Zwergbuntbarsch. Allen *C. regani* ist die geringe Körpergröße, ein deutlicher Hinteraugenfleck, ein ebenso deutlicher, in seiner Größe aber variabler Schwanzwurzelfleck und ein, wenn sichtbar, breites, bis in die Schwanzflossenbasis reichendes Längsband gemein. Die Weibchen tragen in der Rückenflosse ein Muster unregelmäßiger schwarzer Flecken, die auch zu Zickzack-Bändern verschmelzen können und außerdem meist weißlich gerandet sind. In sehr seltenen Ausnahmefällen kann dieses Band auch fehlen (WARZEL 1996). Die Rückenflosse zeigt niemals Verlängerungen der Flossenhäute. Ob alle heute unter der Bezeichnung *C. regani* zusammenge-

Crenicichla regani ♂

Crenicichla regani ♀

faßten Formen tatsächlich diesem Taxon angehören, werden wohl erst zukünftige genetische Untersuchungen zeigen.

Geschlechtsunterschiede: Männchen von *C. regani* werden deutlich größer als Weibchen. Letztere zeigen im Gegensatz zu den Männchen stets ein extrem variables Fleckenmuster in der Rückenflosse. Bisher sind nur aus dem Einzugsbereich des Rio Tapajós Männchen bekannt, die ebenfalls ein solches Fleckenmuster aufweisen können. Sie sind dann aber immer noch ohne Schwierigkeiten an einem weißen Saum im oberen Rand der fein senkrecht gebänderten Schwanzflosse zu erkennen, der Weibchen aus diesem Gebiet fehlt. Als weiteres Merkmal kann die Färbung des Bauches herangezogen werden, der bei Erreichen der Geschlechtsreife in zarte Gelb-, Orange- oder Rottöne umfärbt. Bei laichreifen Weibchen ist der Bauch intensiver gefärbt und außerdem oft geradezu unförmig verdickt.

Verwandtschaftliche Zuordnung: Die genauen verwandtschaftlichen Beziehungen der Zwerg-Hechtbuntbarsche sind derzeit noch nicht geklärt. *C. regani* ist noch keinem Komplex eindeutig zuzuordnen.

Typusfundort: Typusfundort ist die Cachoeira Porteira im Rio Trombetas-System, Bundesstaat Pará in Brasilien.

Verbreitung: *C. regani* ist eine der am weitesten verbreiteten Arten der Gattung überhaupt und wurde bis heute in fast allen untersuchten Flußsystemen Amazoniens nachgewiesen. WARZEL

(1997) gibt eine Übersicht über die bekannte Verbreitung.

Ökologie: KILIAN und SEIDEL (KILIAN 1992) beobachteten *C. regani* gemeinsam mit *Dicrossus maculatus*, *Satanoperca acuticeps*, *S. jurupari*, *Acarichthys heckeli*, *Apistogramma* ssp., *Laetacara curviceps* und *Mesonauta* spec. in der zum Rio Tapajós-Einzug gehörenden Lagoa Jacundá in der Nähe von Alter do Cháo nach. Sie konnten die Fische in 27 bis 35 °C warmem Klarwasser mit einem pH-Wert von 4,8 und einem elektrischen Leitwert von nur 10 µS/cm in großen Schwärmen nachweisen. Ich selbst fing *C. regani* in großer Zahl im Rio Salgádo in Barcelos do Rio Negro, der Typuslokalität von *Apistogramma mendezi*. Ausführliche ökologische Daten dazu siehe dort oder bei RÖMER 1994.

Ersteinfuhr: Der Zeitpunkt der Ersteinfuhr ist nicht genau bekannt. Hinweise verschiedener Aquarianer deuten darauf, daß die Fische erstmals um 1970 als Beifänge mit Salmlern nach Deutschland gelangten.

Aquarienbiologie: *C. regani* gehört zu den anspruchslosen Aquarienpfleglingen unter den Zwerghechtbuntbarschen. Die Fische benötigen in einem struktur- und versteckreich eingerichteten Aquarium sehr viel Schwimmraum und eine gute Wasserqualität. Das weitgehend nitrat- und nitritfreie Wasser sollte für die erfolgreiche Dauerhaltung unter 7 °dGH und einen pH-Wert um 6 aufweisen. Die Haltung erfolgt am besten paarweise oder in Gruppen von acht bis zwölf Tieren. Bei paarweiser Haltung ist darauf zu achten, daß die

Der Hecht (*Esox lucius*) war namengebend für die Hechtbuntbarsche (*Crenicichla*)

Crenicichla regani ♂, dominant, neutral gestimmt

eingesetzten Tiere etwa gleich groß sind, da der unterlegene Partner sonst getötet werden kann. Werden die Fische in einer Gruppe gehalten, können sich Paare frei bilden. Hat sich nach der zum Teil mehrere Tage dauernden Balz ein Paar gebildet, wird eine Wohnhöhle besetzt, deren Decke mit dem Maul gereinigt wird. Das Männchen darf gelegentlich mit in die Höhle einschwimmen, verteidigt aber hauptsächlich die Reviergrenzen gegen andere Aquarienmitbewohner. Die Laichbereitschaft des Weibchens ist leicht zu erkennen, da sie mit der Eireifung einhergehend einen zunehmend unförmigeren Bauch entwickelt, dessen orange Farbe immer intensiver wird. Das Gelege wird portionsweise an die Höhlendecke geheftet und vom Männchen, das sich oft während des gesamten Laichvorganges in der Höhle aufhält, während der Ablage besamt. Die Pflege der Eier und der nach drei bis vier Tagen schlüpfenden Larven bis zum Aufschwimmen um den elften Lebenstag übernimmt das Weibchen. Gelegentlich darf das Männchen in dieser Zeit mit in der Bruthöhle übernachten. Nach dem Aufschwimmen der Jungen werden diese von beiden Eltern betreut. Junge *C. regani* lassen sich leicht mit den Nauplien von *Artemia* aufziehen. Bei reichlicher Fütterung wachsen die Jungtiere rasch heran und sind oft bereits nach zwei Monaten über zwei Zentimeter lang. Sie werden häufig von beiden Eltern mehrere Monate lang geführt. Auffällig ist, daß auch die Bruten von *C. regani* normalerweise temperaturabhängig extrem verschobene Geschlechterverhältnisse aufweisen (weitere Angaben siehe unter Bemerkungen bei *C. notophthalmus*).

Bemerkungen: *C. regani* ist die variabelste bisher bekannte kleine *Crenicichla*-Art. Praktisch weist jedes Flußsystem eine anhand bestimmter musterartiger Färbungselemente identifizierbare eigene Farbmorphe auf. Die große Ausdehnung des Verbreitungsgebietes und die ungewöhnliche Variabilität wären bei anderen Artengruppen Anlaß zur Beschreibung etlicher neuer Arten. Alle bislang bekannt gewordenen Lokalmorphen dieser Art werden aber *C. regani* zugeordnet (vergleiche zur Variabilität WARZEL 1996). Eine genauere vergleichend morphologische, enzymatische, genetische und ethologische Studie an diesen vielen Teilpopulationen wäre von besonderem Wert für das Verständnis der stammesgeschichtlichen Situation innerhalb dieser Gruppe, die sich möglicherweise an der Spezifikationsschwelle befindet. *C. regani* könnte sich zudem für genauere Untersuchungen der Mechanismen eigenen, die solche Merkmalsausprägungen evolutiv beeinflussen. Darüber hinaus könnte die Art als bislang einzige der Gattung für eine aquaristische Sortenzucht geeignet sein.

T: 20 - 30 °C, **L**: ♂ 13 cm, ♀ 8 cm, **BL**: ab 100 cm, **WR**: u, m, **SG**: 2 - 4

Crenicichla notophthalmus ♀ in für kleine Hechtbuntbarsche typischer Lauerhaltung

Crenicichla urosema Kullander, 1990

Erstbeschreibung: A new species of Crenicichla (Teleostei: Cichlidae) from the Rio Tapajós, Brazil, with comments on interrelationships of small crenicichline cichlids. Ichthyological Exploration of Freshwaters 1 (1): 85 - 93.

Etymologie: *urosema* (gr.) = zusammengesetzt aus *oura* = Schwanz und *sema* = Signal, Zeichen. Der Name bezieht sich auf die einzige deutliche Schwarzmarkierung dieser Art, den deutlichen dunklen Fleck auf der Basis der Schwanzflosse.

Typusmaterial: 13 Exemplare, davon elf Weibchen und nur zwei Männchen.

Holotypus: Weibchen, 46,9 mm SL (MZUSP 40289), am 22. Oktober 1983 von M. Goulding gesammelt. Fundort: Ein felsiger Tümpel im Rio Tapajós bei Sáo Luiz flußaufwärts von Itaituba, Bundesstaat Para, Brasilien.

Paratypen: Fünf Exemplare, 40,6 bis 57,5 mm SL (MZUSP 32872, drei Ex., NRM A89/1983426.4626, zwei Ex.), Sammeldaten wie beim Holotypus. Ein Exemplar, 52,8 mm SL (MZUSP 21851), am 6. November 1970 von der Expedicao Permanente da Amazônia gesammelt. Fundort wie Holotypus. Fünf Exemplare, 38,2 bis 53,3 mm SL (MZUSP 22019, vier Ex., NRM A89/1970457.4627, ein Ex.), am 8. November 1970 von der Expedicao Permanente da Amazônia gesammelt. Fundort: Ein felsiger Tümpel bei Sáo Luiz, Bundesstaat Para, Brasilien. Ein Exemplar, 67,8 mm SL (MZUSP 38298), am 6.-7. November 1970 von der Expedicao Permanente da Amazônia gesammelt. Fundort: Cachoeira do Maranházinho im Rio Tapajós, bei Sáo Luiz, Bundesstaat Para, Brasilien.

Synonyme: Keine.

Artspezifische Merkmale: *C. urosema* läßt sich gut an dem großen, hochovalen, einfarbig schwärzlichen Fleck in den oberen zwei Dritteln der Basis der Schwanzflosse und den einfarbig gelblichbraunen Körperseiten von allen anderen kleinen *Crenicichla*-Arten und den Jungtieren der großen Arten unterscheiden. Der Körper ist außerdem für einen Vertreter der sogenannten Zwerg-Hechtbuntbarsche vergleichsweise hochrückig gebaut.

Geschlechtsunterschiede: Die Geschlechter dieser kleinen Art sind außerhalb der Fortpflanzungszeit nur schwer zu unterscheiden. Die Männchen sind meist nur geringfügig größer als die Weibchen. Die Weibchen zeigen aber, im Gegensatz zu den Männchen, ein weißliches submarginales Band in der Rückenflosse. In der Schwanzflosse der Männchen zeichnet sich außerdem am oberen Außenrand meist ein breiter blau-roter Doppelstreif ab, der den Weibchen fast immer fehlt. Die Schwanzflosse der Männchen trägt meist in ihrem mittleren basisnahen Teil zwei bis fünf angedeutete senkrechte Bänder, die bei Weibchen nicht vorkommen. Während der Paarungszeit färben sich die Weibchen in spektakulärer Weise um: Sie zeigen nun einen roten Streif in der Rücken-

Crenicichla urosema ♀, laichreif F. Warzel

Crenicichla urosema, brutpflegendes Paar mit wenige Tage alten Jungfischen F. Warzel

flosse, eine gelbe bis goldorange Kinn-, Kehl- und Bauchregion, die sie eindeutig von den nun blaugrauen Männchen unterscheiden.

Verwandtschaftliche Zuordnung: Die genauen verwandtschaftlichen Beziehungen der Zwerg-Hechtbuntbarsche sind derzeit noch nicht geklärt. *C. urosema* gehört aber gemeinsam mit zwei weiteren, bisher noch unbeschriebenen Zwergformen aus dem unteren Rio Xingu und dem Rio Aripuana einem gemeinsamen Komplex innerhalb der Gattung an (KULLANDER 1990, WARZEL 1997.

Typusfundort: Rio Tapajós bei Sáo Luiz flußaufwärts von Itaituba, Bundesstaat Para, Brasilien.

Verbreitung: Bisher ist die Art nur aus den Stromschnellen des unteren Rio Tapajós in der weiteren Umgebung von Sáo Luiz im Bundesstaat Para, Brasilien, bekannt.

Ökologie: Bei *C. urosema* handelt es sich um einen spezialisierten Stromschnellen-Cichliden. Nach KULLANDER (1990) und WARZEL (1997), auf die alle bisher verfügbaren Informationen zur Ökologie zurückgehen, leben die Tiere vereinzelt im losen Geröll und zwischen Steinen, wo sie ihre Reviere besetzen und gegen Artgenossen rabiat verteidigen. Die Fische scheinen nach WARZEL den turbulent durchströmten Bereich der Gewässer zu meiden, aber durchaus strömungsreiche Zonen mit Felszonencharakter zu bevorzugen. Die Wasserbedingungen an den bisher untersuchten Fangplätzen, bei denen es sich teilweise saisonbe-

dingt auch um Restwasserpfützen handelte, waren zum Teil extrem. In einem der Restwasser lag die Wassertemperatur schon morgens über 30 °C, was eine noch stärkere Erwärmung am Tage vermuten läßt. Das klare Wasser war stets sehr weich (etwa 20 μS/cm) und relativ sauer (pH-Wert 5,5). *C. urosema* sind nach den Angaben WARZELs in der Lage, wendig schwimmend auch in der Strömung die Oberseiten der Felsen pickend nach Nahrung abzusuchen.

Ersteinfuhr: *C. urosema* wurde erstmals in geringer Stückzahl Ende 1992 durch HARNOSS, KRÜGER, SEIDEL und WARZEL nach Deutschland eingeführt. Kommerzielle Einfuhren erfolgten, soweit bekannt, bislang wohl nicht.

Aquarienbiologie: WARZEL (1997) empfiehlt für die Haltung Aquarien mit feinem weißen Sand- oder Kiesuntergrund, auf dem aus Steinplatten umfangreiche klüftige Steinhaufen aufgeschichtet werden, die auch von den Tieren unterhöhlt werden können, ohne daß die Höhlenstrukturen zusammenbrechen. Mehrere Tage vor dem Ablaichen, das meist am Nachmittag oder Abend erfolgt, werden verschiedene Laichplätze vorbereitet. Das Weibchen verliert nun die auffällige Balzfärbung. Wie bei anderen Zwerg-*Crenicichla* übernimmt das Weichen allein die Versorgung von Eiern und Larven. An der Pflege der erstmals etwa elf Tage nach der Eiablage frei schwimmenden Jungfische ist auch das Männchen beteiligt. WARZEL zog die Tiere in mittelhartem (Leitwert 140 bis 200 μS/cm), sauren (pH-Werte zwischen 5,3 und 6,2) Wasser nach, wobei die Produktivität mit sinkendem pH-Wert scheinbar zunahm. Die Aufzucht mit Nauplien von Salinenkrebsen ist einfach. Die Jungfische werden etwa drei Monate im Revier der Eltern geduldet, sind aber untereinander bereits nach etwa sechs Lebenswochen auffallend streitbar, was auf eine besonders frühe Selbständigkeit der Nachkommen verweisen könnte. Um Verluste unter den Jungen zu vermeiden, sollten viele kleine Versteckplätze im Aquarium geschaffen werden, in die sich die Fischchen bei Bedarf zurückziehen können.

Bemerkungen: Diese relativ kleine Art stellt wegen ihres hohen Raumbedarfes und der großen, schon bei Jungfischen festzustellenden innerartlichen Aggressivität besondere Ansprüche an die Pflege. *C. urosema* ist daher nur erfahreneren Cichlidenpflegern zu empfehlen, die zudem über ausreichend große Aquarien verfügen.

T: 23 - 32 °C, **L**: ♂ 9 cm, ♀ 7 cm, **BL**: ab 150 cm, **WR**: u, m, **SG**: 2 - 4

Wiesenstrandläufer (*Calidris minutilla*) bei Sao Gabriel, Rio Negro

Das Salesiana-Kloster in Taraquá am mittleren Rio Uaupés

1049

Crenicichla wallacii REGAN, 1905

Erstbeschreibung: A Revision of the Fishes of the South American Cichlid Genera Crenacara, Batrachops, and Crenicichla. Proceedings of the Zoological Society of London 1905: 163 & Tafel XIV

Etymologie: REGAN erklärt den Artnamen (wie in fast allen seinen Arbeiten) nicht, doch erwähnt er, daß Dr. A. R. WALLACE wahrscheinlich einen Fisch dieser Art bereits 1851 im Rio Negro-Gebiet gesammelt und anschließend zeichnerisch dargestellt habe, sein Material aber durch unglückliche Umstände verloren und der Wissenschaft damit unzugänglich sei. Daraus muß gefolgert werden, daß REGAN den Namen aus diesem Grunde WALLACE widmete.

Typusmaterial: Ein Exemplar.

Holotypus: Ein Männchen (?), 85 mm TL (BMNH No.??). Von EHRHARDT hinterlegt (gesammelt?). Fundort: R. Essequibo.
(Nach der der Erstbeschreibung beigefügten Abbildung auf Tafel XIV dürfte es sich beim Holotypus um ein Männchen handeln, da Weibchen dieser Gruppe von Zwerghechtbuntbarschen in vergleichbarer Größe Fleckenmuster in der Rückenflosse zeigen.)

Synonyme: Keine.

Artspezifische Merkmale: C. wallacii ist nur mit C. notophthalmus zu verwechseln. Erwachsene Männchen entwickeln nicht die deutlich verlängerten Flossenhäute der ersten fünf bis acht Rückenflossenstacheln der zuletzt genannten Art. Ein Fleck auf der Schwanzwurzel, der bei C. notophthalmus fehlt, ist bei C. wallacii normalerweise deutlich erkennbar. In aggressiver Stimmung zeigen die Fische elf schmale Querbinden auf dem Körper, während C. regani und die übrigen Zwerghechtbuntbarsche mit Ausnahme von C. notophthalmus nur neun zeigen. Männliche C. wallacii zeigen einen roten Rand in der Rückenflosse, der bei C. notophthalmus normalerweise fehlt. Beide Arten sind als Jungtiere nur von Spezialisten unterscheidbar. Weibchen von C. wallacii fehlt im Gegensatz zu Weibchen von C. notophthalmus das silbrig weiße Band in der Rückenflosse. Statt dessen zeigen sie einen, viel seltener mehrere schwarze, weiß, gelblich oder rot eingefaßte Augenflecken in der Rückenflosse. Von weiteren Formen der artenreichen Gattung unterscheiden sich erwachsene C. wallacii durch die geringere Größe.

Geschlechtsunterschiede: Männchen werden etwa ein Drittel größer als Weibchen und entwickeln im Gegensatz zu diesen keine Fleckenmuster in der Rückenflosse. Fast alle Weibchen zeigen dort einen oder mehrere Augenflecken oder schwarzweiße Markierungen, die den Männchen immer fehlen.

Verwandtschaftliche Zuordnung: Die genauen verwandtschaftlichen Beziehungen der Zwerg-Hechtbuntbarsche sind derzeit noch nicht geklärt. C.

Crenicichla wallacii ♂, adult, territorial, aggressiv

Crenicichla wallacii ♂, adult, territorial, aggressiv

wallacii gehört aber offenbar gemeinsam mit *C. notophthalmus* einem gemeinsamen Komplex innerhalb der Gattung an.

Typusfundort: Rio Essequibo. Genauere Angaben fehlen.

Verbreitung: Nach bisheriger Kenntnis beschränkt sich das Verbreitungsgebiet dieser Art auf das Einzugsgebiet des mittleren und oberen Rio Orinoco und des unteren Rio Uaupés. Ich konnte die Art in einem nördlichen Zufluß des Rio Uaupés gemeinsam mit *C. notophthalmus* fangen. REGAN (1905) erwähnt, WALLACE habe die Art wahrscheinlich im Rio Negro gesammelt. Diese Angabe muß aufgrund der großen Ähnlichkeit halbwüchsiger *C. wallacii* und *C. notophthalmus* mit einiger Vorsicht beurteilt werden. Immerhin konnte ich beide Arten im Gebiet des Rio Uaupés feststellen, der ebenfalls von WALLACE besammelt wurde.

Ökologie: Die bisher verfügbaren Informationen über die Ökologie dieser Art sind gering. *C. wallacii* bewohnt hauptsächlich Klarwasserbäche, ist aber auch im Schwarzwasser anzutreffen. Im unteren Rio Uaupés fing ich zwei halbwüchsige, stark abgemagerte Exemplare in sehr stark strömendem Schwarzwasser über deckungslos kahlem Lehmboden.

Ersteinfuhr: Der Zeitpunkt der Ersteinfuhr läßt sich nicht mehr genau feststellen. Erstmals dürften *C. wallacii* aber etwa Mitte der 70er Jahre importiert worden sein. Die Fische wurden in geringer Zahl als Beifänge mit Salmlern eingeführt. Neuerdings gelangen

sie regelmäßig als Beifänge mit *Dicrossus filamentosus* in den Handel. Gezielte kommerzielle Einfuhren erfolgen seit 1990 in kleinen Stückzahlen nach Japan und Deutschland.

Aquarienbiologie: *C. wallacii* gehört zu den anspruchsloseren Aquarienpfleglingen. Die Fische benötigen struktur- und versteckreich eingerichtete Aquarien mit viel Schwimmraum und guter Wasserqualität. Das weitgehend nitrat- und nitritfreie Wasser muß für die erfolgreiche Dauerhaltung unter 7°dGH und einen pH-Wert um 5,5 aufweisen. Werden diese Werte längerfristig überschritten werden die Tiere anfällig gegen Erkrankungen und ihre Lebenserwartung sinkt erheblich gegenüber dem normalerweise erreichbaren Wert von bis zu vier Jahren. Die Haltung sollte paarweise oder in Gruppen von bis etwa zwölf Tieren erfolgen. Bei paarweiser Haltung ist zu beachten, daß die Tiere etwa gleich groß sind, da der unterlegene Partner sonst leicht getötet wird. Werden die Fische in einer Gruppe gehalten, können sich Paare frei bilden, die dann dauerhaft verpaart bleiben. Hat sich ein Paar gebildet, wird vom Weibchen eine Wohnhöhle besetzt. Normalerweise ist die Höhle so eng, daß die Fische rückwärts hineinschwimmen müssen, da ihnen ein Umdrehen darin nicht möglich ist. Das Männchen verteidigt normalerweise die Reviergrenzen gegen andere Aquarienmitbewohner. Die Laichbereitschaft des Weibchens ist leicht daran zu erkennen, daß es mit zunehmender Eireifung einen immer unförmigeren Bauch entwickelt, dessen rot-orange Farbe stetig intensiver wird. Das Gelege wird portionsweise

Crenicichla wallacii ♀, adult, mit wenige Tage alten Jungfischen

Crenicichla wallacii ♂, adult, territorial, brutpflegend, aggressiv

an die Höhlendecke geheftet und vom Männchen sofort besamt. Die Pflege der Eier und der Larven bis zum Aufschwimmen übernimmt ausschließlich das Weibchen. Allerdings darf das Männchen gelegentlich mit in der engen Bruthöhle übernachten. Nach dem Aufschwimmen der Jungen werden diese von beiden Eltern betreut. Junge *C. wallacii* lassen sich leicht mit den Nauplien von *Artemia* aufziehen. Bei reichlicher Fütterung wachsen die Jungtiere rasch heran und sind oft bereits nach zwei Monaten über zwei Zentimeter lang. Sie werden häufig von beiden Eltern bis zu vier Monate lang intensiv betreut und geführt. Auffällig ist, daß auch die Bruten von *C. wallacii* temperaturabhängig verschobene Geschlechterverhältnisse aufweisen. Weitere, umfangreiche Angaben zur Fortpflanzungsbiologie finden sich bei RÖMER (1992).

Bemerkungen: Im Experiment (RÖMER & VAN VLIET, unveröffentlicht) konnte nachgewiesen werden, daß auch bei verschiedenen Zwerg-*Crenicichla*-Arten, darunter auch *C. wallacii*, die Temperatur den entscheidenden Faktor für die Steuerung der Geschlechtsentwicklung darstellt. Zwei bei 26 °C erzeugte Bruten von *C. wallacii* wurden jeweils halbiert. Jeweils eine Hälfte der Larven wurde bei 23 °C, die andere bei 29 °C weiter aufgezogen. Ein Teil der Tiere wurde bei einem pH-Wert von 5, der andere bei einem pH-Wert von 7 aufgezogen. Alle bei 23 °C aufgezogenen Tiere waren Weibchen, alle bei 29 °C aufgezogenen dagegen Männchen. Die Geschlechtsbestimmung der Nachkommen erfolgt bei *C. wallacii* damit wie bei den meisten *Apistogram-*

ma-Arten umweltabhängig modifikatorisch. Der pH-Wert spielte nach unseren Experimenten keine Rolle.

T: 22 - 30 °C, **L:** ♂ 15 cm, ♀ 10 cm, **BL:** ab 150 cm, **WR:** u, m, **SG:** 2 - 4

Futterübergabe bei Riesenameisen

Felsinsel im Rio Negro

Zum Trocknen (Konservierung) ausgelegte Großcichliden (*Cichla* und *Hoplarchus*)

Dicrossus STEINDACHNER, 1875

Erstbeschreibung: Beiträge zur Kenntnis der Chromiden des Amazonasstromes. Sitzungsberichte der Kaiserlichen Akademie der Wissenschaften Wien LXXI: (i) 61 - 137

Typusart der Gattung: *Dicrossus maculatus* STEINDACHNER, 1875.

Etymologie: Der Name ist abgeleitet von *di* (gr.) = Kerbe und *krossos* (gr.) = Franse, Quaste. Die genaue Bedeutung des Namens ist unklar, er könnte sich aber auf den Bau des Kiemendeckels beziehen.

Dicrossus filamentosus (LADIGES, 1958)

Erstbeschreibung: Bemerkungen zu einigen Neuimporten. DATZ 11: 203 - 204.
(Es handelt sich um eine Beschreibung aus Versehen. Die eigentliche Beschreibung erschien 1959 unter dem Titel: Crenicara filamentosa spec. nov., ein neuer seltener Cichlide aus Südamerika. Internationale Revue der gesamten Hydrobiologie 44 (2): 299 - 302.)

Wiederbeschreibung: KULLANDER (1978): A rediscription of Crenicara filamentosa LADIGES, 1958 (Teleostei: Cichlidae). Mitt. hamb. zool. Mus. Inst. 75: 267 - 278.

Etymologie: *filamentosus* = Der Artname wurde von LADIGES nicht erklärt, bezieht sich aber offenbar auf die in zwei Zipfeln ausgezogene Schwanzflosse der Männchen.

Typusmaterial: Zwei Exemplare.

Lectotypus: Ein Männchen, 71 mm TL (H 343), am 19. Februar 1958 von

Tropicarium Frankfurt hinterlegt. Fundort: Unbekannt: "Amazonasgebiet?", "die Fische entstammen einem über die USA geleiteten Import unbekannter Herkunft".

Paralectotypus: Ein Weibchen, 54,5 mm TL (H 343), Daten wie Lectotypus.

Belegmaterial: 31 Exemplare aus dem mittleren Rio Negro-Gebiet (SMF 28192).

Synonyme: *Crenicara filamentosa.*

Artspezifische Merkmale: Der überwiegend kupferfarbene Körper von *D. filamentosus* ist bei etwa spindelförmigem Querschnitt schlank und gestreckt. Die Schnauzenpartie ist stumpf, das Maul klein. Die Schwanzflosse der Männchen weist lang ausgezogene Zipfel am oberen und unteren Rand auf. Das Zeichnungsmuster macht *D. filamentosus* unverwechselbar: Auf der Körperseite befinden zentral und unterhalb der Rückenflosse zwei Reihen leicht gegeneinander versetzter, etwa

Dicrossus filamentosus ♂, adult, aus dem Rio Préto

Dicrossus filamentosus ♀, adult, Brutpflegefärbung, aus dem Rio Préto

quadratischer schwarzer Flecken, die den Eindruck eines Schachbretteshinterlassen. Stimmungsabhängig können die Flecken auf der Körperseite zu einem von der Schnauzenspitze bis auf die Basis der Schwanzflosse reichenden Längsband verschmelzen, während die Flecken unterhalb der Rückenflosse vollständig verblassen. Von der einzigen ähnlichen Art, *D. maculatus*, ist *D. filamentosus* aufgrund des schlankeren Körpers, unterschiedlich geformter Seitenflecken und der anders gefärbten und geformten Schwanzflosse zu unterscheiden.

Geschlechtsunterschiede: Männchen von *D. filamentosus* entwickeln frühzeitig die typischen auffallenden Zipfel der Schwanzflosse. Die Körpergrundfarbe der Männchen ist meist rötlich kupferfarben, der der Weibchen weißlichgrau. Laichreife Weibchen zeigen vollständig lachsrote Bauchflossen, die bei den Männchen lediglich rote und blaue Streifen zeigen.

Verwandtschaftliche Zuordnung: Gemeinsam mit *D. maculatus* bildet *D. filamentosus* möglicherweise einen Komplex innerhalb der *Dicrossus*-Arten. Allerdings sind noch genauere Studien zur Systematik dieser Gruppe erforderlich.

Typusfundort: LADIGES gab als Herkunft des Typusmaterials lapidar "Amazonasgebiet (?)" an.

Verbreitung: Die Verbreitung von *D. filamentosus* ist heute relativ gut bekannt. KULLANDER (1978) verwendete bei seiner Wiederbeschreibung Material aus dem kolumbianischen Orinocogebiet. Möglicherweise ist das Verbreitungsgebiet disjunkt, also in getrennte Einzelgebiete gespalten. Nach Aufsammlungen verschiedener reisender Aquarianer kommt die Art im gesamten westlichen oberen Einzugsgebiet des Rio Orinoco vor. Meine eigenen Untersuchungen belegen, daß *D. filamentosus* im gesamten mittleren und oberen brasilianischen Rio Negro-Gebiet verbreitet ist. Bisher fehlen aber bis auf eine Ausnahme Nachweise aus dem zwischen beiden gesicherten Fundgebieten gelegenen Gebiet des Rio Uaupés und dem Cassaquiare (siehe bei *Apistogramma elizabethae*).

Ökologie: *D. filamentosus* lebt nach meinen Beobachtungen in zahlreichen Gewässern im mittleren Rio Negro-Gebiet, bevorzugt im Klarwasser kleinerer Waldbäche. In typischem Schwarzwasser finden sie sich nur selten und werden an einigen Fundorten durch den noch unbeschriebenen *D.* spec. "Rio Negro" ersetzt, der Schwarzwasser bevorzugt. Die Tiere halten sich in meist großer Dichte über dicken Fallaubschichten auf, in die sie sich bei Gefahr zurückziehen können. Sie leben dort häufig gemeinsam mit dem Roten Neon und verschiedenen *Apistogramma*-Arten, meist *A. gibbiceps* und *A. paucisquamis*, und *Crenicichla notophthalmus*. Im Rio Uneíuxí konnten *D. filamentosus* auch auf offenen Sand- und Felsflächen gemeinsam mit *A. diplotaenia* und *A. uaupesi* festgestellt werden. Am Igarapé Prósperitáte, einem Zufluß des Rio Préto, konnte ich die Art im September 1992 in einem dichten Wasserpflanzenbestand feststellen. Daten zur Wasserbeschaffenheit finden sich in

Dicrossus filamentosus ♂, adult, aus dem Rio Préto

Dicrossus filamentosus ♀, subadult, laichreif

der Übersichtstabelle im ersten Teil des Buches. Die männlichen Tiere waren territorial und warben regelmäßig um die anwesenden Weibchen. Jungfische waren nicht festzustellen. Dagegen waren ein bis zwei Zentimeter lange Jungfische im Frühjahr 1994 zahlreich anzutreffen. Wahrscheinlich liegt demnach am mittleren Rio Negro ein Höhepunkt der Fortpflanzungstätigkeit von *D. filamentosus* während der Niedrigwasserzeit um den Jahreswechsel.

Ersteinfuhr: 1958 wurden erstmals einige Fische durch Tropicarium-Frankfurt über die USA nach Deutschland eingeführt.

Aquarienbiologie: Diese Art stellt gehobene Ansprüche an die Pflegebedingungen. Möglichst geräumige Pflegebehälter mit strukturreicher Ausstattung, beispielsweise aus Totholz, Wasserpflanzen oder Fallaub sind Voraussetzung zur Entfaltung des gesamten Verhaltensrepertoires dieser Art. In solchen Aquarien in kleinen Gruppen gehalten, zeigen die Fische eine komplexe Sozialstruktur und schreiten bei den Freilandwerten entsprechenden Wasserbedingungen willig zur Fortpflanzung. Ein sehr ausführlicher Zuchtbericht findet sich bei LINKE & STAECK (1997). Die Weibchen heften das Gelege auf eine feste Unterlage. Im Gegensatz zu den Beobachtungen der genannten Autoren verloren alle von mir bisher beobachteten Weibchen zu diesem Zeitpunkt die während der Balzphase deutliche rote Färbung der Bauchflossen. Erst nach dem Selbständigwerden der Jungen im Alter von etwa sechs bis acht Wochen

kehrt diese Färbung zurück. Nach etwa sechs bis acht Entwicklungstagen schwimmen die allein vom Weibchen betreuten Jungfische erstmals frei. Sie lassen sich mit frisch geschlüpften *Artemia*-Nauplien vom ersten Tage an ernähren und wachsen bei regelmäßigen umfangreichen Teilwasserwechseln relativ schnell heran.

Bemerkungen: *D. filamentosus* ist nicht als Anfängerfisch zu empfehlen. Um die Fische dauerhaft artgerecht halten zu können sind fortgeschrittene Kenntnisse zur Wasseraufbereitung und in der Zwergcichlidenpflege erforderlich.

T: 22 - 30 °C, **L**: ♂ 8 cm, ♀ 5 cm, **BL**: ab 100 cm, **WR**: u, m, **SG**: 3 - 4 (Weichwasserfisch)

Schneckenweihe, unausgefärbt
(*Rostrhamus sociabilis*)

Dicrossus filamentosus ♀, bei der Gelegepflege

J. Glaser

Dicrossus filamentosus ♀, Brutpflegefärbung, in Freßstimmung

Dicrossus maculatus STEINDACHNER, 1875

Erstbeschreibung: Beiträge zur Kenntnis der Chromiden des Amazonasstromes. Sitzungsberichte der Kaiserlichen Akademie der Wissenschaften Wien LXXI: (i) 102 - 106.

Etymologie: *maculatus* (lat.) = gefleckt. Der Name bezieht sich auf das Zeichnungsmuster auf dem Körper.

Typusmaterial: Die Zahl der Typen geht aus der Arbeit STEINDACHNERS nicht klar hervor, doch standen ihm offenbar mehrere Exemplare zur Verfügung.

Syntypen: Das von STEINDACHNER beschriebene Material wurde von AGASSIZ während der Thayer-Expedition nach Brasilien, 1865 - 1866 gesammelt. Die Tiere sammelte er im "*Lago maximo und José Assu sowie in Nebenarmen des Amazonenstromes bei Tonantins, im Hyavary und im Rio Tajapuru in mehreren Exemplaren*".

Synonyme: *Crenicara praetoriusi* AHL, 1936.

Artspezifische Merkmale: Morphologisch weist *D. maculatus* große Ähnlichkeit zu den anderen Formen der Gattung auf. Von *D. filamentosus* unterscheidet sie aber die bei erwachsenen Tieren lanzettähnliche Schwanzflosse. Von den übrigen *Dicrossus*-Formen unterscheidet sich die Art durch das Zeichnungsmuster auf den Körperseiten, daß aus nur zwei Reihen schwarzer Flecken besteht. Überdies ist die Schwanzflosse der Männchen stets dicht gebändert. Die Körper-grundfarbe von *D. maculatus* ist weißlich- bis silbergrau, was vor allem zur Unterscheidung der Weibchen von den gelblichen oder bräunlichen Weibchen von *D. filamentosus* von Bedeutung ist.

Geschlechtsunterschiede: Die Geschlechter lassen sich bei dieser Art erst bei mehr als halbwüchsigen Exemplaren feststellen. Männchen zeigen eine bläuliche, dicht senkrecht gebänderte Schwanzflosse, während diese bei Weibchen stets transparent und zeichnungslos ist. Die Form der Flosse ist bei Weibchen rund, bei den Männchen hingegen leicht lanzettartig. After- und Rückenflosse der Männchen sind in ihrem Weichstrahlbereich zugespitzt, bei den Weibchen abgerundet. Die bei den Weibchen runden Bauchflossen sind bei den Männchen oft stark fadenartig ausgezogen. Die Flossen der Männchen sind irisierend bläulich überzogen, während den Weibchen der Blauton fehlt.

Verwandtschaftliche Zuordnung: Gemeinsam mit *D. filamentosus* bildet *D. maculatus* offenbar eine gemeinsame Gruppe innerhalb der Gattung, die sich vor allem durch das abweichende Grundmuster der Flecken auf den Körperseiten unterscheiden: Sie tragen nur zwei anstatt drei Fleckenreihen.

Typusfundort: STEINDACHNER (1875) gibt den Lago Maximo und José Assu sowie in Nebenarmen des Amazonenstromes bei Tonantins, im Hyavary und im Rio Tajapuru als Fundorte an.

Dicrossus maculatus ♂

Dicrossus maculatus ♀

Spezieller Artenteil

Verbreitung: Die Verbreitung dieser Art ist noch unzureichend bekannt. Gesicherte Funde stammen aus der weiteren Umgebung der Stadt Santarém. KULLANDER (1978) geht davon aus, daß das gesamte Gebiet des Amazonas und seiner Zuflüsse zwischen Belém und Rio Javarí von der Art besiedelt wird.

Ökologie: KILIAN und SEIDEL (KILIAN 1992) beobachteten *D. maculatus* in der zum Rio Tapajós-Einzug gehörenden Lagoa Jacundá in der Nähe von Alter do Cháo. Sie konnten die Fische in 27 bis 35 °C warmem Klarwasser mit einem pH-Wert von 4,8 und einem elektrischen Leitwert von nur 10 µS/cm in großen Schwärmen nachweisen. In kleinen Freßgesellschaften aus bis zu zehn Individuen durchstöberten sie die mulmüberzogene Fallaubschicht und den Sanduntergrund auf der Nahrungssuche. Sie wirbelten dabei systematisch mit den Brustflossen die Schicht aus feinem Detritus auf und schnappten anschließend Kleinorganismen aus dem aufgewirbelten Material. Gemeinsam mit *D. maculatus* wiesen KILIAN und SEIDEL *Satanoperca acuticeps*, *S. jurupari*, *Acarichthys heckeli*, *Laetacara curviceps*, *Apistogramma* ssp., *Crenicichla regani* und *Mesonauta* spec. nach.

Ersteinfuhr: Wahrscheinlich wurden um 1935 erstmals einige Tiere nach Deutschland eingeführt. Nach dem zweiten Weltkrieg gelangten um 1951 Tiere in die Aquaristik, starben aber schnell wieder aus. 1987 gelang E. FRECH, W. FRIEDRICH und A. WERNER die Wiedereinfuhr. Seither gehört die Art in kleinen Stückzahlen zum ständigen Angebot von Züchtern und Importeuren.

Aquarienbiologie: Die Klarwasserart *D. maculatus* läßt sich bereits in mittelhartem, etwa neutralem Wasser im Aquarium halten. Da die sozialen Tiere relativ groß werden können sollten sie in kleinen Gruppen in möglichst geräumigen Aquarien gehalten werden, die neben freien Sandflächen auch versteckreiche Zonen aus Fallaub, Totholz, Steinen oder Wasserpflanzen aufweisen. Die Tiere kauen gerne den Bodengrund nach Freßbarem durch, weshalb neben einem feinkörnigen Bodenmaterial auch besonders feines Futter, beispielsweise *Artemia*-Nauplien gereicht werden sollte. Die Ansprüche an die chemische Wasserqualität sind hoch, weshalb regelmäßige und umfangreiche Wasserwechsel erforderlich sind. Die Zucht dieser Art gelingt erst in sehr weichem und saurem Wasser. Die Männchen laichen, bei entsprechender Haltung, oft mit mehreren Weibchen in ihrem Großrevier ab. Das Gelege wird vom Weibchen meist versteckt auf einem Blatt, aber auch auf Steinen oder in höhlenartigen Verstecken angeheftet. Die Mutter übernimmt allein die Betreuung von Eiern, Larven und Jungfischen, welche mehrere Wochen lang geführt werden können. Die Art wird meist bei relativ hohen Temperaturen gehalten und auch nachgezüchtet. Die dabei aufschwimmenden Jungfische sind meist sehr klein und können oft nicht die Nauplien von *Artemia* als Erstnahrung bewältigen, weshalb an diese Tiere auch Essigälchen verfüttert werden sollten. Bei niedrigeren Temperaturen produzierte Nachkommen

Dicrossus maculatus ♂ , lateral drohend

Dicrossus maculatus ♂ , halbwüchsig

J. Glaser

sind demgegenüber wegen ihrer bedeutenderen Körpergröße normalerweise problemlos in der Lage, die Nauplien zu verzehren. Über die Hintergründe der Größenunterschiede finden sich Informationen im ersten Teil des Buches.

Bemerkungen: In der Aquarienliteratur (LINKE & STAECK 1997) liegen Hinweise auf einen modifikatorischen Einfluß des Säuregrades des Wassers auf das Geschlechterverhältnis der Nachkommen dieser Art vor. Besonders bemer-

kenswert ist der Hinweis, daß im Gegensatz zu den Verhältnissen bei den *Apistogramma*-Arten, bei denen niedrige pH-Werte zu hohen Männchenanteilen führen, niedrige pH-Werte bei *D. maculatus* zu hohen Weibchenanteilen führen sollen. Diese Angaben sollten unter Laborbedingungen mit einer größeren Zahl von Paaren nachuntersucht werden.

T: 22 - 30 °C, **L:** ♂ 9 (-12) cm, ♀ 8 cm, **BL:** ab 100 cm, **WR:** u, **SG:** 2 - 4

Laetacara spec. "Orangeflossen" ♂

Laetacara spec. "Buckelkopf" ♂

Nannacara bimaculata ♀

Dicrossus spec. "Rio Negro"

Herkunft des Trivialnamens: Der Name geht auf WINDISCH (1992) zurück. Er bezieht sich damit auf das tatsächliche Herkunftsgebiet und verwirft damit den irreführenden Namen "Peru" ebenso wie die Phantasienamen "Rotflossen" (LINKE & STAECK 1992) oder "Doppelpunkt" (MAYLAND 1995).

Synonyme: *D.* spec. "Peru" (TOMEY 1981): Der Name wurde aufgrund höchstwahrscheinlich falscher irreführender Fundortinformationen TOMEYS gewählt und wird hier aus diesem Grund nicht weiter berücksichtigt.

Artspezifische Merkmale: Typisch für diese *Dicrossus*-Art sind drei Reihen von runden bis hochovalen gegeneinander versetzten schwarzgrauen Doppelflecken auf den Körperseiten. Manche Männchen zeigen in der Rückenflosse ebenfalls eine oder zwei schmale Fleckenreichen. Die Körpergrundfarbe ist gelblich- bis bläulichgrau.

Geschlechtsunterschiede: Die Geschlechtsunterschiede sind erst bei großen Tieren deutlich. Männchen zeigen einen ausgezogenen und zugespitzten Weichstrahlbereich der Rückenflosse. Die Bauchflossen der Männchen können stark verlängert sein, im Extremfall angelegt bis über das Schwanzende hinausragen. Weibchen sind außerdem meist etwas kürzer und gedrungener als Männchen.

Verwandtschaftliche Zuordnung: *D.* spec. "Rio Negro" gehört zu einer Gruppe von crenicarinen Cichliden, die durch drei statt zwei Fleckenreihen entlang der Körperseiten gekennzeichnet sind. Die genauen verwandtschaftlichen Beziehungen sind derzeit noch nicht geklärt, dürften aber durch eine in Vorbereitung zur Veröffentlichung befindliche Untersuchung KULLANDERS geklärt werden (KULLANDER 1990).

Verbreitung: Nachdem aufgrund der Angaben TOMEYS (1981) eine Verbreitung in Peru angenommen wurde, gelangten Ende der 80er Jahre Exemplare aus dem nordwestbrasilianischen Rio Negro-Gebiet in wissenschaftliche Sammlungen. Im Herbst 1991 gelang es meinen Mitreisenden und mir einige Exemplare im unteren Einzug des Rio Préto, einem nördlichen Zufluß des Rio Negro zu sammeln. 1992 gelang erneut der Nachweis dieser Art in kleiner Individuenzahl im gleichen Gebiet.

Ökologie: Bisher ist die Ökologie dieser Art praktisch unbekannt. Es liegen nur wenige Hinweise vor, die darauf hindeuten, daß die Fische bevorzugt die Fallaubschicht in tieferem Wasser von Urwaldseen bewohnen. Ich selbst konnte 1992 fünf Exemplare von weniger als drei Zentimeter TL im Igarapé Prósperitáte sammeln. Im Gegensatz zur Hypothese WARZELS (1996) leben *D. filamentosus* und *D.* spec. "Rio Negro" im Bereich des Rio Préto zumindest stellenweise syntop. Allerdings sind *D.* spec. "Rio Negro" ausgesprochen selten: ihr Anteil an der *Dicrossus*-Gesamtpopulation im untersuchten Bereich lag bei maximal einem Promille. Ob der Anteil von *D.* spec. "Rio Negro" in den Urwaldseen höher ist, kann nur vermutet werden

Dicrossus spec. "Rio Negro" ♂

F. Warzel

Dicrossus spec. "Rio Negro" ♀

F. Warzel

Da lokale Fischer in der Lage sind, gezielt größere Stückzahlen der Art in kurzer Zeit zu beschaffen, kann dies allerdings vermutet werden. Möglicherweise werden Lebensräume im gesamten oberen Rio Negro-Einzugsgebiet besiedelt.

Ersteinfuhr: Die Ersteinfuhren, über die W. A. TOMEY berichtete, erfolgten um 1981 in die Niederlande. Danach tauchten nur vereinzelt Tiere auf. 1991 konnten RÖMER, SCHNEIDER & WINDISCH erstmals mehrere Tiere lebend einführen.

Aquarienbiologie: LINK gelang bereits 1992 erstmals die Zucht mit Fischen, die 1991 durch RÖMER, SCHNEIDER & WINDISCH eingeführt worden waren. Über das Fortpflanzungsverhalten konnten aber keine Erkenntnisse gewonnen werden, da das Aquarium nach mehreren vergeblichen Zuchtversuchen dunkel abgeklebt werden mußte. Dies läßt allerdings den Schluß zu, daß die Art besonders empfindlich auf Störungen jeglicher Art reagiert. Die erfolgreiche Nachzucht führte leider nicht zu einer dauerhaften Etablierung dieser *Dicrossus*-Art im Aquarium.

Bemerkungen: Diese attraktive Art, die immer wieder in Einzelexemplaren als Beifang mit Roten Neonfischen oder *D. filamentosus* aus dem mittleren Rio Negro-Gebiet eingeführt wird, kann nur sehr erfahrenen Zwergcichlidenpflegern empfohlen werden, da der Pflegeaufwand nach meiner Erfahrung vergleichsweise sehr hoch ist.

T: 22 - 30 °C, **L**: ♂ 10 cm, ♀ 7 cm, **BL**: ab 100 cm, **WR**: u, **SG**: 4

Apistogramma spec. "Chao" ♂, subdominant

Dicrossus indet.: Jungfische dieser Gruppe sind häufig kaum zu bestimmen.

Dicrossus filamentosus ♀, neutral gestimmt

Dicrossus spec. "Tapajos"

Herkunft des Trivialnamens: Der Name dieser neuen *Dicrossus*-Art, der erstmals 1996 von WARZEL verwendet wurde, bezieht sich auf das Herkunftsgebiet, welches im Rio Tapajós liegt. (Bereits 1995 wurde die gleiche Art von WARZEL in Japan unter der Bezeichnung *D.* spec. "Tapaios" vorgestellt, was auf einen Schreibfehler zurückgeht.)

Artspezifische Merkmale: Unter den Vertretern der Gattung *Dicrossus* und der nah verwandten Gattung *Crenicara* ist *D.* spec. "Tapajos" durch drei Reihen länglich ovaler Flecken auf den Körperseiten eindeutig zu identifizieren. Lediglich *D.* spec. "Rio Negro" weist, im Gegensatz zu den übrigen Vertretern der Gattung, ebenfalls drei Fleckenreihen auf, die sich aber aus runden Doppelflecken zusammensetzen (vergleiche auch dort).

Geschlechtsunterschiede: Männchen von *D.* spec. "Tapajos" entwickeln eine etwa trapezförmige bis andeutungsweise lanzettliche Schwanzflosse, während die der Weibchen stets rund bleibt. Alle unpaaren Flossen der Weibchen sind stets transparent und lediglich in der Rückenflosse kann eine hyalin glänzende Zone erscheinen. Männchen haben dagegen eine silberweißlich gesäumte Rücken- und Schwanzflosse und eine stahl- bis himmelblaue Afterflosse. Während, manchmal auch schon vor der Brutpflege färben sich die Bauchflossen der Weibchen wie bei allen Arten dieser Verwandtschaftsgruppe rötlich. Normalerweise sind sie bei beiden Geschlechtern transparent.

Verwandtschaftliche Zuordnung: Innerhalb der Gattung *Dicrossus* scheinen die disjunkten Formen *D.* spec. "Tapajos" und *D.* spec. "Rio Negro" näher miteinander verwandt zu sein. Sie sind als erwachsene Tiere wesentlich hochrückiger als die übrigen Formen der Gattung. Allerdings können sehr große *D. maculatus* (über 10 cm TL) ebenfalls recht hochrückig werden. Zur endgültigen Klärung der Beziehungen zwischen den Arten dieser Gattung sind aber noch umfangreiche Untersuchungen erforderlich, die neben morphologischen auch ethologische, enzymatische und genetische Faktoren berücksichtigen müssen.

Verbreitung: Diese *Dicrossus*-Art ist in ihrer Verbreitung nach derzeitiger Kenntnis auf den Rio Tapajós flußaufwärts der Stromschnellen bei Sao Luis de Tapajós beschränkt.

Ökologie: Es liegen nur wenige Angaben zur Ökologie vor. WARZEL (1996, persönliche Mitteilung) fing die Art ausschließlich in extrem saurem Klarwasser. Wiederholt gemessene pH-Werte lagen unter vier! Die Wassertemperatur lag bei 26 bis 30 °C. Der Lebensraum von *D.* spec. "Tapajos" war ausschließlich durch eine sehr dicke Schicht Fallaub und Totholz strukturiert. Neben dieser Art konnten keine anderen Fische festgestellt werden.

Dicrossus spec. "Tabajos" ♂

F. Warzel

Dicrossus spec. "Tabajos" ♀, brutpflegend, Junge ca. 2 Tage alt

F. Warzel

Ersteinfuhr: Im September 1992 wurden erstmals einige *D.* spec. "Tapajós" beiderlei Geschlechts durch WARZEL und seine Mitreisenden nach Deutschland eingeführt.

Aquarienbiologie: Alle bisher verfügbaren Informationen zur Aquarienbiologie gehen auf WARZEL (1996, persönliche Mitteilungen) zurück. Die Fische lassen sich ohne Schwierigkeiten auch in relativ kleinen Aquarien halten. Das Wasser sollte den Freilandbedingungen angepaßt weich und sauer sein. WARZEL hielt *D.* spec. "Tapajós" bei 26 °C, einem pH-Wert von 5,2, einer Härte von etwa 1 °dGH und 80 µS/cm. Unter diesen Bedingungen konnte die Balz beobachtet werden, die hauptsächlich vom Weibchen ausging. Der einzige bisher beobachtete Laichakt dauerte etwa eine halbe Stunde. Die Eier werden vom Weibchen in kleinen Schüben an einem gut versteckten Platz abgesetzt und sofort vom Männchen besamt. Sobald der Laichvorgang beendet ist, verläßt das Männchen den Brutplatz. Die Betreuung der Nachkommen obliegt während der Ei- und Larvalphase allein dem Weibchen. Mit fortschreitender Entwicklung der Brut wurde das von WARZEL beobachtete Weibchen immer angriffslustiger gegenüber dem Männchen, so daß er es aus dem Zuchtaquarium entfernte. Die weiteren Interaktionen zwischen den Partnern im Brutablauf konnten daher nicht beobachtet werden. WARZEL gelang es zwar, die Fische zur Zucht zu bringen, doch konnte er die Jungfische, wahrscheinlich in Ermangelung geeigneten Erstfutters, nicht aufziehen. Offenbar benötigen die Jungfische sehr kleine Futtertiere, etwa Essigälchen, während Naupliuslarven von *Artemia* in den ersten Lebenstagen noch zu groß sind.

Bemerkungen: Dieser Zwergbuntbarsch ist (soweit bekannt) zwischenzeitlich aquaristisch wieder ausgestorben. Auch bei Wiedereinfuhren, die wahrscheinlich nur über reisende Aquarianer erfolgen können, da der Fang zu kommerziellen Zwecken kaum lohnt, dürfte sich diese Form nicht dauerhaft in den Aquarien etablieren: Die Pflegeansprüche für die längerfristige Gefangenschaftshaltung erscheinen zu hoch.

T: 24 - 30 °C, **L**: ♂ & ♀ bis 8 cm, **BL**: ab 80 cm, **WR**: u, m, **SG**: 3 - 4

Unbestimmtes Aronstabgewächs aus dem Rio Salgádo, Barcelos

Dicrossus spec. "Tabajos" ♀, halbwüchsig

F. Warzel

Überschwemmter Regenwald im unteren Bereich der Anavilanas

P. Parulin

Laetacara KULLANDER, 1986

Erstbeschreibung: Cichlid fishes of the Amazon River drainage of Peru: *Laetacara* n. gen. : 321 - 324.

Typusart der Gattung: *Laetacara flavilabris* (COPE, 1870).

Etymologie: *Laetacara* wurde zusammengesetzt aus *laetus* (lat.) = glücklich, fröhlich und *Acará* (loc.) = dem Guarani-Namen für Buntbarsche.

KULLANDER wählte diesen Namen, da LANGHAMMER (1971) in Anlehnung an den durch die Schnauzenmarkierung hervorgerufenen Gesichtsausdruck für *L. flavilabris* (den dieser irrtümlicherweise als *L. thayeri* identifiziert hatte) die Bezeichnung "smiling acara" ("lächelnder Buntbarsch") benutzte. Diese Gesichtszeichnung zeigen alle *Laetacara*-Arten.

Laetacara curviceps (AHL, 1924)

Erstbeschreibung: Mitt. Zool. Mus. Berlin, Bd. 11: 44 - 45. (Beschrieben als *Acara curviceps*.)

Etymologie: *curviceps* = zusammengesetzt aus *curvus* (lat.) = rund, gebogen und *ceps* (gr.) = Kopf. Der Name bezieht sich auf das runde, stark gebogene Kopfprofil der Fische.

Typusmaterial: Acht Exemplare.

Holotypus: Ein Exemplar (No. 1 der Typenserie) von 63 mm Länge, von REICHELT an AHL übergeben. Von AHL als Type bezeichnet.

Cotypen: Drei Exemplare (No. 2 - 4 der Serie) von 54 bis 65 mm Länge, von AQU. ZOO. BERLIN übergeben. Zwei Exemplare (No 5 & 6 der Serie) mit 48 und 54 mm Länge, von RANDOW übergeben. Ein Exemplar (No. 7 der Serie) von 56 mm Länge, von B. KUHNT übergeben und ein Exemplar (No. 8 der

Serie) mit 47 mm Länge, von BAUMGÄRTEL übergeben.
(AHL gab keine Sammlungsnummern oder den Aufbewahrungsort in seiner Arbeit an, doch ist das Material wie bei ihm üblich in der Sammlung des ZMB hinterlegt worden.)

Artspezifische Merkmale: *L. curviceps* zeigt die für die kleinen Arten der Gattung typische rundliche, seitlich deutlich zusammengedrückte Körperform. Im Vergleich zu anderen kleinen *Laetacara* ist der Körper etwas schlanker und gestreckter, der Kopf spitzer. Das wichtigste Zeichnungsmerkmal zur Unterscheidung dieser Art von ähnlichen Formen ist ein Längsband, das sich über die gesamte Körperseite bis zum Ansatz der Schwanzflosse erstreckt. Außerdem ist die himmel- bis türkisblaue Färbung des Körpers charakteristisch, die stimmungsabhängig zu blauschwarz intensiviert sein kann.

Laetacara curviceps ♂, adult, dominant

Laetacara curviceps ♂, adult, neutral gestimmt

Geschlechtsunterschiede: Nur bei erwachsenen Tieren ist die Bestimmung des Geschlechtes relativ zuverlässig. Männchen werden nur wenig größer als Weibchen und entwickeln deutlich längere Bauchflossen. Die Weibchen zeigen außerdem meist einen deutlich größeren Fleck in der Rückenflossenbasis als die Männchen und sind etwas gedrungener und im Bauchbereich rundlicher. Bei allen anderen Merkmalen treten häufig Überschneidungen auf.

Verwandtschaftliche Zuordnung: Innerhalb der Gattung *Laetacara* bildet diese Art gemeinsam mit *L. dorsigera* und *L.* spec. "Buckelkopf" eine Gruppe kleiner Arten, die deutlich von den großen Arten unterschieden sind. Die Verwandtschaftsverhältnisse innerhalb der Gruppe bedürfen im einzelnen allerdings noch der Klärung.

Typusfundort: Ahl nennt als Fundort des Typenmaterial lediglich "Heimat: Amazonasstrom".

Verbreitung: Bekannte Fundorte liegen verstreut über das gesamte südliche Einzugsgebiet des unteren Rio Amazonas östlich von Santarém. Im Bereich der Amazonasmündung sollen die Tiere nach STAWIKOWSKI (1993) auch nördlich des Hauptstromes im Bereich des Bundesstaates Amapá verbreitet sein.

Ökologie: KILIAN und SEIDEL (KILIAN 1992) beobachteten *L. curviceps* gemeinsam mit *D. maculatus*, *Satanoperca acuticeps*, *S. jurupari*, *Acarichthys heckeli*, *Apistogramma* spec., *Crenicichla regani* und *Mesonauta* spec. in der zum Rio Tapajós-Einzug gehörenden Lagoa Jacundá in der Nähe von Alter do Cháo nach. Sie konnten die Fische in 27 bis 35 °C warmem Klarwasser mit einem pH-Wert von 4,8 und einem elektrischen Leitwert von nur 10 µS/cm in großen Schwärmen nachweisen. STAWIKOWSKI (1993) der ausführlich über die Art berichtet, bestätigt diese Befunde. Besonders bemerkenswert ist, daß die Lebensräume dieser Art (und damit auch aller anderen Kleincichliden) im Unterlauf des Amazonas einem deutlichen Gezeiteneinfluß unterliegen. Der Tidenhub im Bereich der Mündung des Rio Arapiúns betrug nach STAWIKOWSKI (1993) immerhin etwa 50 Zentimeter. Die von den genannten Autoren untersuchten Fundorte wiesen meist nur schwach strömendes Wasser über unterschiedlichem Untergrund auf. Neben Fallaubschichten und schlammigem Untergrund werden auch dichte Wasserpflanzenbestände und überschwemmte Wiesen als Fangplätze genannt.

Ersteinfuhr: Im Jahre 1909 ein Einzeltier, 1910 etliche durch SIGGELKOW (Hamburg) (HOLLY, MEINKEN & RACHOW ohne Jahr). STAWIKOWSKI gibt an, daß sie nach BRÜNING (1912) erst 1911 oder 1912 eingeführt worden sei, "nach SCHWARZ (1918) >1911 von SAGRATZKY in kleinen Posten<". Nach dem 2. Weltkrieg führte TROPICARIUM FRANKFURT etwa 1955 wieder einige Exemplare ein. Neuerdings wird die Art regelmäßiger in kleineren Stückzahlen aus Importen im Handel angeboten.

Aquarienbiologie: *L. curviceps* ist eine im Aquarium leicht zu pflegende und auch zu vermehrende friedliche Art,

Laetacara curviceps ♀, adult, Brutpflegefärbung am Gelege

Laetacara curviceps ♀, adult, Brutpflegefärbung am Gelege

die gut mit kleinen Salmlern, Killifischen oder Zwergbuntbarschen der Gattung *Apistogramma* zu pflegen sind. An die Wasserbeschaffenheit werden keine besonderen Ansprüche gestellt, wenngleich, wie bei den meisten neotropischen Zwergbuntbarschen, weiches und saures Wasser für das offenbare Wohlbefinden der Tiere förderlich ist. Auch sollte die Haltungstemperatur nicht konstant sein, sondern Tag-Nacht-Schwankungen von mehreren °C aufweisen, da dies zur Erhaltung der Gesundheit bei den Tieren beiträgt. Insbesonders gegenüber *Oodinium*, verschiedenen Darmparasiten wie verschiedenen Bandwürmern und der Lochkrankheit ist die Art besonders anfällig. Infizierte Tiere sind kaum zu heilen, weshalb die genannten Vorsorgemaßnahmen zu empfehlen sind. Eine genaue Kontrolle der Tiere vor dem Erwerb und eine Quarantäneunterbringung für mindestens zwei Monate ist ebenfalls sinnvoll. Die Ernährung ist unproblematisch, da neben Lebend- oder Frostfutter auch alle gängigen Ersatzfuttersorten angenommen werden.

L. curviceps ist ein überwiegend dauermonogamer Offenbrüter. Nur selten sind Partnerwechsel zu beobachten, wenn sich die Paare aus einer größeren Gruppe finden können. Das Gelege wird meist auf einer festen Unterlage, einem Stein, Holzstück oder Wasserpflanzenblatt angeheftet und von beiden Partnern betreut. Gelegentlich werden auch kleine Sandgruben als Eiablageplatz gewählt. Häufig ist das Männchen der aktivere Partner bei der Brutpflege. In der Eiphase wird die Brut oftmals mit feinem Sand überstreut. Der Larvenschlupf erfolgt temperaturabhängig nach etwa 40 bis 60 Stunden. Die Larven, die meist von beiden Partnern aus den Eihüllen herausgekaut werden, werden unmittelbar nach dem Schlupf in einer kurz zuvor angelegten Sandgrube abgelegt. Nach etwa 10 Entwicklungstagen, in denen die Larven regelmäßig umgebettet werden, schwimmen die Jungen erstmals frei und verzehren sofort die Nauplien von *Artemia* spp. Die bis zu 250 Jungfische werden von den Eltern im lockeren Schwarm im gesamten Aquarium herumgeführt, wobei sie auch häufig bis in die Oberflächenschichten des Aquariums gelangen. Im Gegensatz zu der verschiedentlich in der Aquarienliteratur zu findenden Angabe, die Jungen würden nur etwa zwei bis drei Wochen geführt, pflegten die von mir in Großaquarien gehaltenen Paare ihren Nachwuchs bis zu zweieinhalb Monate lang sehr intensiv.

Bemerkungen: Diese Art ist insbesondere für Anfänger unter den Zwergcichlidenpflegern zu empfehlen.

T: 20 - 30 °C, **L:** ♂ & ♀ 7 cm, **BL:** ab 80 cm, **WR:** u, m, **SG:** 1 - 2

VW in Barcelos

Lager am Igarapé Irá, die Unterbringung im Urwald ist wenig komfortabel

Abrasionsufer am unteren Rio Tiquié

Laetacara dorsigera (HECKEL, 1840)

Erstbeschreibung: Johann Natterer´s neue Flussfische Brasilien´s nach den Beobachtungen und Mitteilungen des Entdeckers beschrieben. Ann. Wiener Mus., Bd 2: 348 - 350. (Die Beschreibung erfolgte als *Acara dorsiger*.)

Etymologie: *dorsigera* = Der Artname bezieht sich möglicherweise auf die Flecken in der Rückenflosse, wird aber von HECKEL in der Beschreibung nicht erläutert.

Typusmaterial: Ein Exemplar.

Holotypus: Ein Exemplar von "2 Zoll 2 Linien" Länge, welches von NATTERER in der Nähe von Villa Maria am Paraguay-Fluß gesammelt wurde.

Synonyme: *Acara dorsiger* HECKEL, 1840.

Artspezifische Merkmale: *L. dorsigera* weist die für die kleinen Arten dieser Gattung typische rundliche, seitlich deutlich zusammengedrückte Körperform auf. Im Vergleich zu anderen kleinen *Laetacara* ist der Körper etwas kräftiger und gedrungener, der Kopf stumpfer. Ein Längsband zieht sich vom Augenhinterrand bis zur Körpermitte. Auf dem dahinterliegenden Körperabschnitt bis hin zur Schwanzwurzel sind zumindest fünf charakteristische breite senkrechte Bänder vorhanden. Zwischen den Augen liegt außerdem meist ein deutlicher Stirnstreifen und ein intensiver Nackenfleck am Grunde der vorderen Rückenflossenansatzes.

Geschlechtsunterschiede: Die Geschlechter dieser Zwergbuntbarsche sind nicht immer sicher feststellbar. Männchen werden etwas größer als Weibchen und entwickeln deutlich längere Bauchflossen. Die Weibchen zeigen außerdem meist einen deutlich größeren Fleck in der Rückenflossenbasis als die Männchen und sind etwas gedrungener und im Bauchbereich rundlicher. Häufig sind Weibchen in der Bauchregion deutlicher rot als Männchen mit gleicher Herkunft. Bei allen anderen Merkmalen treten häufig Überschneidungen auf.

Verwandtschaftliche Zuordnung: Innerhalb der Gattung *Laetacara* bildet diese Art gemeinsam mit *L. curviceps* und *L.* spec. "Buckelkopf" eine Gruppe kleiner Arten, die deutlich von den großen Arten unterschieden sind. Die Verwandtschaftsverhältnisse innerhalb der Gruppe sind noch zu klären.

Typusfundort: Sümpfe um Villa-Maria am Rio Paraguay.

Verbreitung: Soweit bisher bekannt wurde, erstreckt sich das Verbreitungsgebiet dieser Art über den oberen Einzugsbereich des Rio Madeira und über das gesamte Gebiet des Rio Paraguay und seiner Zuflüsse.

Ökologie: Es liegen nur begrenzte Informationen zur Ökologie dieser Art vor. Alle verfügbaren Berichte (HECKEL 1840, LINKE & STAECK 1997, STAWIKOWSKI 1991, WERNER 1990 u.a.) deuten darauf hin, daß es sich um eine Art handelt, die hauptsächlich die Überschwem-

Laetacara dorsigera ♂, adult, "Form Violett"

Laetacara dorsigera ♀ mit Gelege

U. Werner

mungsflächen innerhalb ihres Verbreitungsgebietes besiedelt. Die Fische wurden sowohl in der Fallaubschicht kleiner Restwassertümpel gefangen, als auch zwischen Totholz in den Uferzonen kleiner Bäche oder in der untergetauchten Landvegetation und der Schwimmpflanzendecke von Lagunen, kleiner Teiche und Seen.

Ersteinfuhr: Nach RICHTER (1988) wurde die Art erstmals 1977 eingeführt. Nähere Angaben liegen nicht vor.

Aquarienbiologie: *L. dorsigera* ist eine leicht zu pflegende und zu vermehrende friedliche Art, die sich gut mit Salmlern, Killifischen oder anderen Zwergcichliden vergesellschaften läßt. An die Haltungsbedingungen werden überdies ähnliche Ansprüche gestellt, wie von *L. curviceps* (Näheres siehe dort). *L. dorsigera* ist ein normalerweise dauermonogamer Offenbrüter. Partnerwechsel sind nur selten zu beobachten, wenn sich die Paare aus einer größeren Gruppe finden können. Das Gelege wird auf einer festen Unterlage angeheftet und von beiden Partnern betreut. Spätestens nach der Eiablage färbt sich das Weibchen intensiv schwarz und rot. Der Larvenschlupf erfolgt temperaturabhängig nach 40 bis 60 Stunden. Die Larven, die meist von beiden Partnern aus den Eihüllen herausgekaut werden, werden unmittelbar nach dem Schlupf in einer kurz zuvor angelegten Sandgrube abgelegt. Nach rund 10 Entwicklungstagen schwimmen die Jungen erstmals frei und verzehren sofort die Nauplien von *Artemia* spp. Die bis zu 300 Jungfische werden von den Eltern im lockeren Schwarm im gesamten Aquarium herumgeführt, wobei sie auch häufig bis in die Oberflächenschichten des Aquariums gelangen. Die von mir gehaltenen Paare pflegten ihre Nachwuchs meist bis zu zweieinhalb Monate lang sehr intensiv. Verluste unter den Nachkommen können vor allem eintreten, wenn umfangreichere Wasserwechsel in der ersten Entwicklungsphase durchgeführt werden. In dieser Phase sollte das Nachfüllwasser den Bedingungen im Aquarium vor dem Einfüllen angeglichen werden.

Bemerkungen: *L. dorsigera* ist vor allem wegen seiner Robustheit und der Unempfindlichkeit gegenüber unterschiedlichsten Wasserverhältnissen ein idealer Anfängerfisch.

T: 20 - 30 °C, **L**: 7 cm, **BL**: ab 80 cm, **WR**: u, m, **SG**: 1 - 2

Falter an Salzstelle

Einbäume sind die typischen Transportmittel der Bewohner des oberen Rio Negro

Von Welsen durchlöchertes Ufer am unteren Rio Negro

Laetacara flavilabris (Cope, 1870)

Erstbeschreibung: Contributions to the ichthyology of the Maranon. Proceedings Amer. philos Soc. Philadelphia 11: 570.

Etymologie: Der Name, der von Cope nicht genauer erklärt wurde, bezieht sich offenbar auf die Färbung der Unterlippe. Cope: "*Lower lip yellow,...*". *flavilabris* = offenbar zusammengesetzt aus *flavi* (gelblich, von (lat) *flava*) und *labris* (Lippen, von (lat) *labrum*).

Typusmaterial: Die genaue Anzahl der Typen ist unklar.

Holotypus: Ein Exemplar, 67,7 mm SL (Cope: "*4 inches TL*") (ANSP 9156), von J. Hauxwell gesammelt, kein Datum angegeben. Fundort: Rio Ampiyacu im Departamento Loreto (Peru).
(Neben dem Holotypus ordnete Kullander (1986) auch weitere acht Exemplare dieser Art zu, die zuvor als Paralectotypen oder Lectotypen von *Acara freniferus* Cope, 1872 geführt waren.)

Synonyme: *Acara freniferus* Cope, 1872.

Artspezifische Merkmale: Typisch für diese Art ist die meist kupfer- oder ockerbraune Körperfärbung, das Fehlen roter Zeichnungen im Schnauzenbereich wie beim ähnlichen *L.* spec. "Orangeflossen" und die namengebenden überwiegend weißlich, cremeweiß oder cremegelb gefärbten Lippen. Häufig zeigen die Tiere auch ein regelmäßiges Muster dunkelbrauner Schuppenhinterränder auf dem gesamten Körper und zwei aufrechte keilförmige Flecken auf den Kiemendeckeln.

Geschlechtsunterschiede: Die Geschlechtsunterschiede sind bei dieser Art gering. Halbwüchsige Männchen sind geringfügig schlanker als Weibchen. Erst bei erwachsenen Fischen zeigen sich Unterschiede in der Beflossung: Die Flossen der Männchen sind relativ größer als die der Weibchen und der Weichstrahlbereich der Rückenflosse ist häufig fädig ausgezogen, während er bei den Weibchen nur kurz zugespitzt ist.

Verwandtschaftliche Zuordnung: *L. flavilabris* ist wahrscheinlich näher mit *L.* spec. "Orangeflossen" und *L. thayeri* verwandt. Gemeinsam mit diesen beiden Formen bildet *L. flavilabris* einen Komplex großer Arten innerhalb der Gattung, dem die kleineren Formen um *L. curviceps* gegenüberstehen.

Typusfundort: Rio Ampiyacu im Departamento Loreto (Peru).

Verbreitung: Nach derzeitiger Kenntnis kommt *L. flavilabris* im gesamten oberen ecuadorianischen, nordperuanischen und nordwestbrasilianischen Tieflandeinzug des Rio Ucayali vor.

Ökologie: Die Kenntnisse zur Ökologie dieser Art sind derzeit noch sehr begrenzt. Informationen gehen fast ausschließlich auf Museumssammlungen (Kullander 1986) oder Linke & Staeck

Laetacara flavilabris

W. Staeck

(1997) zurück. Die Fische wurden überwiegend in kleinen beschatteten Waldbächen gesammelt, die sehr weiches Wasser mit sehr geringen Leitwerten und pH-Werten zwischen 5 und 7 führten. Die Fundorte wiesen die für Waldbäche typische reichhaltige Strukturierung aus Fallaub und in das Wasser hineinhängender Landvegetation auf, die Fischen stets sehr reichhaltige Versteckmöglichkeiten bietet.

Ersteinfuhr: Der genaue Zeitpunkt der Ersteinfuhr ist nicht bekannt. Die Fische waren aber bereits um 1980 vereinzelt im Zierfischhandel zu finden. KOSLOWSKI (1985) gibt an, "*Hogeborn führte in jüngster Zeit A. lavilabris nach Europa ein...*", ohne dies weiter zeitlich einzugrenzen.

Aquarienbiologie: *L. flavilabris* ist eine Art mit hohem Raumanspruch. Die Haltung sollte möglichst nur in großen Aquarien (ab 150 Zentimeter Kantenlänge!) erfolgen. Größere Salmler, mittelgroße Buntbarsche wie beispielsweise kleinere *Crenicichla*-Arten und Harnischwelse sind empfehlenswerte Aquarienmitbewohner, die den *Laetacara* ihre oft vorhandene Scheu nehmen. Für die Pflege reicht mittelhartes und schwach saures Wasser aus, für erfolgversprechende Zuchtversuche ist aber sehr weiches und saures (pH < 6) Voraussetzung. Die Tiere haben ein ähnliches Paarbildungsverhalten, wie für den "Orangeflossen"-*Laetacara* dargestellt (siehe dort). Das Gelege wird offen auf einer festen Unterlage angeheftet und von beiden Elternteilen gleichberechtigt betreut. Die Larven schlüpfen bei 26 °C nach gut 48 Stunden und werden während der Larvalphase regelmäßig zwischen verschiedenen kleinen Sandgruben hin und her transportiert. Nach weiteren sechs Entwicklungstagen schwimmen sie erstmals frei. Aggregierungen der Nachkommen wie sie bei *L.* spec. "Orangeflossen" während der nächsten zehn Tage regelmäßig zu beobachten sind, wurden bisher bei *L. flavilabris* nicht festgestellt. Die Jungfische werden von beiden Eltern nach dem ersten Freischwimmen noch bis zu drei Monate lang betreut, können aber bereits vorher selbständig werden. Die Geschlechtsreife erlangen die Nachkommen etwa im Alter von zehn bis zwölf Monaten.

Bemerkungen: Die vergleichsweise große Art ist nur für große Aquarien geeignet und stellt gehobenere Ansprüche an die Ernährung. Die Art ist daher nur Aquarianern mit großen Aquarien und guten Vorkenntnissen in der Cichlidenpflege zu empfehlen.

T: 20 - 30 °C, **L:** 12 cm, **BL:** ab 150 cm, **WR:** u, m, **SG:** 3 - 4

Cichlidenversteck "Totholz"

Crenicichla spec. (*johanna* ?) aus dem Rio Uaupés bei Trováo

Gewitterfronten über dem Rio Negro

Laetacara thayeri (Steindachner, 1875)

Erstbeschreibung: Beiträge zur Kenntnis der Chromiden des Amazonenstromes. Sitzungsberichte der Kaiserlichen Akademie der Wissenschaften Wien 71: 68.

Etymologie: Name zu Ehren von Nataniel Thayer (Boston), der die von Agassiz geleitete "Thayer Expedition nach Brasilien, 1865-1866" finanzierte.

Typusmaterial: Die Zahl der Typen geht aus der sonst detaillierten Beschreibung Steindachners leider nicht hervor, doch gibt er einen Hinweis auf eine besonders hohe Zahl von Beschreibungsexemplaren. Zitat: "... unter vielen Hunderten von Exemplaren, ...".

Syntypen: Ein Holotypus wurde von Steindachner nicht festgelegt. Das einzige Exemplar, welches er besonders erwähnt, ist das größte Exemplar, daß eine Länge von "*ca. 4 1/2 Zoll hat*". Das Typusmaterial wurde von der Thayer-Expedition nach Brasilien, 1865 - 1866 gesammelt. Die Fundorte lagen "*im Amazonenstrom und dessen Ausständen bei Cudajas, in dem See Hyanuary bei Manaos und im Lago Maximo bei Allenquer...*" (Steindachner, 1875).

Synonyme: *Acara thayeri, Aequidens thayeri*.

Artspezifische Merkmale: Typisch für diese große *Laetacara*-Art ist der dunkle Nackenfleck, der in Kombination mit dem bis zur Körpermitte deutlich ausgeprägten Längsband und dem Seitenfleck gezeigt wird, der sich vom hinteren Ende des Längsbandes schräg nach oben in die Rückenflosse erstreckt. Die Tiere zeigen häufig in der Mitte der Rückenflosse ein Punktmuster, wie es sonst nur von kleinen Gattungsvertretern bekannt ist. Die einzigen Arten mit denen *L. thayeri* verwechselt werden könnte sind *L. flavilabris* und *L. spec. "Orangeflossen"*, die sich aber in den oben angegebenen Merkmalen deutlich von *L. thayeri* unterscheiden.

Geschlechtsunterschiede: Die Merkmale zur Unterscheidung von Männchen und Weibchen sind nur sehr gering. Lediglich die Rückenflosse erwachsener Männchen ist in ihrem Weichstrahlbereich verlängert und zugespitzt, während die der Weibchen meist abgerundet oder höchstens geringfügig zugespitzt bleibt.

Verwandtschaftliche Zuordnung: *L. thayeri* bildet gemeinsam mit *L. flavilabris* und dem noch unbeschriebenen *L. spec. "Orangeflossen"* eine gemeinsame Verwandtschaftsgruppe innerhalb der Gattung, die sich vor allem durch die bedeutendere Größe, aber auch die Zeichnung der Schwanzflosse, die stets ohne farbigen Außensaum ist, von der Gruppe der kleinen *Laetacara* unterscheidet.

Typusfundort: Ein Typusfundort wurde, ebenso wie ein Holotypus, von Steindachner nicht festgelegt. Daher sind die Fundorte "*im Amazonenstrom und dessen Ausständen bei Cudajas, in dem See Hyanuary bei Manaos und*

Crenicichla thayeri ♂   W. Staeck

im Lago Maximo bei Allenquer..." als Typusfundort anzusehen.

Verbreitung: *L. thayeri* wurde in neuerer Zeit wiederholt im oberen Einzugsbereich des Rio Amazonas gesammelt (KULLANDER 1986, LINKE & STAECK 1997). Funde stammen aus Peru, Brasilien. Nach KULLANDER ist die Art in Peru aber eher selten nachgewiesen. STAWIKOWSKI (1996) postuliert den Fund dieser Art im unteren Rio Negro, das von ihm abgebildete Tier ist nach den sichtbaren Merkmalen allerdings eher *L.* spec. "Orangeflossen" zuzuordnen. Im unteren Rio Negro, insbesondere im Bereich der Anavillanhas, konnte ich selbst *L. thayeri* im Gegensatz zu *L.* spec. "Orangeflossen" bisher nicht feststellen. STEINDACHNER listet aber auch Material aus der Umgebung von Allen-

quer am Unterlauf des Rio Amazonas auf, weshalb zukünftig gezielte Aufsammlungen zur Klärung der Verbreitung vorgenommen werden sollten.

Ökologie: Es liegen bisher trotz wiederholter Aufsammlung dieser Art durch verschiedene Wissenschaftler und reisende Aquarianer nur wenige Angaben zur Ökologie vor (vergl. KULLANDER 1986, LINKE & STAECK 1997): Die Fische bewohnen danach in großer Zahl kleine Regenwaldbäche, die durch dichte Fallaublagen und eingestreutes Totholz, teilweise auch in das Wasser herabhängende Ufervegetation, viele Versteckmöglichkeiten bieten. Das meist klare oder schwach huminbraune Wasser an den bisher untersuchten Fundorten war stets sehr weich (unter 6°dGH) und schwach bis stark sauer (pH-Werte zwischen 6 und 4,1). Diese Bedingungen ähneln stark den von mir für *L.* spec. "Orangeflossen" im Rio Negro-Gebiet ermittelten. Gemeinsam mit *L. thayeri* konnten *A. agassizii*, *A. bitaeniata*, *A. cruzi*, *A. eunotus*, *Crenicichla* spec. und verschiedene nicht näher bezeichnete Salmler festgestellt werden. Hinweise auf gemeinsame Vorkommen mit dem im gleichen Gebiet sehr häufigen *A. cacatuoides* liegen bisher nicht vor.

Ersteinfuhr: Um 1910 wurde diese Art erstmals durch SIGGELKOW (Hamburg) eingeführt. Nach dem Zweiten Weltkrieg wurden lange nur vereinzelte Tiere als Beifänge eingeführt, bevor Ende der 70er Jahre kleine Importsendungen mit *L. thayeri* nach Europa gelangten, die aber, wohl wegen auftretender Schwierigkeiten bei der Zucht, nicht zu einer dauerhaften Etablierung in den Aquarien der Liebhaber geführt haben. Seit 1990 werden erneut regelmäßig kleine Mengen dieses Buntbarsches über den Großhandel nach Europa und in die USA eingeführt.

Aquarienbiologie: Die Haltung von *L. thayeri* ist relativ einfach, wenn einige Mindestbedingungen erfüllt sind. Dazu gehört ein möglichst großes, mit Hilfe von Fallaub, Totholz oder Wasserpflanzen strukturreich eingerichtetes Aquarium ebenso wie eine Unterbringung mit geeigneten Beifischen, zu denen besonders mittelgroße Salmler, Buntbarsche, Panzer- und Harnischwelse gehören. Das Wasser sollte weich bis höchstens mittelhart und schwach sauer sein. Werden die Tiere in zu hartem oder alkalischen Wasser und/oder ohne Beifische gehalten, werden sie meist ausgesprochen scheu und vor allem schreckhaft, was oftmals zu Verlusten führen kann, da *L. thayeri* wie die meisten *Laetacara* in Paniksituationen aus dem Wasser (und dem Aquarium) springen. Einmal verschreckt, kommen sie dann oft wochenlang nicht einmal während der Fütterung für mehr als wenige Sekunden aus ihrer Deckung. Ist die Unterbringung hingegen optimal, können sie sogar recht zutraulich werden und erscheinen bei jeder Annäherung des Pflegers beobachtend an der Aquarienfrontscheibe. Wenn die Zucht beabsichtigt wird, sollten die Fische in einer Gruppe von etwa sechs bis zehn Tieren in sehr weichem und saurem Wasser (pH um 5,5) gehalten werden. Aus dieser Gruppe findet sich meist relativ schnell ein Paar, das meist dauerhaft zusammenbleibt und ein großes Territorium gemeinsam gegenüber allen anderen Aquarienmitbewohnern verteidigt. Balz, Eiablage und Brutpflege dieses Offenbrüters erfolgt nach dem bei *Laetacara* spec. "Orangeflossen" geschilderten Muster (siehe dort). Beide Partner sind gleichberechtigt an der Betreuung der Jungen beteiligt, die Verteidigung des Reviers übernimmt aber meist das Männchen.

Bemerkungen: *L. thayeri* sollte möglichst in großen Aquarien ab 150 Zentimeter Kantenlänge gehalten werden. Wegen des großen Raumanspruches dieser häufig recht scheuen Fische ist die Art nur Aquarianern zu empfehlen, die bereits über einige Vorerfahrungen in der Cichlidenpflege verfügen.

T: 20 - 30 °C, **L**: 8 cm, **BL**: ab 150 cm, **WR**: u, m, **SG**: 2 - 4

Apistogramma urteagai ♀ am Gelege in hohlem Feuerstein

Laetacara spec. "Buckelkopf"

Herkunft des Trivialnamens: Der Name geht auf Prick zurück, der die Fische 1978 und 1979 erstmalig unter dieser Bezeichnung vorstellte.

Artspezifische Merkmale: *L.* spec. "Buckelkopf" ist die einzige kleine Art der Gattung, die auf den Flanken mindestens zeitweise zwei bis vier Streifen oder Reihen dunkler Flecken aufweist. Von den anderen kleinen Formen läßt sich der "Buckelkopf"-*Laetacara* außerdem durch einen auffälligen senkrechten schwarzen Fleck auf dem oberen Teil des Hinterkiemendeckels unterscheiden. Auf der Mitte des Längsbandes liegt ein meist auffallender eckiger schwarzer Fleck. Die Körpergrundfarbe ist auf der unteren Hälfte bläulichgrau, auf der oberen violett bis rosa.

Geschlechtsunterschiede: Die Geschlechter des "Buckelkopf"-*Laetacara* lassen sich nur schwer unterscheiden. Männchen sind im Vergleich schlanker als Weibchen und haben eine deutlicher zugespitzte Rückenflosse als diese.

Verwandtschaftliche Zuordnung: Innerhalb der Gattung *Laetacara* bildet diese Art gemeinsam mit *L. curviceps* und *L. dorsigera* eine Gruppe kleiner Arten, die deutlich von den großen Arten unterschieden sind. Die näheren Verwandtschaftsverhältnisse innerhalb der Gruppe bedürfen noch der Klärung.

Verbreitung: Bisher liegen nur wenige Angaben zur Verbreitung vor. Diese deuten aber an, daß möglicherweise der gesamte Einzugsbereich des unteren Amazonas östlich der Stadt Santarém von dieser Art besiedelt ist. Stawikowski (1991) gibt beispielsweise Funde aus dem Rio Araguaia, dem Unterlauf des Rio Tocantins, von der Isla de Marajó und (zitiert nach Koslowski 1985) den Einzugsbereichen von Rio Tapajós und Rio Xingú an.

Ökologie: Über die Ökologie dieser Art ist nur wenig bekannt. Stawikowski (1991) gibt erste Hinweise darauf, daß die Fische besonders im Bereich überschwemmter Wiesen häufig vorkommen. Er fand die Tiere in Restwassertümpeln, die bei Hochwasser weite Wiesengelände überschwemmen. Daß die Tiere in einem Lebensraum vorkommen, in dem fast ausschließlich bandartig aufstrebende Vegetation und kaum Totholz oder Steine als Laichsubstrat vorkommen, hebt der genannte Autor in Zusammenhang mit dem Ablaichverhalten im Aquarium hervor: Seine Fische (ein Paar!) laichten ausschließlich auf Vallisnerienblättern.

Ersteinfuhr: Dies Art wurde unmittelbar nach Ende des 2. Weltkrieges erstmals nach Deutschland eingeführt. Ladiges (1949) berichtet erstmals über diese Form, die er als *Aequidens "thayeri"* bezeichnete. Das beigefügte Foto zeigt aber eindeutig einen "Buckelkopf"-*Laetacara*.

Laetacara spec. "Buckelkopf" ♂, adult, dominant, territorial

Laetacara spec. "Buckelkopf" ♀, adult, dominant

Aquarienbiologie: L. spec. "Buckelkopf" ist eine im Aquarium leicht zu pflegende und zu vermehrende friedliche Art aus dem Klarwasser. Sie stellt keine außergewöhnlichen Pflegeansprüche, wenngleich weiches und saures Wasser, das sehr regelmäßig ausgetauscht wird, für das Wohlbefinden der Tiere offenbar förderlich ist. Die Art nimmt neben Lebendfutter, gerne jedes Ersatzfutter, das nach meiner Erfahrung auch einen hohen pflanzlichen Anteil aufweisen sollte.

Die Haltungstemperatur sollte möglichst nicht konstant sein, sondern über eine Tag-Nacht-Schaltung Schwankungen von 2 bis 6 °C aufweisen, da dies zur Erhaltung der Gesundheit bei den Tieren offenkundig beiträgt. Insbesondere gegenüber *Oodinium*, verschiedenen Darmparasiten, beispielsweise verschiedenen Bandwürmern, und der Lochkrankheit ist die Art extrem anfällig. Infizierte Tiere sind fast nie zu heilen, weshalb die genannten Vorsorgemaßnahmen dringend zu empfehlen sind. Eine genaue Kontrolle der Tiere vor dem Erwerb und eine Quarantäneunterbringung für mindestens zwei Monate ist ebenfalls sinnvoll. Von präventiven Medikamentierungen ist dringend abzuraten, da manche Individuen auf die entsprechenden Mittel sehr empfindlich reagieren und selbst bei deutlicher Unterdosierung innerhalb kurzer Zeit nach der Verabreichung eingehen.

Die Pflege- und Zuchtbedingungen entsprechen im wesentlichen denen von *L. curviceps* und *L. dorsigera* (ergänzende Details siehe dort). Besonders erwähnt sei noch der Umstand, daß auch bei dieser Form das Männchen die aktivere Rolle in der Brutpflege übernimmt (Stawikowski 1991). Diese Form der Aufgabenteilung scheint nach meinen Beobachtungen für die kleinen *Laetacara*-Arten typisch zu sein (vergleiche auch Selle 1977, Stawikowski 1982, 1983), während bei den großen Arten das Gelege überwiegend vom Weibchen betreut wird. Außerdem wird fast ausschließlich auf Pflanzenblättern abgelaicht, wenn solche verfügbar sind. Fehlen sie, wird aber jedes andere Laichsubstrat ohne weiteres akzeptiert.

Bemerkungen: Diese Art ist dem Anfänger besonders zu empfehlen, verlangt aber wegen der häufig erforderlichen Teilwasserwechsel bereits einen etwas erhöhten Pflegeaufwand.

T: 20 - 30 °C, **L**: ♂ & ♀ 6 cm, **BL**: ab 80 cm, **WR**: u, m, **SG**: 1 - 2

José zeigt Schildkröteneier

Laetacara spec. "Buckelkopf" ♀, adult, bei der Gelegepflege

Laetacara spec. "Buckelkopf", brutpflegende ♀♀ attackieren auch große Gegner

Laetacara spec. "Orangeflossen"

Herkunft des Trivialnamens: Der Name geht auf PRICK (1978) zurück, der die Fische wegen ihrer auffallenden Schwanzflossenfärbung so benannte.

Belegmaterial: Männchen (ZFMK 17575), am 2. September 1992 durch M. GEISMANN, S. LEISSNER, U. RÖMER und A. SCHNEIDER in einem kleinen Bachlauf innerhalb der Tukáno-Siedlung Cunurí am unteren Rio Uaupés, Bundesstaat Amazonas, Brasilien gesammelt (F8/92R / etwa 68°21´W / 0°35´S).

Artspezifische Merkmale: Der "Orangeflossen"-*Laetacara* ist erst ausgewachsen sicher zu bestimmen, da junge Individuen nur wenige Merkmale zeigen, die zur Artbestimmung herangezogen werden können. Von den kleinen *Laetacara*-Formen (*L. curviceps*, *L. dorsigera* und *L.* spec. "Buckelkopf") ist die Art durch die fast doppelte Körperlänge unterschieden. Gegenüber *L. thayeri* ist der "Orangeflossen"-*L.* durch das Fehlen eines Fleckes in der Rückenflosse klar abgegrenzt. Die ähnlichste Form ist *L. flavilabris*, dem die für *L.* spec. "Orangeflossen" typische mindestens in der unteren Hälfte gelblich-orange Schwanzflosse fehlt. Die Grundfärbung beider Formen kann durchaus überlappen, doch sind *L.* spec. "Orangeflossen" tendenziell bläulicher oder rötlicher als *L. flavilabris*, die mehr zu bräunlichen oder gelblichen Tönen tendieren. *L. flavilabris* zeigen häufig auf den Kiemendeckeln schwärzliche oder kastanienbraune, unregelmäßig hochovale Flecke, die bei *L.* spec. "Orangeflossen" stets fehlen. Der "Orangeflossen"-*L.* zeigt andererseits einen ausgeprägten Seitenfleck und einen auffallenden Praedorsalfleck, der *L. flavilabris* fehlt. Ein weiteres bei adulten ebenso wie bei jungen Fischen vom aufmerksamen Beobachter nutzbares Merkmal besteht in einem unterschiedlichen Kopfprofil. *L. flavilabris* erinnert mit seinem verhältnismäßig gleichmäßigen Profilverlauf mehr an eine *Aequidens*- oder *Cichlasoma*-Art, während *L.* spec. "Orangeflossen" ein mehr zugespitztes, teilweise im Stirnbereich leicht eingebuchtetes Kopfprofil zeigt, das mehr an die Formen der Gattungen *Crenicara* und (eingeschränkt) *Dicrossus* erinnert.

Geschlechtsunterschiede: Morphologisch sind die Geschlechter im Aquarium üblicherweise nicht zu unterscheiden, obwohl Männchen meist etwas größer werden als Weibchen und gelegentlich über die Analöffnung hinausreichende Verlängerungen der Bauchflossen aufweisen. Geeigneter zur Bestimmung der Geschlechter des "Orangeflossen"-*Laetacara* ist die Körperfärbung: Männchen zeigen in der Balzphase eine hellere Körperfärbung, einen weinroten Nasenstreifen, schwarze Kiemendeckel und eine (meist) zitronengelbe Iris. Die leicht nach vorne gebogene, zugespitzte Genitalpapille wird nach etwa einer Woche intensiver Balz erstmals sichtbar. Weibchen sind dagegen dunkel grauschwarz gebändert mit rötlicher Schnauzen- und Kehlpartie sowie bräunlichoranger Iris. Während des Laichaktes zeigt das Weibchen intensiv aschgraue Kiemen-

Laetacara spec. "Orangeflossen", brutpflegendes ♀ kurz nach der Eiablage

deckel, eine schwärzlichgraue Kehle, grauen Rücken und intensive dunkle Körperbänder. Der Lateralfleck wird von einer weinroten Zone eingefaßt. Zwischen Auge und Lateralfleck ist außerdem ein rußiggraues Band erkennbar. Das Männchen ist erheblich heller gefärbt. Sein postorbitales Band und die Körperbänder sind nur schwach erkennbar. Neben der kirschroten Iris tritt bei ihm nur der Lateralfleck lackschwarz hervor.

Während der Larvenpflege zeigen Männchen rußgraue Kiemendeckel, während Weibchen nun auffallende weinrötliche Flecken im Bereich der Kehle zeigen.

Junge führende Weibchen zeigen eine bordeauxrote Kehlregion und besonders im Kopfbereich intensiv schwarze Bänderzeichnungen sowie eine intensiv gelb gefärbte untere Hälfte der Schwanzflosse. Das Männchen präsentiert, während es Junge führt, einen roten Streifen oberhalb der Schnauze, während die Kehle schwärzlich ist.

Verwandtschaftliche Zuordnung: *L.* spec. "Orangeflossen" ist näher mit *L. flavilabris* und *L. thayeri* verwandt. Vor allem von der erstgenannten Art sind manche Individuen kaum zu unterscheiden. Der Gruppe der drei großen *Laetacara*-Arten stehen die nur etwa halb so großen Formen um *L. curviceps* (*L. curviceps*, *L. dorsigera*, *L.* spec. "Buckelkopf") gegenüber. Ob beide Gruppen tatsächlich einer einzigen Gattung oder sogar zwei separaten, aber nah verwandten Gattungen angehören, bleibt noch zu untersuchen.

Verbreitung: Der "Orangeflossen"-*Laetacara* ist im gesamten Rio Negro-

Flußsystem und in der oberen bis mittleren Region des Rio Orinoco verbreitet (KULLANDER 1986, RÖMER 1992, 1994, SCHINDLER 1992). Neben dem südöstlichsten Fundort in der Nähe von Manaus, den KULLANDER (1986) auf aus dem Zierfischhandel entwichene Individuen zurückführt, stammt ein Einzelfund aus dem unteren Rio Madeira (BLEHER persönliche Mitteilung).

Ökologie: "Orangeflossen"-*Laetacara* bewohnen innerhalb ihres Verbreitungsgebietes hauptsächlich Klarwasserbiotope, sind aber auch regelmäßig in anderen Wassertypen anzutreffen. Bevorzugte Lebensräume sind kleinere Bachläufe und Restwasser mit dicker Fallaubschicht, Totholzansammlungen oder untergetauchter Vegetation. Gelegentlich waren die Fische auf völlig offenen Granitflächen zu beobachten, die sie wahrscheinlich aber nur überqueren, denn längere Aufenthalte darauf wurden nicht vermerkt. Auch in den großen Flüssen fand ich wiederholt "Orangeflossen"-*L.*, allerdings immer nur kleine bis halbwüchsige Exemplare. An allen untersuchten Fundorten war das Wasser sehr weich (unter 100 µS/cm) und sauer (unter pH 6). Seine Temperatur lag in den Waldbächen zwischen 21 und 25 °C am Morgen und 22 bis 27 °C am Abend. In den großen Flüssen, in denen sich die kleinen *Laetacara* ausschließlich in der ufernahen Flachwasserzone aufhielten, betrug die Wassertemperatur zwischen 26 und 33 °C, in flachen Restwassern im Gebiet des Rio Uaupés sogar bis zu 36 °C Neben *Laetacara* spec. "Orangeflossen" konnten verschiedene Messerfische, Salmler, Welse, der Zitteraal und die Bunt-

Laetacara spec. "Orangeflossen" ♂, beginnende Brutpflegefärbung, Junge ca. 1 Tag alt

Erosionsufer am Unterlauf des Rio Tiquié

barsche *Acaronia vultuosa*, *Aequidens diadema*, *A. pallidus*, *Apistogramma diplotaenia*, *A. elizabethae*, *A. gephyra*, *A. hippolytae*, *A. mendezi*, *A. paucisquamis*, *A. uaupesi*, *C. inpai*, *C.* cf. *johanna*, *Crenicichla lenticulata*, *C. regani*, *C. notophthalmus*, *Dicrossus filamentosus*, *Geophagus* spec., *Heros* spec., *"Nannacara" adoketa*, *Satanoperca* cf. *jurupari* und *Uaru* spec. gefangen werden (RÖMER 1992, 1994, SCHINDLER 1992).

Ersteinfuhr: In den 70er Jahren wurden zum ersten Mal einige Exemplare von reisenden Aquarianern aus der Umgebung von Puerto Inirida in Venezuela nach Deutschland gebracht; die Art starb aber bald wieder in den Aquarien aus (KOSLOWSKI 1985). In den Jahren 1991, 1992 und 1994 konnte ich mit meinen Reisebegleitern erneut "Orangeflossen"-*Laetacara* einführen, die Grundlage einer stabilen Aquarienpopulation wurden. 1997 gelangten einige der Nachzuchttiere in die USA nach Kalifornien.

Aquarienbiologie: (Alle Angaben nach RÖMER & SCHNEIDER im Druck.) Junge bis halbwüchsige "Orangeflossen"-*Laetacara* sind im Aquarium untereinander ausgesprochen friedfertig. In Gruppen solcher Tiere sind nur selten Auseinandersetzungen zu beobachten. Sie ziehen meist in lockerem Verband umher, wobei sie intensiv nach Futter suchen. Zwischen den Mitgliedern einer Gruppe besteht eine erkennbare Rangordnung. Die Fische erkennen sich offenbar auch individuell.

Nach mehreren Wochen gemeinsamer Aquarienhaltung kommt es zunächst zu festen Revierbesetzungen und anschließend zur Paarbildung. Ein revierbesitzendes Tier duldet einen Reviernachbarn plötzlich in seiner Nähe. Ab diesem Zeitpunkt verteidigen die Tiere ein gemeinsames Revier. Beide Partner schwimmen fortan gemeinsam umher, wobei sie sich regelmäßig mit gespreizten Flossen kopfrüttelnd umschwimmen. Aus diesen Paarumkreisungen heraus werden von beiden Fischen immer wieder ansatzlos Vertreibungsangriffe auf andere Aquarienmitbewohner geschwommen. Nach etwa einer Woche Balz tritt die stumpf abgerundete Genitalpapille des Weibchens hervor. Ihr Bauch wird während dieser Zeit stetig fülliger. Dem Ablaichen geht eine mehrstündige Phase intensiver Brutpflegevorbereitungen voraus, während der die weitere Ausstülpung der Laichpapille beim Weibchen zu beobachten ist. Die Partner umkreisen sich in immer kürzeren Zeitintervallen mit gespreizten After- und Schwanzflossen. Dieses Umkreisen mündet in Parallelschwimmen um einen festen Punkt im Revier. Dieser Sektor wird gereinigt, indem Pflanzenreste und Sand mit dem Maul zur Seite geschoben werden. Gelegentlich werden jetzt bereits kleine Sandgruben ausgehoben.

Wenige Stunden vor dem Laichakt ist eine Fläche von etwa 25 Zentimeter Durchmesser vollständig gesäubert. In deren Zentrum wird meist vom Männchen ein großes Blatt transportiert, dessen Oberseite von beiden Partnern intensiv durch Bepicken mit dem Maul von anhaftenden Partikeln befreit wird. Ein bis zwei Stunden später werden die ersten Eier in kleinen Schüben auf die Unterlage geheftet. Bei jedem

Fangplatz des "Orangeflossen"-*Laetacara* in einem Bach nahe Trováo, Rio Uaupés

Laetacara spec. "Orangenflossen" ♂ bei der Gelegepflege   A. Schneider

Laetacara spec. "Orangenflossen" ♀ bei der Gelegepflege

Laetacara spec. "Orangenflossen" ♂, unterdrückt, beachte Nackenfleck

Laetacara spec. "Orangenflossen" ♂, beginnende Brutpflegefärbung

Durchgang werden fünf bis zwanzig transparent gelblich-weiße Eier vom Weibchen abgegeben, welche unmittelbar darauf vom nachschwimmenden Männchen besamt werden. Eiablagen konnten fast ausschließlich auf der Oberseite von Blättern beobachtet werden. Nachdem der Laichvorgang abgeschlossen ist, wendet sich das Männchen der Revierverteidigung zu, während das Weibchen das aus bis zu 400 Eiern bestehende Gelege betreut, indem es dieses befächelt und gelegentlich mit dem Maul putzt. Später folgen regelmäßige Ablösungen der Partner bei diesen Aufgaben. Insgesamt übernimmt das Weibchen während der Gelegephase, die abhängig von der Temperatur zwischen zwei und vier Tage dauern kann, etwa 65 Prozent der Gelegebetreuung und 35 Prozent der Revierverteidig. Die Reaktion des Weibchens auf Feindfische fällt erheblich heftiger aus als die des Männchens. Etwa zehn Prozent aller beobachteten Verteidigungsaktionen wurden von beiden Partnern gemeinsam ausgeführt. Angriffe der "Orangeflossen"-*Laetacara* erfolgen oft mit solcher Heftigkeit, daß andere Fische aus dem Pflegebehälter entfernt oder durch eine Trennscheibe geschützt werden müssen. Möglicherweise ist die Aggressivität in dieser Phase im Freiland ähnlich hoch, da in Bereichen, in denen brutpflegende *Laetacara* spec. "Orangeflossen" festgestellt wurden, in keinem Fall andere Buntbarsche und nur wenige andere Fische (meist *Hoplias* indet.) gefangen werden konnten (RÖMER 1992b).

Während der Eientwicklungsphase wird das Laichsubstrat bei Störungen von den Eltern mit den Kiefern gepackt und an eine andere Stelle im Revier transportiert. Nach dem erneuten Ablegen wird dessen Umgebung ebenfalls in der bereits geschilderten Weise gereinigt.

Unter den geschilderten Pflegebedingungen schlüpfen meist aus gut 90 Prozent der Eier Larven. Die weitere Entwicklung bis zum Freischwimmen dauert zwischen fünf und acht Tage. In dieser Zeit werden die Larven von den Eltern in ständig wechselnden, etwa fünf Zentimeter großen Sandgruben abgelegt. Ausnahmsweise werden die Larven auch auf festem Substrat, etwa Baumwurzeln oder Steinplatten, deponiert. In diesen Fällen wird die Brut von den Eltern regelmäßig mit Sand überstreut. Dieses Verhalten ist auch von *L.* spec. "Buckelkopf" berichtet worden, allerdings nicht während der Larvalzeit (SEIDEL 1993).

Die Jungfische schwimmen zwischen dem siebten und zehnten Lebenstag erstmals frei und nehmen Detritus, Algenaufwuchs, frisch geschlüpfte Nauplien von *Artemia*, Essigälchen oder Staubfutter als Erstlingsnahrung auf. Während der Nahrungsaufnahme verteilen sie sich in einen dichten Schwarm über dem Substrat, von dem die Nahrung aufgepickt wird.

Jungfische, die in den ersten Lebenstagen *ad libitum* mit Nauplien von *Artemia* spec. gefüttert werden, versammeln sich nach der Futteraufnahme mit prall gefüllten Bäuchen an einer geschützten Stelle im Becken, meist einer Grube. Sie bilden ein dichtes Knäuel, das von einem Elternteil bewacht wird, der sich nur selten mehr als zehn Zentimeter von der Brutaggregation entfernt. Nach etwa eineinhalb bis zwei Stunden, wahrscheinlich ist nun ein

Laetacara spec. "Orangeflossen" ♂, beachte die typische gelbe Iris

Laetacara spec. "Orangeflossen" ♀, beachte die typische orange Iris

Teil der aufgenommenen Nauplien verdaut, schwimmen die ersten Jungfische von diesem Sammelpunkt fort und beginnen erneut mit der Futtersuche. Sobald sich rund zehn Prozent der Jungen entfernt haben, löst sich die Aggregation innerhalb weniger Minuten beschleunigt auf, und der gesamte Schwarm zieht erneut durch das Aquarium. Zehn Tage nach dem Aufschwimmen war dieses Verhalten zum letzten Mal zu beobachten. Sollte sich Brut von *Laetacara* spec. "Orangeflossen" auch im Freiland entsprechend verhalten, könnte dies die Erbeutung durch Feindfische erheblich reduzieren; Beobachtungen beim Fang von aggregierten kleinen Jungfischen im Igarapé do Trováo (F6/92R, RÖMER 1992b) könnten auf ein entsprechendes Verhalten im Freiland schließen lassen.

Die Jungfische sind schnellwüchsig und robust. Nach vier Wochen sind sie gut eineinhalb Zentimeter, nach einem weiteren Monat zweieinhalb bis drei Zentimeter lang. Zu diesem Zeitpunkt werden sie von den Eltern zwar noch betreut, doch treffen diese nun erneut Laichvorbereitungen, in deren Verlauf sie besonders vom Weibchen immer häufiger vertrieben werden.

Im großen Schwarm belassen, zeigen sich im vierten Lebensmonat bei einer Körpergröße von etwa fünf Zentimeter erstmals Tiere im Territorialkleid. Mit Beginn des sechsten Lebensmonats stehen innerhalb des Schwarmes die ersten Paare zusammen. Werden solche separiert, sind sie auch unter ungünstigeren wasserchemischen Bedingungen leicht zur Fortpflanzung zu bringen.

Bemerkungen: Dieser recht robuste und verhältnismäßig große, auch Fisch fressende Zwergbuntbarsch ist wegen seines phasenweise recht ruppigen Verhaltens nicht für das klassische Gesellschaftsaquarium geeignet, sondern ein Kandidat für das Artbecken, wo er problemlos gemeinsam mit anderen mittelgroßen Cichliden und großen Salmlern gepflegt werden kann. Für die erfolgreiche Vermehrung hat sich nach meiner Erfahrung die Fütterung mit lebenden Kleinfischen (z.B. *Poecilia reticulata*) und die Filterung des Aquarienwassers über einen UV-Wasserklärer als Voraussetzung erwiesen.

T: 20 - 30 °C, **L**: ♂ & ♀ 12 cm, **BL**: ab 150 cm, **WR**: u, m, (o,) **SG**: 2 - 4

Ficus im Rio Negro

Laetacara spec. "Orangeflossen" ♀ während des Laichvorganges

Laetacara spec. "Orangeflossen" ♀ mit intensiverer Brutpflegefärbung vor dem Schlupf der Eier

Junge *Laetacara* spec. "Orangeflossen", etwa 4 Wochen alt, beachte Punktmuster

Laetacara spec. "Orangeflossen" ♀ mit etwa einer Woche alten Jungfischen

Laetacara spec. "Orangeflossen" ♀ über aggregierten Jungfischen

Mazarunia KULLANDER, 1990

Erstbeschreibung: *Mazarunia mazarunii* (Teleostei: Cichlidae), a new genus and species from Guyana, South America. Ichthyological Exploration of Freshwaters 1 (1): 3 - 5.

Typusart: *Mazarunia mazarunii* KULLANDER, 1990.

Etymologie: *Mazarunia* = der feminine Name nimmt Bezug auf den Fundort dieser Fische, den Mazaruni River.

Mazarunia mazarunii , junges ♀ aus dem Mazaruni-River

F. Vermeulen

Luftwurzeln von Aufsitzerpflanzen am Ufer eines Regenwaldbaches

Mazarunia mazarunii KULLANDER, 1990

Erstbeschreibung: *Mazarunia mazarunii*(Teleostei: Cichlidae), a new genus and species from Guyana, South America. Ichthyological Exploration of Freshwaters 1 (1): 3 - 14.

Etymologie: *mazarunii* = Der Name nimmt Bezug auf den Sammelort des Typusmaterials, den Mazaruni River.

Typusmaterial: Zwei Exemplare.

Holotypus: Ein Männchen, 53,4 mm SL (MNHG 1553.96); am 13. Oktober 1976 von P. DE RHAM gesammelt. Fundort: Oberer Mazaruni River nahe Kamarang, Guyana.

Paratypus: Ein Weibchen, 47,5 mm SL (ZMA 115.036); Sammeldaten wie beim Holotypus.

Synonyme: Keine.

Artspezifische Merkmale: Diese Buntbarsche haben einen nur mäßig gestreckten und hochrückigen Körper, der seitlich deutlich zusammengedrückt ist. Das Maul ist klein und leicht nach unten geneigt. Die Körpergrundfarbe ist lehmgelblich bis taubengrau oder graublau, selten silberweißlich. Die Flossen sind zeichnungslos und nicht farblich vom Körper abgesetzt. Erwachsene Tiere tragen in neutraler Grundstimmung ein mehr oder weniger aus vollständigen Querbändern gebildetes Fleckenmuster, das manchmal entfernt an die Punktmuster von *Crenicara*- oder *Dicrossus*-Arten (seltener auch von *Retrocu-*

lus) erinnert. Allerdings zeigen *Mazarunia* in Erregung völlig andere Zeichnungsmuster als *Dicrossus* oder *Crenicara*: Bei Männchen verblassen alle Zeichnungsmuster, die Weibchen zeigen dagegen einen auffälligen senkrechten Körperseitenfleck, offenbar den Rest eines Querbandes. In neutraler Stimmung verblaßt der Fleck etwas, ist aber noch klar zu erkennen. Er wird nun von einem Band gekreuzt, das im vor dem Fleck liegenden Abschnitt etwa doppelt so breit ist wie im dahinter liegenden. Wegen dieses unter Zwergbuntbarschen einzigartigen Zeichnungsmusters ist *M. mazarunii* praktisch unverwechselbar.

Geschlechtsunterschiede: Erwachsene Männchen entwickeln einen deutlichen Stirnbuckel, der bei der Betrachtung der Fische ein wenig an die Großcichlidengattung *Retroculus* oder gar den westafrikanischen Zwergbuntbarsch *Pelvicachromis humilis* erinnert. Den Weibchen fehlt ein solcher Stirnbuckel. Möglicherweise entwickeln die Männchen im Gegensatz zu den Weibchen eine im Weichstrahlbereich zugespitzte und weiter ausgezogene Rückenflosse.

Verwandtschaftliche Zuordnung: Gemeinsam mit einer weiteren noch unbeschriebenen Art der Gattung steht *M. mazarunii* nach KULLANDER (1990) in verwandtschaftlicher Nähe zu den Arten der Gattungen *Crenicara* und *Dicrossus*, mit denen sie einige morphologische Übereinstimmungen aufweist. Von verschiedenen Autoren (HEIJNS

Mazarunia mazarunii , adultes ♂ aus dem Mazaruni-River

F. Vermeulen

Mazarunia mazarunii , adultes ♀ aus dem Mazaruni-River

F. Vermeulen

1996, KULLANDER 1990, MAYLAND 1995) wurde die Ähnlichkeit zu den genannten Arten besonders hervorgehoben, obwohl lebende Fische kaum Ähnlichkeiten dazu aufweisen. Besonders die viel kürzere und gedrungenere Körperform von *Mazarunia* ist von der der beiden anderen Gattungen gänzlich verschieden. Parallelen können sich also nur auf einzelne morphologische Merkmale, wie beispielsweise die Struktur des Maules, beziehen. Die genauen Verwandtschaftsverhältnisse müssen aber noch durch eingehendere Untersuchungen geklärt werden.

Typusfundort: Oberer Mazaruni River, etwas oberhalb von Kamarang an der Mündung des Kamarang River, Guyana. Der Fundort liegt oberhalb einer Serie von Wasserfällen / Stromschnellen im Mazaruni River.

Verbreitung: Bisher ist die Verbreitung dieser Art noch weitestgehend unbekannt. Es handelt sich nach bisheriger Kenntnis um einen Endemiten des oberen Mazaruni River in Guyana. Der einzige bekannte Fangplatz ist der Bereich des Typusfundortes.

Ökologie: Bisher liegen kaum Angaben zur Ökologie von *M. mazarunii* vor. Aus der Erstbeschreibung geht lediglich hervor, daß die Art gemeinsam mit *Aequidens potaroensis* gesammelt wurde. VERMEULEN selbst, der den Fundort 1993 aufsuchte, gab bisher keine Informationen über die Fundortbedingungen bekannt. Lediglich MAYLAND (1995) und MAYLAND & BORK (1997) erwähnen, es handele sich um einen Fangplatz, dessen Untergrund aus reinem Sand mit gelegentli-

chen Holz- und Steineinlagerungen bestehe. Die "Wohnbiotope der Fische" bestünden aus "Sandlöchern und steinigen Aushöhlungen in sehr seichten Nebenbezirken des Flusses" in der Nähe der Stromschnelle "Sand landing". Das weiche und saure Wasser weise eine hohe Strömungsgeschwindigkeit auf.

Ersteinfuhr: Es bestehen über das Jahr der Ersteinfuhr widersprüchliche Angaben in der Literatur: MAYLAND (1995) gibt an, einige *M. mazarunii* seien bereits 1992 eingeführt worden. HEIJNS (1996) bemerkt hingegen, im Jahr 1993 seien einige Tiere erstmalig durch Frans VERMEULEN in die Niederlande eingeführt worden, von denen nur ein Paar die Einfuhr überlebte.

Aquarienbiologie: Alle bisher verfügbaren Angaben, auf denen die folgenden Ausführungen beruhen, gehen auf einen Beitrag von W. HEIJNS (1996) zurück: Der Importeur VERMEULEN übergab das einzige überlebende Paar an W. HEIJNS zur Pflege, der die Tiere in einem mit Regenwasser (80 µS/cm) gefüllten Aquarium gemeinsam mit den Zwergbuntbarschen *Cleithracara maronii* und *Taeniacara candidi* unterbrachte. In dem sehr weichen und schwach sauren Wasser konnte HEIJNS erste Anzeichen einer hauptsächlich vom Weibchen ausgehenden Balz bei dem Paar beobachten, welches die Höhlen im Aquarium gegen die anderen Aquarienmitbewohner besetzt hielt. Gelegentlich konnte das Graben von Gruben beobachtet werden, wobei HEIJNS auf eine Verhaltensweise speziell hinweist: Er konnte feststellen, daß *M. mazarunii* beim Graben stets rückwärts aus der von ihnen angelegten Grube herausschwimmen, auch wenn die Möglichkeit besteht nach vorne wegzuschwimmen. Andere Cichliden sollen nach seinen Angaben vorwärts aus der Grube herausschwimmen, was ich nach meinen Beobachtungen nur eingeschränkt bestätigen kann. Zumindest Arten der Gattungen *Apistogramma*, *Biotoecus*, *Nannacara* und *Laetacara* verhalten sich teilweise wie die von HEIJNS beobachteten *Mazarunia*. In wieweit seine Beobachtungen zu verallgemeinern sind, bleibt ohnehin abzuwarten. Die Zucht dieses Zwergbuntbarsches ist bisher wohl noch nicht gelungen.

Bemerkungen: Die systematische Stellung dieses Zwergbuntbarsches konnte durch die Einfuhr lebender Exemplare bisher nicht geklärt werden. Es erscheinen daher weitere Lebendeinfuhren und eingehende Untersuchungen zur Ethologie, Ontogenese und Morphologie von *M. mazarunii* dringend erforderlich. Insbesondere vergleichende Verhaltensbeobachtungen könnten die stammesgeschichtliche Herkunft dieser unter Zwergbuntbarschen bislang sicher absonderlichsten Form erhellen.

T: 20 - 30 °C, L: ♂ 10 cm, ♀ 6 cm, BL: ab 100 cm, WR: u, m, SG: 2 - 4

Apistogramma spec. "Vierstreifen" ♂, adult, dominant, leicht aggressiv, Freßstimmung

Microgeophagus Frey, 1957

Der Name *Microgeophagus* wurde 1957 von Frey verwendet. Die umfängliche Debatte über die Gültigkeit des Namens soll hier nicht wiederholt werden. Frey beabsichtigte aber offenbar nicht, eine neue Gattung zu schaffen und verwendete den Namen deutlich erkennbar rein hypothetisch. Die erstmalige Verwendung eines Namens unter diesen Umständen kann nach Auffassung Kullanders (1977) keinen nomenklatorisch gültigen Charakter haben, auch nicht im von Géry (1983, 1991) erwähnten Sinne einer "Beschrei-

bung aus Versehen". Verschiedentlich wurde die gegenteilige Auffassung vertreten (vergleiche Isbrücker 1986), doch erscheint mir die Argumentation Kullanders stichhaltiger und nachvollziehbarer, als die seiner Widersprecher, weshalb ich, wie auch andere Autoren, die Bezeichnung "Microgeophagus" als nicht nomenklatorisch wirksam betrachte. Der Name *Microgeophagus* Frey ist somit als "nomen nudum" ein nicht zur Verfügung stehendes Synonym zu *Mikrogeophagus* Meulengracht-Madsen, 1968.

Mikrogeophagus Meulengracht-Madsen, 1968

Erstbeschreibung: in: Schiítz & Christensen: Jeg har Akvarium: 370 (& 268).

Typusart: *M. ramirezi* (Myers & Harry, 1948)

Etymologie: Zusammengesetzt aus *mikros* (gr.) = klein, *gea* (gr.) = Erde und *phagos* (gr) = Fresser, er bedeutet "Kleiner Erdfresser", auf die Verwandtschaft mit den Erdfressern oder Geophaginen hinweisend. Die Schreibweise des Namens *mikro* statt *micro* beruht auf einem offensichtlichen Übertragungsfehler im Artikel Meulengracht-Madsens.

Besonderheiten: Die Gattungsbezeichnung der unter dieser Bezeichnung zusammengefaßten Arten ist von einer über drei Jahrzehnte währenden De-

batte um den gültigen Namen geprägt. Die Debatte soll hier nicht wiederholt werden. Bemerkt werden muß, daß die Arbeit Meulengracht-Madsens (1968), die zur hier für nomenklatorisch gültig angesehenen Bezeichnung *Mikrogeophagus* führte, bisher meist übersehen wurde. Der Autor hatte im Vorgriff auf anstehende Publikationen einen Übersichtsartikel veröffentlicht, der eine "Beschreibung aus Versehen" darstellt, da der Autor in der Diskussion der systematischen Position von *"Apistogramma" ramirezi* alle damals diskutierten Namen im Sinne einer Differentialdiagnose verwendete. Die erste dabei von Meulengracht-Madsen verwendete Bezeichnung war *Mikrogeophagus*, weshalb diese nach meiner Auffassung als nomenklatorisch

Mikrogeophagus altispinosa ♂

Mikrogeophagus altispinosa (HASEMAN, 1911)

gültig anzusehen ist.

Erstbeschreibung: XVIII. An Annotated Catalog of the Cichlid Fishes collected by the Expedition of the Carnegie Museum to Central South America, 1907 - 10: 35. Crenicara altispinosa, var. nov.. Annals of the Carnegie Museum VII (3 - 4): 329 - 373 (344 - 345 & plate LVIII). (Beschrieben als *Crenicara altispinosa* HASEMAN, 1911.)

Typusmaterial: Zehn Exemplare.

Holotypus: Männchen, 50 mm SL (Carnegie Museum CatNo 2639a / auf Tafel LVIII 2639 mit 71 mm TL), am 19. September 1909 bei Nacht durch die Expedition des Carnegie Museums 1907 - 10 gesammelt. Fundort: Rand einer Sandbank im Rio Mamoré, unterhalb der Mündung des Rio Guaporé.

Cotypen: Neun Exemplare. Ein Exemplar Geschlecht unbestimmt, 51 mm SL (CM No 2639b), Sammeldaten wie beim Holotypus. Acht Exemplare, Geschlecht unbestimmt, 32 mm bis 52 mm SL (CM No 2640a - h),), am 4. September 1909 durch die Expedition des Carnegie Museums 1907 - 1910 gesammelt. Fundort: Ein großer See nahe San Joaquin, Bolivien.

Synonyme: *Crenicara altispinosa* HASEMAN, 1911, *Papiliochromis altispinosa* (HASEMAN, 1911).

Etymologie: *altispinosa* = zusammengesetzt aus *alti* (lat.) = hoch, von *altus*, *spinosa* (lat.) = stachelig; der Name bezieht sich auf die hohen Rük-

kenflossenstacheln 3 und 4.

Artspezifische Merkmale: *M. altispinosa* wird relativ groß und bullig. Der Körper von *M. altispinosa* ist hochrückkig und wenig gestreckt und hat einen auffällig niedrigen Schwanzstiel. Auf dem Körper erscheinen, vor allem in Schreckfärbung, sechs undeutliche Querbänder, die häufig den Eindruck von schmalen Doppelbändern hinterlassen, wie sie auch bei *Biotoecus* auftreten. Auf der Seite erscheint an der Position des dritten Querbandes ein kleiner runder, schwarzer Fleck. Die Rückenflosse ist basal etwa halb so hoch wie der Körper und weist Verlängerungen der ersten Flossenhäute auf, die bis zum Eineinhalbfachen der Flossenhöhe erreichen können. Die Grundfärbung ist gelblichgrau bis sandgelb. Die Körperseiten tragen stimmungsabhängig bis zu neun Reihen dunkler Flecken. Auffällig ist auch die Schädelmorphologie: Die Schnauzenregion von *M. altispinosa* wirkt bereits bei jungen Tieren papageienartig, das Maul leicht nach vorne unten vorgewölbt, was vor allem durch eine Einbuchtung des Stirnprofils oberhalb der Augen hervorgerufen wird. Die Augen wirken stets unverhältnismäßig groß und hinterlassen auf den ersten Blick den Eindruck einer beginnenden Glotzaugenerkrankung.

Geschlechtsunterschiede: Die Geschlechtsunterschiede sind nur relativ schwach ausgeprägt. Männchen werden geringfügig größer als Weibchen. Die Weibchen wirken (im direkten Vergleich) etwas gedrungener und haben

Mikrogeophagus altispinosa ♂

Mikrogeophagus altispinosa ♂, Form aus dem Guaporé mit großem Schwanzfleck

einen fülligeren Bauch. Bei laichreifen Tieren ist oft bereits während der Balz die stumpfe Genitalpapille der Weibchen, gelegentlich auch die zugespitzte der Männchen zu erkennen. Außerdem entwickeln Männchen oftmals länger ausgezogene Rückenflossenhäute, Bauchflossen und Schwanzflossenspieße als die Weibchen. Allerdings treten bei den genannten Flossenmerkmalen breite Überlappungen auf.

Verwandtschaftliche Zuordnung: *M. altispinosa* scheint nach derzeitigem Untersuchungsstand weniger nah mit *M. ramirezi* verwandt zu sein als mit den kleineren Formen der Gattung *Biotodoma*. Neben dem allgemeinen Eindruck zum Habitus sprechen auch viele Details der Morphologie, wie beispielsweise die abweichende Struktur der Rückenflosse und des Kopfes sowie der Körperfärbung, insbesondere das Fehlen des für *M. ramirezi* typischen großen Fleckes im Körperband drei, für diese Einordnung. Es stellt sich die Frage, ob *M. altispinosa* zukünftig nicht in eine von *M. ramirezi* verschiedene, eigenständige Gattung zu stellen sein wird.

Typusfundort: Rand einer Sandbank im Rio Mamoré, unterhalb der Mündung des Rio Guaporé in Bolivien.

Verbreitung: Die Art ist in Bolivien und Brasilien verbreitet. Alle Fundorte dieser Art liegen im Einzugsbereich des oberen Rio Madéira, nämlich zwischen dem Rio Madre de Dios, Rio Beni und Rio Guaporé. Die meisten Funde stammen aus der Umgebung von Todos Santos in Bolivien.

Ökologie: Die Ökologie von *M. altispinosa* ist noch fast unbekannt. Die Fische wurden in verschiedenen Lebensräumen nachgewiesen, aber aus natürlichen und unbelasteten Gewässern liegen noch keine Daten vor. LINKE & STAECK (1995) vermerken, daß die Landschaft in der Region, aus der dieser Zwergbuntbarsch stammt, in vielfältiger Weise, insbesondere durch Viehzucht, negativ verändert worden ist. Sie fanden *M. altispinosa* in einem von der Sonne beschienenen trüben Restwassertümpel. Die Temperatur lag bei 27 °C, der pH-Wert bei 7,6, der elektrische Leitwert bei etwa 120 µS/cm und die Härte bei 4 °dGH. Bis heute liegen keine weiteren Angaben zur Ökologie vor.

Ersteinfuhr: *M. altispinosa* wurde 1984 durch H. LINKE und W. STAECK erstmals lebend eingeführt. Seit etwa 1993 wird diese Art regelmäßig auch über den Zierfischhandel eingeführt.

Aquarienbiologie: *M. altispinosa* gehört zu den anspruchsloseren Zwergcichliden, sollte aber aufgrund seiner durchaus beträchtlichen Körpergröße in möglichst geräumigen Aquarien gehalten werden. Abgesehen davon, daß sich organische Belastungen negativ auf die Fische auswirken, werden an die Beschaffenheit des Wassers keine größeren Ansprüche gestellt. Das Aquarium sollte möglichst strukturreich eingerichtet sein, aber auch ausreichend offenen Bodenraum aufweisen, der aus feinkörnigerem Sand besteht, da dieser regelmäßig während der Futtersuche durchgekaut wird. Besonders ausführliche Darstel-

Die ovale Körperform bei Frontalansicht

Stimmungsabhängige Zeichnungsmuster von *Mikrogeophagus altispinosa*

lungen der Aquarienbiologie, insbesondere der Fortpflanzung, finden sich bei LINKE & STAECK (1995). Untereinander sind *M. altispinosa* territorial. Innerhalb einer umherziehenden Gruppe verteidigen die Tiere einen Individualbereich. Während der Fortpflanzung besetzen die Paarpartner ein gemeinsames Großrevier. Auch in mittelhartem Wasser schreiten die Fische zur Fortpflanzung; sie sind allerdings in weicherem Wasser erheblich produktiver. Die Fische scheinen nach bisherigen Erfahrungen überwiegend monogam zu sein, denn auch bei Haltung in größeren Gruppen schreiten immer wieder die gleichen Partner zur Fortpflanzung. Das Gelege wird nach einer mehrtägigen Balzphase offen abgelegt, meist auf einem Stein oder einer Wurzel, sehr selten auch in einer Grube im Sand. Beide Partner betreuen das Gelege, das meist teilweise mit Sand abgedeckt wird, und die Larven, die in kleinen Gruben abgelegt werden. Bereits nach gut einer Woche können die Jungen aufschwimmen und nehmen von Beginn an Nauplien von *Artemia* auf. Die Jungfische wachsen relativ langsam heran und sind meist erst im zweiten Lebensjahr geschlechtsreif.

Bemerkungen: Schon HASEMAN (1911) merkte in der Beschreibung an, daß eigentlich einige der Merkmale ausreichend seien, um die Art in eine eigene Gattung zu stellen (*"Some of these characters almost warrent the erection of a new genus for its reception."*). Dieser Schritt erfolgte dann etwa ein halbes Jahrhundert später fast zeitgleich durch verschiedene Autoren. KULLANDER (1977) stellte für *"Crenicara"* *altispinosa* und *"Apistogramma"* ramirezi die gemeinsame Gattung *Papiliochromis* auf. FREY beschrieb kurz zuvor versehentlich die Gattung *Microgeophagus* (mit c!). Es schloß sich ein jahrelanger (mehr oder weniger) wissenschaftlicher Disput über die Frage an, welche die tatsächlich nomenklatorisch gültige Bezeichnung sei. Allen Teilnehmern an dieser inhaltlich fruchtlosen Debatte war jedoch entgangen, daß MEULENGRACHT-MADSEN (1968) zuvor in Kenntnis der in Vorbereitung befindlichen Arbeit KULLANDERS in einem Zeitschriftenartikel die Bezeichnungen *Mikrogeophagus* (mit **k**!) und *Papiliochromis* bereits verwendet hatte. Sein Beitrag genügt bei genauer Betrachtung den Ansprüchen der internationalen Nomenklaturregeln durchaus, weshalb heute wohl die von ihm zuerst verwendete Gattungsbezeichnung *Mikrogeophagus* als gültig anzusehen ist.

Anfang der 90er Jahre tauchten Fische auf, die seither als Farb- oder Lokalform von *M. altispinosa* geführt werden. Sie unterscheiden sich dadurch von den lange bekannten Fischen, daß sie auf der Schwanzwurzel einen großen hochovalen, schwarzen Fleck tragen. Ob es sich bei diesen aus Bolivien stammenden Fischen, die inzwischen in der Aquaristik fest etabliert sind, tatsächlich nur um ein Variante von *M. altispinosa* oder gar um eine eigenständige neue Art handelt, bedarf noch der taxonomischen Klärung.

T: 20 - 29 °C, **L:** ♂ 10 cm, ♀ 9 cm, **BL:** 100 cm, **WR:** u, m, **SG:** 2 - 4

Crenuchus spilurus ♂ leben oft gemeinsam mit Zwergcichliden

Mikrogeophagus altispinosa ♂, beachte die leicht asymmetrischen Schwanzzipfel

Mikrogeophagus ramirezi (Myers & Harry, 1948)

Erstbeschreibung: Anonymus (1948): The Ramirezi Dwarf Cichlid Identified. The Aquarium, April 1948: 77 (= versehentliche formale [tatsächlich von W. T. Innes zusammengefaßte?] Erstbeschreibung unter dem Namen *Apistogramma ramirezi*). Myers, G. S. & R. R. Harry: Apistogramma ramirezi, a Cichlid Fish from Venezuela. Proceedings of the California Zoological Club 1 (1/August 1948): 1 - 8 (= die tatsächliche detaillierte Erstbeschreibung).

Wiederbeschreibung: Kullander, S. O. (1980): A Redescription of the South American Cichlid Fish *Papiliochromis ramirezi* (Myers & Harry, 1948) (Teleostei: Cichlidae). Studies on Neotropical Fauna and Environment 15: 91 - 108.

Etymologie: *ramirezi* = ein Dedikationsname zu Ehren von M. P. Ramirez, der gemeinsam mit H. Blass einer der Entdecker dieses Cichliden ist.

Typusmaterial: (Vier Exemplare.) In der formal gültigen Erstbeschreibung, deren Text von Innes verfaßt wurde, legten die darin zitierten Myers & Harry, deren Arbeit erst später erschien, kein Typenmaterial fest. Dies erfolgte erst in ihrer später erschienen Arbeit *"Apistogramma ramirezi, a Cichlid Fish from Venezuela".* Kullander (1980) stellt fest, daß die Typen als Syntypen behandelt werden sollten, *"vorausgesetzt, daß sie alle für die Diagnose in Anonymus (1948) verwendet wurden".* Dieser Auffassung Kullanders folge ich hier ausdrücklich nicht, da Myers & Harry in Anonymus 1948 von Innes aus ihrer später erschienenen Arbeit zitiert wurden, in der sie die Typen unzweifelhaft festlegten. Es erscheint aus praktischen Gründen sinnvoller, der Intention der Erstbeschreiber zu folgen und ihre Typenauflistung beizubehalten. Der von Myers & Harry festgelegte Holotypus könnte unter dieser Voraussetzung als Lectotypus angesehen werden.

Holotypus: Männchen, 37,3 mm (SNHM 14845), im April 1947 von M. V. Ramirez und H. Blass gesammelt. Übergeben durch W. T. Innes. Fundort: "Der Fundort ist unbekannt, aber die Fische wurden während einer 500-Meilen Autofahrt über die westlichen Llanos des Orinoco von Palenque aus aufgesammelt." Da alle gesammelten Fische gemeinsam lebend gehältert wurden, konnte der Fundort nicht mehr festgelegt werden. [Weitere Details siehe Originalbeschreibung oder Kullander (1980).]

Paratypen: Drei Exemplare, 26,6 mm bis 31,0 mm (SNHM 14845 - 14847), alle Sammelangaben wie beim Holotypus.

Synonyme: *Apistogramma ramirezi* Myers & Harry, 1948; *Geophagus ramirezi* Klee, 1971; *Microgeóphagus ramirezi* Frey, 1959 (Gattungsname damit nicht mehr verfügbar); *Microgeophagus ramirezi* Scheel, 1971;

Mikrogeophagus ramirezi ♂, adult, territorial, Brutpflegefärbung

Papiliochromis ramirezi (Myers & Harry, 1948)

Artspezifische Merkmale: Der Körper von *M. ramirezi* ist relativ hochrückig und nur wenig gestreckt und hat einen auffällig niedrigen Schwanzstiel. Auf dem Körper erscheinen, vor allem in Schreckfärbung, sechs Querbänder, die nur sehr schmale Zwischenräume frei lassen. Auf der Seite erscheint ein unregelmäßig hochovaler großer, schwarzer Fleck, der oft zwei Drittel der Körperhöhe ausfüllt und bis an die Basis der Rückenflosse reicht. Die Rükkenflosse ist basal etwa halb so hoch wie der Körper, weist aber deutliche Verlängerungen der dritten und vierten Flossenhaut auf, die bei den Männchen im Extremfall das Eineinhalbfache der Körperhöhe erreichen können. Die Grundfärbung ist himmel- bis stahlbau mit zitronen- bis goldgelber Kehle. Weibchen zeigen einen rosavioletten Bauch, dessen Unterseite während der Paarbildung rußschwarz abgesetzt ist. Diese Färbung erinnert stark an die Bauchfärbung vieler afrikanischer *Pelvicachromis*-Weibchen oder die von manchen Zwerg-*Crenicichla*. Auffällig ist auch die Schädelmorphologie von *M. ramirezi*: Die Schnauzenregion wirkt gleichmäßig gerundet, die Schnauze klein und endständig, keinesfalls papageienartig. Eine Einbuchtung des Schädels, wie sie bei *M. altispinosa* typischerweise vorkommt fehlt *M. ramirezi*.

Geschlechtsunterschiede: Männliche *M. ramirezi* entwickeln länger ausgezogene Flossenmembranen im vorderen Teil der Rückenflosse als Weibchen. Die Bauchflossen erreichen bei geschlechtsreifen Männchen mindestens das Hinterende der Afterflossenbasis, während diese bei Weibchen nur bis zu deren Vorderende reichen. Geschlechtsreife Weibchen präsentieren einen rosavioletten bis kirschroten Bauch, dessen Unterseite während der Paarbildung rußschwarz abgesetzt ist und bei Männchen bläulich bleibt. Außerdem haben laichreife Weibchen einen dicken, oft geradezu tonnenförmig runden Bauch und wirken dann auffallend unbeholfen in ihren Schwimmbewegungen. Die meisten Weibchen zeigen zusätzlich einen rötlichen Fleck in der Rückenflosse unmittelbar hinter den verlängerten ersten Flossenmembranen.

Verwandtschaftliche Zuordnung: *M. ramirezi* scheint weniger nah mit *M. altispinosa* verwandt zu sein als bisher angenommen. *M. altispinosa* weist größere Ähnlichkeiten mit den kleineren Formen der Gattung *Biotodoma* auf. Neben dem Habitus sprechen dafür viele morphologische Details wie die Struktur von Rückenflosse, Kopf- und Körperfärbung, insbesondere aber der für *M. ramirezi* typische große Flecke im Körperband 3, der *M. altispinosa* fehlt. Es erscheint diskussionswürdig, ob *M. ramirezi* und *M. altispinosa* in unterschiedliche eigenständige Gattungen zu stellen sind.

Typusfundort: Das Typenmaterial wurde von M. V. Ramírez und H. Blass irgendwo in den Llanos des Orinoco-Beckens südlich von Palenque gesammelt. Kullander (1980) stellt detailliert dar, daß Blass nicht mehr in der Lage war, den Sammelort zu rekonstruieren (in: Anonymus 1948, nicht 1947

Mikrogeophagus ramirezi ♂, adult, territorial, Balzfärbung

Mikrogeophagus ramirezi ♀, adult, territorial, laichreif

wie in KULLANDER 1980 zitiert). Er konnte die "Typuslokalität" nur noch auf den Bereich "zwischen Palenque und dem Rio Meta in Venezuela" eingrenzen, eine Strecke von rund 500 Kilometern, weshalb hier die Bezeichnung Typusfundgebiet angebrachter ist.

Verbreitung: Der "Schmetterlingsbuntbarsch" bewohnt kleine und große, meist stehende Savannengewässer im gesamten Einzugsbereich des kolumbianischen und venezolanischen Rio Orinoco-Einzuges (KULLANDER 1980, LINKE & STAECK 1995). Außerdem kommt *M. ramirezi* auch in küstennahen Seen im Delta des Rio Orinoco vor (MAYLAND 1995).

Ökologie: *M. ramirezi* ist ein Fisch der Savannenbäche und -seen. In seinem großen Verbreitungsgebiet bewohnt dieser Buntbarsch eine Vielzahl von Gewässern, zu denen der Rio Meta und Rio Orinoco ebenso gehören wie Oasen und unzählige Restwasserpfützen oder Viehtränken in den Llanos Venezuelas und Kolumbiens. Die Art bevorzugt offenbar immer langsam fließende bis stehende, stark erwärmte Gewässerbereiche. An verschiedenen Sammelorten hatte das sehr weiche Wasser stets über 26 °C. Maximalwerte, bei denen *M. ramirezi* angetroffen wurden, lagen bei knapp 35 °C! Die Fische konnten fast ausschließlich in Klarwasser angetroffen werden, dessen pH-Wert zwischen 4,5 und 6,5 lag. Die Wasserhärte lag überall unter 2 °dGH und bei Leitwerten unter 50 µS/cm. *M. ramirezi* bilden in den flachen Uferzonen große Kolonien, in denen

Mikrogeophagus ramirezi ♂, subadult, nicht territorial, Schreckfärbung

verschiedentlich Junge betreuende Tiere beobachtet werden konnten. Die Fische leben nicht wie viele *Apistogramma*-Arten in oder auf der Fallaubschicht, sondern meist auf offenen Sandflächen.

Ersteinfuhr: Erstmals wurden 1947 einige Tiere durch H. BLASS (Miami) in die USA eingeführt. Nach RICHTER (1988) wurde die Art bereits im Jahr ihrer Beschreibung (1948) durch die Firma AQUARIUM HAMBURG (Hamburg) erstmals lebend nach Deutschland eingeführt. Seither werden in unregelmäßigen Abständen kleine Mengen von *M. ramirezi* eingeführt. Die große Masse der gehandelten Fische sind Gefangenschaftsnachzuchten.

Aquarienbiologie: *M. ramirezi* gehört sicher zu den am häufigsten gehaltenen Buntbarschen und Aquarienfischen überhaupt. Die Haltung der Fische ist auch unter deutlich von den Freilandwerten abweichenden Wasserbedingungen ohne Schwierigkeiten möglich. Entgegen der verbreiteten Ansicht kann ich *M. ramirezi* jedoch keineswegs als Anfängerfisch bezeichnen. Die Fische stellen immerhin gehobene Ansprüche an die chemische Reinheit des Wassers: Belastungen mit organischen Abfallstoffen, wie verschiedenen Stickstoffverbindungen ("N-Gruppe"), wirken sich deutlich negativ auf ihren Allgemeinzustand aus und reduzieren die Lebenserwartung drastisch. Unter optimalen Pflegebedingungen erreichten *M. ramirezi* in meinen Aquarien durchschnittlich fast drei Lebensjahre, bei deutlich davon abweichenden nur gut ein Jahr. Die Geschlechtsreife erreichen *M. ramirezi*

etwa ab dem vierten Lebensmonat. Die Fortpflanzung dieser Offenbrüter kann bei gesunden Tieren auch unter von den Freilandwerten erheblich abweichenden Bedingungen beobachtet werden, obwohl anzumerken ist, daß die Produktivität dann wesentlich niedriger ist. In gut strukturierten Aquarien, die am besten auf überwiegend offenem, feinem Sanduntergrund mit Steinen, Totholz oder einer lückigen Bepflanzung eingerichtet werden, lassen sich *M. ramirezi* gelegentlich auch bei von den Freilandwerten abweichenden Wasserwerten erfolgreich zur Fortpflanzung bringen. Günstiger sind jedoch dem Freiland ähnliche Bedingungen. Bei hohen Temperaturen (über 27 °C) und pH-Werten zwischen 5 und 6 entwickeln sich die meisten der bis über 300 Eier umfassenden Gelege nahezu vollständig. Bei paarweiser Haltung bilden die Tiere unter Aquarienbedingungen üblicherweise eine Elternfamilie, in der sich beide Partner die Brutpflegeaufgaben in vollem Umfang teilen. Eine umfangreiche und detailreiche Ausarbeitung des Brutpflegeablaufes solcher Paare findet sich in LINKE & STAECK (1995). Besagte Autoren erwähnen, daß die Nachzucht dieser Art in der Aquaristik immer wieder Probleme bereitet, gehen aber nicht auf die Ursachen dafür ein. Ein Grund könnte darin bestehen, daß tatsächlich die meisten kommerziell angebotenen *M. ramirezi* künstlich erbrütet und aufgezogen werden. Es kann auf der Basis vielfältiger Verhaltensstudien als erwiesen angesehen werden, daß ein Teil des Verhaltens von Cichliden erlernt wird. Dazu gehören möglicherweise auch Teile des Brutpflegeverhaltens, die bei künstlich aufgezogenen Fischen offenbar verlorengehen können. Ein weiterer Grund besteht darin, daß die Fische oftmals in zu kleinen Aquarien gehalten werden. Aufgrund der räumlichen Enge werden die Gelege häufig gefressen. Wird dann beim nächsten Ablaichen das Männchen herausgefangen, um es am Fressen der Eier zu hindern, führt das ebenfalls fast immer zum Brutverlust, da nun das Weibchen das Gelege verzehrt. Der von vielen Aquarianern gewählte Schritt ist dann meist wieder die künstliche Aufzucht. Um solche Mißerfolge, die mir wiederholt von Aquarianern geschildert wurden, zu vermeiden, sollte man den Tieren möglichst große Becken bieten. In Aquarien von 150 Zentimeter Kantenlänge konnte ich wiederholt größere Gruppen von *M. ramirezi* beobachten, die

ein Brutpflegeverhalten zeigten, das von dem durch LINKE & STAECK (1985) geschilderten abwich. Die Männchen besetzten zunächst Reviere von etwa zwanzig Zentimeter Durchmesser, in denen sie eine kleine Grube anlegten. Die in der Minderzahl befindlichen Weibchen wurden zu diesem Zeitpunkt noch von den Männchen angegriffen und hielten sich ausweichend in einem kleinen Schwarm unter der Schwimmpflanzendecke auf. Nach ein bis zwei Tagen duldeten die Männchen die Weibchen in ihren Revieren und balzten diese intensiv an. Einzelne Paare laichten dann in den Sandkratern oder (seltener) auf daneben liegenden flachen Steinen ab. Etwa in der Hälfte der Fälle pflegten beide Partner das Gelege weiter, in der anderen Hälfte verließen die Weibchen jedoch kurz nach

Mikrogeophagus ramirezi ♂ , adult, abnorm helle Aquarienzuchtform

J. Glaser

dem Absetzen des Geleges den Partner. Sie begaben sich nun zu einem anderen noch "freien" Männchen, um auch mit diesem ein weiteres (oft kleineres) Gelege abzusetzen. Ein ähnliches Verhalten zur Gelegeverteilung zeigen Weibchen des Dreistacheligen Stichlings (*Gasterosteus aculeatus*), die ihre Eier portionsweise auf etliche brutpflegende Männchen verteilen. Wie beim Stichling, blieben auch *M. ramirezi*-Männchen am Gelege und übernahmen dessen weitere Betreuung allein. Ihre Brutpflege war so intensiv, daß sie den Nachwuchs auch ohne das Weibchen durchbrachten. Bei problematischen Paaren hat sich im gezielten Experiment gezeigt, daß das Entfernen des Weibchens im allgemeinen nicht zum Brutpflegeabbruch führt, was beim Herausnehmen des Männchens regelmäßig geschieht

Bemerkungen: Kaum ein anderer Zwergbuntbarsch hat eine vergleichbar chaotische nomenklatorische Geschichte. Bereits in den Tagen der Erstbeschreibung 1948 gab es Debatten über die Gültigkeit der Beschreibung, später eine sich bis heute fortsetzende Auseinandersetzung um den Gattungsnamen. Die eigentliche Erstbeschreibung erschien versehentlich zeitlich nach der aquaristischen, aber formal gültigen Beschreibung: *Apistogramma ramirezi, a Cichlid Fish from Venezuela. Proceedings of the California Zoological Club 1 (1/August 1948): 1 - 8.* MYERS & HARRY (1948) beschrieben die Art anhand venezolanischen Materials. Die Wiederbeschreibung KULLANDERS (1980) basierte dagegen auf in Kolumbien gesammelten Fischen.

M. ramirezi wurde (und wird) vor allem im Handel immer wieder als idealer Anfängerfisch bezeichnet und unter seinem Trivialnamen "Schmetterlingsbuntbarsch" angeboten. Dies ist (leider) falsch, wenn Wildfangtiere oder wildfarbene Tiere betroffen sind. Vielmehr gehört *M. ramirezi* zu den empfindlichsten Zwergbuntbarschen in der Aquaristik, der Mindestkenntnisse des Pflegers, einen deutlich erhöhten Pflegeaufwand und für eine erfolgreiche Dauerhaltung bestimmte wasserchemische Mindestanforderungen und entsprechende technische Voraussetzungen zur Bereitstellung derselben erfordern. *M. ramirezi* ist daher keinesfalls als Anfängerfisch, sondern vielmehr als Art für den bereits erfahrenen Cichlidenpfleger zu bezeichnen und zu empfehlen. Die heute häufig angebotenen, meist aus Asien stammenden Zuchtformen, etwa "Gold-Ramirezi" und ähnliche, sind etwas unempfindlicher als die der Wildform ähnlichen Fische; sie sind allerdings im Liebhaberaquarium häufig nicht mehr zur Fortpflanzung zu bringen.

T: 25 - 30 °C, **L**: ♂ 6 cm, ♀ 5 cm, **BL**: (80 cm, Einzelpaare -) 100 cm, **WR**: u, m, **SG**: 2 - 4 (wärmebedürftig!)

"Flaggen im Urwald"

Nannacara REGAN, 1905

Erstbeschreibung: A revision of the fishes of the South American cichlid genera Acara, Nannacara, Acaropsis, and Astronotus. Ann. Mag. nat. Hist., ser. 7, Vol. 15: 344 - 345.

Etymologie: *nanus* (lat.) = klein, *acara* (loc.) = Lokalbezeichnung für Cichliden; der Name nimmt darauf Bezug, daß in weiten Teilen Südamerikas Buntbarsche als "*Acara*" bezeichnet werden.

Bemerkungen: Diese "Sammel"-Gattung umfaßt heute drei gültige Arten (*N. anomala, N. aureocephalus, N. taenia*), eine Art (*"N." hoehnei*), die wahrscheinlich der Gattung zuzuordnen ist, zwei Arten (*"N." adoketa, "N." bimaculata*), die in eine eigene, neu zu definierende Gattung zu stellen sind, sowie mindestens zwei wissenschaftlich und aquaristisch noch unbearbeitete Formen.

Tucanoichthys tucano ♀ , Igarapé Yavuyri, unterer Rio Uaupés

Fundort von "*Nannacara*" *adoketa* bei Cunurí, unterer Rio Uaupés

Nannacara anomala REGAN, 1905

Erstbeschreibung: A revision of the fishes of the South American cichlid genera Acara, Nannacara, Acaropsis, and Astronotus. Ann. Mag. nat. Hist., ser. 7, Vol. 15: 344 - 345.

Etymologie: *anomala* (lat.) = abgeleitet von *anomalus* = ungewöhnlich. Der Artname wurde von REGAN nicht genau erklärt, doch bezeichnet er die Fische als "ungewöhnliche" beziehungsweise "kuriose".

Synonyme: Keine.

Typusmaterial: Zwei Exemplare.

Syntypen: Zwei Exemplare ohne Geschlechtsangabe, 37,9 und 38,9 mm SL (BMNH 1864.1.21:27-28), keine Sammeldaten. Von EHRHARDT hinterlegt. Fundort: Rio Essequibo. Syntypen von *N. anomala* und Paralectotypus von *Acara punctulata* GÜNTHER.

Artspezifische Merkmale: *N. anomala* ist morphologisch durch den seitlich kräftig zusammengedrückten und hochrückigen Körper gekennzeichnet. Kräftige ausgewachsene Männchen wirken ausgesprochen bullig. Die Schwanzflosse ist rund. Die Rückenflosse nimmt vom ersten Hartstrahl bis zum Hinterende gleichmäßig an Höhe zu. Sie trägt ein feines gekritzelt wirkendes Muster weißlichgrauer sowie schwarzer Linien und Punkte. Der Weichstrahlbereich trägt außen ebenso wie die gesamte Afterflosse einen breiten rußgrauen bis schwarzen

Saum. Die Rückenflosse trägt meist einen über ihre gesamte Länge ausgedehnten schmalen roten äußeren und einen blauen darunter liegenden (submarginalen) Streifen. Die Körpergrundfarbe ist schmutzig graubraun. Sie wird bei geschlechtsreifen Männchen praktisch vollständig von einem metallischen Glanz überlagert, der grünlich, bläulich oder seltener auch kupferfarben erscheint. Oft entsteht dabei auch ein Muster, bei dem die Schuppenränder metallisch aussehen, ihr Zentrum dagegen schwärzlich abgesetzt ist. Drohende Tiere zeigen oft eine samtschwarze Schnauze und Kehle. Junge Männchen tragen ein deutliches Längsband, das sie aber bei Erreichen der Geschlechtsreife verlieren und nur noch unter extrem schlechten Haltungsbedingungen präsentieren. Weibchen zeigen stets auf überwiegend gelblichgrauem Untergrund ein ein bis zwei Schuppen breites Längsband, das bis auf den Ansatz der Schwanzflosse verläuft. Darüber verläuft auf halber Höhe zur Rückenflossenbasis ein parallel zur Rückenlinie gebogenes zweites Band. Es reicht vom Nacken bis unter den vorderen Ansatz des Weichstrahlbereiches der Rückenflosse. Zusätzlich treten bei drohenden, brutpflegenden und unter Streß stehenden Weibchen sechs senkrechte Bänder und eine unregelmäßige schwarze Kopfzeichnung hervor, wodurch ein für die Weibchen des *N. anomala*-Komplexes typisches schachbrettartiges Muster entsteht. Die Bauchregion zeigt selten zwei weitere

Nannacara anomala ♂, adult, territorial, leicht aggressiv

Nannacara anomala ♀, adult, Brutpflegefärbung am Gelege

schmale waagerechte Bänder. Der Bauch selbst bleibt hell sandgrau oder weißlichgelb (im Gegensatz zu *N. aureocephalus*, deren gesamter Unterkörper in vergleichbarer Situation einheitlich schwarz wird). Je nach geographischer Herkunft zeigen Weibchen einen orangeroten Streifen entlang der Rückenflossenbasis oder ein, seltener auch zwei schwarze Flecken im vorderen Basisbereich dieser Flosse.

Geschlechtsunterschiede: Männchen werden erheblich größer als Weibchen und entwickeln deutlich zugespitzte, meist lang ausgezogene Spitzen der Weichstrahlbereiche von Rücken- und Afterflosse. Diese Flossen bleiben bei Weibchen normalerweise abgerundet und zeigen keine Verlängerungen. Männchen sind meist metallisch grün oder seltener bronze, die Weibchen dagegen gelblich-grau bis grau gefärbt, wobei letztere oftmals ein schwarzes Karomuster auf dem Körper tragen.

Verwandtschaftliche Zuordnung: *Nannacara anomala* bildet mit *N. aureocephalus* und *N. taenia* eine von mir als *N. anomala*-Komplex bezeichnete Verwandtschaftsgruppe innerhalb der Gattung, die sich vor allem durch die Zeichnung der Jungfische von den anderen derzeit noch als *Nannacara* bezeichneten Formen unterscheidet.

Typusfundort: Der Typusfundort wurde nicht genau bezeichnet, liegt aber im Einzugsbereich des Rio Essequibo in Britisch Guyana.

Verbreitung: Soweit bis heute bekannt, kommt *N. anomala* in den küstennahen Bereichen der Guyana-Länder, besonders aber auch im Einzug bis hinauf in den mittleren Rio Essequibo vor. Einzelne Funde stammen auch aus dem östlichen Venezuela, wo auch eine andere Form der Gattung festgestellt worden ist, die aber noch nicht eindeutig identifiziert werden konnte. Sie könnte möglicherweise eine eigenständige Art darstellen.

Ökologie: Bisher fehlen systematische Untersuchungen zur Ökologie von *N. anomala*. Die Art scheint keine besonderen Ansprüche an die Wasserqualität zu stellen soweit es die Zuordnung zu einem Typ betrifft. *N. anomala* konnten sowohl in Klar- und Schwarzwasser, als auch in Weißwasser gesammelt werden. Es liegen sogar einzelne Funde aus leicht brackigem Wasser vor. In fast allen Fällen handelte es sich bei den Lebensräumen von *N. anomala* um reich strukturierte Bäche oder Restwasser in größeren Überschwemmungssümpfen.

Ersteinfuhr: Koslowski (1985) gibt an, daß die Art möglicherweise bereits um 1912 erstmals nach Europa gelangte. Er ging davon aus, daß es sich bei den Tieren, auf die sich die Angaben Arnolds (1912) beziehen, um *N. anomala* handelte. Zwischenzeitlich hat sich herausgestellt, daß es sich bei Arnolds Fischen tatsächlich um *N. taenia* handelte. Wahrscheinlich wurde *N. anomala* erst um 1934 importiert. Diese wenigen Exemplare konnten auch vermehrt werden. Danach wurde die Art lange nur vereinzelt eingeführt. Seit etwa 1985 werden wieder regelmäßig Wildfangtiere aus den Guyana-Ländern und Venezuela über den Zierfischgroßhandel exportiert.

Nannacara anomala ♂, adult, die Färbung paßt sich oft dem Untergrund an

Nannacara anomala, kämpfende ♂ ♂ beim Lateraldrohen

Aquarienbiologie: *N. anomala* gehört zu einfach zu haltenden Zwergbuntbarschen und ist auch für die Pflege durch den aquaristischen Anfänger gut geeignet. Sie stellen vor allem an das Futter, (sogar Trockenfutter wird nach einer gewissen Gewöhnungsphase angenommen,) und die Wasserchemie keine besonders hohen Ansprüche, wenn auch erwähnt werden muß, daß sich weiches Wasser auf die Lebensdauer und Produktivität positiver auswirkt als härteres. Ideal sind Werte unter 10°dGH. Auch der pH-Wert kann in einem Bereich zwischen fünf und acht schwanken, günstig sind jedoch schwach saure Werte zwischen sechs und sieben. In dicht bepflanzten oder mit einer dicken Fallaubschicht, Totholz und Steinen strukturreich eingerichteten, großen Aquarien entfalten die meist sehr friedlichen Fische in Gesellschaft kleiner Salmler und/oder Welse ihre ganze Farbenpracht und zeigen alle Teile ihres komplexen Verhaltens. Für den Neubesatz eines speziell für *Nannacara* eingerichteten Aquariums sollte man eine etwas größere Gruppe etwa halbwüchsiger Fische verwenden, da sie noch nicht zu den bei ausgewachsenen Individuen häufiger innerartlich zu beobachtenden Beschädigungsangriffen neigen. Normalerweise besetzen die Männchen zunächst ein erbittert gegen Geschlechtsgenossen verteidigtes Großrevier, in dem sie mehrere Weibchen dulden. Das Männchen kann für sein Revier ohne weiteres die gesamte Grundfläche auch großer Aquarien (bis zu zwei Quadratmeter!) beanspruchen. Die Weibchen besetzen um ihren Unterstand Kleinreviere, die meist nur wenige Quadratdezimeter Durchmesser aufweisen. Nach einiger Zeit der Balz werden von einer Fortpflanzungspartnerin möglichst alle anderen Weibchen aus dem Großrevier des Männchens vertrieben. In zu kleinen Aquarien kommt es in dieser Phase häufig zu Beschädigungsangriffen, bei denen gelegentlich auch Tiere getötet werden können. Nach phasenweise stürmischer Balz laichen *N. anomala* an einer vom Weibchen gewählten, gut versteckten Stelle des Aquariums, meist in einer Höhle ab. Das bernsteingelbe Gelege kann über 200 Eiern umfassen. Es wird allein vom Weibchen betreut. Dies gilt auch für die Larven, die temperaturabhängig nach 36 bis 86 Stunden schlüpfen. Die gesamte Entwicklungszeit bis zum Freischwimmen der Jungfische dauert acht (bei 29 °C) bis 14 Tage (bei 20 °C). Wie auch bei anderen Zwergbuntbarschen ist bei *N. anomala* festzustellen, daß die Eier und daraus folgend die Jungfische bei hohen Temperaturen erheblich kleiner sind als bei mittleren oder tiefen. Die bei hoher Temperatur erzeugte Brut ist daher oftmals beim Freischwimmen noch nicht in der Lage die Naupliuslarven von *Artemia* als Erstnahrung zu bewältigen. Als Ursache für das geschilderte Phänomen kann aufgrund experimenteller Analysen angenommen werden, daß die Gonaden fortpflanzungsbereiter Weibchen bei hohen Temperaturen einer beschleunigten Reifung unterliegen (eigene unveröffentlichte Daten des Verfassers). Für den unter den Bedingungen eines durch Temperatureinfluß erhöhten Gesamtstoffwechsels kann möglicherweise nicht mehr die gleiche Energie verfügbar gemacht werden, die beispielsweise

Nannacara anomala ♂, adult, neutral gestimmt

Nannacara anomala ♂, adult, neutral gestimmt

im Optimalbereich der Temperatur für das Wachstum der Follikel bereitgestellt wird. Bei extrem hohen, aber auch extrem niedrigen Temperaturen wird außerdem die Anzahl der Eier bedeutend reduziert. Während auch bei sehr niedrigen Temperaturen (im Experiment 18 °C) immer noch Eier gelegt werden, stellen die meisten Weibchen bei über 29 °C die Eiproduktion völlig ein. Wieder auf normale Temperatur gebracht werden bereits nach wenigen Tagen wieder Gelege mit normaler Eizahl und -größe abgesetzt.

Die Jungfische von *N. anomala* tragen ebenso wie die von *N. aureocephalus* und *N. taenia* ein unter den Zwergbuntbarschen aus Südamerika einmaliges Jugendkleid, das aus großen unregelmäßigen und schokoladenbraunen bis schwarzen Flecken besteht und auf Fallaub als extrem angepaßtes Auflösungsmuster wirkt. Sie unterscheiden sich damit deutlich von den Jungfischen des *N. bimaculata*-Komplexes, die eine weiße Fleckenzeichnung tragen.

Die Jungtiere werden ausschließlich von der Mutter geführt und verteidigt. Sie kann dabei ein für ihre Größe überraschend großes Aggressionspotential entwickeln und schreckt bei der Brutverteidigung auch vor Angriffen auf erheblich größere Beckenmitbewohner nicht zurück. Das Männchen beteiligt sich auch dann nicht an der Betreuung der Nachkommen, wenn das Weibchen erneut abgelaicht hat, was zwei bis acht Wochen nach dem Aufschwimmen der Brut erfolgen kann. Der Vater stellt seinem Nachwuchs nicht nach und vertreibt diese erst aus seinem Revier, wenn sie etwa halbwüchsig sind. Normalerweise sind die

Jungfische relativ schnellwüchsig und erreichen nach drei Lebensmonaten knapp vier Zentimeter TL und etwa ein bis zwei Monate später bereits die Fortpflanzungsfähigkeit.

Bemerkungen: *N. anomala* ist seit seiner Ersteinfuhr einer der beliebtesten kleinen Buntbarsche unter Aquarianern. Ursache dafür ist sicher, daß die Art wegen ihrer geringen Pflegeansprüche als idealer Zwergbuntbarsch für den Anfänger-Aquarianer zu bezeichnen ist. Nicht zuletzt deshalb hat *N. anomala* auch in der wissenschaftlichen Biologie, insbesondere der modernen Verhaltensforschung einen festen Platz gefunden.

T: 20-30 °C, opt. 23-27 °C, **L:** ♂ 10 cm, ♀ 6 cm, **BL:** ab 100 cm, **WR:** u, m, **SG:** 1-3

Vogelspinne, Rio Uaupés

Nannacara anomala ♀ bei der Pflege der winzigen, ca. 3 Tage alten Jungfische

Blick von der Serra do Tucáno auf den Rio Uaupés

Nannacara aureocephalus Allgayer, 1983

Erstbeschreibung: Nannacara aureocephalus, Espèce nouvelle de Guyane francais. Rev. Franc. Cichlidophiles 11 (33): 13 - 16 & 21 - 24.

Etymologie: *aureocephalus* = zusammengesetzt aus *aureus* (lat.) = gold, gelb und *cephalus* (gr.) = Kopf. Der Name bezieht sich darauf, daß erwachsene Männchen einen goldgelben Kopf zeigen.

Synonyme: Keine.

Typusmaterial: Fünf Exemplare.

Holotypus: Männchen, 66,7 mm SL (MNHN (2) 1983-523), am 12. Juni 1982 von G. Oelker hinterlegt. Fundort: Carrière Chambaut, Rivière Mana-Flußsystem, Französisch Guyana.

Paratypen: Vier Exemplare, 38 bis 61,4 mm SL, davon: zwei Exemplare MNHN 1983-524), alle Daten wie beim Holotypus. Zwei Exemplare (MNHN 1983-525), am 25. Februar 1983 von P. Isselmann hinterlegt. Fundort: Cacao, Rivière Orapu-Flußsystem, Französisch Guyana.

Artspezifische Merkmale: N. aureocephalus ist morphologisch durch den seitlich kräftig zusammengedrückten und hochrückigen Körper gekennzeichnet. Ausgewachsene Männchen wirken ausgesprochen bullig und kurzköpfig. Die Schwanzflosse ist bei erwachsenen Männchen etwa lanzettoid, bei halbwüchsigen und weiblichen dagegen rund. Die Rückenflosse nimmt vom ersten Hartstrahl bis zum Hinterende gleichmäßig an Höhe zu. Sie trägt in der äußeren Hälfte ein fein gekritzeltes Muster rötlicher und gelber Linien und Punkte. Die Rückenflosse trägt einen schmalen roten äußeren Streifen. Die Körpergrundfarbe ist gelblichgrau, seltener bräunlich. Sie wird bei geschlechtsreifen Männchen gelblich überlagert. Auf dem Körper entsteht ein charakteristisches Netzmuster aus den auffallenden himmelblauen Schuppenrändern. Die Schuppenzentren dagegen bleiben honiggelb. Auch die Lippen und der Schnauzenstreif sind bei Männchen intensiv blau. Der Kopf ist vom Körper deutlich durch seine goldgelbe Farbe abgesetzt. Die Tiere tragen ein deutliches Längsband. Weibchen zeigen stets auf überwiegend gelblichgrauem Untergrund ein ein bis zwei Schuppen breites Längsband, das bis auf den Ansatz der Schwanzflosse verläuft. Darüber verläuft auf halber Höhe zur Rückenflossenbasis ein parallel zur Rückenlinie gebogenes, unregelmäßiges zweites Band. Es reicht ungefähr vom Nacken bis unter den vorderen Ansatz des Weichstrahlbereiches der Rückenflosse. Zusätzlich treten bei drohenden, brutpflegenden und unter Streß stehenden Weibchen sechs senkrechte Bänder, ein dünnes Rückenband und eine unregelmäßige schwarze Kopfzeichnung hervor, wodurch ein für die Weibchen des N. anomala-Komplexes typisches schachbrettartiges Muster entsteht. Die

Nannacara aureocephalus ♂, adult, dominant, territorial, leicht aggressiv

Nannacara aureocephalus ♀, adult, dominant, territorial, beginnende Brutpflegefärbung

Bauchregion wird einheitlich schwarz mit metallischgrünem Schimmer.

Geschlechtsunterschiede: Männchen werden erheblich größer und bulliger als Weibchen und entwickeln deutlich zugespitzte, meist lang ausgezogene Spitzen der Weichstrahlbereiche von Rücken- und Afterflosse. Diese Flossen bleiben dagegen bei den Weibchen normalerweise abgerundet und zeigen keine Verlängerungen. Männchen sind üblicherweise metallisch gelblich oder bronzefarbig mit einem netzartigen Muster blauer Schuppenränder, die Weibchen dagegen gelblichgrau bis grau gefärbt, wobei letztere oftmals ein unvollständiges schwarzes Karomuster auf dem Körper tragen. Außerdem haben die meisten geschlechtsreifen Männchen einen goldgelben Kopf.

Typusfundort: Typusfundort ist ein kleiner Zufluß des Rio Mana, nahe der Nationalstraße 1 etwa elf Kilometer vom Ort Saut Sabbat entfernt sowie ein Zufluß des Comté in der Nähe des Ortes Cacao der in den Ort führenden Straße.

Verbreitung: Die Verbreitung dieser Art ist bisher nur teilweise bekannt. *N. aureocephalus* konnte bisher aber bereits an verschiedenen Fundorten in Französisch Guyana und Nordbrasilien nachgewiesen werden. In Französisch Guyana liegen bekannte Fundorte in den Flußsystemen des Rivière Approuague, Rivière Mana, Rivière Orapu, Fleuve Oyapock und einigen kleineren Criques (Waldbächen), die bisher keinem bestimmten Flußsystem zugeord-

net werden konnten. Fundorte in Brasilien liegen im Rio Oiapock-System.

Ökologie: Die Ökologie von *N. aureocephalus* ist bislang noch unzureichend untersucht. Von Drachenfels (1988) liefert einen Bericht zur Freilandbiologie, der aber nach Erkenntnissen anderer Fänger dieser Art als aus einem untypischen Lebensraum stammend gewertet werden muß. Es handelte sich um einen durch menschlichen Eingriff stark veränderten Lebensraum am Rande einer Straße. Der Untergrund bestand aus Schottersteinen, in deren Zwischenräumen die Zwergbuntbarsche lebten. Von Drachenfels beobachtete etwa 40 Exemplare, die sich in einem höchstens 20 Quadratmeter großen Bachabschnitt aufhielten. Höchstens zehn (große) dominante Männchen besetzten hier Reviere, die sich teilweise mit denen benachbarter Männchen überschnitten. Kleinere Männchen und Weibchen hielten sich nach den Angaben des genannten Autoren dagegen nur auf kleinen Flächen auf, die sie im Kampf mit Nachbarn verteidigten. Mayland (1995), Bitter und Gottwald (beide nach persönlicher Mitteilung) fingen *N. aureocephalus* dagegen unabhängig voneinander in typischen Waldbächen beziehungsweise Restwassern mit dikker Fallaubschicht, Totholz und vielen in das Wasser ragenden Wurzeln verschiedener Baumarten, die ihnen viele natürliche Verstecke boten. Bitter fing nach seinen Angaben *Rivulus xiphidius* im gleichen Lebensraum, Gottwald gingen nach eigener Aussage halbwüchsige *Apistogramma gossei* mit ins Netz. Von Drachenfels

Nannacara aureocephalus ♂, adult, neutral gestimmt

Nannacara aureocephalus ♂, adult, subdominant, neutral gestimmt

Nannacara aureocephalus ♀, subadult, ca. 3 Wochen alte Junge pflegend

Nannacara aureocephalus ♀, subadult, ca. 1 Wochen alte Junge pflegend

Nannacara aureocephalus ♂, adult, dominant, territorial, brutpflegend

Nannacara aureocephalus ♀, adult, dominant, nicht territorial, aggressiv

(1988) fing am gleichen Ort *Copella arnoldi* und beobachtete dort *"Aequidens" itanyi*, eine Art der *Crenicichla saxatilis*-Gruppe (*C. alta*?) und je eine nicht identifizierte Form der Salmlergattungen *Hemigrammus*, *Hyphessobrycon* und (wahrscheinlich) *Hoplerytrinus*. Er berichtet, daß die *Crenicichla* ständig auf *Copella* und ebenfalls *Nannacara* Jagd machten, im Gegensatz zu den Salmlern während der Beobachtungszeit aber keine *N. aureocephalus* erbeuten konnten. Die *Crenicichla* beeinflußten die Aktivität der *Nannacara* eher durch ihre ständige störende Anwesenheit.

VON DRACHENFELS (1988) berichtet auch von Funden von *N. aureocephalus* und *N. anomala* an unmittelbar benachbarten Fangplätzen im Bereich des Creek Coco während der Niedrigwasserzeit und vermutet, daß beide Arten dort bei hohem Wasserstand syntop vorkommen können. Diese Einschätzung konnte 1995 durch GOTTWALD (persönliche Mitteilung) bestätigt werden, der in diesem Gebiet beide Arten am selben Fangplatz sammelte, deren Identität sich erst später im Aquarium deutlich zeigte.

Alle bisher untersuchten Fangplätze von *N. aureocephalus* wiesen sehr weiches Wasser mit niedrigen Leitwerten und sauren pH-Werten auf. VON DRACHENFELS (1988) veröffentlicht folgende Werte: Wassertemperatur 23 °C, elektrischer Leitwert 10 µS/cm und pH 5,2; MAYLAND (1995) gibt 26 °C, 20 µS/cm und pH 5,6 an, Werte, die von BITTER und GOTTWALD mündlich ebenfalls bestätigt wurden.

Ersteinfuhr: 1982 wurden Tiere durch OELKER und 1983 durch ISSELMANN gesammelt. Seit etwa 1990 wird die Art regelmäßig in kleineren Zahlen über den Großhandel und verschiedene reisende Aquarianer eingeführt.

Aquarienbiologie: *N. aureocephalus* ist ein typischer Weichwasserfisch, der zur dauerhaften Gesunderhaltung regelmäßige umfassende Wasserwechsel und einen gewissen Anteil an Huminsäuren und deren Abbaustufen im Wasser benötigt, die über Torf oder Buchenlaub eingebracht werden können. Ein großes Aquarium ist Voraussetzung für eine artgemäße Haltung. Die temperamentvollen, aber oft sehr scheuen Fische benötigen einen gut eingerichteten Pflegebehälter, der neben Totholz und/oder einer dichten Bepflanzung auch Fallaub enthalten sollte, in dem sich die Tiere bei Fluchtreaktionen verbergen können. Da *N. aureocephalus* ähnlich wie verschiedene *Apistogramma*-Arten aus den Guyana-Ländern oftmals auch blitzschnell in den Bodengrund hineinschießen, sollte dieser aus möglichst feinem weißen Sand bestehen. (Die häufig in Zwergcichlidenaquarien anzutreffenden Mischungen mit Lavasplitt sind dagegen völlig ungeeignet.) Sind genügend Versteckplätze und einige Begleitfische vorhanden, verlieren diese *Nannacara* meist auch schnell ihre Scheu und werden oft sogar sehr zutraulich. Zur Gesunderhaltung benötigen *N. aureocephalus* neben kleineren Lebend- und Frostfuttersorten gelegentlich auch vegetarische Kost (z.B. Granulatfutter) und gröberes tierisches Futter, etwa Grindal, Stuben- oder Essigfliegen. Auch die Jungfische von gemeinsam mit den Buntbarschen gepflegten Zahnkarpfen (z.B. *Poecilia* *reticulata*) werden gerne erbeutet und bilden eine willkommene Ergänzung im Speiseplan. Die Zucht von *N. aureocephalus* verläuft sehr ähnlich wie bei *N. anomala* dargestellt. Allerdings entwickelt sich das Gelege meist erst in sehr weichem und saurem Wasser (unter 50 µS/cm und pH unter 5,5).

Bemerkungen: *N. aureocephalus* gehört zu den größten "Zwerg"-Cichlidenarten. Die Fische sind sehr temperamentvoll und sollten möglichst in großen Aquarien gehalten werden.

T: 21 - 30 °C, opt. 23 - 27 °C, **L**: ♂ 12 cm, ♀ 6 cm, **BL**: ab 120 cm, **WR**: u, m, **SG**: 2 - 4

Orchideen-Samenkapsel

Apistogramma spec. "Vierstreifen" ♀, adult, subdominant, Schreckfärbung

Nannacara ("*Aequidens*") *hoehnei*
Miranda Ribeiro, 1918

Erstbeschreibung: Annexo N. 5 Historia Natural: Zoologia: Cichlidae. Commissáo de Linhas Telegraphicas Estrategicas de Matto Grosso ao Amazonas, Pubicacáo N. 46: 1 - 18: Nannacara hoehnei, sp. nov.: 14 - 15 & plate VII.

Belegmaterial: 15 Exemplare (SMF 28214).

Bemerkungen: Es handelt sich bei dieser Art sicher nicht um einen Vertreter der Gattung *Nannacara*.

Wahrscheinlich ist die Art in eine eigene, den Gattungen *Aequidens*, *Cichlasoma* oder *Krobia* nahestehenden Gattung unterzubringen, doch fehlen zur Klärung dieser taxonomischen Frage noch die erforderlichen eingehenden anatomischen Untersuchungen.

Weitere Informationen zu *Nannacara* ("*Aequidens*") *hoehnei* finden Sie in Aquarien Atlas, Bd. 5 (Seite 880).

Nannacara ("*Aequidens*") *hoehnei* ♀, adult, in Schreckfärbung

Nannacara ("*Aequidens*") *hoehnei* ♀, adult, über dem Gelege

Nannacara taenia REGAN, 1912

Erstbeschreibung: Descriptions of new cichlid fishes from South America in the British Museum. Ann. Mag. nat. Hist. (8) 9: 505 - 507.

Synonyme: Keine.

Etymologie: *nanus* (lat.) = klein, *acara* (loc.) = Lokalbezeichnung für Cichliden; *taenia* (gr.) = gestreift, gebändert. Der Artname bezieht sich auf die innerhalb der Gattung *Nannacara* REGAN, 1905 einmalige Längsstreifung des Körpers.

Typusmaterial: Drei Exemplare.

Holotypus: Weibchen (?), 31,4 mm SL (MMNH 1912.2.2:15), von J. P. ARNOLD hinterlegt. Fundort: Unbekannt / zweifelhaft, über den Zierfischhandel eingeführt, angebliche Herkunft "Manaos" (das heutige Manaus?).

Paratypen: Zwei Exemplare ohne Geschlechtsangabe, 20,3 und 21,8 mm SL (BMNH 1912.2.2:16-17), von J. P. ARNOLD hinterlegt, ohne Herkunftsangaben, wahrscheinlich aber wie Holotypus.

Artspezifische Merkmale: *N. taenia* ist nach derzeitigem Kenntnisstand die kleinste Form ihrer Gattung. Mit maximal fünf Zentimeter Länge sind die Fische ausgewachsen. Sie fallen in beiden Geschlechtern durch eine unverwechselbare enge Längsbänderung auf dem Körper hinter dem Kopf auf, die in unterschiedlichen Stimmungslagen bis in die Mitte der Schwanzwurzel verläuft. Die acht Längsbänder können sowohl glatt durchgehend präsentiert werden (dominant aggressive Stimmung), als auch leicht angedeutet zickzackförmig ausgeprägt (subdominant ängstlich gestimmt). Ein zeitweilig deutliches Längsband beginnt schmal unmittelbar hinter dem Auge und verläuft, sich hinter dem Kiemendeckel auf ein bis eineinhalb Schuppen verbreiternd, bis zur Mitte der Schwanzwurzel. Territoriale Weibchen zeigen besonders während der Brutpflege fünf, ausnahmsweise angedeutet sechs schmale deutliche Bänder, die etwa halb so breit sind, wie die Räume zwischen ihnen.

Geschlechtsunterschiede: Männchen entwickeln deutlicher zugespitzte Weichstrahlbereiche von Rücken- und Afterflosse. Die Rückenflosse trägt bei erwachsenen Männchen außerdem im hinteren Drittel einen leuchtend roten Saum. Dominante Männchen zeigen ein arttypisches Muster aus acht bis (selten) neun Längsreihen von bräunlichen oder schwarzen Tüpfeln auf dem Körper, die in Angriffsstimmung auch tiefrot werden können. Weibchen zeigen in beginnender Brutreife und Territorialstimmung dieses Streifenmuster dagegen in Kombination mit mindestens fünf deutlichen schwärzlichen senkrechten Bändern.

Verwandtschaftliche Zuordnung: Die Art *N. taenia* bildet gemeinsam mit *N. anomala* (der Typart der Gattung), *N. aureocephalus* und einer weiteren noch unbeschriebenen Form aus Venezue-

Nannacara taenia ♂, adult, territorial, dominant, aggressiv, Balzfärbung

Nannacara taenia ♀, adult, Färbung während der Gelegebetreuung

la, die einige grundlegende Ähnlichkeiten mit ihr aufweisen, die *N. anomala*-Gruppe. Diese entlang der Nordostküste des südamerikanischen Kontinentes etwa von der Amazonas- bis zur Orinocomündung verbreiteten Küstenformen unterscheiden sich grundlegend von den Inlandformen der *N. bimaculata*-Gruppe, die weiter entfernt von der Küste und den anderen Arten der Gattung im Potaro River (*N. bimaculata*) und im Zentrum des Kontinentes im Rio Negro (*N. adoketa*) leben. Abgesehen von zahlreichen morphologischen Merkmalen, in denen die Arten der *N. anomala*-Gruppe von denen der *N. bimaculata*-Gruppe unterschieden sind, sind ihre Jungfische völlig anders gefärbt. Sie weisen ein unregelmäßig marmoriertes Muster auf, während die Jungfische von *N. adoketa* ein sonst z.B. für Vertreter der Gattung *Laetacara* typisches weißes Fleckenmuster zeigen.

Typusfundort: Unbekannt, beziehungsweise zweifelhaft. J. P. ARNOLD hatte die Typen an REGAN mit dem Hinweis überstellt, das Material sei aus "Manaos" (= heutiges Manaus?) eingeführt worden. Wie damals üblich, handelte es sich dabei um die Information zum Exportort. Es tauchten nie wieder Tiere aus Manaus auf, die mit *N. taenia* identisch waren. Erst 1987 wurde die Art wiederentdeckt, über 1000 Kilometer weiter östlich in Belém an der Amazonasmündung.

Verbreitung: Gesicherte Fundorte liegen im weiteren Bereich von Belém am Unterlauf des Amazonas. ARNOLD (1912) gab an, seine Fische seien aus "Manaos" eingeführt worden, was später nie wieder bestätigt werden konnte. 1987 fing A. WERNER die Art zunächst ausschließlich auf dem Gelände seiner Exportstation in Belém. Funde auf dem Gelände von Exportstationen sind jedoch ausgesprochen fragwürdig in ihrer Aussagekraft, da hier auch entwichene faunenfremde Aquarienfische als Stammeltern in Frage kommen können. KILIAN, SCHLIEWEN und STAWIKOWSKI fingen die Tiere aber 1988 im Einzug des Rio Guamá. Seither liegen aus verschiedenen Flußläufen beiderseits der Amazonasmündung Fundmeldungen vor. Ob ein sehr ähnlicher Fisch aus Britisch Guyana, den STAECK 1996 in einem Vortrag vorstellte, ebenfalls mit *N. taenia* identisch ist, bleibt zu klären.

Ökologie: *N. taenia* bewohnt, soweit bisher bekannt, die Flachwasserzone größerer Gewässer ebenso wie kleine verkrautete Bachläufe und Tümpel. Die Fische halten sich sowohl in der Fallaubschicht in unmittelbarer Ufernähe, als auch in der Schwimmpflanzendecke über etwas tieferem Wasser auf, sofern diese dick und versteckreich genug ist. Das Wasser an verschiedenen Fundorten war klar bis bräunlich, relativ weich und schwach bis stark sauer (OGAWA 1995, STAWIKOWSKI nach KOSLOWSKI pers. Mitt.).

Ersteinfuhr: *N. taenia* wurde etwa um 1911 vermutlich durch SIGGELKOW (Hamburg) erstmalig eingeführt. Fische, von denen ein Weibchen als Beschreibungsexemplar diente, stellte ARNOLD (1912) erstmals in einer Zeichnung vor. Erst 1987 wurden wieder *N. taenia* durch Tropicarium Pará (A. WERNER) nach Deutschland eingeführt.

Nannacara taenia ♀, adult, subdominant, neutral gestimmt

Nannacara taenia ♀, adult, subdominant, leicht aggressiv gestimmt

Aquarienbiologie: *N. taenia* läßt sich nach bisheriger Erfahrung problemlos unter unterschiedlichen Bedingungen halten. Auch mittelhartes Wasser (bis etwa 12 °dGH / 400 µS/cm) wird für die Hälterung akzeptiert, als optimal erwiesen sich Werte von 1 bis 6 °dGH bei Leitwerten zwischen etwa 50 und 200 µS/cm. Die Haltung sollte in möglichst großen Aquarien mit stark strukturierender Dekoration, Bepflanzung und wenn möglich auch Fallaubecken erfolgen. Unter diesen Bedingungen läßt sich die kleine Art in Gruppen von bis zu 20 Exemplaren pflegen. Gegenüber einer paarweisen Haltung, bei der es häufiger zu heftigen Streitigkeiten zwischen den Partnern kommen kann, hat diese Art der Unterbringung erhebliche Vorteile. Neben einer Verringerung der Auseinandersetzungen ist nun auch das komplexe Sozialverhalten von *N. taenia* detailliert beobachtbar. Die hierarchisch organisierte Gruppe entwickelt tageszeitlich und raumabhängig unterschiedliche Verhaltensmuster, insbesondere auch dann, wenn die Fische mit anderen Arten, die als Freßfeinde angesehen werden können (z.B. Zwerg-*Crenicichla* oder *Apistogramma*) gemeinsam gehalten werden. Diese kleinen *Nannacara* erweisen sich als überraschend kampfstark und setzen sich gemeinsam auch gegenüber weit größeren Beckenmitbewohnern durch. Unter solchen Pflegebedingungen lassen sich *N. taenia* auch zur Fortpflanzung bringen. Die Zucht ist mäßig schwierig. Nur kurze Zeit vor der Eiablage, die in meinen Aquarien entweder in Filmdöschen oder (bei den 1995 eingeführten Tieren) auf der Oberfläche von Blättern von *Microsorium*

erfolgte, wird gebalzt. Die Eiablage, die an einem von beiden Partnern gesäuberten Laichplatz erfolgt, dauert etwa eine Stunde. Aus den meist zwischen 40 und höchstens 150 Eiern schlüpfen die Larven nach gut 30 Stunden. Bei *N. taenia* dürfen sich auch die Männchen während der Eientwicklungszeit in der Bruthöhle aufhalten und nach dem Schlupf an der Pflege der Larven beteiligen, obwohl der Schwerpunkt der Larvenbetreuung klar beim Weibchen liegt. Möglicherweise liegt bei dieser Art eine Form von Übergang von der Mann-Mutter- zur Elternfamilie vor. Immerhin kommen Übergänge zwischen verschiedenen Jungfisch-Pflegeformen bei einer Reihe von Zwergbuntbarschen vor. Rund zehn Tage nach dem Ablaichen schwimmen die zwischen zehn und 50 Jungfische erstmals frei. Sie werden von beiden Eltern geführt, doch entfernt sich das Männchen regelmäßig, um an den Revieraußengrenzen zu patrouillieren und um diese gegebenenfalls gegenüber jedem Eindringling zu verteidigen. Es trägt während der Brutpflegezeit ebenfalls das sonst für die Weibchen typische Schachbrettmuster, allerdings häufig unvollständig. Die meisten von mir gepflegten Weibchen zeigten während sie Junge führten auch eine gelbliche Körpergrundfärbung, einige bleiben jedoch blaß gelblichgrau. Etwa zwei bis fünf Wochen nach dem Freischwimmen werden die Jungfische von den Eltern sich selbst überlassen, die nun erneut mit Laichvorbereitungen beginnen. Mit gut zwei Zentimeter Länge werden die Jungfische aus dem engeren Brutrevier vertrieben, aber in der weiteren Revierumgebung geduldet. Stirbt einer der

Auch in Schwarzwassergebieten kommen dichte Wasserpflanzenbestände vor.

Der Unterlauf des aus Manaus kommenden San Raimundo in den Rio Negro

Partner des Elternpaares, rückt (im Aquarium!) häufig eines dieser Tiere an seine Stelle. Hält man eine Gruppe *N. taenia* in einem größeren Aquarium, lassen sich die unterschiedlichen Fortpflanzungsstadien meist gleichzeitig beobachten. Dann kann auch das für die meisten Zwergcichliden typische "Stehlen" von Jungfischen gut untersucht werden. Es zeigt sich dann, daß praktisch immer nur solche Fremdjungtiere in den Schwarm eigener Jungfische integriert werden, die kleiner sind als diese. Größere Junge als die eigenen werden dagegen vertrieben.

Bemerkungen: Bereits 1912 stellte ARNOLD diese Art, mit hervorragenden Zeichnungen illustriert, erstmalig vor. Da seine Fische, die als Beschreibungsmaterial dienten, leider in recht schlechtem Konservierungszustand waren und nie wieder Material aus Manaos (heute Manaus?) in die Aquaristik oder wissenschaftliche Sammlungen gelangte, äußerte KULLANDER

(1980) erstmals Zweifel an der Gültigkeit der Artbeschreibung und vermutete eine Identität mit *N. anomala*. Diese Ansicht wurde in der Folge von allen Autoren übernommen, bis KOSLOWSKI (1989) und RÖMER (1989) in Beiträgen zur Systematik und Biologie auf die Validität dieses Taxons hinwiesen.

Es erscheint an dieser Stelle noch besonders hervorhebenswert, daß in der unteren Amazonasregion zwischenzeitlich mehrere andere Cichlidenarten gefunden wurden, die ähnliche Körperstreifenmuster aufweisen wie *N. taenia*. Besonders markant darunter sind *Apistogramma piauensis* und *A.* spec. "Tucurui". Es besteht derzeit noch Unklarheit darüber, welche evolutiven und selektiven Faktoren bzw. Mechanismen für die Entwicklung dieser Zeichnungsmuster bei verschiedenen Arten innerhalb der gleichen Region verantwortlich sind.

T: 21 - 29 °C, **L:** ♂ 5 cm, ♀ 4 cm, **BL:** 100 cm, **WR:** u, m, **SG:** 2 - 3

Papiliochromis KULLANDER, 1977

Erstbeschreibung: Papiliochromis gen. n., a New Genus of South American Cichlid Fish (Teleostei, Perciformes). Zoologica Scripta 6: 253 - 254.

Es handelt sich um ein Synonym zu *Mikrogeophagus* MEULENGRACHT-MADSEN, 1968. Weitere Angaben siehe dort.

Sonnenuntergang am Rio Negro

Der *"Nannacara" bimaculata*-Komplex

Einleitung: Nach der bisherigen taxonomischen Vorstellung wurden in die Gattung *Nannacara* REGAN (sensu lato) sechs verschiedene Formen gestellt (*N. adoketa* KULLANDER & PRADA-PEDREROS, 1993; *N. anomala* REGAN, 1905; *N. aureocephalus* ALLGAYER, 1983; *N. bimaculata* EIGENMANN, 1912; *N. taenia* REGAN, 1912; *N.* spec. "Venezuela"), die sich in zwei bereits oberflächlich morphologisch deutlich unterscheidbare Gruppen trennen lassen (*"N."hoehnei* MIRANDA-RIBEIRO, 1918 gehört einer anderen Gattung an). Die eine Gruppe, der *N. anomala*-Komplex, enthält vier relativ kleinere Formen mit schachbrettartiger Musterung (*N. anomala*, *N. aureocephalus*, *N. taenia* und *N.* spec. "Venezuela"), die andere Gruppe, der hier näher beschriebene *N. adoketa*-Komplex, zwei größere (*N. adoketa*, *N. bimaculata*), denen schachbrettartige Muster stets fehlen. Bereits in der Beschreibung (KULLANDER & PRADA-PREDEROS 1993) und in einem zeitgleich erschienenen Beitrag über die Ökologie und Aquarienbiologie von *Nannacara adoketa* (RÖMER 1993) äußerten die genannten Autoren trotz unterschiedlicher Untersuchungsansätze unabhängig voneinander Zweifel an der Zugehörigkeit der bearbeiteten Fische zur Gattung *Nannacara* sensu stricto. Ausführliche vergleichende Beobachtungen zur Fortpflanzungsbiologie von *N. adoketa* und den Arten des *N. anomala*-Komplexes bestätigen diesen Vorbefund.

Nachdem seit kurzem erstmals auch von *N. bimaculata* lebendes Material zur Verfügung steht, scheint aufgrund der weitgehenden morphologischen und ethologischen Übereinstimmungen mit *N. adoketa* nunmehr eine von anatomischen Befunden völlig unabhängige Überführung von *N. adoketa* und *N. bimaculata* in eine eigenständige Gattung sinnvoll und gerechtfertigt, die von KULLANDER et al. derzeit auch anhand anatomischer Studien vorbereitet wird.

Material und Methoden: Konserviertes Belegmaterial der hier behandelten Arten wird bei den einzelnen Arten aufgelistet. Zur Abgrenzung der neuen Gattung wird hier primär das Färbungsmuster der Jungfische der verschiedenen Arten sowie von Vertretern anderer neotropischer Zwergbuntbarschgattungen und deren Ontogenese verglichen. Weiterhin werden vergleichend ethologische Beobachtungen aus der Reproduktionsbiologie der Arten der Gattung *Nannacara* sensu stricto und dem neu definierten *"Nannacara" bimaculata*-Komplex herangezogen.

Diagnose: Entspricht im wesentlichen dem von KULLANDER & PRADA-PEDREROS (1993) für *Nannacara adoketa* Angegebenen: Der *"Nannacara" bimaculata*-Komplex ist unverwechselbar und weist einzig zur Gattung *Nannacara* REGAN Ähnlichkeiten auf. Die Arten des Komplexes unterscheidet sich von den bekannten *Nannacara*-Arten durch völlig abweichend gefärbte Jungtiere, dem Vorhandensein von drei anstatt zwei Reihen von Schuppen auf den Wangen, durch die dichte Schuppenbedeckung der Rücken- und Afterflosse, dadurch, daß sie 24 anstatt 21-22 Schuppen in der Seitenreihe E1 hat, und durch höhere Zählwerte in der Rückenflosse (D. XVII.9 eher als die übliche XVI.8).

Die Jungfische der Arten des *"Nannacara" bimaculata*-Komplexes weisen bis zum Ende des dritten Lebensmonats ein regelmäßiges Körperzeichnungsmuster aus mindestens drei Reihen runder bis ovaler weißer Flecken auf dunklem Grund auf. Vergleichbare Muster zeigen die Jungfische von *Laetacara*-Arten. Alle Arten der Gattung *Nannacara* sensu stricto zeigen dagegen ein schokoladenbraunes, unregelmäßiges Auflösungsmuster, in dem nie weiße Flecken enthalten sind, und das stark an die Färbung juveniler *Hypselecara* erinnert. Unter Berücksichtigung der allgemein bekannten ontogenetischen Grundregeln kann dieser Befund nur als Beleg dafür gewertet werden, daß es sich bei den Vertretern des *"Nannacara" bimaculata*-Komplexes und *Nannacara* um Arten mit abweichender Gattungszugehörigkeit handelt. Aufgrund dieses eindeutigen Kriteriums ist die Überführung der zu *Nannacara* gestellten Arten *adoketa* und *bimaculata* in eine neue Gattung ausreichend gerechtfertigt.

Es existieren noch weitere ethologische Unterschiede zwischen den Formen des *"Nannacara" bimaculata*-Komplexes und den anderen in der Gattung *Nannacara* sensu lato zusammengefaßten kleinen Cichliden. Im Gegensatz zu den Arten der Gattung *Nannacara* sensu stricto bei denen sich die polygamen Männchen nur ausnahmsweise an der direkten Pflege von Jungfischen, Larven oder gar Eiern beteiligen, sind männliche Tiere des *"Nannacara" bimaculata*-Komplexes monogam und beteiligen sich vom Moment der Eiablage an der Brutpflege. Sie übernehmen auch die Säuberung von Eiern sowie das Umbetten der Larven an einen neuen Ablageplatz. Die Larven werden bei Formen des *"Nannacara" bimaculata*-Komplexes üblicherweise an einem erhöhten Platz deponiert, während *Nannacara* normalerweise versteckte Sandgruben anlegen.

Erwachsene Individuen der Arten der Gattung *Laetacara* unterscheiden sich von denen des *"Nannacara" bimaculata*-Komplexes durch eine völlig andere Färbung, in der meist ein Stirnfleck und in der vorderen Körperhälfte ein Längsband auftreten, die den Arten des *"Nannacara" bimaculata*-Komplexes fehlen. Überdies sind *"Nannacara" bimaculata*-Komplex-Arten aufgrund ihres einzigartigen Habitus weder mit Vertreten der Gattungen *Laetacara* und *Hypselecara* noch mit Vertretern anderer neotropischer Cichlidengattungen zu verwechseln.

Bei der Benennung einer neuen Gattung für den *"Nannacara" bimaculata*-Komplex ist zu beachten, daß EIGENMANN (1912) *N. bimaculata* zwar als *Nannacara* beschrieb, der Holotypus aber auf Tafel LXVI. unter dem Namen *Nannachara bimaculata* EIGENMANN mit eindeutiger Benennung als Type No. 2304 abgebildet wurde.

Nannacara adoketa
KULLANDER & PRADA-PEDREROS, 1993

Erstbeschreibung: *Nannacara adoketa*, a new cichlid species from the Rio Negro in Brazil. Ichthyological Exploration of Freshwaters 4 (4): 357 - 366.

Synonyme: Keine.

Etymologie: *adoketa* (griechisch): = unerwartet, überraschend; der Artname bezog sich auf den überraschenden Fund einer Art der Gattung *Nannacara* REGAN, 1905 im Zentrum des südamerikanischen Kontinentes, nachdem geklärt zu sein schien, daß Formen dieser Gattung lediglich in der Nähe der Atlantikküste verbreitet sind.

Typusmaterial: Zwei Exemplare.

Holotypus: Männchen, 49 mm SL (MZUSP 44685), am 13. Juni 1990 von S. PRADA-PEDREROS gesammelt. Fundort: Igarapé Cumaru, der ein Zulauf des im mittleren Rio Negro gelegenen Paraná Atauí ist (Station 90-42), Bundesstaat Amazonas, Brasilien.

Paratypus: Jungfisch, Geschlecht unbestimmt, 19 mm SL (NRM 27058), Daten wie beim Holotypus, aber an anderer Station (Station 90-39-6).

Belegmaterial: 5 Exemplare (SMF 28190 und SMF 28191.

Artspezifische Merkmale: Die Art wird etwa acht bis zehn Zentimeter groß. Sie zeigt neben einer weit beschuppten Schwanzflosse (und anderen im Aquarium kaum feststellbaren morpho-logischen Merkmalen) eine bemerkenswerte arttypische Zeichnung: auf graubeigem Untergrund zeichnen sich rußigschwarze Körperbänder und ebenso gefärbte Kiemendeckel ab. Abhängig von der Zahl der Tiere im Becken ändern sich Verhalten und Zeichnungsmuster erheblich. Ausgefärbte Exemplare zeigen entweder einen metallischblauen Körperglanz oder intensive dunkle Körperbänder, nie jedoch Seitenflecken. Die Körpergrundfarbe von Männchen ist gräulichrosa, die von Weibchen weißlichgrau. Dominante Tiere weisen meist in der oberen Körperhälfte ausgeprägte Bänder auf, die in Schwanzrichtung intensiver werden. Unterlegene Tiere zeigen dagegen im allgemeinen keinerlei Streifenmuster, sondern einen auffälligen kleinen Lateralfleck und eine kurze, spitz zulaufende Wangenbinde. Weibchen in Fortpflanzungsstimmung sind durch eine klare schwärzliche Bänderung gekennzeichnet, die auf der Schwanzwurzel beginnend mit zunehmender Eireifung in Richtung Kopf dunkler wird. Bei Balzbeginn am Laichplatz zeigen sie durchgehende schwarze Bänder, einen fast völlig rußschwarzen Kopf, eine rußige, oftmals metallisch grün überlagerte Bauchpartie und eine rosa schimmernde Körpergrundfärbung. In Nachtfärbung sind bei allen Tieren graue Körperbänder und der intensiv schwarze Seitenfleck auf beigem Grund zu sehen.

Geschlechtsunterschiede: Die Geschlechtsunterschiede sind erst bei

Nannacara adoketa ♂, adult, dominant, leicht aggressiv gestimmt

Nannacara adoketa ♀, adult, laichreif, dominant, neutral gestimmt

voll adulten Tieren sicher feststellbar: Männchen werden gut ein Drittel größer als ihre Partnerinnen, zeigen neben deutlich verlängerter und zugespitzter Rücken- und Afterflosse vor allem fadenartig weit über die Basis der Anale verlängerte Bauchflossen. Letztere erreichen bei Weibchen bestenfalls die Basis der Afterflosse, welche ebenso wie die Rückenflosse abgerundet, höchstens leicht zugespitzt, aber nie verlängert sind. Weibchen zeigen außerdem ein deutlicheres Bändermuster als Männchen. Die Bänder erstrecken sich meist bis in die, bei Weibchen während der Fortpflanzungsphase metallischgrün gefärbte, Bauchregion.

Verwandschaft: Innerhalb der Cichlidengattungen Südamerikas scheinen die beiden im Inneren des südamerikanischen Kontinentes nachgewiesenen Formen *N. adoketa* und *N. bimaculata* EIGENMANN, 1912 eine Verwandschaftsgruppe zu bilden, die einige morphologische Ähnlichkeiten zur Gattung *Nannacara*, aber auch zu *Cichlasoma* und *Laetacara* aufweist. Sie unterscheidet sich durch abweichenden Habitus, verschiedene morphologische und (soweit dies *N. adoketa* betrifft) ethologische Merkmale deutlich von den anderen bisher beschriebenen Küstenformen der Gattung *Nannacara* (das sind *N. annomala* REGAN, 1905; *N. taenia* REGAN, 1912; *N. aureocephalus* ALLGEYER, 1983 und *Nannacara* spec. aus Venezuela). Die ursprüngliche Zuordnung dieses Taxons zur Gattung *Nannacara* wurde allerdings (trotz unterschiedlicher Untersuchungsansätze) sowohl von KULLANDER & PRADA-PEDREROS (1993) als auch von RÖMER (1993) als vorläufig betrachtet.

Typusfundort: Igarapé do Cumaru, ein Zufluß des Paraná Atauí im Gebiet des mittleren Rio Negro, Bundesstaat Amazonas, Brasilien.

Verbreitung: Bisher drei bekannte, mehrere hundert Kilometer voneinander entfernte Fundorte ausschließlich im Rio Negro-System: Dies sind der Typusfundort in der Nähe der Rio Préto-Mündung, und zwei Fundorte im Einzug des Rio Uaupés, die zum Stammesgebiet der Tukáno gehören. Dabei handelt es sich um einen kleinen Bach in unmittelbarer Nähe von Cunurí am unteren Rio Uaupés, sowie einen kleinen Urwaldbach im unteren Einzugsgebiet des Igarapé Yáburarí, der in der Nähe des Ortes Ácaí in den Rio Uaupés mündet.

Ökologie: Der Typusfundort, ein kleiner Bach im Überschwemmungswald nahe der Mündung des Rio Padauári in den Rio Negro, wies zum Zeitpunkt der Aufsammlung am 13.06.1990 folgende Bedingungen auf: Oberflächentemperatur 24 °C, Sauerstoff 1,8 mg/l, maximale Wassertiefe 28 Zentimeter. An den Fundorten im Gebiet des Rio Uaupés führte ich selbst eingehende Untersuchungen durch. Hier die für aquaristische Zwecke relevanten Angaben zum 1992 besuchten Fundort bei Cunurí (0°07´N / 67°41´W) (RÖMER 1993): meist gut beschattetes Klarwasser, 24 bis 27 °C, Leitwert unter 50 µS/cm, pH-Wert 4,5 bis 5, Sauerstoffgehalt etwa 5 mg/l (Erfassungsmethode s. RÖMER 1992a). Die Wassertiefe lag bei einer Gewässerbreite von einem halben bis drei Meter stets unter 20 Zentimeter. Der weiche Gewässergrund war mit einer dichten Schicht

Nannacara adoketa ♂, subadult, dominant, neutral gestimmt

Nannacara adoketa ♂, subadult, subdominant, neutral gestimmt

Portrait von *Nannacara adoketa* ♂, adult, dominant

Nannacara adoketa ♂, adult, dominant, beachte die Metacercarien-Knoten am Kinn

Nannacara adoketa ♂, adult, dominant, Brutpflegefärbung, aggressiv

Portrait von *Nannacara adoketa* ♂, adult, dominant, territorial, hoch aggressiv

pflanzlicher Reste bedeckt, wies also eine völlig andere Struktur auf, als der felsige Fundort von *N. aureocephalus*, den VON DRACHENFELS (1987) vorstellte. Auch das 1994 entdeckte Vorkommen weist ähnliche Habitatmerkmale auf. Es handelt sich um den Unterlauf eines in den Igarapé Yavuari mündenden Klarwasserzuflusses bei Acaí (0°14´N/ 68°03´W). Der Fundort lag größtenteils in einem nahezu unpassierbaren *Leopoldina*-Sumpf. Der schnell fließende Waldbach war etwa einen Meter breit, maximal eineinhalb Meter tief und führte glasklares, leicht gelbliches Wasser. Der Gewässerboden war mit einer dicken Schicht rötlichbraunen Fallaubes sowie einem dicken rötlichweißen Wurzelgeflecht überzogen, was dem Wasser einen Farbstich verlieh, der an Schwarzwasser erinnerte. Der pH-Wert betrug 4,0, der elektrische Leitwert 3 (!) µS/cm und der Sauerstoffgehalt 2,4 mg/l. Die Temperatur lag bei 25,5 °C. Neben fünf *N. adoketa* lebten keine weiteren Cichliden in diesem Gewässer. Nur eine andere Art, der Tukáno-Salmler, konnte hier nachgewiesen werden. Diese Zwergfischart bewohnt den freien Schwimmraum, während sich die *N. adoketa* in der Laubschicht aufhielten. In den nur bis zwei Zentimeter flachen Uferzonen hielten sich massenhaft Spritzsalmler, Zwergraubsalmler (*Crenuchus* spec.) und Bachlinge (*Rivulus* sp. nov.) auf. Die hier gesammelten *N. adoketa* unterschieden sich von den zuvor gefangenen durch ihre im Freiland auffällig metallischblaue Körperfärbung.

N. adoketa ist nach bisher vorliegenden Freiland- und Aquarienbeobachtungen offenbar als typischer, besonders versteckt lebender Fallaub-bewohner einzustufen, der an besonders weiche und saure Milieubedingungen angepaßt ist.

Ersteinfuhr: Im September 1992 gelangten erstmals 14 Exemplare durch GEISMANN, LEISSNER, SCHNEIDER und RÖMER nach Deutschland. Bereits 1989 wurde möglicherweise ein Exemplar dieses Taxons nach Japan eingeführt. Da aber zu diesem Exemplar leider keine Herkunftsangaben vorliegen (KULLANDER & PRADA-PEDREROS 1993) und (soweit bekannt) keine Konservierung erfolgte, ist eine Zuordnung des Tieres zu *N. adoketa* zwar wahrscheinlich, aber leider nicht mit letzter Sicherheit möglich. Kommerzielle Importe sind unwahrscheinlich, da der Aufwand für den Fang sehr hoch ist und die Tiere eine intensive Transportbetreuung benötigen.

Aquarienbiologie: Die Ernährung der Tiere im Aquarium ist problemlos: Jedes angebotene Ersatzfutter (mit Ausnahme von Flockenfutter) wird, wie von den meisten cichlasominen Buntbarschen, bereitwillig angenommen, größeres Lebendfutter wie Essig- oder Stubenfliegen aber eindeutig bevorzugt. Da erwachsene *N. adoketa* stark zu Verfettung neigen, sind ein bis zwei Hungertage pro Woche angeraten. Die Fische sind in Gesellschaftshaltung überaus neugierig und zutraulich. Von paarweiser Haltung muß nach derzeitigem Kenntnisstand dringend abgeraten werden: der schwächere Partner wird außerhalb der Fortpflanzungsphase auf das Heftigste angegriffen und verfolgt. In genügend großen Aquarien (ab mindestens 150 cm Kantenlänge) in kleinen Gruppen ge-

Nannacara adoketa ♀, adult, dominant, Brutpflegefärbung am frischen Gelege

Nannacara adoketa ♀, subadult, nach Konfrontation mit dominantem ♂

Nannacara adoketa ♂, adult, dominant, nicht territorial, hoch aggressiv

Nannacara adoketa ♀, adult, Brutpflegefärbung über ca. 4 Tage alten Larven

Laichendes Paar von *Nannacara adoketa* ♀ im Vordergrund, ♂ im Hintergrund

Nannacara adoketa ♀, adult, Brutpflegefärbung über etwa 1 Tag altem Gelege

pflegt, erweisen sich *N. adoketa* als ausgesprochen gesellig, obwohl zunächst heftig eine Rangordnung ausgefochten wird. *N. adoketa* laichen üblicherweise nach typischer Offenbrütermanier. Bei 24 °C, pH 4, 1 und 12 µS/cm (Messungen mit modifizierten Geräten der Firma SELZLE) dauert die Balz etwa eine Woche, die Eiablage rund vier Stunden. Männchen nehmen vom ersten Augenblick an der Pflege der oft über 300 Eier umfassenden Gelege teil, ähnlich wie von *Laetacara* KULLANDER, 1986 bekannt (s. z.B. LINKE & STAECK 1992). Bedauerlicherweise erwiesen sich bisher alle Gelege (auch bei unterschiedlichen wasserchemischen Werte) als größtenteils unbefruchtet. Der Larvenschlupf erfolgt unter den genannten Pflegebedingungen nach ungefähr 112 Stunden, einem für südamerikanische Zwergcichliden ungewöhnlich langen Entwicklungszeitraum. Acht Tage nach dem Schlupf schwimmen die Jungen frei. Sie zeigen nicht das für *Nannacara* typische Farbmuster, sondern eine Fleckenzeichnung ähnlich der kleiner *Laetacara* spec. "Orangeflossen". Jungfische fressen vom ersten Tag Naupliuslarven von *Artemia*, Essigälchen, Detritus und ergänzend Aufzuchtfutter für Welse auf Pflanzenbasis. Bei der Nahrungsaufnahme bewegen sie sich pickend dicht über dem Boden, wobei das Schwarmverhalten an das der westafrikanischen *Pelvicachromis*-Arten erinnert.

Im Alter von etwa vier Wochen haben die Jungen eine Größe von 15 Millimeter erreicht, nach sechs Monaten vier bis sieben Zentimeter. Mit frühestens zehn bis zwölf Monaten erreichen sie die Geschlechtsreife.

Bemerkungen: *N. adoketa* gehört leider zu denjenigen Zwergbuntbarscharten, die aufgrund ihres außerordentlichen Raumbedarfes und der Schwierigkeiten bei der Zucht als Fische für Spezialisten zu bezeichnen sind. Trotz mehrerer zahlenmäßig größerer, aber auch verlustreicher Einfuhren durch verschiedene kommerzielle Importeure gelang es nicht, diese Art in der Aquaristik dauerhaft zu etablieren.

T: 20 - 28 °C, L: ♂ 13 cm, ♀ 10 cm, BL: ab 150 cm, WR: u, m, SG: 3 - 4

Fotos rechte Seite:
Unterschiedliche Entwicklungsstadien von *Nannacara aureocephalus* (links) und "*Nannacara*" *adoketa* (rechts). Vergleiche auch Jungfische von *Laetacara* spec. "Orangeflossen", Seite 1110 oben.

Epiphyten-Wurzeln (*Philodendron*?)

Ca. 10 Tage alt

Ca. 15 Tage alt

Ca. 25 Tage alt

Ca. 25 Tage alt

Ca. 10 Wochen alt

Ca. 10 Wochen alt

Nannacara bimaculata EIGENMANN, 1912

Erstbeschreibung: The freshwater fishes of British Guiana. Mem. Carneg. Mus. 5 (no 67) 488 und Tafel LXVI, Abb. 1.

Etymologie: *bimaculata* = zusammengesetzt aus *bi* (lat.) = zwei, *maculatus* (lat.) = gezeichnet, gefleckt; der Artname *bimaculata* bezieht sich darauf, daß der Holotypus im Gegensatz zu *N. anomala* einen deutlichen Lateral- und einen Caudalfleck aufweist.

Typusmaterial: 1 Exemplar.

Holotypus: Ohne Geschlechtangabe, 36,3 mm SL (FMNH 53799. früher CMC 2304.); 1908 von C. H. EIGENMANN und S. E. SHIDELER gesammelt. Fundort: Potaro River-System bei Erukin, Guyana. (Anmerkung: Oft werden die Aufsammlungen aus dem Jahr 1908 allein EIGENMANN zugeordnet, aber er selbst gibt an (EIGENMANN, 1912), daß er mit SHIDELER gereist sei und auch gemeinsam mit ihm gesammelt habe.)

Synonyme: Keine.

Artspezifische Merkmale: Die acht bis zehn cm große Art ist leicht mit *N. adoketa* zu verwechseln. Sie zeigt neben einer weit beschuppten Schwanzflosse (und anderen im Aquarium kaum feststellbaren morphologischen Merkmalen) eine auffällige arttypische Zeichnung: auf graubeigem Untergrund zeichnen sich rußigschwarze Körperbänder und Kiemendeckel ab. Im Bereich des dritten unter der Rückenflosse liegenden Querbandes findet sich ein lackschwarzer Fleck gerade oberhalb der Körpermittelachse. Dieser ist seitlich meist silbrig glänzend eingefaßt. Abhängig von der Zahl der Tiere im Becken ändern sich Verhalten und Zeichnungsmuster erheblich. Ausgefärbte dominante Exemplare zeigen einen metallischblauen Körperglanz oder intensive dunkle Körperbänder, nie jedoch Seitenflecken. Die Körpergrundfarbe von Männchen ist gräulichgelb, die von Weibchen weißlichgrau. Dominante Tiere weisen wie *N. adoketa* meist in der oberen Körperhälfte ausgeprägte Bänder auf, die in Schwanzrichtung intensiver werden. Unterlegene Tiere zeigen dagegen im allgemeinen keinerlei Streifenmuster, sondern einen auffälligen kleinen Lateralfleck und eine kurze, spitz zulaufende Wangenbinde. Fortpflanzungsfähige Weibchen in Territorialstimmung sind durch eine klare schwärzliche Bänderung auf rötlichem Grund gekennzeichnet, die auf der Schwanzwurzel beginnend mit zunehmender Eireifung in Richtung Kopf dunkler wird. Mit Beginn der Balz am Eiablageplatz zeigen sie durchgehende schwarze Bänder, einen fast völlig rußschwarzen Kopf, eine rußige Bauchpartie und eine blaßrosa schimmernde Körpergrundfarbe. In Nachtfärbung zeigen alle Tiere graue Körperbänder und der intensiv schwarze Seitenfleck und der Schwanzwurzelfleck ist auf beigem Grund zu sehen.

Geschlechtsunterschiede: Weitgehend unbekannt. Nach bisherigen Beobachtungen (VERMEULEN mündliche Mittei-

Nannacara bimaculata vom Typusfundort

F. Vermeulen

lung; eigene pers. Feststellung) sehr ähnlich wie bei *"Nannacara" adoketa* angegeben. Demnach entwickeln erst erwachsene Männchen leicht ausgezogene und zugespitzte Enden des Weichstrahlbereiches der Rückenflosse. Außerdem ist die Bänderung des Körpers bei erwachsenen Weibchen deutlicher als bei Männchen. Auch die unterschiedliche Körpergrundfärbe ist ein guter Hinweis auf das Geschlecht.

Typusfundort: Das Typusmaterial wurde im Potaro-River bei Erukin im damaligen British Guyana gesammelt.

Verbreitung: Bisher ist die Verbreitung weitgehend unbekannt. Bisher wurden nur aus der Umgebung der Typuslokalität Exemplare bekannt. Tatsächlich dürfte die Art, da sie sich ähnlich heimlich verhält wie *N. adoketa*, regelmäßig übersehen worden sein. Nach den Erfahrungen mit *N. adoketa* ist mit einer relativ großen Verbreitung im oberen Essequibo-Gebiet zu rechnen. VERMEULEN und SUYKER sammelten ihre Tiere im Februar 1997 im Potaro district an einer Stelle die er Basticmahdia 72 mile Trail (Hinterland road) benennt.

Ökologie: Frans VERMEULEN teilte mir freundlicherweise mit, daß er *N. bimaculata* im Wurzelbereich von Palmen im Überschwemmungsbereich kleiner Urwaldbäche fing. Seine Beobachtungen zur Ökologie am Fundort decken sich weitestgehend mit meinen eigenen Beobachtungen an *N. adoketa*, insbesondere auch im Bezug auf die Wasserchemie und die Tatsache, daß kaum andere Arten mit Ausnahme von Vertretern der Gattung *Rivulus* und *Aequidens* gemeinsam mit *N. bimacu-*

lata zu finden waren. Weitere Informationen sollten daher den Angaben zu *N. adoketa* entnommen werden.

Ersteinfuhr: Im Frühjahr 1997 brachten Frans VERMEULEN und Wim SUIKERS erstmals wenige Exemplare der wissenschaftlich gut bekannten Art lebend in die Niederlande.

Aquarienbiologie: Nach bisherigen Erfahrungen decken sich die Ansprüche von *N. bimaculata* völlig mit denen von *N. adoketa*. Das Verhalten der Tiere untereinander scheint nach ersten Beobachten ähnlich zu sein wie das von *N. adoketa*. Ausführliche, demnach wahrscheinlich übertragbare Angaben finden sich bei der letztgenannten Art.

Bemerkungen: Die lebende Einfuhr dieser Art war vor allem wegen der unklaren systematischen Position wünschenswert, die nicht zuletzt auf die extrem kurze Beschreibung durch EIGENMANN (1912) zurückgeht: Zitat der vollständigen Beschreibung: "*Type unique, 50 mm. Erukin. (Carnegie Museum Catalog of Fishes No. 2304) Similar to N. anomala, but readily distinguishable by its lateral and caudal spots.*" Der Holotypus wurde auf Tafel LXVI unter der Bezeichnung *Nannachara bimaculata* EIGENMANN abgebildet. Leider liegt das bisher bekannte Verbreitungsgebiet in einer der am schwersten zugänglichen Regionen des südamerikanischen Kontinentes (Reisegenehmigungen zwingend erforderlich), so daß bisher nur Material aus einem kleinen Bereich verfügbar ist.

T: 20 - 28 °C, **L:** ♂ 13 cm, ♀ 10 cm, **BL:** ab 150 cm, **WR:** u, m, **SG:** 2 - 4

Nannacara bimaculata, unterdrücktes ♀ vom Typusfundort

F. Vermeulen

Laetacara spec. "Orangeflossen" zum Vergleich, hier ein ♀

Nannacara bimaculata, dominantes ♀ vom Typusfundort

F. Vermeulen

Nannacara bimaculata, dominantes ♀ vom Typusfundort, aggressiv

F. Vermeulen

Nannacara bimaculata, unterdrücktes ♀ vom Typusfundort F. Vermeulen

Nannacara bimaculata, unterdrücktes ♀ vom Typusfundort F. Vermeulen

Poecilocharax bovallii, adultes ♂ F. Vermeulen

Typusfundort von *Nannacara bimaculata* F. Vermeulen

Speziell für den Tropeneinsatz umgerüstete pH- und Leitwert-Meßgeräte (Selzle)

Nachtaffen (*Aotes trivirgatus*) in ihrem Tagesversteck

Taeniacara Myers, 1935

Erstbeschreibung: Four new freshwater fishes from Brazil, Venezuela and Paraguay. Proceedings of the Biological Society of Washington 48:11.

Typusart der Gattung: *Taeniacara candidi* Myers, 1935.

Etymologie: *Taeniacara* = Der Name wurde von Myers in der Beschreibung nicht erklärt. Er setzt sich aber offenbar aus *taenia* (lat.) = Band, Binde, Streifen und *acara* (loc.) = Lokalbezeichnung für Cichliden, was sich sicherlich auf die Körperzeichnung bezieht.

Taeniacara candidi Myers, 1935

Erstbeschreibung: Four new freshwaterfishes from Brazil, Venezuela and Paraguay. Proceedings of the Biological Society of Washington 48: 11 - 13

Etymologie: *Taeniacara* = Der Name wurde von Myers in der Beschreibung nicht erklärt. Er setzt sich aber offenbar aus *taenia* (lat.) = Band, Binde, Streifen und *acara* (loc.) = Lokalbezeichnung für Cichliden, was sich sicherlich auf die Körperzeichnung bezieht. *candidi* = Dedikationsnahme zu Ehren von E. Candidus (Morsemere, New Jersey), der das Typenmaterial übergab und dessen Aquarienbestand (seinerzeit) wegen der ichthyologischen Raritäten berühmt war.

Typusmaterial: Drei Exemplare.

Holotypus: Ein Männchen, 38,5 mm SL (USNM 93579), 1934 von E. Candidus hinterlegt. Fundort: "gesammelt in Amazonien (Mitte)".

Paratypen: Zwei Exemplare, 24 mm SL und 29 mm SL (USNM 93580), alle weiteren Daten wie beim Holotypus.

Synonyme: *Apistogramma weisei* Ahl, 1936.

Artspezifische Merkmale: Dieser Zwergcichlide ist unverwechselbar. Auffälligstes Merkmal von *T. candidi* ist der extrem schlanke und gestreckte Körper. Die Rückenflosse ist auffallend niedrig und wirkt vorn und oben geradezu eckig abgeschnitten. Die Schwanzflosse erwachsener Männchen ist ausgezogen lanzettförmig, was bei Weibchen nur selten angedeutet der Fall ist. Auf der Körperseite trägt *T. candidi* ein fast die halbe Körperhöhe ausfüllendes, im vorderen Teil leicht gesägt wirkendes Längsband, das an der Oberlippe beginnt und auf der Basis der Schwanzflosse endet. Unterhalb des Längsbandes zieht sich eine Reihe aus senkrechten Strichen, seltener auch Punkten vom Brust-

Taeniacara candidi ♂, adult

Taeniacara candidi ♂ ♂, adult, neutral gestimmt

flossenansatz bis an das Hinterende der Afterflossenbasis. Eine Wangenbinde fehlt. Als Artmerkmal muß auch das besonders von territorialen Männchen ausgeführte vertikale Pendeln des Körpers um die Augenachse erwähnt werden. Bei erregten Tieren wird dies über einen längeren Zeitraum unausgesetzt vorgeführt, was einen wedelnden Eindruck erweckt.

Geschlechtsunterschiede: Männchen werden deutlich größer als Weibchen und entwickeln eine lang lanzettförmig ausgezogene Schwanzflosse, sowie stark verlängerte bläuliche oder weißlichtransparente Bauchflossen. Weibchen haben kurze Bauchflossen, die meist rötlich mit schwärzlichem Rand sind und eine abgerundete Schwanzflosse. Die Färbung von Schwanz-, Rücken- und Afterflosse ist für die Geschlechtsbestimmung ungeeignet.

Verwandtschaftliche Zuordnung: *T. candidi* steht derzeit innerhalb der Zwergbuntbarsche Südamerikas relativ isoliert da. Die Fische lassen sich keiner der bisher bekannten Gruppen zuordnen, wenn auch Beziehungen zu den Arten der Gattung *Apistogramma* wahrscheinlich sein dürften. Einer der Gründe, die eine Zuordnung erschweren, ist das vollständige Fehlen der sonst für die Gruppenzuordnung diagnostisch bedeutenden Seitenlinie.

Typusfundort: Nicht genau festgelegt. Die Typenexemplare sollen aus der Umgebung des Rio Negro stammen.

Verbreitung: Die Verbreitung von *T. candidi* ist noch unzureichend bekannt. Bisher liegen Funde aus dem Amazonasgebiet zwischen dem Rio Tefé und dem Rio Tapojós vor. Der bisher nördlichste Fundort liegt im Rio Préto-Einzug im mittleren Rio Negro.

Ökologie: *T. candidi* ist entgegen wiederholt geäußerter anderer Ansicht eine Klarwasserart. Wohl aufgrund der Tatsache, daß *T. candidi* häufiger aus Manaus und seiner Umgebung, insbesondere aus dem Unterlauf des Rio Negro eingeführt wird, hielt sich in Aquarianerkreisen hartnäckig die Annahme, daß es sich um Schwarzwasserbewohner handelt. Tatsächlich konnte ich *T. candidi* sowohl im Unterlauf des Rio Negro, als auch im Einzugsbereich des im mittleren Rio Negro gelegenen Rio Préto ausschließlich in Klarwasserbächen nachweisen. Auch andere Fänger (z.B. BLEHER, FRIEDRICH, WARZEL, alle pers. Mitt.) fingen die Fische ausschließlich in Klarwasser. Bisher liegt mir kein Beleg für Funde in echten Schwarzwasserbiotopen vor, wohl aber solche aus dem Uferbereich des Weißwasser führenden Rio Amazonas.

Ersteinfuhr: Wahrscheinlich wurde *T. candidi* schon im Jahre 1914 durch SIGGELKOW (Hamburg) erstmalig eingeführt.

Aquarienbiologie: *T. candidi* läßt sich gut in dicht bepflanzten oder reichlich mit Totholz, Fallaub oder Steinen eingerichteten Aquarien mit feinem weißen Sandboden halten. Die Fische werden meist sehr zutraulich und zeigen bei Annäherung des Pflegers das arttypische und besonders eindrucksvolle Wedeln (gelegentlich, z.B. in LINKE & STAECK 1995 auch als "Wippen"

Taeniacara candidi ♂, adult, dominant, neutral gestimmt

Taeniacara candidi ♀, adult, dominant, neutral gestimmt

bezeichnet), bei dem die Fische vertikal um die Augenachse pendeln, wobei sie ihre schönsten Farben präsentieren. Die Fische haben sich in der Anfangszeit als Aquarienfisch als relativ kurzlebig erwiesen. Verschiedentlich finden sich Hinweise, daß sie im Aquarium nur knapp ein Jahr alt werden. Von mir durchgeführte Haltungsexperimente unter verschiedenen wasserchemischen und Temperaturbedingungen zeigen, daß die an sich recht unempfindlichen *T. candidi* bei Haltung in weichem, schwach sauren Klarwasser (2 °dGH, 50 bis 100 µS, pH um 6,5) bis zu drei, ausnahmsweise sogar vier Jahre alt werden können, wobei sie während des gesamten Lebens fortpflanzungsfähig bleiben. Eine Haltung in stark saurem Wasser (pH unter 5), wie in LINKE & STAECK (1995) für die Zucht angegeben, verkürzt hingegen die potentielle Lebenserwartung. Bei den Versuchen hat sich auch gezeigt, daß *T. candidi* relativ empfindlich auf organische Belastungen des Wassers reagieren, wozu auch Huminstoffe und -säuren zu zählen sind. Im Gegensatz zu Angaben LÖHNDORFS (zitiert in LINKE & STAECK 1995) gelingt die Zucht von *T. candidi* auch in neutralem und mittelhartem Wasser, ist allerdings weniger produktiv als in leicht saurem Weichwasser. Das Gelege, das allein vom Weibchen betreut wird, wird wie bei *Apistogramma*-Arten üblich versteckt unter Blättern oder Wurzeln angeheftet. Aus den bis zu 100 weißen Eiern schlüpfen die Larven nach etwa 36 bis 72 Stunden. Die Entwicklung bis zum Freischwimmen der Larven dauert bei 23 °C insgesamt gut zehn Tage, bei 26 °C etwa acht Tage und bei 29 °C nur knapp sieben Tage. Sie werden in den ersten Tagen ausschließlich vom Weibchen betreut und geführt. Nach etwa ein bis zwei Wochen darf sich häufig auch das Männchen an der Brutpflege beteiligen, die es, sobald das Weibchen erneut abgelaicht hat, alleine fortführt. Nach etwa drei Monaten werden die Jungen, die dann bereits über zwei Zentimeter lang sind, üblicherweise aus dem elterlichen Revier vertrieben. Bei Bruten in hohen Wassertemperaturen (29 °C) sind die Eier und Jungfische von *T. candidi* deutlich kleiner als bei solchen in Wasser mit niedrigerer Temperatur (23 °C) und können nur schlecht mit größeren Nauplien von *Artemia* gefüttert werden. Es empfiehlt sich dann, frisch geschlüpfte Nauplien, gemischt mit Essigälchen zu verfüttern, da letztere auch von sehr kleinen Cichlidenjungen gut aufgenommen werden können.

Bemerkungen: *T. candidi* gehört sicher zu den interessantesten kleinen Buntbarschen überhaupt. Die Art sollte, um ihr Verhaltenspotential entfalten zu können, möglichst nur im Artenbecken mit möglichst kleinen Salmlern gehalten werden.

T: 20 - 30 °C, **L**: ♂ 7 cm, ♀ 5 cm, **BL**: ab 80 cm, **WR**: u, m, **SG**: 2 - 3

Kalebassenfrüchte

Adventivwurzeln am *Ficus*

P. Parulin

Teleocichla Kullander, 1988

Erstbeschreibung: Teleocichla, a New Genus of South American Rheophilic Cichlid Fishes with Six New Species (Teleostei: Cichlidae). Copeia 1988 (1): 196 - 230.

Typusart der Gattung: *Teleocichla centrarchus* Kullander, 1988.

Etymologie: *Teleocichla* = Zusammengesetzt aus *telos* (gr.) = Ende, Ziel und *cichlae* = als Name der Cichlidengattung *Cichla* genutzt. Der feminine Name sollte nach Kullanders Erklärung die morphologischen Parallelen dieser Artengruppe zur afrikanischen Cichlidengattung *Teleogramma* Boulenger ebenso verdeutlichen wie die phyletischen Beziehungen zur neotropischen Cichlidengattung *Crenicichla* Heckel.

Bemerkungen: Die Gültigkeit der Gattung *Teleocichla* wurde von Ploeg (1991) im Rahmen seiner *Crenicichla*-Revision angezweifelt, weshalb er alle bis dahin bekannten Vertreter von *Teleocichla* in die Gattung *Crenicichla* überführte. Im Gegensatz zu ihm hielten verschiedene andere Autoren (z.B. Linke & Staeck 1992, Schliewen & Stawikowski 1989, Stawikowski & Warzel 1991, Warzel 1995, Werner 1995) die Argumente Kullanders für die Abtrennung einer eigenständigen Gattung für ausreichend und führen folgerichtig *Teleocichla* als gültigen Namen, eine Auffassung, der auch ich folge. Derzeit sind sechs Arten innerhalb dieser Gattung wissenschaftlich beschrieben. Weitere neun Formen sind zwischenzeitlich eingeführt worden. Hier

sollen nur die bereits wissenschaftlich bearbeiteten Formen relativ kurz vorgestellt werden. Ausführlichere Informationen entnehmen Sie bitte einem weiteren in Vorbereitung befindlichen Band über crenicichline Buntbarsche aus Südamerika (in Vorbereitung).

Teleocichla gephyrogramma

Graubruststrandläufer (*Calidris melanotos*) am Rio Uaupés bei Trováo.

Schwarzwasser des Rio Negro

Teleocichla centrarchus KULLANDER, 1988

Erstbeschreibung: Teleocichla, a New Genus of South American Rheophilic Cichlid Fishes with Six New Species (Teleostei: Cichlidae). Copeia 1988 (1): 198 - 201.

Etymologie: centrarchus (gr.) = abgeleitet von kenton = Stachel und archos = Bauch. Der Name bezieht sich darauf, daß die Art vier Hartstacheln in der Afterflosse trägt.

Typusmaterial: Sieben Exemplare.

Holotypus: Weibchen, 56,3 mm SL (IRSNB 649), von J.-P. GOSSE und LÉOPOLD III. am 29. Oktober 1964 gesammelt. Fundort: Cachoiera von Martius, oberer Rio Xingú, Bundesstaat Mato Grosso, Brasilien (Mission Amazonie, Station Nr. 114).

Paratypen: Sechs Exemplare, 39,4 bis 60,1 mm SL (IRSNB 650), alle Sammelangaben wie beim Holotypus.

Synonyme: Keine.

Artspezifische Merkmale: Das wichtigste Bestimmungsmerkmal von T. centrarchus ist die Zahl der Afterflossenhartstacheln (vier). Ansonsten liegt der Wert bei drei Hartstacheln in der Afterflosse. (Wie diagnostisch tragfähig dieses Merkmal ist, wird erst die Untersuchung umfangreicheren Materials zeigen können. Immerhin fand WARZEL (persönliche Mitteilung) auch bei anderen Teleocichla-Arten erhöhte Zählwerte bei den Afterflossenhartstacheln.) Der Körper trägt sieben undeutliche senkrechte Bänder, die nach unten bis auf das zu einer Fleckenreihe aufgelöste Längsband reichen. Zwischen dem Ansatz der Rückenflosse und der Seitenlinie werden die Bänder zu diffusen dunklen Flecken verstärkt. Auf der Schwanzflossenbasis liegt ein schmaler senkrechter, länglicher Fleck. Die Schwanzflosse selbst ist dicht senkrecht gebändert. Schwanz- und Rückenflosse tragen einen schmalen hyalinen marginalen Saum.

Geschlechtsunterschiede: Männchen von T. centrarchus werden ein wenig größer als die Weibchen und entwickeln einen etwas zugespitzteren Weichstrahlbereich der Rückenflosse, die bei den Weibchen immer abgerundet ist. Die Weibchen zeigen außerdem einen metallischrötlichen Bauch, ähnlich wie dies von manchen westafrikanischen Arten der Gattungen Chromidotilapia oder Pelvicachromis, aber auch den Zwergarten der Gattung Crenicichla bekannt ist.

Typusfundort: Die Typenexemplare stammen von den Cachoiera (Stromschnellen) von Martius am oberen Rio Xingú.

Verbreitung: Die Verbreitung dieser Art ist nur unzureichend bekannt. Gesicherte Funde liegen bisher ausschließlich aus dem Bereich des Typusfundortes vor. WEIDENER (1995) nennt, die Firma TRANSFISH (München) zitierend, die Umgebung von Altamira als Sammelort, doch kann diese Angabe derzeit nicht als gesichert gelten.

Teleocichla centrarchus ♂

F. Warzel

Teleocichla centrarchus ♀

F. Warzel

Ökologie: Bisher liegen noch keine Angaben zur Ökologie dieser *Teleocichla*-Art vor. Das Typusmaterial dieser Art wurde gemeinsam mit *T. gephyrogramma* und *T. monogramma* gesammelt. Daher dürften sich einige Parallelen zur Ökologie dieser Arten ergeben.

Ersteinfuhr: Ende 1994 gelangten erstmals größere Individuenzahlen von mehreren *Teleocichla*-Arten über verschiedene deutsche Großhändler in die Aquaristik. Darunter befanden sich auch einige Exemplare von *T. centrarchus*.

Aquarienbiologie: Bisher liegt mir nur ein einziger Bericht über Haltung und Zucht von WEIDENER (1995) vor: Die sehr wärmebedürftige Art läßt sich relativ gut in großen und offen eingerichteten Aquarien pflegen, in denen einige Versteckplätze aus Totholz und Steinen Fluchtverstecke und Laichplätze bieten. Das Wasser sollte möglichst weich und leicht sauer sein (pH-Werte um 6). Für diese Tiere gilt wie für alle *Teleocichla*-Arten, daß das Wasser praktisch frei von organischen Verunreinigungen sein sollte. Insbesondere Nitrat/Nitrit (nach meinen eigenen Erfahrungen auch Huminsäurederivate) wirken sich extrem negativ aus. Wöchentliche, sehr umfangreiche Wasserwechsel mit entsprechend vorgereinigtem und vorgewärmtem Austauschwasser sind daher basale Voraussetzung für die erfolgreiche Dauerhaltung und die Zucht. *T. centrarchus* scheint nach WEIDENERS (1995) Beobachtungen weniger an das Leben im Felsbodenbereich als vielmehr an das Bewohnen von Sandflächen angepaßt

zu sein. Dafür spricht auch, daß die Fische offenbar deutlich mehr und kleinere Eier legen, als andere, stark an das Leben in Stromschnellen angepaßte Arten der Gattung. Die Eiablage erfolgt versteckt an der Unterseite einer Steinplatte oder Wurzel. Das Weibchen verschließt nach dem Ablaichen den Zugang zum Laichplatz weitgehend mit Sand. Die Betreuung des Geleges und der Larven ist allein Aufgabe des Weibchens. Die bis zu 100 schnellwüchsigen Jungfische sind beim Aufschwimmen am ca. zwölften Entwicklungstag mit einem Zentimeter Länge etwas größer als die Brut von Zwergbuntbarschen der Gattungen *Apistogramma* oder *Nannacara*. Sie lassen sich mit Naupliuslarven von *Artemia* ohne größere Verluste aufziehen. Nach spätestens sechs Lebensmonaten sind die Jungen bereits fortpflanzungsfähig.

Bemerkungen: *T. centrarchus* wurde, soweit bekannt, bisher nur über den Handel eingeführt. Da der Fundort weit entfernt vom Typusfundort liegt, sind dringend Untersuchungen zu Verbreitung und Ökologie dieser vermutlich an das Leben auf Sandflächen spezialisierten *Teleocichla*-Art erforderlich.

T: 25 - 33 °C, **L:** ♂ 15 cm, ♀ 10 cm, **BL:** ab 120 cm, **WR:** u, m, **SG:** 2 - 4

Pflastersteinartige Struktur eines Felsufers am oberen Rio Negro

Teleocichla cinderella Kullander, 1988

Erstbeschreibung: Teleocichla, a New Genus of South American Rheophilic Cichlid Fishes with Six New Species (Teleostei: Cichlidae). Copeia 1988 (1): 204 - 205.

Etymologie: *cinderella* = Name aus dem Märchen (Aschenputtel). Der Name bezieht sich als Ableitung des lateinischen *cinis* = Asche auf die aus grauen und schwarzen Elementen zusammengesetzte Färbung der Fische.

Typusmaterial: 28 Exemplare.

Holotypus: Weibchen, 54,4 mm (INPA 802), im September 1984 von E. Ferreira gesammelt. Fundort: "Rio Tocantins, Tucurui, jusante de represa, pocos." im Bundesstaat Pará, Brasilien.

Paratypen: Zwölf Exemplare, 20,5 bis 62,5 mm SL (INPA 803, acht Exemplare und NHRM A86/1984378.3543, vier Exemplare), alle Sammelangaben wie beim Holotypus. 15 Exemplare, 26,5 bis 75,7 mm SL (INPA 804), von M. Jegu ohne Angabe des Datums gesammelt. Fundort: Tucurui-Gebiet, Bundesstaat Pará, Brasilien.

Synonyme: Keine.

Artspezifische Merkmale: *Teleocichla cinderella* gehört zu den weniger farbigen Zwergbuntbarschen. Die Grundfarbe lebender Tiere ist grau bis gelblich-grau. Auf der Körperseite verschmelzen eine Reihe länglich rechteckiger, dunkelgrauer ("aschgrauer": Name!) Flecke zu einem schmalen Längsband. Der Rücken ist durch neun bis elf unregelmäßige, ebenso gefärbte Flecke gezeichnet. Die Zwischenräume zwischen den Flecken sind so breit wie die Flecken selbst. Viele dieser Rückenflecken verschmelzen mit dem darunter liegenden Längsband. Auf der Schwanzwurzel liegt ein kleiner dunkler runder Fleck, hinter dem sich bei manchen Individuen eine in die Flosse ausstrahlende rußgraue Längsstreifung erkennen läßt. Die Schwanzflosse trägt normalerweise in ihrem mittleren Teil eine Reihe hyaliner bläulicher oder rötlicher Tupfen und einen rotweißen oder (seltener) rotblauen oberen Saum. Die Rückenflosse trägt einen schmalen weißlichen Saum. Die Lippen dieser Fische sind vergleichsweise dick und wirken fleischig.

Geschlechtsunterschiede: Es sind nur geringe Geschlechtsunterschiede vorhanden. Männchen werden aber größer als Weibchen. Letztere haben häufig grünlich-metallische Flecken auf den Flanken. Der Weichstrahlbereich der Rückenflosse ist bei Männchen zugespitzt und oft lang ausgezogen, der der Weibchen bleibt dagegen rund.

Typusfundort: Die Typusexemplare stammen aus dem Rio Tocantins bei Tucurui in Restwasserpfützen im Baubereich des dort errichteten Staudammes.

Verbreitung: Nachweise stammen von mehreren Orten im Einzugsbereich der Unterläufe von Rio Araguaia und Rio Tocantins.

Teleocichla cinderella ♂

F. Warzel

Teleocichla cinderella ♀

F. Warzel

Spezieller Artenteil

Ökologie: Bisher verfügbare Angaben zur Ökologie stammen von Stawikowski & Warzel (1991) und Warzel (persönliche Mitteilung): *T. cinderella* lebt im Bereich von Sandflächen, die mit umfangreichen, stark zerklüfteten Steinansammlungen durchsetzt sind. Sie halten sich paarweise mit ihren Jungen auf den deckungslosen Sandflächen auf. Junge führende Paare konnten auch im Bereich sehr starker Strömung beobachtete werden. Die Art bildet offenbar im natürlichen Lebensraum eine echte Elternfamilie.

Die bisher bekannten Fangplätze liegen ausschließlich in Klarwasserflüssen, wenn diese auch zeitweilig stärkere Trübungen aufweisen können. Ihr Wasser ist sehr weich und leicht sauer.

Ersteinfuhr: Die ersten Fische brachten Kilian, Stawikowski und Warzel im September 1990 von einer gemeinsamen Reise mit Fängern der Münchner Firma Transfish nach Deutschland (Stawikowski & Warzel 1991). Seit Herbst 1990 wurden die Fische wiederholt auch durch verschiedene Importeure nach Deutschland eingeführt.

Aquarienbiologie: *T. cinderella* läßt sich in großen Aquarien, die den Lebensraumbedingungen entsprechend eingerichtet sind, problemlos pflegen. Dazu gehört eine dicke Sand- oder Kiesschicht, in die größere Steine und Steinplatten so eingebracht werden, daß eine möglichst große Zahl von Versteckplätzen entsteht. Auch Totholz ist zur Einrichtung geeignet. Eine Bepflanzung kann nur bedingt empfohlen werden, da die meisten gängigen Aquarienpflanzen der starken Strömung in *Teleocichla*-Aquarien dauerhaft nicht widerstehen. An die Wasserchemie werden, obwohl *T. cinderella* aus Klarwasserflüssen stammt, keine besonderen Ansprüche gestellt. Die Fische reagieren wie alle *Teleocichla*-Arten ausgesprochen empfindlich auf organische Verunreinigungen des Wassers. Wöchentliche umfangreiche Wasserwechsel sind daher Voraussetzung für die erfolgreiche Pflege. Aquarianer, deren Leitungs- oder Brunnenwasser mit Nitrat belastet ist, sind gut beraten, wenn sie das Ausgangswasser vor dem Wasserwechsel einer Nitratfilterung unterziehen. Die Zucht gelingt nur unter Bedingungen, die praktisch denen im Freiland entsprechen. Wie die meisten *Teleocichla*-Arten legen diese Fische nur wenige, dafür aber große Eier. Die Entwicklungszeit vom Schlupf der Larven bis zum Freischwimmen der Jungfische ist verglichen mit anderen neotropischen Cichliden sehr kurz und dürfte, ebenso wie die ungewöhnliche Größe der Jungfische, als Spezialisierung auf das Leben und die Fortpflanzung in den extrem strömungsexponierten Lebensräumen der Stromschnellen anzusehen sein. Selbst erst kürzlich frei schwimmende Jungfische sind bereits in der Lage auf dem Substrat gegen starke Strömungen anzuschwimmen und nach Nahrungspartikeln zu schnappen. Die Aufzucht der sehr schnellwüchsigen Brut gelingt problemlos mit Nauplien von *Artemia* und später mit groberem Frostfutter. Trockenfutter wie Flocken oder Granulate werden von *Teleocichla*-Arten bis auf seltene Ausnahmefälle nicht angenommen. Für die Fütterung und Pflege von *T. cinderella* ist daher bereits ein gewisser Aufwand zu betreiben, der die Art nur für den bereits auf Cichliden spezialisierten fortgeschrittenen Aquarianer geeignet erscheinen läßt.

Bemerkungen: *T. cinderella* dürfte an ihrem Typusfundort zwischenzeitlich möglicherweise ausgerottet sein, da dort der Tucurui-Staudamm entstanden ist, der die gesamte Region ökologisch verändert hat.

Diese *Teleocichla*-Art ist ebenfalls ein Stromschnellencichlide, benötigt aber weniger stark durchströmte Aquarien mit mittlerem bis hohem Sauerstoffgehalt.

T: 23 - 28 °C, **L**: ♂ 14 cm, ♀ 9 cm, **BL**: ab 120 cm, **WR**: u, **SG**: 3 - 4 (rheophile Klarwasserfische!)

Epiphyten

Grüner Leguan (*Iguana iguana*)

Teleocichla gephyrogramma Kullander, 1988

Erstbeschreibung: Teleocichla, a New Genus of South American Rheophilic Cichlid Fishes with Six New Species (Teleostei: Cichlidae). Copeia 1988 (1): 205 - 207.

Etymologie: *gephyrogramma* (gr.) = abgeleitet von *gephyra* = Brücke und *gramma* = Linie, Streifen. Der Name bezieht sich darauf, daß die Bänder auf den Körperseiten dieser Fische nahezu aufeinander liegen oder brückenartig miteinander verschmelzen.

Typusmaterial: Drei Exemplare.

Holotypus: Wahrscheinlich ein Männchen, 43,8 mm SL (IRSNB 647), von J.-P. Gosse und Léopold III. am 29. Oktober 1964 gesammelt. Fundort: Cachoiera von Martius, oberer Rio Xingú, Bundesstaat Mato Grosso, Brasilien (Mission Amazonie, Station Nr. 114).

Paratypen: Zwei Exemplare ohne Geschlechtsangabe, 36,6 und 45,7 mm SL (IRSNB 648), alle Sammelangaben wie beim Holotypus.

Synonyme: Keine.

Artspezifische Merkmale: *Teleocichla gephyrogramma* ist durch ein Muster aus etwa rechteckigen, gegeneinander versetzt auf der Körperseite angeordneten Flecken, die miteinander verbunden sind, und ein schmales darüber liegendes, unregelmäßiges zweites Band gekennzeichnet. Die Basis der Rückenflosse ist orange getönt.

Geschlechtsunterschiede: Auch diese *Teleocichla*-Art zeigt nur geringe Geschlechtsunterschiede. Einziges bisher bekanntes sicheres Merkmal ist ein bei Männchen in der oberen Hälfte der Schwanzflosse erscheinender roter und blauer Saum. Weibchen sind außerdem meist fülliger.

Typusfundort: Die Typusexemplare stammen von den Cachoiera (Stromschnellen) von Martius am oberen Rio Xingú.

Verbreitung: Die Verbreitung dieser Art ist bisher nur unzureichend bekannt. Es handelt sich aber vermutlich um einen Endemiten des Rio Xingú. Bisher bekannte Funde stammen vom Typusfundort und aus der Umgebung der Stadt Altamira.

Ökologie: Die Ökologie dieser *Teleocichla*-Art ist bisher nur unzureichend untersucht. Bisher veröffentlichte Angaben zur Ökologie dieser Art stammen von Schliewen & Stawikowski (1989) und Werner (1995): Sie fanden *T. gephyrogramma* ausschließlich auf felsigen Flächen in Stromschnellen des Rio Xingú oberhalb von Altamira, in denen die Fische kleine Löcher bewohnen, in die sie gerade noch einschwimmen können. Besonders bemerkenswert ist die Tatsache, daß die sowohl von Schliewen & Stawikowski (1989) als auch von Werner (1995) gemessenen Temperaturen des maximal einen Meter tiefen und mäßig stark strömenden Wassers mit 32 bis 35 °C in einem Temperaturbereich lagen, der

Teleocichla gephyrogramma

Teleocichla gephyrogramma

in der Aquarienhaltung der meisten Fischarten aus der Neotropis bereits als kritisch gilt. Der pH-Wert lag bei 6,5, der Leitwert bei nur 1 bis 2 °dGH bei immerhin 120 µS/cm. Die bei der Revierverteidigung vergleichsweise streitsüchtigen Fische hielten sich nach SCHLIEWEN & STAWIKOWSKI (1989) fast ständig in den kleinen Löchern auf, die sie nur kurzzeitig verließen, um Nahrung aufzunehmen. WERNER (1995) erwähnt dagegen, daß die Art auf denjenigen Felsen lebt, die starker Strömung ausgesetzt sind. Möglicherweise beobachteten die genannten Autoren jahreszeitlich und reproduktionszustandsabhängig unterschiedliche Nutzungen des Lebensraumes, die auch erklären würden, warum WERNER (1995) keine reproduzierenden Tiere fand.

Ersteinfuhr: Die ersten Exemplare brachten KILIAN, SCHLIEWEN und STAWIKOWSKI im September 1988 nach Deutschland (SCHLIEWEN & STAWIKOWSKI 1989). U. WERNER und seine Reisebegleiter brachten erneut im August 1993 einige Exemplare nach Deutschland (WERNER 1995). Im Herbst 1994 erfolgten dann erstmals auch kommerzielle Einfuhren durch verschiedene deutsche Großhändler.

Aquarienbiologie: Wie alle anderen *Teleocichla*-Arten sollte auch *T. gephyrogramma* in möglichst geräumigen Aquarien untergebracht werden. Das Wasser sollte möglichst weich (unter 5 °dGH und 150 µS/cm) und schwach sauer sein (pH-Werte zwischen 6 und 7). Die Temperatur sollte für diese extrem wärmebedürftige Art möglichst ständig deutlich über 26 °C,

am besten bei etwa 30 °C liegen. Den Bodengrund bildet am besten eine dicke Sand- und Kiesschicht. Die Einrichtung besteht idealerweise aus fast flächendeckenden zerklüfteten Steinaufbauten, in deren Spalten sich die Fische verstecken können. Sehr gut haben sich Feuersteine aus dem Ostseeraum bewährt, die häufig kleine Löcher aufweisen, in die sich *Teleocichla* bevorzugt zurückziehen. Die Brutpflege verläuft wie bei den anderen Arten der Gattung *Teleocichla*. SCHLIEWEN & STAWIKOWSKI (1989) berichten, daß die Weibchen Gelegepflege und Revierverteidigung offenbar allein übernehmen. Männchen werden aber im Revier des Weibchens geduldet. Scheinbar bewachen Männchen den Eingang der Bruthöhle während der Nachtstunden.

WARZEL (persönliche Mitteilung) konnte *T. gephyrogramma* wiederholt nachziehen. Die bis etwa 50, im Vergleich zu anderen *Teleocichla*-Arten kleinen Eier werden versteckt angeheftet und vom Weibchen betreut. Der Schlupf erfolgt um den fünften Entwicklungstag. Die Larven werden nicht umgebettet, sondern verbleiben in der Bruthöhle. Die Jungen schwimmen etwa vom zwölften Lebenstag an frei und sind bei abwechslungsreicher Fütterung mit Lebend- und Frostfutter recht schnellwüchsig.

SCHLIEWEN & STAWIKOWSKI (1989) heben hervor, daß die von ihnen beobachteten Fische im Gegensatz zu anderen von ihnen untersuchten *Teleocichla*-Arten vorwiegend während der Nachmittagsstunden balzten. Die Autoren vermuten, daß tageszeitliche Unterschiede bei der Balz die Vermischung der an einem Ort gemeinsam vorkom-

Teleocichla gephyrogramma

Teleocichla gephyrogramma

menden Formen (bis zu vier) verhindern könnte, daß es also eine ethologische (tageszeitabhängige) Reproduktionsbarriere zwischen diesen Cichliden geben könnte. Zu diesem Problem wären unter Standardbedingungen durchgeführte systematisch vergleichende Verhaltensbeobachtungen dringend erforderlich.

Bemerkungen: *T. gephyrogramma* ist wie die anderen Arten der Gattung sehr wärmebedürftig. Eine längerfristige Unterbringung in kühlerem Wasser wirkt sich nach bisheriger Erfahrung stark lebensverkürzend aus und kann nicht als artgemäß bezeichnet werden. Wegen des großen Wärmebedarfs und der hohen Pflegeanforderungen durch die Bedürfnisse in bezug auf die Wasserchemie und der Einrichtung eines Stromschnellenaquariums ist *T. gephyrogramma* hauptsächlich für Cichlidenspezialsten empfehlenswert.

T: (25) 28 - 33 °C (sehr wärmebedürftig!), **L**: ♂ & ♀ um 8 cm, **BL**: ab 100 cm, **WR**: u, **SG**: 2 - 4

Teleocichla gephyrogramma

Teleocichla gephyrogramma

Teleocichla gephyrogramma

Teleocichla monogramma KULLANDER, 1988

Erstbeschreibung: Teleocichla, a New Genus of South American Rheophilic Cichlid Fishes with Six New Species (Teleostei: Cichlidae). Copeia 1988 (1): 207 - 208.

Etymologie: *monogramma* (gr.) = abgeleitet von *mono* = nur oder einzig und *gramma* = Linie, Streifen. Der Name bezieht sich darauf, daß bei dieser Art nur ein Längsband auf der Körperseite erscheint.

Typusmaterial: Ein Exemplar.

Holotypus: Wahrscheinlich ein Weibchen, 63,2 mm SL (IRSNB 646), von J.-P. GOSSE und LÉOPOLD III. am 29. Oktober 1964 gesammelt. Fundort: Cachoiera von Martius, oberer Rio Xingú, Bundesstaat Mato Grosso, Brasilien (Mission Amazonie, Station Nr. 114).

Synonyme: Keine.

Artspezifische Merkmale: Die Identifizierung von *T. monogramma* ist ebenso problematisch wie die der anderen Gattungsvertreter. Erschwerend kommt hinzu, daß nur ein Exemplar Grundlage der Beschreibung war und daher kaum Informationen über die Variabilität der Färbung verfügbar sind. Wichtigstes Merkmal ist eine Reihe von unregelmäßigen rundlichen Flecken die durch ein schmales, in ihrem oberen Drittel liegendes Längsband miteinander verbunden sind. Auf der Schwanzwurzel befindet sich ein länglich ovaler Fleck. Die Grundfärbung des Körpers ist meist sandgelblich bis sandgrau. Der Rücken kann aber zeitweilig auch bräunlich sein, besonders in der Fortpflanzungszeit. Die Flossen sind transparent und meist zeichnungslos. Gelegentlich zeigen männliche Exemplare angedeutete Bänder im Basisdrittel der Schwanzflosse.

Geschlechtsunterschiede: Die Geschlechter dieser Art sind relativ leicht zu bestimmen. Männchen von *T. monogramma* werden größer als die Weibchen und entwickeln eine undeutlich zugespitzte und etwas ausgezogene Spitze des Weichstrahlbereiches der Rückenflosse, die bei den Weibchen immer abgerundet ist. Männchen zeigen zusätzlich am oberen Rand von Rücken- und Schwanzflosse einen schmalen rötlichen Saum, der den Weibchen fehlt. Diese zeigen im Gegensatz zu den Männchen einen metallischbläulichen oder grünlichen Bauch, einen rötlichen Streifen am Grunde der Rückenflosse und graubräunliche Flecken auf den Körperseiten.

Typusfundort: Der Holotypus wurde an den Cachoiera (Stromschnellen) von Martius am oberen Rio Xingú gesammelt.

Verbreitung: Die Verbreitung dieser Art ist bisher nur unzureichend bekannt. Wahrscheinlich ist sie ein Endemit des Rio Xingú. Bisher bekannte Funde stammen vom Typusfundort und aus der Umgebung der Stadt Altamira.

Teleocichla monogramma ♂ F. Warzel

Teleocichla monogramma ♀ F. Warzel

Ökologie: Die Ökologie dieser *Teleocichla*-Art ist bisher nur unzureichend untersucht. Bisher veröffentlichte Angaben zur Ökologie dieser Art stammen von SCHLIEWEN & STAWIKOWSKI (1989) und WERNER (1995): Sie fanden *T. monogramma* auf Flächen in Stromschnellen des Rio Xingú oberhalb von Altamira. Die Fische bewohnten hier kleine Löcher, in die sie gerade noch einschwimmen können. Die bei der Revierverteidigung vergleichsweise streitbaren Fische hielten sich fast ständig in diesen Löchern auf. Sie verließen sie nur, um kurzzeitig Nahrung aufzunehmen. WERNER (1995) berichtet dagegen, daß er die Art hauptsächlich auf sandigem Untergrund antraf, wo die Fische gesellig umherzogen. Sie schienen Felsspalten überwiegend in Fluchtsituationen aufzusuchen. Allerdings hebt WERNER hervor, daß er keine brütenden Tiere im Freiland fand. WERNER (1995) gibt folgende Wasserwerte: 32 °C, 2 °dGH und pH-Wert 6,5. Besonders beachtenswert ist, daß die Temperatur des am Fundort maximal einen Meter tiefen und nur wenig strömenden Wassers nach SCHLIEWEN & STAWIKOWSKI (1989) mit 32,5 bis 35 °C in einem Temperaturbereich lag, der in der Aquarienhaltung der meisten Fischarten aus der Neotropis bereits als kritisch gilt (vergleiche auch *T. gephyrogramma*). Der pH-Wert lag bei 6,5, der Leitwert bei nur 1 °dGH bei immerhin 120 µS/cm.

Ersteinfuhr: Die ersten Exemplare dieser Art gelangten im September 1988 durch KILIAN, SCHLIEWEN und STAWIKOWSKI nach Deutschland. Erst im August 1993 wurden wieder einige Tiere durch U. WERNER und seine Mitreisenden eingeführt. Kommerzielle Einfuhren fanden bisher wahrscheinlich nicht gezielt statt.

Aquarienbiologie: *T. monogramma* gehört zu den sehr durchsetzungsfähigen Kleincichliden. Die normalerweise ausgesprochen mobilen und friedlichen Fische können allerdings während der Fortpflanzungszeit sowohl untereinander als auch gegenüber anderen Arten der Gattung sehr unverträglich sein. Daher ist ein möglichst großes Aquarium für die Pflege dieser Fische mit einer dicken Sandschicht und einer großen Anzahl von Steinen und Steinplatten einzurichten, die möglichst viele Spalten und Löcher aufweisen sollten. Das Wasser sollte möglichst weich und leicht sauer sein und muß vor allem frei von organischen Belastungen sein.

Bemerkungen: Wie alle *Teleocichla*-Arten ist auch *T. monogramma* besonders wärmebedürftig. Verbunden mit dem auch sonst im Vergleich zu anderen Formen hohen Pflegeaufwand durch Wasserwechsel und Fütterung dürfte diese Art nur für den erfahrenen Cichlidenaquarianer zu empfehlen sein.

T: (25) 28 - 32 °C, **L:** ♂ 11 cm, ♀ 7 cm, **BL:** ab 120 cm, **WR:** u, **SG:** 2 - 4 (sehr wärmebedürftig)

Rio Japurá, Unterlauf

Fels im mittleren Rio Negro mit Hochwassermarken

Teleocichla prionogenys Kullander, 1988

Erstbeschreibung: Teleocichla, a New Genus of South American Rheophilic Cichlid Fishes with Six New Species (Teleostei: Cichlidae). Copeia 1988 (1): 203 - 204.

Etymologie: *prionogenys* (gr.) = abgeleitet von *prion* = Säge und *genys* = Wange. Der Name bezieht sich auf eines der für die Art charakteristischen Merkmale, den gesägten Vorderkiemendeckel.

Typusmaterial: Ein Exemplar.

Holotypus: Weibchen, 56,7 mm SL (MZUSP 36.951), am 22. Oktober 1983 von M. Goulding gesammelt. Fundort: "Rio Tapajós, Sáo Luis acima de Itaituba, pedral." (Felsflächen bei Sáo Luis unterhalb von Itaituba) im Bundesstaat Pará, Brasilien.

Synonyme: Keine.

Artspezifische Merkmale: Auch bei dieser *Teleocichla*-Art ist die Identifizierung nicht immer einfach, nicht zuletzt, da die Beschreibung auf nur einem, zudem weiblichen Belegexemplar beruht. Wichtigstes Merkmal dieser Art ist die bei erwachsenen Tieren extrem lange Schnauze, die mindestens doppelt so lang ist wie der Augendurchmesser. Alle anderen *Teleocichla*-Arten haben eine Schnauze, deren Länge maximal dem Eineinhalbfachen des Augendurchmessers entspricht. Das für *Teleocichla*-Verhältnisse relativ große Maul ist endständig und nicht wie bei den anderen fünf Arten nach unten gezogen, was mit einem anderen Ernährungsverhalten korreliert sein könnte. Die Lippen sind als etwas wulstig zu bezeichnen. *T. prionogenys* sind im Vergleich zu anderen *Teleocichla*-Arten besonders schlank und gestreckt. Die Grundfarbe des Körpers ist sandgrau. Darauf zeichnen sich sieben unregelmäßig rechteckige graubraune Flecken ab, die in ihrem unteren Drittel teilweise miteinander verschmelzen und ein etwa ein Drittel der Körperhöhe ausfüllendes Längsband bilden. Über den Flecken finden sich an der Basis der Rückenflosse ebenso breite, aber sehr niedrige Rückenflecke. Im Gegensatz zu Kullanders (1988) Angaben in der Beschreibung, die sich nur auf ein Weibchen beziehen, zeigen Männchen eine Längsstreifung (keine senkrechten Bänder) in der Schwanzflosse. Auf der Schwanzwurzel ist ein etwa dreieckiger Fleck zu erkennen.

Geschlechtsunterschiede: Männchen von *T. prionogenys* werden wesentlich größer als die Weibchen und entwickeln eine deutlich zugespitzte und lang ausgezogene Spitze des Weichstrahlbereiches der Rückenflosse, die bei den Weibchen immer abgerundet ist.

Typusfundort: Der Typusfundort liegt im Rio Tapajós bei Sáo Luis unterhalb der Ortschaft Itaituba im Bundesstaat Pará in Brasilien.

Verbreitung: Die Verbreitung von *T. prionogenys* ist bisher nur unzureichend bekannt. Möglicherweise han-

Teleocichla prionogenys ♂

Teleocichla prionogenys ♀

delt es sich um einen Endemiten des unteren Rio Tapajós. Es liegt derzeit nur Material vom Typusfundort bei São Luis sowie aus der Umgebung von Baburé und aus dem Rio Arapiuns vor.

Ökologie: Auch die Ökologie dieser Art ist bisher nur teilweise bekannt. *T. prionogenys* scheint in den bisher untersuchten Lebensräumen ausgesprochen selten zu sein. Wie die anderen *Teleocichla*-Arten lebt auch *T. prionogenys* nach bisherigem Kenntnisstand in Geröllfeldern. WERNER (1995) berichtet, daß er schlafende Tiere nachts in einem flachen Uferbereich des Rio Arapiuns fangen konnte. Das Wasser war 33 °C warm und hatte bei einer Härte von 0 °dGH einen pH-Wert von 5,5. WERNER und seine Reisebegleiter fingen neben den *T. prionogenys* auch *T. proselytus*, zwei *Geophagus*-Arten und eine Form der Gattung *Cichla*.

Ersteinfuhr: Die erste gesicherte Einfuhr von *T. proselytus* nach Deutschland erfolgte im Herbst 1992 durch F. WARZEL und seine Reisebegleiter, die (zunächst unbemerkt) ein einzelnes Weibchen mitbrachten (WARZEL 1995). U. WERNER und seine Reisebegleiter brachten im August 1993 erstmals auch lebende Männchen mit nach Deutschland (WERNER 1995). Ende 1994 erfolgten erstmal kommerzielle Einfuhren verschiedener *Teleocichla*-Arten durch mehrere deutsche Großhändler, unter denen sich auch wenige Exemplare von *T. prionogenys* befanden.

Aquarienbiologie: Über die Aquarienbiologie liegen bisher keine, über die reine Haltung hinausgehende Berichte vor. Die Tiere sollten nach Möglich-

keit in Wasser mit ähnlich den im Freiland festgestellten Werten untergebracht werden. Da diese Art relativ groß wird, sollten *T. prionogenys* in möglichst großen Aquarien mit versteckreichen Steinaufbauten gepflegt werden.

Bemerkungen: Unter den bisher beschriebenen Arten der Gattung ist *T. prionogenys* die bisher noch rätselhafteste: Besonders die Ernährungsbiologie bedarf noch eingehender Untersuchungen, da sich die Maulform dieser Art in auffälliger Weise von der anderer Gattungsvertreter unterscheidet. Auch Informationen zur Ökologie und Reproduktionsbiologie sollten dringend gesammelt werden.

T: 25 - 33 °C, **L**: ♂ 12 cm, ♀ 8 cm, **BL**: ab 120 cm, **WR**: u, **SG**: 2 - 4

Primärwald, Westamazonien

Felsformation im mittleren Rio Uaupés

Einfahrt in ein Igarapé bei Sao Gabriel da Cachoeira

Teleocichla proselytus Kullander, 1988

Erstbeschreibung: Teleocichla, a New Genus of South American Rheophilic Cichlid Fishes with Six New Species (Teleostei: Cichlidae). Copeia 1988 (1): 201 - 203.

Etymologie: *proselytos* (gr.) = Fremder, Ankömmling. Der Name bezieht sich darauf, daß diese Art im Vergleich zu anderen Arten der Gattung *Teleocichla* über keine markanten Unterscheidungsmerkmale verfügt.

Typusmaterial: 18 Exemplare.

Holotypus: Männchen, 56,8 mm SL (MZUSP 33.065), am 22. Oktober 1983 von M. Goulding gesammelt. Fundort: "Rio Tapajós, Sáo Luis acima de Itaituba, pedral." im Bundesstaat Pará, Brasilien.

Paratypen: Acht Exemplare, 21,2 bis 63,4 mm SL (MZUSP 36.950, fünf Exemplare und NRM A86/1983 426.3544, drei Exemplare), alle Sammelangaben wie beim Holotypus. Neun Exemplare, 23,2 bis 42,8 mm SL (MZUSP 33.064, acht Exemplare und NHRM A86/19833431, ein Exemplar), am 24. Oktober 1983 von M. Goulding gesammelt. Fundort: "Rio Tapajós, Pederneiras downstream of Itaituba, rocky pool." im Bundesstaat Pará, Brasilien.

Synonyme: Keine.

Artspezifische Merkmale: Die Bestimmung dieser Form ist wie bei fast allen *Teleocichla*-Arten relativ schwierig. Die Art besitzt auf der Körperseite ein aus rechteckig liegenden Flecken gebildetes Längsband. Gut zwei Schuppen breit darüber ist ein dunkler Streifen zu erkennen. Die Flecken können teilweise aufgelöst werden und bilden dann ein unregelmäßig zickzackförmiges Band. Die Färbung des Bandes ist vorwiegend metallisch grünlich, kann aber zeitweilig blaßgrau werden. Die Körpergrundfarbe ist sandgelb, wobei der Rücken oft bräunlich, der Bauch dagegen weißlich getönt sein kann. Auf der Schwanzwurzel findet sich ein kleiner, aber deutlicher Fleck. Die Schwanzflosse trägt mindestens in der oberen Hälfte fünf bis sieben senkrechte Bänder. Die Lippen sind relativ dick und wirken fleischig.

Geschlechtsunterschiede: Die im Vergleich helleren Männchen von *T. prionogenys* werden etwas größer als die Weibchen und entwickeln eine deutlich zugespitzte und lang ausgezogene Spitze des Weichstrahlbereiches der Rückenflosse, die bei den Weibchen immer abgerundet ist. Rücken- und Schwanzflosse sind bei Weibchen weitgehend markierungslos. Bei den Männchen besitzen sie einen auffallenden rötlichen Saum. Viele Männchen zeigen zusätzlich eine fast vollständig weinrötlich überhauchte Schwanzflosse.

Typusfundort: Felsflächen im Rio Tapajós bei Sáo Luis unterhalb von Itaituba.

Teleocichla proselytus ♀ über kleinen Jungfischen   F. Warzel

Teleocichla proselytus ♂   F. Warzel

Verbreitung: Die Verbreitung ist bisher nur bruchstückhaft bekannt. *T. proselytus* scheint nach bisherigem Kenntnisstand ein Endemit des Rio Tapajós-Systems zu sein. Gesicherte Funde stammen einerseits vom Typusfundort, andererseits aus dem Rio Tapajós oberhalb von Pimental bei Baburé und mehreren Nebenflüssen des Rio Tapajós wie zum Beispiel bei Alter do Chaó im Rio Arapiuns oder dem Rio Cupari.

Ökologie: Wie bei allen anderen *Teleocichla*-Arten ist auch bei dieser Form die Ökologie nur spärlich bekannt. Bisher verfügbare Angaben dazu stammen von WARZEL (1995) und WERNER (1995). Diese Fische leben im stark strömungsexponierten mosaikartig mit Sand durchmischtem Felsboden und -uferbereich, wo sie sich in kleinen Hohlräumen der Steine verstecken. Sie wurden dort in regelrechten kleinen Kolonien gefunden, wobei die Abstände zwischen den Tieren zum Teil nur knapp einen halben Meter betrugen (WERNER 1995). WERNER (1995) fing auch während der Nacht einige Tiere, die sich offenbar nicht im Felslückensystem versteckten. Bemerkenswert ist auch, daß er am Nachmittag keine *T. proselytus* an vorher erfolgreich untersuchten Fangplätzen finden konnte. Möglicherweise sind auch hier unterschiedliche tageszeitliche Aktivitätsmuster vorhanden, die eventuell einen Beitrag zu fortpflanzungsbiologischen Separierung der an diesen Fundorten lebenden *Teleocichla*-Arten gewährleisten. Systematische Untersuchungen zu dieser Frage liegen bisher aber nicht vor. WARZEL (1995) berichtet, daß er und seine Reisebe-gleiter *T. proselytus* unter anderem in einem nur kurzen felsigen Abschnitt einer fast strömungsfreien Sandbank fingen. Sonst fanden sie die Fische nur in Geröllfeldern, in denen sie sich gut verstecken konnten. Die Strömung scheint demnach für die Vorkommen nicht die entscheidende Schlüsselfunktion innezuhaben, sondern offenbar vielmehr die Verfügbarkeit geeigneter versteckreicher (zerklüfteter) Felsformationen. WARZEL und seine Reisebegleiter fingen die *Teleocichla* gemeinsam mit verschiedenen nicht identifizierten Formen der Gattungen *Characidium* (cf.), *Cochliodon, Geophagus, Hopliancistrus* und *Hypostomus*. Das Klarwasser an den von WARZEL (1995) untersuchten Fangplätzen wies bei 27 bis 29 °C nur 1 bis 2 °dGH und einen pH-Wert zwischen 6,4 und 6,8 auf. WERNER (1995) gibt dagegen bei 33 °C keine nachweisbare Härte und einen pH-Wert von 5,5 an.

Ersteinfuhr: Die erste sichere Einfuhr von *T. proselytus* nach Deutschland erfolgte im Herbst 1992 durch F. WARZEL und seine Reisebegleiter. Im August 1993 führten U. WERNER und seine Mitreisenden wiederum einige Exemplare nach Deutschland ein.

Aquarienbiologie: *T. proselytus* läßt sich relativ leicht in geräumigen Aquarien halten, die auf einem dicken Sandboden mit einer versteckreichen Einrichtung aus großen Kieseln, Feuersteinen, Schiefer- und Granitplatten eingerichtet werden. Das Wasser sollte für die artgerechte Pflege wie im Freiland möglichst weich und leicht sauer sein (pH-Werte zwischen 5,5 und 6,5). Für die reine Hälterung oder auch kurzfristige Pflege können *T. proselytus* allerdings auch in mittelhartem Wasser untergebracht werden. Da auch diese *Teleocichla*-Art sehr wärmebedürftig ist, sollte die Beckentemperatur stets über 25 °C, am günstigsten bei knapp 30 °C liegen. In jedem Fall muß das Wasser frei von organischen Verbindungen, insbesondere Nitrat/Nitrit sein, weshalb umfangreiche wöchentliche Teilwasserwechsel erforderlich sind. Die Zucht gelingt bei den genannten Wasserwerten bei reichlicher und abwechslungsreicher Fütterung relativ leicht. Die Balz, die sich über mehrere Tage erstreckt, ist recht unauffällig und geht im allgemeinen vom Weibchen aus, das dem Männchen kurz den Bauch präsentiert. Nach ersten vorliegenden Beobachtungen wird die Brutpflege ausschließlich vom Weibchen betrieben. Die auffallend großen Eier werden versteckt an der Unterseite einer zuvor untergrabenen Steinplatte angeheftet. Nach dem meist in den Morgenstunden erfolgenden Laichakt verschließt das Weibchen den Höhleneingang von innen mit Sand und erscheint erst nach mehreren Tagen wieder. Nach etwa vier bis fünf Tagen schlüpfen die Larven. Frühestens am zwölften bis vierzehnten Lebenstag erscheinen die fast einen Zentimeter langen Jungfische vor der Höhle und beginnen sofort zu fressen. Bei reichlicher Fütterung mit Naupliuslarven von *Artemia* erreichen die Fische nach vier Lebenswochen gut zwei Zentimeter Länge (TL) und beginnen, sich territorial zu verhalten. Nach einem halben Jahr schreiten die ersten von ihnen bereits selbst zur Fortpflanzung. Besonders erwähnt werden muß hier, daß WERNER und

KRÜGER beobachteten, daß sich ihre Tiere monogam fortpflanzten, während WARZEL ein Männchen hielt, daß polygam mit zwei Weibchen Fortpflanzung betrieb (WARZEL 1995). Weitere systematische Beobachtungen zur Sozialstruktur und zum Verhalten dieser Art in möglichst großen Biotopaquarien wären daher besonders sinnvoll.

Bemerkungen: Es ist auffällig, daß verschiedene Autoren *Teleocichla* in ganz unterschiedlichen Lebensräumen fingen, wobei besonders die Strömungsbedingungen variierten. Es wäre vermutlich aufschlußreich, Strömungsmessungen mit geeigneten Geräten an den Mikrohabitaten zwischen den Felsen vorzunehmen, zwischen denen *T. proselytus* und die verwandten Arten leben. Möglicherweise ist die Strömung an den von den Fischen tatsächlich aufgesuchten Orten niedriger, als die oberflächliche Betrachtung des Großhabitates "Stromschnelle" erwarten läßt.

T: 25 - 33 °C, **L:** ♂ 12 cm, ♀ 9 cm, **BL:** ab 120 cm, **WR:** u, **SG:** 2 - 4

Rio Negro-Felsufer

Vereinigungen, die sich mit Cichliden beschäftigen:

Adv. Cichl. Aquarists South California: P.O. Box 8173, San Marino, CA 91108, United States of Amerika.

African Cichlid Club: 3744 Forest Valley Court SE, Grand Rapids, MI 49508, United States of Amerika.

American Cichlid Association (ACA): P.O. Box 32130, Raleigh, NC 27622, United States of Amerika. Publikationsorgan: Buntbarsche Bulletin.

Apistogramma Study Group (ASG): Kontaktanschrift: Frank Juzwik, 762 Hillside Avenue, Antioch, Illinois 60002, United States of Amerika. Publikationsorgan: The Apisto-Gram.

Arbeitskreis Zwergcichliden im VDA (AKZ): Richard-Holz-Straße 4, D-08060 Zwickau, Bundesrepublik Deutschland.

Association France Cichlid (AFC): 15 Rue des Hirondelles, F-67350 Dauendorf, Frankreich. Publicationsorgan: Revue France Cichlidophil.

Assoziazione Italiana Ciclidofili: Via Zucchini, 6, I-48018 Faenza, Italien.

Atlantic Cichlid & Catfish Organisation (ACCO): 29 Pearsall Avenue, Jersey City, NJ 07305, United States of Amerika.

Beach cities Cichlid Association: 2106 Manhatten Beach Boulevard/5, Redondo Beach, CA 90278, United States of Amerika.

Teleocichla prionogenys

Belgische Cichliden Vereiniging: Kievitlaan 23, B-2228 Ranst, Belgien.

Bio-Amazonia Conservation International: Kontaktanschrift: Dr. Ning Labbish Chao, Caixa Postal 2310, 69.061, Manaus, Amazonas, Brasilien; oder: 3204 Beaumont Drive, Tallahassee, Fl. 32308-2806, United States of Amerika.

British Cichlid Association (BCA): 100 Keighley Road, Skipton, North Yorkshire, BD22 2RA, England.

Cichlasoma: Teldersweg 86, NL-3911 PZ Rhenen, Niederlande.

Cichlasoma Study Group (CSG): 6432 South Holland Court, Litterton, CO 80123, United States of Amerika.

Cichlidenclub Essen: Lohstraße 39, D-45359 Essen, Bundesrepublik Deutschland.

Cichliden-Freunde Viernheim: Am Pfarrgarten 12, D-68519 Viernheim, Bundesrepublik Deutschland.

Cichlid Hobbyists Eastern Wisconsin: 3259 So. Swain Court, Milwaukee, WI 53207, United States of Amerika.

Cichlid Seekers: 2014 45th Street Court N.W., Gig Harbour, Washington 98335, United States of Amerika.

Dansk Cichlide Selskab (DCS): Ornevej 58, st. tv., DK-2400 Kobenhavn NV, Dänemark.

Deutsche Cichliden-Gesellschaft e.V. (DCG): Kontaktanschriften: Geschäftsführer Winfried Poesdorf, Parkstraße 21a, D-33719 Bielefeld, Bundesrepublik Deutschland. DC-G: Victor Caplan Straße 1-9/1/3/12, A-1220 Wien, Österreich. DC-G: Am Balsberg 1, CH-8302 Kloten, Schweiz. Publikationsorgan: DCG-Informationen.

Fort Wayne Cichlid Association: 9638 Manor Woods Rdf., Ft. Wayne, IN 46804, United States of Amerika.

Interessengemeinschaft Cichliden im Aquaristischen Arbeitskreis Leinetal (IGG): Ludwig-Prandtl-Straße 56, D-37077 Göttingen, Bundesrepublik Deutschland.

Japan Cichlid Association: Deizawa 4-46-3, Setagaya, Tokio 155, Japan.

Greater Chicago Cichlid Association: 41W510 Rt. 20, Hampshire, IL 60140, United States of Amerika.

Greater Cincinati Cichlid Association: 15 W. Southern Avenue, Covington, KY 41015, United States of Amerika.

Greater Portland Aquarium Society: P.O.Box 6752, Portland, OR 97228-6752, United States of Amerika.

Grupo Mexicano de Ciclidófilos: Cordillera Karakorum 223B, Lomas 3a sección, San Luis Potosí, S. L. P. , 78216, Mexico.

Illinois Cichlids and Scavengers (ICS): 7807 Sunset Drive, Elmwood Park, IL 60635, United States of Amerika.

Lake Erie Cichlid Association: 1113 Sunst Road, Mayfield Heights, OH 44124, United States of Amerika.

Michigan Cichlid Association (MCA): P.O.Box 59, New Baltimore, MI 48047, United States of Amerika.

Spezieller Artenteil

Milwaukee Cichlid Club: 1926 Grange Avenue, Racine, WI 53403, United States of Amerika.

Nederlandse Cichliden Vereniging (NVC): Boeier 31, NL-1625 CJ Hoorn, Niederlande.

Nordiska Cichlid Scällskapet: Skogsgläntan 16, S-435 38 Mölnlyncke, Schweden.

North American Fish Breeders Guild (NAFBG): Kontaktanschrift: Director and Membership Pam Chin, 7230 High Hill Rd., Sloughhouse, California 95683, United States of Amerika. Publikationsorgan: Guilde Exchange.

Ohio Cichlid Association: 7330 Ames Road, Parma, OH 44129, United States of Amerika.

Oregon Cichlid Study Group: 388 N. State Street, Lake Oswego, OR 97034, United States of Amerika.

Pacific Coast Cichlid Association (PCCA): P.O. Box 28145, San Jose, CA 95128, United States of Amerika. Publikationsorgane: CICHLIDAE communique und Cichlid Blues: Newsletter of the PCCA.

Pikes Peak Cichlid Association: P.O. Box 17176, Colorado Springs, CO 80935, United States of Amerika.

Queensland Cichlid Group: P.O.Box 163, Wooloongabba, Queensland 4102, Australien.

Rift Valley Cichlids: 15800 Laguna Avenue, Lake Elsinore, CA 92530, United States of Amerika.

Rockey Mountain Cichlid Association: 5065 W. Hinsdale Cir., Littleton, CO 80123, United States of Amerika.

Southern California Cichlid Association (SCCA): 1610 East McFadden, Santa Ana, CA 92705, United States of Amerika.

SZCH Klub Chovatelov Cichlíd: Príkopova 2, CS-831 03 Bratislava, Slowenien.

Taiwanese Cichlid Association: N° 17, Lane 239, An-Ho Road, Taipeh, Taiwan (R. O. C.).

Texas Cichlid Association (TCA): 6845 Winchester, Dallas, TX 75231, United States of Amerika.

The Greater Chicago Cichlid Association (GCCA): 7512 Soth Drexel 1, Chicago, IL 60637, United States of Amerika.

The New South Wales Cichlid Society: P.O.Box 163, Moorebank, N.S.W. 2170, Australien

Victorian Cichlid Society: 23 Mangana Drive, Mulgrave, Victoria 3170, Australien.

Früchte sind eine wichtige Nahrungsgrundlage amazonischer Fische.

Apistogramma mendezi ♀ , adult, neutral gestimmt

Literatursammlung

(Quellen zur Geschlechtsdetermination sind mit * gekennzeichnet.)

Adis, J. (1981): *Comparative ecological Studies of the terrestrial arthropod fauna in Central Amazonian Inundation-Forests.* Amazonia VII (2): 87 - 173

Agassiz, J. L. R. & E. Agassiz (1969): *A journey to Brazil.* Praeger; New York, Washington & London. 568 Seiten (Nachdruck der Originalschrift von 1868, Boston)

Ahl, E. (1924): *Ichthyologische Mitteilungen.* Mitt. zool. Mus. Berl. 11: 13 - 45

Ahl, E. (1931): *Neue Süßwasserfische aus dem Stromgebiet des Amazonasstromes.* Sitzungsberichte der Gesellschaft naturforschender Freunde Berlin: 206 - 211

Ahl, E. (1936): *Über eine kleine Sammlung von Süßwasserfischen aus dem Gebiet des Amazonas.* Mitt. Zool. Mus. Berlin 21 (2): 265 - 267

Ahl, E. (1936): *Beschreibung dreier neuer Fische der Familie Cichlidae aus Südamerika.* Sitzungsberichte der Gesellschaft naturforschender Freunde ausgegeben am 15. August 1936: 138 - 142

Ahl, E. (1938): *Über einen neuen südamerikanischen Fisch der Familie Cichlidae.* Zoologischer Anzeiger 123 (10 / 12): 246 - 247

Ahl, E. (1939): *Über zwei neue Fische der Familie Cichlidae aus dem Zoologischen Museum Berlin.* Zoologischer Anzeiger 127 (3 / 4): 80 - 82

Alemann, M. (1907): *Am Rio Negro: Ein Zukunftsgebiet germanischer Niederlassung: Drei Reisen nach dem argentinischen Rio Negro-Territorium: Ein Führer für Ansiedler, Unternehmer und Kapitalisten.* Dietrich Reimer (Ernst Vohsen), Berlin. 175 Seiten & 1 Zusatzkarte

Allgayer; R. (1983): *Nannacara aureocephalus, espéce nouvelle de Guyane francaise (Pisces, Cichlidae).* Revue Francaise des Cichlidophiles 11 (33): 13 - 16 & 21 - 24

Ammers, R. van (1985): *Cichliden in het gezelschaps-aquarium.* Het Aquarium XY (??): 137 - 138 (only seen as incomplete copy)

Anonymous (1948): *The Ramirezi Dwarf Cichlid identified.* The Aquarium 17 (4): 77 (Kopie aus der Bibliothek H. Meinken mit persönlichen Anmerkungen von R. R. H.)

Anonymous (1948): *Further Notes on Ramirezi.* The Aquarium 17 (4): 77 - 78

Anonymus (1990): *Saving the Yanomami.* The Times vom 13.1.1990

Anonymus (1994): *Aquarianer am Amazonas: Eine organisierte Fahrt ins Zierfischparadies.* Aquaristik aktuell (1/94): 26 - 27

Anonymous (1994): *Een nieuwe Apistogramma.* Cichlidae 20 (4): 16

Antonio Cabré, M. E., Kullander, S. O. & C. A. Lasso A. (1989): *Descriptión de una Nueva Especie de Apistogramma (Teleostei-Cichlidae) del Rio Morichal Largo en Venezuela.* Acta Biologica Venezuela 12: 131 - 139

Aquarium Heute Redaktion (1985): *Peru für Aquarianer: Hautnaher Kontakt mit der Natur.* Aquarium Heute 3 (1): 33

Araujo-Lima, C. A. R. M., Portugal, L. P. S. & E. G. Ferreira (1986): *Fish-macrophyte relation-ship in the Anavilhanas Archipelago, a black water system in the Central Amazon.* Journal of Fish Biology 29 (1): 1 - 11

Armstrong, T. (1972): *The golden-eyed dwarf cichlid (Nannacara anomala).* Colorado Aquarist (May 72): 19 - 20

Typische Fischfanggeräte der Tucáno-Indianer

Literatursammlung

Arnold, J. P. (1909): *Heterogramma corumbae Eigenmann & Ward.* Blätter für Aquarien- und Terrarienkunde 20: 305 - 308 & 321 - 324

Arnold, J. P. (1910): *Heterogramma agassizii Regan.* Wochenschrift für Aquarien- und Terrarienkunde 7: 133 - 135 & 149 - 150.

Arnold, J. P. (1911): *Acara thayeri Steindachner.* Wochenschrift für Aquarien- und Terrarienkunde 8 (17): 245 - 247

Arnold, J. P. (1912): *Nannacara taenia Regan: Ein neuer Zwergcichlide aus dem Amazonasstrom.* Wochenschrift für Aquarien- und Terrarienkunde 9: 521 - 524

Arnold, J. P. (1914): *Über zwei neue Arten der Gattung Apistogramma: 1. Teil.* Wochenschrift für Aquarien- und Terrarienkunde 11 (40): 695 - 696

Arnold, J. P. (1914): *Über zwei neue Arten der Gattung Apistogramma: 2. Teil.* Wochenschrift für Aquarien- und Terrarienkunde 11 (41): 704 - 705

Arnold, J. P. (1939): *Apistogramma steindachneri Regan?* Wochenschrift für Aquarien- und Terrarienkunde 36: 386 - 389

Arnold, J. P. & E. Ahl (1936): *Fremdländische Süßwasserfische.* Verlag Wenzel und Sohn, Braunschweig.

Arnold, J. P. (1949): *Acara thayeri Steindachner.* Wochenschrift für Aquarien- und Terrarienkunde XLIII: 2

Avdeev, V.V. (1984): *Pecularities of geographical distribution of fresh-water isopods of the family Cymothoidae with reference to the origin of the Cypriniformes.* (Russisch, mit Englischer Zusammenfassung). Zoologiceskij zurnal (Moskau) 63: 34 - 41

Axelrod, H. R. (1971): *Breeding aquarium fishes 2.* Hong Kong. Tropical Fish Hobbyist, TFH-Publications Inc., Neptune City, N.Y.

Bader, H. (1965): *Erste Begegnung mit Aequidens thayeri (Steindachner 1875).* Die Aquarien- und Terrarien-Zeitschrift (DATZ) 18 (4): 106 - 107

Bader, H. (1986): *Tonina fluviatilis: Eine Wasserpflanze am Rio Negro.* Aquarium Heute 4 (3): 19 - 21

Beale, S. (1981): *TKeeping and breeding Apistogramma bitaeniata.* Cichlidae 5 (3):69 - 72

Baensch, H. A. (1996): *Aquarien Atlas, Band 5.* Mergus Verlag, Melle. 1148 Seiten

Baensch, H. A. & R. Riehl (1990/91): *Aquarien Atlas, Band 2.* 4. Auflage (1. Auflage 1985). Mergus Verlag, Melle. 1216 Seiten

Baensch, H. A. & R. Riehl (1990/91): *Aquarien Atlas, Band 2.* 7. veränderte Auflage (1. Auflage 1985), Paperback. Mergus Verlag, Melle. 1216 Seiten

Baensch, H. A. & R. Riehl (1995): *Aquarien Atlas, Band 4.* Mergus Verlag, Melle. 864 Seiten

Baensch, H. A. & R. Riehl (1995): *Aquarien Atlas, Band 4.* 2. veränderte Auflage, Paperback. Mergus Verlag, Melle. 864 Seiten

Baerends, G. P. (1986): *On causation and function of the pre-spawning behaviour of cichlid fish.* Journal of Fish Biology 29 (Supplement A: The Behaviour of Fishes): 107 - 121

Baerends, G. P. & J. M. Baerends van Roon (1950): *An introduction to the study of the ethology of cichlid fishes.* Behaviour Supplement 1: 1 - 242

Bahgat, F. J. King, P. E. & S. E. Shackley (1989): *Ultra-structural changes in the muscle tissue of Clupea harengus L. larvae induced by acid pH.* Journal of Fish Biology 34 (1): 25 - 30

Banarescu, P. (1990): *Zoogeography of Fresh Waters. Vol. I: General Distri-*

bution and Dispersal of Freshwater Animals. Aula-Verlag; Wiesbaden. Seiten 1 - 511

Banarescu, P. (1990): Zoogeography of Fresh Waters. Vol. II: Distribution and Dispersal of Freshwater Animals in North America and Eurasia. Aula-Verlag; Wiesbaden. Seiten 512 - 1091

Banarescu, P. (1990): Zoogeography of Fresh Waters. Distribution and Dispersal of Freshwater Animals in Africa, Pacific Areas and South America. Aula-Verlag; Wiesbaden. Seiten 1092 - 1617

Bannier, K. (1952): Betr.: Apistogramma ramirezi. Die Aquarien- und Terrarien-Zeitschrift (DATZ) 5 (1): 25 - 26

*Bardin, C. W. & J. F. Cattall (1981): Testosterone: A major Determinant of Extragenital Sexual Dimorphism. Science 211: 1266 1294

Barrow, C. J. (1987): The Environmental Impacts of the Tucuri Dam on the Middle and Lower Tocantins River Basin, Brazil. Regulated Rivers: Research and Management. Herausg.: John Wiley & Sons Ltd Baffins Lane, Chichester, Sussex PO 19 IUD, England.Tel. (0243)779777

Barschat, G. (1980): Zwischenartliche Auseinandersetzungen bei Cichliden. Aquarien Terrarien - Monatsschrift für Vivarienkunde und Zierfischzucht 27 (4): 134 - 137

Bartell, G. (1974): The \"SOOW"\ complex of Apistogramma. Buntbarsche Bulletin - The Journal of the American Cichlid Association 43: 23 - 26

Bäselt, H.-J. (1995): Der Schmetterlings-Buntbarsch: Zur Pflege und Zucht von Microgeophagus ramirezi. Das Aquarium 29 (7) (313): 4 -5

Bates, H. W. (1863 / 1864): The naturalist on the river Amazons. Vol. I & II. Everyman´s Library, London.

Bates, H. W. (1892): The naturalist on the river Amazons: A record of adventures, habits of animals, sketches of Brazilian and indian life, and aspects of nature under the equator, during eleven years of travel. Murray, London. xvi & 395 Seiten. Reprint of the original edition from 1863/64, London.

Batzer, F. R. (1994): A survey of the Apistogramma species from the Colombian and Venezuelan Orinoco Basin and upper Rio Negro. The Apisto-Gram #42, 11 (1): 11 - 18

*Battram, J. C. (1988): The effects of aluminium and low pH on chlorid fluxes in the brown trout, Salmo trutta L.. Journal of Fish Biology 32: 937 - 947

Baum, G. (1957): Ein neuer Zwergcichlide. Aquarien und Terrarien - Monatsschrift für alle Gebiete der Aquarien- und Torrarienkunde 4 (3): 65 - 70

Baumgarten, H. (1982): Erfahrungen mit zwei neuen Cichliden aus Peru. DCG-Informationen 13 (4): 64 - 68

Bär, T. (1980): Nannacara taenia, der gestreifte Zwergbuntbarsch (Regan, 1912). TI Tatsachen und Informationen aus der Aquaristik 15 (49): 12 - 13

Bech, R. (1972): Das Problem der Geschlechterverteilung. Aquarien und Terrarien - Monatsschrift für Ornithologie und Vivarienkunde: Ausgabe B 19 (8): 280 - 281

Bengtson, D. A., R. C. Barkman & W. J. Berry (1987): Relationships between maternal size, egg diameter, time of spawning season, temperature, and length at hatch of Atlantic silverside, Menidia menidia. Journal of Fish Biology 31: 697 - 704

Bergleiter, S. (1991): Auf Tauchstation im Regenwald: Beobachtungen in einem nordbrasilianischen Igarapé. DATZ 44 (7): 454 - 459

Bertling, K. H. (1938): Ein reizender neuer Zwergcichlide. Wochenschriften

Literatursammlung

für Aquarien und Terrarienkunde 35: 146 - 147

Bertoni, A. de Winkelried (1914): *TFauna Paraguaya: Catálogos sistemáticos de los vertebrados del Paraguay: Pesces, batracios, reptiles, aves y mamiferos conocidos hasta 1913.* Asuncion. 86 Seiten

Bessel, P. (1976): *Aequidens maronii - einer der friedlichsten Cichliden?* Aquarien Terrarien - Monatsschrift für Vivarienkunde und Zierfischzucht 23 (8): 283

Bic, J. (1968): *Die Vermehrung von Aequidens curviceps E. Ahl, 1924.* Aquarien und Terrarien - Monatsschrift für Ornithologie und Vivarienkunde: Ausgabe B 15 (8): 262 - 264

Blanc, M. (1962): *Catalogue des types de poissons de la famille des Cichlidae en collection au Muséum national d´Histoire naturelle.* Bulletin du Museum d´histoire naturelle (Paris), 2e Sér., 34: 202 - 227

Bleher, H. (1985): *Abenteuerreise für die Aquaristik.* Die Aquarien- und Terrarien-Zeitschrift (DATZ) 38 (3): 116 - 118

Bleher, H. (1989): *Zur Sache: Es muß einmal gesagt werden!* Aquarium Heute 7 (4): 3

Bleher, H. (1994): *Abuná.* aqua geógraphia 6 (2. Jg): 6 - 19

Bleher, H. (in Vorbereitung): *The Fresh- and Brackishwater Fishes.* Vol. 1 - 3. (manuscript completely seen)

Bloch, M. E. (1785 bis 1795): *Naturgeschichte der ausländischen Fische.* 9 Bände und Atlas. Berlin.

Blüm, V. (1995): *Die hormonale Regulierung der Gonadenreifung bei Knochenfischen.* In: Greven, H. & R. Riehl (Herausg.): *Fortpflanzungsbiologie der Aquarienfische.* Birgit Schmettkamp Verlag, Bornheim: 181 - 202

Boeseman, M. (1952): *A preliminary list of Súrinam fishes not included in Eigenmann´s enumeration of 1912.* Zoölogische mededeeling. Rijksmuseum van natuurlijke historie te Leiden 31: 179 - 200

Boeseman, M. (1956): *On recent acessions of Surinam fihes.* Zoölogische mededeeling. Rijksmuseum van natuurlijke historie te Leiden 34: 183 - 199.

Bork, D. (1996): *Apistogramma mendezi & Co.: Seltene Apistogramma-Arten aus dem Einzugsgebiet des Rio Negro und Rio Uaupés.* Das Aquarium 30 (324): 10 - 14

Bork, D. & H. J. Mayland (1996): *Apistogramma linkei: Ein Zwergcichlide aus Bolivien ohne züchterische Probleme.* Das Aquarium 30 (2) (320): 22 - 23

Borrink, B. (Hrsg.) (1992): *Wunderwelt Regenwald.* "Ein Herz für Tiere"- Extra Nr. 2. Gong Verlag GmbH, Nürnberg. 122 Seiten

Böhm, O. (1979): *Apistogramma borellii.* DATZ 32 (11): 399 - 403

Böhme, F. (1976): *Apistogramma borelli, der Indianerbuntbarsch.* Aquarien- Terrarien 23 (1): 27

Böhme, O. (1979): *Apistogramma borelli.* Die Aquarien- und Terrarien-Zeitschrift (D.A.T.Z.) 32 (11): 372 - 374

Bötefür, J. (1968): *Beobachtungen an Aequidens maronii.* Aquarien und Terrarien - Monatsschrift für Ornithologie und Vivarienkunde: Ausgabe B 15 (11): 387

Bonetto, A. A., Castello, H. P. & I. R. Wais (1987): *Stream Regulation in Argentina, including the Superior Parana and Paraguay Rivers.* Regulated Rivers: Research and Management. **Herausg.:** John Wiley & Sons Ltd Baffins Lane, Chichester, Sussex PO 19 IUD, England. Tel. (0243)779777

Apistogramma spec. "Chao" ♀ , dominant, neutral gestimmt

Bork, D. (1996): *Apistogramma sp. "Pandurini": Eine schöne Bescherung aus Peru.* Das Aquarium 30 (10) (328): 23 - 26

Bork, D. (1997): *Kiemenfleck-Zwergbuntbarsch: Vorkommen und Importgeschichte sowie Beschreibung, Pflege und Zucht von Biotoecus opercularis.* Das Aquarium 31 (6) (336): 24 - 27

Bos, E. J. de (1995): *A new Apistogramma: Apistogramma mendezi Römer, 1994.* The Apisto-Gramm 12 (1) Issue 45: 2 Seiten

Boulenger, G. A. (1895): *Viaggio del dottor Alfredo Borelli nella Repubblica Argentina e nel Paraguay: XII: Poissons.* Bollettino Musei Zoölogica et Anatomia comparata Università Torino Torino X (Nr. 196): 1 - 3

Boulenger, G. A. (1895): *Catalogue of the Fishes in the British Museum.* Second Edition. *Catalogue of the Perciform Fishes.* Vol. I: (xix) 394 Seiten und 15 Tafeln

Boulenger, G. A. (1897): *Viaggio del dottor Alfredo Borelli nella Repubblica Argentina e nel Paraguay: III: Poissons.* Bollettino Musei Zoölogica et Anatomia comparata Università Torino Torino XII (Nr. 279): 4 Seiten

Boulenger, G. A. (1898): *On a collection of Fishes from the Rio Jurua, Brasil.* Transactions of the Zoölogical Society London XIV: 421 - 428

Boulenger, G. A. (1899): *Viaggio del Dr. A. Borelli nel Matto Grosso e nel Paraguay: Liste des Poissons recueillis à Urucum et à Carandsinho, pres de Corumbà.* Bollettino Musei Zoölogica et Anatomia comparata Università Torino Torino XV (Nr. 370): 4 Seiten (Kullander (1980) nennt 1900 als Erscheinungsjahr)

Literatursammlung

Boulenger, G. A. (1899): *Poissons de l´Equateur.* Bollettino Musei Zoölogica et Anatomia comparata Università Torino Torino XIV

Brandt Andersen, T. (1993): *Med snorkels og maske i Quibrada Montanita.* Akvariebladet 25 (6): 223 - 226

Brandt Andersen, T. (1993): *Slaegten Dicrossus: Skatbraet-cichliderne.* Ciklidbladet 26 (9): 6 - 10

Brandt Andersen, T. (1994): *Ecuador und Kolumbien 1993.* DCG-Informationen 25 (8): 182 - 192

Brandt Andersen, T. (1994): *Ecuador und Kolumbien 1993.* DCG-Informationen 25 (9): 203 - 216

Breder, C. M. (1959): *Studies on social grouping of fishes.* Bull. Am. Mus. Nat. Hist New York 171: 393 - 482

Breder, C. M. & D. E. Rosen (1966): *Modes of reproduction in fishes.* American Museum of Natural History, New York. 941 Seiten

Bremer, H. (1992): *Wasser und Futter: Zwei tragende Säulen in der Cichlidenpflege.* In: Buntbarschjahrbuch 1 (1993): 86 - 95. bede-Verlag; Kollnburg, 104 Seiten

*Brown, J. A., D. Edwards & C. Whitehead (1989): *Cortisol and thyroid hormone responses to acid stress in the brown trout, Salmo trutta L..* Journal of Fish Biology 35: 73 - 84

Brühlmeyer, A. (1971): *Arbeitsmaterial der ZAG Cichliden: Apistogramma ramirezi (Myers & Harry 1948).* Publikation: Deutscher Kulturbund - Zentraler Fachausschuß Aquarien-Terrarienkunde Blatt 67/1971: 2 Seiten

Brühlmeyer, A. (1971): *Arbeitsmaterial der ZAG Cichliden: Apistogramma agassizi (Steindachner 1875).* Publikation: Deutscher Kulturbund - Zentraler Fachausschuß Aquarien-Terrarienkunde. Blatt 68/1971: 2 Seiten

Brühlmeyer, A. (1973): *Erfahrungen mit Crenicara filamentosa.* Aquarien und Terrarien - Monatsschrift für Ornithologie und Vivarienkunde: Ausgabe B 20 (2): 64 - 65

*Bull, J. J. (1980): *Sex determination in reptiles.* Quarterly Review Biology 55: 3 - 21

* Bull, J. J. & R. C. Vogt (1979): *Temperature-Dependent Sex Determination in Turtles.* Science 206: 1186 - 1188

* Bull, J. J. & R. C. Vogt (1981): *Temperature-Sensitive Periods of Sex Determination in Emydid Turtles.* Journal of Experimental Zoology 218: 435 - 440

Burchard, J. E. jr. (1965): *Family strukture in the Dwarf Cichlid Apistogramma trifasciata Eigenmann and Kennedy.* Zeitschrift für Tierpsychologie 22 (2): 150 - 162

Butz, E. & P. Kuenzer (1957): *Zur Brutpflege einiger Zwergcichliden.* Zeitschrift für Tierpsychologie 14: 204 - 209

Bünten, M. (1972): *Einige Beobachtungen zum Fortpflanzungsverhalten von Apistogramma ramirezi.* Tl 6 (19): 10

Caporiacco, L. di (1935): *Spezione Nello Beccari nella Guiana Britanica.* Pesci. Monit. zool. ital. 46: 55 - 70 (not seen, from Kullander 1980)

*Carbone, P., R. Vitturi, E. Catalone & M. Macaluso (1987): *Chromosome sex determination and Y-autosome fusion in Blennius tentacularis* BRUNNICH, *1765 (Pisces, Blennidae).* Journal of Fish Biology 31: 567 - 602

Cardwell, J. (1991): *Collecting and Spawning Apistogramma nijsseni (Kullander 1979).* Buntbarsche Bulletin - The Journal of the American Cichlid Association 147: 6 - 9

Cardwell, J. (1993): *Collecting cichlids on the Rio Amazon in Brazil.* Cichlid News 2 (2): 6 - 9

Castro, A. D. (1977): *Confessions of a dwarf cichlid addict: 10 years with Nannacara anomala.* Buntbarsche Bulletin - The Journal of the American Cichlid Association 62: 1 - 4

Caughley, G. (1977): *Analysis of Vertebrate Populations.* John Wiley & Sons Inters., London.

Cavenaugh, R. A. (1994): *A tale about my little black fish.* The Apisto-Gram #44, 11 (3): 18 - 19

Challands, J. (1995): *American Cichlids I. Dwarf Cichlids: A handbook for identification, care, and breeding.* 1 st edition. Jeff Challands; Durham. 153 Seiten (Übersetzung von **Linke & Staeck** (1984): Amerikanische Cichlidon I.)

Chao, N. L. (1995): *Ornamental Fish Recources of Amazonia and Aquatic Conservation: Part 1: Species Diversity.* OFI Journal Issue 12 (August 1995): 10 - 12

Chao, N. L. (1995): *Ornamental Fish Recources of Amazonia and Aquatic Conservation: Part 2: Protection and Socio-economic Factors.* OFI Journal Issue 13 (November 1995): 4 - 5

Chao, N. L. (1996): *Ornamental Fish Recources of Amazonia and Aquatic Conservation: Part 3: List of Species that can be Captured, Commercialised and Exported Legally from Brazil.* OFI Journal Issue 14 (February 1996): 12 - 13

Chao, N. L. (1996): *OFI-Sponsored Research Project updates: Project Piaba: The Ornamental Fishery in the Rio Negro, Brazil.* OFI Journal Issue 15 (May 1995): 18 - 19

*Charnow, E. L. & J. Bull (1977): *When is Sex environmentally determined?* Nature 266: 828 - 830

Chiout, K. H. (1989): *Apistogramma spec. "Hochflossen".* DCG-Informationen 20 (6): 120

Chiout, K. H. (1989): *Apistogramma nijsseni.* DCG-Informationen 20 (7): 139

Chiras, D. D. (1990): *Environmental science: action for a sustainable future.* 3 rd ed. The Benjamin / Cummings Publishing Company Inc., Redwood City - Fort Collins - Menlo Park - Reading - New York - Don Mills - Wokingham - Amsterdam - Bonn - Sydney - Singapore - Tokyo - Madrid - San Juan. 549 Seiten

Cichocki, F. P. (1977): *Tidal cycling and parental behavior of the cichlid fish Biotodoma cupido.* Environmental Biology of Fishes 1: 159 - 169

Clark, M. (1996): *Apistogramma macmasteri.* The Apisto-Gram 11 (3) Issue 48 (September 1995): 17 - 18

Apistogramma juruensis ♂

*Conover, D.O. (1984): *Adaptive Significance of Temperature-Dependant Sex Determination in a Fish*. Am. Nat. 123: 297 - 313

*Conover, D.O. & S.W. Heins (1987): *Adaptive variation in environmental and genetic sex determination in a fish*. Nature 326: 496 - 498

*Conover, D.O. & S.W. Heins (1987): *The Environmental and Genetic Components of Sex Ratio in Menidia menidia (Pisces: Atherinidae)*. Copeia 1987 (3): 732 - 743

*Conover, D. O. & B. E. Kynard (1981): *Environmental Sex Determination: Interaction of Temperature and Genotype in a Fish*. Science 213: 577 - 579

Cope, E. D. (1870): *Contribution to the Ichthyology of the Maranon*. Proceedings of the American Philosophical Society XI: 559 - 570

Cope, E. D. (1871): *Observations on the Systematic Relations of the Fishes*. Proceedings of the American Association for Advancement of Science XX: 317 - 343

Cope, E. D. (1872): *On the Fishes of the Ambyiacu River*. Proceedings of the Academy of Natural Sciences of Philadelphia 1871 (herausgegeben am 16. Januar 1872): 250 - 294, mit 13 Tafeln (3 - 17)

Cope, E. D. (1878): *Synopsis of the fishes of the Peruvian Amazon, obtained by Professor Orton during his expeditions of 1873 and 1877*. Proceedings of the American philosophical Society 17: 673 - 701

Cowsert, M. (1994): *Selective Breeding and Apistogramma cacatoides*. The Apisto-Gram 11 (2) Issue 4: 13 - 15

Crapon de Caprona, M. D. & B. Fritsch (1984): *Interspecific fertile hybrids of haplochromine Cichlidae (Teleostei) and their possible importance for speciation*. Netherlands Journal of Zoology 34: 503 - 538

Crapon de Caprona, M. D. (1986): *Are "preferences" and "tolerances" in cichlid mate choice important for speciation?* Journal of Fish Biology 29 (Supplement A: The Behaviour of Fishes): 151 - 158

*Crews, D. (1993): *The Organisational Concept and Vertebrates without Sex Chromosomes*. Brain, Behaviour and Evolution 42: 202 - 214

*Crews, D. (1994): *Geschlechtsausprägung bei Wirbeltieren*. Spektrum der Wissenschaft (März 94): 54 - 61

*Cui, Y. & R.J. Wootton (1988): *Bioenergetics of growth of a cyprinid, Phoxinus phoxinus (L.): the effect of ration and temperature on growth rate and efficiency*. Journal of Fish Biology 33: 763 - 773

Cuvier, G. L. C. (1817): *Le Regne Animale. 1. Auflage, Band 2*. Deterville, Paris: 532 Seiten

Cuvier, G.L.C. & A. Valenciennes (1828 bis 1849): *Histoire naturelle des poissons*. 22 Textbände und 4 Atlasbände. Levrault, Paris. (erschienen 1828: I & II; 1829: III & IV; 1830: V & VI; 1831: VII & VIII; 1833: IX; 1835: X; 1836: XI; 1837: XII; 1839: XIII & XIV; 1840: XV; 1842: XVI; 1844: XVII; 1846: XVIII & XIX; 1847: XX; 1848: XXI; 1849: XXII)

Czapla, R. (1987): *Laich- und Brutpflegeverhalten bei Laetacara dorsigera (Heckel, 1840)*. DCG-Informationen 18 (9): 155 - 158

Czapla, R. (1988): *Ein "Buckelkopf" in der Gattung Laetacara*. DCG-Informationen 19 (2): 37 -39

Daruschi, R. (1988): *Apistogramma cacatuoides mit roter Schwanzflosse*. DCG-Informationen 20 (8): 138 - 139

Daas, I. den (1997): *Micrigeophagus altispinosus - Der Bolivianische Schmetterlingsbuntbarsch*. Das Aquarium 31 (5) (335): 4 - 6

Rivulus sp. ♂, adult, aus dem unteren Rio Uaupés

Das, J. (1995): *Thema des Monats: Farbe bei Fischen.* Das Aquarium 29 (12) (318): 2 - 6

DATZ-Redaktion (1988): *Neuer Apistogramma aus Brasilien.* DATZ Die Aquarien- und Terrarienzeitschrift 41 (8): 264

DATZ-Redaktion (1988): *Erstmals wieder lebend eingeführt: Crenicara maculatum.* DATZ Die Aquarien- und Terrarienzeitschrift 41 (2): 92 - 93

DATZ-Redaktion (Herausg.) (1994): *Amazonien.* DATZ-Sonderheft (Oktober 1994). Verlag Eugen Ulmer, Stuttgart. 76 Seiten

Davis, C. (1981): *Apistogramma kleei.* Buntbarsche Bulletin - The Journal of the American Cichlid Association 82 (February 1981): 13 - 15

DeAngelo, A. R. (1991): *Apistogramma: Their Care and Breeding!* Buntbarsche Bulletin - The Journal of the American Cichlid Association 147 - Special Apisto Issue (December 1991): 2 - 5

*Dheer, J.M.S. (1988): *Haematological, haematopoitic and biochemical responses to thermal stress in an airbreathing freshwater fish, Channa punctatus Bloch.* Journal of Fish Biology 32: 197 - 206

Dick, A. (1988): *Zucht von Apistogramma agassizii mit Regenwasser.* DCG-Informationen 19 (12): 244

Dick, A. (1990): *Rotschwanz-Cacatuoides: Gezielte Zuchtauslese.* DCG-Informationen 21 (5): 116

Dieffenbach, F. & C. Specht (1981): *Einige Formen der Agression bei Apistogrammoides pucallpaensis Meinken, 1965.* DCG-Informationen 12 (8): 151 - 159

Dietel, M. (1966): *Gemeinsame Brutpflege bei Cichliden?* Aquarien - Terra-

Literatursammlung

rien - Monatsschrift für Ornithologie und Vivarienkunde: Ausgabe B 13 (8): 275

Dietrich, H. (1984): *Geschlechtsbestimmung und -differenzierung bei Betta splendens.* Aquarien Terrarien - Monatsschrift für Vivarienkunde und Zierfischzucht 31 (9): 297 - 298

Dietze, U. (1976): *Einige Anmerkungen zur Nomenklatur der Familie Cichlidae, allgemein sowie speziell zur Gattung Apistogramma.* DCG-Informationen 7 (8): 151 - 155

Dietze, U. (1983): *Post aus Surinam.* DCG-Informationen 14 (8): 156 - 159

Dingercus, G. & L. D. Uhler (1977): *Enzyme Clearing of Alcian Blue stained whole small Vertebrates for Demonstration of Cartilage.* Stain Technology 52 (4): 229 - 232

Dittmar, H. (1969): *Ein Favorit unter den Zwergbuntbarschen ist Apistogramma agassizi (Steindachner).* Das Aquarium 3 (15): 87 - 89

Dittmar, H. (1991): *Beiträge zur Fischfauna und Pflanzenwelt des südlichen Pantanals / Brasilien.* (unveröffentlichte Kurzfassung eines Referates vom 20. September 1991 auf dem >Symposium der Aquaristisch interessierten Gemeinschaft< bei Dupla / Bielefeld): 3 Seiten

Drachenfels, E. von (1988): *Nannacara aureocephalus, Beobachtungen an einem Freilandbiotop.* DCG-Informationen 19 (4): 67 - 70

Drachenfels, E. von (1995): *Nannacara adoketa - der große Unbekannte.* DCG-Informationen 26 (9): 193 - 200

Dunker, T. (1960): *Apistogramma marmoratus? Die Aquarien- und Terrarien-Zeitschrift (DATZ) 13 (8): 225 - 228

Eberhardt, K. (144): *Geschlechtsbestimmung und -differenzierung bei Betta splendens.* Zeitschrift für Induk-

tive Abstammungs- und Vererbungslehre 82: 363 - 373

Ebermann, H. (1961): *Erwiesenen Geschlechtsumwandlung bei Apistogramma ramirezi.* Die Aquarien- und Terrarien-Zeitschrift (DATZ) 14 (2): 61

Eichhorn, J. (1968): *Anormale Färbung des Laiches bei Apistogramma agassizi durch Änderung der Futterzusammensetzung.* Aquarien und Terrarien - Monatsschrift für Ornithologie und Vivarienkunde: Ausgabe B 15 (11): 387

Eigenmann, C. H. (1903): *New Genera of South American Fresh-water Fishes, and New Names for some Old Genera.* Smithonian Miscellanious Collections, Quarterly Issue XLV: 144 - 148

Eigenmann, C. H. (1906): *The freshwater fishes of South and Middle America.* Popular Scientific Monthly LXVIII: 515 - 530

Eigenmann, C. H. (1909): *The freshwater fishes of Patagonia and an examination of the Archiplata-Archhelenis theory.* Reports of the Princeton University Expedition to Patagonia, 1896 - 1899 (III): 225 - 374

Eigenmann, C. H. (1910): *Catalogue of the Fresh-water Fishes of Tropical and South Temperate America.* Reports of the Princeton University Expedition to Patagonia, 1896 - 1899 (III): 375 - 511

Eigenmann, C. H. (1911): *The Origin of the Fish-fauna of the Fresh Waters of South America.* -Vorabdruck aus Proceedings of the International Zoölogical Congress, Boston Meeting August 19-24, 1907.

Eigenmann, C. H. (1911): *The Localities at which Mr. John D. Haseman made Collections.* Annals of the Carnegie Museum VIII: 164 - 181 und Tafeln 4 - 9

Eigenmann, C. H. (1912): *The freshwater fishes of British Guiana, including a study of the ecological grouping of* species and the relation of the fauna of the plateau to that of the lowlands. Memoirs of the Carnegie Museum Vol. V; Publications of the Carnegie Museum: Serial No. 67. Herausgegeben von **W. J. Holland**, Authority of the Board of Trustees of the Carnegie Institute (Pittsburgh): 578 Seiten und 103 Tafeln

Eigenmann, C. H. (1922): *Peces Colombianos de las Cordilleras y de los Llanos el Oriente de Bogotá. Boletin.* Sociedad colombiana de ciencias naturales (Bogota) 9 (67): 191 - 199

Eigenmann, C. H. (1922): *The fishes of Western South America. Band 1.* Memoirs of the Carnegie Museum (Pitsburgh) 9: 1 - 346

Eigenmann, C. H. & W. R. Allen (1942): *Fishes of Western South America.* Publications of the University of Kentucky XV. Lexington.

Eigenmann, C. H. & W. L. Bray (1894): *A Revision of the American Cichlidae.* Annals of the New York Academy of Sciences VII: 607 - 624

Eigenmann, C. H. & R. S. Eigenmann (1891): *A catalogue of the freshwater fishes of South America.* Proceedings of the United States National Museum (Washington) (XIV): 1 - 18

Eigenmann, C. H. & C. H. Kennedy (1903): *On a Collection of Fishes from Paraguay, with a Synopsis of the American Genera of Cichlids.* Proceedings of the Academy of Natural Sciences of Philadelphia (LV) 59 (herausgegeben Juli 1903): 497 - 537

Eigenmann, C. H., McAtee, W. L. & D. P. Ward (1907): *On further collections of fishes from Paraguay.* Annals of the Carnegie Museum (Pittsburgh) (IV) 4: 110 - 157 und Tafeln 31   45

Apistogramma agassizii ♂

Literatursammlung

Elias, J. (1975): *Zur Brutzeit hat sie die "Hosen" an: Nannacara anomala-Mütter sind vorbildliche Brutpfleger.* Aquarien-Magazin 9 (5): 184 - 187

*Engelmann, K. (1957): *Temperaturschwankungen im Aquarium.* Aquarien Terrarien, Monatsschrift für alle Gebiete der Aquarien- und Terrarienkunde 5 (5): 136 - 139

Engmann, P. (1908): *Geophagus taeniatus Steindachner.* Blätter für Aquarien- und Terrarienkunde 19: 660 - 662

Engmann, P. (1908): *Zum Kapitel Zwergcichliden I.* Wochenschriften für Aquarien- und Terrarienkunde 5: 538 - 540 & 549 - 551. in: Richter 1988: 8 (40): 538

Engmann, P. (1909): *Zum Kapitel Zwergcichliden II.* Wochenschriften für Aquarien- und Terrarienkunde 6: 675 - 678

Engmann, P. (1924): *Die Cichliden: V. Teil: Cichliden der neuen Welt.* Braunschweig; Verlag Gustav Wenzel & Sohn; 40 Seiten

Evers, H.-G. (1989): *Crenicichla notophthalmus.* DCG-Informationen 20 (9): 184 - 186

Ewald, W. (1973): *Erfahrungen bei der Zucht von Apistogramma ramirezi.* Das Aquarium 7 (48): 218 - 221

Ewald, W. (1973): *Ein besonderer Fall: Apistogramma kleei.* Aquarien-Magazin 7 (11): 475 - 477

Ewald, W. (1975): *Schönflossiger Zwergbuntbarsch.* Aquarien-Magazin 9 (11): 455

Ewald, W. (1976): *Vater unerwünscht: Die Zucht von Nannacara anomala.* Das Aquarium 10 (80): 69 - 70

Ewald, W. (1979): *Ein Evergreen unter den Zwergen: Der Schmetterlingsbuntbarsch.* Aquarien-Magazin 13 (10): 500 - 505

Fahrig, K. D. (1971): *Zwei seltenere Apistogramma-Arten.* Tetra-Informationen TI 13 (März): 10 - 11

Fahrig, K.-P. (1968): *Apistogramma reitzigi, der Gelbe Zwergbuntbarsch.* Die Aquarien- und Terrarien-Zeitschrift (DATZ) 21 (9): 261 - 262

Fahrig, K.-P. (1971): *Zwei seltenere Apistogramma-Arten.* Tetra Informationen aus der Aquaristik 5 (13): 10 - 11

Feldmeier, H. (1990): *Im Amazonas tickt eine biologische Zeitbombe.* DIE WELT vom 27.2.1990

*Ferguson, M. W. J. & T. Joanen (1982): *Temperature of Egg incubation determines Sex in Alligator mississipiensis.* Nature 296: 850 - 853

Fernandez-Yepez, A. (1969): *Contribution al conocimiento de los cichlidos.* Evencias (Maracay) 22: 16 Seiten

Fischer, P. E. (1968): *Apistogramma ramirezi ist doch Venezolaner!* Die Aquarien- und Terrarien-Zeitschrift (DATZ) 21 (1): 8 - 10

Fischer, S. (1972): *Zur Zucht von Nannacara anomala.* Aquarien und Terrarien - Monatsschrift für Ornithologie und Vivarienkunde: Ausgabe B 19 (10): 353

Fitchett, P. (1981): *Apistogramma cacatuoides.* Cichlidae 5 (3): 73 - 74

Fijolka, P. (1957): *Beobachtungen an Nannacara anomala Regan.* Aquarien und Terrarien - Monatsschrift für alle Gebiete der Aquarien- und Terrarienkunde 4 (4): 104 - 106

Fijolka, P. (1958): *Die Beziehungen zwischen pH und elektrolytischem Leitvermögen in den Gewässern des Rio Negro Gebietes.* Aquarien und Terrarien - Monatsschrift für alle Gebiete der Aquarien- und Terrarienkunde 5 (7): 220

Fittkau, E. J. (1976): *Kinal und Kinon, Lebensraum und Lebensgemeinschaft*

Apistogramma cruzi ♀ bei der Pflege eines offen abgesetzten Geleges

Literatursammlung

der Oberflächendrift am Beispiel amazonischer Fließgewässer. Biogeographica 7: 101 - 113

Fontana, R. (1992): A beautiful Checkerbord Cichlid, Crenicara maculata. Tropical Fish Hobbyist XLI (3) (#441): 68 - 73

Fowler, H. W. (1913): Fishes from the Madeira River, Brazil. Proceedings of The Academy of Natural Sciences of Philadelphia 65, October 1913. Cichlidae: 517 - 579

Fowler, H. W. (1914): Fishes from the Rupununi River, British Guiana. Proceedings of The Academy of Natural Sciences of Philadelphia 66 (herausgegeben April 1914): 229 - 284

Fowler, H. W. (1932): Zoological Results of the Mato Grosso Expedition to Brazil in 1931, - I. Fresh Water Fishes. Proceedings of The Academy of Natural Sciences of Philadelphia, Vol. LXXXIV: 343 - 377, mit 30 Abbildungen

Fowler, H. W. (1940): A collection of fishes obtained by Mr. William C. Morrow in the Ucayali River Basin, Peru. Proceedings of The Academy of Natural Sciences of Philadelphia 91: 219 - 289

Fowler, H. W. (1940): Zoological results of the Second Bolivian Expedition for the Academy of Natural Sciences of Philodelphia, 1936 - 1937: Part I - The fishes. Proceedings of The Academy of Natural Sciences of Philadelphia 92: 4 - 103

Fowler, H. W. (1942): Lista de peces de Colombia. Revista de la Academia colombiana de ciencias exactas, fiscias y naturales (Bogotá) 5: 128 - 138

Fowler, H. W. (1943): A collection of fresh-water fishes from Colombia, obtained chiefly by Brother Nicéforo Maria. Proceedings of The Academy of Natural Sciences of Philadelphia Band XCV: 223 - 266

Fowler, H. W. (1944): Fresh-water fishes from north-western Colombia. Proceedings of The Academy of Natural Sciences of Philadelphia 96: 227 - 248

Fowler, H. W. (1944): Los peces del Perú: Catálogo sistemática de los peces que habitan en anguas peruanas. Bol. Mus. Hist. nat. ("Javier Prado") San Marcos (Lima) 8: 260 - 290

Fowler, H. W. (1954): Os peixes de água doce do Brasil. Volume IX. In: Schriftenreihe des Departamento de Zoologia da Secretaria da Agricultura: Arquivos de Zoologia do Estado de Sao Paulo 9: 1 - 400 (273 - 279)

*Fowler, J. & I. Cohen (ohne Jahr): Statistics for Ornithologists. BTO Guide No. 22. British Trust for Ornithology, Eigenverlag, Ohne Ort.

Freundlieb-Winkler, U. (1982): Vergleichende Analyse zum Schwarmverhalten junger Cichliden. Dissertation, Universität Göttingen, Göttingen.

Frey, H. (1957): Elternfamilie bei Nannacara anomala? Aquarien und Terrarien - Monatsschrift für alle Gebiete der Aquarien- und Terrarienkunde 4 (12): 380

Frey, H. (1957): Das Aquarium von A bis Z. 1. Auflage. Neumann Verlag, Radebeul.

Frey, H. (1961): Neue Apistogramma-Arten. Aquarien und Terrarien - Monatsschrift für alle Gebiete der Aquarien- und Terrarienkunde 8 (5): 154

Frey, H. (1982): Zierfisch-Monographien Band 4: Buntbarsche - Cichliden. Neumann-Neudamm, Melsungen - Berlin - Basel - Wien. 146 Seiten

Frey, H. (1983): Das Aquarium von A bis Z. Unveränderter Nachgedruck der 3. Auflage von 1959 (als 2. Aufl. von "Das große Lexikon der Aquaristik"). Neumann-Neudamm, Melsungen - Berlin - Basel - Wien. 859 Seiten

Frey, P., U. Frey, J. Müller, H.-W. Koepcke, K. Kubitzki & R. Moser (1983): *Amazonien*. Orell Füssli Verlag; Zürich & Schwäbisch Hall. 251 Seiten

Frey, R. (1990) *Report Expedition Perseverencia*. Zürich; Institut für Systematische Botanik, 50 Ex. im Selbstverlag, 23 Seiten

Freyhof, J. (1986): *Nachzucht des Zwerg-Hechtcichliden Crenicichla wallacii (?)*. DCG-Informationen 17 (1): 11 - 15

Friese, E. (1966): *Experiences with Apistogramma ornatipinnis*. The Aquarium 35 (4): 5 - 8

Frühauf, K. (1956): *Geschlechtsunterschiede bei Apistogramma ramirezi Myers und Harry*. Aquarien und Terrarien - Monatsschrift für alle Gebiete der Aquarien- und Terrarienkunde 3 (12): 383

Fujita, K. (1989): *Nomenclature of Cartilagous Elements in the Caudal Skeleton of Teleostean Fishes*. Japanese Journal of Ichthyology 36 (1): 22 - 29

Gebhard, B. (1970): *Zwerge unter Zwergcichliden*. DATZ 23 (12): 362 - 365

Gehrmann, K. (1979): *Zum Brutpflegeverhalten südamerikanischer Zwergcichliden*. DCG-Informationen 10 (7): 130 - 133

Geisler, R. (1967): *Zur Limnochemie des Igarapé Préto (Oberes Amazonasgebiet)*. Amazonia 1: 117 - 123

Geisler, R. (1987): *Ernährung tropischer Aquarienfische: Was fressen sie in der Natur?* Aquarium Heute 5 (4): 22 - 26

Geisler, R. (1990): *Lange gesucht, endlich gefunden: Biotop des Blauen Neon (Paracheirodon simulans)*. Aquarium Heute 2 / 90: 6 - 12

Geisler, R. & J. Schneider (1976): *The Element Matrix of Amazon Waters and its Relationships with the Mineral Content of Fishes (Determinations using Neutron Activation Analysis)*. Amazonia VI (1): 47 - 65

Genne, E. van (19??): Apistogramma borellii. Het Aquarium ?? (12): 297 - 298. (only incomplete copy seen)

Genne, E. van (1985): *Voor u gezien: Apistogramma nijsseni*. Het Aquarium ?? (??): 73 - 74. (only incomplete copy seen)

Genne, E. van (1986): *Apistogramma trifasciata*. Het Aquarium ?? (1): 9 - 10. (only incomplete copy seen)

Genne, E. van (1987): *Apistogramma´s uit het Orinocosysteem*. Het Aquarium ?? (5): 116 - 117. (only incomplete copy seen)

Genne, E. van (1987): *Apistopraat*. Het Aquarium ?? (12): 318 - 321. (only incomplete copy seen)

Genne, E. van (1988): *De Apistogramma agassizzii-Groep onder de Loep*. Nederlands Vereeniging for Cichliden Lebhabers - per. 14 (4) augustus 1988: 7 - 8

Genne, E. van (1996): *Kweekverslag van Crenicichla notophthalmus*. Cichlidae 22 (1): 1 - 3

Gentry, A. H. (Hrsg.) (1990): Four neotropical Rainforests. Yale University Press, New Haven and London. 627 Seiten

George, M. R. (1995): *Intraovarielle Aspekte und Laichstrategien von Knochenfischen*. In: Greven H. & R. Riehl: *Fortpflanzungsbiologie der Aquarienfische*. Birgit Schmettkamp Verlag, Bornheim: 27 - 32

*Georges, A. (1988): *Sex determination is independent of Incubation Temperature in an other Chelid Turtle, Chelodina Ionicollis*. Copeia 1988 (1): 248 - 254

Gerecke, V. (1971): *Abnormes Laichverhalten von Microgeophagus ramirezi*. Aquarien und Terrarien - Monats-

Literatursammlung

schrift für Ornithologie und Vivarienkunde: Ausgabe B 18 (11): 382

Gerecke, V. & D. Gerecke (1973): *Erfahrungen mit Crenicara filamentosa.*
Aqurien und Terrarien 20 (2): 64

Gerecke, V. (1974): *AT Zierfischlexikon
- Nannacara anomala Regan 1905, der
Glänzende Zwergbuntbarsch.* Aquari-
en und Terrarien - Monatsschrift für
Ornithologie und Vivarienkunde: Aus-
gabe B 21 (7): 251

Gerlach, M. (1967): *Eine Familien-
tragödie - Ungewöhnliches Laichverhalten bei Schmetterlingsbunt-
barschen.* Aquarien-Magazin 1 (5): 204
- 205

Germ, S. (1981): *Letter to the Editor.*
Buntbarsche Bulletin- The Journal of
the American Cichlid Association 87
(December 1981): 19

Gersch, I. (1984): *Eine ansprechende
neue Apistogramma-Art (spec. "opal").*
Aquarien Terrarien - Monatsschrift für
Vivarienkunde und Zierfischzucht 31
(6): 201 - 202

Géry, J. (1969): *The fresh-water fishes
of South America.* Monographiae
biologicae 19: 828 - 848

Géry, J. (1983): *Le nom de genre Apistogramma ramirezi Myers & Harry.*
Revue francaise Aquariologie 10 (3):
71 - 72

Gery, J. (1984): *The Fishes of
Amazonia.* Seiten 352 - 369. **In**: Sioli,
H. (editor): *The Amazon, Limnology
and landscape ecology of a mighty
tropical river and its basin.* Dr. W. Junk
Publishers; Doordrecht. 763 Seiten

Géry, J. (1991): *Wissenschaftliche Beschreibung "aus Versehen".* DATZ
Aquarien Terrarien 44 (12): 793 - 798

Gery, J. (ohne Jahr?): *The freshwater
fishes of South America.* **In**: Fittkau et al.
(editor): *Monographiae Biologicae* (Dr.
W.Junk N.V. Publishers; The Hague) vol.
2: 828 - 848 (not completely seen)

Géry, J. & U. Römer (1997): *Tucanoichthys tucano n. g. n. sp.*, a new
miniature characid fish (Teleostei,
Characiformes, Characidae) from the
Rio Uaupés basin in Brazil.* aqua Journal of Ichthyology and Aquatic Biology

Gesellschaft für ökologische Forschung
(Hrsg.) (1991): *Amazonien - Ein Lebensraum wird zerstört.* 3. Aufl.; München; Raben Verlag, 213 Seiten

Gilsenbach, R. (1956): *Kleine Plaude-
rei über Aequidens maronii.* Aquarien
und Terrarien - Monatsschrift für alle
Gebiete der Aquarien- und Terrarienkunde 3 (9): 257 - 263

Ginner, B. (1980): *AT Grundkurs:
Zwergbuntbarsche.* Aquarien Terrari-
en - Monatsschrift für Vivarienkunde
und Zierfischzucht 28 (10): 332 - 333

Glascock, J. (1995): *Visit to America of
Uwe Romer of Germany.* The Apisto-
Gramm Vol. 12 (1), Issue 46: 3 Seiten

Glaser, U. sen. & W. Glaser (1996):
Southamerican cichlids II. ACS-Aqua-
log (3. Band), Mörfelden-Waldorf; 110
Seiten

Glock, M. (1975): *Verhalten und Beobachtungen an Apistogramma ornatipinnis Ahl, 1936.* DCG-Informationen
6 (10): 153 - 154

Goldammer, J. G. (1993): *Feuer in Wald-
ökosystemen der Tropen und Subtropen.* Birkhäuser Verlag, Basel - Boston
- Berlin. 251 Seiten

Goldstein, R. J. (1973): *Cichlids of the
World.* TFH-Publications, Neptune City.

*****Gordon, J. W. & F. H. Ruddle** (1981):
*Mammalian Gonadal Determination
and Gametogenesis.* Science 211:
1265 - 1271

Gosse, J.-P. (1976): *Révision du genre
geophagus.* Mémoirs Academie roya-
le des Sciences d´outre-mer (Brüssel)
19 (3): 1 - 172

Gottesmann, S. (1962): *Meine Apisto-gramma remirezi.* Die Aquarien- und Terrarien-Zeitschrift (DATZ) 15 (6): 166 - 168

*Goulding, M. (1980): *The Fishes and the Forest: Explorations in Amazonian Natural History.* Berkley - Los Angeles - London, University of California Press, 280 Seiten

*Goulding, M., Leal Carvalho, M. & E. G. Ferreira (1988): *Rio Negro, Rich Life in Poor Water.* The Hague; SPB Academic Publishing, 200 Seiten

Grabert, H. (1991): *Der Amazonas.* Berlin - Heidelberg - New York - London - Paris - Tokio - Hong Kong; Springer-Verlag, 235 Seiten

Grad, J. (1987): *Mein erster Zuchter-folg: Apistogramma inconspicua.* DCG-Informationen 17 (11): 199 - 200

Grad, J. (1991): *"Doppelhochzeit" bei Apistogramma agassizii.* DCG-Informationen 22 (8): 167

Grad, J. (1997): *Schwimmkünstler - Teleocichla proselytus.* DCG-Informationen 28 (2): 24 - 26

Graf, R. (1966): *Albinos bei Nannacara anomala.* Aquarien - Terrarien - Monatsschrift für Ornithologie und Vivarienkunde: Ausgabe B 13 (11): 386

Grant, G. (1981): *Eighty Six Years of Confusion.* Buntbarsche Bulletin- The Journal of the American Cichlid Association 87 (December 1981): 13 - 18

Greef, J.-J. de (1991): *Pros and Cons in Commercial Dwarf Cichlid Production.* Buntbarsche Bulletin- The Journal of the American Cichlid Association 147 (December 1991): 35 - 36

Greenfield, T. D. (1979): *Spawning a dwarf cichlid - ASG 10.* Cichlidae 4 (3): 85 - 87

Nannacara bimaculata ♀ ♀

Literatursammlung

Gremblewski-Strate, O. (1993): *Erst Weibchen - dann Männchen!: Harems- oder Juwelen-Fahnenbarsch Anthias squamipinnis (n. Bloch 1792).* Aquarium Heute 11 (2): 281 - 282

*Greven, H. & R. Riehl (Herausg.) (1995): *Fortpflanzungsbiologie der Aquarienfische.* Tagungsband zum Symposium "Fortpflanzungsbiologie der Aquarienfische" vom 27. bis 29. Mai 1994 im Löbbeke Museum und Aquazoo der Stadt Düsseldorf. Birgit Schmettkamp Verlag, Bornheim. 271 Seiten

*Greven, H. & R. Riehl (Herausg.) (im Druck): *Verhaltensbiologie der Aquarienfische.* Tagungsband zum Symposium "Fortpflanzungsbiologie der Aquarienfische" 1997 im Löbbeke Museum und Aquazoo der Stadt Düsseldorf. Birgit Schmettkamp Verlag, Bornheim.

Griesbach, K. (1977): *Gedanken zur Brutpflege bei Zwergbuntbarschen.* Aquarien Terrarien - Monatsschrift für Vivarienkunde und Zierfischzucht 24 (4): 117

Grimes, C. (1994): Apistogramma Xingu River. The Apisto-Gram #43 11 (2) Issue 4: 16 - 20

Grunwald, N. & P. Kemp (1995): *Das Paludarium: Teil 6: Fische für den Wasserteil.* Das Aquarium 29 (7) (313): 8 - 13

Günther, A.C.L.G. (1858 bis 1870): *Catalogue of the Fishes in the British Museum.* 8 Bände. British Museum of Natural History, London.

Günther, A.C.L.G (1863): *On new species of fishes from the Essequibo.* Annals and Magazine for Natuaral History, British Museum, London Ser. (3) Band XII: 441 - 443

Günther, A.C.L.G (1874): *Descriptions of new Species of Fishes in the British Museum.* Annals and Magazine for Natuaral History, British Museum, London Ser. (4) Band XIV: 368 - 371, 453 - 455

Günther, A.C.L.G (1880): *An Introduction to the Study of Fishes.* Edinburgh, 720 Seiten

Gutjahr, A. (1996): *Ein ungeliebter Gast - die Karpfenlaus.* DATZ Aquarien Terrarien 49 (8): 537 - 539

György, L. (1964): *Neuigkeiten der Aquaristik in der Ungarischen Volksrepublik.* In: *Neue Zierfische - Neue Wasserpflanzen.* Referate der VI. Zentralen Tagun für Aquarien- und Terrarienkunde vom 26./27. Oktober 1963 in Erfurt. Sonderheft Aquarien Terrarien - Monatsschrift für Ornithologie und Vivarienkunde: 54 - 56. Urania-Verlag; Leipzig und Berlin.

*Gypser, K. H. (1973): *Seltsames Laichverhalten von Apistogramma reitzigi.* Tl 7 (23): 15.

Hafner, M. (1960): *Apistogramma ramirezi - Haltung, Pflege und Zucht.* Die Aquarien- und Terrarien-Zeitschrift (DATZ) 13 (5): 132 - 135

Hammann, J. (1994): *Thema des Monats: Private Kleinanzeigen.* Das Aquarium 28 (4) (298): 2 - 3

Hampel, R. (1955): *Einiges über die Zucht von Nannacara anomala.* Die Aquarien- und Terrarien-Zeitschrift (DATZ) 8 (11): 286 - 288

Harlan, R. (1982): *Where to Go with the Genus Apistogramma.* Buntbarsche Bulletin - The Journal of the American Cichlid Association 88 (February 1982): 7 - 10

*Harrington, R. W. jr. (1968): *Delimination of the Thermolabile Phenocritical Period of Sex Determination and Differentiation in the Ontogeny of the normally Hermaphroditic Fish Rivulus marmoratus POEY.* Physiol. Zool. 41: 447 - 460

Guanacara indet. ♂

Apistogramma agassizii ♂, adult, aggressiv

J. Glaser

Literatursammlung

Hart, K. (1989): *In Marcelllos Laden lauert der Tod.* Deutsches Allgemeines Sonntagsblatt vom 31. März 1989.

*Haseltine, F.P. & S. Ohno (1981): *Mechanisms of Gonadal Differntiation.* Science 211: 1272 - 1278

Haseman, J. D. (1911): *A brief report upon the expedition of the Carnegie Museum to Central South America.* Annals of the Carnegie Museum VII: 287 - 299

Haseman, J. D. (1911): *Description of some new species of fishes and miscellaneous notes on others obtained on the expedition to Central South America.* Annals of the Carnegie Museum VII: 315 - 328 und Tafeln 46 - 52

Haseman, J. D. (1911): *An annotated Catalog of the Cichlid Fishes collected by the Expedition of the Carnegie Museum to Central South America, 1907 - 1910.* Annals of the Carnegie Museum VII: 329 - 373 und Tafeln 53 - 72

Haseman, J. D. (1911): XVIII.: *An annotated Catalog of the Cichlid Fishes collected by the Expedition of the Carnegie Museum to Central South America, 1907 - 1910.* Reprint from: Annals of the Carnegie Museum, Vol. VII (3 - 4): 329 - 373

Haseman, J. D. (1912): *Some factors of geographical distribution in South America.* Annals of the New York Academy of Sciences (XXII) 22: 9 - 112

Hassenewert, A. (1991): *Beobachtungen zum Fortpflanzungsverhalten von Apistogramma viejita.* DCG-Informationen 22 (5): 119 - 120. Falscher Autor (Luig) durch redaktionellen Fehler abgedruckt: siehe auch unter Luig, M. (1991).

Heckel, J. (1840): *Johann Natterer´s neue Flussfische Brasilien´s nach den Beobachtungen und Mittheilungen des Entdeckers beschrieben von Jacob Heckel. (Erste Abhandlung, die Labroi-* den). Annalen des Wiener Museums der Naturgeschichte II: 327 - 470

Heijns, W. (1996): *Mazarunia mazarunii - ein seltener Südamerikanischer Cichlide.* In: Konings, A. (Redakteur): Das Cichliden Jahrbuch. Band 6: 83 - 85

*Heiligenberg, W. (1965): *A quantitative analysis of digging movements and their relationships to aggressive behavior in cichlids.* Animal Behavior 13: 163 - 170

Heitkemper, M. (1984): *Von Aquarianern erfolgreich gezüchtet: Apistogramma hongsloi Kullander, 1979.* Aquarium Heute 2 (2): 6

Heitkemper, M. (1985): *Zur Diskussion gestellt: Zum Thema Apistogramma eunotus.* Aquarium Heute 3 (4): 45

Henn, A. W. (1928): *List of types of fishes in the collection of the Carnegie Museum on September 1, 1928.* Annals of the Carnegie Museum 19: 49 - 99

*Hertzig, A. & H. Winkler (1986): *The influence of temperature on the embryonic development of three cyprinid fishes, Abramis brama, Chalcalburnus cholcoides mento, and Vimba vimba.* Journal of Fish Biolgy 28: 171 - 181

Herzog, S. (1961): *Seltsame Brutpflege bei Aequidens curviceps.* Aquarien und Terrarien - Monatsschrift für alle Gebiete der Aquarien- und Terrarienkunde 8 (5): 129 - 131

Heuveldop, J. (1980): *Bioklima von San Carlos de Rio Negro, Venezuela.* Amazonia VII (I): 7 - 17

Hild, N. (1972): *Gelungene Zucht des Schachbrettcichliden Crenicara filamentosa.* Die Aquarien- und Terrarien-Zeitschrift (DATZ) 25 (9): 400 - 401

Hoedeman, J. J. (1951): *Notes on the Fishes of the Cichlid Family I: Apistogramma cacatuoides sp. n..* Beaufortia

Apistogramma hongsloi ♂ , adult, "Goldkopf"-Form

- Series of Miscellanious Publications 4 (erschienen 10. May 1951): 1 - 4

Hoedeman, J. J. (1969): *Elseviers Aquariumvissen Encyclopedie 6: cichliden - grondels - tetraodonten - register.* Amsterdam & Brüssel.

Hoffmann, P. (1974): *Beobachtungen bei der Zucht des Schachbrettcichliden, Crenicara filamentosa.* Die Aquarien- und Terrarien-Zeitschrift (DATZ) 27 (12): 406 - 408

Hoffmann, P. (1984): *Attrappenversuche mit Crenicara filamentosa, dem Schachbrettcichliden.* Die Aquarien- und Terrarien-Zeitschrift (DATZ) 37 (12): 458 - 460

Hoffmann, P. (1993): *Apistogramma meinkeni, vom Fang zur Nachzucht.* DATZ Aquarien Terrarien 47 (1/1994): 18 - 19

Hohl, D. (1976): *Eigenartiges Ablaichverhalten von Apistogramma borelli.* Aquarien Terrarien - Monatsschrift für Vivarienkunde und Zierfischzucht 23 (1): 26

Hohl, D. (1988): *Zur Systematik der Buntbarsche Amerikas - eine aktuelle Übersicht.* Aquarien Terrarien - Monatsschrift für Vivarienkunde und Zierfischzucht 35 (9): 316 - 317

Hohl, D. (1988): *Zur Systematik der Buntbarsche Amerikas - eine aktuelle Übersicht.* Aquarien Terrarien - Monatsschrift für Vivarienkunde und Zierfischzucht 35 (11): 379 - 382

Hohmann, S. (1975): *Nicht nur für Spezialisten: Apistogramma borellii.* Aquarien-Magazin 9 (7): 276 - 277

Hohnholz, H. (1959): *Der Schmetterlingsbuntbarsch.* Die Aquarien- und Terrarien-Zeitschrift (DATZ) 12 (9): 267 - 273.

Literatursammlung

Höhnisch, H. (1958): *Nannacara anomala gibt ein Rätsel auf.* Aquarien und Terrarien - Monatsschrift für alle Gebiete der Aquarien- und Terrarienkunde 5 (12): 341

Holland, W. J. (1911): *The Carnegie Museum Expedition to Central South America, 1907 - 1910.* Annals of the Carnegie Museum VII: 283 - 286

Holly, M., Meinken, H. & A. Rachow (1925 / erste Lieferung): *Die Aquarienfische in Wort und Bild.* Kernen Verlag, Stuttgart. unregelmäßig ausgelieferte Lose-Blatt-Sammlung, Leitnummer 41/14

*Hontella, A., Y. Roy, R. vanCoillie, K. Lederis & G. Chevalier (1989): *Differential effects of low pH and aluminium on the caudal neurosecretory system of the brook trout, Salvelinus fontinalis.* Journal of Fish Biology 35: 265 - 273

Horn, H. (1962): *Apistogramma reitzigi-Weibchen adoptiert junge Nannacara.* Aquarien und Terrarien - Monatsschrift für alle Gebiete der Aquarien- und Terrarienkunde 9 (4): 117

Horney, G. (1952): *Zwergcichliden.* Die Aquarien- und Terrarien-Zeitschrift (DATZ) 5 (7): 169 - 171.

Hueck, K. (1966): *Die Wälder Südamerikas, Ökologie, Zusammenfassung und wirtschaftliche Bedeutung.* Gustav Fischer Verlag; Stuttgart. 422 Seiten

*Hughes, G. M. & T. Koyama (1988): *Effect of temperature on the deformability of a lamprey, Entospenus japonicus, and Pacific salmon, Oncorhynchus keta, red blood cells, studdied using a modified filtration method.* Journal of Fish Biology 33: 945 - 950

Huizinga, H. W. (1972): *Pathobiology of Artystone trysibia Schoedte (Isopoda: Cymothoidae), an endoparasitic isopod of South American fresh water fishes.* J. Wildlife Des. 8: 225 - 232.

Ihering, R.T.G.W. von (1907): *O Diversas especies novas de Peixes Nematognathas do Brazil.* I. Notes Preliminare (Museu Paulista) I: (i) 14 - 39

Ihering, R.T.G.W. von (1907): *Os peixes da agua doce do Brazil.* Revista do Museu Paulista VII: 258 - 336

Ihering, R.T.G.W. von (1911): *Algunas especies novas de peixes d´agua doce.* Revista do Museu Paulista VII: 380 - 404

Inger, R.F. (1956): *Notes on a Collection of Fishes from Southeastern Venezuela.* Fieldiana Zoology 34 (37): 425 - 440

Innes, W. T. (1966): *Exotic aquarium fishes.* Reprint. TFH-Publications Inc., Jersey City.

IPS (1988): *Brasilien: Tote Fische auf dem Rio Paraguay.* Hintergrunddienst Nr. 21 vom 19.3.1988. IPS Dritte Welt Nachrichtenagentur GmbH; Bonn.

IPS (1989): *Brasilien verbietet Quecksilbergebrauch für Goldsuche.* Beilage zum IPS-Hintergrunddienst Nr. 8 vom 25.2.1989. IPS Dritte Welt Nachrichtenagentur GmbH; Bonn.

IPS (1989): *Umwelt: Riesiges Sumpfgebiet in Brasilien gefährdet.* Hintergrunddienst Nr. 25 vom 24.6.1989. IPS Dritte Welt Nachrichtenagentur GmbH; Bonn.

Irsperger, K. (1966): *Einige Beobachtungen bei Pflege und Zucht von Nannacara anomala.* Die Aquarien- und Terrarien-Zeitschrift (DATZ) 19 (7): 202 - 204

Isbrücker, Dr. I.J.H. (1986): *Microgeophagus Frey, 1957 (synoniem: Papiliochromis Kullander, 1977).* Het Aquarium ?? (12): 312 - 313 (only seen as copy)

"Isis" (1958): *Zur Zucht von Apistogramma agassizii.* Die Aquarien- und Terrarien-Zeitschrift (DATZ) 11 (12): 380

Jakobi, B. (1984): *Zur Biologie des Rothauben-Erdfressers, Geophagus steindachneri* Eigenmann & Hildebrand, *1910*. DCG-Informationen 15 (??): 91 - 99 (only seen as copy)

John, L. (1989): *Amazónia olhos de Satélite: The Amazon - A satellite´s-eye view: L´Amazonie - Les yeux du satellite.* (Satellitenbildatlas Brasiliens). (Herausg).: Editoracáo publicacáes e Comunicacáes LTDA; Sáo Paulo, Brasilien. 143 Seiten

Jordan, D. S. (1963): *The genera of fishes. and: A classification of fishes.* Stanford University Press, Stanford. 800 Seiten. (Reprint der Orginalausgabe 1919 mit neuem Vorwort)

*Junk, W. J. (1980): *Die Bedeutung der Wasserstandsschwankungen für die Ökologie von Überschwemmungsgebieten, dargestellt am Beispiel der Várzea des mittleren Amazonas.* Amazonia VII (I): 19 - 29

Junker, M. & D. Sanchez (1992): *Introducing Apistogramma Moae: A real fish story.* Cichlid News 1 (1): 20 - 21 & 25

Kahl, B. (1970): *Die Hochzeit der Ramirezis: Ablaichserie in sechs Farbbildern.* Aquarien-Magazin 4 (5): 216 - 217

Kallman, K. D. (1965): *Genetics and Geography of Sex Determination in the Poeciliid Fish, Xiphophorus maculatus.* Zoologica 50 (13): 151 - 190

Kämmerle, M. (1974): *Warum nicht mal etwas anderes?* Die Aquarien- und Terrarien-Zeitschrift (DATZ) 27 (8): 288

Kasselmann, C. (1995): *Aquarienpflanzen.* Verlag Eugen Ulmer; Stuttgart. 472 Seiten

*Keenleyside, M. H. A. (1979): *Diversity and Adaption in Fish Behaviour.* Springer; Berlin - Heidelberg - New York.

Apistogramma caetei ♀ , adult, neutral gestimmt, aus dem Rio Guamá

Literatursammlung

*Kindle, K. R. & D. H. Whitemore (1986): *Biochemical indicators of thermal stress in Tilapia aurea (Steindachner).* Journal of Fish Biology 29: 243 - 255

Kilian, B. (1989): *Biotoecus opercularis gezüchtet.* DATZ Die Aquarien- und Terrarienzeitschrift 42 (12): 713 - 714

Kilian, B. (1992): *Freilandbeobachtungen an Dicrossus maculatus.* DATZ Aquarien Terrarien 45 (3): 143

Kimmel, S. (1979): *Der Gebänderte Zwergbuntbarsch (Nannacara taenia Regan).* Die Aquarien- und Terrarien-Zeitschrift (DATZ) 23 (2): 45 - 46

Kittel, W. (1955): *Pflege und Zucht des Apistogramma ramirezi.* AT 2 (4): 102 - 103

Klee, A. J. (1965) *Bushmasters Boulevard, part VI.* Aquarium Journal 36 (6): 268 - 272

Klee, A. J. (1965): *Water analyses from the Peruvian Amazon: Part IX.* Aquarium Journal 36: 420, 422 - 426, 432 - 433 & 435

Klee, A. J. (1969): *The Finney Bone.* The San Francisco Aquarium Society and the California Academy of Sciences, San Francisco. 66 Seiten

Klee, A. J. (1971): *A note on the name of Apistogramma ramirezi.* Aquarium (N. J.) 4 (5): 47 - 48

Kling, A. (1984): *Die Zucht von Apistogramma hongsloi und eine kurze Erläuterung über Herkunft und Merkmale des Fisches.* TI international 67: 8 - 9

*Klinkhard, M. B. (1995): *Die Rolle der Chromosomen bei der Fortpflanzung von Aquarienfischen.* In: Greven H. & R. Riehl (Herausg.): *Fortpflanzungsbiologie der Aquarienfische.* Birgit Schmettkamp Verlag, Bornheim: 37 - 58

Klötzer, M. (1971): *Meine Beobachtungen bei der Zucht von Nannacara anomala.* Aquarien und Terrarien - Monatsschrift für Ornithologie und Vivarienkunde: Ausgabe B 18 (12): 424 - 425

Klötzer, M. (1974): *Meine Erfahrungen mit dem Tüpfelbuntbarsch, Aequidens curviceps Ahl 1924.* Aquarien und Terrarien - Monatsschrift für Ornithologie und Vivarienkunde: Ausgabe B 21 (4): 138 - 139

*Knöppel, H. A. (1970): *Food of central Amazonian fishes: Contribution to the nutrient-ecology of Amazonian rainforest-streams.* Amazonia 2: 257 - 352

Knorr, F. (1967): *Zierfische schmükken DDR-Briefmarken.* Aquarien - Terrarien - Monatsschrift für Ornithologie und Vivarienkunde: Ausgabe B 14 (7): 251 - 252

Knudsen Olsen, K. (1997): *Apistogramma.* Northwest Aquaria Newsletter (issue Febr. 97): 6 - 8

*Kornfield, I. (1984): *Descriptive Genetics of Cichlid Fishes.* in: *Evolutionary Genetics of Fishes.* Hrsg.: Turner, B. J., Plenum Publishing Coorporation, ohne Ort.

Korthaus, E. (1985): *Crenicara filamentosa, Beobachtungen im Biotop des Gabelschwanz-Schachbrettcichliden.* Aquarium Minden 19: 16 - 18

Koslowski, I. (1980): *Aquarienbeobachtungen an Apistogramma spec. nov., dem Wangenfleck-Apistogramma.* DCG-Informationen 11 (8): 151 - 154

Koslowski, I. (1980): *Neues aus der Apistogramma-Szene.* DCG-Informationen 11 (11): 201 - 206

Koslowski, I. (1980): *Cichliden von A - Z: Apistogramma vieijita Kullander, 1979.* DCG-Informationen 11 (11): 201 - 206

Koslowski, I. (1981): *Zum Thema: Geschlechtswechsel bei Zwergcichliden.* DCG-Informationen 12 (2): 38 - 40

Koslowski, I. (1981): Unser Steckbrief: Crenicara filamentosa Ladiges, 1958.

Apistogramma nijsseni ♂ , adult, frontal drohend

Das Aquarium 15 (145): ?? (only incomplete copy seen)

Koslowski, I. (1982): *Apistogramma kleei wurde umbenannt.* TI Tatsachen und Informationen aus der Aquaristik 17 (57): 17 - 19

Koslowski, I. (1982): *Über Taeniacara.* TI Tatsachen und Informationen aus der Aquaristik 17 (57): ?? - 17 (only incomplete copy seen)

Koslowski, I. (1982): *Ein prachtvoller Zwerg ist der Glanzbinden-Apistogramma.* DCG-Informationen 13 (4): 61 - 64

Koslowski, I. (1982): *Zum Problem der natürlichen Aufzucht von Papiliochromis ramirezi.* DCG-Informationen 13 (4): 71 - 73

Koslowski, I. (1982): *Apistogramma commbrae: Ein Winzling unter den Zwergbuntbarschen Südamerikas.* DCG-Informationen 13 (6): 116 - 120

Koslowski, I. (1983): *Cichliden von A - Z: Apistogramma eunotus Kullander, 1981.* DCG-Informationen 14 (5): 2 Seiten

Koslowski, I. (1983): *Neues aus der Gattung Apistogramma.* DCG-Informationen 14 (6): 101 - 110

Koslowski, I. (1983): *Neue Farbtupfer aus der Gattung Apistogramma.* TI international 64: 9 - 11

Koslowski, I. (1984): *Neuheiten und Neuigkeiten aus der Gattung Apistogramma: Teil 1: Apistogramma spec., "Gelbwangen"-Apistogramma".* DCG-Informationen 15 (3): 50 - 55

Koslowski, I. (1984): *Neuheiten und Neuigkeiten aus der Gattung Apistogramma, Teil 2.* DCG-Informationen 15 (4): 71 - 77

Koslowski, I. (1984): *Neue Farbtupfer aus der Gattung Apistogramma: Teil II.* TI international 65: 9 - 11

Literatursammlung

Koslowski, I. (1985): *Descriptions of new species of Apistogramma (Teleostei: Cichlidae) from the Rio Mamoré system in Bolivia.* Bonner Zoologische Beiträge 36 (H.1/2): 145 - 162

Koslowski, I. (1985): *Die Buntbarsche der neuen Welt - Zwergcichliden.* Reimar-Hobbing GmbH; Essen. 192 Seiten

Koslowski, I. (1986): *Variables aus Peru: Apistogramma eunotus.* Aquarium Heute 6 (2): 8 - 10

Koslowski, I. (1986): *Die Balzfleck-Apistogramma, ein Kuriosum unter den Zwergbuntbarschen Südamerikas.* Die Aquarien- und Terrarien-Zeitschrift (DATZ) 38 (3): 102 - 105

Koslowski, I. (1987): *Ethologische Untersuchungen an Apistogramma commbrae (Teleostei: Cichlidae).* Schriftliche Hausarbeit i. R. d. Ersten Staatsprüfung f. d. Lehramt f. d. Sekundarstufe II. Bochum. unveröffentlicht. 159 Seiten

Koslowski, I. (1989): *Ist Nannacara taenia (Regan, 1912) doch eine gültige Art?* Die Aquarien- und Terrarien-Zeitschrift (DATZ) 42 (10): 602

Koslowski, I. (1994): *Apistogramma-Arten aus dem Rio Tefé.* DATZ Aquarien Terrarien 47 (3): 152 - 156

Koslowski, I. (1994): *Ostamazonische Apistogramma: Aquaristische Neuheiten und Neuigkeiten.* DATZ Aquarien Terrarien 47 (12): 781 - 788

Koslowski, I. (1996): *Beiträge zur Unterscheidung von Apistogramma-Weibchen.* In: Deutsche Cichliden-Gesellschaft (Herausg.): *Cichliden - Festschrift zum 25jährigen Jubiläum der DCG.* Frankfurt: 204 - 217

Koslowski, I. (19??): *Cichliden von A - Z: Apistogramma caetei Kullander, 1980.* DCG-Informationen ?? (??): 1 Seite (only incomplete copy seen)

Koslowski, I. & W. Schmettkamp (1981): *Neues aus der Apistogramma-Szene.* DCG-Informationen 12 (8): 141 - 150

Körber, U. (1970): *Südamerikanische Konkurrenz für Njassabarsche.* Die Aquarien- und Terrarien-Zeitschrift (DATZ) 23 (9): 263 - 266

Kraft, W. (1958): *Das Flußmeer: Der Amazonas als ein Lebensraum unserer Süßwasser-Aquarienfische.* Aquarien und Terrarien - Monatsschrift für alle Gebiete der Aquarien- und Terrarienkunde 5 (5): 129 - 135

Kraus, G. (1982): *Wir suchten Papiliochromis ramirezi.* Die Aquarien- und Terrarien-Zeitschrift (DATZ) 35 (12): 441 - 443

Krause, H.-J. (1987): *Mit dem Hausboot in Amazonien (III).* Die Aquarien- und Terrarien-Zeitschrift (DATZ) (11): 495 - 498

Krause, H.-J. (1988): *Wasseranalysen in den Tropen und ihre Tücken.* Die Aquarien- und Terrarien-Zeitschrift (DATZ) 41 (3): 138 - 140

Krämer, W. (1989): *Apistogramma - meine Traumfische.* Aquarama 5 (März/April): 12 - 14

*Krebs, J. R. N. B. Davies (1978): *Behavioral ecology - An evolutionary approach.* Blackwell Scientiffic Publications, Oxford.

*Krebs, J. R. N. B. Davies (1984): *Einführung in die Verhaltensökologie.* Thieme, Stuttgart & New York.

Kreher, G. (1967): *Apistogramma keei, eine kleine Kostbarkeit.* Das Aquarium 1 (8): 14 - 15

Kreher, G. (1967): *Nachzucht von Apistogramma kleei in Annaberg.* Aquarien - Terrarien - Monatsschrift für Ornithologie und Vivarienkunde: Ausgabe B 14 (11): 376 - 378

Kreher, G. (1976): *Crenicara filamentosa.* Aquarien Terrarien - Monatsschrift

Apistogramma nijsseni ♀, adult, territorial, aggressiv

für Vivarienkunde und Zierfischzucht 23 (8): 282

Kuenzer, P. (1957): *Brutpflege beider Elternteile bei Nannacara anomala.* Die Aquarien- und Terrarien-Zeitschrift (DATZ) 10 (7): 175 - 177

Kuenzer, P. (1958): *Zur Brutpflege von Apistogramma reitzigi.* Die Aquarien- und Terrarien-Zeitschrift (DATZ) 11 (2): 46 - 48

Kuenzer, P. (1961): *Apistogramma borellii, seine Pflege und Zucht.* Die Aquarien- und Terrarien-Zeitschrift (DATZ) 14 (7): 199 - 201

Kunzer, P. (1962): *Die Auslösung der Nachfolgereaktion durch Bewegungsreize bei Jungfischen von Nannacara anomala REGAN (Cichlidae).* Naturwiss. 49: 525 - 526

Kuenzer, P. (1962): *Wie erkennen Cichliden-Junge ihre Eltern? I. Versuche an Apistogramma reitzigi.* Die Aquarien- und Terrarien-Zeitschrift (DATZ) 15 (11): 332 - 334

Kuenzer, P. (1962): *Wie erkennen Cichliden-Junge ihre Eltern? II. Versuche an Apistogramma borellii.* Die Aquarien- und Terrarien-Zeitschrift (DATZ) 15 (12): 362 - 365

Kuenzer, P. (1966): *Wie "erkennen" junge Buntbarsche ihre Eltern?* Umschau in Naturwissenschaft und Technik 24: 795 - 800

Kuenzer, P. (1967): *Mein Freund der gestreifte Zwergbuntbarsch (Nannacara anomala): 1. Pflege und Zucht.* Aquarien-Magazin 1 (1): 30 - 32

Kuenzer, P. (1967):): *Mein Freund der gestreifte Zwergbuntbarsch (Nannacara anomala): 2. Wie die Eltern ihre Brut erkennen und wiederfinden.* Aquarien-Magazin 1 (3): 105 - 107.

Kuenzer, P. (1967): *Mein Freund der gestreifte Zwergbuntbarsch (Nanna-*

Literatursammlung

cara anomala): 3. Wie die Jungfische ihre Eltern erkennen. Aquarien-Magazin 1 (6): 280 - 283

Kuenzer, P. (1968): *Die Auslösung der Nachfolgereaktion bei erfahrungslosen Jungfischen von Nannacara anomala.* Zeitschrift für Tierpsychologie 25 (3): 257 - 314

Kuenzer, E. & P. Kuenzer (1962): *Untersuchungen zur Brutpflege der Zwergcichliden Apistogramma reitzigi und A. borellii.* Zeitschrift für Tierpsychologie 19 (1): 56 - 83

Kulick, H. (1958): *Zuchterfahrungen mit Apistogramma ramirezi.* Aquarien und Terrarien - Monatsschrift für alle Bereiche der Aquarien- und Terrarienkunde 5 (5): 153

Kullander, S. O. (1974): *Two new Species of Apistogramma Regan obtained in Aquarium Fish Trade.* Buntbarsche Bulletin- The Journal of the American Cichlid Association 43: 3 - 7

Kullander, S. O. (1974): *Artenliste der Gattung Apistogramma Regan mit Bemerkungen über Länge, geographische Verbreitung und Flossenentwicklung.* DCG-Informationen 5 (7): 77 - 81

Kullander, S. O. (1975): *Apistogramma borellii.* Akvariet 49 (7): 333

Kullander, S. O. (1976): *Scientific Results of the Peru-Bolivia Expedition Dr. K. H. Lüling 1966: Apistogramma lueling sp. nov., a new cichlid fish from Bolivia (Teleostei: Cichlidae).* Bonner zoologische Beiträge 27 (3/4): 258 - 266

Kullander, S. O. (1977): *Papiliochromis gen.n., a New Genus of South American Cichlid Fish (Teleostei, Perciformes).* Zoologica Scripta 6: 253 - 254

Kullander, S. O. (1978): *A redescription of Crenicara filamentosa Ladiges, 1958 (Teleostei: Cichlidae).* Mitt. hamb. zool. Mus. Inst. 75: 267 - 278

Kullander, S. O. (1979): *Species of Apistogramma (Teleostei, Cichlidae) from the Orinoco Drainage Basin, South America, with Descriptions of Four New Species.* Zoologica Scripta 8: 69 - 79

Kullander, S. O. (1979): *Description of a new species of the genus Apistogramma (Teleostei, Perciformes, Cichlidae) from Peru.* Revue Suisse de Zoologie (Genève) 86 (4): 937 - 945

Kullander, S. O. (1980): *A Taxonomical Study of the Genus Apistogramma REGAN, with a Revision of Brazilian and Peruvian Species (Teleostei: Percoidei: Cichlidae).* Bonner zoologische Monographien 14. Zoologisches Forschungsinstitut und Museum Alexander König (Hrsg.); Bonn. 152 Seiten

Kullander, S. O. (1980): *A redescription of the South American cichlid fish Papiliochromis ramirezi (Myers & Harry, 1948) (Teleostei: Cichlidae).* Studies on Neotropical Fauna and Environment 15: 91 - 108

Kullander, S. O. (1980): *Description of a New Species of Apistogramma from the Rio Madeira System in Brazil (Teleostei, Cichlidae).* Bulletin Zoölogisch Museum Universiteit van Amsterdam 7 (16): 157 - 164

Kullander, S. O. (1981): *The Bolivian Ram: a zoogeographical problem and its taxonomical solution - Der Bolivianische Schmetterlingsbuntbarsch: ein zoogeographisches Problem und seine taxonomische Lösung.* DCG-Informationen 12 (4): 61 - 79

Kullander, S. O. (1981): *Description of a new species of Apistogramma (Teleostei: Cichlidae) from the upper Amazonas Basin. Ergebnisse der Argentinien-Peru-Expedition Dr. K. H. Lüling 1978.* Bonner zoologische Beiträge 32: 183 - 194

Kullander, S. O. (1981): *Cichlid fishes from the La Plata basin: Part I: Collections from Paraguay in the*

Apistogramma agassizii ♀ , unmittelbar nach dem Ablaichen

Apistogramma agassizii ♀ mit 3 Wochen alten Jungfischen

Muséum d´Histoire naturelle de Genéve. Revue Suisse de Zooogie (Genève) 88: 675 - 692

Kullander, S. O. (1982): *Description of a new species of Apistogramma Regan, from the Oyapock and Approuage river systems (Teleostei: Cichlidae).* Cybium 6 (4): 65 - 72

Kullander, S. O. (1982): *Cichlid fishes from the La Plata basin: Part II: Apistogramma commbrae (Regan, 1906) (Teleostei: Cichlidae).* Revue Suisse de Zoologie (Genève 89 (1): 33 - 48

Kullander, S. O. (1982): *Cichlid Fishes from the La Plata basin: Part. IV: Review of the Apistogramma Species, with Description of a New Species (Teleostei, Cichlidae).* Zoologica Scripta 11 (4): 307 - 313

Kullander, S. O. (1982): *Beschreibung einer neuen Apistogramma-Art aus Zentral-Amazonien (Teleostei: Cichlidae).* DCG-Informationen 13 (10): 181 - 193

Kullander, S. O. (1983): *A Revision of the South American Cichlid Genus Cichlasoma (Teleostei: Cichlidae).* Swedish Museum of Natural History; Stockholm. 296 Seiten

Kullander, S. O. (1986): *Cichlid Fishes from the Amazon River Drainage of Peru.* Swedish Museum of Natural History; Stockholm. 431 Seiten

Kullander, S. O. (1987): *A new Apistogramma species (Teleostei, Cichlidae) from the Rio Negro in Brazil and Venezuela.* Zoologica Scripta 16 (3): 259 - 270

Kullander, S. O. (1988): *Teleocichla, a New Genus of South American Rheophilic Cichlid Fishes with Six New Species (Teleostei: Cichlidae).* Copeia (1): 196 - 230

Kullander, S. O. (1989): *Biotoecus Eigenmann and Kennedy (Teleostei: Cichlidae): description of a new species from the Orinoco basin and revised generic diagnosis.* Journal of Natural History 23: 225 - 260

Kullander, S. O. (1990): *Mazarunia mazarunii (Teleostei: Cichlidae), a new genus and species from Guyana, South America.* Ichthyological Exploration of Freshwaters 1 (1): 3 - 14

Kullander, S. O. (unveröffentlicht, 1994): *Catalogue of South American Cichlidae.* Manuskript, Stand August 1994.

Kullander, S. O. & H. Nijssen (1989): *The Cichlids of Surinam: Teleostei, Labroidei.* E. J. Brill: Leiden & Köln. 256 Seiten

Kullander, S. O. & W. Staeck (1988): *Description of a new Apistogramma species (Teleostei, Cichlidae) from the Rio Negro in Brazil.* Cybium 12 (3) 189 - 201

Kullander, S. O. & W. Staeck (1990): *Crenicara latruncularium (Teleostei: Cichlidae), a new Cichlid species from Brazil and Bolivia.* Cybium 14 (2): 161 - 173

Kullander, S. O. & S. Prada-Pedreros (1993): *Nannacara adoketa, a new species of cichlid fish from the Rio Negro in Brazil.* Ichthyological Exploration of Freshwaters 4 (4): 357 - 366

Kunath, D. (1958): *Anormales Laichverhalten und Geschlechtsmerkmale von Aequidens curviceps.* Aquarien und Terrarien - Monatsschrift für alle Gebiete der Aquarien- und Terrarienkunde 5 (9): 269 - 270

Kühme, W. (1962): *Das Schwarmverhalten elterngeführter Jungcichliden (Pisces).* Zeitschrift für Tierpsychologie 19 (5): 513 - 538

Küntzel, H. (1957): *Beobachtungen an Apistogramma agassizii.* Aquarien und Terrarien - Monatsschrift für alle Bereiche der Aquarien- und Terrarienkunde 4 (7): 221 - 222

Küntzel, H. (1964): *Erfahrungen bei der Zucht von Zwergcichliden.* Aquarien Terrarien - Monatsschrift für Ornithologie und Vivarienkunde: Ausgabe B 11 (3): 79 - 81

Kusters, J. (1991): *Begegnung mit Apistogramma nijsseni.* DATZ Aquarien Terrarien 44 (6): 386 - 388

Lacépéde, B. G. E. (1789 bis 1803): *Histoire naturelle des poissons.* 5 Bände. Plassan, Paris.

Lacerda, M. T. C. (1989): *Araguaia: em busca de Cynolebias GO-3: Reportagem National.* Revista de Aquarifolia 1989 (9): 20 - 29

Ladiges, W. (1948): *Endlich wieder Importe.* Wochenschrift für Aquarien- und Terrarienkunde XLII: 4

Ladiges, W. (1949): *Apistogramma ramirezi Myers & Harry.* Wochenschrift für Aquarien- und Terrarienkunde 43 (3): 48 - 51

Ladiges, W. (1951): *Der Fisch in der Landschaft.* 2. Auflage, Verlag G. Wenzel u. Sohn, Braunschweig.

Ladiges, W. (1951): *Der Schachbrett-Cichlide.* Die Aquarien- und Terrarien-Zeitschrift (DATZ) 4 (8): 198 - 199

Ladiges, W. (1958): *Bemerkungen zu einigen Neuimporten.* Die Aquarien- und Terrarien-Zeitschrift (DATZ) 11 (7): 203 - 204

Ladiges, W. (1959): *Neue Fischarten aus der Sammlung des Zoologischen Staatsinstituts und Zoologischen Museums in Hamburg: I. Crenicara filamentosa spec. nov.; ein neuer seltener Cichlide aus Südamerika.* Internationale Revue der gesamten Hydrobiologie 44 (2): 299 - 302

Ladiges, W. (1984): *Der Fisch in der Landschaft.* 3. Auflage, Alfred Kernen Verlag; Essen. 224 Seiten

Lang, F. (1956): *Zuchterfolge bei Aequidens curviceps E. Ahl.* Die Aquarien- und Terrarien- Zeitschrift (DATZ) 9 (9): 227 - 229

Lange, K. & P. Santura (1984): *Apistogramma commbrae - ein problemloser Zwerg.* TI international 67: 13 - 14

Langhammer, J. K. (1971): *The gentle giants.* Buntbarsche Bulletin - The Journal of the American Cichlid Association 30: 7 - 10

Langhammer, J. K. (1974): *The perfect dwarf cichlid.* Tropical Fish Hobbyist (T.F.H.) 22 (11): 10, 12 & 14

Langhammer, J. K. (1975): *Some Notes on the Taxonomy of Apistogramma.* Buntbarsche Bulletin - The Journal of the American Cichlid Association 46 (January/February 1975): 13

Langhammer, J. K. (1980): *Cichlidist´s Library.* Buntbarsche Bulletin - The Journal of the American Cichlid Association

Langhammer, J. K. (1991): *The Ram and ist Nomenclature: Which name actually has precedence?* Buntbarsche Bulletin - The Journal of the American Cichlid Association 77: 15

Lamboj, A. (1993): *Limbochromis robertsi (Thys & Loiselle, 1971): Ein außergewöhnlicher Buntbarsch aus Ghana.* In: Buntbarschjahrbuch 2 (1994): 38 - 43. Kollnburg; Bede Verlag. 96 Seiten

Leibel, W. (1994): *Goin´ South - Part 16: Cichlids of the Americas: Apistos in the Aquarium.* Aquarium Fish Magazine 6 (6): 32 - 43

Leibel, W. (1994): *Goin´ South - Part 17: Cichlids of the Americas: Apistos in the Aquarium: Caring for and breeding these little cichlids.* Aquarium Fish Magazine 6 (7): 43 - 52

Leknes, I. L. (1986): *Fine structure and cytochemistry of the endothelial cells and rodlet cells in the bulbus arteriosus in species of Cichlidae (Teleostei).* Journal of Fish Biology 28 (1): 29 - 36

Literatursammlung

Liefferinge, G. van (1995): *Ervaringen met Apistogramma-Soorten.* Cichlidae 21 (4): 105 - 108

Lier, W. (1985): *Sie töten unsere Flüsse und töten uns durch Hunger.* Brasilien Nachrichten Nr. 86 / 1985

Linke, H. (1975): *Farbenprächtig, aber etwas scheu ist Crenicara filamentosa.* Das Aquarium 9 (69): 104 - 105

Linke, H. (1982): *Erste Informationen über eine Reise nach Kolumbien.* DCG-Informationen 13 (11): 201 - 207

Linke, H. (1983): *Der "geheimnisvolle" Papiliochromis ramirezi (Myers & Harry, 1948).* DCG-Informationen 14 (6): 111 - 114

Linke, H. (1983): *Neu- und wiederimportierte Zierfische: Temperamentvoll, klein und friedlich.* Aquarium Heute 2 (2): 5 - 6

Linke, H. (1983): *Apistogramma iniridae ist noch nicht "angepaßt".* Das Aquarium 17 (6): 303 - 306

Linke, H. (1983): *Die Heimat des Papiliochromis ramirezi.* TI No. 64 (Dezember): 5 - 6

Linke, H. (1984): *Neu- und wiederimportierte Zierfische: Zwei schöne Zwerge.* Aquarium Heute 2 (3): 5 - 6

Linke, H. (1984): *Horst Linke antwortet: Jeder hat so seine Erfahrungen.* Aquarium Heute 2 (3): 44

Linke, H. (1985): *Neu- und wiederimportierte Zierfische: Schöne Außenseiter.* Aquarium Heute 3 (2): 5 - 6

Linke, H. (1985): *New and re-imported fishes: Pretty Outsiders.* Today´s Aquarium (3/85): 5 - 6

Linke, H. (1985): *Peruaner mit Haube: Apistogramma cacatuoides Hoedeman, 1951.* Aquarium Heute 3 (4): 13 - 16

Linke, H. (1986): *Peruvians with a crest: Apistogramma cacatuoides Hoedeman, 1951.* Today´s Aquarium (1/86): 13 - 16

Linke, H. (1986): *Anmerkungen zum Lebensraum einer Farbvariante von Apistogrammoides pucallpaensis.* DCG-Informationen 17 (3): 52 - 55

Linke, H. (1986): *Der Zwerg aus Peru: Apistogrammoides pucallpaensis.* Aquarium Heute 4 (3): 15 - 16

Linke, H. (1986): *The dwarf from Peru: Apistogrammoides pucallpaensis.* Today´s Aquarium (4/86): 15 - 16

Linke, H. (1986): *Leserbrief zu „Moeder natuurs mooiste" von W.A. Tomey.* Het Aquarium ?? (10): 252 - 253 (only seen as copy)

Linke, H. (1987): *Neu- und wieder importierte Zierfische: Raritäten mit Seitenfleck.* Aquarium Heute 5 (1): 5 - 6

Linke, H. (1987): *Es ist gelungen: Die Vermehrung von Papiliochromis altispinosa.* Aquarium Heute 5 (1): 12 - 14

Linke, H. (1987): *New and re-imported aquarium fishes: Rarities with sidepatch.* Today´s Aquarium (2/87): 5 - 6

Linke, H. (1987): *Success at least: The reproduction of Papiliochromis altispinosa.* Today´s Aquarium (2/87): 12 - 14

Linke, H. (1988): *Neu- und wiederimportierte Aquarienfische: Südamerikaner mit Schachbrettmuster.* Aquarium Heute 6 (3): 7 - 9

Linke, H. (1989): *Beliebte Aquarienfische: Papiliochromis ramirezi: Der südamerikanische Schmetterlingsbuntbarsch.* Aquarium Heute 9 (1): 17

Linke, H. (1990): *Beliebte Aquarienfische: Apistogramma agassizii.* Aquarium Heute 10 (2): (only seen as incomplete copy)

Linke, H. (1991): *Beliebte Aquarienfische: Laetacara dorsigera.* Aquarium Heute 11 (1): 15

Linke, H. (1991): *Apistogramma caca-tuoides.* Aquarium Heute 11 (1): 16

Linke, H. (1991): *Beliebte Aquarien-fische: Papiliochromis altispinosa.* Aquarium Heute 11 (3): 17

Linke, H. (1993): *Beliebte Aquarien-fische: Nannacara anomala.* Aquarium Heute 11 (4): 387

Linke, H. (1996): *Bemerkungen zum Biotop von Pterophyllum altum, dem König vom Orinoko.* Aquarium Heute 14 (3): 349 - 350

Linke, H. (1996): *Nijsseni und Co.: Eine "neue" Art aus dem A. cacatuoides-Komplex.* TI Magazin 28 (131 / Oktober 96): 14 - 16

Linke, H. (1997): *Ein Zwergbuntbarsch aus Nordost-Venezuela: Apistogram-ma guttata in seinem Lebensraum.* TI Magazin 29 (134): 13 - 15

Linke, H. (1997): *Apistogramma sp. "Morrocoy": Ein neuer (?) Zwergbunt-barsch aus Venezuela.* Das Aquarium 31 (5) (335): 13 - 16

Linke, H. & W. Staeck (1983): *Neu im Aquarium: Apistogramma nijsseni aus Peru.* Aquarium Heute 1 (3): 6 - 7

Linke, H. & W. Staeck (1984): *Amerikanische Cichliden I: Kleine Buntbarsche.* 1. Auflage; Tetra-Verlag; Melle. 194 Seiten

Linke, H. & W. Staeck (1986): *New arrivals: Apistogramma luelingi und Papiliochromis altispinosa.* Aquarium Heute 4 (1): 7 - 9

Linke, H. & W. Staeck (1986): *Neu im Aquarium: Apistogramma luelingi and Papiliochromis altispinosa.* Today´s Aquarium (2/86): 7 - 9

Linke, H. & W. Staeck (1992): *Amerikanische Cichliden I - Kleine Buntbarsche.* 4. vollständig überarbeitete Auflage; Tetra-Verlag; Melle. 232 Seiten

Linke, H. & W. Staeck (1994): *American Cichlids I - Dwarf Cichlids:* A handbook for their identificatin, care, and breeding. Tetra-Press; Melle. 232 Seiten

Linke, H. & W. Staeck (1995): *Amerikanische Cichliden I - Kleine Buntbarsche.* 5. veränderte Auflage; Tetra-Verlag; Melle. 232 Seiten

*Linke, H. & W. Staeck (1997): *Amerikanische Cichliden I - Kleine Buntbarsche.* 6. komplett überarbeitete Auflage; Tetra-Verlag; Melle. 256 Seiten

Loiselle, P. V. (1979): *Keeping up : Aequidens dorsigerus (Heckel 1840).* Jornal of the American Cichlid Association, Buntbarsche Bulletin 66: 19 - 22

Loiselle, P. V. (1978): *Keeping up : New names for two populat cichlids.* Jornal of the American Cichlid Association, Buntbarsche Bulletin 67: 7 - 10

Loiselle, P. V. (1979): *The Cichlid Aquarium.* Tetra-Verlag, Melle.

Loiselle, P. V. (1979): *Cichlid Power! Neotropical dwarf cichlids.* Freshwater and Marine Aquarium (F.A.M.A.) 2 (10): 22 - 28 und 85 - 87

Lorenzen, E. (1987): *Die Bedeutung von Vorerfahrung und Umstimmungs-vorgängen bei der Auslösung der Nachfolgereaktion junger Zwergcich-liden (Apistogramma borellii, Teleostei: Percoidei: Cichlidae).* Diplomarbeit, II. Zool. Inst. Universität Göttingen.

Lorenzen, E. (1989): *Ein "Kidnapping" bei dem niemand zu Schaden kommt.* DATZ Die Aquarien- und Terrarien-zeitschrift 42 (1): 16 - 17

*Lorenzen, E. (1991): *Die Bedeutung von endogenen Faktoren bei der Aus-lösung der Nachfolgereaktion junger Apistogramma borellii (Regan, 1906) (Teleostei: Percoidei: Cichlidae).* Dissertation, Georg-August-Universität, Göttingen.

Literatursammlung

*Lowe-McConnell, R. H. (1964): *The fishes of the Rupununi savanna district of British Guiana, South America: Part 1: Ecological groupings of fish species and effects of the seasonal cycle of the fish.* Zoological Journal of the Linnean Society 45: 103 - 144

*Lowe-McConnell, R. H. (1969): *The cichlid fishes of Guyana, South America,* with notes on their ecology and breeding behaviour. Zoological Journal of the Linnean Society 48: 255 - 302

*Lowe-McConnell, R. H. (1975): *Fish communities in tropical freshwaters.* Longman; London & New York. xvii & 337 Seiten

Luengo, J. A. (1970): *Notas sobre los Cichlidos de Venezuela (Pisces).* Lagena 25 - 26: 27 - 36.

Luengo, J. A. (1971): *La familia Cichlidae en el Uruguay.* Mem. Soc. Cienc. nat La Salle 31: 279 - 298

Luig, M. (1991): *Beobachtungen zum Fortpflanzungsverhalten von Apistogramma viejita.* DCG-Informationen 22 (5): 119 - 120. (redaktioneller Fehler: wirklicher Autor ist: Hassenewert, A.)

Lüling, K. H. (1961): *Fischbeobachtungen am Rande eines Schwarzwasserflusses im peruanischen Amazonasdistrikt: Ein Bericht der Amazonas-Ucayali-Expedition 1959/60.* Aquarien und Terrarien - Monatsschrift für alle Gebiete der Aquarien- und Terrarienkunde 8 (11): 327 - 335

Lüling, K. H. (1965): *Aequidens thayeri (Steindachner) 1875, eine neu eingeführte Cichlidenart aus Bolivien.* Die Aquarien- und Terrarien-Zeitschrift (DATZ) 18 (4): 104 - 106

Lüling, K. H. (1965): *Jagd auf Fischriesen und Fischzwerge: Am peruanischen Amazonas und unteren Ucayály.* Aquarien Terrarien - Monatsschrift für Ornithologie und Vivarienkunde 12 (5): 154 - 161

Lüling, K. H. (1969): *Auf Fischfang in den Urwäldern am Rio Chapare und Rio Chipiriri in Ostbolivien: Teil 1.* Aqua-Terra 6 (5): 56 - 60

Lüling, K. H. (1969): *Auf Fischfang in den Urwäldern am Rio Chapare und Rio Chipiriri in Ostbolivien: Teil 2.* Aqua-Terra 6 (6): 65 - 72

Lüling, K. H. (1969): *Auf Fischfang in den Urwäldern am Rio Chapare und Rio Chipiriri in Ostbolivien: Teil 3.* Aqua-Terra 6 (7): 73 - 81

Lüling, K. H. (1969): *Am Fundort des Apistogramma ramirezi in Bolivien.* Das Aquarium, Wuppertal 3 (16): 114 - 117

Lüling, K. H. (1970): *Fischparadies Yarina Cocha bei Pucallpa in Ostperu I: Ein Bericht der Peru-Bolivien-Expedition 1966.* Aquarien und Terrarien - Monatsschrift für Ornithologie und Vivarienkunde: Ausgabe B 17 (1): 8 - 9

Lüling, K. H. (1970): *Fischparadies Yarina Cocha bei Pucallpa in Ostperu 2: Ein Bericht der Peru-Bolivien-Expedition 1966.* Aquarien und Terrarien - Monatsschrift für Ornithologie und Vivarienkunde: Ausgabe B 17 (): 43 - 45

Lüling, K. H. (1971): *Fischparadies mittlerer Ucayali in Ostperu.* Aquarien und Terrarien - Monatsschrift für Ornithologie und Vivarienkunde: Ausgabe B 18 (4): 76 - 77

Lüling, K. H. (1971): *Fischparadies mittlerer Ucayali in Ostperu (2).* Aquarien und Terrarien - Monatsschrift für Ornithologie und Vivarienkunde: Ausgabe B 18 (4): 124 - 125

Lüling, K. H. (1971): *Fischparadies mittlerer Ucayali in Ostperu (3).* Aquarien und Terrarien - Monatsschrift für Ornithologie und Vivarienkunde: Ausgabe B 18 (4): 160 - 161

Lüling, K. H. (1973): *Südamerikanische Fische und ihr Lebensraum.* Engelbert Pfriem Verlag, Wuppertal-Elberfeld. 84 Seiten

Apistogramma gibbiceps ♀ mit wenige Tage alten Jungfischen

Lüling, K. H. (1979): *Biotope von Apistogramma borellii (Regan, 1906) (Pisces, Cichlidae) in Südamerika.* DCG-Informationen 10 (12): 221 - 224

Lüling, K.H. (1980a): *Wissenschaftliche Ergebnisse des Forschungsaufenthaltes Dr. K. H. Lüling in Argentinien 1975/76:II: Ichthyologische und gewässerkundliche Beobachtungen und Untersuchungen 90 - 100 km östlich Corrientes (Rio Paraná, Prov. Corrientes, Argentinien).* Zool. Beitr. 26: 249 - 285

Lüling, K. H. (1980b): *Biotope von Aequidens cf. tetramerus (Pisces, Cichlidae) in Südamerika.* DCG-Informationen 11 (3): 41 - 48

Lüling, K.H. (1981): *Zwei unterschiedliche Fließwasserbiotope im Einzugsgebiet des mittleren Ucayali (Ostperu) und ihre Fische: Ergebnisse der Argentinien-Peru-Expedition Dr. K.H.*

Lüling 1978. Bonner zoologische Beiträge 32: 167 - 182

Lüling, K.H. (1982): *Ein Verbreitungsgebiet von Apistogramma borellii liegt im großen Paranabogen.* Aquarien Terrarien - Monatsschrift für Vivarienkunde und Zierfischzucht 29 (6): 192 - 197

Lützel, U. (1970): *Bemerkenswertes Brutpflegeverhalten bei Apistogramma pleurotaenia (Regan 1909).* Aquarien und Terrarien - Monatsschrift für Ornithologie und Vivarienkunde: Ausgabe B 17 (5): 169

Macquoy, E. (1995): *Apistogramma mendezi.* Cichlidae 21 (6): 160 - 162

Mago Leccia, F. (1970): *Estudios preliminares sobre la ecologia de los peces de los Llanos de Venezuela.* Acta biologica Venezuela 7: 71 - 102

Mago Leccia, F. (1971): *Lista de los peces de Venezuela, incluyendo un*

Literatursammlung

estudio preliminar sobre la ictiogeografia del país. Ministerio de Agricultura y Cria, Officina National de Pesca; Caracas. 283 Seiten

Makin, H. (1991): *Sneaker Males among Apistogramma*. Buntbarsche Bulletin - The Journal of the American Cichlid Association 147: 26 - 34

Maldonado, M. (1931): *Monographia Brazileira de Peixes Fluviales por Agenor Couto de Magalhaes (Chefe da Seccao de Caca e Pesca da Directoria de Industria Animal de S. Paulo.* "Graphicars" Romiti, Lanzara & Zanin, Sao Paulo. 255 Seiten & 3 Seiten Index und Errata

Malesa, D. (1975): *Nannacara anomala Regan, 1905 "Glänzender Zwergbuntbarsch".* DCG-Informationen 6 (10): 155 - 156

Marlier, G. (1965): *Ètude sur les lacs de l´Amazonie Centrale*. Cadernos da Amazônia (5): 1 - 51

Marlier, G. (1967): *Ecological studies on some lakes of the Amazon valley*. Amazonia 1: 91 - 115

Marlier, G. (1968): *Ètude sur les lacs de l´Amazonie Centrale*. Cadernos da Amazônia (2): 21 - 57

Marlier, G. (1973): *Limnology of the Congo and Amazon rivers*. in: Meggers, Eyensu & Duckworth (Herausg.): *Tropical forest ecosystems in Africa and South America*: 223 - 238

Martin, J. (1975): *A new Apistogramma*. Buntbarsche Bulletin - The Journal of the American Cichlid Association 32: 20 - 22

Martin, C. (1989): *Die Regenwälder Westafrikas: Ökologie, Bedrohung und Schutz*. Birkhäuser Verlag; Basel, Boston & Berlin. 235 Seiten

Masaneck, H.-J. (1986): *Apistogramma nijsseni*. DCG-Informationen 17 (1): 16 - 18

Matsuzaka, M. (Herausg.) (1991): *Dwarf Cichlids from the New Word*. Aqua magazine 9: 74 Seiten (Fair Wind Verlag, Sacura-Shi Chiba, Japan)

Matsuzaka, M. (Herausg.) (1993): *C2: Crenicichla vs. Cichla*. Aqua magazine 19: 114 Seiten (Fair Wind Verlag, Sacura-Shi Chiba, Japan)

Matsuzaka, M. (Herausg.) (1995): *The Color of Fantasy: Apistogramma*. Aqua magazine 26: 120 Seiten (Fair Wind Verlag, Sacura-Shi Chiba, Japan)

Matsuzaka, M. & Y. Ogawa (1996): *One more Apisto! Santarem Alenquer /Pantanal / Guaporé / Manaus Araguaia*. Aqua magazine 28: 40 - 47 (Fair Wind Verlag, Sacura-Shi Chiba, Japan)

*Matthews, W. J. (1986): *Geographic variation in thermal tolerance of a widespread minnow Notropis lutrensis of the North American mid-west*. Journal of Fish Biology 28: 407 - 417

Mayland, H. J. (1980): *Das Fischparadies Chaco*. Aquarien Magazin 14: 128 - 135

Mayland, H. J. (1981): *Diskusfische: Könige Amazoniens*. Landbuch-Verlag, Hannover, 224 Seiten

Mayland, H. J. (1983) *Ein Mecka für Buntbarschfreunde: Die Laguna Media Luna*. Aquarien Magazin 17: 626 - 628

Mayland, H. J. (1987): *Endlich wiederentdeckt: Biotoecus (Steindachner, 1875)*. Das Aquarium 21 (217): 400 - 402

Mayland, H. J. (1987): *Ein neuer Zwergcichlide der Gattung Apistogramma vom oberen Rio Negro*. Die Aquarien- und Terrarien-Zeitschrift (DATZ) 40 (8): 345 - 347

Mayland, H. J. (1988): *Diskusfieber*. Hannover; Landbuch-Verlag, 215 Seiten

Mayland, H. J. (1990): *Bewährte und begehrte Cichliden Amerikas: Interessante altbekannte und neue Bunt-*

Apistogramma spec. "Gelbwangen" ♂ W. Staeck

Apistogramma spec. "Chao" ♂, adult, dominant

Literatursammlung

barsche aus Mittel- und Südamerika. Landbuch-Verlag; Hannover, 168 Seiten

Mayland, H. J. (1990): *Aquaristische Neuheiten und Seltenheiten kurz vorgestellt.* Das Aquarium 24 (3): 52

Mayland, H. (1992): Aquarianer in Venezuela. Das Aquarium 26 (281) (11/92): 15 - 18

Mayland, H. J. (1994): *Breitbinden-Zwergcichlide: Zur Fortpflanzung von Apistogramma sp. "Breitbinden".* Das Aquarium 28 (3) (297): 15 - 16

Mayland, H. J. (1995): *Cichliden.* Landbuch Verlag, Hannover. 596 Seiten

Mayland, H. J. (1995): *Anisits´ Harnischwels: Liposarcus anisitsi und einige Biotop-Mitbewohner.* Das Aquarium 29 (8) (314): 18 - 20

Mayland, H. J. (1995): *Microgeophagus altispinosus: Eine neue Variante (?) aus dem brasilianischen Mato Grosso.* Das Aquarium 29 (12) (318): 10 - 11

Mayland, H. J. & D. Bork (1997): *Zwergbuntbarsche: Südamerikanische Geophaginen und Crenicarinen.* Landbuch-Verlag, Hannover. 189 Seiten

*Mayr, E. (1967): *Artbegriff und Evolution.* Paul Paray-Verlag; Hamburg & Berlin. 617 Seiten (Übersetzung des Originals: *Animal species and Evolution.* The Belknap Press of Harvard University Press; Cambridge)

*Mayr, E. (1975): *Grundlagen der zoologischen Systematik: theoretische und praktische Vorraussetzungen für Arbeiten auf systematischem Gebiet.* Übersetzt von O. Kraus. Verlag Paul Parey, Hamburg und Berlin. 370 Seiten. (Originalausgabe: *Principles of Systematic Zoology.* McGraw-Hill, New York, 1969)

*McEwen, B. S. (1981): *Neural Gonadal Steroid Actions.* Science 211: 1303 - 1311

*McKaye, K. R. (1986): *Mate choice and size assortative pairing by the cichlid fishes of Lake Jiloá, Nicaragua.* Journal of Fish Biology 29 (Supplement A: The Behaviour of Fishes): 135 - 150

*McKaye, K. R. & N. M. McKaye (1977): *Communal care and kidnapping of young by parental cichlids.* Evolution 31 (3): 674 - 681

*McLusky, N. J. & F. Naftolin (1981): *Sexual Differentiation of the Central Nervous System.* Science 211: 1294 - 1303

McMaster, M. (1974): *A Checklist of the Named Species of Apistogramma, with Notes.* Buntbarsche Bulletin - The Journal of the American Cichlid Association 41: 13 - 24

McMaster, M. (1974): *The "SOOW" complex of Apistogramma.* Buntbarsche Bulletin- The Journal of the American Cichlid Association 41: 23 - 26

Meiner, P. (1973): *Der "Agassizi" - Apistogramma agassizi (Steindachner 1875).* Aquarien und Terrarien - Monatsschrift für Ornithologie und Vivarienkunde: Ausgabe B 20 (8): 280

Meiner, P. (1975): *Apistogramma borelli (Regan, 1906).* Aquarien und Terrarien - Monatsschrift für Vivarienkunde und Zierfischzucht 22 (1): 28

Meinken, H. (1937): *Beiträge zur Fischfauna des mittleren Paraná II.* Blätter für Aquarien- und Terrarienkunde. 48: 73 - 80

Meinken, H. (1951): *VII. Neues über Apistogramma Myers & Harry, 1948.* Die Aquarien- und Terrarien-Zeitschrift (DATZ) 4 (11): 284 - 286

Meinken, H. (1960): *Eine neue Apistogramma-Art (Pisces; Percoidea, Cichlidae).* Internationale Revue der gesamten Hydrobiologie 45 (4): 655 - 661

Dieser *Apistogramma* ist noch nicht endgültig identifiziert

F. Vermeulen

Meinken, H. (1960): *Apistogramma trifasciatum harald schultzi subspec. nov.. (Mitteilungen der Fischbestimmungsstelle des VDA XXXIV).* Aquarien und Terrarien - Monatsschrift für alle Gebiete der Aquarien- und Terrarienkunde 7 (10): 291 - 294

Meinken, H. (1961): *Mitteilungen der Fischbestimmungsstelle des VDA XXXVII: Drei neu eingeführte Apistogramma-Arten aus Peru, eine davon wissenschaftlich neu.* Die Aquarien- und Terrarien-Zeitschrift (DATZ) 14 (5): 135 - 139

Meinken, H. (1961): *Mitteilungen der Fischbestimmungsstelle des VDA XXXVIII: Apistogramma borellii (Regan).* Die Aquarien- und Terrarien-Zeitschrift (DATZ) 14 (6): 166 - 169

Meinken, H. (1962): *Ichthyologische Ergebnisse der Harald Schultz-Expedition, 6: Eine neue Apistogramma-Art aus dem mittleren Amazonas-Gebiet,* zugleich mit dem Versuch einer Übersicht über die Gattung. Senckenbergiana biologica 43 (2): 137 - 143

Meinken, H. (1962): *Eine notwendige Richtigstellung.* Die Aquarien und Terrarien-Zeitschrift (DATZ) 15 (3): 70 - 72

Meinken, H. (1964): *Mitteilungen der Fischbestimmungsstelle des VDA XLVII: Apistogramma kleei spec. nov., der Querbinden-Zwergbuntbarsch (Pisces: Teleostei: Cichlidae).* Die Aquarien- und Terrarienzeitschrift (DATZ) 17 (10): 293 -297

Meinken, H. (1965): *Über eine neue Gattung und Art der Familie Cichlidae aus Peru (Pisces, Percoidea, Cichlidae).* Senckenbergiana biologica 46 (1): 47 - 53.

Meinken, H. (1965): *Eine neue Apistogramma-Art aus Venezuela (Pisces, Percoidea, Cichlidae).* Senckenbergiana biologica 46 (4): 257 - 263

Literatursammlung

Meinken, H. (1965): *Zwei neu eingeführte Cichliden Südamerikas.* Aquarien und Terrarien - Monatsschrift für Ornithologie und Vivarienkunde: Ausgabe B 12 (9): 300 - 302

Meinken, H. (1967): *Wiederum platzte eine Import-Legende.* Die Aquarien- und Terrarien-Zeitschrift (DATZ) 20 (10): 294 - 296

Meinken, H. (1968): *Nochmals Apistogramma ramirezi ist doch Venezolaner.* Die Aquarien- und Terrarien-Zeitschrift (DATZ) 21 (4): 107 - 109

Meinken, H. (1969): *Kurze Richtigstellung zur Schreibweise des Vorkommens von Apistogramma amoenus (Cope, 1872).* Aquarien und Terrarien - Monatsschrift für Ornithologie und Vivarienkunde: Ausgabe B 16 (2): 63

Meinken, H. (1969): *Apistogramma gibbiceps n. sp. aus Brasilien (Pisces, Teleostei, Cichlidae).* Senckenbergiana biologica 50 (1/2): 91 - 96

Meinken, H. (1969): *Zur Frage des Vorkommens von Apistogramma ramirezi Myers und Harry 1948.* Aquarien und Terrarien - Monatsschrift für Ornithologie und Vivarienkunde: Ausgabe B 16 (5): 165 - 166

Meinken, H. (1969): *Rivulichthys luelingi nov. spec., eine Zahnkarpfen-Neuheit aus Ostbolivien.* Bonner zoologische Beiträge 20: 423 - 428

Meinken, H. (1970): *Apistogramma gibbiceps, a new species from Brazil.* Buntbarsche Bulletin - Journal of the American Cichlid Association 24: 7 - 10

Meinken, H. (1971): *Apistogramma geisleri n. sp. und Apistogramma borellii (Regan) aus dem Amazonasbecken.* Senckenbergiana biologica 52 (1/2): 35 - 40

Meinken, H. (1971): *Bekommt Apistogramma ramirezi Myers & Harry, 1948, einen anderen Gattungsnamen?* Die Aquarien- und Terrarien-Zeitschrift (DATZ) 24 (7): 224 - 225

Meitmann, D. (1984): *Dienstleistung im Aquarium.* Aquarien Terrarien - Monatsschrift für Vivarienkunde und Zierfischzucht 31 (1): 1 - 2

Meltzer, S. (1970): *Geschlechtsumwandlung eines Apistogramma kleei-Weibchens.* Aquarien und Terrarien - Monatsschrift für Ornithologie und Vivarienkunde: Ausgabe B 17 (2): 64

Mendes, C. (1990): *Rettet den Regenwald.* Lamuv, Göttingen.

Metje, W.-R. (1984): *Cichliden von A - Z: Apistogramma geisleri Meinken, 1971.* DCG-Informationen 15 (3): 2 Seiten

Meulengracht-Madsen, J. (1967): *Fiskens adfaerd.* Haase; Kopenhagen. 94 Seiten

Meulengracht-Madsen, J. (1976): *Akvariefisk i farger.* Cappelen; Oslo. 235 Seiten

Meyer, M. K., Wischnath, L. & W. Foerster (1985): *Lebendgebärende Zierfische: Arten der Welt.* Mergus-Verlag, Melle. 496 Seiten

*Michele, J. L. & C. S. Takahashi (1977): *Gonadal sex diffentiation in Tilapia mossambica, with special regard to the time of estrogen treatment effective in inducing complete feminization of genetic males.* Bull. Fac. Fish. Hokkaido University 24: 1 - 13

*Middaugh, D. P. & M. J. Hemmer (1987): *Influence of Environmental Temperature on Sex-ratios in the Tidewater Silverside, Menidia peninsulae (Pisces: Atherinidae).* Copeia 1987 (4): 958 - 964

Miller, A. (1974): The rise... & ...the fall. Buntbarsche Bulletin - The Journal of the American Cichlid Association 43: 17 - 22

Minde, U. (1994): *Der Unbekannte aus Mato Grosso.* DCG-Informationen 25 (6): 130 - 136

Miranda Ribeiro, A. de (1907): *Fauna Brasiliense, Peixes.* Archivos de Museu Nacional do Rio de Janeiro XIV: 35 - 129

Miranda Ribeiro, A. de (1915): *Fauna Brasiliense, Peixes V (Eleutherobranchios Aspirophoros) Physioclisti.* Archivos de Museu Nacional do Rio de Janeiro XVII: Cichliden: 70 Seiten

Miranda Ribeiro, A. de (1918): *Annexo N. 5 Historia Natural: Zoologia: Cichlidae.* Commissáo de Linhas Telegraphicas Estrategicas de Matto Grosso ao Amazonas, Pubicacáo N. 46 (Annexo 5): 1 - 18

Miranda Ribeiro, P. de (1953): *Tipos das espécies e subspécies do Prof. Alipio de Miranda Ribeiro depositados no Museu National.* Arquivos de Museu Nacional do Rio de Janeiro 42: 389 - 417

Mitsch-Königsdorfer, H. (1938): *Die Zwergcichliden.* Aquarium, Berlin: 180 - 181

*Mittwoch, U. (1969): *Do Genes determine sex?* Nature 221: 446 - 448

*Mittwoch, U. (1971): *Sex Determination in Birds and Mammals.* Nature 231: 432 - 434

Morche, H. (1997): *Rio Paru.* DCG-Informationen 28 (2): 21 - 23

Morfitt, C. (1994): *Spawning Laetacara dorsigera: A fascinating Dwarf Cichlid.* The Apisto-Gram 11 (2) Issue 4: 21 - 23

Mücke, J. (1987): *Heilung von Darminfektionen bei Cichliden nach einem alten Hausrezept.* Aquarien Terrarien - Monatsschrift für Vivarienkunde und Zierfischzucht 34 (6): 198 - 199

*Mühlenberg, M. (1989): *Freilandökologie.* Ouelle & Meyer, Heidelberg - Wiesbaden. 431 Seiten

Müller, G. (1980): *Erfahrungen mit Crenicara filamentosa.* DCG-Informationen 11 (8): 145 - 146

Müller, H. (1971): *Beobachtungen zum Ablaichverhalten von Apistogramma reitzigi.* Aquarien und Terrarien - Monatsschrift für Ornithologie und Vivarienkunde: Ausgabe B 18 (11): 382

Müller, K. (1986): *Am schönsten im Zorn - Apistogramma commbrae.* Aquarien Terrarien - Monatsschrift für Vivarienkunde und Zierfischzucht 33 (10): 342 - 343

Müller, P. (1981): *Arealsysteme und Biogeographie.* Ulmer-Verlag, Stuttgart. 704 Seiten

Myers, G. S. (1935): *Four new Fresh-Water Fishes from Brazil, Venezuela and Paraguay.* Proceedings of the Biological Society of Washington, Vol. 48: 7 - 14

Myers, G. S. & R. R. Harry (1948a): *The Ramirezi Dwarf Cichlid Identified.* The Aquarium, April 1948: 77

Myers, G. S. & R. R. Harry (1948b): *Apistogramma ramirezi, a Cichlid Fish from Venezuela.* Proceedings of the California Zoological Club 1 (1 / August 1948): 1 - 8

Neubauer, W. (1956): *Apistogramma ornatipinnis, E. Ahl, ein selten gepflegter Zwergcichlide.* Die Aquarien- und Terrarien-Zeitschrift (DATZ) 9 (9): 225 - 227

Neubauer, W. (1957): *Briefliche Mitteilung an die Schriftleitung: Apistogramma ortmanni statt ornatipinnis.* Die Aquarien- und Terrarien-Zeitschrift (DATZ) 10 (6): 167 - 168

Neubert, H. (1955): *Apistogramma reitzigi Ahl, ein Zwergcichlide.* Aquarien und Terrarien - Monatsschrift für alle Gebiete der Aquarien- und Terrarienkunde 2 (2): 34 - 35

Literatursammlung

Neubert, H. (1956): *Brutpflege bei Apistogramma ramirezi.* Aquarien und Terrarien - Monatsschrift für alle Gebiete der Aquarien- und Terrarienkunde 3 (3): 70 - 71

Neumann, B. (1980): *Crenicara filamentosa Ladiges, 1958 der Schachbrettzwergcichlide.* Aquarien Terrarien - Monatsschrift für Vivarienkunde und Zierfischzucht 27 (10): 335

Neumann, M. (1979): *Was ist mit dem Ramirezi los?* Die Aquarien- und Terrarien-Zeitschrift (DATZ) 32 (2): 49 - 51.

Neumann, M. (1983): *Apistogramma trifasciatum haraldschultzi - ein kleiner, aber beachtenswerter Cichlide.* Die Aquarien- und Terrarien-Zeitschrift (DATZ) 36 (3): 95 - 97

Neumann, U. (1990): *Apistogramma hongsloi - ein Zwergbuntbarsch mit rotem Schwanzwurzelfleck.* Aquarien Terrarien - Monatsschrift für Vivarienkunde und Zierfischzucht 37 (5): 151

Neumann, U. (1992): *Zwergcichliden: Apistogramma macmasteri und A. cacatuoides: Apistogramma macmasteri und mein Weg zur Erkenntnis.* Das Aquarium 26 (271) (1/92): 4 - 6

Newman, L. (1995): *Keeping and Breeding the Bolivian Ram, Microgeophagus altispinosa (Haseman, 1911).* Buntbarsche Bulletin - The Journal of the American Cichlid Association (June 1995) 168: 1 - 6

Newman, L. (1995): *Collecting Cichlids in the Peruvian Amazon.* Buntbarsche Bulletin - The Journal of the American Cichlid Association 169 (August 1995): 1 - 10

Nieuwenhuizen, A. van den (1957): *Apistogramma agassizii (Steindachner).* Aquarien und Terrarien - Monatsschrift für alle Gebiete der Aquarien- und Terrarienkunde 4 (1): 5 - 8

Nieuwenhuizen, A. van den (1957): *Zuchterfahrungen mit Apistogramma ramirezi Myers & Harry.* Die Aquarien- und Terrarien-Zeitschrift (DATZ) 11 (11): 321 - 323

Nieuwenhuizen, A. van den (1959): *Apistogramma ortmanni.* Die Aquarien- und Terrarien-Zeitschrift (DATZ) 12 (2): 329 - 331

Nieuwenhuizen, A. van den (1960): *Apistogramma spec., von Kampf und Brutpflege.* Die Aquarien- und Terrarien-Zeitschrift (DATZ) 13 (11): 330 - 334

Nieuwenhuizen, A. van den (1970): *Apistogramma trifasciatum trifasciatum.* Aquarien und Terrarien - Monatsschrift für Ornithologie und Vivarienkunde: Ausgabe B 17 (1): 4 - 7

Nieuwenhuizen, A. van den (1972): *Apistogramma agassizi.* Die Aquarien- und Terrarien-Zeitschrift (DATZ) 25 (4): 114 - 117

Nieuwenhuizen, A. van den (1984): *Auch im Aquarium: Das Liebesspiel der Fische (III).* Aquarium Heute 2 (4): 10 - 12

Nieuwenhuizen, A. van den (1986): *Pantersmeervallen in de natuur en in het aquarium.* Het Aquarium ?? (12): 305 - 310 (only incomplete copy seen)

Nieuwenhuizen, A. van den (1990): *Papiphagus-Krimi.* DATZ 43 (??): 51 - 53 (only incomplete copy seen)

Nieuwenhuizen, A. van den (1994): *Der Bolivianische Schmetterlingsbuntbarsch: Papiliochromis altispinosa.* DATZ Aquarien Terrarien 47 (2): 88 - 92

Norman, J. R. (1966): *Die Fische: Eine Naturgeschichte für Sport- und Berufsfischer, Aquarianer, Biologen und Naturfreunde.* Deutsche Ausgabe bearb. u. erweitert v. Dr. K. H. Lüling. Verlag Paul Paray, Hamburg & Berlin. 458 S.

Nitsche, J. (1966): *468 Schmetterlingsbuntbarsche aus eigener Zucht.* Aquarien - Terrarien - Monatsschrift für Ornithologie und Vivarienkunde: Ausgabe B 13 (12): 402 - 403

Apistogramma hongsloi ♀ . In der Brutpflege rot gefärbte ♀ ♀ traten erstmals 1986 auf.

Auch dieser *Apistogramma* von der Ilha de Marajo ist noch nicht identifiziert.

Norman, M. & P. H. Greenwood (1963): *A History of Fishes*. Ernest Benn Limited, London. (nicht vollständig gesehen!)

Notare, M. (1989): *Reproducáo de Nannacara taenia Regan, 1912*. Revista de Aquarifolia 1989 (9): 6

Numrich, R. (1990): *Neu importiert: Apistogramma aus dem Araguaia*. DATZ Die Aquarien- und Terrarienzeitschrift 43 (5): 265

Ogawa, Y. (1995): *The search for the "Apistogramma"*. aqua magazine 26: The color of fantasy: 14 - 19 (Fair Wind Verlag, Sacura-Shi Chiba, Japan)

Ogawa, Y. (1995): *The search for the "Apistogramma" one more*. (Amazonisches Fischfänger-Tagebuch Spezial) aqua magazine 28: 12 - 31 (Fair Wind Verlag, Sacura-Shi Chiba, Japan)

Ohl, H. W. (1969): *Mutige Zwerge: Schmetterlingsbuntbarsche sind Ritter ohne Furcht und Tadel*. Aquarien-Magazin 3 (6): 241 - 243

Ohl, H. W. (1970): *Ein neuer Schachbrettcichlide: Crenicara maculata oder Crenicara filamentosa*. Aquarien-Magazin 4 (7): 316 - 317

Ohm, D. (1958): *Hat das Wetter einen Einfluß auf das Ablaichverhalten von Fischen?* Aquarien und Terrarien - Monatsschrift für alle Gebiete der Aquarien- und Terrarienkunde 5 (7): 199 - 201

Ohm, D. (1978): *Sexualdimorphismus, Polygamie und Geschlechtswechsel bei Crenicara punktulata Günther, 1863*. Sitzungsberichte der Gesellschaft Naturforschender Freunde Berlin (N.F.) 18: 90 - 104

Ohm, D. (1980): *Ein Buntbarsch wechselt sein Geschlecht: Bei Crenicara punctulata werden Weibchen zu Männchen*. DCG-Informationen 11 (9): 161 - 170

Ohm, D. (1980): *Weibchen werden zu Männchen: Geschlechtswechsel beim Buntbarsch Crenicara punctulata*. Aquarien-Magazin 14 (11): 631 - 634

Ortega, H. & R. P. Vari (1986): *A checklist of the freshwater fishes of Peru*. Smithsonian Contributes to Zoology. (not seen, from Kullander 1986)

Ott, D. (1966): *Apistogramma taeniatum*. Die Aquarien- und Terrarien-Zeitschrift (DATZ) 19 (2): 45 - 46

Ott, G. (1987): *Nachzucht mit Hindernissen: Nannacara aureocephalus*. Aquarium Heute 5 (3): 7 - 9

Ovchynnyk, M. M. (1967): *Freshwater fishes of Ecuador*. Latin American Studies Center of Michigan State University Monograph Series 1: 1 - 44

Ovchynnyk, M. M. (1968): *Annotated list of the freshwater fish of Ecuador*. Zoologischer Anzeiger 181: 237 - 268

Paepke, H.-J. (1978): *Papiliochromis - ein neuer Gattungsname für den Schmetterlingsbuntbarsch*. AT 27 (1): 24 - 25

Paetzel, T. (1981): *Die Zucht von Nannacara anomala (Blauglänzender Zwergbuntbarsch)*. Aquarien Terrarien - Monatsschrift für Vivarienkunde und Zierfischzucht 28 (9): 304

Paterson, H. E. H. (1992): *The recognition concept of species*. In: Ereshefsky, M. (Herausg.): *The Units of evolution*. University Press; Cambridge: 139 - 158

Paulack, G. (1957): *Zuchtbericht über Aequidens curviceps*. Aquarien und Terrarien - Monatsschrift für alle Gebiete der Aquarien- und Terrarienkunde 4 (6): 168

Paulo, J. (1976): *Zum innerartlichen Agressionsverhalten des Apistogramma agassizi (Steindachner, 1875)*. DCG-Informationen 7 (5): 98 - 100

Paulo, J. (1980): *Wer ist wer?* Die Aquarien- und Terrarien-Zeitschrift (DATZ) 33 (4): 142 - 143

Paulo, J. (1989): *Zum Problem der Geschlechts-Verteilung bei Cichlidennachzuchten.* DCG-Informationen 20 (4): 67 - 71

Pearson, N. E. (1925): *The fishes of the eastern slope of the Andes: I: The fishes of the Beni basin, Bolivia, collected by the Mulford Expedition.* Indiana University Studies 11 (64): 1 - 83

Pearson, N. E. (1937): *The fishes of the Beni-Mamoré and Paraguay fauna, and a discussion of the origin of Paraguayan fauna.* Proceedings of the California Academy of Sciences, Fourth Series 23 (8): 99 - 114

Pellegrin, J. (1902): *Cichlidés du Brésil rapportés par M. Jobert.* Bulletin du Muséum d´Histoire Naturelle, Paris, VIII:181 - 184

Pellegrin, J. (1902): *Cichlidé nouveau de la Guyane francaise.* Bulletin du Muséum d´Histoire Naturelle, Paris, VIII: 417 - 419

Pellegrin, J. (1903): *Description de Cichlidés nouveaux de la collection du Muséum.* Bulletin du Muséum d´Histoire Naturelle, Paris, IX: 120 - 125

Pellegrin, J. (1903): *Etude des Poissons de la Famille des Cichlides.* Mémoires du Société Zoölogique de France XV:: 171 - 200

Pellegrin, J. (1904): *Contribution á l'etude anatomique, biologique et taxonomique des poissons de la famille des Cichlides.* Mémoires du Société Zoölogique de France XVI: 41 - 402 und Tafeln 4 - 7

Pellegrin, J. (1908): *Le Poissons d´eau douce de la Guyane francaise.* Revue Coloniale, Nouvelle Séries 67: 577 - 591

Pellegrin, J. (1936): *Un Poisson d´aquarium nouveau du genre Apistogramma.* Bulletin de la Societé nationále d´Acclimation de France: Protection de la Nature, Paris 83: 56 - 58

Pelz, H.-W. (1962): *Vorschläge für verhaltenskundliche Beobachtungen an Fischen.* Aquarien und Terrarien - Monatsschrift für alle Gebiete der Aquarien- und Terrarienkunde 9 (7): 202 - 203

Perrone, M. (1978): *Mate size and breeding success in a monogamous cichlid fish.* environmental biologie of fishes 3 (2): 193 - 201

Piechocki, R. (1985): *Makroskopische Präparationstechnik: Teil 2: Wirbeltiere.* 3. bearbeitete Auflage. Gustav Fischer Verlag; Stuttgart & New York. 308 Seiten

Piechocki, R. (1986): *Makroskopische Präparationstechnik: Teil 1: Wirbeltiere.* 4. bearbeitete Auflage. Gustav Fischer Verlag; Stuttgart & New York. 399 Seiten

Pinhard, A. (1979): *Ein neuer agassizii am Apistogramma-Himmel.* Die Aquarien- und Terrarien-Zeitschrift (DATZ) 32 (5): 147 - 149

Pinter, H. (1943): *Apistogramma corumbae.* Wochenschrift für Aquarien- und Terrarienkunde 40 (4): 81

Pinter, H. (1951): *Nagot om dvärgcichlider: Apistogramma agassizi.* Akvariet Stockholm 25: 69 -72

Pinter, H. (1951): *Nagot om dvärgcichlider: Apistogramma reitzigi.* Akvariet Stockholm 25: 105 - 108

Pinter, H. (1962): *Beobachtungen über das Brutpflegeverhalten einiger Apistogramma-Arten.* Die Aquarien- und Terrarien-Zeitschrift (DATZ) 15 (1): 11 - 13

Pinter, H. (1967): *Umweltfaktoren und Brutpflegeverhalten.* Die Aquarien- und Terrarien-Zeitschrift (DATZ) 20 (4): 109 - 113

Pinter, H. (1971): *Zuchtprobleme, einmal anders gesehen.* Die Aquarien- und Terrarien-Zeitschrift (DATZ) 24 (11): 365 - 368

Pinter, H. (1993): *Ein selten eingeführter Zwergbuntbarsch aus Kolumbien.* Die Aquarien- und Terrarien-Zeitschrift (DATZ) 46 (3): 152 - 154

*Pipe, R. K. & P. Walker (1987): *The effect of temperature on developement and hatching of scad, Trachurus trachurus L., eggs.* Journal of Fish Biology 31: 675 - 682

Ploeg, A. (1986): *The cichlid genus Crenicichla from the Tocantins River, State of Pará, Brazil, with descriptions of four new species.* Beaufortia 36 (5): 57 - 80

Ploeg, A. (1989): *Zwei neue Arten der Gattung Crenicichla Heckel, 1840 aus dem Amazonasbecken, Brasilien: (Pisces, Perciformes, Cichlidae).* DATZ Die Aquarien- und Terrarienzeitschrift 42 (3): 163 - 167

Ploeg, A. (1991): *Revision of the South American cichlid genus Crenicichla Heckel, 1840 with description of fifteen new species and considerations on species groups, phylogeny and biogeography (Pisces, Perciformes, Cichlidae).* Dissertation, Universteit Amsterdam, Amsterdam (unveröffentlicht).

Ploeger, S. (1997): *Unterwegs im Orinoco-Delta: Estado Bolivar, Estado Monagas, Territorio Federal Delta Amacuro.* DCG-Informationen 28 (2): 34 - 39

Plösch, T. (1991): *Eine wichtige Präparationstechnik: Die Alzarin-/ Alcianblau-Färbung nach Dingercus & Uhler.* DATZ Die Aquarien und Terrarienzeitschrift 44 (4): 252 - 254

Apistogramma atahualpa ♂ , adult, beim Durchkauen des Sandes

Pohlmann, G. (1951): *Apistogramma ramirezi laicht zu Dritt.* Die Aquarien- und Terrarien-Zeitschrift (DATZ) 4 (12): 334 - 335

Pozzi, A. J. (1945): *Sistemática y distribución de los peces de aqua dulce de la república Argentina.* Gaea, An. Soc. argentina Estud. geogr. 7: 239 - 292 (not seen, from Kullander 1980)

Praetorius, W. (1935): *Neue Aquarienfische aus dem Amazonas und seinen Nebenflüssen.* Wochenschrift für Aquarien- und Terrarienkunde 32: 177 - 179

Prick, H. (1978): *Beobachtungen an und Erfahrungen mit zwei unbestimmten Aequidens-Arten.* DCG-Informationen 9 (??): 190 - 193 (only seen as copy)

Prick, H. (1985): *Der Buckelkopf-Aequidens.* DCG-Informationen 16 (2): 23 - 24

Prick, H. (1988): *"Buckelkopf"-Wirrwar in der Gattung Laetacara.* DCG-Informationen 19 (6): 119 - 120

Prüsch, P. (1960): *Nannacara anomala.* Die Aquarien- und Terrarien-Zeitschrift (DATZ) 13 (4): 104 - 105

Quoos, D. (1963): *Einige Verhaltensstudien bei Apistogramma-Arten.* Die Aquarien- und Terrarien-Zeitschrift (DATZ) 16 (2): 62 - 63

Radew, M. (1975): *Schmetterlinge unter Wasser.* Aquarien und Terrarien - Monatsschrift für Vivarienkunde und Zierfischzucht 22 (3): 93 - 94

Rahm, P. de & S. O. Kullander (1983): *Apistogramma nijsseni Kullander un nouveau Cichlidé nain pour l´aquarium.* Revue france Aquariologie 9 (1982) (4): 97 - 104

Rank, M. (1992): *Fangexpedition mit Hindernissen.* In: Diskus Jahrbuch 1993: 22 - 29. bede Verlag, Kollnburg.

Rank, M. (1994): *Auf Zierfischfang am Rio Negro.* Aquaristik aktuell (1/94): 12 - 16

Rautenstrauch, A. (1958): *Meine Nannacara taenia.* Die Aquarien- und Terrarien-Zeitschrift (DATZ) 11 (4): 101 - 103

Redaktion (1996): *Zum Titelbild. (Apistogramma rupununi).* DCG-Informationen 27 (3): 68

Redaktion aqua magazin (1995): *Amazon Tour & A Diary of Searching new Species.* aqua magazin 28: 90 - 101 (Fair Wind Verlag, Sacura-Shi Chiba, Japan)

Redaktion aqua magazin (1995): *Apistogramma in 1995.* aqua magazin 28: 48 - 49 (Fair Wind Verlag, Sacura-Shi Chiba, Japan)

Regan, C. T. (1905): *Descriptions of new Soth-American Fishes in the Collection of the British Museum.* Annals and Magazine of Natural History, London, XII (7): 621 - 630

Regan, C. T. (1905): *A revision of the South-American cichlid Genera Acara, Nannacara, Acaropsis, and Astronotus.* Annals and Magazine of Natural History, London, XV (7): 329 - 347

Regan, C. T. (1905): *A Revision of the Fishes of the South American Cichlid Genera Crenacara, Batrachops, and Crenicichla.* Proceedings of the Zoölogical Society of London 1905: (i) 152 - 168 und Tafeln 14 - 15

Regan, C. T. (1905): *A revision of the Fishes of the American Cichlid genus Cichlasoma and of the Allied Genera.* Annals and Magazine of Natural History, London, XVI (7): 60 - 77, 225 - 243, 316 - 340, 433 - 445

Regan, C. T. (1906): *VI. - A revision of the South-American cichlid Genera Retroculus, Geophagus, Heterogramma and Biotoecus.* Annals and Magazine of Natural History, London, XVII (7): 49- 66

Regan, C. T. (1906): *VII. - A revision of the fishes of the South-American cichlid*

Genera *Ccihla, Chaetobranchus, and Chaetobranchiopsis, with notes on the genera of American Cichlidae.* Annals and Magazine of Natural History, London, XVII (17): 230 - 239

Regan, C. T. (1906): *Errata* in Index to vol. 17 (January - June) of Ann. Mag. nat. Hist (7).

Regan, C. T. (1908): *LX. - Description of a new cichlid fish of the genus Heterogramma from Demerara.* Annals and Magazine of Natural History, London, I (8): 370 - 371

Regan, C. T. (1909): *The classification of Teleostean Fishes.* Annals and Magazine of Natural History, London, III (8): 75 - 86

Regan, C. T. (1909): *Description of Three new Freshwater Fishes from South America, presented to the British Museum by J. Paul Arnold.* Annals and Magazine of Natural History, London, III (8): 234 - 235

Regan, C. T. (1909): *Descriptions of a new cichlid fish of the Genus Heterogramma from the La Plata.* Annals and Magazine of Natural History, London III (8): 270

Regan, C.T. (1912): LIII. - *Descriptions of new Cichlid Fishes from South America in the British Museum.* Annals and Magazine of Natural History, London 8 Vol. IX: 505 - 507

Regan, C.T. (1913): *XXXIV.- Fishes from the River Ucayali, Peru, collected by Mr. Mounsey.* Annals and Magazine of Natural History, London 12 (8): 281 - 283

Reich, W. (1967): *Kinderraub bei Cichliden.* Aquarien - Terrarien - Monatsschrift für Ornithologie und Vivarienkunde: Ausgabe B 14 (8): 278

Reichhof, J. H. (1990): *Der unersetzbare Dschungel: Leben, Gefährdung und Rettung der tropischen Regen-*

wälder. BLV-Verlag; München - Wien - Zürich. 207 Seiten

Reitzig, W. (1938): *Zwei neue Zwergcichliden.* Wochenschriften für Aquarien und Terrarienkunde 35: 694 - 695

Reitzig, W. (1975): *Zur Personalakte Apistogramma reitzigi: Woher stammt er?: Bildet er eine Mutter- oder eine Elternfamilie?* Aquarien-Magazin 9 (12): 513 - 517

Reitzig, W. (1977): *Der Schleier ist gelüftet: Der "reitzigi" stammt aus dem Rio Parana.* Aquarien-Magazin 11 (11): 472 - 475

Richter, H. J. (1967): *Apistogramma borellii: an often-misidentified fish.* Tropical Fish Hobyist 16 (2): 4 - 9

Richter, H. J. (1967): *Wieder eingeführt - Apistogramma borelli.* Aquarien - Terrarien - Monatsschrift für Ornithologie und Vivarienkunde: Ausgabe B 14 (7): 220 - 222

Richter, H. J. (1967): *Nachzuchten von Apistogramma kleei ... und in Leipzig.* Aquarien - Terrarien - Monatsschrift für Ornithologie und Vivarienkunde: Ausgabe B 14 (11): 378 - 379

Richter, H. J. (1967): *Seine Heimat ist der Rio Paraguay: Ein rührender Brutpfleger: der Zwergbuntbarsch Apistogramma reitzigi.* Aquarien-Magazin 5 (11): 458 - 461

Richter, H. J. (1967): *Apistogramma borelli - ein interessanter Pflegling.* Die Aquarien- und Terrarien-Zeitschrift (DATZ) 20 (12): 360 - 362

Richter, H. J. (1968): *Apistogramma amoenus (Cope, 1872) - ein seltener Zwergcichlide.* Aquarien und Terrarien - Monatsschrift für Ornithologie und Vivarienkunde: Ausgabe B 15 (5): 160 - 161

Richter, H. J. (1968): *Observations of Apistogramma trifasciatum trifasciatum.* Tropical Fish Hobbyist 16 (10): 12 - 14 & 17

Richter, H. J. (1974): *Spawning Aequidens curviceps*. Tropical Fish Hobyist 22 (9): 4 - 6 & 8 - 10 & 12 & 14

Richter, H. J. (1974): *Apistogramma wickleri*. Tropical Fish Hobbyist 23 (3): 4 - 6 & 10 & 12 & 88 - 89

Richter, H. J. (1975): *DDR-Erstzucht von Schachbrettcichliden*. Aquarien und Terrarien - Monatsschrift für Vivarienkunde und Zierfischzucht 22 (7): 217 & 219 - 221

Richter, H. J. (1975): *Ein Zwerg im Schachbrettdesign: Crenicara filamentosa*. Aquarien-Magazin 9 (8): 320 - 323

Richter, H. J. (1976): *Zu unserem Titelbild: Der Tüpfelbuntbarsch - Aequidens (E. Ahl, 1924)*. Aquarien Terrarien - Monatsschrift für Vivarienkunde und Zierfischzucht 23 (9): 308 - 309

Richter, H. J. (1979): *Apistogramma wickleri*. Aquarien Terrarien - Monatsschrift für Vivarienkunde und Zierfischzucht 26 (3): 94 - 95

Richter, H. J. (1979): *Ein Goliath unter den Zwergen: Apistogramma wickleri*. Aquarien-Magazin 13 (6): 268 - 273

Richter, H. J. (1980): *The red-brested cichlid, Aequidens dorsigerus*. Tropical Fish Hobbyist 29 (3): 4 - 6 & 8 - 11 & 13 - 15 & 87 - 89

Richter, H. J. (1980): *Zu Titel und Rücktitel: Der Rote Tüpfelbuntbarsch, Aequidens dorsigerus (Heckel, 1840) - eine prachtvolle Neueinführung*. Aquarien Terrarien - Monatsschrift für Vivarienkunde und Zierfischzucht 27 (9): 308 - 309

Richter, H. J. (1981): *Apistogramma reitzigi: A touchingly attentive parent*. Tropical Fish Hobbyist 30 (2): 4 - 10 & 98

Richter, H. J. (1981): *Zu Titel und Rücktitel: Apistogramma agassizii (Steindachner, 1875)*. Aquarien Terrarien -

Monatsschrift für Vivarienkunde und Zierfischzucht 28 (5): 162 - 163

Richter, H. J. (1983): *Spawning the T-bar - Apistogrammoides pucallpaensis*. Tropical Fish Hobbyist 31 (11): 38 - 41

Richter, H. J. (1984): *Agassiz´s dwarf cichlid*. Tropical Fish Hobbyist 32 (7): 8 - 10 & 12

Richter, H. J. (1985): *The golden dwarf cichlid, Nannacara anomala*. Tropical Fish Hobbyist 33 (11): 22 - 27 & 30 - 33

Richter, H. J. (1985): *Collecting aquarium fishes in Peru*. Tropical Fish Hobbyist 34 (1): 37 & 40 - 41 & 44 - 45 & 48 - 49

Richter, H. J. (1986): *The yellow dwarf cichlid, Apistogramma borellii*. Tropical Fish Hobbyist 34 (11): 58 - 63

Richter, H. J. (1986): *A beautiful dwarf cichlid - Apistogramma hongsloi*. Tropical Fish Hobbyist 34 (12): 64 - 67

Richter, H. J. (1987): *The ram*. Tropical Fish Hobbyist 35 (6): 52 & 54 - 57

Richter, H. J. (1987): *Apistogramma gibbiceps - a rare dwarf cichlid*. Tropical Fish Hobbyist 35 (7): 56 - 59 & 62

Richter, H. J. (1987): *The fork-tailed checkerboard cichlid*. Tropical Fish Hobbyist 36 (2): 24 - 27 & 30

Richter, H. J. (1988): *Zum Titel: Papiliochromis altispinosa (Haseman, 1911) - der bolivianische Schmetterlingsbuntbarsch*. Aquarien Terrarien - Monatsschrift für Vivarienkunde und Zierfischzucht 35 (4): 114 - 115

Richter, H. J. (1988): *Microgeophagus altispinosa - the Bolivian butterfly cichlid*. Tropical Fish Hobbyist 36 (9): 10 - 16 & 18

Richter, H. J. (1988): *The red form of Apistogramma agassizii*. Tropical Fish Hobbyist 37 (1): 10 - 12 & 14 - 15 & 17

Richter, H. J. (1988): *Zum Titel: Einer der prächtigsten Zwergcichliden ist*

Literatursammlung

Nannacara Regan, 1905. Aquarien Terrarien - Monatsschrift für Vivarienkunde und Zierfischzucht 35 (10): 330 - 332 und Titelfoto

Richter, H. J. (1988): *Zwergbuntbarsche.* 1. Auflage. J. Neumann-Neudamm Verlag, Melsungen. 220 Seiten

Richter, H. J. (1989): *Complete book of dwarf cichlids.* T.F.H.-Publications, Neptune City. 208 Seiten

Richter, H. J. (1989): *A beautiful variety of the butterfly ram.* Tropical Fish Hobbyist 38 (1): 37 - 43 & 46 - 47

Richter, H. J. (1990): *Ein ansprechender Zwergcichlide - Apistogramma hongsloi Kullander 1979.* Aquarien Terrarien - Monatsschrift für Vivarienkunde und Zierfischzucht 37 (2): 41 - 42

Riehl, R. (1977): *Know your fish: Colors in fish.* Aquarium Digest International (ADI) 18: 22 - 26

Riehl, R. & H. A. Baensch (1990): *Aquarien Atlas, Band 3.* 1. Auflage. Mergus Verlag, Melle. 1104 Seiten

Riehl, R. & H. A. Baensch (1990/91): *Aquarien Atlas, Band 1.* 8. Auflage (1. Auflage 1982). Mergus Verlag, Melle. 992 Seiten

Ringuelet, R. R. Aramburu & A. Aramburu (1967): *Los pecses Argentinos de agua dulce.* Comisión de Investigación Cientifica, Buenos Aires. 602 Seiten

Robins, C. R. & R. M. Bailey (1982): *The status of the generic names Microgeophagus, Pseudoapistogramma, Pseudogeophagus and Papiliochromis.* Copeia (1): 208 - 210

*****Rogers, S. I.** (1988): *Reproductive effort and efficiency in the female common goby, Pomatoschistus microps (Kroyer) (Teleostei: Gobioidei).* Journal of Fish Biology 33 (1): 109 - 119

Rolfs, R. (1965): *Anfängererlebnisse mit Nannacara anomala.* Die Aquarien- und Terrarien-Zeitschrift (DATZ) 18 (7): 196 - 197

Röhrig, F. (1951): *Zucht und Pflege von Apistogramma agassizi.* Die Aquarien- und Terrarien-Zeitschrift (DATZ) 4 (6): 143 - 145

Römer, U. (1989a): *Zum Brutpflegeverhalten von Apistogramma nijsseni Kullander, 1979 - "Haremsbildung".* DCG-Informationen 20 (3): 52 - 56

Römer, U. (1989b): *Ei-, Larven- und Jungfischpflege durch Männchen verschiedener Apistogramma-Arten.* DCG-Informationen 20 (4): 63 - 67.

Römer, U. (1989c): *Zur Problematik der Geschlechter-Verteilung von Nachzuchttieren bei Apistogramma nijsseni Kullander, 1979.* DCG-Informationen 20 (4): 74 - 77

Römer, U. (1989d): *Nachbemerkungen zu "Apistogramma nijsseni" (DCG-Info 20: 7).* DCG-Informationen 20 (10): 195 - 198

Römer, U. (1989e): *Beobachtungen zum Fortpflanzungsverhalten von Nannacara cf. taenia.* DATZ Die Aquarien- und Terrarienzeitschrift 42 (10): 600 - 601

Römer, U. (1990a): *Teesud.* DATZ Die Aquarien- und Terrarienzeitschrift 43 (5): 314

Römer, U. (1990b): *Aquaristik, Artenschutz und Positivlisten.* In: Aquariumverein Rasbora Zürich (Herausg.): *Tagungs-Ber. Informationstagung Artenschutz Zürich 1. Nov. 1990.* Verlag Aquaria, Zürich & St. Gallen: 30 - 43

Römer, U. (1990c): *"Das Wildfangmärchen" Oder: Nachzuchttiere und Artenschutz.* DCG-Informationen 21 (8): 183 - 188

Römer, U. (1990d): *Anmerkungen zu "Haremsbildung bei Apistogramma-Arten" (DCG-Info 8/90).* DCG-Informationen 21 (10): 233 - 236

Römer, U. (1990e): *Apistogramma spec. "Großmaul", ein neuer Zwergcichlide aus Peru.* DCG-Informationen 21 (12): 275 - 280

Römer, U. (1991a): *Fortpflanzungsverhalten von Apistogramma spec. "Großmaul" im Aquarium.* DCG-Informationen 22 (1): 18 - 22

Römer, U. (1991b): *Zur Lebenserwartung von Zwergbuntbarschen der Gattung Apistogramma.* DCG-Informationen 22 (2): 42 - 45

Römer, U. (1991c): *Kritischer Hinweis zu "Bachflohkrebse - ein Schmankerl" (DCG-Info 12/90).* DCG-Informationen 22 (2): 48

Römer, U. (1991d): *Eine geeignete Methode zur Geschlechterbestimmung einiger Apistogramma-Arten.* DCG-Informationen 22 (3): 70 - 72

Römer, U. (1991c): *Entgegnungen zu "Kritische Anmerkungen zum ersten Bericht über Apistogramma spec. "Großmaul" (DCG-Info 22/4).* DCG-Informationen 22 (6): 121 - 128

Römer, U. (1991f): *Ergänzende Angaben zur Schwanzflossenform von Apistogramma spec. "Großmaul".* DCG-Informationen 22 (6): 142 - 144

Römer, U. (1991g): *Zur intraspezifischen Variabilität der Zeichnungsmuster zweier Apistogramma-Arten.* DCG-Informationen 22 (7): 158 -162

Römer, U. (1991h): *Ein weiterer Beitrag zur Geschlechterbestimmung einiger Apistogramma-Arten.* DCG-Informationen 22 (11): 228 - 230

Römer, U. (1991i): *Der Smaragd-Zwergbuntbarsch. Eine ethologische Besonderheit aus der Gattung Apistogramma.* DATZ Aquarien Terrarien 44 (5): 290 - 292

Römer, U. (1992a): *Beobachtungen zu Brutpflege und intersexuellem Verhalten - vor und während der Balz - einer unbestimmten Zwerg-Crenicichla-Art.* DCG-Informationen 23 (1): 1 - 12

Römer, U. (1992b): *DCG-Kurzmitteilungen: Apistogramma norberti.* DCG-Informationen 23 (1): 20

Römer, U. (1992c): *Beobachtungen zum Brutpflegeverhalten von Apistogramma-Arten mit Anmerkungen zu "künstlichen" Aufzuchtverfahren.* DCG-Informationen 23 (2): 32 - 35

Römer, U. (1992d): *Cichliden von A - Z: Apistogramma diplotaenia Kullander, 1987.* DCG-Informationen 23 (3), 4 Seiten

Römer, U. (1992e): *Weitere Beobachtungen zur Verbreitung, Ökologie und Aquarienbiologie von Laetacara spec. "Orangeflossen".* DCG-Informationen 23 (4): 74 - 83

Römer, U. (1992f): *Dritter Beitrag zur Geschlechterbestimmung einiger Apistogramma-Arten.* DCG-Informationen 23 (4): 86 - 88

Römer, U. (1992g): *Cichliden von A - Z: Apistogramma nijsseni Kullander, 1979.* DCG-Informationen 23 (7): 4 Seiten

Römer, U. (1992h): *Beobachtungen zur Übernahme von Jungfischschwärmen durch artfremde Apistogramma-Männchen.* DCG-Informationen 23 (7): 149 - 152

Römer, U. (1992i): *Bemerkungen zu Apistogramma gossei.* DATZ Aquarien Terraien 45 (8): 488 - 489

Römer, U. (1992k): *Beobachtungen zur Aquarienbiologie von Apistogramma diplotaenia Kullander, 1987.* DCG-Informationen 23 (8): 166 - 170

Römer, U. (1992l): *Freilandbeobachtungen an Apistogramma diplotaenia KULLANDER, 1987.* In: Buntbarschjahrbuch 1 (1993): 58 - 71. bede Verlag, Kollnburg.

Literatursammlung

Römer, U. (1992m): *Weitere Beobachtungen zu Verbreitung und Ökologie des "Orangeflossen"-Laetacara im Rio Negro-Gebiet (NW-Brasilien).* DCG-Informationen 23 (12): 245 - 255

Römer, U. (1993a): *Anmerkungen zu dem Beitrag von W. Windisch in DCG-Info 24 (2).* DCG-Informationen 24 (4): 93 - 96

Römer, U. (1993b): *Erste Beobachtungen an einer neu eingeführten Art der Gattung Nannacara REGAN, 1905.* In: Buntbarschjahrbuch 2 (1994): 50 - 55. bede Verlag, Kollnburg.

Römer, U. (1993c): *Erste Ergebnisse von Untersuchungen an Apistogramma elizabethae KULLANDER, 1980.* In: Buntbarschjahrbuch 2 (1994): 68 - 73. bede Verlag, Kollnburg.

Römer, U. (1994a): *Apistogramma mendezi nov. spec. (Teleostei: Perciformes; Cichlidae): Description of a New Dwarf Cichlid from the Rio Negro System, Amazonas State, Brazil.* aqua Journal of Ichthyology and Aquatic Biology 1 (1): 1 - 12

Römer, U. (1994b): *Laetacara spec. "Orangeflossen: Ergänzende Beobachtungen zur Verbreitung und Ökologie im Gebiet des Rio Negro (NW-Brasilien).* DCG-Informationen 25 (12): 274 - 288

Römer, U. (1994c): *Export von Fischen aus Brasilien.* das Aquarium 306: 2 - 3

Römer, U. (1994d): *Genehmigungen.* Aquaristik aktuell 1994 (4): 39

Römer, U. (1994e): *Apistogramma spec. "MARIAE": Warnung vor einer Zwergcichlidenkreuzung.* DATZ Aquarien Terrarien 48 (1 / Jahrg. 1995): 18 - 20

Römer, U. (1995a): *Das Zwergcichliden Portrait: Nannacara adoketa.* das Aquarium 309 (3/95): 17

Römer, U. (1995b): *Modifikatorische Geschlechtsbestimmung, Treibhauseffekt und Gewässerversauerung: Vorstellung eines bisher unerkannten Gefährdungspotentials für Süßwasserfische am Modell neotropischer Cichliden der Gattung Apistogramma. Vortragszusammenfassung.* In: Tagungsberichte zu Workshop und Ausstellung "Gefährdete Süßwasserfische tropischer Ökosysteme", Schirmherr Harald Sioli; abgehalten vom 9. bis 12. März 1995 im Zoologischen Forschungsinstitut und Museum Alexander Koenig Bonn: 54

Römer, U. (1995c): *Kritische Bemerkungen über Angaben zu Beständen und Bestandsentwicklungen von neotropischen Kleinfischen am Beispiel von Apistogramma mendezi und Paracheirodon. Vortragszusammenfassung.* In: *Tagungsberichte zu Workshop und Ausstellung "Gefährdete Süßwasserfische tropischer Ökosysteme",* Schirmherr Harald Sioli; abgehalten vom 9. bis 12. März im Zoologischen Forschungsinstitut und Museum Alexander Koenig Bonn: 55

Römer, U. (1995d): *Nannacara adoketa Kullander & Prada-Pedreros, 1993.* DCG-Informationen 26 (3): 58 - 62

Römer, U. (1996a): *Uaupés.* aqua geógraphia - Leben über und unter Wasser 4 (11): 6 - 27

Römer, U. (1996a*): *Uaupés.* aqua geógraphia - Life above and below Water 4 (11): 6 - 27

Römer, U. (1996a**): *Uaupés.* aqua geógraphia - La vie dans l´Eau et Ó l´entour 4 (11): 6 - 27

Römer, U. (1996a***): *Uaupés.* aqua geógraphia - Vita sulla Terra e nell´ Acqua 4 (11): 6 - 27

Römer, U. (1996a****): *Uaupés.* aqua geógraphia - Vida encimay y debajo del Agua 4 (11): 6 - 27

Römer, U. (1996b): *Apistogramma urteagai Kullander, 1986.* DCG-Informationen 27 (2): 4 Seiten

Römer, U. (1996c): *Neuer Panzerwels aus Peru*. DATZ Aquarien Terrarien 49 (6): 346

Römer, U. (1996d): *Neu eingeführt: der "Pandurini"- oder "Azur"-Apistogramma*. Aquarium Heute 14 (3): 341

Römer, U. (1996e): *Nannacara adoketa Kullander and Prada-Pedréros 1993*. Buntbarsche Bulletin - The Journal of the American Cichlid Association 174 (June 1996): 1 - 4

Römer, U. (1996f): *Apistogramma juruensis Kullander, 1986: Cichliden von A - Z*. DCG-Informationen 28 (1997) (1): 4 Seiten

Römer, U. (1996g): *Apistogramma spec. "Pandurini", the "Blue-Sky"-Dwarf-Cichlid, a new species from Peru*. Buntbarsche Bulletin - The Journal of the American Cichlid Association 175 (August 1996): 8 - 12

Römer, U. (1997a*): *Nueva importaione: Apistogramma "Pandurini" o "Azur"*. Aquarium Oggi 14 (4/1996): 6

Römer, U. (1997b): *Apistogramma spec. "Pandurini" oder "Blue-Sky"-Zwergbuntbarsch: Ein neu eingeführter Cichlide aus Peru*. DCG-Informationen 28 (4): 67 - 71

Römer, U. (1997c): *Erneut eingeführt: Apistogramma spec. aff. payaminonis*. Aquarium Heute 15 (2): 513

Römer, U. (1997d): *Diagnoses of two new dwarf cichlids (Teleostei; Perciformes) from Peru, Apistogramma atahualpa and Apistogramma panduro n. spp*. Buntbarsche Bulletin - The Journal of the American Cichlid Association 182 (October 1997): 9 - 14

Römer, U. (in Vorb.): *Additional information on biology of Apistogramma mendezi from the field and aquaria*. (Manuskript)

Römer, U. (in Vorb.): *Untersuchungen an Apistogramma uaupesi Kullander, 1980 mit Angaben zur Verbreitung und Ökologie im Rio Negro-Gebiet (NW-Brasilien)*. (Manuskript)

Römer, U. (im Druck.): *Einige Aspekte der Mikrohabitatwahl südamerikanischer Zwergbuntbarsche (Teleostei: Cichlidae)*. Tagung "Verhalten von Aquarienfischen", Düsseldorf. Birgit Schmettkamp Verlag, Bornheim.

Römer, U. & W. Beisenherz (1995): *Modifikatorische Geschlechtsbestimmung durch Temperatur und pH-Wert bei Buntbarschen der Gattung Apistogramma*. In: Greven, H. & R. Riehl (Herausg.): *Fortpflanzungsbiologie der Aquarienfische*. Birgit Schmettkamp Verlag, Bornheim: 261 - 266

Römer, U. & W. Beisenherz (1996): *Environmental determination of sex in Apistogramma (Cichlidae) and two other fresh-water fishes (Teleostei)*. Journal of Fish Biology 48 (4): 714 - 725

Römer, U., M. Geismann, S. Leissner & A. Schneider (1993): *Cichliden von A - Z: Apistogramma elizabethae Kullander, 1980*. DCG-Informationen 24 (8): 4 Seiten

Römer, U. & D. Soares (1995a): *Apistogramma juruensis Kullander 1986*. Cichlidae Communique - The Journal of the Pacific Coast Cichlid Association #92 (10/11): 1 - 5

Römer, U. & D. Soares (1995b): *Remarks on Apistogramma juruensis Kullander 1986*. Cichlid News 4 (4): 12 - 16

Römer, U. & D. Soares (1996a): *Ein aquaristisch neuer Zwergbuntbarsch: Apistogramma juruensis*. DATZ Aquarien Terrarien 49 (6): 350 - 355

Römer, U. & D. Soares (1996b): *Apistogramma juruensis Kullander, 1986: Beobachtungen zur Aquarienbiologie eines neu eingeführten Zwergbuntbarsches*. Aquarium Heute 14 (3): 356 - 359

Literatursammlung

Römer, U. & D. Soares (1996c): *Apistogramma juruensis*. The Apisto-Gram Vol. 11 / No. 3 / Issue #48 (September 1995): 13 - 16

Römer, U. & D. Soares (1997*): *Apistogramma juruensis Kullander, 1986: Osservazioni sulla biologia in acquario di un Ciclide appena importato*. Aquarium Oggi 14 (4/1996): 24 - 27

Römer, U. & M. Wöhler (1995): *Ein neuer Harnischwels aus NW-Brasilien - Beobachtungen im Gebiet des mittleren Rio Negro*. Aquarium Heute (2/95): 74 - 77

Römer, U. & M. Wöhler (1995*): *Un nuovo Ancistrinae del Brasile nord occidentale: Osservationi nella regione centrale del Rio Negro*. Aquarium Oggi 2 (3/95): 20 - 23

Römer, U. & A. Schneider (im Druck): *Laetacara spec. "Orangeflossen": Beobachtungen zum Sozial- und Fortpflanzungsverhalten im Aquarium*. Tagung "Verhalten von Aquarienfischen", Düsseldorf. Birgit Schmettkamp Verlag, Bornheim.

Römer, W. (1987): *Ein Unkraut Amazoniens?* Die Aquarien- und Terrarien-Zeitschrift (DATZ) 40 (12): 535 - 538

Rönitz, W. (1956): *Zur Zucht des Tüpfelbuntbarsches, Aequidens curviceps E. Ahl.* Aquarien und Terrarien - Monatsschrift für alle Gebiete der Aquarien- und Terrarienkunde 3 (11): 324 - 325

Röse, H. (1938): *"Ein reizender neuer Zwergcichlide.": Einiges zum Artikel von Karl-Heinz Bertling in "W" 1938, S. 146*. Wochenschrift für Aquarien- und Terrarienkunde 35: 233

Rösler, H.-J. (1985): *Ist der "Gelbe" ganz vergessen?: Apistogramma borellii - ein Zwergbuntbarsch nicht nur für Spezialisten*. Aquarien Magazin 19: 235 -239.

Rössel, E. (1964): *Brutpflegebeteiligung eines Nannacara anomala-Männchens*. Monatsschrift für Ornithologie und Vivarienkunde, Ausgabe B: Aquarien und Terrarien 11 (2): 67 - 68

*Rubin, D. A. (1985): *Effect of pH on Sex Ratio in Cichlids and a Poecilid (Teleostei)*. Copeia 1985 (1): 233 -235

Rust, H. T. (1948): *Apistogramma ramirezi*. Deutsche Aquarien- und Terrarien-Zeitschrift 1 (1): 53 - 54

*Sadler. K. & S. Lynam (1986): *Some effect of low pH and calcium on the growth and tissue mineral content of yearling brown trout, Salmo trutta*. Journal of Fish Biology 29: 313 - 324

*Sadler, K. & S. Lynam (1987): *Some effects on the growth of brown trout from exposure to aluminium at different pH levels*. Journal of Fish Biology 31: 209 - 219

Sadzikowski, M. R. & D. C. Wallace (1974): *The incidence of Lironeca ovalis (Say) (Crustacea, Isopoda) and ist effects on the growth of white perch, Morone americana (Gmelin), in the Delaware River near Artificial Island Chesapeake*. Science 15: 163 - 165

Sakurai, A., Y. Sakamoto & F. Mori (19??): *Aquarium Fish of the Word: The Comprehensive Guide to 650 Species: Cichlids*: 67 - 166 (only partially seen as copy)

Sänger, E. (1982): *Einige Beobachtungen bei der Pflege und Zucht von Apistogramma weisei*. Aquarien Terrarien - Monatsschrift für Vivarienkunde und Zierfischzucht 30 (1): 8

Santura, P. (1982): *"Apistogramma amoena" - ein seltener Zwergbuntbarsch*. TI Tatsachen und Informationen aus der Aquaristik 17 (60): 5 - 6

Santura, P. (1983): *Die Zucht von Apistogramma gephyra*. TI Tatsachen und Informationen aus der Aquaristik 18 (62): 14 - 15

Sazima, I. (1986): *Similarity in feeding behaviour between some marine and freshwater fishes in two tropical communities.* Journal of Fish Biology 29 (1): 53 - 65

Schaefer, C. (1990): *Quecksilber im Amazonas.* DATZ Die Aquarien- und Terrarien-Zeitschrift 43 (7): 425 - 428

Schaefer, C. (1991): *Zwerg-Crenicichla - Haltepunkte eines Kennenlernens - Keine Zucht.* DCG-Informationen 22 (8): 172 - 174

Schädlich, E. (1970): *Meine Erfahrungen beim Einrichten von Zwergcichlidenaquarien.* Aquarien und Terrarien - Monatsschrift für Ornithologie und Vivarienkunde: Ausgabe B 17 (5): 168

Schädlich, E. (1970): *Beobachtungen an Apistogramma ortmanni.* Aquarien und Terrarien - Monatsschrift für Ornithologie und Vivarienkunde: Ausgabe B 17 (5): 168 - 169

Schädlich, E. (1973): *Überraschungen mit Apistogramma-Arten.* Aquarien und Terrarien - Monatsschrift für Ornithologie und Vivarienkunde: Ausgabe B 20 (11): 388

Schauensee, R. Meyer de & W. H. Phelps jr. (1978): *A Guide to the Birds of Venezuela.* Princeton University Press, Princeton & Chichester. 427 Seiten

Scheel, J. J. (1972): *A letter from Col. J.J. Scheel.* Advanced Aquarium Magazine Atlanta 35: 4 - 6

Scheidnaß, J. (1955): *Meine Erfahrungen mit Apistogramma ramirezi Myers & Harry.* Die Aquarien- und Terrarien-Zeitschrift (DATZ) 8 (11): 284 - 286

Schenke, G. (1983): *Soziale Verhaltensweisen bei Papiliochromis ramirezi.* Aquarien Terrarien - Monatsschrift für Vivarienkunde und Zierfischzucht 30 (11): 380 - 382

Apistogramma juruensis ♀ , Brutpflegefärbung

Literatursammlung

Schenke, G. (1985): *Zucht des Schmetterlingsbuntbarsches, Papiliochromis ramirezi, unter aquaristischen Bedingungen.* Aquarien Terrarien - Monatsschrift für Vivarienkunde und Zierfischzucht 32 (11): 377 - 379

Schindler, I. (1991): *Der "Orangeflossen"-Laetacara.* Ökologie, Verbreitung, Aquarienhaltung. DCG-Informationen 22 (11): 239 - 244

Schindler, I. (1993): *Bujurquina sp. "Orinoko" aus Venezuela.* DCG-Informationen 24 (12): 263 - 270

Schindler, I. (1997): *Rätselhafter Nannacara aus Guyana.* DATZ Aquarien Terrarien 50 (8): 544 - 545

Schlegel, K. (1966): Balz und Brutpflege bei Apistogramma trifasciatum haraldschulzi. Aquarien Terrarien - Monatsschrift für Ornithologie und Vivarienkunde 13 (1): 16 - 18

Schlegel, R. (1965): *Zucht des Schmetterlingscichliden in hartem Wasser.* Aquarien Terrarien - Monatsschrift für Ornithologie und Vivarienkunde 12 (8): 276 - 277

Schlenter, D. (1973): *Meine Erfahrungen mit Apistogramma-Arten und Zoropur.* Aquarien und Terrarien - Monatsschrift für Ornithologie und Vivarienkunde: Ausgabe B 20 (5): 173

Schleser, D. M. (1994): *A rare Rio Negro Gem: A small cichlid from Brazil - Biotoecus opercularis.* Aquarium Fish Magazine 6 (6): 44 - 50

Schliewen, U. & R. Stawikowski (1989): *Teleocichla.* Die Aquarien- und Terrarien-Zeitschrift (DATZ) 42 (4): 227 - 231

Schmettkamp, W. (1975): *Einiges über Apistogramma kleei.* Die Aquarien- und Terrarien-Zeitschrift (DATZ) 28 (9): 363 - 366

Schmettkamp, W. (1975): *Apistogramma kleei Meinken, 1964.* DCG-Informationen 6 (9): 133 - 136

Schmettkamp, W. (1976): *Apistogramma borellii (Regan, 1906): Literatur und Wirklichkeit.* DCG-Informationen 7 (1): 5 - 7

Schmettkamp, W. (1976): *Stimmungsabhängige Farbmuster bei Apistogramma ortmanni (Eigenmann, 1912).* DCG-Informationen 7 (2): 21 - 24

Schmettkamp, W. (1976): *Liebe im Harem bei Apistogramma borelli.* Die Aquarien- und Terrarien-Zeitschrift (DATZ) 29 (4): 124 - 126

Schmettkamp, W. (1976): *Beobachtungen an Apistogramma amoenum (Cope, 1872).* DCG-Informationen 7 (4): 67 - 71

Schmettkamp, W. (1976): *Der Schönflossige Zwergbuntbarsch: Apistogramma ornatipinnis Ahl, 1936.* DCG-Informationen 7 (7): 121 - 126

Schmettkamp, W. (1976): *Innerartliches Sozialverhalten von Cichliden bei der Nachwuchspflege: Teil 1.* DCG-Informationen 7 (9): 173 - 176

Schmettkamp, W. (1976): *Innerartliches Sozialverhalten von Cichliden bei der Nachwuchspflege: Teil 2.* DCG-Informationen 7 (10): 186 - 188

Schmettkamp, W. (1977): *Besonderheiten über Apistogramma agassizii (Steindachner, 1875):* DCG-Informationen 8 (1): 1 - 4

Schmettkamp, W. (1977): *Apistogramma-Arten aus Guyana.* DCG-Informationen 8 (4): 61 - 67

Schmettkamp, W. (1977): *Bemerkungen zur Gattung Apistogramma, speziell zu Apistogramma ornatipinnis.* Das Aquarium 11 (92): 59 - 63. Aquarium Wuppertal.

Schmettkamp, W. (1977): *Erste Ergebnisse aus der Haltung und Zucht von A. pucallpaensis Meinken 1965.* DCG-Informationen 8 (10): 181 - 188

Schmettkamp, W. (1977): *Erfahrungen mit Apistogramma-Arten*. TI Tatsachen und Informationen aus der Aquaristik 11 (38): 15 - 18

Schmettkamp, W. (1978): *Neues aus der Apistogramma-Szene*. DCG-Informationen 9 (1): 16 - 20

Schmettkamp, W. (1978): *Apistogramma reitzigi Ahl, 1939 ist ein Synonym zu Apistogramma borellii (Regan, 1906)*. DCG-Informationen 9 (8): 144 - 147

Schmettkamp, W. (1978): *Die verschiedenen Brutpflegeformen bei Cichliden*. Die Aquarien- und Terrarien-Zeitschrift (DATZ) 31 (11): 409 - 411

Schmettkamp, W. (1978): *Nicht nur der Name ist kompliziert bei Apistogrammoides pucallpaensis*. Das Aquarium 12 (105): 111 - 114

Schmettkamp, W. (1978): *Der Schmetterlingsbuntbarsch hat endlich einen Namen*. Das Aquarium 12 (111): 388

Schmettkamp, W. (1979): *Neues aus der Gattung Apistogramma*. Das Aquarium 13 (119): 202 - 205

Schmettkamp, W. (1979): *Neues aus der Apistogramma-Szene*. DCG-Informationen 10 (10): 181 - 186

Schmettkamp, W. (1980): *Neues aus der Gattung Apistogramma*. Das Aquarium 14 (129): 120 - 124

Schmettkamp, W. (1980): *Erfahrungen mit Apistogramma-Arten*. TI Tatsachen und Informationen aus der Aquaristik 15 (49): 5 - 8

Schmettkamp, W. (1980): *Zwei seltene Cichliden aus Mittel- und Südamerika*. TI Tatsachen und Informationen aus der Aquaristik 15 (49): 10 - 11

Schmettkamp, W. (1980): *Unser Steckbrief: Apistogramma trifasciata (Eigenmann et Kennedy, 1903)*. Das Aquarium 14 (131): 229 - 230

Schmettkamp, W. (1981): *Neues aus der Apistogramma-Szene*. DCG-Informationen 12 (8): 141 - 150

Schmettkamp, W. (1981): *Cichliden von A - Z: Apistogramma resticulosa Kullander, 1980*. DCG-Informationen 12 (8): 2 Seiten

Schmettkamp, W. (1981): *Cichliden von A - Z: Apistogramma bitaeniata Pellegrin, 1936*. DCG-Informationen 12 (8): 2 Seiten

Schmettkamp, W. (1981): *Cichliden von A - Z: Apistogramma macmasteri Kullander, 1979*. DCG-Informationen 12 (12): 2 Seiten

Schmettkamp, W. (1981): *Neues aus der Gattung Apistogramma*. Das Aquarium (only incomplete copy seen)

Schmettkamp, W. (1982): *Die Zwergcichliden Südamerikas*. Landbuch-Verlag, Hannover. 176 Seiten

Schmettkamp, W. (1982): *Cichliden von A - Z: Apistogramma gibbiceps Meinken, 1969*. DCG-Informationen 13 (4): 2 Seiten

Schmettkamp, W. (1982): *Anmerkungen zur Identität und zum Verhalten von Apistogramma caetei Kullander, 1980*. DCG-Informationen 13 (9): 178 - 180

Schmettkamp, W. (1982): *Die "Königin der Amazonen": Pflege und Zucht von Apistogramma hippolytae*. DCG-Informationen 13 (10): 194 - 198

Schmettkamp, W. (1982): *Erfahrungen mit Apistogramma-Arten*. TI Tatsachen und Informationen aus der Aquaristik 17 (59): 12 - 14

Schmettkamp, W. (1983): *Erfahrungen mit Apistogramma-Arten*. TI 64: 12 - 14

Schmettkamp, W. (1984): *Cichliden von A - Z: Apistogramma hippolytae Kullander, 1982*. DCG-Informationen 15 (1): 2 Seiten

Literatursammlung

Schmettkamp, W. (1984): *Aquarium Heute Diskussion: Werner Schmettkamps Anmerkungen zu Beiträgen in der letzten Ausgabe.* Aquarium Heute 3: 43

Schmettkamp, W. (1984): *Anmerkungen zur Gattung Nannacara (Regan, 1905), speziell zur neuen Art Nannacara aureocephalus (Allgayer, 1983).* Die Aquarien- und Terrarien-Zeitschrift (DATZ) 37 (9): 333 - 336

Schmettkamp, W. (1985): *Der Wangenfleck-Zwergbuntbarsch: Apistogramma resticulosa Kullander, 1980.* DCG-Informationen 16 (6): 116 - 119

Schmettkamp, W. (1986): *Cichliden von A - Z: Apistogramma nijsseni Kullander, 1979.* DCG-Informationen 17 (7): 2 Seiten

Schmettkamp, W. (1986): *Cichliden von A - Z: Apistogramma pertensis (Haseman, 1911).* DCG-Informationen 17 (11): 2 Seiten

Schmettkamp, W. (1986): *Cichliden von A - Z: Apistogramma borellii (Regan, 1906).* DCG-Informationen 17 (12): 2 Seiten

Schmettkamp, W. (1986): *Weitere Erfahrungen mit Apistogramma-Arten.* TI international 75: 11 - 12

Schmettkamp, W. (1987): *Apistogramma caetei Kullander, 1980.* DATZ 40 (??): 111 - 112 (only seen as copy)

Schmettkamp, W. (1987): *Keeping up: The Apisto-Superstar Apistogramma nijsseni.* The Apisto-Gram 4 (2): 3 - 4

Schmettkamp, W. (1987): *Keeping up: The Apisto-Superstar Apistogramma nijsseni.* Buntbarsche Bulletin - Journal of the American Cichlid Associatio 120 (June 1987): 20 - 21

Schmettkamp, W. (1992): *Zwergcichliden-Portrait: Apistogramma diplotaenia Kullander, 1987. Doppelband Zwergcichlide.* Das Aquarium 26 (281) (11/92): 19

Schmidt, E. (1949): *Ein neuer Zwergcichlide.* DATZ Deutsche Aquarien- und Terrarien-Zeitschrift II (6): 103 - 104

Schmidt, E. (1963): *Crenicara filamentosa.* Tropische Fische (8): 262 - 264

*Schmidt, G. W. (1968): *Zum Problem der Kohlensäure in kalkarmen tropischen Gewässern.* Amazonia I (4): 323 - 326

*Schmidt, G. W. (1972): *Chemical properties of some waters in the tropical rainforest region of Central-Amazonia along the new road Manaus - Caracarai.* Amazonia III (II): 199 - 207

Schmidt, G. W. (1975): *Die amazonischen Schwemmlandseen - ein wichtiger Fischbiotop.* DATZ 28 (??): 370 - 374 (only seen as copy)

Schmidt, G. W. (1975): *Die amazonischen Schwemmlandseen - ein wichtiger Fischbiotop.* DATZ 28 (??): 410 -412 (only seen as copy)

Schneider, A. (1995): *Cichliden von A bis Z: Apistogramma mendezi Römer, 1994.* DCG-Informationen 26 (11): 4 Seiten

Schneider, H. (1972): *"Geschlechtsumwandlung" bei Apistogramma agassizii.* Die Aquarien- und Terrarien-Zeitschrift (DATZ) 25 (12): 431 - 432

Schneider, W. (1972): *Unnormales Verhalten bei der Zucht von Nannacra anomala?* Die Aquarien- und Terrarien-Zeitschrift (DATZ) 25 (3): 82 - 84

Schöder, F. (1980): *ZAG Cichliden: Aequidens curviceps - wirklich ein Problemfisch?* Aquarien Terrarien - Monatsschrift für Vivarienkunde und Zierfischzucht 27 (2): 50 - 51

Schomburgk, R. (1848): *Reisen in British-Guiana in den Jahren 1840 - 1844: Im Aufrag S^R. Majestät des Königs von Preussen: Nebst einer Fauna und Flora Guiana´s nach Vorlagen von Johannes Müller, Ehrenberg, Erichson, Klotzsch, Troschel, Cabanis und anderen. Drit-*

Apistogramma panduro ♀ , Brutpflegefärbung

Literatursammlung

ter Theil: Versuch einer Fauna und Flora von Britisch-Guiana. Verlagsbuchhandlung J. J. Weber, Leipzig: 530 - 645

Schönbrodt, G. (1972): *Zur Zucht von Nannacara anomala.* Aquarien und Terrarien - Monatsschrift für Ornithologie und Vivarienkunde: Ausgabe B 19 (10): 353

Schreiber, R. (1989): *"Durchrationalisierte" Kakadu-Zucht.* DATZ Die Aquarien- und Terrarienzeitschrift 42 (5): 315

Schreiber, R. (1991): *Met alle wateren gewassen.* het Aquarium 61 (6): 155 - 159

Schreiber, R. (1992): *Een Apistogramm-Fan vertelt over zijn Ervaringen met Apistogramma bitaeniata.* het Aquarium 62 (??): 260 - 263 (only seen as copy)

Schreiber, R. (1993): *Apistogramma linkei : Eine Perle aus Bolivien.* Das Aquarium 27 (291) (9/93): 11 - 14

Schreiber, R. (1994): *The smallest Dwarf: Apistogramma trifasciata.* Tropical Fish Hobbyist Vol. XLII No.6 (#456): 164 - 167

Schreiman, R. (1996): *Breeding Apistogramma inconspicua.* The Apisto-Gram 12 (4) (#49) (December 1995): 15 - 16

Schreiner, C. & Miranda Ribeiro, A. de (1903): *A colleccao de peixes do Museu Nacional de Rio de Janeiro.* Archivos de Museu Nacional do Rio de Janeiro XII: 67 - 109

*Schubert, P. (1982): *Gestörtes Geschlechterverhältnis durch Temperatur?* Arbeitsmaterialien der ZAG-Cichliden im Kulturbund der DDR, AM 2 - 3: 18 - 19

Schubert, P. (1985): *Probleme der künstlichen Erbrütung des Laiches von Zwergcichliden.* Aquarien und Terrarien - Monatsschrift für Vivarienkunde und Zierfischzucht 32 (6): 190 - 191

Schubert, P. (1987): *Sind Aquarienfische geborene Kanibalen?: Einige Gedanken zum Fressen von Jungbrut durch Alttiere.* Aquarien und Terrarien - Monatsschrift für Vivarienkunde und Zierfischzucht 34 (2): 66

Schultz, H. (1960): *Fischfang in der Savanne Nordostbrasiliens.* Aquarien und Terrarien - Monatsschrift für alle Gebiete der Aquarien- und Terrarienkunde 7 (7): 193 - 200

Schultz, H. (1962): *Entdeckungsreise zum oberen Guaporé.* Tropische Fische 2 (4): 148 - 163

Schulz-Kabbe, W. (1957): *Tafel: Zeichnungsmuster bei Apistogramma reitzigi.* Aquarien und Terrarien - Monatsschrift für alle Gebiete der Aquarien- und Terrarienkunde 4 (2): Umschlagseite 4

Schulze, L. (1912): *Heterogramma corumbae, ein Fisch für kleine Aquarien.* Blätter für Aquarien- und Terrarienkunde 23 (23): 369 - 372

Schürmanns, L. (1996): *Zwergcichliden in richtiger Gesellschaft.* Das Aquarium 30 (9) (327): 14 - 15

Schwerdtfeger, F. (1975): *Ökologie der Tiere. Band III: Synökologie.* Verlag Paul Parey, Hamburg und Berlin.

Schwerdtfeger, F. (1977): *Ökologie der Tiere. Band I: Autökologie.* 2. neubearb. Auflage, Verlag Paul Parey, Hamburg und Berlin, 460 Seiten

Schwerdtfeger, F. (1979): *Ökologie der Tiere. Band II: Demökologie.* 2. neubearb. Auflage, Verlag Paul Parey, Hamburg und Berlin, 450 Seiten

Seaf, A. (1987): Apistogramma cacatuoides. Het Aquarium XY (11): 288 - 289 (only seen as incomplete copy)

Seegers, L. (1984): *Neu im Aquarium: Der Amaquiria-Schleierkärpfling aus Peru.* Aquarium Heute 2 (1): 8 - 11

Seegers, L. (1990): *Bemerkungen zur Gattung Pseudocrenilabrus: Teil 2: Pseudocrenilabrus multicolor victoriae nov. subsp.* DATZ Die Aquarien- und Terrarienzeitschrift 43 (2): 99 - 103

Seegers, L. (1996): *Die Gattung Pseudocrenilabrus: Kleine maulbrütende Cichliden aus Afrika.* Das Aquarium 30 (9) (327): 6 - 12

Seidel, C. (1991): *Crenicichla heckeli - Biotop- und Aquarienbeobachtungen.* DATZ Die Aquarien- und Terrarienzeitschrift 46 (1) (1992): 10 - 11

Seidel, C. (1997): *"Neue" Apistogramma-Art?* DATZ Aquarien Terrarien 50 (4) : 213

Seidel, C. (1997): *Apistogramma sp. "Arua": Zucht geglückt!* DATZ Aquarien Terrarien 50 (5): 333

Selle, E. (1974): *Apistogramma pleurotaenia.* Die Aquarien- und Terrarien-Zeitschrift (DATZ) 27 (12): 430 - 431

Selle, E. (1976): *Apistogramma reitzigi - Beobachtungen zum Revierverhalten brutpflegender Weibchen.* Die Aquarien- und Terrarien-Zeitschrift (DATZ) 29 (8): 266 - 268

Selle, E. (1977): *Aequidens dorsigerus, Beobachtungen bei der Pflege und der Zucht.* Die Aquarien- und Terrarien-Zeitschrift (DATZ) 30 (12): 402 - 405

Seuß, W. (1997): *Abenteuer Surinam: Teil 1.* Aquaristik aktuell 1/97: 6 - 10

Sick, H. (1957): *Tukani: Unter Tieren und Indianern Zentralbrasiliens bei der ersten Durchquerung von SO nach NW.* Paul Paray-Verlag, Hamburg & Berlin. 241 Seiten

Sick, H. (1993): *Birds in Brazil: A Natural History.* Princeton University Press, Princeton (New Jersey). 703 Seiten & 47 Tafeln

Sioli, H. (1954): *Beiträge zur regionalen Limnologie des Amazonasgebietes: II: Der Rio Arapiuns, ein Gewässer des Tertiärgebietes (Pliozän), Serie der "Barreiras", Unter-Amazoniens.* Archiv für Hydrobiologie 49 (4): 448 - 518

Sioli, H. (1955): *Beiträge zur Regionalen Limnologie des Amazonasgebietes.* Archiv für Hydrobiologie 50 (1): 1 - 39

Sioli, H. (1968): *Hydrochemistry and Geology in the Brazilian Amazon Region.* Amazonia 1 (3): 267 - 277

Sioli, H. (1965): *Bemerkungen zur Typologie amazonischer Flüsse.* Amazonia I (1): 74 - 83

Soares, D. (1996): *Aquarium Keeping for Apistogramma.* Cichlid communique No. 95 (March/April 1996): 1 - 3

Soares, D. (1996): *Apisto Keeping and Maintenance.* The Apisto-Gram 12 (4) (#49) (December 1995): 17 - 18

Spranger, D. (1967): *Beobachtungen an Nannacara anomala.* Aquarien - Terrarien - Monatsschrift für Ornithologie und Vivarienkunde: Ausgabe B 14 (5): 170 - 171

Stadik, P.G. (1982): *Vorwärts oder rückwärts?: Mißbildung bei einer Wildform.* TI 60: 15

Staeck, W. (1974): *Cichliden: Verbreitung - Verhalten - Arten.* Engelbert Pfriem Verlag, Wuppertal-Elberfeld, 317 Seiten

Staeck, W. (1976): *Drei wenig bekannte oder neue Zwergcichliden aus den Gattungen Apistogramma, Apistogrammoides und Taeniacara.* Das Aquarium 10 (90) (12): 542 - 546. Aquarium Wuppertal

Staeck, W. (1977): *Cichliden: Verbreitung - Verhalten - Arten.* Band II (Supplement). Engelbert Pfriem Verlag, Wuppertal-Elberfeld, 296 Seiten

Staeck, W. (1981): *Erste Ergebnisse der Amazonas-Expedition von DCG-Mitgliedern im Juli 1981.* DCG-Informationen 12 (12): 221 - 223

Literatursammlung

Staeck, W. (1982): *Handbuch der Cichlidenkunde.* (not seen)

Staeck, W. (1983): *Cichliden III: Entdeckungen und Neuimporte.* Wuppertal.

Staeck, W. (1984): *Dr. Wolfgang Staeck zu Apistogramma hongsloi.* Aquarium Heute 2 (3): 44 - 45

Staeck, W. (1985): *Erfahrungen mit zwei neuen Apistogramma aus Bolivien: 1. Die Querstreifen-Apistogramma.* Die Aquarien- und Terrarien-Zeitschrift (DATZ) 38 (1): 4 - 7

Staeck, W. (1985): *Erfahrungen mit zwei neuen Apistogramma aus Bolivien: 2. Die Gelbbrust-Apistogramma.* Die Aquarien- und Terrarien-Zeitschrift (DATZ) 38 (2): 60 - 63

Staeck, W. (1985): *Natürliche Biotope: Die Heimat unserer Aquarienfische und -pflanzen: Ergebnisse der Dupla-Expedition 1984: Schwarzwasserbiotope in Nordperu.* Aquarium Heute 3 (2): 36 - 38

Staeck, W. (1985): *Natural biotopes: Results of the 1984 Dupla-Expedition: a blackwater biotope in north-Peru.* Today´s Aquarium Aquarium (3/85): 36 - 38

Staeck, W. (1986): *Cichliden von A - Z: Apistogramma linkei Koslowski, 1985.* DCG-Informationen 17 (2): 2 Seiten

Staeck, W. (1986): *Beiträge zur Kenntnis peruanischer Zwergcichliden: 1. Apistogramma cacatuoides Hoedeman, 1951.* Die Aquarien- und Terrarien-Zeitschrift (DATZ) 39 (9): 388 - 392

Staeck, W. (1986): *Neue und weinig bekannte Arten: Killifische als Beifänge.* Aquarium Heute 4 (4): 5 - 7

Staeck, W. (1986): *Beiträge zur Kenntnis peruanischer Zwergcichliden: 2. Apistogramma eunotus Kullander, 1981.* Die Aquarien- und Terrarien-Zeitschrift (DATZ) 39 (12): 546 - 548

Staeck, W. (1986): *Cichliden von A - Z: Apistogramma borellii (Regan, 1906).* DCG-Informationen 17 (2): 2 Seiten

Staeck, W. (1987): *Beiträge zur Kenntnis peruanischer Zwergcichliden: 3. Apistogramma nijsseni Kullander, 1979.* Die Aquarien- und Terrarien-Zeitschrift (DATZ) 40 (2): 61 - 64

Staeck, W. (1987): *Papilichromis altispinosa: Ein "missing link" in der Evolution der Maulbrutpflege?* DCG-Informationen 18 (6): 115 - 117

Staeck, W. (1987): *Ein neuer Zwergbuntbarsch aus Bolivien: Erste Erfahrungen mit Apistogramma luelingi.* Aquarien-Magazin 20 (7): 267 - 271

Staeck, W. (1987): *Beiträge zur Kenntnis peruanischer Zwergcichliden: 4. Apistogramma bitaeniata Pellegrin, 1936.* DATZ Die Aquarien- und Terrarien Zeitschrift 40 (7): 299 - 302

Staeck, W. (1987): *Beiträge zur Kenntnis peruanischer Zwergcichliden: 5. Apistogramma agassizii (Steindachner, 1875).* Die Aquarien- und Terrarien-Zeitschrift (DATZ) 40 (7): 299 -302

Staeck, W. (1987): *Beiträge zur Kenntnis peruanischer Zwergcichliden: 6. Apistogrammoides pucallpaensis Meinken, 1965.* Die Aquarien- und Terrarien-Zeitschrift (DATZ) 40 (10): 439 - 441

Staeck, W. (1987): *Beiträge zur Kenntnis peruanischer Zwergcichliden: 7. Apistogramma luelingi Kullander, 1976.* Die Aquarien- und Terrarien-Zeitschrift (DATZ) 40 (12): 543 -545

Staeck, W. (1987): *Biotope und Lebensraumansprüche südamerikanischer Zwergcichliden: Zur Ökologie von Apistogramma-Arten.* Aquarien Magazin 21 (1): 10 - 17

Staeck, W. (1987): *Papilichromis altispinosa: ein "missing link" in der Evolution der Maulbrutpflege?* DCG-Informationen 18 (6): 115 - 117

Apistogramma gibbiceps ♀, brutpflegend, Junge ca. 3 Tage alt.

Staeck, W. (1988): *Dekorativ und eindrucksvoll: Segelflossenwelse.* Aquarium Heute 6 (1): 11 - 13

Staeck, W. (1988): *Wiederimportierte Aquariumfische: Apistogramma borellii.* Aquarium Heute 6 (2): 10 - 12

Staeck, W. (1988): *Beliebt, robust und einfügsam: Neue Panzerwelse.* Aquarium Heute 6 (4): 8 - 10

Staeck, W. (1990): *Der Wangenstrich-Erdfresser: Natürliche Lebensräume und Pflege.* Aquarium Heute 8 (1): 8 - 10

Staeck, W. (1990): *Apistogramma-agassizii-"Standards": keine Möglichkeit zur Arterhaltung!* DCG-Informationen 21 (6): 125 - 128

Staeck, W. (1990): *Apistogramma-Arten Venezuelas: 1. Ergänzungen zur Beschreibung von Apistogramma hoignei Meinken, 1965.* DATZ Die Aquarien- und Terrarien Zeitschrift 43 (7): 412 - 416

Staeck, W. (1990): *Zur Pflege südamerikanischer Zwergcichliden: Der Gelbwangen-Apistogramma.* Aquarium Heute 8 (4): 6 - 8

Staeck, W. (1990): *Neuer Schachbrettcichlide.* DATZ Die Aquarien- und Terrarien Zeitschrift 43 (12): 711 - 713

Staeck, W. (1990): *Apistogramma-Arten Venezuelas: 2. Apistogramma steindachneri.* DATZ Die Aquarien- und Terrarien Zeitschrift 43 (12): 732 - 734

Staeck, W. (1991): *Apistogramma-Arten Venezuelas: 3. Apistogramma spec. "Rio Caura".* DATZ Aquarien Terrarien 44 (4): 234 - 237

Staeck, W. (1991): *Kritische Anmerkungen zum ersten Bericht über Apistogramma spec. "Großmaul".* DCG-Informationen 22 (4): 84 - 88

Staeck, W. (1991): *Cichliden von A - Z: Apistogramma borellii (Regan, 1906).* DCG-Informationen 22 (7): 4 Seiten

Literatursammlung

Staeck, W. (1991): *Apistogramma-Arten Venezuelas: 4. Apistogramma hongsloi Kullander, 1979.* DATZ Aquarien Terrarien 44 (9): 572 - 574

Staeck, W. (1991): *Segelflossensalmler: interessnt, schön, aber selten.* Aquarium Heute 9 (3): 14 - 16

Staeck, W. (1991): *Eine neue Apistogramma-Art (Teleostei: Cichlidae) aus dem peruanischen Amazonasgebiet.* Ichthyological Exploration of Freshwaters: an international journal for field-orientated ichthyology 2 (2): 139 - 149

Staeck, W. (1992): *Zwerg-Erdfresser: Die Gattung Biotodoma im Biotop und Aquarium beobachtet.* In: Buntbarschjahrbuch 1 (1993): 72 - 78. Bede Verlag, Kollnburg.

Staeck, W. (1993): *Rivulus lyricauda: ein Killifisch aus der Gran Sabana Venezuelas.* Aquarium Heute 11 (1): 218 - 220

Staeck, W. (1993): *Zur Verbreitung und Ökologie von Papiliochromis ramirezi.* DATZ Aquarien Terrarien 46 (4): 239 - 242

Staeck, W. (1993): *Apistogramma urteagai KULLANDER, 1986: Ein aquaristisch neuer Zwergcichlide.* In: Buntbarschjahrbuch 2 (1994): 74 - 82. Bede Verlag; Kollnburg. 96 Seiten

Staeck, W. (1995): *Beliebte Aquariumfische: Trauermantelsalmler.* Aquarium Heute 13 (4):185 - 188

Staeck, W. (1996): *Beliebte Aquariumfische: Der Schmetterlingsbuntbarsch.* Aquarium Heute 14 (1): 239 - 242

Staeck, W. (1996): *Beliebte Aquariumfische: Der Metallpanzerwels.* Aquarium Heute 14 (2): 291 - 294

Staeck, W. (1996): *Wasserwerte: Zur Ableitung von Grenzwerten chemischer und physikalischer Parameter des Wassers für die artgemäße Haltung von Aquarienfischen.* DATZ Aquarien Terrarien 49 (5): 295 - 300

Staeck, W. (1996): *Zur Bedeutung von Wasserwerten bei Pflege und Vergesellschaftung von Fischen im Aquarium.* DCG-Informationen 27 (5): 93 - 99

Staeck, W. (1996): *Neu importiert: Apistogramma aus dem Mamoré.* DATZ Aquarien Terrarien 49 (9): 548 - 549

Staeck, W. (1996): *Apistogramma payaminonis eingeführt.* DATZ Aquarien Terrarien 49 (12): 752 - 753

Staeck, W. (1997): *Beliebte Aquariumfische: Der Buntschwanz Zwergcichlide: Apistogramma agassizii Steindachner, 1875.* Aquarium Heute 15 (2): 521 - 525

Staeck, W. (1997): *Beliebte Aquariumfische: Der Neonsalmler: Paracheirodon innesi Myers, 1936).* Aquarium Heute 15 (3): 578 - 580

Stallknecht, H. (1960): *Grundzüge der Verbreitungsgeschichte südamerikanischer und afrikanischer Süßwasserfische.* Aquarien und Terrarien - Monatsschrift für alle Gebiete der Aquarien- und Terrarienkunde 7 (11): 337 - 343

Stallknecht, H. (1969): *Aequidens curviceps (Ahl 1924), der Tüpfelbuntbarsch.* Aquarien und Terrarien - Monatsschrift für Ornithologie und Vivarienkunde: Ausgabe B 16 (1): 35

Stallknecht, H. (1973): *AT Zierfischlexikon - Apistogramma ramirezi Myers und Harry 1948, der Schmetterlingsbuntbarsch.* Aquarien und Terrarien - Monatsschrift für Ornithologie und Vivarienkunde: Ausgabe B 20 (8): 287

Stallknecht, H. (1973): *AT Zierfischlexikon - Apistogramma reitzigi Ahl 1939, der gelbe Zwergbuntbarsch.* Aquarien und Terrarien - Monatsschrift für Ornithologie und Vivarienkunde: Ausgabe B 20 (8): 288

Stallknecht, H. (1974): *AT Zierfischlexikon - Apistogramma agassizi (Steindachner 1875) der Zwergbunt-*

barsch. Aquarien und Terrarien - Monatsschrift für Ornithologie und Vivarienkunde: Ausgabe B 21 (3): 107

Stallknecht, H. (1974): *AT Zierfischlexikon - Apistogramma borelli (Regan 1906) Borellis Zwergbuntbarsch.* Aquarien und Terrarien - Monatsschrift für Ornithologie und Vivarienkunde: Ausgabe B 21 (3): 108

Stallknecht, H. (1975): *Arten oder Populationen einer Art?: Nannacara anomala und Nannacara taenia.* Aquarien und Terrarien - Monatsschrift für Vivarienkunde und Zierfischzucht 22 (4): 124 - 126

Stallknecht, H. (1980): *AT Umschau.* Aquarien Terrarien - Monatsschrift für Vivarienkunde und Zierfischzucht 27 (4): 114 - 115

Stallknecht, H. (1981): *AT Umschau.* Aquarien Terrarien - Monatsschrift für Vivarienkunde und Zierfischzucht 28 (11): 366 - 367

Stallknecht, H. (1984): *AT Umschau.* Aquarien Terrarien - Monatsschrift für Vivarienkunde und Zierfischzucht 31 (6): 186 - 187

Stallknecht, H. (1985): *Übersicht zu den gegenwärtig bekannten Apistogramma-Arten.* Aquarien Terrarien - Monatsschrift für Vivarienkunde und Zierfischzucht 32 (9): 297

Stallknecht, H. (1986): *AT Umschau.* Aquarien Terrarien - Monatsschrift für Vivarienkunde und Zierfischzucht 33 (5): 150 - 151

Stalsberg, A. (1985): "Aequidens" flavilabris (Cope, 1871). DCG-Informationen 16 (12): 226 - 231

*Standora, E. A. & J. R. Spotila (1985): *Temperature Dependent Sex Determination in Sea Turtles.* Copeia 1985 (3): 711 - 722

Stankevitch, J. (1987): *Setting Up for Apistogramma.* Buntbarsche Bulletin 120 (June 1987): 2 - 4

Nannacara anomala ♂

F. Vermeulen

Literatursammlung

Stawikowski, R. (1973): *Nannacara anomala (Regan, 1905): Der glänzende Zwergbuntbarsch.* DCG-Informationen 4 (7): 73 - 76

Stawikowski, R. (1984): *Crenicara punctulata (Guenther, 1863).* TI international 65: 11 - 13

Stawikowski, R. (1989): *Nannacara taenia Regan, 1912.* DATZ Die Aquarien- und Terrarienzeitschrift 42 (1): 11 - 13

Stawikowski, R. (1989): *Ein Erdfresser mit verschiedenen Gesichtern.* Die Aquarien- und Terrarienzeitschrift 42 (8): 476 - 480

Stawikowski, R. (1990): *Neue Nannacara-Art?* DATZ Die Aquarien- und Terrarienzeitschrift 43 (5): 265

Stawikowski, R. (1991): *Araguarí - ein Fluß und seine Cichliden.* DCG-Informationen 22 (3): 56 - 69

Stawikowski, R. (1991): *Cichliden von A - Z: Teleocichla gephyrogramma Kullander, 1988.* DCG-Informationen 22 (8): 4 Seiten

Stawikowski, R. (1991): *Beobachtungen an Laetacara spec. "Buckelkopf".* DCG-Informationen 22 (10): 205 - 215

Stawikowski, R. (1991): *Cichliden von A - Z: Crenicichla compressiceps Ploeg, 1986.* DCG-Informationen 22 (12): 4 Seiten

Stawikowski, R. (1993): *Der Tüpfelbuntbarsch, Laetacara curviceps.* DCG-Informationen 24 (10): 209 - 218

Stawikowski, R. (1995): *Fortpflanzung südamerikanischer Erdfresser (Gattung Geophagus).* In: Greven, H. & R. Riehl: *Fortpflanzungsbiologie der Aquarienfische.* Birgit Schmettkamp Verlag, Bornheim: 213 - 224

Stawikowski, R. (1996): *Rio Arapiuns: Ein Fluß und seine Cichliden (Teil 1).* DCG-Informationen 27 (12): 269 - 277

Stawikowski, R. & F. Warzel (1991): *Jacundá do Tocantins: Teil 1.* DATZ Aquarien Terrarien 44 (8): 517 - 519

Stawikowski, R. & F. Warzel (1991): *Jacundá do Tocantins: Teil 2.* DATZ Aquarien Terrarien 44 (9): 575 - 581

Steindachner, F. (1875): *Beitäge zur Kenntnis der Chromiden des Amazonasstromes.* Sitzungsberichte der Kaiserlichen Akademie der Wissenschaften Wien LXXI: (i) 61 - 137

Steingrübner, S. (1987): *Einiges über Apistogramma macmasteri Kullander 1979.* Aquarien Terrarien - Monatsschrift für Vivarienkunde und Zierfischzucht 34 (1): 15

Steinle, C.-P. (1977): *Über unterschiedliche Verhaltensweisen von Fischen im Art- und Gemeinschaftsbecken oder: Der Witz des Artenbeckens.* Die Aquarien- und Terrarien-Zeitschrift (DATZ) 30 (9): 302 - 303

Steinle, P. (1976): *Zur Pflege und Zucht von Apistogramma ramirezi.* Die Aquarien- und Terrarien-Zeitschrift (DATZ) 29 (11): 367 - 369

Stemmer, W. E. (1955): *Sonderbares Verhalten eines Männchens von Nannacara taenia.* Die Aquarien- und Terrarien-Zeitschrift (DATZ) 8 (1): 27

Sterba, G. (1970): *Süßwasserfische aus aller Welt.* Neumann-Neudamm Verlag; Melsungen. 688 Seiten

Sterling, T. & Redaktion Time-Life Bücher (1990): *Der Amazonas.* Time-Life Books B.V.; Amsterdam. 183 Seiten

Stieglitz, K. (1997): *Nomen est Omen: Der Großmaul-Zwergbuntbarsch macht seinem Namen alle Ehre.* TI-Magazin 29 (135): 21 - 23

Stone, D. T. (1996): *Apistogramma cacatuoides.* The Apisto-Gram 12 (4) (#49) (December 1995): 19

Streit, B. (Herausg.) (1990): *Evolutionsprozesse im Tierreich.* Birkhäuser Verlag; Basel - Boston - Berlin. 292 Seiten

Portraits von *Apistogramma agassizii* ♂ ♂

*Stryer, L. (1990): *Biochemie.* Völlig neubearbeitete Auflage. Spectrum Verlagsgesellschaft, Heidelberg. 1130 Seiten

Suttner, K. (1995): *Meine Schmetterlingsbuntbarsche.* DCG-Informationen 26 (5): 104 - 107

Suttner, R. (1978): *Pflege und Zucht des Gelben Zwergbuntbarsches.* DCG-Informationen 9 (8): 148 - 150

Suttner, R. (1978): *Beobachtungen an Papiliochromis ramirezi (Myers et Harry, 1948), dem Südamerikanischen Schmetterlingsbuntbarsch.* DCG-Informationen 9 (10): 196 - 197

Suttner, R. (1980): *Interessante Pfleglinge sind Nannacara anomala.* DCG-Informationen 11 (8): 146 - 151

Suttner, R. (1982): *Zur Gesellschaftshaltung von Apistogramma agassizii.* DCG-Informationen 13 (4): 68 - 71

Suttner, R. (1984): *Männchen oder Weibchen?: Beobachtungen an Apistogramma-Arten.* DCG-Informationen 15 (3): 55 - 58

Suttner, R. (1987): *Die "grauenMäuse" (Apistogramma resticulosa Kullander, 1980) überraschten mit ihrer Brutpflege.* DCG-Informationen 18 (1): 17 - 19

Suttner, R. (1987): *Züchtergemeinschaft für Apistogramma agassizii?* DCG-Informationen 18 (6): 110 - 111

Suttner, R. (1987): *Eine neue Apistogramma Art? Apistogramma spec. "Vierstreifen".* DCG-Informationen 18 (8): 153 - 155

Suttner, R. (1990): *Cichid Power: Farbformen von Apistogramma agassizii.* das Aquarium (Heft 247) 24 (1): 10 - 12

Szidat, L. (1955): *Beiträge zur Kenntnis der Reliktfauna des La Plata-Stromsystems.* Arch. Hydrobiol. 51: 209 - 260

Literatursammlung

Szidat, L. (1965): Sobre la evolution del dimorphismo sexual secundario en isopodos parasitos de la familia Cymothoidae (Crust. Isop.). Ann. Seg. Congr. Latino-Americano Zool. 2: 83 - 87

Szidat, L. (1966): *Untersuchungen über den Entwicklungszyklus von Meinertia gaudichaudii (Milne Edwards, 1840) Stebbing, 1886 (Isopoda, Cymothoidae) und die Entstehung eines sekundären Sexualdimorphismus bei parasitischen Asseln der Familie Cymothoidae Schiodte & Meinert 1881.* Zeitschrift für Parasitenkunde 27: 1 - 24

Szidat, L. (1968): *Influencias hormonales de los hospedodores sobre sus parasitos y su importancia para los problemas de la evolución.* Comun. Mus. Arg. Cienc. Nat. (Parasitologia) 1 (6): 61 - 78

Szidat, L. (1956): *Der marine Charakter der Parasitenfauna der Süßwasserfische des Stromgebietes des Rio de la Plata und ihre Deutung als Reliktfauna des tertiären Tethys-Meeres.* Proc. 14. Int. Congr. Zool. Copenhagen 1953: 128 - 138

Szyska, D. (1996): *Daphnia: Distribution, Life Cycle, Taxonomy, and Culture Methods of Daphnia.* The Apisto-Gram 12 (4) (#49) (December 1995): 20 - 26

Taberner, R. (1981): *Isopoda.* In: Hurlbert, S. H. (Herausg.): *Aquatic Biota of Southern South America,* Addenda et corrigenda 1: 4

Taberner, R. (1986): *Redescripción y posición sistemática de Pholostomella cigarra Scidat y Schubart, 1960 (Isopoda: Cymothoidae).* Physis 44 (B): 95 - 101

Teiser, W. (1977): *Seltsame Krankheitserscheinungen bei A. kleei und G. jurupari.* Aquarien Terrarien - Monatsschrift für Vivarienkunde und Zierfischzucht 24 (4): 116 - 117

ten (Pseudonym) (1992): *Ölpest in Equador: Schwarzes Gold versaut den Amazonas-Urwald.* In: taz, die tageszeitung, Berlin, Ausgabe vom 7. August: 1 & 4

Thaler, F. (1958): *Die Zucht von Apistogramma agassizi.* Die Aquarien- und Terrarien-Zeitschrift (DATZ) 11 (12): 380

Thompson, K.W. (1979): *Cytotaxonomy of 41 Species of Neotropical Cichlidae.* Copeia 4: 679 - 691

Thurm, F. (1989): *Der Schönste unter den Zwergbuntbarschen aus der "Neuen Welt": Apistogramma nijsseni.* Aquarien Terrarien: Monatsschrift für Vivarienkunde und Zierfischzucht 36 (11): 369 -370

Tins, W. (1982): *Fisch-Arten, Nahrungserwerb und Verhalten: Beobachtungen in Schwarzwasserflüssen Venezuelas.* TI Tatsachen und Informationen aus der Aquaristik 17 (58): 9 - 11

Tölle, M. (1990): *Wer weiß schon wohin?: Paulo Césars Ramalhos Geschichte - oder: Warum es der Regenwald nicht schaffen wird.* Süddeutsche Zeitung vom 3./4.3.1990

Tomey, W. A. (1968): *Apistogramma wickleri.* The Aquarium 2 (2): 34 - 38

Tomey, W. A. (1972): *Apistogramma wickleri zeigt seine Gefühle.* Das Aquarium 6 (34): 790 - 791

Tomey, W.A. (1973): *Apistogramma borelli, eine kleine Persönlichkeit.* Das Aquarium 7 (35): 134 - 135

Tomey, W. A. (1983): *Een onbekende Crenicara?* Het Aquarium No. 53 (7/8): 174 - 178

Tomey, W. A. (1985): Moeder natuurs mooiste. Het Aquarium XY (10): 235 - 240 (only seen as incomplete copy)

Tomey, W. A. (1985): Juwelen uit het regenwoud van de Amazone (4). Het Aquarium ?? (??): 11 - 17 (only sen as incomplete copy)

Tomey, W. A. (1987): *Apistogramma cacatuoides*. Het Aquarium (11): 288 - 289

Topilow, A. (1994): *Into the Igarapes*. Tropical Fish Hobbyist 43 Jahrg. Vol. XLII No.6 (#456): 8 - 28

Tresnak, I. (1977): *Die goldene Form von Apistogramma ramirezi Myers und Harry, 1948*. Die Aquarien- und Terrarien-Zeitschrift (DATZ) 30 (4): 124 - 127

* Turnpenny, A. W., C. H. Dempsey, M. H. Davies & J. M. Fleming (1988): *Factors limiting fish populations in the Loch Fleet system, an acid drainage system in south-west Scotland*. Journal of Fish Biology 32: 101 - 118

Ufermann, A. (1974): *Apistogramma agassizi (Steindachner, 1875): Agassiz´ Zwergbuntbarsch*. DCG-Informationen 5 (6): 70 - 74

Ufermann, A. (1989): *Neue Apistogramma-Art aus dem Rio Negro*. DATZ Die Aquarien- und Terrarienzeitschrift 42 (6): 328

Ufermann, A. (1989): *Neue Apistogramma-Art aus dem Orinoco*. DATZ Die Aquarien- und Terrarienzeitschrift 42 (??): 523 - 524 (only seen as copy)

Ufermann, A., R. Allgayer & M. Geerts (1987): *Katalog der Buntbarsche (Pisces, Perciformes, Cichlidae, Bonaparte, 1840)*. im Eigenverlag; Oberhausen - Strasbourg - Swalmen. 442 Seiten

Ufermann, A. & F. Warzel (in Vorb.): *Pisces, Perciformes, Labroidei, Cichlidae Bonaparte, 1840: List of all subfamilies, tribus, subtribus, genera, subgenera, species and subspecies in alphabetical order*. (Manuskript): Seiten 1 - 32

Ungemach, H. (1972): *Die Ionenfracht des Rio Negro, Staat Amazonas, Brasilien, nach Untersuchungen von Dr. Harald Ungemach*. Amazonia III (II): 175 - 185

Ungemach, H. (1972): *Regenwasseranalysen aus Zentralamazonien, ausgeführt in Manaus, Amazonas, Brasilien, von Dr. Harald Ungemach*. Amazonia III (II): 186 - 198

Van der Meer, H. J. & G. C. Anker (1984): *Retinal resolving power and sensitvity of the photopic system in seven haplochromine species (Teleostei, Cichlidae)*. Netherlands Journal of Zoologie 34: 197 - 209

Vandewalle, P. (1973): *Ostéologie caudale des Cichlidae*. Bulletin Biologique France Belguique 107 (4): 275 - 289

Veit, B. (1989): *Wie der Regenwald ertränkt wird: Die ökologische Katastrophe des Balbina-Stausees am Amazonas*. Süddeutsche Zeitung vom 2.2.1989.

Vermeulen, F. (1995): *Guyana: Verslag van twee vangexpedities naar het voormalige Brits Guyana*. Aquarium & Terrarium Hobbyist 2 (1): 16 - 24

Vierke, J. (1973): *Apistogramma reitzigi, der Gelbe Zwergbuntbarsch*. Das Aquarium mit Aqua Terra 7 (47): 168 - 170

Vierke J. (1974): *Der "klassische" Zwergcichlide: Apistogramma agassizi*. aquarien magazin Aquarien und Terrarien (Heft 4 / April 1974): 139 - 143

Vierke, J. (1974): *Apistogramma agassizi*. Aquarien und Terrarien - Monatsschrift für Ornithologie und Vivarienkunde: Ausgabe B 21 (12): 400 - 403

Vierke, J. (1975): *Apistogramma borelli - Fischmännchen im Harem*. Aquarien-Magazin 7 (7): 298 - 301

Vierke, J. (1976): *Dekorativ und leicht züchtbar: Der Gelbe Zwergbuntbarsch*. Aquarien Terrarien - Monatsschrift für Vivarienkunde und Zierfischzucht 23 (5/6): 170 - 173

Literatursammlung

Vierke, J. (1976): *Zwerg unter Zwergen: Beobachtungen an Apistogramma trifasciatum.* Aquarien-Magazin 10 (7): 298 - 301

Vierke, J. (1976): *Apistogramma kleei - ein Juwel unter den Zwergbuntbarschen.* Aquarien-Magazin 10 (11): 472 - 475

Vierke, J. (1977): *Kritische Anmerkungen zur Arealkarte von Apistogramma kleei.* DCG-Informationen 8 (1): 9 - 11

Vierke, J. (1977): *Zum Verhalten von Apistogramma ramirezi Myers et Harry, 1948: Dem Schmetterlingsbuntbarsch.* DCG-Informationen 8 (6): 101 - 108

Vierke, J. (1977): *Zwergbuntbarsche im Aquarium: ihre Pflege und Zucht.* Francksche Verlagsbuchhandlung, Stuttgart. 64 Seiten

Vierke, J. (1979): *Dwarf Cichlids.* T.F.H. Publications; Neptune NJ. 93 Seiten

Vierke, J. (1981): *Begehrte Buntbarsche aus Südamerika: Die Gattung Apistogramma im Gesellschaftsaquarium.* Aquarien-Magazin 15 (4): 2261 - 264

Villarreal, C. A., Thorpe, J. E. & M. S. Miles (1988): *Influence of photoperiod on growth changes in juvenile Atlantic salmon, Salmo salar L..* Journal of Fish Biology 33 (1): 15 - 30

Virgin, G. (1971): *Apistogramma ramirezi.* Die Aquarien- und Terrarien-Zeitschrift (DATZ) 24 (11): 375 - 359

Vogt, D. (1955): *Verhaltensweisen von Apistogramma reitzigi.* Der Zoologische Garten 20 (6): 349 - 382

Vogt, D. (1956): *Aequidens curviceps (E. Ahl) - der Tüpfelbuntbarsch.* Aquarien und Terrarien - Monatsschrit für alle Bereiche der Aquarien- und Terrarienkunde 3 (9): IV

Vogt, D. (1957): *Sie kämpfen!* Aquarien und Terrarien - Monatsschrift für alle Gebiete der Aquarien- und Terrarienkunde 4 (2): 35 - 38 & 1 Tafel auf Umschlagseite 4

Vogt, D. (1974): *Modefische - und doch vergessen.* Die Aquarien- und Terrarien-Zeitschrift (DATZ) 27 (9): 289 - 297

Voland, E. (1993): *Grundriß der Soziobiologie.* Gustav Fischer Verlag, Stuttgart - Jena. 289 Seiten

Wachter, T. (1983): *Apistogramma ortmanni.* TI international 63: 11 - 12

Wagner, O. (1956): *Die Schwarzwässer der Rio Negro-Gebietes.* Monatsschrift für Ornithologie und Vivarienkunde, Ausgabe B: Aquarien Terrarien 3 (2): 48 - 52

Wagner, R. (1980): *Ein Bericht über Apistogramma ortmanni und Apistogramma wickleri.* TI Tatsachen und Informationen aus der Aquaristik 15 (49): 8 - 9

Wagner, R. (1980): *Some notes on Apistogramma ortmanni and Apistogramma wickleri.* Aquarium Digest International (ADI) 27: 8 - 9

Walker, B. (1971): *Bouillabaisse: aquatic oddballs.* The San Francisco Aquarium Society and the California Acadamy of Sciences, San Francisco. 202 Seiten

Wallach, B. (1997): *In Peru selbst gefangen: Apistogrammoides pucallpensis und Copella metae.* Das Aquarium 31 (1) (331): 9 - 12

Warzel, F. (1991): *Neu importiert: Crenicichla jegui und C. compressiceps.* DATZ 44 (2): 77 - 78

Warzel, F. (1992): *Crenicichla sp. cf. regani.* Das Cichlidenjahrbuch 2: 82

Warzel, F. (1991): *Zwei neue Crenicichla-Arten aus Brasilien.* DATZ 44 (??): 348 (only seen as copy)

Warzel, F. (1995): *Dicrossus spec. "Tapaios".* In: Matsuzaka, M. (Herausg.) (1995): *The Color of Fantasy: Apisto-*

gramma. Aqua magazine 26: 72 (Text: Japanisch) (Fair Wind Verlag, Sacura-Shi Chiba, Japan)

Warzel, F. (1995): *Neu importiert: Teleocichla aus dem Rio Xingu.* DATZ Aquarien Terrarien 48 (11): 685

Warzel, F. (1995): *Anmerkungen zu Teleocichla proselytus und T. prionogenys.* DATZ Aquarien Terrarien 48 (11): 702 - 706

Warzel, F. (1996): *Neu importiert: Apistogramma aus Peru.* DATZ Aquarien Terrarien 49 (7): 414

Warzel, F. (1996): *Variationen in Crenicichla regani.* In: Konings, A. (Redakteur): Das Cichliden Jahrbuch. Band 6: 74 - 79

Warzel, F. (1996): *Ein neuer Schachbrettcichlide aus dem Tapajós.* In: Konings, A. (Redakteur): Das Cichliden Jahrbuch. Band 6: 80 - 82

Warzel, F. (1996): *Schon wieder eine aquaristisch neue Apistogramma-Art aus Peru.* DATZ Aquarien Terrarien 49 (11): 688

Warzel, F. (1997): *Crenicichla heckeli Ploeg, 1989.* DCG-Informationen 28 (2): 4 Seiten

Wasmund, N. (1973): *Ausgeprägtes Höhlenverhalten bei Nannacara anomala.* Aquarien-Magazin 7 (3): 124

Wasmund, N. (1974): *Ein zweites Fehlverhalten bei Apistogramma reitzigi.* TI 8 (25): 23

Weber, E. (1986): Grundriß der biologischen Statistik, Anwendug der mathematischen Statistik in Forschung, Lehre und Praxis. Urania-Verlag, Jena. 9. durchgesehene Auflage.

Weber, W. (1962): *Brief aus Brasilien.* Aquarien Terrarien - Monatsschrift für alle Gebiete der Aquarien- und Terrarienkunde 9 (7): 219

Apistogramma aureocephalus ♂ 　　　　　　　　　　　　F. Vermeulen

Literatursammlung

Wedekind, H. (1993): *Zur Vererbung des Geschlechts bei Cichliden.* DCG-Informationen 24 (12): 253 - 263

Wendt, W. (1967): *Cichliden nutzen die Aquarientechnik.* Aquarien - Terrarien - Monatsschrift für Ornithologie und Vivarienkunde: Ausgabe B 14 (5): 171

Wendt, W. (1967): *Apistogramma agassizi als Pflanzenlaicher?* Aquarien - Terrarien - Monatsschrift für Ornithologie und Vivarienkunde: Ausgabe B 14 (5): 171

Weidener, T. (1995): *Pflege und Zucht von Teleocichla cf centrarchus.* DATZ Aquarien Terrarien 48 (11): 698 - 701

Weidner, T. (1994): *Es muß nicht immer sauer sein: Beobachtungen zur Brutpflege von Crenicichle regani "Santarém".* DCG-Informationen 25 (5): 114 - 118

Weiss, W. (1969): *Das Miniatur-Räuberquartett: Apistogramma agassizi - ein Buntbarsch für Neulinge?* Aquarien-Magazin 3 (3): 92 - 94

Weiss, W. (1981): *Schöne Pantoffelhelden!: aus dem Eheleben von Apistogramma agassizi.* Aquarien-Magazin 15 (6): 359 - 365

Wellner, J. (1959) *Der Schmetterlingsbuntbarsch - ein Problemfisch?* AT 6 (1): 28 - 29

Wellner, J. (1959): *Apistogramma cacatuoides Hoedeman.* Aquarien und Terrarien - Monatsschrift für alle Gebiete der Aquarien- und Terrarienkunde 6 (9): 259 - 260

Wellner, J. (1959): *Absonderliches Brutpflegeverhalten bei Apistogramma reitzigi.* Aquarien und Terrarien - Monatsschrift für alle Gebiete der Aquarien- und Terrarienkunde 6 (10): 314

Wellner, J. (1960): *Beeinflußt die Temperatur die Geschlechtsverteilung bei den Aquarienfischen?* Aquarien - Terrarien 7 (3): 90

Wellner, J. (1960): *Aequidens curviceps (E. Ahl).* Aquarien und Terrarien - Monatsschrift für alle Gebiete der Aquarien- und Terrarienkunde 7 (6): 175 - 176

Wellner, J. (1962): *Apistogramma trifasciatum trifasciatum.* Die Aquarien- und Terrarien-Zeitschrift (DATZ) 15 (3): 72 -74

Wellner, J. (1963): *Einige Verhaltensstudien bei Apistogramma-Arten.* Die Aquarien- und Terrarien-Zeitschrift (DATZ) 16 (12): 346 - 349

Wendt, I. (1984): *Zucht von Apistogramma borellii.* Aquarien Terrarien - Monatsschrift für Vivarienkunde und Zierfischzucht 31 (11): 368

Werner, U. (19??): "Die bucklicht Männlein": Zur Buckelbildung bei Buntbarschen. Aquarien-Magazin 15: 322 - 328 (only seen as copy)

Werner, U. (1982): *Neue und seltene Buntbarsche aus der Neuen Welt.* TI 60: 12 - 14.

Werner, U. (1989): *Zum Fischfang im Mato Grosso - Teil 4: Von Sinop zu den Goldgräbern am Peixoto.* DCG-Informationen 20 (11): 210 - 221

Werner, U. (1989): *Zum Fischfang im Mato Grosso - Teil 7: Im oberen Araguaia.* DCG-Informationen 21 (5): 100 - 111

Werner, U. (1990): *Zum Fischfang im Mato Grosso - Teil 10: Auf der Straße nach Arica.* DCG- Informationen 21 (8): 171 - 180

Werner, U. (1990): *Zum Fischfang im Mato Grosso - Teil 11: Die "letzten Tage" (Schluß).* DCG-Informationen 21 (9): 195 - 202

Werner, U. (1991): *Lange bekannt, aber noch immer ohne Namen: Der Buckelkopf-Laetacara.* Aquarium Heute 9 (4): 6 - 8

Werner, U. (1991): Ein Zwerg der riesig ankommt: Crenicichla regani. DATZ 44 (??): 624 - 627 (only seen as copy)

Werner, U. (1992): *Fischfangabenteuer Südamerika: Reisen in Sachen Aquaristik.* Landbuch Verlag, Hannover.

Werner, U. (1992): *Anmerkungen zu U. Römers Beitrag über eine unbestimmte Zwerg-Crenicichla-Art.* DCG-Info 23 (1) 1992. DCG-Informationen 23 (4): 84 - 86

Werner, U. (1993): *Ausgefallene Aquarienpfleglinge.* Landbuch Verlag, Hannover.

Werner, U. (1995): *Zur Fortpflanzung von Crenicichla-Arten.* In: Greven, H. & R. Riehl (Herausg.): *Fortpflanzungsbiologie der Aquarienfische.* Birgit Schmettkamp Verlag; Bornheim. 205 - 212

Werner, U. (1995): *Teleocichla: Beobachtungen am Tapajós und im Xingu.* DATZ Aquarien Terrarien 48 (11): 688 - 697

Werner, U. (1997): *Ein Hechtbuntbarsch im Zwergformat: Eine unbeschriebene Crenicichla-Art aus Pernambuco.* TI Magazin - Aquaristik, Terraristik, Naturgarten, Lebensräume 133 (Februar 1997): 4 - 8

Weyman, F. (1979): *Letters to the editor.* Buntbarsche Bulletin - Journal of the American Cichlid Association 74: 26

Weyman, F. (1980): *Notes on the "T-Bar Apistogramma" (ASG-14): Apistogrammoides pucallpaensis Meinken 1965.* Buntbarsche Bulletin 77 (April 1980): 12 - 14

Weyman, F. (1986): *Apistogramma: My Method.* The Apisto-Gram #15, 4 (1): 5 - 9

Weyman, F. (1986): *II. Apistogramma: My Method.* Freshwater and Marine Aquarium 9 (12): 58

Weyman, F. (1987): *II. Apistogramma: My Method.* Buntbarsche Bulletin 120 (June 1987): 5 - 6

Weyman, F. (1987): *Crenicara filamentosa (Ladiges, 1958).* The Apisto-Gram #22, 5 (4): 11 - 13

White, D. (1987): *Apistogramma ramirezi (Papiliochromis ramirezi).* The Apisto-Gram #20, 5 (2): 17 (reprint from Tropiquarium March 1987 (Newsletter of the Motor City Aquarium Society))

Whitley, G.P. (1956): *New fish names and records.* Proc. r. zool. Soc. N. S. W. 1949 - 1950: 61 - 68

Wickler, W. (1956): *Der Haftapparat einiger Cichlideneier.* Zeitschr. Zellforsch. mikrosk. Anat. 45: 304 - 327

Wickler, W. (1960): *Belegexemplare zu Ethogrammen.* Zeitschrift für Tierpsychologie 17: 141 - 142

Wickler, W. (1960): *Über die systematische Stellung von "Apistogramma" ramirezi Myers & Harry.* Aquarien und Terrarien - Monatsschrift für alle Gebiete der Aquarien- und Terrarienkunde 7 (11): 327 - 328

Wickler, W. (1966): *Sexualdimorphismus, Paarbildung und Versteckbrüten bei Cichliden.* Zool. Jb. Syst. 93: 127 - 138

Wickler, W. (1966): *Unerwartetes bei Zwergcichliden.* Die Aquarien- und Terrarien-Zeitschrift (DATZ) 13 (2): 9 - 13

*Wiegand, M. D., J. M. Hataley, C. L. Kitchen & L. G. Buchanan (1989): *Induction of developmental abnormities in larvval goldfish, Carassius auratus L., under cool incubation conditions.* Journal of Fish Biology 35: 85 - 95

Wiezorek, H. (1955): *Pflege und Zucht von Apistogramma agassizii Steindachner.* Aquarien und Terrarien - Zwei-

Literatursammlung

monatsschrift für alle Gebiete der Aquarien- und Terrarienkunde 2 (5): 134 - 135

Wiezorek, H. (1967): *Apistogramma agassizi als Pflanzenlaicher.* Aquarien - Terrarien 14 (5): 171

Wiget, C. (1987): *The Red Spot apisto.* The Apisto-Gram #21, 5 (3): 4

Wildner, D. (1962): *Apistogramma trifasciatum haraldschulzi und anders "Apistogrammatisches".* Das Aquarium 10 (86): 343 - 347

Wilke, E. (1955): *Ein Zuchterfolg bei Apistogramma reitzigi E. Ahl.* Die Aquarien- und Terrarien-Zeitschrift (DATZ) 8 (6): 142 - 144

Wilkerling, K. (1981): *Häufige Krankheitssymptome bei Zwergcichliden - Wer kann helfen?* DCG-Informationen 12 (8): 159 - 160

Wilkerling, K. (1984): *Es muß nicht immer die Bullenklasse sein.* Die Aquarien- und Terrarien-Zeitschrift (DATZ) 37 (7): 244 -247

Wilkerling, K. (1991): *The Cockatoo Dwarf Cichlid.* Tropical Fish Hobbyist XL (1) (#427): 10 - 13

Wilkinson, T. (1988): *Some observations on water quality.* The Apisto-Gram 6 (#23) (1): 7 - 8

Wilkinson, T. (1989): *Apistogramma iniridae - the Reno experience.* The Apisto-Gram 7 (#26) (1/2): 9 - 10

Willmann, R. (1985): *Die Art in Raum und Zeit: das Artkonzept in der Biologie und Paläontologie.* Verlag Paul Parey, Berlin und Hamburg. 207 Seiten

*Wilson, J. D., F. W. George & J. E. Griffin (1981): The Hormonal Control of Sexual Developement. Science 211: 1278 - 1284

Wilson, M. J. (1972): *A Dwarf among Dwarfes: Apistogramma reitzigi.* Buntbarsche Bulletin 72: 5 - 7

Wilson, M. J. (1978): *Further aquarium observations on Aequidens dorsigerus.* Buntbarsche Bulletin - Journal of the American Cichlid Association 69: 6 - 8

Wilson, M. J. (1979): *A dwarf among dwarves, Apistogramma reitzigi.* Buntbarsche Bulletin - Journal of the American Cichlid Association 72: 5 - 7

Wilson, M. J. (1985): *Apistogramma feeding.* The Apisto-Gram #13, 3 (1): 11

Wilson, M. J. (1985): *Let her do it.* The Apisto-Gram #14, 3 (2): 7

Wilson, M. J. (1986): *Krill as a color enhencer.* The Apisto-Gram #19, 4 (4): 9

Wiltshire, B. (1995): *Artificial hatching.* The Apisto-Gram #45, 12 (1): 17 - 19

Windisch, W. (1989): *Apistogramma spec. "Rußkopf".* DCG-Informationen 20 (10): 199 - 201

Windisch, W. (1990): *Haremsbildung bei Apistogramma-Arten.* DCG-Informationen 21 (8): 181 - 182

Windisch, W. (1990): *Feuer und Eis: Erfahrungen mit Apistogramma hongsloi.* DATZ Die Aquarien- und Terrarienzeitschrift 43 (11): 652 - 653

Windisch, W. (1990): *Nachzuchten contra Wildfangimporte.* DCG-Informationen 21 (11): 257 - 258

Windisch, W. (1991): *Zwerg-Crenicichla - Stationen eines Kennenlernens.* DCG-Informationen 22 (1): 5 - 15

Windisch, W. (1991): *Crenicichla regani - die Zucht.* DCG-Informationen 22 (2): 27 - 35

Windisch, W. (1991): *Neues von Apistogramma diplotaenia.* DATZ Aquarien Terrarien 44 (4): 214

Windisch, W. (1991): *Ein neuer Zwerg: Weißsaum-Apistogramma.* DATZ Aquarien Terrarien 44 (5): 335

Windisch, W. (1992): *Crenicichla regani "Rotwimpel": Erkenntnisse über Pflege und Zucht einer neuen Farbform.* In: Buntbarsch Jahrbuch 1 (1993): 79 - 85

Winkelmann, H. (1975): *Crenicara filamentosa - eine Seltenheit.* TI 9 (32): 30

Winkelmann, H. (1976): *Crenicara filamentosa - eine Rarität.* TI 10 (34): 12

Winkelmann, H. (197): *Crenicara filamentosa - a rarity.* Aquarium Digest International (ADI) 14 (4) (2): 30

Winkelmann, H. (1977): *Remarks on my article: Crenicara filamentosa - a rarity.* Aquarium Digest International (ADI) 16: 12

Winkelmann, H. (1977): *Südamerikanische Cichliden aus der Gattung Aequidens: Aequidens hercules.* Location unknown: 209 - 210 (only seen as incomplete copy)

Winkelmann, H. (1978): *Südamerikanische Cichliden aus der Gattung Aequidens.* Aquarium Wuppertal 13: 298 - 301

Winter, I. (1982): *Polygamous behavior in Aequidens curviceps and egg stealing in Hypostomus punctatus.* Aquarium Digest International (ADI) 35: 13

Winter, M. (1993): *Tierschutzgerechte Haltung von Zierfischen im Zoofachhandel - Eine Studie.* Dissertation. Ludwig-Maximilian-Universität München: 188 Seiten

Wise, M. (1985): *Translation of Schmettkamp´s Die Zwergcichliden Südamerikas (The dwarf cichlids of South America).* Mike Wise; Denver. 107 Seiten

Wise, M. (1985): *Notes on the Prima Vera Apisto and Apistogramma resticulosa.* The Apisto-Gram #13, 3 (1): 7 - 8

Apistogramma hongsloi ♂

J. Glaser

Literatursammlung

Wise, M. (1985): *Where are all the apistos?* The Apisto-Gram #14, 3 (2): 3 - 4

Wise, M. (1987): *The "delicate" wild-caught apisto - why?* The Apisto-Gram #20, 5 (2): 5 - 7

Wise, M. (1987): *Apistogramma steindachneri - an historical review.* The Apisto-Gram #22, 5 (4): 8 - 10

Wise, M. (1988): *What´s new and news in dwarf cichlids.* The Apisto-Gram #24, 6 (2): 2- 3

Wise, M. (1989): *The Rams - What´s in a name?* The Apisto-Gram #26, 7 (1/2): 4 - 8

Wise, M. (1989): *Papiliochromis altispinosa: The Bolivian Ram - its convoluted path into the hobby.* Cichlidae Communique (54): 1 - 7

Wise, M. (1990): *Description, Distribution, and a proposed phylogeny of Apistogramma species-groups.* Colorado Aquarist (Spring/Summer): 15 - 20

Wise, M. (1991): *Description, Distribution, and a proposed phylogeny of Apistogramma species-groups.* The Apisto-Gram #33, 9 (1): 4 - 10

Wise, M. (1991): *Nominal List of Apistogramma Species As of the Latest Research Done trough December, 1990.* Buntbarsche Bulletin - Journal of the American Cichlid Association 147: 14 - 17

Wise, M. (1991): *Apistogramma Species of the steindachneri-Group.* Buntbarsche Bulletin - Journal of the American Cichlid Association 147: 20 - 25

Wise, M. (1993): *Experiences with Apistogramma Bitaeniata Pellegrin 1936.* Cichlid News 2 (2): 17 - 19

Wise, M. (1994): *Nominal List of Apistogramma Species as of the latest Research done through December, 1993.* The Apisto-Gram 11 (2) Issue 4: 24 - 26

Wise, M. (1994): *Nominal List of undescribed Apistogramma Species.* The Apisto-Gram 11 (2) Issue 4: 27 - 28

Wise, M. (1994): *List of Common Names for recently described Species.* The Apisto-Gram 11 (2) Issue 4: 30

Wise, M. (1995): *What´s new & News in Dwarf Cichlids: A new Nannacara Species from the Rio Negro of Brazil.* The Apisto-Gramm 12 (1) Issue 45: 3 Seiten

Wise, M. (1995): *Additional comments on Apistogramma mendezi, a „New".* The Apisto-Gramm 12 (1) Issue 45: 3 Seiten

Wise, M. (1995): *Translation of Koslowski´s Die Buntbarsche der Neuen Welt - Zwergcichliden: The Cichlids of the New World - dwarf cichlids.* 1 st edition. Mike Wise; Denver. 107 Seiten

Wise, M. (1995): *Bibliography for Scientifically undescribed Species of Apistogramma.* The Apisto-Gramm 12 (1) Issue 47: 6 Seiten

Wise, M. (1995): *Nominal List of Apistogramma Species as of the latest Research done trough March, 1995.* The Apisto-Gramm 12 (1) Issue 47: 14 Seiten

Wise, M. (1996): *Apistogramma brevis in the Hobby?* Cichlidae Communique No. 96 (May/June 1996): 1 - 4

Wise, M., Sanford, D., & K. Zadnik (1990): *Cichlid index: Papiliochromis altispinosa (Haseman 1911).* Buntbarsche Bulletin - Journal of the American Cichlid Association 141: 2 Seiten; insert: Cichlid Index 10 (3): 1 - 2

Wisheu, N. (1991): *Peru: Alles inclusive!* DATZ 44 (??): 182 - 184 Wisheu, N. (1991): *Peru: Alles inclusive!* DATZ 44 (3): 182 - 184

Wittekop, K. (1951): *Natürliche Zucht und Aufzucht von Apistogramma ramirezi.* Die Aquarien- und Terrarien-Zeitschrift (DATZ) 4 (11): 281 - 284

Nannacara aureocephalus, ♂ im Vordergrund

Wolberg, D. L. (1963): *Observations of Apistogramma agassizii.* Tropical Fish Hobbyists (T.F.H.) 11 (10): 63 - 72

Wolf, K. (1966): *Apistogramma ramirezi - der Schmetterlingsbuntbarsch.* Die Aquarien- und Terrarien-Zeitschrift (DATZ) 19 (6): 172 - 174

Wolinski, B. (1986): *Apistogramma caetei.* Cichlidae Communique 35: 11 - 15

Wolinski, B. (1987): *Apistogramma caetei.* The Apisto-Gram #22, 5 (4): 3-5

Wolinski, B. (1991): *Cichlid index: Apistogramma nijsseni Kullander 1979.* Buntbarsche Bulletin - Journal of the American Cichlid Association 144: 2 Seiten; insert: Cichlid Index 10 (10): 1 - 2

Wolinski, B. (1994): *Apistogramma caetei.* Guilde Exchange, August 1994: 12

Womack, J. (1983): *Golden-eyed cichlid.* Colorado Aquarist (May): 12 - 13 (Nachdruck aus Plecostomus, März 1979)

Wong, D. (1987): *Aequidens flavilabrus.* Cichlidae Communique 45: 12 - 14

Woolridge, J. & D. Woolridge (1981): *A king in his domaine.* Colorado Aquarist (May): 104 (Nachdruck aus Blue Grass Aquarama, ohne Datum)

Wulff, D. (1976): *Elternbrutpflege bei Nannacara anomala.* DCG-Informationen 7 (4): 67

Yamamoto, M. (1996): *Red Feaver: The quest for an all-red cackatoo cichlid.* Aquarium Fish Magazine 8 (9): 56 - 65

Zabel, O. (1975): *Bemerkungen zu Nannacara anomala.* Aquarien und Terrarien - Monatsschrift für Vivarienkunde und Zierfischzucht 22 (1): 29

Literatursammlung

Zadnik, K. A. (1991): *The Black-fringle Apistogramma sp. "Schwarzsaum".* Buntbarsche Bulletin 147: 10 - 13

Zahlten, M. (1954): *Interessante Beobachtungen bei Nannacara anomala (Regan).* Die Aquarien- und Terrarien-Zeitschrift (DATZ) 7 (8): 217 - 218

Zauke, G.-P., Niemeyer, R. G. & K.-P. Gilles (1992): *Limnologie der Tropen und Subtropen: Grundlagen und Prognoseverfahren der limnologischen Entwicklung von Stauseen.* ecomed, Landsberg a. Lech. 172 Seiten

Zenner G. & L. Zenner (1987): *Sonderlinge in der Gattung Apistogramma.* Aquarien Terrarien: Monatsschrift für Vivarienkunde und Zierfischzucht 34 (9): 296 - 297

Zenner, L. (1966): *Geschlechtsverteilung bei der Gattung Apistogramma - beeinflußbar?* Aquarien - Terrarien - Monatsschrift für Ornithologie und Vivarienkunde: Ausgabe B 13 (8): 275

Zenner, L. (1967): *Meine Versuche zur Beeinflussung der Geschlechtsverteilung bei Apistogramma-Nachzuchten.* Aquarien - Terrarien - Monatsschrift für Ornithologie und Vivarienkunde: Ausgabe B 14 (2): 61

Zenner, L. (1971): *Zu Verhaltensweisen von Apistogramma-Arten.* Aquarien und Terrarien - Monatsschrift für Ornithologie und Vivarienkunde: Ausgabe B 18 (11): 376 - 377

Zenner, L. (1972): *Bestätigen Ausnahmen die Regel?* Aquarien und Terrarien - Monatsschrift für Ornithologie und Vivarienkunde: Ausgabe B 19 (12): 421

Zenner, L. (1973): *Licht und Schatten um Apistogramma kleei.* Aquarien und Terrarien - Monatsschrift für Ornithologie und Vivarienkunde: Ausgabe B 20 (2): 65

Zenner, L. (1973): *Ist eine Kreuzung zwischen Apistogramma amoenus und*

Apistogramma spec. *("taeniatum")* möglich? Aquarien und Terrarien - Monatsschrift für Ornithologie und Vivarienkunde: Ausgabe B 20 (5): 173

Zenner, L. (1974): *Ein interessanter Pflegling - Apistogramma ornatipinnis.* Aquarien und Terrarien - Monatsschrift für Ornithologie und Vivarienkunde: Ausgabe B 21 (3): 101

Zenner, L. (1978): *Brutpflegeverhalten und Prägung bei Apistogramma-Arten.* Aquarien Terrarien - Monatsschrift für Vivarienkunde und Zierfischzucht 25 (5): 167 - 169

Zenner, L. (1979): *Apistogramma ornatipinnis Ahl, 1936.* Aquarien Terrarien - Monatsschrift für Vivarienkunde und Zierfischzucht 26 (12): 409

Zenner, L. (1982): *Apistogramma cacatuoides Hoedemann, 1951.* Aquarien Terrarien - Monatsschrift für Vivarienkunde und Zierfischzucht 29 (1): 22 - 23

Zenner, L. (1982): *Die Sprache der Apistogramma.* Aquarien Terrarien - Monatsschrift für Vivarienkunde und Zierfischzucht 29 (5): 165 - 172

Zenner, L. (1983): *Die "Sprache" der Apistogramma.* Aquarien Terrarien - Monatsschrift für Vivarienkunde und Zierfischzucht 30 (6): 205 - 209

Zenner, L. (1983): *Die "Sprache" der Apistogramma.* Aquarien Terrarien - Monatsschrift für Vivarienkunde und Zierfischzucht 30 (7): 238 - 241

Zenner, L. (1983): *Die "Sprache" der Apistogramma 4.* Aquarien Terrarien - Monatsschrift für Vivarienkunde und Zierfischzucht 30 (8): 268 - 271

Zenner, L. (1986): *Zum Fortpflanzungsverhalten von Papiliochromis ramirezi (Myers und Harry, 1948).* Aquarien Terrarien - Monatsschrift für Vivarienkunde und Zierfischzucht 33 (5): 160 - 161

Zenner, L. (1986): *Zum Fortpflanzungsverhalten von Papiliochromis ramirezi*

(Myers und Harry, 1948). Aquarien Terrarien - Monatsschrift für Vivarienkunde und Zierfischzucht 33 (6): 196 - 197

Zenner, L. (1988): *Wovon leben die vielen Fische in zentralamazonischen Gewässern? - eine Betrachtung aus aquaristischer Sicht.* Aquarien Terrarien - Monatsschrift für Vivarienkunde und Zierfischzucht 35 (1): 18

Zenner, L. (1988): *Die Gattung Apistogrammoides Meinken, 1965.* Aquarien Terrarien - Monatsschrift für Vivarienkunde und Zierfischzucht 35 (3): 79 - 80

Zenner, L. (1988): *Polygamie als Ausdruck der Umweltbedingungen. Verhaltensweisen und Nachzuchtrate in den Gattungen Apistogramma, Nannacara und Crenicara.* Aquarien Terrarien - Monatsschrift für Vivarienkunde und Zierfischzucht 35 (4): 121

Zenner, L. (1988): *Brutpflege oder künstliche Aufzucht?* Aquarien Terrarien - Monatsschrift für Vivarienkunde und Zierfischzucht 35 (11): 373

Zenner, L. (1989): *Der Rotstrich-Apistogramma - doch ein Problemfisch?* das Aquarium 23 (4) (238): 204 - 206

Zenner, L. (1989): *Apistogramma nijsseni und was ihn kennzeichnet.* Aquarien Terrarien: Monatsschrift für Vivarienkunde und Zierfischzucht 36 (11): 365 - 368

Zenner, L. (1991) *Apistogramma cacatuoides gestern und heute.* Das Aquarium 26 (271) (1/92): 6 - 9

Zenner, L. (1992): *Immer noch Probleme mit Apistogramma nijsseni?* DCG-Informationen 23 (6): 116 - 119

Zenner, L. (1992): *Recken ohne Fehl und Tadel.* DCG-Informationen 23 (6): 129 - 132

Zenner, L. (1992): *Zwergcichliden mit Schachbrettmuster: Besonderheiten bei Crenicara maculatum.* Das Aquarium 26 (7) (277): 6 - 9

Zenner, L. (1992): *Zur Diskussion: Wann gibt es einen Harem und wann nicht: Beobachtungen und Erkenntnisse zu Familienstrukturen von Arten der Gattung Apistogramma.* DCG-Informationen 23 (9): 182 - 186

Zenner, L. (1992): *Die attraktivste Zeit in ihrem Leben: Eine Betrachtung zu Verhaltensweisen und Funktionen der Balz.* DCG-Informationen 23 (10): 213 - 216

Zenner, L. (1992): *Brutpflegende Apistogramma-Männchen.* DCG-Informationen 23 (3): 64

Zenner, L. (1993): *Zur Praxis der Ernährung von südamerikanischen Zwergbuntbarschen.* Das Aquarium 27 (4) (286): 4 - 6

Zenner, L. (1993): *Vergleichende Beobachtungen zu Wachstumsdifferenzen bei der Aufzucht von Cichliden.* In: Buntbarschjahrbuch 2 (1994): 83 - 87. Bede Verlag; Kollnburg. 96 Seiten

Zenner, L. (1993): *Warum ausgerechnet diese grauen "Buntbarsche"?* Das Aquarium 27 (291) (9/97): 9 - 10

Zenner, L. (1993): *"Ehekrach" im Aquarium.* DCG-Informationen 24 (10): 205 - 208

Zenner, L. (1994): *Bedeutung der Signalmuster bei südamerikanischen Zwergcichliden.* Das Aquarium 28 (5) (299): 9 - 11

Zenner, L. (1996): *Männchen oder Weibchen: Zur Geschlechterverteilung bei der Zucht von Zwergbuntbarschen.* Das Aquarium 30 (7) (325): 24 - 26

Zenner, L. (1997): *Der "rote Strich" bei Apistogramma cf. hongsloi, dem Rotstrich-Zwergbuntbarsch.* Das Aquarium 31 (2) (332): 24 - 28

Zenner, L. & D. Hohl (1990): *Apistogramma: farbenprächtige Zwergbuntbarsche.* Urania-Verlag, Leipzig - Jena - Berlin. 84 Seiten

Literatursammlung

Zgorniak, R. (1997): *Anmerkungen zu Teleocichla proselytus.* DCG-Informationen 28 (2): 27

Ziechmann, W. (1976): *Huminstoffe in Südamerikanischen Flußsystemen.* Amazonia VI (1): 135 - 144

Ziegenbalg, A. (1963): *Pflege und Zucht des Schmetterlingscichliden Apistogramma ramirezi.* Monatsschrift für Ornithologie und Vivarienkunde - Ausgabe B: Aquarien Terrarien 1963 (Heft 6) - Ausgabe Aquarien und Terrarien 10 (3): 85 (193) - 86 (194)

Ziehm, D. (1983): *Haltung und Zucht vom Schwarzbinden-Apistogramma, Apistogramma gibbiceps Meinken, 1969.* DATZ 36 (??): 329 - 331 (only seen as copy)

Zimmermann, M. (1979): *Vom Anfängerbecken zu Apistogramma.* Die Aquarien- und Terrarien-Zeitschrift (DATZ) 32 (12): 399 - 403

Zukal, R. (1966): *Apistogramma agassizi (Steindachner).* Aquarien - Terrarien - Monatsschrift für Ornithologie und Vivarienkunde: Ausgabe B 13 (13): 326 & 359 - 360

Zukal, R. (1968): *Nannacara anomala Regan.* Aquarien - Terrarien - Monatsschrift für Ornithologie und Vivarienkunde: Ausgabe B 15 (6): 198 - 199

Zukal, R. (1971): *Das Ablaichen von Apistogramma reitzigi.* Aquarien und Terrarien - Monatsschrift für Ornithologie und Vivarienkunde: Ausgabe B 18 (4): 126 - 127

Zukal, R. (1972): *Der Mohr hat seine Schuldigkeit getan ... Nannacara anomala-Mütter lassen niemanden ans Gelege.* Aquarien-Magazin 6 (6): 250 - 253

Zukal, R. & M. Podkoni (1975): *"Apistogramma" ramirezi - Der Schmetterlingsbuntbarsch.* Aquarien Terrarien - Monatsschrift für Vivarienkunde und Zierfischzucht 22 (11): 382 - 383

Zukal, R. & M. Podkoni (1978): *Zwergcichliden.* Aquarien Terrarien - Monatsschrift für Vivarienkunde und Zierfischzucht 25 (9): 306 - 307

Zukal, R. & M. Podkoni (1979): *Apistogramma borellii.* Aquarien Terrarien - Monatsschrift für Vivarienkunde und Zierfischzucht 26 (12): 414 - 415

Zukal, R. & S. Frank (1982): *Balzspiele im Aquarium: Eine Anleitung für die Nachzucht.* Landbuch-Verlag; Hannover. 215 Seiten

Zuyderwijk, A. (1986): *Weet u waar Microgeophagus ramirezi hoort te zwemmen?* het Aquarium XY (11): 290 - 291. (only seen as copy)

Der Zierfischhandel wird auch in Zukunft weitere neue Arten für die Aquaristik zugänglich machen

Apistogramma panduro - Biometrie -	ZFMK 18579	ZFMK 18582	ZFMK 18615	ZFMK 18614	ZFMK 18621	ZFMK 18581	ZFMK 18580	ZFMK 18580...	ZFMK 18578	ZFMK 18613	SMF 28207	ZFMK 18616	ZFMK 18612	SMF 28208 d	ZFMK 18610	ZFMK 18620	SMF 28208 a	ZFMK 18609	SMF 28208 b	ZFMK 18611	SMF 28206
Geschlecht	m	f	f	f	f	m	f		f	f	f	f	m	f	m	m	m	m	m	m	m
SL	21,4	25,6	25,7	28,0	28,1	28,7	29,5		30,1	30,3	32,5	34,5	34,6	36,0	37,5	38,3	40,3	43,7	45,5	48,4	49,5
TL	24,4	32,5	34,3	35,1	33,4	defect	defect		36,2	38,7	42,3	45,2	47,3	47,5	51,4	49,5	53,6	56,6	60,2	64,2	65,0
HL	7,7	9,2	9,4	9,9	10,5	10,3	10,6		10,2	11,1	10,8	10,2	12,1	11,3	14,3	14,1	12,3	12,2	15,1	17,3	14,7
HD	6,8	7,7	8,2	8,9	9,4	8,8	8,8		9,3	9,2	9,5	11,7	10,3	12,0	12,2	11,6	12,7	14,3	14,7	15,2	15,8
BD	7,5	8,9	10,0	10,9	9,6	9,8	9,8		10,4	11,6	11,0	13,7	13,2	14,7	14,5	13,5	14,9	16,4	16,9	18,9	20,2
PDL	8,2	9,8	9,6	10,4	10,8	11,2	11,7		11,2	11,4	12,1	12,2	14,6	13,3	14,4	14,8	14,6	14,6	16,3	16,4	17,5
PPL	8,5	10,4	11,3	12,3	12,1	12,9	12,4		12,3	13,8	13,3	14,4	3,6	15,0	16,1	16,5	15,4	16,3	18,8	19,7	18,7
OD	2,6	3,0	3,3	3,3	3,2	3,2	3,5		3,4	3,4	3,2	3,8	2,8	3,8	4,2	4,1	3,7	3,8	4,8	4,7	4,9
SNL	1,3	1,7	1,9	2,1	2,6	2,6	2,2		2,1	2,3	2,3	1,7	2,6	2,6	3,4	3,8	2,9	2,4	3,3	4,5	3,6
CD	1,4	1,6	1,4	1,6	1,8	1,9	2,1		1,8	2,2	2,2	2,2	2,2	3,5	2,9	3,2	3,7	3,6	4,9	4,0	4,1
IOW	1,8	2,2	2,4	2,7	2,5	2,6	2,5		2,7	2,5	2,8	3,5	3,3	3,3	4,0	3,3	3,6	4,2	4,2	3,8	4,9
UJL	1,2	1,2	1,7	1,5	1,5	1,4	1,7		1,8	2,0	1,7	1,4	2,3	3,1	3,2	2,7	2,9	2,1	4,0	3,8	2,8
LJL	1,6	1,8	2,3	2,1	2,4	2,3	2,1		2,2	2,4	2,8	2,3	3,2	3,9	3,8	3,8	3,7	3,3	5,1	5,2	3,7
CPD	4,0	4,8	3,9	5,0	5,0	4,8	5,2		5,3	5,4	5,6	6,0	6,3	6,7	6,8	6,6	6,8	7,7	8,2	9,4	8,9
CPL	2,5	2,9	2,3	3,7	3,5	3,5	3,8		4,2	3,8	4,0	5,0	4,2	4,6	4,6	3,9	5,6	6,8	6,1	6,4	5,8
DBL	12,6	15,6	14,8	15,6	16,9	16,6	17,2		18,5	18,6	21,1	20,5	22,1	22,5	23,8	22,7	25,5	28,7	28,9	28,8	32,1
ABL	3,9	5,1	4,8	5,2	6,2	5,6	5,9		5,7	5,5	5,9	6,9	6,5	7,1	6,7	6,5	8,3	8,0	9,2	9,1	9,3
PecFL	2,9	6,4	6,9	7,5	6,8	7,9	8,2		6,3	8,3	10,0	9,4	10,5	10,1	12,8	11,9	11,6	11,0	10,3	15,2	14,2
PelFL	5,3	6,6	7,5	7,3	7,1	6,6	7,0		8,1	10,4	9,9	10,1	13,4	14,2	23,5	11,8	15,8	18,3	18,1	10,3	25,3
PSL	3,2	3,5	3,6	3,7	3,9	3,5	3,8		4,1	4,2	4,4	5,2	4,2	4,5	4,8	5,0	5,0	5,0	5,6	7,6	6,1
LDS	3,4	3,1	4,2	3,8	4,3	4,4	4,3		4,5	4,3	4,7	4,8	5,6	4,8	6,6	5,4	6,1	6,5	7,3	8,3	7,2
LAS	3,6	3,6	4,7	4,3	4,2	4,3	4,7		4,4	4,4	4,6	4,9	5,1	4,6	5,9	5,4	5,7	5,6	6,9	7,1	6,6
status	PT	PT	PT	PT	PT	PT	PT		PT	PT	PT	PT	PT	PT	HT	PT	PT	PT	PT	PT	PT

Apistogramma pulchra

Biometrie	SMF 28210 a	SMF 28210 b	SMF 28210 c	SMF 28210 d
Geschlecht	m	m	w	w
SL	35,5	40,5	44,2	44,4
TL	47,9	56,3	65,6	68,8
HL	11,4	12,4	14,4	13,5
HD	9,4	10,8	11,8	11,8
BD	11,9	13,1	14,4	14,7
PDL	12,8	14,1	15,7	14,9
PPL	13,9	15,6	17,4	16,7
OD	3,9	4,5	4,9	4,9
SNL	2,2	2,9	3,6	3,2
CD	2,1	2,3	3,0	2,8
IOW	2,1	2,5	2,6	2,7
UJL	2,4	2,8	3,5	3,2
LJL	3,4	3,7	4,6	4,1
CPD	5,1	5,7	6,4	6,5
CPL	4,9	5,4	5,8	6,4
DBL	21,8	25,3	26,9	28,4
ABL	7,8	8,9	9,8	9,7
PecFL	10,4	11,1	12,1	13,4
PelFL	10,6	13,2	15,3	14,1
PSL	4,9	6,3	5,6	5,9
LDS	6,6	7,7	8,8	8,3
LAS	6,3	7,3	7,7	7,6

Apistogramma atahualpa Typen

Biometrie	SMF 28212	SMF 28199	SMF 29198	SMF 28197
sex	m	m	w	w
SL	45,0	27,3	31,8	41,8
TL	60,5	36,0	42,0	55,0
HL	16,9	9,2	10,7	15,9
HD	15,0	8,3	10,0	12,7
BD	16,1	9,8	12,0	14,9
PDL	17,2	10,7	12,4	16,3
PPL	19,3	11,3	13,2	18,3
OD	4,5	3,3	3,5	4,9
SNL	4,6	2,2	2,2	3,9
CD	4,1	2,0	2,3	4,2
IOW	4,8	2,4	2,7	4,3
UJL	4,2	2,1	1,9	3,4
LJL	5,6	2,7	2,2	4,7
CPD	7,6	4,4	5,1	7,2
CPL	6,5	3,7	4,8	6,4
DBL	25,8	15,7	18,9	24,3
ABL	9,3	5,2	6,4	7,8
PecFL	13,8	7,3	8,9	13,6
PelFL	19,3	7,5	9,7	14,0
PSL	4,7	3,3	4,1	5,1
LDS	7,2	4,0	4,5	7,4
LAS	6,7	3,9	5,0	6,4
status	HI	PT	PT	PT

Apistogramma arua Typen

Biometrie	MZUSP 18599	ZFMK 18599	ZFMK 18601	ZFMK 18605
sex	m	f	m	f
SL	44,4	34,3	34,5	11,6
TL	65,1	44,8	#	22,0
HL	14,1	11,4	11,8	6,0
HD	12,2	9,9	10,0	4,6
BD	15,8	12,2	12,3	5,3
PDL	15,3	12,6	13,2	6,8
PPL	17,1	14,5	4,2	7,0
OD	4,4	4,1	4,2	1,3
SNL	3,1	2,4	2,8	1,1
CD	3,9	2,1	2,6	0,8
IOW	4,1	2,4	2,6	1,4
UJL	3,1	2,1	2,1	1,2
LJL	3,6	2,3	2,3	1,6
CPD	7,0	5,7	6,0	2,4
CPL	5,7	4,3	#	2,0
DBL	27,0	20,5	21,0	18,6
ABL	8,4	6,1	5,7	3,0
PecFL	11,2	9,4	#	4,6
PelFL	17,1	13,1	#	4,4
PSL	5,2	5,1	4,7	2,3
LDS	6,8	4,2	5,9	2,2
LAS	6,1	4,4	5,2	2,4
status	HI	PT	PT	PT

Relative Länge des Unterkiefers von A. panduro und verwandten Arten

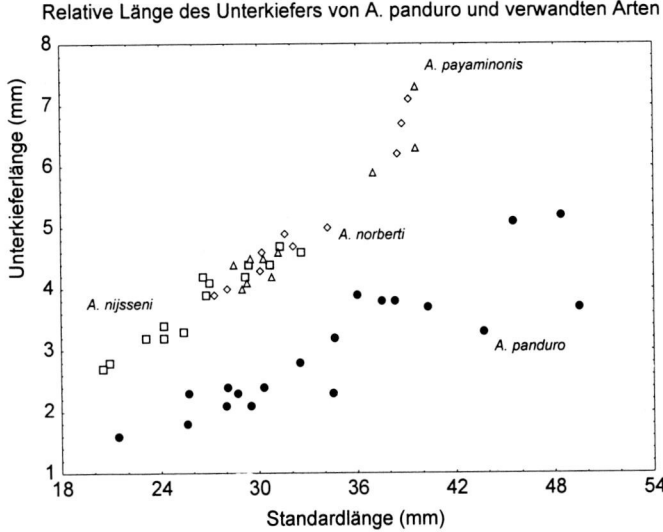

Relation Kopf-/Unterkieferlänge von A. panduro und ähnlichen Arten

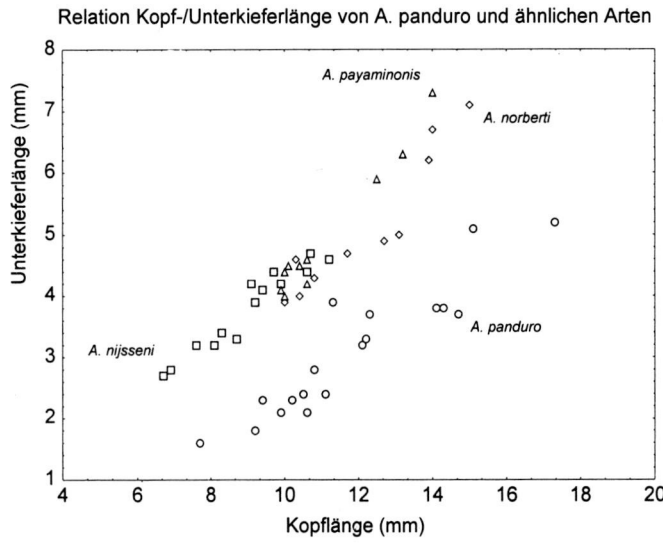

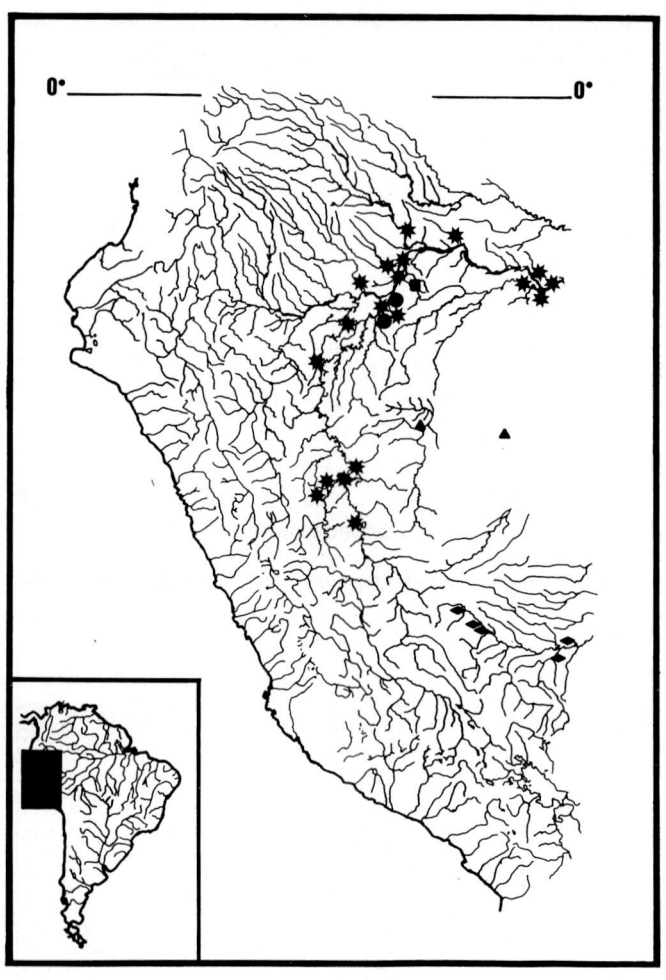

Dreieck: *juruensis;* Quadrat: *norberti*; Stern: *eunotus*; Punkt: *nijsseni*; Rhombus: *luelingi*

Alle Kartenzeichnungen: E. Römer, nach Vorl. des Verfassers

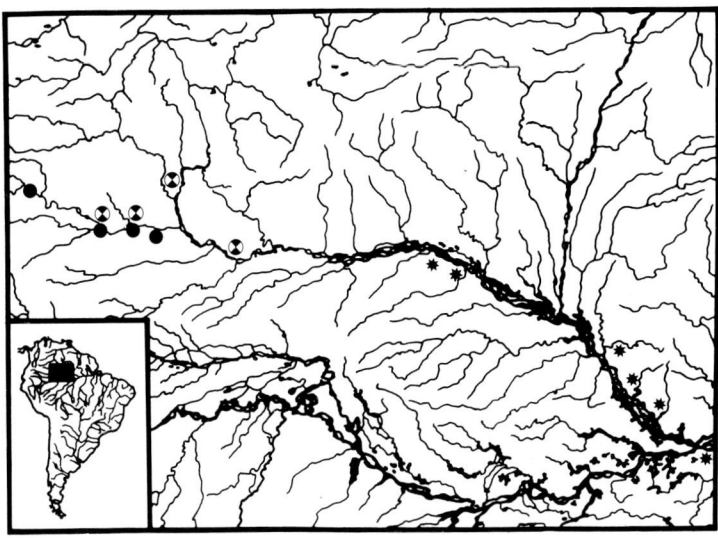

Stern: *gephyra*; Punkt: *brevis*; Geviertelter Kreis: *personata*

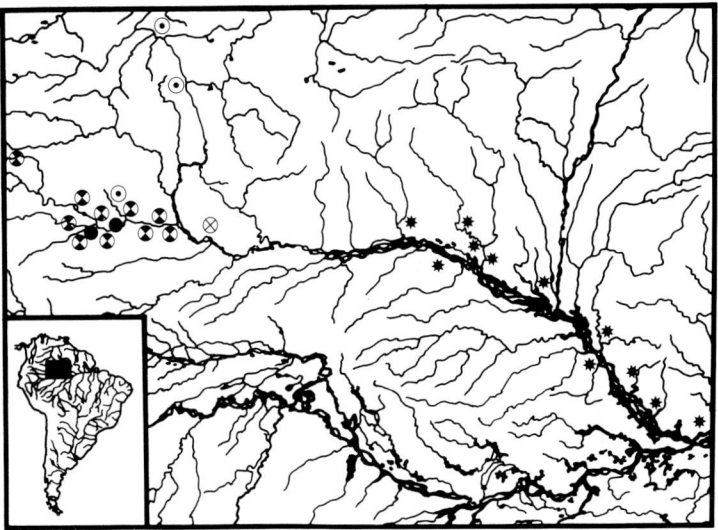

Geviertelter Kreis: *elizabethae*; Durchkreuzter Kreis: spec. "Sao Gabriel"; Punkt: *meinkeni*;
Punkt im Kreis: spec. "Vierstreifen"

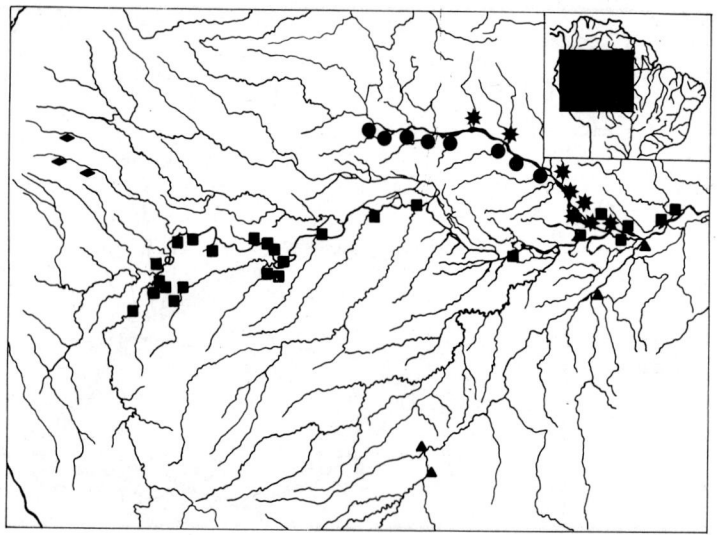

Rhombus: *payaminonis*; Dreieck *pulchra*; Quadrat: *agassizii*; Stern: *paucisquamis*; Punkt: *mendezi*

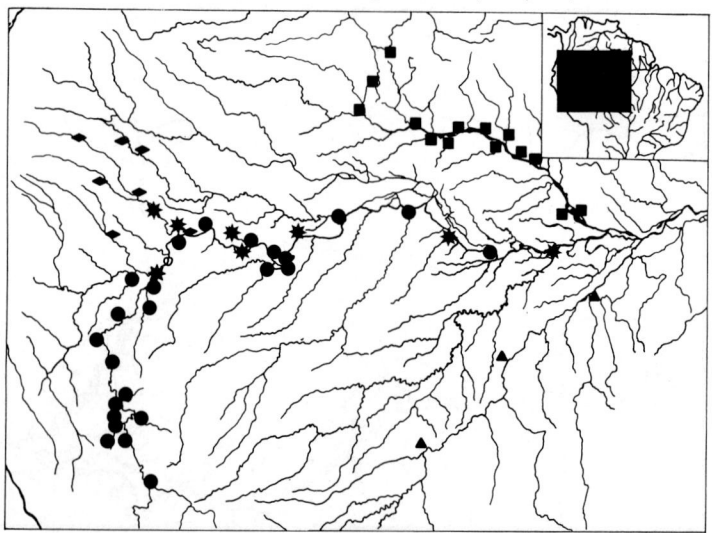

Rhombus: *cruzi*; Dreieck: *resticulosa*; Quadrat: *diplotaenia*; Stern: *bitaeniata*; Punkt: *cacatuoides*

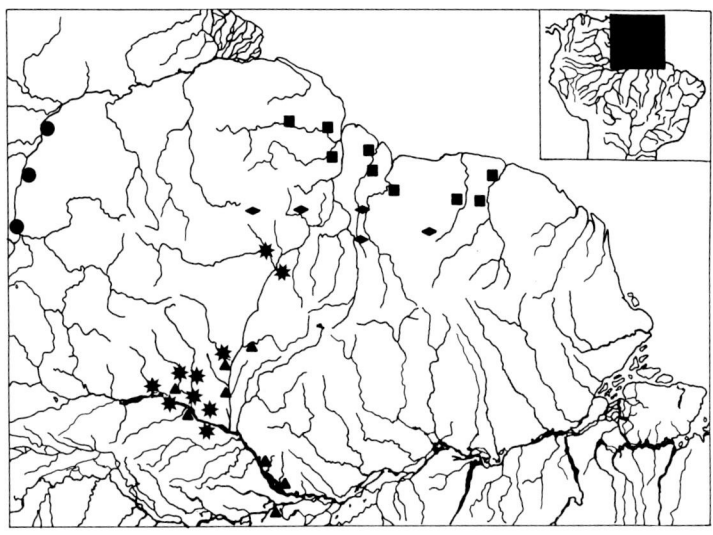

Rhombus: *ortmanni*; Dreieck: *hippolytae*; Quadrat: *steindachneri*; Stern:*gibbiceps*; Punkt: spec. "Vierstreifen"

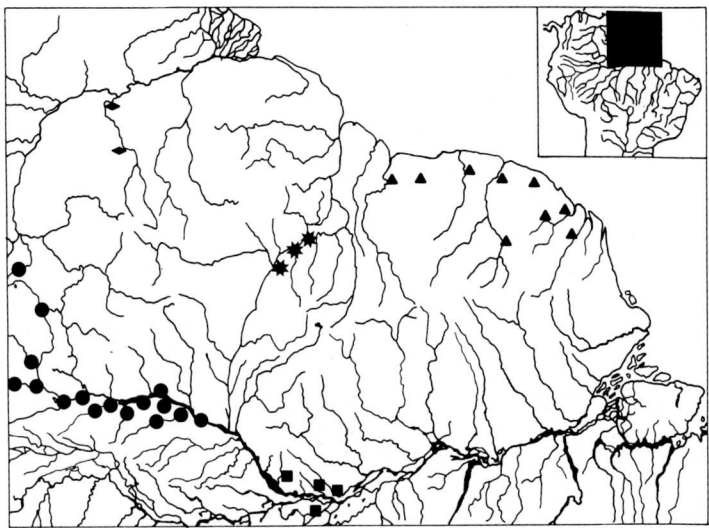

Rhombus: spec. "Rio Caura"; Dreieck: *gossei*; Quadrat: spec. "Gelbwangen; Stern: *rupununi*; Punkt: *uaupesi*

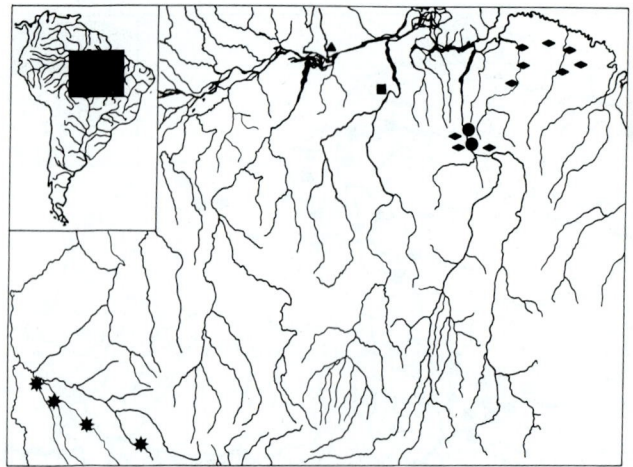

Rhombus: *caetei*; Dreieck: *geisleri*; Quadrat: *taeniata*; Stern: *trifasciata*; Punkt: spec. "Tucurui"

Apistogramma eunotus ♂, Schreckfärbung

W. Gutekunst

Der Autor

Dr. rer. nat. Uwe Römer,
Jahrgang 1959, ist seit seiner frühen Kindheit naturbegeistert. Schon früh beschäftigte er sich mit speziellen Fragen des Schutzes und der Biologie heimischer Fische, Amphibien und Reptilien. Während der Gymnasialzeit folgte die Spezialisierung auf die Ornithologie und ein intensives Engagement im Naturschutz.

Mehrere wissenschaftliche Langzeituntersuchungsprogramme sind Ergebnis dieser Phase. Die Beschäftigung mit der Vogelkunde führte zu einer regen Reisetätigkeit. Schwerpunkte waren Vogelinseln im Nordatlantik, Skandinavien und Nordamerika. Die fachliche Spezialisierung führte zu einer umfangreichen gutachterlichen Tätigkeit für Planungsbüros und Behörden bereits neben dem Studium. Zur Zeit tätig als Zoologe in einer Biologischen Station. Im Frühjahr 1998 promovierte er an der Universität Bielefeld mit seinen Studien zur Biologie von Buntbarschen der Gattung *Apistogramma*.

Bereits zu Beginn des Studiums in Bielefeld wurde sein Interesse auf neotropische Fische, besonders die Zwergbuntbarsche der Gattung *Apistogramma*, sowie ökologische und ethnologische Probleme Amazoniens gelenkt, weshalb nach 1990 mehrere Reisen in das Gebiet des Rio Negro folgten, wobei es ihm unter anderem gelang, in den weitgehend unzugänglichen Rio Uaupés zu gelangen. Die Hauptbildthemen des begeisterten Naturfotografen sind Vögel, Buntbarsche und ethnologische Motive. Aus seinem umfangreichen Diaarchiv illustrierte er die meisten seiner 100 Publikationen und zahlreichen Vorträge in Europa und Nordamerika.